高分子研究方法

董炎明　熊晓鹏　郑　薇　杨柳林　编著

中国石化出版社

内 容 提 要

全书共分五篇十三章，前三篇均与电磁波有关。第一篇是“高分子材料的波谱分析方法”，即利用物质对于波的吸收性质(能量改变)的方法。第二篇是“高分子材料的衍射和散射技术”，即利用波的波动性质(衍射或散射)的方法。第三篇是“高分子材料的显微成像术”，即利用波成像的方法，也涵盖非波的成像技术。第四篇是“高分子材料的热分析”，即利用聚合物的热性质来研究结构的方法。第五篇是“聚合物的分子量测定方法”，集中了与分子量测定相关的各种方法。每篇或每章后附有习题。书后还附有“高分子典型谱图”(共五类186张图)和“从高分子结构分析角度对常用研究方法的检索”两种特殊的专业索引，分别用作简明谱图集和快速指南。

本书内容深入浅出，文字通俗易懂，插图清晰美观，重视实际应用。适合高等院校与高分子相关的专业用作研究生或本科生教材，也可供其他专业技术人员用作高分子剖析和检测的参考书。

图书在版编目（CIP）数据

高分子研究方法／董炎明等编著．—北京：中国石化出版社，2011.3（2020.7 重印）
ISBN 978-7-5114-0809-9

Ⅰ．①高…　Ⅱ．①董…　Ⅲ．①高分子材料-研究方法
Ⅳ．①TB324-3

中国版本图书馆 CIP 数据核字（2011）第 023768 号

中国石化出版社出版发行

地址：北京市东城区安定门外大街 58 号
邮编：100011 电话：(010)57512500
发行部电话：(010)57512575
http://www.sinopec-press.com
E-mail：press@sinopec.com.cn
北京科信印刷有限公司印刷
全国各地新华书店经销

*

787×1092 毫米 16 开本 28 印张 704 千字
2020 年 7 月第 1 版第 2 次印刷
定价：90.00 元

前　言

高分子科学迄今已有近百年的历史，已发展成为一门完整的学科。高分子学科包括高分子化学、高分子物理、高分子材料学、高分子合成工艺和高分子加工工艺等。随着计算机等现代技术的发展，新的物理方法和实验设备不断涌现，它们在高分子材料的广泛应用产生了高分子学科的一个新的领域，即“高分子研究方法”，又称为“高分子分析与表征”、“高分子现代分析方法”、“高分子近代物理方法”等，是一门利用近代物理技术及其大型仪器设备研究聚合物的科学。

本书主编在1987年留学英国剑桥大学期间就开始对各种高分子研究方法深感兴趣，学会操作和应用SEM、TEM、X-射线衍射仪、FTIR仪、NMR仪、DSC仪等大型仪器，掌握第一手技术和知识，并深知“高分子研究方法”的重要性。从1989年开始就给研究生开设该课程，并将讲稿整理，于1997年出版《高分子材料实用剖析技术》。该书已被许多高校采用作研究生教材或参考书以及研究生优质课程、各级本科精品课程、研究生入学考试等参考书。迄今被博士、硕士论文、学术刊物论文、教材专著等引用数百次。2004年再版时全面扩展了内容，字数达到100万字，书名也改为《高分子分析手册》，提供大量数据、图表，希望高分子领域的教师、学生、研究者和工作者将其作为常用必备的手册收藏和利用。考虑到上述两本书被引用最多的是“第二篇　高分子材料的仪器分析”，而非“第一篇　高分子材料的化学分析”，本书只包括了仪器分析。在仪器分析各章中，根据实用性原则，本书把大量篇幅用在对于高分子材料最重要的方法上，如红外光谱和核磁共振波谱。而原来被忽略的分子量测定的内容也补充了，使高分子研究方法更加完整。

本书的主要特色是：

1. 以一种崭新的角度对用于高分子的现代仪器分析方法进行分类。我们认为现代仪器分析方法大多数都与电磁波有关，根据电磁波的行为不同，划分了本书的前三篇。第一篇是利用物质对于波的吸收性质（能量改变）的测定方法，第二篇是利用波的波动性质（衍射或散射）的测定方法，第三篇是利用波的成像（显微术）的测定方法（这一篇涵盖了一些与波无关的探针显微术）。本书的最后两篇相对特殊，第四篇是利用聚合物的热性质来研究结构，本质上与“波”的利用不同，单独列一篇，而第五篇是高分子材料特有的分子量测定方法。每篇的开头都有对该篇涉及的各种方法的总的评论。这种分类方法能加强同类方法之间的联系和比较，是其他教科书不曾有的，对本书也是一种尝试。其实聚合物的力学、电学等性质都可以用来研究结构，但它们在高分子物理书中都有一定介绍，限于篇幅，本书没有包括这些性质的分析测试。

2. 把实用性放在第一位。延续前两本书的优点，本书把实用性放在最重要的位置。首先，内容是实用性的，目的是令读者掌握具体的分析方法，即样品的制备技术、测定的影响因素、谱图的解释方法、应用的实例等等。其次，讲授方法也是实用性的，即深奥的原理用浅显的方式表达、实例中的道理都是用基本原理就可以理解的。

3. 把资料性放在第二位。虽然现在网上信息资源非常丰富，但也需要有相当的知识背景才能利用这些资源。本书希望能成为一种“信息引擎”，指引读者朝需要的方向寻找信息。

本书后特有的两个索引，将能帮助读者在本书上或进一步在网上检索相关的资料。本书的第一个索引是“高分子典型谱图”，包括186张常见高分子的红外谱图、^{1}H-NMR谱图、^{13}C-NMR谱图、DSC谱图和TGA谱图，是聚合物定性鉴别的有力工具。由于常见高分子的品种只有30个左右，比有机物少得多，使之有可能在书中一一讲解，在书后个个检索，在使用时举一反三。本书巧妙地把这一百多张谱图分布在原理、组成分析、结构分析和习题中，并不生硬地集中罗列，从而使读者不经意地掌握各品种高分子的谱图。本书的第二个索引是“根据结构分析内容检索本书研究方法”。当读者在研究中遇到高分子结构问题时，这个索引从另一个角度提供解决问题的思路。

本书的前言、第1、2、3、4、6、8章、附录以及索引由董炎明撰写，第11、12章由熊晓鹏撰写，第9、10章由郑薇、董炎明撰写，第5、7章由杨柳林、董炎明撰写，全书由董炎明主编和定稿。

本书在编写过程中吸收了国内外诸多同类书籍的精华，尤其参阅和引用了章末所列的文献，也采用了一部分最新网上资料。感谢刘安华编写的4.2节初稿，感谢李丽提供部分球晶照片，感谢曾碧榕对第2章的修改意见。赵雅青、姚艳波、舒欣、夏文丽等同学分别协助某些图文处理工作，特此一并致谢。

由于作者水平所限，书中错漏之处在所难免，望不吝批评指正。

作者于厦门大学

目　录

第一篇　高分子材料的波谱分析方法

第二篇 高分子材料的衍射和散射技术

第三篇　高分子材料的显微成像术

第四篇　高分子材料的热分析

第五篇 聚合物的分子量测定方法

第一篇　高分子材料的波谱分析方法

波谱分析方法研究的是电磁波(统称为“光”)与物质的相互作用。当一束光聚焦到一个样品上时，会发生一系列事件。如果样品对于入射光是透明的，它就简单地透射；它还会部分反射；反射和透射没有能量变化。某些光会被吸收，还会发生散射或非散射效应，本书第二篇将专门讨论电磁波的散射，而本篇讨论光的吸收及非散射效应(产生光电子、荧光等)。

当分子经光照射吸收光能后，运动状态将从基态跃迁到高能量的激发态。分子运动的能量是量子化的，它不能占有任意能量。被吸收的光子，其能量必须等于分子运动的两个量子能级之差，否则不能被吸收。这种情况符合玻尔(Bohr)方程：

$$\Delta E = E_2 - E_1 = h\upsilon = hc/\lambda$$

式中，h 是 Planck 常数；υ 是频率(单位是 Hz)；λ 是波长(单位是长度的单位，nm、cm 等)；c 是光速，$\lambda = \dfrac{c}{\upsilon}$。

在红外中常用的是波数 $\tilde{\upsilon}$(单位是长度的倒数，如 cm^{-1})，定义为：

$$\tilde{\upsilon} = \frac{\upsilon}{c} = \frac{1}{\lambda}$$

可见光子吸收的能量与波数或频率成正比，而与波长成反比。

电磁波与分子相互作用的结果会产生各种能量变化(又称跃迁)，跃迁取决于入射波的能量或波长。电磁波谱是连续的，但人们对不同部分给予不同名称，每一部分有它的应用，电磁波总谱如图Ⅰ-1所示。从高能量短波长看起，γ射线引起核内能态间的跃迁，相应的波谱是 Mössbauer 谱，高分子很少涉及。吸收 X 射线会激发样品中原子的内层电子的跃迁，引起光电子或荧光的发射，相应的波谱是 X 射线光谱(X 射线荧光光谱、X 射线光电子能谱、电子探针微区分析、俄歇能谱等)，属内能级谱，能用于元素分析。

可见光和紫外光则会激发样品中原子的外层电子的跃迁，电子能级差 ΔE_e 为 1~20eV，可见光只能激发结合较弱的外层电子，如共轭 π 电子，然而能量较高的紫外光能激发结合较强的外层电子，相应的波谱以紫外-可见光谱为代表，其他还有荧光光谱、磷光光谱和圆二向色性谱等)。电子能级的跃迁必然伴随着分子振动能级和转动能级的跃迁，所以紫外-可见光谱是宽带状光谱。紫外-可见光谱、荧光光谱等属电子光谱(electron spectroscopy)。

当波长再增加(即频率减少)时，电磁波的能量已经不足于激发电子，但能改变分子中化学键的振动能级，振动能级差 ΔE_v 为 0.05~1eV，相应的波谱是红外光谱，属振动光谱(vibration spectroscopy)。分子的振动能量比转动能量大，当发生振动能级跃迁时，不可避免地伴随有转动能级的跃迁，所以无法测量纯粹的振动光谱，红外吸收光谱是分子的振-转光谱，光谱为窄带状光谱(气态下，若仪器有较高的分辨率时，可以获得转动光谱的光谱精细结构，振动能级决定吸收带的中心位置，两边有谱线；在液、固态下，分子的碰撞，使转动受到限制，得不到光谱的精细结构)。红外光谱又可分为近红外光谱(4000~12820cm^{-1}，0.8~2.5μm)、(中或基频)红外光谱(200~4000cm^{-1}，2.5~25μm)和远红外光谱(1~200cm^{-1}，25~1000μm)，所谓“近”或“远”是指波长离可见光的近或远。一般说的红外光谱是指基频

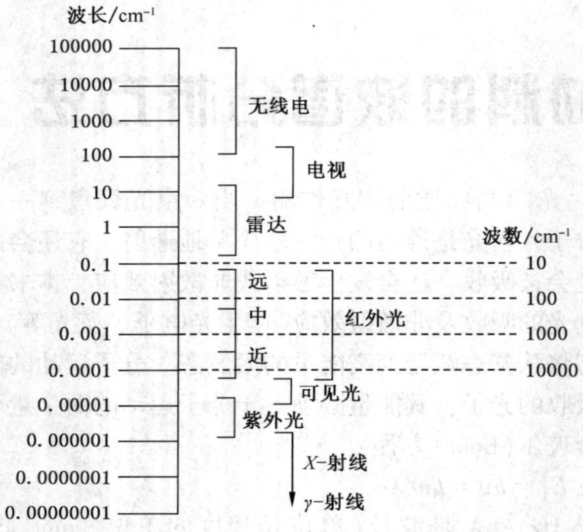

图Ⅰ-1　电磁波总谱

红外光谱，研究分子的基频振动，大多数化合物的化学键振动能级的跃迁发生在这一区域。高分子有时也用到近红外光谱，它主要涉及 O—H、N—H、C—H 和 C ═O 等键振动的倍频及组频吸收。高分子较少用到远红外光谱，它主要涉及分子转动（比振动所需能量更低）以及晶体的晶格振动。

至于能量更低的微波和无线电波，它们涉及小分子的转动能级（转动能级差 ΔE_r 为 0.001~0.05ev）的跃迁，转动能级跃迁所产生的光谱称为转动光谱（rotation spectroscopy），气态下的转动光谱为线形光谱，液、固态下光谱是连续光谱。转动光谱测量较为困难，目前研究的还较少。但如果样品置于一个强大的磁场下，则能观察到微波（用于雷达和电视）或无线电波区的吸收，这是由于未成对电子或某些原子核（如 ^{1}H、^{13}C 等）的自旋存在固有的磁偶极，其能量取决于是否与磁场平行排列。如果辐射的高频微波和无线电波的频率与磁偶极的平行和非平行状态的能量差 ΔE 相当，则辐射线与电子自旋或核自旋会产生强烈的偶合或共振，相应的波谱分别是电子自旋共振谱（又称顺磁共振谱）和核磁共振谱。前者用于研究自由基，后者与红外光谱一起是高分子结构表征的两个最主要的工具。

各种波谱分析方法按波长从长到短的顺序列于表Ⅰ-1。

表Ⅰ-1　主要波谱研究方法一览表

方法名称	电磁波的波长	电磁波分区	运动形式	波谱性质	本书相关章节
核磁共振波谱（NMR）	$>2\times10^5$μm	无线电波区	核自旋	吸收光谱	2.1 节
电子自旋共振谱（ESR）	$1000\sim2\times10^5$μm	微波区	电子自旋	吸收光谱	—
红外光谱（IR）	2~25μm	基频红外区	分子基频振动	吸收光谱	1.1 节
近红外光谱（NIR）	780nm~2μm	近红外区	基频振动的倍频和组频吸收	吸收光谱	1.7.2 节
荧光光谱（FL）	10~780nm	紫外-可见光区	外层电子跃迁	发射光谱	3.2 节
紫外-可见光谱（UV-Vis）	10~780nm	紫外-可见光区	外层电子跃迁	吸收光谱	3.1 节
圆二向色性谱（CD）	10~780nm	紫外-可见光区	外层电子跃迁	吸收光谱	3.3 节
X 射线荧光光谱（XRF）	0.01~10nm	X 射线区	内层电子跃迁	（电子）发射光谱	4.1 节
X 射线光电子能谱（XPS）	0.01~10nm	X 射线区	内层电子跃迁	（电子）发射光谱	4.2 节
电子探针微区分析（EPMA）	0.01~10nm	X 射线区	内层电子跃迁	（电子）发射光谱	4.3 节

第1章 红外光谱

1.1 红外光谱仪和红外光谱法

传统的红外光谱仪，其单色器中的色散元件由光栅或棱镜组成，称为色散型红外光谱仪，主要缺点是测定时间长和分辨率低。现代的红外光谱仪都是傅立叶变换红外光谱仪(Fourier transition infrared spectrometer，FTIR)，傅立叶红外光谱仪是利用光的相干性原理而设计的干涉型红外分光光度仪。傅立叶红外光谱仪由光源、迈克尔逊(Michelson)干涉仪、样品池、检测器和计算机数据处理系统组成(图1-1)。核心部分是迈克尔逊干涉仪，包括动镜、定镜和分束器，分束器设定在与光路45°放置。光束在分束器上被部分透射，部分反射。透射光和反射光分别垂直入射定镜和动镜。接着被分别反射，返回到分束器处产生相干效应，经过检测器检测并转换成谱图。

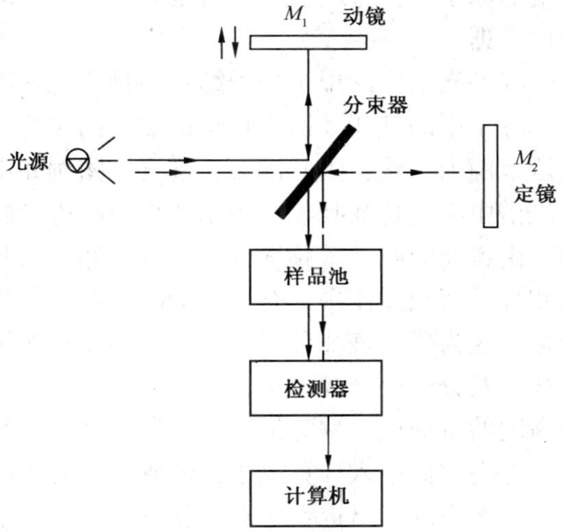

图1-1 傅立叶变换红外光谱仪原理图

由光源发出的光经过干涉仪转变成干涉光，干涉光中包含了光源发出的所有波长光的信息。当样品受到频率连续变化的红外光照射时，分子吸收了某些频率的辐射，并由其振动或转动运动引起偶极矩的净变化，产生分子振动和转动能级从基态到激发态的跃迁，使相应于这些吸收区域的透射光强度减弱。上述干涉光通过样品时某一些波长的光被样品吸收，成为含有样品信息的干涉光，由计算机采集得到样品干涉图，这些干涉图谱是动镜的移动距离 x 的函数。通过计算机快速对检测器收集的信号进行傅立叶函数变换的数据处理后，得到红外光谱图，横坐标通常是波数，纵坐标用透射百分率或吸收百分率表示吸收强度：

$$\text{透射百分率} = \frac{I}{I_0} \times 100\% \tag{1-1}$$

$$\text{吸收百分率} = \frac{I_0 - I}{I_0} \times 100\% \tag{1-2}$$

式中，I_0 为入射光的光强度；I 为透射光的光强度。前者称为透射光谱图，后者称为吸收光谱图，透射光谱主要用于定性分析；吸收光谱主要用于定量分析。波数范围为200~4000cm^{-1}。

傅立叶变换函数如下：

$$B(v) = \int_{-\infty}^{\infty} I(v)\cos(2\pi v x)\,\mathrm{d}x$$

式中，$B(\upsilon)$为入射光强度；$I(\upsilon)$是干涉光强度；υ为光源频率。与经典红外光谱仪相比，傅立叶红外光谱仪的优点是：

（ⅰ）扫描速度快，可以在1s内测得多张红外谱图。

（ⅱ）光通量大，可以检测透射较低的样品。

（ⅲ）极高的波数精度和分辨率，便于观察分子的精细结构。

（ⅳ）光谱数据化。

（ⅴ）测定光谱范围宽，只要改变光源、分束器和检测器的配置，就可以得到整个红外区的光谱。

红外光谱（Infrared spectroscopy，IR）属于吸收光谱，是由于化合物分子振动时吸收特定波长的红外光而产生的，化学键振动所吸收的红外光的波长取决于化学键动力常数和连接在两端的原子的折合质量，也就是取决于分子的结构特征。这就是红外光谱测定化合物结构的理论依据。

红外光谱广泛用于分子结构和物质化学组成的研究，是研究表征分子结构的一种有效手段。分子中的某些基团或化学键在不同化合物中所对应的谱带波数基本上是固定的或只在小波段范围内变化，因此许多有机官能团例如甲基、亚甲基、羰基、氰基、羟基、胺基等在红外光谱中都有特征吸收。利用特征吸收谱带的频率，人们就可以推断分子中存在某一基团或键，由特征吸收谱带频率的变化推测邻近的基团或键，进而确定分子的化学结构。由于分子内和分子间相互作用，有机官能团的特征频率会由于官能团所处的化学环境不同而发生微细变化，这为研究表征分子内、分子间相互作用创造了条件。分子在低波数区的许多简正振动往往涉及分子中全部原子，不同的分子的振动方式彼此不同，这使得红外光谱具有像指纹一样高度的特征性，称为指纹区。利用这一特点，人们采集了成千上万种已知化合物的红外光谱，并把它们存入计算机中，编成红外光谱标准谱图库。人们只需把测得未知物的红外光谱与标准库中的光谱进行比对，就可以迅速判定未知化合物的成分。进一步还可由特征吸收谱带强度的改变进行定量分析。

根据分子对红外光吸收后得到谱带频率的位置、强度、形状以及吸收谱带和温度、聚集态等的关系还可以确定分子的空间构型，求出化学键的力常数、键长和键角和分子对称性等。根据所得的力常数可推知化学键的强弱，由简正频率计算热力学函数等。

红外光谱对样品没有任何限制，任何气态、液态、固态样品均可进行测定，这是其他仪器分析方法难以做到的。

1.2 红外光谱基础

1.2.1 分子振动

（1）红外光谱的选率　红外光谱是分子振动光谱。红外光谱中的吸收带是由于分子吸收一定频率的红外光发生振动能级的跃迁而产生的，但并不是所有的能级跃迁都能在红外光谱中产生吸收带，只有符合一定选择规律的跃迁，才能吸收红外光产生吸收带。因而红外光谱的选律首先是，跃迁只能在两个相邻的能级间发生，电磁波的能量与分子某能级差相等。

$$E_{红外光} = \Delta E_{分子振动}$$

这时吸收的红外光的频率等于分子振动的频率。

$$\upsilon_{红外光} = \upsilon_{分子振动}$$

物质处于基态时，组成分子的各个原子在自身平衡位置附近作微小振动。当红外光的频率正好等于原子的振动频率时，就可能引起共振，使原有的振幅加大，振动能量增加，分子从基态跃迁到较高的振动能级。

其次，分子振动时，偶极矩的大小或方向必须发生变化，即 $\Delta\mu \neq 0$。红外光谱产生的这个第二条件，实际上是保证红外光的能量能传递给分子。这种能量的传递是通过分子振动伴随有瞬时偶极矩的变化来实现的。因此，红外光谱的吸收与分子的极性和对称性有关。

分子的极性基团存在永久偶极矩，一般永久偶极矩越大，振动时偶极矩的变化也越大。所以红外对分子的极性基团敏感，而对非极性基团不敏感。

另一方面是对称性的影响。通常不对称分子，有一定永久偶极矩，有红外活性；一些对称性较高的基团，极性很小，红外吸收很弱。完全对称的分子没有偶极矩，如 N_2、O_2、Cl_2 等，无红外活性。C—C 的吸收较弱，因而红外光谱不适合用于研究聚合物的主链，而较适合用于研究聚合物的侧基和端基。

要注意重要的是偶极矩有没有变化，而不是有没有永久偶极矩。所以即便是对称性的基团，如果作不对称振动，也会有红外吸收。一个典型的例子是线型分子 CO_2 的两种伸缩振动模式（mode）。一种是对称伸缩振动 O→C←O 和 O←C→O，偶极矩没有变化，红外没有活性，即没有吸收；另一种是反对称伸缩振动 O→C→O 和 O←C←O，偶极矩有变化，红外在 ~2350cm^{-1} 出现吸收峰。由于空气中存在 CO_2，所有红外谱图在 ~2350cm^{-1} 都会有峰，一般通过减去空白的方法可以扣除，但往往也有扣除不净而残存或扣除过头的情况，残存是正峰，过头则出现负峰。

（2）双原子分子的红外吸收频率　如前所述分子仅在振动伴随有分子偶极矩变化的情况下才吸收红外线辐射。当带有相反电荷的两个分子靠近或离开，分子的偶极矩发生变化。在简单的双原子分子中，振动只有一种方式：单方向的伸缩振动。因此分子对红外线只有一个频带的吸收，吸收频带的位置（代表分子吸收的能量）取决于化学键的结合强度。分子振动可以近似地看作是分子中原子心平衡点为中心，以很小的振幅做周期性的振动。这种振动的模型可以用经典力学的方法来模拟。这个体系的振动频率取决于弹簧的强度，即化学键的强度和小球的质量。如图 1-2 所示，弹簧的长度就是化学键的长度 r；m_1 和 m_2 分别代表两个小球的质量，即两个原子的质量，这里用折合质量 μ（reduced mass）比较方便，$\mu = m_1 m_2/(m_1 + m_2)$。其振动是一维方式，即在连接两个小球的键轴方向发生。

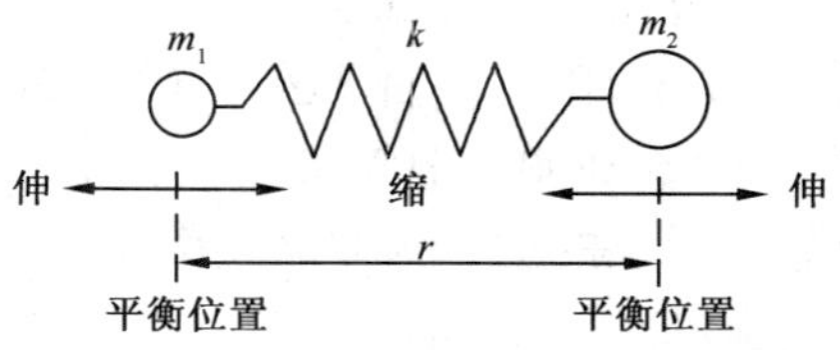

图 1-2　双原子分子的振动模型

假定弹簧符合 Hook（胡克）定律。由于力定义为质量与加速度的乘积，对于守恒场（非摩擦场），下式成立：

$$-kr = \mu \frac{d^2 r}{dt^2} \tag{1-3}$$

式中，k 是化学键的力常数，g/s^2。一般来说，单键的 $k = 4\times10^5 \sim 6\times10^5$g/s^2；双键的 $k = 8\times10^5 \sim 12\times10^5$g/s^2；三键的 $k = 12\times10^5 \sim 20\times10^5$g/s^2。

上式重排后得：

$$\mu \frac{d^2 r}{dt^2} + kr = 0 \tag{1-4}$$

这是二阶微分方程，有一个周期性的解：

$$r = A\cos(2\pi \upsilon t + \varepsilon) \tag{1-5}$$

式中，A 是振幅；ε 是相位角；υ 是振动频率。对(1-5)式两次求导得：

$$\frac{d^2 r}{dt^2} = -4\pi^2 \upsilon^2 r \tag{1-6}$$

代入式(1-4)，得到：

$$(-4\pi^2 \upsilon^2 \mu + k)r = 0 \tag{1-7}$$

假设 $r \neq 0$，就导出熟悉的谐波运动方程：

$$\upsilon = \frac{1}{2\pi}\sqrt{\frac{k}{\mu}} \tag{1-8}$$

或

$$\tilde{\upsilon} = \frac{1}{2\pi c}\sqrt{\frac{k}{\mu}} \approx 1304\sqrt{\frac{k}{\mu}} \tag{1-9}$$

模型虽然很简单，但告诉我们一个重要的结果，即振动频率(或波数)反比于质量而正比于力常数，用它可以解释许多现象。

(ⅰ)力常数越大，吸收频率越高。

碳碳单键、双键和三键，键的力常数分别为(4~5)×10^5、(8~12)×10^5 和(12~18)×10^5dyn/cm，随着 k 值的增加，相应的吸收频率也逐渐的增加，它们分别出现在 1050、1650 和 2100cm^{-1}附近。C—O 伸缩振动在 1100cm^{-1}附近，而 C ═O 伸缩振动则在 1700cm^{-1}左右，由于双键的力常数大于单键，力常数增加，波数增加。

(ⅱ)力常数接近，原子的质量越大、吸收频率越低。

C—C、C—O 和 C—N 的 k 值接近，原子折合质量 μ 不同，大小为 C—O>C—N>C—C，则吸收峰位置大小为 C—C>C—N>C—O。又如 C—X(X 可以是氢、氯或氧原子)的伸缩振动，X 的质量增加，波数减少，C—H 的伸缩模式的吸收接近 2900cm^{-1}，而 C—Cl 的伸缩模式的吸收发生在约 600cm^{-1}。O—H 伸缩振动出现在 3600cm^{-1}附近，而 O—D 伸缩振动出现在 2600cm^{-1}附近。由于氢原子的质量小，使得 O—H、N—H、C—H 伸缩振动出现在较高的频率区域(2800~3700cm^{-1})，而 C—C、C—O、C—N 伸缩振动出现在 1000~1300cm^{-1}。含更重原子形成的键，其伸缩频率要低，如 C—Cl、C—I 分别出现在 700 和 500cm^{-1}附近。对于变形振动也有类似的关系，如 H—C—H、C—C—H、C—C—C 变形振动频率分别出现在 1450、1000 和 300~400cm^{-1}附近。

(ⅲ)模型还告诉我们哪些振动的特征性较强。

在 X—H 键(如 O—H、N—H、C—H)中，成键的氢原子特别轻，以及在多重键 X ═Y，X ≡Y(如 C ═C、C ═O、C ≡C和C ≡N)中，链的力常数较大，因而这些键的振动受到分子其他部分的影响较小，具有较大的特征性。相反，对于一些单键(如 C—C、C—N、C—O 和 C—CI 等)的振动，各个单键具有近似的力常数，且这些单键通常串接在一起，彼此之间有较强的相互作用，故其特征性不如 X—H 和多重键。此外，伸缩振动比变形振动具有更大的特征性，变形振动具有多种形式的振动，而其差异较少。

(3) 多原子分子的红外吸收频率　对于多原子分子，由于多个化学键的存在，存在多个振动方式，因此在红外吸收光谱上将出现多个复杂的吸收频带。多原子分子的振动可以被看作是许多小球(原子)通过弹簧(共价键)联系在一起的振动。这些弹簧可以被拉伸或者弯曲，整个分子处在不停振动的状态。图 1-3 以乙醇的振动模型为例。

如把每个原子看成一个质点，要描述多原子分子的各种可能的振动模式，必须确定各原子的相对位置。在笛卡尔坐标系中，每个质点(原子)的空间运动有3个自由度。若一个分子内有 n 个原子，需要有 $3n$ 个坐标来确定所有原子的位置。但由于这些原子通过化学键构成一个整体的分子，因此必须以分子的整体来考虑自由度，分子作为整体的运动频率为0。分子作为整体有3个平动自由度，3个转动自由度，因此分子的振动自由度为 $3n-6$。每个振动自由度对应着一个基本的振动模式。对于严格线型的分子，由于绕轴转动并没有改变原子的位置，只有2个转动自由度需要描述，振动自由度为 $3n-5$。以 H_2O 分子为例，水分子由3个原子组成并且不在一条直线上，其振动模式应有 $3\times3-6=3$ 个，分别是对称伸缩振动、不对称伸缩振动和弯曲振动。O—H键长度改变的振动称为伸缩振动，键角小于H—O—H改变的振动称为弯曲振动。对于理论上无限长的高分子体系，有3个平动和1个转动为零频率，所以振动模式为 $3n-4$。

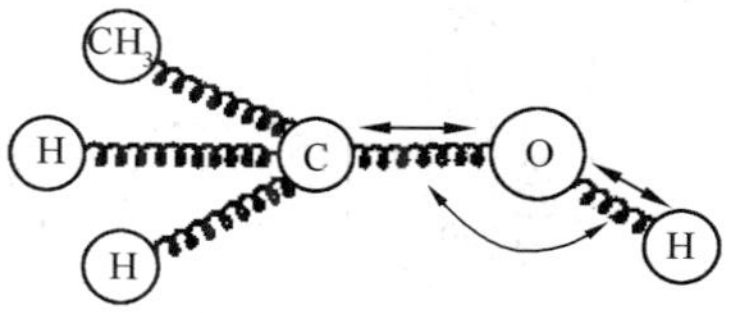

图1-3　乙醇的基团振动模型

高分子的 n 值很大，但高分子由重复单元组成，可以只讨论重复单元的振动模式。聚乙烯是结构最简单的一种聚合物，它的—CH_2—基团具有六种典型的振动模式，示意于图1-4，这里不仅考虑伸缩振动和弯曲振动，还考虑能量较低的摇摆振动。分别是键长改变键角不变的对称伸缩振动(υ_s)和不对称伸缩振动(υ_{as})；键角改变键长不变的剪式振动(又称面内弯曲，δ 或 β)和弯曲摇摆振动(又称面外弯曲或扭曲振动，γ 或 t)；键长键角均不变的平面摇摆振动(r 或 ρ)和非平面摇摆振动(w)。相应地在无支化的高密度聚乙烯的谱图(图1-5)中出现了以下谱带：2925，2850，1470，720/730cm^{-1}(其中720为非晶谱带，730为结晶谱带)。1300~1306cm^{-1}很弱，不易观察到。通常键长的改变比键角的改变需要更大的能量，因此伸缩振动出现在高波数区，弯曲振动出现在低波数区，而摇摆振动出现在更低的波数区。

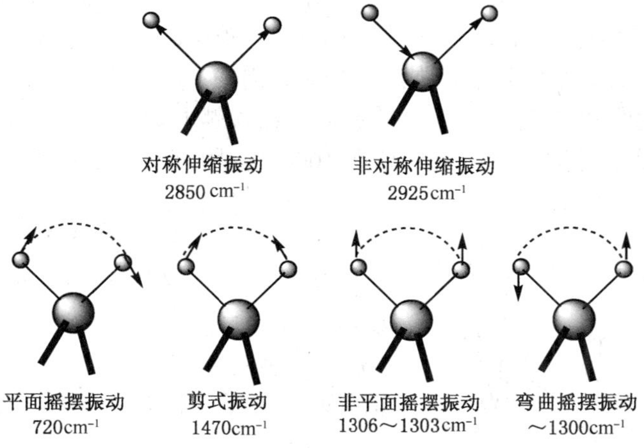

图1-4　聚乙烯中次甲基的振动模式

1.2.2　红外光谱提供的主要信息

在红外谱图中会有许多峰(又称谱带，bands)，它们分别对应于分子中某个或某些基团的吸收，因而红外光谱主要提供了基团的信息。在获得一张红外谱图后，首先要审核的是谱带的位置，其次是谱带的强度(峰的高度或面积)，然后是谱带的宽度。这三个方面能提供

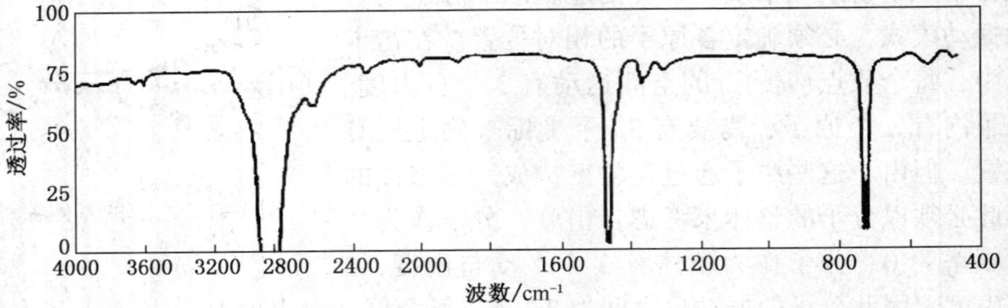

图 1-5　高密度聚乙烯的红外谱图

分子结构的信息，称为红外光谱的三要素。

(1) 谱带位置　谱带在横坐标的位置(特征频率)是基团和结构分析的定性依据。一般在红外吸收谱图中，以 $1300cm^{-1}$ 为分界线。X—H、X ═Y、X ≡Y键的基频伸缩振动有较窄的互不重叠的吸收区域($1300 \sim 3700cm^{-1}$)，在这个区域内，基团和频率有明确的对应关系，称为特征频率区域，该区域在分析中有很大的价值。而低于 $1330cm^{-1}$ 的区域($400 \sim 1330cm^{-1}$)，吸收带较多，互相重叠，且不易归属于某一基团。吸收带位置可随结构的微小变化而引起程度不同的甚至是很大的差异。然而，正是因为这个原因使该区域的光谱图形千变万化，但对每种分子都是特征的，故将该区域称为指纹区。在指纹区域内，每个化合物都有自己的特征图形，这对于结构相似化合物的鉴定是极为有用的。当然这些区域的划分并不是严格的，例如 C ═O 的倍频可以出现在基频区域，但它比基频弱得多。又如有些吸收带如醚键、乙烯基或苯环的═CH 面外变形振动虽然也出现在指纹区，但这些吸收带强度高，非常特征，也很易识别。

(2) 谱带强度　谱带强度，即透射率或吸收率可用于定量计算，有时也可以用于定性，即指示某个官能团的存在。红外吸收的强度与偶级矩变化的大小有关，吸收峰的强弱与分子振动时偶极矩变化的平方成正比。一般情况下永久偶极矩大的，振动时偶极矩变化也较大，如 C ═O(或 C—O)的强度就比 C ═C(或 C—C)要大得多，又如 C—H 邻近有氯原子时，强度增加。总的来说，含氧基团的谱带强度总是比较强的，因为永久偶极矩大。另一种情况是对称性越高，振动时偶级矩变化越小，谱带强度也就越弱。例如苯在 $1600cm^{-1}$ 的谱带比较弱，是由于它的振动是对称的，但取代苯在 $1600cm^{-1}$ 附近有较强的谱带。因而一般是极性较强、对称性较差的基团有较强的吸收。

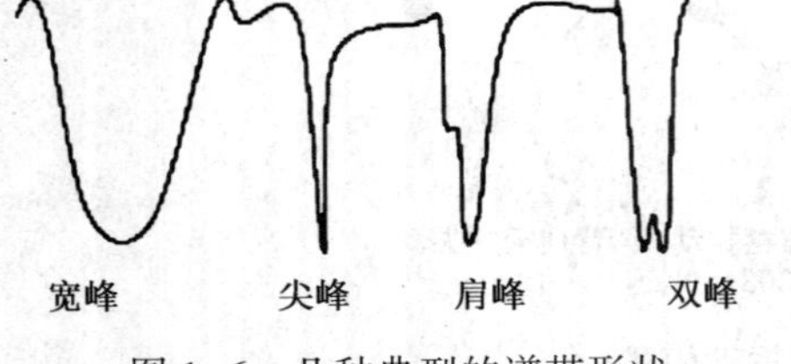

图 1-6　几种典型的谱带形状

(3) 谱带形状　谱带形状(图 1-6)也反映了分子结构特性，可帮助辨别各种官能团。如酰胺的 C ═O和烯的 C ═C 的伸缩振动吸收峰虽然均在 $1650cm^{-1}$ 附近，但由于前者易形成氢键而峰较宽，前者峰较尖锐。对于聚合物，反映骨架的谱带的宽度与构象分布有关，构象数增多谱带加宽。

1.2.3　红外光谱的一些术语

基频峰：由基态跃迁到第一激发态，产生一个强的吸收峰，称基频峰。

倍频峰：由基态直接跃迁到第二激发态，产生一个弱的吸收峰，称倍频峰，即 $2v$，$3v$……。

组频：如果分子吸收一个红外光子，同时激发了基频分别为 v_1 和 v_2 的两种跃迁，此时所产生的吸收频率应该等于上述两种跃迁的吸收频率之和，故称组频（或合频），即 v_m+v_n。

特征峰：凡是能用于鉴定官能团存在的吸收峰称特征峰，相应频率成为特征频率。

相关峰：相互可以依存而又相互可以佐证的吸收峰称为相关峰。

差示光谱：在光谱分析中，经常需要知道两种光谱之差。例如，在溶液光谱中去掉溶剂的光谱，便可得到纯溶质的光谱；在二元混合物中，去掉一个组分的光谱，便可得到另外一个组分的光谱，该光谱成为差示光谱，简称差谱。

1.2.4 高分子样品制备

红外光谱法对试样有一些基本要求：

① 试样厚度应选择适当，使大多数吸收峰的透射比处于10%～80%范围内，最强峰达90%左右。厚度太薄，会使一些弱的吸收峰不能显示出来，灵敏度降低；过厚会使强的吸收峰超越满刻度而无法确定真实位置（即截顶），或峰形变宽。对于不同高分子，所控制的样品厚度会有所不同，比如含氧基团的吸收很强，因而含氧高分子的厚度不应超过30μm；另一方面饱和聚烯烃则可以稍厚一些，控制在300μm以下，才能有理想的谱图。

② 试样中不应含有游离水，水本身有红外吸收（图1-7），在～$1630cm^{-1}$和～$3400cm^{-1}$，会严重干扰样品的吸收谱峰。

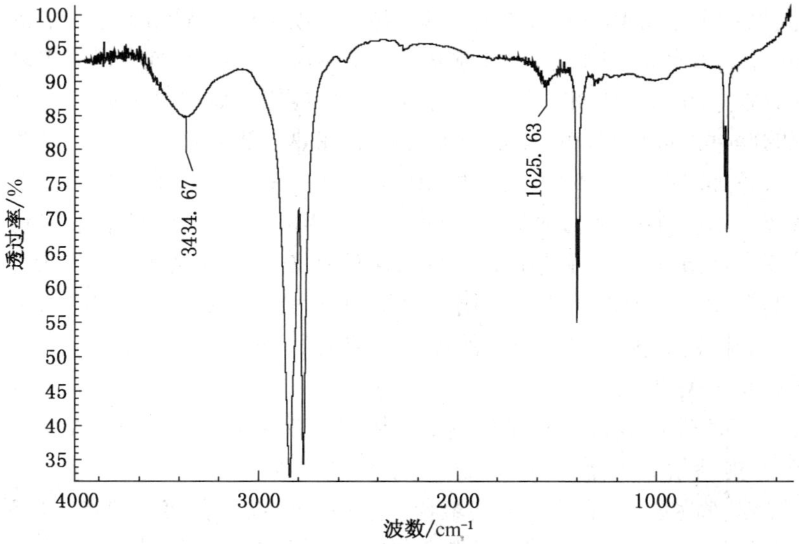

图1-7　溴化钾压片法的聚乙烯谱图中由于溴化钾不够干燥引起的水峰

红外光谱图的质量与制样有很大关系，特别是对于高分子材料。

一方面要根据研究内容的需要选择合适的制样方法。对于部分结晶的聚合物（如尼龙、涤纶、聚丙烯等）由于分子聚集态结构的不同，光谱中某些吸收带可能发生一些变化。因而对于这些样品的定性鉴定，尽可能要破坏原始样品的物理状态，经过溶解和热压制膜的方法制样。这样得到的光谱与其原来的聚集态结构无关。按照与标准光谱相同的制样方法测定未知物光谱，这样的比较才是可靠的。如果需要了解原始样品的物理状态，则用溴化钾压片法和切片法制样。为了研究一些特殊基团的吸收，如端基、侧链、少量共聚结构单元等，也可用比通常厚得多的样品。

另一方面，高分子样品形态和性质复杂，有的样品不易研磨成粉末，有的样品不溶解或熔融，样品有时含有多种“杂质”(如增塑剂、防老剂、无机填料等)，因而针对具体情况要采用适当的方法才有可能制好样。

(1) 溴化钾压片法　这是常用方法，普遍适用于固体粉末样品。取少许粉末样品与100~200倍重量的KBr在玛瑙研钵中研磨成细粉，然后用压片机压片。脆性树脂可以在加入溴化钾前事先磨细。对于某些不溶的树脂或橡胶可先加入适当溶剂进行溶胀，溶胀的凝胶是更易研磨的，研细后挥发去溶剂。还可以将橡胶样品在液态空气或干冰冷却下研磨，研磨是在振动磨中进行的，振动频率3200次/min。还有一个较简易的方法是用刮刀从固体聚合物样品表面刮取粉末直接用于溴化钾压片。粉末颗粒要细和均匀，否则会产生散射而造成基线不平。如果样品可能含水，可在140℃烘10min除去水分后再和溴化钾混匀后压片。溴化钾本身也极易吸潮，应当在红外灯下充分干燥后才能压片。一般来说，溴化钾压片法的光谱质量差于薄膜法，因此主要适用于薄膜法所不能使用的不溶性脆性树脂和橡胶，或本来就是粉末状的样品。

(2) 热压薄膜法　热压薄膜法是制备热塑性树脂和不易溶解的树脂样品的最方便和最快速的方法。对于聚乙烯、α-烯烃聚合物如聚丙烯最为合适。对于含氟聚合物和有机硅聚合物因具有较高的吸收系数，用该方法不易获得较薄的薄膜。橡胶状样品由于去掉压力后立即收缩，热压法也不能产生适用的薄膜。在热压样品以前，最好先在加热台上(如熔点显微镜的加热台)将高聚物迅速加热软化或熔化，测定其软化温度或熔融温度。样品在软化点以上20~30℃的温度下，在较高的压力(约15MPa)下压制薄膜，或者加热到熔点以上，在相当低的压力下压制成膜。可以用压机等设备，也可以简单地用一定厚度的隔圈夹在两块金属板之间压制。薄膜的厚度由取样量和改变温度来控制。在热压法制样过程中，某些高聚物加热时会发生氧化，或者加压时发生取向，而使光谱发生某些变化，这是值得注意的。

(3) 溶液浇注法　由高聚物溶液制备薄膜(10~30μm)是一种最常用的制样技术。如果样品溶于水或挥发性溶剂，可将其配成溶液后倾倒在玻璃、光滑塑料(如聚四氟乙烯)等固体表面上，溶剂挥发后，形成薄膜，可用刀片从固体表面上取下来。如在水银或磷酸等液面上浇注，可避免剥离薄膜的困难。薄膜的厚度由溶液的浓度控制。

溶剂的选择是至关重要的。

(ⅰ) 1,2二氯乙烷：能溶解大部分热塑性树脂，其中包括大部分聚烯烃和丙烯酸树脂。

(ⅱ) 甲苯：能溶解聚乙烯、α-烯烃聚合物和共聚物。

(ⅲ) 甲乙酮：特别适合于丁二烯共聚物，且用冷溶剂比在溶剂沸点下回流更有效。

(ⅳ) 水：含有大量羟基、羧基、酰胺基的许多树脂是水溶性的。

(ⅴ) 甲酸：对于聚酰胺和线型聚氨酯是最适宜的溶剂，由甲酸溶液制备的薄膜中移去可能存在的杂质(甲酸钠)，最好使用水洗的方法。

(ⅵ) 二甲基甲酰胺(DMF)：适合于聚丙烯腈、聚氟乙烯、聚偏氟乙烯和一些在其他溶剂中不溶的某些高聚物。薄膜干燥后，用水洗涤以去除残留溶剂。

要注意溶剂可能残留在薄膜中而带来假象。建议先在室温挥发，最后在红外灯下干燥以除去残留溶剂。要检查是否残留溶剂，只需将谱图与纯溶剂的谱图对照。由于高聚物对某些溶剂强烈的溶剂化作用，导致最后的溶剂残留难以去除，例如由聚氯乙烯中移去四氢呋喃，或由聚苯乙烯中移出苯是比较困难的。由薄膜中移去高沸点溶剂如聚丙烯腈中移去DMF，聚甲醛中移去二甲基亚砜(DMSO)，聚对苯二甲酸乙二醇酯中移去间甲酚就更困难。可以考虑用低沸点的溶剂萃取溶剂残留，例如DMF和DMSO很容易用水或甲醇萃取出来。通常，乙醚、石油醚和甲醇是合适的萃取溶剂。另一方面，最好避免使用非常易于挥发的溶剂(如乙醚、丙酮、二氯甲烷)溶解高聚物进行制膜，因为低沸点溶剂迅速挥发时，由于空气中的水气凝聚在样品上产生混浊的薄膜，或者在薄膜中形成气泡，或内部溶剂挥发突出表面形成不均匀的丘疹状或环形表面，使散射光大大增加。如果将高聚物溶液倒在氯化钠晶片上或玻璃上，立即用玻璃棒架起烧杯并罩在样品上，由于降低了溶剂的挥发速度和防止水气的凝聚，在大多数的情况下可以提高薄膜的质量。

如果制得薄膜的两面都具有特别平滑的表面，在光谱中出现等波数间隔的干涉条纹(图1-8)，特别是对于高折射率的材料，如聚对苯二甲酸乙二醇酯、聚苯乙烯等更是如此。这种干涉条纹的产生是由于光束在薄膜两个界面上的双反射引起的。假如光的波长为10μm，薄膜的折射指数1.5，薄膜厚度为20μm，则经两次反射的光束将迟延$2\times20\times1.5=60\mu m$的光程。由于光程差是波长的整数倍(60/10=6)，所以反射光束将使未反射光束的强度得到增强。但是波长为10.8μm的光束却被两次反射光束所衰减，因为光程差60um是波长10.8μm的5.5倍，这导致半波位移。由于主光束交替得到增强和衰减，所以在光谱图上出现间隔均匀的最大吸收和最小吸收。避免干涉条纹最简单的办法是用于制备薄膜的玻璃板要预先用抛光剂去除光泽，或用氟化氢蒸气处理过，在这样的玻璃板上浇注的薄膜一面具有不规则性，因此不产生任何干涉条纹。由研磨或腐蚀过的玻璃板上脱膜是不困难的，在较薄的薄膜情况下，将薄膜和玻璃板浸于热水中，过一会儿薄膜就能由玻璃板上脱下或很容易由玻璃板上移去。为获得厚度均匀的薄膜，可采用如下办法：将一根玻璃管的一端用润湿的玻璃纸片封住，玻璃纸干后即能绷紧。将玻璃管垂直地立在平滑的桌面上，向管内注入5%~10%的高聚物溶液，然后用盖玻片将玻璃管顶端部分地盖上让溶剂缓慢挥发，以确保制得表面光滑的薄膜。溶剂除尽后，用水润湿玻璃纸即可剥下薄膜。这样制得的薄膜其厚度可通过所用的溶液的浓度和用量来控制。在用于分析之前，需将薄膜置于真空下干燥。由乳液直接浇注的薄膜通常含有乳化剂。可以将薄膜(也可以连同样品架一起)浸泡在甲醇中，然后用水洗涤，再浸入乙醚中，最后在红外灯下干燥。由于薄膜厚度很薄，溶剂的萃取作用是很快的。一般在每种溶剂中萃取几分钟即可。同样的方法对于增塑的高聚物(如用邻苯二甲酸酯增塑的聚氯乙烯)往往也是成功的。如果仅仅为了定性鉴定，这种处理方法可以避免长时间回流。

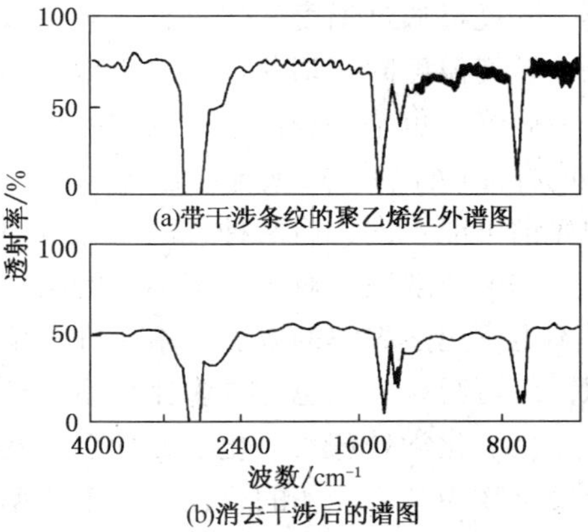

图1-8　红外光谱图中的干涉条纹

(4) 直接采用薄膜法　厚度适当的透明薄膜可直接采用。稍厚但有塑性的塑料薄膜经轻轻拉伸变薄后也可使用。

(5) 液膜法　将高分子溶液在卤化物晶片上涂上薄薄的一层液膜，就可以进行测定；如果溶液黏度很小，可夹在两片卤化物晶片之间测定。一般用KBr晶片；如果用价格较低的NaCl晶片，适用范围为700~4000cm^{-1}，丢失了低波数区。卤化物晶片用后要用有机溶剂如乙醇彻底擦洗干净，否则可能会影响下次测定。有些磨损的卤化物晶片可用含一点点水的乙醇擦洗磨平。对于含水溶液，即便水量很少也会腐蚀卤化物晶片表面，此时应改用耐水的 CaF_2 或 AgCl 晶片，但它们价格较贵。高分子的溶剂一般都有较强的吸收，只能在很窄的范围内测定，多半用于定量分析。虽然有少数溶剂吸收很少，如 CS_2(适合于 200~1350cm^{-1})和 CCl_4(适合于 1350~4000cm^{-1})，但只有少数非极性高分子能溶。有时不得已用差谱方法扣除溶剂的峰，但由于溶剂是大量的，不容易正好扣除完全，需要判断扣除的程度，经验很重要。

(6) 切片法　这是一个不太常用的方法，只是在其他方法遇到困难时才使用。适用于质地柔软，但刀片通过时又不发生明显变形的样品。不然样品在切割时会碎裂或切成的薄膜粘连。硬度可通过温度变化调整，对于较硬的样品通过加热(比如用吹风机)把温度调到其玻璃化转变温度附近切片，而对于橡胶等弹性体则通常要进行冷冻切片，以防形变。预先用溶剂溶胀样品也是一种使较硬的样品易于切片的方法，但切片后须再除溶剂。对于某些部分结晶的样品(如 PET 或聚偏氯乙烯)在室温下切片得到的光谱与溶剂浇注薄膜或热压薄膜得到的光谱可能不同，后两种方法破坏了原始样品的结晶状态。

(7) 热解法　对于不溶不熔的高分子样品，如交联的树脂、橡胶或高填充的聚合物，有时不得不用热裂解的方法。由于许多聚合物的裂解产物的红外谱图与原聚合物的红外谱图相似，仍可辨认。但也有许多完全不一样，必须用标准样品的红外谱图进行比较。

(8) 化学处理法　化学处理会改变结构，某基团的消失或其他基团的出现可以用来证明原聚合物中某官能团的存在。一个典型的例子是用来证明羧酸的存在，典型的羧酸的羰基出现在~1710cm^{-1}，与酯、酮等的羰基易于混淆，但用碱反应成盐后，羧酸盐的羰基

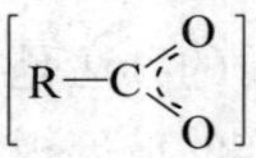

出现在 1400cm^{-1}和 1540cm^{-1}双峰(耦合的结果)，得以鉴别。

1.3 定性分析

1.3.1 官能团的特征吸收

可采用不同的方法对有机高分子中常见官能团的红外吸收光谱区加以分类，表 1-1 和图 1-9 是两种简明的表示方法，用作快速指南。记住一些常见官能团的典型特征吸收频率的基本数字对解谱是很有帮助的(表 1-2)。

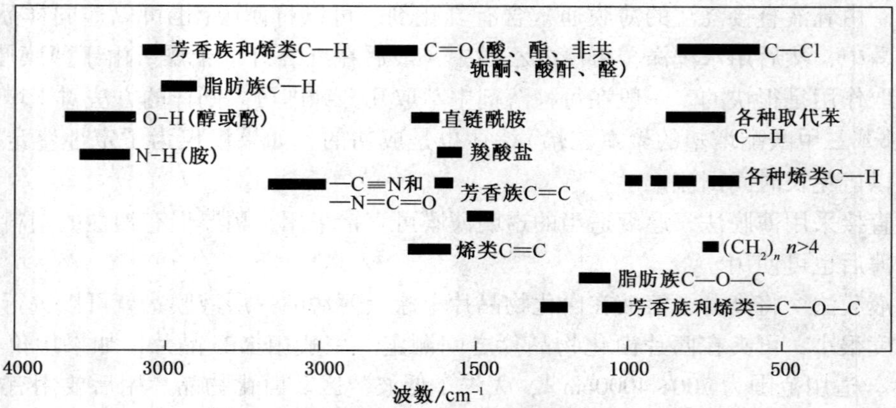

图 1-9　高分子中常见官能团的特征吸收频率

表 1-1　红外光谱中各种键的主要特征峰

序号	光谱区域/cm^{-1}	引起吸收的主要基团
1	3000~4000	υ(O—H),υ(N—H)
2	2700~3300	υ(C—H)
3	1900~2500	υ(C≡C),υ(C≡N),υ(C=C=C),υ(C=C=O),υ(N=C=O),υ(Si—H)
4	1650~1900	υ(C=O),芳烃中 C—H 弯曲振动的倍频和合频
5	1500~1675	υ(C=O),芳环的骨架振动,υ(C=C),υ(C=N)
6	1300~1500	δ(C—H)
7	1000~1300	υ(C—O),υ(C—F),υ(Si—O),δ(Si—C),C—C 骨架振动
8	600~1000	γ(C—H),υ(C—Cl)

表 1-2　高分子中常见官能团的典型特征吸收频率

官　能　团	典型特征吸收频率/cm^{-1}	官　能　团	典型特征吸收频率/cm^{-1}
$\upsilon(CH_3)$，$\upsilon(CH_2)$，υ(CH)	~2900(<3000)	υ(C=O)	1650~1850
$\delta(CH_2)$	~1460	υ(C—O)	1000~1300
$\delta(CH_3)$	~1370	υ(O—H)	3150~3700(宽)
$\gamma(CH_2)$	~720	υ(N—H)	3150~3400
烯和芳烃 υ(CH)	~3050(>3000)	酰胺	~1650(Ⅰ谱带)，~1550(Ⅱ谱带)
烯 υ(C—C)	~1650	υ(C≡N)	~2240
芳烃 υ(C—C)	~1500 和~1600 双峰(锐)	υ(C—Cl)	620~830
芳烃 $\gamma(CH_2)$	690~810		

1.3.2　影响吸收频率移动的因素

(1) 诱导效应　通常吸电子基团使邻近基团吸收波数升高，给电子基团使波数降低。于是元素的电负性越强，诱导效应越强，吸收峰向高波数移动的程度越显著。

(2) 共轭效应　共轭效应使共轭体系具有共面性，且使其电子云密度平均化，造成双键略为伸长，单键略有缩短，使双键的吸收频率向低波数方向移动。于是当取代基与苯环或双键共轭时，特征频率移向低波数处。当同时存在诱导效应和共轭效应，若两者作用一致，则两个作用互相加强，不一致，取决于作用强的效应。

(3) 氢键的影响　生成氢键，伸缩振动频率往往向低波数侧移动，吸收强度增大，谱带变宽。但对于弯曲振动来说，氢键引起谱带变宽，同时向高频方向移动。

(4) 偶合作用　指当具有一公共原子的两个化学键振动的频率相等或相近时，由于一个键的振动通过公共原子使另一个键的长度发生变化，产生一个“微扰”，从而形成了强烈的相互作用，这种相互作用的结果，使振动频率发生变化，一个向高频移动，一个向低频移动。例如，酸酐或酰亚胺的两个相邻羰基会发生偶合，其吸收峰分裂成双峰(例如脂肪酸酐：~1750，~1825；芳香酰亚胺：~1718，~1780)。又如 CH_3 的弯曲振动频率为 1375cm^{-1}，在环氧树脂中双酚 A 的两个甲基连在同一个碳原子上，形成—$CH(CH_3)_2$—时发生振动偶合，1375cm^{-1}的吸收峰消失，1360cm^{-1}和 1380cm^{-1}附近各出现一个峰。如果同一根键同时作弯曲振动和伸缩振动，则弯曲振动和伸缩振动之间也能发生偶合。只有当耦合的基团具有相近的能量时，相互作用才最大。结晶中相邻分子的相互作用也会引起谱带的分裂，称为结晶场分裂(crystal field splitting)。

(5) 外部条件对吸收峰位置的影响　物质由固态向气态变化，波数将增加，分子在气态，由于相互作用较弱，可以观察到精细结构。在极性溶液中测定光谱，极性基团的伸缩振动频率随溶剂极性的增加而向低波数方向移动，且强度增加。在红外光谱测定中，尽量采用非极性溶剂。

1.3.3 红外光谱的一般解析程序

（1）准备工作　在进行未知物光谱解析之前要做好以下准备工作。必须对样品有透彻的了解，例如样品的来源、外观，根据样品存在的形态，选择适当的制样方法；注意视察样品的颜色、气味等，它们往往是判断未知物结构的佐证。高分子还常用燃烧法进行初步鉴别。还应注意样品的纯度及其他物理常数如分子量、密度、熔点和折光率等物理常数的测定结果。元素分析是推断未知样品结构的另一依据。初步检验可作光谱解释的旁证，并有助于缩小鉴别范围。

审视谱图，排除可能的“假谱带”，例如 CO_2（~2350cm^{-1}）、H_2O（~1640cm^{-1} 和 ~3300cm^{-1}）、残留溶剂（可用纯溶剂作谱图对照）等的干扰。

（2）查对标准谱图　如果未知物不是新化合物，可以利用标准谱图进行查对。查对时应当注意试样的物态、溶剂、测定条件以及所用仪器类型均应与标准谱图相同。

① 与文献上的谱图进行对照。

② 与标准的谱图进行对照。

有以下几种标准谱图：萨特勒（Sadtler）标准红外光谱图；Aldrich 红外谱图库；Sigma Fourier 红外光谱图库。例如萨特勒光谱集，为美国费城萨特勒研究所编制。它分成两大类，一类为纯度在98%以上的化合物的红外光谱，另一类为商品（工业产品）光谱，其中包括单体和聚合物、橡胶、纤维、天然树脂、增塑剂、颜料等与高分子相关的光谱，还包括聚合物裂解光谱。

检索途径有：

a. 对于已知物，查阅分子式索引或字母顺序索引，用标准谱图对照核实。

b. 对于未知物，查阅谱带索引，以寻找试样光谱吸收带相同的标准谱图，该索引以第一强峰为序。

c. 对于已知大概类型和可能的官能团，可按化学分类索引查找，该索引以官能团类别为序。

③ 用计算机谱图库检索　以下介绍几种谱图数据库。

a. Spectral Database for Organic Compounds（简称 SDBS）　SDBS 是一个综合性的有机化合物（含高分子）谱图数据库，针对每个化合物提供了六种标准谱图，包括 EI-MS、FTIR、^{1}H NMR、^{13}CNMR、拉曼光谱、ESR（电子自旋共振谱）。截至 2008 年，该数据库已经收录了大约 33000 种化合物，包括 24000 张质谱图、14700 张 ^{1}H NMR 谱图、13000 张 ^{13}CNMR 谱图、51100 张 FTIR 谱图、3500 张拉曼谱图以及 2500 张 ESR 谱图。该数据库从 1997 年起免费对外开放。

网站提供了多种查询方法，可以通过化合物名、化学式、分子量、CAS 号以及 SDBS 号查询各种化合物的标准谱图；也可以通过输入化合物各种原子的数量进行模糊查询；还可以针对谱图中特定的信号搜索相应的结构，比如 FTIR 中某个峰值或者范围等。所检索到的谱图允许保存到个人计算机上，但不允许读者利用下载工具批量下载谱图。链接：http://riodb01.ibase.aist.go.jp/sdbs/cgi-bin/direct_frame_top.cgi

b. 中国科学院上海有机化学研究所化学专业数据库

化学专业数据库是中科院上海有机化学研究所承担建设的综合科技信息数据库的重要组成部分。目前已经建设完成19个方面的数据内容与技术，分别是化合物结构数据库、化学反应数据库、红外谱图数据库、质谱谱图数据库、化学物质分析方法数据库、药物与天然产物数据库、中药与有效成分数据库、化学配方数据库、毒性化合物数据库、化工产品数据库、中国化学文献数据库、化学核心期刊(英文)数据库、专业情报数据库、精细化工产品数据库、生物活性数据库、工程塑料数据库、化合物名称翻译、结构处理技术共享和化学网络资源数据库等。全部数据实现网络共享服务功能。

其中的红外谱图数据库收录了大约15万多个化合物，包括DMS标准谱、Coblentz标准谱和Sadtler的纯有机物的标准谱、高聚物及其单体、表面活性剂、药物、染料、增塑剂、高分子添加剂、纯有机物的气相谱、溶剂、麻醉剂与兴奋剂、高分子和添加剂、农药、胶粘剂与密封剂、毒性化合物、涂料、阻燃剂、无机化学、脂肪蜡与衍生物、中间体、橡胶化合物、润滑剂、水处理化合物、石油产品、备用处方药、药典红外光谱等各类应用红外光谱。通过特定格式转化的红外光谱文件以峰位检索、强峰检索、功能团检索以及组合检索，也可以通过化合物名称、化合物分子式检索，获取需要的化合物，主要包括其红外光谱图、物化性质以及CA登录号等信息。

要使用该网站进行数据查询，需要先免费注册一个用户名。使用时通过用户名登陆系统后，即可进行相关谱图的查询。另外需要浏览器提供对JAVA的支持，才能看到谱图。读者可以到http：//www. java. com/en/下载相应的软件并安装即可。需要注意的是，该数据库目前不允许下载或者保存所检索到的谱图。链接：http：//202. 127. 145. 134/default. htm

若红外仪的工作站配有一定数量谱图的谱库(如Perkin-Elmer的工作站)，样品测定后可直接检索。检索的可信程度采用相似度(matches)来表达。

如果既没有软件也没有谱图集，建议自己做出一批标准谱图，或注意收集和保存一批常用的谱图备用。

无论哪种方法检索，要注意由于高分子结构的多重性、不均一性和复杂性，即使是简单的均聚物，也不能期望它们有完全相同的谱图。理论上谱带的位置和强度要吻合，但实际上主要看谱带的位置，而谱带的强度常难于一致，它与样品厚度有关，在某种程度上还取决于仪器的种类。同时解谱时也要认识到红外仪器的分辨率是较低的，一般是2~32cm^{-1}，常用4cm^{-1}，不同分辨率的图谱细节看上去可能不一样。

(3) 根据官能团的鉴别　根据官能团的初步分析可以排除一部分结构的可能性，肯定某些可能存在的结构，初步可以推测聚合物的类别。即利用所谓否定法、肯定法或肯定与否定相结合的方法。图谱的解析需要靠长期实践经验的积累。一般程序是先官能团区，后指纹区；先强峰后弱峰；先否定后肯定。首先在官能团区搜寻官能团的特征伸缩振动(特别是判断是芳香族还是脂肪族)，注意必须找到一组相关峰的存在才能确定某官能团或化学键的存在。例如，红外光谱图中有一个1735cm^{-1}的强峰，可归属为酯的C═O特征峰，但还必须找到它的相关峰(CO)OC的不对称伸缩振动(酯谱带)的特征吸收1185~1275cm^{-1}的强峰，这样才能确定有酯基存在。再根据指纹区的吸收情况，进一步确认该基团的存在以及与其他基团的结合方式。最后再结合样品的其他分析资料，综合判断分析结果，提出最可能的结构式，然后用已知样品或标准图谱对照，核对判断的结果是否正确。如果样品为新化合物，则需要结合核磁、质谱、紫外和元素分析等数据，才能决定所提的结构是否正确。

对于有机物，由元素分析的结果可求出化合物的经验式，由分子量可求出其化学式，并求出不饱和度。从不饱和度可推出化合物可能的范围。

不饱和度是表示有机分子中碳原子的不饱和程度。计算不饱和度 u 的经验公式为：

$$u = 1 + n_4 + \frac{1}{2}(n_3 - n_1) \qquad (1-10)$$

式中，n_4、n_3、n_1 分别为分子中所含的 C、Si 等四价原子的数目，N、P 等三价原子的数目和 H、X 等一价原子的数目，二价原子如 S、O 等不参加计算。当 u ═0 时，表示分子是饱和的，为链状烃及其不含双键的衍生物；当 u ═1 时，可能有一个双键（C ═C、C ═O、C ═N）或一个脂环；当 u ═2 时，可能有两个双键、两个脂环或一个三键（C ≡C、C ≡N）；当 u ═4 时，可能有一个苯环或三个双键。

不饱和度计算举例如下：2-羟基-4-氯苯胺（C_6H_6NOCl），$u=1+6+(17)/2=7-3=4$。

对于高分子，由于常见的品种有限，因而有可能排出一个流程图，按流程的顺序用肯定（用+表示）或否定（用−表示）的分析。图 1-10 是一个简单的流程图，只进行两种最重要官

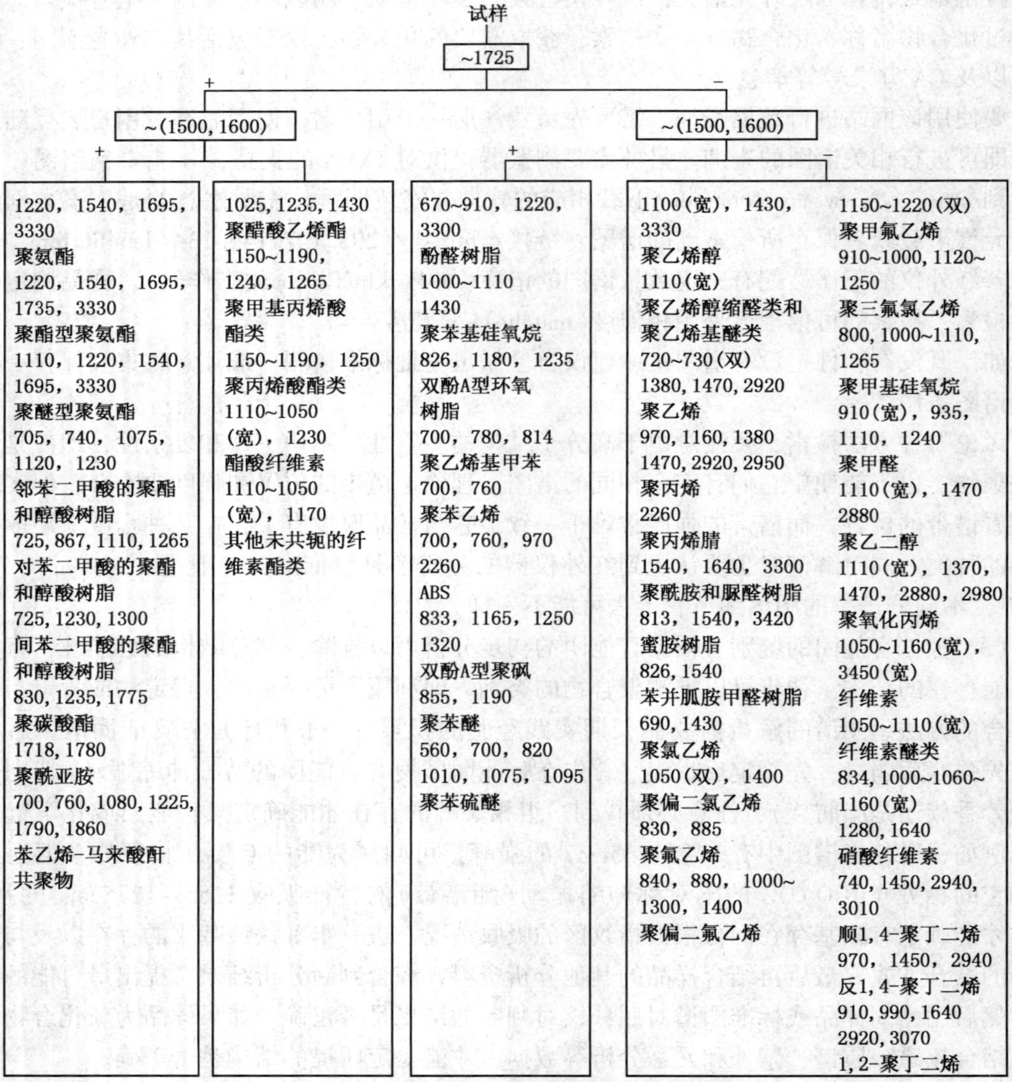

图 1-10　利用主要谱带鉴别高分子的流程图

能团，即羰基（~1725cm^{-1}，吸收应在85%以上）和芳基（~1500cm^{-1}、~1600cm^{-1}）的鉴别。在分成四大类后利用高分子其他特征谱带进一步区分。该表中各谱带未注明强度，但一般应在中强以上。

另一种作法是以谱图的最强吸收峰为线索开始解析。把常用的一些高聚物光谱按照它的最强谱带位置，从1800cm^{-1}到600cm^{-1}分为六个区。而含有相同极性基团的同一类化合物大多在同一区里。需要说明的是，有些高聚物的第一吸收在这个波数范围之外，如大多数饱和聚烃类的第一吸收在2900~3000cm^{-1}区域，而一些醇类、酚类在3200~3500cm^{-1}区域有第一吸收。但是由于这些谱带有时容易被外界因素干扰，如KBr压片的散射、水的吸收等，往往使谱带增强。在这种情况下，按第二强谱带来分类。具体如下：

Ⅰ区：1700~1800cm^{-1}，聚酯、聚羧酸、聚酰亚胺等；

Ⅱ区：1500~1700cm^{-1}，聚酰胺、聚脲树脂、蜜胺树脂、蛋白质等；

Ⅲ区：1300~1500cm^{-1}，聚烯烃、有极性基团取代的聚烯烃、某些聚二烯烃等；

Ⅳ区：1200~1300cm^{-1}，聚芳醚、聚砜、一些含氯的高聚物等；

Ⅴ区：1000~1200cm^{-1}，脂肪族聚醚、含羟基聚合物、含硅或含氟的聚合物；

Ⅵ区：600~1000cm^{-1}，苯乙烯类聚合物、聚丁二烯等含不饱和双键聚合物、一些含氯的聚合物（含氯量较高者）。

由一张未知高聚物或添加剂的红外光谱图成功地推断其结构，主要依赖于分析工作者在红外光谱方面的经验和对聚合物及其添加剂结构、应用及工艺的熟悉程度。混合物或严重不纯的样品所得到的光谱图，一般是比较复杂的，吸收带严重重叠，如果没有充分的工作经验是很难识别的，甚至会造成错误的结论。所以，常说的谱图解析是指由一张纯物质的光谱来推断未知物的化学结构。但是根据工艺方面的知识，确定了一个组分，往往可以提出另一种组分的可能性。在大多数情况下，一种材料在另一种材料中的检出极限大约为5%，然而，根据材料类型不同，个别可达到1%，检出极限与测定材料的物态，选择吸收带的吸收系数，以及与其他强吸收相接近的程度有关。有时，不同材料的谱图是相同的或相近的，如聚乙烯和石蜡的谱图实际上是很难区别的。因此，由红外光谱得出的结论必须符合样品的实际，或用其他方法证实红外光谱的结论。

1.4 红外光谱法在高分子材料中的解析和应用

利用红外光谱不仅可以鉴别高聚物，鉴定聚合物材料中的添加剂等，定量分析其中的化学成分，还可用于测定构型、构象、支链、端基以及结晶度等结构研究工作。

1.4.1 高分子的红外谱图解析实例

常见高分子的品种不多，熟悉大约20多种常见高分子的红外谱图很有必要的。如果能熟练应用、举一反三，那么解释大多数未知聚合物的谱图不是难事。为此，以下详细介绍这20多种常见高分子的红外谱图，并扩展到每一个聚合物的更多的相关品种。

（1）聚乙烯　图1-5的聚乙烯红外光谱恐怕是最简单的高分子红外光谱图了。在约2925/2850、1475/1460和733/721cm^{-1}处有三个很强的吸收峰，它们分别归属于C—H的伸缩（不对称和对称）、弯曲和摇摆振动。三类振动从左到右依次波数减小、能量减小。733/721cm^{-1}是双重峰，其中~720cm^{-1}是无定形聚乙烯的吸收峰，~730cm^{-1}是结晶聚乙烯的吸收峰。1475/1460cm^{-1}紧挨着的双重峰也是由于晶体场引起的分裂。由于实际聚乙烯很少是完全线形的，特别是低密度聚乙烯有许多支链，因而在 1378cm^{-1}处能观察到甲基弯曲振动谱带。在乙丙共聚物中也会有类似的现象。由于聚乙烯中少量烯端基的存在，在 909 和 990cm^{-1}有时能看到弱谱带，分别对应 RCH ═CH_2 中反式 CH 面外弯曲振动及 CH_2 面内弯曲振动。有时在 1720cm^{-1}处出现小峰是由于含羰基的添加剂引起的，不是聚乙烯本身的峰。

LLDPE 是乙烯与百分之几的 α-烯烃共聚，引入短支链而形成低密度。LLDPE 分为乙烯/1-丁烯共聚型和乙烯/4-甲基-1-戊烯共聚型。前者会出现 772cm^{-1}的乙基峰，而后者以 1378cm^{-1}甲基峰分裂成双峰(因有双甲基偶合)为特征。

(2) 聚丙烯　聚丙烯中每两个碳就有一个甲基支链，因而除了 1460cm^{-1}的 CH_2 弯曲振动外，还有很强的甲基弯曲振动谱带出现在 1378cm^{-1}。CH_3 和 CH 的伸缩振动与 CH_2 的伸缩振动叠加在一起，出现了 2800~3000cm^{-1}的多重峰，可以辨别出 2959cm^{-1}和 2868cm^{-1}CH_3 不对称与对称伸缩，2879cm^{-1}(与 2868 叠加)和 2838cm^{-1}CH_2 不对称与对称伸缩，2921cm^{-1}CH 伸缩和 2721cm^{-1}弯曲振动的组频。聚丙烯谱图的另一个主要特点是在 970 和 1155cm^{-1}处呈现$[CH_2CH(CH_3)]_m$ 的特征峰。图 1-11 是全同聚丙烯的红外光谱。全同聚丙烯与无规聚丙烯的区别是，全同聚丙烯除了上述五条谱带外，在 841、998 和 1304cm^{-1}等还存在一些与结晶有关的谱带，因而总的来说有 970、998 和 1155cm^{-1}所谓聚丙烯“三强带”；而无规聚丙烯不能结晶，故不存在这些谱带。

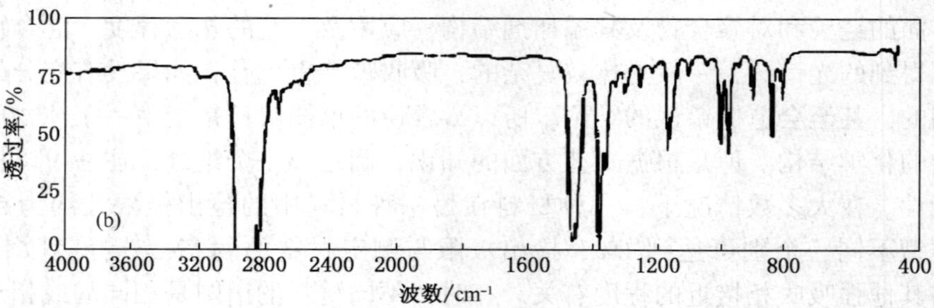

图 1-11　聚丙烯(全同)的红外谱图

丙烯共聚物的类型可以用 720~770cm^{-1}的 CH_2 摇摆振动来判别。因为对于$\leftarrow CH_2 \rightarrow_n$，当 $n=1$ 时峰在 770cm^{-1}；$n=2$，752cm^{-1}；$n=3$，733cm^{-1}；$n>4$，720cm^{-1}，从而根据 CH_2 序列的长短就可以推断共聚物的类型。对于聚丙烯均聚物，CH_2 振动不很明显(图 1-12a)。乙丙无规共聚(聚乙烯通常在 10%以下)中，大部分聚乙烯在聚丙烯中孤立存在，因而以 733cm^{-1}为主(图 1-12b)。乙丙嵌段共聚物中，通常聚乙烯含量高，长主链以 722cm^{-1}为主吸收峰，聚乙烯嵌段部分的结晶峰出现在 729cm^{-1}，因而有双峰(图 1-12c)。在图(b)和图(c)中 770cm^{-1}处均有一个小峰，表明存在聚丙烯。在丙烯与 1-丁烯共聚的情况下，只出现 770cm^{-1}一个峰(图 1-12d)。

聚 1-丁烯的特征谱带为 1380cm^{-1}甲基对称变形振动和 760cm^{-1}的侧链次甲基的摇摆振动。此外还有如下其他反映结晶的谱带：

Ⅰ型结晶：535、800、815、845、925、1025、1208、1260、1328cm^{-1}

Ⅱ型结晶：518、570、800、905cm^{-1}

Ⅲ型结晶：510、535、815、905、925cm^{-1}

对聚 4-甲基-1-戊烯，1380cm^{-1}双重峰(偶合分裂)为双甲基的变角振动，1161cm^{-1}

的骨架振动及其肩峰 $1142cm^{-1}$ 均可用于鉴别。与全同构象有关的有 717 和 $833cm^{-1}$ 谱带，与结晶有关的有 810 和 $844cm^{-1}$ 谱带。

（3）聚苯乙烯及其相关共聚物　图 1-13 是聚苯乙烯（无规）的红外光谱。聚苯乙烯是典型的非晶聚合物，谱带不受结晶场的影响。结构中既有芳香官能团又有脂肪族官能团，结构又相当不对称，所以谱带很丰富，是值得详细研究的典型。而且苯乙烯经常参加共聚，所以记住聚苯乙烯整个谱图的总形貌是很有益的。由于其吸收峰很尖锐，聚苯乙烯谱图常作为标准谱图，用来校对仪器的波数。在 $3000cm^{-1}$ 附近有丰富的谱带，可分辨出 2849、2923、3000、3025、3060 和 $3082cm^{-1}$ 等锐峰。$2800 \sim 3000cm^{-1}$ 的谱带是饱和 C—H 或 CH_2 的伸缩振动，而 $3000 \sim 3100cm^{-1}$ 的谱带属于苯环上 C—H 不同模式的伸缩振动。$1493cm^{-1}$ 和 $1600cm^{-1}$ 的强峰是苯环的骨架振动（又称苯环的呼吸振动）。700 和 $760cm^{-1}$ 是单取代苯环上氢的面外弯曲振动（注：单取代是双峰，而双取代是单峰，这个特点对于判断苯环取代类型很有用），它们的倍频和组频出现在 1670、1740、1800、1870 和 $1940cm^{-1}$，都有力地证明了存在单取代苯。

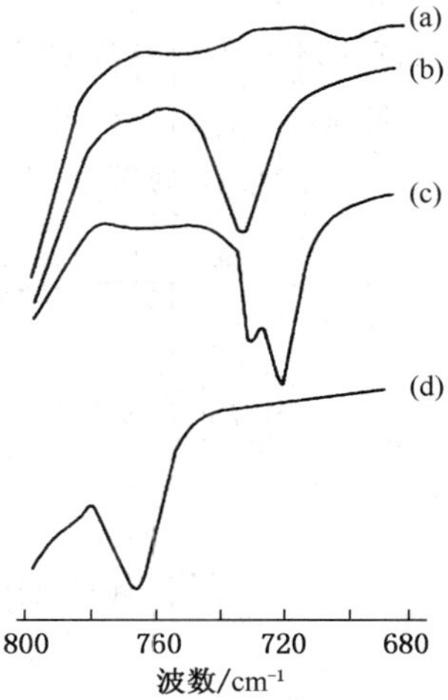

图 1-12　丙烯聚合物的红外光谱（CH_2 摇摆振动区）

（a）聚丙烯均聚物；（b）乙丙无规共聚物；（c）乙丙嵌段共聚物；（d）丙烯与 1-丁烯共聚物

高抗冲聚苯乙烯（HIPS）主要添加了丁苯橡胶或聚丁二烯，910 和 $967cm^{-1}$ 两个峰增强与 1030、$1070cm^{-1}$ 两峰的强度相仿。特别是 $967cm^{-1}$ 强峰表明存在反式丁二烯（顺式丁二烯没有可辨认的峰）。同时在 $1640cm^{-1}$ 出现峰表明存在不饱和键。

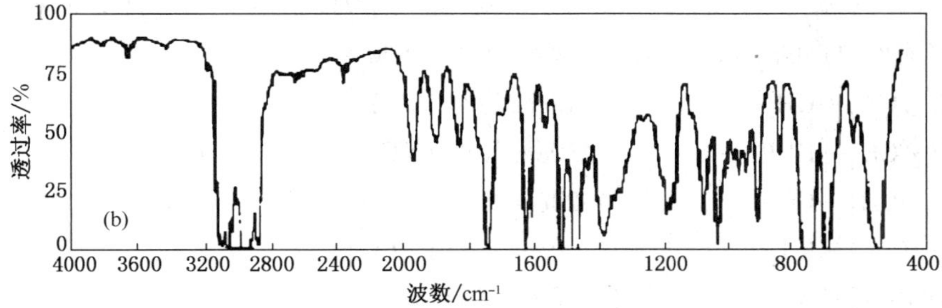

图 1-13　聚苯乙烯的红外谱图

ABS 可以根据在 $2240cm^{-1}$ 处出现的氰基特征峰和 $967cm^{-1}$ 的双键上 C—H 的面外弯曲特征峰而得到证实。

AAS 除了氰基的特征吸收外，还应有 $1740cm^{-1}$ 和 $1160cm^{-1}$ 丙烯酸酯的吸收。

苯乙烯-马来酸酐共聚物（SMA）的特征吸收是 $1780cm^{-1}$ $(C=O)_2$ 不对称伸缩振动和 $1850cm^{-1}$ $(C=O)_2$ 对称伸缩振动一对峰（酸酐羰基偶合分裂），但后者比前者弱很多。还有两个强峰 $1240cm^{-1}$（C—O 伸缩振动）和 $950cm^{-1}$（MA 五元环上 C—H）与 MA 有关。

（4）聚氯乙烯　图 1-14 是聚氯乙烯的红外光谱。$2900cm^{-1}$ 附近的谱带说明 CH_2 的存在。由于受到邻近氯原子的影响，CH_2 的弯曲振动谱带从聚乙烯的 $1460cm^{-1}$ 向低频位移至 $1430cm^{-1}$，同时强度增加；C—H 的伸缩振动谱带也从聚丙烯的 $2921cm^{-1}$ 向低频位移至

2970cm^{-1}，高于 CH_2 不对称和对称伸缩的 2930/2850cm^{-1}。而 1250cm^{-1}的 C—H 弯曲振动和 1330cm^{-1}的 CH 弯曲与 CH_2 摇摆的组频振动，也由于有氯原子在同一个碳原子上而得到增强。在 600～700cm^{-1}内出现 C—Cl 伸缩振动的吸收峰是另外一个显著特征。此外在 960cm^{-1}有 CH_2 面内摇摆谱带，在 1100cm^{-1}有 C—C 伸缩振动谱带。

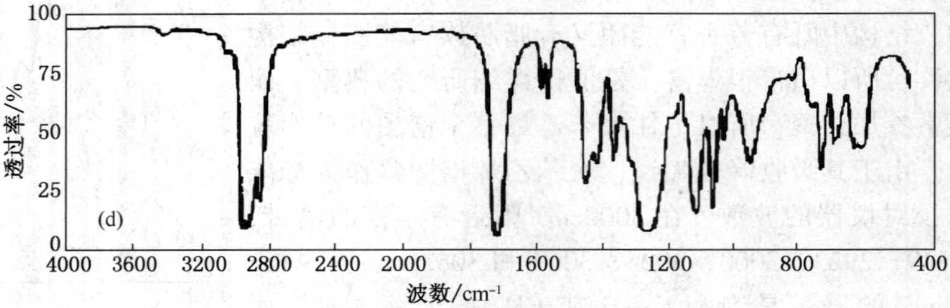

图 1-14 聚氯乙烯的红外谱图

软聚氯乙烯含有不少增塑剂(多半是酯类)，常在 1730cm^{-1}左右出现强峰，易与聚酯类混淆，此时应以 600～700cm^{-1}的 C—Cl 吸收判断。

PVC/ABS 共混物除 ABS 的吸收外，还应加上 PVC 的 1250cm^{-1}和 600～700cm^{-1}的吸收。

PVC/PVDC 共混物的特点是 PVDC 的 C—C 伸缩振动很强，出现 1060cm^{-1}。在共聚的情况下常发生分裂，在 1046 和 1071cm^{-1}。PVDC 的 C—Cl 伸缩出现在 531、603 和 657cm^{-1}。

E/VC 共聚物在 750cm^{-1}有乙烯单元的弱吸收。

VAc/VC 在 1025、1370、1740cm^{-1}有 VAc 的吸收。

EVA/VC 在 1021、1465、1740、2850、2920cm^{-1}有 EVA 的吸收。

受氯原子的影响，CH_2 的弯曲振动谱带从 1460cm^{-1}向低频位移的现象很有用，从下列 $\delta(CH_2)$位移值可以推断 PVC/PVDC 共聚物的序列组成：

—CHCl—CH_2—CH_2—	1440cm^{-1}(即 VC-E)
—CHCl—CH_2—CHCl—	1430cm^{-1}(即 PVC)
—CHCl—CH_2—CCl_2—	1420cm^{-1}(即 VC-DVC)
—CCl_2—CH_2—CCl_2—	1400cm^{-1}(即 PVDC)

(5) 聚四氟乙烯　图 1-15 是聚四氟乙烯的红外光谱。在 1100～1250cm^{-1}有 2～3 条极强的谱带(1152、1213 和 1243cm^{-1}，用厚度小于 3μm 薄膜时可观察到 3 条)，这是 CF_2 的伸缩振动。有时在 2350cm^{-1}可观察到它们的倍频。510～640cm^{-1}内有 CF 弯曲振动的一系列谱带(如 516，553，638cm^{-1})。

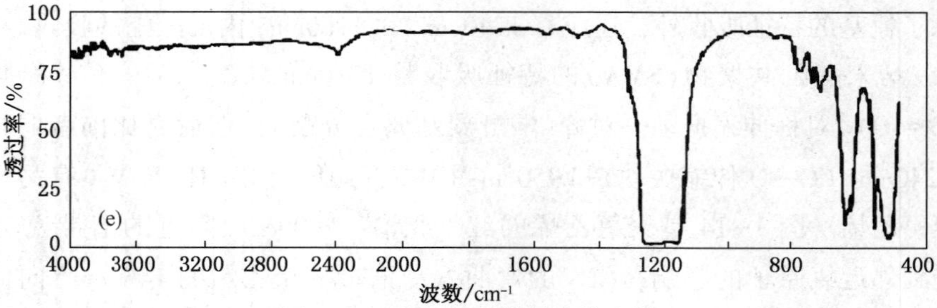

图 1-15 聚四氟乙烯的红外光谱

F_{46}除了聚四氟乙烯的谱带外，在980cm^{-1}处有较弱的特征谱带，来源于六氟丙烯的CF_3基团。所有氟树脂的C—F伸缩振动都在1200cm^{-1}附近，很强，即使只含少量也能识别。

（6）聚醋酸乙烯酯　图1-16是聚醋酸乙烯酯的红外光谱。由羰基伸缩振动产生的1740cm^{-1}谱带最强。而最特征的是位于1020和1240cm^{-1}的两条谱带，分别属于 $-\overset{\overset{O}{\|}}{C}-O-CH-$ 基团中的 $-\overset{\overset{O}{\|}}{C}-O-$ 和—O—CH—中C—O的伸缩振动，两者和1740cm^{-1}谱带结合起来可指示酯类的存在。位于1370cm^{-1}和1435cm^{-1}谱带分别是甲基和次甲基的变形振动，后者由于酯基的影响而向低波数位移。由于甲基与羰基相连而使1370cm^{-1}强度显著增加，可以指示醋酸酯的存在。

在聚醋酸乙烯酯中由于含氧基团的谱带强度极大，使2900cm^{-1}附近的CH_2伸缩振动谱带显得很弱，所以如果谱图中既有上述聚醋酸乙烯酯各谱带，又有强的CH_2伸缩振动吸收，说明无疑是EVA共聚物。其中醋酸乙烯酯含量只要有15%左右，含氧基团的强度就会与CH_2伸缩振动谱带差不多。从它们的相对强度比可以估计共聚物的组成比。

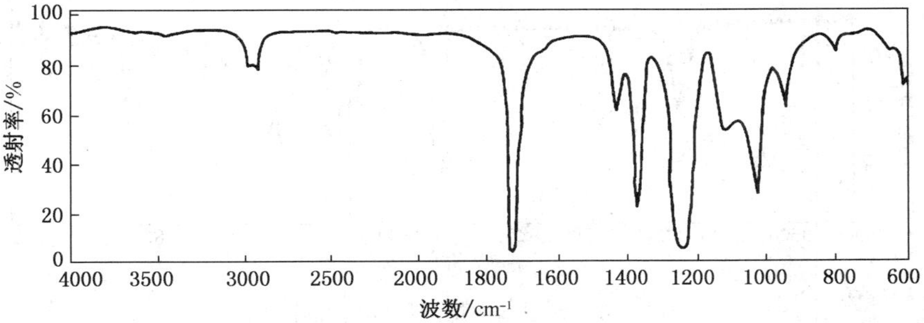

图1-16　聚醋酸乙烯酯的红外光谱

（7）聚乙烯醇　图1-17是聚乙烯醇的红外光谱。聚乙烯醇的特点是，在3000~3500cm^{-1}内有能形成氢键的O—H伸缩振动强吸收峰，在1100cm^{-1}附近有二级醇羟基的C—O伸缩振动吸收峰（注：一级醇羟基在1050cm^{-1}，三级醇羟基在1150cm^{-1}，酚羟基在1220cm^{-1}，可与之区别）。1660cm^{-1}有羟基的吸收峰，CH_2弯曲振动受羟基影响而位移到1430cm^{-1}。由于工业上聚乙烯醇是由聚醋酸乙烯皂化而来的，皂化不完全而残留的乙酰基会使谱图中存在1740cm^{-1}和1370cm^{-1}的弱峰。这是聚乙烯醇的一个显著标志。

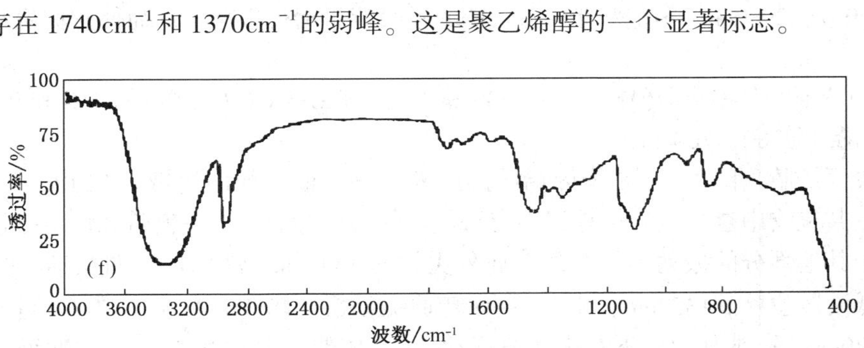

图1-17　聚乙烯醇的红外光谱

一般来说，羟基的吸收峰在3130~3700cm^{-1}。可以分成四种情况：

3130~3570cm^{-1}锐峰——形成分子内氢键。

3130~3570cm^{-1}宽峰——形成分子间氢键(在稀溶液中测定时变为3570~3700cm^{-1}锐峰；如果在稀溶液中测定时没有变化，说明羟基与分子的其他极性基团形成氢键，但羟基间不存在氢键)。

3570~3700cm^{-1}宽峰——不形成氢键。

3570~3700cm^{-1}锐峰——分子间氢键(惰性溶剂的稀溶液中)

聚乙烯醇缩醛的特点是多了新的C—O—C基团，缩甲醛的最强峰变为1020cm^{-1}，而缩丁醛的最强峰变为1000，1140cm^{-1}。同时可能有残留醛的C—H伸缩振动2737cm^{-1}。

(8) 聚甲基丙烯酸甲酯　图1-18是聚甲基丙烯酸甲酯的红外光谱。2900cm^{-1}附近甲基和次甲基的伸缩振动有明显的多峰，其中波数高达~2995cm^{-1}的吸收峰主要是与氧相连的甲基的贡献。甲基和次甲基的弯曲振动在1388、1446、1486cm^{-1}。特征谱带是1730cm^{-1}的C═O伸缩振动以及1240和1268cm^{-1}的C—O—C伸缩振动，1150和1190cm^{-1}是C—C伸缩振动和C—H弯曲振动的混合。在C—O—C这四个峰的低波数侧有一个1060cm^{-1}小峰，这是间同立构峰，虽然样品是无规立构体，但总含有少量间同立构体。

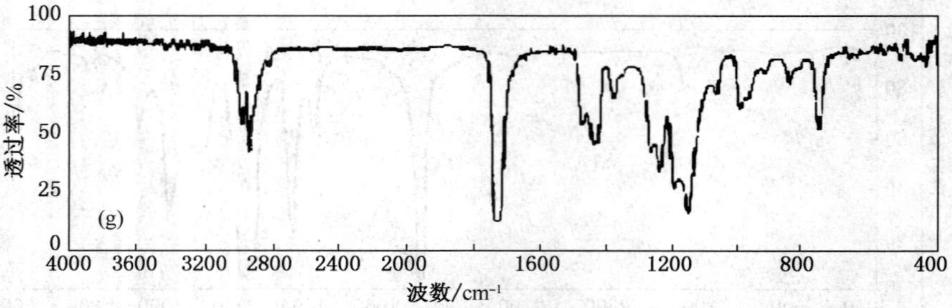

图1-18　聚甲基丙烯酸甲酯的红外光谱

聚丙烯酸甲酯与聚甲基丙烯酸甲酯的谱图非常类似，在1170和1260cm^{-1}可分辨出各有双重峰。

聚甲基丙烯酸酯类之间的区别靠1100cm^{-1}以下波数的小吸收。甲酯有753和990cm^{-1}，而丁酯为750、945~960和1060cm^{-1}。

聚丙烯酸的最强峰是羧酸C═O的~1710cm^{-1}，与C—O的~1240、~1290cm^{-1}共同说明是羧基。羧酸红外谱图的一个很重要的特点是羧基形成强的氢键，羟基在~3100cm^{-1}的吸收很宽，把2937、2980cm^{-1}等饱和脂肪族CH的吸收背景抬得很高，从而使它们像是羟基宽峰上的肩峰。

MBS的特征峰为C═O(MMA)的1730cm^{-1}，反式C═C(丁二烯)的910和967cm^{-1}，和苯环(苯乙烯)的700、760cm^{-1}。

(9) 聚丙烯腈　图1-19是聚丙烯腈的红外光谱。最特征的谱带是2240cm^{-1}的C≡N伸缩振动。在共聚物中这一锐峰也是识别有否氰基的最好标志。这一谱带如此尖锐说明氰基振动是与分子其他部分的振动不偶合的。此外尖锐的1447cm^{-1}属CH_2弯曲振动，受氰基影响变强并向低波数位移。1362cm^{-1}则属C—H弯曲振动，1248和1073cm^{-1}为混合振动。2950、2930和2870cm^{-1}分别为CH_2不对称伸缩振动、C—H伸缩振动和CH_2对称伸缩振动。聚丙烯腈纤维往往加入第二单体(丙烯酸酯)和第三单体(衣康酸)，1736和1668cm^{-1}会观察到吸收。

(10) 聚甲醛和聚乙二醇　图1-20是聚甲醛(均聚物)的红外光谱。900和935cm^{-1}是很

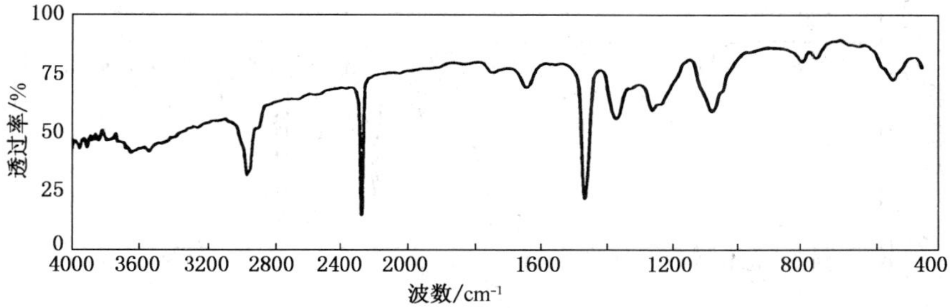

图 1-19　聚丙烯腈的红外光谱

强的特征峰，其他还有 1097 和 1237cm^{-1}的峰，都来自 C—O—C 的伸缩振动与 CH_2 摇摆振动的合频。900~1200cm^{-1}的峰与聚合物制备方法和结晶形态有较大关系，最多可向低波数位移 100cm^{-1}。2980 和 2920cm^{-1}分别属 CH_2 的不对称和对称伸缩振动，由于受氧的影响位移向较高的波数。

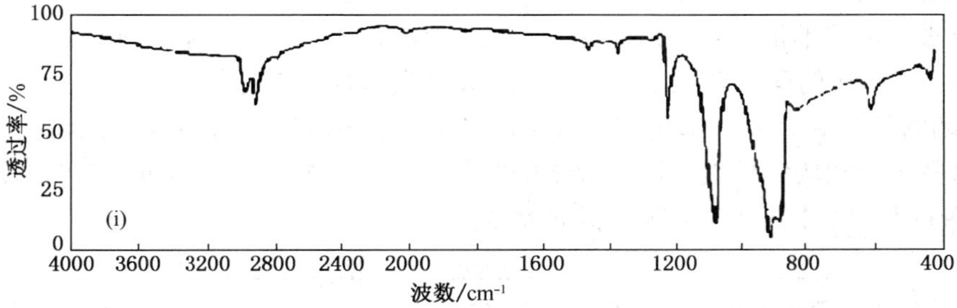

图 1-20　聚甲醛的红外光谱

聚乙二醇的特征谱带有些类似，1080~1150cm^{-1}的强吸收峰，归属于 C—O—C 伸缩振动，3200~3600cm^{-1}的吸收是形成氢键的端羟基的伸缩振动引起的，可以与聚甲醛相区别。

乙基纤维素的红外光谱也很相似。乙基纤维素的红外光谱中最强谱带位于 1100cm^{-1}，是醚键的伸缩振动。在~3480 和 1050cm^{-1}处还残存羟基吸收而产生的谱带，在 885cm^{-1}和 920cm^{-1}有两个弱峰，很特征，可以用来与甲基纤维素相区别，因为后者只有 945cm^{-1}一个峰。乙基纤维素与聚乙二醇的红外光谱区别主要是聚乙二醇在 1100cm^{-1}附近的峰形很对称，1050cm^{-1}处没有吸收；相反乙基纤维素不对称，且在 1050cm^{-1}处有强烈吸收。

纤维素本身除了醚的相关吸收外，还有显著的羟基吸收可以辨别，~3400cm^{-1}有宽峰也有锐峰，由于同时存在分子内和分子间的氢键，1650cm^{-1}也同时有吸收峰。

（11）聚苯醚　芳香醚与聚甲醛易于区别。芳香醚 C—O 的伸缩振动在 1190cm^{-1}，很强。同时还有 CH_3 的弯曲振动 1470cm^{-1}和苯环的骨架振动 1610cm^{-1}，且 855、1030 和 1305cm^{-1}的变形振动也很强。图 1-21 是聚苯醚的红外光谱。

聚砜中芳香醚的 C—O 伸缩振动在 1200~1275cm^{-1}，SO_2 伸缩振动在 1110、1165 和 1242cm^{-1}，$C(CH_3)_2$ 的骨架振动在 1165~1175cm^{-1}。

聚醚砜的 C—O 伸缩振动在 1240cm^{-1}附近。SO_2 伸缩振动在 1150 和 1330cm^{-1}。

聚苯硫醚的特征吸收在 832、1035、1120 和 1502cm^{-1}。

聚醚醚酮(PEEK)的芳香醚在 1240cm^{-1}，芳香酮在 940、1280、1320 和 1660cm^{-1}，苯环在 1160、1190、1500 和 1600cm^{-1}。

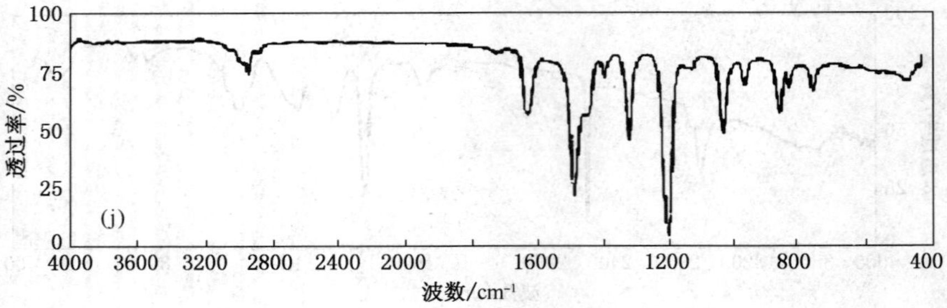

图 1-21　聚苯醚的红外光谱

这些醚类化合物在 900~1300cm^{-1}出现主要谱带，应仔细加以区别。

(12) 聚对苯二甲酸乙二醇酯　图 1-22 是聚对苯二甲酸乙二醇酯(PET)的红外光谱。特征谱带有三个，1720cm^{-1}处的羰基伸缩振动，1130 和 1260cm^{-1}处的 C—O—C 伸缩振动，它们共同表明酯类的存在。1130 和 1260cm^{-1}处强度相似的两个强峰是对苯二甲酸基团的特征峰。700~900cm^{-1}区有丰富的吸收峰说明存在苯环。730cm^{-1}是对位双取代苯环上氢的面外弯曲振动吸收，虽然不很典型，但也是对苯二甲酸基团的另一证据。830cm^{-1}谱带属于芳环上两个相邻的 C—H 的面外弯曲振动。~3059cm^{-1}为苯环 CH 的伸缩振动，1959cm^{-1}是苯环 CH 弯曲振动的倍频和组频。苯环在 1450~1620cm^{-1}区间内还应有与骨架振动有关的多个吸收峰，但这些谱带较弱，可能是因为分子的对称性较好的缘故。3440cm^{-1}为羰基伸缩振动的倍频，3540cm^{-1}弱谱带来自未反应羟基的伸缩振动。

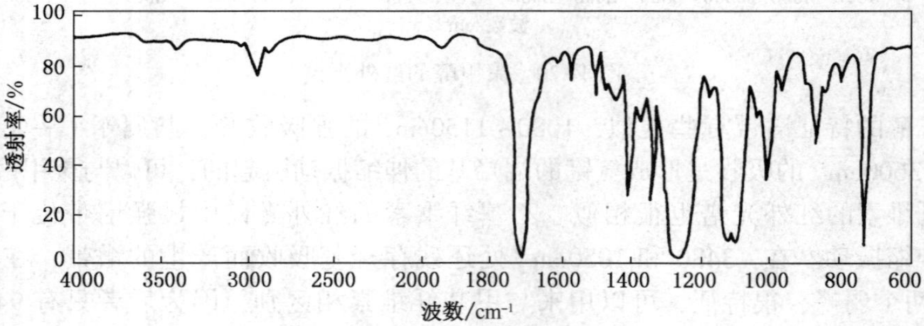

图 1-22　聚对苯二甲酸乙二醇酯的红外光谱

聚对苯二甲酸乙二醇酯是芳香酸的脂肪酯，与脂肪酸的脂肪酯如聚己二酸乙二醇酯等(包括聚甲基丙烯酸甲酯、聚醋酸乙烯酯)差别较大。前者的 C ═O 在 1720cm^{-1}以下，而后者为 1735~1740cm^{-1}，且 C—O 出现在 1170cm^{-1}。

聚对苯二甲酸丁二醇酯(PBT)的谱图与 PET 很相似，区别在于 PET 的 730cm^{-1}变为 PBT 的 720cm^{-1}，此时是由于亚丁基链的 CH_2($n \geq 4$)的摇摆振动出现在 720cm^{-1}。

另一方面，PET 与其他芳香酸的脂肪酯的 C ═O 吸收相同，区别在于 C—O 吸收和苯环 CH 的面内或面外振动。

(13) 聚碳酸酯　图 1-23 是聚碳酸酯(双酚 A 型均聚物)的红外光谱。最强峰出现在 1240cm^{-1}(多重峰)，属 C—O 的伸缩振动，与 1780cm^{-1}处羰基伸缩振动的吸收共同指示酯类。由于脂肪酸的芳香酯的 C ═O 伸缩振动出现在 1780cm^{-1}，很特征，比脂肪酯 C ═O 的 1720~1740cm^{-1}高出许多，易于区别(如果是芳香酸的芳香酯则出现在~1745cm^{-1})。其他还有 3050cm^{-1}苯环 C—H 伸缩，2870cm^{-1}和 2960cm^{-1} CH_3 对称与不对称伸缩，1500cm^{-1}和 1600cm^{-1}苯环的骨架振动，1470cm^{-1}CH_3 不对称弯曲和 1365cm^{-1}CH_3 对称弯曲，1080cm^{-1}苯环上 CH 面内弯曲，830cm^{-1}和 1020cm^{-1}的苯环上 CH 面外弯曲振动。

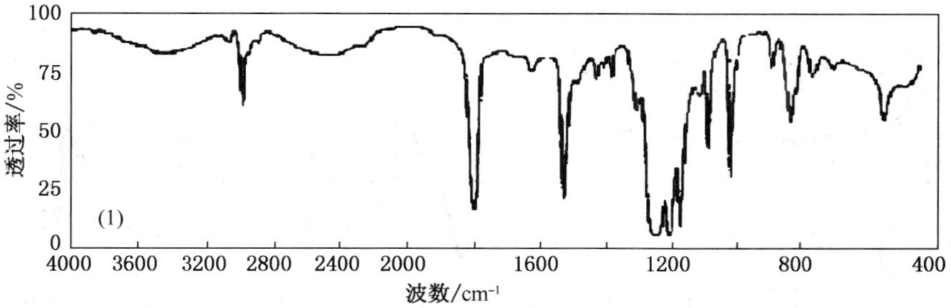

图 1-23　聚碳酸酯的红外光谱

(14) 尼龙

图 1-24 是尼龙 6 的红外光谱。其中酰胺基团非常特征的谱带如下：

1640cm^{-1}(酰胺Ⅰ谱带)	羰基伸缩振动
1550cm^{-1}(酰胺Ⅱ谱带)	N—H 弯曲和 C—N 伸缩振动的组合吸收
1260cm^{-1}(酰胺Ⅲ谱带)	也是 C—N—H 的组合吸收
690cm^{-1}	N—H 面外摇摆(又称酰胺Ⅴ谱带)
3090cm^{-1}	1550cm^{-1}的倍频
3300cm^{-1}	成氢键的 N—H 伸缩振动

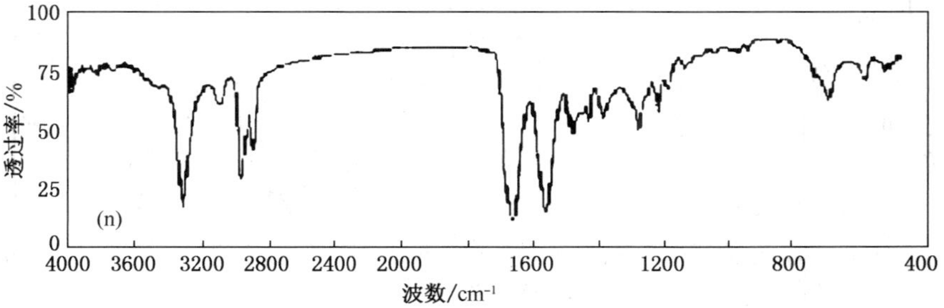

图 1-24　尼龙 6 的红外光谱

酰胺Ⅳ谱带和酰胺Ⅵ谱带分别在 938 和 582cm^{-1}。一般来说，若同时存在 1460、1550 和 3300cm^{-1}的吸收，尼龙的可能性很大。

不同尼龙品种的区分主要依据 800~1400cm^{-1}间弱峰的差别，这些峰与结晶结构有关。因为不同的制备方法会得到不同结晶度的样品，所以未知物和标准物的测定都必须用同样的方法制备。

尼龙 6：925，960，1265，1465cm^{-1}；

尼龙 66：935，1280，1480cm^{-1}；

尼龙 610：940，1245，1480cm^{-1}；

尼龙 11：720，940，1475cm^{-1}。

尼龙 12 与尼龙 11 难以区别，但从 CH_2 的 2916cm^{-1}与 C ═O 的 1640cm^{-1}两个峰的相对高度可以大致判断。对于尼龙 11，两个峰基本上一样高；对于尼龙 12，前者高于后者，由于碳链更长。

(15) 聚酰亚胺　图 1-25 是聚酰亚胺(苯均四酸型)的红外光谱。C ═O 伸缩振动为 1720、1780cm^{-1}一对峰(由于耦合而分裂)，1780cm^{-1}是弱的锐峰，而 1720cm^{-1}则较宽较强。1500、1600cm^{-1}为苯核振动，830cm^{-1}为苯环 CH 的面外弯曲。

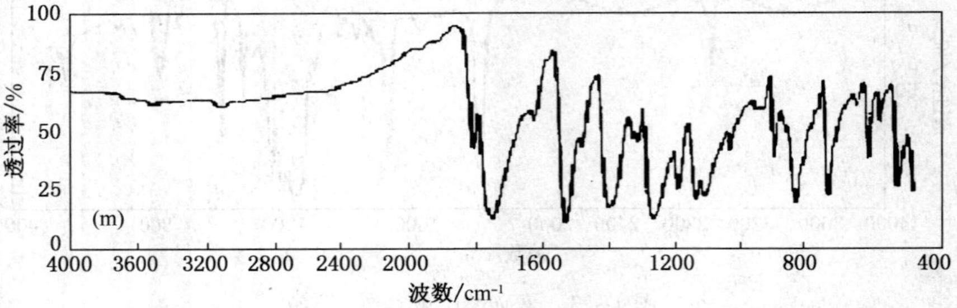

图 1-25　聚酰亚胺(苯均四酸型)的红外光谱

聚酰胺酰亚胺的谱图中酰胺和酰亚胺的吸收峰并存，在 1670cm^{-1}附近有四个强峰(C ═O伸缩振动)指示是聚酰胺酰亚胺，很可靠。

聚醚酰亚胺会出现异丙基的甲基伸缩振动，可与全芳香聚酰亚胺区别。

(16) 酚醛树脂　图 1-26 是线型酚醛树脂(初期缩聚物)的红外光谱。3350cm^{-1}和 1230cm^{-1}分别对应于酚羟基和芳香族醚键的吸收。~1500cm^{-1}和~1600cm^{-1}是苯环骨架的振动，~1700cm^{-1}是催化剂酸的吸收。760cm^{-1}和 820cm^{-1}的双峰表明主要是邻、对位连接。线型酚醛树脂可用六亚甲基四胺固化，固化物(丙阶酚醛树脂)在 1000cm^{-1}处有尖锐的峰。

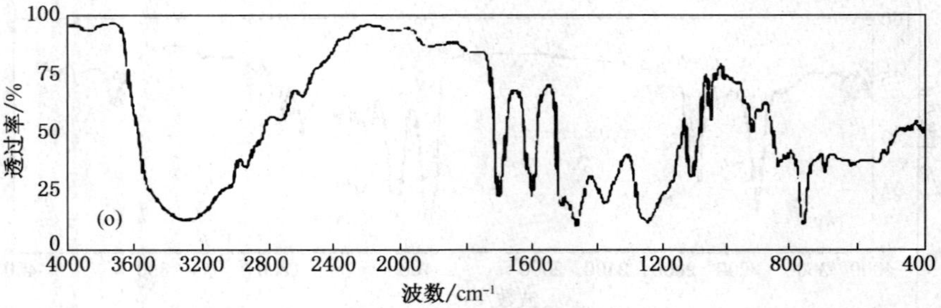

图 1-26　线型酚醛树脂的红外光谱

现总结苯环上氢的面外弯曲振动的各种情况如下：单取代 690，750cm^{-1}；邻位双取代 750cm^{-1}；间位双取代 775cm^{-1}；对位双取代 810cm^{-1}。

另有一类酚醛树脂加热即可固化，称为可熔性酚醛树脂(甲阶酚醛树脂)。未固化的这类树脂在 1010cm^{-1}处有 CH_2OH 基团的强峰，但与六亚甲基四胺的峰比较，它较宽且平滑，很易区分。此外在 3300cm^{-1}的谱带也变得更强，这是两种羟基谱带叠加在一起的结果。固化(成为乙阶和丙阶酚醛树脂)后 1010cm^{-1}的峰基本消失，3300cm^{-1}峰也明显减弱，同时 1450cm^{-1}的—OH 弯曲振动峰也明显减弱。交联生成的亚甲基醚桥(—CH_2—O—CH_2—)对应的谱带出现在 1050cm^{-1}处。

甲酚甲醛树脂没有 760cm^{-1}吸收，而 820cm^{-1}吸收很强。

(17) 脲醛树脂　图 1-27 是脲醛树脂的红外光谱。最强的 1640cm^{-1}峰是二级酰胺的羰基伸缩振动吸收峰，即酰胺Ⅰ谱带。1540cm^{-1}和 1270cm^{-1}都是 N—H 和 C—N 振动的组合吸收，即酰胺Ⅱ谱带和Ⅲ谱带。交联生成的C—O—C的伸缩振动位于1040cm^{-1}处，N—CO—N基团的弯曲振动位于655cm^{-1}处。3300cm^{-1}附近的宽峰为OH和NH的伸缩振动，3090cm^{-1}的酰胺Ⅱ谱带倍频也很明显。

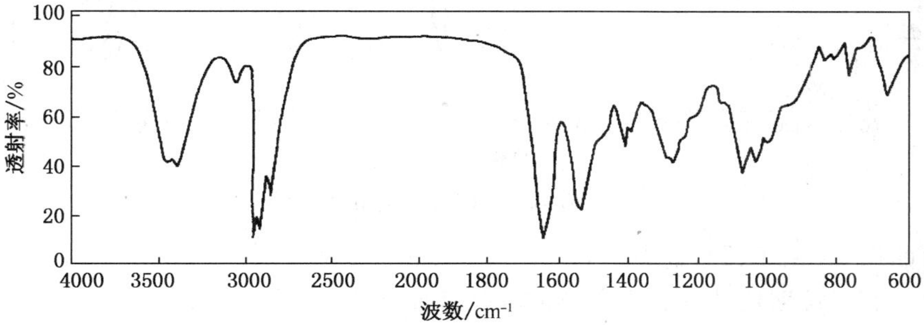

图1-27　脲醛树脂的红外光谱

对蜜胺树脂，3300cm^{-1}附近为OH和NH的伸缩振动，1510cm^{-1}和1555cm^{-1}为三嗪环的面内弯曲振动，1370cm^{-1}为C—N伸缩振动，1010cm^{-1}为C—O伸缩振动，810cm^{-1}弱峰为1,3,5-三嗪环的面外弯曲振动。

对苯胺树脂，除蜜胺树脂的特征吸收外，1590cm^{-1}为苯环的骨架振动，790cm^{-1}为苯环的面外弯曲振动，710cm^{-1}为苯环的面内弯曲振动，可与蜜胺树脂区别。此外三嗪环的面外弯曲810cm^{-1}变为苯环氢原子的面外弯曲830cm^{-1}。

(18) 不饱和聚酯　图1-28是不饱和聚酯(邻苯二甲酸系)的红外光谱。不饱和聚酯的谱图很大程度上取决于单体，酸酐可以是邻苯二甲酸酐、马来酸酐等，二元醇可以是丙二醇、二甘醇等。不同不饱和度的二酸和芳香二酸在1640cm^{-1}附近(不饱和基团)或670～910cm^{-1}(芳香基)有各自的特征吸收。此外苯环在1600cm^{-1}有吸收，酯的C—O在1000～1300cm^{-1}有吸收。根据这些信息进行综合定性分析。

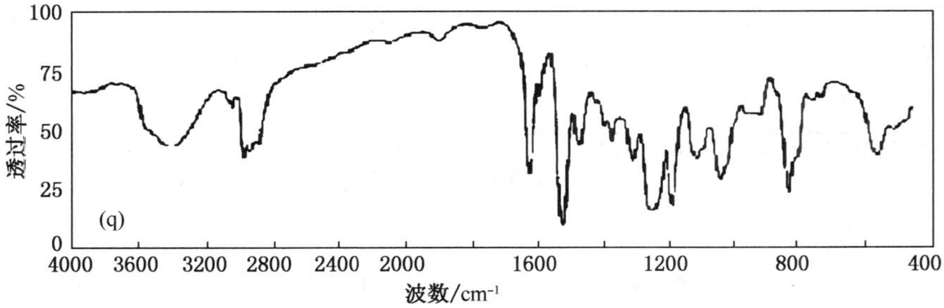

图1-28　不饱和聚酯的红外光谱

(19) 环氧树脂　图1-29是双酚A型环氧树脂(胺固化)的红外光谱。由于具有芳香结构，其谱带非常丰富。3462cm^{-1}是羟基的伸缩振动；3040cm^{-1}是苯环上C—H的伸缩振动；2966和2928cm^{-1}是甲基和亚甲基的C—H伸缩振动。1510、1585和1610cm^{-1}为苯核振动。830cm^{-1}谱带归属于对位取代苯环上两个相邻氢原子的面外弯曲振动，极具特征性。1250cm^{-1}谱带对应于醚键的不对称伸缩振动，1040cm^{-1}谱带对应于苯醚键的对称伸缩振动。915cm^{-1}谱带是由于端环氧基的不对称伸缩振动，可以用来测定未反应的环氧基数目。1460cm^{-1}为亚甲基的C—H弯曲振动；1360cm^{-1}和1380cm^{-1}处一对双峰来自于双酚A中双甲

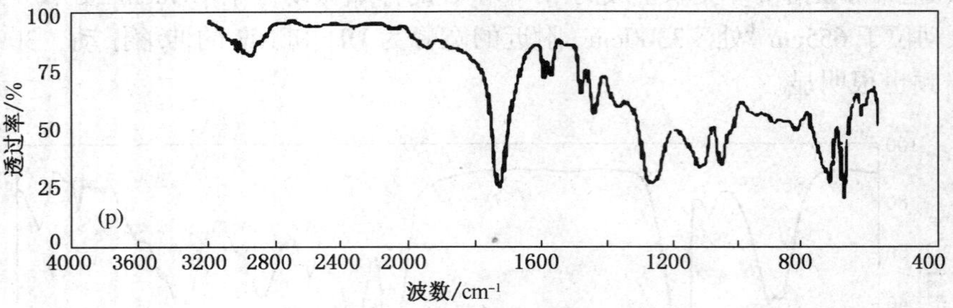

图 1-29　双酚 A 型环氧树脂的红外光谱

基的对称弯曲振动(由于偶合而分裂)。

聚苯醚也有对位取代苯基和芳香醚的吸收特征，要注意区别。

(20) 聚氨酯　图 1-30 是聚氨酯(MDI/聚酯型，热塑性)的红外谱图。聚氨酯是一类聚合物，结构比较复杂，主要分成聚酯型聚氨酯和聚醚型聚氨酯。聚氨酯都存在二级酰胺的谱带，酰胺Ⅰ谱带在 1720~1730cm^{-1}，酰胺Ⅱ谱带在~1540cm^{-1}，其位置是与其他二级酰胺的主要区别。3200~3300cm^{-1}还应有 N—H 伸缩振动。如果是芳族聚氨酯(用甲苯二异氰酸酯 TDI 等为单体)，则还应有苯环的所有特征，比如 1600cm^{-1}的苯环骨架振动。残留二异氰酸酯在 2200~2280cm^{-1}，与腈基的区别是腈基峰弱而锐，异氰酸酯峰则宽而强。聚酯型和聚醚型的区别在于，前者酰胺Ⅰ谱带与 C—O—C 谱带(~1200)差不多高；而后者酰胺Ⅰ谱带明显低于 C—O—C 谱带(~1100)，由于有大量醚键。此外聚酯型的酯羰基吸收有时能从酰胺Ⅰ谱带分辨出来，尽管会重叠。脂肪族聚氨酯应当有较强的 CH_2 的谱带，同时观察到三条明显的酰胺谱带，1730、1634 和 1561cm^{-1}。

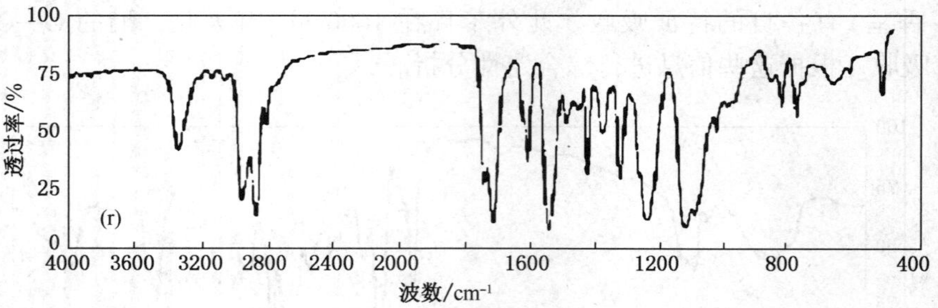

图 1-30　聚氨酯的红外光谱

(21) 橡胶　图 1-31 是天然橡胶(生橡胶，顺-1,4-聚异戊二烯)的红外光谱，合成的异戊二烯橡胶的谱图相似。特征吸收峰是 1372cm^{-1}(甲基的变形振动)和 835cm^{-1}(双键上 C—H 的面外弯曲振动)。两者在 1450cm^{-1}(由于亚甲基的弯曲振动)和 890cm^{-1}(由于含有 3，4 加成聚异戊二烯的亚乙基 C—H 面外弯曲)也都有吸收。~1660cm^{-1}有 C ═C 的伸缩振动峰，~3010cm^{-1}有双键上 C—H 的伸缩振动峰。两者的区别在于，在天然橡胶中因为含有少量蛋白质，而在 1638cm^{-1}(酰胺Ⅰ谱带)和 1540cm^{-1}(酰胺Ⅱ谱带)出现弱吸收。杜仲胶是反-1,4-聚异戊二烯，与天然橡胶相似(同样也有少量蛋白质)，仅 835cm^{-1}峰有微小区别，改在 840cm^{-1}。

其他常见橡胶品种分别说明如下：

① 顺丁橡胶。主要特征吸收是 1660cm^{-1}(双键的伸缩振动)、738cm^{-1}(双键上 C—H 的

面外弯曲振动)。由于聚丁二烯中 C ═C 相对含量较大，所以谱图的一个显著特点是 3007cm^{-1}(双键上 C—H 伸缩振动)为最强峰，会高过 2941cm^{-1}和 2859cm^{-1}(CH_2 伸缩振动)。当存在少量反式 1,4-聚丁二烯时，会出现 773、967cm^{-1}(双键上 C—H 的面外弯曲)吸收峰。当存在少量 1,2 加成聚丁二烯时，会出现 910、990cm^{-1}一对特征吸收峰。

② 丁苯橡胶。该谱图是对应均聚物谱图的叠加。对应于苯乙烯链段的特征吸收是 1600、1592cm^{-1}(苯环的骨架振动)、3000~3100cm^{-1}(苯环上 C—H 的伸缩振动)和 700、760cm^{-1}(苯环上的氢的面外弯曲振动)。对应于丁二烯链段的特征吸收是 967 和 910cm^{-1}(反 1,4 加成)、990cm^{-1}(1,2 加成)，顺 1,4 加成物没有可鉴别的峰。嵌段的丁苯共聚物(热塑性弹性体)与无规丁苯橡胶的区别在于 500cm^{-1}低波数区，前者是 542cm^{-1}的中等峰，后者是 560cm^{-1}的宽的弱峰。

③ 丁腈橡胶。也是对应均聚物谱图的叠加。对应于丙烯腈链段的特征吸收是 2240cm^{-1}(腈基的伸缩振动)和 1447cm^{-1}(CH_2 的弯曲振动)，对应于丁二烯的吸收也是 967cm^{-1}和 910cm^{-1}、990cm^{-1}。

④丁基橡胶。由于丁基橡胶是异丁烯和少量的异戊二烯或其他二烯(如环戊二烯、丁二烯)的共聚物，所以其光谱与聚异丁烯很相似，即出现与异丙基相对应的一组特征吸收峰：1368、1388cm^{-1}(甲基弯曲振动，因振动偶合而出现双峰)，1460cm^{-1}(CH_2 的弯曲振动)。1235cm^{-1}吸收峰是 C—C 的伸缩振动。为了判断共聚物中其他二烯组分，可采用聚异丁烯作差示谱图分析。

⑤ 乙丙橡胶。乙丙橡胶中两单体的摩尔百分比接近，所以呈非晶结构，不存在与结晶有关的吸收峰，其红外光谱为无规聚丙烯与非晶聚乙烯光谱的叠加。存在 970cm^{-1}和 1155cm^{-1}吸收峰，说明聚丙烯分子链段中存在头-尾连接结构。

⑥ 氯丁橡胶。工业品以反 1,4 构型为主(约占 87%)。光谱中出现四个强的特征峰，即 1667cm^{-1}(双键的伸缩振动)，1443/1430cm^{-1}(锐锋，两种 CH_2 的面内弯曲振动)，1110cm^{-1}(宽峰，碳链骨架振动)和 826cm^{-1}(宽峰，双键上 C—H 面外弯曲振动)。另外，在 600~670cm^{-1}出现了与 C—Cl 伸缩振动相应的强吸收峰。

橡胶的硫化促进剂秋兰姆的 C ═S 键 1694cm^{-1}有时也能观察到。

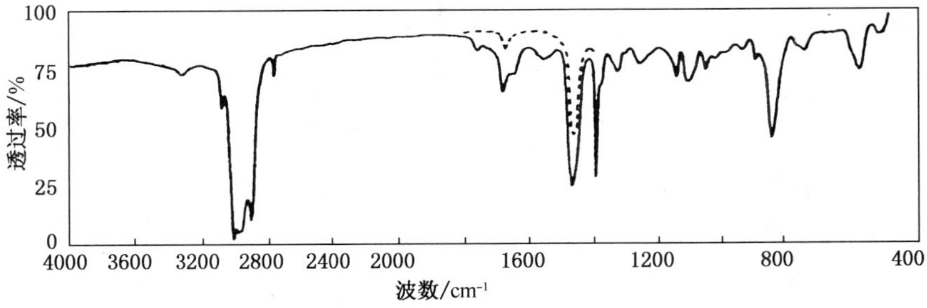

图 1-31　顺 1,4-聚异戊二烯的红外光谱

实线为天然生橡胶；虚线为合成聚异戊二烯

(22) 聚二甲基硅氧烷　图 1-32 是聚二甲基硅氧烷的红外光谱。2905cm^{-1}和 2963cm^{-1}分别属 CH_3 的对称与不对称伸缩。Si—O—Si 伸缩振动出现在 1000~1100cm^{-1}。1260 和 1410cm^{-1}谱带分别是由 Si—CH_3 基团的 CH_3 面内和面外弯曲振动引起的。800cm^{-1}谱带归属

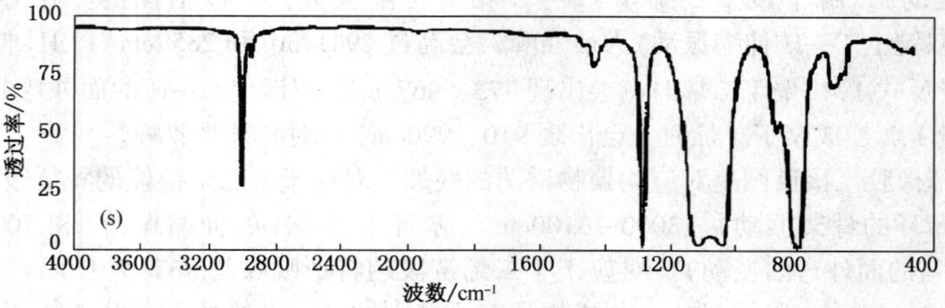

图 1-32 聚二甲基硅氧烷的红外光谱

于 Si—C 伸缩振动和 CH_3 的面内摇摆。O—Si—CH_3 和 Si—O—Si 弯曲振动分别出现在更低波数的 390 和 $490cm^{-1}$。

1.4.2 未知聚合物的解析实例

（1）保鲜膜的组成鉴别　常需要对 PE 保鲜膜和 PVC 保鲜膜进行快速鉴定和区分。图 1-33是某保鲜膜的红外光谱图。首先排除 $2360cm^{-1}$、$2338cm^{-1}$ 的 CO_2 吸收峰(若适当扣除空白，应能消除)。特征吸收峰 2970、2928、2859、1430、1330、964、689 和 $637cm^{-1}$ 均可归属于聚氯乙烯(参见图 1-15)。但有几处聚氯乙烯没有的吸收，首先 $1732cm^{-1}$ 羰基的强吸收和 $1177cm^{-1}$ 新的 C—O—C 的吸收共同说明存在酯基，$1472cm^{-1}$ 表明存在长链 CH_2。可见含有大量增塑剂邻苯二甲酸酯。用红外仪随机所带的 IRs Polymer 标准谱库搜寻，结果为含有邻苯二甲酸盐(或酯)的聚氯乙烯，匹配度为 85.8%。结果表明该保鲜膜是 PVC 保鲜膜。

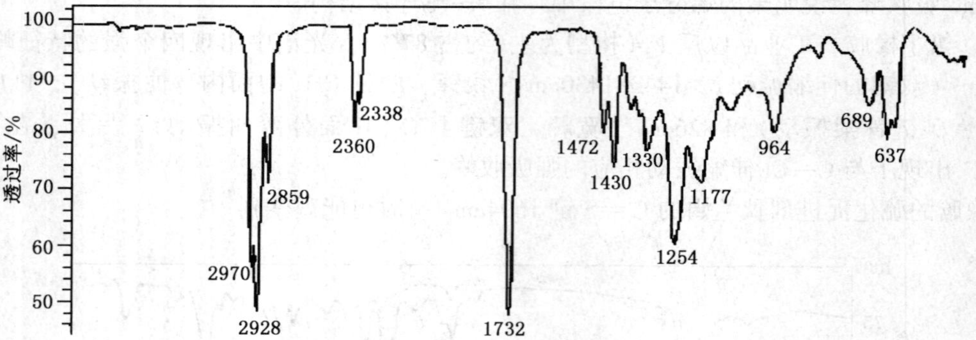

图 1-33 某保鲜膜的红外光谱

（2）一种胶粘剂的定性鉴别　图 1-34 是一种胶黏剂的红外光谱，其出峰位置分别为 2920、2853、1735、1430、1367、1330、1248、1198、1096、1022、963、690、$617cm^{-1}$，其中 2920、$2853cm^{-1}$ 归属于亚甲基 C—H 不对称、对称伸缩振动，$1735cm^{-1}$ 为酯的 C ═O 振动，酯基的 C—O 伸缩振动出现在 $1240cm^{-1}$，被 $1248cm^{-1}$ 处吸收淹没，使其强度增加。在 617、$690cm^{-1}$ 处的强吸收对应于 C—Cl 的伸缩振动。确定 Cl 的存在后，可以认为，在 Cl 的作用下，亚甲基弯曲振动从 $1460cm^{-1}$ 红移至 $1430cm^{-1}$，同时强度增加；$1248cm^{-1}$ 处的 C—H 弯曲振动和 $1330cm^{-1}$ 处 C—H 弯曲与亚甲基摇摆的合频振动也得到了增强。$963cm^{-1}$ 为亚甲基摇摆谱带，$1096cm^{-1}$ 为 C—C 伸缩振动谱带。

在完成吸收峰归属以后可以确定，该聚合物含聚氯乙烯。但在酯基来源上，有两种可

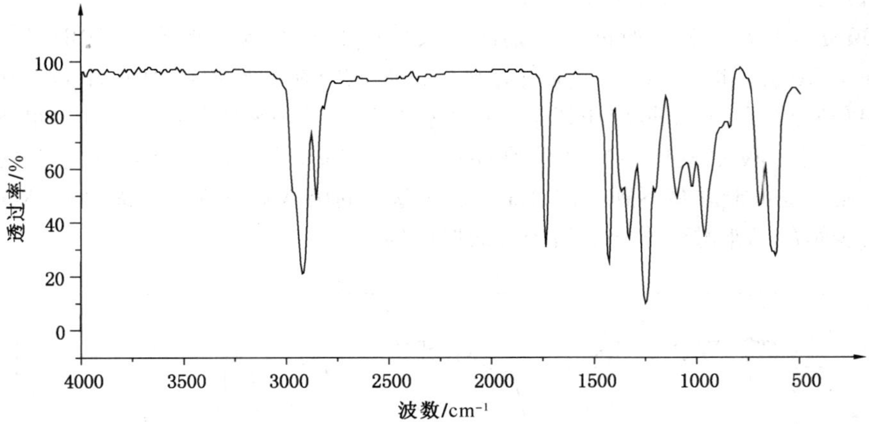

图 1-34　一种胶粘剂的红外光谱

能，其一是来自增塑剂，另一是来自共聚或/和共混组成。聚氯乙烯的增塑剂主要有邻苯二甲酸二辛酯（DOP）和邻苯二甲酸二丁酯（DBP）等，它们的酯基 C ═O 伸缩振动一般会出现在稍低波数；而且作为增塑剂的酯，在 1460cm^{-1}附近应该出现亚甲基的弯曲振动谱带，同时会有弱的苯环特征吸收峰，但在谱图中并未发现。因此可以认为酯基来自共聚/共混组成，根据经验推测为 VC/VAc 共聚物（俗称氯醋树脂），其在 1022、1367cm^{-1}附近有弱吸收峰为旁证。根据峰相对强度比较，得出样品中 VAc 的比例约为 13%～15%，为“中醋”共聚物。

（3）未知橡胶的鉴别　本例要分析两种用于压敏胶的未知橡胶，一种是改性前，一种是改性后。图 1-35 是改性前未知橡胶的红外谱图。从图中可以看出在 3000cm^{-1}附近有丰富的谱带，可分辨出 2849、2923、3000、3025、3060、3082cm^{-1}等锐峰。2800～3000cm^{-1}的谱带是饱和 C—H 或 CH_2 的伸缩振动，而 3000～3100cm^{-1}的谱图属于苯环上 C—H 的伸缩振动。1493 和 1600cm^{-1}的强峰是苯环的骨架振动。700 和 760cm^{-1}是苯环上氢的面外弯曲振动，它们的倍频和组频出现在 1670、1740、1800、1870 和 1940cm^{-1}，都有力证明了存在单取代苯。而 1460cm^{-1}处为—CH_2 的弯曲振动，初步判断该物质可能含有苯乙烯单元。接着，从特征吸收峰 910、967cm^{-1}判断含有丁二烯单元。因而可以推断可能是丁苯橡胶（SBR）的红外谱图。其实该谱图也可能是两种均聚物谱图的叠加，共混还是共聚从红外谱图难于区分。从红外谱图还不能排除苯乙烯-丁二烯-苯乙烯三元嵌段共聚物（SBS）的可能，但 SBS 是热塑性

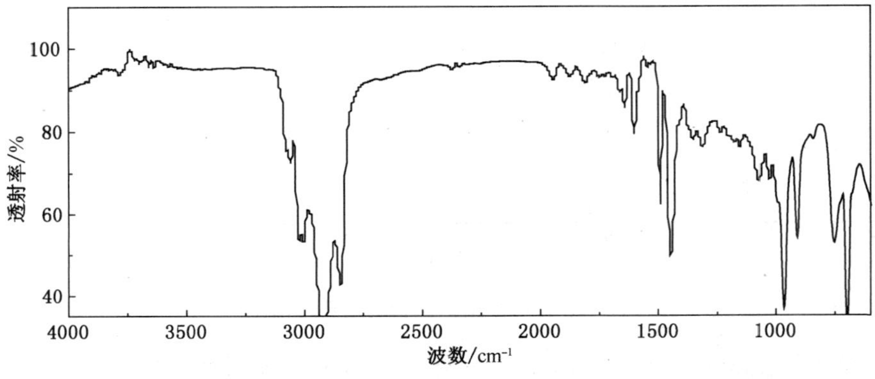

图 1-35　改性前未知橡胶的红外谱图

弹性体，从是否有热塑性就可予以区别。

图 1-36 是改性后未知橡胶的红外谱图。改性后的 SBR 比未改性的 SBR 多了两个吸收峰，分别在 1721cm^{-1}和 1773cm^{-1}，应都是羰基的吸收。在共聚单体中能有 1773cm^{-1}吸收的一般都是用马来酸酐，再根据应用背景，可以初步认定是马来酸酐接枝 SBR。谱图中吸收峰面积较小，说明接枝率较低。马来酸酐还应有 ~1850cm^{-1}的另一个羰基的吸收，但如果 1773cm^{-1}不强，也可能观察不到。1721cm^{-1}是羧基中的羰基吸收峰，可能是样品纯化处理的过程中，有少量的马来酸酐水解成为羧酸而造成的。

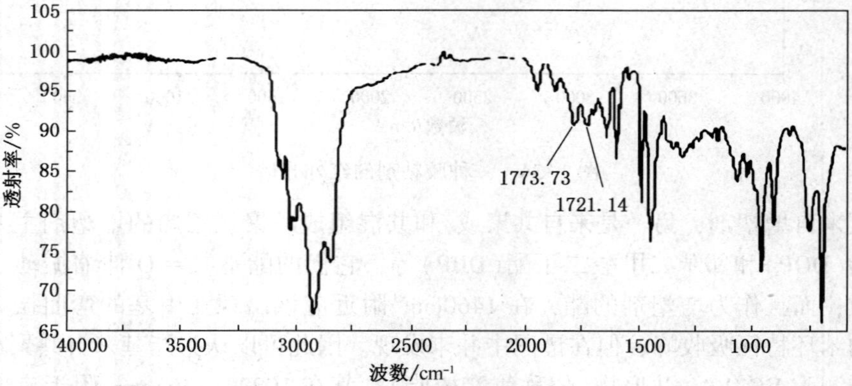

图 1-36　改性后未知橡胶的红外谱图

（4）某特种粘结剂的定性鉴别　一种聚乙烯大型市政水管需要填充钢筋增强，而聚乙烯与钢之间的粘结不好，需要一种特种粘结树脂对钢筋进行处理。图 1-37 是该粘结树脂的红外谱图。2919、2850、1464 和 719cm^{-1} 是聚乙烯的特征峰，1704cm^{-1}（C ═O）与 1238、1290cm^{-1}(C—O)共同说明存在羧基，从 2919/2850cm^{-1}的峰形也可看出有羧基叠加在羟基吸收峰(~3100cm^{-1})之上，可见主成分是乙烯-丙烯酸共聚物(EEA)。

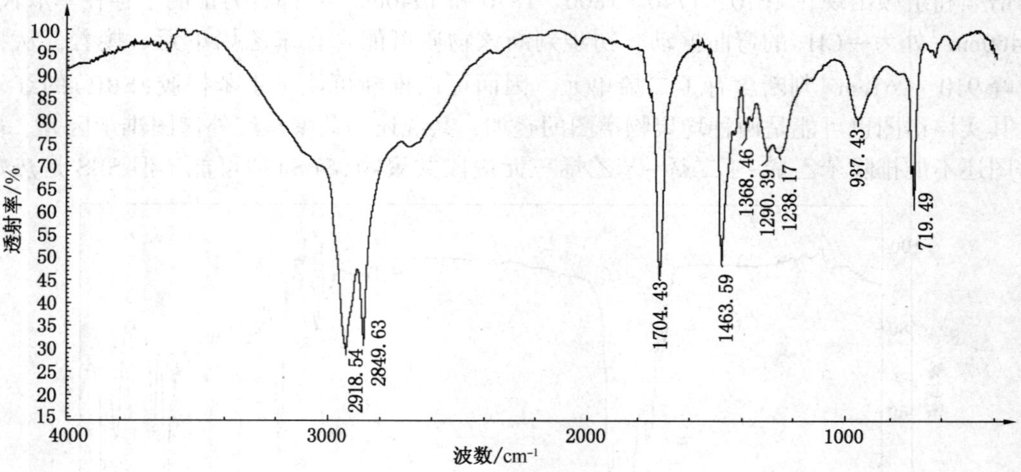

图 1-37　特种粘结树脂的的红外谱图

（5）一种造纸施胶剂的定性鉴别　图 1-38 是一种造纸施胶剂的红外谱图，该样品经测定其分子量为 ~2000Da。3058、3030、1495、764 和 703cm^{-1} 说明含苯乙烯。1858 和

1779cm^{-1}一弱一强的羰基双峰，以及1223cm^{-1}和955cm^{-1}共同说明含马来酸酐单元。于是可以鉴别是苯乙烯-马来酸酐交替共聚物。马来酸酐单元难免会有少量水解，产生的羧基使3000cm^{-1}左右的基线抬高，同时羧基易吸潮，3435和1630cm^{-1}是水的吸收。2158cm^{-1}出现明显的腈基伸缩振动峰，是引发剂偶氮二异丁腈碎片留在端基带来的。一般聚合物是观察不到端基的吸收，但由于本样品是低聚物，端基比例较大，从而能够分辨。

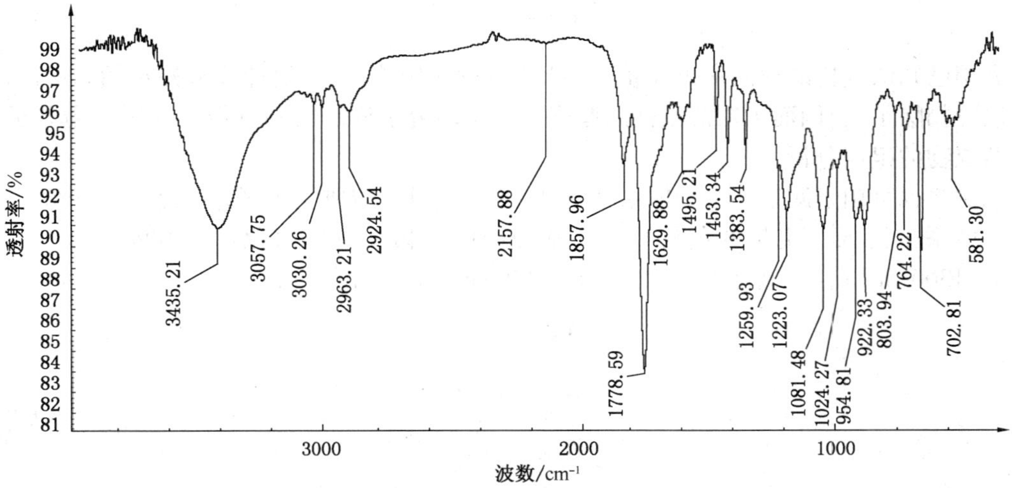

图1-38　一种造纸施胶剂的红外谱图

1.5　定量分析

红外光谱定量分析是通过对特征吸收谱带强度的测量来求出组分含量。由于红外光谱的谱带较多，选择的余地大，所以能方便地对单一组分和多组分进行定量分析。此外，该法不受样品状态的限制，能定量测定气体、液体和固体样品。因此，红外光谱定量分析应用广泛。但红外光谱法定量灵敏度较低，尚不适用于微量组分的测定。红外光谱定量分析的理论依据是朗伯-比耳(Lambert-Beer)定律。

$$A = \log \frac{I_0}{I} = Klc \tag{1-11}$$

式中，A为吸光度；I_0和I分别是入射光和透射光的强度；K为吸光系数；l为试样厚度；c为物质浓度。

应当用红外吸收谱来分析，如果是透射谱，要转换成吸收谱。选择合适的分析谱带是定量分析的首要问题，要选择吸收强度大(透射率25%~50%为宜)且不受其他组分干扰的特征谱带。吸光度的测定一般采用峰高法，但峰高法不能反映峰的宽窄(即吸收能量的差别)，更准确的方法是用峰面积法(积分强度法)。

计算方法主要有标准曲线法、比例法和联立方程法等。

(1) 标准曲线法　如果样品厚度可以准确测量，则只需用一个已知浓度的标准样品测定吸光度A就可求出吸光系数K。但由于红外狭缝较宽，单色性较差，朗伯-比耳定律有时会有偏差。当浓度变化范围较大时，吸光度可能与浓度不成线性关系。此时应测定一系列已知浓度的标准样品的吸光度，画出工作曲线，然后在相同实验条件下利用工作曲线分析未知物浓度。

(2) 比例法　对于二元体系，若两组分的特征谱带不重叠，则根据朗伯-比耳定律得到：

$$A_1 = K_1 l c_1,\ A_2 = K_2 l c_2,\ c_1 + c_2 = 1$$

两谱带的吸光度比值为：

$$R = \frac{A_1}{A_2} = K \frac{c_1}{c_2} \qquad (1-12)$$

利用已知浓度比的样品求出 K 值，再反过来利用已知的 K 值计算未知物的 c_1 和 c_2。这种方法已扣除了 l，因而无需测量样品厚度。对于高分子样品特别方便，常用于高分子共聚物、共混物的组成分析。

比例法也可用于测定多组分体系中的某一组分，此时需要用内标，又称为内标法。就是有意在体系中混入一定量的内标物质，常用的内标物质有硫氰化钾（$2100cm^{-1}$）、六溴苯（1255，$1300cm^{-1}$）、叠氮化钠 NaN_3（640，$2120cm^{-1}$）。利用下式计算：

$$A_{未} = K_{未}\ l c_{未}$$

$$A_{标} = K_{标}\ l c_{标} \qquad (1-13)$$

$$\frac{A_{未}}{A_{标}} = K \frac{c_{未}}{c_{标}}$$

同样，当 K 值不稳定时，内标法也可利用工作曲线。高分子的结构分析中，更常利用谱图中一条与要分析的结构无关的另一特征谱带作为测量厚度的内标。详见 1.5.3 节的关于全同聚丙烯立体结构，以及结晶度测定的例子。

(3) 联立方程法　在多组分体系中，若每一组分的分析谱带受到其他组分谱带的干扰，应采用联立方程法。当某一组分对一分析谱带有主要贡献，而在这个波数位置上其他组分的吸收也有贡献时，总吸收应等于各组分吸收的加和，据此可列出联立方程式。

以下以一个实例说明定量分析在高分子反应方面的灵活运用。一种紫外光固化水性木器漆的原料是双酚 A 环氧丙烯酸酯预聚物（图 1-39），是通过环氧树脂与丙烯酸的反应合成的。这一步的主要反应是丙烯酸的羧基与双酚 A 末端的环氧基团反应，反应过程中环氧基团逐渐消失，酯基逐渐生成。从反应初期到反应末期（图 1-40），可以清楚环氧基团吸收峰大为减弱，酯基增强。取酯基（$1725cm^{-1}$）与环氧基团（$914cm^{-1}$）的特征吸收峰的峰高比值，用来反映转化率，并做比值与时间关系曲线，观察到反应 4h 后转化率不再变化。

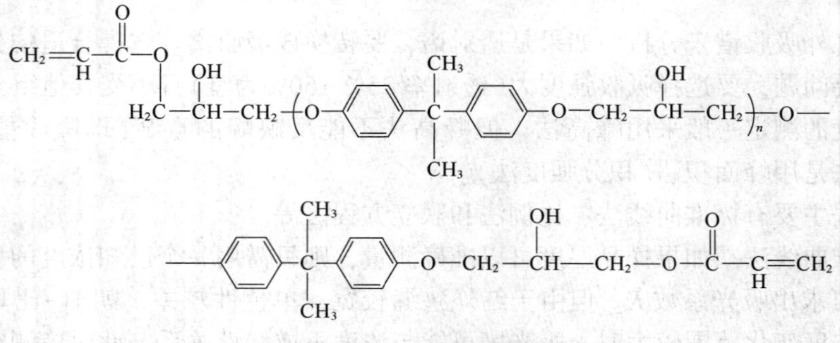

图 1-39　双酚 A 环氧丙烯酸酯预聚物的结构式

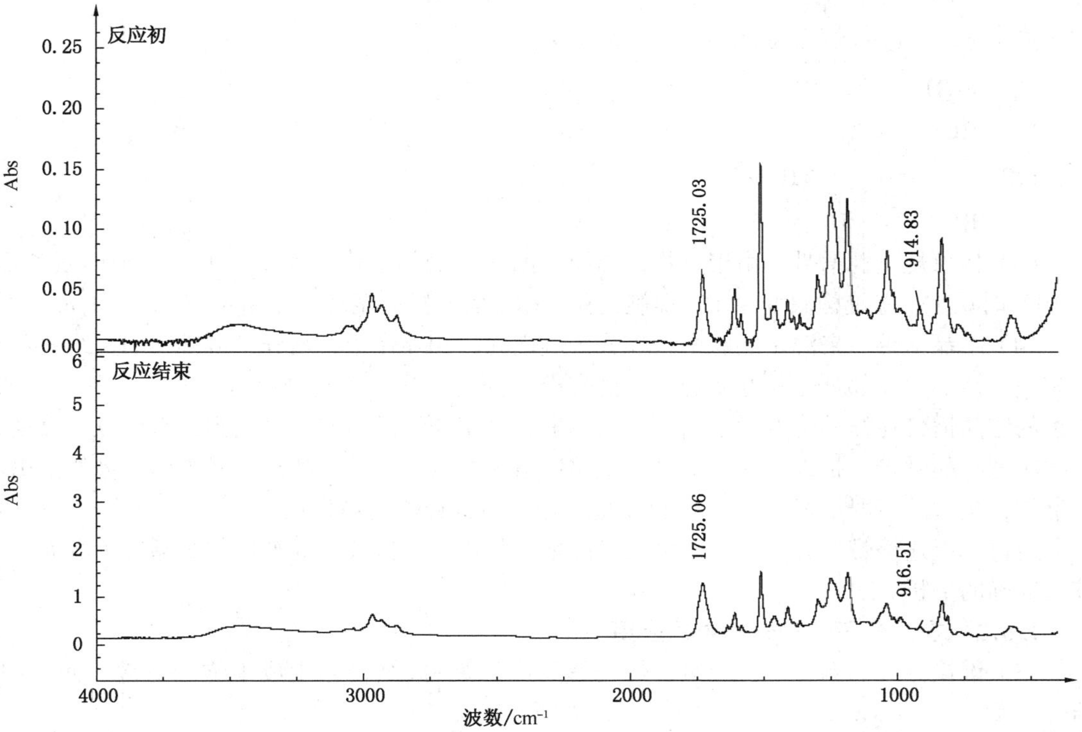

图 1-40　双酚 A 环氧丙烯酸酯预聚物的红外谱图(吸收谱)，上图为反应初，下图为反应结束

1.6　高分子的结构分析

1.6.1　与结构分析相关的谱带

上述高聚物的定性定量分析，可以对聚合物结构单元的化学组成、支化或交联、端基以及结构单元的序列分布等进行分析。以下所谓的结构分析将涉及其他链结构，及聚态结构。

高分子中官能团所处的环境以及官能团之间的相互作用都会引起谱带的位移、分裂或产生新的特征吸收。这种情况常在有序、有规的结构中表现得比较明显。总的来说，高分子的红外谱图在结构分析方面有以下四种谱带值得特别关注。

(1) 构象谱带　与聚合物链重复单元中某些基团的一定构象有关。如聚对苯二甲酸乙二醇酯中—O—CH_2—CH_2—O—基团，反式构象 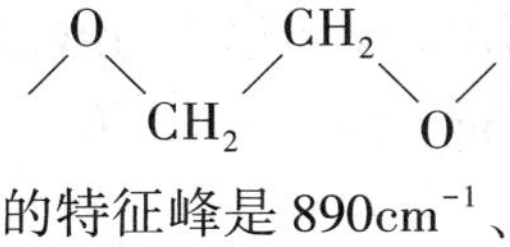 的特征峰是 840cm^{-1}、970cm^{-1}，而左右式构象 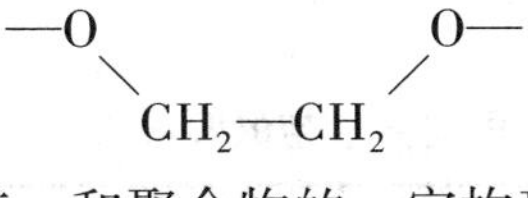 的特征峰是 890cm^{-1}、1140cm^{-1}。

(2) 立构规整性谱带　和聚合物的一定构型有关。对于聚合物所有相态这类吸收带的数目都是相同的。如聚丁二烯的几何立构体，其不饱和双键上的 CH 的面外弯曲振动分别为：

顺 1,4　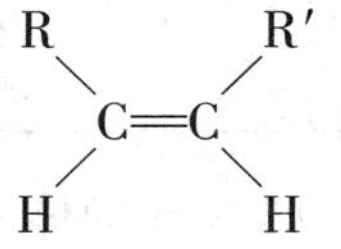　738cm^{-1}

反 1,4 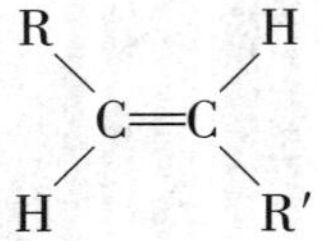 $967cm^{-1}$

1,2 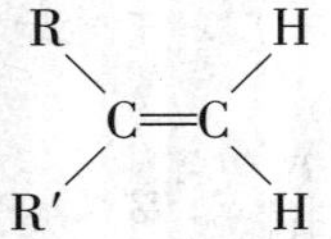 $910cm^{-1}$

(3) 构象规整性谱带　由聚合物链内原子团之间的相互作用而产生的。如聚四氟乙烯，在 19℃时从 13_6 螺旋构象变为 15_7 螺旋构象，CF_2 面外摇摆振动从 $638cm^{-1}$变为 $625cm^{-1}$。

(4) 结晶谱带　来源于晶胞中相邻分子链之间的相互作用，与分子链排列的三维长程有序有关。结晶中相邻分子相互偶合，使谱带产生分裂，分裂的谱带仅有一条是红外活性的。真正的结晶谱带在样品熔融时应消失。实际上，真正的结晶谱带较少遇到，常用以计算结晶度的所谓结晶谱带，是以上其他类型的规整性谱带在结晶中的反映。有时不同晶型能给出不同谱带，典型的情况如尼龙的 α 型和 γ 型结晶，但这种情况不多见。

通过对上述谱带的分析，一般可以对高聚物的构型、构象、规整性和结晶性等方面做出较为准确的剖析。

1.6.2 在高分子结构分析中的应用

(1) 键接方式的测定　将聚氯乙烯与锌反应，头-头结构会生成不饱和双键，而头-尾结构不反应。

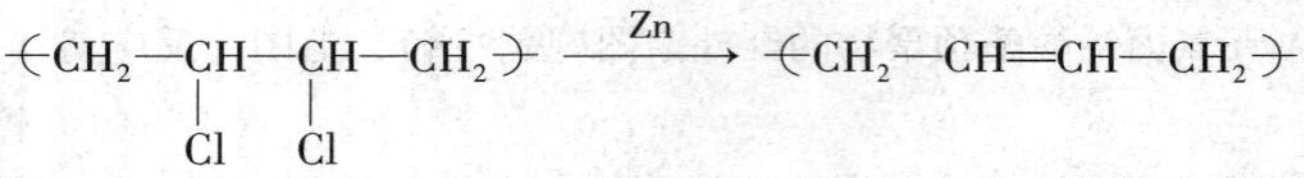

头-头结构

根据 C ═C 特征峰，可测定头-头结构的含量。

(2) 全同聚丙烯立体规整性的测定　全同聚丙烯没有立构规整性谱带，但有 975 和 $998cm^{-1}$两条构象规整性谱带，由于 $998cm^{-1}$谱带与 11~13 个重复单元有关，可能受结晶的影响，因而多半作结晶谱带计算结晶度。而 $975cm^{-1}$与较短的重复单元有关，可用来测定等规度。

$$\text{等规度} = K\frac{A_{975}}{A_{1460}} \tag{1-14}$$

$1460cm^{-1}$是不受等规度影响的 CH_2 弯曲振动谱带，在这里用作测量薄膜厚度的内标。K 值可利用庚烷萃取的样品(等规度接近 100%)测得。

(3) 双烯高分子立体构型的测定　用红外光谱可以测定聚丁二烯中各种几何异构体的含量。将聚丁二烯试样 15mg，溶于 10mL CS_2 中，用厚度 1mm 的溶液读取各异构体谱带的吸收率如表 1-3。

表 1-3　聚丁二烯各异构体谱带的吸收率　　L/(mol·m)

异构体	$910cm^{-1}$	$967cm^{-1}$	$738cm^{-1}$
(纯)1,2	14400	447	125
(纯)反 1,4	0	12600	0
(纯)顺 1,4	57.8	329	3090

分别选择 910、967 和 $738cm^{-1}$谱带作为 1,2-、反 1,4-、和顺 1,4-异构体的分析谱带。

由于各组分的分析谱带相互干扰，所以采用联立方程法，即：

$$A_{910} = (K_{11}c_1 + K_{12}c_2 + K_{13}c_3)l \tag{1-15}$$

$$A_{967} = (K_{21}c_1 + K_{22}c_2 + K_{23}c_3)l \tag{1-16}$$

$$A_{738} = (K_{31}c_1 + K_{32}c_2 + K_{33}c_3)l \tag{1-17}$$

式中　c_1、c_2、c_3——依次代表各异构体的浓度，并有

$$c_1 + c_2 + c_3 = 1 \tag{1-18}$$

其中各分析谱带的吸收系数均预先用已知纯样求出。测定未知物时，前三个方程两两相除消去 l，实得两个方程，再与第四个浓度方程联立，解出三个未知数 c_1、c_2 和 c_3。

（4）聚乙烯支化度的测定　只要测定聚乙烯端甲基的浓度就可以计算支化度。一般以 1378cm^{-1}甲基对称弯曲振动谱带作为分析谱带，但这个谱带受附近的 CH_2 面外摇摆（1353 和 1368cm^{-1}）的干扰。排除干扰的方法是差示光谱技术。聚乙烯样品放在测试光路上，而参比光路上放入没有支化的线型聚乙烯或特别合成的聚亚甲基的楔型薄膜。调整楔型薄膜的厚度，使得 1366 和 1400cm^{-1}有相同的吸收（约 70%透射率处）。由于在 1400cm^{-1}处两者都无吸收，这样就可将 1366cm^{-1}调成基线，从而得到单 CH_3 振动谱带的差示光谱（图 1-41）。然后仍需用已知 CH_3 浓度的聚亚甲基标准样品来求得吸收系数 K。

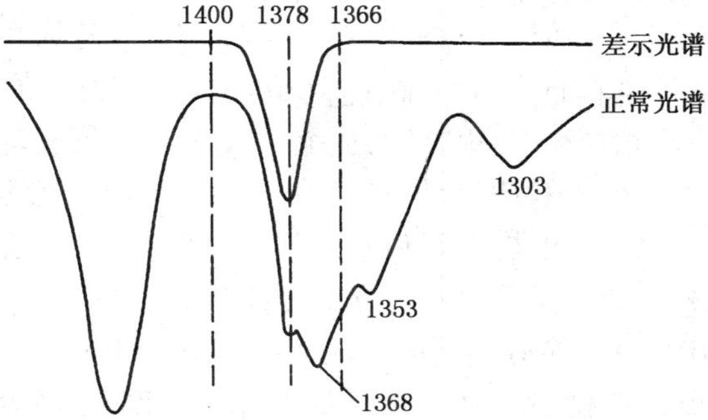

图 1-41　利用差示光谱技术测定聚乙烯的支化度

另一种测定方法是测定相应 CH_3 和 CH_2 的两种谱带的吸收比，再根据两种基团中氢的比例就可以推算出支化度。

如果要进一步知道支链长度，比如高压聚乙烯中短支链的情况，可通过测定甲基、乙基和丁基的弯曲振动谱带（分别为 1378、770 和 725cm^{-1}）得知。

（5）共聚物或共混物的组成测定　首先对每一组成必须选择一条比较尖锐的特征谱带。例如乙丙共聚物中，可选择聚乙烯的 720cm^{-1}谱带，聚丙烯的 1150cm^{-1}谱带。EVA 中对聚乙烯用 720cm^{-1}，对聚醋酸乙烯酯用 1235 或 1740 或 3460cm^{-1}（C═O 伸缩振动的倍频）。ABS 中苯乙烯用 1600cm^{-1}，丙烯腈用 2240cm^{-1}，丁二烯用 967cm^{-1}。样品厚度应调节到使吸收尽可能与浓度成线性关系。以乙丙共聚或共混物为例，计算公式如下：

$$\frac{\text{聚乙烯 \%(质量)}}{\text{聚丙烯 \%(质量)}} = K\frac{\text{在 720cm}^{-1}\text{ 的吸收}}{\text{在 1150cm}^{-1}\text{ 的吸收}} \tag{1-19}$$

为了更加准确，应当用溶剂代替固体薄膜样品，因为溶剂的测定重现性更好。

有时还结合其他技术进行测定，以下介绍两个实例：

① 先裂解再测定红外光谱。将乙丙共聚物在 450℃下进行预处理，产生的裂解物中富含乙烯基（CH_2═CH—）和亚乙烯基（$CH_2{=}C\langle$）。这些不饱和基团在红外区有强烈的吸收，乙烯基谱带约在 909cm^{-1}，而亚乙烯基谱带约在 889cm^{-1}。乙烯基与亚乙烯基的吸收比 R 随乙丙共聚物中丙烯（C_3）摩尔百分含量而变化（见图 1-42），当其摩尔百分含量从 0 到 100 时，R 从 9.977%变化到 0.0290%。log$R$ 与摩尔百分含量存在线性关系，从而可以定量分析

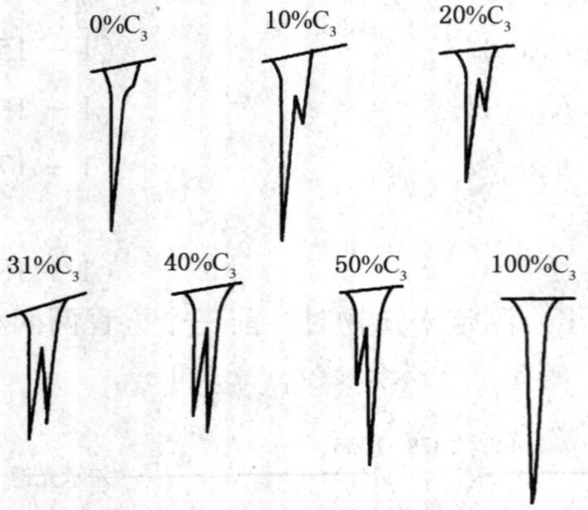

图 1-42　乙丙共聚物的裂解产物的红外光谱中两个特征峰随丙烯摩尔百分含量的变化

共聚组成。

② 用绝对方法校准标准样品。测定共聚组成时必须有标准样品（已知组成）用于求 K 或做工作曲线。而标准样品的组成预先要用绝对方法（如元素分析、端基滴定、核磁共振法等）校准。

例如对于含有少量 1-丁烯（<10%）的乙烯-1-丁烯共聚物，测定共聚物组成时，若直接用乙烯和 1-丁烯的物理混合物为标准样品做工作曲线是不可行的，测定结果会有较大偏差。最好的方法是制备乙烯和放射性同位素 ^{14}C 标记的 1-丁烯的共聚物标样，利用该标样在 $769cm^{-1}$ 的吸收，通过闪烁记数仪测定标样中 1-丁烯的准确含量。$769cm^{-1}$ 是支化乙基的吸收峰，它与 1-丁烯的含量成正比。

（6）共聚物序列和序列分布的测定　一般地，嵌段和接枝共聚物的红外光谱与混合物没什么区别，但无规共聚物就可能有些区别，原因是不同的三单元组（如 AAA、ABA、AAB、BAB 等）可能有不同的吸收频率。对于甲基丙烯酸甲酯-丙烯腈共聚物，情况有所不同。在嵌段共聚物中，对应的甲基丙烯酸甲酯在 1149、1190 和 1240、$1270cm^{-1}$ 分别出现一对峰，这同均聚甲基丙烯酸甲酯相同。但在无规共聚物中，在此位置只有 1140 和 $1220cm^{-1}$ 两个单峰。这说明在无规共聚物中，短的甲基丙烯酸甲酯序列不能形成聚甲基丙烯酸甲酯（主要是间同结构）那样的螺旋结构，而上述峰的分裂是由于螺旋链段中相邻基团振动的偶合引起的。

（7）高分子结晶的研究

① 高分子结晶的红外谱图。红外光谱不是测定结晶的绝对方法，它是通过构象谱带来反映结构的有序性。以全同聚苯乙烯（iPS）为例，它的结晶中链构象为 3_1 螺旋。由于 i-PS 的结晶速度很慢，如果在熔点（230℃）以上的温度淬火，可以得到非晶样品，其红外谱图示于图 1-43（b），与前述的无规 PS 的谱图无异。如果在玻璃化转变温度与熔点之间的温度下退火，可以得到部分结晶的样品，其红外谱图示于图 1-43（a）。将（a）图和（b）图做差谱，示于图 1-43（c），应当就是结晶部分的红外谱图了。如果分子间有强的相互作用（如极性基

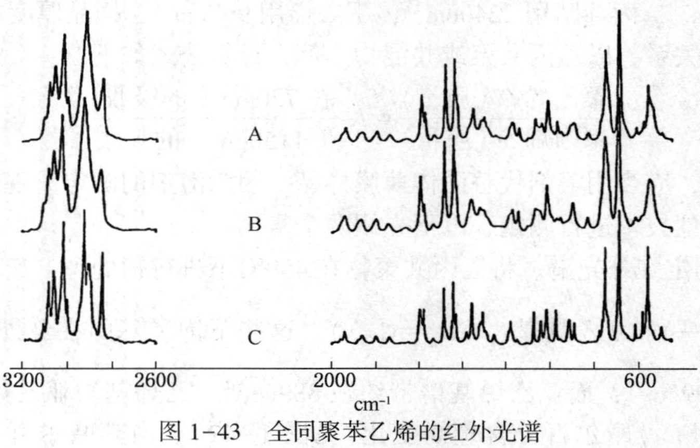

图 1-43　全同聚苯乙烯的红外光谱

（a）退火样品；（b）淬火样品；（c）差谱（a-b）

团、氢键等)，做差谱的方法是不行的，因为相互作用会使谱带位移或畸变，但 iPS 只有弱相互作用，可以这样处理。所得差谱的峰都很尖锐，这是由于在晶区中分子链采取了窄分布的择优构象。

② 高分子的晶型研究。大多数聚合物的不同晶型有显著不同的红外谱图，说明不同晶型的链构象有显著差别。反 1,4-聚异戊二烯(TPI)易于制备不同晶型，可以用作典型的例子。图 1-44 是两种不同晶型的 TPI 的红外光谱，750~900cm^{-1}区间有明显不同，归因于不同的链构象。

③ 结晶度测定。选择合适的晶带或非晶带就可以测定结晶度。以晶带为分析带，优点是一般峰形尖锐而且强度大，因而测量灵敏度高。缺点是必须用其他方法如 X 光衍射法预先核准标准样品的结晶度，所以结果是相对的。

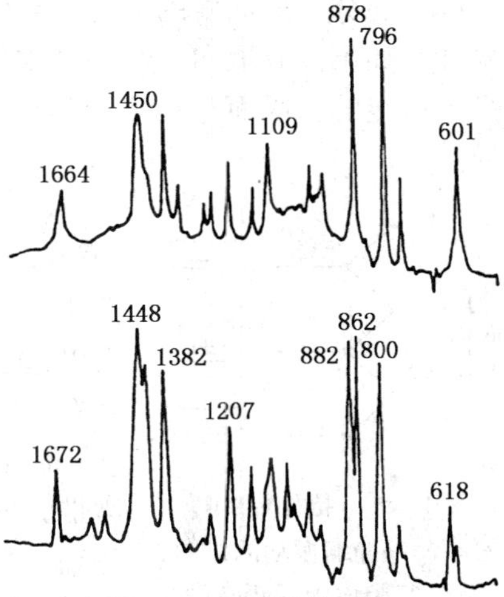

图 1-44 不同晶型的反 1,4-聚异戊二烯的红外光谱

上图为 α 型；下图为 β 型

用非晶带的优点是易得到完全非晶态的高分子，例如用淬火或将熔体以 β 射线辐射交联后再冷却等方法，均可避免结晶。但不能直接用熔体，因为谱带的吸收率会随温度而变化。

以聚氯丁二烯为例，当以 953cm^{-1}结晶谱带作为分析谱带时，可用对结晶不敏感的 2940cm^{-1}C—H 伸缩振动谱带作为衡量薄膜厚度的内标，其结晶度计算式如下：

$$\text{结晶度} = K\frac{A_{953}}{A_{2940}} \qquad (1-20)$$

又如聚对苯二甲酸乙二醇酯，可用非晶带 898cm^{-1}作分析带，795cm^{-1}为内标，结晶度计算式为：

$$\text{结晶度} = 1 - K\frac{A_{898}}{A_{795}} \qquad (1-21)$$

表 1-4 列出了某些常见高分子材料的结晶和非晶谱带

表 1-4 常见高分子的晶带与非晶带

高分子材料	结晶谱带/cm^{-1}	非晶谱带/cm^{-1}
聚乙烯	731	1303，1353，1368
全同聚丙烯	841，998，1304	—
间同聚丙烯	867，977，1005	1131，1199，1230
全同聚苯乙烯	898，920，985，1055，1080，1185，1194，1261，1297，1312，1365	—
聚氯乙烯	603，633	615，690
聚偏二氯乙烯	752，885，1045，1070	—
聚偏二氟乙烯	614，763，794，975	—
聚三氟氯乙烯	440，490，1290	657
聚四氟乙烯	—	640，770
聚对苯二甲酸乙二醇酯	848，972，1350	790，898，1020
尼龙 6(α 型)	930，959	1130
尼龙 66	935	1140
聚 1,4-反式丁二烯	1053，1120，1235，1340	1310，1345
古塔波胶(α 和 β 型)	α 型：807，865，886；β 型：754，802，880	—
氯丁橡胶	953	—

（8）高分子取向度的测定　高分子取向度的测定可利用红外二向色性，即红外吸收的各向异性。如果没有取向，红外吸收是各向同性的，取向后分子链沿拉伸方向排列，但完全取向是不可能的，因而存在一定的取向度，两个相互垂直的方向上红外吸收对同一频率存在差异。

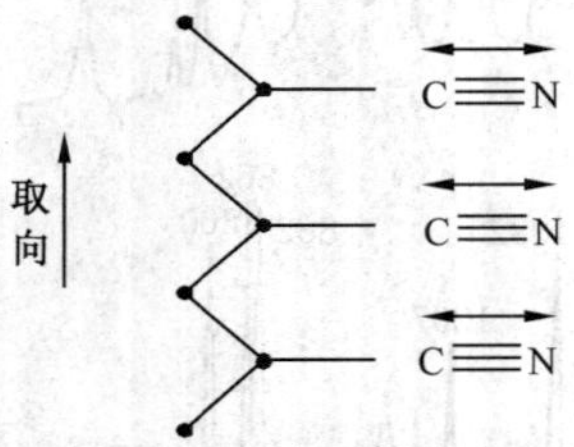

图 1-45　聚丙烯腈中 C≡N 基伸缩振动的二向色性行为成因的示意图

将红外偏振光的电矢量分别平行或垂直于样品的拉伸方向，测得吸光度 $A_{/\!/}$ 和 $A_{\perp}$，其比值 $R = A_{/\!/}/A_{\perp}$ 定义为该谱带的二向色性比。利用已知取向度的样品作出取向度对 R 的工作曲线，反过来以这条曲线为标准，测量未知样品的取向度。如果晶区和非晶区有不同的特征谱带，则可以分别测得晶区和非晶区的取向。

例如对取向的聚丙烯腈纤维，以C≡N基的 2245cm^{-1} 为分析谱带，这是垂直谱带。如图 1-45 所示，C≡N的跃迁距垂直于分子轴，当红外偏光垂直于样品的取向方向时会产生最大吸收，相反平行时吸收最小，取向度越大时二向色性比 R 越小。实验结果（表 1-5）说明 R 与 X 光的取向角一样，可以很好地表征取向程度。

表 1-5　拉伸聚丙烯腈的取向测定结果

牵伸比	1(原丝)	2.5	4	6	8	10	16
二向色性比 R	0.92	0.59	0.50	0.42	0.38	0.36	0.32
X 光取向角/度	120	36	22	21	19	17	15

（9）分子间强相互作用的研究　一个典型的例子是尼龙 11，T_g 为 45℃，T_m 为 196℃。在室温下酰胺的 N—H 与另一分子的 C═O 间就存在大量分子间氢键。从红外光谱的两个区域可以观察和研究这些氢键：一个是 1600～1700cm^{-1} 的酰胺Ⅰ谱带，另一个是 3150～3500cm^{-1}的 N—H 伸缩振动，以下分别讨论。

酰胺Ⅰ谱带源于 C═O 伸缩振动和 C—C—N 弯曲振动，主要是前者，为了讨论方便，我们只说前者也不会有明显错误。酰胺Ⅰ谱带对局域有序敏感，但这一构象灵敏性不来自于主链的力学偶合，而取决于 C═O 和 N—H 的排列情况以及分子间氢键相互作用的多少。换言之，在高有序区，氢键相互作用较强，从而吸收频率就与无序的非晶区明显不同。图 1-46是不同温度下尼龙 11 的酰胺Ⅰ谱带，可以分辨出有三个峰。

① 第一个峰的峰形较窄（半峰宽 18cm^{-1}），温度越高该峰强度越弱，同时峰形越宽，并向高波数位移（从 30℃ 的 1638cm^{-1}位移到 190℃的 1641cm^{-1}）。熔点以上时，这个峰消失。这个峰归属于晶区的已形成氢键的羰基。

② 第二个峰的峰形较宽（半峰宽 38cm^{-1}±4cm^{-1}），温度越高该峰强度越强，并向高波数位移（从 30℃ 的 1645cm^{-1}位移到 220℃的 1654cm^{-1}），这个峰归属于非晶区的已形成氢键的羰基。

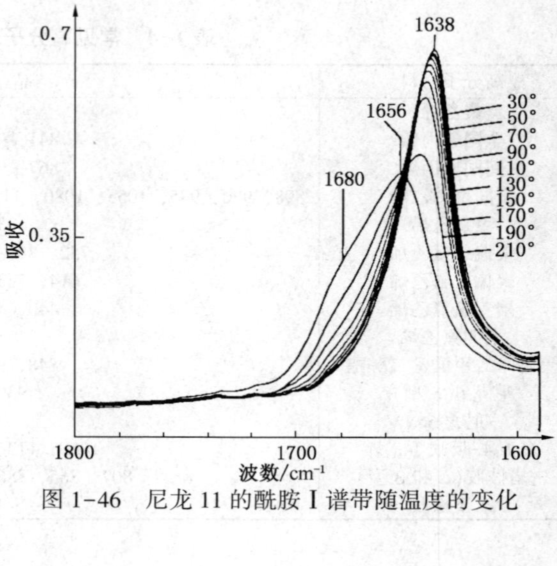

图 1-46　尼龙 11 的酰胺Ⅰ谱带随温度的变化

③ 第三个峰在 1679cm^{-1}到 1683cm^{-1}之间(半峰宽 26cm^{-1}±2cm^{-1})，温度越高该峰强度越强，并向高波数位移(从 30℃的 1645cm^{-1}位移到 220℃的 1654cm^{-1})，这个峰归属于未形成氢键的所谓“自由”羰基。

可见研究酰胺Ⅰ谱带可以获得许多信息。

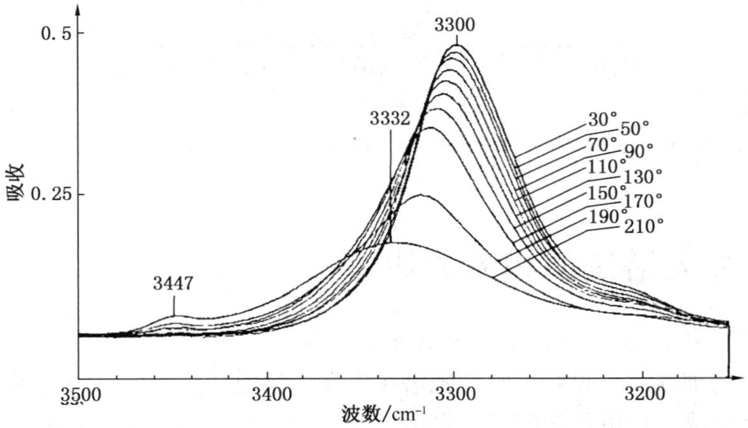

图 1-47　尼龙 11 的 N—H 伸缩振动谱带随温度的变化

N—H 伸缩振动谱带对构象不敏感，但对氢键非常灵敏。图 1-47 是尼龙 11 的该谱带随温度的变化，可以分辨出有两个峰。3447cm^{-1}有一个非常弱的峰，归属于未形成氢键的所谓“自由”N—H 基团；3300~3332cm^{-1}的宽峰归属于已形成氢键的 N—H 基团，随温度提高而向高波数位移并且峰高降低，因为氢键数减少，同时吸收系数也减少。虽然 N—H 伸缩振动谱带不像酰胺Ⅰ谱带那样分晶区和非晶区，但由于 N—H 基团的氢键数与有序程度直接相关，因而也能间接反映结晶的情况。

离聚物具有比氢键更强的分子间相互作用，作为一个例子，乙烯-甲基丙烯酸共聚物(EMAA，MAA 占 4mol%)中部分或全部的羧酸离解离聚物。其红外光谱(图 1-48)随离解发生很大变化。最大的变化是原归属于羧酸二缔体的 1700cm^{-1}谱带消失，出现~1550cm^{-1}的羰基强谱带，这一变化本身就很有用。而且含不同阳离子的红外光谱的细节很不相同，因为与离子微区的局部结构有关，因而提供了很多微区的局部结构的信息。

(10) 氧化、降解时结构变化的研究　无论化学反应或氧化、降解，结构都会发生变化，因而可以用红外光谱进行研究。举一个实例就足够了，图 1-49 是 150℃下纯聚四氢呋喃(聚氧化丁烯)薄膜降解不同时间记录的红外光谱的羰基伸缩振动区。该聚合物的氧化过程可以通过 1737cm^{-1}谱带监控。

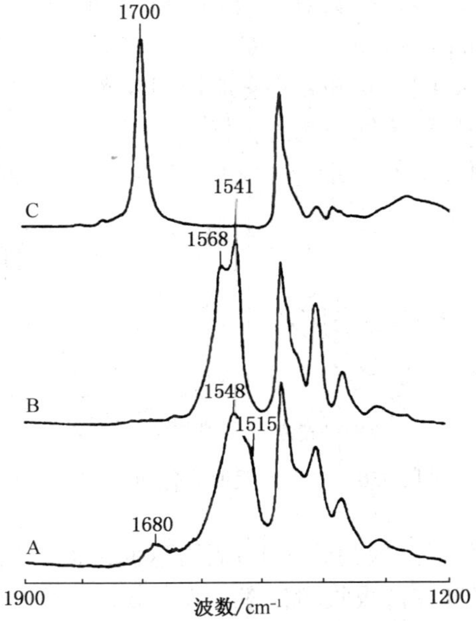

图 1-48　乙烯-甲基丙烯酸共聚物的红外光谱
(A) 钙离聚物；(B) 钠离聚物；
(C) 酸非离子化的离聚物

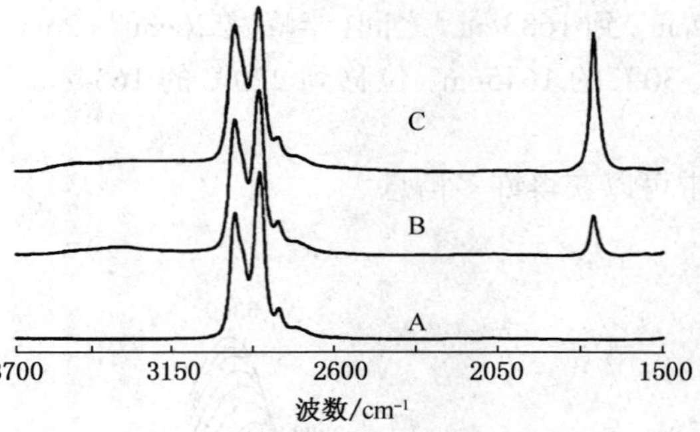

图 1-49　150℃不同时间记录的聚四氢呋喃红外光谱的羰基伸缩振动区

(A) 0h；(B) 1.5h；(C) 3.5h

1.7　红外光谱法的相关方法

由于透射光谱法在制样过程中会破坏聚合物的取向、结晶等物理性质，限制了红外光谱在聚合物物理结构表征中的应用。另外，对于某些特定类型的聚合物，如硫化橡胶、炭黑填充聚合物、聚合物涂层及表面改性聚合物等，传统的透射光谱在制样和测量上存在困难。为解决透射光谱的这种局限性，一系列红外反射光谱技术在聚合物结构表征中得到应用，如镜面反射(SR)、多重内反射(MIR)、漫反射(DRS)、反射吸收(RAS)及光声光谱(PAS)等。特别是傅立叶变换红外光谱(FTIR)和计算机技术的应用，克服了反射光谱能量低、谱图变形的缺点，使得上述反射光谱技术迅速得到广泛应用。下面首先介绍 MIR。

1.7.1　多重内反射光谱

多重内反射光谱(multiple inner reflection，MIR)又被称为衰减全反射光谱(attenuated total reflection，ATR)。虽然其光学原理发现很久了，但直到 20 世纪 60 年代初，才由 Fahrenfort 和 Harrick 将它应用到吸光光谱测定技术中。与前面所述的透射法红外光谱不同，MIR 是反射法红外光谱，特别适用于用一般制样方法不能制备的样品，尤其适合于表面涂层和表面反应的研究。这种方法通常不需要对样品作特殊的处理。

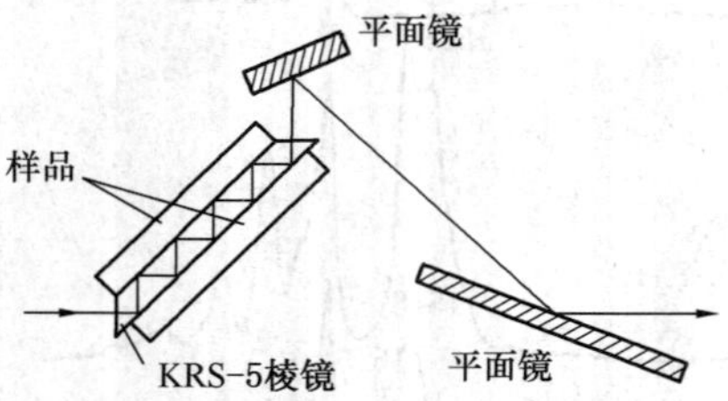

图 1-50　多重内反射装置的原理

(1) 原理　当一束光从光密介质进入光疏介质，且入射角大于临界角时会产生全内反射。如图 1-50 所示，如果入射的红外光通过具有高折射率 n_p 的棱镜后再入射到样品(折射率为 n_s，且 $n_s<n_p$)的表面上，且入射角 θ 大于或等于临界角 θ_c 时，或能满足 $\sin\theta \geqslant \frac{n_s}{n_p}$ 时，入射光将完全被反射。实际上，光线并不是在样品表面被直接反射回来，而是贯穿到样品表面内一定深度(一般为数微米)后再返回表面。如果样品在入射光的频率范围内有吸收，则反射光的强度在被吸收的频率位置衰减，因而产生和普通吸收相似的现象，所得光谱也与透射法红外光谱类似。

MIR 所用仪器也是红外光谱仪，只是仪器附有多重内反射装置。使用前将透射台换装成反射台。图 1-51 是美国尼高力(Nicolet)仪器公司的 Avatar 360 红外光谱仪的反射台和透

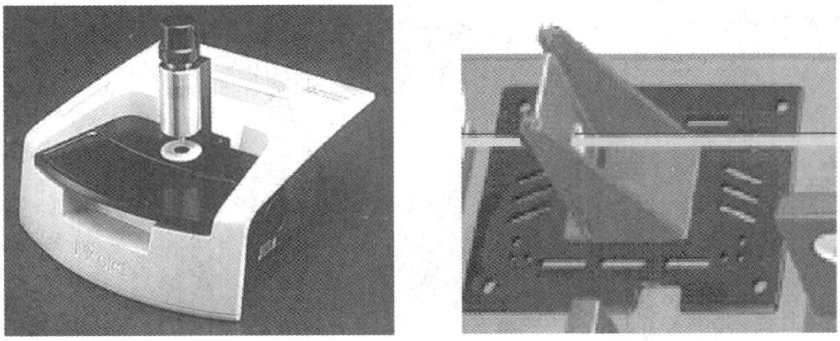

图 1-51　红外光谱仪的反射台(a)和透射台(b)

射台。

(2) 影响因素与实验条件

① 影响谱带强度的因素。谱带的强度除了与样品本身的吸收性质有关外，还取决于光线在样品表面的反射次数和穿透到样品内的深度。

反射次数越多则谱带强度越大。旧式内反射光谱是一次反射，灵敏度不高。现在棱镜常作成梯形，尺寸长为 50mm，厚为 1~2mm，边角为 45°，这样光线在其内表面反射达 25~50 次之多，所以称为多重内反射。

另一方面，穿透深度越大则谱带强度越大。穿透深度的理论计算式如下：

$$d_p = \frac{\lambda_p}{2\pi[\sin^2\theta - (n_s/n_p)^2]^{1/2}} \tag{1-22}$$

式中，d_p 为穿透深度；λ_p 为光在棱镜中的波长。

从此式可见，减小入射角，减小棱镜的折射率以及增加波长都会使穿透深度增加，从而使谱带强度增加。

a. 波数越低，谱带强度越强。由于穿透深度是 λ_p 的函数，所以吸收强度随波长增加而增加，随波数减少而增加，从而 MIR 谱与透射光谱的形状区别在于：前者高波数区谱带较弱而低波数区谱带较强。因而 MIR 谱图看上去像是有些失调，左边偏弱，右边偏强，从图 1-52聚苯乙烯的透射光谱和反射光谱的比较中可以很清楚看到这一点，在谱图解释时必须注意。

b. 棱镜的折射指数和入射角越小，谱带强度越强。从另一角度考虑，棱镜的折射指数和入射角越大，穿透深度低，样品吸收能量少，因而光谱中吸收带弱，但光谱畸变小。相反，如果入射角小，穿透深度大，光谱图中吸收带强度会发生畸变。为了减少畸变，应增加入射角和用更高折射率的棱镜，但这样做又会使谱带强度减弱，所以必须综合考虑这些因素。通常入射角选用 45°，对于大多数高聚物都能超过临界角且有较适宜的谱带强度。每次测量样品时，最好使样品处于同一位置上。

② 棱镜的选择。MIR 的棱镜材料有 AgCl、KRS-5 和 Ge 等，常用的是后两者。KRS-5 是 TlBr 和 TlI 的混晶，质地较软而韧，耐压，不易溶于酸，但溶于碱，微溶于水；平均折射率 2.4，临界角 39°，透过的波数范围是 250~16670cm^{-1}；有毒，要戴橡皮手套操作。锗(Ge)则硬而脆，不溶于水，平均折射率 4，临界角 22°，透过的波数是 830~5000cm^{-1}。KRS-5用于一般目的，而 Ge 主要用于非常薄的样品。

常用的棱镜边角有 30°、45°、60°等，因为光线入射角一般与棱镜的边角相等，于是棱

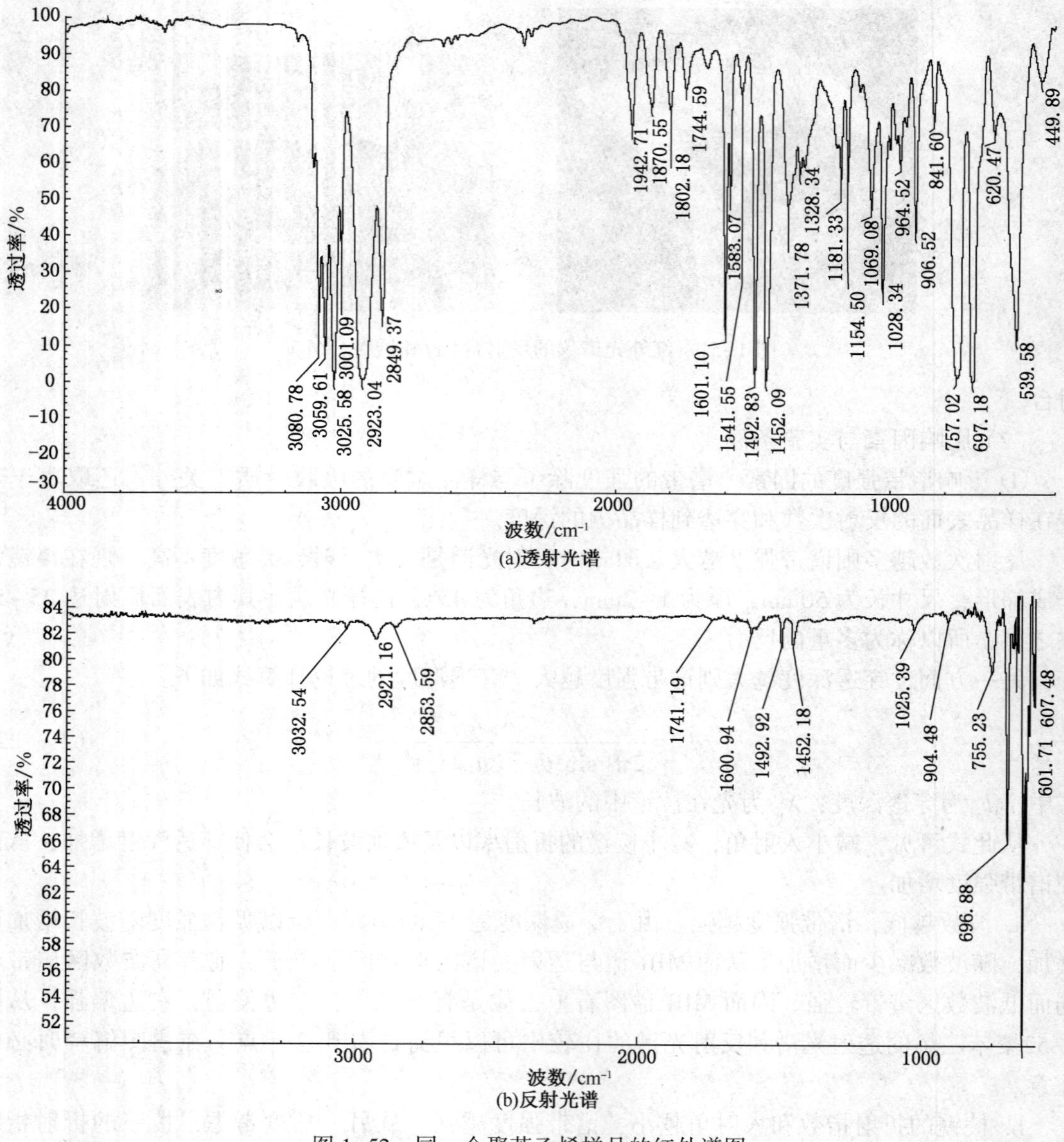

图 1-52　同一个聚苯乙烯样品的红外谱图

镜的边角与折射率共同决定穿透深度。所分析的试样较薄时，用边角较大和折射率较大的棱镜，反之亦然。例如按穿透深度排列有 KRS-5(45°)>KRS-5(60°)>Ge(30°)>Ge(45°)。

（3）样品制备技术　MIR 的样品制备相对来说是很简单的，固体、粉末、液体、凝胶物等均可采用。因为反射和吸收发生在非常靠边界的薄层处，厚度为 20μm 以上吸收就与厚度无关，因而许多样品无需特殊制样，比如橡胶和薄膜等样品就可以直接安装在棱镜上。一般需要覆盖棱镜上直径为 5mm 的区域，如果谱图太强，则应当适当减少样品的覆盖面积。注意尽可能保持样品与棱镜有良好的光学接触，为此可在样品上加适当的压力。有时样品表面不规整，可以在磨光的板上热压一下，以获得平整的表面。较硬的样品不仅与棱镜接触不好，还易损坏棱镜。解决的办法是在界面间填充高折射率液体如二碘代甲烷，但产生的图谱较差，而且有液体的谱图叠加。

纤维可直接缠绕在棱镜上。硬的高分子必须研磨成粉末，然后制成溴化钾压片使用(可溶性的也可用溶液做压片)。注意粉末一定要细，建议研磨成2~5mm的尺寸，否则谱图会很弱。如果要分析三层材料的中间层，经验方法是用胶纸粘住两面，然后撕开，但如果撕得不够好，胶纸上胶的谱图会叠加在中间层样品上，所以应做胶带纸的空白测定进行对照。

此外，还应注意反射表面与样品表面必须十分清洁，少量沾污物的存在都会在光谱中反映出来，而KRS-5棱镜又是特别易于沾污的。

1.7.2 近红外光谱

(1) 基本原理　一般将波长780~2500nm(相当于波数4000~12820cm^{-1})的电磁波列为红外光谱的短波区，即近红外区(取意为靠近可见光区)，其光谱为近红外光谱(near infrared spectroscopy，NIR)。NIR的横坐标习惯用波长，而不用波数。

近红外区的吸收是高度共轭体系的电子跃迁(即低能电子跃迁)，以及某些基团的倍频或组频振动产生的。事实上，只有C—H、O—H、N—H、C=O等振动的第一或第二倍频和组频才有足够的吸收强度。其他振动需要更高级的倍频和组频才能进入近红外区，但由于强度太低而没有近红外活性。

倍频和组频与基频一样受化学和结构因素的影响，所以NIR与IR一样，对高分子的化学性质和结构很敏感。它主要适用于O—H、N—H和C—H基团的定量分析。

与基频红外光谱相比，NIR有许多独特的优点，但也存在某些局限性。

① 优点。近红外区的吸收强度大多都很弱，一般是基频红外区的百分之一到十分之一，因而要求的样品较厚(1mm到数cm)。样品厚度可以准确测量，从而减少了由于样品厚薄不均匀带来的定量实验误差。因为可以直接使用整块样品而不需要预处理，所以可研究样品结构与性质的关系。它是非破坏样品的方法，而且近红外光在常规光纤中具有良好的传输特性，可以利用光纤导出进行在线分析，因而常用于快速中控分析和常规质量分析。

由于在近红外区游离的N—H和O—H与氢键的N—H和O—H之间有强烈的差别，NIR有可能用于准确分析氢键形成的表面相互作用及其他结构性质。NIR的另一个优点是可用于研究水，而基频红外则是难于做到的。

② 局限性。早期的NIR很少用于研究聚合物，因而高分子的谱带常会出现过多的倍频和组频谱带重叠，而难于解释。但20世纪80年代发展了新的仪器技术，出现了多元统计分析等数据处理技术，从而克服了谱带重叠的困难。数据处理后的近红外区的谱带相互分离得比红外区更远，很少有叠合现象。现在NIR成为IR的一种重要的补充，许多商品IR仪已具备NIR测定功能。

对于高分子NIR，选择溶剂是困难的，因为常用溶剂在近红外区有强烈的吸收。可用的溶剂是四氯化碳(理想的NIR溶剂)、二硫化碳和二氯乙烷，但它们对高分子的溶解性都很有限。因而高分子材料一般用固体样品测定，只是有些样品透明性差，需要用溶液，例如尼龙样品较厚时不透明，所以用六氟异丙醇配成溶液测定。对于散射较严重的样品，如半结晶高分子、合成纤维、有填料的聚合物和悬浮液等，要用ATR技术(同红外的ATR)。

基团的特征谱带归纳于图1-53。

(2) NIR在高分子材料中的应用

① 共聚物组成分析。图1-54是聚丙烯腈、苯乙烯-丙烯腈共聚物和聚苯乙烯的NIR谱。谱带出现在1600~2200nm范围内，其中1600~1800nm区为倍频，而1900~2200nm区出现组频吸收。1680nm(5952cm^{-1})归属于苯的C—H伸缩振动3000cm^{-1}的倍频[$3000\times2=$

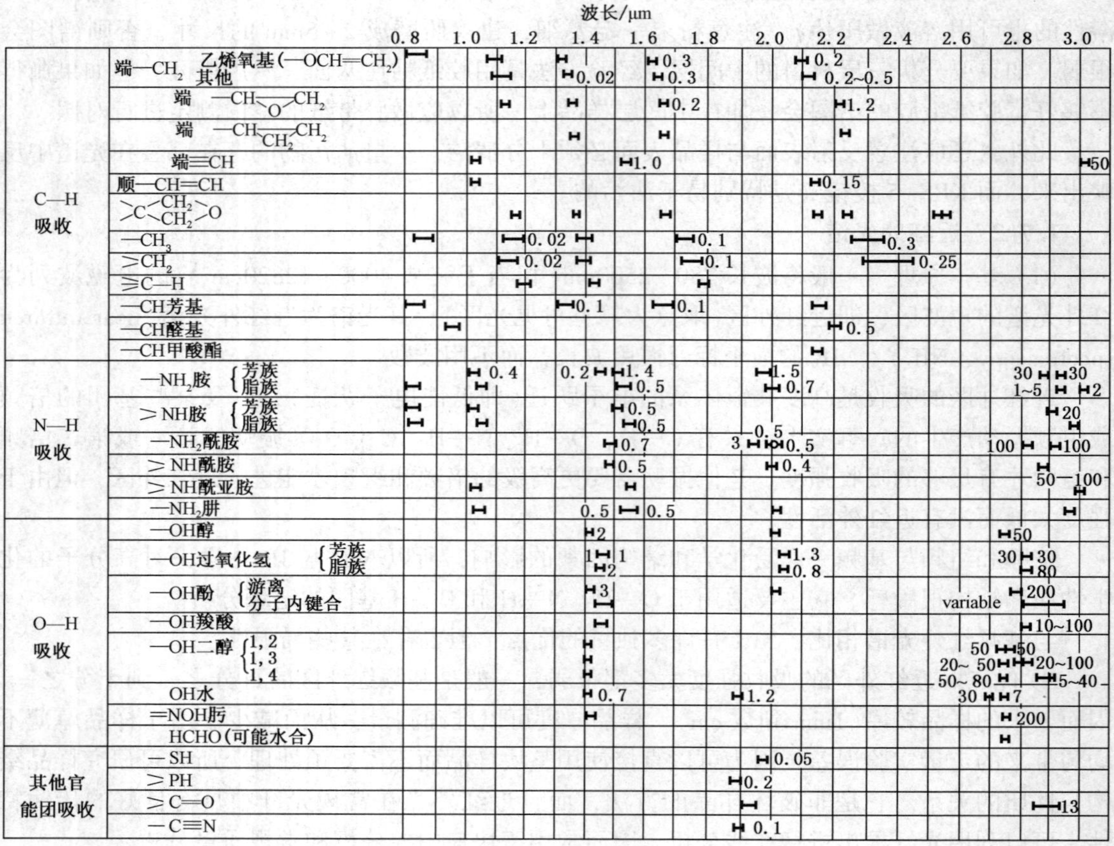

图 1-53　基团在近红外区的的特征谱带(靠近谱带位置的数字是摩尔吸收系数)

6000cm^{-1}(1670nm)]，吸光度与苯乙烯含量及薄膜厚度成正比。1750nm(5714cm^{-1})附近的谱带为 2900cm^{-1}附近脂肪族 C—H 伸缩振动的倍频[2900×2＝58000cm^{-1}(1724nm)]，苯乙烯和丙烯腈在此波长均有吸收。1910nm 和 1952nm 都是丙烯腈的组频，分别归属于 ν(CN)＋$\nu_{as}(CH_2)$[2237＋2940＝5177cm^{-1}(1932nm)]和 ν(CN)＋ν_a(CH_2)[2237＋2870＝5107cm^{-1}(1958nm)]。计算公式如下：

$$\frac{A_{1675}}{A_{1910}} = K\frac{C_1}{C_2} \qquad (1-23)$$

式中，C_1、C_2 分别为苯乙烯和丙烯腈的含量。

乙烯、丙烯和二烯烃的三元共聚物(图 1-55)也可用类似方法分析组成，丙烯用 2274nm(4398cm^{-1})谱带，乙烯用 2306nm(4337cm^{-1})谱带和 2346nm(4263cm^{-1})谱带。

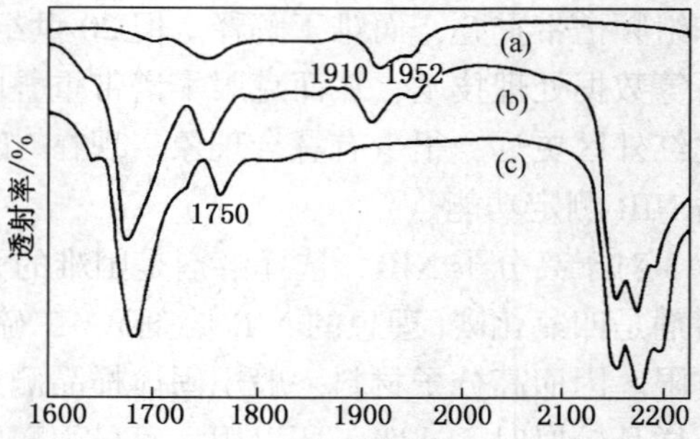

图 1-54　NIR 谱图

(a)聚丙烯腈；(b)苯乙烯-丙烯腈共聚物(丙烯腈含量为 25.7%)；(c)聚苯乙烯

② 水的测定。一般来说，水在 1440nm(6944cm^{-1})和 1920nm(5208cm^{-1})附近有两个强峰，分别对应于 O—H 伸缩振动的第一倍频，和 O—H 伸缩振动与 O—H 弯曲振动的组频。

由于水和高分子间氢键的强度和位置不同，准确的吸收波长也会有所不同。

图 1-56 是测定反应注射成型的聚氨酯中吸收的水分的一个例子。将聚氨酯样品烘干后置于室温下，1430nm($6993cm^{-1}$)和 1922nm($5203cm^{-1}$)的水吸收带在烘干前后出现明显变化。此外还发现在 1572nm($6631cm^{-1}$)的 N—H 伸缩振动的第一倍频吸收也与水含量有关，所以该谱带是 N—H 与水的氢键所产生的。图 1-56 中的三条谱带分别对应于刚成型的样品，以及 120℃烘干 1.5h 后和烘干后又在室温下放置 20h 后的样品。

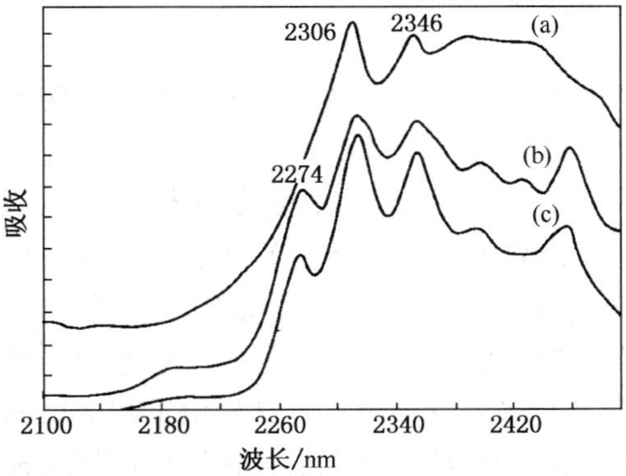

图 1-55　NIR 谱图

(a)高密度聚乙烯；(b)全同聚丙烯；(c)乙丙三元共聚物

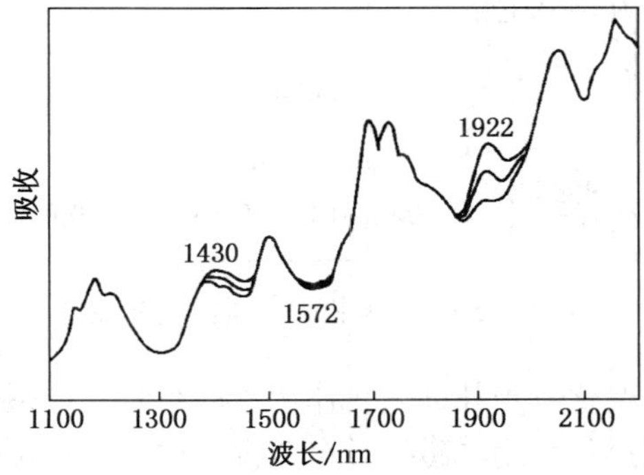

图 1-56　水含量对反应注射成型聚氨酯的 NIR 谱的影响

③ 二烯烃高分子的几何异构体测定。虽然在聚丁二烯的 C—H 振动第一倍频区，顺 1,4、反 1,4 和 1,2-丁二烯各自的谱带是特征的，但彼此重叠很严重。唯独 1,2-丁二烯的═CH_2 谱带 1636nm($6113cm^{-1}$)不受干扰。对于这种高度重叠的光谱，密勒(Miller)用经典的最小二乘法处理，得到三种几何异构体分开的谱图(图 1-57)，计算结果与^{13}C NMR 的测定一致。

④ 结晶的研究。结晶高分子 PET 经热处理会提高结晶度。将 230℃结晶之后和之前的样品分别进行近红外 ATR 谱测定，并作它们的差谱，示于图 1-58。差谱上看到三处明显变化。2240nm($4464cm^{-1}$)的强烈变化是热处理过程中水分损失导致的。有意义的是在约 1908nm($5241cm^{-1}$)和 2268nm($4409cm^{-1}$)的 C—H 谱带的显著变化，它们明显与高分子在热处理时的结晶度和分子取向的变化有关。进一步研究表明，110~190℃的热处理主要导致结晶度的增加，而 190~230℃的热处理主要引起晶粒增大。

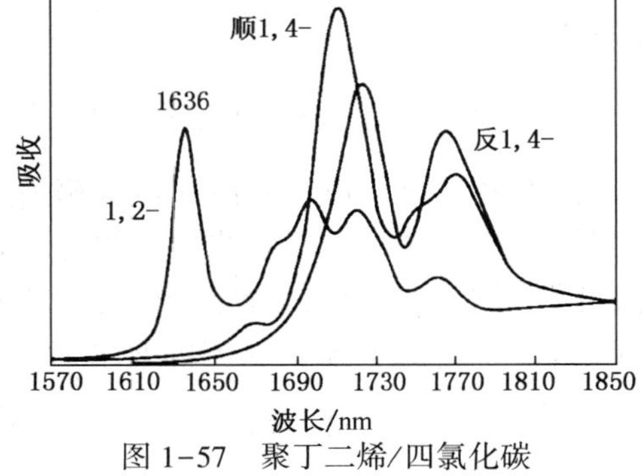

图 1-57　聚丁二烯/四氯化碳溶液的 NIR 谱(经最小二乘法处理)

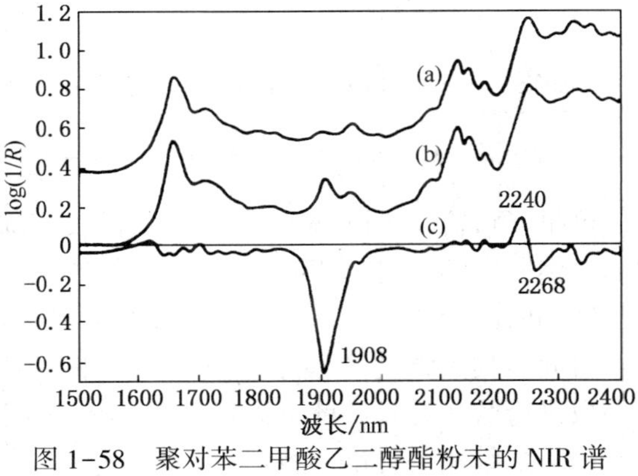

图 1-58　聚对苯二甲酸乙二醇酯粉末的 NIR 谱

(a)230℃结晶后；(b)230℃结晶前；(c)差示光谱

1.7.3 二维相关红外光谱

(1) 原理　从干扰导致红外信号的时间关联波动中构造二维红外光谱(2D IR)，这一基本概念是 Noda 于 1986 年首次提出的。用一个低频率的扰动作用在样品上，通过测定比振动弛豫慢许多，但与分子尺寸运动紧密相关的不同弛豫过程的红外振动光谱，将数学相关分析技术用于红外光谱中得到二维红外相关光谱图。这些慢的弛豫过程可以用普通红外光谱仪通过简单的时间分辨技术加以研究。在此基础上，Noda 等又提出了广义二维相关谱的概念，将二维相关光谱从普通的红外光谱推广到近红外光谱、拉曼光谱、荧光光谱、电子自旋共振谱和凝胶色谱等。

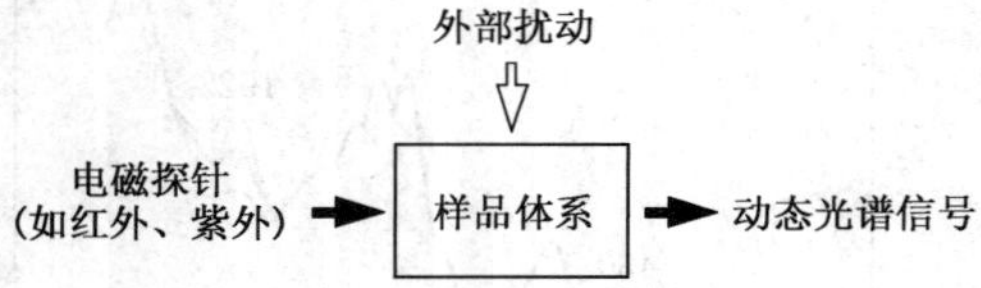

图 1-59　二维相关光谱的实验原理

在二维红外相关光谱研究中，通常使用的实验方法是以检测样品体系光谱信号的动态变化为基础的，而这种动态变化由施加于样品体系的外部微扰而诱导产生。二维相关光谱的实验原理见图 1-59。这些干扰可以是电、热、磁、化学、声学或力学的，它们诱发产生系统内局部分子环境的变化。当外部微扰作用于体系时，体系的各种化学成分被选择性激发，这种激发和随后的弛豫过程可用电磁探针来监视。体系对外扰的反应经常表现为有特征的光谱变化，通常将这种光谱的瞬间波动称为系统的动态谱。在红外光谱中，观察到的动态谱的典型变化包括吸收强度的变化、吸收峰带位置的位移、峰形状的改变以及方向性吸收的变化(二向色性现象)等。将这种动态谱进行一些简单数学处理，就可以产生一系列二维红外光谱。

假设一个光谱强度的随时波函数 $y(\nu, t)$，$t \in [-\frac{T}{2}, \frac{T}{2}]$。变量 v 可以是任何物理变量(如红外波数、拉曼位移、紫外波长或 X 射线衍射角)，则定义动态谱为：当 $t \in \left[-\frac{T}{2}, \frac{T}{2}\right]$ 时，$y(v, t) = y(v, t) - y(v)$；而当 t 取 $-T/2$ 和 $T/2$ 之外的值时，$y(v, t)$ 均为 0。将动态谱进行傅立叶变换从时间域转换为频率域，即由 $y(v, t)$ 变换为 $Y_1(v, \omega)$。

$$Y_1(\nu_1, \omega) = \int_{-\infty}^{\infty} y(\nu_1, t) e^{-i\omega t} dt = Y_1^{Re}(\omega) + iY_1^{Im}(\omega) \quad (1-24)$$

式中，傅立叶频率 ω 代表随时间变化的独立频率分量，Re 为实部，Im 为虚部。而且在光谱变量 v 处观察到的动态谱强度 $y(v, t)$ 的傅立叶变换共轭函数为：

$$Y_2^*(\nu_2, \omega) = \int_{-\infty}^{\infty} y(\nu_2, t) e^{+i\omega t} dt = Y_2^{Re}(\omega) - iY_2^{Im}(\omega) \quad (1-25)$$

因此发生在 v_1 和 v_2 两个事件间的复数相关强度谱为：

$$\Phi(\nu_1, \nu_2) + i\psi(\nu_1, \nu_2) = \frac{1}{\pi} T \int_0^{\omega} Y_1(\nu_1, \omega) \cdot Y_2^*(\nu_2, \omega) d\omega \quad (1-26)$$

这里 $\Phi(v_1, v_2)$ 和 $\psi(v_1, v_2)$ 分别代表实部和虚部，称之为同步相关光谱和异步相关光谱。显然，它们都是关于 v_1 和 v_2 的二维函数。同步相关谱表示在两个不同波数上测得的光谱强度随时间变化行为总的相近程度。而异步相关谱表示光谱强度随时间动态变化行为的差异。将同步相关强度 $\Phi(v_1, v_2)$ 或异步相关强度 $\psi(v_1, v_2)$ 作为两个独立的波数变量 v_1、v_2 的函数进行数量计算，就可以得到 2D IR 相关谱。

(2) 二维相关光谱的特性

① 同步相关光谱的性质。图 1-60 是一个典型的二维同步相关光谱。同步相关谱代表两

个动态 IR 信号之间的协同程度。谱图中出现的峰，即 $\Phi(v_1, v_2)$ 的极大值或极小值代表着发生在 v_1 和 v_2 处的强度变化具有统计学意义上的相关关系。由图 1-62 可以看出 $\Phi(v_1, v_2)$ 是关于主对角线($v_1=v_2$)的对称函数。相关峰可以出现在对角线上或对角线之外。位于对角线上的峰的强度代表在扰动周期 T 内光谱强度变化的自相关程度。因此，二维同步相关光谱中对角线上的峰又称作自动峰。自动峰总是正峰。它们代表吸收峰带对一定扰动的敏感程度。因此，较强的自动峰对应于动态谱中强度变化较大的区域，而保持不变的区域则显示出非常小或没有自动峰，这与微观环境对官能团运动的影响是密切相关的。在图中以圆圈的个数代表 $\Phi(v_1, v_2)$ 的绝对值。在坐标(A, A)，(B, B)，(C, C)和(D, D)处的自动峰分别具有 2、1、4、2 个圆圈，表明(C, C)处的自动峰最强，而(B, B)处的自动峰最弱。

二维同步相关光谱中位于主对角线以外的峰叫做交叉峰，它显示扰动发生过程中 v_1 和 v_2 处的强度变化的相关变化。为了便于观察自动峰和交叉峰的强度的相关变化，可以构造一个相关正方形，把对角线上的自动峰和两侧的交叉峰连贯起来。所以 A 和 C、B 和 D 是同步相关的。交叉峰的符号既可为正也可为负。如果发生在 v_1 和 v_2 处的强度变化是同一方向的，那么 $\Phi(v_1, v_2)$ 为正；反之，如果是沿着相反方向的，那么 $\Phi(v_1, v_2)$ 为负。

② 异步相关光谱的性质。图 1-61 所示为二维异步相关光谱的一个例子。异步光谱代表两个动态 IR 信号的光谱强度变化顺序，或者说异步相关谱代表着发生在 v_1 和 v_2 处的两个事件的无关程度。异步相关光谱关于主对角线反对称，它没有自动峰，而全部由位于非对角线位置的交叉峰组成。为了便于对异步光谱进行分析，可以构造相关矩形。在图 1-61 的谱图中有 4 个异步相关矩形。

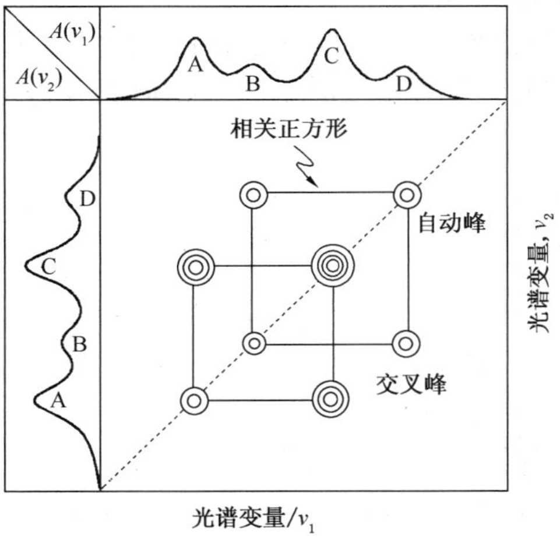

图 1-60　二维同步相关光谱示意图

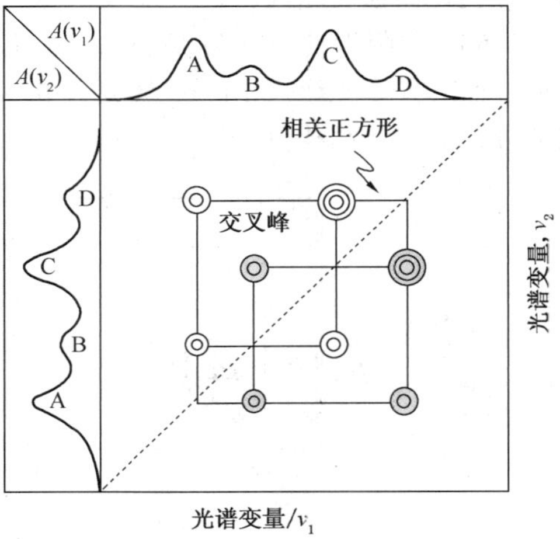

图 1-61　二维异步相关光谱示意图

如上所述，异步相关谱代表着两个事件在统计学意义上的无关程度，这一特点在区分重叠峰方面特别有用。在一维动态光谱中，因靠得太近而重叠在一起的两个吸收峰，如果是来自不同的官能团，就有可能在二维异步相关光谱中呈现为两个明显的独立峰。二维异步相关分析常用来提高光谱的分辨率，系统中的不同化学组成、相同化学成分的不同相、同相中相同化学成分的不同官能团，在外部干扰下都可能有非同步的响应，从而产生异步相关峰。另外，异步交叉峰的符号可以是正的，也可以是负的。异步二维相关谱的交叉峰符号可以帮助指认亚分子官能团的变向运动次序，这有助于研究官能团间化学相互作用的机理和动力学。

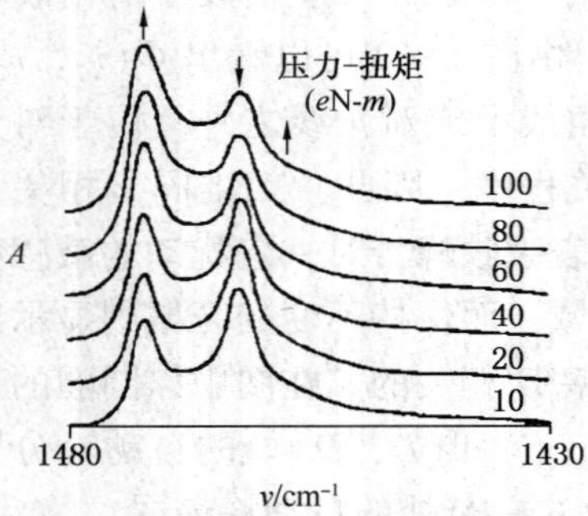

图 1-62　LLDPE 在 60℃时受不同压力情况下的红外光谱图

（3）在聚合物结构研究中的应用　二维红外光谱能有效地提高谱图分辨率，将重叠峰甚至被掩盖的一些小峰清晰地显示出来，还可以清楚地反映出聚合物大分子在外界微扰作用下，分子内各结构单元、官能团发生变化后弛豫恢复到初始状态的先后关系。以线型低密度聚乙烯（LLDPE）在温度、压力诱导下的结构转变为例，由熔融制备的 LLDPE 一般生成非常复杂的部分结晶超级结构，这种结构是折叠链的结晶薄片嵌入到液体状无定形态基质中。部分结晶聚合物（比如聚乙烯、聚丙烯等）在温度、压力等改变情况下会出现特征转变过程，这些转变包括结晶、有序分子熔融、玻璃态到橡胶态转变及其他无定形态分子的松弛过程。聚合物的物理转变一般会导致系统的振动光谱性质的改变，如光谱强度和频率。图 1-62 是以压力作为外扰测量 LLDPE 在 60℃时的动态红外光谱，当压力逐渐增加时，吸收峰 $1473cm^{-1}$ 的强度逐渐增加，该吸收峰对应于平行结晶薄层的 a 轴的分子振动。该吸收峰强度增加可解释为在压力下结晶态超级结构被压平了，其中生长方向 b 轴的螺旋层被解开了。而 $1463cm^{-1}$ 吸收峰随着压力增加而强度稍微下降，其对应于结晶层平行于轴的偶极矩振动吸收，其强度下降可能是因为平行于轴的结晶度下降。$1455cm^{-1}$ 附近的肩峰有微小增加，表明 LLDPE 的无定形态组分在压力存在时有所增加。经二维红外光谱分析，发现其同步光谱[图 1-63(a)]中有一负的交叉峰(1473，1463) cm^{-1}，表明 x 轴的吸收峰 $1473cm^{-1}$ 随压力变化而强度增加；而 y 轴吸收峰 $1463cm^{-1}$ 则强度下降。

$1455cm^{-1}$ 附近的肩峰与 $1473cm^{-1}$ 也出现了正相关交叉峰，表明两者强度都随压力变化而增加。而其异步光谱[图 1-63(b)]中的交叉峰则表明了压力外扰诱导下，晶体的熔融发生在部分结晶超级结构分子展开之前。

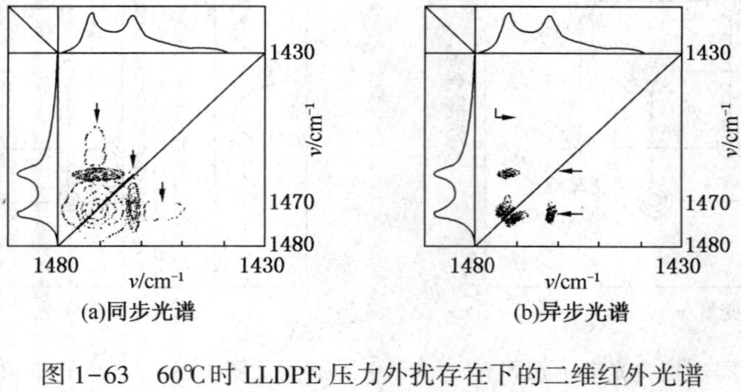

图 1-63　60℃时 LLDPE 压力外扰存在下的二维红外光谱

二维红外相关光谱已经广泛应用于蛋白质研究，如蛋白质二级结构、变性、吸附、蛋白质折叠、蛋白质的水合以及其变化的机理等。相关光谱涉及范围有二维红外（2D IR）、二维近红外光谱（2D NIR）和二维拉曼光谱等。其中蛋白质二级结构以及与一定二级结构相对应的生理功能一直是人们研究的热点。研究内容主要是利用二维相关谱，对它们的二级结构进行解析，研究二级结构在温度、压力等外界因素变化时发生的改变。传统的红外光谱方法在研究蛋白质二级结构，尤其是酰胺 I 谱带、酰胺 II 谱带以及酰胺 III 谱带时面临着谱峰严重重叠，而通常只能采用分峰等数学方法加以解决的难题。二维相关谱则可用交叉峰的形式，将原本重叠甚至被掩盖的峰清楚地显示出来。

二维红外温度谱是二维红外相关光谱的另一种形式，用它可以测定分子运动和相变。以羧甲基纤维素钠(NaCMC)为例，它的红外温度谱(图 1-64)不是很直观，不容易观察到小的变化。但将峰高或峰面积对温度的关系绘成曲线图[图 1-65(a)和(c)]，就可以从曲线的拐点清楚地看到发生的转变，与 DSC 观察到的两个转变相对应(图 1-66)，100℃的转变被认为是失水，而 170℃附近的转变被认为是未羧甲基化的 6 位羟基被氧化出现新的羰基(1750cm^{-1})。但这种曲线的拐点有时很难确定。也可以绘成等高线图，即二维红外温度谱[图 1-65(b)]。红外温度谱甚至能检测出用 DSC 等方法分析不到的玻璃化转变等较弱的分子运动或相变。

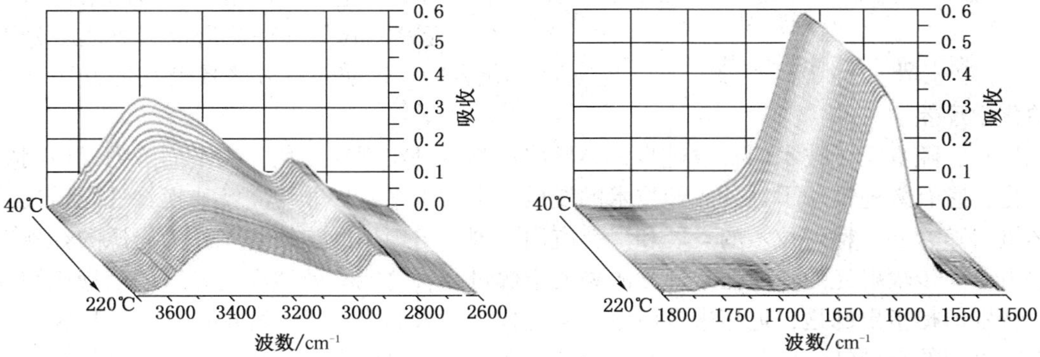

图 1-64　NaCMC 薄膜在 3690~2600cm^{-1}(左图)和 1800~1500cm^{-1}(右图)的红外温度谱

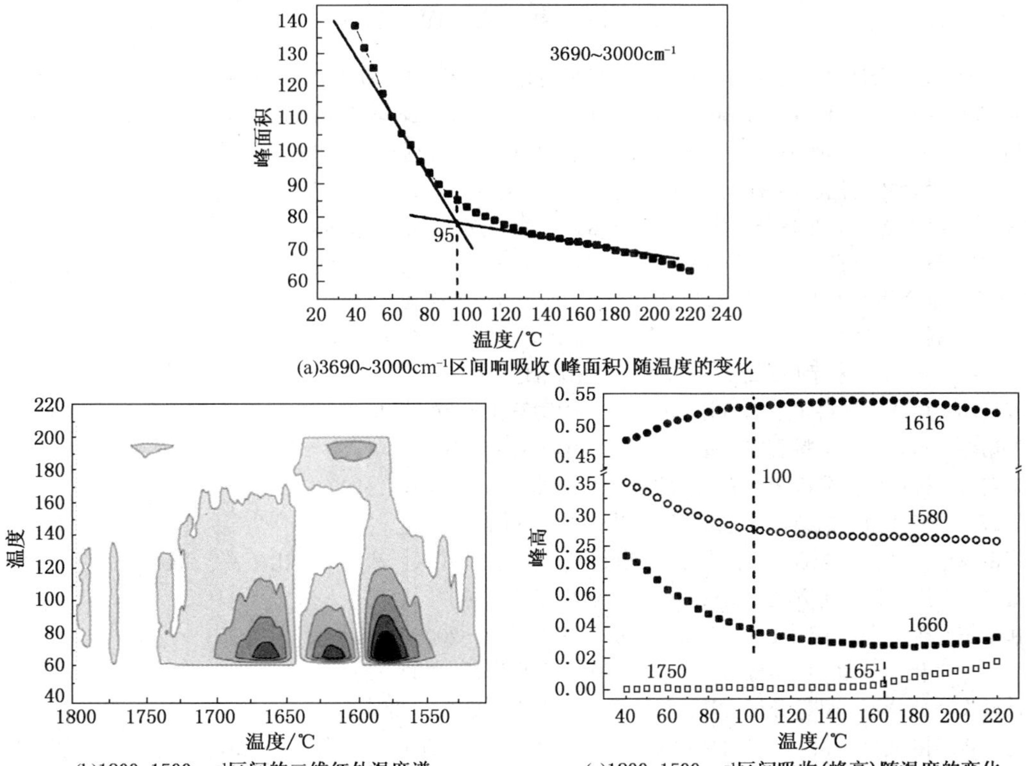

(a)3690~3000cm^{-1}区间响吸收(峰面积)随温度的变化

(b)1800~1500cm^{-1}区间的二维红外温度谱

(c)1800~1500cm^{-1}区间吸收(峰高)随温度的变化

图 1-65　NaCMC 薄膜的红外温度谱及有关曲线

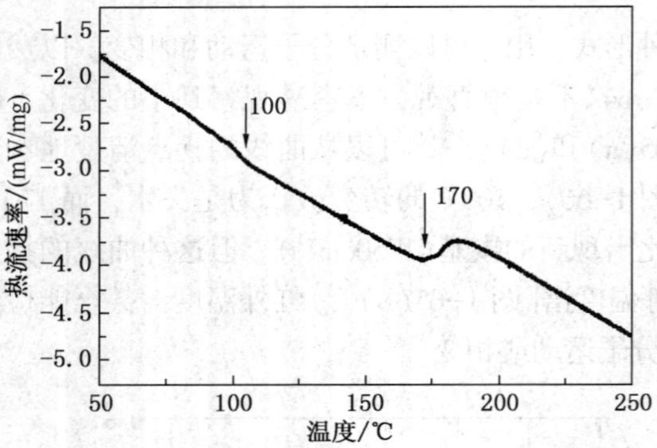

图 1-66　NaCMC 薄膜的 DSC 谱图

当代红外光谱技术的发展已使红外光谱的意义远远超越了对样品进行简单的常规测试并从而推断化合物的组成的阶段，红外光谱仪与其他多种测试手段联用衍生出许多新的分子光谱领域，例如，色谱技术与红外光谱仪联合为深化认识复杂的混合物体系中各种组分的化学结构创造了机会；把红外光谱仪与显微镜方法结合起来，形成红外成像技术，用于研究非均相体系的形态结构，由于红外光谱能利用其特征谱带有效地区分不同化合物，这使得该方法具有其他方法难以匹敌的化学反差。

另外，随着电子技术的日益进步，半导体检测器已实现集成化，焦平面阵列式检测器已商品化，它有效地推动了红外成像技术的发展，也为未来发展非傅立叶变换红外光谱仪创造了契机。随着同步辐射技术的发展和广泛应用，现已出现用同步辐射光作为光源的红外光谱仪，由于同步辐射光的强度比常规光源高五个数量级，这能有效地提高光谱的信噪比和分辨率。特别值得指出的是，近年来自由电子激光技术为人们提供了一种单色性好、亮度高、波长连续可调的新型红外光源，使之与近场技术相结合，可使得红外成像技术无论是在分辨率和化学反差两方面皆得到有效提高。

参　考　文　献

1　日本分析化学会高分子分析研究恳谈会．新版高分子分析手册(日文)．东京：纪伊国屋书店，1995

2　Paul C P，Michael M C. Fundamentals of Polymer Science，an Introductory Text，Sec. Ed. New York：CRC Press，1997

3　殷敬华，莫志深．现代高分子物理学(下册)，北京：科学出版社，2001

4　汪昆华．聚合物近代仪器分析，北京：清华大学出版社，2000

5　沈德言．红外光谱法在高分子研究中的应用，北京：科学出版社，1982

6　陈允魁．红外吸收光谱法及其应用，上海：上海交通大学出版社，1993

7　王正熙．聚合物红外光谱分析和鉴定，成都：四川大学出版社，1989

8　高家武．高分子材料近代测试技术．北京：北京航空航天大学出版社，1994

9　董炎明．高分子分析手册．北京：中国石化出版社，2004

10　董炎明．高分子材料实用剖析技术．北京：中国石化出版社，1997

11　王培铭，许乾慰．材料研究方法．北京：科学出版社，2006

12　王富耻．材料现代分析测试方法．北京：北京理工大学出版社，2006

13　朱诚身．聚合物结构分析．北京：科学出版社，2004

14　张俐娜，薛奇，莫志深等．高分子物理近代研究方法．武汉：武汉大学出版社，2006

15　张锐．现代材料分析方法．北京：化学工业出版社，2007

16　祁景玉．现代分析测试技术．上海：同济大学出版社，2006

17　武汉大学化学系编．仪器分析．北京：高等教育出版社，2001

18　杜希文，原续波．材料分析方法．天津：天津大学出版社，2006

19　左演声，陈文哲，梁伟．材料现代分析方法．北京：北京工业大学出版社，2000

20　吴瑾光．近代傅立叶变换红外光谱技术及应用．北京：科学技术文献出版社，1994

21　常建华，董绮功．波谱原理及解析．北京：科学出版社，2005

22 徐桂云，范金石. 红外光谱法在聚合物鉴别中的应用. 山东轻工业学院学报，1999，13(3)：39~41
23 李之铁，许乾慰. 高分子红外光谱的解析技巧. 上海塑料，2003(3)：32-3
24 晓丽，霍丽华，高山等. 广义二维相关光谱在红外和拉曼光谱研究中的应用. 大学化学，2003，18(5)：26~30
25 彭云，沈怡，武培怡，杨玉良. 广义二维相关光谱学进展. 分析化学，2005，33(10)：1499~1504
26 王建平. 飞秒激光二维红外光谱. 科学通报，2007，52(11)：1221~1231
27 Noda I. Bull. Am. Phys.，1986，31：520-23
28 Noda I. Appl. Spectro.，1990，44：550-61
29 Noda I. Appl. Spectro.，1993，47：1329-336
30 Li W，Sun B，Wu P. Study on hydrogen bonds of carboxymethyl cellulose sodium film with two-dimensional correlation infrared spectroscopy，Carbohydrate Polymers，2009，78，454~461

习　题

1. 产生红外吸收的条件是什么？是否所有的分子振动都会产生红外吸收光谱？为什么？

2. 红外光谱定性分析的基本依据是什么？简要叙述红外定性分析的过程。

3. 何谓基团频率？它有什么重要用途？

4. 何谓指纹区？它有什么特点和用途？

5. 计算乙酰氯中 C ═O 和 C—Cl 键伸缩振动的基本振动频率(波数)各是多少？已知化学键力常数分别为 12.1 N/cm 和 3.4N/cm。

6. 试简述红外光谱法应用于高聚物结构表征所能解决的问题及应用时的限制或缺点。

7. 叙述 PE、PP、PVC(DOP 增塑)和 PS 的红外谱图的主要特征谱带，说明各主要特征谱带来自何种基团的何种振动吸收。

8. 高密度聚乙烯与低密度聚乙烯的红外谱图有何区别？

9. 如何用红外光谱鉴别：(1)PMMA 与 PS；(2)PVC 与 PP；(3)环氧树脂与不饱和聚酯。

10. 有一种鉴别聚合物的流程图方法，第一步按 1720~1740cm^{-1}是否有吸收把聚合物分成两组，第二步再按 1493、1587、1600cm^{-1}是否有吸收把上述两组进一步分成四组，然后再按其他特征谱带归属。请问这种方法的前两步的根据是什么？

11. 如何通过羰基伸缩振动谱带来区别聚醋酸乙烯酯、聚碳酸酯和聚对苯二甲酸乙二醇酯？

12. 请区别下列各对聚合物的特征吸收谱带：(1)古塔波胶与天然橡胶；(2)尼龙-66 与 PET；(3)丁基橡胶与氯丁橡胶。

13. 红外光谱测定一未知聚合物的谱图如图 1 所示，试解析谱图，确定未知聚合物为何

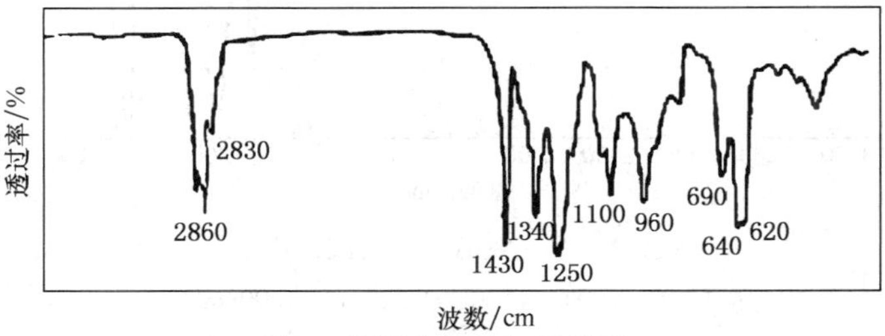

图 1　某聚合物的红外谱图

种聚合物，并在谱图上标出各谱带为何种基团的振动吸收。

14. 红外光谱怎样用来决定化合物 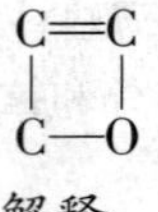 (结构中省略氢)是通过加成聚合还是开环聚合，或者两者的结合来进行聚合的，请解释。

15. 一个冷冻的化学药品仓库着火后，已断定有一种化学药品能聚合得到一种很有商业潜力的新产品。这种化学药品的结构式如下：

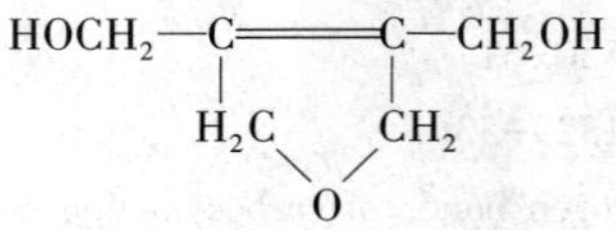

由于是火灾，聚合反应条件无法确定。你能否通过红外光谱法判断是以下三类反应机理的哪一类？(1)通过双键发生聚合反应；(2)开环聚合得到聚醚；(3)OH 基之间缩合失水生成聚醚。

16. 说明怎样用红外光谱法将异戊二烯聚合生成的异构体加以区分？

17. 结晶聚合物的红外光谱能出现非晶态红外谱图中所没有的谱带吗？

18. 简述红外二向色性测定高分子双折射的原理，并以聚丙烯为例说明具体测定方法。

19. 激光拉曼光谱在高分子的定性分析上与红外光谱相比有什么优缺点？

20. 根据主要特征谱带，解释以下各聚合物的红外光谱图？(注：这里只是提供一些例子，授课教师可以从标准谱图或收集的实测谱图中挑选有代表性的谱图供学生练习定性分析，或当成未知物练习剖析)

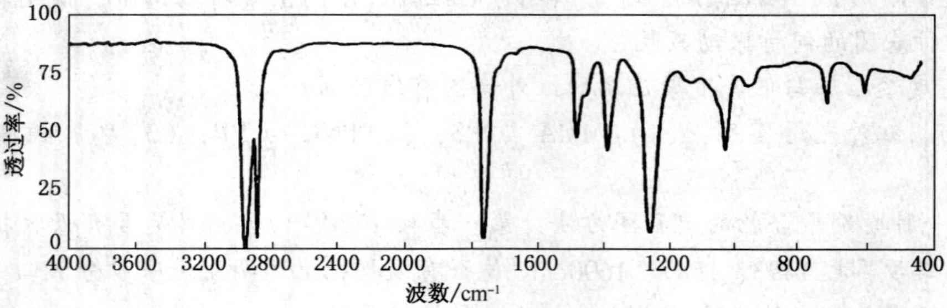

图 2　EVA 的红外谱图

2921，2851，1740，1436，1371，1242，1023，720，607cm^{-1}

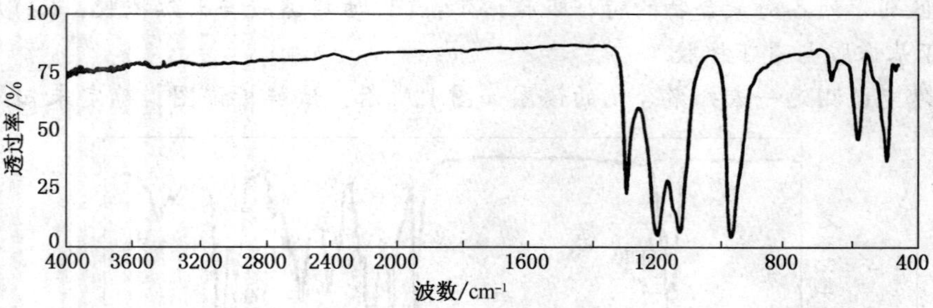

图 3　聚三氟氯乙烯的红外谱图

1285，1194，1130，972，580，490cm^{-1}

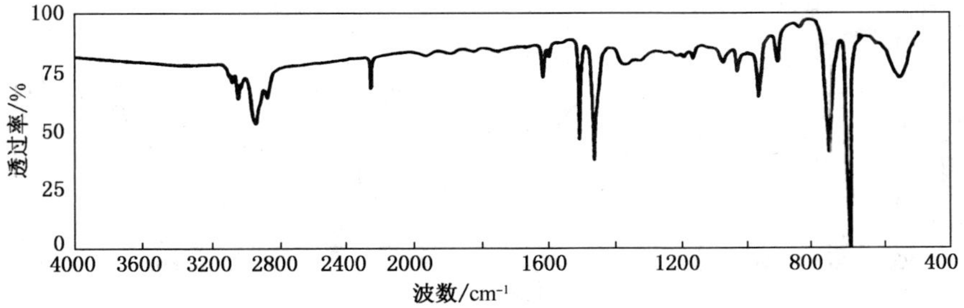

图 4　ABS 的红外谱图

3060，3026，2926，2855，2237，1602，1494，1451，1363，
1298，1170，1070，1028，965，912，761，702，552cm^{-1}

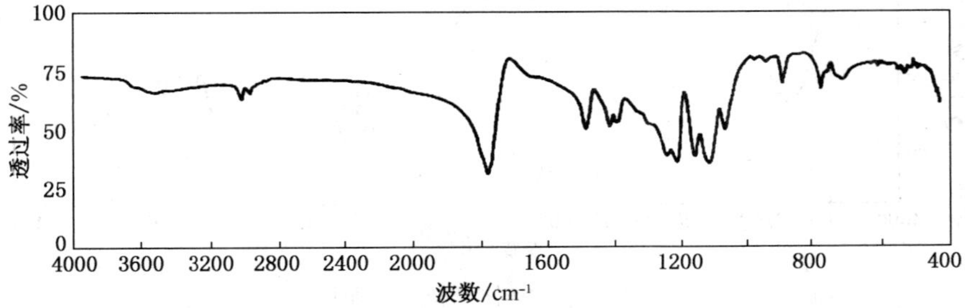

图 5　聚乳酸的红外谱图

3484，2995，2945，1756，1456，1382，1190，1131，1096，1046，869，756，700cm^{-1}

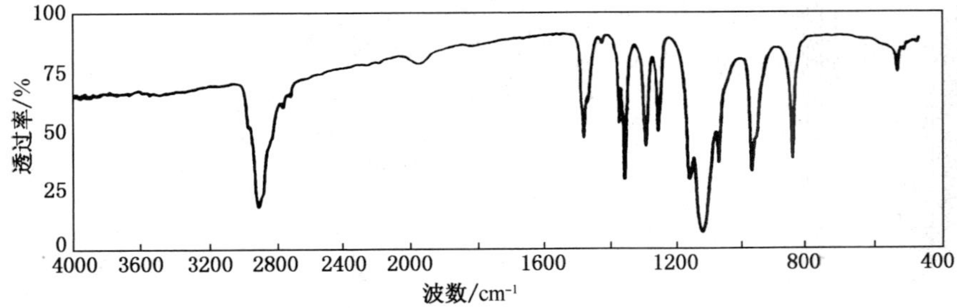

图 6　聚乙二醇的红外谱图

2950，1460，1352，1297，1249，1106，949，838cm^{-1}

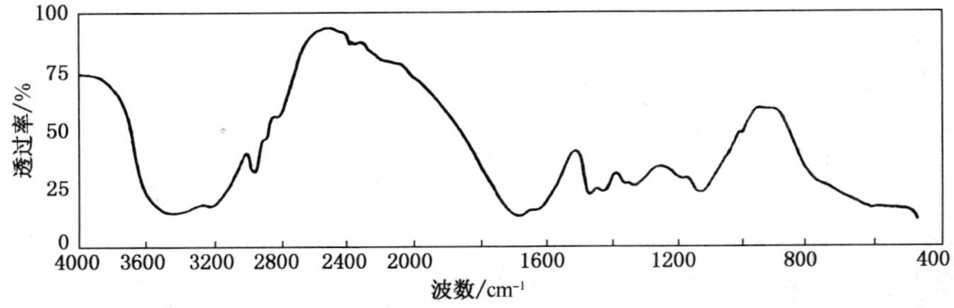

图 7　聚丙烯酰胺的红外谱图

3336，3175，2935，1662，1600，1439，1318，1117cm^{-1}

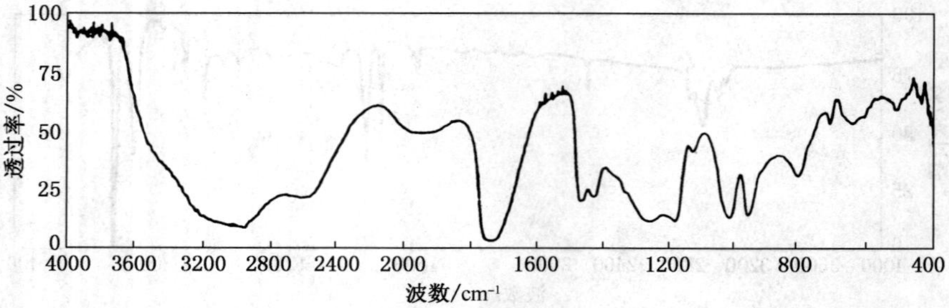

图 8　聚丙烯酸的红外谱图

3104，2980，2673，1708，1455，1416，1267，1178，1105，926，805cm^{-1}

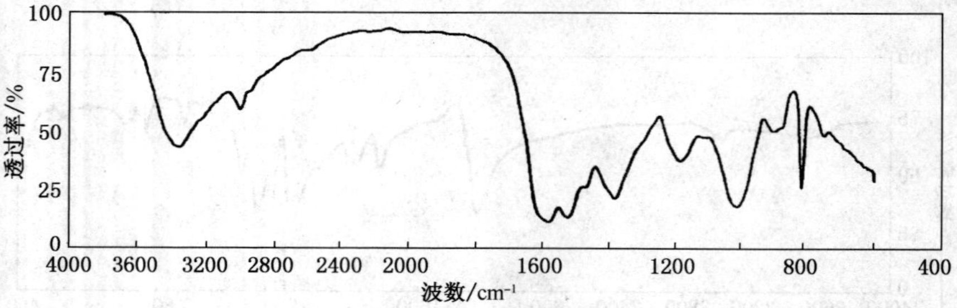

图 9　蜜胺树脂的红外谱图

3329，2966，1547，1510，1375，1173，1022，809cm^{-1}

第 2 章　核磁共振波谱

核磁共振(Nuclear Magnetic Resonance，NMR)是基于原子尺度的量子磁物理性质。1946年，美国科学家泊塞尔(E. M. Purcell)和布洛赫(F. Bloch)所领导的两个研究小组，几乎在同一时间里，用不同的方法各自独立地发现了宏观物质的核磁共振现象，他们一同获得1952年诺贝尔物理学奖。六十多年来，核磁共振波谱技术取得了极大进展，NMR仪器不断向更高频率发展。1991年，瑞士科学家恩斯特(R. R. Ernst)因对二维NMR技术及其傅立叶变换NMR方法的突出贡献荣获诺贝尔化学奖。交叉极化、魔角旋转和多脉冲去偶等固体高分辨NMR技术的发展，实现了固体状态样品的NMR检测。20世纪70年代美国科学家劳特布尔(P. Lauterbur)开发了核磁共振成像技术，使NMR神奇般地进入与人民生命健康息息相关的医学领域。随着这些实验技术的迅速发展，NMR研究领域已从早期的物理学进入到化学、材料科学和生命科学的广阔天地。目前，NMR波谱技术已成为高分子材料研究不可缺少的工具之一。

与紫外-可见光谱法和红外光谱法类似，NMR波谱也属于吸收光谱。其相应的波长位于无线电波范围，物质吸收电磁波的能量较小，从而引起的只是电子及原子核在其自旋态能级之间的跃迁。NMR测定的原子核为质子时，获得的谱图称为氢谱(^{1}H NMR)。通常，NMR氢谱和碳谱是高分子材料分析检测中最常用的两种谱图类型。

NMR波谱学不仅可用来对各种有机物和无机物的结构、成分进行定性分析，而且还可用于定量研究。在定性方面，NMR谱比红外光谱能提供更多的信息，它不仅给出基团的种类，而且能提供基团在分子中的位置。在定量方面，NMR也相当可靠。日本高分子学会NMR研究会曾发表了由多名研究者用26台60~500MHz谱仪共同测定同一PMMA样品，结果显示^{1}H NMR化学位移的精度为0.005，^{13}C NMR化学位移的精度为0.05~0.2，说明NMR技术具有很高的分析精确度。

NMR氢谱是发展最早、研究最多、应用最广泛的NMR谱。在较长一段时间内NMR氢谱几乎是NMR谱的代名词。在^{1}H NMR谱图中，NMR能提供的重要的参数有以下三个：

① 化学位移(吸收峰频率)：源于质子所处的化学环境不同——用于定性分析。

② 偶合常数及峰的裂分数目：源于核自旋之间的相互作用——用于定性分析。

③ 峰的相对积分面积：与相应各类质子的数目成正比——用于定量分析。

自20世纪60年代以来，核磁共振波谱已广泛应用于聚合物的分析。高分辨NMR技术已成为一种分析聚合物的微观化学结构，构象和弛豫现象等非常有效的手段。例如官能团鉴别，异构体的鉴别，端基分析，支化结构测定，键接方式测定，共聚组成的分析和共聚物序列结构研究，共混物的定性定量分析等。宽谱线的NMR则利用谱线的宽度、形状等来获取有关相转变、结晶度、取向变化和交联过程中的化学变化等有关信息。

2.1　核磁共振简介

2.1.1　核磁共振基本原理

在自然界中，存在正、负电荷中心不相重合的电偶极子。离子也可以单独存在。但是，磁一般总是以偶极形式存在的(尽管2009年9月4日出版的Science上德国和法国的两个研究组报告了在一种特殊的晶体中观察到了“磁单极子”的存在)。磁体的N极和S极同时存在，磁力线总是闭合的，这是因为磁体一定相应于闭合的电流圈。在原子和分子体系内，下述基本粒子的运动会产生闭合的电流圈：①电子的轨道运动；②电子的自旋运动；③核的自旋运动；④整个分子的旋转运动。因此这四种运动都应当对应着某种磁现象的产生。其中，核的自旋运动引起NMR现象。由整个分子旋转运动而产生瞬间的磁场涨落，也会对NMR现象产生影响。

原子核带正电并有自旋运动，原子核的自旋如同电流在线圈中运动一样必将产生磁矩，称为核磁矩。自旋核的磁轴并不与外加磁场 H_0 重合，而是以固定夹角围绕 H_0 作回转运动，称之为拉莫尔(Larmor)进动，类似于重力场中的陀螺既有自旋又有进动的行为，如图2-1所示。研究表明，核磁矩 μ 与原子核的自旋角动量 ω_0 成正比，即：

$$\mu = \gamma\omega_0 \tag{2-1}$$

式中 γ 为比例系数，称为原子核的旋磁比，是一个核常数。在外磁场中，原子核自旋角动量的空间取向是量子化的，原子核在外磁场中的能量也是量子化的。在强磁场的激励下，由于磁矩和磁场的相互作用，一些具有某些磁性的原子核的自旋能量分裂成一系列分立的能级，相邻的两个能级之差为 ΔE。例如对于自旋量子数 $I=1/2$ 的 ^1H 和 ^{13}C 等，没有外磁场时，其自旋磁矩取向是混乱的；在外磁场 H_0 中，它的取向分为两种($2I+1=2$ 种)：一种和磁场方向相反，能量较高($E=\mu H_0$)，一种和磁场方向平行，能量较低($E=-\mu H_0$)，如图2-2所示。

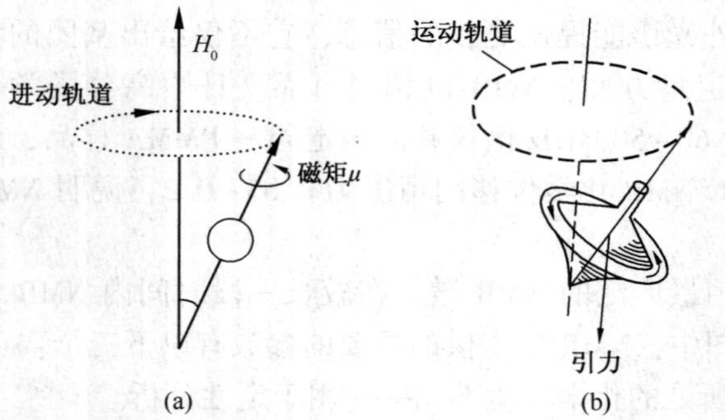

图2-1　核磁矩绕磁场的进动轨道

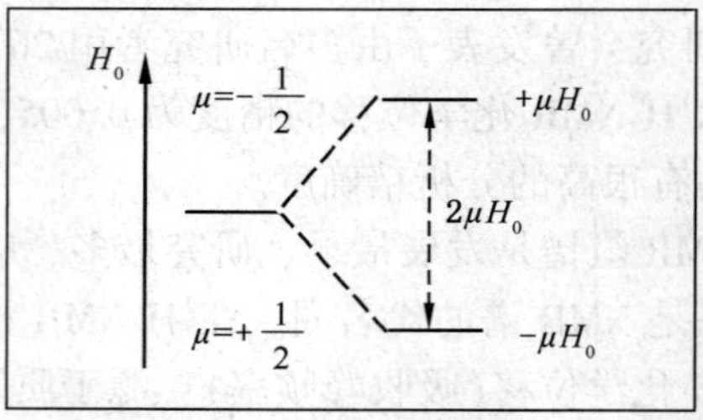

图2-2　^1H 核的两个取向的能级

用频率适当的电磁辐射照射原子核，如果电磁辐射光子能量 hν 恰好为两相邻核能级之差 ΔE，则原子核就会吸收这个光子的能量，从低能态跃迁至高能态。发生NMR现象的频率必须满足以下条件：

$$\nu = \frac{\Delta E}{h} = \frac{\gamma H_0}{2\pi} \tag{2-2}$$

式中，h 为普朗克常数；H_0 为外加磁场的强度。

由上式可知，对应于某一特定的 H_0 值，一种核只有一个特征跃迁频率。也就是说，在磁场中原子核只对这种频率的电磁波产生吸收，即发生“共振”。例如，当外加磁场 $H_0=1.409$T 时，对应于质子的共振频率为60MHz。频率越高，测定的灵敏度和谱图的分辨率就越高(图2-3)。

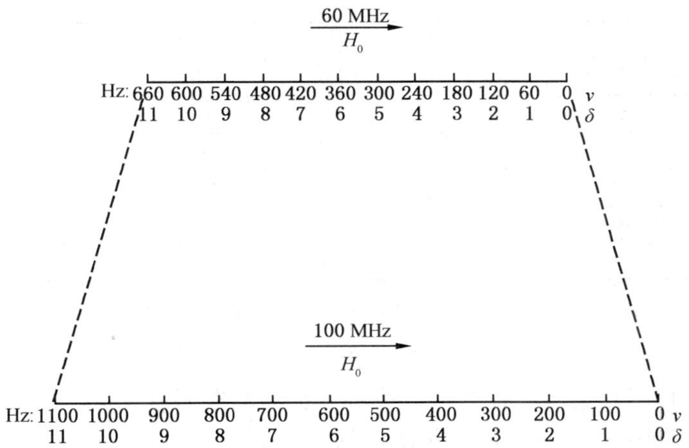

图 2-3　频率分别为 60MHz 和 100MHz 的^{1}H NMR 的谱图分辨率的比较

物理学的研究证明，各种不同的原子核，自旋的情况不同。原子核自旋的情况可用自旋量子数 I 表征(表 2-1)。磁矩 μ 与自旋量子数 I 的关系如下式所示：

$$\mu = \gamma\omega_0 = \frac{h\gamma}{2\pi}\sqrt{I(I+1)} \tag{2-3}$$

质子和中子数都是偶数的原子核(如^{12}C、^{16}O、^{32}S、^{28}Si)的自旋量子数等于零，磁矩为零，不会产生 NMR 现象。自旋量子数 I 等于 1 或大于 1 的原子核，如^{11}B、^{35}C1、^{79}Br、^{81}Br 等(I=3/2)；^{17}O 和^{127}I 等(I=5/2)；^{2}H 和^{14}N 等(I=1)。这类原子核核电荷分布不均匀，可看作是一个椭圆体，具有电四极矩，通常会得到宽吸收峰，比较复杂，目前在 NMR 的研究应用上还很少。自旋量子数等于 1/2 的原子核有^{1}H、^{19}F、^{31}P、^{13}C、^{15}N、^{29}Si 等。这些核可当作一个电荷均匀分布的球体，并像陀螺一样地自旋，故能形成磁矩，容易得到高分辨 NMR 谱，是目前研究得最广泛的一类原子核。^{1}H、^{19}F 和^{31}P 三种原子在自然界的丰度接近 100%，核磁共振容易测定，尤其是氢核(质子)，不但易于测定，而且它又是组成化合物材料的主要元素之一，因此对于氢核的核磁共振谱测定在高分子材料分析中占重要地位。表 2-2 列出用于 NMR 的一些重要同位素的性质。

表 2-1　原子核的自旋量子数

质量数	原子序数	自旋量子数 I
偶数	偶数	0
偶数	奇数	1, 2, 3, …
奇数	奇数或偶数	1/2, 3/2, 5/2

表 2-2　用于 NMR 的一些重要同位素的性质

同位素	自旋量子数	天然丰度/%	灵敏度(相对于^{1}H)
^{1}H	1/2	99.98	1
^{2}H	1	0.016	0.0096
^{13}C	1/2	1.11	0.0159
^{14}N	1	99.64	0.001
^{15}N	1/2	0.36	0.001
^{17}O	5/2	0.037	0.03

续表

同位素	自旋量子数	天然丰度/%	灵敏度(相对于^1H)
^{19}F	1/2	100	0.834
^{29}Si	1/2	4.7	0.008
^{31}P	1/2	100	0.07
^{33}S	3/2	0.74	0.002
$^{35}C1$	3/2	75.4	0.005
$^{37}C1$	3/2	24.6	0.003

但对于不同的原子核，由于 γ 不同，发生共振的条件不同，即发生共振时的 ν_0 与 H_0 相对值不同。表 2-3 列举了数种磁性核的磁旋比和它们发生共振时 ν_0 和 H_0 的相对值。即在相同的磁场中，不同原子核发生共振时的频率各不相同，根据这一点可以鉴别各种元素及同位素。例如用核磁共振方法测定重水中的 H_2O 的含量，D_2O 和 H_2O 的化学性质十分相似，但两者的核磁共振频率却相差极大。另一方面，对于同一种核，γ 值一定；当外加磁场一定时，共振频率也一定；当磁场强度改变时，共振频率也随着改变。例如氢核在 1.409T 的磁场中，共振频率 ν_0 为 60MHz，而在 2.350T 时，共振频率为 100MHz。通常仪器的频率是对应氢核的共振频率。

表 2-3　数种磁性核的磁旋比及共振时 ν_0 和 H_0 的相对值

同位素	γ	ν_0/MHz	
		$H_0=1.409T$	$H_0=2.350T$
^1H	2.6750	60.0	100
^2H	0.411	9.21	15.4
^{13}C	0.675	15.1	25.2
^{19}F	2.52	56.4	94.2
^{31}P	1.088	24.3	40.5

^1H 和 ^{13}C 等原子核在外磁场 H_0 中的两个磁能级中，磁核优先分布在低能级上。但是高、低能级间能量差很小，平衡状态各能级的粒子布居数遵从玻耳兹曼(Boltzman)规律，即：

$$\frac{N_2}{N_1}=e^{\frac{\Delta E}{kT}} \tag{2-4}$$

式中，N_1 和 N_2 表示磁核分别在低能级和高能级上的分布总数；ΔE 表示高低两能级间的能量差。对质子而言，在室温 300K，磁场强度 1.4T 条件下：$(N_1-N_2)/N_1\approx1\times10^{-5}$。随着 NMR 吸收过程的进行，低能态的核子数越来越少，经过一定时间后，上下能级所对应的能态的核子数相等，即 $N_1=N_2$，这时吸收与辐射几率相等，便观察不到 NMR 吸收了。在低频率射频范围内，由高能态回到低能态的自发辐射几率近似为零，尚好还有一些非辐射的途径，这种途径称为弛豫过程。弛豫分成两类：

① 自旋-晶格弛豫(spin-lattice relaxation)，又称纵向弛豫。高能态的磁核本身拉莫尔进动与周围带电微粒子热运动产生的波动场之间有相互作用。把能量传递给周围环境，自己回到低能态的过程。半衰期用 T_1 表示，称为纵向弛豫时间。

② 自旋-自旋弛豫(spin-spin relaxation)，又称横向弛豫。高能态磁核将能量传递给邻近低能态同类磁核的过程。其半衰期用 T_2 表示，称为横向弛豫时间。

T_1 的数值与核的种类、核的化学环境及样品的状态和温度有关。对液体来说，一般为

0.01～100s之间。样品为固体时，分子的回旋自由度很小，分子的振动和转动就受到很大限制，T_1 变大，有时可长达几小时。T_1 越长，表示该纵向弛豫过程效率越低，因而容易饱和。一般气体或液体样品，T_2 约为1s，而对固体样品由于核的位置比较固定，有利于自旋-自旋之间的能量交换，所以 T_2 特别小，一般为 10^{-5}～10^{-4}s。同样，粘稠液体的 T_2 值也小。对于大多数溶液中的小分子来说，一般 T_2 与 T_1 数值比较接近。弛豫时间对谱线宽度影响很大。谱线宽度与弛豫时间 T_2 成反比，所以固体样品的谱线很宽。

2.1.2 核磁共振谱仪和样品制备

NMR谱仪按照工作原理不同，可分为连续波(CW)和傅立叶变换(FT)两类。60年代发展起来的连续波NMR谱仪工作效率低，现在已被傅立叶变换谱仪取代。傅立叶变换技术是采用强的窄脉冲同时激发处于不同化学环境的所有同一种核，然后用接收器同时检测所有核的激发信息，得到时域信号FID(自由感应衰减信号)。FID经过傅立叶变换得到和连续波NMR谱仪相同的谱图。FT NMR的优点是：①速度快，几秒至几十秒即可完成 ^{1}H NMR谱的测定；②灵敏度高，在快速采样得到FID的基础上，通过多次累加可提高信噪比，可以对丰度小、旋磁比亦比较小的核进行测定；③可测多种核的NMR谱；④采用大型计算机后，通过设置适当的脉冲序列可测各种新技术谱图，如溶剂峰压制，NOE谱和质子交换谱，DEPT谱和各种二维谱，使复杂化合物的结构分析更为容易。

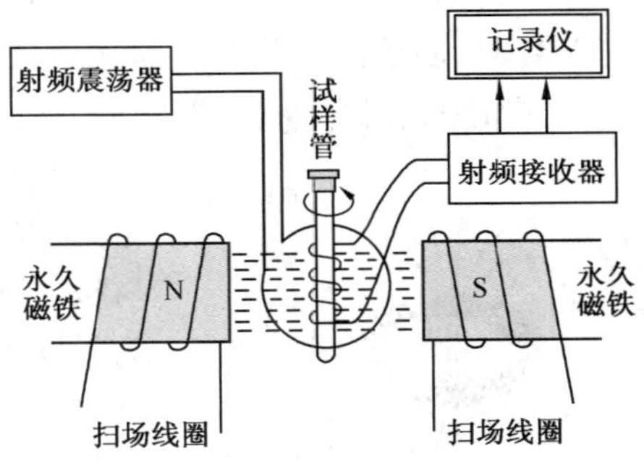

图2-4 核磁共振谱仪示意图

NMR谱仪主要由磁铁、射频振荡器、射频接受器等组成，如图2-4所示。磁铁可以是永久磁铁，也可以是电磁铁，场强为1.41、1.87、2.10和2.35T，分别对应于 ^{1}H NMR谱共振频率60、80、90和100MHz。为了得到更高的分辨率，应使用超导磁体，其质子共振频率可以为200～900MHz。但超导NMR谱仪的价格及日常维持费用都很高。

从一个很稳定的晶体控制的射频振荡器产生某一频率，例如100MHz的电磁波，以进行氢核的核磁共振测定。如要测定其他的核，如 ^{10}F、^{13}C、^{29}Si等，则需要采用其他频率的振荡器。把磁场固定，改变频率以进行扫描的方式，称为扫频。但一般扫场较方便，扫频应用较少。也就是说，通常是固定频率，改变磁场以进行扫描。当扫描过共振点时，射频线圈中就会感应到能量吸收，并将它送到射频接收器，经放大后显示或记录下来，成为NMR谱。样品制备时，先把配好的待分析试样溶液装入核磁管内，然后将核磁管套在磁转子上，并调节好样品的中心位置，以使核磁管内的样品落在磁场的中心位置，同时使磁转子和核磁管以一定转速旋转，以消除由于磁场不均匀所引起的谱峰增宽现象。核磁管在磁体内的位置通过标准的量规来比对，如图2-5所示。

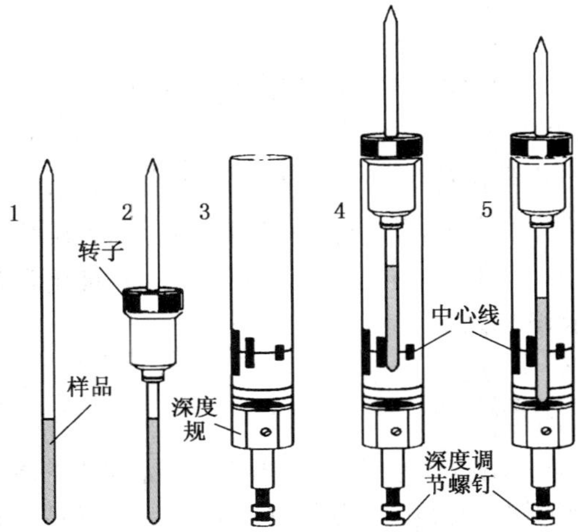

图2-5 核磁管的位置比对示意图

做^{1}H NMR 谱时，常用外径为 5mm 的薄壁石英核磁管。核磁管必须干燥清洁，避免样品污染。谱仪的磁场强度越高，仪器灵敏度也高，污染物的灵敏度也增加。因而过滤溶液，保持核磁管和转子干净，并在实验前检查核磁管外壁是否干净都是很必要的。保持样品高度或者体积一致，这将减少换样品后的匀场时间。对于 5mm 核磁管，样品体积应为 0.5~0.6mL 或者样品高度为 4~5cm。

测定时样品常需要被配成溶液，这是由于液态样品可以得到高分辨率的图谱。要求选择采用不产生干扰信号、溶解性能好、稳定的氘代溶剂。对于氢谱，溶液的浓度约为 5%~10%，相当于 3~10mg 样品。如果纯液体黏度大，将会降低分辨率，应当用适当溶剂进行稀释或升温测谱。对于灵敏度较低的碳谱和杂核谱，样品浓度至少应为氢谱的 5 倍(一般在 100mg 左右)。对于二维实验，为了获得较好的信噪比，样品浓度必须足够浓。

复杂分子或大分子化合物的 NMR 谱即使在高磁场情况下往往也获得好的分辨率，此时，可以加入化学位移试剂来使被测物质的 NMR 谱中各谱峰产生位移，从而达到分开重合峰的目的，其特点是成本低，收效大。常用的化学位移试剂是过渡族元素或稀土元素的络合物，如 $Eu(fod)_3$、$Eu(thd)_3$ 和 $Pr(fod)_3$ 等。

2.1.3 质子的屏蔽效应和化学位移

如果^{1}H 只在同一频率下共振，谱图中只有一个峰，这对结构分析就毫无用处。其实不然，在分子中，磁性核外有电子包围，电子在外部磁场垂直的平面上环流，会产生与外部磁场方向相反的感应磁场。因此使氢核实际上“感受”到的磁场强度要比外加磁场的强度稍弱。为了发生核磁共振，必须提高外加磁场强度，去抵消电子运动产生的对抗磁场的作用，结果吸收峰就出现在磁场强度较高的位置。我们把核周围的电子对抗外加磁场强度所起的作用，叫做屏蔽作用，如图 2-6 所示。同类核在分子内或分子间所处化学环境不同，核外电子云的分布也不同，因而受到屏蔽作用也不同。

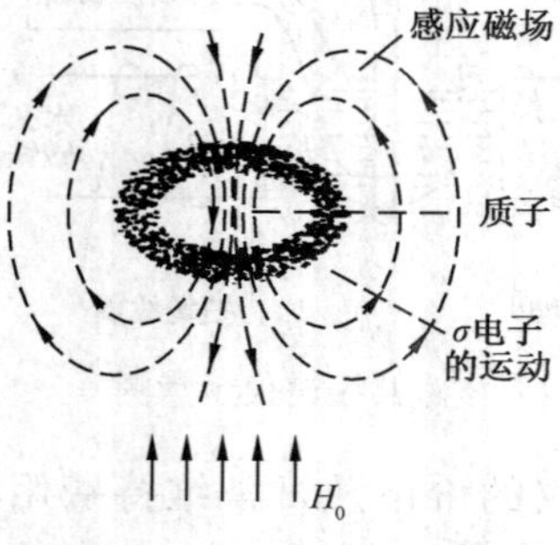

图 2-6 质子的屏蔽作用示意图

显然，质子周围的电子云密度越高，屏蔽效应越大，即在较高的磁场强度处发生核磁共振，反之，屏蔽效应越小，即在较低的磁场强度处发生核磁共振。

低场 H_0 高场 →
屏蔽效应小 屏蔽效应大

对于常规的有机化合物，由于核外电子云密度的变化而改变的共振频率相对于 H_0 来说是很小的。如在 100MHz 仪器中，这个改变约为 1250Hz。也就是说，某种核在 100001250Hz 频率下共振，这种表示方法是不方便的。因而提出化学位移的概念，不同质子由于在分子中的环境不同而显示不同的吸收峰，峰位置的差距称为化学位移(chemical shift)。化学位移与外加磁场 H_0 成正比。因为各种 NMR 谱仪的辐射频率和磁场强度大小不一，为了对化学位移取得共同标准，采用标准物质用无因次量 δ 表示相对化学位移。

$$\delta = \frac{v_{样} - v_{标}}{v_{标}} \times 10^6 = \frac{H_{标} - H_{样}}{H_{标}} \times 10^6 \qquad (2-5)$$

式中，$v_{样}$ 和 $v_{标}$ 分别为被测物和标准物的共振频率；$H_{样}$ 和 $H_{标}$ 分别为被测物和标准物的磁场强度。通过采用标准物，使不同磁场强度的仪器上测得的 δ 值相同，如图 2-7 所示。化学位移是一个很重要的物理常数，δ 值越大，表示屏蔽作用越小，吸收峰出现在低场，相反亦然。

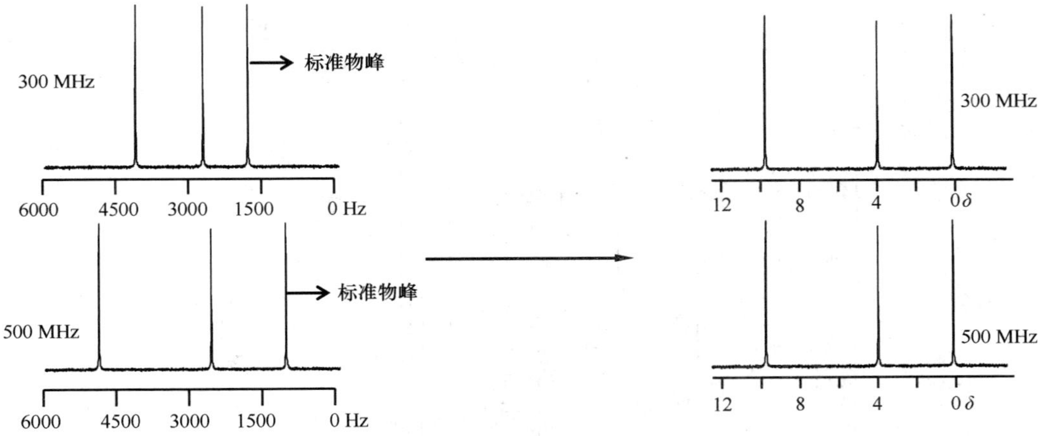

图 2-7　化学位移与 NMR 谱仪的磁场强度的关系

Si 由于其低电负性，吸电子能力比 C、N、O 和 Cl 等都弱，所以四甲基硅烷 $Si(CH_3)_4$（简称 TMS）上质子的电子屏蔽比较大，在高场区出现一个尖锐的强峰，大多数有机物的核磁共振信号出现在 TMS 的低场一侧。因此，常用 TMS 作为标准物质，在氢谱和碳谱中都人为地将其 δ 定为零，则大多数有机物的 δ 为正值。而且它在大多数有机溶剂中易溶，呈现化学惰性，沸点低（26.5℃），样品易回收。也可以不加 TMS 而用溶剂峰作内标。

各核的 NMR 谱常用的化学位移标准物如下：

氢谱：TMS（适用于非水溶液），2-二甲基戊硅烷-5-磺酸钠（DSS，适用于水溶液），六甲基二硅胺烷（HMDS，沸点 125℃，适用于高温实验）。

碳谱：TMS，3-三甲基硅烷基丙酸钠（TSP），或者氘代试剂中的碳峰。

硼谱：乙醚三氟化硼或三甲氧基硼。

磷谱：85%磷酸（但只能作为外标）。

锂谱：4mol/L 高氯酸锂溶液。

钠谱：1mol/L 氯化钠溶液。

硅谱：TMS，但在低频区则用四乙基正硅酸酯。

无论内标还是外标，实际化学位移值随温度变化而变化，而标准物本身就受温度的影响。温度每改变 30K，TMS 质子共振信号将变化 0.1。因此，如果做变温试验，最好标明详细的实验过程。

在各种化合物分子中，同一类基团内的质子，它们都有大致相同的化学位移，表 2-4 和图 2-8 是常见基团中质子的化学位移，可作为定性鉴别的初步依据。

表 2-4　常见基团中质子的化学位移

质子类别	δ	质子类别	δ
R—CH_3	0.9	Ar—H	7.3±0.1
R_2CH_2	1.2	RCH_2X	3~4
R_3CH	1.5	O—CH_3	3.6±0.3
=CH—CH_3	1.7±00.1	—OH	0.5~5.5
≡C—CH_3	1.8±0.1	—$COCH_3$	2.2±0.2
Ar—CH_3	2.3±0.1	R—CHO	9.8±0.3
=CH_2	4.5~6	R—COOH	11±1
≡CH	2~3	—NH_2	0.5~4.5

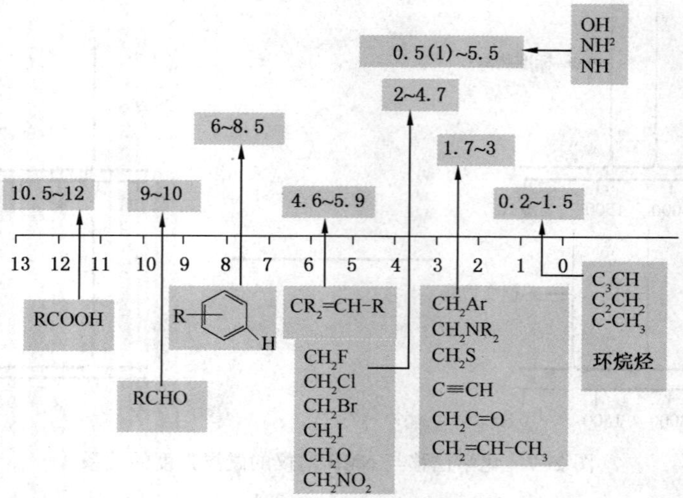

图 2-8　常见基团中质子的化学位移示意图

影响质子化学位移的因素主要有下述几个方面：

(1) 取代基的诱导效应和共轭效应　取代基的电负性，直接影响与它相连的碳原子上质子的化学位移，并且通过诱导方式传递给邻近碳上的质子。这主要是电负性较高的基团或原子，使质子周围的电子云密度降低(去屏蔽)，导致该质子的共振信号向低场移动(δ 值增大)。取代基的电负性愈大，质子的 δ 值愈大。例如在甲醇分子中，由于氧原子的电负性比碳原子大，因此甲基(—CH_3)上的质子比羟基(—OH)上的质子有更大的电子云密度，也就是—CH_3 上的质子所受的屏蔽效应较大，而—OH 上的质子所受的屏蔽效应较小，即—CH_3 吸收峰在高场出现，—OH 吸收峰在低场出现，如图 2-9 所示。

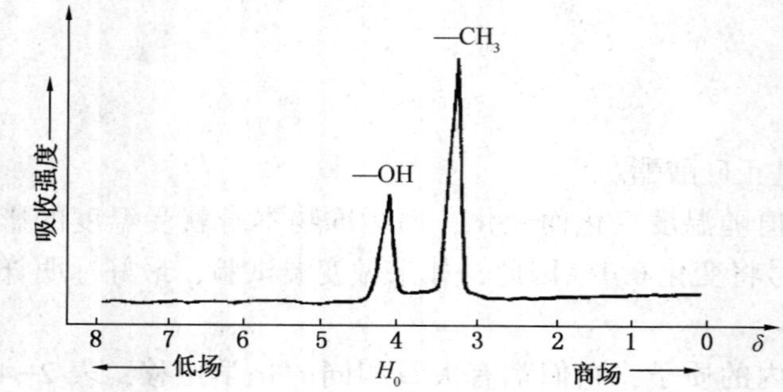

图 2-9　甲醇的 ^{1}H NMR 谱

与质子键合的碳原子的杂化程度影响质子的局部磁屏蔽。在 C—H 键中，随着 C 的杂化轨道中 s 成分的增加，电子云将趋向于 C 核，这样势必减少对质子的屏蔽，δ 值增大。例如从烷烃(sp^3 杂化，s 成分 25%)到烯烃(sp^2 杂化，s 成分 33.3%)，δ 值大为增加。芳环质子由于电子云的流动性而受到的屏蔽较小，δ 值更大。记住以下几个典型值(未受邻近基团影响)对谱图识别很有帮助：

烷氢　δ= 0.9(—CH_3)、1.25(—CH_2)、1.5(—CH)

烯氢　δ= 5.25

芳氢　δ= 7.26

取代基的电负性大，使与之相连的基团的核外电子云密度降低，产生去屏蔽作用而发生低场偏移。如图 2-10 所示，当与—CH_3 相连的原子从 Si、H、C、N、O 到 F 以及从 I、Br、Cl 到 F 时，电负性逐渐增大，使其共振信号逐渐向低场偏移。而吸电子取代基团 NO_2、CN、

C=O、OH、OR、OCOR、NH_2、Cl 等均能使相邻基团的氢核信号移向低场。例如由于氧的电负性大于氮，故—CH_2O—在 $\delta=3.3\sim4.5$，而—CH_2N—在 $\delta=0\sim3.2$ 范围。又如硅的电负性很小，因而有机硅的化学位移在高场，甚至出现负的化学位移。

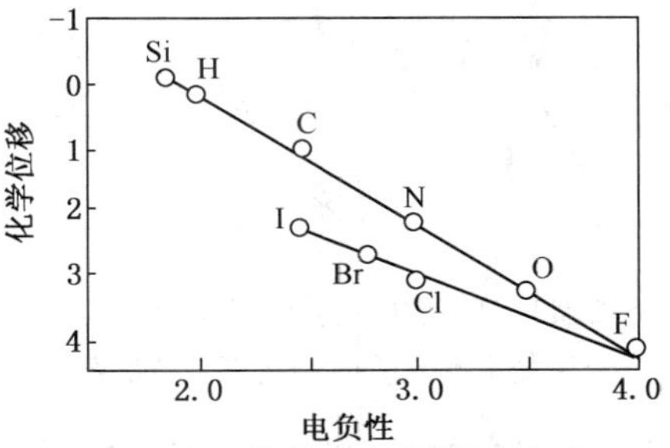

图 2-10　取代基电负性对基团化学位移的影响

通过 $p-\pi$ 共轭作用增加了某些基团的电子云密度，能使其在高场共振。如：

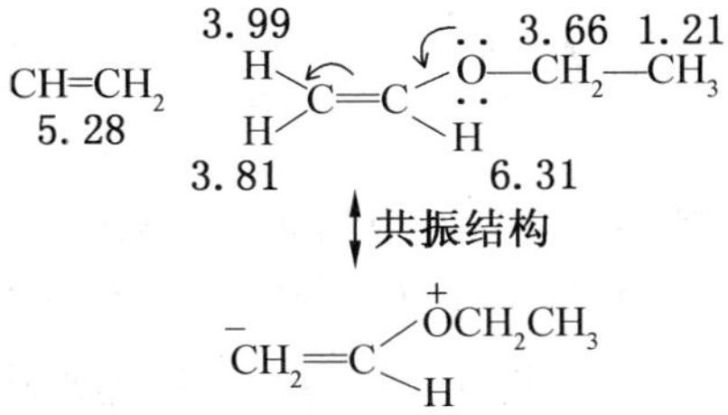

具有吸电性质的取代基，通过 $\pi-\pi$ 共轭作用而减少某些质子的电子云密度，使其在低场共振。当诱导和共轭作用同时出现时，质子位移的方向要由两种作用总的结果是使该基团电子云密度增加还是减少来决定。如苯环上的硝基取代基，既有诱导作用又有共轭作用，综合作用的结果是使苯环上质子的电子云密度降低，在低场共振。

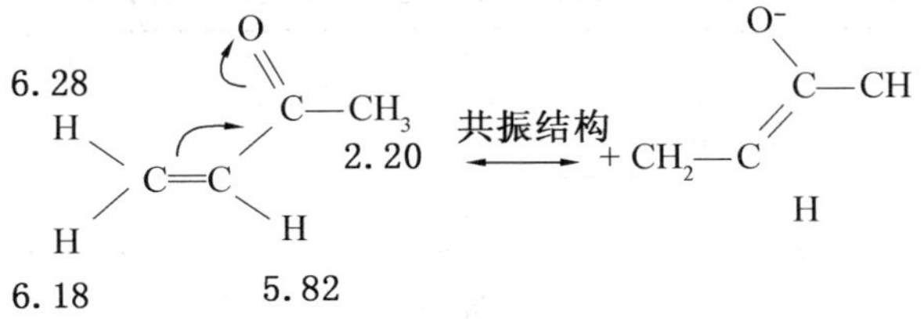

（2）各向异性效应　在分子中，质子与某一基团的空间关系，有时会影响质子的化学位移。这种效应称各向异性效应。各向异性效应是通过空间而起作用的，它与通过化学键而起作用的效应（如上述电负性的作用）是不一样的。具体讨论如下：

① 单键。碳—碳键的键轴是去屏蔽圆锥体的轴（图 2-11）。因此当碳上的氢逐个被烷基取代时，剩下的氢受到越来越强的去屏蔽效应，而使共振信号移向低场。例如烷烃化学位移范围为 $\delta=0.23\sim1.5$，以甲烷为最高（$\delta=0.23$），随着甲烷氢被烷基取代，吸收往低场移动（$\delta_{-CH_3}=0.9$，$\delta_{-CH_2}=1.25$，$\delta_{-CH}=1.5$）。

② 双键。双键的 p 电子云垂直双键平面。在外磁场的作用下，p 电子云产生各向异性的感应磁场（图 2-12）。所以处在双键平面上、下的氢受到抗磁屏蔽效应的影响，在较高的磁场发生共振。而烯烃的氢原子处于双键平面上，受到顺磁去屏蔽的影响，加上碳原子杂化轨道中 s 成分的增加，从而在较低的磁场发生共振（$\delta=5.25$）。

双键上有简单取代基时，一般都和烯氢处于同一平面，对于后者的影响较简单，只与取代基本身的性质以及它们间的相对位置有关。取代烯烃中质子化学位移介于 4.5~6.5 之间，个别化合物可达 7 以上。

③ 苯环。苯环中心处的感应磁场与外磁场相反，在苯环的上下方为屏蔽区，在其他方向为去屏蔽区，二者交界处屏蔽作用为零（图 2-13）。芳香族化合物的氢原子位于芳环的去屏蔽区，在低场 $\delta=6.5\sim8.5$ 范围内共振。取代基的引入会使邻、对、间位质子各产生特征

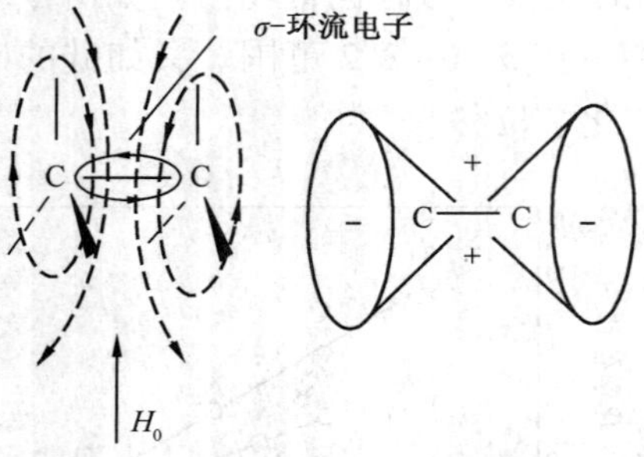

图 2-11　单键中由 σ 电子诱导环流产生的磁场和顺磁(+)与抗磁(−)屏蔽区

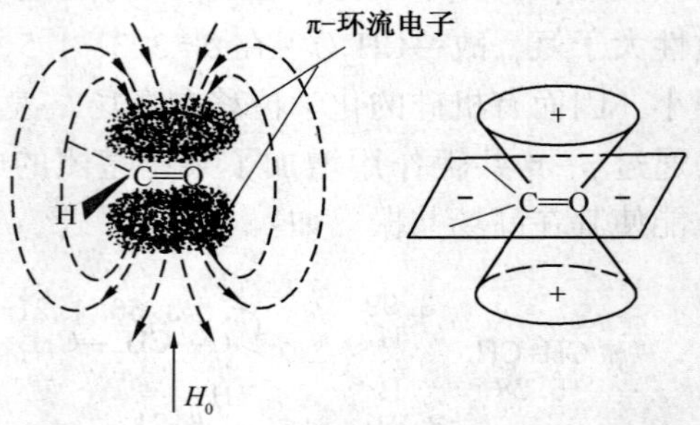

图 2-12　双键中由 π 电子诱导环流产生的磁场和顺磁(+)与抗磁(−)屏蔽区

的化学位移变化。供电子取代基如烷基、羟基、醚基、氨基等，对各个位置的影响相近，增加了它们的电子云密度，芳氢信号近似为一单峰。吸电子取代基的影响不同，羰基、硝基、三氯甲基等对各质子产生不同的屏蔽影响；邻位质子共振最低，间位在最高场。表 2-5 列出几种常见单取代苯上取代基对^{1}H 化学位移的影响。计算式和结构式如下：$\delta_i = 7.26 + Z_i$

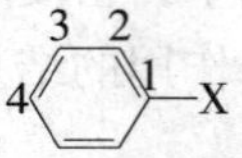

表 2-5　几种单取代苯上取代基对^{1}H 化学位移的影响

X	Z_2	Z_3	Z_4
$—CH_3$	−0.20	−0.12	−0.21
$—CH_2CH_3$	−0.14	−0.05	−0.18
$—CH=CH_2$	0.04	−0.05	−0.12
—OH	−0.53	−0.17	−0.44

④ 羰基。类似地，羰基的屏蔽区示于图 2-14。醛类的氢原子除受到 C=O 的去屏蔽作用以外，还受到羰基的吸电作用，因而在更低场(δ=9~10)共振。

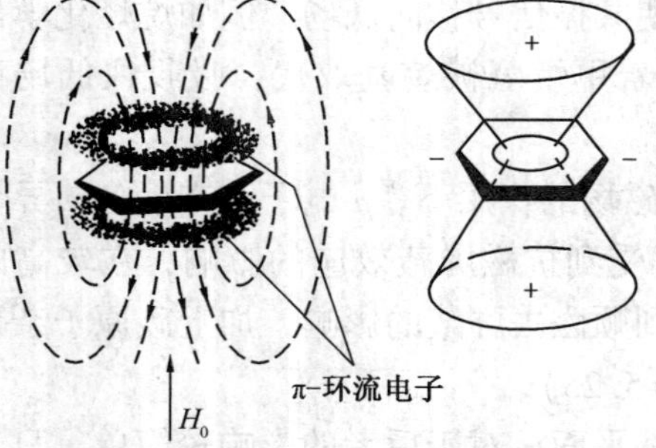

图 2-13　芳环中由 π 电子诱导环流产生的磁场和顺磁(+)与抗磁(−)屏蔽区

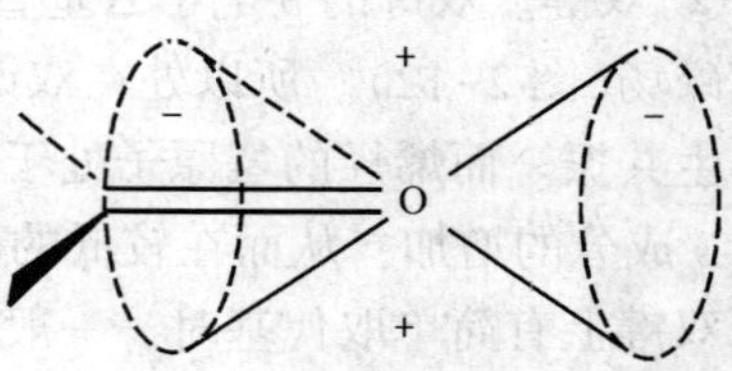

图 2-14　羰基的顺磁(+)和抗磁(−)屏蔽区

(3) 溶剂和氢键效应　由于 NMR 样品必须配成溶液或采用纯液体，才能得到高分辨谱图。若直接用固体测定，所得共振峰往往非常宽，没有精细结构，被称为宽线 NMR，主要用于研究分子运动，对结构研究用处不大（当代技术的发展使固体高分辨 NMR 也可测定，见 2.4.2 节）。因此溶质和溶剂分子之间的相互作用（溶剂效应）和氢键的形成，对化学位移的影响有时也很明显。采用不同的溶剂，化学位移也会发生变化，强极性溶剂的作用更加明显。例如一般化合物在 CCl_4 或 $CDCl_3$ 中测得的 δ 值重复性较好，在其他溶剂中就会稍有改变，有时甚至改变较大。聚合物的一些常用溶剂如四氢呋喃、二甲苯和石油醚等由于含有 ^1H 而不能用于 NMR 测定，但不含 ^1H 的 CCl_4、CS_2 等对聚合物的溶解能力有限，因此常需要使用氘代溶剂，如重水（D_2O）、氘代氯仿（$CDCl_3$）、氘代丙酮（CD_3COCD_3）和氘代二甲亚砜（CD_3SOCD_3）等。

在使用氘代试剂时，由于氘代度不会是 100%，在谱图中常会出现残留质子的吸收。在 ^{13}CNMR 谱中也会出现相应的吸收峰。在配制样品溶液时，除考虑溶解度以外，还要考虑可能的溶剂峰干扰。必要时可以更换溶剂，以检查某些峰是否被溶剂峰掩盖。表 2-6 列出常用溶剂产生的溶剂峰的化学位移和裂分情况。绝大部分氘代溶剂都含有碳，会出现溶剂的 ^{13}C 共振吸收峰，而且由于 D 与 ^{13}C 之间偶合，溶剂的 ^{13}C 共振吸收峰往往被裂分为多重峰，$CDCl_3$ 在 $\delta=76.9$ 处出现三重峰，CD_3COCD_3 在 $\delta=29.8$ 处出现七重峰。在分析 ^{13}CNMR 谱时，要先识别出溶剂的吸收峰。

表 2-6　常用溶剂残余峰的化学位移（以 TMS 为参比）和裂分数目

溶　剂	残留质子		^{13}C NMR	
	化学位移	多重峰数	化学位移	多重峰数
乙腈-d_3	1.95	5	117.7　1.3	1，7
丙酮-d_6	2.05	5	206.0　29.8	1，7
二甲基亚砜-d_6	2.50	5	39.5	7
二氧六环-d_8	3.55	多重峰	67.4	5
甲醇-d_4	3.35　4.84	5，1	49.0	7
重水-d_2	4.75	1	—	—
硝基甲烷-d_3	4.29	5	57.3	7
二氯甲烷-d_2	5.35	3	53.8	5
苯-d_6	7.20	1	128.5	3
三氯甲烷-d_1	7.28	1	77.0	3
吡啶-d_5	8.70、7.20、7.58（α-H，β-H，γ-H）	多重峰	149.9，135.5，123.5（α-C，β-C，γ-C）	3，3，3
乙醇-d_4	2.05，11.53	5，1	178.4，20.0	1，7
三氟乙酸	11.34	1	163.3，116.5	4.4
二硫化硫	—	—	192.8	1
四氯化碳	—	—	96.0	1
四氯乙烯	—	—	123.4	1

使用氘代溶剂或含有一定量氘化合物的普通试剂还有另一个原因。高分辨仪器的磁体都是超导的，磁体不会绝对的稳定，可能会出现微小的变化，这种变化有时候对实验的影响是非常大的。以 600MHz 谱仪为例，^1H 在磁场中的共振频率是 6×10^8，如果磁场的变化有 1×10^8 的话，就能引起谱图上峰的 6Hz 的偏移，这对于一个分辨率 1Hz 左右的谱图来说影响是

非常大的。因此超导核磁的谱仪上都有氘锁通道的电子线路，通过对氘信号的检测，判断磁场的变化，通过微小的附加电流来补偿磁场的变化，使场频仍保持固定值。即使长时间累加也不至于分辨率下降及谱峰变形。此法相当于把磁场“锁”定在强而窄的氘代信号上，所以称为“锁场”。如果不锁场也可以测试样品，但因为磁场稳定性差，测出的谱图分辨率较低。

现有实验结果证明，无论是分子内还是分子间形成氢键都使氢核受到去屏蔽作用而向低场移动。例如酚和酸类的质子 δ 值均在 10 以上。凡是能影响氢键的因素，如溶剂性质、pH 值、浓度和温度等均会影响活泼氢的化学位移。典型化合物活泼氢的化学位移列在表 2-7中。

表 2-7　常见化合物活泼氢的化学位移

基　团	化合物	化学位移范围	基　团	化合物	化学位移范围
OH	脂肪醇	0.5(游离)，0.5~5(缔合)		酰胺	7~8
	酚类	4.5(游离)，4.5~8(缔合)		醌腙中 NH	14~16
	烯醇	15.5	R_3NH^+	氨盐	7~8(在三氟乙酸中)
	羧酸	9~13	SH	脂肪硫醇	1~2
NH_2，NH	脂肪胺	0.5~3		芳香硫醇	2~4
	芳胺	2.5~5			

当分子中有几种活泼氢基团时，如同时含有—COOH 和-NH_2，—OH 和—NH_2 等，可能由于质子间的快速交换或成盐而只出现一个宽峰。通常活泼氢会在较大的化学位移范围内变化。为了鉴别它们，可采用两种方法：一是测完样品的氢谱后，向样品管中滴几滴重水，振摇一下，再测氢谱，由于质子交换作用，谱中的活泼氢就消失了(酰胺类的氨基氢交换得很慢，需要长时间放置再测谱)；第二种方法是提高样品测试温度，由于氢键的局部破坏会使活泼氢向高场位移。

2.1.4　自旋偶合和自旋分裂

由上述化学位移的讨论可以推论：样品中有几种化学环境的磁核，NMR 谱上就应该会出现几个吸收峰。但在采用高分辨 NMR 谱仪进行测定时，可观察到有些核的吸收峰有更精细的结构，即每类氢核不总表现为单峰，有时为多重峰。这是因为分子中相邻核自旋的相互作用而产生峰的劈裂，这种作用称为自旋-自旋偶合(又称耦合，spin coupling)，作用的结果产生谱线分裂的现象叫“自旋-自旋劈裂”(spin splitting)。

在外磁场中，氢核有两种取向，与外磁场同向的起增强外场的作用，与外磁场反向的起减弱外场的作用。质子在外磁场中两种取向的比例近于 1。以乙基(—CH_2CH_3)为例，-CH_2-的两个质子的自旋组合态可以有四种，即同为正向、同为负向或一正一负。每种组合态的几率相同。它们对甲基的影响有三种情况：使甲基的磁场强度增强、减小或不变。因此甲基裂分成三个峰，且这三个峰的面积比(或强度比)为 1∶2∶1；同理由于—CH_3 的三个质子对次甲基的影响，使次甲基裂分成四个峰，峰面积比为 1∶3∶3∶1(见图 2-15)。总之，当邻碳原子的氢数为 n 时，裂分的峰数为 $2nI+1$，对于 ^{1}H NMR($I=½$)，峰数为 $n+1$；而峰的相对面积比等于二项式 $(a+b)^n$ 展开式的各项系数，如图 2-16 所示。

由自旋偶合产生的分裂的谱线间距叫偶合常数，用 J 表示，单位为 Hz。偶合常数是核自旋裂分强度的量度。它只是化合物分子结构的属性，即只随磁核的环境不同而有不同的数值。自旋-自旋偶合，可提供相邻氢原子关系的信息，对于高分子的鉴别非常有用。一些质子的自旋-自旋偶合常数见表 2-8。

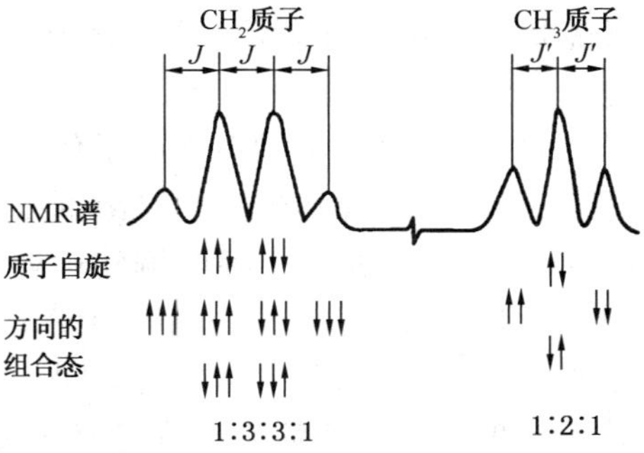

图 2-15　乙基中质子的自旋-自旋偶合

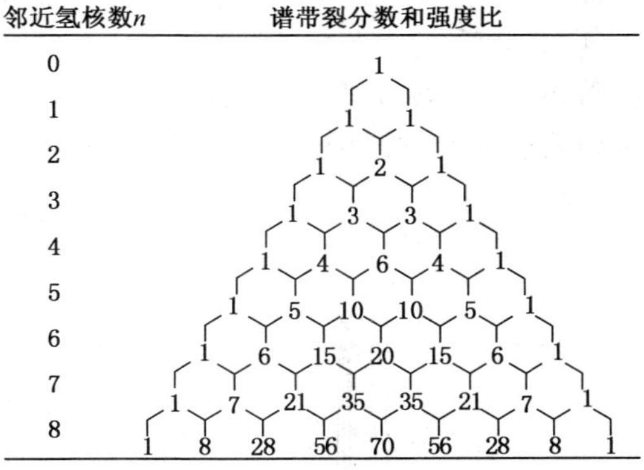

图 2-16　峰裂分数和面积比与二项式$(a+b)^n$展开式的各项系数的关系

表 2-8　一些质子的自旋-自旋偶合常数

结构类型	J/Hz	结构类型	J/Hz
$>C<^{H}_{H}$	12~15	$>C=C<$ (CH 与 H 顺式)	4~10
$>C=C<^{H}_{H}$	0~3	$>C=CH-CH=C<$	10~13
$H-C=C-H$	顺式 6~14 反式 11~18	$>CH-C\equiv CH$	2~3
$>CH-CH<$ （自由旋转）	5~8	$>CH-OH$（不交换）	5
环状 H_3		$>CH-CHO$	1~3
邻位	7~10	$-CH(CH_3)_2$	5~7
间位 对位	2~3 0~1	$-CH_3-CH_3$	7

偶合裂分还遵循以下规律：

① 偶合作用是通过成键的价电子对间接传递的，不是通过空间磁场传递的，因此偶合的传递程度是有限的。在饱和烃化合物中，自旋-自旋偶合效应一般只传递到第三个单键。在共轭体系化合物中，偶合作用可沿共轭链传递到第四个键以上。所以偶合常数一般分三类：即同碳偶合，H-C-H，用^2J或J_{gem}表示；邻碳偶合，H-C-C-H，用^3J或J_{vic}表示；远程偶合用≥^4J表示，主要存在于芳环体系中。其一般表达方式为^nJ，n 为相隔的键数。

② 由于偶合是质子相互之间彼此作用的，因此互相偶合的二组质子，其偶合常数 J 值相等。例如$-{}^aCH_3{}^bCH_2Br$，氢核 a 被氢核 b 裂分的偶合常数为J_{ab}，氢核 b 被氢核 a 裂分的偶合常数为J_{ba}，则$J_{ab}=J_{ba}$。

③ 偶合常数不随外磁场强度的改变而改变。

④ 等价质子之间也有偶合，但不裂分，谱线仍是单一尖峰。注意同碳质子有时可能不是磁等价质子，如有些难翻转的环上的碳位置固定，不能旋转，它上面的两个质子处于环的不同位置，受到的磁屏蔽不同，所以化学位移不同，也会偶合而裂分。

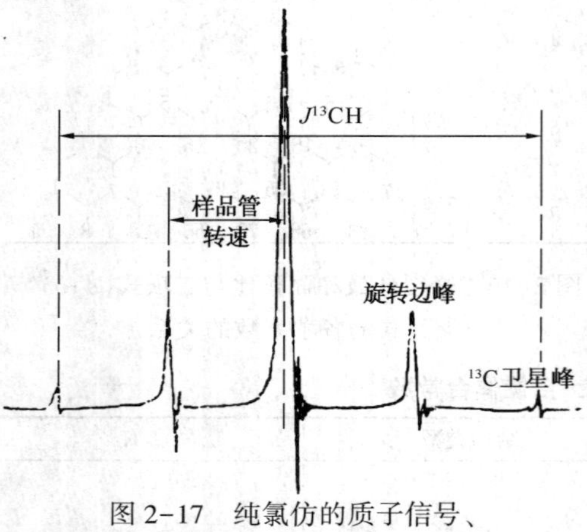

图 2-17　纯氯仿的质子信号、旋转边峰和^{13}C卫星峰

⑤ ^{13}C与^{1}H之间偶合也能引起质子信号分裂，由于强度小，一般看不到。但在溶剂很强的质子峰的情况下，能看到主峰两侧较远处有一对对称的^{13}C卫星峰，这对小峰的间距就是偶合常数$^{1}J_{CH}$的两倍。类似地，也有其他同位素边峰(又称卫星峰)，它们都与样品转速无关，易于与旋转边峰区别。旋转边峰在样品管转速加快时，间距加宽，强度减小。图 2-17 表示了纯氯仿的质子信号、旋转边峰和^{13}C卫星峰的关系。

在某些情况下由于裂分现象使谱图过于复杂，有必要采取措施消除自旋-自旋偶合的影响，称为“去偶”。以下主要介绍两种常用的去偶技术。

① 双照射去偶技术。用两束射频照射分子，一束是用于测量的普通射频，另一束则是较强的固定射频，其频率调到与特定质子的共振频率相等。由于该固定射频较强，特定质子受其照射后迅速跃迁达到饱和，将不再与其他磁核偶合，得到的是消除该种质子的偶合的去偶谱。对照去偶前的谱图，就能找出与该质子有偶合关系的全部质子。

② 氘代。氘(^{2}H)比质子的磁距小得多，它在很高的磁场吸收，因而在^{1}H NMR 谱中不出峰。此外它与质子的偶合是弱的，并且通常只使质子的信号变宽而不裂分。因此用一个氘取代一个质子后，其结果是使这个质子的峰以及其他质子被它裂分的信号都从谱图中消失，就像那个位置没有那个氢一样，因此用氘标记可以简化谱图，以及鉴别活泼氢。实验中常用重水(几滴就行)，与杂原子连接的活泼氢进行氘交换。

2.2　^{1}H NMR 在高分子材料研究中的应用

NMR 不仅给出了基团的种类和数量，还能提供基团在分子中的位置，是鉴别高分子材料、测定聚合物组成等的重要工具。高分辨^{1}H NMR 还能根据磁偶合规律确定核及电子所处环境的细小差别，为研究高聚物构型和共聚物的序列分布等结构问题提供了有利手段。NMR 如果再与其他测试手段，如元素分析、紫外、红外、质谱等相互配合就更有效了。NMR 在高分子材料领域的应用主要在链结构的研究方面，如化学组成、端基结构、键接结构、旋光异构、几何异构、规整度及旋光异构序列、共聚组成及共聚序列等。

2.2.1　高分子材料的定性鉴别

用^{1}H NMR 谱对高分子材料的定性鉴别可采用下面的基本步骤：

① 标识杂质峰，最主要的杂质峰是溶剂峰，其他还有旋转边峰以及^{13}C卫星峰。

② 根据峰(或组峰)的数目确定氢核的种类。

③ 根据峰（或组峰的中心）的化学位移确定它们的归属。

④ 根据积分曲线（图谱上可以直接标出，例如图（2-18）的面积比计算各组峰的相应氢核数。NMR 定量的依据是吸收峰面积（或高度）与质子数成正比。

⑤ 根据峰的形状和偶合常数确定基团之间的互相关系。

⑥ 采用重水氘交换的方法识别—OH、—NH_2、—COOH 等基团上的活泼氢。

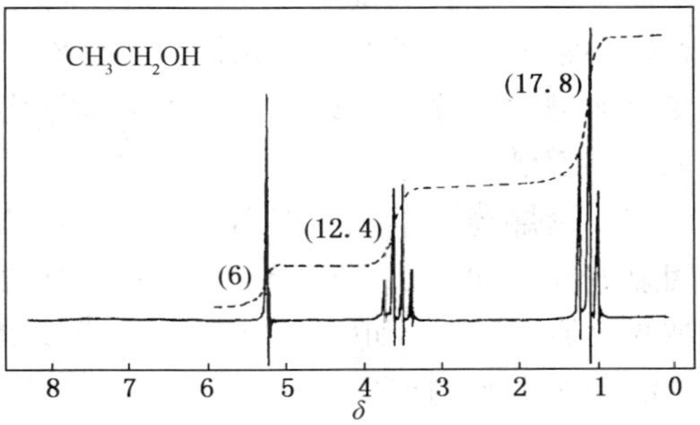

图 2-18　乙醇的 ^1H NMR 谱图

⑦ 综合各种分析，推出分子结构并对结论进行核对（其他方法的验证或合成验证）。

利用标准谱图或软件是未知化合物的定性鉴别的常用方法。高分子 NMR 标准谱图主要有萨特勒（Sadler）标准谱图集，使用时，必须注意测定条件，主要有溶剂、共振频率等。常用的 NMR 数据处理软件有 Nuts、Mestrec 以及新近推出的 Mestrenova 等。这些软件都可以处理一维及二维核磁数据，囊括傅立叶变换、相位校正、差谱、模拟谱等几乎所有核磁仪器操作软件的功能。其中 Mestrelab Research 公司开发的 Mestrec 软件，图形化界面较好，提供了大量的数据转换工具，支持绝大部分核磁共振仪器生成的资料格式，拥有广泛的用户群。目前 Mestrelab Research 公司在将该软件升级到 4.9 版本后，转而开始推出一款新的核磁数据处理软件，即 Mestrenova。其中 Mestrenova NMR 是一款集数据处理、分析、模拟等各种功能于一体的软件包，其软件界面更加美观，功能更为强大和完善。它可以按照 JACS，JSC 等权威杂志的要求，直接生成核磁数据列表，方便撰写文章；支持多核磁谱图的比较；支持处理固体核磁数据的功能。此外，Mestrenova NMRPredict 支持由化学式预测一维核磁谱（包括氢谱、碳谱、磷谱、硅谱、氟谱等）以及二维核磁谱的功能。虽然 Chemoffice 软件套装也具备该功能，不过在软件的功能、准确度和易用性上尚有提升空间。利用这一软件，通过实测谱图与预测谱图的比对，可以帮助我们更快地解谱，确认样品的结构，加速研究进程。Mestrenova 的操作界面如图 2-19 所示，具体的相关信息可以浏览 http：//mestrelab.com/，网站提供试用版本下载。

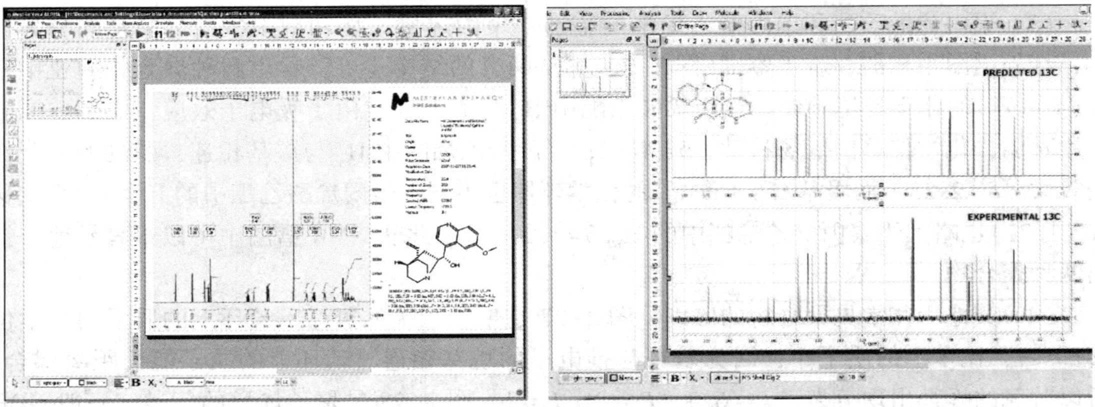

图 2-19　Mestrenova 的操作界面

以下用一些实例说明 ^{1}H NMR 谱在高分子定性鉴别方面的应用，同时通过这些实例，让读者熟悉常见高分子的典型谱图。由于常见高分子的数目很有限，读者完全可能通过对这三十多个典型谱图逐一读谱，了解聚合物谱图的特点，进而举一反三地对未知聚合物的谱图进行识谱和解谱。

（1）聚烯烃的鉴别　聚丙烯、聚1-丁烯和聚异丁烯虽然同为碳氢化合物，但其NMR谱有明显差异，如图2-20、图2-21和图2-22所示。聚异丁烯没有旋光异构体，不等价氢核都被3个原子隔开，也不存在偶合，所以谱图特别简单。而其他两种都有偶合，并叠加旋光异构的影响引起的劈裂。

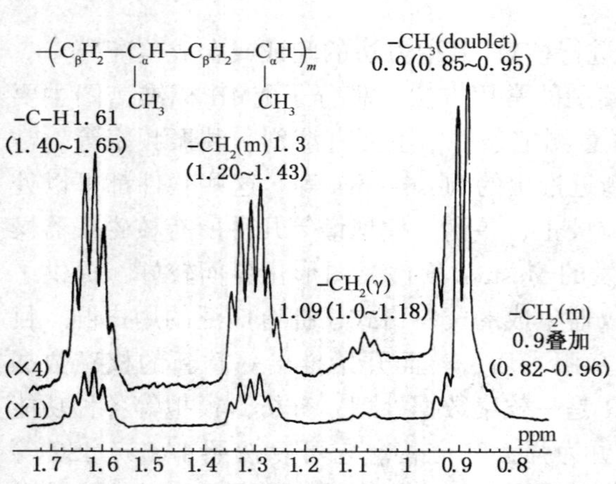

图2-20　全同聚丙烯（全同度95%）的 ^{1}H NMR 谱图
（350MHz，130℃，溶剂：邻二氯苯，内标：HMDS）

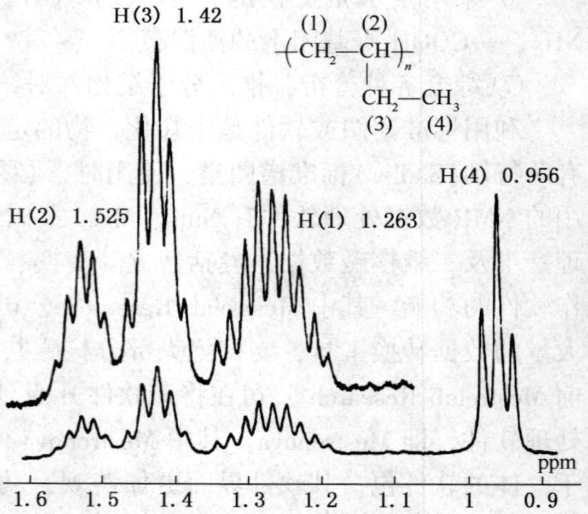

图2-21　聚1-丁烯的 ^{1}H NMR 谱图
（350MHz，130℃，溶剂：邻二氯苯，内标：HMDS）

（2）尼龙的鉴别　尼龙6和尼龙66的红外谱图几乎一样，但两者的低分辨 ^{1}H NMR 谱有明显区别，前者的 $-(CH_2)_3$ 为较宽的单峰，后者有 $-(CH_2)_2$ 和 $-(CH_2)_4$ 两个峰，总峰形较宽。两者的高分辨谱的峰数相同，但前者（图2-23）的H3出现在比后者（图2-24）更低场，因为后者的H3与—NH或C═O的平均距离更远。尼龙11（图2-25）就很容易识别了，应为峰面积之比与尼龙6或尼龙66完全不同。

（3）聚丙烯酸乙酯和聚丙酸乙烯酯的鉴别　聚丙烯酸乙酯和聚丙酸乙烯酯是同分异构体，红外谱图很相似，难于鉴别（图2-26）。从两者的结构式可以看出两种聚合物中亚甲基 H_a（4重峰）的化学环境不同。聚丙烯酸乙酯中 H_a 与氧相连，由于吸电子效应，受到的屏蔽作用减弱，化学位移向低场移动，$\delta=4.12$；聚丙酸乙烯酯中 H_a 与羰基相连，受到的屏蔽作用较大，$\delta=2.25$。而甲基 H_b（3重峰）的化学环境也不同，聚丙烯酸乙酯中的 H_b 的化学位移（$\delta=1.21$）也略大于聚丙酸乙烯酯中的 H_b（$\delta=1.11$）。因此从NMR谱图中可以很容易地分辨出两种聚合物。

（4）其他一些常见聚合物的鉴别　图2-27是聚苯乙烯的氢谱。苯环上的质子的化学位移都≤7，比苯上的质子小，因为苯环与推电子的烷基相连。苯环上的质子能长距离偶合，所以芳氢的峰都出现分裂，$J_o=6.5$，$J_m=2$，$J_p=1$。图2-28是聚乙烯醇的氢谱，一般—OH出现在4.3附近，这里由于测定的温度高，移向了高场。图2-29是聚乙酸乙烯酯的氢谱，与聚丙酸乙烯酯相比最大的不同是—CH_3 为单峰。图2-30是EVA的氢谱，与图2-29相比，

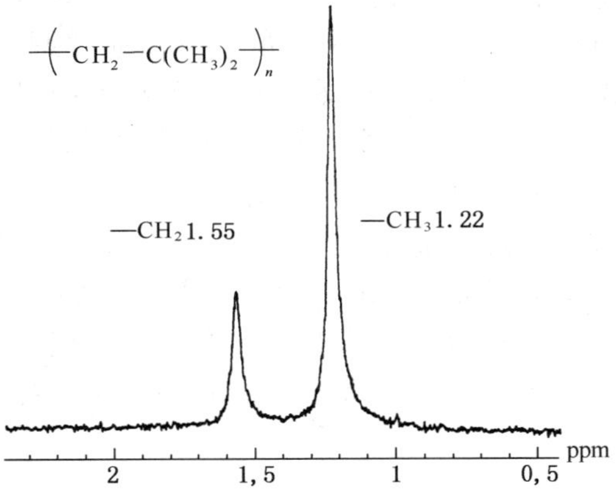

图 2-22　聚异丁烯的[1]H NMR 谱图(100MHz,80℃,溶剂:C_6D_6,内标:TMS)

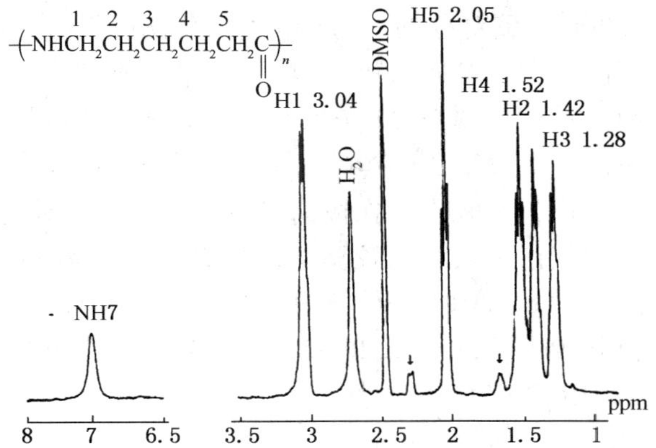

图 2-23　尼龙 6 的[1]H NMR 谱图(350MHz,140℃,溶剂:DMSO-d_6,内标:TMS)

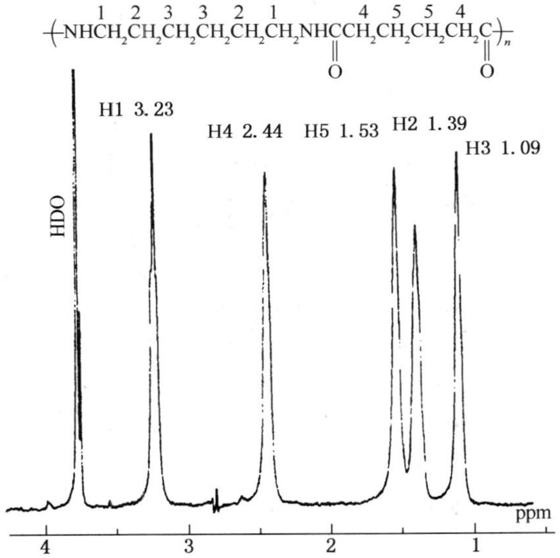

图 2-24　尼龙 66 的[1]H NMR 谱图(350MHz,60℃,溶剂:D_2SO_4,外标:TSP-d_4)

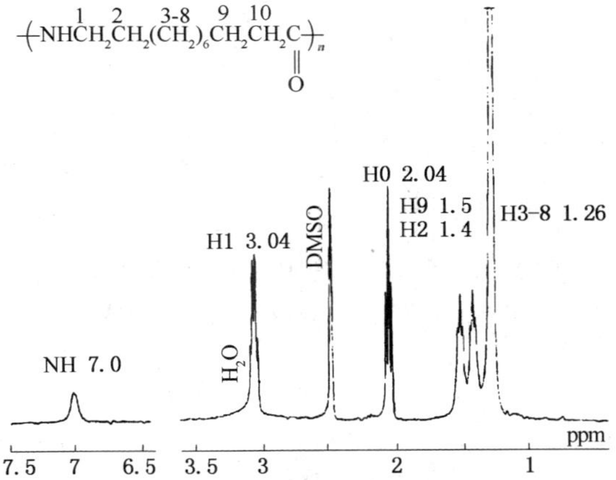

图 2-25　尼龙 11 的[1]H NMR 谱图(350MHz,140℃,溶剂:DMSO-d_6,内标:TMS)

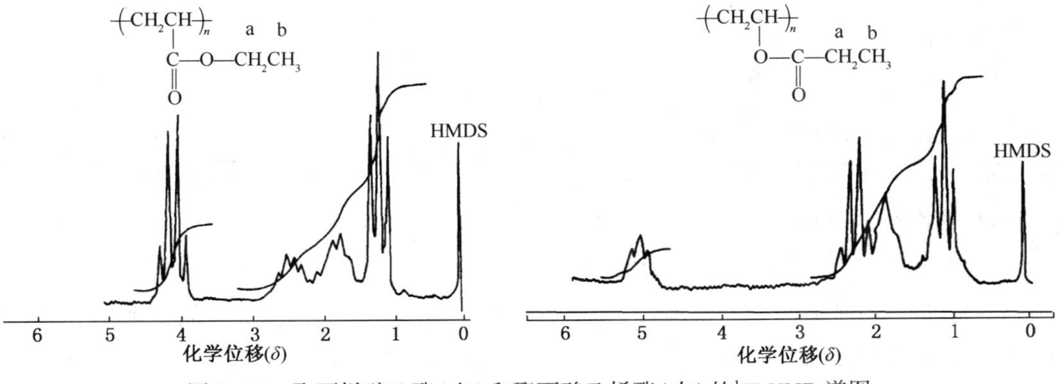

图 2-26　聚丙烯酸乙酯(左)和聚丙酸乙烯酯(右)的[1]H NMR 谱图

除了增加聚乙烯的峰外，由于与推电子的烷基相连，聚乙酸乙烯酯的 H_β 明显向高场移动。1.306 两侧对称的一对峰为“旋转侧峰”，是由于样品旋转不均匀引起的，可以通过调节消除。图 2-31 是聚碳酸酯的氢谱，不偶合的甲基(单峰)和对称的苯环双取代结构使谱图简单易解。图 2-32 是聚对苯二甲酸乙二醇酯的氢谱，明显能观察到端基的两组弱的三重峰。图 2-33 是聚苯醚的氢谱，只有—CH_3 和芳氢两个单峰。图 2-34 是聚二甲基硅氧烷的氢谱，主峰出现在极高场的 0.091，一对弱峰是 ^{29}Si 的卫星峰。图 2-35 是聚醚型聚氨酯的氢谱，其结构较复杂，是聚醚二元醇(G，数均分子量 1000)和 TDI(甲苯二异氰酸酯)的聚合产物。从—CH_3 的四个峰中可以计算出含自由 TDI(未反应，2.29)17.3%，对位氨基甲酸酯(2.26)57%，邻位氨基甲酸酯(2.21)4.7%，邻、对位双氨基甲酸酯(2.19)20.7%。

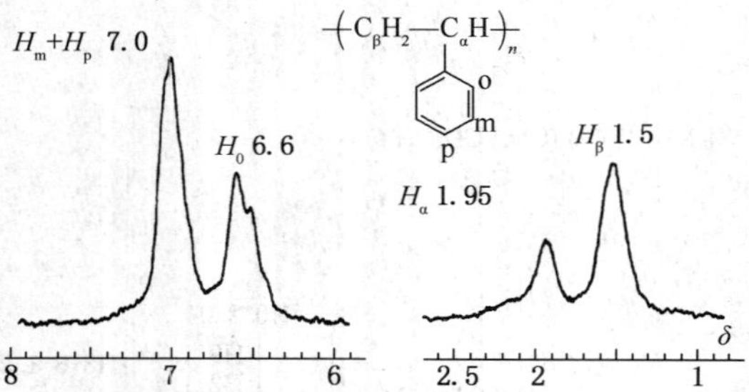

图 2-27　聚苯乙烯的 ^1H NMR 谱图(250MHz，100℃，溶剂：$CCl_2=CCl_2$，内标：HMDS)

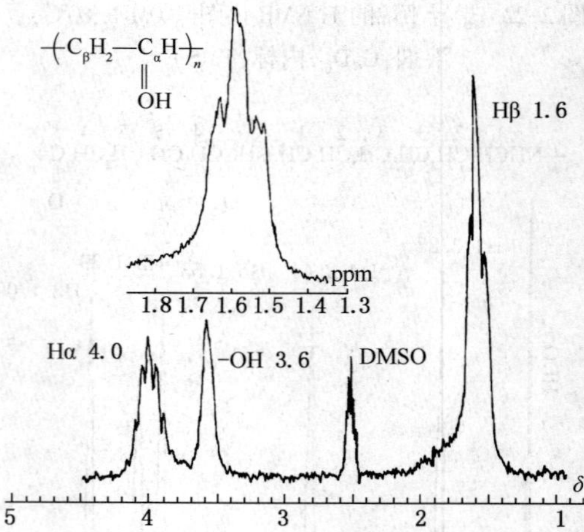

图 2-28　聚乙烯醇的 ^1H NMR 谱图(100MHz，140℃，溶剂：DMSO-d_6，内标：TMS)

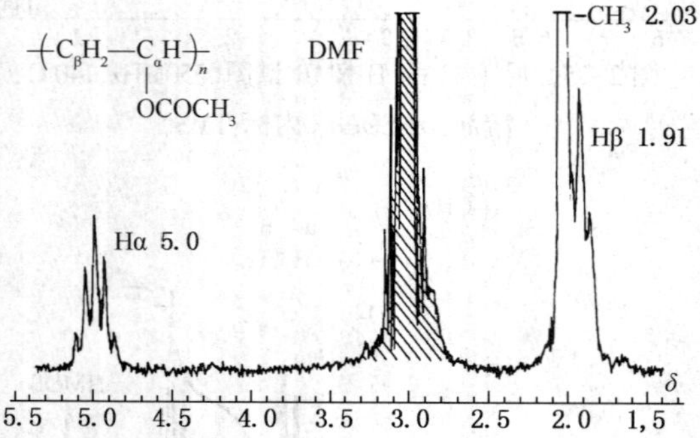

图 2-29　聚乙酸乙烯酯的 ^1H NMR 谱图(100MHz，140℃，溶剂：DMF-d_7，内标：HMDS)

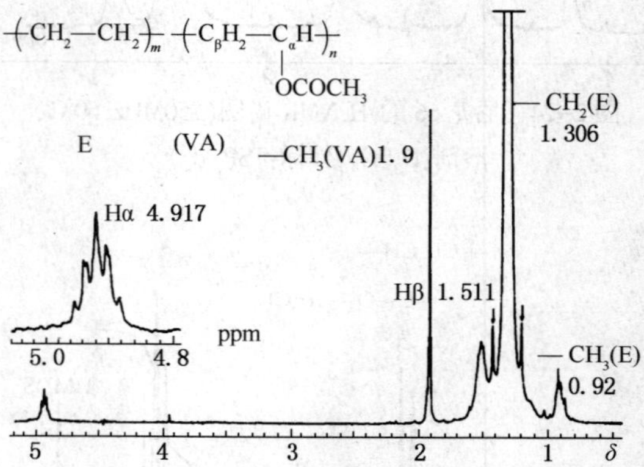

图 2-30　EVA 的 ^1H NMR 谱(350MHz，80℃，溶剂：$CCl_2=CCl_2$，内标：TMS)

(5) 复杂氢谱识别的一个实例　这里以一种氨基葡萄糖衍生物为例说明对一张典型 NMR 氢谱识别的全过程。将天然高分子甲壳素的单糖，即乙酰氨基葡萄糖，乙酰和烟酰化后得到的衍生物的结构应当如图 2-36 所示。质谱测得分子量为 452g/mol，与推断的分子式

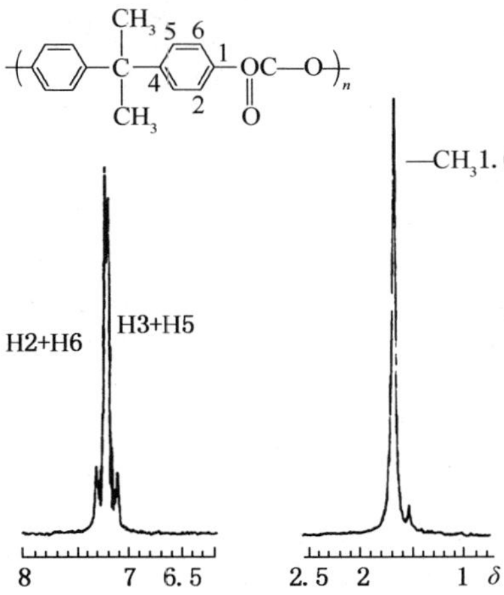

图 2-31　聚碳酸酯的[1]H NMR 谱图
（100MHz，25℃，溶剂：
CDCl$_3$，内标：TMS）

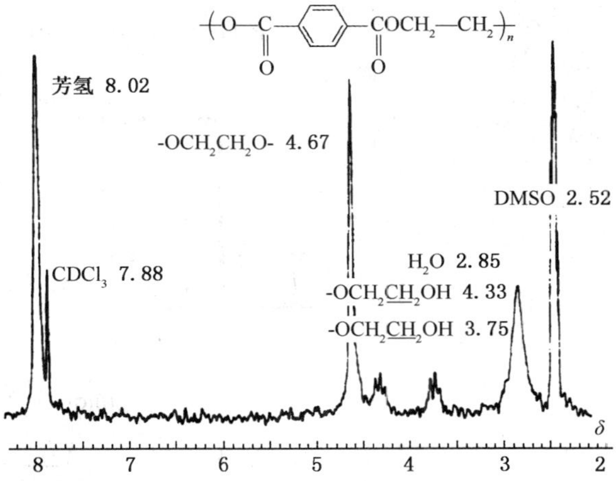

图 2-32　聚对苯二甲酸乙二醇酯的[1]H NMR 谱图
（100MHz，130℃，溶剂：
DMSO-d$_6$ 和 CDCl$_3$，内标：HMDS）

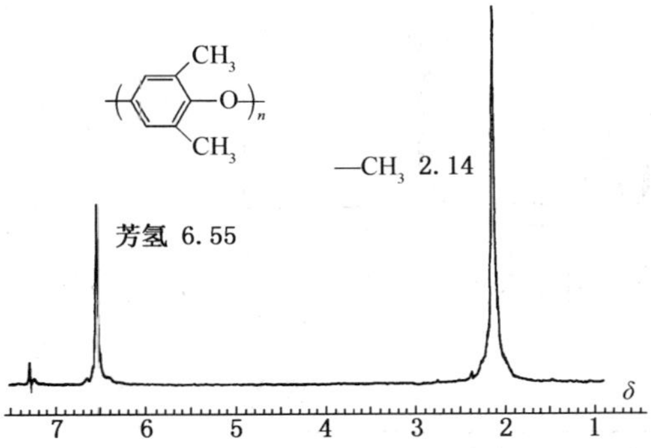

图 2-33　聚苯醚的[1]H NMR 谱图
（100MHz，25℃，溶剂：CDCl$_3$，内标：TMS）

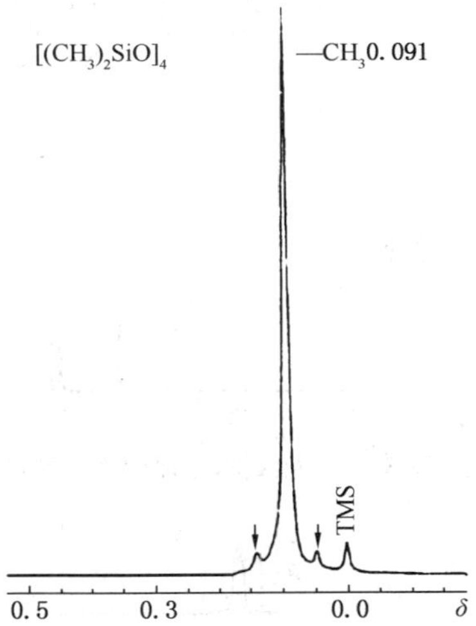

图 2-34　聚二甲基硅氧烷
（环状四聚体）的[1]H NMR 谱
（80MHz，25℃，溶剂：CDCl$_3$，内标：TMS）

的分子量一致。^{1}H NMR 谱（图 2-36 和图 2-37）各峰的归属如下：

除了四种不同环境的-CH_3 的四个单峰（对应于 12 个质子）外，还有 12 组峰对应于其他 12 个质子，它们的归属列于表 2-9。吡啶环（$\delta=7\sim9$）上 H-7 首先可以确定，因为不偶合，它是单峰；H-9 也易于确定，因为是四重峰；H-8 与 N 相连，应在较低场。—NH 由于是活泼氢，必然是峰形较宽的那个双峰（肩峰，$\delta=7.10\sim7.23$）。糖环上的各质子根据取代基情况、偶合质子数和偶合常数的对应（$J_{ab}=J_{ba}$）确定。H-6 和 H-6′从化学结构看应为等价质子，但因空间位置的不同而不等价，δ 有所不同，且发生同碳偶合 J_2。

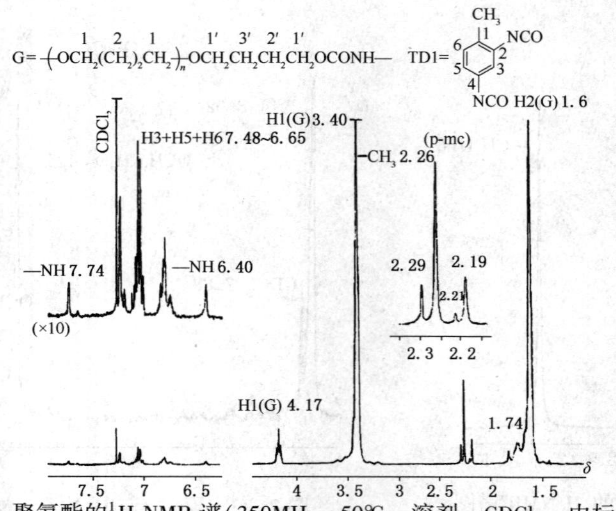

图 2-35 聚氨酯的¹H NMR 谱(350MHz，50℃，溶剂：$CDCl_3$，内标：TMS)

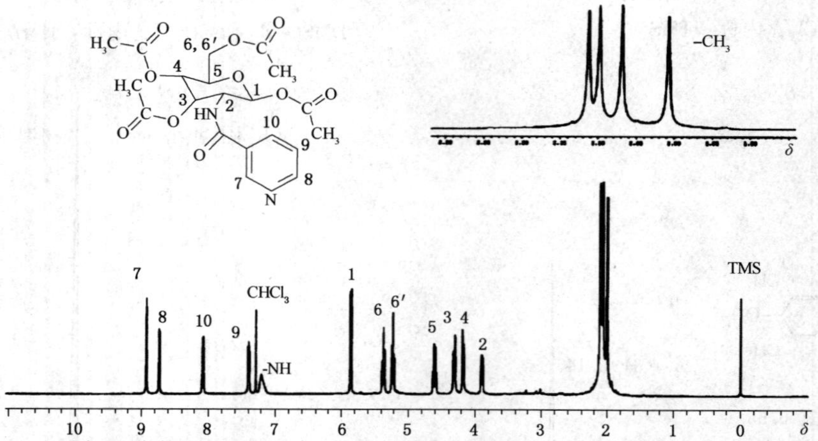

图 2-36 一种氨基葡萄糖衍生物的¹H NMR 谱(300MHz，25℃，溶剂：$CDCl_3$，内标：TMS)

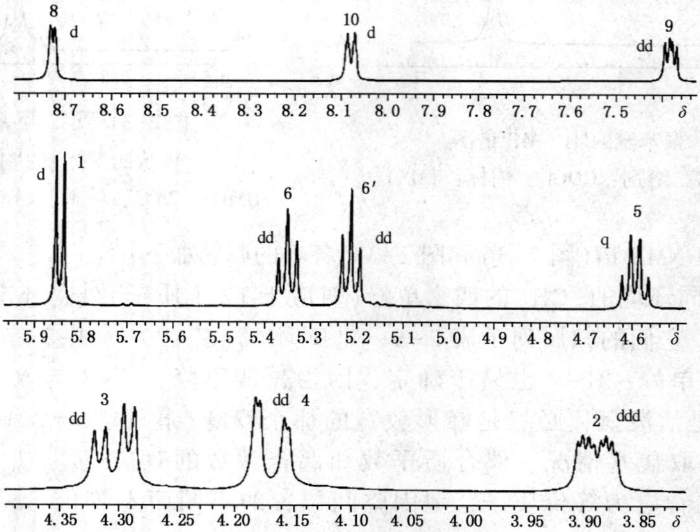

图 2-37 上图的细节放大图

表 2-9　一种氨基葡萄糖衍生物的^1H NMR 谱图的归属和解释

化学位移 δ	归　属	偶合情况	偶合常数 J/Hz	说　明
0	TMS			内标
1.95~2.15	4 个$-OCH_3$	m		
3.86~3.92	H-2	ddd	$J_{2,3}=4.6$, $J_{2,NH}=2.0$, $J_{2,1}=9.9$	8 重峰
4.14~4.20	H-4	dd	$J_{4,5}=1.9$, $J_{4,3}=12.4$	4 重峰
4.27~4.34	H-3	dd	$J_{3,2}=4.7$, $J_{3,4}=12.4$	4 重峰
4.55~4.64	H-5	q	$J_{5,6}=10.0$, $J_{5,6'}=10.0$, $J_{5,4}=10.0$	因为周围 3 个质子的影响差不多，3+1=4 重峰
5.18~5.26	H-6	dd	$J_{6,5}=10.0$, $J_{6,6'}=10.0$	表面上观察到 t，实际上是 dd，中间为面积加倍的重叠峰
5.32~5.39	H-6’	dd	$J_{6',5}=10.0$, $J_{6',6}=10.0$	表面上观察到 t，实际上是 dd，中间为面积加倍的重叠峰
5.83~5.89	H-1	d	$J_{1,2}=9.8$	
7.10~7.23	-NH	d	$J_{NH,2}=2.0$	
7.26		s		溶剂 $CDCl_3$ 的残余 $CHCl_3$
7.36~7.41	H-9	dd	$J_{9,8}=4.9$, $J_{9,10}=8.0$	4 重峰
8.05~8.11	H-10	d	$J_{10,9}=7.9$	
8.71~8.75	H-8	d	$J_{8,9}=4.8$	
8.92	H-7	s		

符号说明：s—单峰(singlet)；d—双峰(doublet)；t—三重峰(triplet)；q—四重峰(quadruplet)；m—多峰(multiplet)。

2.2.2　端基分析和数均分子量的测定

通过 NMR 端基分析测定聚合物的数均分子量，往往无需标准校正，而且快速，尤其适用于线型高分子。以聚乙二醇 $HO\!\left(CH_2CH_2O\right)_nH$ 为例，说明此法的实际应用。图 2-38 为聚乙二醇的 60MHz 氢谱。其-OH 峰与 OCH_2CH_2O 峰相距甚远，设它们的面积(或积分强度)之比分别为 x 和 y，则有：

$$\frac{x}{y}=\frac{2}{4n}$$

于是由下式可计算其数均分子量。此法的准确度依赖于—OH 峰的准确积分和样品中不能有水。

$$\overline{M}_n = n \cdot 44 + 18 = 22\,\frac{y}{x} + 18$$

聚乙烯的氢谱(图 2-39)除了非常强的—CH_2 吸收外，还可观察到很低浓度端甲基的弱吸收峰(δ=0.9)，特别是分子量较低时。可以分辨出它是一个三重峰。由于聚乙烯常有支

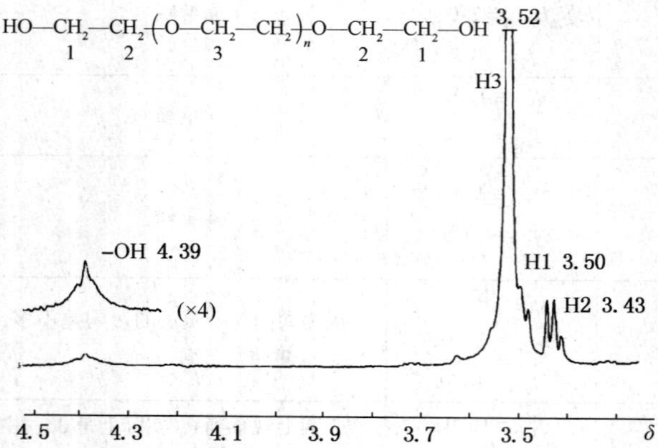

图 2-38 聚乙二醇的^{1}H NMR 谱图(350MHz，40℃，溶剂：DMSO-d_6，内标：TMS)

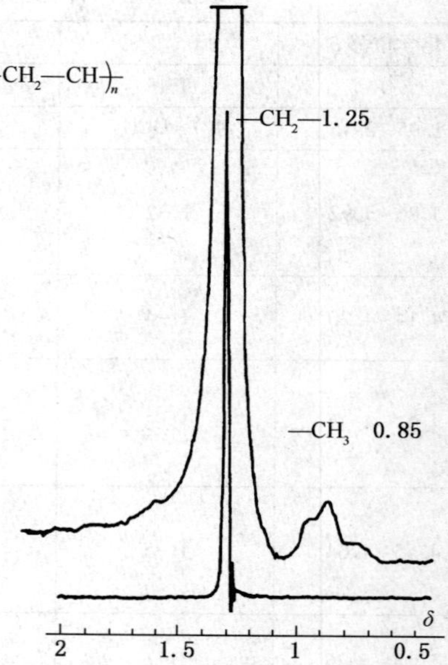

图 2-39 低密度聚乙烯的^{1}H NMR 谱图(60MHz，130℃，溶剂和内标均为邻二氯苯)

化，如果事先用其他分子量测定方法测出分子量，则用 NMR 可以算出支化点的数目，因为除了两个正常的端基，每个—CH_3 对应于一个支化点。

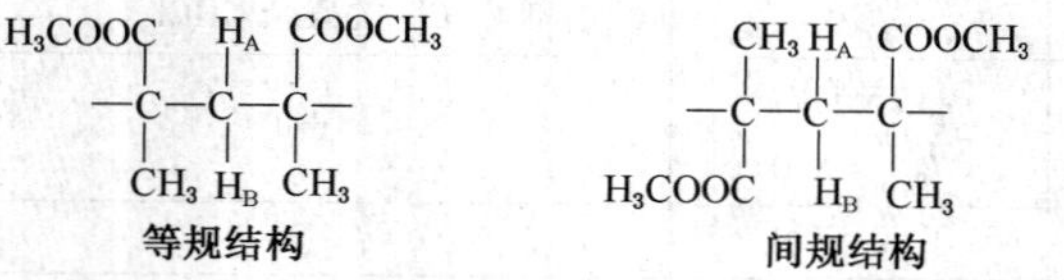

图 2-40 聚甲基丙烯酸甲酯链接排列次序

2.2.3 聚合物旋光异构及其序列的研究

NMR 可用于研究聚合物立构规整度。例如，PMMA 有三种不同的旋光异构体：全同(或称等规)、间同(或称间规)、无规。等规和间规异构体的链接排列次序(图 2-40)如下：

PMMA 中所有不等价质子都被三个以上的碳原子隔开，所以就完全排除了自旋-自旋偶合作用，因而峰的分裂完全是由于大分子构型的不同而导致大分子空间排列的差别而呈现出质子的不等价。在等规结构中，亚甲基上的 H_A 和 H_B 由于所处的化学环境不同，谱图(图 2-41，图 2-42)上分裂为四重峰(H_A 和 H_B 各两个峰)，在间规结构中，H_A 和 H_B 所处的化学环境完全相同，是等同核，因此不存在偶合，在质子谱上仅出现一个峰。如果是无规结构，则会出现五个峰，由于既有全同又有间同结构链段。

—CH_3 由于旋转很快，以致不能测出像—CH_2 那样的精细结构。但各种结构的—CH_3 的化学位移明显不同，全同时 $\delta = 1.33$，间同是 $\delta = 1.10$，无规时 $\delta = 1.21$。根据—CH_3 峰面积比，可以计算出聚合物中各种结构的比例。

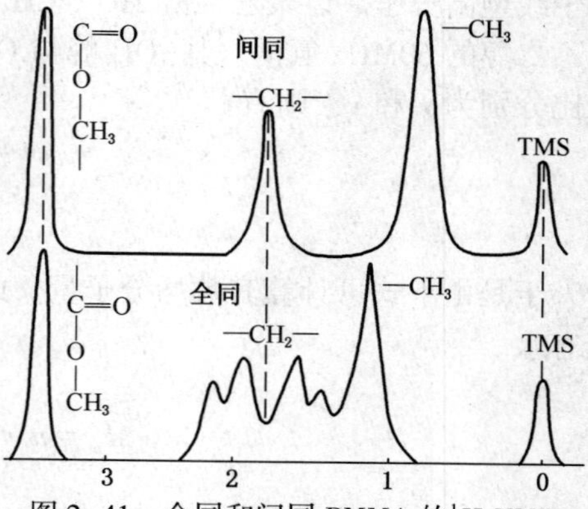

图 2-41 全同和间同 PMMA 的^{1}H NMR 谱示意图

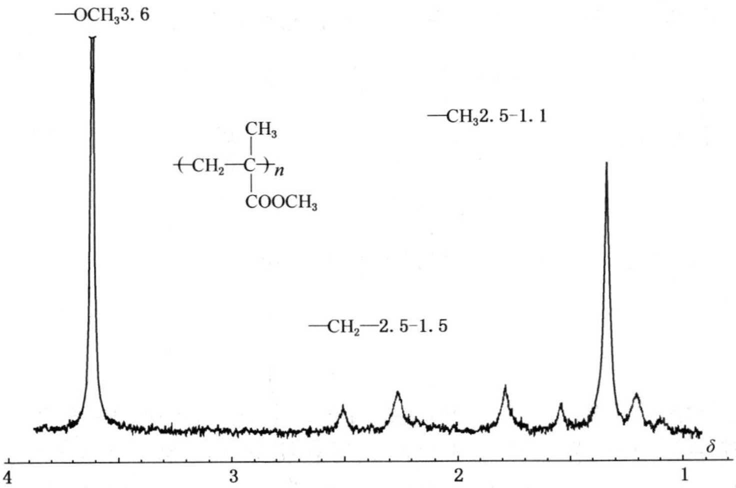

图 2-42　阴离子聚合的全同 PMMA(全同度 84%)的[1]H NMR 谱图
(60MHz，130℃，溶剂：邻二氯苯，内标：HMDS)

聚合物中每个手性中心的构型有 d 和 l 两种。构成高分子时，如链上相邻两个单体单元的取向相同时，即 dd 或 ll，用 m(meso)表示；否则用 r(racemic)表示。于是，二(单体)单元组有 m 和 r 两种。按此类推，三单元组有 mm、rr 和 mr 三种，四单元组有 mmm、mmr、rmr、mrm、mrr 和 rrr 六种，……。如各单元组构型相同，即 mmmm……，称为全同；如相邻的单体单元的构型都不相同，即 rrrr……，称为间同；如为不规则分布，称为无规。某四单元组的结构示意如下：

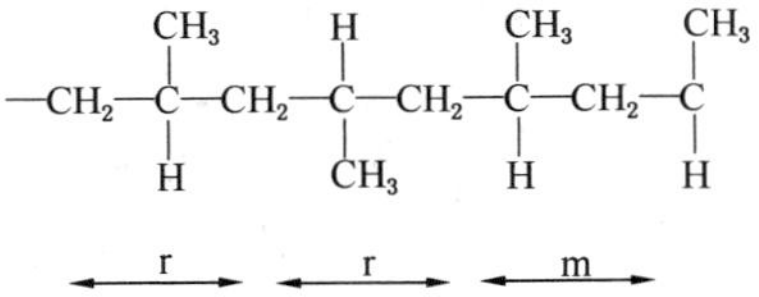

无规聚丙烯的氢谱示于图 2-43，$—CH_2$ 分裂成三个峰，分别为 $\delta=1.36$(m)，$\delta=1.17$(r)，$\delta=\sim1.0$(m)(该峰部分被 $\delta=0.75\sim1.1$ 的$—CH_3$ 峰掩盖)。通过下式求出全同度(又称

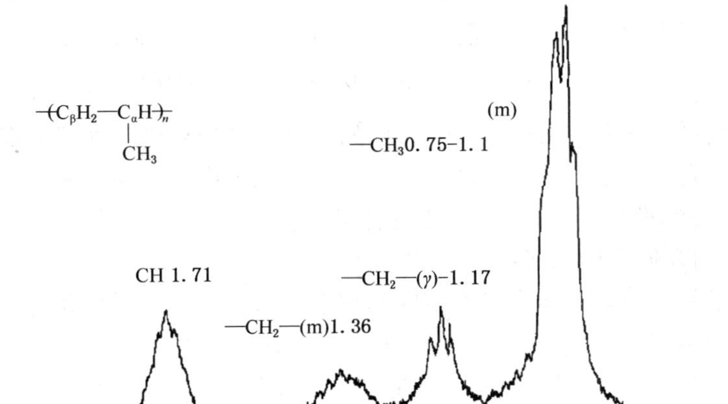

图 2-43　聚丙烯(无规立构)的[1]H NMR 谱图(350MHz，140℃，溶剂：邻二氯苯，内标：HMDS)

等规度）m，计算得到全同度为63.5%（理论上完全无规时全同度为50%）。

$$m(\%)=\frac{(m)}{(m)+(r)}\times 100$$

如果可进一步辨别出mm、rr和mr三个三单元组，则通过下列式子求出全同度m。

$$(m)=(mm)+\frac{1}{2}(mr),\ (r)=(rr)+\frac{1}{2}(rm)$$

$$(mm)+(mr)+(rr)=(m)+(r)=1$$

$$m(\%)=\frac{(mm)+\frac{1}{2}(mr)}{(mm)+(mr)+(rr)}\times 100 \tag{2-6}$$

聚丙烯酸的氢谱示于图2-44，可以看到—CH_2的三组峰（$\delta=1.96$，$\delta=1.76$和$\delta=1.62$），但应当排除—CH的偶合作用才是旋光异构引起的分裂。于是用—CH的2.43的频率辐照，以消除—CH的偶合，所得谱图示于该图上部。将三组峰分别归属于m，r和m，可以算出$m=50\%$，$r=50\%$。

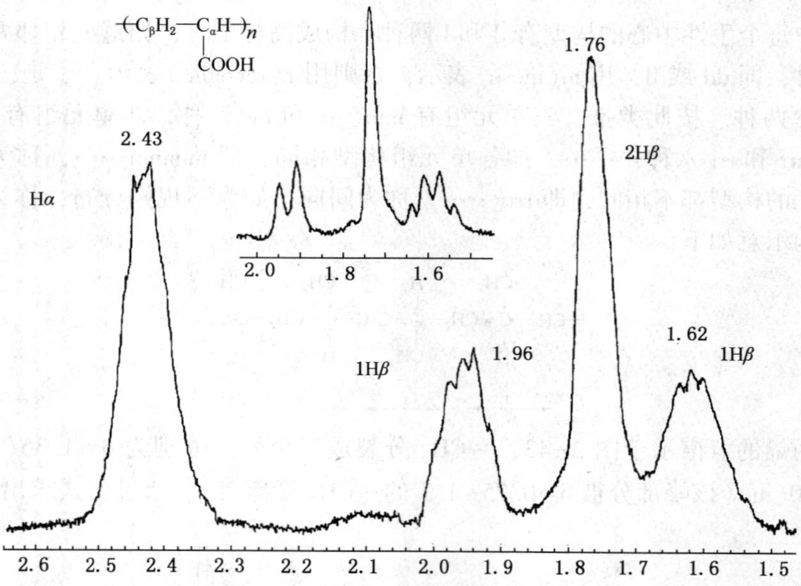

图2-44　聚丙烯酸的^{1}H NMR谱图（350MHz，86℃，溶剂：D_2O，内标：二氧六环）

聚丙烯腈的氢谱示于图2-45，同样—CH的偶合和旋光异构两种因素都会引起—CH_2的分裂。用软件分峰发现—CH_2的六重峰实际上是两组三重峰的叠加，两组三重峰分别归属于m和r，每一组三重峰都是周边两个—CH偶合引起的。

2.2.4　聚合物几何异构的研究

双烯类高分子的几何异构体大多有不同的化学位移，可用于定性和定量分析。例如聚异戊二烯可能有四种不同的加成方式或几何异构体，合成的聚异戊二烯就有相当复杂的的氢谱（图2-46）。在低场的不饱和区，>5主要是1,4加成的—CH=，<5主要是1,2加成和3,4加成的=CH_2。$\delta=2.10$和2.15双峰归属1,4加成的—CH_2-；$\delta=1.70$、1.60和1.25分别归属顺1,4、反1,4和1,2加成的—CH_3，而3,4加成的—CH_3叠加在$\delta=1.3\sim1.8$的峰中。

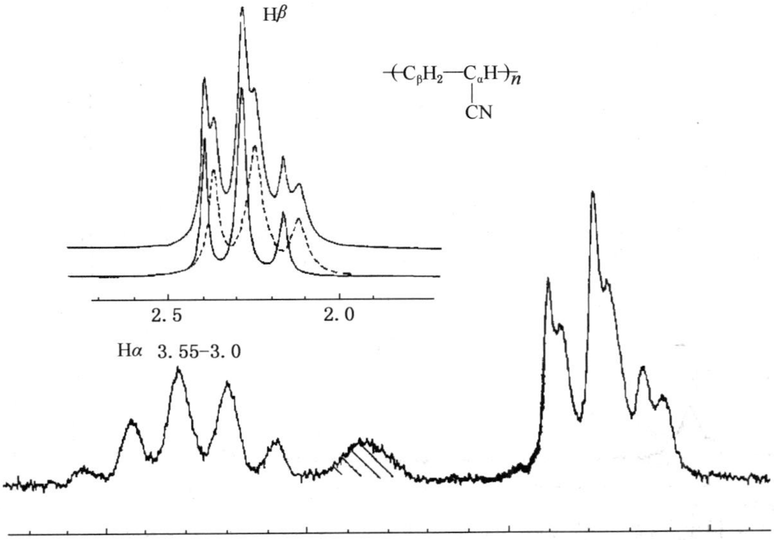

图 2-45　聚丙烯腈的^{1}H NMR 谱图(60MHz，130℃，溶剂：DMF-d_7，内标：HMDS)，阴影峰为溶剂残余

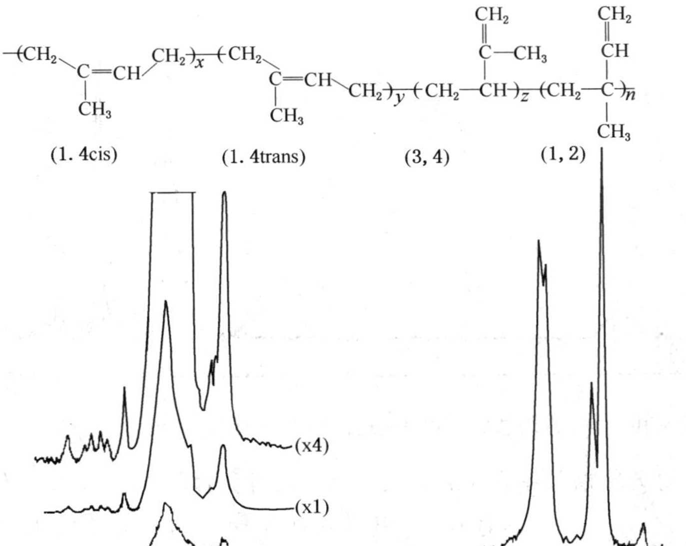

图 2-46　合成聚异戊二烯的^{1}H NMR 谱图(60MHz，75℃，溶剂：C_6D_6，内标：HMDS)

由双键碳上的质子的化学位移可以测定 1,4 和 3,4(或 1,2)加成的比例。对 1,4 加成(包括顺式和反式)的 C ═CH—C，$\delta=5.38$；对 3,4(或 1,2)加成的 C ═CH_2，$\delta=4.67$。用此法已测得天然橡胶中 3,4 或 1,2 加成的含量仅 0.3%。

由—CH_3 的化学位移可以测定顺式 1,4(cis，简称 c)和反式 1,4(trans，简称 t)聚异戊二烯之比。它们的主要吸收出现在高场，对顺式 1,4 加成异构体，$\delta=1.75$(图 2-47)；对反式 1,4 加成异构体，$\delta=1.66$(图 2-48)；而其他—CH_3 峰很弱，1,2 加成在 1.25，3,4 加成在

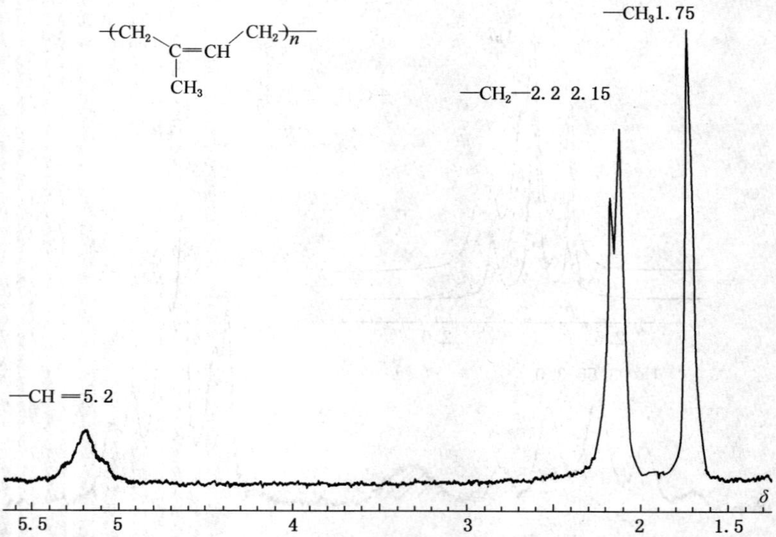

图 2-47 顺式聚异戊二烯(天然橡胶)的[1]H NMR 谱图(60MHz，75℃，溶剂：C_6D_6，内标：HMDS)

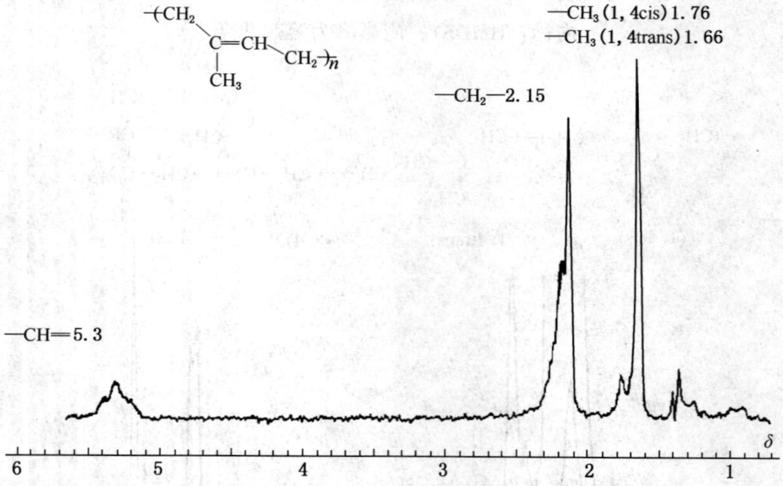

图 2-48 反式聚异戊二烯(古塔波胶)的[1]H NMR 谱图(60MHz，70℃，溶剂：C_6D_6，内标：TMS)

1.35。用此法已测得天然橡胶中含 1%反 1，4 结构，而古塔波胶(又称杜仲胶)含 8%顺 1,4 结构。NMR 还可用于研究沿高分子链的几何异构单元的分布，从图 2-49 可以辨认出，在聚异戊二烯链中的三单元组即 ccc、cct、tct、ctc、ttc 和 ttt。

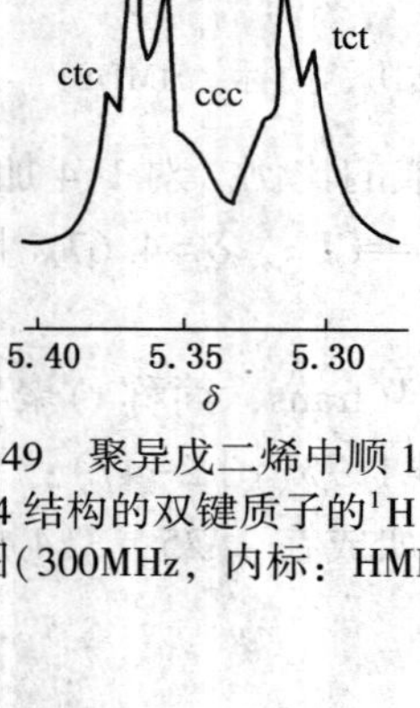

图 2-49 聚异戊二烯中顺 1,4 和反 1,4 结构的双键质子的[1]H NMR 谱图(300MHz，内标：HMDS)

聚丁二烯也可用类似方法分析几何异构体(图 2-50)。

2.2.5 键接结构的研究

由于聚偏二氟乙烯不存在旋光立构现象，键接结构是引起峰分裂的主要原因。从氢谱(图 2-51)可算出头-尾结构(ht)占 95%。氟核与氢核偶合也会使头-尾结构峰(δ = 2.949)和头-头(hh)结构峰(δ = 2.949)发生分裂，J_{H-F} = 15.5Hz。

对聚偏二氟乙烯，用[19]F NMR 谱研究更方便。从图2-52

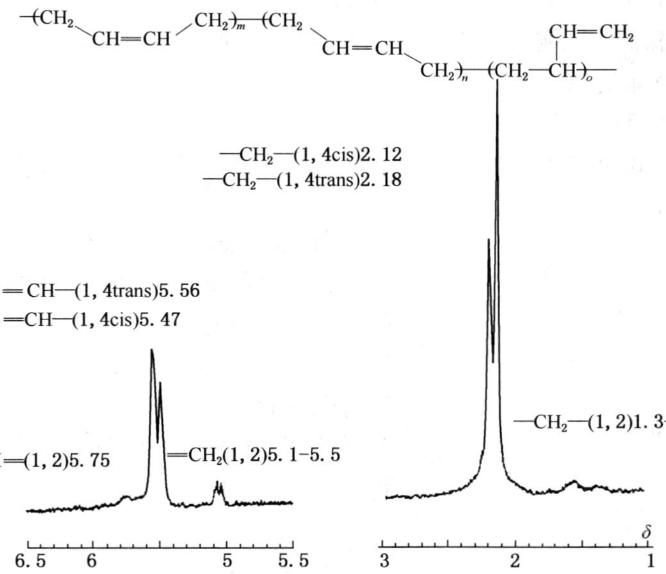

图 2-50　聚丁二烯的^{1}H NMR 谱图（350MHz，100℃，溶剂：$C_6D_5NO_2$，内标：HMDS）

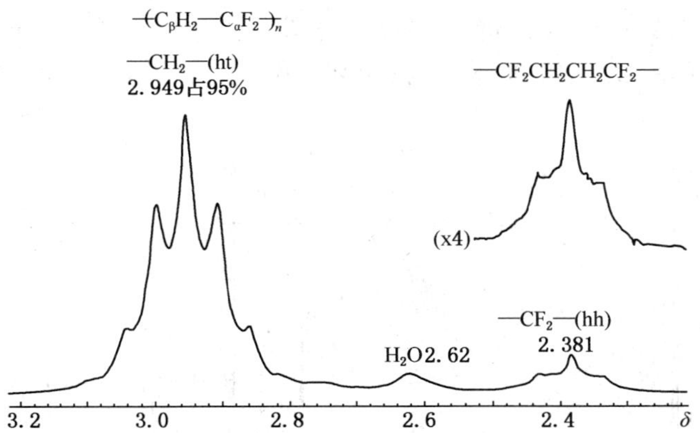

图 2-51　聚偏二氟乙烯的^{1}H NMR 谱图（350MHz，135℃，溶剂：$C_6D_5NO_2$，内标：TMS）

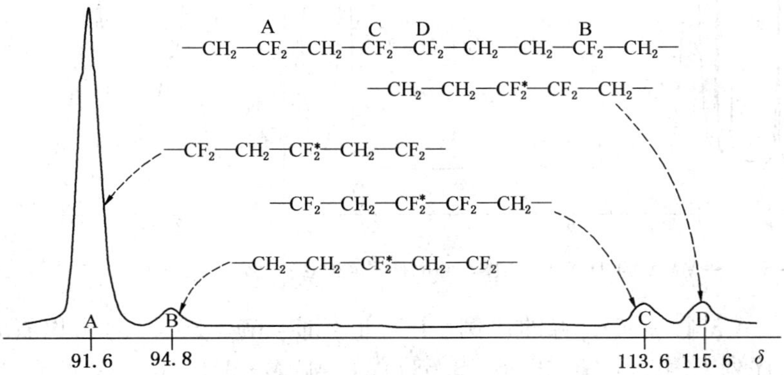

图 2-52　聚偏二氟乙烯的^{19}F NMR 谱图（56. 4MHz）

可见，除了头-头结构的 A 峰外，还出现了等强度的三个小峰，这是因为一个头-头结构的引入会产生 B、C 和 D 三种氟原子各两个。A 峰和 D 峰的面积比即是两种序列的含量比，从而测得头-头结构含量为5%~6%。

2.2.6 共聚物组成的测定

对共聚物的 NMR 谱作了定性分析后，根据峰面积与共振核数目成比例的原则，就可以定量计算共聚组成。

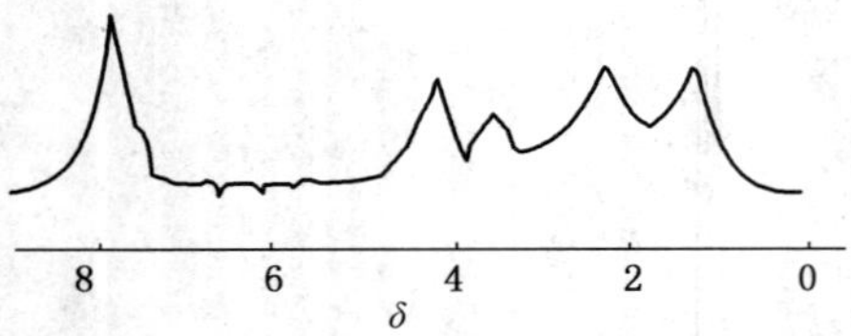

图 2-53 S-MMA 的¹H NMR 谱图
（60MHz，35℃，溶剂：$CDCl_3$，内标：TMS）

（1）苯乙烯-甲基丙烯酸甲酯共聚物（S-MMA）。如果共聚物中有一个组分至少有一个可以准确分辨的峰，就可以用它来代表这个组分，推算出组成比。一个实例是苯乙烯-甲基丙烯酸甲酯二元共聚物（图 2-53），在 $\delta=8$ 左右的一个孤立的峰归属于苯环上的质子，用该峰可计算苯乙烯的摩尔分数 x：

$$x=\frac{8}{5}\cdot\frac{A_{总}}{A_{总}} \tag{2-7}$$

式中，$A_{苯}$ 为 $\delta=8$ 附近峰的面积；$A_{总}$ 为所有峰的总面积；$8A_{苯}/5$ 为苯乙烯对应的峰面积。其中 5 为苯环的质子数，8 为苯乙烯链节或甲基丙烯酸甲酯链节的质子数。

图 2-54 是 S-MMA 的高分辨¹H NMR 谱图，由于甲基峰（$\delta=0.5\sim1.4$）可以积分，同时用—CH_3 和—C_6H_5 的面积代表 MMA 和 S，计算得到 MMA 含量 67%（摩），公式如下：

$$\text{MMA\%}=\frac{\frac{1}{3}A_{CH_3}}{\frac{1}{5}A_{苯环}+\frac{1}{3}A_{CH_3}} \tag{2-8}$$

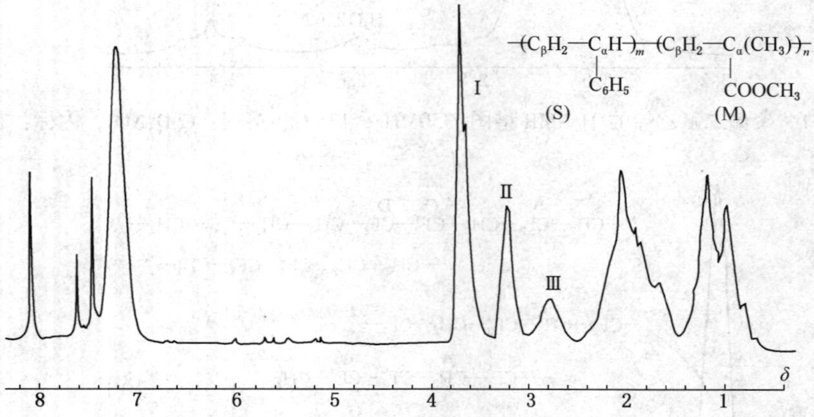

图 2-54 S-MMA 的¹H NMR 谱图（200MHz，130℃，溶剂：$C_6D_5NO_3$，内标：TMS）

另一方面，从 3 个—OCH_3 峰的比例（Ⅰ：Ⅱ：Ⅲ = 60：30：10）可以看到存在较长的 MMA（简称 M）序列，因为Ⅰ（$\delta=3.66$，3.68）代表 M<u>M</u>M+M<u>M</u>S（r）+SMS（rr）；Ⅱ（$\delta=3.25$）代表 S<u>M</u>S（mr）+M<u>M</u>S（m）；Ⅲ（$\delta=2.8$）代表 S<u>M</u>S（mm）。

（2）氯乙烯-乙烯基异丁醚共聚物。有一个未知高聚物样品的红外谱图很像聚氯乙烯，但是 1100cm^{-1}左右的吸收峰较强，说明未知物可能是氯乙烯和乙烯基醚的共聚物，而用红外难以确认醚的结构。把该高聚物溶解在二氯苯中，于 140℃记录^{1}H NMR 谱，如图 2-55 所示。

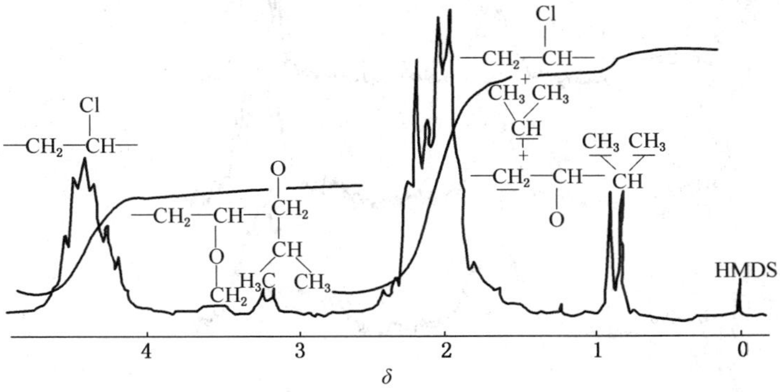

图 2-55　氯乙烯-乙烯基异丁醚共聚物的^{1}H NMR 谱图

（100MHz，140℃，溶剂：对二氯苯，内标：HMDS）

$\delta=4.4$ 和 2.0 处的最强峰分别是—CHCl—和—CH_2 中质子的吸收峰。其他峰较弱，属于未知共聚单体的吸收峰。$\delta=3.3$ 对应—CH_2O 吸收，且该峰为双峰，表明应有—OCH_2CH< 结构的存在。$\delta=0.9$ 为—CH_3 的吸收峰，该处峰也为双峰，表明该甲基应与仲碳相连。由 $\delta=3.3$和 $\delta=0.9$ 两处的峰面积之比，算出两种结构中含有的质子数比为 2∶6。由此推出该醚为异丁醚。

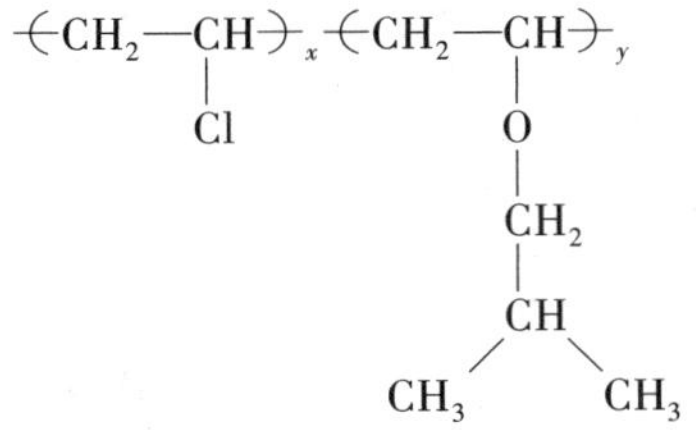

两种共聚单体的摩尔比可根据各质子吸收峰面积及其总面积来计算。乙烯基异丁醚单元含有 12 个质子，其中 6 个是甲基的，氯乙烯单元含有 3 个质子。根据前面分析的各峰归属，可以由下式计算出氯乙烯和乙烯基异丁醚的共聚单体比例：

$$\frac{x}{y}=\frac{\dfrac{2\times A_{\delta=0.9}}{12}}{\dfrac{A_{总}-2A}{3}} \tag{2-9}$$

式中，x 为共聚物中乙烯基异丁醚单体摩尔数；y 为共聚物中氯乙烯单体摩尔数；$A_{\sigma=0.9}$为$\delta=0.9$ 处的甲基的吸收峰面积；$A_{总}$ 为所有吸收峰的总面积。

(3) 不同含氯量的氯化聚氯乙烯。氯化聚氯乙烯可以看成是不同含氯量单体的共聚物。从谱图(图 2-56)看，含氯量越大，—CH_2 峰越小，—CH 峰越大。

2.2.7　共聚序列和异构序列的研究

核磁共振可用于研究共聚物中单体序列和异构序列。

(1) 氯乙烯-偏氯乙烯共聚物。图 2-57、2-58、2-59 和图 2-60 分别是聚氯乙烯、聚偏氯乙烯、氯乙烯-偏氯乙烯共聚物(30∶70)和氯乙烯-偏氯乙烯共聚物(83∶17)的氢谱。聚

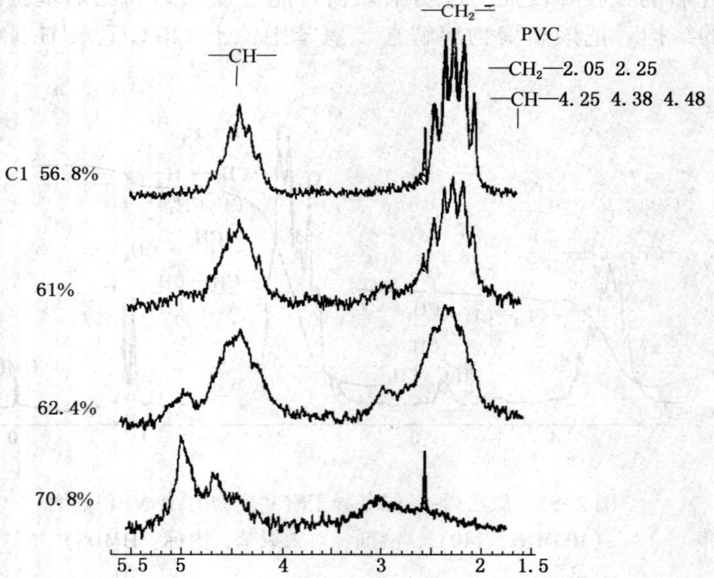

图 2-56 不同含氯量的氯化聚氯乙烯的^{1}H NMR 谱图(60MHz，140℃，溶剂：六氯丁二烯，内标：HMDS)

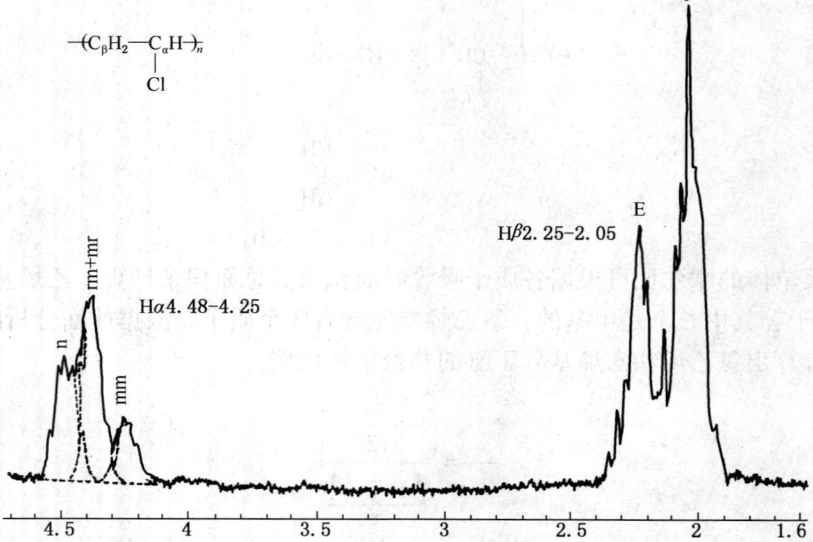

图 2-57 聚氯乙烯的^{1}H NMR 谱图(220MHz，150℃，溶剂：邻二氯苯，内标：HMDS)

氯乙烯的两组峰分别劈裂成二重峰和三重峰，而聚偏氯乙烯只有δ=3. 9 的单峰。氯乙烯-偏氯乙烯共聚物(图 2-60)呈现复杂的分裂，既有共聚序列引起的分裂，又有聚氯乙烯链段构型引起的分裂。

(2)偏氯乙烯-异丁烯共聚物。以偏氯乙烯和异丁烯共聚物的序列结构的分析为例。聚异丁烯、聚偏氯乙烯及其共聚物的^{1}H NMR 谱图如图 2-61。由谱图可以看出，由于共聚作

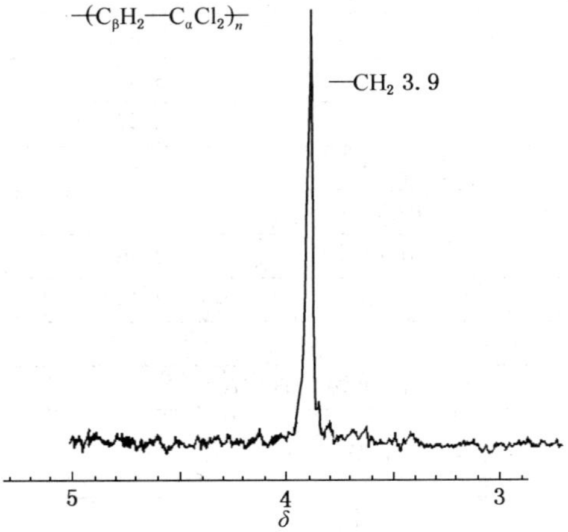

图 2-58　聚偏二氯乙烯的[1]H NMR 谱图
（60MHz，140℃，
溶剂：邻二氯苯，内标：HMDS）

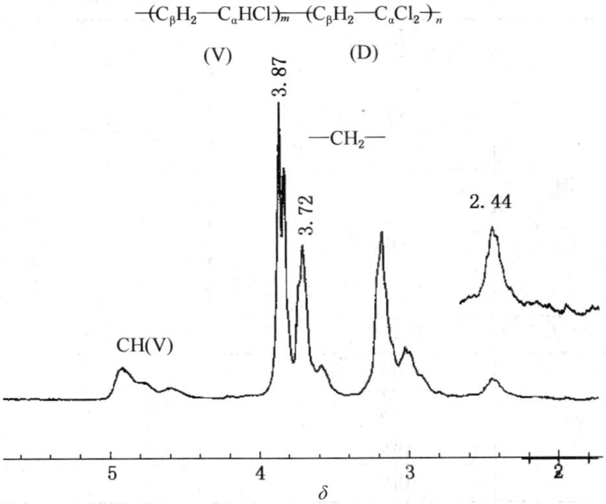

图 2-59　氯乙烯-偏氯乙烯共聚物（30∶70）的[1]H NMR 谱图（200MHz，90℃，溶剂：1,2,4-三氯苯（TCB）+ $CDCl_2$-$CDCl_2$，内标：TMS）

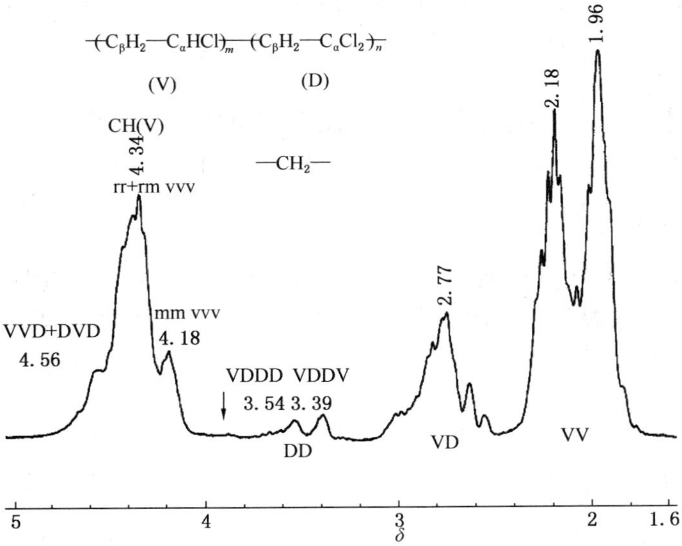

图 2-60　氯乙烯-偏氯乙烯共聚物（83∶17）的[1]H NMR 谱图（200MHz，90℃，溶剂：TCB+$CDCl_2$-$CDCl_2$，内标：TMS）

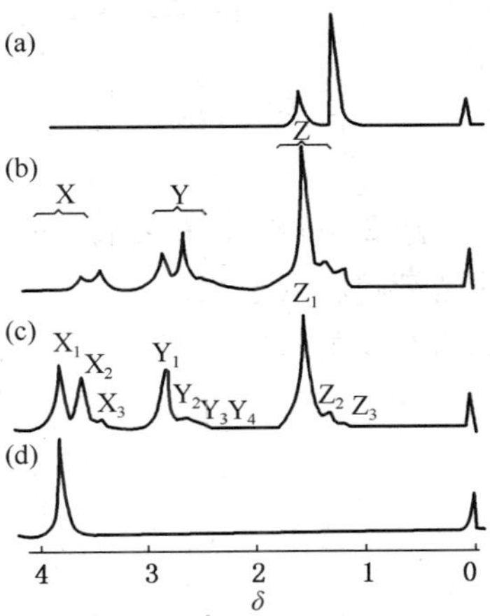

图 2-61　聚异丁烯均聚物（a）、聚偏二氯乙烯均聚物（d）以及两者共聚物（b、c）的[1]H NMR 谱图

用在聚异丁烯（$\delta = 1.3$，—CH_2）和聚偏氯乙烯（$\delta = 3.6$，—CH_2）的吸收峰之间产生新的峰，同时自身的吸收峰也发生了复杂的裂分。如仅考虑二单元组结合时可以认为 X 和 Z 区为 AA 和 BB 的二单元组，Y 区对应于 AB 或 BA 的二单元组。这样便可以从共聚物的谱图的吸收强度计算出各个二单元组的比例。继续分析 X、Y、Z 区内各峰的归属，根据单元结合对称性原则，还可以分出三单元、四单元、五单元的结合，列于表 2-10。

表 2-10　偏氯乙烯-异丁烯共聚物的二单元组、三单元组和四单元组的归属

	二单元组合	归属	四单元组合		δ
CH_2	AA	X_1	AAAA		3.82
		X_2	AAAB	BAAA	3.60
		X_3	BAAB		3.41
	AB	Y_1	AABA	ABAA	2.84
		Y_2	ABAB	BABA	2.64
		Y_3	AABB	BBAA	2.46
		Y_4	BABB	BBAB	2.38
	三单元组合	归属	δ		
CH_3	ABA	Z_1	1.56(还包括 BB 组合的 CH_2)		
	BBA ABB	Z_2	1.33		
	BBB	Z_3	1.1		

2.2.8　衍生物取代度的测定

天然高分子甲壳素的结构如图 2-62 左式，它更有用的衍生物是壳聚糖，原乙酰氨基被氨基取代，工业上用 40%~50%NaOH 处理得到部分脱乙酰的壳聚糖，脱乙酰度(DS)是壳聚糖的一个重要指标。^{1}H NMR 是测定壳聚糖脱乙酰度的最为准确的方法。

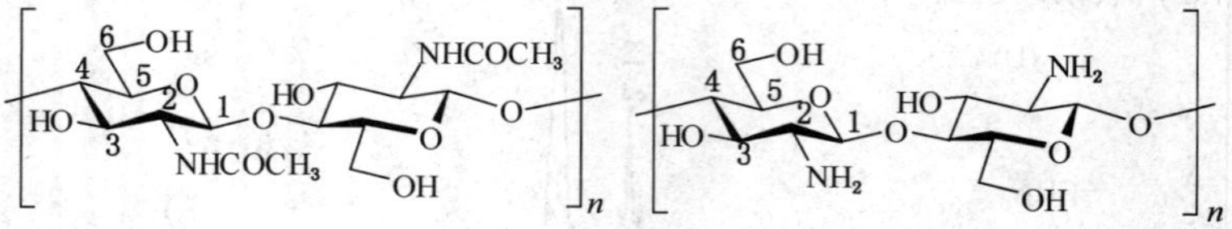

图 2-62　甲壳素(左)和壳聚糖(右)的结构式

图 2-63 给出了壳聚糖(DS=77%)溶于 D_2O 和 HCl 中(浓度为 10mg/mL)的谱图，相应的谱带归属列于表 2-11。4.79 为氨基葡萄糖残基的 H1 的吸收；4.50 为乙酰氨基葡萄糖残基的 H′1 的吸收。利用以下三个公式之一计算 DS：

$$DS = A_{H1}/(A_{H'1} + A_{H1}) \qquad (2-10)$$

$$DS = 1 - A_{CH3}/3(A_{H'1} + A_{H1}) \qquad (2-11)$$

$$DS = 1 - 6A_{CH3}/3(A_{H2\sim6}) \qquad (2-12)$$

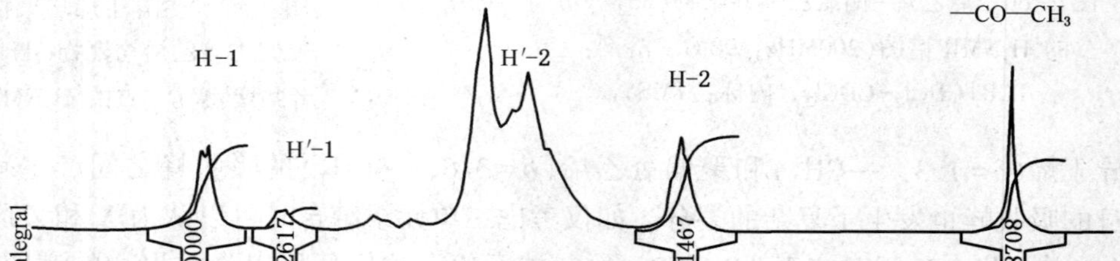

图 2-63　80℃下壳聚糖(DS=77%)/HCl-D_2O 溶液的^{1}H NMR 谱图

表 2-11　壳聚糖^{1}H NMR 的归属

δ(TMS 为内标)	归　属	δ(TMS 为内标)	归　属
4.79	H-1	3.70	H′-2
4.50	H′-1	3.58~3.80	H-3 到 H-6
3.10	H-2	1.95	$—CH_3$

由于采用质子去偶技术，^{13}C NMR 难于准确定量。甲壳素和壳聚糖的^{15}N NMR 谱是单峰（图 2-64），部分脱乙酰的壳聚糖是双峰，可用于计算 DS。但谱线较宽，测定灵敏度不高，DS 高于 90%时测不准。

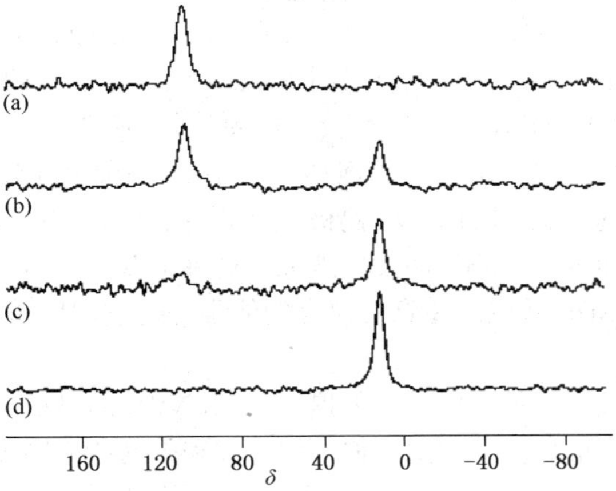

图 2-64　^{15}N CP-MAS NMR 谱图

(a)甲壳素；(b)和(c)部分脱乙酰壳聚糖(商品)；(d)实验室完全脱乙酰化的壳聚糖

2.3　^{13}C NMR 谱及其在高分子中的应用

^{13}C 的天然丰度仅为 1.1%，灵敏度仅为^{1}H 核的 1.6%。与^{1}H 核相比，^{13}C 核的相对总灵敏度仅为 1/5700。直到上世纪 70 年代初出现傅立叶变换 NMR 后，^{13}C NMR 才得以迅速发展。现在，它在高分子材料的分析中已经占有很重要的地位，特点如下：

① 几乎所有聚合物的主链或侧链上都有碳原子；

② ^{13}C 的化学位移范围很大，可达 250，能获得高分辨率的谱图；

③ ^{13}C 的天然丰度低，邻近的碳碳间的自旋-自旋偶合的几率只有万分之一，谱图较简单而易于解析。

④ ^{13}C 虽少，但^{13}C 出现在碳链任何位置的几率是相等的，因此化合物的碳谱可以完整地反映分子内部各种碳核的信息。

^{13}C 能与直接与碳相连的氢及邻碳上的氢发生自旋偶合，且偶合常数很大。这种偶合虽能提供碳氢之间的结构信息，但也使谱图复杂化，为此常需要采用质子去偶技术。

2.3.1　^{13}C NMR 谱实验技术

^{13}C NMR 谱实验技术的核心是提高信噪比 S/N，提高 S/N 的方法有：

① 采用双共振技术去偶，减少质子噪声。

② 提高温度，减少液体黏度，增加溶解性。

③ 提高外磁场 H_0 强度。

④ 增加累加次数，因为累加次数增加，噪声会相互抵消，信号却增强。

可采用以下各种不同的实验技术来测定 ^{13}C NMR 谱。

(1) 宽带去偶(或质子噪声去偶)及 NOE 增强。质子宽带去偶(proton broad band decoupling)谱为 ^{13}C NMR 的常规谱，是一种双共振技术，记作 $^{13}C\{^1H\}$。这种异核双照射的方法是在用射频场(B_1)照射各种碳核，使其激发产生 ^{13}C 核磁共振吸收的同时，附加另一个射频场(B_2，又称去偶场)，使其覆盖全部质子的共振频率范围(200MHz 仪器，2kHz 以上)，且用强功率照射使所有的质子达到饱和，从而使质子对 ^{13}C 的偶合全部去掉。^{13}C NMR 谱全部为单峰，谱图大为简化，但损失了碳氢偶合的信息。

NOE(nuclear overhauser effect)即核的欧沃豪斯(overhauser)效应，是由于分子中偶极-偶极弛豫过程引起的。一个自旋核就是一个小小的磁偶极，分子中两类自旋核(如 ^{13}C, ^1H)之间可以通过波动磁场(分子中移动、振动和转动所导致)传递能量。在 $^{13}C\{^1H\}$ NMR 实验中，观测 ^{13}C 核的共振吸收时，照射 ^1H 核使其饱和，由于干扰场(B_2)非常强，同核弛豫过程不足使其恢复到平衡，经过核之间的偶极-偶极相互作用，^1H 核将能量传递给 ^{13}C 核，^{13}C 核吸收到这部分能量后，犹如本身被照射而发生弛豫。这种由双共振引起的附加异核弛豫，共振吸收信号的增强称之为 NOE 效应。注意：偶合的能量是通过键传递的，而 NOE 效应的能量是通过空间磁场传递的。

(2) 偏共振去偶　质子宽带去偶虽大大提高了 ^{13}C NMR 的灵敏度，简化了谱图，但同时也失去了许多有用的结构信息。无法识别伯、仲、叔和季这些不同类型的碳。

偏共振去偶(off resonance decoupling)是采用一个频率范围很小、比质子宽带去偶功率弱很多的射频场(B_2)，其频率略高于待测样品所有氢核的共振吸收位置(如在 TMS 的高场 0.1~1kHz 范围)，使 ^1H 与 ^{13}C 之间在一定程度上去偶。采用偏共振去偶，既避免或降低了谱线间的重叠，具有较高的信噪比，又保留了与碳核直接相连的质子偶合信息。

(3) 选择质子去偶　质子选择性去偶(proton selective decoupling)是偏共振去偶的特例。当测一个化合物的 ^{13}C NMR 谱，而又准确知道这个化合物的 ^1H NMR 各峰的 δ 值及归属时，就可测选择性去偶谱，以确定碳谱谱线的归属。

当调节去偶频率 ν_2 恰好等于某质子的共振吸收频率，且 B_2 场功率又控制到足够小(低于宽带去偶采用的功率)时，则与该质子直接相连的碳会发生全部去偶而变成尖锐的单峰，并因 NOE 而使谱线强度增大。

(4) 门控去偶和反门控去偶　门控去偶(gated decoupling)指在脉冲激发前一段时间，去偶器开启，产生 NOE 效应，去偶器关闭时，NOE 效应仍持续下去，因此信号获取时间内接收到的信号是偶合的波谱(因为这时去偶器已关闭)但仍保留 NOE 效应。门控去偶的 ^{13}C 谱是既有偶合作用又有 NOE 增强的波谱。但偶合的保留会使谱线严重重叠，难以辩认。

门控去偶和反门控去偶之间的区别是工作时去偶门和接收门打开的时间不同。门控去偶谱可以从峰的裂分计算碳氢偶合常数，反门控去偶是使分子各碳峰的强度相同以便定量。

(5) DEPT 技术　极化转移方法，顾名思义就是从氢核的自旋极化转移到另一核(^{13}C)上，由 ^1H 到 ^{13}C 的完全极化转移是将 ^{13}C 的 α, β 能态的粒子数差提高，从而使信号强度增加 4 倍。极化转移方法有 INEPT(insensitive nuclei enhanced by polarization transfer)，即不灵敏核极化转移增强法，和 DEPT(distortionless enhancement by polarization transfer)，即无畸变的极化转移增强法。DEPT 法克服了 INEPT 方法引起强度比和相位畸变的缺点，碳氢多重线具有正常的强度比和理想的相位，因而更为常用。DEPT 主要用于解谱时确定碳原子的级数，亦即碳原子上相连氢原子的数目。一般需要做三个实验，翻转角分别为 45°，90°和 135°。DEPT 谱有两种表示方法：一种是 135°谱，伯碳—CH_3 向上，仲碳—CH_2 向下，叔碳—CH 向上，季碳消失，90°谱只有叔碳峰，45°谱季碳消失，其他均向上；另一种是把上面的谱编辑后，一个谱只有伯碳峰，另一个谱只有仲碳峰，还有只出叔碳峰或只出季碳峰的。也就是说，如果 90°谱有正峰说明含—CH，135°谱如果有正峰说明含—CH 或—CH_3，如果有负峰说明含—CH_2。

以一种碗状液晶分子的 DEPT135°谱(图 2-65)为例说明如下。+13.935(—CH_2CH_3)，-36.128(桥—CH_2—)，+55.236(—OCH_3)，—64.141(—OCH_2CH_3)，+112.581 和 +113.994(苯环上的碳)。

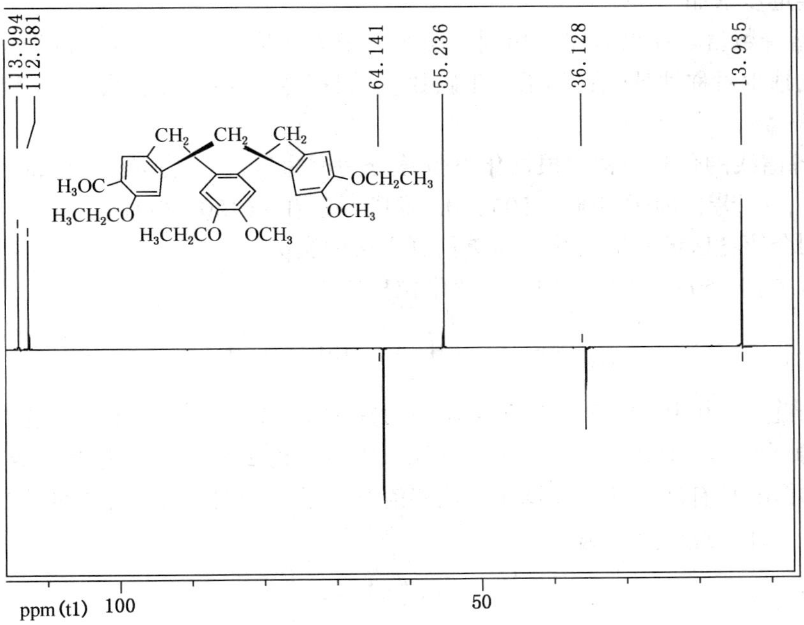

图 2-65　一种碗状液晶分子的 DEPT-135°谱(100MHz，溶剂：$CDCl_3$)

与^1H NMR 不同，由于采用了去偶技术，在^{13}C NMR 谱图中积分面积与碳原子数之间没有定量的关系，因此碳谱中没有积分曲线。但^{13}C NMR 与^1H NMR 相比具有分辨率高的优点。只要有轻微的化学环境的差别，在碳谱上就能明显地表现出来。因此碳谱对于高聚物的剖析具有重要的作用。

虽然质子噪声去偶已经去掉了 C-H 偶合，但 C-D(氘)偶合仍然存在，$^1J_{CD}$ 约为 20Hz，峰数为 $2nI+1$(D 的量子数 $I=1$)。溶剂 DMSO-d_6 和 CD_3COCD_3 均为 7 重峰，而 $CDCl_3$ 为 3 重峰。

2.3.2　高分子材料的定性鉴别

^{13}C 谱化学位移与^1H 谱有着相似的趋势。例如饱和烃的碳谱和氢谱均在高场共振，而烯烃和芳烃均在较低场出现吸收峰。取代基的诱导、共轭效应、基团屏蔽的各向异性效应等对

碳谱化学位移的影响也与氢谱相同。重要基团的化学位移的大致范围示于图 2-66 中。下面简述各类有机高分子化合物的^{13}C 化学位移。

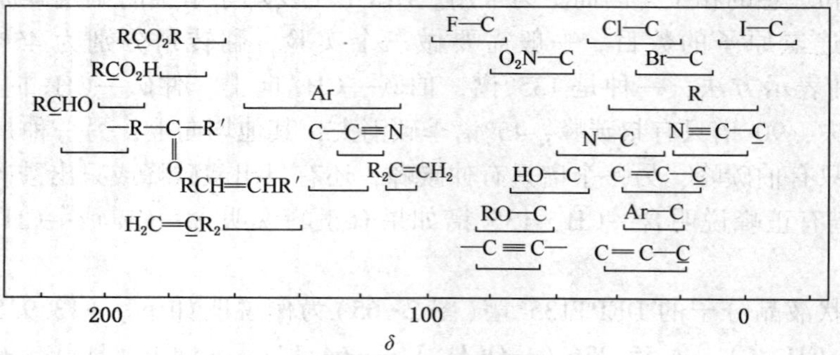

图 2-66　重要基团的^{13}C NMR 化学位移范围

一般的鉴定步骤如下：

① 计算谱峰数目。如果与碳数相同，说明分子无对称性；如果少于碳数，说明分子有对称性，谱线越少对称性越强；如果多于碳数，说明有异构体存在，或是由溶剂峰或杂质峰引起。

② 标出各谱线的化学位移。根据化学位移分为四个区：a. 烷碳区(0~50)；b. 取代烷碳区(50~80)；c. 芳、烯区(100~150)；d. 羰基、叠烯区(150~200)

以下分别介绍各区的一般规律、简单估算方法和实例。

(1) 烷碳区(0~50)　不同碳原子的化学位移值为：

$$\text{—}\overset{|}{\underset{|}{C}}\text{—} > \text{—}\overset{|}{CH}\text{—} > \ CH_2 > \text{—}CH_3$$

对于烷烃链，端甲基 $\delta=13\sim14$，中间部分的—CH_2 的 $\delta=29.5\sim30$。甲基或烷基取代会使 α 或 β 碳原子化学位移增加约 9，而 γ 碳原子则减少约 2.5(解释为超共轭效应)。取代基对化学位移的影响具有加和性，计算化学位移值有利于^{13}C NMR 谱中各谱带的归属和化合物结构式的确定。计算经验公式为：

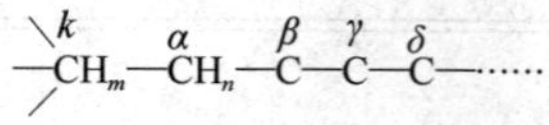

$$\delta_{cK} = (-2.3) + 9.1n_{\alpha} + 9.4n_{\beta} - 2.5n_{\gamma} + 0.3n_{\delta} + \sum_{i} A_i n_i \qquad (2-13)$$

式中，k 为待计算碳；n_{α}、n_{β}、n_{γ}、n_{δ} 为分别处于 α、β、γ、δ 位上的碳数；A_i 为 k 碳及 α 碳取代程度校正值(表 2-12)；n_i为同类 α 碳的数目。

表 2-12　k 碳及 α 碳取代程度校正值 $A_i(\Delta\delta)$

k 碳类型	α 碳(CH_n)的类型			
	伯，(1°)(CH_3)	仲，(2°)(CH_2R)	叔，(3°)(CHR_2)	季，(4°)(CR_3)
伯，(1°)(CH_3)	0	0	-1.1	-3.4
仲，(2°)(CH_2R)	0	0	-2.5	-7.2
叔，(3°)(CHR_2)	0	-3.7	-9.5	—
季，(4°)(CR_3)	-1.5	-8.4	—	—

以聚 1-丁烯(图 2-67)为例估算结果列于表 2-13。

表 2-13　聚 1-丁烯的化学位移的估算值与实测值的比较

A		B		C		D	
基数	-2.3	基数	-2.3	基数	-2.3	基数	-2.3
$n_\alpha=1$	9.1	$n_\alpha=2$	18.2	$n_\alpha=3$	27.3	$n_\alpha=2$	18.2
$n_\beta=1$	9.4	$n_\beta=2$	18.8	$n_\beta=3$	28.2	$n_\beta=4$	37.6
$n_\gamma=2$	-5.0	$n_\gamma=2$	-5.0	$n_\gamma=4$	-10	$n_\gamma=4$	-10
$n_\delta=2$	0.6	$n_\delta=4$	1.2	$n_\delta=4$	1.2	$n_\delta=4$	1.2
1°(2°)	0	2°(3°)	-2.5	3×3°(2°)	-11.1	2×2°(3°)	-5
估算值	11.8	估算值	28.4	估算值	33.3	估算值	39.7
实测值	10.80	实测值	27.72	实测值	34.97	实测值	40.18

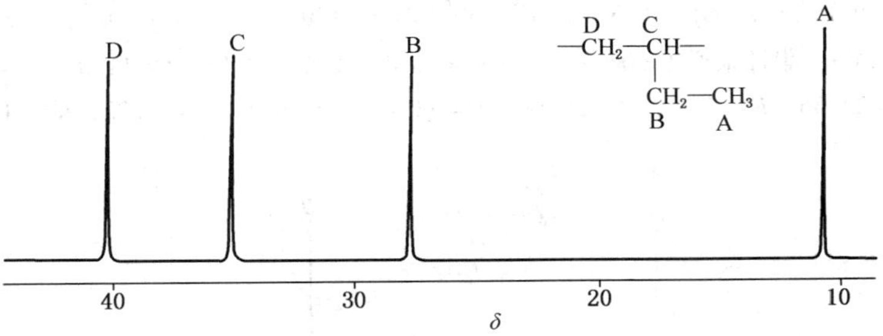

图 2-67　聚 1-丁烯的 ^{13}C NMR 谱图(50.1MHz，120℃，溶剂：C_6D_6/邻二氯苯(1/3)，内标：TMS，累计采样 10000 次)。$A=10.76$，$B=27.78$，$C=35.18$，D=40.37

图 2-68 和图 2-69 比较了两种聚乙烯的碳谱，低密度聚乙烯有支化结构致使其碳谱比高密度聚乙烯复杂得多。图 2-70 和图 2-71 比较了两种聚丙烯的碳谱，间同异构体的对称性比全同异构体差，从而会有更多的峰。图 2-72 是聚二甲基硅氧烷的碳谱，与氢谱类似，只有单峰 B，与 TMS 峰非常靠近，A 与 C 应是 Si-C 偶合的卫星峰。

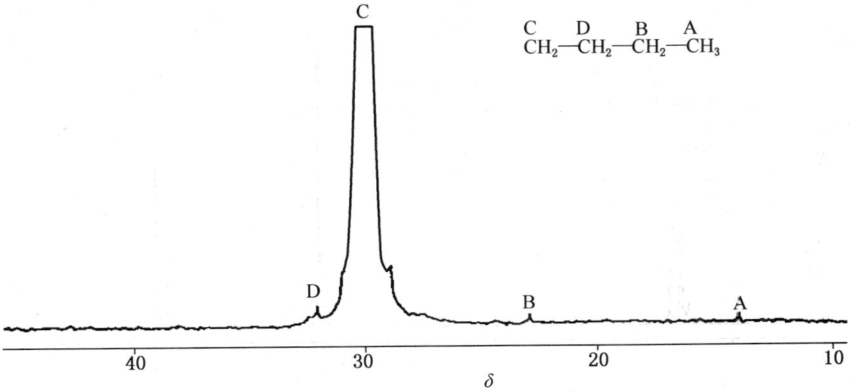

图 2-68　高密度聚乙烯的 ^{13}C NMR 谱图(50.1MHz，130℃，溶剂：C_6D_6/邻二氯苯(1/3)，内标：TMS，累计采样 50000 次)。$A=13.99$，$B=22.84$，$C=30.00$，$D=32.18$

(2)取代烷碳区(50~80)　当与烷基碳相连的原子从 Si、C、N、O 到 F 时，电负性逐渐增大，使其共振信号逐渐向低场位移。

取代基电负性对 α 碳原子影响最大，而对 β 碳原子的影响相对较小，γ 碳原子则向高场

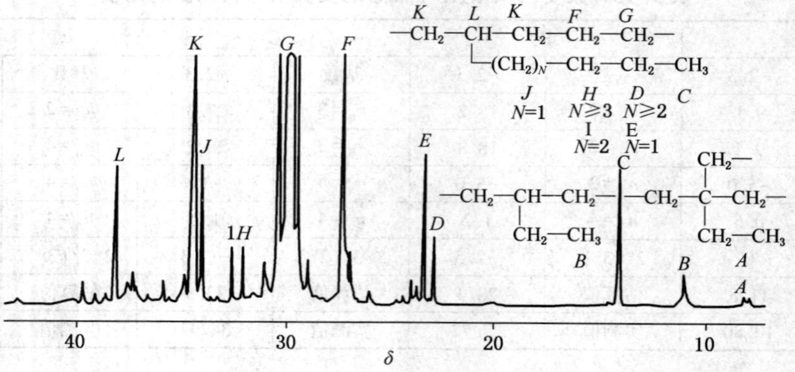

图 2-69　低密度聚乙烯的^{13}C NMR 谱图(50.1MHz，130℃，溶剂：C_6D_6/邻二氯苯(1/3)，内标：TMS，累计采样 10000 次)。$A(1)=7.87$，$A(2)=8.15$，$B=11.01$，$C=14.08$，$D=22.86$，$E=23.36$，$F=27.33$，$G=30.00$，$H=32.18$，$I=32.70$，$J=34.22$，$K=34.61$，$L=38.23$

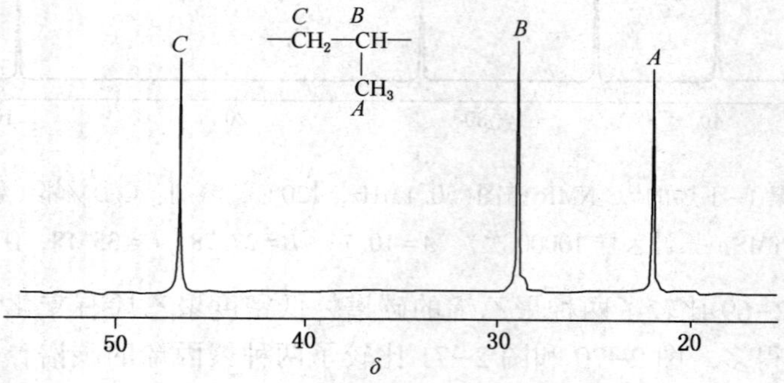

图 2-70　全同聚丙烯的^{13}C NMR 谱图(50.1MHz，135℃，溶剂：邻二氯苯，内标：TMS，累计采样 3400 次)。$A=21.84$，$B=28.83$，$C=46.44$

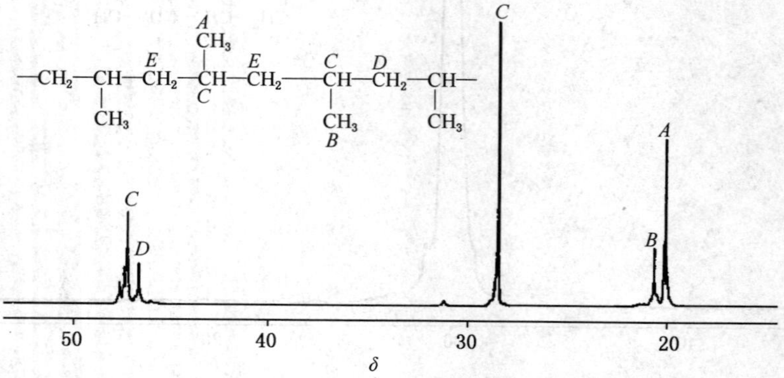

图 2-71　间同聚丙烯的^{13}C NMR 谱图(50.1MHz，120℃，溶剂：C_6D_6/邻二氯苯(1/3)，内标：TMS，累计采样 30000 次)。$A=20.29$，$B=20.82$，$C=28.48$，$D=46.60$，$E=47.20$

位移。如果以上述烷烃的化学位移为基准，那么使用表 2-14 的取代基参数就可以很方便地计算取代烷烃各碳原子的化学位移。取代基可以在烷烃分子的端基，也可以在非端基部分，分为 α 和 β 碳原子的两组参数。γ 碳原子参数不分端基和非端基，一般为负值。

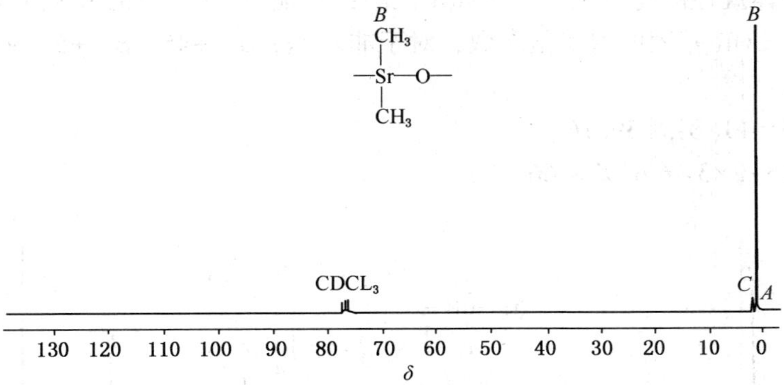

图 2-72　聚二甲基硅氧烷的[13]C NMR 谱图(50.1MHz，25℃，溶剂：$CDCl_3$，内标：TMS，累计采样 500 次)。$B=0.76$

表 2-14　烷烃取代基参数

取代基(Y)	端基		非端基		γ
	α	β	α	β	
CH_3	9	10	6	8	-2
$CH=CH_2$	20	6			-0.5
$C\equiv CH$	4.5	5.5			-3.5
C_6H_5	23	9	17	7	-2
COOH	21	4	16	2	-2
COO^-	25	5	20	3	-2
COOR	21	3	17	2	-2
COCl	33	2	28	2	-3
$CONH_2$	22	3			-3
COR	30	3	24	1	-3
CHO	31	0			-2
OH	48	10	41	9	-5
OR	58	8	51	5	-4
OCOR	51	6	45	5	-3
NH_2	29	11	24	10	-5
$\overset{+}{N}H_3$	26	8	24	6	-5
NHR	37	8	31	6	-4
NH_2	41	6			-4
H^+R_3	31	6			-7
NO_2	62	4	57	4	-5
CN	28	7			-5
$>C=O$	23	3			3
SH	11	12	11	11	-4
SR	20	7			-3
SO_3Na	40	4			-1
SO_3H	42	2			-2

首先计算母体烷烃的化学位移，例如聚乙酸乙烯酯(图 2-73)的 B 碳和 C 碳均为 30。从表 2-13 查找—OCOR 基团的取代基参数，对于非端基，$\alpha=+45$，$\beta=+5$，$\gamma=-3$。估算化学位移及实测值为：

$\delta_B=30+2\times5=40$(实测 39.16)

$\delta_C=30+1\times45-2\times3=69$(实测 66.99)

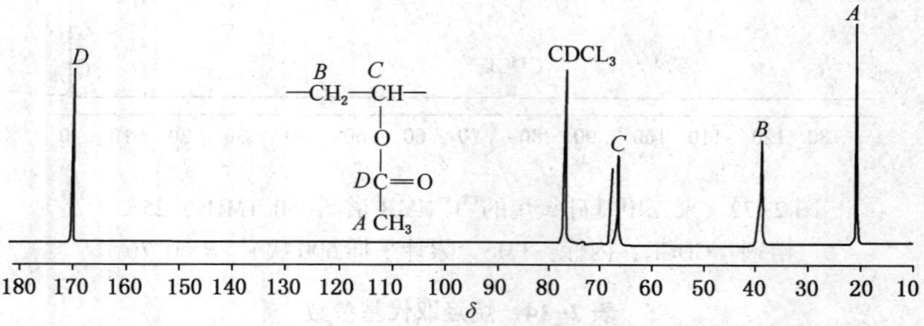

图 2-73　聚乙酸乙烯酯的^{13}C NMR 谱图(125.8MHz，25℃，溶剂：$CDCl_3$，内标：TMS，累计采样 1000 次)。$A=20.98$，$B=39.16$，$C=66.99$，$D=170.30$

(3) 芳、烯区(100~170)　烯烃在 $\delta=100\sim170$ 范围内出现吸收峰，其中端烯基$=CH_2$在 $\delta=104\sim115$，带有一个氢原子的═CHR 在 $\delta=120\sim140$，而═CRR′在 $\delta=145\sim165$ 范围共振。在内烯烃中，两侧取代基相差愈大，两个烯碳原子化学位移也相差愈大。顺、反式烯烃相差约 1，顺式在较高场。

烯烃和取代烯烃的烯碳原子化学位移可用经验公式估算。各基团的标示为：

$$\begin{array}{cccccccc} C— & C— & C— & C═ & C— & C— & C— & C \\ \gamma' & \beta' & \alpha' & K' & K & \alpha & \beta & \gamma \end{array}$$

$$\delta_C(K)=123.3+\sum_i A_i(R_i)+\sum_i A'_i(R'_i)+\text{校正项} \tag{2-14}$$

式中，$A_i(R_i)$和 $A_i'(R_i')$分别为 K 原子同侧及异侧的取代基及取代基参数(表 2-15)。

表 2-15　烯烃的取代基及取代基参数 A_i

R_i	γ'	β'	α'	α	β	γ	校正项
R	1.5	-1.8	-7.9	10.6	7.2	-1.5	$\alpha\alpha'$(反式)0
$—CH═CH_2$			-7.0	13.6			(顺式)-1.1
C_6H_5			-11.0	12.5			
OH		-1.0	0	0	+6		$\alpha\alpha$-4.8
OR		-1.0	-39.0	29.0	2.0		$\alpha'\alpha'$+2.5
OAC			-26.7	18.4			$\beta\beta$+2.3
$COCH_3$			5.8	15.0			
CHO			12.7	13.1			
COOH			8.9	4.2			
CN			14.2	-15.1			
F			-34.3	24.9			
Cl		2.0	-6.1	2.6	-1.0		
Br		2.0	-1.4	-7.9	0		
I			+7.0	-38.1			

例 1：天然橡胶(结构与谱图见图 2-74)

$$\delta_D = 123.3 + 1\alpha C + 2\alpha' C + 1\beta C + 1\beta' C + \alpha\alpha'(\text{顺})$$
$$= 123.3 + 10.6 - 2 \times 7.9 + 7.2 - 1.8 - 1.1 = 122.4(\text{实测 } 125.09)$$
$$\delta_E = 123.3 + 2\alpha C + 1\alpha' C + 1\beta C + 1\beta' C + \alpha\alpha'(\text{顺})$$
$$= 123.3 + 2 \times 10.6 - 7.9 + 7.2 - 1.8 - 1.1 = 140.9(\text{实测 } 135.23)$$

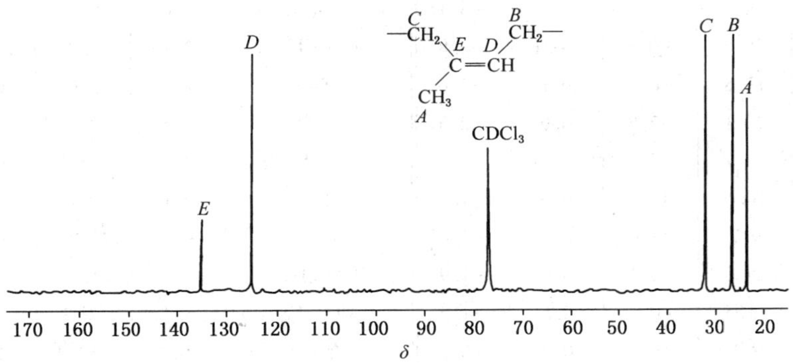

图 2-74　天然橡胶的^{13}C NMR 谱图(100.5MHz，23℃，溶剂：$CDCl_3$，内标：TMS，累计采样 5000 次)。A=23.42，B=26.45，C=32.25，D=125.09，E=135.23

例 2：顺丁橡胶(结构与谱图见图 2-75)

$$\delta_B = 123.3 + 1\alpha C + 1\alpha' C + 1\beta C + 1\beta' C + \alpha\alpha'(\text{顺})$$
$$= 123.3 + 10.6 - 7.9 + 7.2 - 1.8 - 1.1 = 130.3(\text{实测 } 129.64)$$

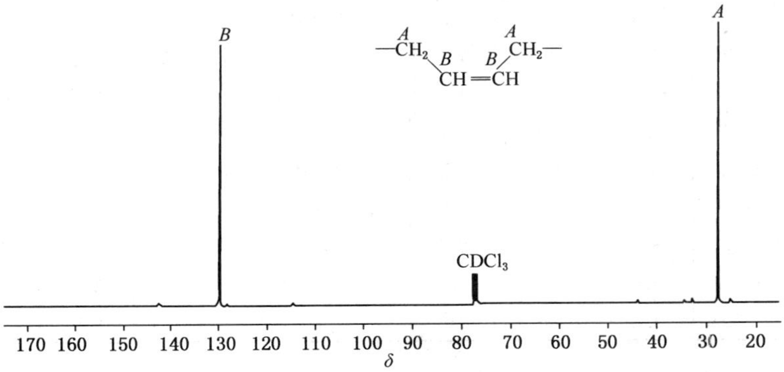

图 2-75　聚丁二烯(顺 1,4)的^{13}C NMR 谱图(100.5MHz，23℃，溶剂：$CDCl_3$，内标：TMS，累计采样 5000 次)。A=27.47，B=129.64

芳香化合物的化学位移在 δ=110~170 范围内。苯在 δ=128.5 出现单峰。取代基的诱导、共轭和空间位阻均会影响其化学位移。取代基的电负性对直接相连的芳环碳原子影响最大。共轭效应对邻、对位碳原子影响较大。处于取代基间位的芳环碳原子化学位移变化较小(一般小于 2)。可用经验公式计算芳环碳原子的化学位移。

$$\delta = 128.5 + \sum Z_i \qquad (2-15)$$

取代基增量 Z_i 的数值列在表 2-16 中。取代基的影响具有加和性。邻位二取代有时会影响计算的准确性。

表 2-16　取代基对苯环碳原子化学位移的影响 Z_i

取代基	C_1	o^-	m^-	p^-	取代基	C_1	o^-	m^-	p^-
H	0	0	0	0	COOH	2.4	1.6	-0.1	4.8
CH_3	9.3	0.6	0	-3.1	COO^-	7.6	0.8	0	2.8
C_2H_5	15.6	-0.6	-0.1	-2.8	$COOCH_3$	2.1	1.2	0	4.4
n-C_3H_7	13.8	-0.1	0.1	-2.6	COCl	4.6	3.0	0.6	7.0
$CH(CH_3)_2$	20.1	-2.0	0.0	-2.5	CHO	7.5	0.7	-0.5	5.4
$C(CH_3)_3$	22.1	-3.4	-0.4	-3.1	$COC(CH_3)_3$	10.3	-0.2	-0.2	2.6
CH_2CH_2Br	10.6	0.3	0.3	-1.3	$COCH_3$	9.1	0.1	0	4.2
CH_2CH_2Cl	9.7	0.5	0.3	-1.4	$COCF_3$	-5.6	1.8	0.7	6.7
CH_2NH_2	15.5	-1.1	0.0	-1.9	COC_6H_5	9.4	1.7	-0.2	3.6
$CH_2N(CH_3)_2$	11.5	-0.1	0.5	-1.5	$CONH_2$	5.4	-0.3	-0.9	5.0
CH_2Cl	9.1	0.0	0.2	-0.2	NH_2	19.2	-12.4	1.3	-9.5
$CH_2OC_6H_5$	10.5	-0.5	0.5	-0.5	$NHCH_3$	21.7	-16.2	0.7	-11.8
CH_2OH	13.0	-1.4	0.0	-1.2	$N(CH_3)_2$	22.5	-15.7	0.9	-11.6
CH_2OCH_3	11.0	-0.4	0.5	-0.4	$N(C_2H_5)_2$	19.8	-15.6	1.0	-11.5
CH_2Br	9.2	0.1	0.4	-0.3	$NHCOCH_3$	11.1	-9.9	0.2	-5.6
CH_2F	8.5	-0.7	0.4	0.4	NO_2	19.6	-5.3	0.8	6.0
$CH_2COC_2H_5$	7.0	+0.5	1.5	-1.5	OH	26.9	-12.7	1.4	-7.3
CH_2COOH	4.2	0.4	1.7	0.9	OCH_3	31.4	-15.0	0.9	-8.1
CH_2NO_2	2.2	2.2	2.2	1.2	$OCOCH_3$	23.0	-6.4	1.3	-2.3
$CH=CH_2$	8.9	-2.5	-0.3	-1.0	OC_6H_5	29.0	-9.0	2.0	-5.0
$C(CH_3)=CH_2$	12.6	-3.2	-0.6	-1.4	SH	2.2	0.7	0.4	-3.1
C_6H_5	13.0	-1.1	0.5	-1.0	SO_2Cl	15.6	-1.7	1.2	6.8
CF_3	23.6	-2.2	0.3	3.2	SO_3H	15.0	-2.2	1.3	3.8
CCl_3	16.3	-1.7	-0.1	1.8	F	34.8	-12.9	1.4	-4.5
$C\equiv CH$	-6.1	3.8	0.4	-0.2	Cl	6.4	0.2	1.0	-2.0
$C\equiv CCH_3$	-4.4	3.0	-0.4	-1.2	Br	-5.4	3.4	2.2	-1.0
CN	-15.4	3.6	0.6	3.9	I	-32.3	9.9	2.6	-0.4

例 3：聚苯乙烯(结构式与谱图见图 2-76)

按表 2-15 中的取代基 $CH(CH_3)_2$ 估算。

$\delta_E=128.5+20.1(C_1)=148.6$(实测 145.39)

$\delta_D=128.5-2.0$(按 o-计)$=126.5$(实测 128.02)

$\delta_D=128.5+0$(按 m-计)$=128.5$(实测 128.02)

$\delta_C=128.5-2.5(p-)=126$(实测 125.66)

例 4：聚苯醚(结构式与谱图见图 2-77)

按表 2-16 中的取代基 $CH(CH_3)_2$ 估算。

$\delta_B=128.5-9.0(o-)+0.6(o-)+2.0(m-)-3.1(p-)=119$(实测 114.50)

$\delta_C=128.5+9.3(C_1)-9.0(o-)+2.0(m-)-0(m-)=130.8$(实测 132.55)

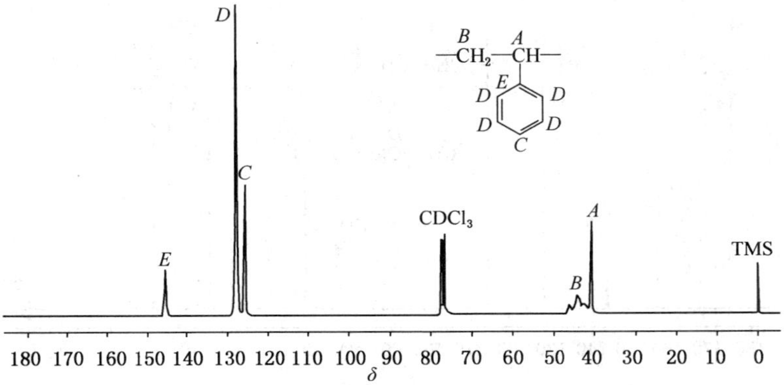

图 2-76 聚苯乙烯的[13]C NMR 谱图(50.1MHz，50℃，溶剂：$CDCl_3$，内标：TMS，累计采样 28800 次)。$A=40.60$，$B=44.15$，$C=125.66$，$D=128.02$，$E=145.39$

$\delta_D=128.5+29.0(C_1)+2\times0(m-)-5.0(p-)=152.5$(实测 145.49)

$\delta_E=128.5+29.0(C_1)+2\times0.6(o-)-5.0(p-)=153.7$(实测 154.78)

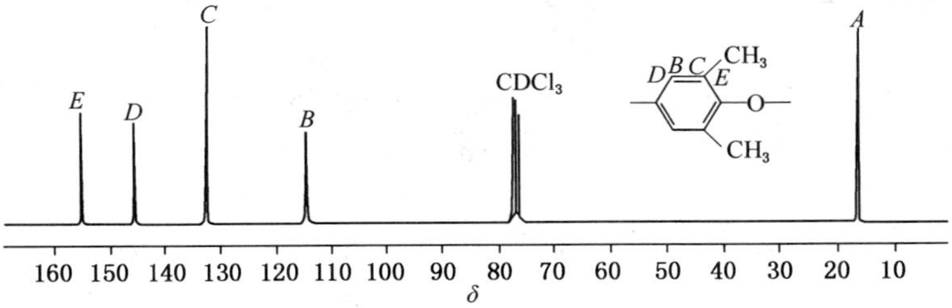

图 2-77 聚苯醚的[13]C NMR 谱图(50.1MHz，35℃，溶剂：$CDCl_3$，内标：TMS，累计采样 10000 次)。$A=16.76$，$B=114.50$，$C=132.55$，$D=145.49$，$E=154.78$

图 2-78 和图 2-79 分别是酚醛树脂和环氧树脂的碳谱。它们都有苯环，在 110~170 范围都有吸收。

烯与芳环在同一区，不易区分。但谱线的数目有一般规律：烯必成对出现，苯环对位对称取代将出现 2 条谱线，邻位对称取代出现 3 条谱线，单取代或间位对称取代出现 4 条谱

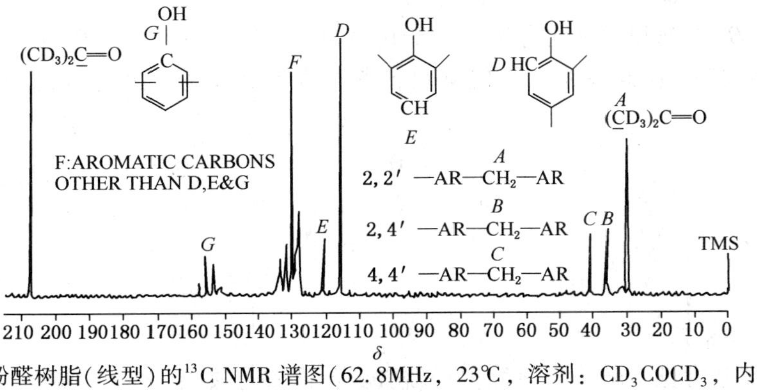

图 2-78 酚醛树脂(线型)的[13]C NMR 谱图(62.8MHz，23℃，溶剂：CD_3COCD_3，内标：TMS，累计采样 5000 次)。$A=29.76$，$B=35.45$，$C=40.67$，$D=115.62$，$E=120.05$，$F=130.28$，$G=155.94$

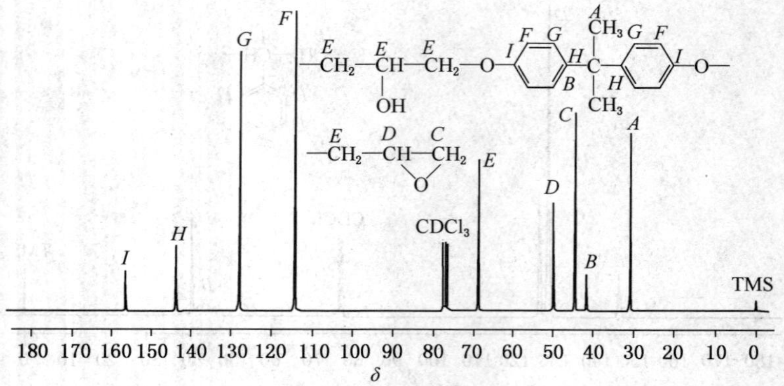

图 2-79　环氧树脂(未固化)的^{13}C NMR 谱图(50.1MHz，50℃，溶剂：$CDCl_3$，内标：TMS，累计采样 29300 次)。A=31.06，B=41.82，C=44.69，D=50.16，E=68.96，F=114.26，G=127.81，H=143.74，I=156.51

线，不对称取代出现 6 条谱线。

(4) 羰基区(150~200)　羰基化合物在^{13}C NMR 谱的最低场共振，从低场到高场的次序为：

酮、醛>酸>酯≈酰氯≈酰胺>酸酐

$\longrightarrow \delta$ 减小

例如：

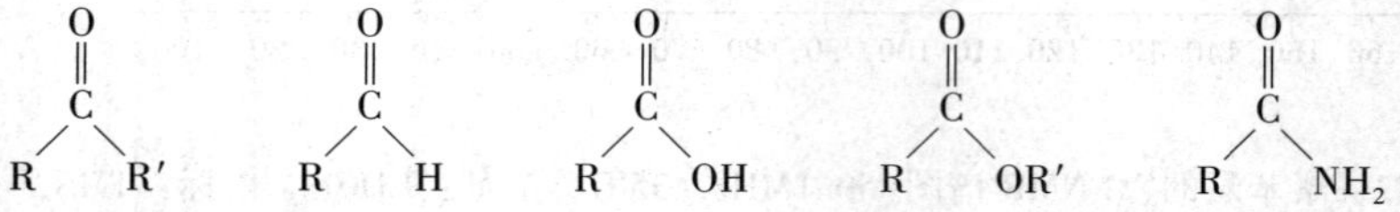

214~204　　201　　181~177　　174~171　　178~172

羰基邻位有吸电基团将使它向高场位移：

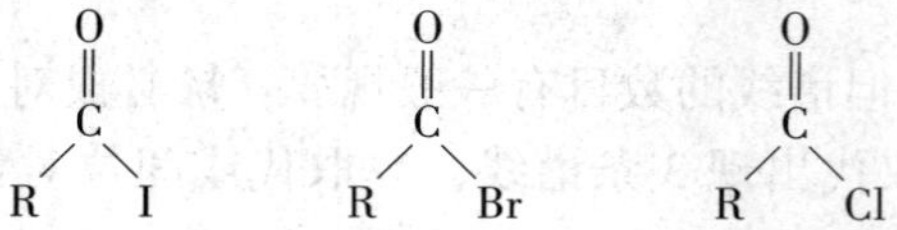

160　　165　　170

芳香和 α，β-不饱和羰基化合物，由于共轭和诱导作用将增加羰基的电子云密度，使它向高场位移。但苯环上羰基邻位取代基将使其与苯环的共平面性受到影响，使其向低场位移。

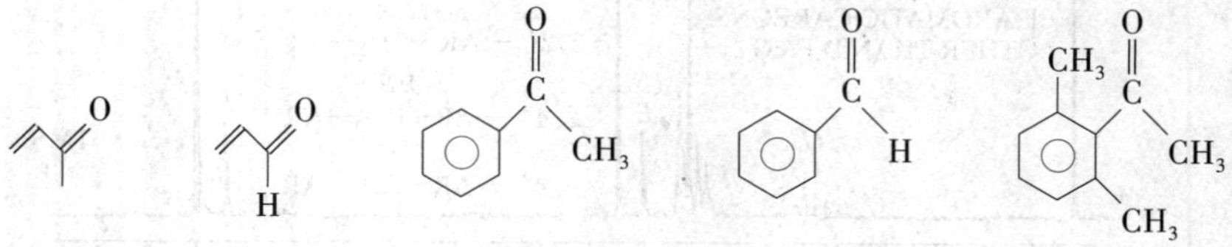

198.7　　194.4　　197.4　　192.0　　206.0

聚合物中羰基常见于酯类、氨酯类和酰胺类，偶尔有羧酸(如聚丙烯酸)和酸酐(如马来酸酐)。聚甲基丙烯酸甲酯(图 2-80)、聚对苯二甲酸乙二醇酯(图 2-81)和聚碳酸酯

(图 2-82)分别是典型的脂肪酸的脂肪酯、芳香酸的脂肪酯和脂肪酸的芳香酯。不饱和聚酯(图 2-83)既有羰基又有不饱和双键和苯环。尼龙(图 2-84 和图 2-85)是聚酰胺，聚氨酯(图 2-86)既是酰胺又是酯。根据这些结构特点很易区别这些常见的含羰基聚合物。但尼龙66(图 2-84)和尼龙 6(图 2-85)则不易用碳谱区别。

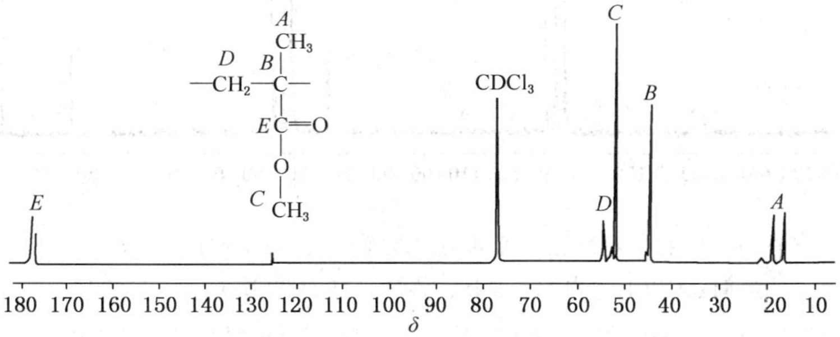

图 2-80 聚甲基丙烯酸甲酯的[13]C NMR 谱图(125.8MHz，25℃，溶剂：$CDCl_3$，内标：TMS，累计采样 1000 次)。$A(1)=16.54$，$A(2)=18.77$，B=44.58，$C=51.80$，$D=54.43$，$E=177.77$

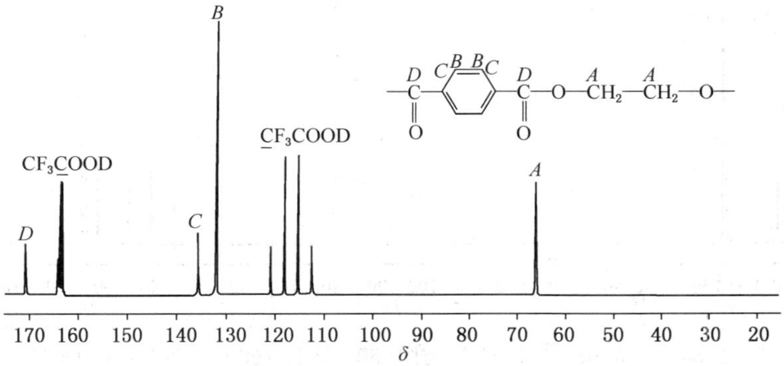

图 2-81 聚对苯二甲酸乙二醇酯的[13]C NMR 谱图(100.5MHz，23℃，溶剂：CF_3COOD，内标：TMS，累计采样 5000 次)。

$A=66.17$，$B=132.09$，$C=135.679$，$D=170.83$

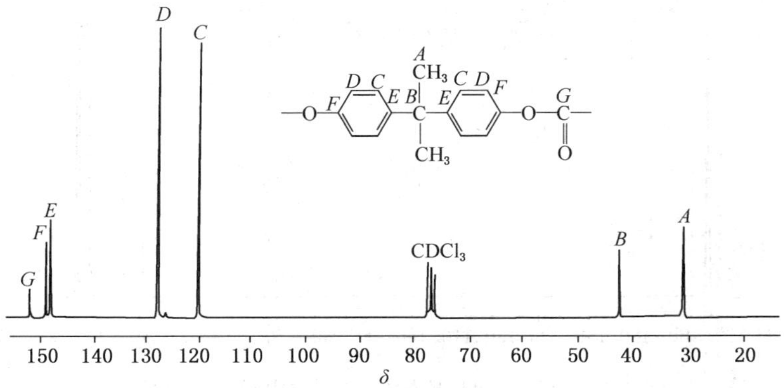

图 2-82 聚碳酸酯的[13]C NMR 谱图(50.1MHz，25℃，溶剂：$CDCl_3$，内标：TMS，累计采样 500 次)。$A=31.30$，$B=42.95$，$C=120.68$，$D=128.27$，$E=148.62$，$F=149.386$，$G=152.47$

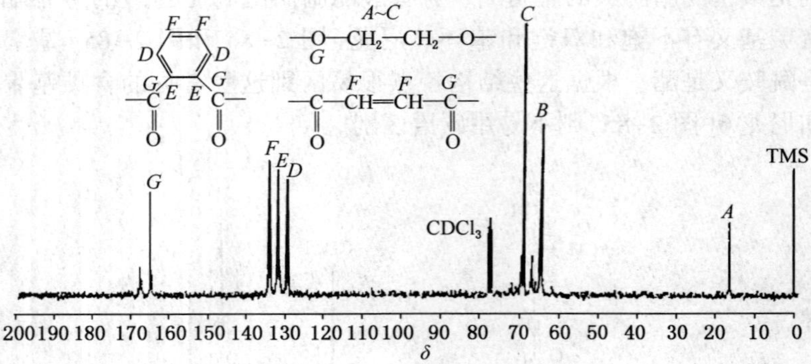

图 2-83　不饱和聚酯的^{13}C NMR 谱图(62.8MHz，23℃，溶剂：$CDCl_3$，内标：TMS，累计采样 5000 次)。$A=16.29$，$B=64.17$，$C=68.75$，$D=128.88$，$E=131.11$，$F=133.55$，$G=164.62$

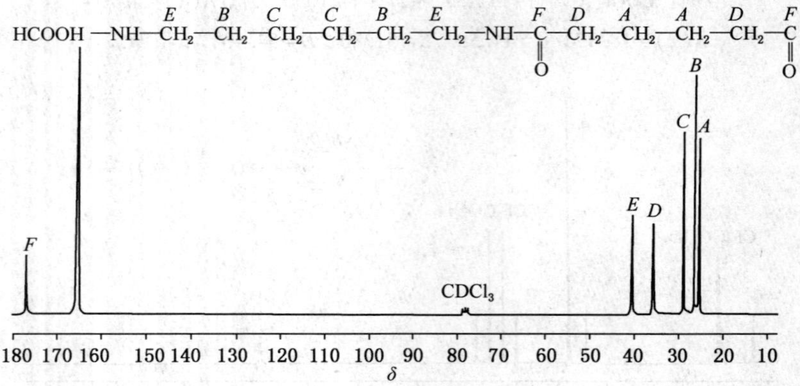

图 2-84　尼龙 66 的^{13}C NMR 谱图(50.1MHz，60℃，溶剂：HCOOH，内标：TMS，累计采样 3000 次)。$A=25.52$，$B=26.54$，$C=28.97$，$D=35.88$，$E=40.74$，$F=177.09$

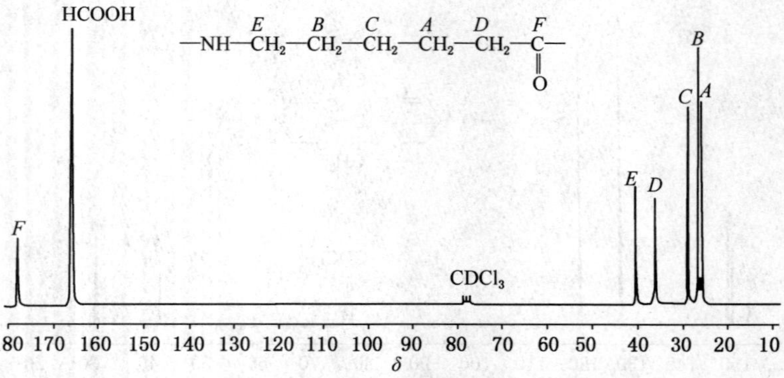

图 2-85　尼龙 6 的^{13}C NMR 谱图(50.1MHz，60℃，溶剂：HCOOH，内标：TMS，累计采样 3000 次)。$A=25.69$，$B=26.49$，$C=28.75$，$D=36.22$，$E=40.55$，$F=177.43$

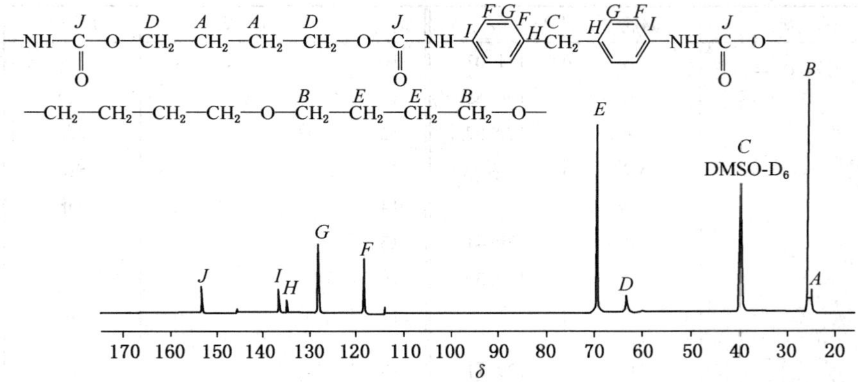

图 2-86 聚氨酯(聚醚型，MDI，热塑性)的^{13}C NMR 谱图

(100.4MHz，120℃，溶剂：DMSO-d_6，内标：TMS，累计采样 2100 次)。

A=24.83，B=25.63，C=39.39，D=63.21，E=69.29，

F=118.41，G=128.04，H=134.91，I=136.57，J=153.13

2.3.3 ^{13}C NMR 谱在聚合物结构研究中的应用

(1)键接结构的研究　聚偏二氟乙烯的键接结构不仅可用氢谱或氟谱测得，用碳谱(图 2-87)也可测定，但碳谱难于定量。虽然已消除了 C-H 偶合，但 C-F 偶合却很明显，E 峰明显分裂成三重峰，遵循 n+1 规律。

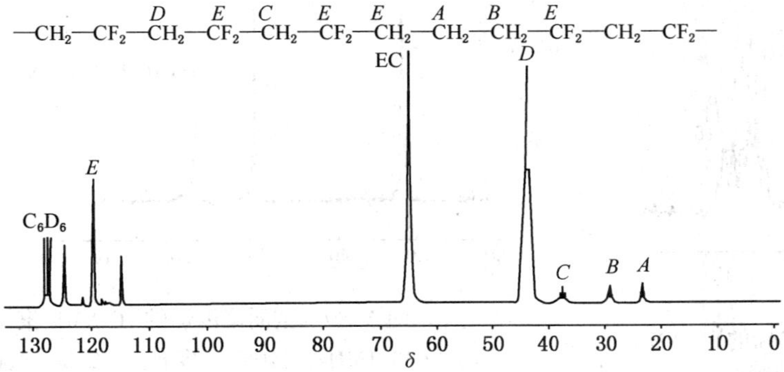

图 2-87 聚偏二氟乙烯的^{13}C NMR 谱图(50.1MHz，130℃，

溶剂：C_6D_6/碳酸乙酯(EC)(1/3)，内标：TMS，累计采样 40000 次)。

A=23.33，B=29.20，C=37.59，D=43.99，E=119.98(J_{C-F}=246Hz)

(2)几何异构的研究　以正丁基锂作引发剂，在正庚烷/四氢呋喃中进行丁二烯阴离子聚合，得到的聚丁二烯含 34%的反 1,4，24%的顺 1,4 及 42%的 1,2 加成聚合物，其碳谱的烯碳部分如图 2-88。各种三单元组烯碳的 δ_C 值及归属列于表 2-17。

(3) 旋光异构及其序列的研究　无规聚丙烯的—CH_3 碳由于空间位置的不同，出现了三个峰，分别属 mm、rr 和 mr 三个三单元组(图 2-89)。其实这个—CH_3 三重峰还有更精细的结构(图 2-90)，从中可以识别出五单元组的吸收。

表 2-17 聚丁二烯的碳谱化学位移(烯碳部分)与归属

谱线	烯碳	归属①	δ_C	谱线	烯碳	归属①	δ_C
1	$—C=\dot{C}—$	vtv	131.01	10		$^{c}t_{c}c$	128.91
2		$^{c}_{t}tv$	130.55	11		$^{c}t_{c}t$	128.73
3		vcv	129.87	12		$^{c}_{t}cv$	128.56
4		vc^{c}_{t}		13		vtv	127.77
5		$^{c}_{t}cv$		14		vtt	127.64
6		ct^{c}_{t}	129.41	15		vtv	127.48
7		cv^{c}_{t}	129.30	16		vcc	127.33
8		tt^{c}_{t}		17		vct	127.15
9	$—\dot{C}=C—$	$^{c}_{t}tv$	129.11	18		vcv	126.98

① c 代表顺 1,4；1 代表反 1,4；v 代表 1,2 聚合。

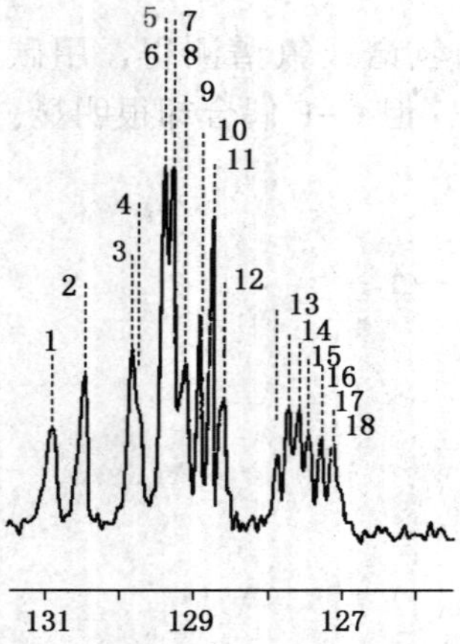

图 2-88 聚丁二烯的^{13}C NMR 谱图(烯碳部分)

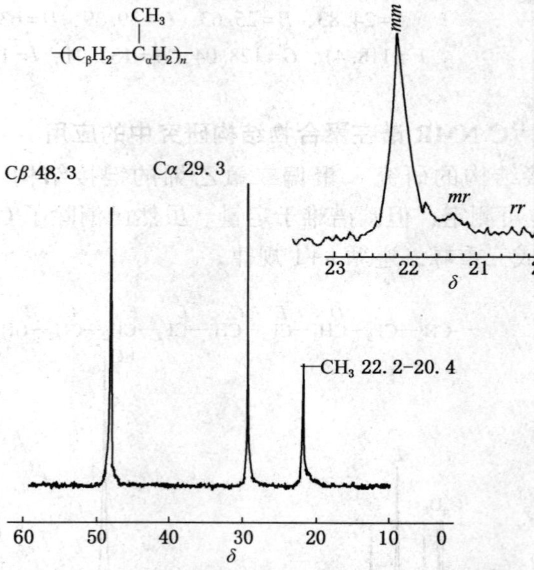

图 2-89 全同聚丙烯的^{13}C NMR 谱图
(20.1MHz，120℃，溶剂：1,2,3-三氯苯
$+C_6D_6$，内标：TMS)

从聚乙烯醇的^{13}C NMR 谱图(图 2-91)的 A 峰可以分辨出四单元组，$A(1)$：mmm，$A(2)$：mmr+rmr，$A(3)$：rrm+mrm，$A(4)$：rrr；从 B 峰可以分辨出三单元组，$B(1)$：rr，$B(2)$：mr，$B(3)$：mm。

从聚丙烯腈的^{13}C NMR 谱图(图 2-92)的 Cα 峰可以分辨出三单元组，(1)$\delta=27.3$：mm，(2)$\delta=27.7$：rm，(3)$\delta=28.2$：rr；从 CN 峰也可以分辨出三单元组，(1)$\delta=119.9$：rr，(2)$\delta=120.2$：mr，(3)$\delta=120.4$：mm。

类似的还有聚氯乙烯的^{13}C NMR 谱图(图 2-93)。

(4)支化结构的研究　在碳谱中支化高分子和线型高分子产生的化学位移不同，因此碳谱可以研究支化结构。例如聚乙烯具有以下支化结构：

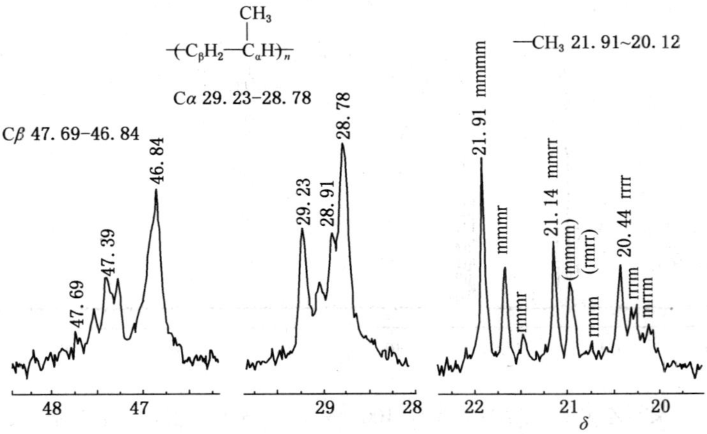

图 2-90 无规聚丙烯的^{13}C NMR 谱图(88MHz，140℃，溶剂：1,2,4-三氯苯，内标：HMDS)

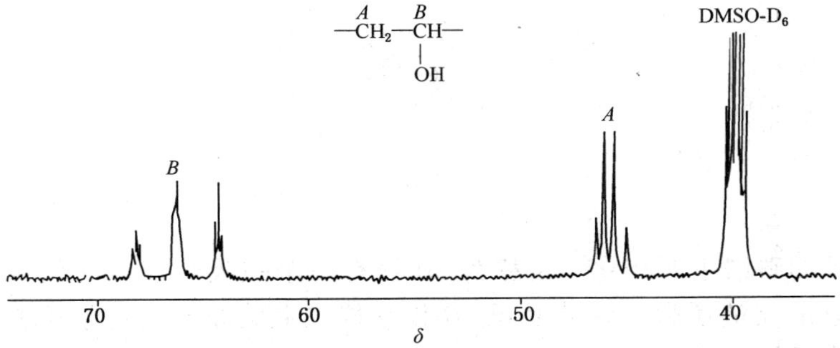

图 2-91 聚乙烯醇的^{13}C NMR 谱图(125.8MHz，25℃，溶剂：DMSO-d_6，内标：TMS，累计采样 1000 次)。$A(1)=45.00$，$A(2)=45.62$，$A(3)=46.07$，$A(4)=46.47$，$B(1)=64.26$，$B(2)=66.25$，$B(3)=66.41$

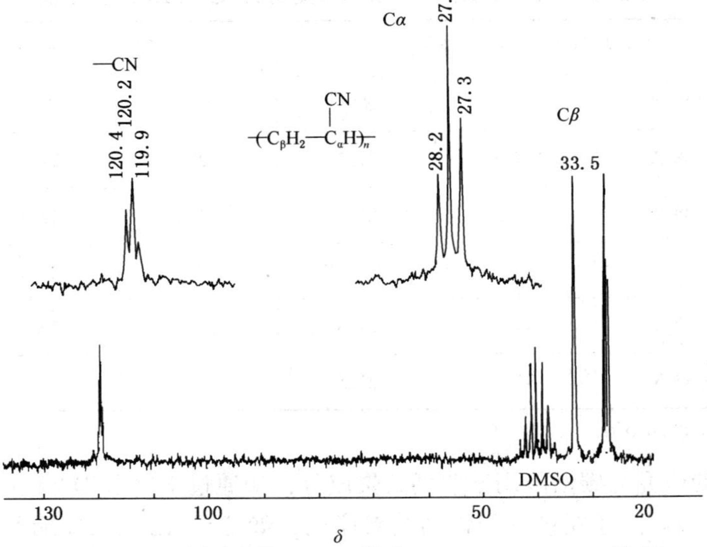

图 2-92 聚丙烯腈的^{13}C NMR 谱图(20.1MHz，110℃，溶剂：DMSO-d_6，内标：HMDS)

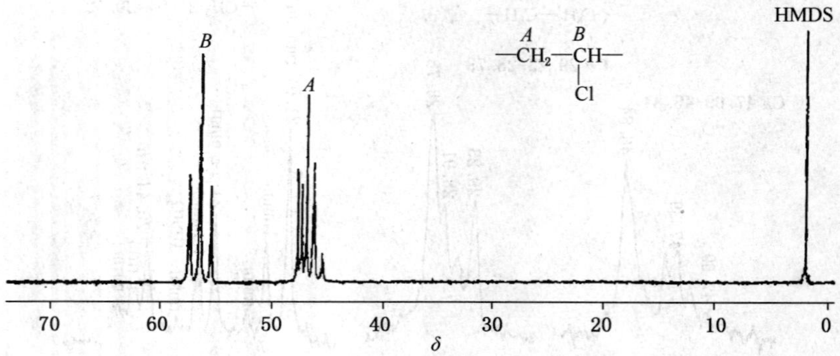

图 2-93　聚氯乙烯的^{13}C NMR 谱图(100.4MHz，100℃，溶剂：邻二氯苯，内标：TMS，累计采样 2500 次)。A(1)= 45.47，A(2)= 46.24，A(3)= 46.88，A(4)= 47.31，A(5)= 47.68，B(1)= 55.38，B(2)= 56.24，B(3)= 57.27

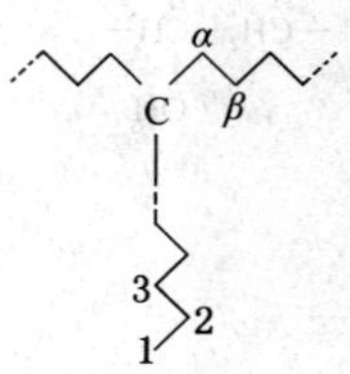

线型聚乙烯的碳谱主要在化学位移为 30 处有一个强吸收峰。支化聚乙烯的碳谱中除有此峰外，它的支链还影响到链上 α、β 和 γ 位置上碳原子的化学位移，且支链的每一个碳原子也有不同吸收，所以会出现一系列复杂的吸收峰(图 2-69)。支链长度不同，每一个碳原子的化学位移也不同(见表 2-18)。端甲基碳由于氢的电子转移到碳上从而受到最大的屏蔽，因而出现在最高场；相反，支化点的碳出现在最低场。

表 2-18　聚乙烯长链支化或短链支化的^{13}C NMR 化学位移

支链长度	C 的位置(在分支点附近)			C 的位置(在分支点末端的附近)		
	分支点	α 位	β 位	3 位	2 位	1 位
正庚基以上	38.2	34.5	27.5	32.2	22.8	14.0
正已基	38.2	34.5	27.5	32.2	22.8	14.0
正丁基	38.2	34.5	27.5	29.5	23.3	14.0
乙基	39.8	34.1	27.4		26.7	11.0
甲基	33.3	37.6	27.5			20.0

① 主链碳的化学位移为 30.0。

(5) 共聚物的研究　碳谱能用于鉴别共聚成分，如通过 F 峰和 D 峰鉴别出苯乙烯/马来酸酐共聚物(图 2-94)。还能进一步识别共聚序列，如乙烯/乙酸乙烯酯共聚物(EVA)和氯乙烯/偏二氯乙烯共聚物的序列(见图 2-95 和图 2-96 上的共聚序列结构)。

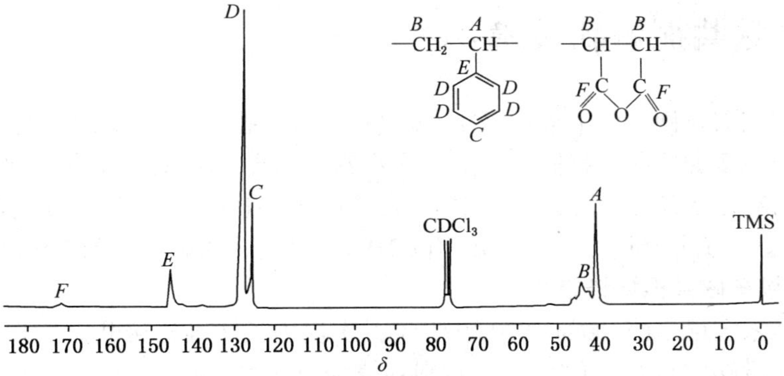

图 2-94 苯乙烯/马来酸酐共聚物的[13]C NMR 谱图(50.1MHz, 50℃, 溶剂：$CDCl_3$，内标：TMS，累计采样 29000 次)。$A=40.62$，$B=44.15$，$C=125.69$，$D=128.05$，$E=145.34$，$F=171.57$

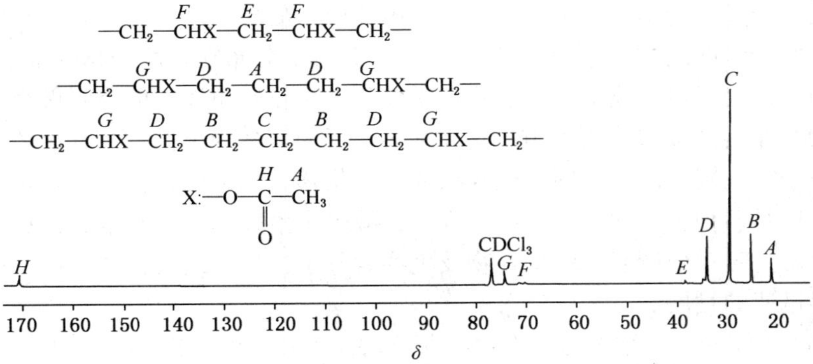

图 2-95 乙烯/乙酸乙烯酯共聚物的[13]C NMR 谱图(125.8MHz, 25℃, 溶剂：$CDCl_3$，内标：TMS，累计采样 1000 次)。$A=21.24$，$B=25.34$，$C=39.71$，$D=34.18$，$E=38.51$，$F(1)=70.33$，$F(2)=71.41$，$G=74.47$，$H=170.83$

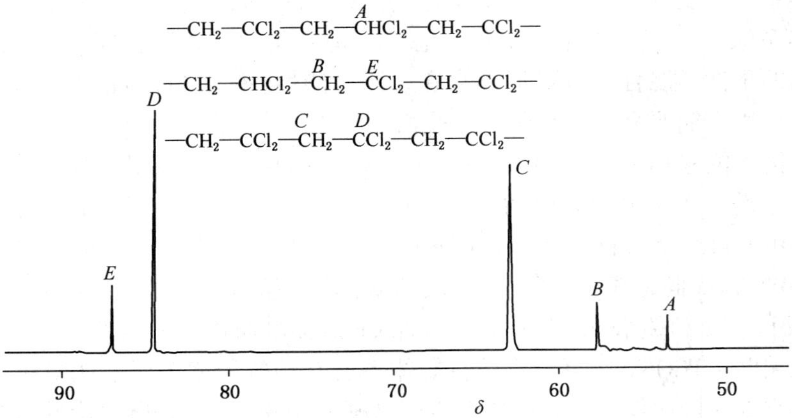

图 2-96 氯乙烯/偏二氯乙烯共聚物的[13]C NMR 谱图(50.1MHz, 130℃, 溶剂：C_6D_6/邻二氯苯(1/3)，内标：TMS，累计采样 20000 次)。$A=53.59$，$B=57.79$，$C=63.09$，$D=84.59$，$E=87.13$

2.4 核磁共振谱新技术

有时，我们仅需要做一两个谱(如^{1}H、^{13}C等)，然后通过对照标准谱图，就能确定一个分子的结构。但更多的情况下我们需要做一系列谱：一维(1D)谱主要有氢谱、碳谱、DEPT等；二维(2D)谱主要有氢-氢化学位移相关谱(^{1}H-^{1}HCOSY)、碳-氢化学位移相关谱(^{13}C-^{1}HCOSY)以及J分辩谱等。以下介绍以2D-NMR为代表的一系列NMR新技术。

2.4.1 二维核磁共振波谱技术

比利时科学家金尼尔(J. Jeener)在1971年首次提出了二维核磁共振(2D NMR)的概念，但当时并未引起足够的重视。1974年，瑞典科学家恩斯特(R. R. Ernst)用分段步进采样，然后进行两次傅立叶交换，得到了第一张2D NMR谱。事实证明，2D NMR技术对生命科学、药物学、高分子材料科学的研究和发展具有深远的意义。

2D NMR可看成1D NMR谱的自然推广，两者的主要区别是前者采用了多脉冲技术。一维谱的信号是一个频率的函数，记为S(W)，共振峰分布在一条频率轴上。而二维谱的信号是两个独立频率变量的函数，记为$S(W_1,W_2)$，共振峰分布在由两个频率轴组成的平面上。在二维谱平面上，处于对角线上的峰表示化学位移，不在对角线上的峰叫做交叉峰，反映核磁矩之间的相互作用。按照性质和用途，二维谱又可分为多种类型。二维谱的一个轴表示化学位移，而另一个轴则可以表示同核或异核的化学位移，也可以是标量偶合常数等。交叉峰所表示的含意也是多种多样的。引入第二维后，减少了谱线的拥挤和重叠，提供了核之间相互关系的新信息，对于分析复杂的聚合物及生物大分子的化学结构特别有用，所以二维谱一经提出就获得迅速的发展。

(1) 2D NMR简介　二维核磁共振谱有两个时间变量，经两次傅立叶变换得到的两个独立的频率变量的谱图。一般用第二个时间变量t_2表示采样时间，第一个时间变量t_1则是与t_2无关的独立变量，是脉冲序列中的某一个变化的时间间隔。

二维核磁共振测定时间轴顺序如下：①预备期(preparation period)：是一个较长的时期，它使实验前体系能回复到平衡状态。②演化期(evolution period，t_1)：在t_1开始时由一个或几个脉冲使体系激发，使之处于非平衡状态。t_1是变化的。③混合期(mixing period，t_m)：建立信号检出的条件。混合期有可能不存在。④检测期(detection period，t_2)：以通常方式检出FID信号。以下简要介绍五种化学位移相关谱。

① 氢-氢化学位移相关谱。相关谱(correlation spectroscopy)简称COSY，是最重要的一类二维核磁共振谱，使用最为频繁的是^{1}H-^{1}HCOSY，当相邻氢有偶合时，在COSY谱上会出现交叉峰，由此确定相邻间隔关系。COSY主要反映相距三根键的氢(邻碳氢)的偶合关系，跨越两根键的氢(同碳氢)或偶合常数较大的长程偶合也可能被反映出来。

② 全相关谱。全相关谱(total correlation spectroscopy)简称TCOSY。前述的COSY是偶合的相邻氢相互关联，TCOSY则可以将一自旋体系所有的氢均相关联，从某一氢核的谱峰出发，能找到与它处在同一偶合体系的所有氢核谱峰的相关峰(尽管所讨论的氢核和若干氢核之间的偶合常数可能为零)。能量传递是通过自旋锁定来进行的。自旋锁定即混合时间的选择与样品的情况有关。一般情况下，混合时间应根据要求传递的数目进行选择：20~40ms可传递3~4个键；50~90ms可传递5~6个键；100~150ms可传递到整个自旋体系。TCOSY把COSY的作用延伸，从任一氢的峰组可以找到与该氢核在同一偶合体系的所有氢核的相关

峰。这对于研究包含几个自旋偶合体系的化合物特别有用，因 TOCSY 可把几个体系相互区别。TOCSY 的外型与 COSY 相似，但交叉峰的数目大大增加。

③ NOESY 谱。NOESY 谱是 nuclear overhauser enhancement spectroscopy 的简称。它是二维谱上观察 NOE 效应的方法。为研究化合物的空间结构，需要了解并不直接键合，但空间位置相近的质子的情况。NOESY 谱通过交叉峰的形式表现空间相近的质子的 NOE。

④ 异核相关谱。异核相关谱(heteronuclear correlation spectroscopy)简称 HETCOR。最常见的是$^{1}H-^{13}C$ 相关谱，其横坐标为^{13}C 的化学位移，纵坐标为^{1}H 的化学位移。与同核相关谱不同的是，该谱图中没有对角峰，仅有交叉峰。

⑤ INADEQUATE 谱($^{13}C-^{13}C$ 相关谱)。INADEQUATE 是 incredible natural abundance double quantum transfer experiment 的缩写，它用于确定碳原子的连接顺序。它测定的是$^{13}C-^{13}C$ 之间的偶合。^{13}C 的同位素丰度是 1.1%，因而两个^{13}C 相连的几率就近似为 1/10000 了，因此这是一个很弱的信号。最先发展起来的是一维的 INADEQUATE，它有若干缺点，后来发展为二维的 INADEQUATE，即 2DINADEQUATE。在这样的二维谱中，横座标刻度(ω_2)为碳谱化学位移，在该谱上方有常规碳谱。纵座标为双量子频率 ω_1，在 2DINADEQUATE 谱中有一条 $\omega_1 = 2\omega_2$ 的准对角线。所有偶合的(相邻的)一对^{13}C 核会在同一水平线上(ω_1 相同)，左右对称地处于准对角线的两侧，且 ω_2 分别等于它们的 δ 值处有相关峰。据此可以找出相邻的两碳原子，进而可以连出整个分子的碳原子骨架。

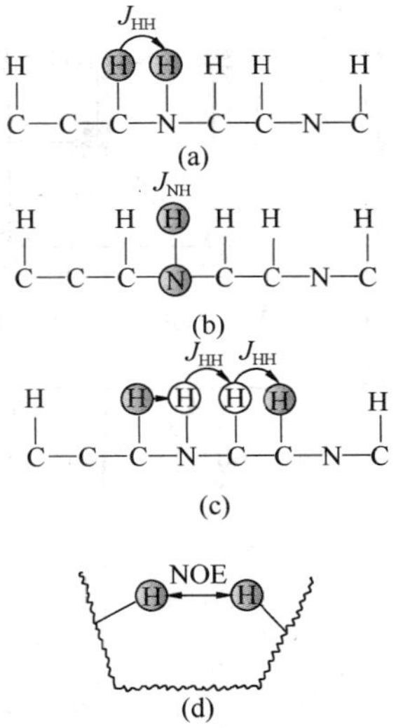

图 2-97 四种相关谱提供的信息示意图

(a)同核相关谱，以$^{1}H-^{1}H$ COSY 为例，作用 2,3 个键；(b)异核相关谱，以$^{1}H-^{15}N$ COSY 为例，作用 1 个键；(c)全相关谱，以$^{1}H-^{1}H$ TCOSY 为例，作用大于 2，3 个键，甚至整个体系；(d) NOESY为例，以$^{1}H-^{1}H$作用距离<0.5nm

此外，还有 J 分辨谱和多量子谱等。J 分辨谱(Jresolved spectroscopy)也叫 J 谱或 δ-J 谱，它把 δ 和偶合作用分辨开来。多量子谱(multiple quantum spectroscopy)用脉冲序列检测出多量子跃迁，得到多量子二维谱。

图 2-97 说明了前四种主要的相关谱提供的信息。

2D NMR 谱图本是一个立体图(图 2-98)，它的相关峰是立体中间的点，用平面切开这个立体所得的平面图就是二维图。为了表示方便，常以二维轮廓图(等高线图)表示而不用三维的方式，就像在平面地图上表示山峰一样。二维谱图可简化图谱，增加分辨率，同时也可得到原子间的相关关系。图 2-99、图2-100和图 2-101 分别是$^{1}H-^{1}H$ COSY、$^{1}H-^{13}C$ COSY 和$^{1}H-^{1}H$ TCOSY 的示意图。

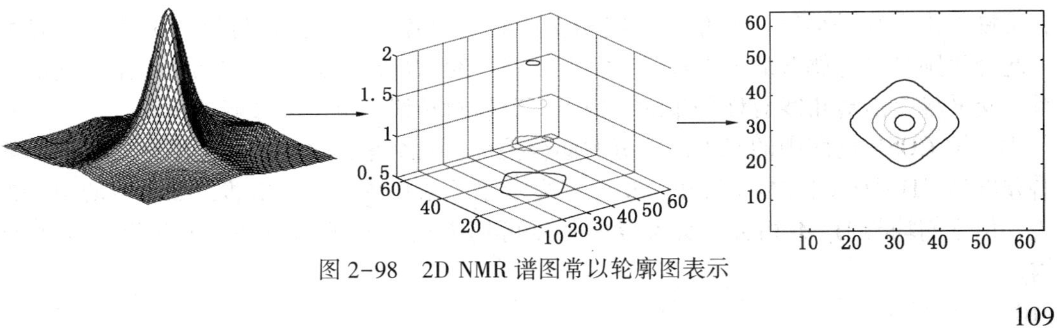
图 2-98 2D NMR 谱图常以轮廓图表示

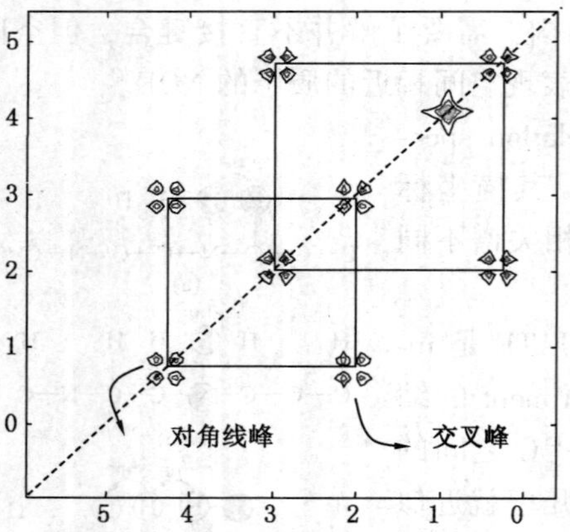

图 2-99 $^1H-^1H$ COSY 的示意图

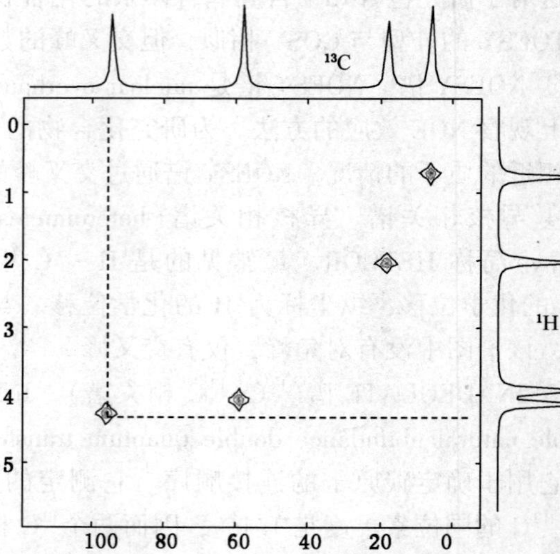

图 2-100 $^1H-^{13}C$ COSY 的示意图

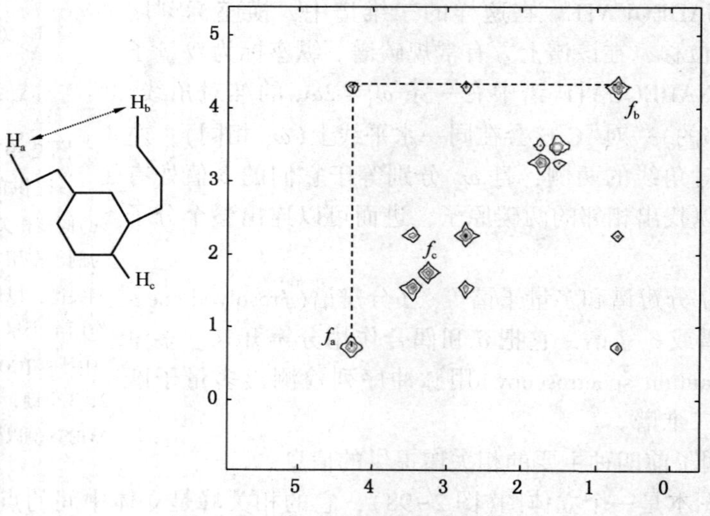

图 2-101 $^1H-^1H$ TCOSY 的示意图

$^1H-^1H$ COSY 谱图中有一条对角线，常见的为左低右高。对角线上有若干峰组，它们和氢谱的峰组一一对应。这些峰称为对角线峰或自动相关峰，它们不提供偶合信息。对角线外的峰组称为交叉峰或相关峰，它反映两峰组之间的偶合关系。通过任一交叉峰组作垂线，会与(一对角线峰组)及上方氢谱中的一个峰组相交，此峰组是参与偶合的一个峰组。仍通过该交叉峰作水平线，会与一对角线峰组相交，通过后者作垂线，会与氢谱中的另一峰组相交，此峰组则是参与偶合的另一峰组。因此从任一交叉峰即可确定相应的两峰组之间的偶合关系。交叉峰是沿对角线对称分布的，因而只分析对角线一侧的交叉峰即可。

$^1H-^{13}C$ COSY 谱图中的峰给出碳氢的偶合关系，两个坐标轴上的投影图分别给出一般的氢谱和碳谱。$^1H-^1H$ TCOSY 谱图中，交叉峰表示原子相互在空间上相邻，如图中的 H_a 和 H_b 相关，但它们均与 H_c 不相关。交叉峰的强度可用来估算原子间距并以此推断分子的空间结构。

(2) 2D NMR 在高分子研究中的应用　二维谱的应用实例很多。在高分子链的构型序列分布研究中，可通过^{1}H和^{13}C异核相关谱对其复杂的共振峰进行绝对归属。在高分子共混体系相容性的研究中，分子链间有较强相互作用的两种聚合物混容时，在二维谱上会出现新的交叉峰，因此通过对共混体系的2D NMR谱中交叉峰数目的比较，可判断二者是否相容。各类2D NMR谱在高分子研究中能给出的信息如表2-19所示。

表2-19　各类2D NMR谱在高分子研究中能给出的信息

实验名称	频率轴		信息内容
	T_1	T_2	
COSY	δ_H	δ_H	标量偶合相关性
HETCOR	δ_H	δ_C	δ_H 和 δ_C 的相关性
NOESY	δ_H，J_{HH}	δ_H，J_{HH}	关联交叉驰豫的核
同核 J 分辨谱	J_{HH}	δ_H	同核 J 与 δ
异核 J 分辨谱	J_{CH}	δ_C	异核偶合常数
INADEQUATE	$\delta_A+\delta_X$	δ_X	碳原子连接顺序

① PVC的异构序列分析。先以PVC的异构序列分析为例说明二维核磁技术的应用。其基础在于已经建立了一维核磁共振的碳谱和氢谱(图2-102)，并且对谱峰有了一定的结构归属。但在PVC的一维氢谱中，不能很好地分辨不同空间序列结构中的亚甲基质子，—CH_2与—CH间的偶合形式很复杂。而二维相关谱可以进一步提高碳谱和氢谱的分辨率，完整地给出PVC的空间序列结构。$^{1}H-^{13}C$ COSY(图2-103)显示亚甲基每一个^{1}H都与^{13}C的化学位移相关，而^{13}C所对应的序列结构又比较清楚，所以各个^{1}H化学位移对应的序列结构也可以一一加以分辨。然后再根据$^{1}H-^{1}H$ COSY(图2-104)，将亚甲基的^{1}H与甲基的^{1}H相对应，甲基的序列结构也可以一一加以分辨。

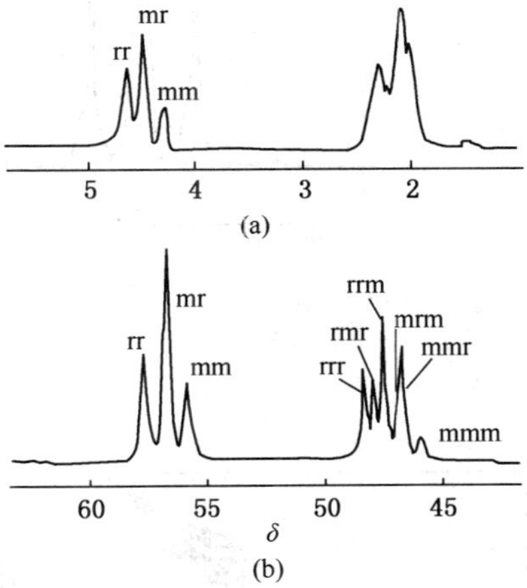

图2-102　500MHz核磁谱仪上采集的PVC的^{1}H NMR谱(a)和^{13}C NMR谱(b)

② 无规聚丙烯的异构序列分析。无规聚丙烯2D NMR的亚甲基峰很复杂(图2-105)，但仍然可以辨别出五单元组的序列分布(表2-20)。

表2-20　无规聚丙烯2D NMR的亚甲基峰的归属

五单元组	$^{13}C\delta$	$^{1}H\delta$	五单元组	$^{13}C\delta$	$^{1}H\delta$
mmmm	21.8	0.871	rmrr	20.8	0.852
mmmr	21.6	0.867	mrmr	20.6	0.846
rmmr	21.4	0.859	rrrr	20.3	0.845
mmrr	21.0	0.856	rrrm	20.2	0.837
mrmm	20.8	0.852	mrrm	19.9	0.837

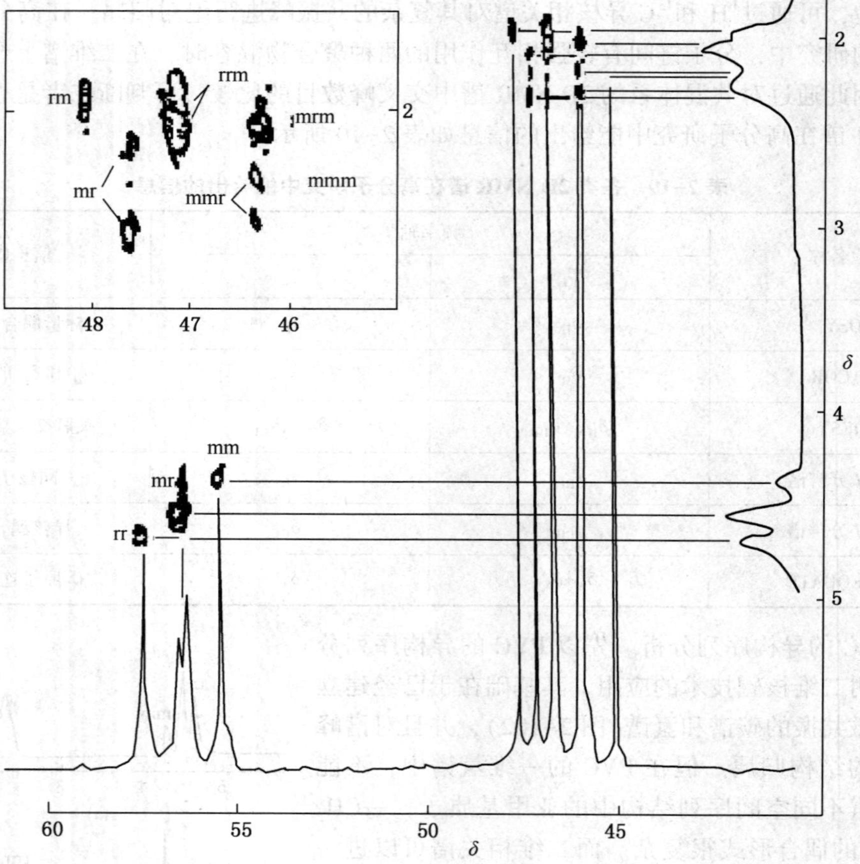

图 2-103 PVC 的$^{1}H-^{13}C$ COSY 谱

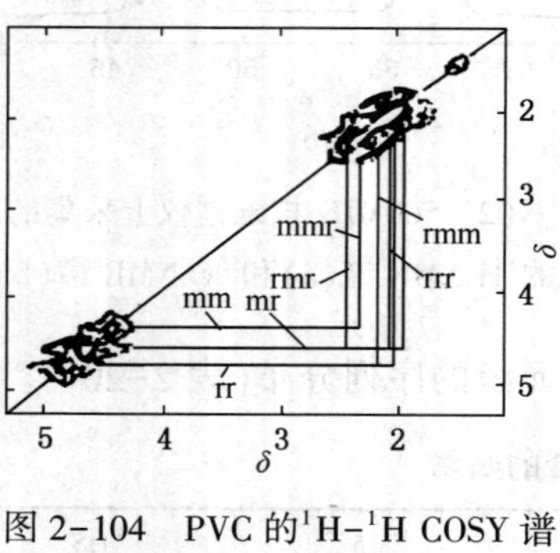

图 2-104 PVC 的$^{1}H-^{1}H$ COSY 谱

③ 用同核 *J* 分辨谱研究聚氧化丙烯。图 2-106 是聚氧化丙烯 $\left(CH_2-\underset{CH_3}{\underset{|}{CH}}-O\right)_n$ 的同核 *J* 分辨谱，横坐标是^{1}H 化学位移，纵坐标是峰的裂分情况（*J*/Hz）。偶合常数值和峰组的峰数（几重峰）一目了然。甲基的二重峰一共出现了 5 组，化学位移各不相同，它们分别对应于不同的空间序列结构。但这 5 组二重峰的 *J* 值都是 6.5Hz。

④ 三元共聚酯的研究。一种三元共聚酯（羟基苯甲酸-对苯二甲酸-双酚 A）试样被溶于 $CF_3COOD/CDCl_3$ 混合溶剂中。对其氢谱（图 2-107a），由低场到高场，化学位移 δ=8.6~6.6 之内各谱峰属于对苯二甲酸（TPA），对羟基苯甲酸（PHBA）和 4，4-二羟基苯基丙烷（BPA）残基的芳氢质子，高场 δ=1.74 的谱峰属于 BPA 中丙烷的甲基质子，δ=0.89 的谱峰则为乙酰基中甲基质子所有，其他质子峰尚不能确定。对其碳谱（图 2-107b），低场部分依次是羧基峰区 δ>162，芳族季碳峰区（δ=162~133.4）和芳族叔碳峰区（δ=133.4~

114)，高场部分主要是 BPA 单元中的脂肪季碳峰（δ=～42）和酯甲基峰（伯碳，δ=30.92），此外在高场方向上还有两个小峰，其中 δ=21.15 的小峰被认为属于乙酰基中甲基所有。

但是^{1}H NMR 谱中芳氢峰彼此重叠，^{13}C NMR 谱中低场峰较多，各个峰的归属不很明确。为了得到准确的归属，测定了^{1}H－^{1}H COSY 谱（图 2－108）和^{1}H－^{13}C COSY谱（图 2－109）。从图 2－108 看到，对角峰与图 2－107a 的芳氢部分一致，交叉峰则表示了邻位芳氢之间的偶合作用，从而帮助确定各个芳氢。图 2－109 中各峰表示了碳氢原子之间的直接键合关系，从而利用已知的芳氢归属，帮助确定碳谱中峰的归属。

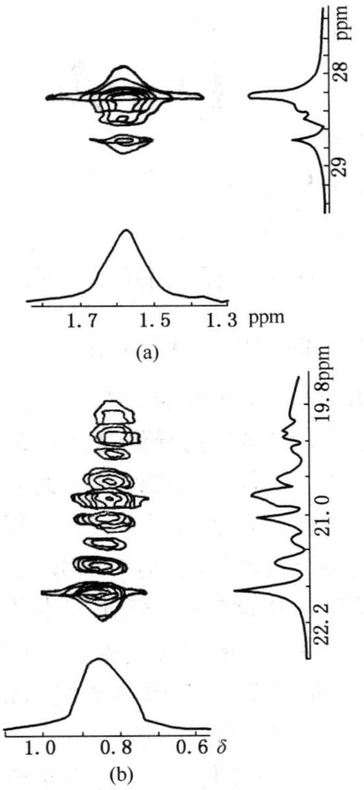

图 2－105　无规聚丙烯的 2D NMR 谱

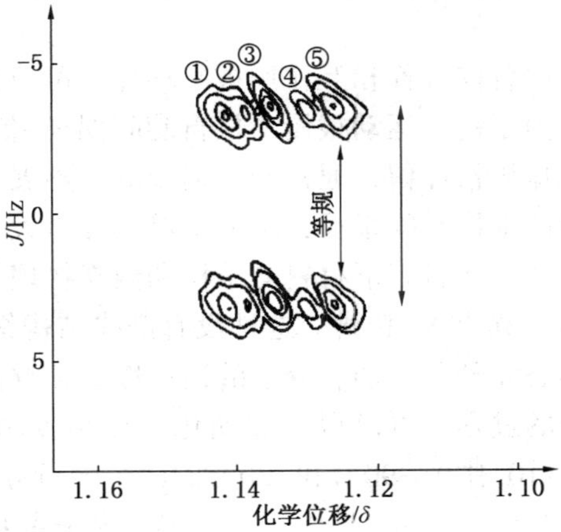

图 2－106　无规聚氧化丙烯中甲基的 2DJ 分辨谱（500MHz）图中数字对应于 5 个主要的二重峰

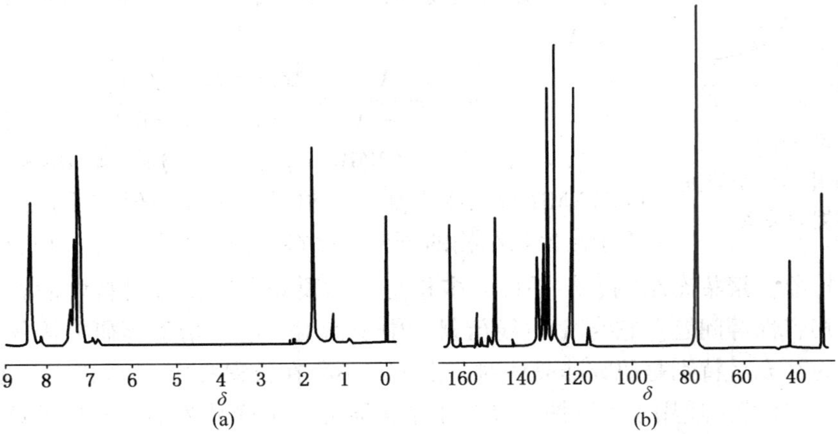

图 2－107　500MHz 核磁谱仪上采集的三元共聚酯的^{1}H NMR 和^{13}C NMR 谱图

2.4.2　固体高分辨 NMR 谱

在高分子溶液、熔体及液态橡胶中高聚物链段运动在 NMR 时间尺度内通常接近各向同

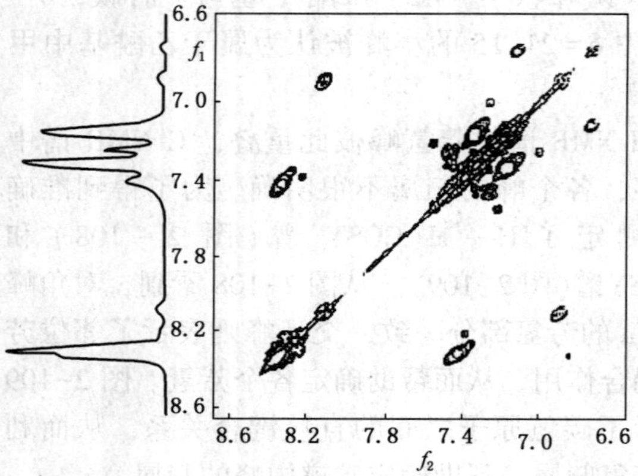

图 2-108　$^1H-^1H$ COSY 谱图

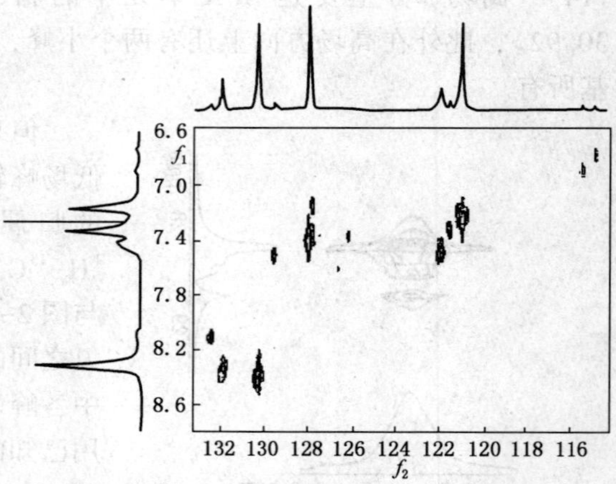

图 2-109　$^1H-^{13}C$ COSY 谱图

性，各种各向异性相互作用被平均掉，可获得高分辨的 NMR 谱。而在玻璃态及可结晶高聚物中，由于链段运动很慢，核自旋间偶极-偶极相互作用及化学位移各向异性这两种最主要的相互作用被保留，通常导致谱线的剧烈展宽而无法分辨出谱线的任何精细结构。此外，固体中核的弛豫时间很长，影响了灵敏度。大多数高分子材料的使用状态是固体状态，很有必要了解在固体状态下材料的结构和微观物理化学过程，因此必须发展新的固体 NMR 技术。

（1）宽线 NMR 谱　这种没有谱线结构细节的所谓“宽线 NMR 谱”可用于研究本体高分子的形态和分子运动。分子的运动性会影响谱带宽度，因而测量 NMR 谱线宽度随温度增加而减少的过程，可以得到玻璃化转变温度和次级松弛温度。例如聚异丁烯的宽线 NMR 谱（图 2-110）中，-90℃和-30℃的两个转折分别对应于甲基的转动和链段运动。

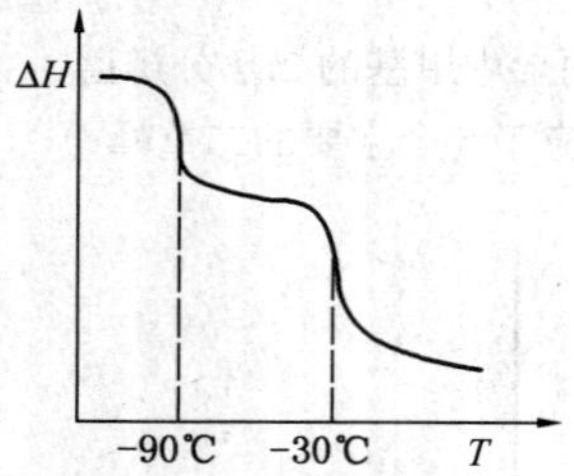

图 2-110　固态聚异丁烯的 ^1H NMR 谱中谱线半峰宽与温度的关系

晶区和非晶区在 NMR 中化学位移不同，可以很容易地加以区别。非晶区的谱线较窄，而晶区的谱线较宽。这是由于非晶区中链段的运动性，两个核处于一定时间的相对取向的平均时间减少了，所以谱线变窄，相反结晶的谱线较宽。因而可用以计算结晶度 X_c：

$$\frac{X_c}{1-X_c}=\frac{\text{宽谱线组分的面积}}{\text{窄谱线组分的面积}} \tag{2-16}$$

（2）固体高分辨 NMR 谱。固体高分辨（solid-state high resolution）NMR 现已成为高分子材料最重要的研究手段之一，广泛地用于高聚物结构的研究和材料性能的评价，比如研究固态高聚物链结构、链构象、聚集态结构、结晶性、多相高聚物及聚合物复合材料中的相区结构和形态、界面及相容性等问题。它与 X 射线衍射、中子衍射、电子衍射等研究固体长程整体结构的方法互为补充。特别是研究非晶体时，由于其不存在长程有序，NMR 方法就更为重要。固体高分辨 NMR 特别适用于下列两种高分子结构研究：①样品为不溶不熔的高分子，例如交联体系；②需要了解样品在固体状态下的结构信息，如高分子链构象、晶体形状、形态特征等。

要使固体 NMR 实现像液体 NMR 那样的高分辨，必须采取特殊而有效的实验技术。这些技术包括：

① 魔角旋转(magic angle spinning，MAS)技术。该技术由 Andrew 和 Lowe 等人最早提出，其基本思想是将样品绕着与静磁场成 54.74°角的方向高速地旋转时，固体中化学位移和的偶极相互作用的各向异性被平均化而魔术般地消失了。

② 交叉极化(cross polorization，CP)技术。固体条件下，天然丰度低且磁旋比较小的核，如^{13}C、^{29}Si、^{15}N 等具有灵敏度低、自旋-晶格弛豫时间长等特点，较难得到比较理想的信噪比。对于大部分高分子体系，采用交叉极化技术，把^{1}H 较大的自旋状态的极化转移给较弱的^{13}C，可使^{13}C 的信号最大增强到 4 倍。另一方面，固体中核的自旋晶格弛豫时间很长，一次采样过后磁化矢量要恢复到热平衡状态所需时间很长，有时达数小时乃至数天。交叉极化方法可以使恢复到热平衡所需的时间减小到数秒，因而使实验得以顺利进行。

③ 高功率偶极去偶(dipole decoupling，DD)技术。高功率的质子偶极去偶用来消除 ^{1}H-X(X=^{13}C、^{19}F、^{29}Si)的偶极作用。对于存在强异核偶极相互作用的体系，采用高能的、频带范围达 40~50kHz 的辐射，以激发所有质子，使自旋速率大于^{1}H-^{13}C 异核偶极-偶极相互作用的速度，从而消除其作用，大大窄化谱线。

上述技术很少单独使用，一般是 MAS、CP 和 DD 三项技术中两种或两种以上结合在一起使用，从而得到良好的测试效果。常采用的是交叉极化魔角旋转(CP/MAS)^{13}C NMR 技术。

以下举一些实例说明这几种技术的结合在测定高聚物微观结构中的应用。

① 全同聚丙烯和间同聚丙烯的鉴别。全同聚丙烯的结晶分 α 型和 β 型，分子链都是 3_1 螺旋构象。在 α 型结晶的 CP/MAS^{13}C NMR 谱图中—CH_3(或—CH_2)碳的吸收均分裂成面积为 2∶1 的双峰。然而在 β 型的谱图中均只观察到单峰。这是由于在 α 型结晶的晶格内分子链存在两类不同的—CH_3(或—CH_2)的排列方式(见图 2-111 中的 A 和 B)。而在 β 型结晶中不存在不同的环境。

在间同聚丙烯结晶中—CH_2 碳的吸收在 8.7 处分裂成等强度的双峰。这是由于其螺旋链构象是 4_1 螺旋(图 2-112)，—CH_2 碳有两种不同的环境，即 2(或 6)和 4(或 8)，前者出现在低场，后者在高场。

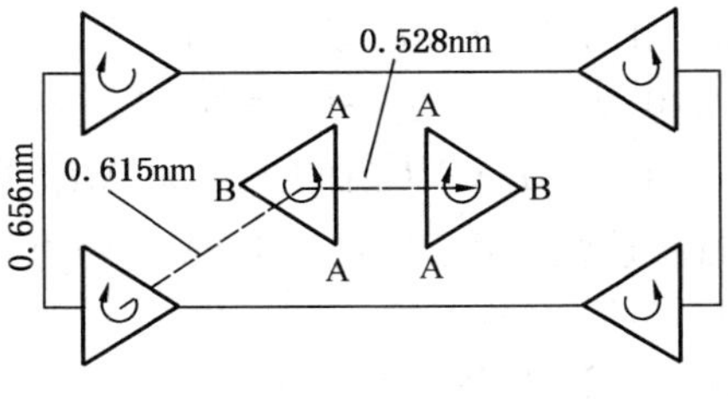

图 2-111　全同聚丙烯的 α 型结晶的晶胞结构(A 和 B 为甲基的位置)

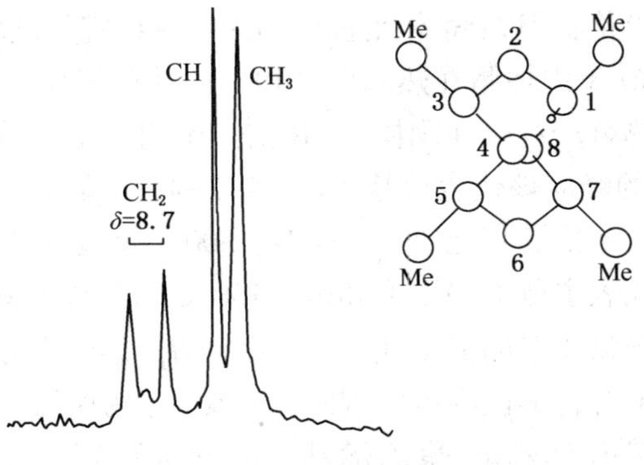

图 2-112　间同聚丙烯的 CP/MAS^{13}C NMR 谱图及其结晶中的分子结构

② 乙烯-丙烯酸共聚物非晶区的研究。结晶高聚物的^{13}C NMR 谱中一般包含有结晶和非晶区的信号，但由于谱峰的重叠而无法获得进一步的结构信息，采用 CP/MAS^{13}C NMR 可以较好的区分。图 2-113 是等温结晶处理的 3 个乙烯-丙烯酸共聚物(EAA)样品的 CP/

MAS^{13}C NMR 谱，从图中可以观察到乙烯链部分的结晶峰($\delta=32.165$)、非晶峰($\delta=30.133$)以及 AA 部分的甲基、亚甲基及羧基的峰。由图可见，随着共聚物中 AA 含量的增加，乙烯链部分非晶峰强度明显提高，表明非晶区含量逐渐增加，熔融淬火的样品也有相同的变化趋势。

③ 聚乙烯结晶相和非晶相的研究。聚乙烯的固体^{13}C NMR 谱(图 2-114)中结晶相(Ⅰ区)和非晶相(Ⅱ区)的化学位移明显不同。对于非晶相，还进一步观察到两种成分，化学位移分别为 31.0 和 31.3。这是由于存在活动性不同的两种成分，即橡胶状成分和中间相成分(又称界面相)。由于各成分的 CP 效率不同，定量有困难，所以改用 DD/MAS 13C NMR。

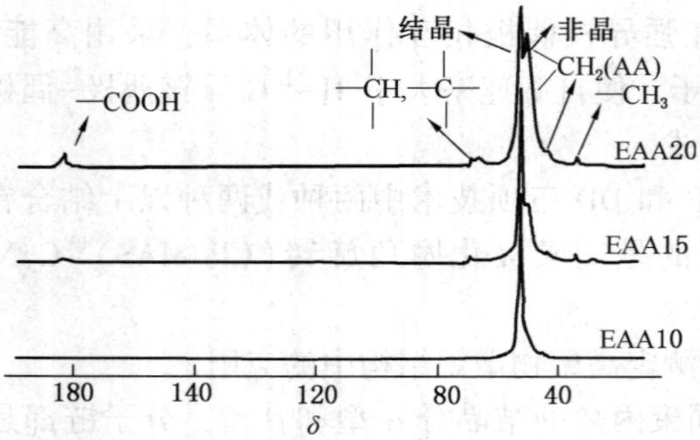

图 2-113　不同 AA 含量的 EAA 的晶区和非晶区的 CP/MAS^{13}C NMR 谱

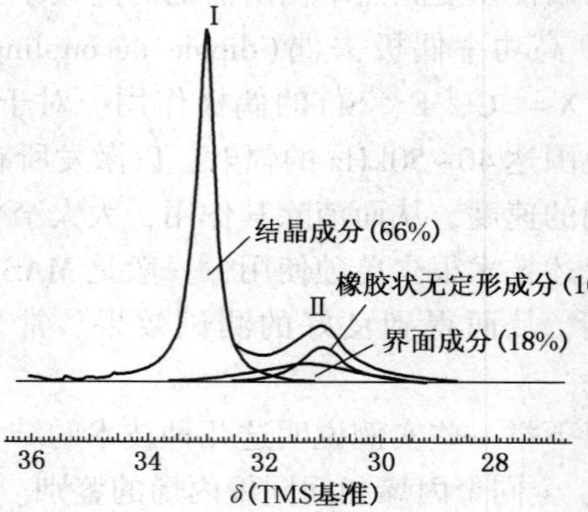

图 2-114　本体等温结晶化聚乙烯的 DD/MAS^{13}C NMR 谱图

④ 聚甲基丙烯酸甲酯的测定。聚甲基丙烯酸甲酯固体的测定典型地说明了 MAS、CP 和 DD 三项技术结合在一起使用的效果。比较图 2-115 的各曲线，只有三种技术都采用的谱图(d)质量才最好。

⑤ 聚苯醚的固体 NMR 谱。聚苯醚的溶液 NMR 谱中 3 位碳和 5 位碳只出一个峰，而在固体 NMR 谱(图 2-116)中分裂成两个峰。这是由于在溶液中高分子能运动，3 位碳和 5 位碳就等价；但在固体状态下，C—O—C 键的旋转受束缚，3 位碳和 5 位碳变成不等价。

⑥ 聚丙烯腈在热降解过程中的结构变化。未处理的聚丙烯腈(PAN)样品及其不同条件下的热解产物会在固体 NMR 谱产生明显不同的共振信号。对于原始 PAN 样品，共振中心在 35 处的峰应该代表烷基碳(见图 2-117)即聚合物链上的亚甲基和甲基，共振中心在 125 的峰代表不饱和官能团—C ≡ N。300℃处理的样品，110 处的峰代表—C ≡ N，115 和 135 处的峰代表主链上的不饱和碳，150 处的峰代表共轭—C = N。^{1}H NMR 谱的半高宽 $\Delta H_{1/2}$ 可以代表聚合物体系的流动性，较小的 $\Delta H_{1/2}$ 意味着较高的流动性。由此结合^{1}H NMR 谱可以用于研究聚合物链段降解时因断链与交联而引起的活动性的变化。

⑦ 聚苯乙烯/聚乙烯基甲醚共混物相容性的研究。将聚苯乙烯(PS)与聚乙烯基甲醚(PVME)的共混物(摩尔比 0.61)分别制成甲苯和氯仿溶液，然后在-60℃的石油醚中共沉淀，沉淀过滤后干燥 48h 得样品。测得的^{1}H NMR 谱(图 2-115 上方)有三个峰，分别是：a. PS 的芳香质子的吸收($\delta=6.9$)；b. PVME 的-OCH_3 或-OCH 的质子的吸收($\delta=3.5$)和 c. PS 和 PVME 的脂肪族质子的吸收($\delta=1.9$)。从氯仿溶液浇注样品的固体 2D 质子自旋扩散谱(图 2-118a)，除了对角线峰外，观察到 a～c 间和 b～c 间的交叉峰，但它们分别是 PS

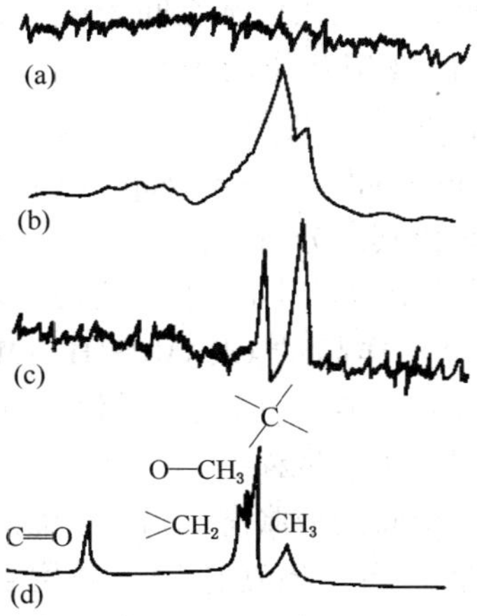

图 2-115 聚甲基丙烯酸甲酯固体的^{13}C NMR 谱
(a)采用质子噪声去偶；(b)采用 DD/CP 技术；
(c)采用 MAS/DD 技术；(d)采用 MAS/DD/CP 技术

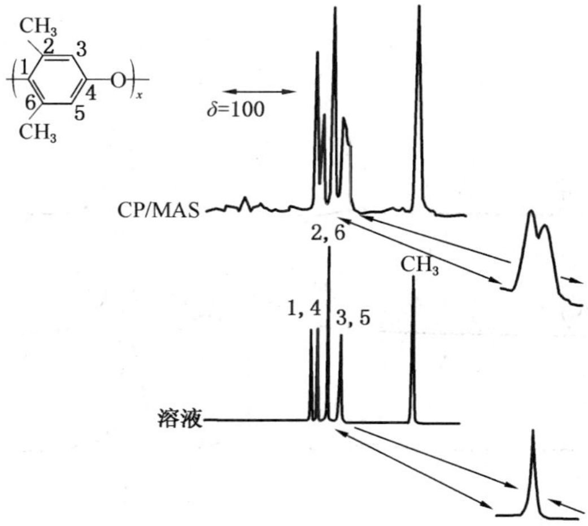

图 2-116 聚苯醚的^{13}C-CP/MASNMR 谱(22.6MHz)

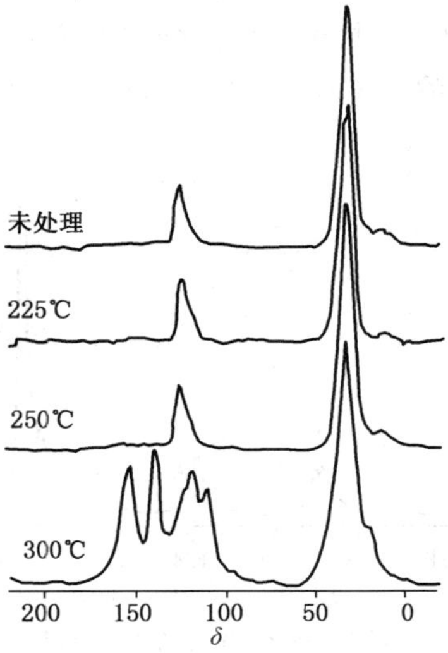

图 2-117 氮气保护下不同温度处理 10min 的 PAN 的固体^{13}C NMR 谱及未处理的 PAN 原谱

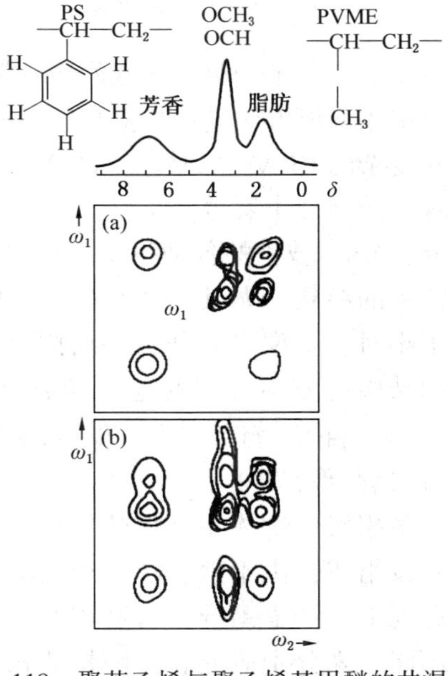

图 2-118 聚苯乙烯与聚乙烯基甲醚的共混物的固体 2D 质子自旋扩散谱(300MHz，328K)
(a)从氯仿溶液浇注的样品；(b)从甲苯溶液浇注的样品

内和 PVME 内的自旋扩散。而从甲苯溶液浇注样品的固体 2D 质子自旋扩散谱(图 2-118b)，多出 a~b 间的交叉峰，可见 PS 与 PVME 间有自旋扩散，相容性较好。上述实验表明了共混工艺的重要性。

⑧ 固体高分辨氢谱的应用实例。与广泛使用的 CP/MAS^{13}C NMR 技术相比，固体高聚物的^{1}H 谱使用较少。对于^{1}H 和^{19}F 等富核体系，同核偶极相互作用是谱线增宽的主要因素。要实现这些体系的固体高分辨，往往需要通过多脉冲等技术来消除这些同核间的偶极-偶极

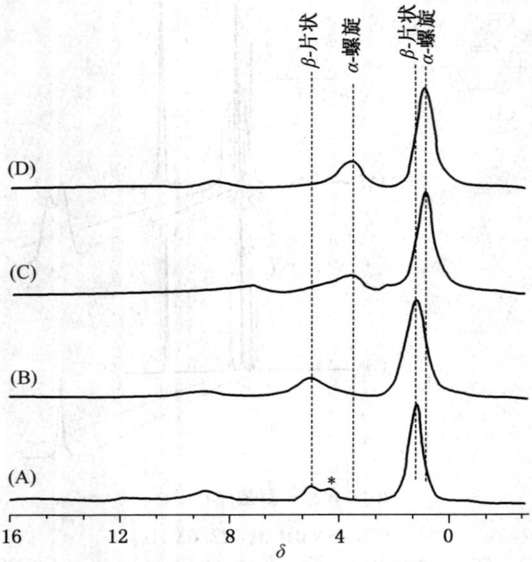

图 2-119　不同分子量和处理条件下聚丙氨酸的 CRAMPS 谱

相互作用。多脉冲技术的实质是通过系列的脉冲使得核自旋在自旋空间中旋转，从而使得偶极-偶极相互作用得到平均。通常必须采用多脉冲结合魔角旋转（combined rotation and multiple-pulse spectroscopy，CRAMPS）的方法来获得其高分辨氢谱。

图 2-119 是不同分子量及处理条件的聚丙氨酸粉末样品的 CRAMPS^{1}H NMR 谱图，聚丙氨酸 α 螺旋与 β 折叠二级结构的信息出现在不同的化学位移处。

对低交联的溶胀态高分子凝胶，由于只具有残余的偶极相互作用，采用普通 MAS 技术（约 4kHz 左右转速）就可以得到较高分辨的氢谱，此外结合 MAS 的微量探头技术在组合化学中也成为一种重要的实验手段。由于近年来谱仪高速 MAS（35kHz）技术的发展，许多具有弱偶极相互作用的高聚物材料，如溶胀态高分子凝胶，交联的橡胶等均可以直接采用高速 MAS 技术获得高分辨的氢谱，如果同时采用高温方法进一步提高链段的运动性，可以获得接近液体高分辨的氢谱，而不必采用相对复杂的 CRAMPS 技术。图 2-120 显示了聚丙烯在 120℃ 下采用 25kHz 的高速 MAS 技术而获得的高分辨氢谱。

此外，NMR 技术的各种弛豫参数也可用来鉴别多相体系的结构。尤其当各相的共振峰化学位移差别很小时，弛豫参数分析相结构就显得格外重要。相结构研究中常用的弛豫参数有自旋-晶格弛豫（T_1），自旋-自旋弛豫（T_2）及旋转坐标中的自旋-晶格弛豫（$T_{1\rho}$）等。

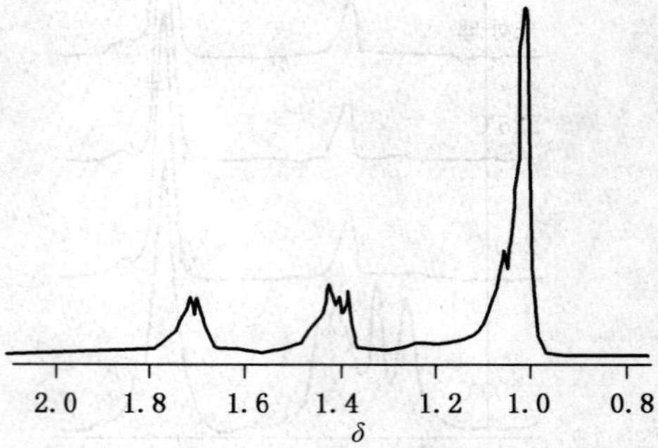

图 2-120　在 120℃ 下全同立构聚丙烯的 25kHzMAS^{1}H NMR 谱

对于多相聚合物体系，如热塑性弹性体，由硬段和软段组成，由于软、硬段相聚集态结构在玻璃化温度上的明显差异，可利用软、硬段弛豫时间的不同，来分别研究软、硬相的相互作用及互溶性。弹性体材料有重要的工业应用价值，因为弹性体在玻璃化转变温度之上可以进行取向运动，而在高弹态时偶极偶合作用比玻璃态时小，特别适用于固体 NMR 来进行结构分析。只要采用较低的 MAS 转速及较低的偶极去偶功率，就可以得到高分辨的固体 NMR 谱从而分析其网络结构。

在上述这些固体高分辨核磁共振的常用技术的基础上又演化了许多新的技术，如动态核极化（DNP）技术、自旋稀释、自旋富集、边带抑制、变温和固体二维和多维技术等，使得固体高分辨核磁共振的灵敏度、分辨率、选择性等方面获得了进一步的提高。有理由相信，固体核磁共振尤其是高分辨固体核磁共振将在高分子的研究中起着越来越重要的作用。

2.4.3 变温核磁共振谱

变温高分辨核磁共振氢谱是研究溶液中基团间氢键相互作用的有力手段。这是因为，氢键的形成导致参予氢键的基团的信号向低场位移，位移的大小与氢键相互作用的强弱及氢键键长有直接的关系，通过比较不同基团化学位移随温度升高而变化的速率，可获得这些基团所形成的氢键相对强弱的信息。

乙烯-乙烯醇共聚物(EVOH)是一种用途广泛的高分子材料，由憎水的乙烯单元和亲水的乙烯醇单元以无规分布的方式组合，其性能随两种单元相对含量的变化发生明显的变化。研究 EVOH 的相结构及分子运动与链结构关系时发现，羟基所形成的分子内和分子间氢键对相结构以及非晶区的分子运动有直接的影响，而氢键相互作用又与链结构，特别是与立构序列有一定的关联。可以采用变温高分辨氢谱来研究这种关系。

图 2-121 为 EVOH 的室温溶液的氢谱，可对谱图作出如下归属：0.83 处为端甲基峰，1.0~1.5 对应于乙烯单元以及乙烯醇单元中的亚甲基峰，2.5 为溶剂 DMSO 中残余的质子信号，在 3~4 之间，除 3.4 的强峰对应于溶剂中残余的水之外，其他峰都对应于乙烯醇单元中的次甲基峰，4.0~5.0 之间的 3 个峰则对应于乙烯醇单元中的羟基。

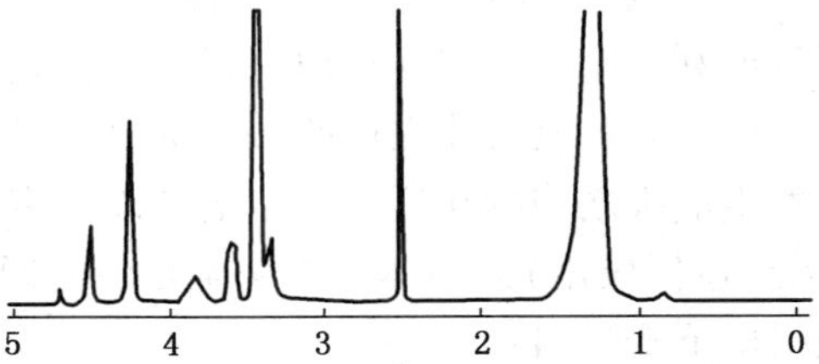

图 2-121　EVOH 的¹H NMR 谱(300K，DMSO)

图 2-121 中羟基和次甲基信号都与多个峰相对应的原因是共聚序列和立体构型序列共存，即：①存在不同的共聚序列结构；②即使在相同的三单元组序列中，如果存在 2 个或 3 个乙烯醇单元，则不同立体构型还会导致谱线的进一步裂分。

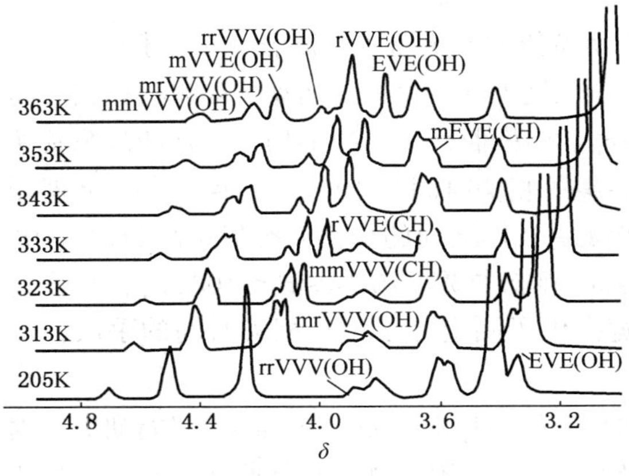

图 2-122　EVOH 的变温¹H NMR 谱
(295~363K，溶剂：DMSO)

从 295 ~ 363K 的一系列变温氢谱(图 2-122)可见，随着温度的升高，羟基质子和水信号逐渐向高场方向位移，表明羟基质子和水分子中的质子或与其他基团形成了氢键，或处于结合与解离的化学交换平衡之中。因为随着温度的升高，氢键变弱或者化学平衡向解离方向偏移都将导致化学位移向高场位移。

另外，进一步分析核磁谱图，可以排除化学交换导致位移的可能。首先，在谱图中未观察到羟基峰和水峰随着温度升高逐渐增宽并且相互靠近的现象，如果化学交换是导致化学位移随温度变化的主要原因，则必然出现这一现象。其次，甚至 363K 的氢谱中，仍然可以从 EVE 三单元组的羟基峰上观察到由于羟基质子与相邻次甲基质子的偶合相互作用所导致的裂分，表明羟基质子处于结合状态。所以可以得出结论，羟基和样品中残余的水分子通过较强的氢键相互作用与其他基团结合在一起。

2.4.4 ^{2}H NMR 在研究聚合物分子运动中的应用

虽然人们已应用力学、热学和介电方法等对聚合物的松弛与转变进行了大量的研究，但只是宏观、间接地研究聚合物的分子运动和运动机理，并没有在分子水平上进行研究。前述质子宽线 NMR 虽在一定程度上可用于研究聚合物的分子运动，但要定量研究是很难的。

自旋量子数 $I=1/2$ 的氢核的核磁共振谱（^{1}H NMR）不能用于研究分子转子的运动，但自旋量子数 $I=1$ 的氘核的核磁共振谱（^{2}H NMR，又称氘谱，也分一维和二维谱）则能给出旋转运动的详细信息，是研究运动类型、运动速率、取向和有序环境动力学的非常有价值的工具。

^{2}H NMR 用于研究分子运动的主要特点是：

① 由于^{2}H 的丰度低，^{2}H 之间是隔开的，因而氘谱反映了分子间的^{2}H 相互作用，也就是说氘谱对于局部取向和各向异性敏感。

② 大多数研究分子运动的技术（如介电松弛等）不能清楚地区分分子链运动的不同机理，而氘谱利用频率依赖性可以分辨运动模式，在这方面具有明显的优点。

$I=1$ 的氘核与外磁场的 Zeeman 作用导致能级一分为三：+1，0 和−1。在射频场的作用下发生能级之间的跃迁，使氘谱得以测定。由于氘的核电荷非球形分布，有很大的电四极矩（远超过偶极矩），固体氘谱完全是由电四极矩决定的。简单地说，能级之间的跃迁的 NMR 频率由下式给出：

$$\omega = \omega_0 \pm \delta(3cos^2\theta - 1) \qquad (2-17)$$

式中，ω_0 为 Zeema 频率；δ 为四极偶合常数；θ 为极角。可见氘谱的谱线频率完全由 θ 决定。

为了理解氘谱与分子运动的关系，首先考虑一个静止的或不受分子运动干扰的体系，如僵硬的固体或各向同性粉末（如果是单晶或取向样品则需要绕磁场旋转），根据上式就会得到一张有两个对称峰的谱图。这就是著名的 Pake 峰，俗称“牛角峰”。

实际上分子运动会改变峰形，这正是人们所希望的，从而能用氘谱研究分子运动。用静态的峰宽 δ 的倒数 $1/\delta$ 定义一个时标，站在这个尺度上的一个快速运动，如果其相关时间 $\tau_c<10^{-7}$s，就达到了快速交换运动的极限。运动导致四极偶合作用的平均化，从而峰形成为单峰，称洛仑兹（Lorentzian）峰。其实最有研究兴趣的相关时间是 $10^{-6}s\leq\tau_c\leq10^{-5}$s，此时单个 NMR 的跃迁频率给出两个峰，它对应于体系中 C—D 键之间的交换，类似于高分辨 NMR 谱中的化学交换。峰形与交换速率无关，但峰会比静态加宽。$10^{-4}s\leq\tau_c\leq100$s 时，交换速度太慢，近似静态的情况。这样，氘谱的半峰宽提供了测定分子运动相关时间的手段，τ_c 跨越了 10^{-7}s 到 10^{-4}s 三个数量级的范围。

对于超慢速的交换运动，可以应用氘谱的自旋排列技术（spin alignment）进行研究；对于超快速的交换运动（$\tau_c<10^{-7}$s），例如聚合物的甲基旋转、苯环跳跃和某些侧基运动，可以应用氘谱的自旋−晶格驰豫时间来研究。

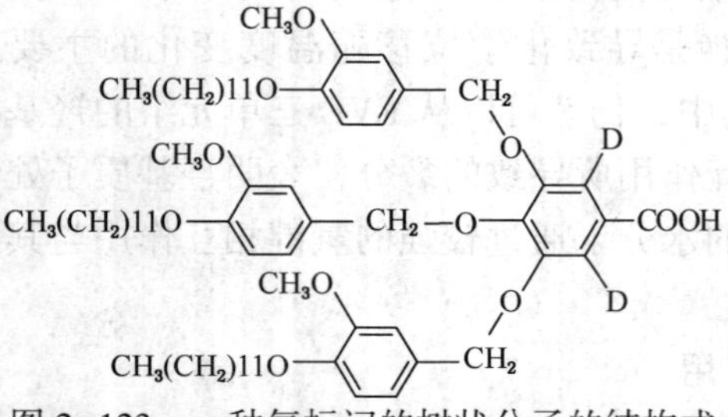

图 2−123　一种氘标记的树状分子的结构式

以下用作者的一个实例来说明氘谱的应用。先合成图 2−123 所示结构的氘标记的树状分子，然后接枝到乙基纤维素上，得到的液晶聚合物的变温氘谱示于图 2−124。295K 时是标准的 Pake 峰，两个“牛角”间的裂距为~125kHz。较高温度（315~345K）时，峰强度变小，峰形加宽，表明相关时间变短。355K 时牛角峰消失，继续提高温度，出现典型的 Lorentzian 峰，表明 $\tau_c < 10^{-7}s$。该液晶转变温度与 DSC 观察到的液晶清亮点(液晶-各向同性转变)360K 相吻合。

以下进一步通过图 2-125 简要介绍^{2}H 2D NMR 交换谱(^{2}H 2D exchange NMR spectroscopy)的基本原理。

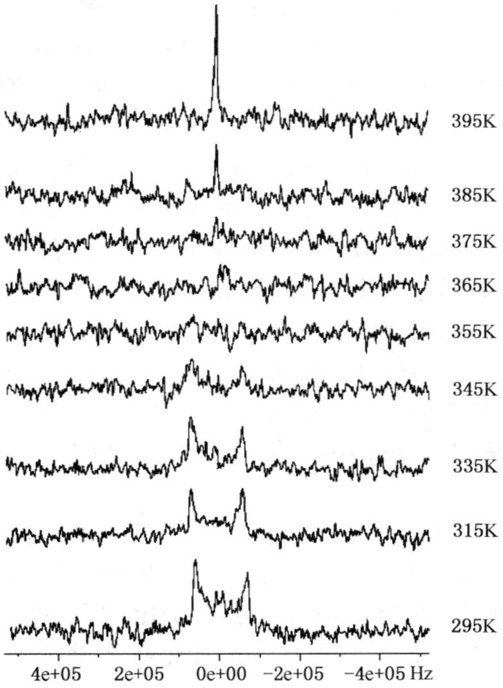

图 2-124 一种树状分子接枝-乙基纤维素粉末样品的变温^{2}H NMR 谱

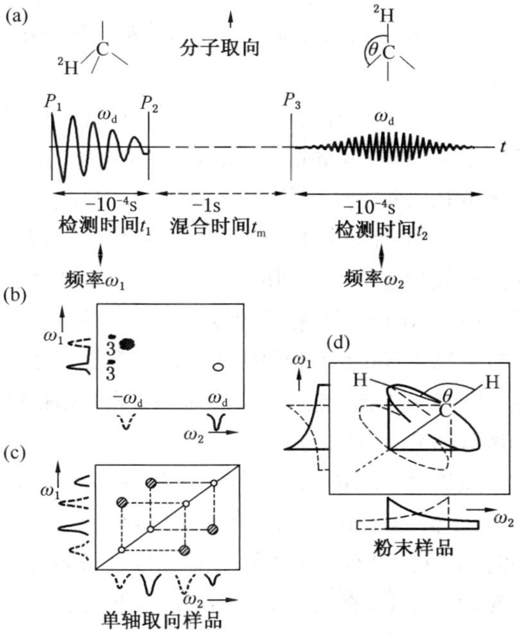

图 2-125 ^{2}H 2D NMR 交换谱的基本原理

① 在 t_1 发展到 t_2 时，由于 C-^{2}H 键转动了 θ 角，NMR 频率从 ω_e 变为 ω_d。

② 取向样品的谱图。在混合时间 t_m 区间，取向的变换产生了谱图上位于(ω_e，$-\omega_d$)和($-\omega_e$，ω_d)的两处信号。实线为第一个转变，虚线为第二个转变。

③ 取向样品的谱图。上述两个不同取向产生的完整的谱图。如果取向没有变，只会在对角线上有信号；如果取向有变，在不同频率的交点上就有交叉峰。

④ 粉末样品的谱图。各种取向同等存在，信号连续且偏离对角线。在结构跳跃式变换时，从图示的几何关系，通过椭圆形信号可以求得“重取向角 θ”。

2.4.5 NMR 灵敏度的增强

NMR 灵敏度的增强一直是 NMR 发展中经久不衰的议题。众所周知，NMR 是所有谱学技术中分辨率最高的(线宽在 Hz 量级)，而伴随而来的固有弱点是灵敏度极低，是所有谱学技术中灵敏度最低的。半个世纪来，人们在灵敏度增强方面作出了不懈的努力。在 NMR 工业中，采用了最简单但又是最有效的提高磁场强度的办法，使灵敏度得到极大的提高(表 2-21)。早期的 60MHz、80MHz 等低磁场 NMR 谱仪已逐渐被淘汰，较为普及的是 100 至 500MHz 的中等磁场谱仪，甚至是 600 至 900MHz 的强磁场谱仪。在强磁场谱仪中，用于^{1}H NMR 的分析浓度已能低至 mmol/L 量级。

表 2-21　NMR 谱仪质子频率 MHz、场强 H_0 和灵敏度 S/N 的关系

频率/MHz	500	600	750	800	900
H_0(T)	11.74	14.09	17.61	18.78	21.13
S/N	1000/1	1350/1	1780/1	1920/1	2475/1

另一方面，提高谱线分辨率也是非常必要的。分子越大，谱线越宽，检测分辨率越低，谱峰严重重叠，给谱峰指认工作带来很大的困难。近几年发展起来的 TROSY(transverse relaxation optimized spectroscopy)技术利用 TROSY 效应，极大地窄化了谱线宽度，减少了谱峰重叠，拓展了多维 NMR 技术所能研究的分子大小。TROSY 是核磁技术手段中一个比较重要的发展，主要应用于大型蛋白分子(分子量大于 20kDa)的核磁测定。随着蛋白分子的增大，旋转相关时间(rotational correlation time)上升，使得谱线展宽严重，分辨率急剧下降。一般的异核相关谱已经不适用于如此大的蛋白分子核磁测定。TROSY 技术应用了异核之间的自旋偶合，对于每个 H-X 组合，在谱图上以 4 个峰代替了原来去偶合情况下的单峰。由于还存在着偶极相互作用和化学位移各向异性，4 个峰的展宽情况不均一，有的变宽，有的变窄。通过相干转移路径的选择，可以使得磁化被尽量转移到最窄的那一个峰，从而实现分辨率的提高。NMR 谱仪的磁体场强越高，TROSY 效应就越大，谱峰就越窄，谱线分辨率就越高。图 2-126 是某蛋白质的 800MHzNMR 谱图与 600MHzNMR 谱图的比较，显然 800MHzNMR 谱图的分辨率较好。

强磁场 NMR 谱仪同时具有高检测灵敏度和高谱线分辨率的优点，可以显著地提高 NMR 分析质量和应用范围，可以研究更大的分子体系和微量产物，扩展所能研究的体系(如蛋白质、核酸及其复合物)的分子量上限。因此，国际上拥有强磁场 NMR 谱仪的数量已成为一个国家总体科技实力的重要标志之一。目前世界上 700~900MHzNMR 谱仪已超过 280 台，其中 800MHz 谱仪 114 台，850MHz 谱仪 6 台，900MHz 谱仪 22 台，950MHz 谱仪 3 台。而最高的 1000MHz 谱仪只有一台。美国 5 个国家实验室拥有近 30 台 700MHz 以上的谱仪，日本横滨理化研究所拥有 25 台 700MHz 以上的谱仪。我国大约拥有 700MHz 以上的谱仪 10 台左右。图 2-127 是瑞士布鲁克公司(Bruker BioSpin InternationalAG)800MHz 核磁谱仪的外观。

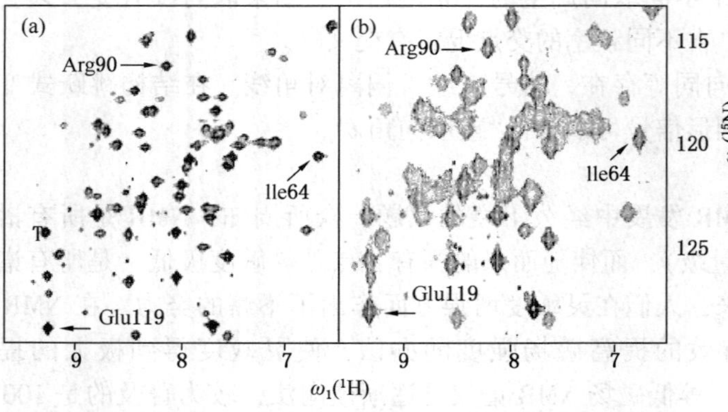

图 2-126　某蛋白质的 800MHzNMR 谱图
(a)与 600MHzNMR 谱图；(b)的比较

图 2-127　瑞士布鲁克公司的液态 AVANCE Ⅲ 800MHzNMR 谱仪的外观

强磁场 NMR 谱仪应用的主要例子是蛋白质。蛋白质的检测困难是：①用 NMR 进行大分子的结构解析需记录多个多维 NMR 谱，实验时间很长，需要高浓度和高稳定性样品。而低表达量蛋白不易获得足量供 NMR 研究，大量制备同位素标记的蛋白成本很高；另一方面，高浓度蛋白易聚集甚至沉淀，低稳定性蛋白易降解或变性，不能进行长时间实验。②蛋白质越大，谱线越宽，检测灵敏度越低。因而提高灵敏度是非常必要的。图 2-128 是磁场强度与蛋白质分子量测定上限的关系。

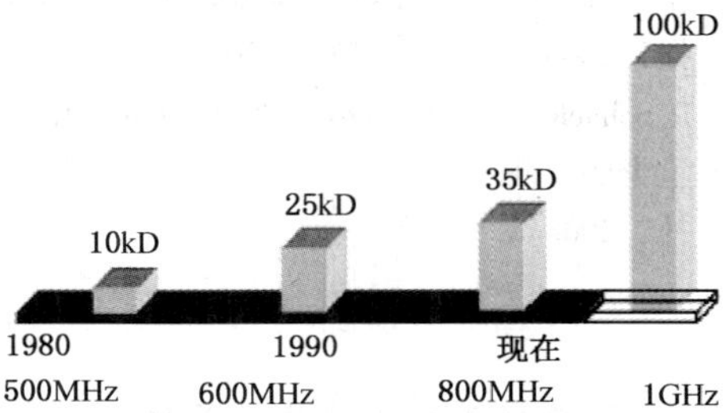

图 2-128　磁场强度与蛋白质分子量测定上限的关系

另一条提高检测灵敏度的途径是对检测线圈的改进。如用 YBaCuO 型高温超导材料制备能在 25~40K 之间工作的 NMR 线圈并用于常温样品的 NMR 实验检测。这种线圈的品质因子 Q 可达 10000 至 20000，与通常 NMR 探头中的射频线圈($Q=100$)相比，有两个量级的提高，这在灵敏度增强方面是非同小可的发展。但遗憾的是，所用的高温超导材料都难以进行加工而不能微形化，同时线圈还需工作在 25~40K，需液氦吹气保护，从而最终信噪比只得到 10 余倍的增强。但这无疑是 NMR 检测系统发展的有前景的方向之一。如果今后能发展出具有良好性能的超导材料并能工作在更高的温度，NMR 的灵敏度必将得到更大的提高。

参　考　文　献

1　T P Quang，PRoger，W Hugues. Proton and carbon NMR spectra of polymers. 5th Ed. NewYork，Wiley，2003
2　日本分析化学会高分子分析研究恳谈会．新版高分子分析手册(日)，東京：纪伊国屋书店，1995
3　K Hatada，T Kitayama. NMR spectroscopy of polymers. Berlin，Springer，2004
4　C P Paul，M C Michael. Fundamentals of Polymer Science，An introductorytext，2Ed. BocaRaton：CRCPress，1997
5　薛奇．高分子结构研究中的光谱方法．北京：高等教育出版社，1995
6　薛奇．固体核磁共振在高分子材料结构研究中的应用．高分子材料科学与工程，1993，11(6)：1~7
7　董炎明．高分子材料实用剖析技术．北京：中国石化出版社，1997
8　殷敬华，莫志深．现代高分子物理学(下册)．北京：科学出版社，2001
9　董炎明．高分子分析手册．北京：中国石化出版社，2004
10　金永君，艾延宝．核磁共振技术及应用．物理与工程，2002，21(1)：47
11　程晓春．核磁共振技术在化学领域的应用．四川化工，2005，8(3)：29-32
12　庞文民，王雨松等．有机高分子与固体高分辨核磁共振．高分子材料科学与工程，2005，21，6：40
13　毛希安．NMR 前沿领域的若干新进展．化学通报，1997，(2)：13
14　杨伟，渠荣遴．固体核磁共振在高分子材料分析中的研究发展．高分子通报，2006，(12)：69
15　M A Peter，B A Frank. Two dimensional NMR analysis of PVC microstructure. Macromolecules，1986，19：210
16　张雪芹，潘远江，李杨．核磁共振方法在高分子聚合物方面的作用．现代科学仪器，2001，(6)：29
17　Z Guo，Y Dong，X Xiong，etal. Synthesis and characterization of 2-deoxy-2-nicotinoylamido-β-D-glucopyranose. Chin. J. Chem.，2005，23：190
18　S C Martin，J J Liggat，C E Snape. Polym DegradStab，2001，74：407
19　吴大成，谢新光等．对羟基苯甲酸、对苯二甲酸、双酚 A 三元共聚酯的核磁共振表征．高分子学报，1996，4(2)：248

20 张秋瑾，陈群．乙烯-乙烯醇共聚物氢键相互作用与链结构关系的变温溶液氢谱研究．高等学校化学学报，2003，4(24)：728~730

21 D Schaefer，H W Spiess，U W Sute-r. Macromolecules，1990，23，3431

22 董炎明．甲壳素化学—第 2 章甲壳素/壳聚糖的化学与物理基础(王爱勤主编)．北京：科学出版社，2008

习　题

1. 简述核磁共振产生的条件。

2. 下列哪种核不适宜核磁共振测定：(1) ^{12}C；(2) ^{15}N；(3) ^{19}F；(4) ^{31}P

3. 何谓化学位移？影响质子化学位移值的因素有哪些？

4. 何谓自旋-自旋偶合？何谓自旋分裂？它们在 NMR 分析中有何重要作用？

5. 在测定固体试样的核磁共振谱时，为何一般要配成溶液？

6. 低温下，α-甲基乙烯基-甲基醚单体用 BF_3 催化，进行阳离子聚合得到的聚合物，其 ^1H NMR 谱显示仅有三个单峰，为什么？请解释之。

7. 单体 3-甲基正丁烯用阳离子聚合，聚合产物的 ^1H NMR 谱由两个单峰组成，提出聚合反应机理和重复单元结构。

8. 聚氯乙烯的 ^1H NMR 谱如图 1 所示，试按峰的劈裂情况和化学位移，确定各个峰为何种基团的特征峰。

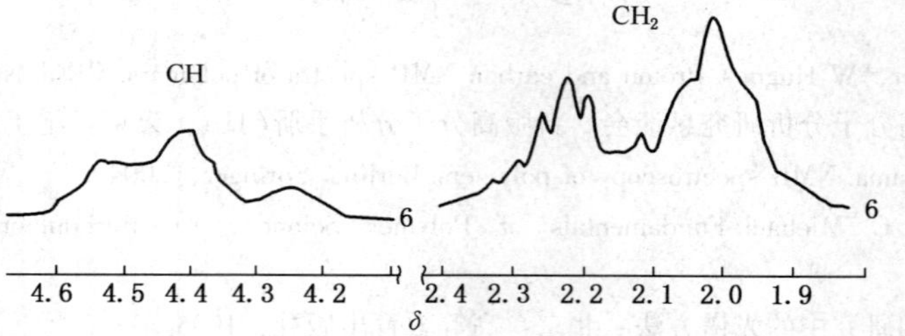

图 1　PVC 的 ^1H NMR 谱图(220MHz，5%氯苯溶液)

9. 通过估算图 2-68 高密度聚乙烯的结构里各碳在碳谱中的化学位移，解释 A、B、C 和 D 四个峰的归属。

10. 估算聚 1-己烯结构单元里各碳在碳谱中的化学位移，并与实验结果 $C_1=41.1$，$C_2=35.2$，$C_3=33.3$，$C_4=29.2$，$C_5=23.6$，$C_6=14.2$ 相比较。

11. 估算聚苯乙烯结构单元里各碳在碳谱中的化学位移，并与图 2-76 中 A 和 B 的实验结果相比较。

12. 高分辨 ^1H NMR 谱可用于：(1)聚合物的立体规整度的表征；(2)全同立构和间同立构这两类立体有规聚合物的鉴别；(3)研究共聚物中单体单元的分配。每一种应用请举出一个例子。

13. 分别叙述用 ^1H NMR 谱、^{13}C NMR 谱和 ^{19}FNMR 谱怎样测定偏氟乙烯存在的头-头、尾-尾和头-尾结构？

14. PMMA 可存在全同、间同、无规三种立体构型，怎样用 ^1H NMR 谱区分？

15. 为什么丁基锂作催化剂在甲苯中-78℃下聚合得到的 PMMA 的高分辨 ^1H NMR 谱中出现亚甲基质子的四重峰，请解释之。

16. 在3-甲基环戊烯阳离子聚合产物中，甲基质子区域有单线共振峰，提出与^{1}H NMR相符的聚合物结构。

17. 试简述宽线NMR谱用于测定玻璃化转变温度的原理。

18. 查阅文献，举例说明2D NMR谱在高分子中的应用。

19. 给出以下谱图的各峰归属。

(1) 聚异丁烯的^{13}C NMR谱，见图2；

(2) 聚丙烯酸的^{13}C NMR谱，见图3；

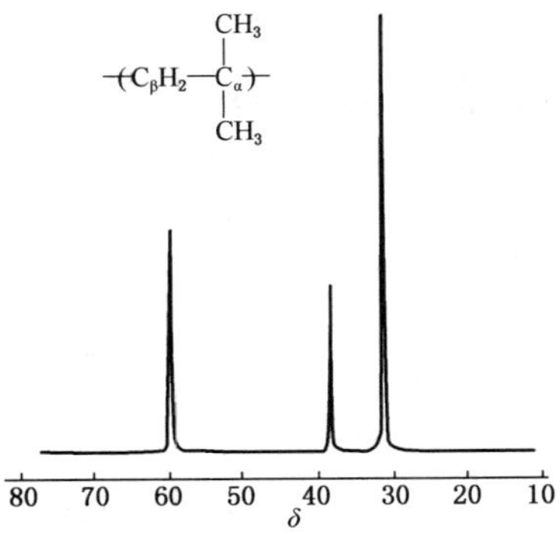

图2 聚异丁烯的^{13}C NMR谱图(25.2MHz，80℃，溶剂：C_6D_6，内标：TMS)。δ=59.7，38.2，31.3

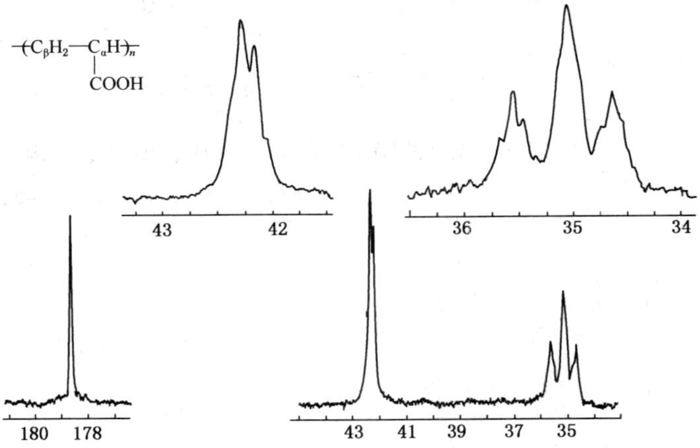

图3 聚丙烯酸的^{13}C NMR谱图[88MHz，80℃，溶剂：D_2O，内标：二氧六环(δ=67.3ppm)]。δ=178.63，42.29，42.14，35.6，35.1，34.63

(3) 聚乙二醇(分子量300)的^{13}C NMR谱，见图4；

(4) 聚氧化丙烯的^{1}H NMR谱，见图5；

(5) 聚砜的^{1}H NMR谱，见图6。

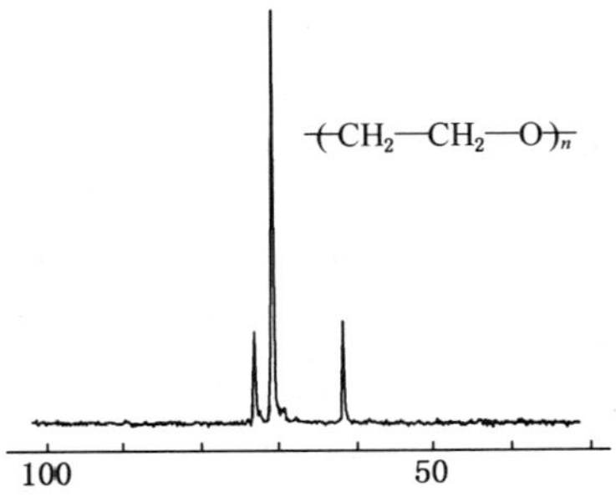

图4 聚乙二醇(分子量300)的^{13}C NMR谱(25.1MHz，50℃，溶剂：C_6D_6，内标：TMS)。δ=73，70.7，61.5

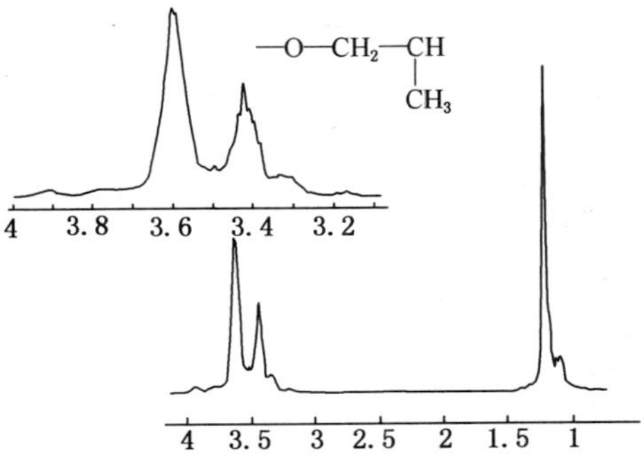

图5 聚氧化丙烯的^{1}H NMR谱(350MHz，70℃，溶剂：C_6D_6，内标：TMS)。δ=3.6，3.42，1.19

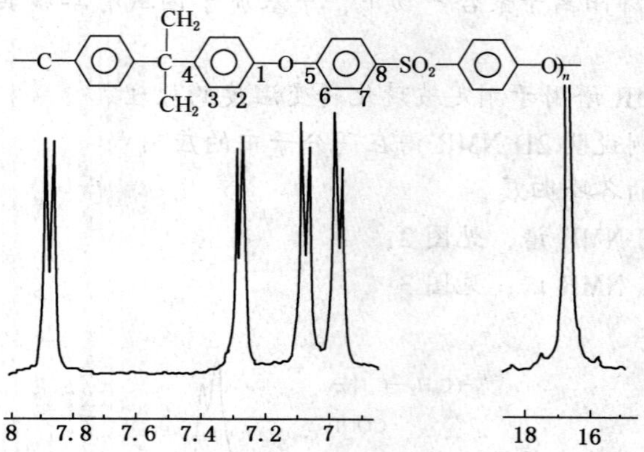

图 2-6　聚砜的^{1}H NMR 谱(350MHz，100℃，溶剂：DMSO-d_6，内标：TMS)。

δ= 7.836，7.255，7.062，6.945，1.65

第3章　电子光谱法

3.1　紫外-可见光谱法

3.1.1　UV-Vis 光谱的基本原理

（1）紫外-可见光谱的产生　紫外-可见光谱(ultraviolet-visible absorption spectroscopy，简称 UV-Vis)是分子在紫外-可见光作用下外层电子发生能级跃迁而产生的吸收光谱，属电子光谱。它在高分子波谱分析中算是较简单的一种，它以高分子在紫外-可见光区的吸收与其分子结构的关系为依据。

紫外-可见光区是由三部分组成的。波长在 13.6~200nm 的区域称为远紫外区，由于这个区内空气有吸收，所以又称为真空紫外区；波长在 200~380nm 的称为近紫外区，波长在 380~780nm 的称为可见光区。一般的紫外-可见光谱只包括后面两个区域。在可见光区，吸收光的颜色和物质颜色是互补的(表 3-1)，高分子只有在降解等少数情况才着色而能在可见光区有吸收，所以本章的讨论重点是近紫外区。

表 3-1　物质颜色和吸收光的关系

物质颜色	吸收光		物质颜色	吸收光	
	颜色	波长/nm		颜色	波长/nm
黄绿	紫	380~450	紫	黄绿	560~580
黄	蓝	450~480	蓝	黄	580~610
橙	绿蓝	480~490	绿蓝	橙	610~650
红	蓝绿	490~500	蓝绿	红	650~780
红紫	绿	500~560			

当紫外光照射分子时，分子吸收光子能量后受激发而从一个能级跃迁到另一个能级。由于分子的能量是量子化的，所以只能吸收等于分子内两个能级差的光子。

$$\Delta E = E_2 - E_1 = h\nu = hc/\lambda$$

式中，E_1、E_2为始态和终态的能量，eV；h 为普朗克常数，6.62×10^{-34}J/s；υ 为频率，s^{-1}；c 为光速，3×10^8m/s；λ 为波长，nm。

紫外光的波长以 300nm 代入上式，可求出紫外光的能量为：

$$E = 6.62 \times 10^{-34} \times \frac{3 \times 10^8}{3 \times 10^{-7}} = 6.62 \times 10^{-19} J = 4\text{eV}$$

这个能量能引起分子运动状态的什么变化呢？一个分子的能量是电子能量、分子振动能量和转动能量三部分的总和。电子能级为 1~20eV，振动能级为 0.05~leV，转动能级为 0.05eV。可见紫外光能引起电子的跃迁。由于内层电子的能级很低，一般不易激发，故电子能级的跃迁主要是指价电子的跃迁。因此，紫外吸收光谱是由于分子吸收光能后，价电子由基态能级激发到能量更高的激发态而产生的，所以紫外光谱也称电子光谱。

紫外光的能量较高，在引起价电子跃迁的同时，也引起只需要低能量的分子振动和转动。结果是紫外吸收光谱不是一条条谱线，而是较宽的谱带。

让不同波长的紫外光连续通过样品，以样品的吸光度 A 对波长 λ 作图，就得到紫外吸收光谱(图 3-1)。图中所谓末端吸收，是指在吸收光谱短波长端所呈现的强吸收而不呈峰形的部分。

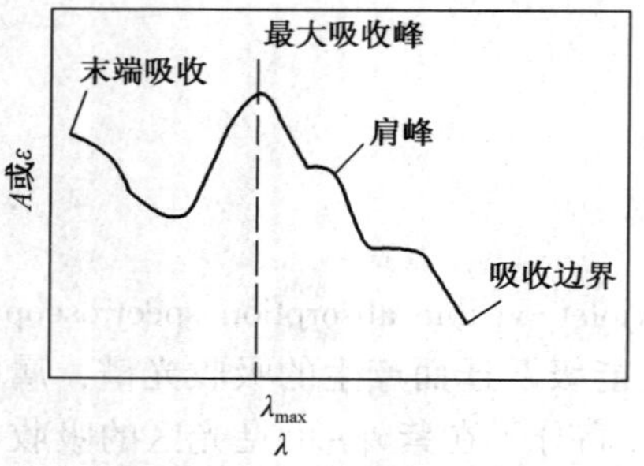

图 3-1　紫外吸收光谱

紫外光谱定量分析的基础是朗伯-比耳(Lamber-Beer)定律：

吸光率　　$A = \lg \dfrac{I_0}{I} = \varepsilon lc$

其中透光率　　$T = \dfrac{I}{I_0}$

所以吸光度　　$A = -\lg T = \varepsilon cl$

式中，I_0、I 为入射光和透射光强度；l 为试样的光程长，cm；c 为溶质浓度，g/L；ε 为摩尔消光系数(L/mol · cm)，定义为在一定 λ 下，$c = 1$mol/L，$l = 1$cm 时的吸光度。

参数 λ_{max} 和 ε_{max} 很重要。

① λ_{max} 表示吸收的最大波长，即最大吸收峰位置。

② ε_{max} 表示最大吸收的摩尔消光系数。因为 ε 与 A 成正比，谱图可以用 ε 为纵坐标，因而 ε 也可表示吸收峰的强度。一般地，$\varepsilon > 10^4$ 为强吸收(ε 不超过 10^5)；$\varepsilon = 10^3 \sim 10^4$ 为中等吸收；$\varepsilon < 10^3$ 为弱吸收，由于这种跃迁的几率很小，称为禁戒跃迁。

(2) 电子跃迁类型和吸收带　最可能的电子跃迁方式是把一个电子从分子的最高占有轨道推移到可采用的最低未充满轨道，更一般地说即可以从占有轨道向邻近的更高级轨道激发。

价电子主要包括三种电子：形成单键的 σ 电子，形成重键的 π 电子和未共有的电子或称为非键的 n 电子。通常将能量较低的分子轨道称为成键轨道，能量较高的称为反键轨道。三种电子形成的五种轨道的能级示意于图 3-2。

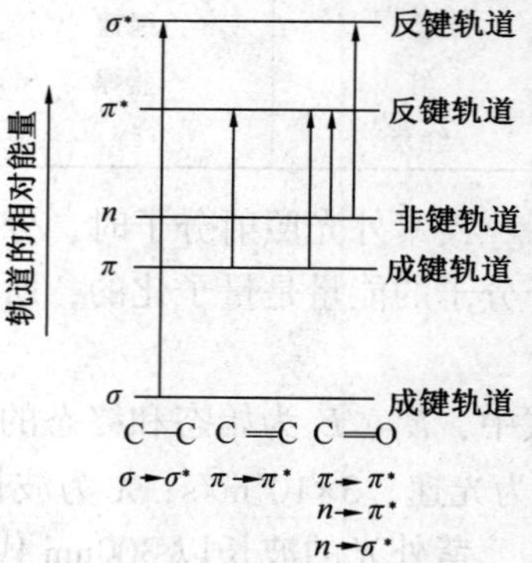

图 3-2　分子轨道的能级及不同类型分子结构的电子跃迁

在四种电子跃迁中，$\sigma \to \sigma^*$ 所需能量最高(约 7.7×10^5J/mol)，$\lambda_{max} < 200$nm 属远紫外区。比如聚烯烃含有 C—H 和 C—C 键，都是 σ 键，它们的吸收光谱在远紫外区。典型的情况如聚乙烯，远紫外光谱在 155nm 处有吸收。

$n \to \sigma^*$ 跃迁的 $\lambda_{max} = 150 \sim 250$nm，大部分低于 200nm，而且 $\varepsilon = 100 \sim 3000$，大部分低于 200。该跃迁对紫外光谱不太重要。含杂原子的饱和有机化合物的吸收属于这类跃迁。

对紫外光谱重要的跃迁是 $n \to \pi^*$ 和 $\pi \to \pi^*$。这两类跃迁都要求分子中含有共价键的不饱和基团，如 C ═C、共轭双键、芳环、C ≡C、N ═N、C ═S、NO_2、NO_3、COOH、$CONH_2$、C ═O 等，称为发色团。另有一些基团本身虽然没有生色作用，但与发色团相连时，能通过分配未成键电子来扩展发色团的共轭性，从而增加吸收系数。这类基团称为助色团，它们是具有未成键电子的饱和基团，如 OH、OR、NH_2、NR_2、SH、SR、F、Cl 等。

吸收带分为四类，为了便于讨论，用字母命名。

① R 吸收带（$n \to \pi^*$ 跃迁）由 $>$C═O 、—NO_2、—NO、—N ═N—等发色基团引起。特点是波长较长，但吸收较弱（ε<100），属禁戒跃迁。测定这种吸收带时需用浓溶液。

② K 吸收带（$\pi \to \pi^*$ 跃迁）由共轭烯烃和取代芳香化合物引起。特点是波长较短但吸收较强（ε>10000）。

③ B 吸收带（苯环振动加 $\pi \to \pi^*$ 跃迁）是芳环、芳杂环的特征谱带，吸收强度中等（ε=1000）。特点是在 230~270nm，谱带较宽且含多重峰或精细结构，最强峰约 255nm 处。精细结构是由于振动次能级的影响，当使用极性溶剂时，精细结构常常看不到。图 3-3 是苯的 B 吸收带。

④ E 吸收带（$\pi \to \pi^*$ 跃迁）与 B 吸收带一样，是芳香族的特征谱带，吸收强度大（ε=2000~14000），吸收波长偏向紫外的低波长部分，有的在远紫外区。如苯的 E_1 和 E_2 带分别在 184nm（ε=47000）和 204nm（ε=7000），苯上有助色团取代时，E_2 移向近紫外区。

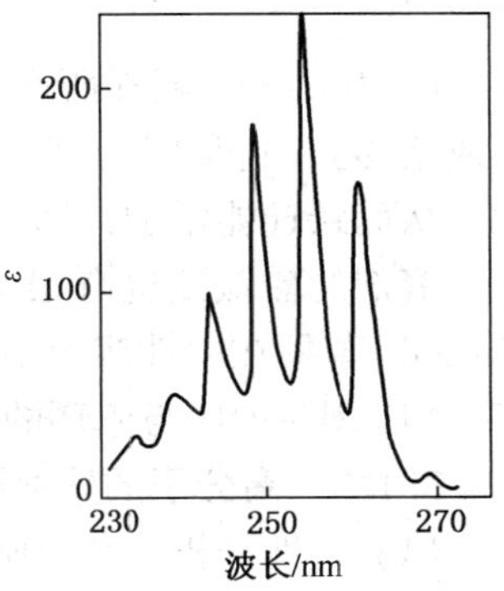

图 3-3　苯的 B 吸收带

（3）溶剂的影响　用于紫外吸收光谱的样品，一般要制成溶液。虽然薄膜可以直接用于测定，但只能用于定性，因为其不均匀性会给定量带来困难。制样的首要问题是溶剂的选择，用不同溶剂所测的吸收光谱往往不同。在选择溶剂时要注意三点：

① 选择能将高分子充分溶解的溶剂。

② 选择在测定范围内，没有吸收或吸收很弱的溶剂。芳香族溶剂不宜在 300nm 下测定，脂肪醛和酮类在 280nm 附近具有最大吸收。在近紫外区完全透明的有水、烃类、脂肪醇类、乙醚、稀 NaOH、NH_4OH、HCl 溶液等，大半透明的有氯仿和四氯化碳等。表 3-2 列出了常用溶剂可应用的波长下限。

表 3-2　常用溶剂可应用的最短波长

溶　剂	吸收池厚度/mm			
	1	10	20	40
	波长/nm			
环己烷	190	195	200	207
正己烷	187	200	205	209
四氯化碳	245	257		262
氯　仿	223	237	243	246
水	187	191	193	195
乙　醇	198	204	209	214
甲　醇		203		
乙　醚		225		
异戊烷		179		
异辛烷		195		
乙　腈		191		
异丙醇		203		
乙醇乙酯		251		
二甲基亚砜		261		

在测定样品前应先将选定的溶剂进行测试，检查是否符合要求。用 10mm 石英吸收池(注：玻璃对紫外线有吸收，所以在紫外区须采用石英池，可见区一般用玻璃池)装溶剂，以空吸收池为参比测定。一般对波长 220～240nm，溶剂的吸收不得超过 0.4；对 241～250nm，不得超过 0.2；对 250～300nm，不得超过 0.1；对 300nm 以上，不得超过 0.05。

③ 溶剂对吸收光谱的影响。溶剂对紫外吸收光谱的影响是比较复杂的。一般来说，当溶剂从非极性变成极性时，光谱变得平滑，精细结构消失。

溶剂极性对光谱的另一影响是改变谱带极大值的位置，可归纳为两条一般规则：

a. 由 $\pi \rightarrow \pi^*$ 跃迁所产生的吸收峰随着溶剂的极性增大，向长波方向移动(红移)。这是因为激发态比基态极性大，因而激发态较易被极性溶剂稳定化，结果跃迁能量减少而产生红移。

b. 由 $n \rightarrow \pi^*$ 跃迁所产生的吸收峰，随着溶剂生成氢键能力的增强，向短波方向移动(蓝移或紫移)。这是因为基态比激发态极性大，因此与极性溶剂间产生较强的氢键而被稳定化，从而跃迁能增加，即产生蓝移。

溶剂的酸碱性也有很大影响。如苯胺在中性溶液中 $\lambda_{max}=280$nm，在酸性溶液中移至 254nm。苯酚在中性溶液中 $\lambda_{max}=270$nm，在碱性溶液中移至 287nm。这是由于 pH 值的变化使—NH_2 或—OH 与苯环的共轭体系发生变化，增加共轭发生红移，反之发生蓝移。

3.1.2 高分子的紫外吸收光谱

(1) 定性分析　紫外吸收光谱虽然不能对一种化合物作出准确鉴定，但对化合物中官能团和共轭体系的推测与确定却是非常有效的。一般有以下规律：

① 在 220～280nm 范围内无吸收，可推断化合物不含苯环、共轭双键、醛基、酮基、溴和碘(饱和脂肪族溴化物在 220～210nm 有吸收)。

② 在 210～250nm 有强吸收，表示含有共轭双键，如在 260nm、300nm、330nm 左右有高强度吸收峰，则化合物含有 3～5 个共轭 π 键。

③ 在 270～300nm 区域内存在一个随溶剂极性增大而向短波方向移动的弱吸收带，表明有羟基存在。

④ 在约 260nm 处有具有振动精细结构的弱吸收带则说明有苯环存在。

⑤ 如化合物有许多吸收峰，甚至延伸到可见光区，则可能为多环芳烃。

由于高分子的紫外吸收峰通常只有 2～3 个，且峰形平缓，因此它的选择性远不如红外光谱。而且紫外光谱主要决定于分子中发色和助色团的特性，而不是整个分子的特征，所以紫外吸收光谱用于定性分析不如红外光谱准确和重要。

因为只有具有重键和芳香共轭体系的高分子才有近紫外活性，所以紫外光谱能测定的高分子种类受到很大局限。已报道的某些高分子的紫外特性数据列于表 3-3。

表 3-3　某些高分子的紫外特性

高　分　子	发　色　团	最长吸收波长/nm
聚苯乙烯	苯基	270，280(吸收边界)①
聚对苯二甲酸乙二醇酯	对苯二甲酸酯基	290(吸收尾部)，300①
聚甲基丙烯酸甲酯	脂肪族酯基	250～260(吸收边界)
聚醋酸乙烯酯	脂肪族酯基	210(最大值处)
聚乙烯基咔唑	咔唑基	345

① 两个数值出自不同的文献。

图 3-4 是聚苯乙烯和聚乙烯基咔唑的紫外吸收光谱，这是高分子紫外光谱的典型例子。

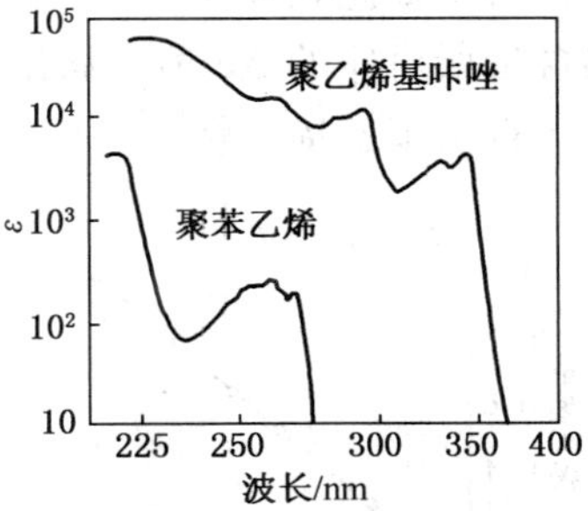

图 3-4　聚苯乙烯和聚乙烯基咔唑的紫外吸收光谱

在作定性分析时，如果没有相应高分子的标准谱图可供对照，也可以根据以下有机化合物中发色团的出峰规律来分析。例如，一个化合物在 220～800nm 无明显吸收，它可能是脂肪族碳氢化合物、胺、腈、醇、醚、羧酸的二缔体、氯代烃和氟代烃，不含直链或环状的共轭体系，没有醛基、酮基、Br 或 I；如果在 210～250nm 具有强吸收带（$\varepsilon=10000$），可能是含有 2 个不饱和单位的共轭体系；如果类似的强吸收带分别落在 260、300 或 330nm 左右，则可能相应地具有 3、4 或 5 个不饱和单位的共轭体系；如果在 260～300nm 间存在中等吸收峰（$\varepsilon=200～1000$）并有精细结构，则表示有苯环存在；在 250～300nm 有弱吸收峰（$\varepsilon=20～100$），表示羰基的存在；若化合物有颜色，则分子中所含共轭的发色团和助色团的总数将大于 5。某些发色团的紫外吸收特征列于表 3-4。

表 3-4　典型发色团的紫外吸收特征

发色团	λ_{max}/nm	ε_{max}	发色团	λ_{max}/nm	ε_{max}
C═C	175	14000		185	5000
	185	8000		280	15
C≡C	175	10000	C═C—C═C	217	20000
	195	2000		184	60000
	223	150		200	4400
C═O	160	18000		255	204

尽管只有有限的特征官能团才能发色，使紫外谱图过于简单而不利于定性，但利用紫外谱图，很易将具有特征官能团的高分子与不具特征官能团的高分子相区别开来。比如聚二甲氧烷（硅油、硅树脂或硅橡胶）就易于与含有苯基的硅树脂或硅橡胶区分。首先用碱溶液破坏这类含硅高分子，配成适当浓度的溶液进行测定，含有苯基的在紫外区有 B 吸收带，不含苯基则没有吸收。

（2）定量分析　紫外光谱法的吸收强度比红外光谱法大得多，红外的 ε 值很少超过 10^3，而紫外的 ε 值最高可达 $10^4～10^5$；紫外光谱法的灵敏度高（$10^{-4}～10^{-5}$mol/L），测量准确度高于红外光谱法；紫外光谱法的仪器也比较简单，操作方便。所以紫外光谱法在定量分析上有优势。

紫外光谱法很适合研究共聚组成、微量物质（单体中的杂质、聚合物中的残留单体或少量添加剂等）和聚合反应动力学。

① 丁苯橡胶中共聚组成的分析。经实验，选定氯仿为溶剂，260nm 为测定波长（含苯乙烯 25%的丁苯共聚物在氯仿中的最大吸收波长是 260nm，随苯乙烯含量增加会向高波长偏移）。在氯仿溶液中，当 $\lambda=260$nm 时，丁二烯吸收很弱，消光系数是苯乙烯的五十分之一，可以忽略。但丁苯橡胶中的芳胺类防老剂的影响必须扣除。为此选定 260 和 275nm 两个波长进行测定，得到 $\Delta\varepsilon=\varepsilon_{260}-\varepsilon_{275}$，这样就消除了防老剂特征吸收的干扰。

将聚苯乙烯和聚丁二烯两种均聚物以不同比例混合，以氯仿为溶剂测得一系列已知苯乙烯含量所对应的 $\Delta\varepsilon$ 值，做出工作曲线(图 3-5)。于是，只要测得未知物的 $\Delta\varepsilon$ 值就可从曲线上查出苯乙烯含量。

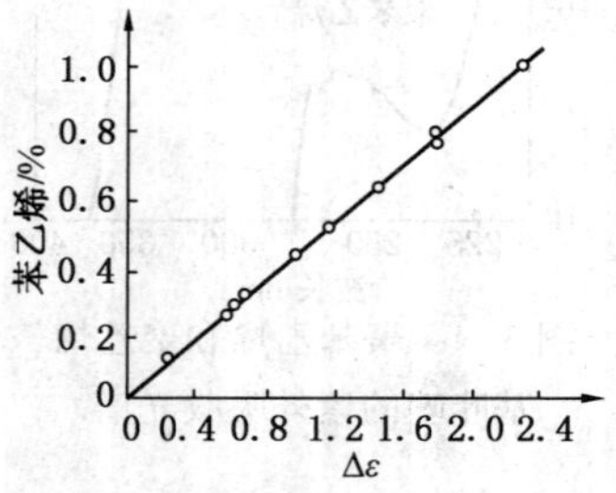

图 3-5　聚苯乙烯和聚丁二烯混合物中苯乙烯含量与 $\Delta\varepsilon$ 的关系

② 橡胶中防老剂含量的测定。一般生胶中都加有防老剂，加工前必须测定其含量，以便在加工时考虑是否再添加。防老剂在近紫外区都有特征的吸收峰，如防老剂 D 的 λ_{max} = 390nm。测定时以甲苯为溶剂，防老剂 D 在甲苯中的吸收系数可用纯防老剂 D 测得。由于生胶在 390nm 有一定的背景吸收，所以测定的吸收值 A 必须校正，方法是扣除未加防老剂的生胶吸收值。

③ 高分子单体纯度的检测。大多数高分子的合成反应，对所用单体的纯度要求很高，如聚酰胺的单体 1,6-己二胺和 1,4-己二酸，如含有微量的不饱和或芳香性杂质，即可干扰直链高分子的生成，从而影响其质量。由于这两个单体本身在近紫外区是透明的，因此用紫外光谱检查是否存在杂质是很方便和灵敏的。

又如涤纶的单体对苯二甲酸二甲酯(DMT)常混有间位和邻位异构体，虽然它们都不影响聚合，但对聚合物的性能却影响很大，所以要控制它们的最高含量。DMT 在 286nm 有特征吸收(ε=1680)。若含有其他二组分时，它的 ε 值就降低，而且成比例地降低。通过测定未知物的 ε 值，可计算出 DMT 的含量。

$$DMT\text{含量} = \frac{\varepsilon_{\text{未}}}{\varepsilon_{\text{纯}}} \times 100\%$$

式中，$\varepsilon_{\text{未}}$、$\varepsilon_{\text{纯}}$ 分别为未知物和纯 DMT 的摩尔吸收系数(以甲醇为溶剂)。

④ 聚苯乙烯中苯乙烯残留单体含量的测定　聚苯乙烯在 270nm 有一个吸收峰，低于这个波长还有一系列宽的吸收(图 3-4)。而苯乙烯单体除了 270nm 以下的吸收外，在 292 和 283nm 还有两个峰，可以用 292nm 峰来测定苯乙烯的含量。但如果直接用该峰的吸收值计算会产生很大误差，因为含添加剂(如抗氧剂、润滑剂)的聚苯乙烯在这一波长下有背景吸收。采用基线修正法则可以排除背景吸收的干扰。如图 3-6 所示，在 288nm 和 295~300nm 两个吸收极小值之间作曲线的切线，以此为基线，然后从 292nm 峰顶作垂线与基线相交。所得峰高 h 就是测试溶液中所含苯乙烯的真正吸收值。

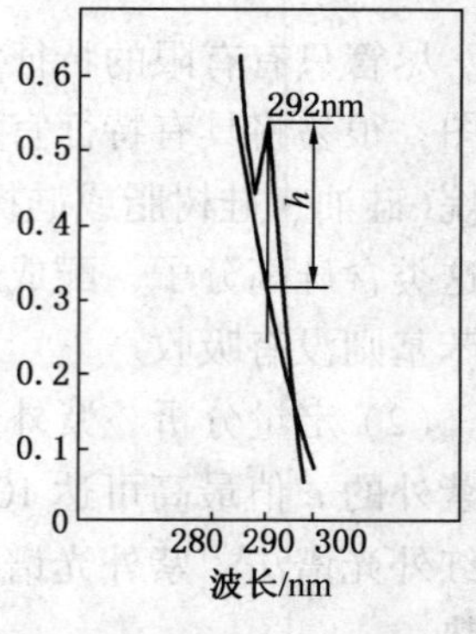

图 3-6　含苯乙烯单体的聚苯乙烯的典型紫外吸收光谱

上述基线修正法只适用于添加剂在 288~300nm 的吸收呈线性的场合。对于非线性吸收，会产生不正确的测定结果，此时可采用蒸馏技术。在具塞烧瓶中将聚苯乙烯溶解于 20mL 氯仿或二氯乙烷，然后倒入过量(110mL)甲醇，沉淀出溶解的高分子。将其过滤，沉淀用 120mL 甲醇洗涤，合并滤液和洗涤液，然后慢慢蒸馏，收集 200mL 含苯乙烯和其他可馏出成分的馏出液。不能蒸发的成分(抗氧剂、润滑剂和齐聚物)留在蒸馏残液中。在 292nm 下测定馏出液的吸收，以空白蒸馏得到的馏出液的吸收为基线，并以已知量纯苯乙烯的甲醇或氯代烃溶液用同样蒸馏方法进行校正。测定结果示于表3-5，可见蒸馏法的结果与真实值一致，而直接测定的结果则受到抗氧剂的干扰，明显偏低。

表3-5 酚类抗氧剂对两种苯乙烯测定方法的影响

标准样品中加入的苯乙烯/%	测得的苯乙烯/%			
	直接测定		蒸馏后测定	
	未加酚类抗氧剂	乙加0.5%酚类抗氧剂	未加酚类抗氧剂	已加0.5%酚类抗氧剂
0.11	0.11 0.11	0.04 0.08	0.12	0.12
0.22	0.22	0.11	—	—
0.27	0.26	0.18	0.29	0.26
0.41	0.41 0.40	0.30 0.27	0.40	0.40

⑤ 聚合反应动力学 利用紫外-可见光谱进行聚合反应动力学研究，只适用于反应物(单体)或产物(高分子)中的一种在这一光区具有特征吸收，或者虽然两者在这一光区都有吸收，但λ_{max}和ε都有明显区别的反应。实验时可以采用定时取样或用仪器配有的反应动力学附件，测量反应物和产物的光谱变化来得到反应动力学数据。

(3) 结构分析

① 聚乙烯醇的键接方式。聚乙烯醇的紫外吸收光谱在$\lambda_{max}=275nm$有特征峰，$\varepsilon=9$，这与2,4-戊二醇的吸收光谱相似。所以可以确定键接方式主要是头-尾结构，而不是头-头结构，因为头-尾结构的五碳单元组类似于2,4-戊二醇。

头-尾结构：$\sim CH_2—CHOH—CH_2—CHOH—CH_2\sim$

头-头结构：$\sim CH_2—CHOH—CHOH—CH_2—CH_2\sim$

② 立体异构和结晶。有规立构的芳香族高分子有时会产生减色效应。所谓减色是指紫外吸收强度降低，是由于邻近发色基团间色散相互作用的屏蔽效应。紫外光照射在发色基团而诱导了偶极，这种偶极作为很弱的振动电磁场而为邻近发色团所感觉到，它们间的相互作用导致紫外吸收谱带交盖，减少发色团间距离或使发色基团的偶极矩平行排列，而使紫外吸收减弱。这种情况常发生在有规立构等比较有序的结构中。在共聚物分析中也应注意到有类似的效应，比如嵌段共聚物与无规共聚物相比就会因为较为有序而减色。结晶可能使紫外光谱发生的变化是谱带的位移和分裂。

总的来说，紫外光谱在高分子领域的应用主要是定量分析，而定性和结构分析还很有限。

3.2 荧光光谱法

荧光光谱(fluorescence spectrum，简称FL)与紫外-可见光谱一样都是电子光谱，不同的是前者为发光光谱而后者为吸收光谱。还有另一种发光光谱叫磷光光谱，与荧光光谱有区别。分子在吸收辐射能而被激发到较高电子能态后，它们为了返回基态而释放出能量。荧光(fluorence)是分子在吸收辐射之后立即(在10^{-8}s数量级)发射的光，而磷光(phophoresence)则是在吸收能量后延迟释放的光。两者间的区别是：荧光是由单态-单态的跃迁产生的，而磷光所涉及的是三重态-单态跃迁。

发光光谱具有很高的灵敏度。样品中含有 1~100μg/g 生色团即可产生足够强的检测信号。选取不同光谱特征的生色团作敏感元件(senser)，采用多种不同的表征方法，使发光方法具有多功能性，并可获得分子水平的信息，因而在研究聚合物的结构、形态、能量迁移、光聚合和光降解反应机理等方面得到了广泛的应用。

3.2.1 FL 的基本原理

大多数有机分子的电子态可以归纳为两大类：单态和三重态。处于单态时，分子内所有电子的自旋是配对的；处在三重态时，一组电子自旋是不成对的。图 3-7 为双原子分子的能级示意图。横坐标代表两个原子间的核间距离；纵坐标代表势能。对于一个更复杂的分子来说，必须用多维空间中的一个面来代表势能。通过一个面的适当横截面可以作为它的二维表示图。各曲线最低处的核间距离数值代表处于相应的电子态中振动原子的平衡排列组态。

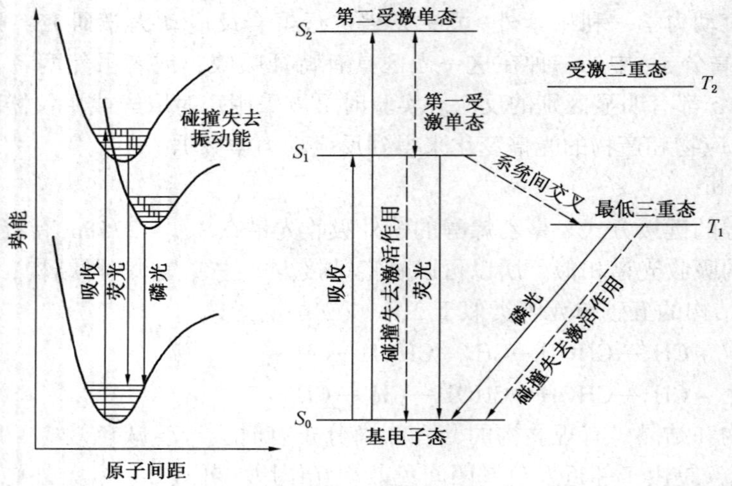

图 3-7　双原子分子的能级示意图

分子在吸收适当的辐射能时，它从基态内的一个振动能级上升到某一受激电子能级(通常是第一受激单态，S_1)中的某一振动能级。吸收步骤发生在 10^{-15} s 以内。在紧接吸收之后处于受激单态较高振动能级中的分子，通过碰撞而把过多的能量转移给其他分子，以及将过多的能量分配给受激分子内振动或旋转的其他可能模式，从而很快回到受激态的最低振动能级。

当受激分子恢复到基态时，产生自发辐射，即荧光现象。这一辐射过程($S_1 \to S_0$)的寿命很短，约 10^{-8}s，所以在许多分子里它能有效地与其他转移激发能的过程相竞争。

如果单态的势能曲线和三重态的势能曲线交叉，某些单态受激分子可以通过系统间的交叉而转到最低三重态，再从这里回到基态的某一振动级，便构成磷光发射。三重态持续寿命较长，因而磷光发射速率很慢，可达 10^{-2}~100s。停止光照后还会在短时间内发射。

荧光和磷光的波长长于激发波长，除了 X 射线荧光外，大多数荧光法的工作波长在 200~800nm 之间。荧光和磷光各自都提供两种鉴定用光谱：激发光谱和发射光谱。荧光测量与磷光测量相比，可在范围更宽的条件下进行。而且磷光比荧光弱，要在低温下测量。因而荧光光谱用得比磷光更多些，本节以介绍荧光光谱为主。

荧光光谱出现在原始吸收带的长波一侧，而且总是与不饱和分子的电子系统相关联，一

般都有 $\pi \rightarrow \pi^*$ 电子跃迁。强荧光物质的分子多是平面型并且有一定刚性。取代基团的类型对荧光强度有较大的影响。有些基团如—OH、—OR、—NH_2、—NHR、—NR_2、—C≡H可以加强荧光；另一些基团如—COOH、—C═O、—NO_2、—Cl、—Br、—I 则减弱荧光。需要特别指出的是，有些基团既可以加强荧光又可以加强紫外光的吸收，如—OH、—OR、—NR_2 等；有些基团减弱荧光，却增强紫外吸收，如—COOH、—NO_2、—Cl、—Br、—I 等。在聚合物研究中，往往将一些荧光物质(如具有荧光的稠环化合物芘、蒽、菲)引入体系来产生或加强荧光。引入稀土元素如铕(Eu)也能增加荧光强度。引入荧光物质的方法有两种，即荧光探针(probe)和标记(label)。所谓“探针”是将含生色团小分子用物理方法分散在高分子体系中，而“标记”，则是指生色团以化学键连接在高分子链上。按不同研究目的，“标记”基团可以连接在链内或链端，同一分子链上可以含一种或二种不同的生色团。有人把探针和标记统称为 senser。

在荧光分析中，把能与荧光物质发生激发态反应，形成激发态络合物从而使荧光强度减弱或使荧光激发态寿命缩短的物质称为淬灭剂。荧光物质的结构各异，所采用的淬灭剂也不同。O_2 对各种荧光物质都有程度不同的淬灭作用。为了排除溶液中溶解 O_2 的影响，可在测定前先通 N_2 排 O_2。除含卤素离子和亚硝基的化合物可以做淬灭剂外，有些重金属离子的化合物也可以做淬灭剂。

3.2.2 仪器和测定方法

荧光光谱仪的光源一般用氮灯或高压汞灯。荧光光谱仪具有一对单色器，一个为激发辐射，另一个为发射辐射。图 3-8 为仪器的光学系统示意图。

一台荧光分光光度计可为任一种荧光试样提供两类光谱：激发光谱和发射光谱。激发光谱(excitation spectrum)的表现形式是：激发波长对最大发光波长处测得的光强曲线图。实践中，将发射光谱仪调定为试样的发射波长，然后激发光谱仪在一定波长范围内进行扫描以取得激发光谱。再将激发光谱仪调节为试样的激发波长而让发射光谱仪扫描，所记录的是试样的发射光谱(emission spectrum)。图 3-9 所示为蒽的甲醇溶液(0.3μg/mL)测得的发射和激发光谱。用实线画的曲线 A 是从 350~500nm 的发射光谱；虚线画的曲线 B 是激发光谱，波长从 220~390nm。激发光谱中每一谱带的波长位置和紫外-可见吸收光谱中谱带的位置是对应一致的。

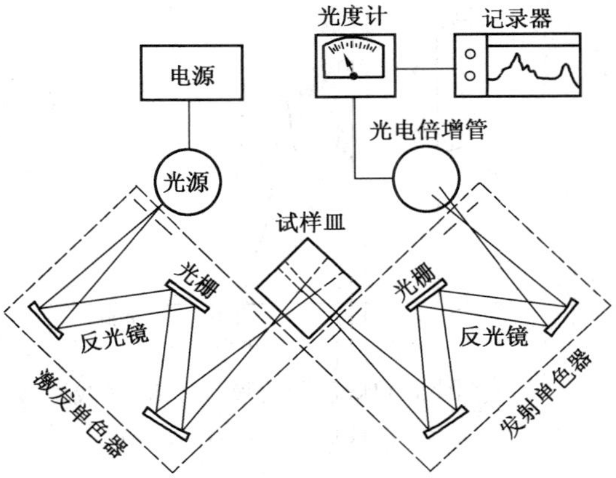

图 3-8 荧光分光光度计示意图

由图 3-9 可见，蒽的发射光谱表现为激发光谱的镜影。而图 3-10 为含萘共聚物的吸收、荧光、磷光和激基缔合物的荧光光谱。

先进的荧光谱仪既能测定液体样品又能测定固体样品。测定液体样品时，液体装在石英皿内。溶液的浓度一般为 $10^{-4} \sim 10^{-5}$ mol/L。要选择非极性或极性很小的、本身吸光度小的和纯度高的溶剂。固体样品可压成片状，放在小托盘中，样品平面与入射光成 45°放置。

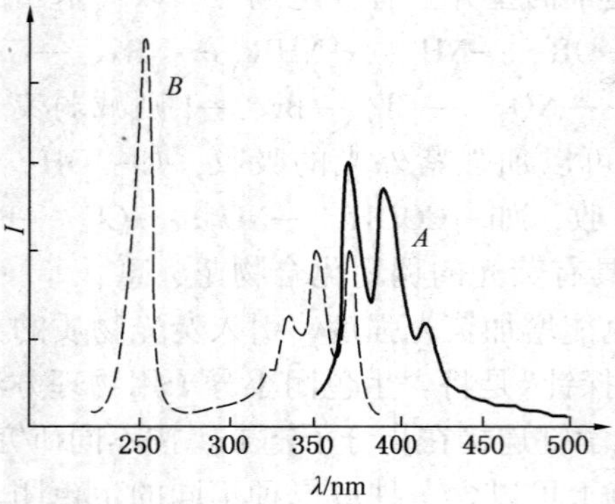

图 3-9 蒽的发射光谱(A，实线)和激发光谱(B，虚线)

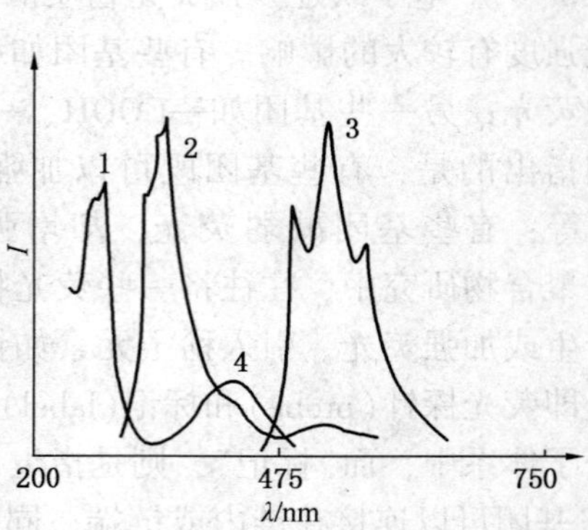

图 3-10 为含萘共聚物的吸收(1)、荧光(2)、磷光(3)和激基缔合物荧光(4)光谱

3.2.3 激基缔合物

从上述的荧光发生原理可知，分子中具有平面结构的 π-电子共轭体系，则这些结构吸收照射光后就会发生荧光。因此不难想像，分子链上含有芳杂环的高分子，被紫外光激发后是应该产生荧光的。早在 20 世纪 60 年代后期 Martin 等就研究了聚苯乙烯和聚乙烯基萘等的荧光光谱。结果发现其溶液的荧光光谱和相应的结构单元如乙苯和乙基萘的荧光光谱有明显的不同。乙苯和乙基萘的吸收光谱和激发荧光光谱如图 3-11、图 3-12 所示。从图中可知两种化合物的荧光光谱是与吸收谱带成简单镜像的关系。

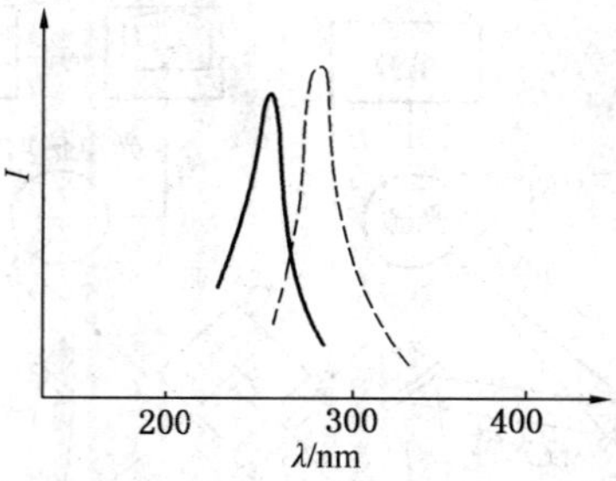

图 3-11 乙苯的吸收光谱(实线)和激发荧光光谱(虚线)

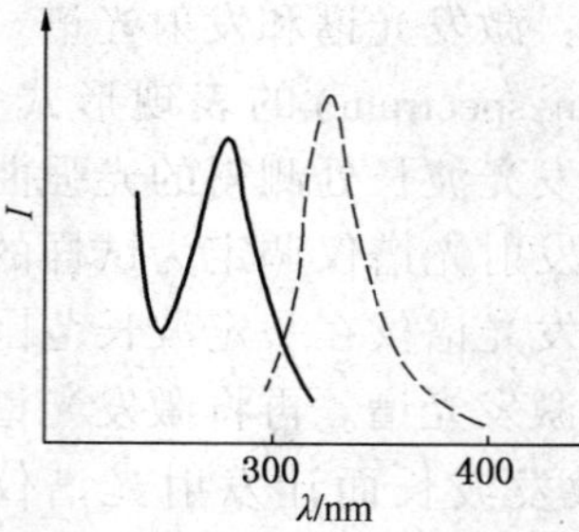

图 3-12 乙基萘的吸收光谱(实线)和激发荧光光谱(虚线)

聚苯乙烯和聚乙烯基萘的吸收光谱和激发荧光光谱如图 3-13、图 3-14 所示。从图中可知聚合物的吸收光谱与它们的结构单元类似的化合物的吸收光谱(即乙苯和乙基萘)是非常相似的。但其荧光光谱则有两个主要谱带。这个异常发光对于聚苯乙烯出现在 335nm 处，而对于聚乙烯基萘则出现在 410nm 处。根据前面讲到的正常荧光的发光原理，从聚苯乙烯的吸收光谱可知其荧光光谱中 275nm 处的发光是独立的侧基苯环的发光；同样在聚乙烯基萘的光谱中 342nm 的发光是来自独立的侧基萘环。而上述光谱中长波长处的发光则必起因于另外的原因。最初很难推断，有如下的可能性：

① 由杂质产生的发光。如果这个异常发光是由杂质产生的，则这个杂质对聚苯乙烯溶液来讲就应该在 290~330nm 区域有吸收；而对乙烯基萘溶液来讲应该在 330~400nm 区有吸收。但即使在增加聚合物浓度时，也没有这个吸收存在。另外即使采用不同条件和不同催化

剂制得的不同来源的聚苯乙烯样品，其荧光光谱也是相同的。这表明不是因杂质产生的。

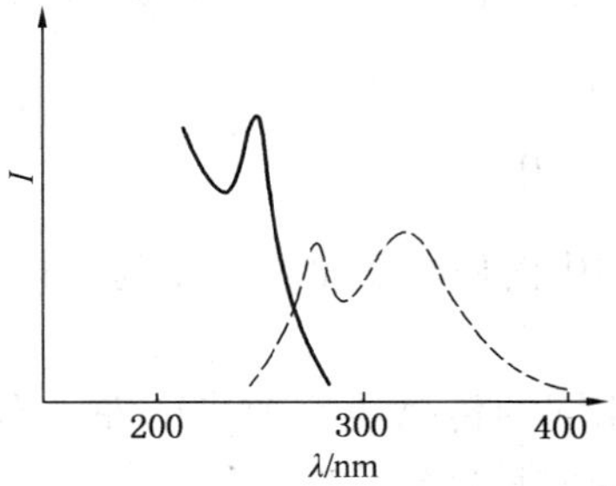

图 3-13　聚苯乙烯的吸收光谱(实线)和激发荧光光谱(虚线)

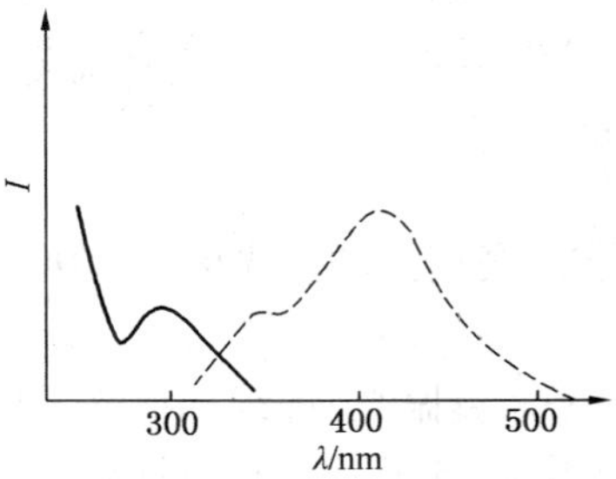

图 3-14　聚乙烯基萘的吸收光谱(实线)和激发荧光光谱(虚线)

② 由解聚引起的发光。在强紫外光(激发光源)的照射下，如果聚合物发生解聚，则也可能发生异常发光。但对样品进行连续照射的结果表明荧光光谱并不改变。这表明这个异常发生也不是由解聚引起的。

③ 单个发色基因之间强相互作用。也就是说像上述聚合物中的苯环和萘环等其有平面电子共轭结构的发色基团除单独存在外，还有可能由于分子链取某种构象时邻近的两平面结构相互平行靠近产生强相互作用，即形成一种激基缔合物(eximer)。这种激基缔合物吸光后发出了不同于单独发色基团(monomer)的异常发光。

以上讨论的这两类激基缔合物都是其有近邻芳环的结构，即两个芳环之间均相隔三个碳原子。

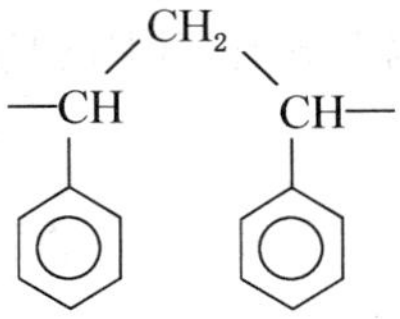

聚苯乙烯

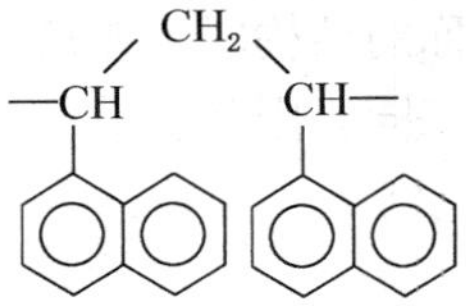

聚乙烯基萘

所以这两类聚合物在浓度很稀时也会形成分子内激基缔合物。其实远隔的侧链发色基团之间也可以形成激基缔合物。一个例子是苯乙烯与丁二烯共聚物(苯乙烯为 5%)的研究。从红外和核磁测定可以推断这种共聚物中苯乙烯之间相隔 36 个丁二烯链节，即 150 个碳原子。因而几乎不存在相邻苯环之间形成激基缔合物的可能性。实验结果表明，在乙苯稀溶液中没有激基缔合物的荧光光谱峰。但在加入沉淀剂甲醇后，由于分子链开始紧缩卷曲，远隔的苯环会相互靠近而可能形成分子内非邻近的激基缔合物，或不同分子的苯环可能形成分子间激基缔合物，从而出现了激基缔合物的荧光光谱峰。

3.3　旋光谱和圆二向色性谱

3.3.1　ORD 与 CD 的基本原理

从有机化学的基础知识可知，假如一个有机分子是手性的，即如果它和它的镜像不是相同的客体(互相不能重叠)，则它可以使平面偏振光的偏振面发生偏转，即所谓“旋光性”。

偏振面所旋转的角度称之为旋光度，通常在钠光 D 线(≈589.3nm)下，用旋转检偏镜进行测定。从观察者的角度看，当检偏镜顺时针方向旋转时，样品称右旋(+)物质，逆时针方向旋转时称左旋(-)物质。定义比旋光度

$$[\alpha]_D = \frac{\alpha_{实}}{c \cdot l} \times 100$$

式中，$\alpha_{实}$ 为实际观测到的旋光度；c 为 100mL 溶剂中溶质的质量，g；l 为试样槽的厚度(以 dm 计)。

实际上，平面偏振光(即线偏振光)等价于以相同的传播速度前进的左、右两个圆偏光的矢量和，如图 3-15 所示。顺时针旋转为右旋，逆时针旋转为左旋。

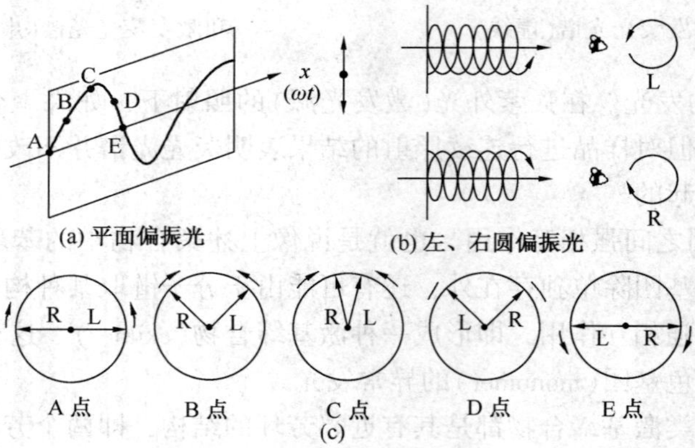

图 3-15　平面偏振光和圆偏振光的关系

当介质具有对称的结构时，左旋圆偏振光和右旋圆偏振光在其中的传播速度相同，表现为它们的折射率 n 相同，因为：

$$n = \frac{在真空中的光速}{在介质中的光速}$$

这时有：

$$\Delta n = n_L - n_R = 0$$

从而使它们的矢量和保持在同一个平面中[参见图 3-15 的(c)]。在迎着光传播的方向观察，该矢量和是忽长忽短的一条线，如图 3-15 中的(a)所示。

如果介质具有手性的结构(比如葡萄糖的水溶液)，则 $n_L \neq n_R$，$\Delta n \neq 0$ 从而使它们的矢量和偏离原来的偏振平面，并且偏离的程度随光程而增大，这就是旋光现象，如图 3-16 所示。

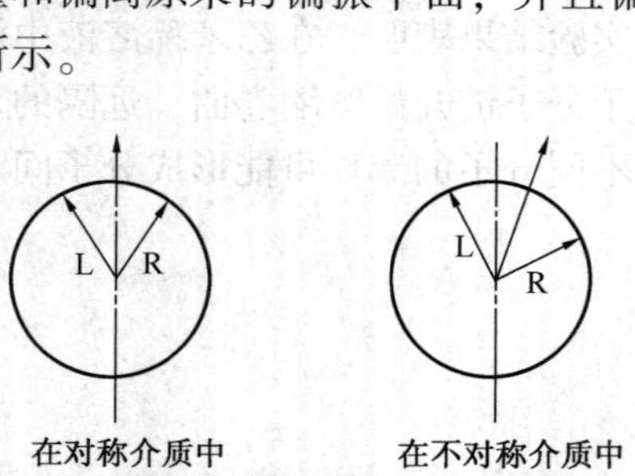

图 3-16　平面偏振光在不对称介质中传播时发生旋转

因此旋光现象实际上是“圆双折射”，即左旋和右旋圆偏振光有不同的折射率(或传播速度)。这很合理，因为左旋和右旋圆偏光本身彼此具有镜像的关系而彼此不能互相重叠，好像左螺纹和右螺纹一样，因此在与不对称的介质发生相互作用时，会显示出不同的效果。

假如用不同波长的平面偏振光来测量一个化合物的比旋光度$[\alpha]_\lambda$，并以$[\alpha]_\lambda$或有关的量作纵坐标，波长为横坐标得到的图谱就叫做旋光谱(optical rotatory dispersion，简写作 ORD ）。

注意，观测到的旋光度 $\alpha_{实}$ 正比于 Δn，有

$$\alpha_{实}=\frac{1800}{\lambda}(n_L-n_R)$$

式中，λ 为所用平面偏振光的波长(以 cm 计)。设 $\lambda=360$nm，则在 ldm 的试样槽中，每观测 1°旋转所相应的 Δn 值为：

$$\frac{1\times 360\times 10^{-7}}{1800}=2\times 10^{-8}$$

这是很微小的差别。

实际的 ORD 测量工作中常用分子比旋光度(又称摩尔旋光度)$[\Phi]_\lambda$ 来代替比旋光度 $[\alpha]_\lambda$，它们之间的关系是

$$[\Phi]_\lambda=\frac{[\alpha]_\lambda\cdot M}{100}$$

式中，这个 100 是人为指定的，为的是使摩尔旋光度的值不致过大；M 为待测物质分子量；它的量纲为度 · cm^2 · $dmol^{-1}$。

另方面，如果不对称的介质在紫外或可见区有吸收峰，则用不同波长的左旋圆偏振光和右旋圆偏振光来测量它的紫外光谱时，可以发现它的摩尔消光系数是不同的，即

$$\Delta\varepsilon=\varepsilon_L-\varepsilon_R\neq 0$$

这现象称为“圆二向色性”(circular dichroism，简写作 CD)。用 $\Delta\varepsilon$ 或有关的量作纵坐标，波长作横坐标，得到的图谱就称为“圆二向色性谱”或 CD 谱。圆二向色性并不限于紫外和可见区，也可以在红外区测量，称为振动圆二向色性谱，简写作 VCD。

紫外光谱测量的直接读数是光密度 $D(D=\varepsilon cl)$，CD 谱的直接读数可以是 $\Delta D(\Delta D=D_L-D_R)$，但由于其绝对值很小，更常用的是分子椭圆度(ellipticity)$[\theta]$，它的量纲为 rad · cm^{-1} (1rad=57.3°)，它与摩尔消光系数的关系是

$$[\theta]=3298\Delta\varepsilon=3298(\varepsilon_L-\varepsilon_R)$$

分子椭圆度的物理意义可参看图 3-25。当平面偏振光通过在紫外区有吸收峰的不对称介质时，它所包含的左旋和右旋圆偏振光分量不仅传播速度不同(圆双折射)，而且强度也不同(圆二向色性)。在图 3-25 中，用代表矢量的箭头的长短来表示强度，因此在迎着它的传播方向观察时它们的矢量和将描出一个椭圆轨迹。该椭圆的长轴即二矢量相位相同时的值，短轴即二矢量相位相反时的值，而短轴与长轴比例的正切 $\tan\theta$ 就同时反应了圆双折射和圆二向色性。θ 是平面偏振光离开试样槽，即最后出来时的椭圆度，它与分子椭圆度$[\theta]$的关系是：

$$[\theta]=\frac{\theta\cdot M}{100\cdot l\cdot c}=3298\Delta\varepsilon$$

$[\theta]$的量纲也是度 · cm^2 · $dmol^{-1}$。由于 Δn 和 $\Delta\varepsilon$ 都很小，因此椭圆的短轴很短，使图3-17的椭圆实际上接近于线形。

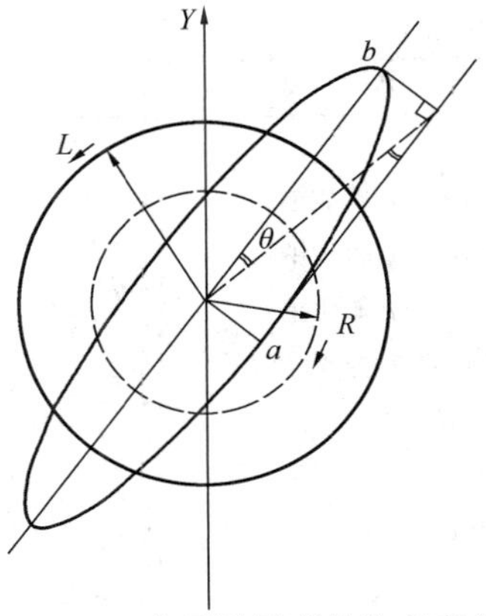

图 3-17　分子椭圆度的物理意义

大多数仪器设计是用$[\alpha]$代替 Δn 的测量(ORD)，用 ΔD 代替 $\Delta\varepsilon$ 的测量(CD)，而图谱的纵坐标则常用分子比旋光度$[\Phi]$和分子椭圆度$[\theta]$。

ORD 和 CD 是同一现象的两个方面，它们都是光与物

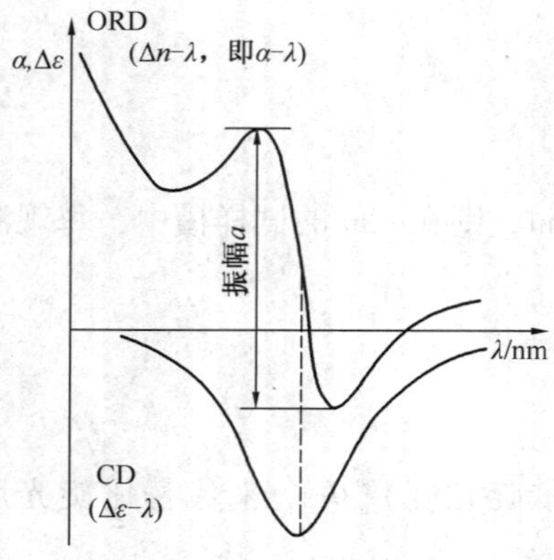

图 3-18　CD 和 ORD 的关系

质作用产生的。在紫外可见区域，用不同波长的左、右旋圆偏振光测量 CD 和 ORD 的主要目的是研究有机化合物的构型或构象。在这方面，CD 和 ORD 所提供的信息是等价的，实际上它们互相之间有固定的相互关系，如图 3-18 所示。从图中可以看出，CD 谱中的 $\Delta\varepsilon$ 有负值，$\varepsilon_L<\varepsilon_R$ 峰形朝下，在横坐标以下；对应地，在 CD 谱中峰值位置的附近，ORD 曲线呈现 S 形变化，这称为康顿(Cotton)效应。负的 $\Delta\varepsilon$ 相应 ORD 曲线中的康顿效应，这时 ORD 谱线在长波长处有“谷”，而向短波长移动时出现“峰”。CD 中 λ_{max} 的位置基本上和 ORD 曲线上峰与谷的中间位置吻合。如果 CD 谱有正的 $\Delta\varepsilon$ 值($\varepsilon_L>\varepsilon_R$)，则相应的 ORD 曲线上有正的康顿效应，这时在长波长处先出现峰，往短波长移动时出现谷。总之，只要不对称分子在紫外可见区有吸收峰，就会有 CD 和 ORD，CD 的正负符号和 ORD 谱线康顿效应的正、负一致；对于有多个紫外吸收蜂的化合物，就会有多个连续变化的 CD 峰和相应的 ORD 谱图。理想情况下，UV 吸收峰 λ_{max}、CD 的 λ_{max} 或 $\Delta\varepsilon$ 最大绝对值(呈峰或谷)及 ORD 的峰与谷之间的中间位置三者应重合，但实际上这三者很接近，不一定重合。如果待测样品在 200～800nm 波长范围内无特征吸收，ORD 呈单调平滑曲线，此时 CD 近于水平直线($\Delta\varepsilon$ 变化甚微)，不呈特征的康顿效应，对解释化合物的立体构型没有什么用处。

当 ORD 和 CD 呈正性康顿效应时，物质是右旋；当 ORD 和 CD 呈负性康顿效应时，物质是左旋。康顿效应的正、负与化合物中靠近生色团的手性中心的构型有密切的联系，通过一些积累的经验规律，可以在一定条件下把手性分子中某生色团吸收蜂的康顿效应的正、负符号与该生色团附近的手性中心的构型联系起来。

3.3.2　实验技术

(1) 样品制备　样品一般是稀溶液，装在石英吸收池中。对远紫外测定，典型浓度是 1mg/mL(对 0.1mm 光程长度的池)或小 10 倍(对 1mm 池)。增加样品浓度时往往相应要减少池厚度。

由于许多溶剂都在紫外区有强烈吸收，所以必须选择在测定范围没有或很少吸收的溶剂。表 3-6 列出了 CD 常用溶剂的可应用波长下限。

表 3-6　CD 常用溶剂的可应用波长下限

溶　剂	1cm 池	1mm 池	0.1mm 池	溶　剂	1cm 池	1mm 池	0.1mm 池
水	185	180	175	二氧杂环己烷	220	210	202
0.01mol/L 磷酸钠		182		苯	280	275	270
0.01mol/L 磷酸钠		190		四氯化碳	250	240	230
0.01mol/L 氯化钠		195		氯仿	240	230	220
0.01mol/L 柠檬酸铵		220		1,2-二氯乙烷	220	210	200
正己烷	210	185	180	甲醇	210	195	185
重水		175	171	乙醇	220	200	190
三氟乙醇		177	170	三氟乙酸	260	250	240
环己烷	210	185	180	二甲亚砜	264	252	245
异辛烷	210	185	180	四氢呋喃	265	230	204

（2）测定范围和吸收池的选择　由于紫外低波长区很难严格定量，所以现代 CD 仪一般局限至 190nm。低于 200nm，测定的可靠性会有问题。

传统的 CD 样品池仅有一种形状，即圆柱形石英池（外径 22mm），这种形状双折射较少。但当今人们更多用的是方形石英池，它的质量已有很大改善。用方形池的一个原因是使用恒温装置的需要。这种池与紫外吸收光谱用的池相同，也有的厂商提供专用的 CD 样品池，它们较便宜而且需要样品体积较少。10mm 光程的方形池的样品体积约为 2mL，要进一步减少体积可以将池底部垫高。方形池可以加有特氟隆的盖子，可用于升温测定。

3.3.3　CD 在高聚物研究中的应用

CD 在高分子领域中的应用主要是对生物高分子，比如蛋白质的研究和纤维素、甲壳素液晶的研究等。例如甲壳素/壳聚糖及其衍生物存在四个层次的手性：手性碳原子、分子构型（configuration，吡喃环相邻碳原子连接方式）、分子链构象（conformation，螺旋型分子链）和超分子结构（supermolecular structure，胆甾层片螺旋）。下面以蛋白质的分子链构象手性和壳聚糖胆甾液晶的超分子结构手性为例。

（1）蛋白质的 CD 谱

① 远紫外区 260~180nm 或更低。远紫外区能提供蛋白质二级结构的信息。无规线团的一条正谱带在 212nm 和一条负谱带在 195nm。β-片状结构给出一条负谱带在 218nm（$\pi\rightarrow\pi^*$）和一条正谱带在 196nm（$n\rightarrow\pi^*$）。α-螺旋结构有一条负谱带在 222nm（$n\rightarrow\pi^*$），平行负谱带在 206nm（$\pi\rightarrow\pi^*$）和垂直正谱带在 190nm（$\pi\rightarrow\pi^*$）。图 3-19 是肌红朊（主要为 α-螺旋结构）的 CD 谱图。

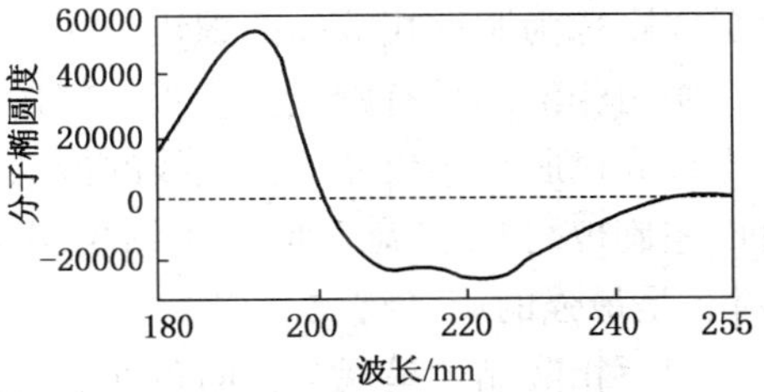

图 3-19　肌红朊的 CD 谱图

② 近紫外区 350~250nm　近紫外区的 CD 谱给出三级结构的信息，即如果没有三级结构在此区间就没有 CD 信号。信号来自色氨酸残基（300~280nm），酪氨酸残基（290~270nm）和苯基丙氨酸残基（270~250nm），以及二级硫化物键的宽峰。近紫外区的强度比远紫外区低，所以一般用 10mm 样品池。图 3-20 是溶菌酶不同浓度和不同样品池光程长度的 CD 谱图。

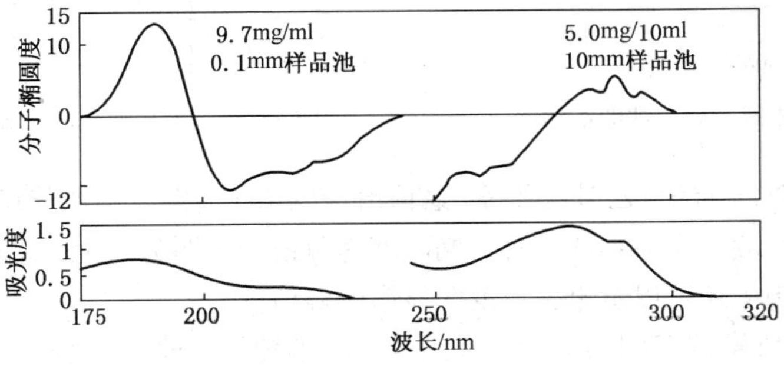

图 3-20　不同浓度和不同样品池光程长度的溶菌酶的近紫外和远紫外 CD 谱图

③ 可见光区　金属蛋白质例如血红蛋白在可见光区呈现很好的 CD 谱。图 3-21 是 Fe（Ⅲ）肌红朊和 Fe（Ⅱ）肌红朊的索瑞（Soret）谱带。

（2）胆甾相高分子液晶的旋光性　胆甾相是液晶三个主要相之一。在这种相结构中分子排列成层，层内分子相互平行，分子长轴平行于层平面。不同层的分子长轴方向稍有变化，沿层的法线方向排成螺旋状结构(见图3-22)。因而胆甾相又称螺旋相。

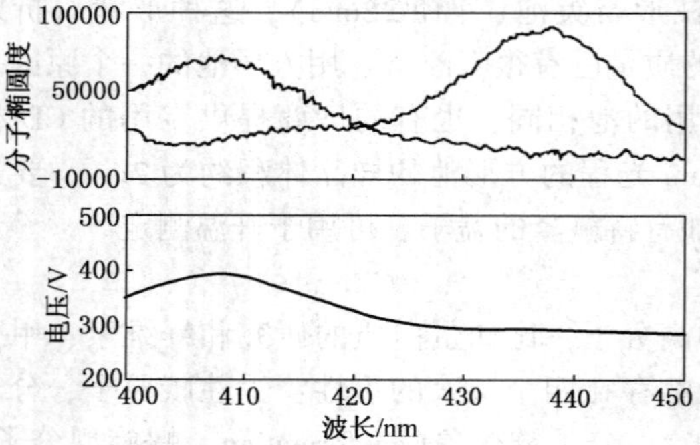

图3-21　Fe(Ⅲ)肌红朊和Fe(Ⅱ)肌红朊的CD谱图

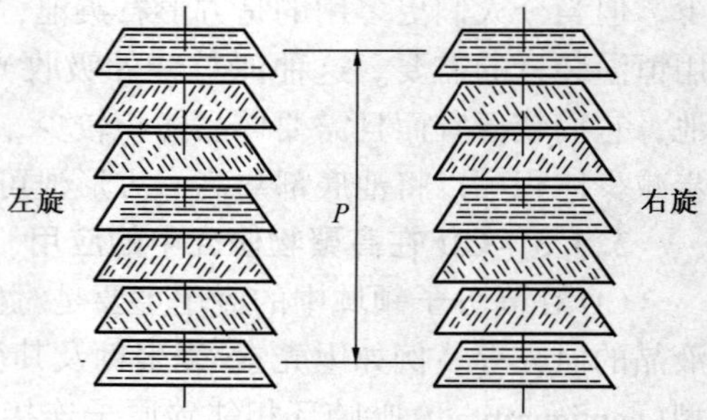

图3-22　胆甾相液晶的结构示意图

当不同层的分子长轴排列沿螺旋方向经历360°的变化后，又回到初始取向，这个周期性层间距称为胆甾相液晶的螺矩(P)。

胆甾相液晶具有旋光性，当线偏振光经过胆甾相液晶时，它的振动方向逐渐被扭转，所以光线穿过胆甾相液晶后，光线的振动平面已与入射光振动平面不同(见图3-23)。胆甾相可以左旋也可以右旋。胆甾相结构最多能使光的偏振面旋转达18000°/mm(即每毫米50转)，是最强的旋光物质。

胆甾相液晶还呈现圆二向色性。光入射到胆甾液晶上时，由于胆甾相液晶分子的螺旋结构，只允许左旋圆偏振光或右旋圆偏振光两者之一透过液晶，其他一种则被反射(或散射)(见图3-24)。因而在CD谱中，胆甾相液晶会出现峰。

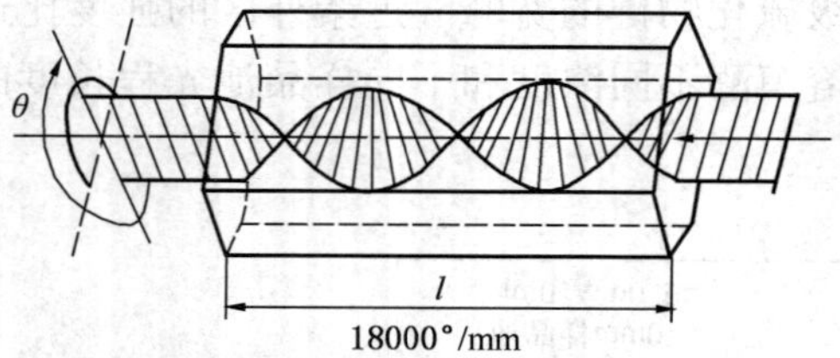

图3-23　胆甾相液晶旋光性的示意图

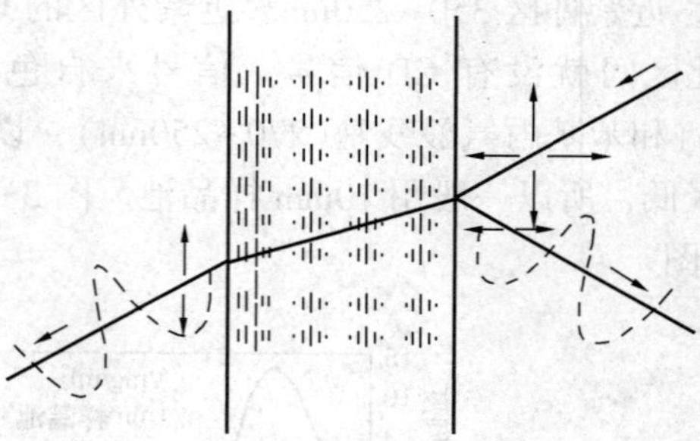

图3-24　胆甾相液晶的圆偏光二向色性

图3-25　是50%(质量)乙基纤维素/氯仿溶液的CD谱图。当取代度 $DS=0.06$ 时，椭圆为正值，表明为左旋；当 $DS=0.5$ 时，椭圆度为负值，表明为右旋。也就是说螺旋方向受取代度的影响。从图中还可以看出，温度明显影响峰值。

图3-26　是纤维素的三(4-氯-苯基)氨基甲酸酯和纤维素的三(3-氯-苯基)氨基甲酸酯的ORD谱图。前者为左旋，出现正的康顿效应；后者为右旋，出现负的康顿效应。文献报道在羟丙基纤维素的丙烯酸酯的ORD谱中也观察到代表右旋的负康顿效应。

笔者测定了 *N*-邻苯二甲酰化壳聚糖(DS=1.0)/DMF溶液的CD谱图(图3-27)，观察到胆甾相层片的螺旋方向明显受浓度影响。此液晶的最低形成浓度(即临界浓度)为45%，低于这个浓度时可见光区没有峰。当浓度为 50%时，观察到正的康顿效应，表明呈现左旋胆甾相。但当浓度增加到 60%时，康顿效应由正变负，意味着出现右旋胆甾相。

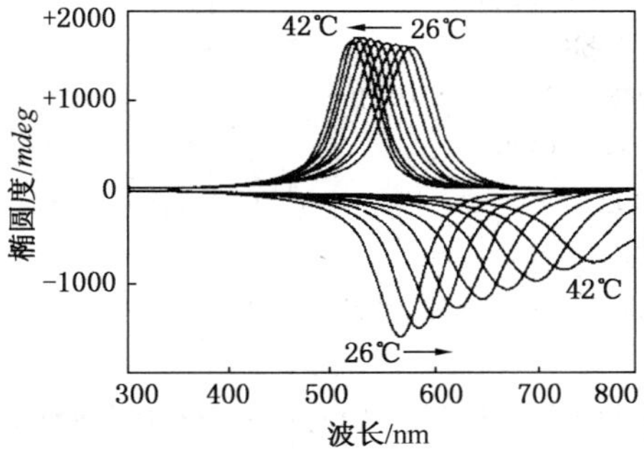

图 3-25　50%乙基纤维素/氯仿溶液的 CD 谱图

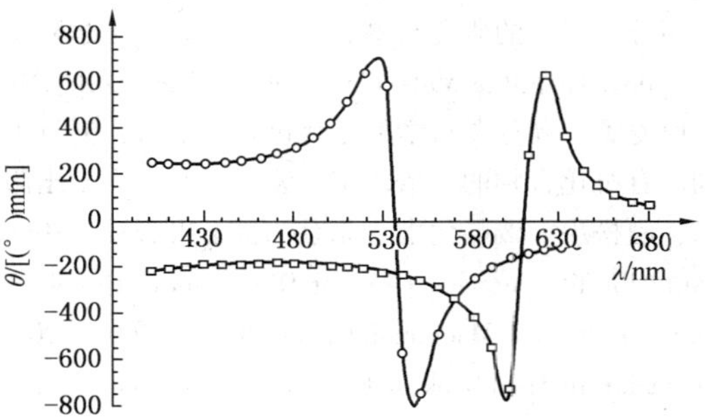

图 3-26　纤维素的三(4-氯-苯基)氨基甲酸酯(□)和纤维素的三(3-氯-苯基)氨基甲酸酯(○)的 ORD 谱图

从 CD 谱图除了可得到胆甾液晶的螺旋性质外，还可以用来计算胆甾螺距。因为 CD(或紫外光谱)的最大吸收波长相当于胆甾相选择光反射时的最大反射波长，从而利用下式可以计算出螺距 P。

$$P = \frac{\lambda_0}{\bar{n}}$$

式中，λ_0 为最大反射波长(从 CD 谱图的峰位置确定)；$\bar{n}$ 为样品的平均折射率，等于寻常光折射率与非寻常光折射率的平均值。

螺距除了受到结构因素的影响外，还受到温度、浓度、压力、溶剂性质等外界因素的影响。图 3-28 是浓度对 N,O-苄基化壳聚糖的二氧杂环己烷溶液的螺距影响的一个例子。随着浓度增加，螺距增大。图 3-29 中在较低波长处还观察到一个小峰，可能对应于分子链的螺旋构象。

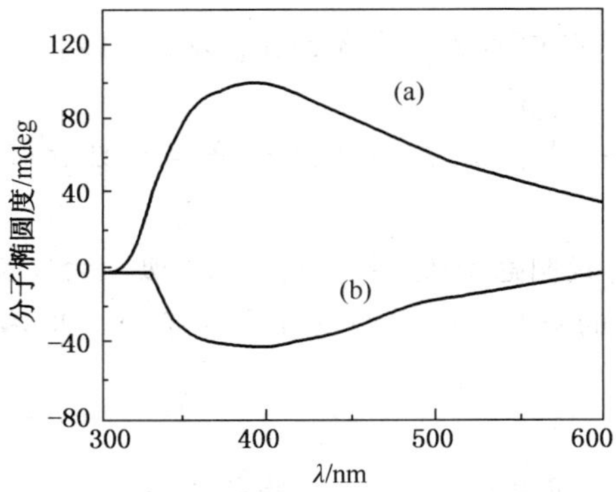

图 3-27　N-邻苯二甲酰化壳聚糖/DMF 溶液的 CD 谱图
温度：室温；浓度：(a)50%；(b)60%

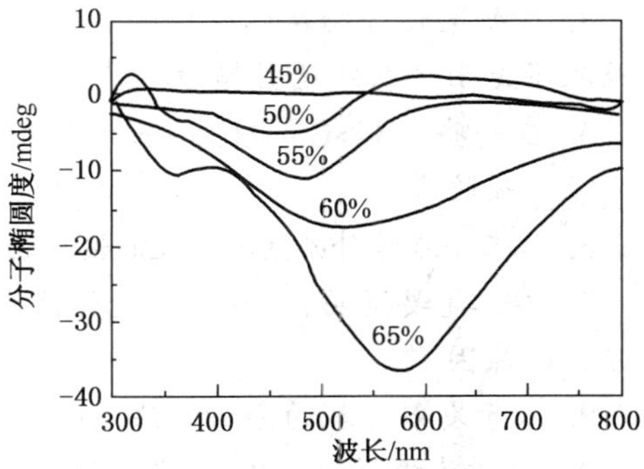

图 3-28　不同浓度的 N,O-苄基化壳聚糖/二氧杂环己烷溶液的室温 CD 谱图

天然高分子的胆甾液晶相往往只在高浓度溶液中出现，而此时容易受光散射的干扰。可以通过改变不同入射角度测定来区别 CD 峰是由于胆甾相螺旋结构还是由于光散射引起的。若测得的峰与入射角度有关，则应小心光散射引起的假象。

参 考 文 献

1 W. Klöpffer. Introduction to Polymer Spectroscopy. Berlin：Springer-Verlag，1984
2 宋宏．高分子材料的研究与测定，大连：大连工学院出版社，1988
3 A. S. Davydov. Theory of Molecular Excitons. New York：McGraw-Hill，2nd Ed.，1971
4 江明，府寿宽．高分子科学的近代议题．上海：复旦大学出版社，1998
5 唐恢同．有机化合物的光谱鉴定．北京：北京大学出版社，1992
6 王良御，廖松生．液晶化学．北京：科学出版社，1988
7 European Chirality Services. Circular Dichroism of Proteins，Technical Report N52，Itali，2001
8 M. Müller，R. Zentel. Macromol. Chem. Phys.，2000，201：2055
9 P. Zugenmaier. in Handbook of Liquid Crystals，Vol 3：High Molecular Weight Liquid Crystals，Ed D. Demus，J. Goodby，G. W. Gray，H. W. Spiess，V. Vill. New York. Wiley-Vch，1998
10 董炎明，吴玉松，阮永红等．壳聚糖衍生物胆甾液晶螺旋结构的圆二色性研究，高分子液晶态与超分子有序态研究进展．武汉：华中科技大学出版社，2002，265~269

习 题

1. 物质与电磁辐射相互作用后，产生紫外可见吸收光谱，这是由于(　　)

A. 分子的振动；B. 分子的转动；C. 原子核外层电子跃迁；D. 原子核内层电子跃迁

2. 写出紫外-可见光谱法的基本定量关系式，并说明同一化合物的吸收谱图和透射谱图有何关系。

3. 填空：

(1) 已知有色络合物在一定波长下用2cm吸收池测定时其透光率$T=0.60$。若在相同条件下改用1cm吸收池测定，吸光度A为________，用3cm吸收池测定，T为________。

(2) 具有共轭体系的化合物，其紫外吸收光谱随共轭双键数目的增多，最大吸收波长________移，且摩尔吸光系数________。

(3) 紫外光谱分析在近紫外区使用________吸收池，而不能使用________作吸收池，这是因为________。

4. 已知某化合物在己烷中的λ_{max}为327nm，在水中的λ_{max}为305nm，从溶剂效应分析，该吸收带是由什么跃迁引起的？

5. 在一些含有>C═O、—N═N等基团的分子中，由n—π＊跃迁产生的吸收带称为________吸收带。

6. 举三个在紫外光区有吸收的聚合物的实例，并说明电子跃迁的类型，以及吸收的波长。

7. 举例简要说明紫外-可见光谱法在高分子中的应用，并说明它在高分子的应用不如红外光谱的原因。

8. 基于发射原理的分析方法是(　　)

A. 核磁共振谱法；B. 荧光光谱法；C. 紫外-可见光谱法；D. 红外光谱法

9. 叙述聚合物的激基缔合峰在荧光光谱图中的位置，说明其产生原因。

10. 比较旋光谱与圆二向色性谱的共同点和不同点。

11. 高分子的手性表现在哪些层次上？举例说明。

12. 名词解释：(1)红移；(2)减色；(3)激基缔合物；(4)(荧光光谱的)标记；(5)康顿效应

第 4 章　元素分析的波谱方法

用于高分子材料元素分析的波谱方法主要有 X 射线荧光光谱、X 射线光电子能谱、电子探针微区分析和俄歇电子能谱。X 射线荧光光谱是用 X 射线轰击样品，测定放出的荧光 X 射线；X 射线光电子能谱是用 X 射线轰击样品，测定释放的电子能量；而电子探针微区分析和俄歇电子能谱是用电子束轰击样品，测定释放的特征 X 射线或俄歇电子的能量。它们都与紫外光谱一样是电子光谱，但它们都是电子发射光谱，而紫外光谱是电子吸收光谱。这四种方法都与内层电子有关，属内能级谱，因而用于元素分析。一般都用固体样品，主要用于表面分析。但其仪器都比较昂贵，难以作为日常分析的方法。

4.1　X 射线荧光光谱法

20 世纪 20 年代瑞典的 G. C. de 赫维西和 R. 格洛克尔曾先后试图应用此法从事定量分析，但由于当时记录和探测仪器水平的限制，无法实现。40 年代末，随着核物理探测器的改进，各种计数器相继应用在 X 射线的探测上，此法的实际应用才成为现实。1948 年 H. 弗里德曼和 L. S. 伯克斯制成了一台波长色散的 X 射线荧光分析仪，此法才开始发展起来。此后，随着 X 射线荧光分析理论和方法的逐渐开拓和完善、仪器的自动化和计算机水平的迅速提高，60 年代本法在常规分析上的重要性已充分显示出来。70 年代以后，又按激发、色散和探测方法的不同，发展成为 X 射线光谱法(波长色散)和 X 射线能谱法(能量色散)两大分支。

基本原理是用 X 射线(或放射性同位素辐射源)照射样品，将其原子中的某内层电子轰击出来逸入空间或成为自由电子，致使该内层形成电子空穴。当其他内层电子(较该内层为外层的电子)发生层间窜跃进入空穴时发生辐射，产生荧光 X 射线(次级 X 射线)。荧光 X 射线是各种元素固有的，它与元素的原子系数有关。两者有这样的关系：

$$\sqrt{\frac{1}{\lambda}} = k(Z - S)$$

式中，k、S 是常数，所以只要测出了荧光 X 射线的波长 λ，就可以求出产生该波长的元素，即可做定性分析。

当用 X 射线(一次 X 射线)做激发原照射试样，使试样中元素产生荧光 X 射线时，若元素和实验条件一样，荧光 X 射线的强度 I_i 与分析元素的质量百分浓度 C_i 的关系可以用下式表示：

$$I_i = \frac{KC_i}{\mu_m}$$

式中，μ_m 是样品对一次 X 射线和荧光 X 射线的总质量吸收系数；K 为常数，与入射线强度 I 和分析元素对入射线的质量吸收系数有关。在一定条件下(样品组成均匀，表面光滑平整，元素间无相互激发)，荧光 X 射线强度与分析元素含量之间存在线性关系。因而根据谱线的强度可以进行定量分析。这样由该荧光 X 射线的波长和强度可以获得元素的种类和含量等信息。

X 射线荧光光谱法的主要优点是灵敏度高，最低检出浓度为 10^{-6}，常用于痕量元素分析；测定快速，测一个样品的若干元素只需几分钟；对结构无破坏性，样品还可使用或作其他分析；样品制备简单。

注意它与前一章的荧光光谱是不同的。荧光光谱是当样品受光源(氙灯或高压汞灯)发出的光照射时，其分子和原子中的电子由基态激发到激发态，再由激发态返回基态，发射出荧光，测定荧光强度与发射波长的关系。只有含荧光基的物质才能发射荧光。荧光光谱不能用于测定元素。

该法一般采用高分子固体样品。对于颗粒和模塑物，最好先模压成圆盘状。但要注意在模压时某些有机物可能会迁移到表面，如果不严重，可用车床车去表面层，测定暴露的内层。

高分子本体中的 C 和 H 等其他非检测元素会存在一定的吸收效应，若用溶液测定可以避免高分子本体的干扰。方法是将样品灰化，再溶于硝酸中测定。因为硝酸与其他无机酸不一样，不会对被测元素的荧光 X 射线有强烈吸收。

由于测得的荧光 X 射线的波长和强度与元素所处的化学结合状态无关，因此该方法只用于元素的定性和定量分析。理论分析范围包括原子序数 $Z\geqslant3$(锂)的所有元素，常规分析一般用于 $Z\geqslant9$(氟)的元素，主要用于测定 P、S、Cl、Br、I、Si、Ca、Ba、Ti、Fe、Zn、Co、Ni、Cr、K。

高分子材料和单体中常会含有微量或痕量元素。高分子中的痕量金属元素主要来源于催化剂残余、添加剂(无机颜料、作为润滑剂的脂肪酸盐类等)、由容器带来的污染等。X 射线荧光光谱已用于测定聚乙烯、聚丙烯中百万分之几的 Cl、Br、Ti、Al、K、Ca、Mg、V 等，测定聚丁二烯、聚异戊二烯和聚酯中的 Fe、Co、Ni、Cu、Zn 等金属。

在聚烯烃中氯以两种形式存在。一种是以有机键合的形式存在，这一部分氯用 X 射线荧光光谱测定不困难。另一种是以无机化合物如氯化钛等形式存在，这一部分氯在加热模压成圆盘状样品时有可能损失。有一种方法可以完全避免误差，在模压前先将聚烯烃粉末与氢氧化钾的乙醇溶液混合，然后再于 105℃下干燥。从测定结果(表 4-1)可见，经碱处理的聚烯烃有较高的氯含量。PVC 中添加剂的分析首先应考虑用此法，它能快速并有效地确定磷系、硫系添加剂，以及作为润滑剂的高级脂肪酸盐(Ca、Mg、Zn 等)和无机填料的存在。

表 4-1　用 X 射线荧光光谱法测定聚烯烃中氯含量的实验结果

实验序号	氯含量/10^{-6}		实验序号	氯含量/10^{-6}	
	样品未经碱处理	样品经碱处理		样品未经碱处理	样品经碱处理
1	510	840	4	497	650
2	422	552	5	460	882
3	440	730			

4.2　X 射线光电子能谱

4.2.1　基本原理和实验技术

X 射线电子能谱(X-ray photoelectron spectroscopy，XPS)的基本原理是用 X 射线照射样品，使样品中原子或分子的电子受激而发射出来，测量这些电子的能量分布，从中获得所需的元素和结构方面的信息。由于它十分广泛地应用于化学分析，所以也称之为化学分析(或化学用)电子能谱(electron spectroscopy for chemical analysis，ESCA)。如果入射激发源是紫外光，称为紫外光电子能谱(简称 UPS)，是研究量子化学理论的重要工具。

X 射线使电子从原子中某能级发射出来，这一过程为光(致)电离。光电离过程服从爱因斯坦关系式

$$E_B = hv - E_K$$

式中，E_B 为电子结合能，等于电离能；hv 为入射 X 光子能量；E_K 为射出光电子的动能。

这一过程的能量关系示于图 4-1，以费米(Feimi)能级为参考能级，费米能级相当于绝对零度固体能带中充满电子的最高能级。某一内层电子接受了光子能量，一部分贡献给电了作为电离能使之达到费米能级，其余部分成为电子的动能。

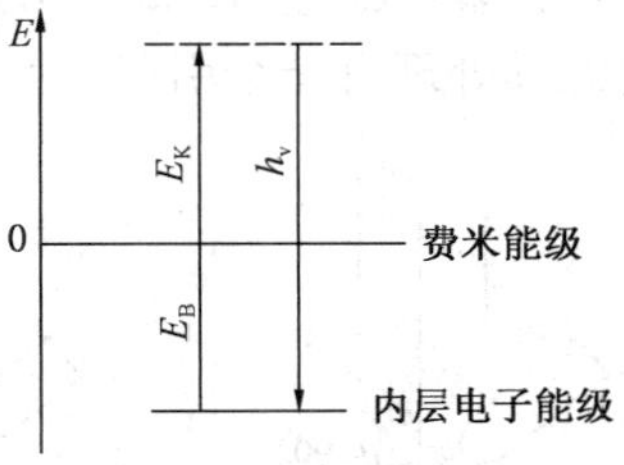

图 4-1 XPS 实验的能量关系图

入射 X 射线的能量是恒定的，一般用较“软”(波长较大)的 Mg K_α 线(1253.7eV，0.99nm)或 Al K_α 线(1486.6eV，0.83nm)。只要测得发射电子的动能，便可求出电子的结合能。而电子的结合能与原子序数及轨道有关，从而可以进行元素的定性定量分析。所得到的 XPS 谱图是以电离的电子数(相对值)对它们的能量(动能或相应的结合能)作图的。

上述能量关系只是在能量不损失的情况下才成立。对于高分子固态样品(不能用溶液，因为溶剂分子会干扰测定)，只有在表面非常薄的一层(约 2nm)上才允许电子离开而不损失能量。因此，XPS 只适合于研究固体高分子材料的表面，主要信息来自于 10nm 以内的近表面层，其灵敏度远高于红外反射法(MIR)。

XPS 还具有如下特点：

① 可以分析除 H 和 He 以外的所有元素，对所有元素的灵敏度具有相同的数量级。

② 是一种高灵敏超微量表面分析技术。样品量可少至 10^{-8}g，绝对灵敏度高达 10^{-18}g。

③ 相邻元素的同种能级的谱线相隔较远，相互干扰较少，元素定性的标识性强。

④ 能够观测化学位移，化学位移同原子氧化态、原子电荷和官能团有关，是 XPS 用作结构分析和化学键研究的基础。

⑤ 可作定量分析，既可测定元素的相对浓度，又可测定相同元素的不同氧化态的相对浓度。

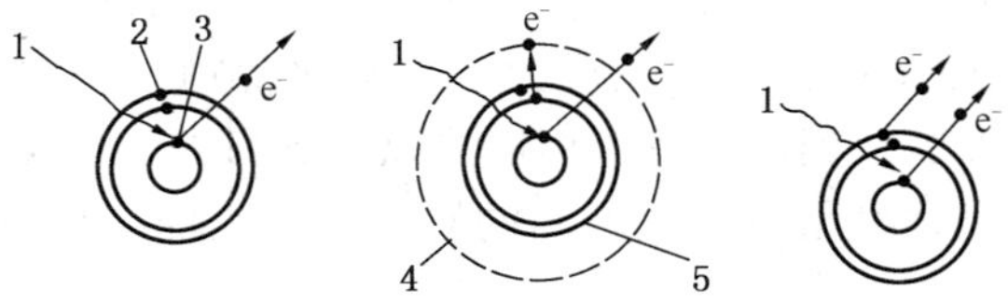

图 4-2 X 射线与分子中电子的相互作用

1—X 射线；2—价电子；3—内层电子；4—空能级；5—占有能级

其实，入射 X 射线不仅会引起内层电子光电离，而且会伴随着价电子从占有能级激发到空能级(称为振激，shake-up)，或价电子的电离(称为振离，shake-off)，如图 4-2 所示。从而使内层电子所带动能 E_K 相应减少，即主峰位移，同时出现振激伴峰，这样相应于图 4-2 三种不同的相互作用方式，XPS 峰的位置提供了内层电子结合能、价电子结合能和不同轨道之间的能量差的信息。内层电子的峰强度最大，因为按一般规律，电离能越接近入射光能量时电离越有效。内层电子就属于这种情况，而价电子的电离能很小，只消耗入射能量的一小部分，所以电离的可能性较小。

另一方面内层电子峰的宽度除了与入射光宽度(对单色 Al K_{α} 线为 0.55eV)和仪器有关外，还取决于电子离开后留下正电空穴的寿命($10^{-17} \sim 10^{-13}$ s)。对于中等原子序数的原子，可以计算电子峰的宽度为 0.1~1eV，与入射光宽度相当。

聚合物样品可直接用板状、薄膜或粉末，粉末状样品可放在双面胶带上。研究表面涂层时不必剥离涂层。试样最小厚度为 10nm 左右，面积 0.2cm^2。电子能谱实际上是一种非破坏性测试方法。X 射线不像电子束那样会使样品遭不同程度的破坏。

对特殊测定，必须进行预处理。挥发性成分在低压下会挥发，若要测定会挥发性成分的试样，要考虑进行冷却。试样表面若有难挥发的污染物质，必须预先用溶剂抽取除去。但要注意预处理可能会引起表面的化学性质及组成的变化。

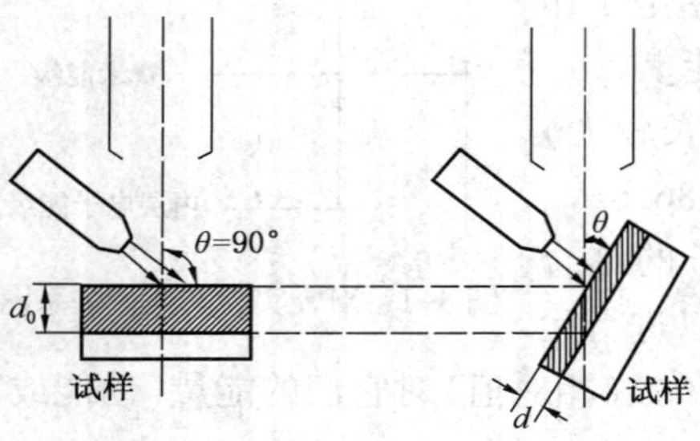

图 4-3 检出角减少，总灵敏度下降的示意图

分析深度与试样面的旋转角有关。如图 4-3 所示，试样面旋转角 θ 小于 90°时，检出的电子数大为减少，结果是总灵敏度下降。如果 90°的分析深度为 d_0，则此时为 $d_0\sin\theta$。也就是 θ 较小时，可以分析薄的表面层。这样可以用角度变化来获取所需要的信息(如数 nm 表面薄层内特定官能团取向状态的信息)。但要注意表面薄层常形成污染层，与材料表面层自身结构有区别。

实验的主要困难是由于高分子的导电性很差，发射电子留下的正电荷空穴不能很快流向电极而导致表面静电积累，使得发射的电子必须穿过这一静电层，从而损失了部分能量，称为高分子的荷电效应。要得到正确的结合能值就必须消除样品的荷电效应或进行校正。

消除荷电效应的方法一般是用电子中和枪，基本原理是用中和枪产生的低能电子中和样品表面上的正电荷，直至样品捕获杂散低能电子的速率等于产生空穴的速率，这时谱图的分辨率将显著提高，峰的半宽度变窄，达到一个最小值。另一种消除样品荷电效应的方法是在导电样品托上制备超薄层样品，使谱仪和样品达到良好的电接触状态。对可溶于易挥发有机溶剂中的样品可先将样品溶解，然后再滴加在样品托上制得极薄样品，基本可以消除样品的荷电效应。

校正的方法是利用谱图中已知结合能的峰作为参考，具体方法如下：

① 用样品表面均匀的真空泵油自然污染而出现的 C(1s)峰(结合能在 285.0eV 左右)为校正参考峰。如果与样品的 C(1s)峰相混淆，可以延长样品在仪器真空中放置时间来使峰增大而得到分辨。现代能谱仪使用分子泵，不再有真空泵油的污染。此时可用碳氢化合物故意施加外部污染也可获得同样效果。如通过轻轻地摩擦将几粒线形饱和碳氢化合物三十六烷($n-C_{36}H_{74}$)粘附到聚合物表面，再用清洁的刮刀去掉剩余的摩擦物也可以达到目的。图 4-4 给出聚氯乙烯的 C(1s)谱。处理之后显示的污染程度足以建立准确的 C(1s)标准峰(结合能在 285.0eV 左右)。

② 用稳定的金属氧化物(如 Al_2O_3、Cr_2O_3、SiO_2)或聚四氟乙烯等与样品共同研细搅匀制样。相应的 Al(2p)、Cr($2p^{3/2}$)、Si(2p)和 F(1s)等可作为校正峰。

③ 样品表面真空镀金，测定 Au($4f_{7/2}$)(设定为 83.8eV)。金的喷涂量要合适(约 10μg/cm^2)在表面形成许多小金点，过多时原表面暴露太少，会使峰强度太弱。镀金法不适用于氰化合物和卤化物的盐类样品，因为金能够同这些物质起反应。

XPS 信息主要来自样品表面几个至十几个原子层，因此在实验技术上要保证所分析的

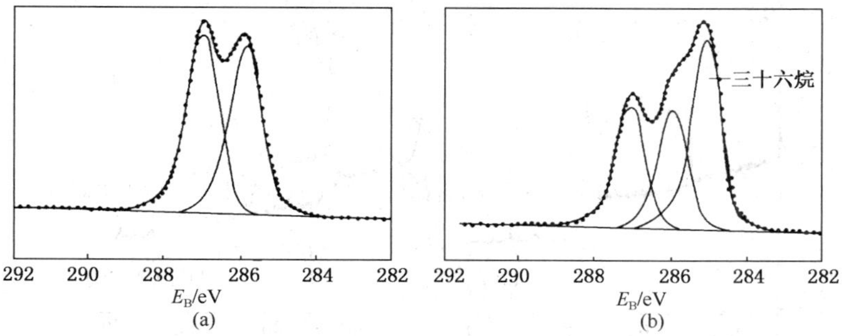

图 4-4　聚氯乙烯的 C(1s)谱

样品表面能代表样品的固有表面。一般可以采用以下几种处理办法：

① 溶剂清洗(萃取)或长时间抽真空，以除去表面的污染物。

② 氩原子刻蚀，除去表面污染物，但要注意刻蚀可能会引起表面化学性质的变化，有的样品会发生氧化或还原反应。

③ 擦磨、刮剥和研磨，如果样品表里成分相同，则可以用 SiC(600#)纸擦磨或用刀片刮剥表面污染层，使之裸露出新的表面层。

④ 真空加热，对于能耐高温的样品可以采用在高真空度下加热的办法除去样品表面的吸附物。

样品最小厚度为 10nm 左右，面积为 0.2cm^2。样品安装的几种方法如下：

① 粉末样品：一般是把粉末样品粘在双面胶上或压入金属网内。也可采用压片机压片的方法，或将少量样品研磨在金箔上，使其形成薄层，然后进行测定。

② 块状样品：可直接夹在样品托上或用导电胶粘在样品托上进行测定。

③ 溶解法：将样品溶解于易挥发的有机溶剂中，然后将溶液滴 1~2 滴在镀金的样品托上，让其晾干或用吹风机吹干后测定。

如果样品表面组成是未知的，首先要进行全扫描，获得全谱以鉴定存在的元素，然后对所选择的谱峰进行窄扫描，以鉴定化学状态。

(1) 全扫描　0~1100eV 范围内进行扫描。这种录谱法只要求出峰，以便鉴定样品中存在的元素

(2) 窄扫描　在了解样品元素组成的基础上，为了对元素化学状态进行鉴定和对样品中组分的含量进行定量，必须进行窄扫描，以便精准地测定出有关谱峰的位置和形状。

4.2.2　XPS 在高分子领域的应用

(1)高分子材料表面的元素成分分析　XPS 宽扫描谱图可以给出样品中除 H 和 He 以外的所有元素的内层电子的结合能，因此可以利用每个元素的特征结合能来鉴别材料中的化学成分，特别是在短时间内就能检出低浓度的元素。但灵敏度不是很高，一般 1%浓度的元素可以检出，0.1%的则较困难。图 4-5 是含有不同助剂的两种聚乙烯薄膜的宽扫描谱图。表 4-2给出各元素不同轨道电子的结合能(Mg K_α)。

(2) 化学位移和高分子材料的定性鉴别　由于原子处于不同的化学环境而引起的结合能位移称为化学位移。内层电子虽然对化学键没有贡献，但受到邻近原子的性质和数目的影响。例如，当邻近有电负性大的原子时，它减少了外层电子对核的屏蔽作用，从而增加了核对内层电子的有效吸引力而使结合能增加。因此化学位移可以帮助鉴别元素在高分子材料中的化学状态。

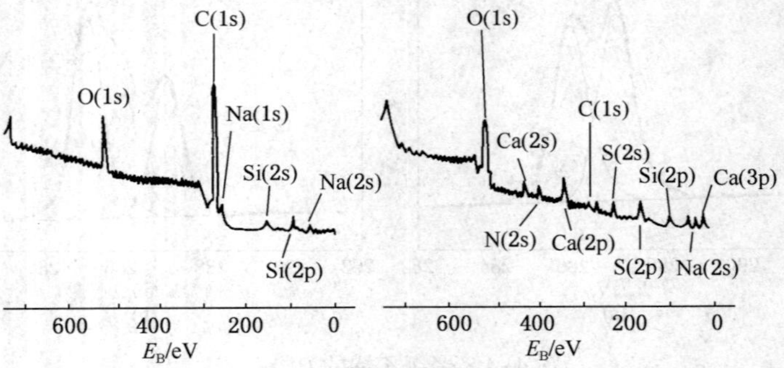

图 4-5 含有不同助剂的两种聚乙烯薄膜的宽扫描 XPS 谱图

表 4-2 各元素不同轨道电子的结合能（Mg K_{α}）

原子序数	元素	变化范围/eV	光电子谱线								
			1s	2s	$2p_1$	$2p_3$	3s	$3p_1$	$3p_3$	$3d_3$	$3d_5$
3	Li		56*								
4	Be	4	113*								
5	B	8	191*								
6	C	12	287*								
7	N	9	402*								
8	O	4	531*	23							
9	F	6	686*	30							
10	Ne	0	863*	41	14						
11	Na	2	1072*	64	31						
12	Mg	2		90*	51						
13	Al	4		119	74*						
14	Si	6		153	103	102*					
15	P	8		191	134	133*	14				
16	S	8		229	166	165*	17				
17	Cl	11		270	201	199*	17				
18	Ar	0		319	243	241*	22				
19	K	1		378	296	293*	33	17			
20	Ca	2		439	350	347*	44	25			
21	Sc	6		501	407	402*	53	31			
22	Ti	8		565	464	458*	62	37			
23	V	6		630	523	515*	69	40			
24	Cr	6		698	586	577*	77	46	45		
25	Mn	4		770	652	641*	83	49	48		
26	Fe	8		847	723	710*	93	56	55		
27	Co	6		927	796	781*	103	63	61		
28	Ni	6		1009	873	855*	112	69	67		
29	Cu	4		1098	954	934*	124	79	77		
30	Zn	2		1196	1045	1022*	140	92	89	10	
31	Ca	2			1144	1117*	160	108	105	20	
32	Ge	4					184	128	124	32	31*
33	As	7					207	148	143	45	44*
34	Se	8					232	169	163	58	57*
35	Br	7					256	189	182	70	69*

注：* 为最强峰。

① 碳的化学位移。表 4-3　给出了乙烯类聚合物中 αC(1s) 化学位移的某些例子。

表 4-3　某些乙烯类聚合物相对于聚乙烯的 αC(1s) 化学位移

高分子	取代基	αC(1s) 的化学位移/eV①	高分子	取代基	αC(1s) 的化学位移/eV①
聚乙烯	—H	0.0	聚丙烯	$—CH_3$	-0.1
聚氟乙烯	—F	3.1	聚 1-丁烯	$—C_2H_5$	-0.2
聚氯乙烯	—Cl	1.8	聚苯乙烯	$—C_6H_5$	-0.6
聚乙烯醇	—OH	1.9			

①正值表示增加结合能(电离能)。

从表 4-3 可见，在聚氟乙烯中，每个氟原子对 αC 化学位移的贡献达+3eV 之多，即使是 βC(1s) 峰也位移了+0.8eV。这使得 XPS 特别适合于研究含氟高分子，也适合分析具有含氧、氮和氯的高电负性取代基的高分子。

C(1s) 化学位移的最早研究是在氟聚合物上进行的。图 4-6 汇集了含氟高分子的化学位移的数据。

图 4-6 表明化学位移由诱导效应决定。对于系列聚合物，随着取代的增加，只要将 α 位移和相隔一个原子的 β 位移适当地相加，就可以估算出 C(1s) 的结合能。类似地，对于 Cl 取代，α 位移为+2.0eV，β 位移为+0.5eV，这是因为氯比氟电负性小。对于溴取代，α 位移降低到+0.7eV 左右。

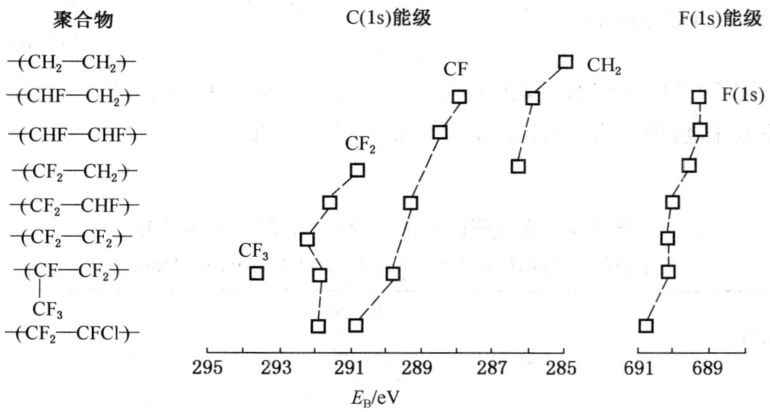

图 4-6　含氟高分子中 C(1s) 和 F(1s) 的化学位移

氧也是高电负性原子，XPS 也适合含氧高分子的分析。含氧官能团的种类很多，作为一个非常粗略的近似，每一个 C—O 单键的 α 位移为+1.4～2.0eV，C ═O 双键则要更大一些。作为含氧高分子的一个典型例子是聚对苯二甲酸乙二醇酯(PET)，其中碳原子以 2 : 2 : 6 之比处于脂族、酯基、芳族三种不同的基团里，而氧原子以 1 : 1 之比处于酯基内不同的键合位置上。

在图 4-7 上，285eV 附近的峰归属于苯环上的 C(1s)，其振激伴峰出现在 292eV。287 和 289eV 两个峰分别归属于$—O—CH_2—$和—O—CO—，由于分别有一个和两个电负性强的氧与碳相连，从而峰移向高结合能，每个氧增加了 2eV。聚乙烯醇中也有同量的增加值(表 4-3)。氧的结合能(531eV 附近)比碳大得多，由于有两种不同环境的氧，所以 PET 观察到两个 O(1s) 峰。

图 4-8 是另外两种含氧高分子的 XPS 谱图。对氧化甲烯-氧化乙烯共聚物，C(1s)有两个峰，氧化乙烯单元的峰在 285eV，而氧化甲烯单元的峰在 288eV，后者的强度比前者大一个量级，与共聚组成一致。醋酸纤维素的 C(1s)要复杂得多，285eV 的肩峰来自脂族基团，287eV 的主峰来自酯键，而 289eV 的肩峰来自羰基。这两种高分子的一个共同特点是分子中氧与碳之比很大，从谱图上也可以明显地看到这一点。

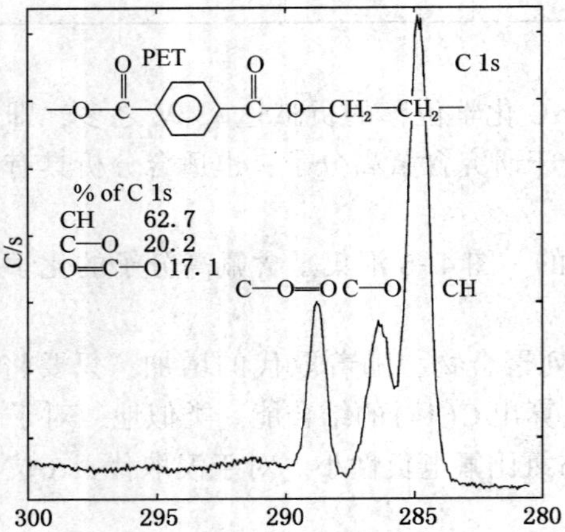

图 4-7　PET 的 XPS 谱图

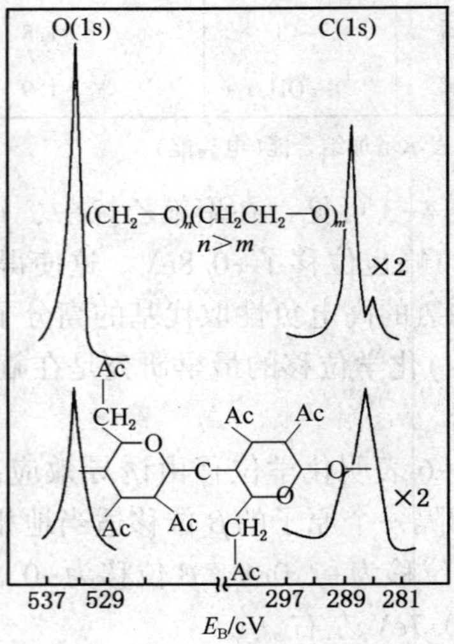

图 4-8　氧化甲烯-氧化乙烯共聚物和醋酸纤维素的 XPS 谱图

图 4-9 给出了 C(ls)化学位移的快速指南。而表 4-4 进一步列出了高分子的官能团中 C(ls)的 α 化学位移数值，是统计了 43 种高分子的结果。表 4-5 列出了 C(ls)的 β 化学位移。

表 4-4　高分子的官能团中 C(ls)的 α 化学位移

(相对于饱和碳氢化合物的 C(ls)的 E_B = 285.00eV)

官能团	化学位移			统计的样品数
	最小值	最大值	平均值	
C—O—C	1.13	1.75	1.45	18
C—OH	1.47	1.73	1.55	5
C—O—C(═O)①	1.12	1.98	1.64	21
C—C（环氧，O 桥）	—	—	2.02	1
C═O②	2.81	2.97	2.90	3
O—C—O	2.83	3.06	2.93	5
O—C—C*(═O)③	3.64	4.23	3.99	21
HO—C(═O)—	4.18	4.33	4.26	2

续表

官能团	化学位移			统计的样品数
	最小值	最大值	平均值	
O—C(—O)—O	4.30	4.34	4.32	2
—C(=O)—O—C(=O)—	4.36	4.46	4.41	3
O—C(=O)—O	5.35	5.44	5.40	2
C—$NO_2$④	—	—	0.76	1
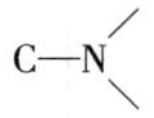	0.56	1.41	0.94	9
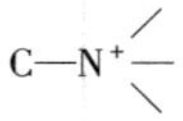	0.99	1.22	1.11	2
C—C≡N	1.35	1.46	1.41	2
—C≡N	1.73	1.74	1.74	2
C—ONO_2	—	—	2.62	1
N—C—O	—	—	2.78	1
N—C=O	2.97	3.59	3.11	6
C(=O)—N—C(=O)	3.49	3.61	3.55	2
N—C(=O)—N	—	—	3.84	1
N—C(=O)—O	—	—	4.60	1
C=C	-0.24	-0.31	-0.27	4
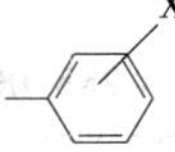 X⑤	-0.20	-0.56	-0.34	20
C—Si	-0.61	-0.78	-0.67	3
C—S	0.21	0.52	0.37	2
C—SO_2^-④	—	—	0.16	1
C—Br④	—	—	0.74	1
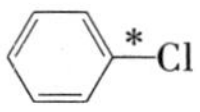	0.99	1.07	1.02	3
C—Cl	2.00	2.03	2.02	2
—CCl_2	—	—	3.56	1
C—F	—	—	2.91	1
—CF_2	—	—	5.90	1
—CF_3	7.65	7.72	7.69	2

① 忽略芳香族羧酸酯时，18 个样品的平均值是 1.72，最小值是 1.48。

② PEEK 显著降低，相对于芳香族 C—H 的 C(ls) 的 E_B = 284.70eV，其位移 = 2.10eV。

③ 忽略芳香族羧酸酯时，18 个样品的平均值是 4.05，最小值是 3.84。

④ C 在苯环上。

⑤ 为直接和取代基 X 结合的 C 原子的平均值。

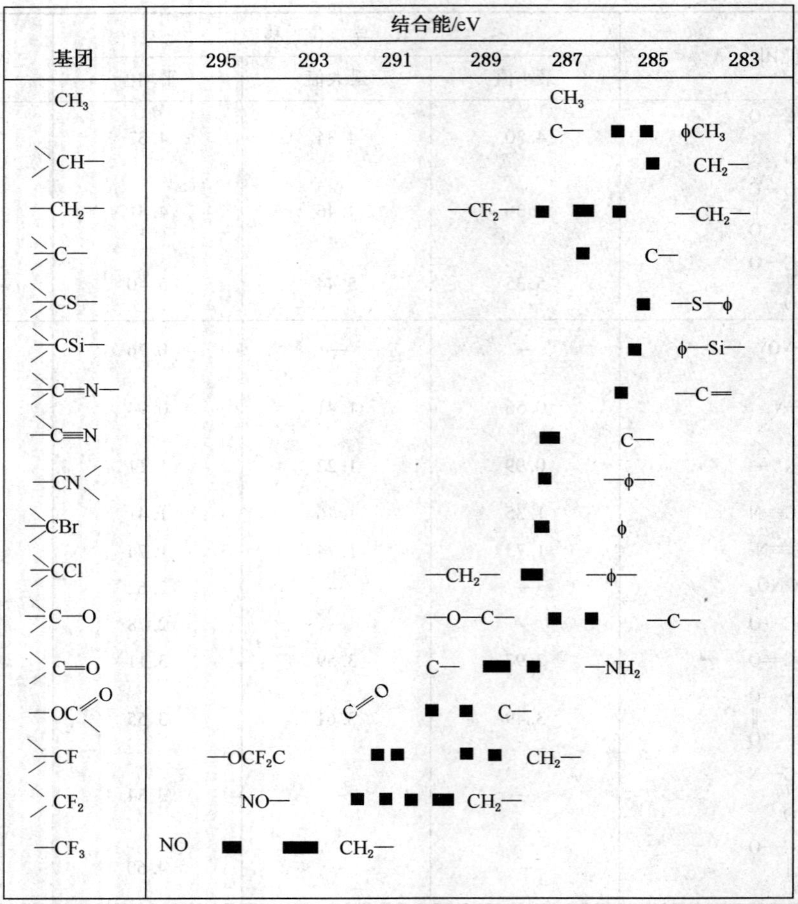

图 4-9　原子团的 C(ls)化学位移的快速指南

表 4-5　高分子的官能团中 C(ls)的 β 化学位移(相对于饱和碳氢化合物的 C(ls)的 E_B=285.00eV)

官能团	化学位移	样品数	官能团	化学位移	样品数
O—C—C*	~0.2	6	O—C(=O)—C*	~0.4	7
F—C—C*	~0.4	11	O—C(=O)—C*—CH_3	~0.7	8
Cl—C—C*	~0.5	9			
—C(=O)—C*	~0.4	4			

② 其他元素的化学位移。表 4-6 列出了 O(1s)的结合能，这是 70 多种高分子的统计结果。从表中可见，O(1s)的化学位移很有限，平均值的变化范围只有 2.7eV。另一方面峰宽又大，所以 O(1s)能级难以用来直接识别氧官能团。

与碳成键的氮化合物中大多数氮官能团给出非常类似的 N(1s)结合能，其范围为 398~400eV，包括胺、酰胺、腈、CN^-、尿素、芳胺和杂环氮。氨基甲酸酯和酰亚胺中氮的结合能通常约为 400.5eV。四价氮正离子的结合能升高到 401~402.5eV。而含氮氧化物则更高，硝基化合物为 405.5eV，NO_2^- 为 404eV，NO_3^- 为 407eV。

表 4-6　高分子的含氧官能团中 O(ls)的结合能(相对于饱和碳氢化合物的 C(ls)的 E_B=285.00eV 为基准)

官能团	结合能 最小值	最大值	平均值	统计的样品数
C—O—C (脂肪族)	532.47	532.83	532.64	8
(芳香族)①	532.98	533.45	533.25	3
C—OH (脂肪族)	532.74	533.09	532.89	4
(芳香族)②			533.64	1
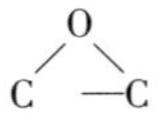			533.13	1
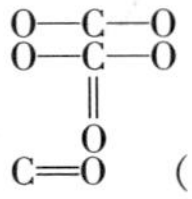	532.94	533.51	533.15	5
	532.95	533.02	532.99	2
C═O (脂肪族)	532.30	532.37	532.33	3
(芳香族)③			531.25	1
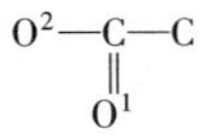 1	531.96	532.43	532.21	20
2	533.24	533.86	533.59	
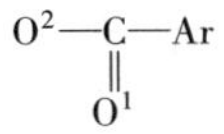 1	531.62	531.70	531.65	3
2	533.06	533.22	533.14	
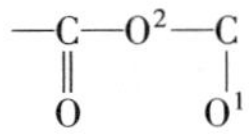 1	532.52	532.81	532.64	3
2	533.86	534.02	533.91	
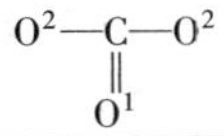 1	532.33	532.44	532.38	2
2	533.88	533.97	533.93	

① 一个或两个碳原子都在苯环上(聚 4-甲氧基苯乙烯、聚 2,6-二甲基 1,4-苯醚、PEEK)。

② 碳原子都在苯环上(聚羟基苯乙烯)。

③ 羰基结合在苯环上(PEEK)。

④ 对 PEEK 和 PET，结合能以芳族的 C(ls)的 E_B=284.70eV 为基准。

含氮高分子的两个例子是尼龙 6 和聚丙烯腈，图 4-10 是其 XPS 谱。利用 N(1s)峰可以区分它们，酰胺和氰基的氮间有 leV 左右的化学位移(氰基较低)。对尼龙 6，主碳峰归属于脂肪碳，而在约 287eV 处的肩峰归属于酰胺的碳。对聚丙烯腈，有三种不同环境的碳，而且量相等，所以出现等高的多重峰。聚丙烯腈谱图有一弱的氧峰，表明在加工过程中表面有某些氧化降解。

硫的化学位移较大的能级为 S($2p^{3/2}$)。硫化物(*RSR′*)为 163.5eV，事实上是一个强度比为 2∶1 的自旋轨道双峰(间距为 1.9eV)。砜(RSO_2R')为 161.6eV 而磺酸盐/磺酸酯(RSO_3/RSO_3H)为 168~169eV。氯的 Cl($2p^{3/2}$)能级也类似，其自旋轨道双峰的间距为 1.6eV。共价结合的 Cl(2p)结合能几乎恒定在(200.6±0.2)eV，而氯离子 Cl^-则要低 3~4eV。类似地氟离子 F^-比正常含氟聚合物的 689eV 要低 4eV。

(3) 振激伴峰(shake up satellite)　对于不饱和侧链或骨架的高分子材料，由于 $\pi\rightarrow\pi^*$ 跃迁往往会出现较强的振激伴峰，该振激伴峰可用于鉴别高分子材料中的不饱和体系。从图 4-11 可见，利用振激伴峰很易鉴别区分聚乙烯和聚苯乙烯，以及聚二甲基硅氧烷和聚二苯基硅氧烷。

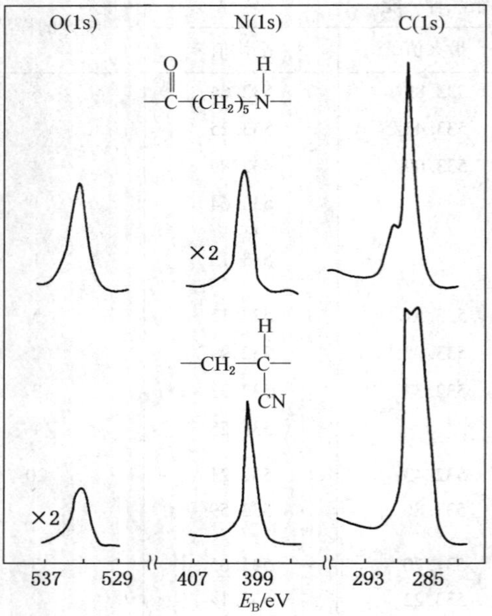

图 4-10　尼龙 6 和聚丙烯腈的 XPS 谱

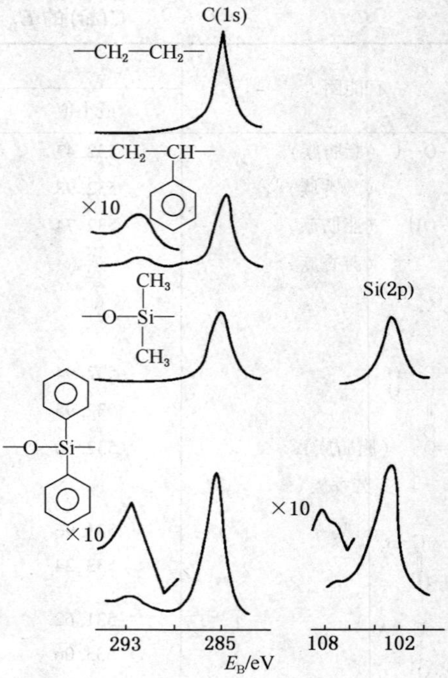

图 4-11　聚乙烯、聚苯乙烯、聚二甲基硅氧烷和聚二苯基硅氧烷的 XPS 谱

聚碳酸酯和聚苯醚有很相似的 XPS 谱图，两者都有相对较强的振激伴峰。区别是聚苯醚只有一种 O，所以 O(1s)峰较锐，聚碳酸酯的碳酸酯基中碳的 C(1s)峰出现在 287eV，并有一个不太明显的肩峰(见图 4-12)。

芳烃聚合物不论是主链还是侧链都能很好地满足观测振激伴峰的条件。聚苯乙烯是一个很典型的例子。在聚苯乙烯中，悬挂基团基本上是独立的，环上 π 轨道相对地不受骨架扰动。聚苯乙烯振激伴峰的强度几乎是主峰的 10%，最强的分峰间距达 6.8eV。图 4-13 是载

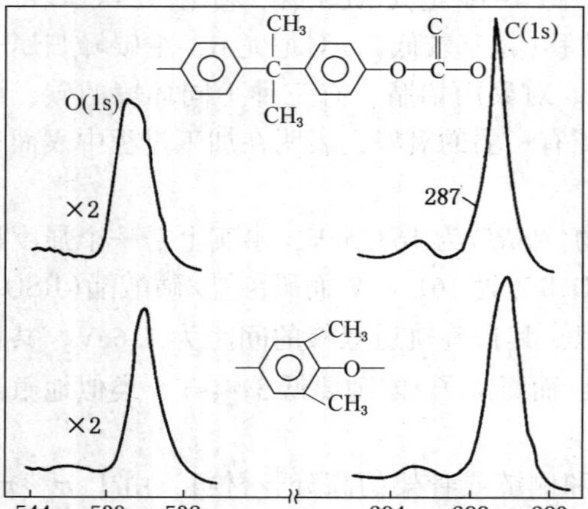

图 4-12　聚碳酸酯和聚苯醚的 XPS 谱图

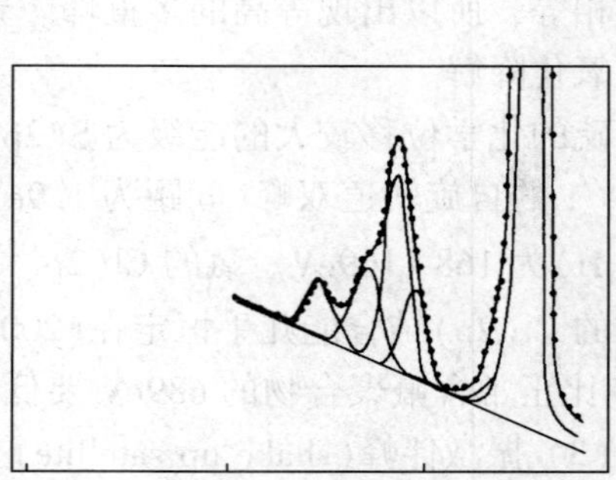

图 4-13　聚苯乙烯薄膜的 XPS 谱图

在硅片上的约 3nm 厚的聚苯乙烯薄膜的 XPS C(1s)谱图。含不饱和主链的聚异戊二烯的 C(1s)谱中，也可观察到振激伴峰，但强度仅为主峰的 4%。

检测角度为 90°(相对于表面)以尽量减少非弹性散射的影响

对于含有 C=O 的聚合物，虽然比较困难，但还是可观测到分立的振激伴峰，同样也是由于 $\pi \rightarrow \pi^*$ 跃迁。图 4-14 是聚乙烯基酮(载于玻璃上的厚膜)的 C(1s)和 O(1s)XPS 谱图。

在共轭芳烃聚合物中，一般的 C(1s)跃迁具有很低的能量，这样一来，它们将与内能级主峰的包络线重叠(特别是存在较高的结合能分峰时)，而且其相对强度较高，此时复杂性变得很严重。一般的导电聚合物，聚酰亚胺醚(图 4-15)、聚酮、聚砜都是很好的例子。

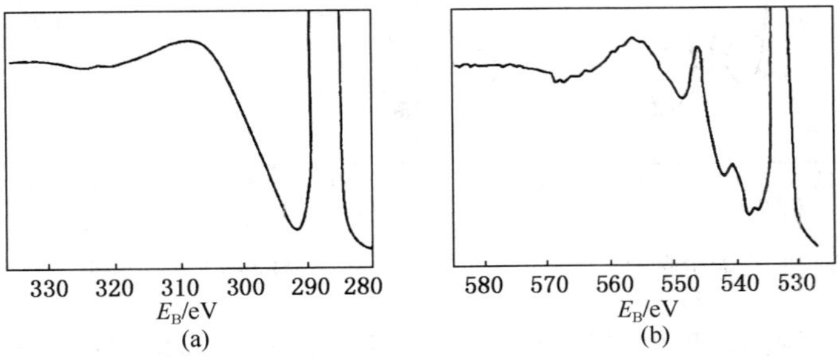

图 4-14　聚乙烯基酮的 C(1s)和 O(1s)XPS 谱图

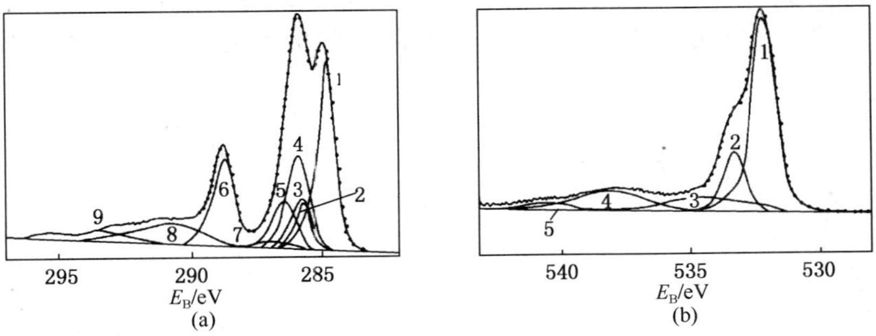

图 4-15　聚酰亚胺醚的振激伴峰

(a)C(1s)谱，7~9 分峰为振激伴峰；(b)O(1s)谱，3~5 分峰为振激伴峰

聚酰亚胺醚的结构式为：

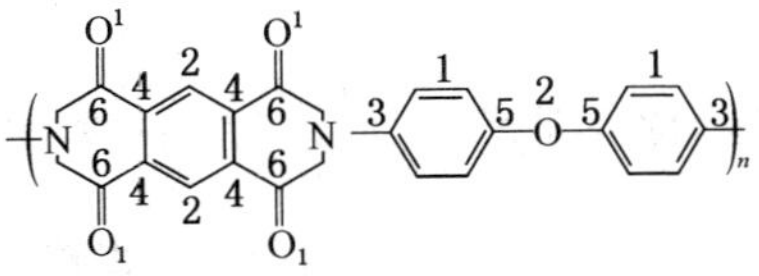

(4) 价带峰　对某些样品，当原子内层的光电子能谱不提供足够的信息来辨别时，可以研究其带指纹性的价带谱。由于价电子的结合能相当低，因而要获得一个比较满意的信噪比的价带谱，需要较长时间的累加测量。价带谱中具有最低结合能的峰，又可认为是研究对象的第一电离势大小的量度。图 4-16 是聚乙烯价带谱，它出现在 XPS 谱中结合能很低的区域，可将该区域从零开始分成三个区。第一区产生自 C—H 键，可以分辨出有四个弱峰；第二区有 C—C 的两个强的 C(2s)价带在 13.2eV；第三区是上述两类键的非弹性散射电子产生的弱峰。

在含有O、N、F这些杂原子的聚合物中，代表2s能级的明显的特征峰也出现在较高的结合能区，而较低结合能区出现一些重叠峰的丰富结构，这些重叠峰是由H(ls)、C(2s/2p)及主要是O(2s)等轨道相互作用所形成的许多附加轨道产生的。从图4-17尼龙的价带谱图和图4-18聚丙烯酸三氟乙基酯的价带谱可以看到这些结果。

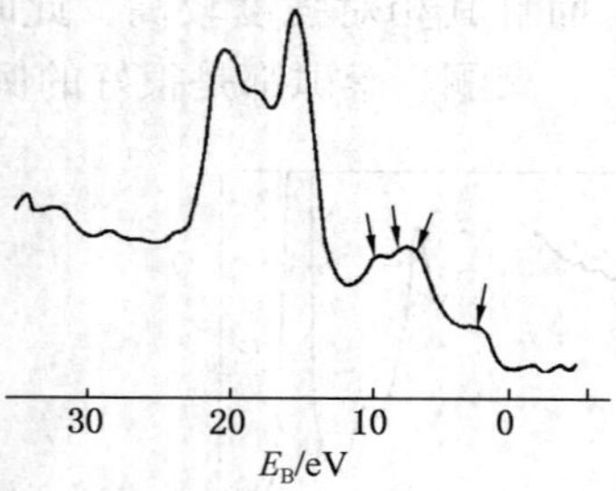

图4-16　聚乙烯价带谱

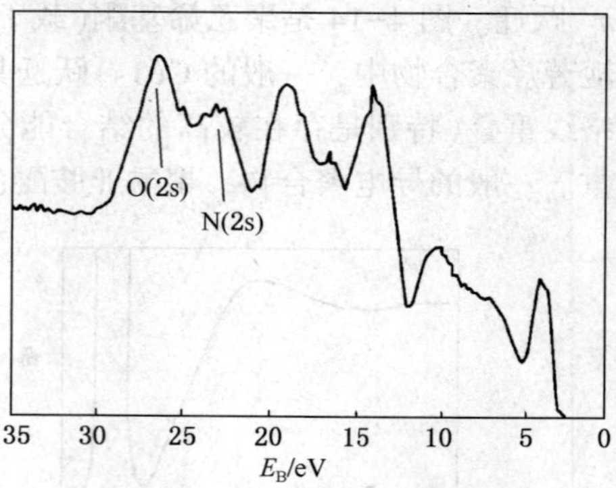

图4-17　尼龙的价带谱

聚丙烯酸酯异构体的内层电子结合能差别不大，而它们的价带谱(图4-19)具有特定的指纹性，可用于鉴别。

在实验技术上，采用单色化的X射线源可以提高分辨率，并减少由于长时间收谱而引起的样品损伤。图4-20为用单色化AlK_α辐射激发的价带谱，能用于区分不同种类的聚烯烃。

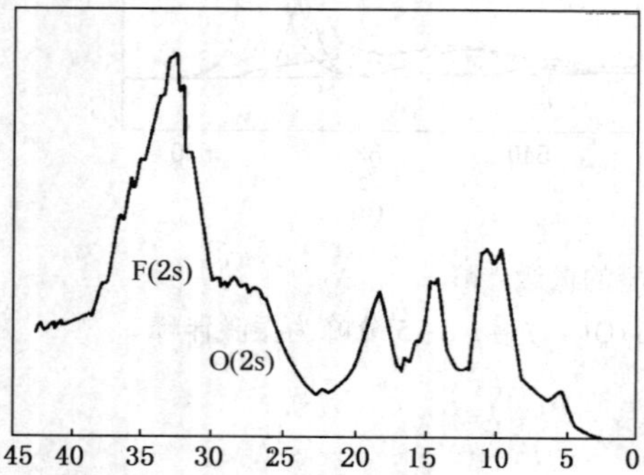

图4-18　聚丙烯酸三氟乙基酯的价带谱

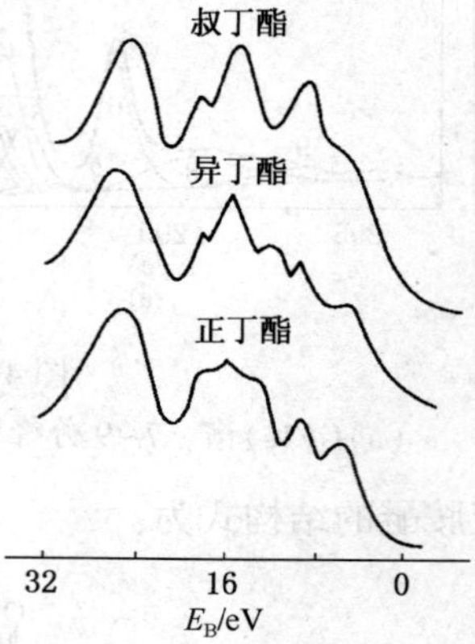

图4-19　聚丙烯酸丁酯异构体的价带谱

(5) 定量分析　XPS定量分析的基本依据是谱峰的强度(峰面积或峰高)与元素的含量有关。通常，光电子峰面积(或峰高)的大小主要取决于样品中所测元素的含量(或相对浓度)。因此，通过测量光电子峰的强度就可以进行定量测量。但是不同样品中，元素的含量和光电子峰的强度不存在简单的比例关系，影响光电子峰强度的因素是相当复杂的，结果只能是半定量，与实际浓度会有较大误差。要用标准试验进行校准，即用峰面积对浓度做工作曲线，定量值才是可靠的。

假定固体样品在10~20nm深度内是均匀的，其强度I(每秒钟所检测的光电子数)由下式给出：

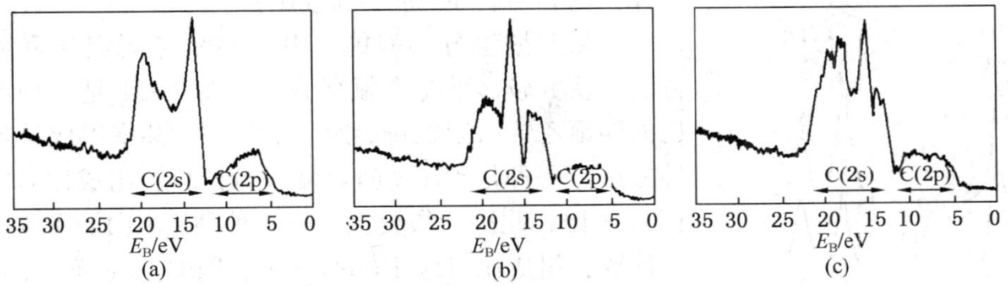

图 4-20 用单色化 AlK_α 辐射激发的价带谱

(a)高密度聚乙烯；(b)聚丙烯；(c)聚丁烯

$$I = nf\sigma\varphi(\alpha)\eta\lambda A\zeta$$

式中，n 为 1cm^3 试样中存在的目的原子数(原子浓度)；F 为 1cm^2 试样表面上 1s 间到达的 X 射线光子数(X 射线强度)；σ 为 1cm^2 表面相当的光离子化截面积；$\varphi(\alpha)$为装置内的几何学配置的因子，取决于 X 射线入射方向与光电子取出方向(检测器方向)的夹角 α；η 为生成各种各样能量的光电子的场合下，目的光电子放出过程的效率；λ 为试样中光电子的平均自由行程；A 为测定面积；ζ 为检测器检出目的光电子的比例，即检测系数。

如果已知上式中 $nf\sigma\varphi(\alpha)\eta\lambda A\zeta$，根据测定的 I 便可知原子浓度 n，于是得到绝对浓度。但按此式作理论计算是十分困难的，所以往往是测定相对含量，即测样品中各元素的相对比例。

式右边除了 n 外其他部分用 S 表示，则 $n=I/S$。在 S 中，f 和 A 与测定条件有关；$\varphi(\alpha)$ 和 ζ 与使用的装置有关；同一试样的 σ、η 和 λ 与目的原子有关。这些因素都受元素的不同检出灵敏度支配，实际上不同原子序数的元素间的灵敏度相差 1 或 2 个数量级。两元素 i 与 j 之间的浓度比为

$$\frac{n_i}{n_j} = \frac{I_i}{I_j} \cdot \frac{S_j}{S_i}$$

S_j/S_i(相对灵敏度)在一定的化学状态，一定的装置下的均一试样是通用的。假定对一个装置，元素的相对灵敏度是一定的，特定元素 X 的原子浓度 C_X 可以表达为：

$$C_X = \frac{n_X}{\Sigma_i n_i} = \frac{I_X/S_X}{\Sigma_i(I_i/S_i)} = \frac{I_X}{\Sigma_i[I_i(S_X/S_i)]}$$

灵敏度因子 S 最好是在所用谱仪上用标样测得，即用峰面积对浓度做工作曲线。将 S_X/S_i 输入装置的记忆中，被测定元素的浓度可自动算出来。这种方法可以从多元素的样品中测出某一元素的浓度，但结果只能是半定量，与实际浓度会较大误差。

实验时，选择 XPS 谱中每个元素中合适峰用以定量分析，用窄扫描重复扫描，以使峰形和信噪比较好。当样品有多种组分时，应尽量选择能量靠近的峰。当有干扰峰存在时，应选择该元素其他特征峰。定量分析时还应注意对有影响的 X 射线伴峰的扣除。如有振激伴峰等时，谱峰强度为主峰面积与伴峰面积之和。

第一步，宽扫描样品表面。

第二步，窄扫描各种元素的特征谱，计算其各自峰面积。

第三步，查找各个元素相应轨道的灵敏度因子，计算峰面积/灵敏度因子比值；

第四步，将各个元素的峰面积/灵敏度因子比值进行归一化求和，计算得到样品表面各

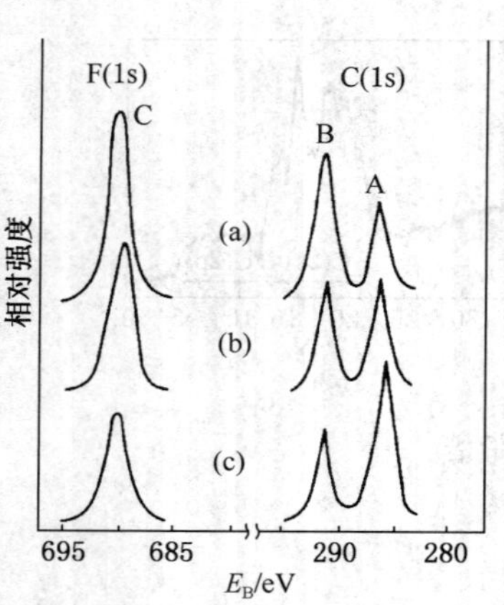

图 4-21　四氟乙烯-乙烯共聚物的 XPS 谱

个元素的相对含量(原子百分比)。

如果共聚组分的峰能分开，XPS 是测定共聚组成的好方法。研究较多的是含氟高分子，图 4-21 是三种不同组成比的四氟乙烯-乙烯共聚物的 XPS 谱。共聚组成的计算有两种方法。一种是利用 C(1s)峰进行计算，组成比对应于峰面积 A/B 比，此法无须校正。另一种利用 C(1s)和 F(1s)峰进行计算，组成比对应于$(A+B)/C$，因 C 和 F 不同的结合能，必须用标准的均聚物较正。用后一种方法，根据图 4-21 计算得到 C_2F_4 的摩尔分数分别为(a)63%、(b)44%(c)32%。实验结果与根据单体反应比的预计组成(a)63%、(b)50%和(c)36%基本吻合。

(6) 高分子材料表面化学结构变化的研究　用 XPS 测定老化的 PVC 表面，说明表面分子结构发生了变化。除了脱 HCl 外，还发生了氧化反应，生成酮、羧基等。[图 4-22(a)]中 PVC 的碳出现在 285eV，是 H—C—H 和 H—C—Cl 两个峰的叠加的结果，但老化后的 PVC 在较高结合能处出现了一系列肩峰，是氧化反应的结果。

氟树脂的表面张力非常小，如聚四氟乙烯(PTFE)对水的接触角为 108°，非常大。因而当氟树脂粘接时，必须进行表面处理。PTFE 采用金属钠和萘作为反应液，此时表面的结构变化可以用 XPS 分析(见图 4-23)。经钠处理后的表面 F 基本消失了，出现了一些氧化基团，从而表面粘接性能得到改善。

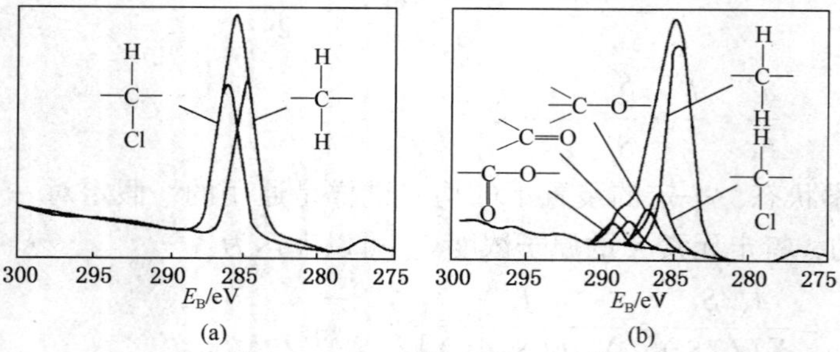

图 4-22　PVC 的 C(1s)XPS 谱

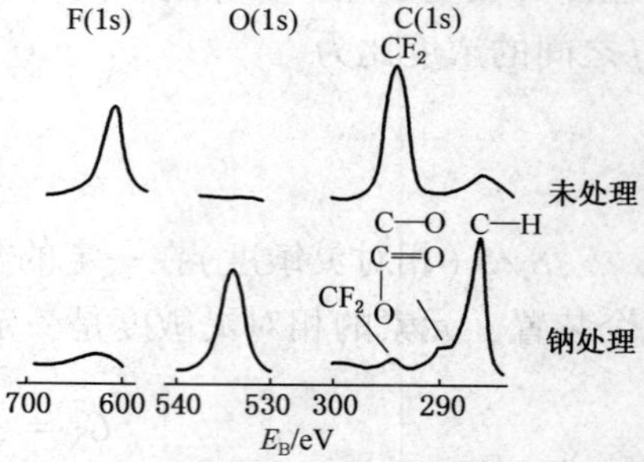

图 4-23　PTFE 经钠和萘进行表面处理前后的 XPS 谱图

4.3　电子探针微区分析

电子探针微区(显微)分析，又称分析电镜或扫描电镜 X 射线微区分析。它是利用电子束(如在扫描电镜中)与物质作用时产生的特征 X 射线，来提供样品化学组成方面的信息。一些扫描式电子显微镜商品仪器已具备这方面功能。在扫描电镜样品腔的一个备用出口上安装检测器，并连接一套独立的仪器，就可以收集和处理 X 射线。由于元素分析和形态研究可以同时进行，所以其应用范围得到扩大。

该方法的优点是：可定性定量检测大部分元素，分析元素范围从硼(Be)~铀(U)；电子探针是目前微区元素定量分析最准确的仪器，检测极限(能检测到的元素最低浓度)一般为

0.01%~0.05%，定量分析的相对误差为1%~3%，基本上不需破坏试样结构。

但该方法不能区别离子，非离子和同位素；不能测定原子序数非常低($Z \leqslant 4$)的元素，氢和氦原子只有K层电子，不能产生特征X射线，所以无法进行电子探针成分分析，锂(Li)和铍(Be)虽然能产生X射线，但产生的特征X射线波长太长，通常无法进行检测(少数电子探针用大面间距的皂化膜作为衍射晶体已经可以检测Be元素)；只是一种表面分析技术，分析深度<1~5μm。

4.3.1 基本原理

(1) X射线的产生　当入射电子与原子碰撞时，如果电子能量足够大，电子穿透入原子将内层原子逐出原子，使原子处于激发态，总能量升高。这时原子的外层电子会跃迁到内层填补空位。发生跃迁时，较高能级的电子所产生的势能便以X射线的形式辐射出来。由于不同原子序数的原子能量分布各不相同，所以产生的X射线便带有不同的能量特征，这就是特征X射线，它可以用来标识不同的元素。如果L、M、N能量层的电子向最内的K层跃迁，放出的特征X射线称为K_α，K_β，K_γ线，类似地有L_α，L_β等(如图4-24所示)。因此，一个元素可能会有一系列特征X射线，称为线系，其中K_α和K_β是最常见的两条线。

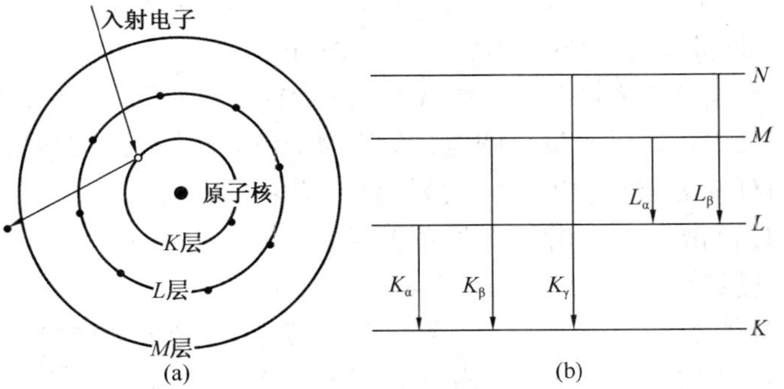

图4-24　X射线的产生

(a)入射电子可能造成的K层空穴；(b)原子的能量层间某些可能的电子跃迁及所释放的特征X射线

当扫描电镜的操作电压低于激发低能级电子的能量值时，只能产生连续X射线，而不能产生特征X射线。从连续X射线只能得到平均原子序数而不能测得是什么元素。对每一种元素存在着一个产生特征X射线的临界加速电压值(对应于临界电离能)，比如对钴为6.9kV。从图4-25可见，5kV操作电压时只有连续X射线，10kV时出现了特征的K_α和K_β线，它们叠加在连续X射线上，连续X射线成了背底。因此，测定前要先知道所测元素的临界电离能，据此确定操作电压。

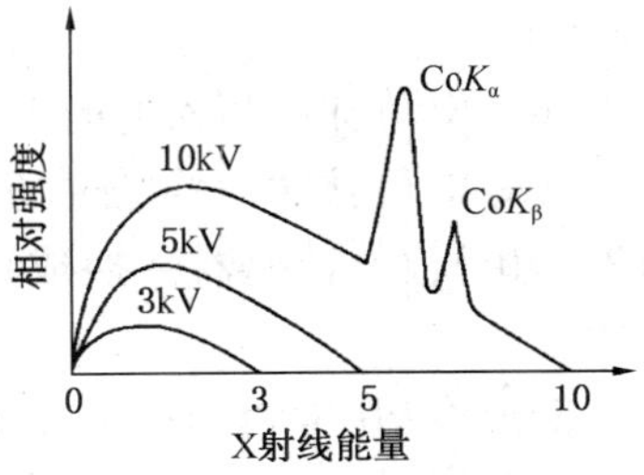

图4-25　钴在不同加速电压下产生的X射线

(2) X射线波长色散谱　X射线波长色散谱(WDS或WDX)是电子探针微区分析的最早形式。它通过对X射线的波长测定来分析样品的元素组成。

图4-26是WDS的原理图。当一束电子照射到样品上产生了X射线，且这些X射线照射到分析晶体上时，如果满足布拉格(Bragg)方程，X射线就会在分析晶体上发生反射，通过检测器(气流比例计数管)可检侧到最大强度值。那些不满足布拉格方程条件的X射线，

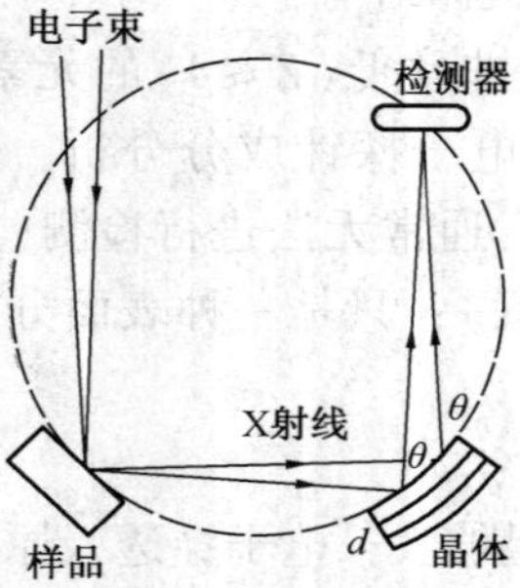

图 4-26　WDS 的原理图

则会透过或被吸收而不会被检测到。

$$n\lambda = 2d\sin\theta$$

式中，n 为正整数 1,2,3；λ 为 X 射线波长；d 为晶体的晶面间距；θ 为 X 射线在晶体上的反射角。

如果 $n>1$，X 射线将多次反射，产生可能重叠的宽峰，导致最大强度下降。因此波长色散谱仪采用弯晶，并使光源、试样、弯晶和检测器都处于同一个圆（称为聚焦圆）的圆周上。这样不仅布拉格方程仍然适用，而且可使 θ 保持常数，使反射束都在检测器上聚焦。

由于 d 是固定的，所以根据布拉格方程，对 X 射线的波长（或能量）扫描，相当于对 θ 扫描，而 θ 取决于晶体与样品之间的距离，因此只要让晶体在圆周内移动（保持晶体面与圆周相切），检测器也随着同时在圆周内移动就可以对 θ 进行扫描，从而记录能量-相对强度的关系。

由于 d 限制了测定范围，当测定的元素种类较多时，有时要使用几种晶体才能覆盖所有的测定范围。常用的晶体有 α-石英（1011 晶面，$d=0.6687$nm）、LiF（200 晶面，$d=0.4028$nm）和 RAP（即邻苯二甲酸的铷盐 $d=2.6121$nm）。

WDS 的主要特点是分辨率高（约为 10eV），分析精度高（0.1%~0.2%），分析极限可达（200~750）$\times10^{-6}$甚至更小，可分析范围宽（从 $Z=4$ 的 Be 开始），谱图失真少。但测定速度慢（10~30min），对样品有损伤（由于收集效率低，必须用大的束流）。

（3）X 射线能量色散谱　X 射线能量色散谱（EDS）是通过对 X 射线能量的测定来分析样品的元素组成的。图 4-27 是 EDS 检测器的工作原理图。X 射线经过薄的铍窗口进入被液氮冷却的掺杂了锂（或硼）的硅晶体（又称为锂飘移硅晶体）中，这是一个反向偏压的 n-p 二极管。硅晶体把 X 射线能量转变为电荷脉冲。根据半导体物理，有如下关系式：

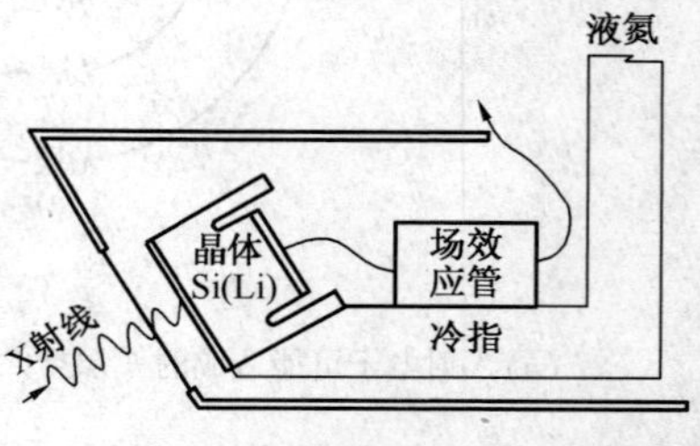

图 4-27　EDS 检测器的工作原理图

$$N = E/e$$

式中　N 为电荷脉冲；E 为 X 射线能量；e 为产生一个电子-空穴对所需的平均能量（对硅是 3.8eV）。

显然电荷脉冲与入射的 X 光子的能量成正比。

接着电荷脉冲信号经过场效应管转变为电压脉冲，再经前置放大器放大后，在多通道分析器中由模/数转换器转换成数字信号，送入多通道分析器的相应通道里显示或记录成能谱图。

低温冷却（常为-190℃）晶体和场效应管是减少噪音的必不可少的重要条件。由于需要密封而采用了铍窗，从而使 EDS 只能分析 Z=11 的钠以上的元素。近来发展的无窗检测器可扩展到分析铍以上的元素。

EDS 的主要特点是分析速度快（约 100s），收集效率高，可用小束流，对样品的损伤小。但分辨率（150eV）、分析极限（1000μg/g）和分析精度（0.5%~5%）等都不如 WDS。

（4）基本工作方式

① 定点元素全分析（定性或定量分析）。将电子束固定在要分析的某一点（微区）上，通

过改变晶体的衍射角，纪录该点不同元素的 X 射线波长和强度。

② 线扫描分析。聚焦电子束在试样扫描区域内沿一条直线进行慢扫描，同时检测某一特征 X 射线的瞬时强度，控制显像管射线的扫描与试样上扫描同步，可得到特征 X 射线强度沿试样扫描线的分布(元素的浓度分布)。

还可直接在二次电子像、背散射电子像上叠加，显示扫描轨迹和 X 射线强度分布曲线，直观反映元素浓度分布与组织结构之间的关系。

③ 面扫描分析。与线扫描类似，电子束在试样表面某一区域进行面扫描，将谱仪调到只检测某一元素的特征 X 射线位置，在荧光屏上得到由许多亮点组成的图像。亮点就是该元素的所在处，根据图像上亮点的疏密程度可确定某元素在试样表面的分布情况。将 X 射线谱仪调整到测定另一元素特征 X 射线位置，即可得到另一成分的面分布图像。面扫描可准确显示与基体成分不同的夹杂物的形状，定性显示元素偏析。

注意：线扫描、面扫描要求样品表面平整，否则会出现假象，而且只作定性分析，不作定量分析。

4.3.2 电子探针微区分析在高分子领域的应用

(1) 定性分析　在确定样品中的某一元素时，应使与该元素有关的所有 K、L、M 标识线同时在谱图上找到与之对应的峰。值得注意的是不同元素的线峰有时会互相重叠或影响，在这种情况，可以用线系中的另一个峰来鉴别。例如，对于硫(K_α 波长为 0.53731nm)和钼(K_α 波长为 0.54144nm)，当钼的 K_α 峰完全被硫的 K_α 覆盖时，可用钼的 K_β(0.051771nm)来鉴别钼，它的峰强度虽然只有钼 K_α 的 45%，但它与硫的 K_α 峰是完全可以区分开的。在分析中还必须注意，有些元素的较高级线系也可以被激发出来，但一般峰较弱，不要把它们误作新的元素。

在给各线峰确定归属时，还要考虑到同一电子层内线峰强度的比值应当是一个恒定值。当每个系列中最高峰的强度为 1 时，同一系列各峰之间存在如下关系：

K 系：$K_\alpha : K_\beta = 1 : 0.2$

L 系：$L_\alpha : L_{\beta1} : L_{\beta2} = 1 : 0.7 : 0.2$

M 系：$M_\alpha : M_\beta = 1 : 0.6$

当确定了某一元素的一系列峰后，它们之间的关系应接近于这些比值，否则就应怀疑存在着另一元素或做了错误的判断。

图 4-28 是硫化橡胶的能谱图，峰所对应的元素直接标在图上，K_β 线也给予标明，未注明的是 K_β 线。硫化橡胶中含多种元素，用 EDS 法测定是很便利的。

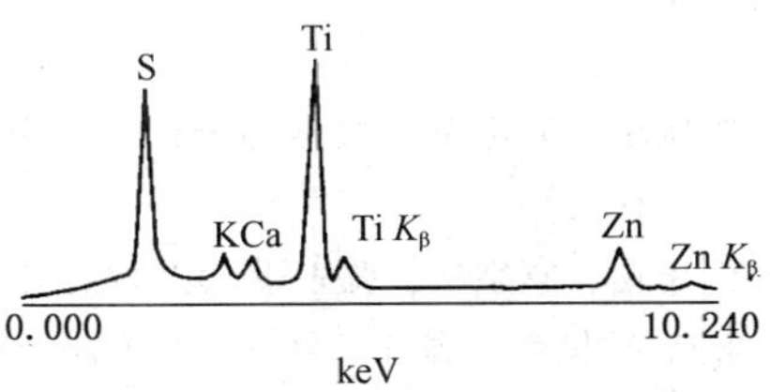

图 4-28　硫化橡胶的 EDS 谱

电子探针微区分析常见的一种应用是研究聚合物中的杂质。例如，用于研究聚丙烯薄膜中鱼眼的成因。鱼眼中心总有一个微粒，用窄电子束分析鱼眼中的这种微粒发现含有高浓度的钠和氯[图 4-29(a)]，而微粒外为聚丙烯，谱图没有明显的峰[图 4-29(b)]。与纯 NaCl 的谱图[图 4-29(c)]比较可见，该微粒就是氯化钠。

杂质对纤维加工也是很有害的，会产生竹节丝。EDS 法可以确定这些杂质的化学组成，见图 4-30。

(2) 定量分析　如果只需粗略测定元素含量，可用设窗的方法进行半定量分析。所谓设窗是在已收集好的谱图上对感兴趣的峰用两条垂线框在"窗'内，然后用软件程序扣除背底后得到谱峰的面积。由于这个面积不仅仅依赖于样品的组分还牵涉到仪器因素，所以计算结果不能告诉我们元素的实际含量，而是相对比值。

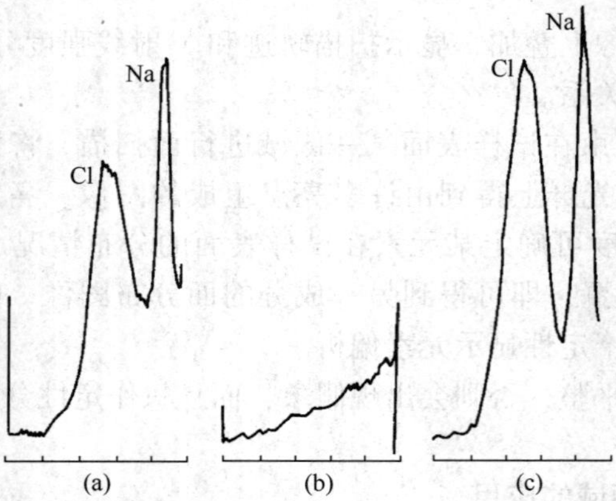

图 4-29 聚丙烯薄膜中鱼眼的电子探针微区分析

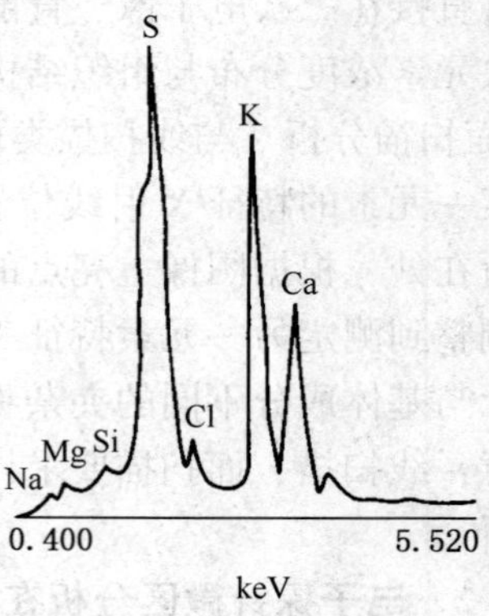

图 4-30 芳纶中杂质的 EDS 谱

定量分析则必须将未知元素的 X 射线强度与已知标样的 X 射线强度作比较来测定含量，且要求该未知元素的 X 射线强度与样品中其他成分的强度无关。如果把由被测的样品中元素 A 所产生的特征 X 射线强度用 I_A 表示，而在相同的条件下，由元素 A 的质量浓度为已知的样品作为标准样品，标准样品中元素 A 的特征 X 射线强度用 $I_{(A)}$ 来表示，则两者之比 (k_A) 即表示其相对强度，即

$$k_A = I_A / I_{(A)}$$

若再将被测样品与标准样品中元素 A 的浓度分别用 c_A 与 $c_{(A)}$ 表示时，并且不考虑特种 X 射线在样品中的吸收以及荧光激发效应等，那么，它们之间的关系可以近似地表示成下式：

$$I_A / I_{(A)} = c_A / c_{(A)} = k_A$$

上式称为卡斯坦一级近似公式。这样便可以根据特征 X 射线的相对强度来求出样品中所含有该元素的质量浓度了。

参 考 文 献

1 内山郁，渡边融，纪本静雄[日]. 刘济民译. 电子探针：X 射线显微分析仪. 北京：国防工业出版社，1982

2 谢忠信，赵宗铃，张玉斌. X 射线光谱分析. 北京：科学出版社，1982

3 J. F. 拉贝克. 高分子科学实验方法，物理原理与应用. 吴世康，漆宗能译，北京：科学出版社，1987

4 刘世宏，王当憨，潘承璜. X 射线光电子能谱. 北京，科学出版社，1988

5 薛奇. 高分子结构研究中的光谱方法. 北京：高等教育出版社，1995

6 汪昆华. 聚合物近代仪器分析. 北京：清华大学出版社，2000

7 殷敬华，莫志深. 现代高分子物理学(下册). 北京：科学出版社，2001

8 D. 布里格斯. 聚合物表面分析. 曹立礼，邓宗武译. 北京：化学工业出版社，2001

9 王水菊，徐富春. 无机材料研究方法—合成制备、分析表征与性能测试(熊兆贤主编). 厦门：厦门大学出版社，2001

10　D. W. Dwiht，J. E. Mcgrath，J. P. Wightman. In：T. K. Wu，J. Mitchell Jr.（Ed.）：Polymer Analysis. New York：John Wiley & Sons，1978
11　G. Lawes，A. M. James. Scanning Electron Microscopy and X-ray Microanalysis. New York：John Wiley & Sons，1987
12　张权．聚合物显微学. 北京：化学工业出版社，1993

习　题

1. 在科学研究中X射线光电子能谱能解决什么问题?

2. 如何解读X射线光电子能谱图?

3. 使用X射线光电子能谱进行测试时要注意那些问题?

4. 为什么XPS谱不能给出样品中H和He的结合能?

5. 高分子材料在存放及使用过程中，在热、氧、光等作用下常常发生老化。试问聚乙烯样品表面老化前后的XPS谱图有哪些变化? 说明原因。

6. 简要说明如何应用XPS对高分子材料进行定量分析?

7. 查阅文献，简要说明本教材没有介绍的紫外光电子能谱(UPS)的原理和特点。

8. 简述X射线光电子能谱和电子探针微区分析的相同点和不同点?

9. 简述电子探针分析的三种基本分析方法及其应用。

第二篇　高分子材料的衍射和散射技术

当光波进入物体时，在光波电场作用下，物体产生极化现象，出现由外电场诱导而形成的偶极矩。光波电场是一个随时间变化的量，因而诱导偶极矩也就随时间变化而形成一个电磁波的辐射源，由此产生散射光。更简单而直接的理解是，除了入射方向(亦即透射方向)外，其他方向能检测到光的现象是光的散射(scattering)，见图Ⅱ-1。

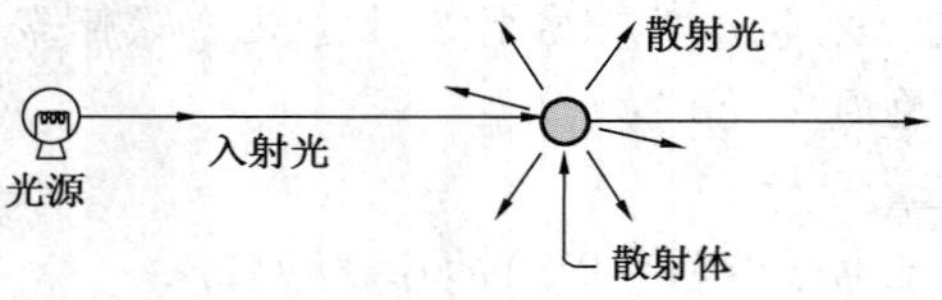

图Ⅱ-1　光的散射示意图

光波在物体中的散射，根据谱频的三个频段，可分为瑞利(Rayleigh)散射、拉曼(Raman)散射和布里渊(Brillouin)散射。散射光的频率、波长或能量与入射光相同，称为瑞利散射，它是由于物体内极化率或折射率的不均一性引起的弹性散射。而拉曼散射和布里渊散射都是非弹性散射，涉及到频率和波长的改变，即入射光与物体间发生了能量的转移。第6章的激光小角光散射利用的是可见光的瑞利散射；而可见光的拉曼散射效应提供了拉曼散射光谱的基础；布里渊散射在高分子中的应用较少，限于篇幅不涉及。

X射线和电子也是电磁波，属非可见光，它们同样在物体中也会发生反射、散射、吸收等效应，它们的(瑞利)散射在第5章讨论。如果样品是具有不同电子密度的非周期性结构(晶区和非晶区)，则X射线被不相干散射，有频率和波长的改变，这种过程被称为X射线散射(或漫射)，在小角度上测定，又被称为小角X射线散射。如果样品具有周期性结构(晶区)，X射线被相干散射，入射光与散射光(可以看成是反射光)之间没有频率和波长的改变，这种过程被称为X射线衍射，在大角度上测定，故被称为大(或广)角X射线衍射(WAXD)，有时也被称为大(或广)角X射线散射(WAXS)。类似地，也有电子衍射等。

无论是可见光、X射线，还是电子射线，其散射都有共同的规律，这也是本书把它们放在同一篇中讨论的原因。互相比较后就会看到，它们各自的原理表达式的共同点是结构尺寸与散射角都是倒数关系。可以用一个通式表示：

$$d = \frac{K}{\sin\theta}$$

式中，d为结构尺寸；θ为散射角；K为与波长、物质的性质等有关的常数。于是大角度得到小结构的信息，而小角度得到大结构的信息。

衍射(diffraction)是散射光在特定条件下相互干涉的结果，所以衍射也可以说是散射的特例。无论X射线衍射还是电子衍射，衍射条件由布拉格公式表达：

$$n\lambda = 2d\sin\theta$$

式中，λ为与波长；d为晶面间距；θ为入射角。除了在一定波长下结构尺寸与入射角(或观测角)成反比的规律外，还可以得到波长越大，测得的结构尺寸越大的规律。X射线衍射>电子衍射。

于是综合波长和角度两种因素的影响，所研究的结构从大到小的顺序是：激光小角光散

射>激光(大角)光散射>小角中子散射≈小角 X 射线散射>大角 X 射线衍射≈电子衍射

上述讨论归纳如表Ⅱ-1 中。

表Ⅱ-1　与高分子有关的各类散射、衍射技术

名　称	波　长	散射类型	研究对象举例	结构尺寸	试样状态	本书相关章节
激光小角光散射(SALS)	380~780nm	弹性散射	球晶	几~几十 μm	固体	6.1 节
激光(大角)光散射(LS)	380~780nm	弹性散射	分子量、高分子线团尺寸	几~几十 nm	溶液	12.3 节
大角激光光散射(WALS)	380~780nm	弹性散射	球晶内晶片	几~几十 μm	固体	6.2 节
小角中子散射(SANS)	零点几~几 nm	弹性散射	高分子线团尺寸	几~几百 nm	固体	—
小角 X 光散射(SAXS)	0.05~0.25 nm	弹性散射	高分子线团尺寸、晶片	几~几百 nm	溶液，固体	5.4 节
(大角) X 光衍射(WAXD，XRD)	0.05~0.25 nm	弹性散射	晶胞	零点几 nm	固体	5.1 节
同步辐射 X 射线散射(SR- WAXS/SAXS)	0.001~0.25 nm	弹性散射	高分子线团尺寸、晶片、晶胞	零点几 nm~几百 nm	固体	5.5 节
电子衍射(ED)	0.0037nm(加速电压 100kV 时)	弹性散射	晶胞	零点几 nm	固体	5.6 节
激光拉曼光谱(LRS)	380~780nm	非弹性散射	基团		固体，溶液	6.5 节

第 5 章 X 光衍射和散射

X 射线散射在研究晶体方面具有独特的优势，而人类对晶体的认识亦已形成了一门相当完整的学科——晶体学，所以有必要首先介绍一下晶体学的基本概念。

5.1 晶体学基础

5.1.1 点阵、晶胞和晶系

晶体是其内部的质点(包括原子、离子和分子等)在三维空间具有周期性排列的固体。

点阵是晶体结构周期性的几何描述，点阵与晶体结构以及结构单元之间的关系如图 5-1 所示。点阵中的点，能通过沿连结其中任何两点的向量进行平移而复原；结构基元则是点阵中的点阵点所代表的物质实体。在图 5-1 中即为—CH_2—CH_2—，每个点阵点所处的几何环境与物质环境都应相同，所以它是由等同点转化而来，进而所有等同点组成的等同点系在作数学抽象后即为点阵。

实际晶体大多具有三维周期性结构，因而需用空间点阵进行描述。由空间点阵可选择三个不相平行且又不都在同一平面上的单位矢量 a、b、c，它们之间的夹角分别为 $\angle bc=\alpha$，$\angle ac=\beta$，$\angle ab=\gamma$，从而将空间点阵划分为无穷多个平行六面体，点阵点位于这些平行六面体的顶点。这种平行六面体称为空间格子，即为晶格(图 5-2)。

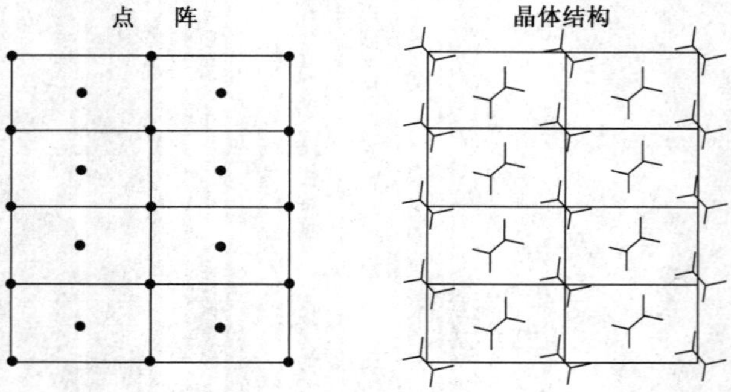

图 5-1　晶体结构与点阵和结构单元之间的关系图

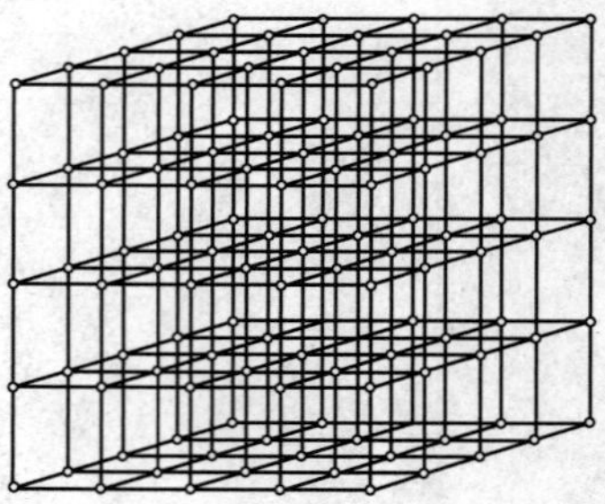

图 5-2　空间格子

描述空间格子在三维空间的最小重复单元即为单位晶胞，单位晶胞在三维空间的无限重复排列即构成晶体。为了完整地描述晶胞的大小和形状，采用六个晶胞参数即平行六面体的三棱的长度(亦称二晶轴的长度)a、b、c 以及它们之间的夹角 a、β、γ (b 和 c 的夹角为 β，a 和 b 的夹角为 γ)。一般来说晶轴即是晶胞中各棱的方向，a、b、c 形成右手坐标系，见图 5-3。

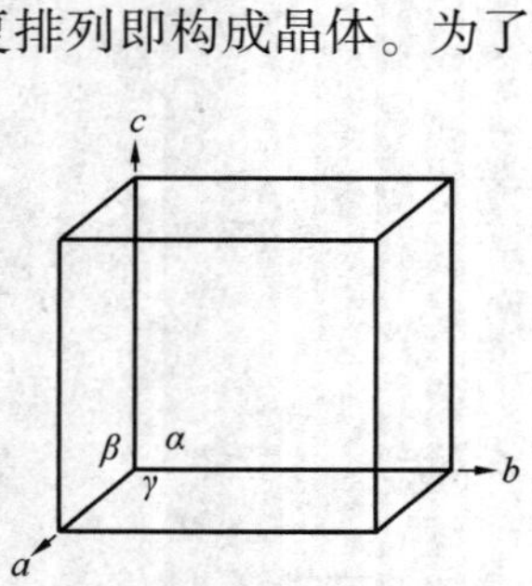

图 5-3　晶胞和晶胞参数

描述单位晶胞中原子的分布用对称要素：对称轴、对称面、对称中心。根据对称要素的不同组合，可把所有的晶体物质划分为 7 个不同的晶系，即立方、四方、正交、六方、三方、单斜、三斜。七个晶系又包含有 14 种空间点阵(详见表 5-1)。

表 5-1　晶系、晶胞参数和空间点阵

晶系名称	晶胞参数	晶胞图形			
		原　始	底　心	体　心	面　心
立方	$a=b=c$ $\alpha=\beta=\gamma=90°$	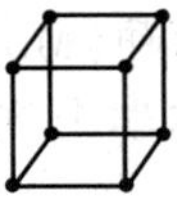		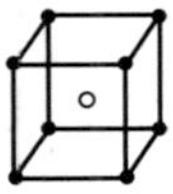	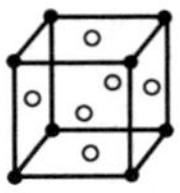
六方	$a=b\neq c$ $\alpha=\beta=90°$ $\gamma=120°$		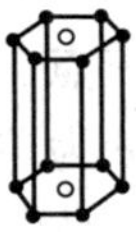		
四方	$a=b\neq c$ $\alpha=\beta=\gamma=90°$			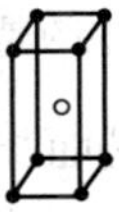	
三方（菱形）	$a=b=c$ $\alpha=\beta=\gamma\neq 90°$	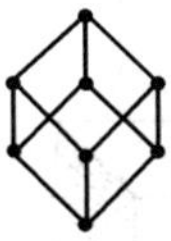			
正交（菱形）	$a=b=c$ $\alpha=\beta=\gamma=90°$		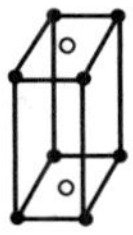	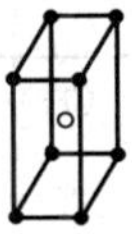	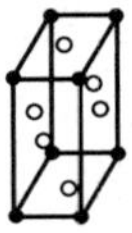
单斜	$a\neq b\neq c$ $\alpha=\gamma=90°$ $\beta\neq 90°$	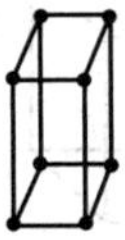	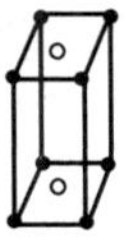		
三斜	$a\neq b\neq c$ $\alpha\neq\beta\neq\gamma\neq 90°$				

高分子链在结晶中作规整密堆积时，都只能采取使其主链的中心轴互相平行的方式排列。与主链中心轴平行的方向就是晶胞的主轴，通常约定为 c 轴。显然在这个方向上，原子间有化学键合，而在其他两个方向上则只有分子间力，这就存在了各向异性。因而在高分子的晶体中，不出现立方晶系，而其他六种晶系都存在。最常见的是正交和单斜（各约占 30%）。

5.1.2　点群和空间群

晶体结构具有空间点阵式的结构，点阵结构的空间对称操作称为空间群。若将 14 种空间点阵型式以及所有的对称元素（包括对称轴、对称面和对称中心等）按一切可能性结合起来，这样结合得到的对称元素系共有 230 种类型，对应于 230 种空间群。

5.1.3　晶面与晶面指数

由于结晶中所有格子点在空间格子中都按一定规律周期地分布着，因此，也可以看成所有格子点都分布在相互平行而且等间距的平面群上，这些布满格子点的平面称为晶面。晶体对 X 射线的衍射可以简单地视为这些晶面对 X 射线的反射。

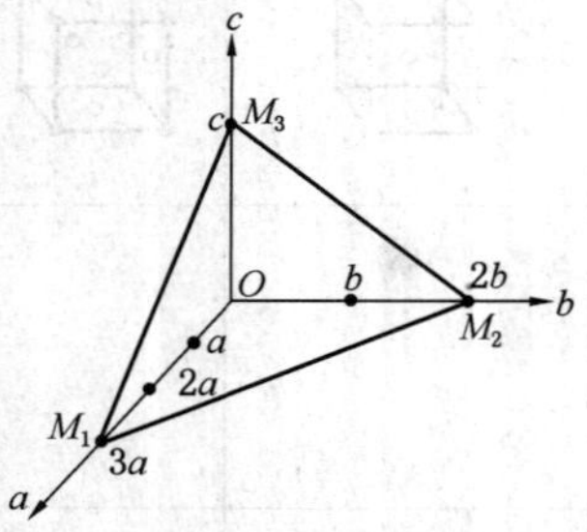

图 5-4　坐标中的晶面

晶面通常用米勒(Miller)指数(*hkl*)进行标记，这首先要有一个坐标。在晶体学中规定以晶胞的三个轴为坐标轴(不一定是直角坐标)。

如图 5-4 所示，设晶面与 *a*、*b*、*c* 三晶轴相交于 M_1、M_2、M_3三点，三点之截距分别为 $OM_1=3a$，$OM_2=2b$，$OM_3=c$。*a*、*b*、*c* 为单位矢量。

晶面指标不能直接用三个截距(3,2,1)来表示，因为平行于轴的晶面会出现无穷大。现通用的办法是取三个截距的倒数，如上例写作(1/3,1/2,1)，然后再通分成没有公因数的整数，即(2,3,6)作为晶面指数，晶面指数更一般的表达方式为(*hkl*)，即为密勒指数。图 5-5 举出一些例子可进一步解释晶面的密勒指数的含义。

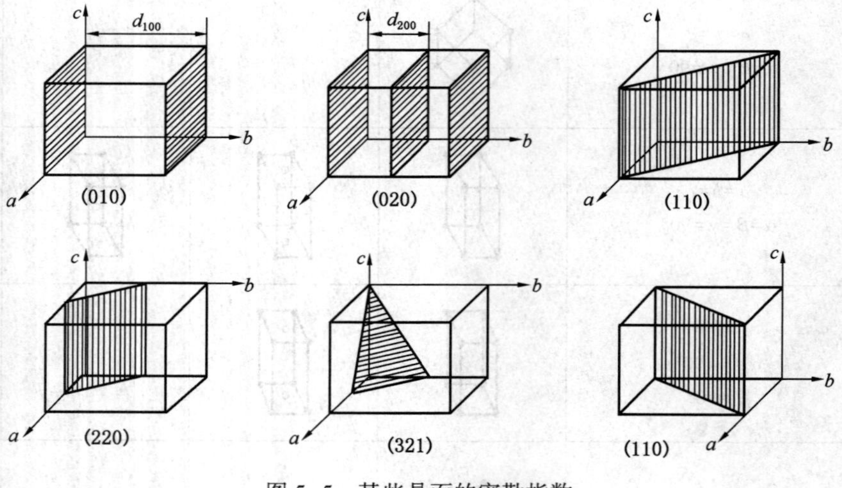

图 5-5　某些晶面的密勒指数

5.2　X 射线物理学基础

5.2.1　X 射线的基本性质

X 射线是德国的物理学家伦琴于 1895 年发现的，由于当时人们从未知晓此类射线，故而称之为 X 射线(即未知射线)。X 射线的性质与可见光具有显著差异，它具有强的穿透力，可透过一些可见光不能透过的物质；可使荧光物质发出荧光；可使气体发生电离；可杀伤生物细胞；各种物质对其折射率都接近于 1，因此不能像可见光那样利用折射效应来聚焦和放大；穿过晶体时可出现衍射现象等。

X 射线本质上是一种电磁波，具有波粒二象性。它的波长介于紫外线与 γ 射线之间，约在 0.001~10nm 之间。其中波长 $\lambda=0.005\sim0.1$nm 的 X 射线称为硬 X 射线，穿透力强，常用于金属探伤与医学透视；波长 $\lambda \geqslant 0.1nm$ 的称为软 X 射线，其中 $\lambda = 0.05 \sim 0.2nm$ 的波段可用于晶体结构的研究，因为这一尺度恰在原子间与分子间的间距范围（图 5-6，见彩色插图）。

X 射线可以由 X 射线管产生。X 射线管的构造如图 5-7 所示，管内抽成真空。电丝加热产生的热电子在高压电场（20~70kV）下获得很大的动能，高速飞向用铜、钼、钨等金属做成的靶极。电子在靶面上突然停止运动，所失去的动能大部分转化为热能，使靶极温度升高，只有少量动能（约 0.2%）转化为辐射能即 X 射线由窗口射出。窗口可以有多个，允许同时进行不同的测定。

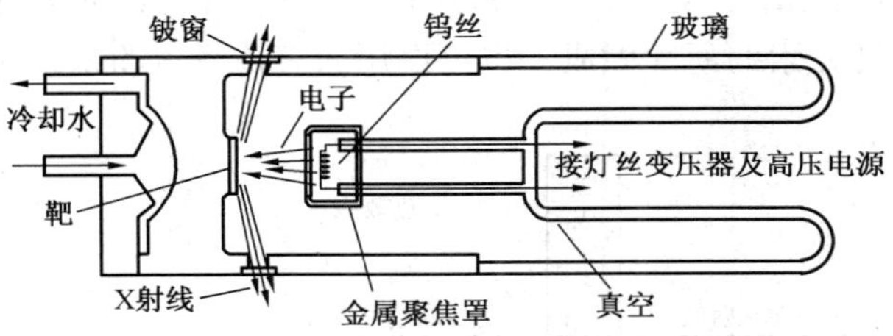

图 5-7　密封式 X 射线管示意图

5.2.2　X 射线谱

X 射线可分为两种：一种是具有连续变化波长的 X 射线，称为白色 X 射线；如果电压达到临界激发电压以上，就会产生另一种强度很高的具有特定波长的 X 射线，它叠加在连续 X 射线谱上，称为特征 X 射线（图 5-8）。特征 X 射线仅与阳极材料的种类有关，即对于一定的材料，其波长和谱线的相对强度都是确定的，而与 X 射线管的工作条件无关。

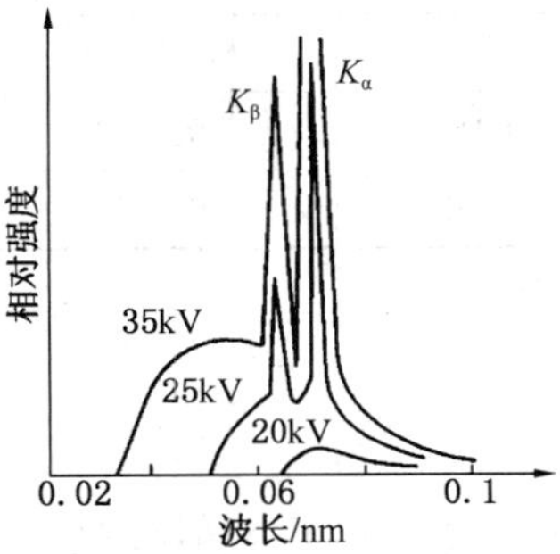

图 5-8　不同高压下钼靶 X 射线管发出的 X 射线谱

产生特征 X 射线的原因是电子的跃迁。电子在原子核中处于不同的能级上，*K* 层最低。如果一个高速飞行的电子射入靶原子内部，把 *K* 层电子打出而留下空位，邻近的 *L* 和 *M* 层电子均可能向 K 层跃迁，从而分别辐射出相应能量的 X 射线，这就是 K_α 和 K_β 线（参见图5-8）。

K_α 线是双重线，但相距很近（0.0004nm），实际上在低角度分不开。K_α 比 K_β 强得多（强度比为 7 : 1 左右），因而 X 射线分析中用 K_α 线。几种金属靶所发出的 X 射线的性质列于表 5-2。为了滤去不需要的其他波长的 X 射线，则必须应用滤色片或单色器，见下节讨论。

表 5-2　几种金属靶的性质

靶	原子序数	波长/nm		K_α 线的临界激发电压/kV
		$K_{\alpha 2 \sim \alpha 1}$	K_β	
Cu	29	0.1544~0.1540	0.1392	9
Mo	42	0.0174~-0.0709	0.0632	20
W	74	0.0214~0.0209	0.0184	69.5

5.2.3　X 射线与物质的作用

当 X 射线穿透某一物质时，由于它和物质相互作用，可以产生相当复杂的结果。其中主要有入射光子的吸收透射、汤姆逊散射、康普顿散射、光电效应、俄歇效应和荧光效应等，如图 5-9 所示。

在许多情况下，X 射线衍射研究工作中需要使用单色 X 射线，而 X 射线管发出的 X 射线有连续谱和特征谱。特征 X 射线产生锐衍射峰，而连续谱则产生漫散射，影响特征 X 射线衍射花样的观察。这种情况下需要对 X 射线进行单色化。此外，K_β线的存在也会给分析衍射花样带来困难和麻烦。

选择适当的滤色片(表 5-3)可以吸收 K_β线而留下 K_α线，这是由于滤色片的吸收系数μ在波长 λ_K处发生突变(图 5-10)。滤色片可以使 K_β和 K_α之比减为 1∶100。滤色片不一定要用纯元素的薄片做成，也可以用涂有该元素粉末或化合物(其他元素应只是轻元素)的纸。

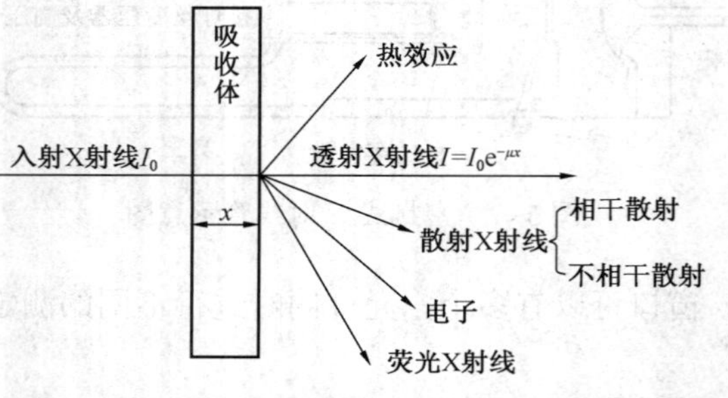

图 5-9　X 射线通过物体时发生的各种作用

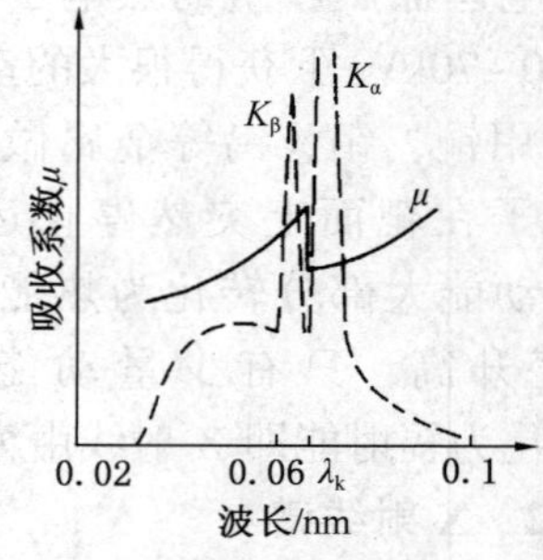

图 5-10　钼靶的吸收系数与波长的关系

表 5-3　滤色片的性质

滤色片	λ_K/nm	适用的靶	$K_{\alpha2}\sim K_{\alpha1}$波长/nm	K_β波长/nm
Ni	0.1487	Cu	0.1544~0.1540	0.1392
Zr	0.0688	Mo	0.0174~-0.0709	0.0632

5.3　X 射线衍射的基本原理及测试方法

X 射线衍射是 X 射线通过晶体产生相干散射的特殊情况，它不仅证实了 X 射线是一种电磁波，晶体结构是点阵结构，而且揭开了晶体结构微观测定的新纪元。

5.3.1　布拉格方程和劳埃方程

射入晶体的 X 射线使晶体内原子中的电子发生频率相同的强制振动，因此每个原子即又可作为一个新的 X 射线源向四周发射波长和入射线相同的次生 X 射线。它们波长相同，但强度却非常弱。单个原子的次生 X 射线是微不足道的，但在晶体中由于存在按一定周期重复的大量原子，这些原子所产生的次级 X 射线会发生干涉现象。干涉是由于从不同次生光源射出的光线间存在光程差引起的，只有当光程差等于波长的整数倍时光波才能互相叠加，从而具备足够的强度而被观察到；在其余情况下则减弱，甚至相互抵消(图 5-11)。

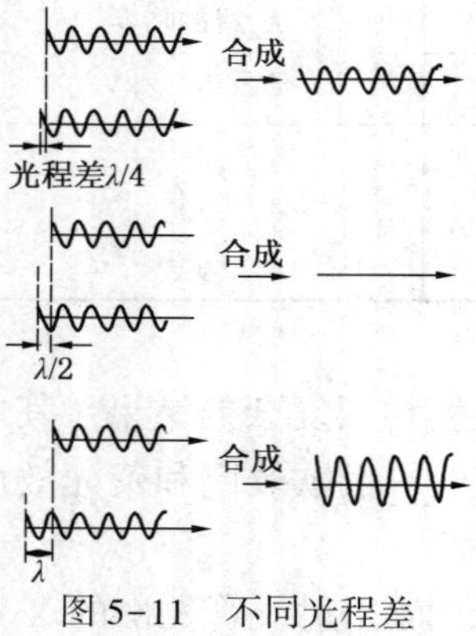

图 5-11　不同光程差的两光波的加成

描述 X 射线衍射方向，即 X 射线光波合成的方程有两个：劳埃(Laue)方程和布拉格(Bragg)方程，下面分别介绍。

(1) 劳埃(Laue)方程　首先考虑一行周期为 a_0的原子列对入射 X 射线的衍射。如图 5-12 所示，当入射角为 α_0时，在 α_h角处观测散射线的叠加强度。相距为 a_0的两个原子散射的 X 射线光程差为 $a_0(\cos\alpha_h-\cos\alpha_0)$，当光程差为零或等于波长的整数

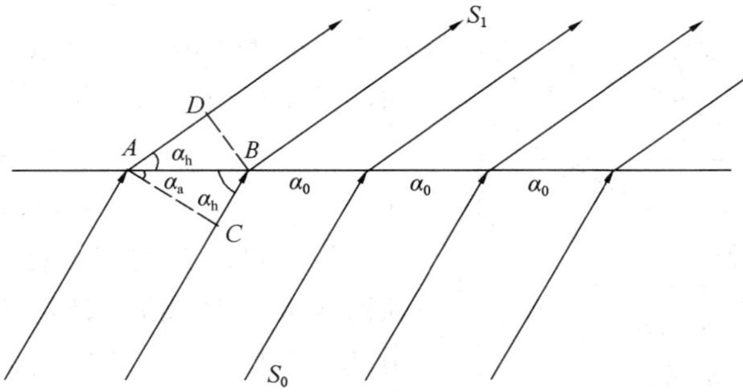

图 5-12　一行原子列对 X 射线的衍射

S_0为入射 X 射线，S_1为衍射线方向，a_0为行列的结点间距

倍时，散射波的波峰和波谷分别互相叠加而强度达到极大值。

即对于一个行列来说，产生 X 射线衍射须满足方程：

$a_0(\cos\alpha_h - \cos\alpha_0) = h\lambda$　$h=0, \pm1, \pm2\cdots\cdots$

从图 5-12 可以看出，衍射线必须与行列成 α_h 角，显然，凡是与行列的夹角为 α_h 的方向都满足方程，这样衍射线就形成了一个圆锥。由于 h 可以为 0，±1，±2 等整数，因此，一个行列形成的衍射线将为以行列为轴线的一套圆锥，如[图 5-13(a)]。

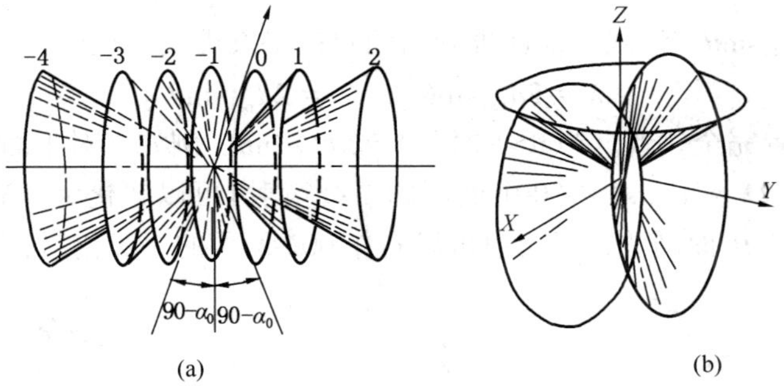

图 5-13　由(a)一个行列、(b)一个晶体的 X 射线

衍射形成的一套/三套圆锥

晶体结构是一种三维的周期结构，设有三行不共面的原子列，其周期大小分别为 a_0、b_0、c_0，入射 X 射线同它们的交角分别为 α_0、β_0、γ_0，当衍射角分别为 α_h、β_k、γ_l，则必定满足下列的条件：

$$a_0(\cos\alpha_h - \cos\alpha_0) = h\lambda$$

$$b_0(\cos\beta_k - \cos\beta_0) = k\lambda$$

$$c_0(\cos\gamma_l - \cos\gamma_0) = l\lambda$$

式中 h，k，l 为 0，±1，±2 等整数；λ 为入射线的波长。该式即为劳埃方程。前述可知，一个行列的衍射构成一套衍射圆锥，同理推知，晶体的衍射是三个行列方向的 3 套衍射圆锥的公共交线，如[图 5-13(b)]所示。

(2) 布拉格方程　设晶体为一组间距为 d 的晶面(格子面)，各点代表晶格中的原子(图 5-14)，以 θ 角入射的 X 射线在点上产生的衍射可以看成是对于晶面的“反射”，就像可见光在镜面的反射那样。图上 A 和 B 两束光经晶面 1 和 2 反射后有相同的方向，但根据衍射几

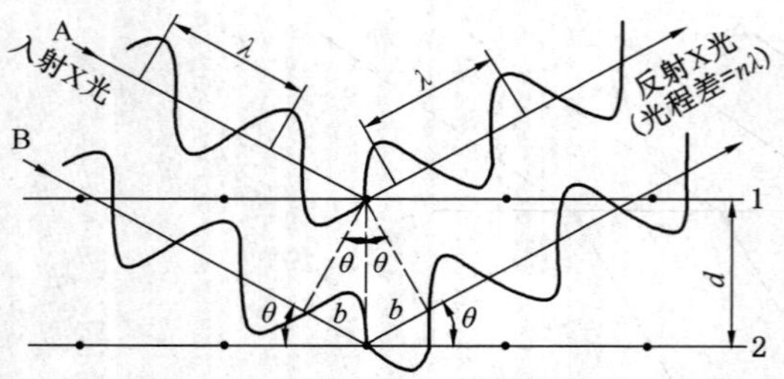

图 5-14　晶体产生 X 射线衍射（布拉格反射）的条件

何，B 比 A 多走了 $2b$ 的路程。显然只有当这段光程差等于波长的整数倍时才会产生叠加，因而满足衍射的条件是

$$n\lambda = 2b = 2d\sin\theta$$

即

$$n\lambda = 2d\sin\theta$$

当用单色 X 射线测定时，波长是已知的，掠射角 θ 可从实验求出，因此可求得晶面间距 d。式中 n 为正整数，称衍射级数。

（3）劳埃方程式与布拉格方程式的统一

下面以直角坐标的斜方晶系为例进行分析。

对劳埃方程式变形后：

$$(\cos\alpha_h - \cos\alpha_0) = h\lambda/a_0$$

$$(\cos\beta_k - \cos\beta_0) = k\lambda/b_0$$

$$(\cos\gamma_l - \cos\gamma_0) = l\lambda/c_0$$

上式左侧求平方和，经一系列数学变换后，等于 $4\sin^2\theta$

右边的平方和为 $(h^2/a^2+k^2/b^2+l^2/c^2)\lambda^2$，根据斜方晶系的面网间距计算公式，右侧的平方和等于 λ^2/d_{hkl}^2。

因此有：$\lambda = 2d_{hkl}\sin\theta$，该式与前面推导出的布拉格方程式比较

$$n\lambda = 2d_{hkl}\sin\theta \qquad \lambda = 2d_{hkl}\sin\theta$$

当 $n=1$ 时，二者完全一致。当 $n>1$ 时，$\lambda = 2d/n\sin\theta$。例如，对于面网(001)，当 $n=2$，$d_{001}/2 = d_{002}$。即对于 $2\lambda = 2d_{001}\sin\theta$（001 面网的二级衍射）可以转化为：$\lambda = 2d_{002}\sin\theta$（002 面网的一级衍射），即 001 面网的二级衍射可以看作 002 面网的一级衍射，如图 5-15 所示。

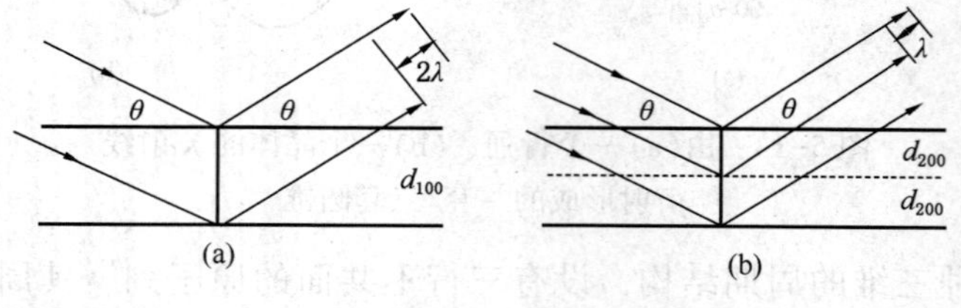

图 5-15　(100)面网的二级衍射(a)可以看作(200)面网的一级衍射图示(b)

因此，在实际的 X 射线衍射分析中，描述 X 射线衍射方向时均采用一级 X 射线衍射，不考虑衍射的级次：

$$\lambda = 2d_{hkl}\sin\theta$$

也把这种布拉格方程式的表示形式称为布拉格方程的标准形式。

5.3.2 倒易点阵与晶体的衍射方向

为了便于处理晶体结构同其 X 射线衍射效应的关系，最初由厄瓦耳引进这一概念。倒易点阵是由被称为倒易点的点所构成的一种点阵，它也是描述晶体结构的一种几何方法，它和空间点阵具有倒易关系。倒易点阵中的一倒易点对应着空间点阵中一族晶面间距相等的点格平面。

以单斜晶系点阵中一个通过坐标系原点的主要阵点平面——ac 阵点平面为例。这是以两个基本单位矢量 a 和 c 建成的主要点阵平面。a 与 c 之间的夹角为 β。可以理解，所建立的主要阵点平面所具有的 3 个参数是：基本周期 a 及 c，基本周期之间的夹角 β。此阵点面在图 5-16 中以空心小圆圈表示阵点，而以实线使阵点之间形成单位格子平面。

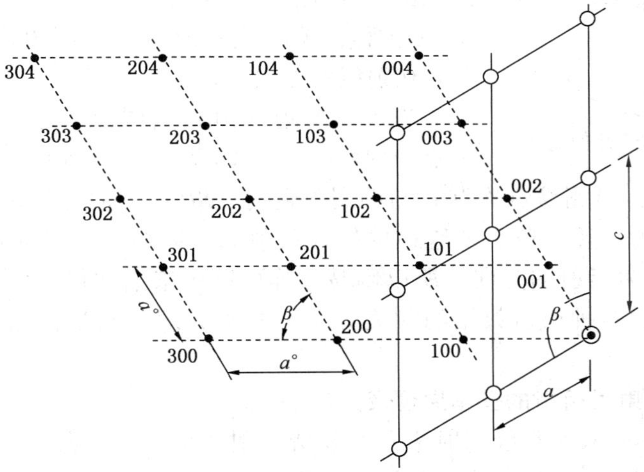

图 5-16　单斜晶系点阵的 ac 阵点平面与其倒易点阵的 a^*c^* 阵点平面之间的倒易变换关系

以周期 c 的阵点列(族)相垂直的方向作为倒易阵点平面的基本单位倒易矢量 a^* 的方向，而其模量 a^* 则取周期 c 阵点列族的列间距离倒数(l/d_{100})。同理，以周期 a 阵点列(族)相垂直的方向作为倒易阵点平面的另一个基本单位倒易矢量 c^* 的方向，其模量 c^* 则取周期 a 阵点列族的列间距离倒数(l/d_{001})。由两个单位倒易矢量 a^* 和 c^* 所建立的倒易阵点平面应有 3 个参数：倒易阵点平面的基本周期 a^*，c^* 及其夹角 β^*。在倒易阵点平面中每个倒易阵点都标记有指数。一个倒易阵点平面可以看作是由通过坐标系原点的无穷多个倒易阵列所构成。每一条通过坐标系原点的倒易阵点列上的第一个倒易阵点，它的指数是没有公约数的互质整数，也就是晶体阵点平面中相应的阵点列族的指数。这一倒易阵点与坐标系原点所构成的倒易矢量与相应的晶体阵点列族垂直，倒易矢量的模量是此相应阵点列族中列间距离的倒数。由此可见，这一倒易阵点的矢量既表达了阵点列族在给定坐标系中的取向，同时也表达了此阵点列族中的列间距离。

从数学的角度对倒易点阵进行描述，则点阵的单位矢量与倒易点阵的单位矢量之间有如下关系：

$$a \cdot a^* = b \cdot b^* = c \cdot c^* = 1$$

$$a \cdot b^* = a \cdot c^* = b \cdot a^* = b \cdot c^* = c \cdot a^* = c \cdot b^* = 0$$

$$a^* = (b \times c)/V,\ b^* = (c \times a)/V,\ c = (a \times b)/V$$

其中，V 是晶体点阵的单位格子体积。

三个单位矢量的模量遵从如下关系：

$$a^* = bc\sin\alpha/V,\ b^* = ac\sin\beta/V,\ c^* = ab\sin\gamma/V$$

$$a^* = 1/d_{100},\ b^* = 1/d_{010},\ c^* = 1/d_{001}$$

根据矢量“×”乘的右手定则，可知 c^* 与 a，b 垂直，b^* 与 c，a 垂直，如此等等。

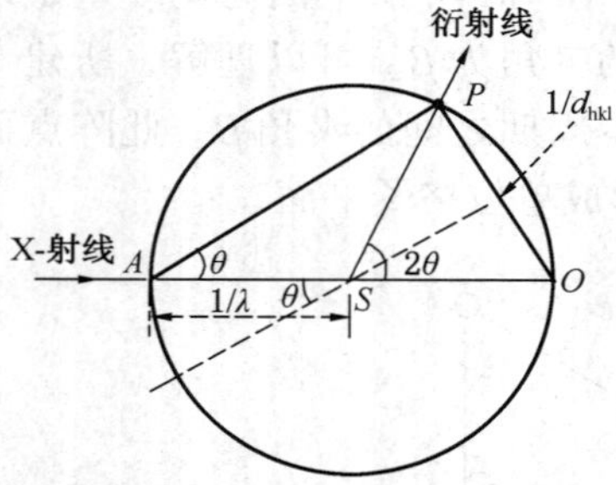

图 5-17　产生衍射的几何关系

晶体产生衍射的基本条件是满足 Bragg 方程：

$$\sin\theta = \frac{\lambda}{2} \cdot \frac{1}{d_{hkl}}$$

此式可用几何图形表达。见图 5-17，当 S^* 的阵点 P 点在圆周上时，$\sin\theta = OP/AO = (1/d_{hkl}) \cdot (\lambda/2)$，符合 Bragg 方程，满足衍射条件，就能产生衍射。而 SP 的方向就是衍射线的方向。

当入射 X 射线射到晶体(S)上，在入射线方向上找一点 O(使 $OS = 1/\lambda$)为倒易点阵的圆心，以 S 为圆心、以 $1/\lambda$ 为半径做圆，当倒易点阵点 P 与圆周相遇时，SP 的方向即为衍射的方向。如果以 S 为球心，以 $1/\lambda$ 为半径做球，则这种球称为反射球。同样，当倒易点阵点 P 与球面相遇时，SP 的方向即为衍射的方向。所以倒易点阵可以用来描述衍射空间，衍射点相应于倒易空间的点阵点。各种衍射数据的收集方法的基本原理，都是根据反射球与倒易点阵的关系设计的。

5.3.3　粉末 X 射线衍射的基本原理及方法

(1) 样品制备　粉末 X 射线衍射法亦称多晶 X 射线衍射法，意指对研磨成粉末的多晶样品进行 X 射线衍射分析，该方法是德拜—谢乐(Debye-Scherrer)于 1916 年发明的。

普通制样要求样品研磨成 200 目以下的粉末状(用手触摸无颗粒感)，约需样品 0.2~0.3g，用玻璃板把样品压实、压平于样品板的凹槽中即可，如[图 5-18(a)]所示；如果样品为硬质块状样品(多晶集合体)，则需把样品制作成 10mm 见方以内的尺寸，厚度不超过 5mm，用橡皮泥固定于空心样品座上[图 5-18(b)]，样品需有一个平面，该平面与样品板平面保持一致；如果样品量很少，不足以按前两种方法制样，则可用毛玻璃样品板制样，这时仅需样品 5~10mg，用玻璃板压在毛玻璃面上即可[图 5-18(c)]。

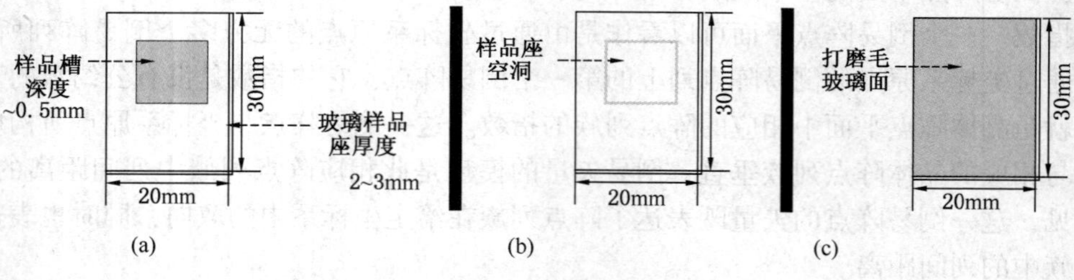

图 5-18　粉末 X 射线衍射样品座类型

(2) 产生 X 射线衍射信号的原理　粉末法 X 射线衍射即是通过单色 X 射线照射多晶样品，入射 X 射线波长固定，通过无数取向不同的晶粒来获得满足布拉格方程的 θ 角。

对于任意一组晶面(具有一定的晶面间距 d)，由于粉末样品的晶体颗粒无穷多，且取向随机，因此，在任意时刻，必有取向正好使得该晶面满足布拉格方程的晶体存在，从而产生衍射。实际上粉末中晶面的方向各异，对某晶面来说其衍射线形成一个圆锥形，衍射线与入射线夹角为 2θ(如图5-19所示)。粉末中必定还有另外一些晶面(具有其

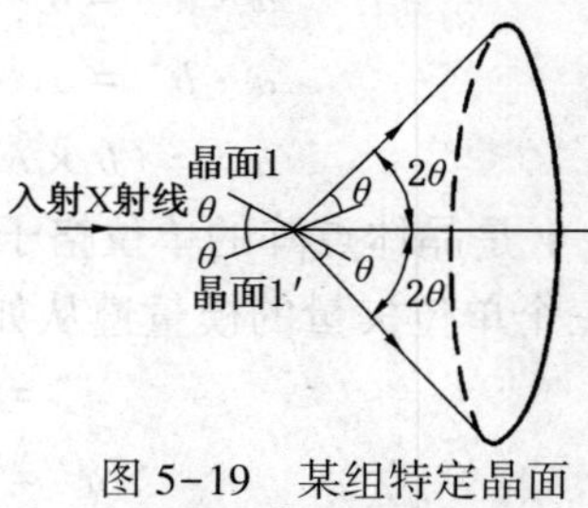

图 5-19　某组特定晶面形成的衍射圆锥

他 d 值)，它们的衍射线形成另外一些不同张角的圆锥(图 5-20)。

早期的照相方法有两种，一种是平板照相法，另一种是德拜照相法，这两种照相法的共同缺点是曝光时间长，对高分子样品一般都要以小时计算，另外数据分析须作人工处理。若用记数器代替底片来记录衍射环(线条)的角度和强度的关系，这种方法称为扫描法或衍射曲线法，所用的仪器称为 X 射线衍射仪(X-ray diffraction，简称 XRD)。它测定快速、记录准确。数据处理能自动化，因而在许多领域中已代替了照相法。

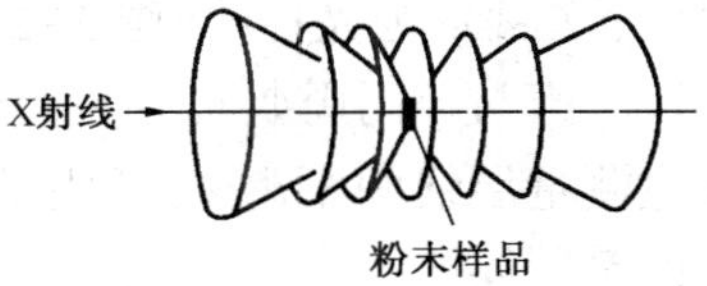

图 5-20　粉末样品中各种不同晶面形成的衍射圆锥示意图

X 射线衍射仪由 X 光发生单元、测角仪和计数器(强度检测单元)组成。其中测角仪的光学系统如图 5-21 所示。梭拉(Soller)狭缝可限制入射 X 光在垂直方向的发散度为 3°~5°，而其他狭缝限制水平方向发散度为 1°。样品与检测器以 $\theta\sim2\theta$ 方式联动。

衍射仪最好不用滤色片滤光，因为滤色片不能消除连续辐射，使非晶散射和连续谱不易区别。所以对于高分子材料测定，最好用晶体单色器。如 LiF 单晶或石墨准单晶，结合脉冲高度分析器(PHA)，不但可去掉 K_β 线，也可消除连续谱和高次谐波。

在粉末衍射仪中，晶体单色器既可以放在入射线束中，也可以放在衍射线束中，后者具有一些独特优点，如可以消除来自样品的荧光(图 5-22)。

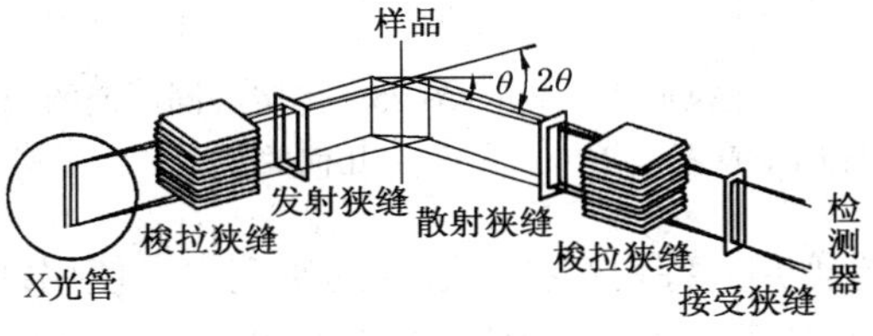

图 5-21　X 射线衍射仪的测角仪光学系统

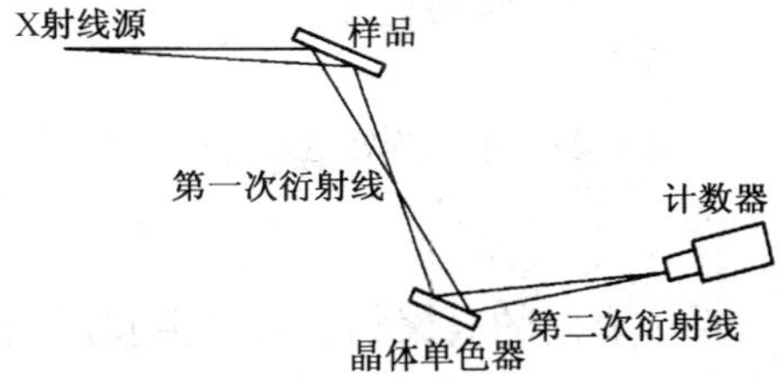

图 5-22　后单色器衍射仪的衍射几何

晶体单色器对 X 射线的单色化作用是通过布拉格衍射来实现的。选定单色器单晶的强衍射面，调节单色器的衍射面与入射束(对样品则是衍射束)的夹角 θ'[例如石墨单色器选晶面(002)，$\theta'=13.27°$]，使 K_α 满足布拉格条件，而 K_β、连续辐射和其他散射不满足布拉格条件，可得到只有 K_α 辐射的衍射束而实现单色化。

对一定的 θ'，除了 $n=1$ 外，还有 $n=2$、3、4 的相应波长 $\lambda/2$、$\lambda/3$、$\lambda/4$…满足布拉格条件这些高次谐波只有用 PHA 才能去掉。

5.3.4　单晶旋转法测试纤维样品

单晶用粉末法(样品不动)测定是得不到衍射图像的，但如果单晶以恒速转动，晶面在适当角度时能满足产生衍射的条件，从而得到衍射图。

单晶旋转法是长方形的底片卷成圆筒形，置于长筒形相机中，单晶样品放在中央，并使晶体的一个轴(比如 c 轴)平行于圆筒的轴。晶体围绕此轴缓慢旋转，X 射线从垂直于旋转轴的方向射入(图 5-23)。

设在主晶轴方向的等同周期为 C(图 5-24)，在主晶轴方向上有一系列格子点，这时满足产生衍射的条件是

$$C\cos\varphi = l\lambda (l = 0, \quad \pm 1, \quad \pm 2, \cdots\cdots)$$

式中，$C\cos\varphi$ 为光程差(图 5-24)；l 为层线的号数。此式称为波拉尼(Polanyi)关系式。

一组与等同周期 C 有关的衍射线形成一套圆锥，圆锥和底片相交得到的直线称为层线。通过测量层线间距离 y，利用已知的几何关系(图 5-25)可以算出晶体中平行于旋转轴方向上的等同周期。

实际上晶体不仅在旋转轴方向有格子点，而且在三维方向上都有格子点，从而底片上的衍射图不是一条条连续的直线，而是由强度不同彼此分离的斑点组成的直线[图 5-26(a)]。如果用平板底片代替圆筒形底片，则得到双曲线[图 5-26(b)]。

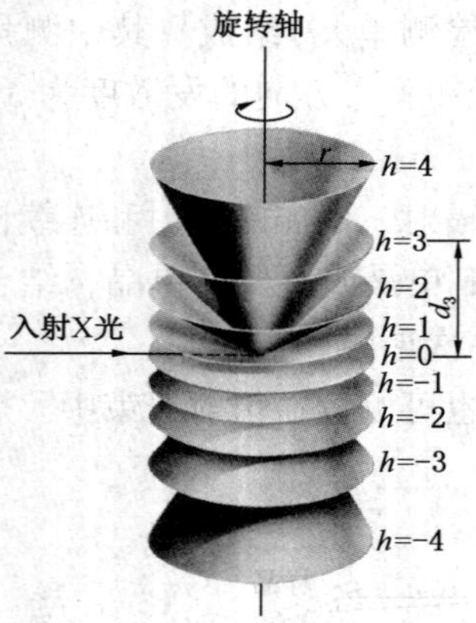

图 5-23　单晶旋转法示意图

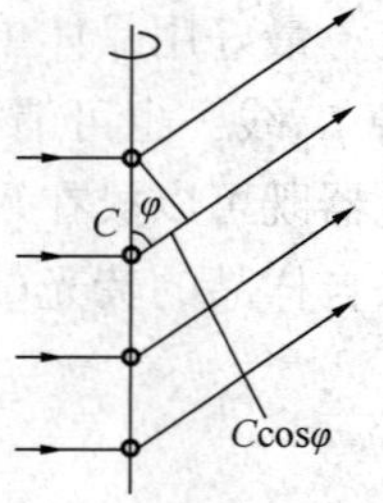

图 5-24　波拉尼式导出示意图

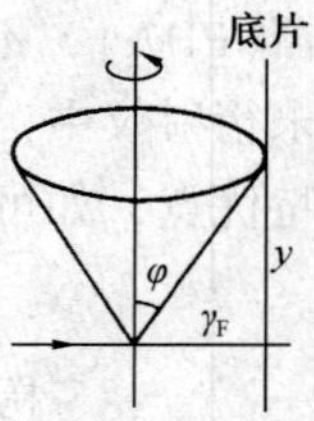

图 5-25　测定等同周期的几何关系图

对于取向的高聚物板材、薄膜以及纤维等的研究，特别在择优取向的研究中，使用纤维样品架(图 5-27)是很方便的。它可以对试样进行拉伸、升温，配合 X 射线衍射仪，可以得到样品在拉伸或升温过程中的结构变化信息。板材、薄膜可切割成小条，直接固定在样品夹上即可；纤维样品可将其紧密绕在金属架上，若样品量过少，也可用胶粘接在框架上，再放到测角头上测试(图 5-28)。

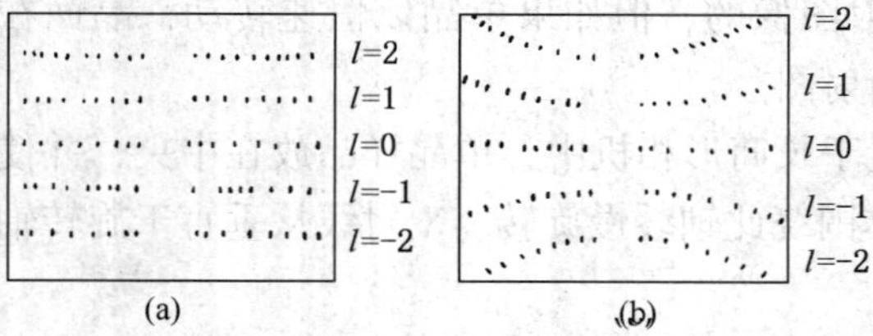

图 5-26　典型的单晶旋转衍射图

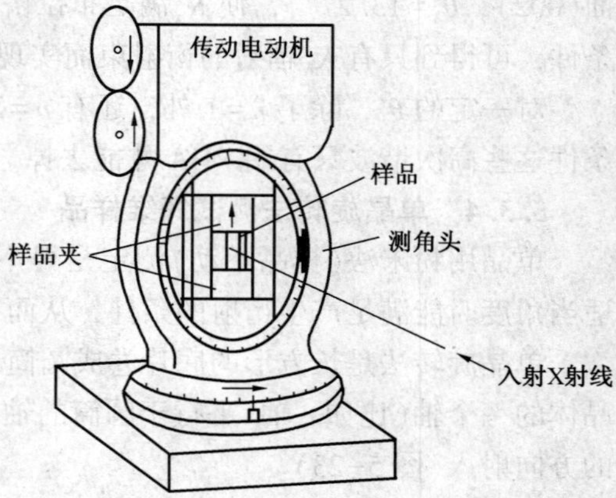

图 5-27　纤维样品架示意图

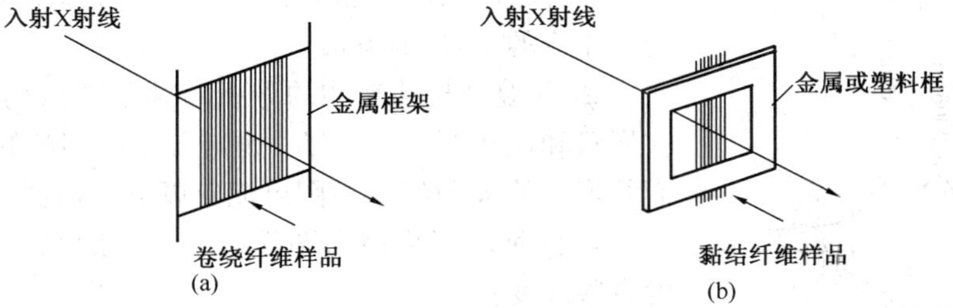

图 5-28　纤维样品的装样方法

5.4　广角 X 射线衍射在高分子材料中的应用

X 射线衍射(散射)所研究的高分子体系可以从溶液、熔体到固体，从非晶、液晶到结晶，从均相均聚物到多相共混物，从各向同性高分子体系到择优多轴取向的高分子体系等，它已成为研究复杂的高分子多层次结构必不可少的重要手段。

广角 X 射线衍射在高分子材料中的应用主要有：

① 通过 X 射线衍射的峰位与峰强确定高分子结晶的晶胞参数，包括晶胞中原子距离，键角大小与分子链的走向；

② 通过 X 射线衍射峰的积分宽度确定高分子结晶的晶粒度与晶格畸变(第Ⅰ类与第Ⅱ类畸变)；

③ 通过 X 射线散射的总强度与晶区衍射的强度估求结晶性高分子的结晶度；

④ 根据不同晶面在倒易空间的衍射分布确定晶粒的取向分布、取向类型以及取向度；

⑤ 根据晶胞中各种原子的配置确定高分子链的构型与构象；

⑥ 高分子应变结晶与热结晶过程中结晶结构的变化；

⑦ 高分子晶相中分子的运动，包括晶型与晶形、晶粒的完善与增大等；

⑧ 高分子非晶(包括近理想非晶与不同有序及取向程度的非晶)与熔体的凝聚态结构；

⑨ 高分子液晶的类型、取向等凝聚态结构。

5.4.1　物相分析

(1) 高分子材料的定性鉴别

① 结晶高分子与非晶高分子的区别。非晶高分子的粉末衍射图是一个弥散峰或弥散环(图 5-29)，峰的位置(约 20°)所相应的间距是分子的平均距离，约为 0.4~0.5nm，与液相中分子平均间距相同。

而结晶高分子应有锐峰(环)，图 5-30是聚对苯二甲酸乙二醇酯的例子，对于结晶更好的样品，图上每个宽峰还会进一步分开成 2 个或 3 个峰。

比较两种聚乙烯的衍射曲线(图 5-31)可见，高密度聚乙烯比低密度聚乙烯的结晶度高，结晶有序性好，因而衍射锐利，而且在高角度上还有比较弱的锐

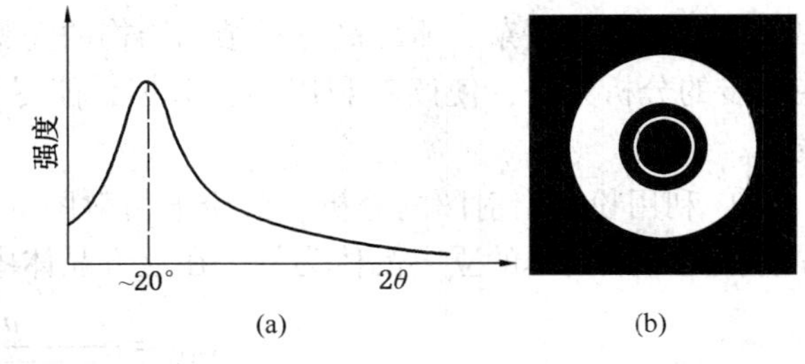

图 5-29　非晶高分子的粉末衍射图

(a)扫描法；(b)平板照相法

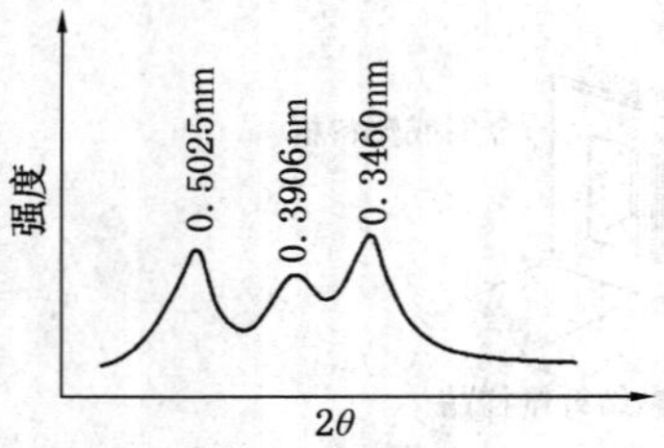

图 5-30　聚对苯二甲酸乙二酯的衍射曲线

峰。两种聚乙烯的非晶漫散射峰最大强度都出现在 $2\theta=20°$ 处，相应的 $d=0.444\text{nm}$。

② 共混物与共聚物的分析。共聚物结构取决于各单体在形状和尺寸上是否相似，也与分子链侧基的大小有关。因而共聚物的 X 射线衍射图可能有以下三种情况：

a. 两种均聚物衍射图重叠，各自的晶胞参数和衍射强度有些改变；

b. 得到一个与各均聚物完全不同的新衍射图；

c. 共聚后不结晶，衍射图为弥散峰。

一般来说，共混物要比共聚物简单，共混物的衍射常是各组分衍射的叠加，而且各组分对强度的贡献与组成成正比。但有时结晶生长时两组分的分子链互有扩散，则衍射图取决于共混和结晶的条件。

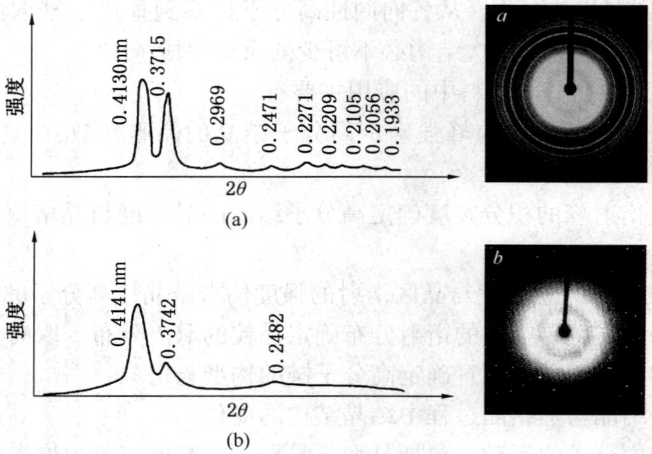

图 5-31　聚乙烯的衍射曲线

(a) HDPE；(b) LDPE

现以聚乙烯醇-聚丙烯腈共混物为例来说明。将该共混物溶于二甲亚砜中干法纺丝测定纤维衍射图的赤道线(零层线)。当纤维未经热处理时[图 5-32(a)]，可以看出共混物保持了两组分各自的结构，尽管衍射峰略有变化。但纤维经 100℃ 热处理 1h 后[图 5-32(b)]，衍射线条的位置和强度相对子原组分都有很大变化，说明至少在重结晶区结构有了改变。

(2) 高聚物结晶结构的确定　由于高分子的结晶往往是对称性不高的晶系，分子在结晶中的排列又相当复杂，所以高分子结晶结构的完整测定是很复杂困难的事情。本节只介绍一些初步的分析方法，使读者利用实验数据，能尽可能多地获得有关高分子结晶结构的初步线索。

① 利用粉末衍射图的分析。对粉末衍射图的线条指标化的步骤是相当繁琐的，为叙述方便，先以最简单的立方晶体为例。在立方晶体中、晶面间距

$$d_{\text{hkl}}=\frac{a}{\sqrt{h^2+k^2+l^2}}$$

代入布拉格公式，得到

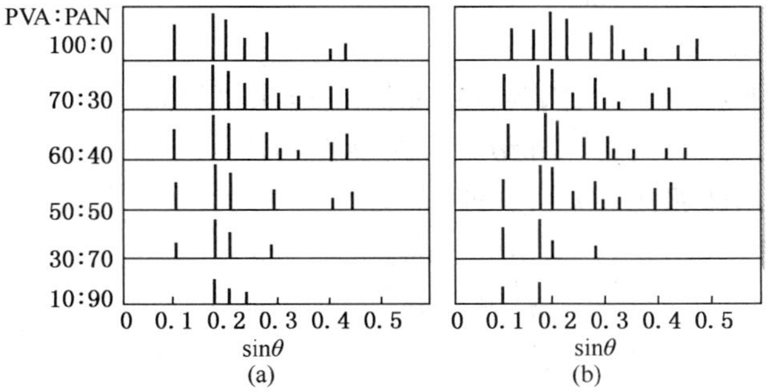

图 5-32 聚乙烯醇-聚丙烯腈共混物纤维的赤道线 X 射线衍射图

(a)未经热处理；(b)经 100℃ 热处理 1h

$$\sin\theta = \frac{n\lambda}{2d} = \frac{n\lambda}{2a}\sqrt{h^2 + k^2 + l^2}$$

$$\sin^2\theta = \frac{(n\lambda)^2}{4a^2}(h^2 + k^2 + l^2)$$

此式表明粉末衍射图中，任意两根不同衍射线条的位置有如下关系：

$$\sin^2\theta_1 = \frac{(n\lambda)^2}{4a^2} \cdot m_1$$

$$\sin^2\theta_2 = \frac{(n\lambda)^2}{4a^2} \cdot m_2$$

$$\frac{\sin^2\theta_1}{\sin^2\theta_2} = \frac{m_1}{m_2}$$

式中，$m=h^2+k^2+l^2$，为正整数。

m 为正整数意味着对每一线条的 $\sin^2\theta$ 值，找到最简单的整数比关系，就可以将线条指标化。在寻找这些整数比时，须注意不应该使不可能出现的线条出现，如，$m=7$、15、23 等，因它们不能使 h、k、l 全为整数，一个实例列于表 5-4。注意此法无法区别某些晶面，如(002)、(200)和(020)。

表 5-4 对立方晶体的线条指标化的一个实例

线条号	$\sin^2\theta$	$m=h^2+k^2+l^2$	$\lambda^2/4a^2$	a/nm	(hkl)
1	0.140	3	0.0466	0.357	(111)
2	0.185	4	0.0463	0.358	(200)
3	0.369	8	0.0462	0.359	(220)
4	0.503	11	0.0457	0.361	(311)
5	0.548	12	0.0456	0.361	(222)
6	0.726	16	0.0454	0.362	(400)
7	0.861	19	0.0453	0.362	(331)
8	0.905	20	0.0453	0.362	(420)

再以六方晶体为例，根据晶面间距公式：

$$d_{hkl} = [(4/3a^2)(h^2 + k^2 + hk) + (l^2/c^2)]^{-1/2}$$

代入布拉格公式，得到

$$\sin^2\theta = A(h^2 + hk + k^2) + Cl^2$$

式中　$A=\lambda^2/3a^2$；$C=\lambda^2/4c^2$

首先找与($hk0$)对应的线条，因为这些晶面的 $l=0$，所以

$$\sin^2\theta = A(h^2 + hk + k^2)$$

于是可以按立方晶体那样去分析，即

$$\frac{\sin^2\theta_1}{\sin^2\theta_2} = \frac{m_1}{m_2},\ A = \frac{\sin^2\theta}{m}$$

式中　$m=h^2+hk+k^2$

具体做法是列一个表(表 5-5)，求出每根线条的 $\sin^2\theta/m$ 值，找出相同的 $\sin^2\theta/m$ 值(即 A 值)，从而这几根线条的指标也就确定了。

表 5-5　对六方晶体的线条指标化实例的第一步

线条号	$\sin^2\theta$	$\sin^2\theta/3$	$\sin^2\theta/4$	$\sin^2\theta/7$	($hk0$)
1	0.097	0.032	0.024	0.014	—
2	0.112	0.037	0.028	0.016	(100)或(010)
3	0.136	0.045	0.034	0.019	—
4	0.209	0.070	0.052	0.030	—
5	0.332	0.111	0.083	0.047	(110)
6	0.390	0.130	0.098	0.056	—

这样求出 $A=0.112$ 或 0.111。接着用类似的方法，从下式求 C(见表 5-6)。

$$\sin^2\theta - A\ (h^2 + hk + k^2) = Cl^2$$

表 5-6　对六方晶体的线条指标化实例的第二步

线条号	$\sin^2\theta$	$\sin^2\theta-A$	$\sin^2\theta-3A$	(hkl)
1	0.097*			(002)
2	0.112	0.000		(100)或(010)
3	0.136	0.024*		(101)或(011)
4	0.209	0.097*		(102)或(012)
5	0.332	0.221*		(110)或(103)
6	0.390*	0.278	0.054	(004)

从表 5-6 中带“*”的各数据，可以找到如下规律：

$$0.024=C(1)^2,\ 0.097=C(2)^2$$
$$0.021=C(3)^2,\ 0.390=C(4)^2$$

从而 $C=0.024$，各线条的归属也就清楚了。

对于四方晶体、正交晶体也可以用类似的方法分析，利用的关系式如下：

对四方晶系 $\sin^2\theta=A(h^2+k^2)+Cl^2$

对正交晶系 $\sin^2\theta=Ah^2+Bk^2+Cl^2$

以上只是介绍方法，计算机可以通过试误法的计算快速求得。要注意，粉末衍射相当于是利用一维投影的数据推断三维的结构(图 5-33)，不同的三维结构的投影可能相同(图 5-34)，所以要小心解释粉末衍射的线条指标化。

② 纤维衍射图的初步解释。利用单晶旋转法可以测定等同周期，如果分别测定了晶体

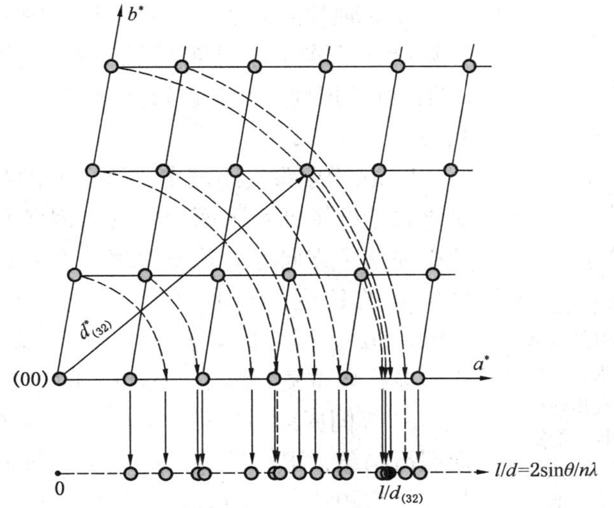

图 5-33　粉末衍射的线条与倒易点阵的关系示意图

的各轴向的等同周期，同时也就可确定各轴间的夹角。但在通常情况下，很难得到足够大的能作 X 射线衍射的聚合物单晶，而且 X 射线束与单晶的对准也困难。因而高分子常用纤维衍射代替单晶旋转法。

纤维是高度单轴取向的材料，它的衍射照相与旋转中单晶的情况相同。聚合物经单轴拉伸取向后，晶面分为两类，一类垂直于拉伸轴，另一类平行于拉伸轴，但没有一定的方向，因此纤维就满足了单晶旋转的条件。当入射的 X 射线垂直于拉伸轴的方向投射到样品时，就产生所谓"纤维衍射图"，得到的图案与旋转单晶的图案一样。图 5-35 所示的是全同聚丙烯的纤维衍射图。

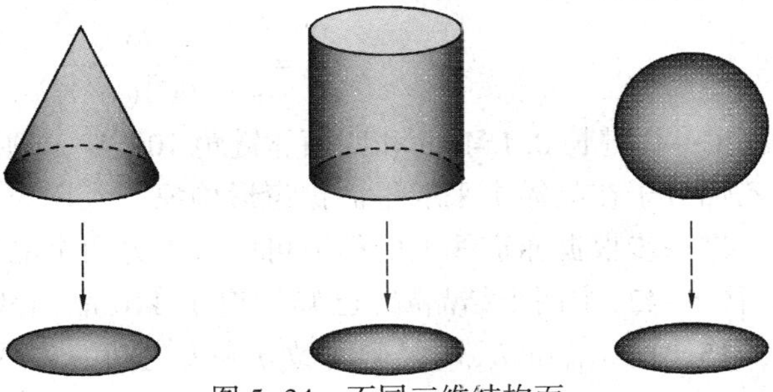

图 5-34　不同三维结构而相同投影的示意图

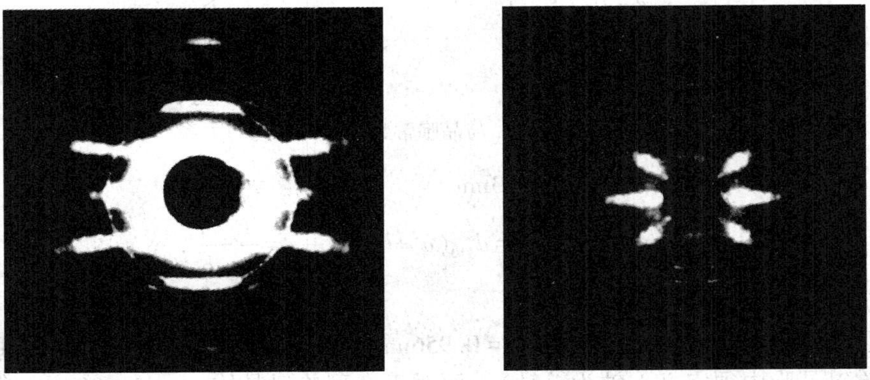

(a)　　(b)

图 5-35　高度取向全同聚丙烯的纤维衍射图

(a)铜靶；(b)钨靶

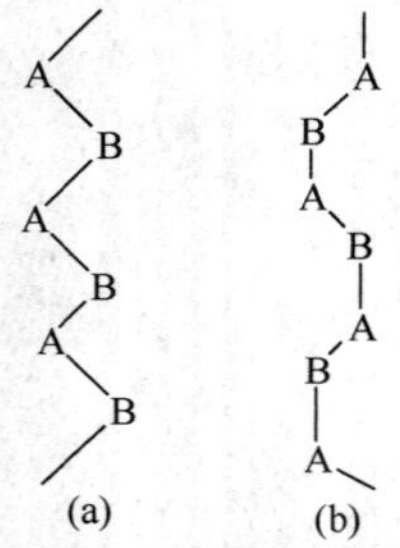

图 5-36　含 A-B 单体单元的聚合物构象与子午线衍射的关系
(a) 每个构象重复距离内含一个单体单元：子午线衍射应出现在 $l=1$ 层线上；(b) 每个构象重复距离内含两个单体单元：子午线衍射应出现在 $l=2$ 层线上

a. c 轴等向周期。从纤维衍射图的层线间的距离可以计算沿分子链方向(即纤维轴)的等同周期。假定取向轴为 c 轴，则从层线号数可以得到(hkl)中的第三个指数 $l=0$，±1，±2。

b. 在构象重复距离中单体单元的数目。子午线的衍射是垂直于纤维轴的平面产生的，因而它反映了实际分子构象中在这个方向上的重复距离。有时该重复距离就等于单体单元的长度，有时可能等于几个单体单元的总长度(图 5-36)。因而根据子午线衍射开始于第几层线，可以推算出在构象重复距离中单体单元的数目。

c. 等同周期与分子构象的关系 根据键长键角和假定平面锯齿构象，可以计算出纤维轴的等同周期。如果计算值与实验值相符，说明假定的构象正确。如果计算值略大于实验值，可能是链发生扭转或疏松折叠的程度；另一个可能是链晶胞对主轴有些倾斜。如果计算值远大于实验值，则可能是螺旋链构象。

例如已知聚乙烯纤维衍射图的 1 层线到零层线(赤道线)的距离 $y=22.77$mm，照相机半径 $r_F=30$mm，则等同周期

$$C=\frac{l\lambda}{\sin[\,\mathrm{tg}^{-1}(y/r_F)\,]}=0.255\text{nm}$$

根据 C—C 键长 0.154nm 和四面体键角 109.5°，理论单体单元长度为 0.2nm，所以可以确定聚乙烯分子在晶体中采取平面锯齿形构象。

进一步根据赤道线上的衍射可以求得另两个晶胞常数 a 和 b，聚乙烯(HDPE)的衍射曲线(图 5-42)中两个结晶峰(已知对应于 110 晶面和 200 晶面的反射)，$d_{110}=0.4130$，$d_{200}=0.3715$。而 d_{110} 和 d_{200} 与晶胞常数 a 和 b 之间的关系如图 5-37 所示。

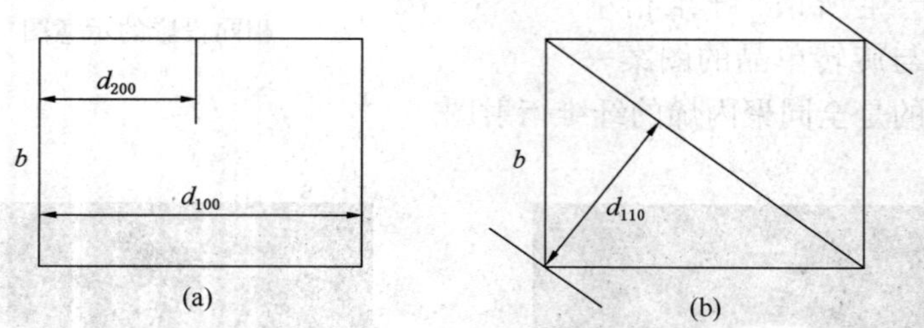

图 5-37　d_{100} 和 d_{200} 与晶胞常数 a 和 b 之间的关系

所以 $a=d_{110}=2d_{200}=2\times0.3715=0.743$nm

根据几何关系 $ab=d_{110}\sqrt{a^2+b^2}$，$a^2b^2=d_{110}^2(a^2+b^2)$，$\frac{1}{d_{110}^2}=\frac{1}{a^2}+\frac{1}{b^2}$

得到 $b=0.497$nm

又如尼龙 6，对于 α 型单斜晶体，$a=0.956$nm，$b=1.724$nm(链轴)，$c=0.801$nm，$\beta=67.5°$(在单斜晶胞中须定义 b 轴为链轴)；而对于 β 型单斜晶体，$b=1.688$nm，很显然在 β 型晶体中分子链略有扭转或弯曲。

再如全同聚丙烯，观察到等同周期为 0.65nm，说明不是平面锯齿形构象，而是$(TG)_3$

构象(即 3_1 螺旋)，键角比 109.5°略大。各种螺旋构象的等同周期的理论值示于图 5-38。

d. 赤道线衍射点与分子构象的关系。从赤道线衍射点得到的 d 值，能用于分析锯齿形、螺旋形或其他构象的宽度，指示邻近链间侧基原子和骨架原子之间的距离。

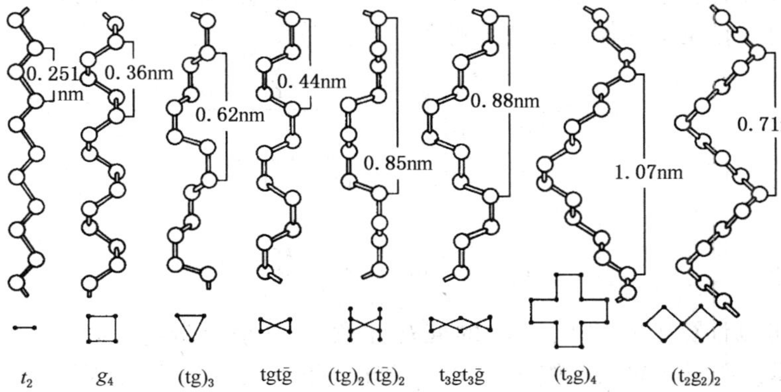

图 5-38 常见的螺旋构象与根据错开原理预计的等同周期

t—反式构象；g、$\bar{g}$—旁式构象

e. 每个晶胞内的重复单元数。如果测得结晶密度，可以用下式算出晶胞中所含的重复单元数 Z 或链数 N。

$$Z = \frac{d \times V \times 6.023 \times 10^{23}}{M_0}$$

式中，d 为结晶密度，g/cm^3；M_0为重复单元的摩尔质量，g/mol；V 为晶胞的体积，cm^3。

例如聚乙烯，根据它的衍射图与饱和烃十分类似的特点(图 5-39)，利用试差法，从已知的饱和烃结晶结构参数出发，很快就可以确定聚乙烯的 $a=0.740$nm，$b=0.493$nm，$\alpha=\beta=\gamma=90°$，加上从纤维衍射图测得的 $C=0.2534$nm，从而可求出晶胞体积。聚乙烯的密度实测为 0.96，代入上式后，得

$$Z = \frac{0.740 \times 0.493 \times 0.2534 \times 0.96}{28 \times 1.66 \times 10^{-3}} = 1.91 \approx 2$$

因此，一个晶胞内含有两根分子链相当于 2 个重复单元—CH_2—CH_2—(如图 5-40 所示)。反过来，用 $Z=2$ 代入上式，可求出完全结晶的密度为 1.01g/cm^3。

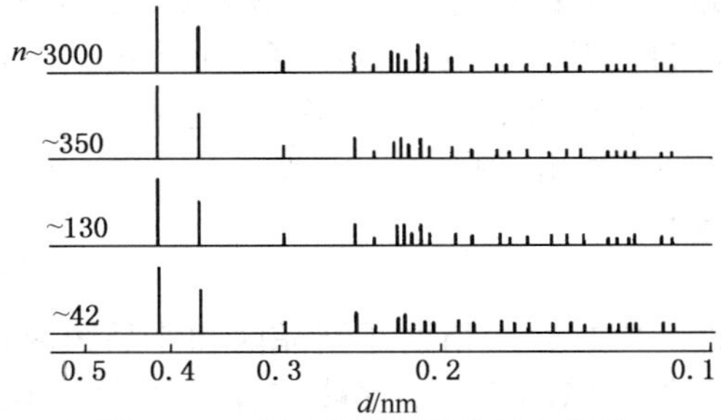

图 5-39 未取向聚乙烯和饱和烃的 X 射线衍射图的比较

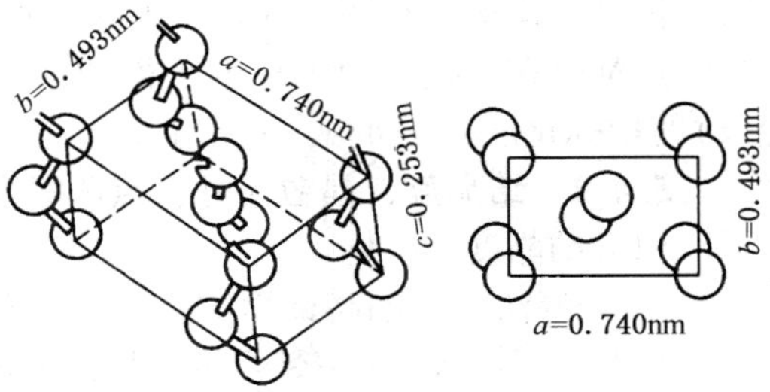

图 5-40 聚乙烯的晶胞结构

f. 衍射强度提供的信息。首先初步检查某些衍射点是否比其他的强，强衍射表明这些晶面上电子密度较大，意味着有更多原子在这些晶面上。那些特别强的衍射常常就是分子链

所在的平面的衍射，尤其是有 P、S 等重元素的分子链。含芳环的平面也有很强的衍射。

其次检查有些衍射点是否系统地缺少。因为从晶体不同部位的衍射会干涉甚至相互抵消，从而使某些衍射点(或线条)消失，中心点阵、螺旋、滑移面的存在会引起这种现象。

(3) 纤维衍射图的进一步分析　现以正交晶体的赤道线的指标化为例。赤道衍射是($hk0$)晶面的衍射。在正交晶体中，晶面间距

$$d_{\text{hkl}} = \left(\frac{h^2}{a^2} + \frac{k^2}{b^2}\right)^{-\frac{1}{2}} = \frac{a}{\left[h^2 + \dfrac{k^2}{b/a}\right]^{\frac{1}{2}}}$$

取对数得到

$$\lg d = \lg a - \frac{1}{2}\lg\left[h^2 + \frac{k^2}{(a/b)^2}\right]$$

指定 b/a，可以计算不同的 h、k 时的 $\lg d$(注意：$\lg d$ 值会带有 $\lg a$)。以 h、k 对 $\lg d$ 作图，$\lg d$ 为横坐标，作图时原点取作 $\lg a$（可避免未知数 $\lg a$)，这样就得到赫耳－戴维(Hull-Davey)图(图 5-41)。

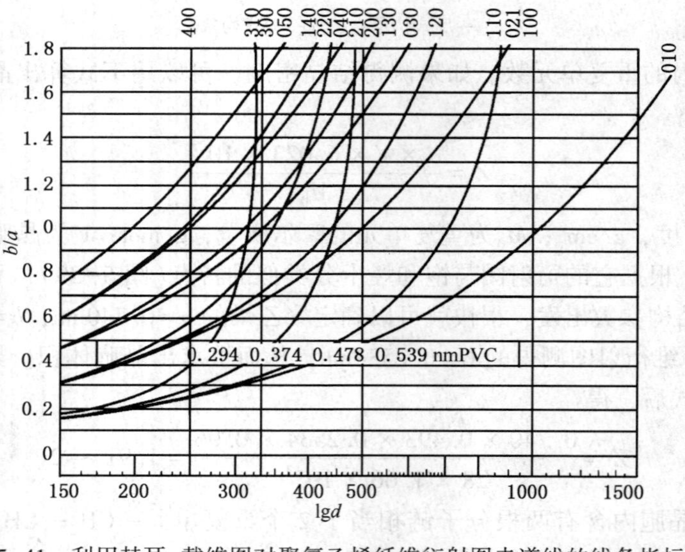

图 5-41　利用赫耳-戴维图对聚氯乙烯纤维衍射图赤道线的线条指标化

将测得的 d 值取对数在硬纸条上标出相应的点，刻度与赫耳－戴维图的横坐标的刻度相同。把纸条水平放在图上，在水平和垂直两个方向移动纸条，直到如图 5-41 所示，纸条上画的点都落在曲线上为止。于是得到 b/a 及相应的衍射指数 h、k，实现了赤道斑点(或线条)的指标化。有了 b/a，又有了赤道衍射指标，即可求出晶胞常数 a、b。

5.4.2　结晶度、晶粒尺寸、点阵畸变和取向度

(1) 结晶度

① 分峰法。结晶高聚物实质上都是半结晶的，其 X 射线衍射是结晶区和非晶区两相贡献的总和。从图 5-42 清楚可见，聚乙烯的衍射曲线中结晶峰与非晶峰交叠。分峰法就是设法用手工或计算机的方法把这两类峰分开，然后计算结晶度。

这种方法适用于峰数目有限，且易于把结晶锐衍射峰与非晶漫散射峰分开的聚合物，如聚乙烯、聚丙烯、聚四氟乙烯、聚甲醛等。聚四氟乙烯的结晶峰很尖锐甚至可以直接分割(见图 5-43)。

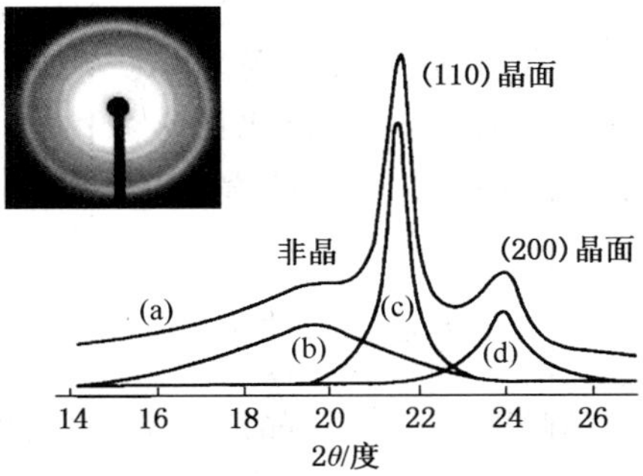

图 5-42　聚乙烯粉末衍射图

(a) 未分峰前；(b)、(c)和(d) 分峰后的非晶、(110)和(200)晶面的峰。左上角为相应的照片

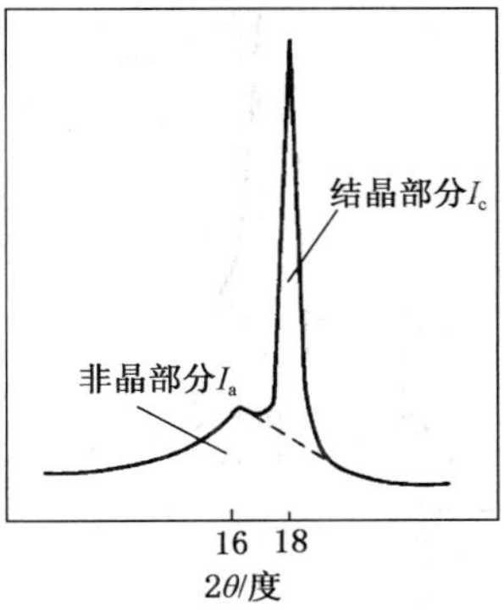

图 5-43　无取向的聚四氟乙烯的X射线衍射图

最经典的X光分峰技术是六点法。所谓六点法是先用完全非晶样品作衍射图，有些高分子(如无规取丙烯)能获得非晶样品，有些则只能在熔融状态下(成为各向同性液态)测定。如图5-44所示，在纯非晶峰上确定六点，分别是最大值处、0.9最大值处，切点两个和基线交点两个。用手工将非晶峰绘到样品的衍射图上，总衍射峰扣除非晶峰就得到结晶峰。

另一种方法是假定结晶各晶面的峰及非晶峰都是对称的高斯分布，表达式为

$$I_j(2\theta_B)=I_j^m/\left\{1+\left(\frac{2\theta_B^j-2\theta_B}{W_j}\right)\right\}$$

式中，I_j^m 为极大强度；$2\theta_B^j$ 为极大值的衍射角；W_j为半峰宽。

j 在聚乙烯的情况下分别为非晶峰$j=1$，(I10)峰$j=2$(200)峰$j=3$。利用试差法处理，使计算值与测定值吻合(见图5-45)，从而峰得以分离。

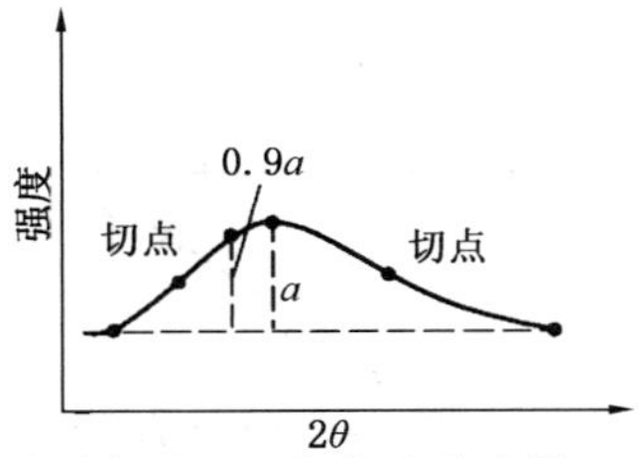

图 5-44　六点法示意图

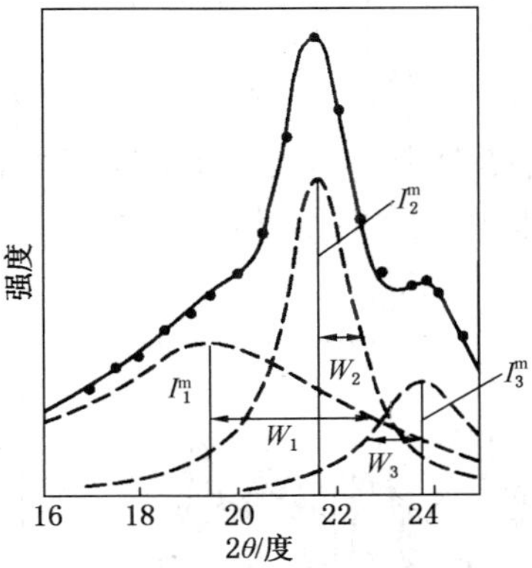

图 5-45　利用高斯分布分离聚乙烯衍射峰

实线为实验值；黑点为计算值

有许多高聚物的峰不对称，有的也不能用熔融的方法得到非晶峰，因为分解温度低于熔点，这种情况下可以考虑用高取向试验的子午线衍射强度分布作为非晶峰。因为完全取向的晶体在子午线方向上应当没有衍射，样品的衍射图(纤维图)在这个方向上扫描出现的峰是由于非晶的贡献。聚乙烯醇可用此法分峰(图5-46)。

把衍射峰分解成结晶和非晶两部分后可分别求得它们的积分强度。考虑到结晶和非晶对

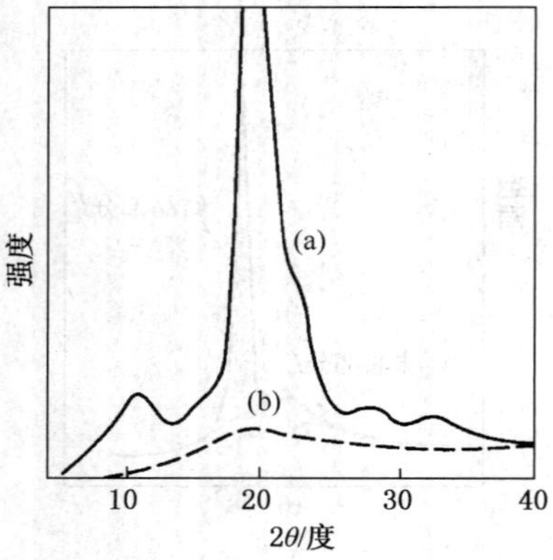

图 5-46　高度单轴取向的聚乙烯醇的衍射图

(a) 赤道线扫描；(b) 子午线扫描

强度的贡献因数不同，不能直接将强度加和，所以设：

$$X_c = pI_c;\quad 1 - X_c = qI_a$$

式中，X_c 为结晶度；p、q 为比例常数；I_c、I_a 分别是结晶和非晶的强度，可以是峰高也可以是面积。

于是

$$I_c = \frac{1}{p} - \frac{q}{p}I_a$$

以不同结晶度的已知样品的 I_c 对 I_a 作图，就可从斜率和截距求得 p 和 q 值，从而求出 X_c。

结晶度的另一种求法无须分峰。假定非晶散射曲线强度随非晶含量变化成正比，主非晶漫散射峰不受晶相衍射峰严重干扰。所以只须在非晶散射区选定某一衍射角，测定完全非晶标准样品的散射强度 I_a 和待测试样的散射强度 I'_a，用下式近似求得结晶度：

$$1-X_c = I'_a/I_a$$

由于两次扫描会引入误差，所以每次扫描要保证 X 射线强度恒定，样品足够厚，被 X 射线照射的各样品面积相同，其他衍射条件也相同。

② 差强度法。对于很难分峰的高聚物，用差强度法可以从 X 射线衍射得到一个再现值，以便对同种高分子不同样品的结晶度进行比较，这样一种相对值也称为“相对指数”，它不是严格意义上的结晶度。

以聚对苯二甲酸乙二醇酯为例，在同样扫描条件下作三次 X 射线衍射扫描，一是样品，一是结晶度尽可能高的参考试样，一是完全非晶或结晶度尽可能低的参考试样。以适当的 2θ 增量求强度差 $(I-I_a)$ 和 (I_c-I_a)，以 $(I-I_a)$ 对 (I_c-I_a) 作图，从下式求得斜率即为结晶指数 X_c：

$$(I - I_a) = X_c(I_c - I_a)$$

式中，I、I_a、I_c 分别为样品、非晶参考样品和结晶参考样品在每个 2θ 下的衍射强度。

实测结果示于图 5-47 和图 5-48。

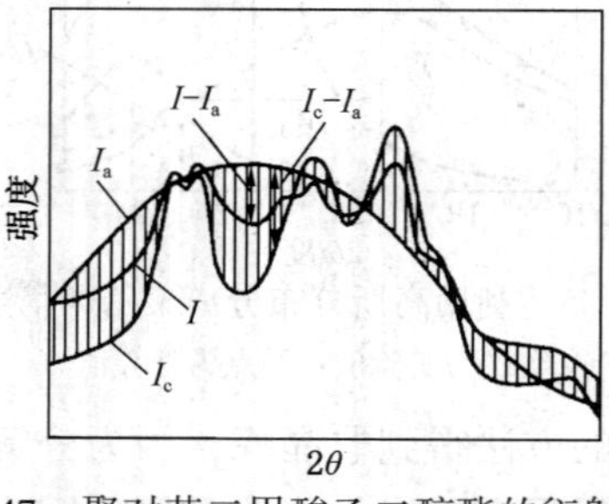

图 5-47　聚对苯二甲酸乙二醇酯的衍射曲线

三条曲线分别是样品(I)、非晶参考样品(I_a)和结晶参考样品(I_c)

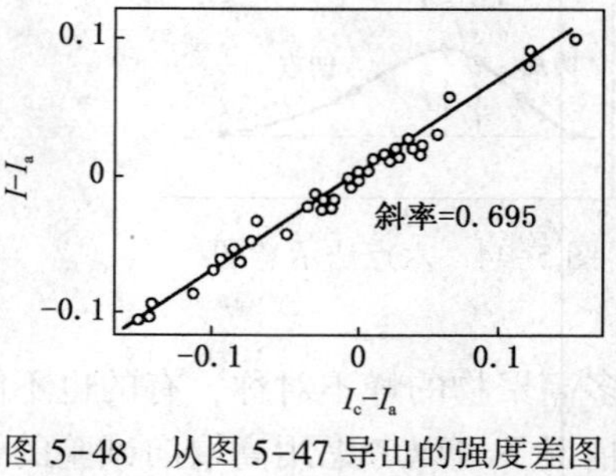

图 5-48　从图 5-47 导出的强度差图

从图 5-48 直线斜率得到该样品的结晶指数为 0.695，也可以用加和法计算：

$$X_c = \frac{\sum (I - I_a)}{\sum (I_c - I_a)} \times 100\%$$

式中的求和是对 2θ 角区间进行的。

(2) 晶粒尺寸和结晶的不完善程度　如果高分子的晶粒尺寸是无限的，满足布拉格公式的理想条件，那么某晶面的衍射曲线应当是一条线，而不是峰。但实际上除了仪器的加宽因素外，主要由于高分子的晶粒尺寸有限，衍射峰有一定宽度(图 5-49)。

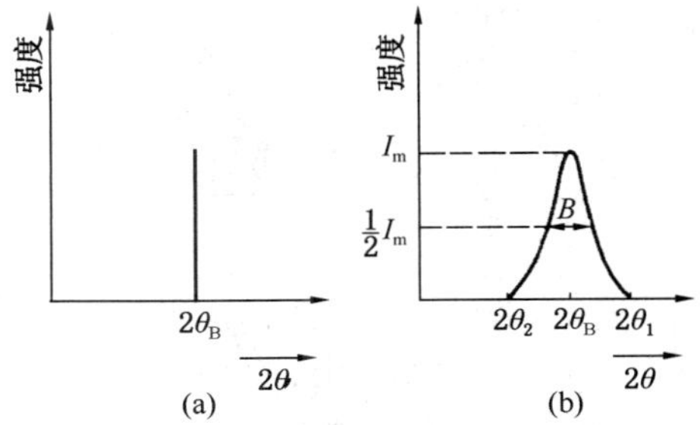

图 5-49　某晶面的衍射曲线

(a) 晶粒尺寸无限时 (b) 晶粒尺寸有限时

晶粒越小，衍射峰的半峰宽 B 越大，从几何关系已知

$$B = \frac{1}{2}(2\theta_1 - 2\theta_2) = \theta_1 - \theta_2$$

根据布拉格公式

$$\begin{cases} 2D\sin\theta_1 = (m+1)\lambda \\ 2D\sin\theta_2 = (m+1)\lambda \end{cases}$$

所以

$$D(\sin\theta_1 - \sin\theta_2) = \lambda$$

$$2D\cos\left(\frac{\theta_1 + \theta_2}{2}\right)\sin\left(\frac{\theta_1 - \theta_2}{2}\right) = \lambda$$

因为 θ_1 和 θ_2 都很接近于 θ_B，所以 $(\theta_1 - \theta_2)$ 很小，故 $\sin\left(\frac{\theta_1 - \theta_2}{2}\right) \approx \frac{\theta_1 - \theta_2}{2}$

又 $\theta_1 + \theta_2 = 2\theta_B$，代入前式，得 $2D\left(\frac{\theta_1 - \theta_2}{2}\right)\cos\theta_B = \lambda$

再代入 $B = \theta_1 - \theta_2$，最后得谢乐(Scherrer)方程 $D = \frac{\lambda}{B\cos\theta_B}$

为更准确地处理问题，须知常数 K，即 $D = \frac{K\lambda}{B\cos\theta_B}$

式中，D 为晶粒线度；K 为与晶粒形状及 B、D 定义有关的常散，一般 K 取 0.9。

考虑到仪器加宽的影响，

$$D = \frac{K\lambda}{\sqrt{B^2 - b_0^2}\cos\theta_B}$$

式中，b_0 为仪器增宽因子。

计算晶粒尺寸时要注意，晶粒是三维的，每一维的方向与特定的晶面有关。例如利用 F46 的 18°峰测得(见图 5-50)

$$D = \frac{0.9 \times 0.1542}{\frac{0.5}{57.3} \times \cos 9^\circ}$$

因为(110) 与 c 轴(分子链轴)平行，所以所测的 D 为微晶粒在垂直于 c 轴方向上的平均厚度。

又如对于尼龙 6，利用 11.0°峰测得的 D = 2.8nm，它是平行于 c 轴方向的尺寸；利用 20.3°峰测得的 D = 3.5nm，它是平行于 a 轴方向的尺寸(图 5-51)。

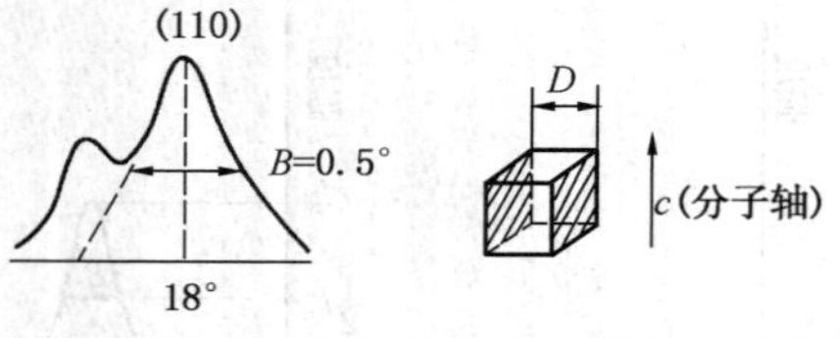

(a)　　(b)

图 5-50　F_{46}的晶粒尺寸

（a）测定所用的峰；（b）D 的意义

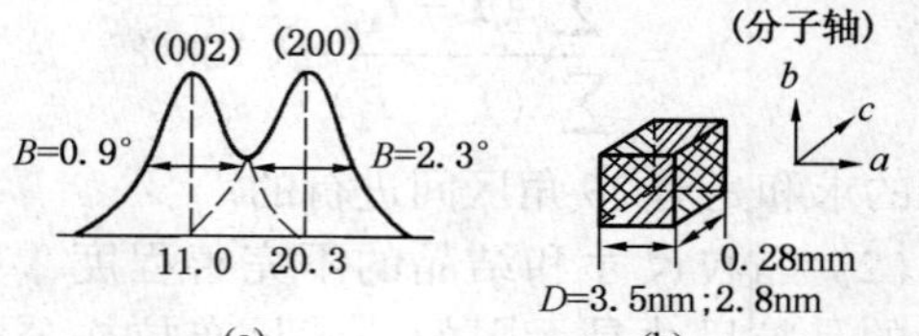

(a)　　(b)

图 5-51　尼龙 6 的晶粒尺寸

（a）测定所用的峰；（b）D 的意义

晶粒大小也影响平板底片上衍射环的清晰程度。如图 5-52 所示，当晶粒线度为~10μm 时，衍射环相当锐，不宽化。当晶粒线度<0.1μm 时，衍射环宽化，如同前面处理的那样，当晶粒线度处于非常小的极限状态下，晶粒如同非晶，出现弥散环。当晶粒线度较大，例如~50μm 时，衍射环变得不连续，可以观察到许多斑点，这是由于晶粒越大，试样中被 X 射线照射的晶粒数目越少，某些取向就不存在，使衍射变成不连续。晶粒线度越大，斑点越大，也越不连续，极端情况就是单晶。

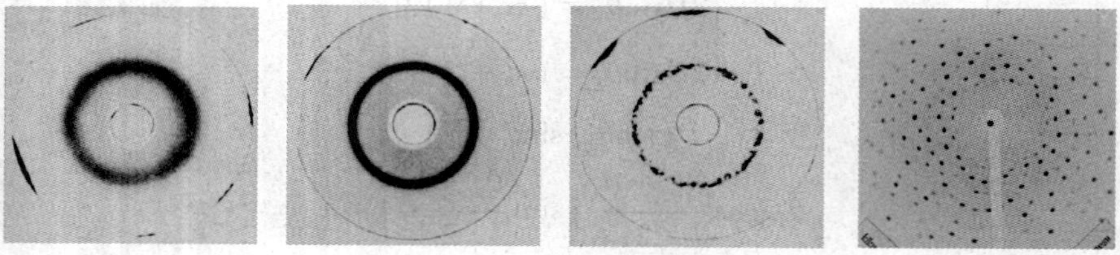

<0.1μm　　~10μm　　~50μm　　单晶

图 5-52　晶粒线度对衍射环的影响

（3）结晶的不完善程度　谢乐方程的前提是晶面规整，而实际上高分子的结晶多少有些不规整，甚至是高度畸变的晶体。高分子有两类点阵畸变，第一类点阵畸变中点阵的长程有序仍然存在，偏离位移的大小与晶体中的位置无关，像是“冻结的热运动”，[图 5-53(b)]。第二类畸变中长程有序受到破坏，产生的位移随着距所选定原子的距离的增加而增加，每一阵点只对最近邻阵点发生位置变化，而不是对理想阵点位移，虽然还保留些点阵特征，但严格的周期性已不存在[图 5-53(c)]。如果在此基础上无序程度再增加，原来还保留的一些点阵特征全部消失，就形成非晶结构。

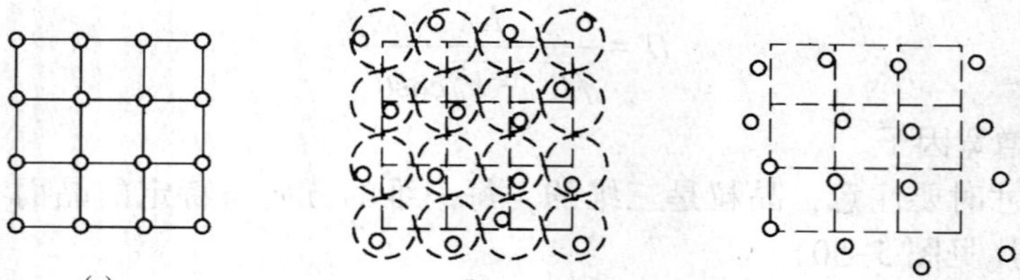

(a)　　(b)　　(c)

图 5-53　两类点阵畸变示意图

（a）晶体点阵；（b）第一类点阵畸变；（c）第二类点阵畸变

第一类点阵崎变(静畸变)使 X 射线衍射强度随衍射级数增加而降低，但不引起衍射线条宽化。第二类点阵崎变(仲晶畸变)不但使衍射强度随衍射级数增加而降低，而且还引起衍射线条宽化。

也就是说峰加宽有两个结构因素可以引起，一是晶粒尺寸，一是第二类晶格畸变。假定两种宽化都是高斯型的，它们的总宽化效应可以表示为

$$(\delta S)_0^2 = (\delta S)_c^2 + (\delta S)_2^2 = \frac{1}{D_{hkl}^2} + \frac{(\pi g)^3 n^4}{d_{hkl}^2}$$

因此，只要能得到一组两个或两个以上级次的衍射[如晶面(110)、(220)、(330)]，就能画出$(\delta S)_0^2$随n^4的变化曲线。这是一条直线，由截距可得到晶粒尺寸D_{hkl}，由斜率$(\pi g)^4/d_{hkl}^2$可以求出第二类点阵畸变相对浮动距离g。

(4) 结晶的取向度　对取向的非晶高聚物，弥散环在赤道线上形成两个弥散的斑点。对于取向的结晶高聚物，平板照片上不再是圆环，而是退化成弧以至成为衍射点。

在聚丙烯初纺纤维(卷绕丝)中，随着冷却速度的不同，结晶的取向度也不同，从而形成不同退化程度的衍射弧(图5-54)。

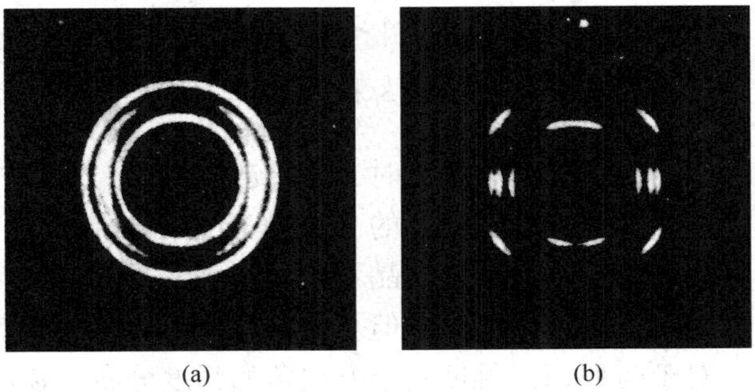

图5-54　初纺聚丙烯纤维的平板照片

(a) 冷却速度较大时；(b) 冷却速度较小时

X射线法常用取向指数R来表征结晶的取向程度。例如尼龙6拉伸后，(200)和(002)晶面都平行于纤维轴(b轴)取向(参见图5-51)，衍射环退化成赤道弧，在其中一组晶面的方位角φ上(注意不是衍射角)扫描得峰(图5-55)，求得半峰宽W，显然半峰宽越小，取向越好。

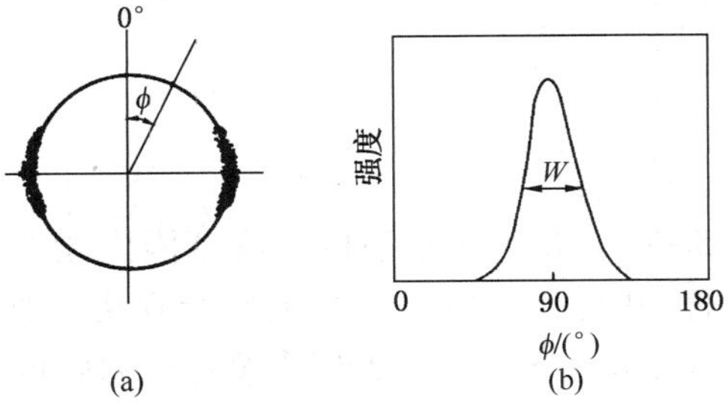

图5-55　通过方位角扫描测定取向指数的示意图

(a) 方位角ϕ的定义；(b) 方位角扫描得到的谱图

定义取向指数

$$R = \frac{180 - W}{180} \times 100\%$$

当尼龙6完全取向时所得图形是衍射点，$W \to 0$，$R = 100\%$；当完全无取向时所得图形是圆环，$W \to 180$，$R = 0$。

5.4.3　X射线衍射在液晶中的应用

X射线衍射用来检测液晶相的有序性。一般来说，近晶相能得到较狭窄衍射环或较尖锐的衍射峰；而向列相只能得到较弥散衍射环或较宽的衍射峰。

(1) 近晶有序　近晶有序的X射线衍射图(图5-56)小角度上的光环反映近晶相的层片结构，根据衍射角可用于计算层间距。而大角度上的环表明层片内分子间存在有序性，一般是0.4~0.5nm，与各向同性态中分子平均距离相当。由于取向，近晶有序的X射线衍射图中的衍射环会分裂成衍射弧，内环的衍射弧的倾斜角度反映结构中刚棒的平均倾斜角。

(2) 向列有序　向列相一般只能得到一个弥散衍射环(图5-57)，对应于分子平均间距，与非晶态或液态的衍射图很像，区别是前者会尖锐一点。有时能在其他角度观测到衍射，对应于单个分子链内的周期性。对于取向的向列相，弥散衍射环分裂成弧；取向越完全，弧的弧度值越小。

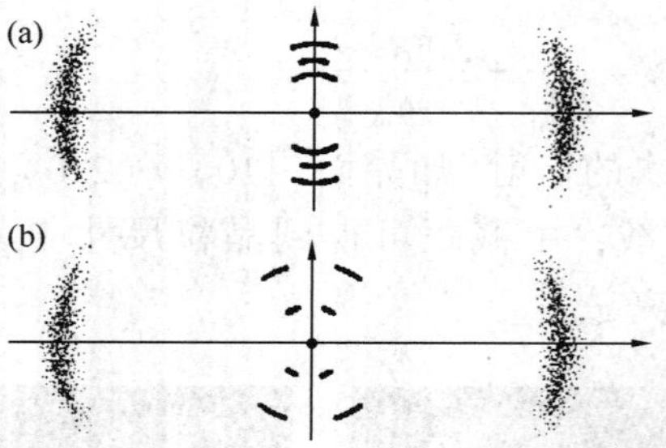

图 5-56　S_A相和S_C相的 X 射线衍射图

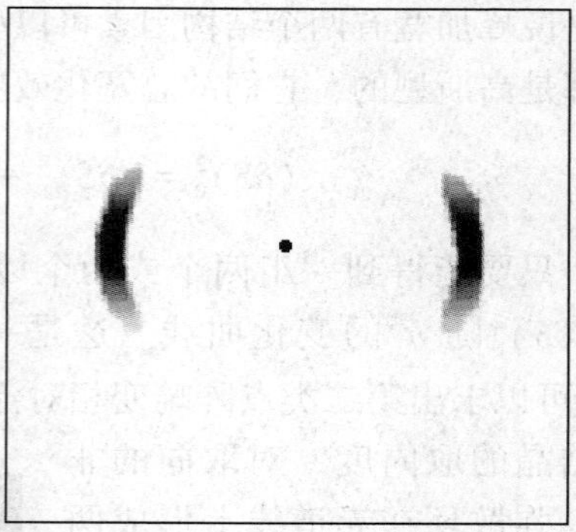

图 5-57　向列相的 X 射线衍射图

当向列相高分子固化时，分子链会结晶，从而相关的单元会沿分子长度方向或沿其侧向对齐。结晶不可能是完善的，所以 X 光衍射照片既有取向结晶材料的特征，又有液晶材料的特征。液晶高分子的结晶不会导致高分子任何一个区域内分子完全再取向，即不会改变原向列相中指向矢的取向，但会增加有序参数的局域值。

对于向列相，通过测定方位角的强度分布 $I(\psi)$，可以求得有序参数，公式如下：

$$\overline{\cos^2\psi} = \int_0^{\pi/2} I(\psi)\ \cos^2(\psi)\sin(\psi)\,\mathrm{d}\psi \Big/ \int_0^{\pi/2} I(\psi)\sin(\psi)\,\mathrm{d}\psi$$

$$S = \frac{1}{2}(3\ \overline{\cos^2\psi} - 1)$$

胆甾相的 X 射线衍射图与向列相类似，但有时小角度能分辨出与层间距或分子链重复周期对应的散射。

5.5　小角 X 射线散射

5.5.1　基本原理

根据布拉格公式进行简单计算就可以看出（表 5-7），在大角衍射的角度范围内能测定的晶格间距为零点几纳米到几纳米。可是在结晶聚合物中，常常要求测定几纳米到几十纳米的长周期，这就要求将测定角度缩小到小角范围。也就是说要在 1°~2°以内测定衍射强度或记录衍射花样，在这样低的角度范围内测定，在实验上是很困难的。

因为一般 X 射线管射出的 X 射线束宽 1°~2°，所以小角散射在普通大角衍射图中，被淹没在透射束内而观察不到。若要观察小角散射，则对整个准直系统有特别的要求。首先准直系统要长，而且光阑或狭缝要小，才能使焦点变细，但焦点太细、光强太弱，将导致记录时间过长，因而又要求 X 射线源要强。其次在准直系统和很长的工作距离内，空气对 X 射线有强烈的散射作用，因而整个系统要置于真空中。大角衍射与小角散射的工作距离的比较见图 5-58。

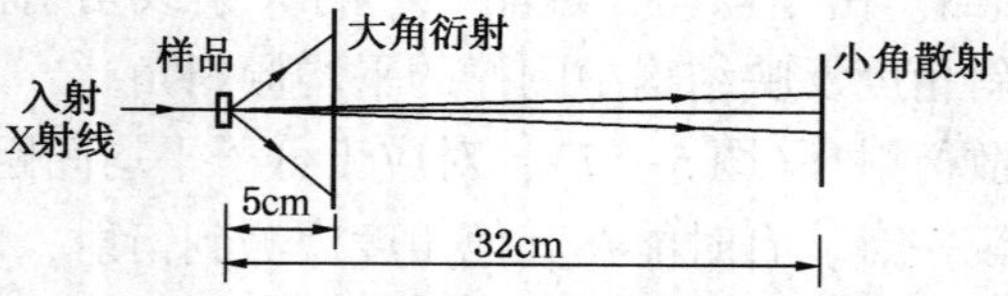

图 5-58　大角衍射与小角散射的工作距离（样品到记录面的距离）的比较

表 5-7　衍射角与晶格间距的关系

2θ	d/nm	2θ	d/nm
30°	0.3	13′15″	40
3°32′	2.5	5′20″	100
1°40′	5		

小角散射装置有两种准直系统，即针孔准直系统和狭缝准直系统。

(1) 针孔准直系统　1948 年纪尼叶(Guinier)首先用弯曲晶体将 X 射线集束(图 5-59)，然后经过针孔光阑。针孔准直系统结合照相法能获得畸变小的完全的小角散射花样，这对研究取向样品特别有用，但主要缺点是散射强度非常弱，曝光时间常长达几天。

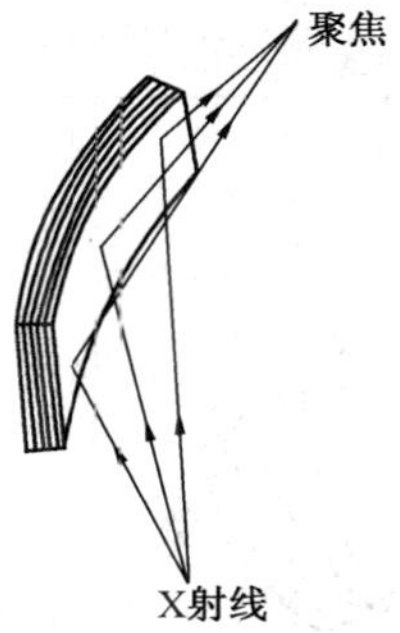

图 5-59　用弯晶集束的示意图

(2) 狭缝准直系统　与针孔准直系统相比，通过狭缝的光束是线性的，增加了入射面积，从而提高了散射强度，减少了曝光时间。然而用狭缝准直系统会使理论散射强度产生畸变，造成准直误差。对这种因狭缝引起的“失真”或“模糊”的数据进行校正，通常有两种方法，一是数学校正，推导出对准直误差进行校正的散射强度公式；另一种方法是使用足够长的狭缝，再用无限长狭缝理论作分析，后一种方法较为常用。

常用来记录小角散射的方法有照相法和计数器法。前者能观察到散射花样全貌(特别是用针孔准直时)，利用定性分析；后者沿子午线作连续扫描，可得到散射强度分布曲线，便于数据处理。近年来采用位置灵敏检测器记录小角散射花样，并结合采用电子同步辐射加速器 X 光源(高强度、低发散、连续可调的脉冲偏振 X 射线)，不但可大大节省测定时间，而且可显著提高测定质量。

5.5.2　应用举例

SAXS 能用于研究数纳米到几十纳米的高分子结构，如晶片尺寸、长周期、溶液中聚合物分子的回转半径、共混物和嵌段共聚物的层片结构等。

(1) 长周期和晶片厚度　根据统计结果，在结晶高分子的折叠链晶片中，一个分子来回折叠不会超过 3~4 次，晶片与晶片之间必然存在一定间距，该间距是链端及链从一个晶片到另一个晶片的过渡部分，为非晶区。在 SAXS 测定中，从散射峰值求得的间距 L 并不是晶片厚度 D，而包括了这部分非晶区 d，被称为长周期(见图 5-60)，故 $L=D+d$。

只有在单晶的情况下才能得到晶片厚度 D。例如，使聚乙烯单晶的板面几乎平行于 X 射线，即在极小角度下进行测定，结果如图 5-61 所示，左边第一个散射峰位于 14′，右边第一个散射峰位于 13′，从而求得平均厚度 $D=38.5\text{nm}$。由于晶片厚度存在分布，D 和 L 不像晶格的定义那么严格，都只是统计平均值。

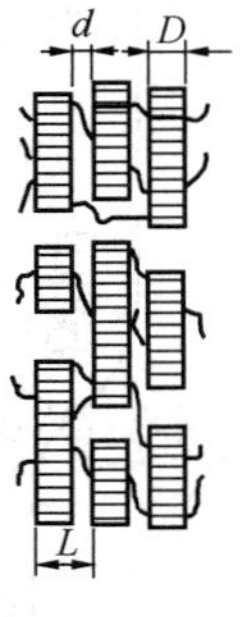

图 5-60　长周期的定义

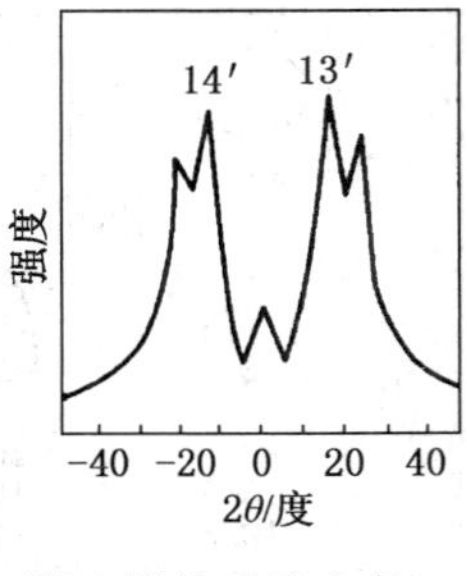

图 5-61　聚乙烯单晶的小角 X 光衍射图

由于散射角非常小，$\sin 2\theta \approx 2\theta$，定义散射角 $\varepsilon=2\theta$，则布拉格公式可改写为

$$n\lambda = L \cdot \varepsilon$$

这是用于计算长周期的基本公式。

图 5-62 是测定长周期的一个实例，偏氯乙烯-氯乙烯共聚物的长周期随组成的改变而改变，因而通过长周期的测定可分析组成比。

（2）晶片的形态　SAXS 能提供晶片宽度、倾斜度和规整性等方面的信息。晶片较宽，散射为斑点；晶片较窄时，散射成为带状(图 5-63)。当晶片倾斜时，散射花样也倾斜，倾斜方向为晶片的法线方向(图 5-64)。当晶片规整性不好时，斑点变大(图 5-65)。

（3）球晶的形变　SAXS 能用于观察球晶的形变过程。以聚乙烯醇的取向薄膜为例(图5-66)，未拉伸时，散射花样是圆环，表明是未形变球晶。在低拉伸倍数(如 20%)下，散射花样成为椭圆，说明球晶只是均匀地形变，此时观察到长周期在拉伸方向上增大，在垂直方向上缩小，在较大的拉伸倍数下，散射环分裂成弧，晶片方向产生明显改变，弧的角度表明了晶片倾角的分布。当进一步增加拉伸倍数时，弧退化成层状散射点，指示晶片垂直于取向方向排列。

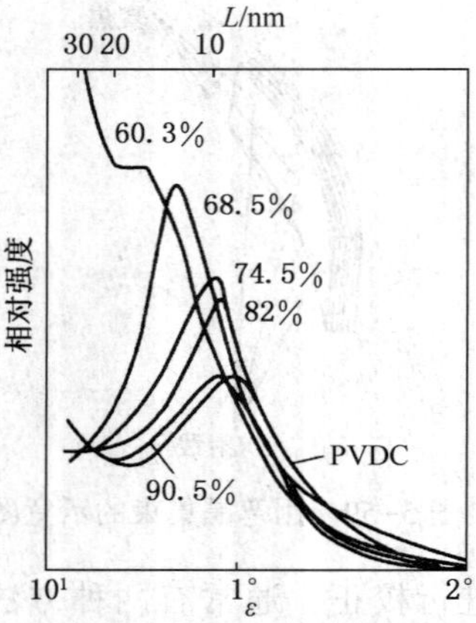

图 5-62　偏氯乙烯-氯乙烯共聚物的小角 X 光散射图

曲线上的数字是偏氯乙烯的百分数

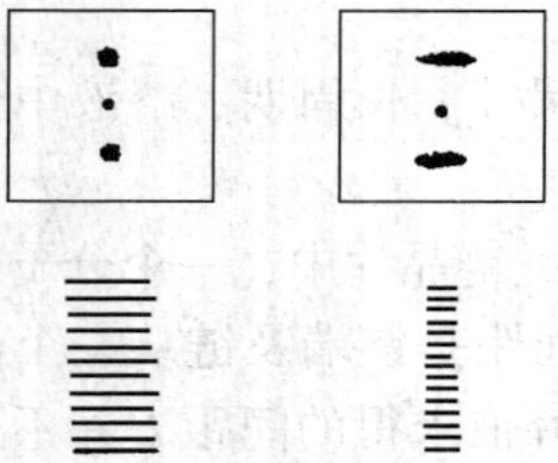

图 5-63　不同宽度晶片的 SAXS 图

每条横线代表一个晶片(下同)

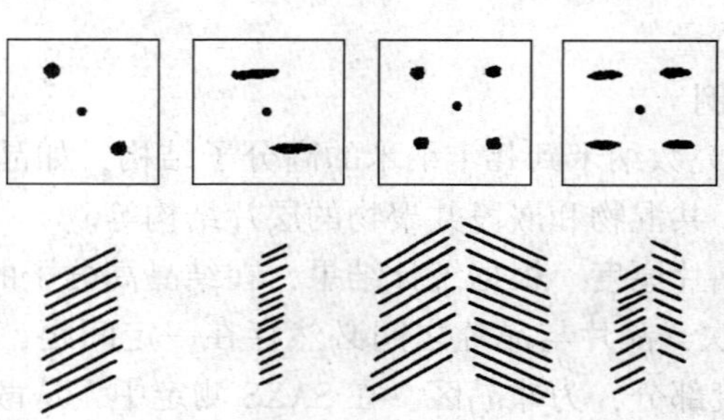

图 5-64　倾斜晶片的 SAXS 图

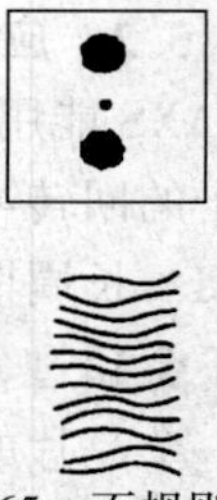

图 5-65　不规则晶片的 SAXS 图

用 SAXS 研究聚乙烯模塑样条(厚度 0. 3mm)冷拉时的结构，发现可以分为三个区。A 区未形变，B 区是过渡区，形变逐渐加大；C 区为细颈化区，基本上成为纤维状结构(图 5-67)。

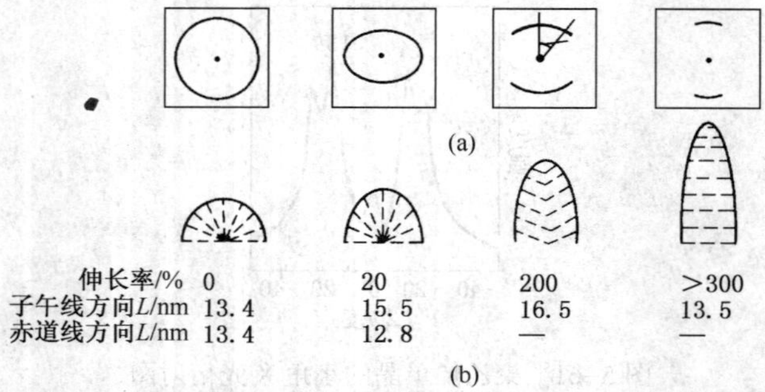

图 5-66　不同拉伸比的聚乙烯醇薄膜的小角 X 光散射结果

(a) SAXS 图；(b) 相应的球晶形态

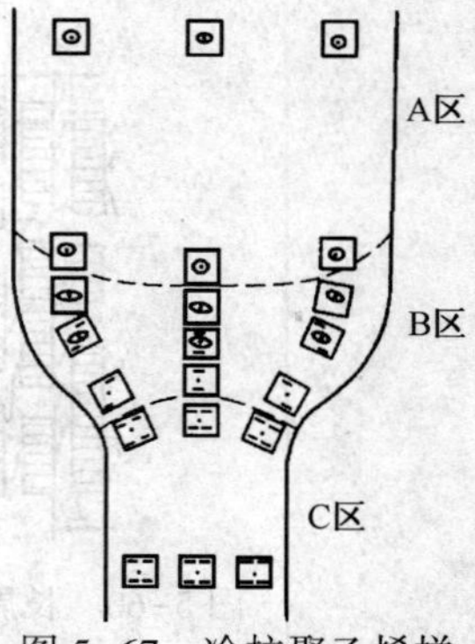

图 5-67　冷拉聚乙烯样条的 SAXS 图

(4) 粒子尺度的测定　小角散射中心强度与粒子尺度有如下关系：

$$I = M \cdot n^2 \cdot \varphi(\varepsilon)$$

式中，I 为测得的强度；M 为体系中的粒子数；n 为每个粒子中电子的数目；$\varphi(\varepsilon)$ 为与形状大小有关的函数。

对于不规则粒子，$\varphi(\varepsilon)$ 可用回转半径 R_0 表达

$$\varphi(\varepsilon) = \exp\left(-\frac{4}{3}\frac{\pi R_0^2 \varepsilon^2}{\lambda^2}\right)$$

式中，ε 为散射角。

将 $\varphi(\varepsilon)$ 表达式代入前式，并取对数，得

$$\ln I = C - \frac{4}{3}\pi R_0^2 \varepsilon^2$$

式中，C 为常数。

以 $\ln I$ 对 ε^2 作图，从斜率可求得 R_0。因为 R_0 是一个估算值，所以叫尺度而不叫尺寸。

(5) 液晶结构　使用 X 衍射技术可以获得双亲分子液晶类型的信息。对于层状液晶，晶面间距比为 1 : 1/2 : 1/3 : 1/4；对于六方相，晶面间距比为 1 : $1/\sqrt{3}$: $1\sqrt{4}$: $/1/\sqrt{7}$（即 1∶0.577∶0.5∶0.378）；对于四方相，晶面间距比值则为 1 : $1/\sqrt{4}$: $1/\sqrt{5}$: $1/\sqrt{6}$（即 1∶0.5∶0.447∶0.408）。

一些特殊形状的液晶常呈现六方柱状相。六方柱状相可通过晶面间距比确定，例如笔者用小角 X 衍射技术表征了乙基纤维素接枝树状分子 DOBOB 热致液晶的六方柱状相（图 5-68），在 $2\theta = 1.77°$、$3.07°$ 和 $3.56°$ 出峰，对应于晶面间距为 4.99nm、2.87nm 和 2.48nm，归属的(hkl)为(100)、(110)和(200)。相应的六方柱状相结构示意图示于图 5-69。六方柱状相还可以通过 X 光衍射图分裂成六瓣弧形或方位角扫描得到六个对称的峰来确定（图 5-70）。

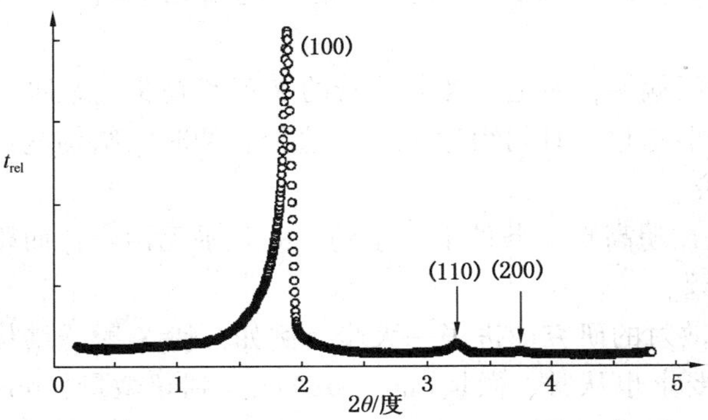

图 5-68　乙基纤维素接枝树状分子 DOBOB 热致液晶的六方柱状相小角 X 光散射图

图 5-69　乙基纤维素接枝树状分子 DOBOB 热致液晶的六方柱状相的结构示意图

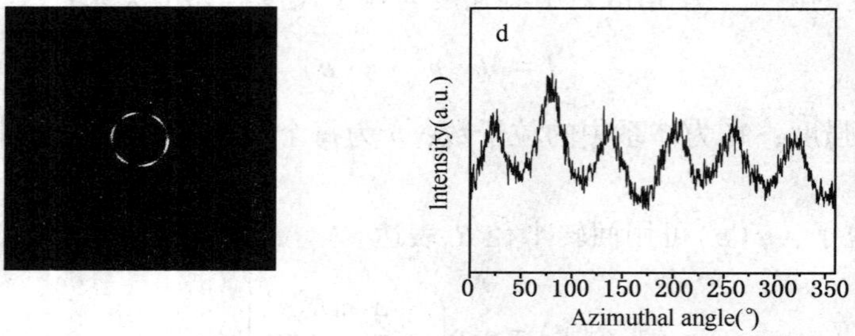

图 5-70　一种甲壳型液晶六方柱状相的二维广角 X 光衍射图

5.6　同步辐射 X 射线源及其在高分子材料中的应用

同步辐射(synchrotron radiation，SR)是速度接近光速的带电粒子在磁场中沿弧形轨道运动时放出的电磁辐射，由于它最初是在同步加速器上观察到的，便又被称为“同步辐射”或“同步加速器辐射”。同步辐射是具有从远红外到 X 光范围内的连续光谱、高强度、高度准直、高度极化、特性可精确控制等优异性能的脉冲光源，可以用以开展其他光源无法实现的许多前沿科学技术研究。至今，同步辐射装置的建造及在其上的研究、应用，经历了三代的发展，目前第四代光源正在研发阶段。其中我国的北京高能所同步辐射装置属于第一代光源，合肥同步辐射装置属于第二代光源，而 2010 年投入运行的上海同步辐射装置则属于第三代光源，能量 3.5GeV。目前世界上能量最高的同步辐射光源是日本的 Spring-8，达到 8GeV。图 5-71 是国内外几个同步辐射装置图(见彩色插页)。

5.6.1　同步辐射 X 射线源的特点

与一般 X 射线源比较，同步辐射光源有如下特征：

① 高亮度。同步辐射 X 射线亮度比 60kW 旋转阳极 X 射线源所发出的特征辐射的亮度高出 3~6 个数量级。

② 频谱宽。波长范围跨越了硬 X 射线、软 X 射线、紫外、可见和微波等多个波区，见图 5-72(见彩色插图)。可以进行单色化，可以用作标准光源；与正常转靶光源相比，后者的 λ=0.1~2nm，而且仅是元素的特征谱线。

③ 准直性好。同步辐射光束的平行性可以与激光束相媲美。能量越高光束的平行性越好。

④ 高偏振。偏振度可达 95%，近似于线偏振；而正常 X 射线管的 X 射线是非偏振的。

⑤ 脉冲性。第三代同步辐射光源的最小光脉冲时间约达 30ps。这种脉冲时间结构能用来进行时间分辨光谱和时间分辨衍射的研究。

⑥ 纯净性。同步辐射产生的 X 射线是在超高真空条件下产生的，故几乎无污染；而靶型 X 射线源则存在阳极和真空窗污染的问题。

同步辐射光源的出现，促进了 X 射线散射的研究前进了一大步。例如，使 X 射线结构的研究从静态进入了动态；对试样数量的要求也从常、微量(mg、μg)减少到超微量(sub-pg)；对试样尺度的要求从小尺度(cm、mm)降低到微尺度(μm、nm、sub-nm)。各种散射，例如正常康普顿散射和磁康普顿散射、拉曼散射和共振拉曼散射，共振与非共振磁散射等，原来因为它们的散射强度比衍射小 10^6 倍，故靶管光源难以研究，而现在已经可以利用同步辐射 X 射线对它们展开研究。

5.6.2 应用举例

例 1. 聚乙烯(PE)熔体在结晶初期折叠链片晶的整数倍增厚

P. J. Barham 和 A. Keller 利用 SR-SAXS 的高速测量研究了 PE 熔体初期尤其是在接近零结晶时刻的结晶行为，发现熔体结晶在最初时期片晶厚度与溶液结晶的厚度相近，进而发现熔体结晶的初期阶段其片晶增厚呈量子化整数倍地增加，如 2 倍、3 倍甚至 4 倍，而后出现连续的对数增厚；不同 PE 试样片晶的增厚程度并不相同。

PE 样品共三个，其中一个 $M_w=32100$，一个 $M_w=11900$，两者的 $M_w/M_n=1.3$；另一个为 Redgedix 50，其 $M_w=7200$，$M_w/M_n\approx 6.5$。图 5-73、5-74 和 5-75 则为三种 PE 的 L(晶片厚度)~t 变化图。从图中可见，各种样品的基本规律都是在 121~131℃等温结晶时，首先形成较薄的片晶，随即发生成倍的增厚，此后就按对数规律等温增厚了。这种结晶初期的整数倍增厚现象十分有趣，其可能的增厚过程示于图 5-76。事实上，三种 PE 的 SR-SAXS 图是有差别的。PE($M_w=32100$)的片晶增厚是阶跃型的，初期片晶随后消失；PE($M_w=11900$)的片晶倍增也呈阶跃型，但初期片晶并未消失；Redgedix 50 则呈连续过渡，并伴随初期片晶的消失。

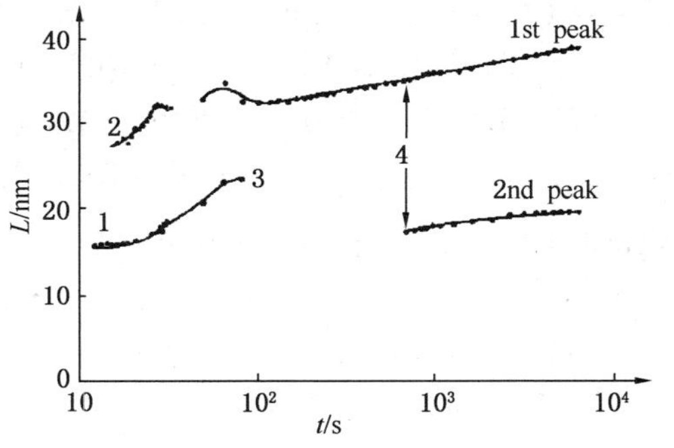

图 5-73 PE 级分($M_w=32100$)
温度为 123.4℃时 L~t 图
1—初期片晶形成；2—初期片晶开始成倍增厚；3—初期片晶消失；4—增厚片晶的完善，出现次级衍射

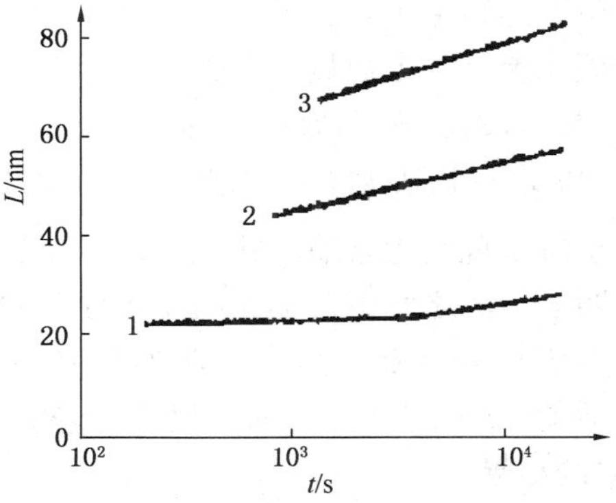

图 5-74 PE 级分($M_w=11900$)
温度为 128.8℃时 L~t 图
1—初期片晶；2，3—片晶的整数倍增厚

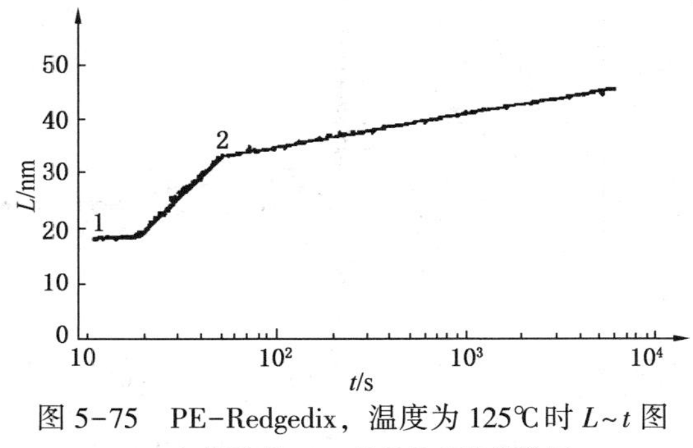

图 5-75 PE-Redgedix，温度为 125℃时 L~t 图
1—初期片晶；2—片晶的整数倍增厚
(1、2 之间连续变化)

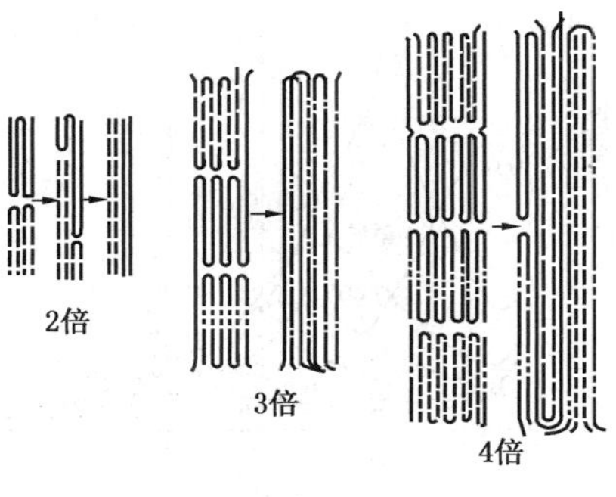

图 5-76 片晶 2 倍、3 倍和 4 倍增厚机制示意图

例 2. 同步辐射 X 射线散射(SR-WAXS/SAXS)研究 PBT 的膨胀率

PBT(聚对苯二甲酸丁二醇酯)和 PET(聚对苯二甲酸乙二醇酯)都是聚酯家族中的成员。尽管 PET 已经获得极为广泛的应用，但人们对开发 PBT 的应用仍然不乏兴趣。PET 的 T_m 约为 270℃，PBT 的 T_m 约为 230℃，但 PBT 的结晶速度远快于 PET，所以 PBT 的加工温度低，加工速度快，作为玻璃纤维增强复合材料来说是一个有工程意义的聚合物。但 PBT 的线膨胀系数为 5.0×10^{-4}/℃，比 PET 的 7.5×10^{-5}/℃大一个数量级，因此必须彻底了解其晶相和非晶相的热膨胀响应，这对合理加工和长期使用都是极为重要的。但因 PBT 结晶太快，过去各种常规方法的研究总嫌不足，P. P. Huo 等利用同步辐射 X 射线源，对 PBT 在 23~215℃的温度范围里进行了 WAXS/SAXS 研究。WAXS 所用的 X 射线 $\lambda=0.091$nm，SAXS 的 $\lambda=0.128$nm；每次 WAXS 测量时域为 12s，而 SAXS 则为 30s。

实验测得室温下 PBT 的晶胞参数为 $a=(0.483\pm0.002)$ nm，$b=(0.600\pm0.002)$ nm，$c=(1.161\pm0.002)$ nm，$\alpha=100.3°\pm0.02°$，$\beta=115°\pm0.2°$，$\gamma=111.3°\pm0.2°$，$V_c=(26.05\pm0.10)$ nm^3。再从各个温度下测得到 WAXS 数据，得出 PBT 三斜晶胞各参数的温度依赖性：

$a=0.480(1+2.03\times10^{-4}T)$，$b=0.598(1+1.22\times10^{-4}T)$，$c=1.155(1+2.13\times10^{-4}T)$

$\alpha=100.26(1+3.98\times10^{-5}T)$，$\beta=114.82(1+8.13\times10^{-5}T)$，$\gamma=111.43(1-3.92\times10^{-5}T)$

进一步可得 PBT 晶胞体积 $V_c\sim T$ 的关系方程：$V_c=258.0(1+4.36\times10^{-4}T)$。

由上述结果可知，PBT 与 PET 相比，在 c 轴方向(沿着高分子主链的方向)上二者的膨胀系数相差近一个数量级。PBT 是 2.13×10^{-4}/℃，而 PET 是 2.2×10^{-5}/℃，而在另外两个方向上二者的膨胀系数比较接近。相应的，α 晶型的 PBT 在 c 轴方向上的弹性模量只有 13.5GPa，而 PET 则有 110GPa，二者也相差了一个数量级。这说明，在 α 型 PBT 晶格中，其分子链呈现更为紧缩的状态，即二元醇部分为 $\overline{\text{GG}}$TT$\overline{\text{GG}}$ 构象。可见，应用 SR-WAXS 很好地说明了二者之间由于构象的变化导致的宏观性质的巨大差异。

对于 SR-SAXS，因为 PBT 的 T_g 在 30~40℃，故而在 T_c<40℃时，结晶度低，分子链亦不易活动，SAXS 强度很弱；仅在 T>50℃以后，才出现宽而弱的散射。图 5-77 给出了 T>140℃的结果。

若 PBT 样品中片晶随机堆砌成垛，则可用一维电子相关函数 $K(z)$ 求得片晶的长周期 L、片晶厚度 l_c 和结晶度 X_c。$K(z)$ 由下式求得：

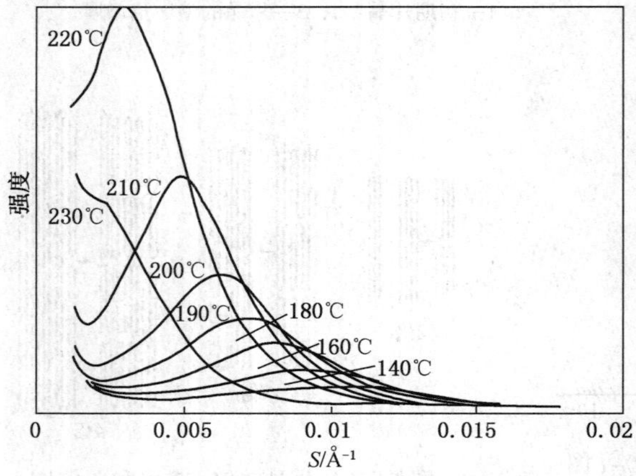

图 5-77 非晶 PBT 以 10℃/min 速度升温时的 SAXS 测定结果

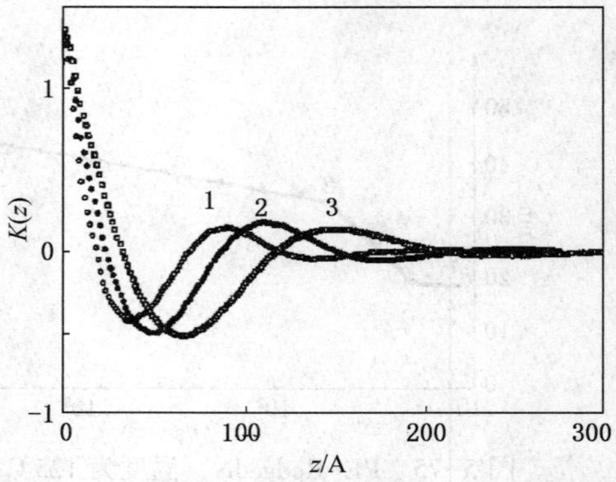

图 5-78 PBT 在不同温度下的 $K(z)\sim z$ 图

1—160℃；2—190℃；3—210℃

$$K(z) = \int_0^\infty 4\pi I(s) s^2 \cos(2\pi sz) \mathrm{d}s$$

其中 z 是片晶堆垛的法向距离，$s=2\sin\theta/\lambda$。图 5-78 是 PBT 在几个温度下的 $K(z)\sim z$ 图。由此得出的 L_T、l_c、$X_c\sim T$ 曲线见图 5-79。进一步求得 PBT 本体的膨胀系数为 $\alpha_{av}=5.2\times10^{-4}/℃$，结晶的 $\alpha_c=2.13\times10^{-4}/℃$，非晶的 $\alpha_a=6.0\times10^{-4}/℃$，即非晶的热膨胀系数比结晶的大三倍。

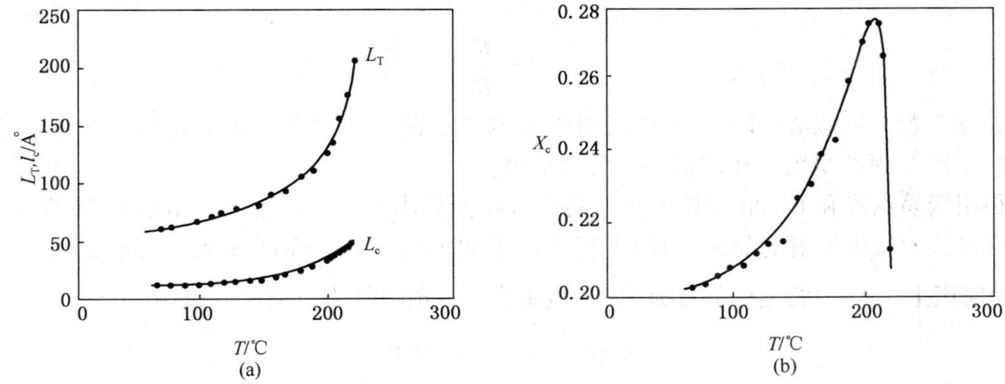

图 5-79　PBT 的结构参数随温度的变化图

5.7　电子衍射

1924 年法国物理学家德布罗意在爱因斯坦光子理论的启示下，提出了一切微观实物粒子都具有波粒二象性的假设。1927 年戴维逊与革末用镍晶体反射电子，成功地完成了电子衍射实验，验证了电子的波动性，并测得了电子的波长。两个月后，英国的汤姆逊和雷德用高速电子穿透金属薄膜的办法直接获得了电子衍射花纹，进一步证明了德布罗意波的存在。

5.7.1　电子衍射基本原理

图 5-80 是电子衍射示意图，其中位于 O 处的晶体样品内，若晶面间距为 d 的(hkl)晶面组满足布拉格定律，则在与入射方向成 2θ 角的方向上将得到该镜面组的衍射束。透射束和衍射束与照相底片相交于 O' 和 P' 点。样品和照相底片间的距离为 L。O' 为衍射花样的中心斑点，P' 则是(hkl)的衍射斑点。由图可见，花样上衍射斑点 P' 与中心斑点 O' 间的距离 R 为：

$$R = L \times \tan 2\theta$$

对于高能电子衍射而言，2θ 是很小的。这是由于通常入射电子的波长为 10^{-3}nm 数量级，而聚合物中常见晶体的晶面间距 d 为 $10^{-1}\sim10^{0}$nm 数量级，所以根据布拉格方程有

$$\sin\theta = \lambda/(2d) \approx 10^{-3} \sim 10^{-2},$$
$$\theta \approx 10^{-3} \sim 10^{-2}\text{rad} < 1°$$

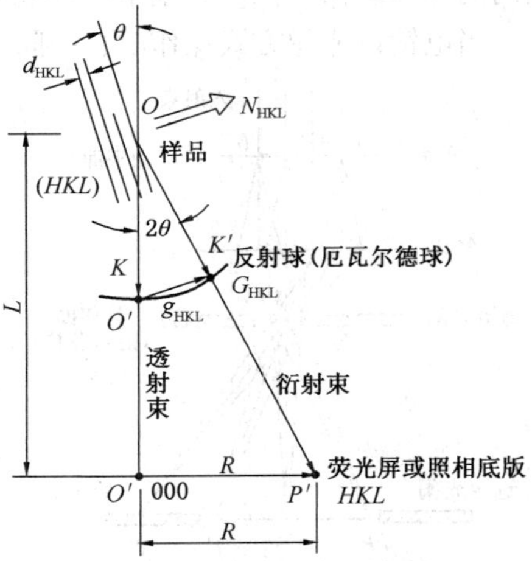

图 5-80　电子衍射示意图

因此 $\tan 2\theta \approx 2\sin\theta$，即有 $2\sin\theta = R/L$

将上式代入布拉格方程得 $\lambda/d = R/L$，即 $Rd = \lambda L$

式中，d 为衍射晶面间距，nm；λ 为入射电子波长，nm。

此即为电子衍射基本公式。入射电子束的波长和样品至底版的距离 L(电子衍射相机长度)都是一定的，两者乘积 $K = \lambda L$ 称为电子衍射相机常数。此常数是电子衍射装置的重要参数。知道了 K 值，就可由衍射花样上斑点或环的 R 值计算出产生该衍射的晶面或晶面族的 d 值：

$$d = \frac{K}{R}$$

由于 K 是常数，所以 $R \propto 1/d$。电子衍射中 R 与 $1/d$ 的正比关系是衍射花样指标化的基础。显然，它比 X 射线衍射中相应的关系要简单得多。

利用倒易点阵和 Ewald 球作图法，同样可以推导出上式。由于电子衍射的 2θ 角是很小的，可以认为发生衍射的晶面(hkl)平行于电子的入射方向，亦即其倒易矢量 $g(//N_{hkl}) \perp k_0$。而底版上斑点 P' 的坐标矢量 $R = \overline{O'P'}$ 也垂直于入射电子束方向，所以

$$\triangle OO^*G \sim \triangle OO'P'$$

$$R/g = L/k = \lambda L,$$

于是 $R = (\lambda L)g = Kg = K/d$。

考虑到 $R//g$，可进一步写成矢量表达式：

$$R = (\lambda L)g = Kg$$

这就是说，衍射斑点的 R 矢量是产生这一斑点的晶面族的倒易矢量 g 的等比例放大。简单地说，衍射花样就是落在 Ewald 球面上所有倒易阵点所构成的图形的放大像，因此相机常数 K 有时也称为电子衍射的“放大率”。需要指出的是，电子衍射基本公式的导出运用了近似处理，因此应用此公式及其相关结论时具有一定的误差和近似性。

5.7.2 选区电子衍射

为了充分发挥电子显微镜可以同时显示形貌像和分析晶体结构的优越性，通常采用“选区电子衍射”(selected area electron diffraction，SAED)的方法，有选择地分析样品不同微区范围内的晶体结构特征。其基本原理见图 5-81。

当电镜以成像方式操作时，中间镜物平面与物镜像平面重合，荧光屏上显示样品的放大图像(参见第 8 章)。此时，我们在物镜的像平面上插入一个孔径可变的选区光阑，光阑孔套住想要分析的微区。因为在物镜适焦的条件下，物平面上同一物点所散射的电子将被会聚在像平面上的一个像点上。故对应于像平面上光阑孔的选择范围 $A'B'$，只有样品上 AB 微区以内物点的散射波才可以穿过光阑孔，进入中间镜和投影镜参与成像。选区以外的物点产生的散射波则全部被选区光阑挡掉。

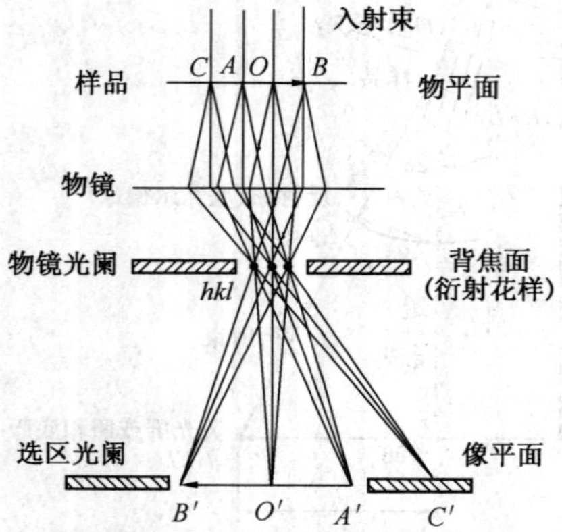

图 5-81 选区电子衍射原理

然后降低中间镜的激磁电流，使电镜转变为衍射方式操作。此时中间镜以上的光路不受影响，但中间镜物平面与物镜背焦面相重合。尽管物镜背焦面上第

一幅花样是受到入射束辐照的全部样品区域内的晶体衍射所产生的，但是其中只有 AB 微区以内物点散射的电子波可以通过选区光阑进入下面的透镜系统。所以荧光屏上显示的将只限于选区范围以内的晶体所产生的衍射花样，从而实现了选区形貌观察与电子衍射结构分析的微区对应的关系。

显然，若物镜放大倍数为 M_0，则样品上被选择分析的微区尺寸为 $AB=\overline{A'B'}/M_0$。通常 M_0 为 50～200 倍，利用孔径为 50～100μm 的选区光阑，即可对样品上 0.5～1μm 的微区进行电子衍射分析。

5.7.3 多晶电子衍射花样及其几何特征

多晶样品的电子衍射花样和 X 射线粉末法所得衍射花样的几何特征很相似，都是由一系列不同半径的同心圆环组成。这种环形花样的产生，是由于受到入射束辐照的样品区域内存在大量取向杂乱的细小晶粒，d 值相同的同一晶面族内符合衍射条件的晶面组所产生的衍射束，构成以入射束为轴，2θ 为半顶角的圆锥面，它与照相底版的交线即为半径 $R=\lambda L/d$ 的圆环，如图 5-82所示。

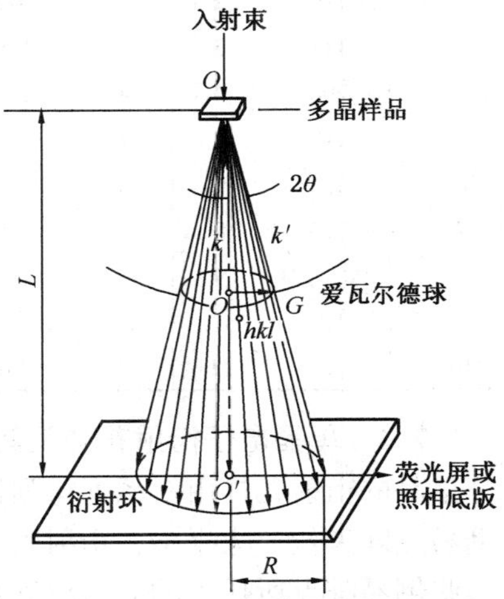

图 5-82　多晶体样品电子衍射花样的产生

根据电子衍射的基本公式，

$$R=\frac{K}{d}$$

式中，K 为相机常数。R 和 $1/d$ 存在简单的正比关系，据此我们可以把衍射环半径的比值与各种晶体结构的晶面间距递增规律之间的关系建立起来。

以立方晶系为例，其晶面间距为

$$d=\frac{a}{\sqrt{h^2+k^2+l^2}}=\frac{a}{\sqrt{N}}$$

其中　$N=h^2+k^2+l^2$，于是：

$$\frac{1}{d^2}=\left(\frac{N}{a^2}\right)\propto N$$

因此，对于同一物相，同一衍射花样各圆环而言，有：

$$R_1^2:R_2^2:R_3^2:\cdots\cdots:R_n^2=N_1:N_2:N_3:\cdots\cdots:N_n$$

因为 N_n 都是整数，所以立方晶系的多晶电子衍射花样中，各个环的半径的平方之间一定满足整数的比例关系。

从结构消光原理来看，不同的点阵又有各自独特的消光条件，因此并非任意整数的 h，k，l 指数的任意组合所表示的(hkl)晶面都可能产生衍射，不同点阵的可能 N 值受到消光条件的限制，如表 5-8。

显然，通过测量各衍射环 R 值获得 R^2 顺序比，以之与 N 顺序比对照，即可确定样品点阵结构类型并标出各衍射环相应指数。此外，利用已知晶体(点阵常数已知)的多晶衍射花样指数化还可标定相机常数 K。

表 5-8　立方晶系衍射晶面可能的 N 值

衍射线顺序号	简单立方			体心立方			面心立方			金刚石立方		
	HKL	m	m_i/m_1	HKL	m	m_i/m_1	HKL	m	m_i/m_1	HKL	m	m_i/m_1
1	100	1	1	110	2	1	111	3	1	111	3	1
2	110	2	2	200	4	2	200	4	1.33	220	8	2.66
3	111	3	3	211	6	3	220	8	2.66	311	11	3.67
4	200	4	4	220	8	4	311	11	3.67	400	16	5.33
5	210	5	5	310	10	5	222	12	4	331	19	6.33
6	211	6	6	222	12	6	400	16	5.33	422	24	8
7	220	8	8	321	14	7	331	19	6.33	333，511	27	9
8	300，221	9	9	400	16	8	420	20	6.67	440	32	10.67
9	310	10	10	411，330	18	9	422	24	8	531	35	11.67
10	311	11	11	420	20	10	333，511	27	9	620	40	13.33

5.7.4　单晶电子衍射花样及其几何特征

单晶的衍射花样由一系列排列得十分规则的斑点组成。由于通常入射电子束的波矢量 k 比倒易点阵矢量 g 大得多，衍射角 2θ 极小，所以只有倒易原点 O^* 附近落在 Ewald 球球面上的那些倒易阵点所代表的晶面组满足布拉格条件而产生衍射束。考虑到入射电子束的波长很短，而 Ewald 球的半径很大，O^* 附近的球面可以近似地被看成是垂直于入射波矢量 k 的平面；因为在确定的样品位向下，倒易点阵中也只有近似地垂直于 k，且通过 O^* 的一个平面内的倒易阵点，有可能与球面接触而满足衍射条件。电子衍射花样就是那些满足衍射条件的倒易阵点的图形的放大像。所以单晶体的电子衍射花样就是靠近 Ewald 球面的倒易平面上阵点排列规则性的直接反映。

由晶带定律可知，当入射电子束和晶带轴[uvw]方向平行时，单晶的衍射花样实际上是以[uvw]为晶带轴的晶带内满足衍射条件的晶面组产生的衍射斑点的集合。这幅花样就是倒易截面$(uvw)_0^*$上阵点排列图像的放大像，而斑点的指数即为相应衍射晶面的指数或倒易阵点的指数，如图5-83所示。

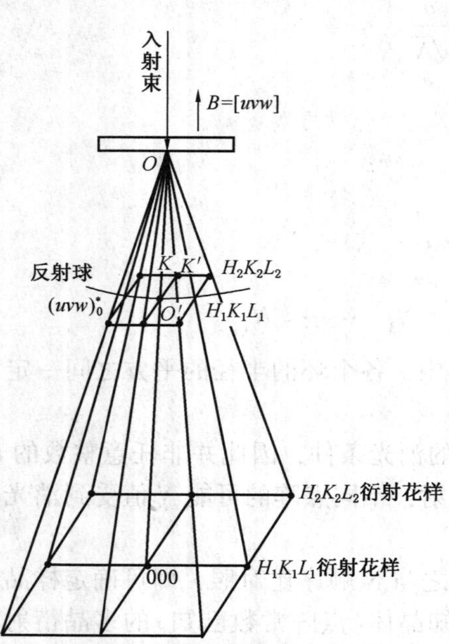

图 5-83　单晶电子衍射成像原理

单晶电子衍射花样的一个重要特点是花样中出现大量强度不等的衍射斑点。图 5-84 就是一例。由倒易阵点的扩展可知，即使晶面组的位相并不完全满足布拉格定律，即倒易阵点并不精确落在 Ewald 球面上，但仍然可以发生衍射，只是其斑点的强度较弱而已。对于透射电镜中的电子衍射，样品都是薄晶体或其他形状细小的颗粒，它们的倒易阵点的扩展程度都很大，使得与衍射条件的允许偏差也很大。这是在单晶衍射花样中出现大量衍射斑点的主要原因。此外由于加速电压不稳定，入射电子束的波长并不单一，而使 Ewald 球面实际上具有一定的厚度。同时入射电子束也不可能严格平行，说明 k 方向也稍有变化，这也会使球面变厚。所有这些因

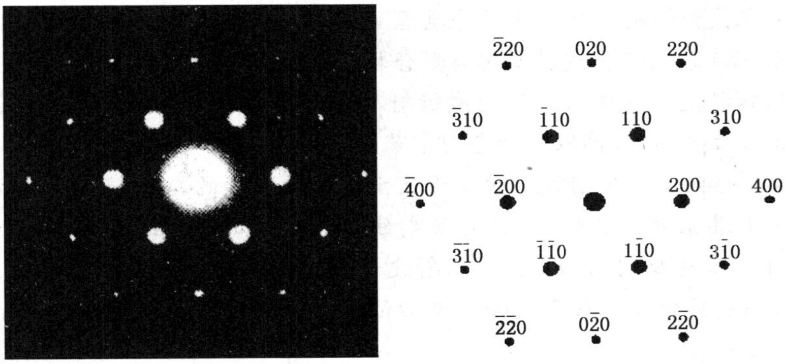

图 5-84　聚乙烯单晶体的电子衍射花样([001]晶带轴)

素都使倒易阵点接触球面的机会大大增多，所以样品中常常会有许多组晶面同时发生衍射，在用电子衍射对高分子晶体结构进行分析时，必须考虑到上述情况出现的可能性。

参　考　文　献

1　胡家璁. 高分子 X 射线学. 北京：科学出版社，2003

2　周贵恩. 聚合物 X 射线衍射. 合肥：中国科学技术大学出版社，1989

3　莫志深，张宏放. 晶态聚合物结构和 X 射线衍射. 北京：科学出版社，2003

4　董炎明. 高分子分析手册. 北京：中国石化出版社，2004

5　杨传铮，程国峰，黄月鸿. 同步辐射的基本知识，理化检验-物理分册. 2008

6　P. J. Barham，A. Keller，H. H. Wills. The initial stages of crystallization of polyethylene from the melt. J. polym. sci.，Part B，polym. phys.，27，1989，1029~1042

7　Peter Pengtao Huo，Peggy Cebe，Malcolm Capel. Real-time X-ray scattering study of thermal expansion of poly (butylene terephthalate). J. polym. sci.，Part B，polym. phys.，30，1992，1459~1468

8　A. Liu，J. Zhi，J. Cui，et al. Macromolecules，2007，40，8233

9　汪昆华，罗传秋，周啸. 聚合物近代仪器分析(第二版). 北京：清华大学出版社，2000

10　宋宏. 高分子材料的研究与测定. 大连：大连工学院出版社，1988

11　日本高分子学会高分子实验学编集委员会. 高分子の固体构造Ⅱ-17. 东京：共立出版株式会社，1984

12　M. Kakudo，N. Kasai. X-ray diffraction by polymers. Tokyo：Kodansha LTD & Elsevier Publishing Company，1972

13　L. E. Alexander. X-ray diffraction methods in polymer science. New York：Wiley-Interscience，1969

14　B. D. Cullity. Elements of X-ray diffraction. London：Addison-Wesley，1967

15　H. Tadokoro. Structure of crystalline polymers. New York：Wiley & Sons，1979

16　O. Glatter，O. Kratky. Small angle X-ray scattering. London：Academic Press，1982

17　许璐，柏莲桂，颜廷姿等. 同步辐射小角和广角 X 射线散射在高分子材料研究中的应用，高分子通报，2010(10)：1

习　题

1. 试简述 X 射线衍射分析的基本原理和实验方法，以及在聚合物结构研究上的应用。
2. 试简述大角 X-射线衍射法用于高聚物结构表征所能解决的问题及应用时的限制或

缺点。

3. 未拉伸的橡皮条衍射图显示出两个典型的宽阔的环，而高度拉伸的橡皮条衍射图在宽阔 的带上叠加不连续的点，这种变化与聚合物的何种变化有关？

4. 画出下列各种聚合物样品的 X 射线衍射花样：(1)非晶态的无规聚苯乙烯；(2)结晶无序的全同聚苯乙烯；(3)结晶取向的全同聚苯乙烯。

5. 对于 $\lambda=0.154$nm 的 X 射线，对应于 0.5nm 的面间距的二级($n=2$)布拉格角是多少？

6. 图 1 为单斜晶系 PE 的取向试样的 X 射线衍射图。(a)纤维的 X 射线图，圆筒型相机(半径 35mm)；(b)赤道反射的扫描图，入射波长为 0.15418nm(Cu K_α 线)。(1)求晶胞参数 a、b、c；(2)从图 a 预计反射点 310 的 x 坐标位置。(提示：晶面间距 d_{310} 与晶胞常数之间的几何关系见图 2)

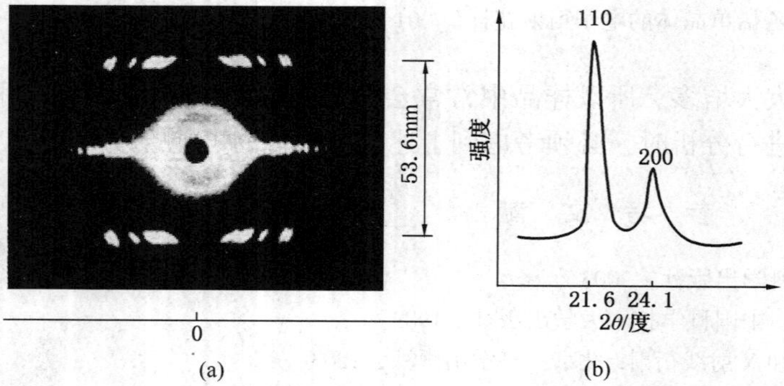

图 1 单斜晶系 PE 的取向试样的 X 射线衍射图

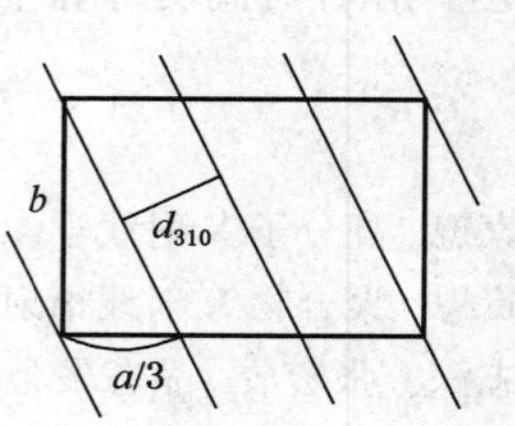

图 2 晶面间距 d_{310} 与晶胞常数之间的几何关系

7. 已知聚乙烯的晶胞参数为 $a=0.741$nm，$b=0.496$nm，$c=0.254$nm，$\alpha=\beta=\gamma=90°$。CuK$_\alpha$ 线的波长为 0.154nm。未取向 PE 样品的平板 X 光衍射照片上有锐利环，环的半径分别为 22.2mm，36.6mm 和 19.7mm。样品到底片的距离为 50mm。计算这三个衍射环所对应的晶面间距，并判断它们分别来自哪个($hk0$)型晶面的衍射。

8. 从取向 PE 纤维得到的 X 光衍射图(CuK$_\alpha$)由赤道线上一系列点和正负一层线上的点组成。样品到底片的距离为 30mm，一层线到赤道线的距离为 22.9mm。(1)计算重复周期 C；(2)解释为什么该聚合物只得到一层线，如何才能得到更高级的层线？(3)样品必须倾斜多少度才能在衍射图上获得(001)衍射？

9. 完全取向结晶的尼龙 6 纤维，经 X 射线衍射分析，测得晶胞参数是：$a=0.956$nm，$b=1.72$nm，$c=0.80$nm，$\alpha=\beta=90°$，$\beta=67.5°$，属单斜晶系，纤维链构象为平面锯齿形，每个晶胞中含有 4 条大分子链；另据实验测定大分子链间氢键的键能近似为 3.3×10^{-20}J/键，氢键键长为 0.28nm，链段内聚能为 4.18kJ/mol^{-1}，Vander Waals 键的键长为 0.4nm，由以上实验事实试求：(1)纤维大分子一个等同周期内含有的重复单元数(n)；(2)该聚合物的晶态密度(ρ_c)；(3)若沿着垂直大分子链的方向拉断聚合物时的理论强度(设大分子链中的氢键全部有效)。

10. 对于一个高度结晶的聚合物的 X 光的纤维图(波长为 0.154nm)，赤道衍射点在衍射角 21.6°和 24.0°处，一层线在 37.2°角上。假定结晶结构是正交晶系，赤道衍射点对应于(110)和(200)反射，计算晶胞参数。已知该聚合物的红外光谱和激光拉曼光谱表明分子的振动模式为双线。如果聚合物的密度为 $1.01\times10^3 kg/cm^3$，计算重复单元的分子量，推测这是什么聚合物？

11. 对于一个结晶聚合物的 X 射线纤维图(X 射线波长为 0.154nm)，计算一层线上(221)反射点的距离。已知晶胞参数 $a=1.03$nm，$b=0.54$nm，$c=0.50$nm(正交晶系)，纤维到平板相机之间的距离为 8.0cm。(忽略层线的曲率)

12. 某一全同单烯类聚合物的晶胞中只有一根分子链穿过，分子链采取简单的 3_1 螺旋构象。问在以波长为 0.194nm 的 X 射线纤维图中二层线出现在什么角度上？

第 6 章　激光小角光散射和激光拉曼散射光谱

激光小角光散射(small angle laser light scattering, SALS 或 SALLS)是 20 世纪 60 年代才发展起来的高分子结构分析方法，它利用的是可见光的瑞利散射。它主要应用于结晶性高分子的亚微观结构研究，为了与测定分子量的溶液激光小角光散射法相区别，又称为固体激光小角光散射。最早由斯坦(R . S. Stein)报道，1978 年中科院化学所胡世如、徐懋等在国内率先进行研究，并开发了第一代照相法仪器。同期开展研究的学者还有左榘、盛京、张建国等。笔者有幸在导师赵华山和张权的指导下于 1979 年开始扫描式实验装置的研究和开展一些高分子领域的应用。

SALS 适用于研究从几百纳米到几十微米大小的结构，与聚合物球晶的大小范围相当，对于光学显微镜难以辨认的小球晶能有效地测量，而且直接得到球晶尺寸的统计平均值。它仪器简单、操作方便、测定快速而且不破坏试样，在这个方面优于设备复杂、测定费时且对样品有破坏性的电子显微镜。SALS 法已被广泛地用来研究聚合物薄膜、纤维中的结构形态及其拉伸取向、热处理过程结构形态的变化、液晶的相态转变等等，还能在动态条件下快速测定聚合物结构随时间的变化，已经发展成研究高分子聚集态结构的有效方法之一。虽然研究高分子聚集态结构的方法很多，有 DSC、光学显微镜、光学解偏振法、电子显微镜和 X 射线衍射等，但是每一种方法只能提供关于结晶的某一方面的信息，而 SALS 可作为其他技术的一个有价值的补充手段。

激光拉曼散射与红外光谱是互补的技术，在高分子研究中也有一些应用，将在 6. 5 节简述。而布里渊散射涉及能量较小的激发，如声子和磁振子等，不在本书的讨论范围。

6. 1　SALS 基本原理

6. 1. 1　仪器和实验方法

激光小角光散射法的原理如图 6-1 所示，由光源(一般用波长为 632. 8nm 的氦氖激光)发出的入射光经过起偏片(如激光器已有偏振窗口，也可以不经起偏片)后成为垂直偏光，照射在高分子样品上并被样品中的散射单元所散射，散射光经检偏片后由底片或光度计收集记录。

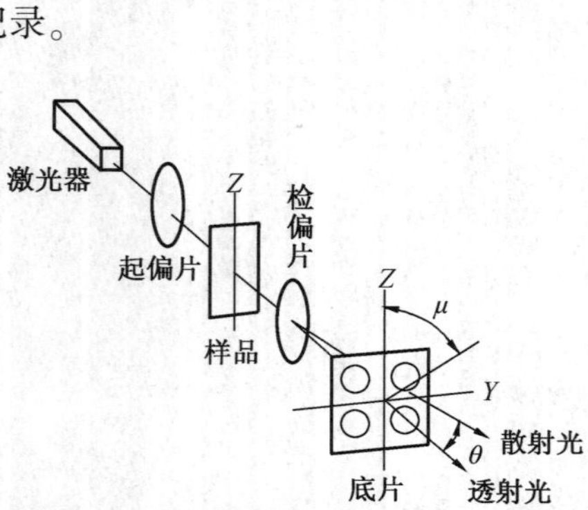

图 6-1　典型的照相法 SALS 仪原理图

散射角 θ 定义为入射光方向和散射光方向的夹角；方位角 μ 定义为散射光在记录平面上的投影与 z 轴间的夹角；底片到样品间的距离称为照相距离，或工作距离。当起偏片的方向为垂直(vertical)，检偏方向为水平(horizontal)时，称为 H_v 散射；当起偏片和检偏片均垂直时，称为 V_v 散射；类似地还有 H_H 和 V_H 散射，但不常用。

根据检测器的不同，SALS 技术可划分为照相法和光度计法两类。

（1）照相法　最简单和应用最广的检测器是照相底片，它直接摄下整个散射图形（pattern），通过对图形的解析，能得到关于高分子内结构单元的形态信息。但由于底片上像的密度与散射光强度不成正比，以及从底片上精确测定光强最大值有困难，因而不利于定量分析。

（2）光度计法　较简单的方法是用机械方式扫描，用光导纤维导出散射光，以光电倍增管（或光电池）作接收器，将收集到的信息变为电讯号，放大后由记录系统显示出光强分布曲线。更精密和快速的方法是采用多通道分析器（optical multichannel analyzer，OMA）或图像传感器（charge-coupled device，CCD）等成像技术为接收器，数字化的图像便于后期存储和处理，但造价较高。也可利用较为便宜的CMOS（即互补金属氧化物半导体）数字摄像机采集散射光在毛玻璃上所成的像，操作方便，但测定精度低于CCD等方法。

SALS的样品制备相当容易，主要的要求是均匀透明，透光率不应小于75%，少量颜料不影响测定。为了消除试样表面不规则引起的散射，可以在试样表面涂上一层浸液（例如硅油），浸液折射率尽可能与试样的折射率相近。纤维样品排列整齐后固定在框架上，涂上浸液后测定。

较厚的样品散射图形弥散，这是由于多次散射的结果。真正的散射光强 I_s 与实测的散射光强 I'_s 有如下关系：

$$I_s = KI'_s$$

式中，K 为取决于 τd 乘积；τ 为样品浊度；d 为样品厚度。

6.1.2　模型法理论

对SALS图的理论解释主要有两种：模型法和统计法。总的来说，前者适用于有序性高（结晶完全）的体系，后者适用于有序性差（无定形或结晶不完全）的体系。前者较易应用，而后者繁杂，实用难点较多。

（1）统计法（又称相关法）　在未取向的各向同性高聚物体系中，只具有密度涨落，散射的光强分布取决于密度涨落的情况。1949年Debye和Bueche首先对这种体系引入密度相关函数 $\gamma(r)$，定义为：

$$\gamma(r) = \frac{\overline{\eta_a \cdot \eta_b}}{\overline{\eta^2}}$$

式中，η_a、η_b 是在相距为 r 的任意两个散射单元上平均介电常数的涨落。介电常数均方涨落 $\overline{\eta^2}$ 是在体系的所有位置上当 $r=0$ 时 η_a、η_b 的平均。$\gamma(r)$ 表征了体系不均匀的程度。

$\gamma(r)$ 和经典的瑞利比有如下关系

$$R = K\overline{\eta^2}\int_0^\infty \gamma(r)\frac{\sin(h\gamma)}{h\gamma}\gamma^2 d\gamma$$

式中，K 为常数。Debye假定 $\gamma(r)$ 是简单的指数函数

$$\gamma(r) = e^{-\frac{r}{a}}$$

式中，a 称为相关距离。对于既存在各向同性又存在各向异性的未形变体系，必须同时考虑密度涨落和各向异性涨落。Stein和Wilson导出了一种较易应用的理论，引入取向相关函数 $f(r)$ 反映各向异性涨落。散射光强表达式如下：

$$I_{V_V} = K''\overline{\eta^2}\int_0^\infty \gamma(r)\frac{\sin(hr)}{hr}r^2 dr + \frac{4}{3}K''\overline{\delta^2}\int_0^\infty f(r)\frac{\sin(hr)}{hr}r^2 dr$$

$$I_{H_V} = K''\overline{\delta^2}\int_0^\infty f(r)\frac{\sin(hr)}{hr}r^2 dr$$

式中，K''是常数；$\overline{\delta^2}$是均方各向异性涨落。

$$f(r)=\frac{3(\cos^2\xi_{ij})-1}{2}$$

式中，ξ_{ij}是距离 r 的两个散射单元 i 和 i 光轴的夹角。

可以看出，通过 $I_{V_V}-\frac{3}{4}I_{H_V}$ 可以把密度项分离出来。

（2）模型法　斯坦（Stein）和罗兹（Rhodes）从处于各向同性介质中的均匀的各向异性球的模型出发来描述聚合物球晶的光散射。根据瑞利-德拜-甘斯（Rayleigh-Debye-Gans）散射的模型计算法可以得到

$$I_{H_V}=A\cdot\rho^2\cdot V^2\cdot\left(\frac{3}{U^3}\right)^2\cdot\left[(\alpha_r-\alpha_t)\cos^2\left(\frac{\theta}{2}\right)\cdot\sin\mu\cos\mu(4\sin U-U\cos U-3SiU)\right]^2$$

式中，I 为散射光强度；A 为比例常数；V 为各向异性球体积；α_r，α_t 为分别是球在光轴方向上和垂直于光轴方向上的极化率；ρ 为几何偏振修正项，$\rho=\cos\theta(\cos^2\theta+\sin^2\theta\sin^2\mu)^{\frac{1}{2}}$；$SiU$ 为正弦积分。

定义 $SiU=\int_0^U\frac{\sin x}{x}\mathrm{d}x$，为了便于计算，展开为幂级数

$$SiU=U-\frac{1}{3}\cdot\frac{U^3}{3!}+\frac{1}{5}\cdot\frac{U^5}{5!}-\cdots$$

式中，U 为形状因子。

对于半径为 R 的各向异性球

$$U=\frac{4\pi R}{\lambda'}\sin\frac{\theta'_m}{2}$$

式中，λ'、θ'_m为分别为光在高分子中的波长和光强最大值处的散射角。

已证明当散射角不大时，用光在空气中的波长 λ 和散射角 θ_m 代入上式计算 U，影响不大。

而对于 V_V 散射，散射光强度用下式表示：

$$I_{V_V}=A\rho^2V^2\left(\frac{3}{U^3}\right)^2\left[(\alpha_r-\alpha_s)(SiU-\sin U+(\alpha_r-\alpha_s)(2\sin U-U\cos U-SiU)\right.$$
$$\left.+(\alpha_r-\alpha_t)\cos^2\left(\frac{\theta}{2}\right)\cos^2\mu(4\sin U-U\cos U-3SiU)\right]^2$$

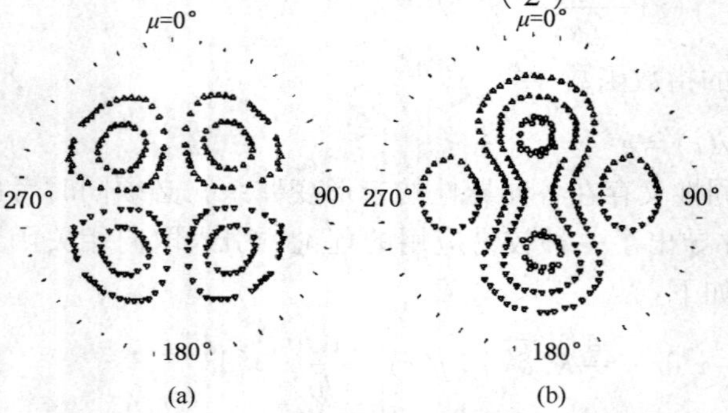

图 6-2　高分子球晶的理论 SALS 图形（等高线）
(a) H_v 图；(b) V_v 图

式中，α_s 为环境介质的极化率。从上面 I_{H_V} 和 I_{V_V} 的公式可见：

① H_V 散射强度以 $\sin\mu\cos\mu$ 的形式随方位角变化。因为 $\sin\mu\cos\mu=\frac{1}{2}\sin2\mu$，所以散射图形在 $\mu=45°$、$135°$、$225°$和 $315°$的位置有最大值，是对称性很好的四叶瓣图形［图 6-2（a）］和［图 6-3（a）］。而 V_V 散射强度仅第三项按 $\cos^2\mu$ 形式与方位角有关，在 0°

和 180°有极大值，呈二叶瓣形[图 6-2(b)]和[图6-3(b)]。

② 散射强度都与 V^2 有关，可见大球晶的散射比小球晶要强得多。

③ V_V 散射强度与介质有关，而 H_V 散射强度与介质无关，因而只有通过 V_V 散射才能研究介质。

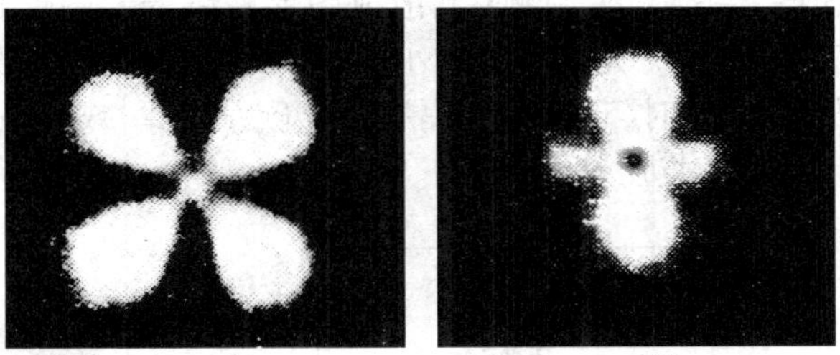

(a) (b)

图 6-3 聚丙烯薄膜中球晶的典型 SALS 图形

(a) H_v 图；(b) V_v 图(注：由于透射光太强影响了 90°和 270°的两个弱散射光斑，所以中心处已遮挡)

虽然也可以用三维方法表示(图 6-4)，但二维的四叶瓣和二叶瓣是更常见的球晶 SALS 图形。

可以进一步简化 I_{H_V} 的计算式。对一个给定体系和给定的方位角，V、$(\alpha_r-\alpha_t)$、$\sin\mu$、$\cos\mu$ 都是常数；对于小角度测定，$\cos^2\left(\dfrac{\theta}{2}\right)$ 和 ρ 都接近于 1，于是有：

$$I_H = B\left[\frac{1}{U^3}(4\sin U - U\cos U - 3\mathrm{Si}U)\right]^2$$

式中，B 为常数。

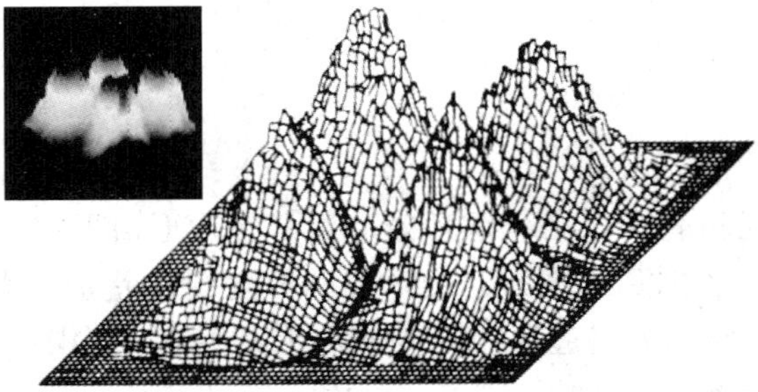

图 6-4 球晶的典型三维 SALS-H_v 图形

从上式可以求得 I_{H_V} 在极大值时的 $U=4.09$，即

$$U = \frac{4\pi\overline{R}}{\lambda}\cdot\sin\frac{\theta_m}{2} = 4.09$$

或

$$\overline{R} = \frac{4.09\lambda}{4\pi\sin(\theta_m/2)}$$

以氦氖激光器为光源时，$\lambda = 0.6328\mu m$，将此值代入上式，则

$$\overline{R} = \frac{0.206}{\sin(\theta_m/2)}\ (\mu m)$$

利用某种检测手段，例如对照相法所摄底片上的 H_V 散射图形图进行光密度测定，根据几何关系 $\theta_m = tg^{-1}\dfrac{d}{L}$，其中 d 为 H_V 图中心到最大散射强度位置的距离，L 为样品到照相底片中心的距离，可以确定 θ_m，从而计算球晶半径。注意这里 $\overline{R}$ 是激光照射到样品上的面积内所有球晶半径的平均值。光斑直径一般约为 0.5mm，假设样品内球晶半径为 5μm，可以估算光点照射的面积上有 2500 个球晶(若完全充满)，可见 SALS 法测定的是大量球晶半径的平均值。

实验证明，对于不同的方位角 μ，测得几乎一致的 $\theta_m/2$，但由于 $\mu=45°$时 H_V 散射光强最大，所以一般检测底片时，取 $\mu=45°$方向测量以减少误差。

从上述关系式可见，球晶越大，散射图形越小，这个概念对 SALS 图的解释非常重要。

6.1.3 球晶的结构因素对测定的影响

(1) 球晶间干涉效应的影响 在光散射理论的推导中，假定球晶间的相对位置是可以任意变动的，如同气体一样，因此它们之间的散射是不相干的。但是实际情况并不是这样。只有单个球晶符合这个假定，具有典型的图形。当存在两个紧挨的球晶时，会出现带状干涉条纹(图 6-5)，球晶距离较大时干涉条纹很细。若球晶增多，且任意分布，图形上会出现斑点(图 6-6)。球晶越多，散射图形就越弱，图形越典型。上述情况可以通过改变入射光束直径来检验。光束直径较小(如 1.5mm)时，所照射的球晶较少，所以斑点严重；光束较粗(如 13mm)时，照射的球晶多，斑点减弱。减少斑点的方法除了增大光束外，可以在图像分析仪处理时进行适当平滑。

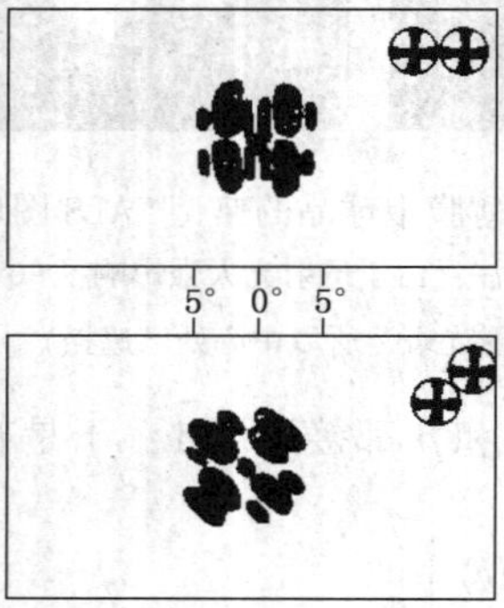

图 6-5　两球晶间散射的干涉效应示意图

右上角为偏光显微镜图像示意图(300×)；
中间为相应的 SALS 图形(H_v 图)；
数字 0°、5°表示散射角

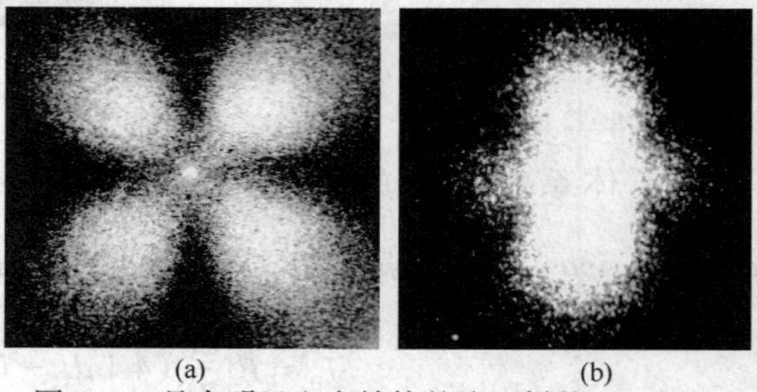

图 6-6　具有明显斑点结构的聚丙烯的 SALS-H_v 图(a)和 SALS-V_v 图(b)

(2) 球晶外形不规整性的影响　球晶生长过程中，由于截顶效应而呈多边形(图 6-7)。球晶外形的不规整性用截顶效应参数来表征，考虑到二维与三维球晶的散射图像差别不大，

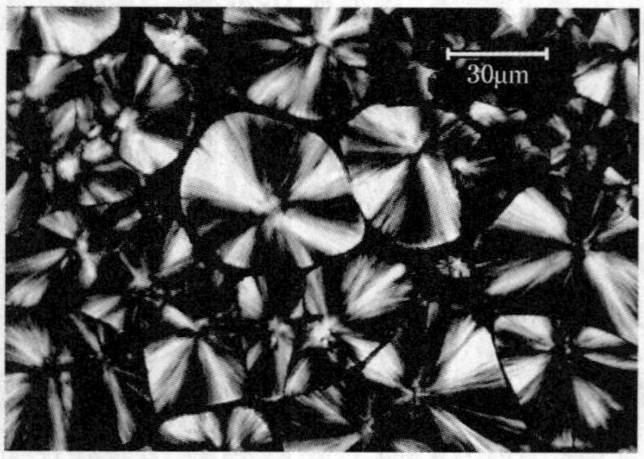

图 6-7　球晶截顶而呈不规则的多边形

设球晶为多边形。α_j 为边界上某一点 j 到中心的距离，球晶的平均尺寸可用 α_j 的平均值表示：

$$\overline{\alpha} = \frac{\sum \alpha_j}{N}$$

式中，N 为边界上取的点的数目。当无截顶效应时，$\overline{\alpha}$ 即为球晶的半径。当有截顶效应时，球晶各方向上的 α_j 值和 $\overline{\alpha}$ 不相等，有均方偏差 σ^2：

$$\sigma^2 = \frac{\sum_{j=1}^{N}(\alpha_j - \overline{\alpha})^2}{N}$$

截顶效应参数定义为

$$T \equiv \frac{\sigma^2}{(\overline{\alpha})^2}$$

即当无截顶效应时 $T=0$；有截顶效应时 T 值增大。

对同样的 $\overline{\alpha}$，截顶效应越大(即 T 越大)，θ_m 越小(即四叶瓣越小)。原因是 T 越大，意味着各点离中心的距离偏离 $\overline{\alpha}$ 越多，虽然大于 $\overline{\alpha}$ 和小于 $\overline{\alpha}$ 的点都增加了，但由于大球晶比小球晶对散射强度的贡献更大一些，所以总的来说会使 θ_m 向较小角度偏移。图 6-8 示出了几种典型的截顶球晶的 H_V 散射强度分布理论曲线。

(3) 球晶内部无序性的影响　理想球晶的散射强度的角度依赖性是较窄的，而实际球晶则要宽得多(图 6-9)。这是由于球晶内部的无序性引起的，即球晶内部晶片的光轴不是统一取向(如沿半径或切向取向)，而可以任意偏离。因此将实验曲线与理论曲线相比较，可以得到球晶内部无序程度的信息。

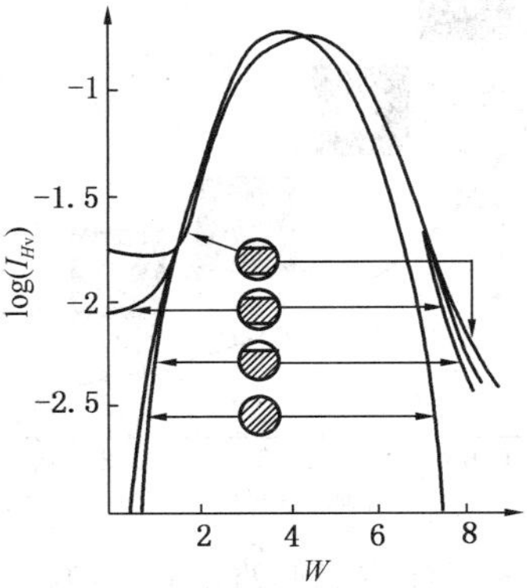

图 6-8　截顶球晶的 H_V 散射强度分布理论曲线

$W=(2\pi/\lambda)R\sin\theta$

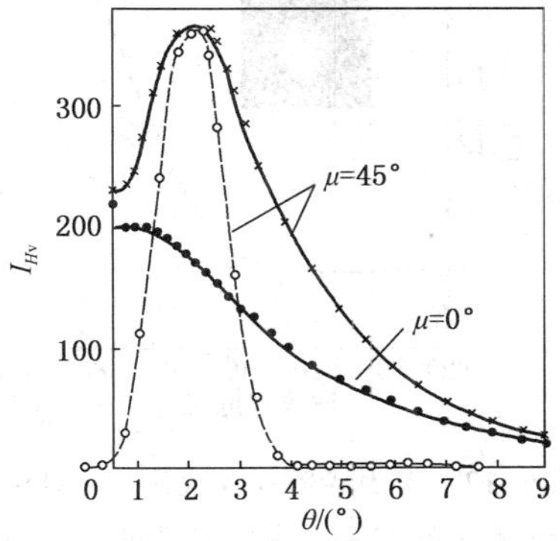

图 6-9　聚乙烯薄膜的 H_v 散射强度分布曲线

实线为实验曲线；虚线为理论曲线

(4) 排除应力双折射的干扰　有时散射图形看上去很像球晶的四叶瓣，还叠加有消光环，如图 6-10 所示。图的中心其实是气泡或杂质，散射图形是应力双折射引发的，与球晶无关，必须给予区别排除。

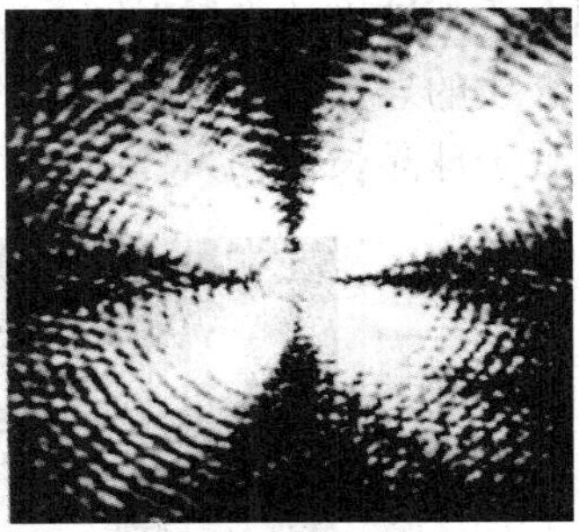

图 6-10　应力双折射引发的图形

6.2　SALS 在高分子结构分析中的应用

6.2.1　球晶半径的测定

(1) 淬火温度对聚丙烯球晶大小的影响　无论对薄膜或纤维，都可观察到随着冷却温度降低，生成球晶变小。图6-11是在玻片间熔融制备的聚丙烯薄膜在不同温度下淬火的光散射图，可见温度越高，四叶瓣图形越小，即球晶越大。温度再高(如 90℃)时由于球晶太大，超过测定范围，只观察到圆对称形散射图形(图 6-12)。测得的聚丙烯球晶半径与淬火温度的关系示于图 6-12。

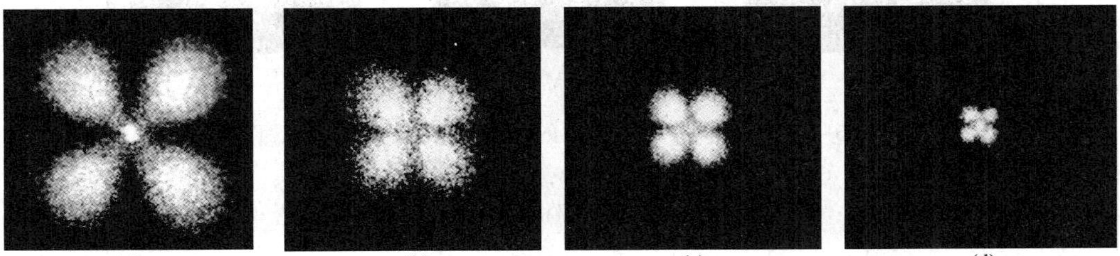

(a)　(b)　(c)　(d)

图 6-11　不同淬火温度的聚丙烯薄膜的 SALS-H_V 图

(a)0℃；(b)50℃；(c)60℃；(d)80℃；照相距离均为 100mm

(2) 成核剂对聚丙烯球晶大小的影响　添加成核剂能大大改变球晶的尺寸。例如在聚丙烯粉料中混入不同百分比的典型成核剂苯甲酸钠，用 Brabender 转矩流变仪在 190℃下混炼样品，然后熔融压片后在 25℃水中淬火。通过 SALS 测定，观察到只要少量成核剂就可以使球晶尺寸大为减小(图 6-13)。

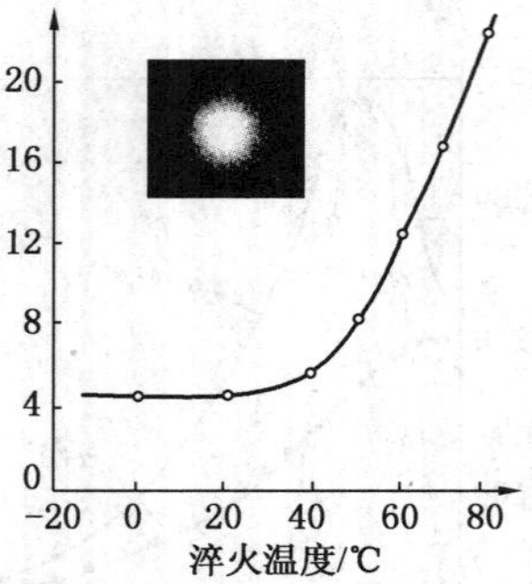

图 6-12　聚丙烯薄膜淬火后用 SALS 法测定的球晶半径与温度的关系

图上的照片为 90℃淬火样品的图形

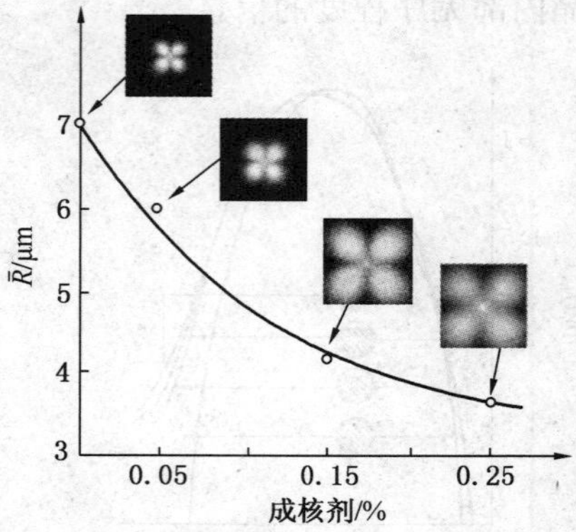

图 6-13　聚丙烯薄膜的球晶半径与添加成核剂含量(质量分数)的关系

(3) 淬火介质对尼龙球晶大小的影响　图 6-14 是在玻片间熔融制备的尼龙 6 薄膜在不同介质下淬火的光散射图，观察到球晶大小有明显差别，醇的碳数越多，球晶越大。其实是与介质的导热速度有关，醇的碳数越多，粘度越大，导热越慢，样品的实际结晶温度越高，导致于球晶长得较大。

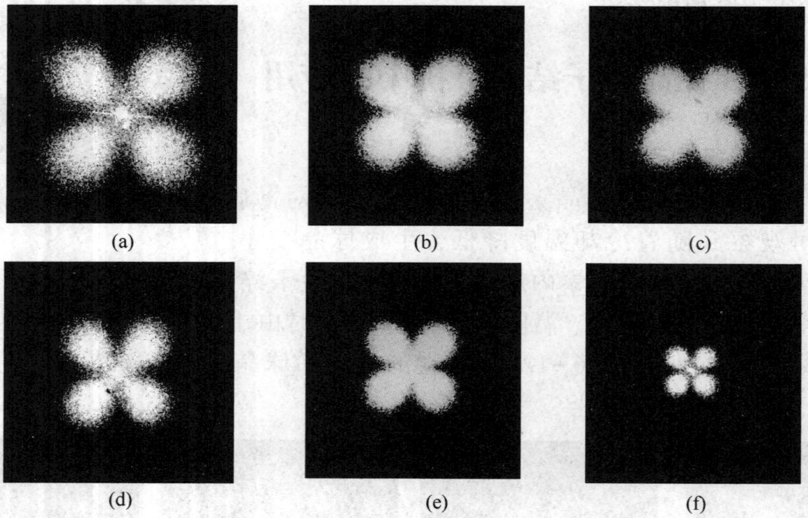

图 6-14　在不同介质中淬火的尼龙 6 薄膜的 SALS-H_v 图

(a)水；(b)甲醇；(c)乙醇；(d)正丙醇；(e)正丁醇；(f)2-乙基己醇；照相距离均为 100mm

(4) 聚乙烯熔融过程的测定　用录像机作为检测器，可记录低密度聚乙烯熔融时 H_V 散射的变化(图 6-15)。观察到熔融过程中球晶大小基本保持不变，但散射强度却逐渐下降，说明球晶内各向异性逐渐减小，即 $\alpha_t-\alpha_r$ 逐渐减小。

6.2.2 结晶动力学测定

SALS 可用于结晶动力学研究。试样先在熔融炉中熔化，然后快速拉进结晶炉中恒温结晶，结晶炉预先置于光路中。作者对聚对苯二甲酸乙二醇酯(PET)，选定在 120~220℃范围内进行等温结晶。对于每一温度，均能观察到四叶瓣图形随时间由大到小变化，用光度计扫描时得到球晶线性生长曲线(图 6-16)，曲线的斜率为生长速率 G。以 G 对温度作图，就给出了结晶动力学曲线(图 6-17)。可见球晶生长速率在 175℃附近出现极大值。

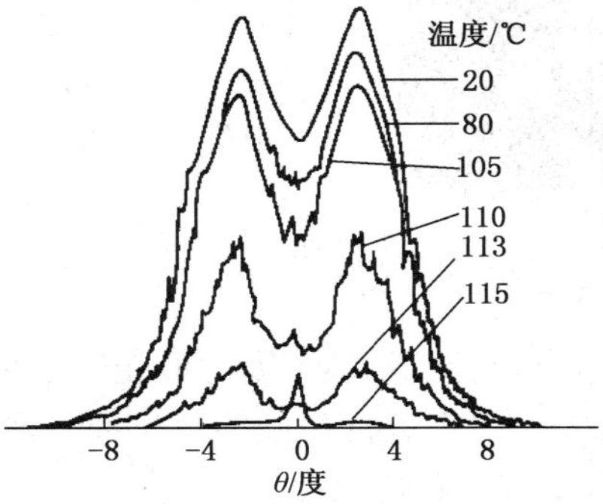

图 6-15 低密度聚乙烯熔融过程的 SALS-H_v 强度分布图

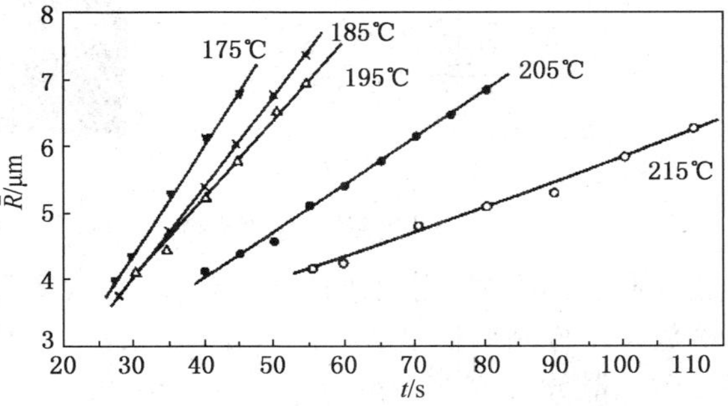

图 6-16 用 SALS 光度计法测得的不同温度下 PET 球晶生长曲线

6.2.3 球晶光学符号的测定

SALS 可用于测定显微镜难以分辨的小球晶的光学符号。H_V 散射与$(\alpha_r-\alpha_t)^2$ 有关，由于是平方项，因而不反映球晶的光学正负性。而 V_V 散射包含$(\alpha_r-\alpha_t)$、$(\alpha_t-\alpha_s)$和$(\alpha_r-\alpha_s)$三项，散射图形与这些极化率差值的符号有关。当环境的折射率与球晶折射率的平均值相等(亦即极化率相等)时，V_V 图形仅与$(\alpha_r-\alpha_t)$有关，即取决于球晶的光学正负性(图 6-18)。负球晶二叶瓣方向与起偏(及检偏)方向一致；正球晶则成 90°角。当环境折射率与球晶平均折射率不等时，与环境极化率 α_s 有关的两项有贡献，V_V 图样变化的特性也与球晶光学符号相联系，负球晶的 V_V 图随环境折射率变化的方向与正球晶相反。

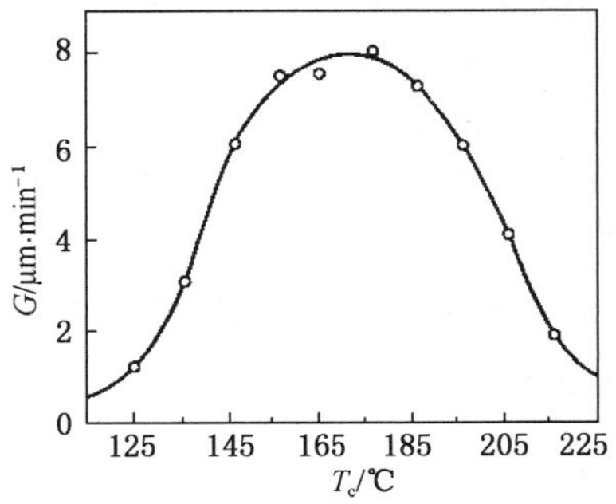

图 6-17 PET 全温度范围的结晶动力学曲线

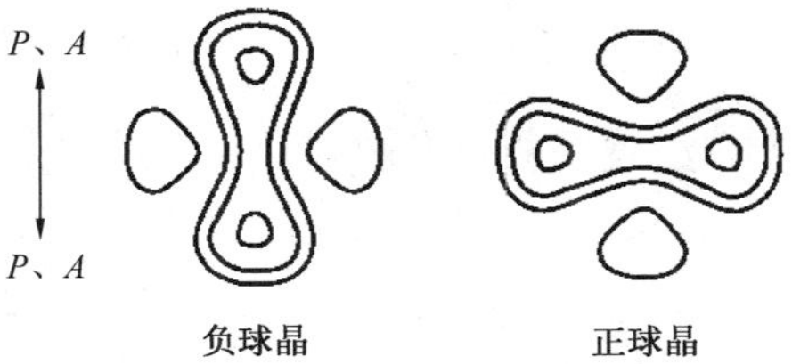

图 6-18 负球晶和正球晶的 SALS-V_v 图形的示意图

6.2.4 形变球晶的测定

薄膜或纤维在拉伸时球晶都会发生形变，用 SALS 可以检测高分子材料中球晶的取向，也可跟踪球晶的形变过程。

变形球晶的散射图形的形变方向正好与球晶的形变方向相互垂直(图 6-19)。可以用球晶半径越小，散射图形越大的原理来说明球晶发生形变后散射图形的形状。因为球晶在伸长方向上半径增大，所以散射图形在这个方向上收缩；反之亦然。

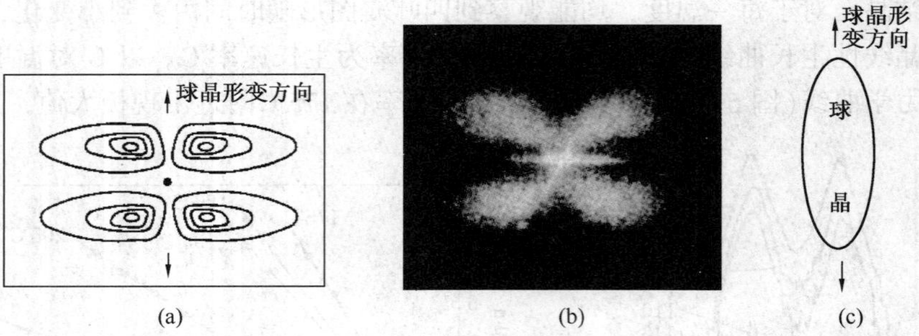

图 6-19　变形球晶(拉伸一倍)及其 SALS-H_v 散射图形

球晶形变越厉害，散射图形也越长。一般认为球晶小拉伸比时为“仿射形变”，即球晶伸长倍数等于样品伸长倍数。图 6-20 是聚丙烯薄膜在 80℃水中进行缓慢的热拉伸，薄膜伸长率 λ 和球晶伸长率 λ_s 的关系图。实验结果表明在 $\lambda \leq 2$ 时符合仿射形变的规律。

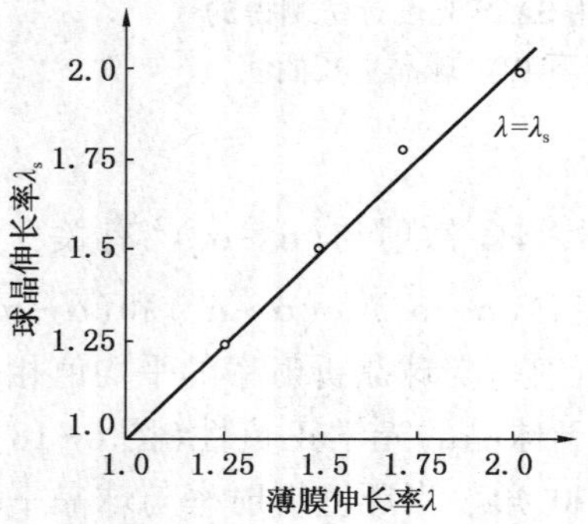

图 6-20　聚丙烯薄膜伸长率和球晶伸长率的关系

从散射图形可以测定球晶形变的伸长率 λ_s，方法有二。

(1) Samuels 法　对受单轴拉伸的球晶，它的形状因子可表达为

$$U = (4\pi R_0 \lambda_s^{-1/2}/\lambda)\sin\left(\frac{\theta_m}{2}\right)\left[1 + (\lambda_s^3 - 1)\cos^2\left(\frac{\theta_m}{2}\right)\cdot\cos^2\mu\right]^{\frac{1}{2}}$$

式中，R_0 为球晶初始半径。也就是说，U 既是 θ_m 的函数，也是 μ 的函数。

选定两个不同的方位角 μ_1 和 μ_2，再测定相应的两个 θ_m 值 $\theta_{m,1}$ 和 $\theta_{m,2}$，将其值代入上式，解联立方程，可得

$$\lambda_s = \left\{1 + \frac{4\left[\sin^2\left(\frac{\theta_{m,1}}{2}\right) - \sin^2\left(\frac{\theta_{m,2}}{2}\right)\right]}{\sin^2\theta_{m,2}\cos^2\mu_2 - \sin^2\theta_{m,1}\cos^2\mu_1}\right\}^{\frac{1}{3}}$$

这个方法需要测两次散射角，但适用范围较宽，$\lambda_s < 5$ 都可用(小形变时误差较大)。

(2) Pakula 法　固定一个散射角 θ，测定光强度极大时的方位角 μ_m，利用下式计算 λ_s：

$$\lambda_s = \left[\mathrm{tg}^2\mu_m \frac{\mathrm{tg}^2\mu_m - \frac{1}{2}}{1 - \frac{1}{2}\mathrm{tg}^2\mu_m}\right]^{\frac{1}{3}}$$

此法只需测一个值，相当简便，尤其便于连续变化的测定，但只适用于 $\lambda_s < 2$ 的形变，因为 $\lambda_s > 2$ 时，μ_m 的变化太小，以致误差太大(见图 6-21)。

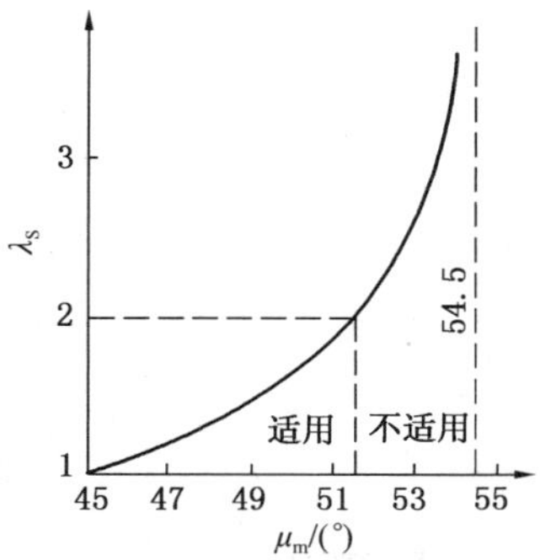

图 6-21 μ_m 与球晶伸长率的关系

在聚丙烯卷绕丝(又称为初纺纤维)的测定中作者发现一个很有趣的现象。SALS H_V 图[图 6-22(a)]表明卷绕丝中球晶已发生形变,但形变方向垂直于纤维轴,是一种扁球形。它被拉伸到适当倍数后[这里是 1.2 倍,见图 6-22(c)]恰能恢复成球形。进一步拉伸时,经历了正常球晶拉伸时的变化[图 6-22(d)~(f)]。图 6-23 示出了聚丙烯卷绕丝拉伸过程中结晶形态相应的变化。

6.2.5 带消光环球晶的大角光散射

由于球晶中晶片周期性扭转,而在偏光显微镜下可以看到周期性同心消光环的球晶,它们除了有通常的小角散射外,在大角处还可看到一散射极大值。根据布拉格公式,从散射角出现极大值的位置可以计算球晶内晶片扭转的周期:

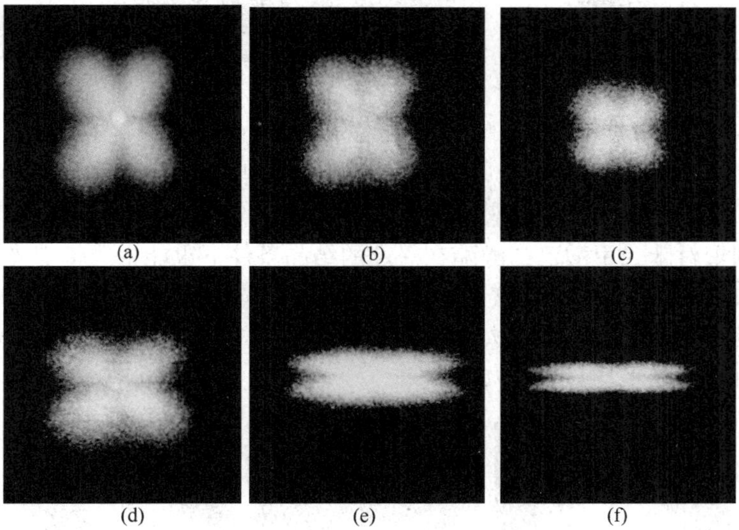

图 6-22 聚丙烯纤维(70℃冷却,直径为 500μm 的卷绕丝)不同伸长率的热拉伸样品的 SALS-H_v 图(照相距离为 50mm)

(a)$\lambda=1.0$;(b)$\lambda=1.1$;(c)$\lambda=1.2$;(d)$\lambda=1.5$;(e)$\lambda=3.0$;(f)$\lambda=4.0$;照相距离均为 100mm

$$2\bar{\rho}\sin\left(\frac{\theta_m}{2}\right)=\lambda$$

式中 $\bar{\rho}$——平均环间距,等于晶片扭转周期的一半。

由此法计算某一高密度聚乙烯样品的环间距,结果与显微镜法相符(图 6-24 和表 6-1)。

表 6-1 高密度聚乙烯带消光环球晶的光散射与偏光显微镜的测定结果比较

测定方法	小角 θ_m	大角 θ_m	$\bar{R}$/μm	$\bar{\rho}$/μm
SALS	1.27°	16.3°	20.6	2.5
偏光显微镜	—	—	15~30	2.5~2.7

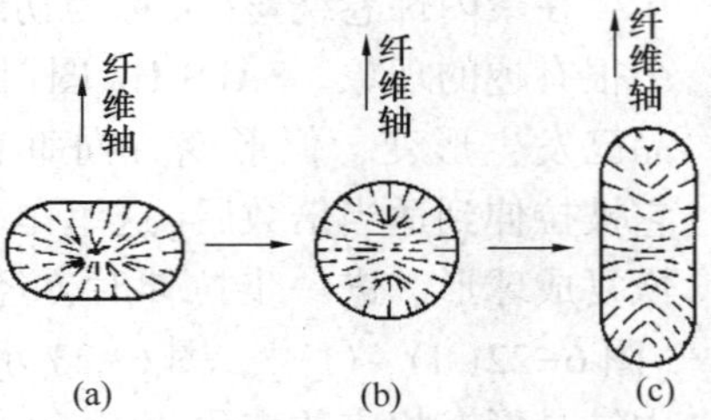

图 6-23　聚丙烯卷绕丝拉伸过程中结晶形态变化的示意图

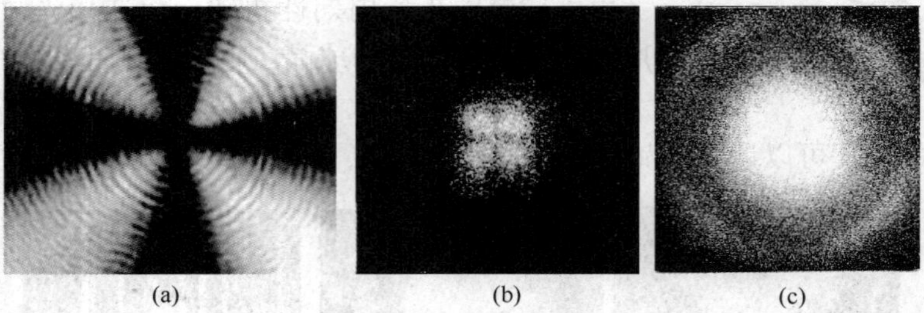

图 6-24　高密度聚乙烯带消光环球晶(a. POM 图)的 POM 图片与 H_v 光散射图

由于大角散射强度比小角散射强度弱得多，大小角度同时得到好的反差很困难，所以处理成两张照片：(b)正常曝光，照相距离均为 100mm；(c)欠曝光，照相距离均为 50mm

作者观察到聚对苯二甲酸乙二醇酯在一定的结晶条件下也能生成带消光环球晶，例如在 205℃、215℃和 225℃结晶时均观察到有大角散射环的光散射图形(图 6-25)，计算结果列于表 6-2。与聚乙烯相比，聚酯的大角光散射强度较大(主要因散射角较小)，晶片扭转的次数相当少，每个球晶平均只有 1~2 环。

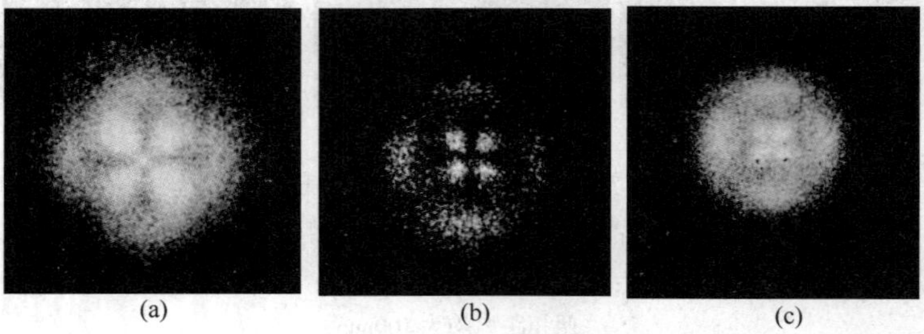

图 6-25　PET 的带消光环球晶的 H_v 光散射图

照相距离为 50mm，等温结晶条件：(a)205℃；(b)215℃；(c)225℃

根据大角散射环的宽度和清晰程度，可定性地评价晶片扭转周期的分布宽度和晶片的有序程度。从图 6-25 可见，随着结晶温度的降低，结晶速度加快，晶片结构的规整性较差。

表 6-2　PET 的带消光环球晶的光散射测定结果

结晶温度/℃	小角 θ_m	大角 θ_m	$\bar{R}$/μm	$\bar{\rho}$/μm
205	4. 3°	9. 7°	5. 4	3. 8
215	2. 6°	9. 0°	9. 0	4. 0
225	1. 9°	7. 2°	12. 1	5. 1

大角 H_v 散射环分裂成四段弧。对聚乙烯，它们与小角散射一致，在 45°方向上，说明是正常球晶，即球晶内分子链取半径方向或切向。而对聚酯，它们与小角散射不一致，出现在赤道和子午线上，说明分子链与晶片主轴的夹角为 45°；同时要使小角散射有正常四叶瓣，晶片主轴应与球晶半径成 45°角(如图 6-26 所示)。要注意，同一个样品的大角 V_v 散射环也分裂成四段弧，但出现位置与 H_v 散射不同，如图 6-27 所示。

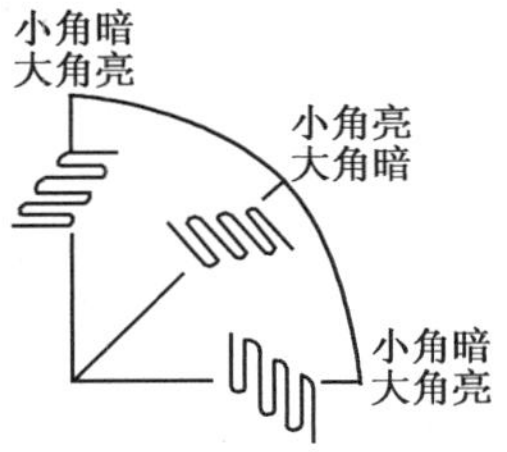

图 6-26　与图 6-25 对应的 PET 球晶结构模型

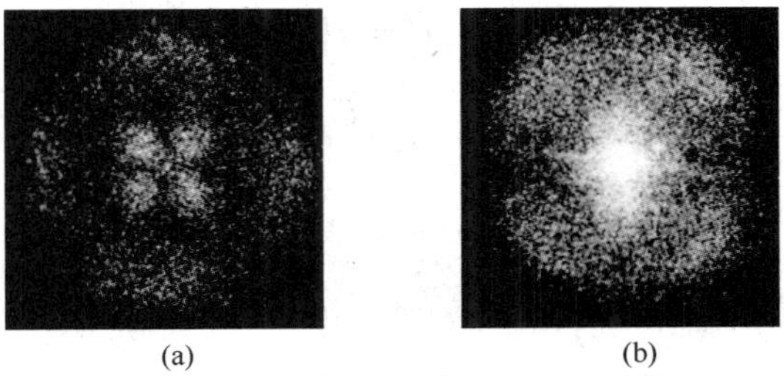

图 6-27　同一个 PET 样品的带消光环球晶的 H_v 和 V_v 光散射图，分别为(a)和(b)图

照相距离为 100mm，等温结晶条件：225℃

异常结构球晶有时在小角散射四叶瓣图形上也能观察到。聚对苯二甲酸乙二醇酯在低于 135℃结晶时，容易形成一种赤道和子午线方向的四叶瓣图形[图 6-28(a)]，这是由于晶片异常排列(与半径成 45°，见[图 6-28(b)]或晶片内分子链与晶片主轴成 45°角[图 6-28(c)]的结果，进一步还须用 X 射线小角散射来确定是哪种排列。这是典型正球晶和负球晶间的一个中间状态。

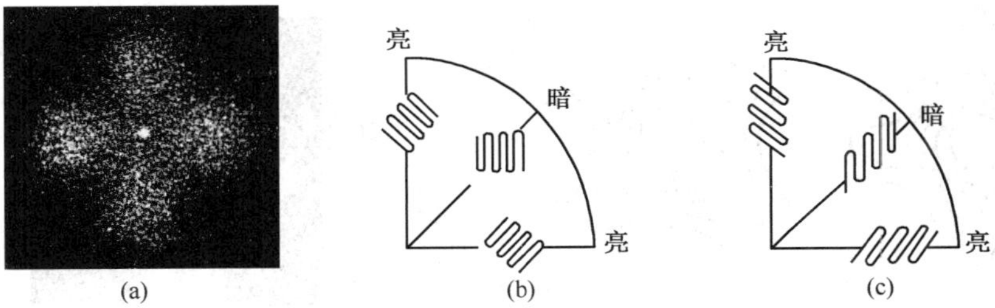

图 6-28　PET 异常球晶的 SALS-H_v 图(a)及其可能的结构模型(b)、(c)

照相距离为 50mm

6.2.6　棒状、碟状结晶的测定

从广义上来说，棒状和碟状结晶可以看作是一维和二维球晶。用 SALS 法可以方便地辨别球晶的维数。

(1) 棒晶　在模型法光散射理论中，聚合物棒晶被视为处于均匀介质中的各向异性的棒。棒晶 SALS 的 H_V 散射强度可以由一半径为 R、长度为 L 的棒的散射得出，由下式决定：

$$I_{H_V}(q,\ \mu) = K\exp(-h^2R^2/4)J_{H_V}(q,\ \mu) \tag{1}$$

式中，q 为散射矢量；μ 为方位角；K 为常数；$J_{H_V}(q,\ \mu)$ 为来自于一元各向异性棒晶的散射。

$$J_{H_V}(q,\ \mu) = K^2\ (P_2\cos\omega_0)^2\Big[(35A - 30B + 3C)\ \cos^4\frac{\theta}{2}\sin^2 2\mu -$$

$$4(5A-6B+C)\cos^2\frac{\theta}{2}+4(A-2B+C)\Big] \quad (2)$$

$$A=\frac{1}{3U_1^2}-\frac{2U_1^2-1}{4U_1^5}\sin 2U_1-\frac{1}{2U_1^4}\cos 2U_1$$

$$B=1/U_1^2-(\sin 2U_1)/2U_1^3$$

$$C=2[\mathrm{Si}(2U_1)/U_1-(\sin^2 U_1)/U_1^2]$$

$$U=2U_1=4\pi(L/\lambda)\sin(\theta/2)$$

$$P_1(x)=(3x^2-1)/2$$

其中函数 $\mathrm{Si}(U)\equiv\int_0^U[(\sin x)/x]\,\mathrm{d}x$

由此，可以求出棒晶 SALS 的 H_V 散射强度。同理，可以求出棒晶 SALS 的 V_V 散射强度。此处 SALS 散射图样 H_v 和 V_v 形式的光强是散射角 θ 和方位角 μ 的函数。借助计算所得的聚合物棒晶光散射的 H_v 和 V_v 数据，可绘制出模拟图样。棒晶的典型 H_V 散射图形也有四个瓣，不过它们的方向在赤道和子午线上，同时光强度从中心向外单调衰减，无极大值；另一方面 V_V 图形的四个瓣在 45°角的方向，也无极大值(图 6-29)。

棒晶通常出现在分子刚性较大的高分子，如聚四氟乙烯、纤维素、合成多肽和蛋白质等。另外在球晶生长的初始阶段，晶核先生长成棒状结构，因而也出现棒晶的散射图形。聚四氟乙烯最典型，将它在 360℃熔融 1h，然后在空气中自然冷却，得到图 6-30 散射图形。

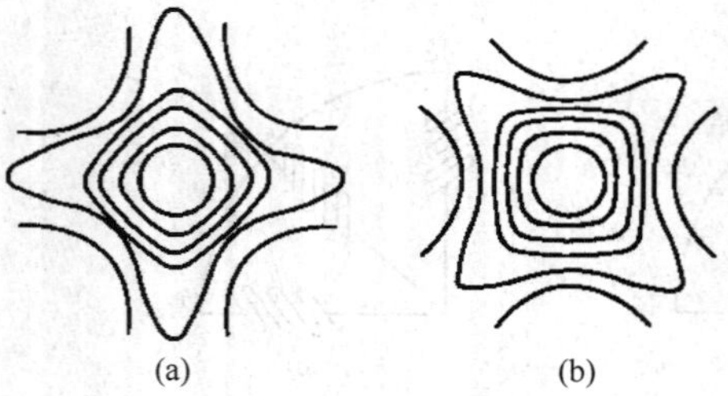

图 6-29　棒晶的理论散射等强度线图
(a) H_V 散射；(b) V_V 散射

图 6-30　聚四氟乙烯棒晶的典型 H_V 散射图形
(照相距离为 50mm)

(2) 碟状球晶　当薄膜很薄时，由于受到空间阻碍，往往生成一些碟状球晶。它们的 H_V 散射图形完全与三维球晶相同，但区别它们并不难，只须将样品倾斜，就会出现类似于形变球晶的图形。如图 6-31 就是聚丙烯在玻片间的受限空间生长的碟状球晶，当样品向右后方倾斜 45°的前后的散射图形。

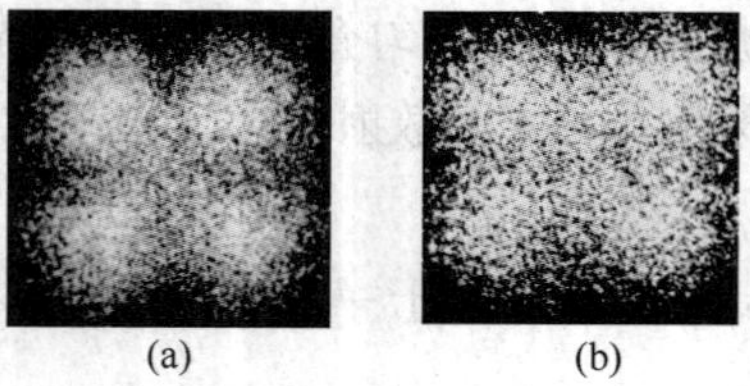

图 6-31　聚丙烯碟状球晶的 H_V 散射图形
(a)倾斜前；(b)倾斜后(照相距离为 100mm)

6.2.7　多重结构的光散射

实际高分子结构是很复杂的，光散射现象也多种多样，这里仅举几个例子来说明。如果一个材料中球晶尺寸分布出现双峰，即存在两种半径的球晶，就会观察到同时出现两套四叶瓣的散射图形(图 6-32)。等温结晶出现较大球晶后样品在冷却过程中又出现小球晶往往会有这种图形。

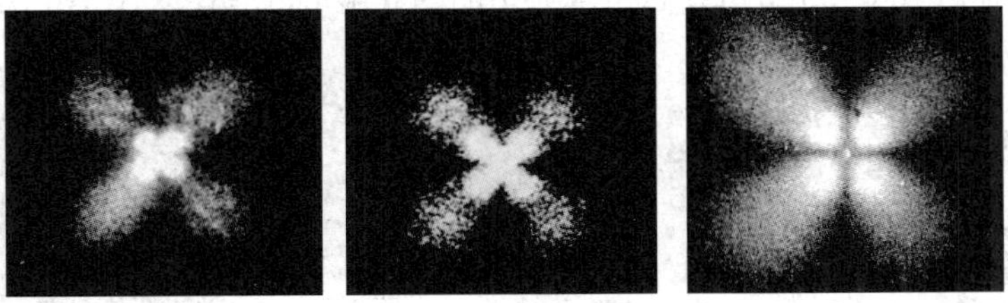
(a) (b) (c)

图 6-32　尼龙 6(a 和 b)和聚丙烯(c)
淬火样品的双四叶瓣散射图形，H_V 散射，照相距离 50mm

如果材料中有棒晶和球晶两种亚微观结构的复合，则会出现两种散射图形的叠加。例如聚四氟乙烯在 410℃熔融 1h，然后在空气中自然冷却，发现在很小的角度上出现球晶的散射图形(图 6-33)。对于这类图形可以有两种解释：一是材料中混合存在大球晶和小棒晶；二是由小的棒晶构成大的球晶。

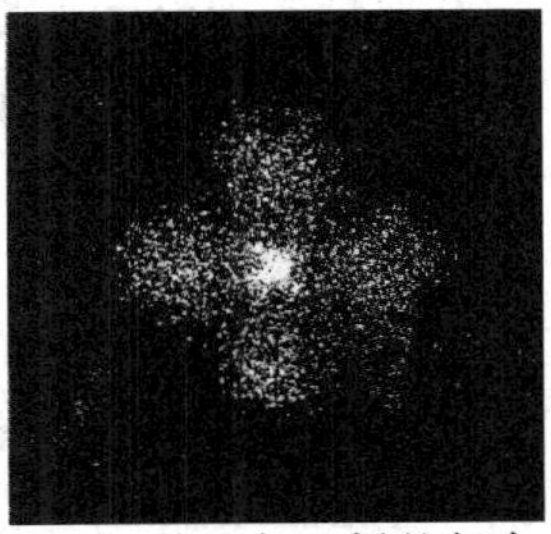
图 6-33　聚四氟乙烯的复合 H_V 散射图形，照相距离 50mm

6.2.8　液晶态的检测

向列型高分子液晶的 H_V 散射图形是圆对称的，而胆甾型是四叶瓣形的，因而 SALS 可用作区别这两类液晶的辅助工具。

SALS 法已用来研究热致性液晶高分子在加热过程中织构的变化。例如以下结构的聚芳酯

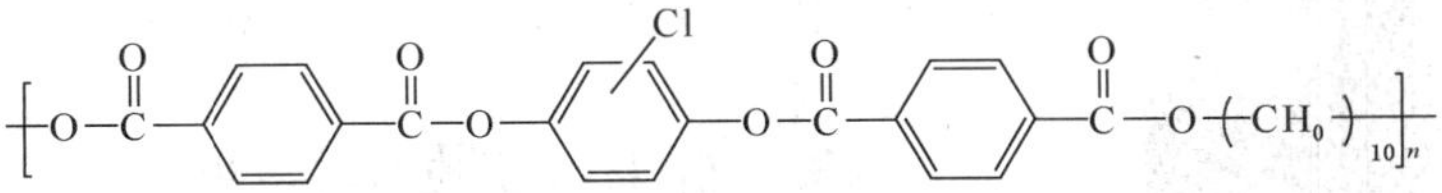

其 SALS H_V 散射图形在高于熔点(136℃)时原球晶的四叶瓣图形[图 6-34(b)]变为圆对称形[图 6-34(d)]，说明处于向列液晶态。随着温度提高，观察到圆对称图形变小，说明向列织构"粗化"过程中向列微区的尺寸变大。在 175℃清亮点后发现变为四叶瓣图形[图6-34(f)]，这是由于两相共存区的出现，在各向异性介质中出现各向同性球[图 6-34(e)]的散射结果。

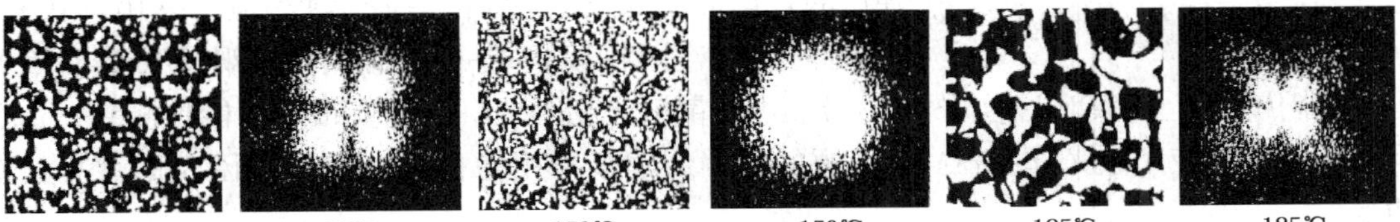
30℃ (a)　30℃ (b)　150℃ (c)　150℃ (d)　185℃ (e)　185℃ (f)

图 6-34　一种芳香聚酯的 SALS-H_V 图形随温度的变化
(照相距离 100mm)及相应的偏光显微镜照片

另一种芳香聚酯的向列液晶相在升温至250℃时进入两相共存区，出现的黑色各向同性区为孤立相[图 6-35(a)]；提高温度到 270℃，白色的各向异性区反转成为球形的孤立相，黑色的各向同性区为连续相[图 6-35(b)]，它呈现典型的四叶瓣形的 SALS-H_v 图[图 6-35(c)]。

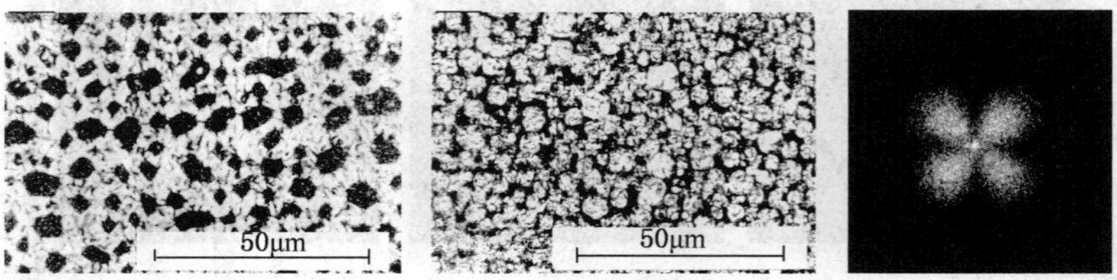

(a) (b) (c)

图 6-35　芳香聚酯 Vectra 的两相共存温区的偏光显微镜照片与 SALS-H_v 图形(照相距离 50mm)

(a)250℃，POM；(b)270℃，POM；(c)270℃，SALS

高分子液晶取向态特有的织构——条带织构，在 SALS 中出现类似光栅的衍射斑点。从斑点的光强度最大值的散射角 θ_m，可以计算出条带宽度 d，公式如下：

$$\lambda = 2d\sin\theta_m$$

式中，λ 为波长。

图 6-36 是一种聚芳酯的条带织构的光散射图，在大角度和小角度上分别有一对斑点，表明同时存在细和粗两种条带。根据上式计算得到条带宽度分别为 1.1μm 和 9.3μm，非常接近于从偏光显微镜的测定结果(0.9μm 和 8.9μm)。

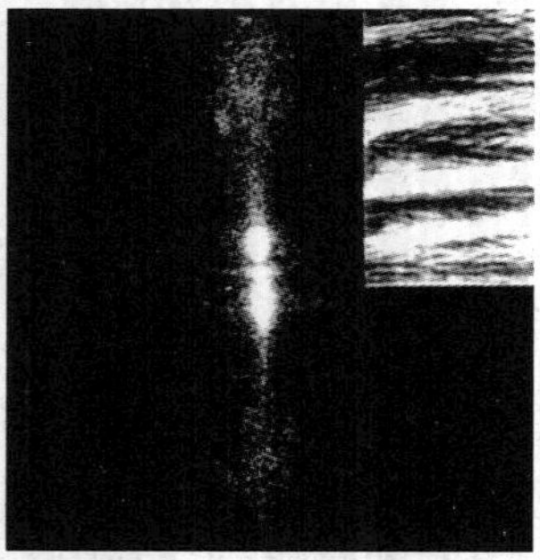

图 6-36　在剪切取向的聚芳酯薄膜中条带织构的 SALS-H_v 图

剪切方向由下而上；照相距离 59mm；右上角为相应的偏光显微镜照片(600×)

类似地，胆甾液晶相的指纹状织构[图 6-37(a)]也可看成是一种光栅，SALS 图[图 6-37(b)]也出现一对斑点。在本例中用类似公式计算出的胆甾螺距 9.2μm 与从显微镜测量得到的平均值 10.0μm 基本符合。

6.3　显微镜散射图形

用普通偏光显微镜也能获得散射图形，只是不太常用。测定步骤是，将一台正交偏光显微镜按正常方法调好，将起偏镜下方的拉索透镜(又称锥光镜或聚光镜)推入光路，用勃氏(Bertrand)镜在物镜(通常要用×40 的高倍物镜)的背焦面上聚焦。然后去掉拉索透镜，只用勃氏镜，此时勃氏镜连同目镜构成一个放大镜以观察物镜后焦面(又称背焦面)上的散射图形(图 6-38)。由于散射光相当弱，光源要很强才能检测到，这也是人们更多地应用激光作为 SALS 光源的原因。建议采用滤色片。球晶半径 R 的计算公式如下：

$$\overline{R} = \frac{K}{\sin(\theta_m/2)}$$

式中，θ_m 为最大散射强度处的散射角；K 为取决于仪器、光波长和聚合物光学性质的常数，可用已知物预先校准得到。

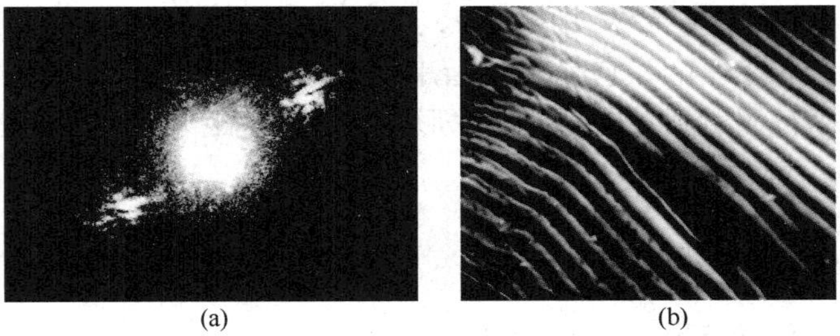

图 6-37 甲壳素/二氯乙酸溶液的指纹状织构的 SALS-H_v 图（照相距离 50mm）(a)与相应的偏光显微镜照片(b)

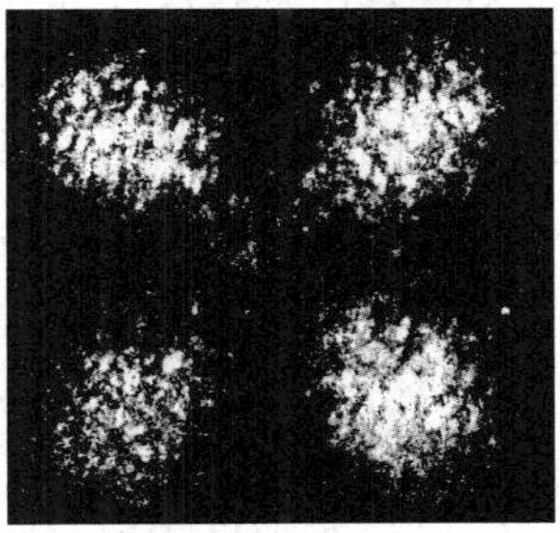

图 6-38 聚乙烯球晶在偏光显微镜背焦面上的散射图形

6.4 激光粒度分析

虽然粒度分析有多种多样的方法，如：光散射法、筛分法、显微镜法、图像分析法、沉降法、电感应法、渗透法、气体吸附法等，但基于光散射法的激光粒度仪由于具有速度快、测量范围广、数据可靠、重复性好、自动化程度高、便于在线分析等优点而被广泛采用。该法用于测量固体粉末、悬浮液、乳液中纳米亚微米颗粒的粒度分布等。测试范围为 0.01～2000μm。

激光粒度仪是根据颗粒能使激光产生散射(包括衍射)这一物理现象测试粒度分布的。激光光束中的颗粒会使光发生一个固定角度的偏转，这一角度取决于颗粒的直径(图 6-39)，遵循以下公式：

$$d = 1.22\lambda/\sin\theta$$

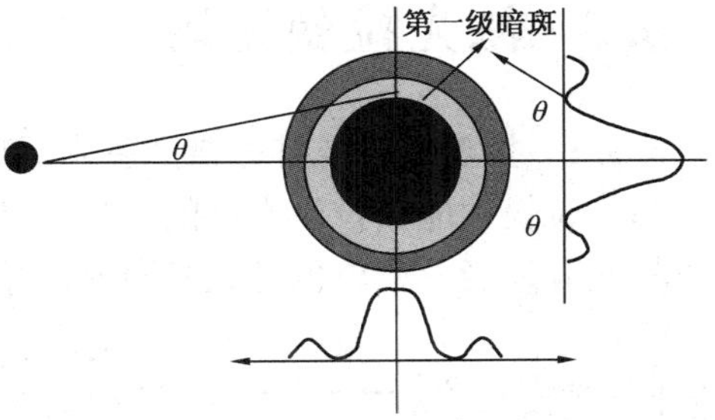

图 6-39 颗粒使激光产生散射的示意图

颗粒越大，产生的散射光的 θ 角就越小；颗粒越小，产生的散射光的 θ 角就越大。进一步研究表明，散射光的强度代表该粒径颗粒的数量。这样，在不同的角度上测量散射光的强度，就可以得到样品的粒度分布了。

激光粒度仪的原理图如图 6-40 所示。来自激光器的一束窄光束经扩束后，平行地照射在样品池中的被测颗粒群上，由颗粒群产生的散射光经汇聚透镜聚集在一系列环形的光电探测器上，这些探测器位于透镜的焦平面上。透射光则聚焦在光轴的焦点上。每个光电探测器独立进行信号的光电转换，并通过信号放大、A/D 变换(即模拟/数字变换)，数据采集到计算机后，即可快速求出被测颗粒群的尺寸分布。

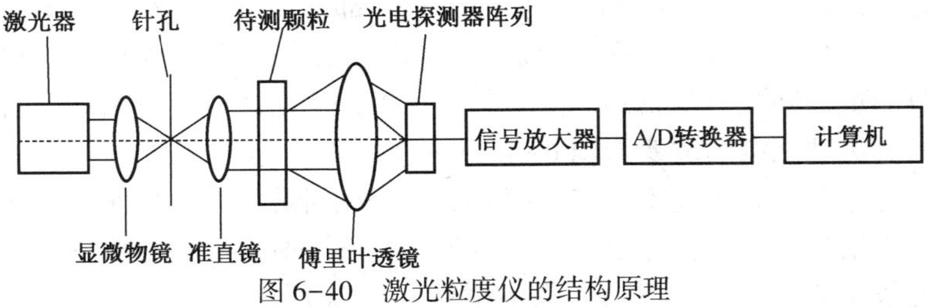

图 6-40 激光粒度仪的结构原理

散射模式由颗粒尺寸和入射光波长决定，当颗粒尺寸远小于波长时，属于瑞利散射，均匀射向各个方向。但当颗粒尺寸与波长相当时，会发生内干涉，散射光非均匀射向各方，前后向明显不同。此时服从经典的米氏(Mie)理论。它是麦克斯韦电磁波方程组的严格数学解。当光强为 I_0，波长为 λ 的自然光平行照射到各向同性的球形颗粒时，在距离散射体 r 处的散射光强为

$$I_s = \frac{\lambda^2 I_0}{8\pi^2 r^2}(i_1 + i_2)$$

式中，i_1 和 i_2 是强度函数；$i_1 = S_1 + S_1^*$，$i_2 = S_2 + S_2^*$。

振幅函数 S_1、S_2 和强度函数 i_1 和 i_2 都是散射角 θ、散射体相对于周围介质的折射率 m(可为复数)以及散射体的尺寸参数 β 的函数。S_1、S_2 是由 Bessel 函数和 Legendre 函数组成的无穷级数。实际编程计算时，级数求和不可能取无穷项，在相邻两次级数和的差小于某一精度小量 ε 时就停止。这样将初始条件折射率 m 和精度小量 ε 输入计算机，就能求出光电探测器各光环的散射光强 I_s。使各光环的光能量计算值和实际测定值之差的总和达最小，就可求出颗粒的粒径分布。

随着颗粒粒径的减小，散射光包含的信息越来越少。同时散射角变得越来越大，散射光的强度也明显减小。因此，对于纳米范围的测量需要更加精确的特殊测量技术，测量的最低下限为 ~10 nm，请参阅相关文献。

6.5 激光拉曼光谱

6.5.1 拉曼散射及其光谱的基本原理

(1) 拉曼效应和拉曼光谱的产生　1928 年印度科学家拉曼(Raman)首先通过实验观察到拉曼效应。当一束单色可见光照射样品时，这束入射光将有一部分被样品散射(图6-41)。如果用一光谱仪在某一方向，例如与入射光垂直的方向观测这种散射光的光谱时会发现，除了一条与入射光频率完全相同的极强谱带外，在这条强谱带的两侧还有若干条较弱的谱带出现。两侧的这些谱带位置对称，但强度很不相同。频率与入射频率相同的散射称为瑞利散射，在瑞利散射带的低频一侧出现的散射带称为斯托克斯(Stokes)散射带，高频一侧的则称为反斯托克斯(anti-Stokes)散射带。这两种散射又统称为拉曼散射。

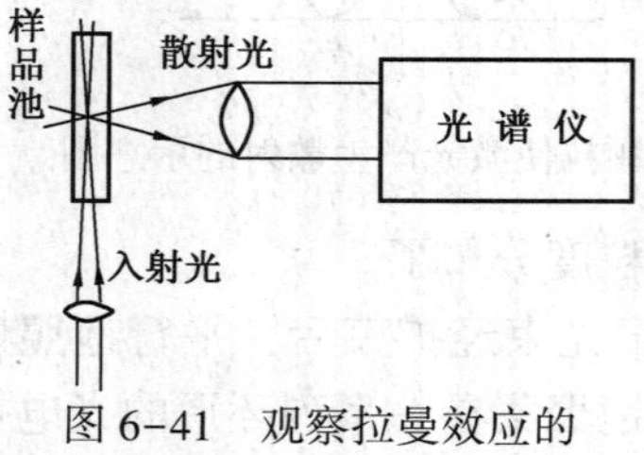

图 6-41　观察拉曼效应的装置示意图

拉曼效应的产生，可以用光量子的碰撞来解释。能量为 $E_0 = h\nu_0$ 的光子与物质的分子相遇时，将发生碰撞而散射。如果光子的能量不改变，只是光子的运动方向发生了变化，这就是瑞利散射，是弹性散射。如果碰撞过程中光子把一部分能量转移给了分子，因而光子损失了部分能量，此时观察到的较低频率的散射，称为斯托克斯散射；相反，若在碰撞时，光子从物质分子获得能量，则此时观察到的散射称为反斯托克斯散射。这两种散射都是非弹性散射。分子被激发后振动能级的改变如图 6-42 所示。

由于大多数分子在室温下处于基态，因此反斯托克斯带的强度显然要比斯托克斯带弱许多。实验中拉曼光谱只记录斯托克斯散射。由于斯托克斯散射的光子能量比入射光减少，也就是频率向低波数位移(或波长红移)，频率位移量 $\Delta\nu$ 相应于被测分子振动或转动能级跃迁

的频率。例如波长为 500nm(波数 20000cm^{-1})的入射光激发了一个 1000cm^{-1}的振动后，散射频率是 19000cm^{-1}。Δv 的大小与 v_0 无关，在拉曼光谱中测定的是 Δv，将其作为横坐标，把入射频率 v_0 的位置作为零，纵坐标是拉曼散射强度。

(2) 拉曼光谱与红外光谱的比较　激光拉曼光谱(Laser Raman spectroscopy)与红外光谱同属分子振动光谱。红外光谱法定性解析的三要素(即频率、强度和峰形)也适用于拉曼光谱解析。拉曼位移 Δv 相当于红外谱带的吸收频率，每条谱带都相应于分子中某官能团的振动。对大多数官能团如 O—H、N—H、C≡C、C—H、C═C 等拉曼伸缩带和红外吸收带是一致的，有时在数字上还非常接近，如酮羰基的伸缩振动在红外光谱中位于 1710cm^{-1}，在拉曼光谱中无论入射光频率如何，Δv 的位置总在(1710±3)cm^{-1}。

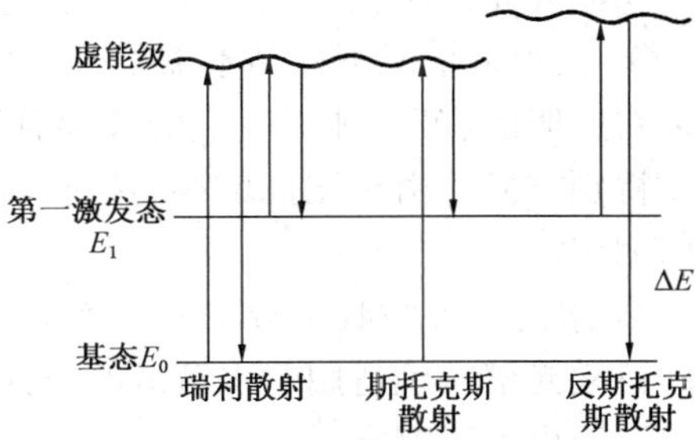

图 6-42　分子振动能级的变化与散射类型的关系

但要注意，拉曼光谱和红外光谱产生的机制有着本质的区别。拉曼光谱是散射现象，红外光谱是吸收现象。红外光谱是由于分子振动时引起偶极矩的变化而产生的，而拉曼光谱则是由于诱导偶极矩的变化而产生的。因此红外光谱对分子的极性基团十分敏感，而拉曼光谱则对分子中的非极性基团敏感。

分子在入射光的电场作用下，正负电荷中心相对移动极化而产生诱导偶极矩 p，p 正比于电场强度 E，比例系数 α 称为分子的极化率。即：

$$p = \alpha E$$

由于拉曼散射的活性与能产生诱导偶极矩变化的振动有关，因而拉曼光谱与分子极化率的变化有关。而红外光谱只与固有的永久偶极矩有关，与分子极化率无关。

因为这两种光谱分析机理不同，它们提供的信息也有差异。一些对称性较高的集团，极性很小，红外吸收很弱，但在拉曼光谱中却有较强的谱带，如 C—C，C═C，S—S 就很适合拉曼光谱研究。表 6-3 列出了一些基团在两种光谱上活性的差别。由此可见，红外光谱法更适合于测定高分子的侧基和端基，而拉曼光谱法更多用于研究高分子的骨架结构。

表 6-3　红外和拉曼光谱强度的差异

强红外吸收		强拉曼散射		二者均强	
振　动	频率范围/cm^{-1}	振　动	频率范围/cm^{-1}	振　动	频率范围/cm^{-1}
C═O 伸缩	1600~1800	芳香 C-H 伸缩	3000~3100	脂肪 C—H 伸缩	2800~3000
C—O 伸缩	900~1300	C═C 伸缩	1600~1700	C≡N 伸缩	2200~2300
O—H 伸缩(氢键)	3000~3400	C≡C 伸缩	2100~2250	Si—H 伸缩	2100~2300
芳香 C—H 面外变形	650~850	S═S 伸缩(Se—Se 等)	500~1400	C—卤素伸缩	500~1400
N—H 伸缩(氢键)	3100~3300	C—S 伸缩(C-Se 等)	600~700		
Si—O—Si 不对称伸缩		芳香环	950~1050		
		芳香 C═C 面内振动	1500~1700		
		N═N 伸缩	1575~1630		
		Si—O—Si 对称伸缩	450~550		

与红外光谱法相比，拉曼光谱法还有以下优点：

① 在很多情况下样品不需处理，可直接用高分子材料的粉、块、片或薄膜测量。也可以装在透明的容器(如无荧光的玻璃管)中测定，这对于测定液态样品以及在空气中变质的物质特别方便。由于无机填料的拉曼散射很弱，因而含有这些填料的高分子材料不必分离就可以测定。

② 水的红外吸收十分强烈，而它的拉曼散射极弱，只在 $1640cm^{-1}$ 附近有一个弱谱带。因此拉曼光谱特别适用于水溶液的研究。因而强酸、强碱、腐蚀性酸、有机酸等作溶剂的高分子溶液也可以测定。

③ 具有比红外更广的波数范围($10 \sim 4000cm^{-1}$)。

④ 由于激光高的空间分辨能力，能进行显微测定。

但拉曼光谱也存在以下局限性：

① 拉曼散射强度较低，包括瑞利散射在内的分子散射总强度只是入射光强的十万分之一，而其中又仅有约 1% 对拉曼光谱有贡献。因而以往拉曼光谱法必须采用较大体积的试样。自从激光光源出现以来，已经克服了该缺点，激光的高强度和单色性很好地适应了拉曼光谱的要求。而且由于激光直径很小(可小至 10μm)，因而可以使用体积很小的样品。

② 高分子材料的拉曼光谱主要受荧光的困扰。高分子材料之所以比低分子材料更易受高背景杂散光特别是荧光的干扰，多半是因为与样品中的杂质有关。荧光能覆盖整个频率范围，严重时会把信号完全淹没。消除的方法是测定前先用强激光曝光样品几分钟至数小时，使荧光大为衰减；或改变入射光的波长以降低荧光的发光率。

6.5.2 激光拉曼光谱在高分子中的应用

(1) 高分子材料的定性分析　由于可供对照的标准谱图很少，利用基团的归属鉴别仍是基本的方法，图 6-43 示出了重要官能团的谱带位置。

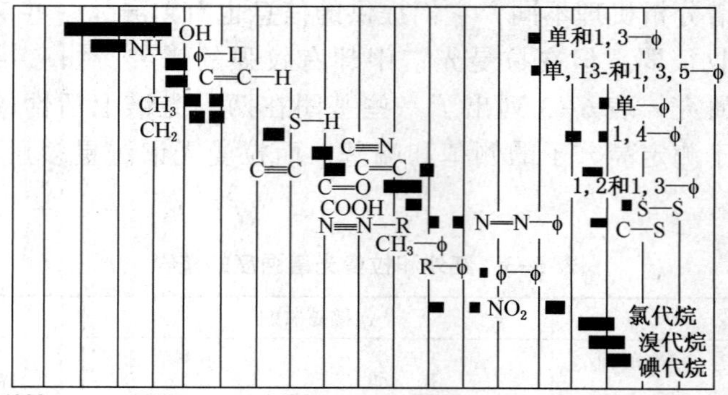

图 6-43　重要官能团在拉曼光谱中谱带位置的快速指南

由于拉曼光谱与红外光谱具有互补性，用拉曼光谱定性分析时最好有红外光谱对比。它们往往既相似又不相同，结合起来使用能得到更丰富的信息。这里以聚乙烯的拉曼光谱(图 6-44)为例来说明。对照聚乙烯的红外光谱(图 1-6)可以看到，两种谱图中以 C—H 伸缩振动为最强谱带，且位置相似；在 $1460cm^{-1}$ 附近都有 CH_2 的弯曲振动谱带。但拉曼光谱缺少红外光谱中 720、$730cm^{-1}$ 的 CH_2 摇摆双重峰，却在 1070、1130 和 $1300cm^{-1}$ 呈现 C—C 骨架的振动谱带。

根据选择定则，具有对称中心的基团的非对称振动，红外是活性的而拉曼是非活性的；对这些基团的对称振动，红外非活性而拉曼活性；对没有对称中心的基团，红外和拉曼都是活性的。因而一般来说，分子和各基团的对称性越高，红外与拉曼光谱的区别就越大。

拉曼光谱用于鉴别高分子的一个典型例子是尼龙。不同种类尼龙的红外光谱极为相似。但不同的亚甲基序列组成的骨架在拉曼光谱中有很强的谱带，彼此很易区分。图 6-45 示出尼龙 6、尼龙 610 和尼龙 11 的拉曼光谱，可见差别很大。主要的尼龙品种都可以鉴别，但尼龙 6 和尼龙 66 的拉曼光谱差别还是不大。

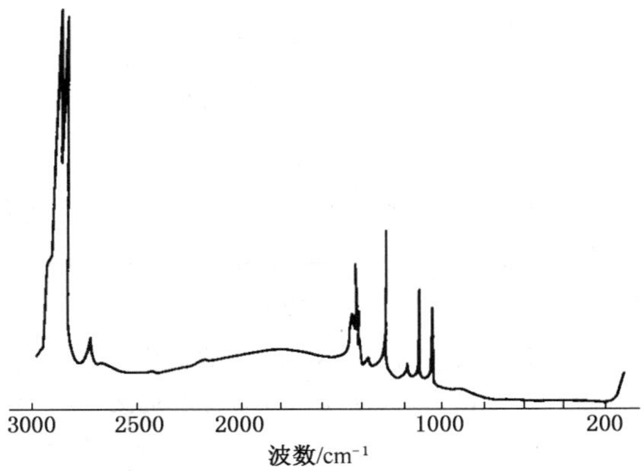

图 6-44　聚乙烯的拉曼光谱

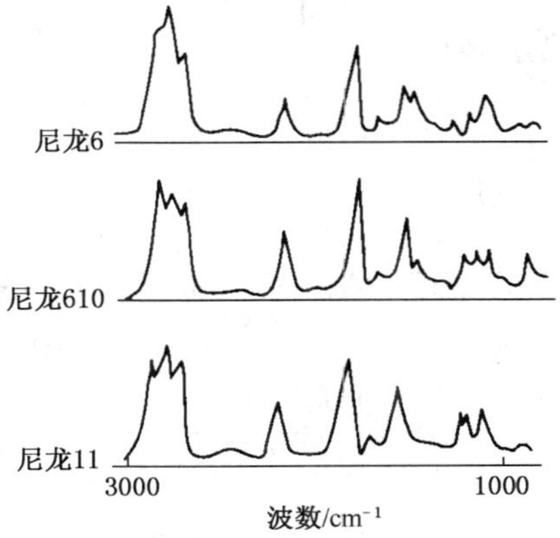

图 6-45　尼龙 6、尼龙 610 和尼龙 11 的拉曼光谱

由于激光束很细，可以直接鉴别薄膜中极小杂质的成分。[图 6-46(a)]是 EVA 薄膜中杂质的拉曼光谱，(b)、(c)、(d)图分别是用于比较的纯低密度聚乙烯、纯高密度聚乙烯和 EVA 薄膜的拉曼光谱。这些谱图是 1500～1800cm^{-1}局部光谱放大 4 倍的结果。可见杂质在 1600cm^{-1}有峰，归属于反式 —CH═CH 基团，而纯低密度聚乙烯和 EVA 薄膜在这一位置无峰，高密度聚乙烯虽然有峰，但位置在 1640cm^{-1}，归属于 —CH═CH_2，所以说明该杂质不是聚乙烯，而是 EVA 热降解的产物，由于脱乙酸而产生 —CH═CH— 基团。

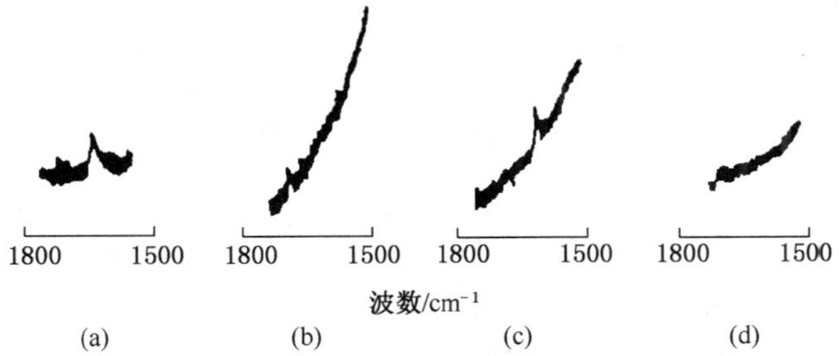

图 6-46　EVA 薄膜中杂质及相关物质的拉曼光谱

(2) 高分子材料的定量分析　由于拉曼光谱的谱带强度(直接是散射光强度，而不像红外那样是透射比)与组分的浓度成正比，因此定量分析涉及谱带的绝对强度。因为受到实验条件的影响，包括光源输出时小的涨落，显然绝对强度是不易测准的。为此，必须采用体系内的谱带作内标，用强度比的方法代替不易测定的绝对强度。液体样品常用的特征谱带为内标，固态样品可选用样品自身的某一谱带为内标。下面以氯乙烯-偏氯乙烯共聚物的组成分析为例(图 6-47)，予以介绍。

2906cm^{-1}是聚氯乙烯的特征峰。由于聚偏氯乙烯和聚氯乙烯都有 CH_2 不对称伸缩振动的 2926cm^{-1}峰，故可以该峰作为内标。

氯乙烯含量按下式计算：

$$共聚物中氯乙烯百分含量 = K\frac{A_{2906}}{A_{2926}}$$

K 值可从工作曲线(图 6-48)获得，其组成测量的准确性可达 2%。

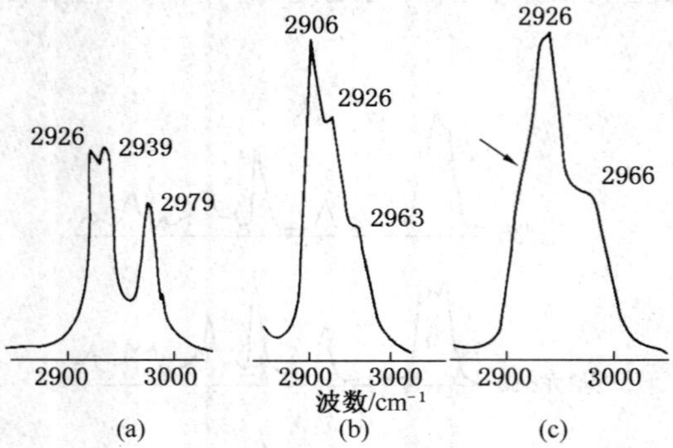

图 6-47　拉曼光谱(C-H 伸缩振动区)
(a)聚偏氯乙烯；(b)聚氯乙烯；
(c)含 49%氯乙烯的共聚物

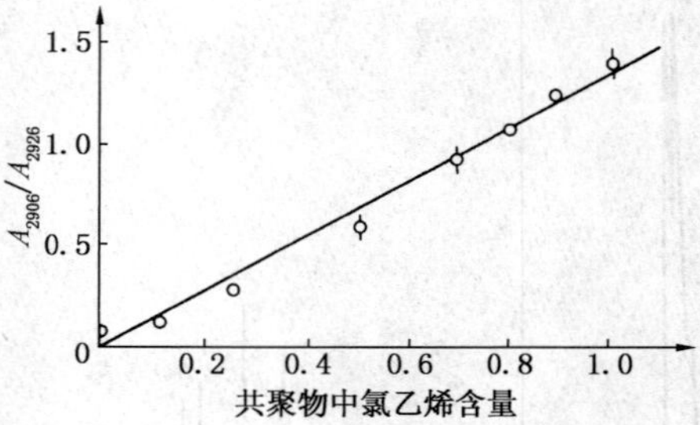

图 6-48　氯乙烯-偏氯乙烯共聚物中
氯乙烯含量的定量分析工作曲线

(3) 高分子的结构分析

① 构型。用拉曼光谱研究聚二烯烃的几何异构是十分有效的，因为 C ═C 键的拉曼散射很强，且因结构而异。例如聚异戊二烯的 1,4 结构的谱带在 1662cm^{-1}，3,4 结构在 1641cm^{-1}，1,2 结构在 1639cm^{-1}。对于聚丁二烯，顺 1,4 结构在 1650cm^{-1}，反 1,4 结构在 1664cm^{-1}，1,2 结构在 1639cm^{-1}。

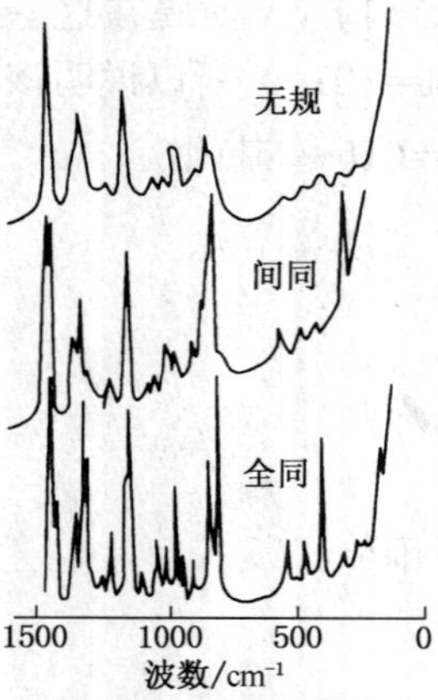

图 6-49　聚丙烯的
拉曼光谱

聚丙烯的不同旋光异构体有相当不同的拉曼光谱。如图 6-49 所示，全同聚丙烯有一系列非常尖锐的谱带；间同聚丙烯的峰少且宽；而无规聚丙烯的谱图细节又进一步减少。

② 构象。由于 C—C 骨架振动有强谱带，这些谱带高度偶合，构象的任何变化会通过改变偶合而改变谱带，所以可用于研究高分子的链构象。

例如，聚四氟乙烯，其构象与温度有关，19℃以下是 13_6 螺旋，而 19℃以上是 15_7 螺旋。对于结晶聚四氟乙烯可计算出有 24 个振动模式，其中 21 个模式有拉曼活性。所以其拉曼光谱有许多锐锋，其中 4 个特强(图 6-50)。将样品冷至 19℃以下，并未发现主要谱带有位移，说明 13_6 螺旋和 15_7 螺旋两种构象的拉曼光谱差别很小。但根据计算，平面锯齿形构象与它们应当有较大的频率差别，所以实验结果排除了平面锯齿形构象的可能性。

水溶液研究是拉曼光谱的一大特色，聚乙二醇水溶液中链构象的研究是一个典型例子。从[图 6-51(a)]可见，固态的结晶态聚乙二醇的拉曼光谱是复杂的，有许多强的锐锋，可以观察到由于结晶中螺旋构象而引起的峰的分裂。但如果将样品熔融或溶解于氯仿，峰都变得很宽并发生位移，而且观察不到分裂，说明原结晶态固体中的螺旋构象已不存在。但有趣的是其水溶液的拉曼光谱[图 6-51(b)]却保留了分裂的较尖锐的峰形，这意味着即使在水溶液中，分子链也仍保留着相当数量的螺旋构象。

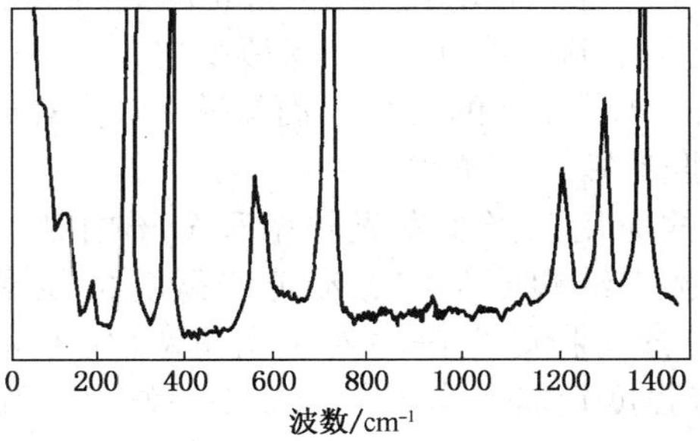

图 6-50　聚四氟乙烯的拉曼光谱

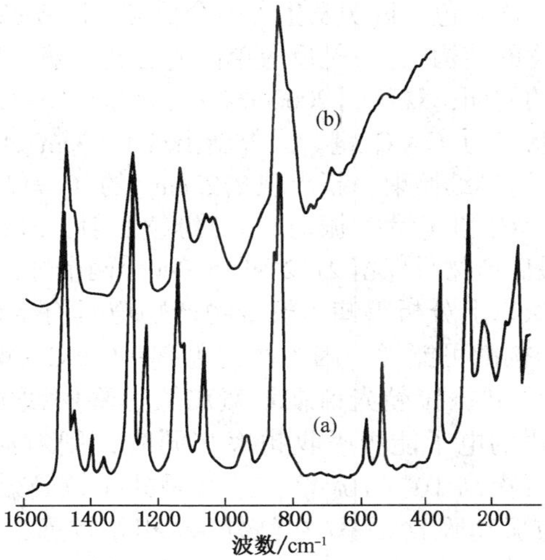

图 6-51　聚乙二醇的拉曼光谱

③ 分子量和结晶度。除了构型和构象外，拉曼光谱还对结晶度、分子量和端基等高分子的结构特性敏感。图 6-52 可以综合说明这个问题。图 6-52(a)是分子量为 800 的聚乙烯蜡，b 是结晶度为 50%的聚乙烯薄膜，(c)和(d)分别是分子量为 10^4 和 10^5 的高密度、高熔点聚乙烯，其中(d)几乎完全结晶(伸直链型)。比较(a)、(c)和(d)可知，随着分子量提高，$890cm^{-1}$谱带逐渐减弱。比较(b)和(d)可知，结晶度越大，1300 和 $1400\sim1500cm^{-1}$的诸峰越尖锐。当分子链端有乙烯基时，在 $1650cm^{-1}$附近有明显的特征峰。还观察到直链烷烃的振动波数与碳数 N_C 有关，N_C 越大，越向低波数位移，波数 σ 在 $300\sim20cm^{-1}$范围内符合下式：

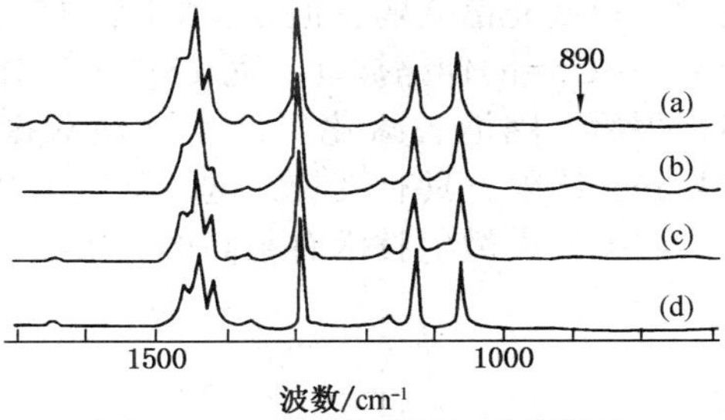

图 6-52　不同分子量和结晶度的聚乙烯的拉曼光谱

$$\sigma = \frac{2400}{N_C}(cm^{-1})$$

表 6-4 列出正烷烃的实测波数与计算值的数据。这一性质可用以测定低分子量聚乙烯的链长。

表 6-4　正烷烃的实例波数与计算值

N_C	拉曼波数/cm^{-1}	计算值/cm^{-1}	N_C	拉曼波数/cm^{-1}	计算值/cm^{-1}
8	283	300	22	112	109
9	249	267	24	103	100
10	231	240	28	85	86
12	194	200	32	76	75
14	168	171	36	67	67
16	150	150	44	56	55
18	133	133	94	26	26
20	120	120			

④ 橡胶的硫化过程研究。由于 S—S 伸缩振动出现在 724、$756cm^{-1}$，比相应的 C—H 谱带强 10 倍以上，在 317、$337cm^{-1}$处的 C—S—C 谱带也很强，因此可用于研究橡胶的硫化过程。

⑤ 二炔衍生物的聚合研究。单体 HO—H_2C—H_2C—C≡C—CH_2—CH_2—OH 在紫外线照射下变为深红色，说明发生了聚合反应。图 6-53 表明用激光拉曼可以研究这一反应的过程和最终产物的结构。(a)是反应单体的乙醚溶液，出现 2260cm^{-1}峰为 C≡C 的振动。(b)为紫外线照射的初期，观察到 2060cm^{-1}峰，归属 C≡C 的振动，但与单体不同，是在单体到聚合物的中间状态的 C≡C 键。另外新出现 1480cm^{-1}峰，为 C=C 振动峰，可见此中间状态中有 C=C 键。(c)继续照射，新出现 2122cm^{-1}的 C≡C 峰和 1520cm^{-1}的 C≡C 峰，这是产物聚合物中的 C≡C 和 C≡C 振动。(d)继续照射，2122 和 1520cm^{-1}峰增长而 2060 和 1480cm^{-1}峰减弱。(e)最后产物只保留 2122 和 1520cm^{-1}两个峰，单体峰 2260cm^{-1}几乎完全消失。

从以上分析得知，聚合物产物应具有=C—C≡C—C=的结构，而排除—C=C=C=C—结构的可能性，因为产物仍有—C≡C—键的振动峰。

⑥ 共振拉曼光谱在聚氯乙烯热降解研究中的应用。当激发光频率和分子内某一结构或基团的电子能级吸收频率相同时，则对应于这一结构或基团振动能级跃迁的拉曼散射强度可提高 10^4~10^5 倍，这就是共振拉曼效应。通常拉曼光谱的入射光频率(常在可见光区)与振动吸收频率(在红外区)相差较远，谱带强度较弱。当入射光频率逐渐接近振动最大吸收的频率时，共振拉曼谱带的强度会逐渐增强，以致达到最大的散射强度。采用可调的染料激光器在 217~450nm 范围内发射激光，较容易获得共振拉曼效应。

如果样品带色，在普通拉曼光谱中也能观察到共振拉曼效应。聚氯乙烯在较高的温度下处理，拉曼光谱变弱，但在 1124 和 1511cm^{-1}处出现很强的谱带(图 6-54)，1124cm^{-1}对应于=C—C=的伸缩振动，而 1511cm^{-1}对应于—C=C—的伸缩振动。这是因为聚氯乙烯经热处理后，因消去氯化氢产生共轭双键序列而微带黄色，在本实验所用的氩离子激光的 514.5nm 线附近具有吸收，这时发生了共振现象，使与生色基团有关的拉曼谱带强度大大增加。共振拉曼散射技术有很高的灵敏度，可检测出至少 0.0001%的降解。

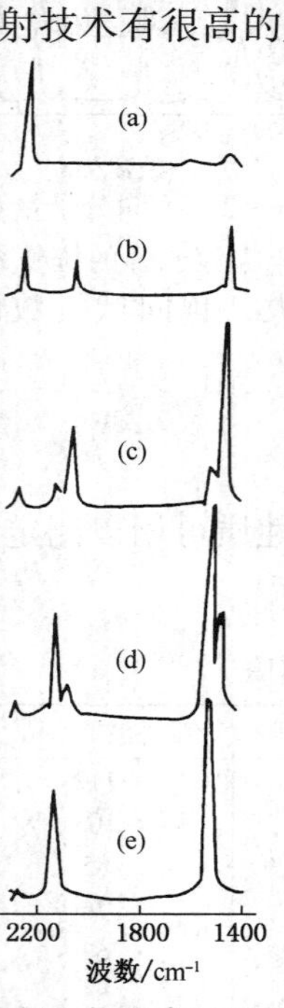

图 6-53 二炔衍生物聚合过程的红外光谱图

(a)单体溶液；(b)紫外线照射初期；(c)继续照射；(d)继续照射；(e)产物

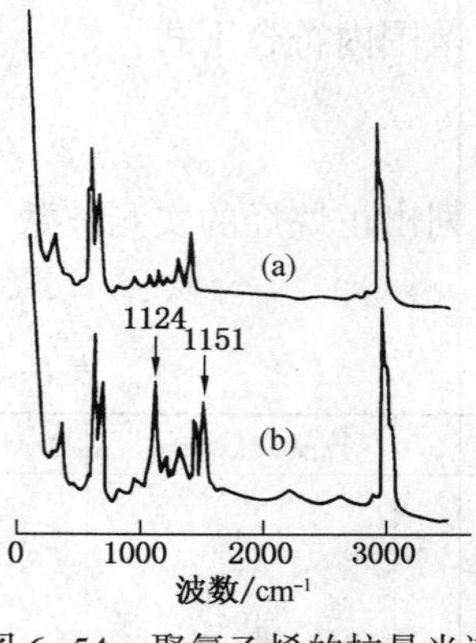

图 6-54 聚氯乙烯的拉曼光谱

(a)以 5℃/min 升温至 70℃，保持 1min 后冷到室温；(b)以 5℃/min 升温至 130℃，保持 1min 后冷到室温

参 考 文 献

1 Stein R S, Rhodes M B. J. Appl. Phys. , 1960, 31: 1873

2 斯坦著，徐懋等译．散射和双折射在聚合物结构研究中的应用. 北京：科学出版社，1983

3 胡世如，张建国．塑料，1978，1：1

4 董炎明，赵华山．SALS 的原理及其在聚合物结构研究中的应用，北京化工学院学报，1980(3)：54

5 张权，董炎明，徐玲，赵华山．快速扫描小角激光光散射仪及其在高聚物结构研究中的应用，石油工业，1981(2)：103

6 董炎明．用快速扫描激光小角光散射法研究结晶聚合物的结构形态和结晶动力学，北京化工学院硕士论文，1981

7 Samuels R J，徐振森(译). 结晶高聚物的性质-结构的识别、解释和应用. 北京：科学出版社，1984

8 日本高分子学会高分子实验学编集委员会．高分子の固体构造Ⅱ-17. 东京：共立出版株式会社，1984

9 董炎明．激光大角光散射在高聚物形态研究中的应用. 高分子材料科学与工程，1986(2)：68

10 左榘．激光散射原理及其在高分子科学中的应用．郑州：河南科学技术出版社，1994

11 盛京．高密度聚乙烯结晶行为的 Rayleigh 散射研究．应用化学，1996，13(1)：62-64

12 杨其，李光宪，雷彩虹．光散射技术在聚合物结晶研究中的应用. 高分子材料科学与工程，2002，18(5)：45

13 杨其，李光宪，李宏宇，雷彩红．聚合物棒晶小角光散射图样的计算机模拟. 西安交通大学学报，2002，36(9)：983

14 裴成磊，刘世胜，魏庆农，伍德侠，方武．新型小角激光散射图像采集仪研究及实现. 大气与环境光学学报，2009，4(3)：233

15 祁景玉．现代分析测试技术. 上海：同济大学出版社，2006

16 Grasselli J G, Snavely M K, Bulkin B J. Chemical Applications of Raman Spectroscopy. New York: John Wiley & Sons, 1981

17 朱贵云，杨景和．激光光谱分析法(第二版). 北京：科学出版社，1989

18 汪昆华，罗传秋，周啸．聚合物近代仪器方法. 北京：清华大学出版社，1991

习 题

1. 简述 SALS 的基本原理和实验方法，以及在聚合物结构研究上的应用。

2. 与光学显微镜相比较，用小角激光光散射法研究晶态聚合物的球晶结构有什么优点?

3. 为什么用激光作为 SALS 的光源?

4. 画出球晶典型的 H_v 图和 V_v 图的示意图，并说明如何利用 H_v 图计算球晶半径。

5. 一个聚合物样品的激光小角光散射实验有如下数据：激光波长为 633nm，从样品到底片的距离为 25cm，底片上光强最大值到四叶瓣图形的中心的距离为 21mm。假定样品中球晶是在各向同性介质中的各向异性球，计算球晶半径 R。

6. 由光散射理论的光强公式解释为何球晶的 SALS 的 H_V 图是四叶瓣图形的?

7. 固态小角激光光散射法获得的聚合物晶态结构，尺度在什么数量级?

8. 样品厚度对 SALS 散射图形有何影响?

9. 在 SALS 实验中，熔融聚丙烯的淬火处理温度对球晶半径有什么影响? 为什么? 在塑料成型加工中有什么意义?

10. 简述聚四氟乙烯棒晶的 H_v 图和 V_v 图的特点。

11. 如何从 SALS 散射图形判断取向样品的取向方向和取向程度?

12. 从图 6-12 如何说明球晶大小基本保持不变?

13. 球晶半径越小，散射图形越大的原理，本章用在哪几个实验现象的解释？至少举三个例子。

14. 你还知道哪些 SALS 法在固体聚合物研究中的应用？举 2 个本章没有的实例。

15. 简述激光拉曼光谱和红外光谱的异同点。

16. 简述激光拉曼光谱和 SALS 法的异同点。

17. 激光拉曼光谱在高分子的定性分析上与红外光谱相比有什么优缺点？

第三篇　高分子材料的显微成像术

肉眼在正常情况下所能观察到的最小物体的限度是 0.2mm 左右。为了研究更小的物体或物体的微细结构，人类发明了光学显微镜。

点光源经过无像差的理想透镜成像后，不能得到一个完整的点像，而是得到明暗相间的同心圆斑，称 Airy 盘(如图Ⅲ-1)。形成 Airy 盘的原因是光通过透镜光阑时受到衍射造成的。如果没有光阑，光也会受到透镜边缘的衍射。

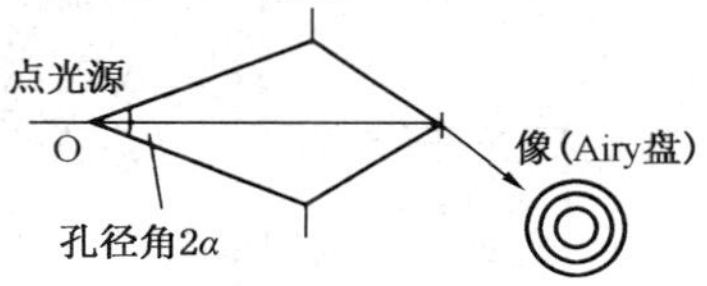

图Ⅲ-1　点光源成像示意图

Airy 盘的直径通常以第一级暗环的半径 r 表示，由物理光学可以得到贝克公式：

$$r=\frac{0.61\lambda}{n\sin\alpha}$$

式中，λ 为光在真空中的波长；n 为透镜和物体间介质折射率；α 为半孔径角。

当物体为两个并排的点源时，在像平面上得到两个相互重叠的 Airy 盘。两个盘能互相分辨的标准是：两个盘的中心距离等于第一级暗环的半径 r，即一个盘的中心正好落在另一个盘的一级暗环上。这个标准是最早由 Airy 人为地提出的，因而称为 Airy 准则。据此准则，两个点源能被分辨的距离亦即分辨率 δ 为：

$$\delta=\frac{0.61\lambda}{n\sin\alpha}=\frac{0.61\lambda}{N_A}$$

式中，数值孔径 $N_A=n\sin\alpha$。可见孔径角越大，亦即数值孔径越大，分辨率越高。这是因为孔径角越大，收集的信息就越多，得到的图像就越少受衍射的影响，越接近点像。

另一方面，孔径角一定时，波长越短，分辨率越高。对光学显微镜，$\alpha=70°\sim75°$，$n=1.4$，$\lambda=400nm\sim700nm$，$\delta\cong0.5\lambda>200nm$。也就是说，光学显微镜的极限分辨率是可见光的半波长，以可见光的下限 0.4μm 为例，极限分辨率 δ 大约为 0.2μm。可把 0.2μm 的物体放大到肉眼最小能分辨的 0.2mm，也就是说最多放大 1000 倍左右。在 1890 年人们已能达到这个极限，为了得到分辨率更高的显微镜，必须采用波长更短的波，如紫外光显微镜、电子显微镜等。图Ⅲ-2 直观地说明了用较短的波长提高分辨率的原理。

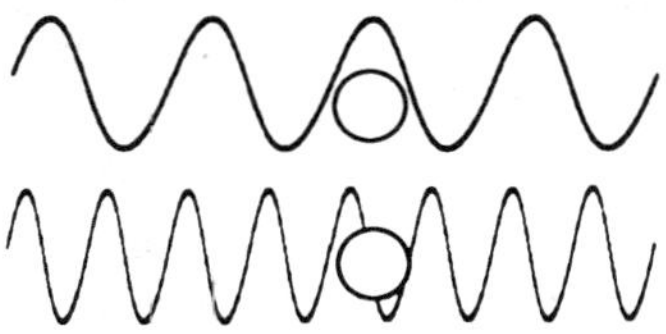
图Ⅲ-2　不同波长光源分辨本领的比较

20 世纪 20 年代初，从理论上已证明用电子作为光源可以达到很高的极限分辨率。1928 年鲁斯卡(Ruska)等研制出了第一台放大 12 倍的电子显微光具组。1934 年研制出的电子显微镜(electron microscopy)达到了 50nm 的分辨率，比光学显微镜提高了 5 倍。到 50 年代末，电镜分辨率已达到 1nm。目前一台高性能的电子显微镜，晶格分辨率已接近 0.1nm(图Ⅲ-3 和图Ⅲ-4)，点分辨率是 0.3nm，相当于最大放大倍数 50 万～100 万，能直接观察一些结晶的晶格图像，甚至某些元素的单个原子。电镜的出现极大地扩展了显微术的研究范围，在高分子材料方面有非常广泛的应用。高分子的电镜样品有特殊的制备技术，测定也有很多技术技巧，否则很易产生假象，而且图像解释也没有显微镜那么直接，因而高分子的电子显微术是一门专门的技术。

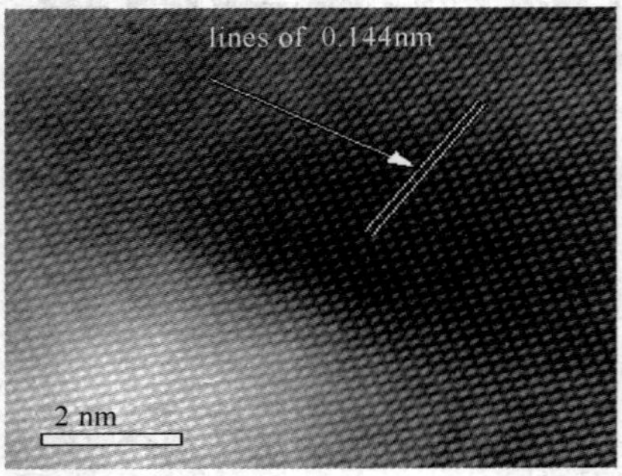

图Ⅲ-3　金的单晶膜的 TEM 照片

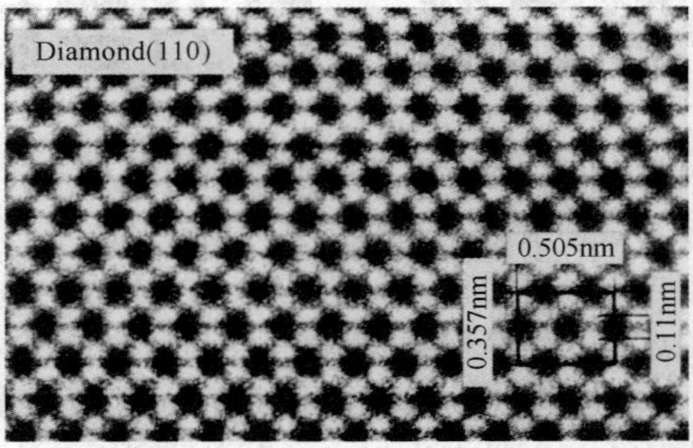

图Ⅲ-4　金刚石晶格的 TEM 照片

随着仪器技术的进步和计算机技术的发展，显微成像术已经不局限在利用电磁波的图像放大作用，近 30 年来出现了一系列利用探针的显微术。1981 年宾宁（G. Binnig）和罗勒（H. Roher）发明的扫描隧道显微镜（scanning tunneling microscopy）使人类第一次能观察到原子在物质表面的排列状态，它的空间分辨率，横向可达 0. 1nm，纵向可优于 0. 01nm。

现代光学显微镜可以分为可见光显微镜和不可见光显微镜两大类。可见光显微镜是指利用光谱的可见光部分（380~760nm 波长范围）成像的显微镜。它根据照明技术可以分为明场、暗场、荧光显微镜等；根据像的形成技术可以分为相差显微镜、干涉显微镜、偏光显微镜等。不可见光显微镜是一类利用光谱的可见光部分以外的非可见光成像的显微镜，这类显微镜是近 20 年内发展起来的特殊用途的显微镜，它可以分为紫外光显微镜、红外光显微镜、X 光显微镜、电子显微镜等。总体而言，现代显微镜的分类可以表示如下：

- 显微镜
  - 光学显微镜
    - 可见光显微镜
      - 按照明技术分
        - 明场显微镜
        - 暗场显微镜
        - 荧光显微镜
      - 按像的形成分
        - 偏光显微镜
        - 相差显微镜
        - 干涉显微镜
      - 按镜体结构分
        - 倒置显微镜
        - 实体显微镜
        - 比较显微镜
    - 不可见光显微镜
      - 紫外光显微镜
      - 红外光显微镜
      - X 光显微镜
      - 电子显微镜
      - 近场扫描光学显微镜
  - 非光学显微镜
    - 原子力显微镜
    - 扫描探针显微镜
    - 磁共振力显微镜

高分子材料结构剖析的许多内容落在该尺寸范围内，例如部分结晶高分子的结晶形态、结晶形成过程和取向等；共混或嵌段、接枝共聚物的区域结构；薄膜和纤维的双折射；复合材料的多相结构以及高分子液晶态的织构等等。表Ⅲ-1 给出了显微术能研究的高分子结构的一些典型例子。

表Ⅲ-1　显微术能研究的部分高分子结构例子

尺寸范围	高分子结构的例子
1~10nm	高分子线团，晶核，无定型和结晶微区
10nm~1μm	在多相体系(如 ABS)中的孤立微区，乳液，颜料，填料，无机成核剂，微纤
1~10μm	球晶，(特别是纤维增强塑料的)断裂表面的形态，颜料或填料的聚集体，玻璃纤维
10μm~1mm	泡沫结构，织物和非织物结构，涂层结构

第七章 光学显微术和扫描探针显微术

7.1 光学显微镜概论

约在四百年前眼镜片工匠们开始制造放大镜，从而将人类的视力引向了微观世界的广阔领域。第一台复式显微镜诞生于16世纪后半叶，由荷兰眼镜制造商詹森父子制造。随后英国的胡克，荷兰的列文虎克、惠更斯等都对显微镜的制造及应用做出了卓越的贡献。19世纪末，德国学者阿贝奠定了光学显微镜的成像原理，油浸系物镜的使用使光学显微镜的分辨本领达到了极限。

进入20世纪后，显微镜的光学部件和机械部件得到了进一步的改进，并且随着科学技术的飞速发展和显微镜使用范围的日益广泛，人们设计并制造出了适用于各种用途的形形色色的显微镜。现代光学显微镜的进展主要有以下三个方面：

① 多功能化。新发展的其他功能的显微镜有测量显微镜、荧光显微镜、红外显微镜、深紫外显微镜、激光共焦显微镜等。

② 高性能化。

高分辨率：深紫外(DUV)显微镜已能达0.08μm。

大工作距离：原来1000倍时物镜的工作距离为0.31mm，现可达到3.4mm；原来500倍时物镜的工作距离为0.66mm，现可达到10.6mm。

大视场：普通视场为18mm，现宽场为22mm，超宽达26.5mm。

可控载物台：实现x、y、z三维可控移动。

无限远光学系统：把一般汇聚光源改为平行光源，减少像差(包括球差、像散、彗差、场曲和畸变)。

③ 智能化。显微镜与数字图像技术结合，从而可以进行图像处理和分析。例如，拼接：高倍数观察的视场很小，拼接后可获大面积图像。

图像重叠：即多焦平面叠加能力，比如10张不同聚焦平面的照片都有局部不清楚，通过重叠处理成一张各处完全清楚的照片。

图像分析：比如对粒子尺寸分布的分析等。

通常光学显微测定可以大致分为三步：

① 样品制备。这是非常关键的一步，因为样品制得不好会丢失许多重要的结构信息，甚至造成假象而导致完全错误的解释。主要制作方法有热压制膜、溶液浇铸制膜、切片、打磨等，以及为了突出特征结构而进行的某些处理，如复型、崩裂和取向等。

② 显微技术的选择和应用。几乎上述所有光学显微术都可用来研究高分子的结构，对不同的样品，可根据不同的需要，选择适当的技术。

③ 图像解释。要正确地解释一张高分子的显微结构照片，必须具备两方面知识：一是光学成像原理的知识，了解在样品中光和物质发生什么相互作用；二是有关高分子材料的背景知识。

7.2 样品的制备技术

由于高分子材料的品种繁多，成品形状各异，化学和物理性质有很大差别(如有的硬，有的软；有的易熔，有的不熔等)，所以必须掌握多种多样的制样技术来适应不同的材料。

一般来说，选择制样方法时注意考虑以下三方面因素：

① 材料的化学和物理性质，如硬度、韧性、软化温度、溶解性等。

② 材料的结构，如结晶形态、多相结构、复合结构等；

③ 材料的形态，如粒料、薄膜、纤维、模塑物等。

7.2.1 热压制膜

热塑性高分子的薄膜显微样品可用下法制得。把少许聚合物放在载玻片上，盖上一块盖玻片，整个置于热台上加热至聚合物可以流动。用事先预热的砝码或用镊子轻轻施压使熔体展开成膜，然后冷却至室温。

表 7-1 列出了某些高分子压膜的参考温度。实际上工业品中常含有各种杂质而使熔点降低；另一方面，分子量对热压温度的影响也很大。所以应在聚合物实测的熔点或软化温度以上 30℃左右热压制膜。

表 7-1 常见高分子可以热压成膜的参考温度

高分子	温度/℃	高分子	温度/℃
聚苯乙烯	130	聚对苯二甲酸丁二醇酯	250
LDPE	150	尼龙 6	250
ABS	160	聚甲基丙烯酸甲酯	260
SBS	160	聚碳酸酯	260
HDPE、LLDPE	170	聚 4-甲基-1-戊烯	275
聚氯乙烯	190	尼龙 66	280
聚甲醛	190	聚对苯二甲酸乙二醇酯	290
聚丙烯、乙丙共聚物	200	聚醚砜	350
尼龙 11	220	聚四氟乙烯	360

热压法的优点是可以改变不同的热处理条件(如熔融温度、时间和冷却介质)以观察结构等的变化。还可以在熔化时测定颜料、填料或其他不熔添加物的性质、颗粒尺寸及分布等。此法快速简便，但有以下缺点：

① 由于降解，会产生一些非代表性结构，尤其在边缘与空气接触的地方；

② 薄膜中的结晶结构，与实际制品在同样的加工温度下得到的结构可能不一样，主要是由于薄膜的表面成核和熔体取向保留下来的结构。

热压制品的膜往往比较厚，一般为 80~100μm。厚度大会产生结构重叠，较适宜的厚度为 20~40μm。可采用以下方法获得较薄的膜：

① 减少聚合物量到只有针尖那么大小，和/或适当提高温度(但要注意降解)。

② 在聚合物熔化后将整个样品翻个身，让盖玻片朝下而压力加在较结实的载玻片上，这样可施加较大压力而不会压破盖玻片。加压工具可以自制，先将玻璃棒一端熔化，然后在一个低热导的平面上压成大钉子形，用它的大平面加压就不易把玻片压碎。

③ 利用样品中的气泡。通常在稍高的温度下，气泡会长大，气泡内壁要比聚合物膜薄

得多，可利用这个局部区域来观察。

获得不同热处理条件的方法，除了改变热台温度外，还可以控制冷却速率，例如将熔融的样品快速转移到介质中(称为淬火)，可冷却得较快。冷却速率按介质顺序为：空气<金属块<水<冰水<甲醇(或丙酮)/冰<干冰<液氮。要注意将样品直接转移于干冰或液氮中时，试样周围立即产生一层气体而隔热，难以进一步降温。有效的办法是转移到预先在干冰或液氮中浸过的金属块上。

玻片在介质中由于受冷收缩常会炸裂，而得不到完整的试样。可以用硅片代替玻璃片，但其成本较高。有时除了显微观察外，样品还要进行红外等测定，希望薄膜能从玻片上剥下，这通常有困难。笔者的经验是用碱液浸泡数小时. 由于碱腐蚀玻璃面剥离试样，在大多情况下此法很有效。也可以用岩盐(NaCl 晶体)或铝箔代替玻片，再用水溶解岩盐或用酸(或碱)溶解铝箔而得到完整的薄膜。制样前，玻片等基质的表面必须仔细清洗，以排除灰尘，玻璃毛等的干扰。另外，要注意基质的表面性质可能会影响聚合物膜的结构。

另一种无基质塑料膜的制备方法是熔融浇铸。将少许聚合物放入已加热到预定温度的高沸点、高密度的液体(如 H_3PO_4)中，聚合物熔化成一薄层浮于液面，冷却后倒入水中即得。

7.2.2 溶液浇注制膜

用适当的溶剂将试样溶解，将干净的玻片插入溶液后迅速取出，或滴数滴溶液于玻片上，干燥后即得薄膜。干燥方法可以是在空气中自然干燥，或在干燥器中利用干燥剂或真空干燥。但为了减少表面张力效应产生的内应力而导致的形变和结构变化，应先放在有溶剂蒸气氛的密闭容器中缓慢均匀地干燥，最后再置于真空中彻底除去剩余溶剂。

膜厚度由溶液浓度控制。有一种巧妙的方法可以同时得到不同厚度的膜(很薄的可用于电子显微镜)，即干燥时将玻片倾斜放置，由于重力作用，上部的膜较厚而下部较薄。膜一般用刀片剥下或用钉子绕玻片四周划痕取下。如果不易剥离，基质可改用新劈开的云母或聚四氟乙烯(特氟隆)器皿，或如前所述的岩盐、铝箔等。有时也用水面浇注的方法制备无基质的薄膜。

溶液浇注制膜的优点是结构均匀，膜厚易于控制；缺点是费时颇多，对某些高分子不易找到适当的溶剂。

7.2.3 切片

切片首先要选用适当的切片机。比如对韧性的高分子或大面积切片应使用滑板型切片机，对较易切的高分子用旋转型切片机即可。通常使用钢刀，刀刃有碳化钨更好。切片虽是个简单的机械操作，但由于聚合物性质的多样性，只有充分了解以下四方面问题才能得到高质量切片。

(1) 切片方法　各种聚合物的硬度和韧性相差很大，因而必须采用不同的切片方法。图 7-1 将某些常见高分子根据力学性质划成三个区。中间区的硬度和韧性适中，在室温下易于切片；左下方的高分子由于太易于形变而须低温切片；右上方的高分子质地坚硬难以切片，只能升温切片或像金属那样研磨加工。理想的无定形高分子的最佳切片温度稍低于 T_g，但结晶、交联、添加剂会改变切片温度。聚乙烯是结晶度影响切片温度的典型例子。LDPE 在室温下切片易发生形变，切片会留有应力而报废，只有冷冻至-120°C 附近才能切片；而 HDPE 由于结晶度高在室温下就较硬而能切片，实际上 HDPE 冷冻(-50°C)切片更为有利。如果切片机没有冷冻装置，用干冰冷却切片机样品台是可行的办法。

颜料、稳定剂、润滑剂等一般并不大影响切片性能，但填料如 $CaCO_3$、TiO_2、玻纤等会使材料变硬而有利于切片；相反增塑剂可使聚氯乙烯的 T_g 从 80℃降至室温以下而必须冷冻切片。

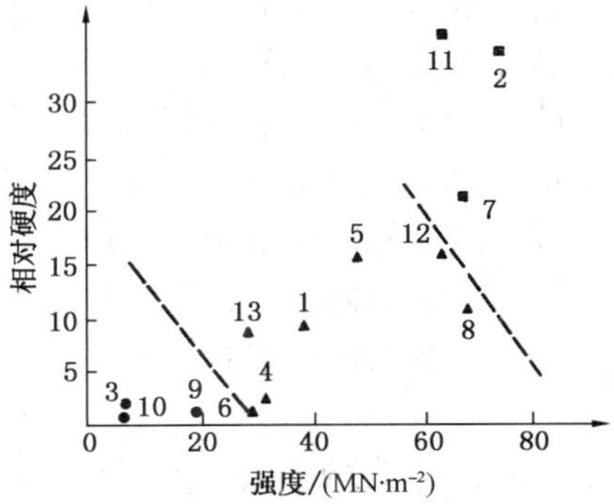

图 7-1 某些高分子的相对硬度和强度

▲—易切片；●—须冷冻切片；■—须加热切片或用其他技术设备

1—聚苯乙烯；2—聚酰亚胺；3—低密度聚乙烯；4—高密度聚乙烯；5—硬聚氯乙烯；6—软聚氯乙烯；7—聚甲基丙烯酸甲酯；8—尼龙 6；9—丁基橡胶；10—丁腈橡胶；11—酚醛树脂；12—聚缩醛；13—聚丙烯

图 7-1 中间区内的高分子可切成约 10μm 厚的切片，如需要更薄的切片也需冷冻。而且如果允许切片面积减小到最大限度，则可能得到更薄的切片。与冷冻切片相反，对于太硬或太韧的聚合物，适当升温则利于切片，较便利的方法是用理发吹风机给样品吹热风。

（2）样品的夹持　普通样品可直接夹在切片机的夹具齿内。但很小或很薄的样品如粉末、颗粒、薄膜和纤维状样品就须用包埋法。即事先固化在环氧树脂或丙烯酸系树脂中，再一起切片。须注意固化放热可能引起包埋物的结构变化。薄膜还可以夹在两片约 3mm 厚的聚乙烯片材之间切片。开孔型泡沫塑料可以通过浸渍某种与聚合物无作用的液体介质而使切片得以进行，用冰冷却样品有助于减少切片的损坏。

（3）切片的质量　好的切片要求没有由于刀刃缺陷的刮痕（沿切片长度方向）和高矮的波动（沿垂直方向）；要求没有应力，有残余应力的切片会卷曲或发皱，从而在样品台上很难铺平，无法得到好的照片。图 7-2 和图 7-3 分别显示了聚丙烯模塑制品的两个连续切片，一个是小心切出的好切片，另一个是较差的切片。

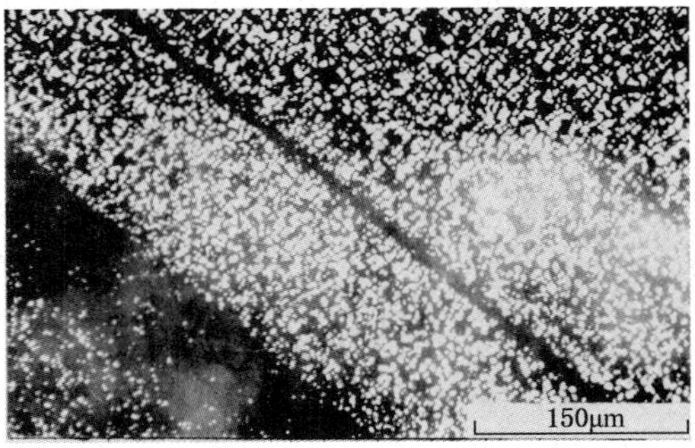

图 7-2　聚丙烯的好切片（正交偏光）

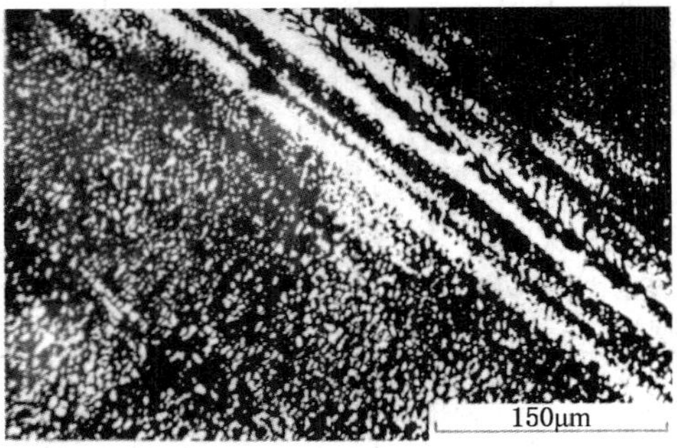

图 7-3　聚丙烯的差切片
（有刀刃缺陷的刮痕；正交偏光）

切片缺陷主要是由于钝刀片引起的，因而提高切片质量的最好办法是仔细打磨刀片。先将刀具经砂轮粗磨，再用 0.25μm 的膏状金刚砂研磨剂，在平板玻璃上打磨至无缺陷。刀刃的平整性可以用显微镜直接观察。另一种方法是减少切片厚度，可以减少由于分于取向梯度引起的切片卷曲。

如果切片已经翘曲，使应力松弛的补救办法是热处理或化学处理。例如令切片浮在热的甘油表面，或用沾有溶剂的小刷子刷切片表面。但这些处理均可能引起结构变化，要小心使用。

（4）切片的安装　切片须安装在玻片之间才能在显微镜下观察。若切片表面不平整，会导致光的反射和散射，用浸液可以减少这种作用。选择浸液的主要原则：一是对聚合物不能有溶胀溶解或其他作用；二是其折射率必须尽可能与聚合物的折射率相匹配，当样品各向异性时，要求与聚合物的平均折射率相匹配。此外浸液的沸点应较高，以免挥发。

从表 7-2 可见，有些高分子(如聚苯乙烯等)对溶剂特别敏感。即使是中等程度的抗化学性的高分子，当分子量较低时，将切片长期安放在溶剂中的影响也是很严重的，当然短期(如几天)放置时问题不大。表 7-3 则是用于安放某些高分子切片的典型浸液。表 7-4 列出了更多一般介质的折射率 n 值以供选择。该表同时列出了沸点。如果找不到这些溶剂，也可以采用混合溶剂体系。常用的体系有甘油和水，甘油、碘化汞钾和水，α-溴萘和液体石蜡等。两个相容液体的混合物的 n 值可用下式近似计算：

$$(V_1 + V_2)n = V_1 n_1 + V_2 n_2$$

式中，V_1、V_2 为两种液体的体积；n_1、n_2 为两种液体的折射率。

表 7-2　常见高分子的抗化学性

高分子	稀酸	浓酸	稀碱	浓碱	脂肪烃	醇	醚	酯	酮	胺	芳族化合物	氧化剂
低密度聚乙烯	1①	1	1	1	4	3	5	3	3	—	5	5
高密度聚乙烯	1	1	1	1	3	1	3	1	1	—	2	5
聚丙烯	1	2	1	1	2	1	3	2	2	1	4	5
聚 4-甲基-1-戊烯	1	1	1	1	5	2	5	4	3	—	4	4
聚苯乙烯	1	2	2	1	4	1	4	5	5	1	4	3
ABS	1	2	1	1	3	2	5	5	5	1	5	4
聚氯乙烯	1	1	2	1	2	4	1	5	5	2	4	2
聚四氟乙烯	1	1	1	1	1	1	1	1	1	1	1	1
EVA	1	3	1	1	4	2	4	4	5	2	—	4
聚甲基丙烯酸甲酯	2	4	1	1	2	3	2	5	4	1	4	3
聚甲醛	2	5	1	1	1	1	1	2	1	—	2	4
尼龙 6	5	5	2	1	2	2	1	1	1	1	2	5
尼龙 66	5	5	2	1	2	2	1	1	1	1	2	5
聚砜	1	1	1	1	2	1	—	—	5	—	5	1
醋酸纤维素	1	5	3	5	1	3	1	5	5	4	2	5
酚醛树脂	3	5	3	5	—	2	2	2	2	—	2	—
脲醛树脂	4	5	3	5	—	2	1	2	2	—	2	—
三聚氰胺甲醛树脂	3	5	2	5	—	1	2	2	2	—	2	—
环氧树脂	2	4	2	2	—	1	1	4	2	2	4	5

① 表中数字表示抗化学性强弱，1 表示最强，5 表示最弱，其余类推。

表 7-3　用于常见高分子的某些浸液

高分子	浸液	浸液的 n_D^{20}	高分子	浸液	浸液的 n_D^{20}
聚乙烯、聚丙烯、聚丁烯	对苯二甲酸二甲酯	1.51	聚甲醛	橄榄油	1.47
聚苯乙烯	山扁豆油	1.61①	尼龙(6；66；610)	丁香子油	1.54
聚氯乙烯	50/50(V/V)丁香子油/茴香子油	1.55①	聚对苯二甲酸乙二醇酯	山扁豆油	1.61①
聚四氟乙烯	丙酮	1.36	聚碳酸酯	苯胺	1.58
	全氟煤油	1.30			
聚甲基丙烯酸甲酯	对苯二甲酸二丁酯	1.49①	聚醚砜、聚芳砜	α-溴萘	1.66

① 经短期浸渍，有受溶剂影响的迹象，特别是分子量较小时。

表 7-4　介质折射率和沸点

介　　质	折射率(15℃)	沸点/℃	介　　质	折射率(15℃)	沸点/℃
甲醇	1.330	66	水杨酸乙酯	1.525	—
水	1.333	100	一氯代苯	1.527	132
乙醚	1.352	35	丁香油	1.530~1.535	—
丙酮	1.325~1.361	56.5	二溴乙烷	1.536~1.539	131
乙醇	1.362~1.367	78	水杨酸甲酯	1.539	—
己烷	1.375~1.387	71	硝基甲苯	1.546	230
庚烷	1.387~1.411	98.4	硝基苯	1.553	209
三聚乙醛	1.407	124	肉桂乙醚	1.559~1.560	271
氯乙酸乙酯	1.420	144.2	二甲基苯胺	1.558~1.569	192
二氯乙酸乙酯	1.453	—	溴苯	1.660	155
氯乙烷	1.444~1.447	84	茴香油	1.548~1.500	220
火油	1.448~1.455	61.5	苯胺	1.583~1.588	184
甘油	1.473 或低些	290	肉桂油	1.585~1.649	225
薰衣草油	1.460~1.463	188	一氯苯胺	1.592	207
四氯化碳	1.463	76	三溴甲烷	1.588~1.597	151
橄榄油	1.469~1.476	—	碘苯	1.619~1.625	188
松节油	1.469~1.472	160	溴苯胺	1.627	251
杏仁油	1.475	—	二硫化碳	1.620~1.629	47
蓖麻油	1.480	265	α-氯萘	1.639	260
亚麻油	1.485	—	α-溴萘	1.649~1.661	279
二甲苯	1.485	137.7	α-碘萘	1.697	
甲苯	1.496~1.503	110	杜莱溶液①	1.71	
苯	1.498~1.500	80.4	克朗溶液②	1.70	
杉木油	1.507~1.516	—	二碘甲烷	1.736~1.742	181
碘乙烷	1.513~1.516	72	洛巴哈溶液③	1.79	

① $HgI_2 \cdot 2KI$ 的水溶液。② $CdO \cdot B_2O_3 \cdot 9W_2O_3 \cdot 2H_2O$。③100 份 BaI_2+130 份 HgI_2。

7.2.4　打磨

大多数热固性高分子和高填充的高分子材料都不能用前述方法制样，必须采用金属学和矿物学中经典的制样方法即打磨。较硬的高分子可用金刚砂打磨，软的可用 Al_2O_3 或 Fe_2O_3(制成砂轮或砂布)打磨。首先将一个面打磨出来，然后用 502 胶(即快干胶)将这个面粘到载玻片上，再打磨另一面。如果遇到样品有空洞，必须先用环氧树脂填上。如复合材料含有软的组分，最好冷冻后打磨以免软的部分变形。成功的打磨技术可以得到 15μm 甚至更薄的样片。有以下几点须注意：

① 打磨速度切忌过快，否则过热会改变结构；

② 润滑剂避免用油，油常对高分子材料有侵蚀，最好用加一点洗涤剂的水；

③ 较小的样品打磨时，边缘会很快变圆滑使平整性不好，这时可用包埋法或用金属框固定祥品，再连同金属框一起打磨来避免。

7.2.5　复型

高分子的表面研究可以直接用反射式显微镜，一般无需特殊的制样。但高分子的反射光是非常弱的，根据反射率与折射率的关系式：

$$R = 100\left(\frac{n-1}{n+1}\right)^2$$

即使对折射率很大的聚四氟乙烯和聚醚砜，算出的反射率 R 也只有 2.2%和 6.7%。这么低的反射率给出的图像亮度将很暗，所以样品还必须喷镀金膜(方法参见电镜制样)以增加反射率。

如果采用“复型”，就可以在透射式显微镜下观察。“复型”是用某种成型材料将高分子材料的表面结构复制下来的表面“地理”复制品。用做复型的材料有甲基纤维素或明胶的水溶液，或聚苯乙烯的苯溶液，浓度一般为1%~5%(质量/体积)。在水溶液中可加少量洗涤剂以浸润聚合物表面。用此溶液在聚合物表面轻轻刷上一薄层，令溶剂挥发后留下一层薄膜即为复型，用镊子揭下这层膜。如剥离有困难，可事先在附近贴上一段透明胶纸，溶剂干后用这段胶纸可帮助揭膜。复型有三个优点：

① 原始表面没有损坏，如果必要的话可继续检查其变化；

② 复型的材料是固定的，浸液选择很方便；

③ 复型一般很薄，透明性好。

缺点是复型的反差很小。为了增加反差，可用金属喷射给予“投影”，在真空镀膜机上用铝在 14°上进行投影是合适的，给出“影子”和结构高度的比约为 4，从而可以间接计算结构的第三维高度。与电镜制样的“投影”不同点是可以用结构较粗的铝，而不必用金。商品薄膜不必制复型，可直接投影后观察。

7.2.6 崩裂

高分子结构中总有力学薄弱点，它们常位于两种微观结构的交接处。在未处理前用显微镜观察不到该薄弱点，但振荡处理后崩裂发生在这些薄弱环节，从而突出了微观结构单元的细节。比如对复合材料能观察到两相界面的粘接情况，对液晶高分子能观察到微纤等。崩裂的方法是将较薄的样品放在超声波浴中，用超声波振荡样品 10~60min。超声波浴介质的选择是重要的，主要考虑因素是大的表面张力、较高的沸点和与聚合物无相互作用，所以常选择水或水－乙醇混合溶剂作介质。最后要注意，采用崩裂法观察到的微结构位置业已移动，它们在原样品中的位置难以确定。

7.2.7 取向膜

吹塑、挤出、注塑等成型物中高分子已有一定取向，通过切片等方法可以进行研究。这里的取向膜指的是在制样过程中刻意使样品发生取向，用以观察结晶或液晶的取向态结构。

熔融剪切取向是常用的方法。将样品在两片玻片间熔融压制成膜，固定下玻片，向一个方向推压玻片从而对熔体进行剪切。然后，迅速冷却，冻结取向结构。也可以用旋转的方法得到特定的取向态结构。要注意，实际上即使不是有意向一个方向剪切熔体，一般的热压制膜过程中熔体受迫向四周流动也产生剪切，此时剪切力从中心向外发散，所以也会存在某些取向结构。

也可将样品熔在单个载玻片上，然后用刀片剪切熔体成膜，再迅速冷却此薄膜。此法能获更大的剪切力和剪切速率，但得到的单基质膜的自由表面较粗糙，而且该面接触空气更易降解，此时可考虑在 N_2 气氛下进行。

一种制备拉伸薄膜的方法是，将预先制好的热压或溶液浇铸膜置于已涂上润滑剂甘油或硅油的载玻片上，在室温下或高于室温的热台上，固定膜的一边，用刀片紧压住薄膜的另一端拉开到适当的距离。这样得到的取向膜较薄，但不能确定准确的拉伸倍数。

7.3 可见光显微镜

7.3.1 偏光显微镜

(1) 基本原理及在高分子球晶的应用　偏光显微镜的基本构造是在普通光学显微镜上分别在试样台上下各加一块偏振片。下偏振片叫起偏片，上偏振片叫检偏片。偏振片只允许某一特定方向振动的光通过，而其他方向振动的光都不能通过。这个特定方向为偏振片的振动方向。通常将两块偏振片的振动方向置于互相垂直的位置，这种显微镜就称为正交偏光显微镜(polarized optical microscope，POM)。

聚合物在熔融态或非晶态时呈光学各向同性，即各方向折射率相同。只有一束与起偏片振动方向相同的光通过试样，而这束光完全不能通过检偏片，此时视野全暗。当聚合物存在晶态或有取向时，光学性质随方向而异，当光线通过它时，就会分解成振动平面互相垂直的两束光。它们的传播速度一般是不相等的，于是就产生两条折射率不同的光线，这种现象称为双折射。若晶体的振动方向与上下偏振片方向不一致，视野明亮，可以观察到结构形态。

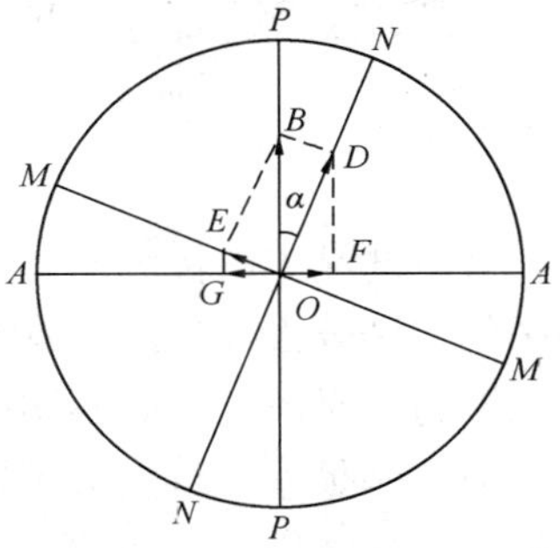

图 7-4　在偏光显微镜正交场中穿过晶体的光矢量分解

进一步可以用数学式来表达这一关系。图 7-4 中用 $P-P$ 代表起偏片的振动方向，用 $A-A$ 代表检偏片的振动方向。N、M 是晶体内某一切面内的两个振动方向，如果它们与 $P-P$ 不一致，设 $N-N$ 与 $P-P$ 的夹角为 α。光进入起偏片后透出的平面偏振光的振幅为 OB。光继续射到晶体上，由于 $M-M$、$N-N$ 与 $P-P$ 都不一致，因而要将矢量分解到这两振动面上。N 方向和 M 方向的光矢量分别为 OD 和 OE。自晶体透出的平面偏光继续射到检偏片上，由于 $A-A$ 与 $M-M$、$N-N$ 也不一致，故再次将每一平面偏光一分为二。最后在 $A-A$ 面上的光为方向相反、振幅相同的 OG、OF。最终透过检偏片的合成波为

$$y = OF - OG = OD\sin\alpha - OE\cos\alpha$$

由于这两束光速度不等，会存在相位差 δ。

$$OD = OB\cos\alpha = A\sin\omega t\cos\alpha$$

$$OE = OB\sin\alpha = A\sin(\omega t - \delta)\sin\alpha$$

所以

$$y = A\sin 2\alpha \cdot \sin\frac{\delta}{2} \cdot \cos\left(\omega t - \frac{\delta}{2}\right)$$

光的强度与振幅的平方成正比，所以合成光的强度 I 为

$$I = A^2\sin^2 2\alpha \cdot \sin^2\frac{\delta}{2} \cdot \cos^2\left(\omega t - \frac{\delta}{2}\right)$$

高分子结晶中最常见的是球晶，下面主要以球晶的观察为例，说明正交偏光显微镜的应用。

① 球晶的形态。球晶由从中心往外辐射排列的晶片组成。各晶片中半径方向与切线方向的折射率差是一样的，即 δ 是常数。因而决定光强的是 α，当 $\alpha = 0°$、$90°$、$180°$ 和 $270°$ 时，$\sin 2\alpha$ 为零，这几个角度没有光通过。当 $\alpha = 45°$ 的奇数倍时，$\sin 2\alpha$ 有极大值，因而视

野最亮。于是，球晶在正交偏光下呈现特有的马耳他(Maltese)消光十字图像(图 7-5)。如果由晶片组成的微纤从中心往外生长时出现了周期性扭转，则产生了零双折射的环[图 7-5(c)]。球晶只有在孤立的情况下才是圆形的[图 7-5(a)]，而一般情况下观察到的球晶是多边形的。这是由于球晶生长到一定阶段必然要互相碰撞截顶[图 7-5(b)和(c)]。

(a)全同聚苯乙烯的球晶　　(b)截顶的聚丙烯球晶　　(c)具消光环的截顶聚乙烯球晶

图 7-5　典型球晶的正交偏光显微照片

有时球晶中的微纤结构清晰可见，这是由于微纤中晶片的双折射较大，与球晶内部的非晶区的差别较大导致的。有意让偏振片一定程度偏离正交时，会更加突出球晶中的微纤的形态，因为此时消光十字不明显(图 7-6)。

当球晶足够大时，甚至用肉眼就可以看得见。例如聚乙二醇大球晶可以置于两片正交放置的偏振片间用肉眼观察，如果手头没有偏振片，用两副偏光墨镜代替也可以(图 7-7)。当然一般情况球晶要在偏光显微镜下才看得到。另一方面，当球晶很小时，POM 的图像很像是花布，那些星星点点就是球晶[如图 7-10(b)中的背底部分]。

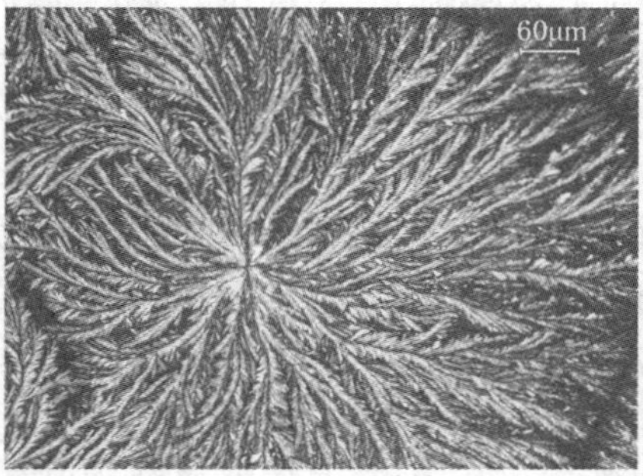

图 7-6　聚丙烯球晶的偏光显微照片(略偏离正交)

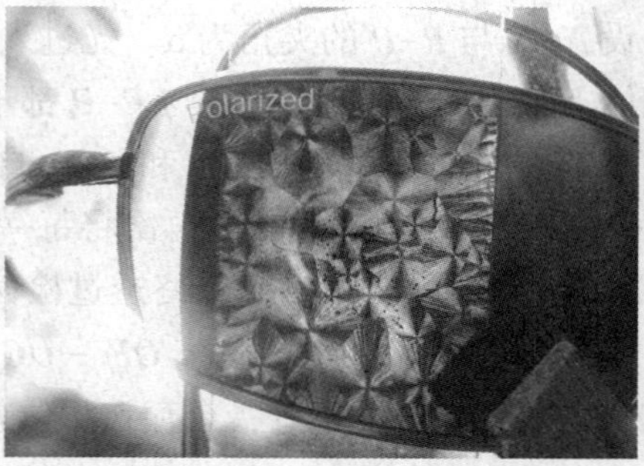

图 7-7　肉眼观察位于正交放置的两副偏光墨镜间的聚乙二醇大球晶

并非所有的球晶都能在偏光显微镜下观察到，聚 4-甲基-1-戊烯就是一个特例。由于其晶体的分子中原子排列结构恰巧使晶片为光学各向同性，从而其球晶没有双折射而观察不到。另一方面在显微镜下可观察到消光十字的，有时可能只是一种假象而并没有球晶。杂质或气泡有时会在材料中造成辐射状的局部应力分布，而引起双折射(图 7-8)。这种应力造成的图形边界模糊，因而双折射存在一个变化的梯度，可以通过观察边界来识别。

② 球晶的成核。球晶的均相核最初的形状是稻草束状，然后向四周呈树枝状生长(图 7-9)。均相核是以分子的相关涨落产生的分子链局部有序体为核，由于核是相继产生的，所以球晶边界呈双曲线形[图 7-10(a)]。如果从预先存在的非均相核开始生长，由于是同时生长，最终球晶是边缘笔直的多边形，边界线应是相邻两个球晶中心的连线的垂直等

分线[图 7-10(b)]。通过观察球晶的形态就可以判断成核类型。图 7-10(b)中背底的小球晶是从结晶温度冷却下来时进一步长出的。聚丙烯和尼龙常有意添加商品成核剂，以减少球晶尺寸，提高材料的性能。颜料则是非故意成核的例子。

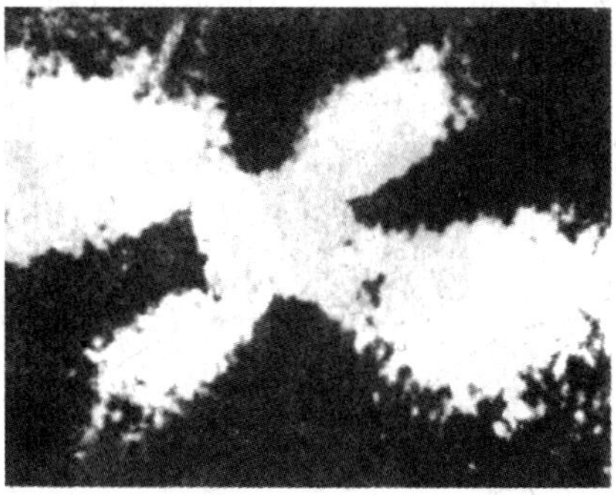

图 7-8　高分子薄膜中的假球晶(410×)

图 7-9　稻草束状晶核的 POM 照片

(a)和均相核　　(b)的典型球晶形态

图 7-10　非均相核(a)和均相核(b)的典型球晶形态

③ 球晶的生长。在固定温度下，球晶的生长是等速的，用带热台的偏光显微镜可以进行等温结晶动力学研究，方法是测定球晶平均半径随时间的关系。例如用录像机记录聚丙烯在 140℃下等温结晶的过程(图 7-11，见彩色插页，有石膏一级红波片)，测得线生长速率为 0.5μm/min。

在模塑制品中常看到靠近表面的球晶较小，内部球晶较大，这是由于冷却速率不同导致实际结晶温度不同。对于大球晶，常能观察到球晶间有明显的非晶物(生长过程中的排斥物)聚集甚至出现裂缝(见图 7-12)，从而使力学强度下降。

④ 球晶的光学符号。总的来说，球晶中晶片有两种排列方式(图 7-13)。一般沿分子链方向光的传播速度较慢，所以在[图 7-13(a)]的情况下，沿球晶半径方向光的折射率 n_r 大于切向折射率 n_t，即双折射 $\Delta n = n_r - n_t > 0$，定义为正球晶。相反则定义为负球晶[图 7-13(b)]。这里忽略了晶片中垂直于分子链的两个方向的折射率还可能有差别。

球晶的光学符号可以利用补色器测定。补色器本身有一定的光程差，如石膏一级红补色器(即石膏晶体)的快轴与慢轴之间的光程差为 536～571nm，产生的干涉色为一级，即紫红色。若补色器折射率 n 大的方向与球晶亮区 n 大的方向平行，则两光程差相加，颜色变为较大光程差的干涉色，即蓝色(或蓝绿色)；若补色器 n 大的方向和亮区 n 小的方向平行，则光程差相减而变黄色(或橙色)，参见封底的插图——Michel-Levy 图。这样在如图 7-14 的 45°角方向插入石膏一级红波片，通过一、三象限变蓝(黑白照片中只显示颜色较深)，二、四象限变黄(黑白照片中只显示颜色较浅)可以判断为正球晶；反之为负球晶(图 7-15，见彩色插页)。负球晶较为常见，有时球晶的光学符号与结晶条件有关，例如聚丙烯当结晶温度<134℃时，为正球晶，温度>138℃时为负球晶，温度为 134～138℃时为混合符号的球晶。

图 7-12　某聚丙烯大球晶的 POM 照片(137×)

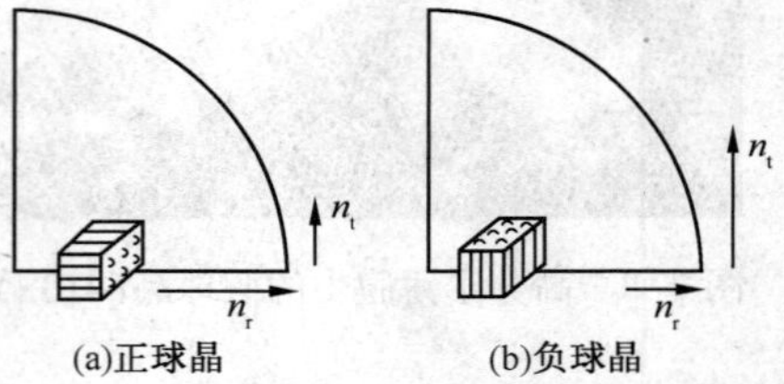

图 7-13　球晶中晶片的两种不同排列方式示意图

注意测定用的薄膜样品稍厚为好，因为厚的样品有较大光程差，从而颜色变化明显。光程差与干涉色的关系参见 Michel-Levy 图以及以下关系式：$\Delta n = R/d$，式中 R 为光程差，d 为样品厚度。

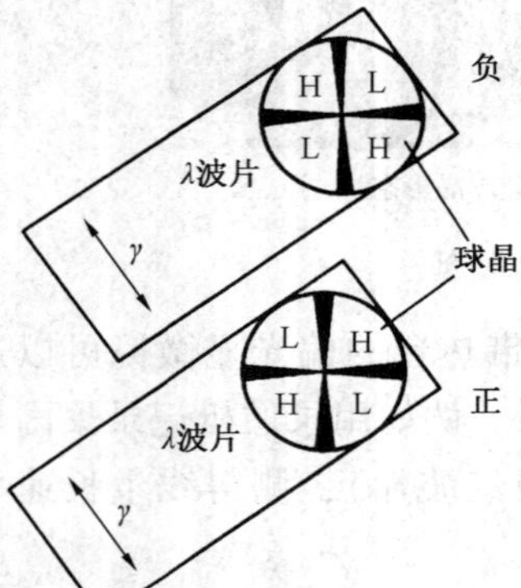

图 7-14　用石膏一级红波片测定球晶的光学符号

H 为较高级干涉色；L 为较低级干涉色；γ 为波片快轴方向(即折射率小的方向)

d 值一定时，双折射 Δn 就只取决于光程差，因而通过测定光程差就可测得薄膜或纤维的 Δn。准确测定光程差的方法主要利用补偿器，其原理是调整补偿器的光程差以抵消样品光程差，如色那蒙(Senarmont)补偿法、贝瑞克(Berek)补偿法。通过光程差与干涉色的关系也可用于测定 Δn，同时读者往往也需要解释样品在偏光显微镜中出现的颜色(干涉色)的原因，因而下面有必要说明 Michel-Levy 图(本书和《高分子分析手册》的封底插图)的应用步骤：

(ⅰ)光程差的标尺大约每 550nm 为一级，每一级以紫红色结束。第二级最亮，第三级较不亮，基本重复第二级的颜色，第四级对大多数人来讲已经褪色(无颜色区别)了。因而可用的主要是第一、二级。若样品在正交偏光显微镜中的颜色与 Michel-Levy 图中的某颜色相似，直接从图中读出已知厚度下的 Δn 值。

(ⅱ)图的下部的色带的颜色与上方不同，它们是两片偏振片的偏振方向相同时对应的颜色。检测时分别在这种偏振设置和正交偏振各测一次，只有两次测定的干涉色分别与图相对应才是对的。

(2) 在高分子液晶的应用　高分子液晶常用的研究手段之一是 POM，下面进一步以高分子液晶为例说明 POM 的应用。液晶的光学织构(texture)是指液晶薄膜在偏光显微镜下所观察到的图像。织构的产生是由于样品中存在的缺陷的干涉效应和材料中光振动的矢量取向发生变化的综合结果。利用织构的差别，能够鉴别向列型和胆甾型液晶，对于近晶型则鉴别的可靠性较低。

① 向列相织构。向列相具有最丰富的织构，包括纹影织构、丝状织构、大理石状织构、滴状织构以及单微区织构。

（ⅰ）单微区织构。如果液晶分子或基元的取向很完全，称为单微区。在这种特殊情况下有两种取向方式引人注意，一是假各向同性织构[图 7-16(a)]，一是均匀织构[图 7-16(b)]。

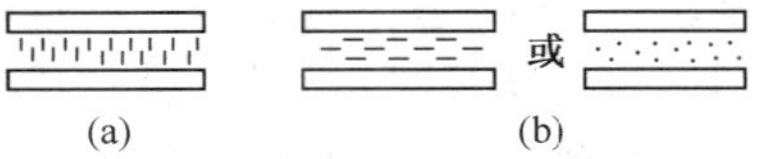

图 7-16　两种特殊取向的单微区织构

假各向同性织构是完全消光的，只有倾斜样品才能看见；均匀织构如果取向方向与起偏(或检偏)方向一致时是看不见的，但旋转样品时能看见。由于玻片的表面效应，这两种特殊取向并不少见。

严格的单微区在偏光显微镜下只有一种色调，无织构可言。但实际样品中会存在取向不完全的单微区织构，能观察到某些亮度不一的双折射区。

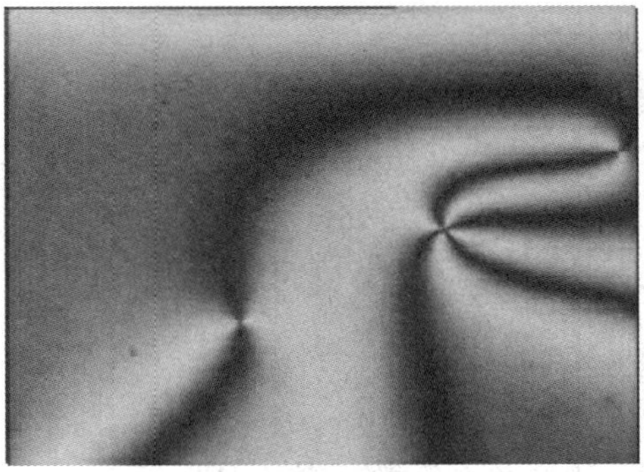
图 7-17　典型纹影织构

（ⅱ）纹影织构。在较薄的液晶膜中容易出现纹影织构。这种织构内有一些奇异点(即点向错或垂直于样品面的线向错)，在奇异点之间有刷子式的消光带相连(见图 7-17)。向错的强度用下式表达：

$$S = \pm(1/4) \times 黑刷数目$$

当偏振片振动时，黑刷也跟着转动，如果两者转动方向相同，为正向错；反之为负向错。一般情况只观察到两刷($S=\pm1/2$)和四刷($S=\pm1$)，因为高阶向错很不稳定。

（ⅲ）丝状织构。丝状织构是由丝状条纹和它们之间的双折射区组成的，丝状条纹并非由杂质而是由分子排列上的不连续性引起的。仔细观察，丝状织构有粗细之分，两者颇不相同。

细丝状织构的黑丝在转动偏振片时会移动，双折射区很小，而且旋转偏振片时总光通量不变。这是由密集的短向错线和点组成的图像(图 7-18)。

粗丝状织构的黑丝很长，在转动偏振片时黑丝的位置不变，这些黑丝就是线向错。线向错大多为 $S=\pm1/2$，穿过样品本体而且两端锚定在表面上。

细丝状织构是高分子特有的，由于高分子粘度大，在较低温度下易形成这种织构。随着温度的提高，它会“粗化”，用热台显微镜可以观察到这个过程。因为向错产生了自由能的过剩，而自由能的松弛会导致向错数目和密度的减少。在液晶温区的热处理有助于自由能的松弛，使向错点/线的数目减少并连成长线，而且分子排列的连续性增加，有序的微区变大。

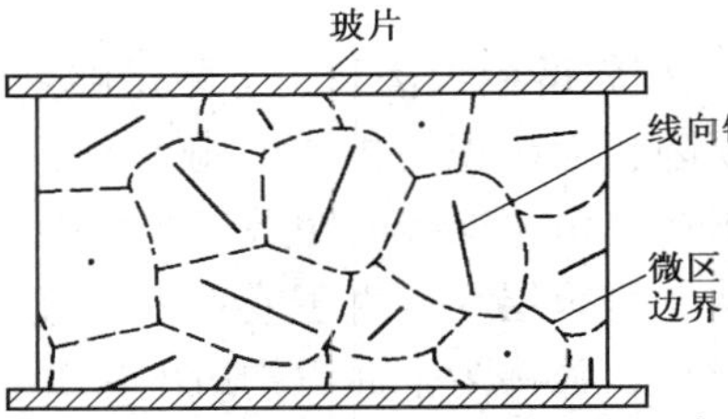

图 7-18　细丝状织构中向错分布示意图

（ⅳ）大理石状织构。液晶受表面限制所伴随的另一种向错是所谓反转壁，这是三维向错，分子取向方向在此发生反转。在偏光显微镜下观察到的大理石纹状织构就是由大微区和反转壁组成。微区内分子取向一致，所以旋转偏振片将观察到黑白微区交替变化，微区间的边界就是反转壁。在偏光显微镜下，反转壁和表面上的线向错难以区别，但可以用未偏振的光鉴别，壁的暗线较粗而向错线则较细，也可用相差显微镜或干涉显微镜来观察。

（ⅴ）滴状织构。滴状织构出现在清亮点附近得到温区内，此时液晶相和各向同性相处于两相共存状态，在适当的时候液晶相为孤立相而成为球形（滴状）分散在各向同性的连续相中。滴状织构较小时，分子排列构型主要采取辐射状，在偏光显微镜下看起来像球晶，有黑十字。其他自组织构型可能还有共轴、双极和同心。当滴状织构较大时，能观察到滴内的纹影或丝状织构。

高分子由于体系粘度大，形成典型织构较难，从一种高分子能观察到的织构种类也有限，难于同时观察到一种高分子液晶的所有织构。但笔者在研究一种芳香共聚酯时，从同一聚合物得到多种不同的向列织构（图 7-19），在这里作为介绍向列相织构的实例。该热致液晶共聚酯（聚合度为 25）的结构如下：

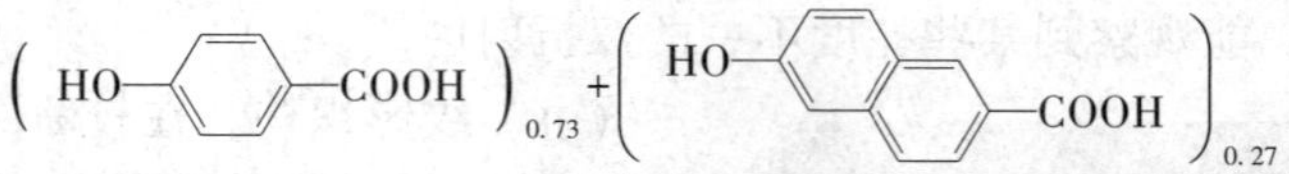

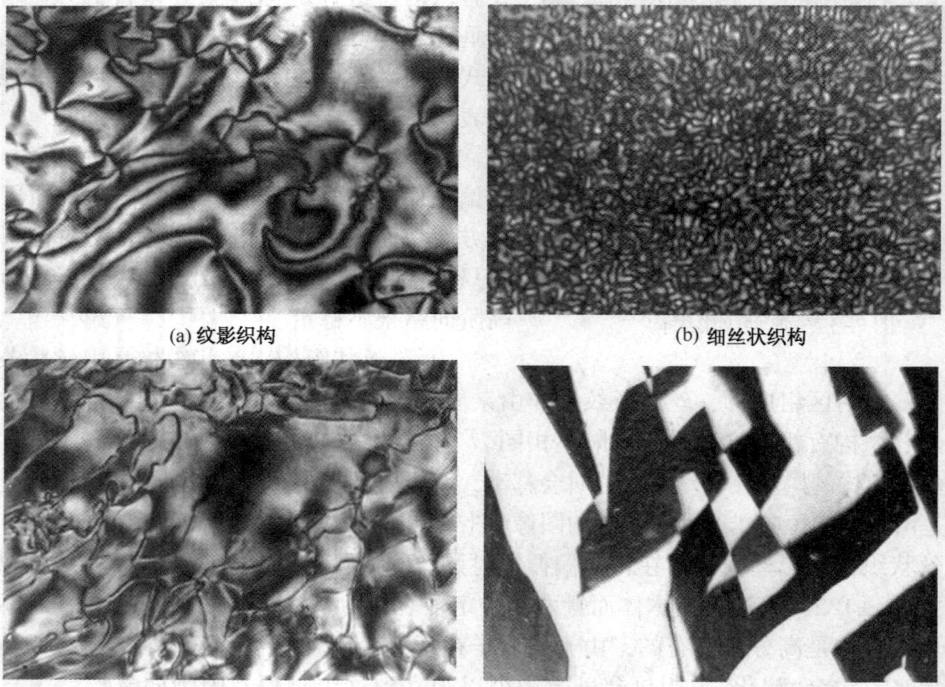

(a) 纹影织构　(b) 细丝状织构

(c) 粗丝状织构　10μm　(d) 大理石状织构

图 7-19　一种芳香共聚酯的四种典型向列相织构

② 胆甾相织构。当螺距足够大时，胆甾相常表现为层线织构，实际上层线织构的发育常受阻，而呈现为指纹织构。图 7-20（a）（见彩色插页）是溶致液晶性的乙基纤维素的指纹状织构，由于层线间距等于半螺距，从而可以测得螺距，该实例中螺距为 20μm 左右。指纹织构是胆甾层片垂直于或基本垂直于玻片表面时的织构，若平行或倾斜，则会有不规则的亮区出现，常称为平面织构［图 7-20（b）］。当双折射较大时不必插入石膏一级红波片也会出现彩色，这是出现前面所述的干涉色的缘故。有时样品的双折射不是很大，但样品较厚，也

会有足够的光程差而出现干涉色，因为 $R=\Delta n\times d$。也就是说，无论结晶或液晶，只要有较大的光程差，在 POM 中就会出现彩色图像。

③ 近晶相织构。高分子液晶较少出现有序性较高的近晶相，而且在众多近晶相中也仅限于近晶 A，近晶 C 和近晶 B。近晶 A 和 C 都能产生焦锥织构，当发育不太完全时，看上去象扇形或破碎的扇形织构，可借以区别向列相。但胆甾相或柱状相也能形成焦锥织构，只能用其他手段区别。典型的扇形织构见图 7-21(见彩色插页)。

近晶 C 还能形成纹影织构，但不产生 S 为半整数的向错点(如两刷)，利用这一点可区别向列相。手性近晶 C 不仅产生焦锥织构，还能产生层线织构，借此可区别非手性 C 相，但却与胆甾相混淆。

④ 两相共存的液晶相织构。由于表面张力，各种液晶相在与各向同性的两相共存状态下会形成滴状织构。例如乙基纤维素在临界浓度下的溶液织构就是滴状的，除了观察到与向列相类似的球滴外，还看到胆甾相所特有的球滴，滴内的织构是指纹[图 7-22(a)]。类似地，也有滴内的织构是纹影的向列相球滴[图 7-22(b)]或近晶相球滴[图 7-22(c)]。

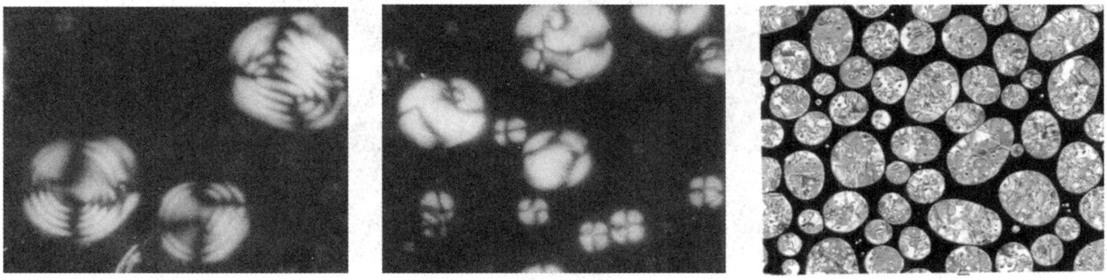

(a)胆甾相　(b)向列相　(c)近晶相

图 7-22　典型的两相共存液晶相织构

⑤ 柱状相。碟形分子、碗形分子、树状分子等具有特种拓扑结构的液晶，除了上述各种液晶相外，还常呈现柱状相[图 7-23(a)，见彩色插页]。柱状相的典型织构也是扇形或破碎的扇形织构，图 7-23(b)是笔者合成的一种树状分子的柱状相的典型扇形织构。

显微镜配上热台可扩展它的应用范围。最主要的应用是测定结晶高分子的熔点。光学熔点定义为在热台上加热样品直至最后的结晶痕迹消失的温度。此外，热台偏光显微镜也常用于研究热致液晶在不同温度下的相态、织构、熔点和清亮点等基本性质。

共混物或嵌段共聚物常出现相分离而在热台上加热有助于显微镜对相的检测。例如一个两相体系到达某一温度时，有一相熔融，而另一相仍是结晶，相分离的观察就很容易了。

热台显微镜的主要缺陷是放大倍数不够大，一般只能用十倍物镜(乘以十倍目镜为 100 倍)。为了得到好的热稳定性，热台上样品的上下方各有一块隔热玻璃，这就决定了工作距离(指物镜到样品的距离)必然较大。

7.3.2　相差和微分干涉显微镜

以上叙述的都是偏光显微镜及由其发展的测定技术。下面简要介绍原理与偏光显微镜很不相同的相差显微镜和(微分)干涉显微镜。

对于无色透明物体，厚度上的折射率差异和表面凹凸引起的反射率差异，用普通透射式显微镜是观察不到的。相差显微镜(phase contrast microscope)利用了光的波动性，将位相差转变成强度差即明暗之差，从而使位相差可直接观测。

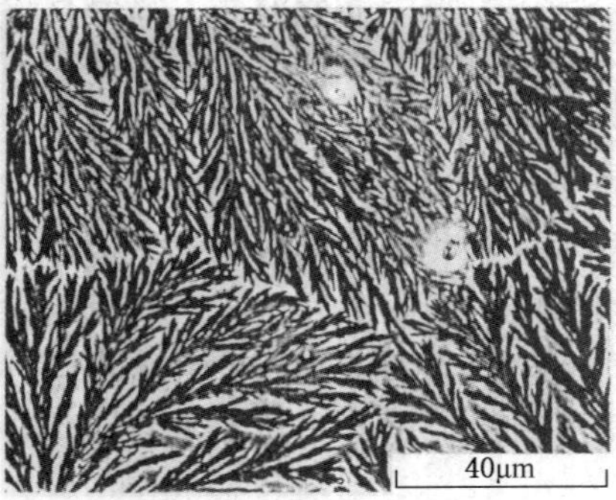

图 7-24 聚丙烯球晶的相差显微照片(775×)

理论上可以导出相差显微镜的光程差分辨率能达到 1nm，所以相差显微镜能将共混物中折射率之差很微小的两组分转换成明和暗的图像。但由于样品厚度上的微小差别也变得可见，因此必须注意样品表面和厚度不均匀性的影响。为了得到最大的反差，要求样品必须很薄(~5μm)。

球晶的微纤结构在相差显微镜中表现得特别突出(图 7-24)。相差显微镜也可用于观察在溶液中生长的高分子单晶，单晶往往在偏光显微镜下看不到。笔者用相差显微镜研究液晶的大理石状织构，以突出边界的结构(图 7-25)。

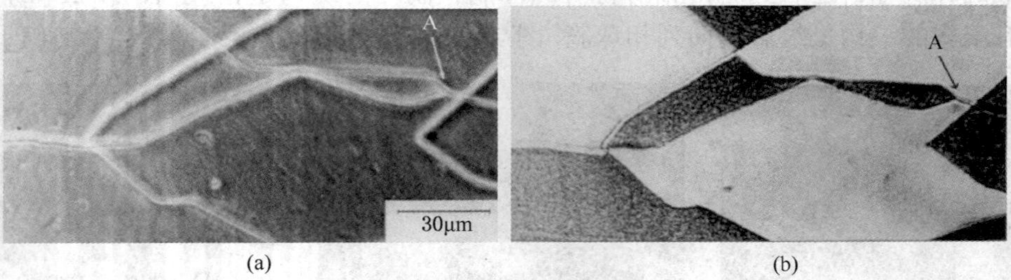

图 7-25 一种芳香共聚酯液晶的大理石状织构的相差显微照片(a)和对应的 POM 照片(b)
A 用于指示样品的同一点

干涉显微镜主要有利用 DIC(Differential Interference Contrast)技术的偏光型微分干涉显微镜。在透射时与相差显微镜相似，差别在于它将位相差通过位于背焦面上的调制盘转变为振幅差。对于各向同性样品，反差由折射率涨落提供，而在球晶的情况下光学各向异性使产生的反差的原因变得复杂。因而，使图像的反差与微观结构没有一一对应的关系。此外还有双光束干涉显微镜，它与 DIC 都主要用于研究高分子的表面结构。

7.4 不可见光显微镜

7.4.1 红外显微镜（FTIR microscope）

1983 年第一台傅里叶变换红外显微镜研制成功，显微红外技术进入了一个新的发展时期。伴随着计算机技术的飞速发展和制作成本的降低，显微红外技术不断完善，在生物学、医学、矿物学、材料学和法庭科学等领域都获得了成功的应用。同时，随着红外光谱应用领域不断扩展，对微量固体样品的测试技术提出更高的要求，希望在简单制样甚至无损检测的条件下得到微量样品或样品中微区高质量的红外光谱图。这些需求又促进了显微红外技术的发展使之日益完善。目前发展得最为完善，应用最广的当属中红外显微镜。

红外成像技术是在 FTIR 显微技术的基础上迅速发展起来的微观分析技术。它将 FTIR 显微红外技术和计算机技术、自动工作台相结合，可以用透射、反射、ATR 等模式对各种样品进行自动的线扫描和面扫描，通过软件处理得到等高图、瀑布图、总红外吸收图、单波数红外吸收图等各种图像，使特定结构在样品上的空间分布一目了然。目前，成像技术在化学分析的相关领域正得到越来越广泛的应用。

(1) 测绘(mapping)与成像(imaging)　对样品特定区域的振动显微光谱分析可以通过测绘或成像两种方法完成。测绘是通过显微镜的聚焦光束对样品中感兴趣的区域进行单点连续扫描直到覆盖整个区域，从而绘出该样品区的光谱像。而成像则是将样品聚焦于阵列探测器(array detector)之下，从而实现样品特定微区的面成像。采用测绘方法时，样品可以沿着单方向例如 x 轴方向移动，得到一维线图；样品也可以同时沿着 x 轴和 y 轴移动得到二维光谱像，但此时不能称之为成像，因为该光谱像并非由阵列探测器获得。

(2) 中红外显微光谱仪(Mid-Infrared Microspectroscopy)　典型的红外显微镜的构造如图7-26所示。该显微镜可以在透射或者反射模式下工作。在透射模式下，由干涉仪出来的光束先是穿过一个光学透镜组，然后经由卡塞格伦聚光镜(Cassegrainian condenser)会聚成束，并聚焦在样品所在位置。穿过样品出来的透射光被物镜收集并重会聚于光阑。由光阑出来的光进入图像记录系统(如摄像机)以便于记录并观测样品像。放置样品的载物台可沿 x、y 和 z 三个方向运动，沿 z 方向运动进行调焦，而沿 x、y 方向运动则是调整样品的检测区域。光阑的大小是可调的，使得样品中只有感兴趣的区域才能被观测到。若在光阑之后沿45° 角方向插入一个半透镜，再经由另一组卡塞格伦聚光镜会聚在探测器上，就可以获得样品中所检测区域的光谱图。

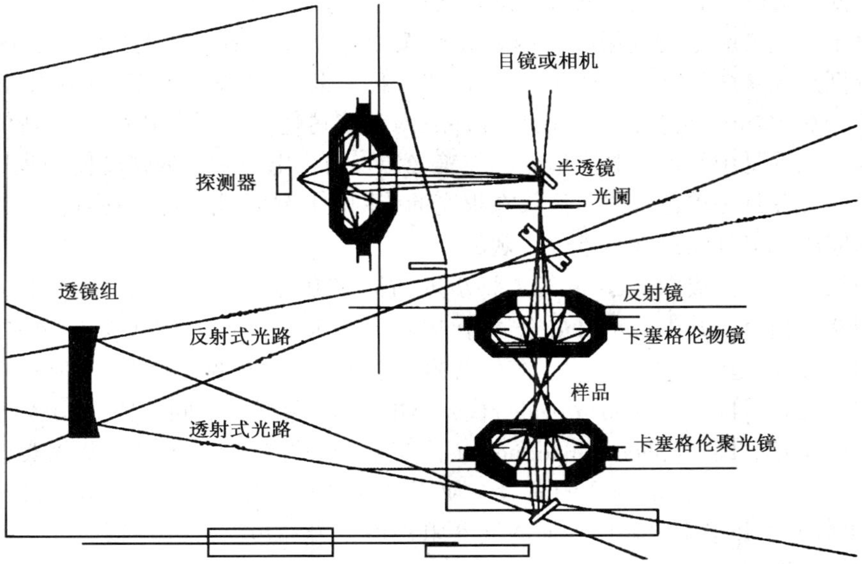

图 7-26　红外显微镜的结构示意图

当显微镜工作于反射模式时，卡塞格伦透镜同时扮演聚光镜和物镜的角色。入射光束经由透镜组，照射到物镜上方的一个反射镜。只有一半的光束可以经由反射镜进入卡塞格伦透镜，并进一步会聚到样品表面。由样品表面反射的光束再次经卡塞格伦透镜聚焦后，直接到达孔径光阑，最后被摄像机或探测器记录成像。

(3) 中红外显微光谱仪的探测器　大部分傅里叶变换红外光谱仪都装配有1mm × 1mm或者2mm × 2mm的，可在室温下工作的氘代三甘氨酸硫酸盐(DTGS)探测器。然而，光束在经过孔径光阑之后，强度将变得十分微弱，DTGS的灵敏度过低不足以探测到这样微弱的信号。因此，在显微红外光谱仪中，总是配备液氮制冷碲镉汞(MCT)探测器。该探测器是一种光导器件，当红外光照射到探测器上时，光子将推动电子由价带向导带跃迁，引起材料电导率的变化从而被记录下来。

MCT 探测器的性能取决于材料中汞与镉的比例，通常分为窄频带(narrow-band)探测器、中频带（mid-band)探测器和宽频带(wide-band)探测器三种。窄频带探测器的灵敏度是 DTGS 探测器的 50 倍，但对波数低于 750cm^{-1}的光波不响应。若将检测阈值延伸到低波数区域，将以损失灵敏度为代价。中频带探测器的阈值大约为 600cm^{-1}，其灵敏度只有窄频带探测器的一半；宽频带探测器的阈值可达到 450cm^{-1}，但其灵敏度更是大为下降。幸好大部分有机物样品有价值的谱带都高于 700cm^{-1}，因此，FTIR 显微镜总是装配窄频带 MCT 探测器，大小通常是 250μm×250μm。

(4) 中红外显微光谱仪的光源　尽管配备了 MCT 探测器，仪器的各项参数都达到最优状态，为了获得足够的信噪比，仍然需要耗费较长的时间。如果仅仅是检测几个样品点，可能几分钟就可以完成；但若需要对一个较大面积的样品进行测绘，往往需要花费数小时乃至一两天的时间。

因此，为了缩短检测时间，从提高光源强度入手显然是个有效的途径。实验室用的常规红外光谱仪，光源通常采用格罗巴(Globar)碳硅棒，工作温度为 1400K。其辐射中红外的性能已经接近于理想中的黑体。虽然提高温度，可以进一步提高辐射能量，但材料也将迅速降解老化。因此常规红外光谱仪的光源强度提高空间十分有限。

如果跳出常规实验室的局限，有两种光源无疑将显著提高入射光的强度，缩短检测时间。它们分别是同步辐射光源和自由电子激光。同步辐射光源等效于 10000K 下的黑体辐射，光束直径在 100μm 左右，可以在几秒钟之内就获得达到极限分辨率并且高信噪比的红外谱图，因此几乎是中红外显微光谱仪的完美光源。自由电子激光的强度比同步辐射光源高出几个数量级，并且是单色辐射，波长在很宽的范围内连续可调，尽管在红外光谱仪上尚未形成成熟的应用，但其前景却是十分乐观的。

(5) 中红外高光谱成像　Levin 等人将步进扫描 FTIR 光谱仪同中红外 MCT 焦平面阵列(FPA)探测器相结合，并由 Bio-Rad 公司于 1995 年实现红外高光谱成像(Mid-Infrared Hyperspectral Imaging)光谱仪的商业化，该仪器的构造如图 7-27(见彩色插页)所示。

与工作在光导(photoconductive mode)模式下的 MCT 探测器不同，MCT FPA 探测器中的各个像点工作在光伏模式(photovoltaic mode)下，其灵敏度与窄带 MCT 探测器类似，只是截止波数为 850cm^{-1}。为了保证图像的质量，使用 ZnSe 透镜取代卡塞格伦透镜将样品像会聚到 MCT 探测器上，并采用锗晶体高通滤波器阻挡可见光和短波近红外辐射，从而避免了探测器像素饱和并提高了信噪比。

当时采用的二维 MCT FPA 探测器改装自军用的热追踪导弹探测器，属于第一代探测器。由于该探测器并非专门为光谱成像而设计，因此使用上受到了很大的限制。通常这种探测器是设计成一次性使用的，因此它们很难承受测试时重复的升降温过程导致的热应力。

另外一个主要缺陷是这种探测器需要搭配步进扫描干涉仪。探测器的读出速率(read-out rates)决定了干涉仪的类型，这是因为 FPA 探测器的数据传输速率无法超过它的最大读出速率(帧频)。第一代探测器的读出速率相对较慢，帧频只有几百赫兹。

2001 年，Digilab 公司(即后来的 Varian 公司)实现了中红外快速扫描成像系统的商业化，如图 7-28。该仪器采用的是专门为光谱成像设计的第二代 FPA 探测器，其帧频较第一代探测器高出一个数量级。二代 FPA 探测器的开发大大促进了红外成像光谱仪的应用和普及。

(6) 红外显微镜在高分子中的应用

例 1 生物可降解高分子共混物相分离的研究

生物可降解高分子聚 β-羟基丁酸(PHB)，既硬且脆，力学性能较差；而将其与另一种生物可降解高分子——聚乳酸(PLA)共混即可显著改善其力学性能。PHB 和 PLA 的共混物虽然已用多种方法研究过，但透射 FTIR 成像技术为了解这种材料的理化性能提供了更为便捷的方法。

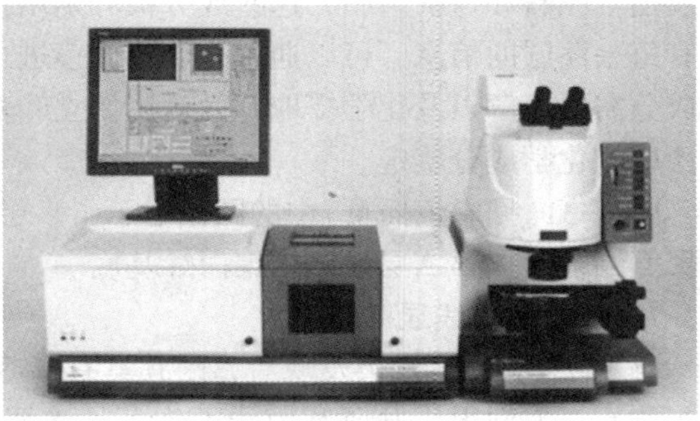

图 7-28 Digilab 公司设计的快速扫描 FPA 光谱成像系统

图 7-29 是 PHB 和 PLA 的单组分以及共混物(50：50)的 FTIR 透射光谱图。PHB 的羰基(C═O)振动吸收带在 $1724cm^{-1}$，而 PLA 的羰基(C═O)振动吸收带在 $1755cm^{-1}$，在共混物中这两个吸收峰具有较好的分离度，因而可分别用于表征 PHB 组分和 PLA 组分。

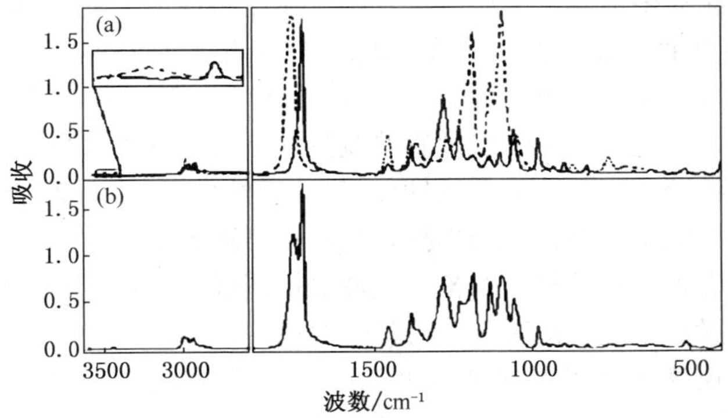

图 7-29 (a) PHB(实线)和 PLA(虚线)的 FTIR 透射光谱；
(b) PHB 和 PLA 共混膜(50：50)的 FTIR 透射光谱

图 7-30(见彩色插页)是两种不同混合比例(50：50 和 30：70)的 PHB/PLA 共混膜的可见光显微照以及相应的 FTIR 图。膜的制备采用溶液浇铸法，膜厚为 7~10μm，扫描面积为 $260\times260\mu m^2$。

观察图 7-30(a)中的 PHB/PLA(50：50)光学显微图，该共混膜的表面形貌是灰色基底嵌有些许黑色、圆形的小岛区。分别以 PHB 和 PLA 的特征吸收带(PHB：$1720\sim1700cm^{-1}$；PLA：$1800\sim1770cm^{-1}$)进行扫描，可了解二组分在薄膜中的分布情况。结果表明，PHB 在小岛区域中具有较高的浓度(PHB 分布图中的红色区域)，而小岛区域以外的地方则主要含有 PLA。由此可见，在该共混比例下，PHB 与 PLA 发生了显著的相分离。与之形成鲜明对比的是，在 PHB/PLA(30：70)共混膜中，并没有观察到岛状区域的形成，相应的 FTIR 显微图也未观察到相分离。因此，采用 FTIR 显微成像技术可以直观地反应薄膜的相分离以及各组分的分布情况。

例 2 油漆分析

在一些与汽车有关的犯罪现场能够发现一些油漆碎片。大多数情况下，油漆在意外事故中会弄到受害者或者其他物体上。汽车喷漆是由多层不同质的化学材料组成，包括粘合剂、引发剂、颜料和保护树脂，这些成分被分别用在汽车的塑料、金属表面。一片碎漆片常常保留有每一漆层的信息，可以通过光学显微镜进行光学检测。一般情况下，确认不同漆层的化学成分需要溶解以及化学提取。而运用傅立叶变换显微红外光谱成像技术能够快速地进行每一漆层的化学成分鉴定。

图 7-31(见彩色插页)中的图像显示了多层漆样品的分析结果。第一层是最外面的保护性聚氨酯被覆，第二层显示了聚丙烯基底。

7.4.2　X 射线显微镜

自 1895 年 X 射线被发现后，因其具有穿透固体物质的能力，人们就企图将它用于显微术。然而，人们很快发现 X 射线不像可见光那样折射。在 X 射线波段，材料的折射率极接近于 1，没有相当于可见光波段中折射型透镜之类的元件。尽管做了各种努力终于获得了 X 射线显微镜的像，但很长一段时间都没能超过光学显微镜的分辨率。随着技术的进步，克服了原理上的困难，X 射线波段也终于出现能够成像的元件。在软 X 射线波段(波长 1~10nm)中，已经远远超过光学显微镜的分辨率；在硬 X 射线波段(波长 0.1~0.3nm)也得到逼近微米量级的分辨率。

一般地说，X 射线显微镜与电子显微镜有相互补充的特点。电子显微镜可达到极高的分辨率(0.2~2nm)，现有的软 X 射线显微镜最高分辨率可达到 15nm 以下，然而限于软 X 射线的波长，它的极限分辨率也不可能优于 1~2nm。所以 X 射线显微镜的主要贡献不在于提高分辨率。它的主要优点是可以高分辨地直接观察水溶液中的生物样品；可以对图像中不同化学结构的成分进行区分；X 射线的穿透性较强，可对厚样品的内部结构进行无损检测，这些是其他光学显微镜、电子显微镜和扫描探针显微镜做不到的。

(1) X 射线显微镜的成像衬度　以 X 射线使显微镜成像，根据要获得的信息，光学系统和接收器与可见光显微镜不同。X 射线与物质间的相互作用，会产生一些不同于可见光物质相互作用的信号。利用 X 射线可以观测到的主要信号如图 5-9 所示。

这些信号大体可以分为两类。第一类是调制的 X 射线信号。X 射线射入物体，经过与物体的相互作用，求出其变化量。有代表性的信号是光电吸收。这种信号在观察生物样品的透射像等方面用得最好。其他如由反射、衍射、透射、折射、偏光等引起的变化，也归入这个范畴。

对于生物物质，软 X 射线可以穿透几个微米的厚度，这大约是生物细胞和细胞器的线度。电子穿过生物物质的厚度只有 0.01~1μm，因此用透射电子显微镜观察样品时必须做切片处理。活的生物体含有 75%以上的水，对于波长在 212~414nm 之间的软 X 射线，蛋白质对它的吸收系数比水对它的吸收系数要大一个数量级，因而使用软 X 射线这个波长范围观察生物样品时可以认为水是透明的。软 X 射线这个波长范围被称为“水窗”，它为区分生物样品中的水和其他成分提供了条件。相比之下电子散射没有这样的性质，而且电子显微术不适于观察含水的湿样品，为了增强衬度需要对样品进行染色。电子显微术使用时需要对样品进行脱水、切片、染色等，这样不但大大增加了样品准备和分析技术的复杂性，而且由此引入观测结果的不真实性。应用软 X 射线成像，样品可以是完整的细胞或细胞器，不用切片、脱水或染色仍能得到足够的图像衬度。对于 1μm 以上较厚的生物样品应用软 X 射线成像时所受的辐射损伤也比用电子显微镜时低。软 X 射线成像的这些特点使它成为实现活性生物细胞高分辨率显微成像的最理想工具。

第二类是 X 射线激发信号。入射 X 射线在物体中激发原子，产生其他粒子或波。求出局域发光变化量并加以图像化。代表性的信号有荧光标识 X 射线、光电子、俄歇电子和荧光等。荧光标识 X 射线是最简便的元素分布信号，可用来形成图像。

（2）X 射线显微镜的光源　早期阻碍软 X 射线显微镜发展的主要因素之一是缺少足够亮度的软 X 射线光源。同步辐射光源促使软 X 射线显微成像研究获得极大进展。同步辐射装置是可以在软 X 射线波长范围内给出极高亮度、可调谐波长并有一定相干能力的极好光源。因此世界各主要同步辐射装置上都建造和发展了各种形式的 X 射线显微镜。

当带电粒子加速(或减速）时会产生辐射。速率不变但方向改变也是加速，因此电子沿圆周运动时产生辐射。在电子低速运动时产生向几乎所有方向的低频辐射，当电子运动速度增加到相对论速度(接近于光速）时辐射在电子圆周运动的平面切线方向发出并限制在很小的锥体内。由于这种电磁辐射最先是在电子同步加速器上观察到，所以称它为同步加速器辐射，简称为同步辐射。同步辐射光在很宽的连续光谱范围内都有很高强度的光子通量。在从真空紫外到 X 射线波长范围内，它可以给出比其他可使用光源高出 1000 倍以上的光子通量。作为辐射光源更重要的特性是它的亮度，它表征为辐射光源产生的光子通量除以辐射的发散角和辐射源的面积。由于同步辐射光有很小的自然发散角和很小的光源面积(一般在 1mm 之内），从偏转磁铁产生的同步辐射光的亮度可比其他可用的真空紫外和软 X 射线光源亮 100 万倍。

（3）X 射线显微镜的分类　目前出现的 X 射线显微镜主要有四种类型，即几何投影型、成像型、扫描型和全息型。

① 几何投影型。利用几何投影的方法，可以得到等倍或扩大的投影像，有接触法、投影扩大法等。针孔相机也归入此类。接触法是开发得最充分的一种。它用光敏物质作为抗蚀材料，然后以电子显微镜来观察该材料中 X 射线记录下的影像。

② 成像型。利用具有成像作用的光学元件，使通过物体的 X 射线或在物体中激励出 X 射线成像，利用聚焦系统将影像放大数百倍并记录下来。成像元件包括有波带片、斜入射反射镜、多层膜反射镜等。这个方法的优点是可以照射整个样品并立即成像，迅速得到照片。它有助于解决由于生物样品运动所产生的影像不清晰问题以及最大限度地减少对样品的辐射损伤。

③ 扫描型。在扫描型 X 射线显微镜中，图像是以一次一个像素的方式形成，类似于电视屏上的图像。其成像过程开始于将 X 射线束聚焦成一个微点，照亮样品上的一个点。其中一些 X 射线透过样品的部分确定像素的灰值。聚焦光点成行地在样品上从左到右、从上到下来回扫描，记录下一个又一个像素。光点的大小决定了分辨率的高低。形成 X 射线微束的元件有 X 射线成像元件、狭缝和针孔等。

④ 全息法。全息法是基于波的干涉原理。它不需要聚焦装置，但需要一个强的相干 X 射线源和高分辨率的记录材料。使用相干的 X 射线照射样品形成全息图，再用可见光重现放大后的 X 射线全息图就可以得到放大的三维全息影像，这就是 X 射线全息显微术的基本原理。

（4）X 射线成像元件和其他光学元件　光学元件的功能各种各样，如成像、反射、聚光、分光、滤光、偏振光、分光束等。这些元件随着使用波长范围的不同，材料也有所改变。例如，平板薄型波带片(图 7-32)，用于较长的软 X 射线波段(波长 1～10nm)，斜入射反射镜用于长波到短波 X 射线(～0.1nm)，多层膜反射镜由于反射率的限制，多用于 10nm 以上的波段。

图 7-32　波带片示意图

目前能得到最好分辨率的 X 射线光学元件是波带片。波带片是一种特殊形式的衍射光学元件，它由相继透明和遮暗的同心圆环组成，其线密度沿径向方向而增加，可以看成是一个圆形的衍射光栅。波带片能够遮去偶数序或奇数序的半波带之一，而通过另一序列的半波带。奇数序(偶数序)半波带各自发出的衍射波到达焦点的光程差为波长的整数倍，因此它们的振动位相相同，光波在该点相互加强。故波带片的作用就是使同位相的衍射波在焦点处进行振幅叠加，从而在焦点上获得较大的光强。波带片成像的衍射极限分辨率与波带片最外环的宽度成正比，因此为了提高分辨率必须使用极窄外环宽度的波带片，通常的光学技术无法制造这样的 X 射线波带片，现在最有效的方法是使用电子束光刻技术。

X 射线探测器主要可以分为两类，一类是用于成像型 X 射线显微镜的二维空间分辨探测器，包含有底片、干板、成像屏、保护层等用作固定或半固定记录，以及有荧光屏、微通道板、CCD 等用作近实时记录；另一类是用于扫描型 X 射线显微镜的非空间分辨探测器，包含有正比计数器、闪烁计数器、半导体探测器之类可以分析能谱的探测器，以及电离室、光电二极管、光电倍增管等只作计数用的探测器。

(5) 扫描 X 射线显微镜(SXM)　在前述的四种 X 射线显微镜中，目前发展较好的是透射 X 射线显微术（波带片直接成像）和扫描 X 射线显微术。扫描 X 射线显微镜容易得到被测物体各种定量的物理量，而且利用两波长吸收差分法研究特定元素的分布，利用光电子和荧光标识 X 射线进行化学状态研究等，能获得分光及分析的图像。其分辨率与激光束聚焦的焦斑大小相等。光源主要是同步辐射光源和激光等离子体。图 7-33 是采用同步辐射光源的扫描 X 射线显微镜的典型光学系统。

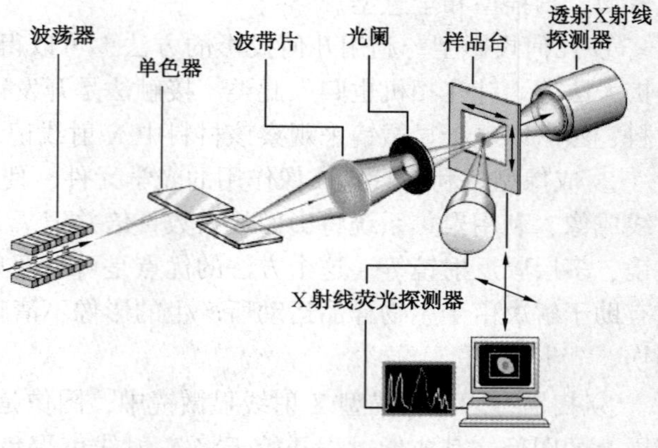

图 7-33　扫描 X 射线显微镜的光学系统

同步辐射光源由波荡器引出，经由分光器单色化形成单色 X 射线。分光器对于软 X 射线波段可以用球面或轮胎面反射光栅，硬 X 射线波段则用两片硅单晶平行平板。单色 X 射线经菲涅尔波带片会聚成束，经由针孔光阑滤光后(滤除未聚焦的 X 射线以降低背景噪音)照射到样品上。探测器依探测信号以及应用目的不同而有各种选择。例如搭载 X 射线能量色散探测系统(X 射线能谱仪)，检测样品与 X 射线相互作用后产生的特征 X 射线荧光谱线，就可以获得样品的 X 射线显微荧光光谱。利用光电二极管检测透射 X 射线，即成为扫描透射 X 射线显微镜（scanning transmission X-ray microscope，STXM）；与 X 射线吸收精细结构谱相结合，则可以获得样品的透射 X 射线显微光谱，实现对样品微区特定组成的定性和定量分析。

(6) X 射线吸收精细结构谱与 X 射线光谱显微术　众多的高分子物理与化学问题都需要

在亚微米尺度进行分析，例如相分离、共混和共聚物体系的形貌和界面化学、纳米图案、自组装等。传统的用于研究高分子体系的光谱例如红外和核磁共振可以鉴定化学组成，但它们并不具备亚微米的空间分辨率。扫描电镜和透射电镜虽然具有很高的空间分辨率，对于材料形貌、结构的观察十分有效，但是它们不具备足够的化学灵敏度在分子水平上进行定量的化学成像。在许多时候，我们难以确定电子显微镜或光学显微镜下看到的结构是由于化学成分的差异引起的，还是仅仅由于样品的密度、厚度、对光的反射率不同造成的。此外，高分子材料在电子显微镜下很容易受到高能电子束的辐照而破坏。而将 X 射线吸收精细结构谱同 X 射线显微成像技术相结合的 X 射线光谱显微术则为这些问题提供了良好的解决方案。

X 射线吸收精细结构谱(X-ray absorption fine structure spectroscopy，XAFS)是 X 射线近边吸收精细结构谱(near edge X-ray absorption structure spectroscopy，NEXAFS)和扩展 X 射线吸收精细结构谱(extended X-ray absorption fine structure spectroscopy，EXAFS)的统称，是用于描绘局部结构最强有力的工具之一。XAFS 现象只决定于短程有序的作用，并且 X 射线“吸收边”具有元素特征，可以通过调节 X 射线的能量，对凝聚态和软物质等简单或复杂体系中原子的周围环境进行研究，给出吸收原子近邻配位原子的种类、距离、配位数和无序度因子等结构信息。

当 X 射线透过物质时，强度发生衰减，若入射 X 射线强度为 I_0，物质的线吸收系数为 μ，厚度为 d，则衰减后的强度 $I=I_0e^{-\mu d}$。吸收系数 μ 与入射 X 射线的能量有关。在特定能量处，μ 值会发生突变，这是由于原子内层电子被 X 射线光子激发到外部连续空能级的光电吸收而引起的。吸收系数的这种突变叫做“吸收边”(图 7-34)。由 K 层电子被激发而形成的吸收边称为 K 吸收边，L 层电子被激发而形成的吸收边称为 L 吸收边。由于 L 层电子又可以分成三种能量态，所以 L 吸收边又分为 $L_Ⅰ$、$L_Ⅱ$ 和 $L_Ⅲ$ 边（2s 电子形成 $L_Ⅰ$ 边，2p 对应的 $2p_{1/2}$ 和 $2p_{3/2}$ 两种组态的跃迁形成 $L_Ⅲ$ 和 $L_Ⅱ$ 边)。以吸收边为能量的相对零点，在低于 70eV 的区域内称为近边结构区，其谱图称为 X 射线近边吸收精细结构谱(NEXAFS)。在 50～1000eV 的高能区，吸收系数并不是单调变化的，而是呈现某种随能量起伏的精细结构，相应的谱图称为扩展 X 射线吸收精细结构谱(EXAFS)。

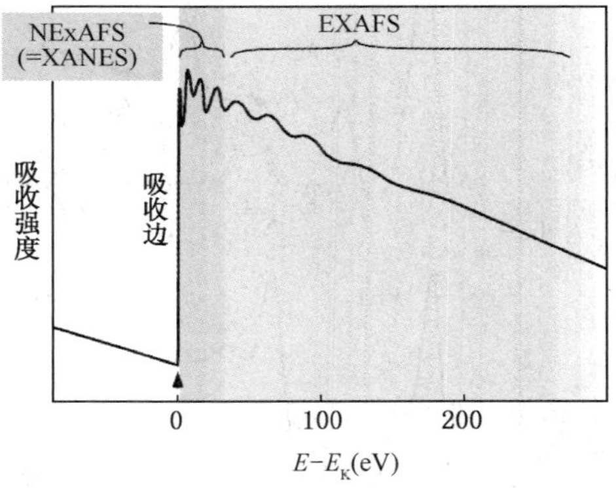

图 7-34　X 射线吸收精细结构谱

不同的元素有不同的吸收边能，根据这一特点，NEXAFS 谱被用于标定材料中的元素。表 7-5 列出了一些常见元素的 K、L 谱线的激发电位。

此外，化合物结构细微的变化能引起 NEXAFS 谱的显著改变，利用这一特性可以对一些结构十分相似的化合物进行区分。由于 NEXAFS 谱特征峰在鉴定化合物电子结构方面的特别有效性，被研究者称之为指纹(fingerprint)，可见其确切和专一程度之高。对于高分子材料的分析，最重要的是 C1s，N1s 和 O1s 的 NEXAFS 谱。图 7-35 是一些常见高分子材料的 C1s NEXAFS 谱。

元素的特征 X 射线吸收，可以作为透射 X 射线显微镜成像的化学衬度，结合 NEXAFS 谱可以实现对材料中各组分的定性鉴别，并且可以直观地观察到各组分的分布情况。

表 7-5　常见元素 K、L 谱线的激发电位　　keV

元素	K 边	L_I 边	L_{II} 边	L_{III} 边	元素	K 边	L_I 边	L_{II} 边	L_{III} 边
H	0.014	—	—	—	K	3.606	0.341	0.297	0.294
He	0.025	—	—	—	Ca	4.038	0.399	0.352	0.349
Li	0.055	—	—	—	Sc	4.496	0.462	0.411	0.406
Be	0.116	—	—	—	Ti	4.964	0.530	0.460	0.454
B	0.192	—	—	—	V	5.463	0.604	0.519	0.512
C	0.283	—	—	—	Cr	5.988	0.679	0.583	0.574
N	0.399	—	—	—	Mn	6.537	0.762	0.650	0.639
O	0.531	—	—	—	Fe	7.111	0.849	0.721	0.708
F	0.687	—	—	—	Co	7.709	0.929	0.794	0.779
Ne	0.873	0.048	0.022	0.022	Ni	8.331	1.015	0.871	0.853
Na	1.080	0.055	0.034	0.034	Cu	8.980	1.100	0.953	0.933
Mg	1.303	0.063	0.050	0.049	Zn	9.660	1.200	1.045	1.022
Al	1.559	0.087	0.073	0.072	Ga	10.368	1.300	1.134	1.117
Si	1.838	0.118	0.099	0.098	Ge	11.103	1.420	1.248	1.217
P	2.142	0.153	0.129	0.128	As	11.863	1.529	1.359	1.323
S	2.470	0.193	0.164	0.163	Sn	12.652	1.652	1.473	1.434
Cl	2.819	0.238	0.203	0.202	Br	13.475	1.794	1.599	1.552
Ar	3.203	0.287	0.247	0.245	I	33.164	5.190	4.856	4.559

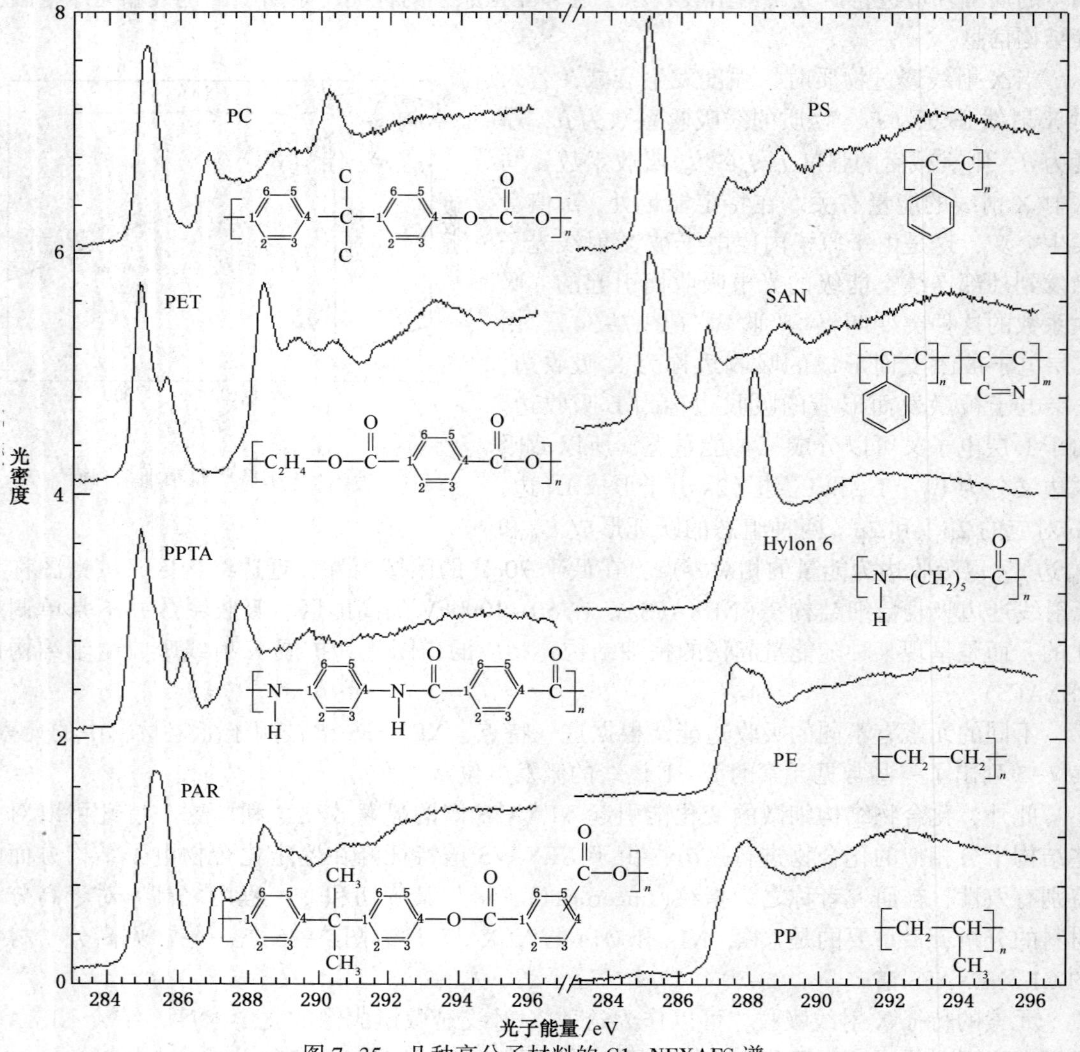

图 7-35　几种高分子材料的 C1s NEXAFS 谱

例 1　聚氨酯泡沫增强材料的研究

在一种模压成型的 TDI 型聚氨酯泡沫中填充有两种增强材料，一种是苯乙烯与丙烯腈的共聚物 SAN，另一种是富氨基甲酸酯的 MDI 型聚氨酯 PIPA，这两种颗粒状的增强材料在透射电镜下无法区分，如图 7-36 所示。

而若采用 X 射线光谱显微成像则可以很明确地将两种填充物区分开来。观察聚氨酯、SAN 和 PIPA 三种化合物的 C1s NEXAFS 谱（图 7-37），其中 285eV 的吸收峰来自苯环，由于 SAN 和 PIPA 都含有苯环，因此样品在此能量下的 X 射线显微图像与透射电镜下的图像无异[图 7-38(a)]。而 SAN 则在 286.7eV 处有一强吸收峰，来源于丙烯腈单元。因此在 287eV 处(此时 PIPA 和聚氨酯的信号都很弱)进行成像，就只能观察到 SAN 颗粒[图 7-38(b)]。将 285eV 下的颗粒像扣除 287eV 下的颗粒像，就能轻易地获得 PIPA 颗粒的像[图 7-38(c)]。

这个例子生动地说明了 NEXAFS 显微光谱可以在亚微米尺度快速并且可靠的对不同化学成分的物质进行鉴别。

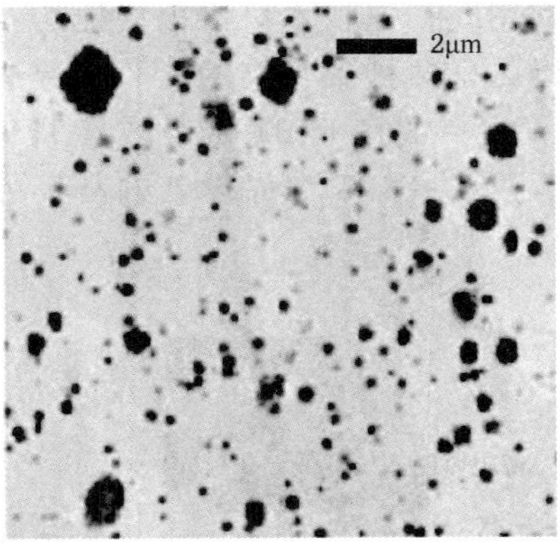

图 7-36　SAN 和 PIPA 两种材料在透射电镜下的形貌

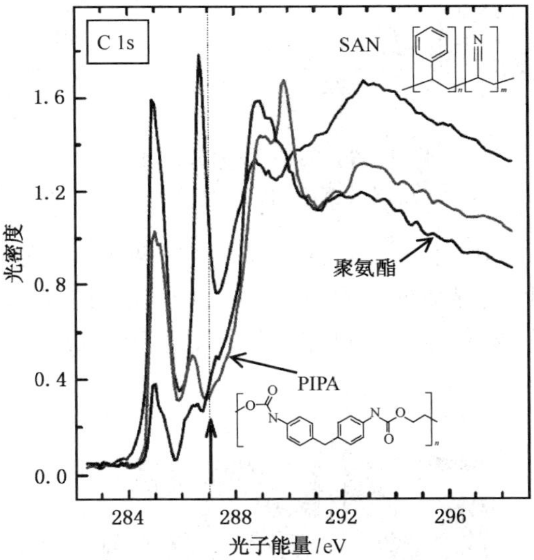

图 7-37　聚氨酯、PIPA 和 SAN 的 C1s NEXAFS 谱

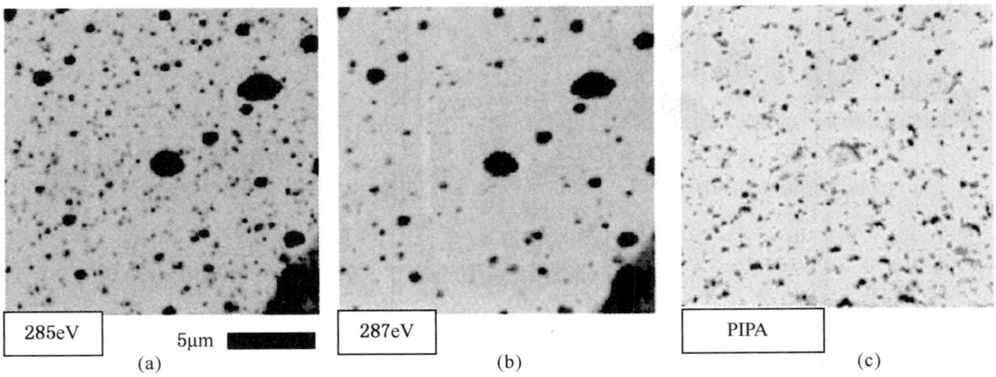

图 7-38　聚氨酯填充颗粒在 285eV 和 287eV 下的 X 射线图像，以及二者相减之后获得的 PIPA 颗粒图像

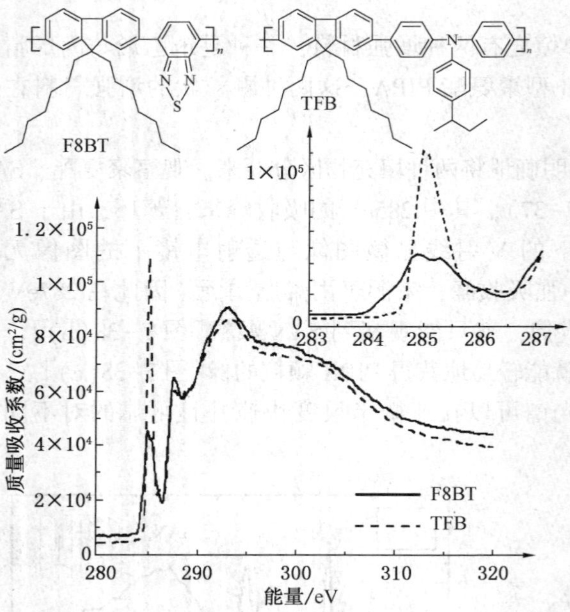

图 7-39　F8BT 和 TFB 的化学结构以及相应的 C1s NEXAFS 谱

例 2　共轭高分子共混物的研究

共轭高分子共混物是一种有潜在应用价值的光电材料。McNeil 等报道了一种共轭高分子共混物，由电子给体 PFB 和电子受体 F8BT 两种聚合物组成，其结构式见图 7-39。两种聚合物能够形成“异质结”结构从而利于电荷分离(charge separation)(用于太阳能电池)或者电荷的重组(charge recombination)(用于 LED)。该电荷运动过程对光电材料的性能起着决定性作用，通常认为发生在两聚合物微区的界面上，因此对于结构-性能的关系的研究就十分有必要。采用 X 射线光谱显微术可以很方便地研究材料微区中两种聚合物的分布情况。图 7-40 提供了两种材料各自的 C1s NEXAFS 谱图。

利用线扫描技术可以很便捷的获得不同微区里两种聚合物的分布情况。从图 7-40 可见，在 TFB 富集区，两种聚合物的含量比较稳定；而在 F8BT 富集区与 TFB 富集区的界面处，则观察到 F8BT 含量的显著增加。由此可见，F8BT 在界面处的富集可能可以解释这种材料的高效的电荷转移现象。

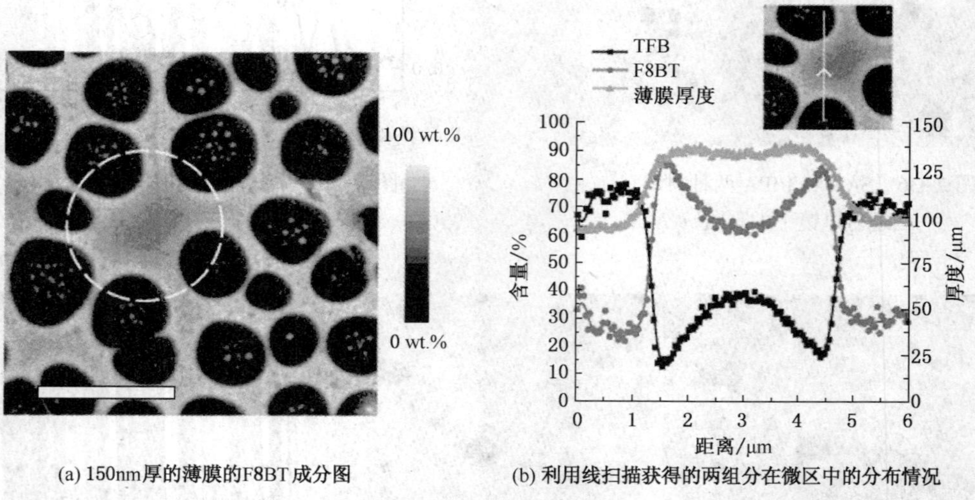

(a) 150nm厚的薄膜的F8BT成分图　(b) 利用线扫描获得的两组分在微区中的分布情况

图 7-40　(a) 150nm 厚的薄膜的 F8BT 成分图；(b) 利用线扫描获得的两组分在微区中的分布情况。

7.5 扫描探针显微镜

7.5.1 概论

1982 年第一台扫描隧道显微镜(scanning tunnel electron microscope，STM)问世。它的问世使人类第一次能够实时地观察到原子在物质表面的排列状态和与表面电子行为相关的物理化学性质，对表面科学、材料科学、生命科学和微电子技术的研究有着重大的意义和广阔的应用前景，被科学界公认为是表面科学和表面现象分析技术的一次革命。

STM 的基本原理是基于量子的隧道效应。将原子线度的极细针尖和被研究物质的表面作为两个电极，当样品与针尖的距离非常接近时(通常小于 1nm)，在外加电场的作用下，电子会穿过两个电极之间的绝缘层流向另一个电极。这种现象称为隧道效应。隧道电流强度对针尖与样品表面之间距离非常敏感，如果距离减小 0.1nm，电流将增加一个数量级。

与其他表面分析技术相比，STM 有许多优点。它具有原子级分辨率，平行和垂直于表面方向的分辨率分别可达 0.1nm 和 0.01nm，即可以分辨出单个原子。它可以得到单原子层表面的局部结构，可以直接观测到局部的表面缺陷、表面重构、表面吸附体的形态和位置，以及由吸附体引起的表面重构等。在获得样品表面形貌的同时，也可得到扫描隧道谱，可用于研究表面的电子结构(如表面价电子轨道状态、表面电子陷阱、电荷密度波、表面势垒的变化和能隙结构等)。STM 可实时地得到在实空间中表面的三维图像，可用于研究具有周期性或不具备周期性的表面结构，非常有利于对表面反应、扩散等动态过程的研究。

近些年来，用于高分子材料的 STM 研究已有报道。由于高分子链的柔性使针尖与样品的相互作用是弹性的等复杂因素，限制了 STM 像的清晰度，使之达不到较高的分辨率。又由于 STM 技术要求被测物质有一定导电性，故 STM 主要用于聚吡咯、聚噻吩和聚苯胺等导电高分子研究。如研究了导电膜的表面结构以及薄膜与石墨基底的相互作用，观察到了单个分子链，并能分辨出高分子链的螺旋结构。直接观察得出的不同高分子链的螺旋间距在 0.5~1nm 之间。

从 STM 的原理和技术出发已经演变出一个大系列的显微技术，称作扫描探针显微镜(scanning probe microscope，SPM)，而其中对高分子材料最有用的是原子力显微镜。

原子力显微镜(atomic force microscope，AFM)是由 G. Binnig 等在 1986 年开发成功的一种新型的显微镜。它使用一个尖锐的探针扫描试样的表面，通过检出及控制探针与试样表面间的相互作用力来形成试样的表面形态像。与 STM 一样可达到原子水平分辨率。在两个相互接近的物质间，一定有相互作用发生。因而在原理上 AFM 观察对于试样没有任何限制。也就是说与 STM 不同，对于绝缘性的试样也可进行观察，如有机固体、聚合物及生物分子等。通过十多年来的不断开发与改进，AFM 已有了各种变型如摩擦力显微镜(FFM)、粘弹性显微镜(SVM)、磁力显微镜(MFM)、静电力显微镜(EFM)、表面电位显微镜(SEPM)、热探测显微镜(SThM)及近场光扫描显微镜(NSOM)等。这些显微镜可分别用来研究材料表面的力学特性、电磁特性、表面电位分布、表面热特性及光学特性等。它们已在有机、无机、半导体、光记录材料及生物材料等领域得到广泛的应用。

AFM 有许多优点：①样品制备简单。不必像电镜那样先对样品进行镀金(或碳)以减少电荷积累及减少电子损伤，也不必对样品进行染色等处理以增加反差。②易于进行实时形变等原位分析。③仪器经特殊技术处理后，可以在有液体存在的情况下测定，这是电镜所不可能的。如 AFM 已用于测定 30%的全同聚苯乙烯的十氢萘凝胶。

在高分子材料领域 AFM 比 STM 应用得更广，因而本节主要介绍 AFM 的基本原理与在高分子中的应用。

7.5.2 原子力显微镜

(1) AFM 的基本原理　图 7-41 是 AFM 的原理图。试样被固定在一个压电陶瓷扫描器上，使用这个扫描器，可使试样在 x、y、z 三个方向以高于 0.1 nm 的精度移动。探针被固定在悬臂的末端，并使它充分地接近试样的表面以检测试样-探针间的相互作用力。悬臂的背面镀有金的薄层。它的移动可通过其背面反射的激光由位置灵敏检出器(position sensitivity detector，PSD)来检测。在 AFM 观察时，使用适当的反馈电路，使试样-探针间的作用力保持一定，即保持悬臂的弯曲程度不变，通过记录 x、y 方向扫描时的 z 方向扫描器的移动来获得试样表面的形态像。这种测定方式被称为接触模式(contact mode)。AFM 像也可使用固定高度的非接触模式(non-contact mode)来获得。这种方式在 x、y 方向扫描时，保持了方向扫描器的高度不变，通过记录悬臂的 z 方向的运动量来成像，通常在观察原子、分子像时用得比较多。另外，AFM 还可以采用轻敲模式(tapping mode，又称共振模式)来获得试样的表面形态像。在 x、y 方向扫描时，保持一定的振幅或者相位差，通过记录 z 方向扫描器的移动来得到试样表面的形态图。悬臂在 z 方向被驱动发生共振，根据所控制的振幅的大小，探针与试样之间可以是周期性接触的，也可以是非接触的。使用这种方式，可减小试样与探针间的相互作用，因而被广泛地运用于比较柔软、易于变形损坏的试样。

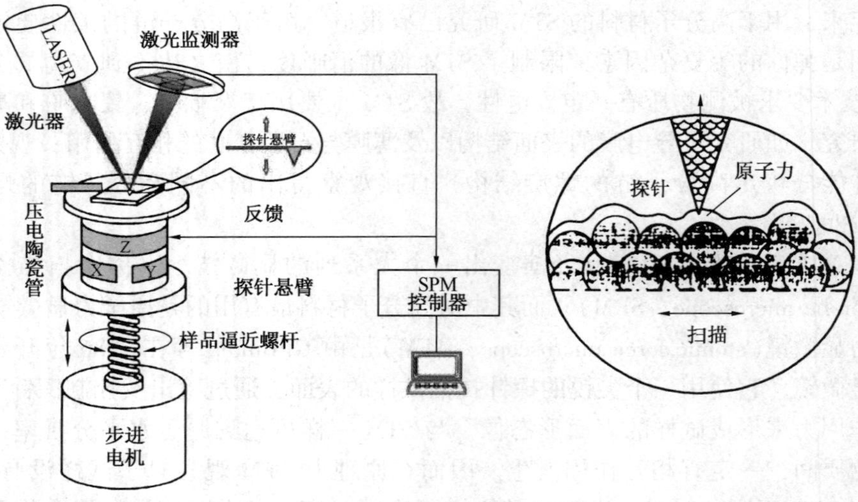

图 7-41　AFM 的基本原理

原子力显微镜(AFM)与扫描隧道显微镜(STM)最大的差别在于它并非利用电子隧道效应，而是利用原子之间的范德华力作用来呈现样品的表面特性。假设两个原子中，一个是在悬臂的探针尖端，另一个是在样品的表面，它们之间的作用力会随距离的改变而变化，其作用力与距离的关系如图 7-42 所示，当原子与原子很接近时，彼此电子云斥力的作用大于原子核与电子云之间的吸引力作用，所以整个合力表现为斥力的作用，反之若两原子分开有一定距离时，其电子云斥力的作用小于彼此原子核与电子云之间的吸引力作用，故整个合力表现为引力的作用。若以能量的角度来看，这种原子与原子之间的距离与彼此之间能量的大小也可从 Lennard-Jones 的公式中得到另一种印证。

$$E^{pair}(r) = 4\varepsilon\left[\left(\frac{\sigma}{r}\right)^{12} - \left(\frac{\sigma}{r}\right)^{6}\right]$$

从公式中知道，当 r 降低到某一程度时其能量为+E，也代表了在空间中两个原子是相当接近且能量为正值，若假设 r 增加到某一程度时，其能量就会为-E，同时也说明了空间中两个原子之距离相当远的且能量为负值。不管从空间上去看两个原子之间的距离与其所导致的吸引力和斥力或是从当中能量的关系来看，原子力式显微镜就是利用原子之间那奇妙的关系来把原子样子给呈现出来，让微观的世界不再神秘。

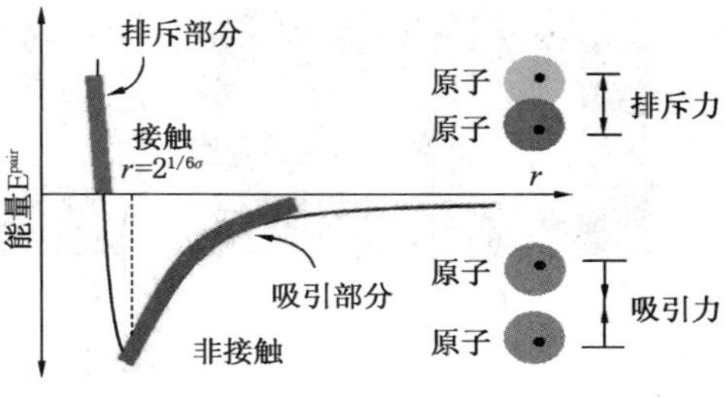

图 7-42　原子与原子之间的交互作用力与距离的关系图

AFM 测定是靠一个尖锐的探针在试样表面的“触摸”而成像的，因而探针的形状将不可避免地会对 AFM 像产生影响。特别是表面形状有很大的起伏或者对于直径为数十纳米以下的球状及线状试样，这种影响是不可忽视的。比如使用尖端曲率半径为 1nm 的探针来测定一个半径为 6nm 的例子，像图 7-43 所示的那样可以从探针行走的轨迹得知 AFM 观察到的粒子的宽度尺寸约为 32nm，也就是说比粒子的直径扩大了约 2.7 倍。与探针的曲率半径相比，所要观察的粒子越小则这种扩展效应越大。如果用同样的探针测定一个 4nm 半径的粒子则其宽度为 25nm，是其直径的 3 倍。现在可以从市场上得到的探针最尖锐的尖端曲率半径仍有 10nm，因而在这个尺寸范围以下的测定要特别注意。如果粒子的排列有周期性将不受探针曲率半径的影响，但像的对比度会随探针曲率半径的增大而减小。

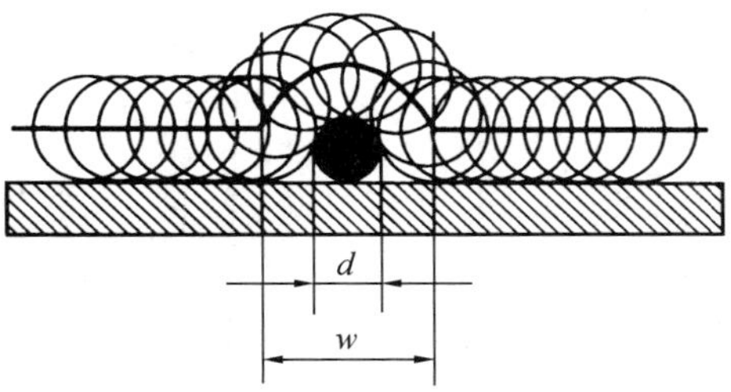

图 7-43　AFM 观察时的扩展效应

对于高分子材料等比较柔软的试样，如果使用接触方式来测定，应考虑到试样可能因探针的作用而变形甚至被破坏。虽然在用接触方式测定时，由于表面吸附水的影响使探针作用到试样上的力有时可达数百纳牛(顿)。在这种情况下，针压的控制将是非常困难的。这一问题，可通过溶液中的测定及使用共振方式测定来解决。

(2) AFM 在高分子材料领域的应用

例 1　聚合性有机硅烷单分子膜的表面形态

两亲性物质在水面上可以形成单分子膜。由其累积而成的多层膜称为 LB 膜。因为这些单分子膜及 LB 膜的结构可在分子水平得到控制，因而在分子器件、非线性光学材料、生物材料等方面有着广泛的应用前景。戈守仁用 AFM 研究了一系列聚合性有机硅烷化合物单分子膜，由于它们是以共价键固定在玻璃板、硅单晶等基板上，从而使单分子膜十分稳定。图 7-44 是正十八烷三氯硅烷(OTS)和(2-全氟辛烷)乙基三氯硅烷(FOETS)混合单分子膜的 AFM 三维图。可以观察到两组分发生了相分离，圆形岛状区域所占比例随 OTS 成分的增加而增加。圆形区域所占面积的百分率与混合单分子膜中的 OTS 成分的质量百分比是一致的。

例 2　树枝状聚氨基酰胺分子形态的观察

树枝状高分子是一种特殊形状的具有超高度支化的高分子，树枝状聚氨基酰胺

(a) 25/75　　(b) 50/50　　(c) 75/25

图 7-44　OTS/FOETS 混合单分子膜的 AFM 三维图

OTS/FOETS 质量比：(a) 25/75；(b) 50/50；(c) 75/25

(PAMAM)的一个典型例子，其合成路线如下：

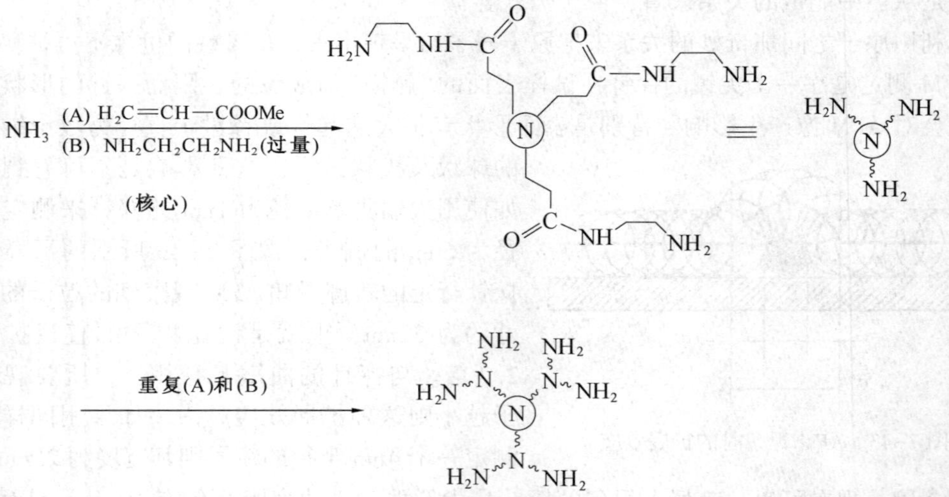

经过多代合成后会成为树状结构组成的球形分子(图 7-45)。

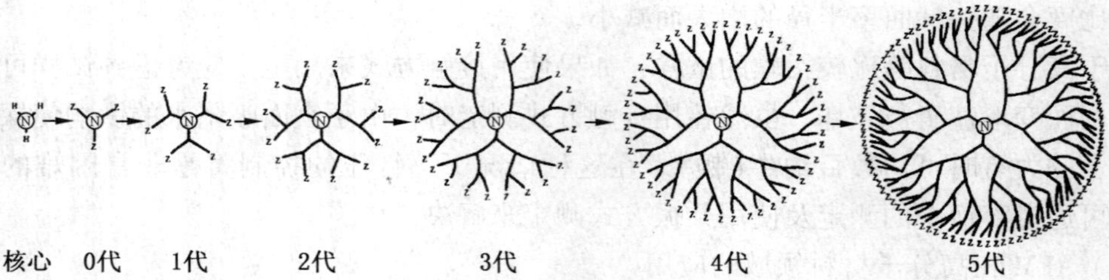

图 7-45　从核心 NH_3 合成 5 代树枝状聚氨基酰胺的结构变化

Jing Li 等成功地合成了 9 代树枝状聚氨基酰胺分子，并通过稀溶液浇铸使它们在新劈开的云母表面上形成单分子层规则排列。图 7-47 是 Nanoscope Ⅲ Multi Mode AFM 仪直接观察到每个分子对应的圆形的亮点。当分子是孤立的时候，亮点尺寸为 25. 3nm×25. 3nm，而当紧密堆砌成六边形时，亮点尺寸为 12. 8nm×12. 8nm（图 7-47），与理论计算的 9 代树枝状聚氨基酰胺分子的直径 11. 4nm 基本一致。可见孤立测定时有扩展效应，而形成规则排列测定时可以不考虑扩展效应，图 7-47 是这些球形的树枝状分子紧密堆砌的模型，与图 7-46 中的白框内图形相对应。

例 3　聚合物球晶生长过程的原位测定

近几年，AFM 应用于聚合物球晶成核与生长过程的观测取得了一些重要的结果。李林等设计并合成了一系列聚双酚 A 正 n 烷醚，发现当 $n=8$ 时（标记为 BA-C8），聚合物片晶在室温下的生长速率适合原位 AFM 的研究。

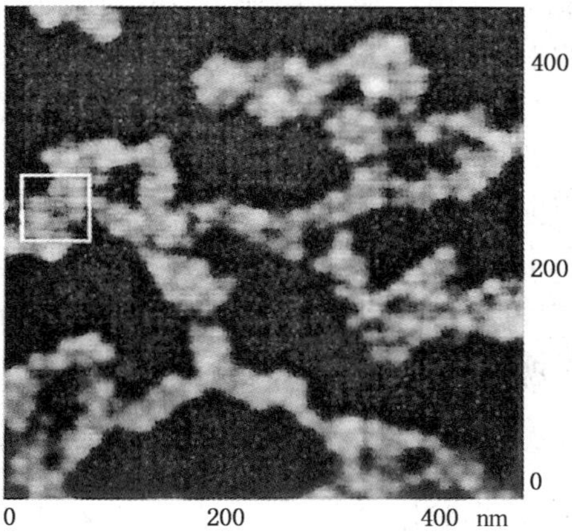

图 7-46　9 代树枝状聚氨基酰胺的 AFM 照片

图 7-47　树枝状分子六边形堆砌的模型

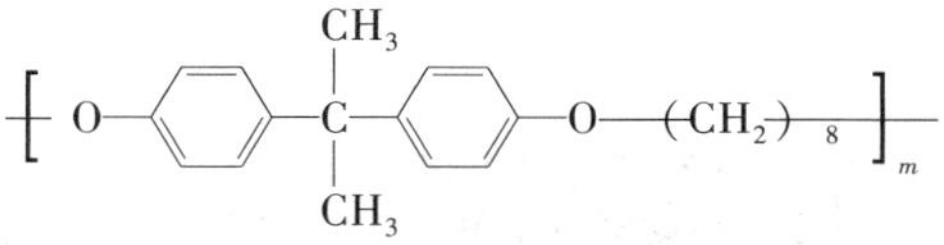

聚双酚 A 正八烷醚（BA-C8）

研究发现，聚合物薄膜在 22℃ 退火一定时间后，熔体在观察区域中形成了两个晶胚，尺寸小于 10nm[图 7-48(a)]。经过一段时间后，在同一区域发现只有一个晶胚存在，另一个则由于分子链段的热运动消失了[图 7-48(b)]。这一现象证实了热力学理论对原始晶核形成过程的预测。当稳定的原始晶核形成后，聚合物不断地在此晶核上生长，分叉并最终形

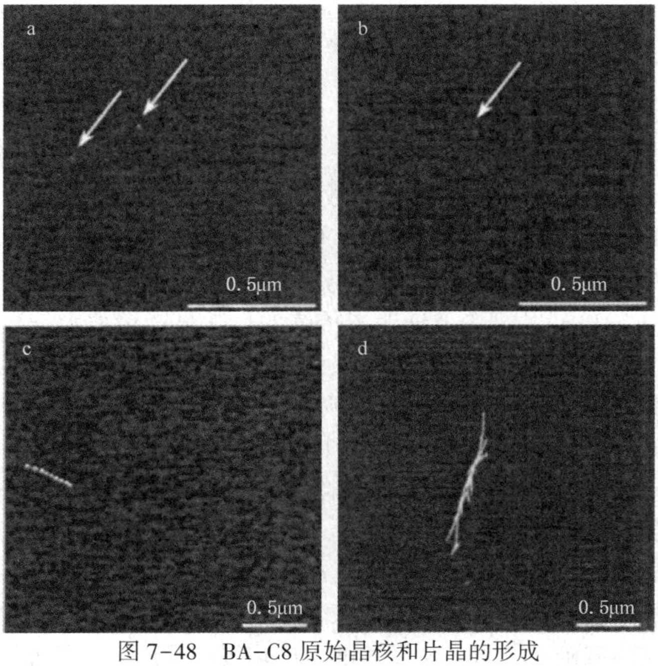

图 7-48　BA-C8 原始晶核和片晶的形成

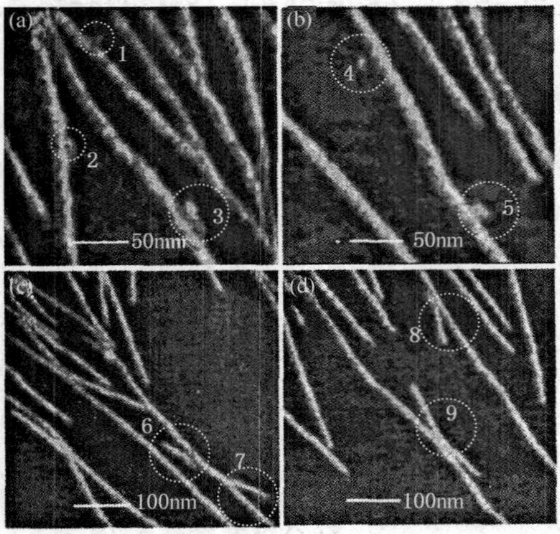

图 7-49 球晶生长前端的母片晶与诱导成核

成一个完善的球晶。

采用 AFM 还直接观察到片晶的诱导成核。由图 7-49 可见，诱导晶核往往出现在母片晶的附近，并落后母片晶生长前端约 0.5 ~ 1.0μm 处。诱导晶核生成的子片晶也会同时向两个相反方向生长，分枝片晶还可以再次诱导产生新的晶核并进一步分枝。一个母片晶逐渐产生大量分枝并最终形成一个球晶。该结果为诱导成核导致片晶分枝的理论提供了直观的实验证据。

例 4 PEA/PS 共混物的相分离研究

将聚丙烯酸乙酯与聚苯乙烯共混物(70:30)的薄膜用 HCl 蒸汽刻蚀 3h。在 AFM 下观察到白色球形的分散相为聚苯乙烯，通过三维图可以读出黑和白两相的反差高度为 200nm(图 7-50)。

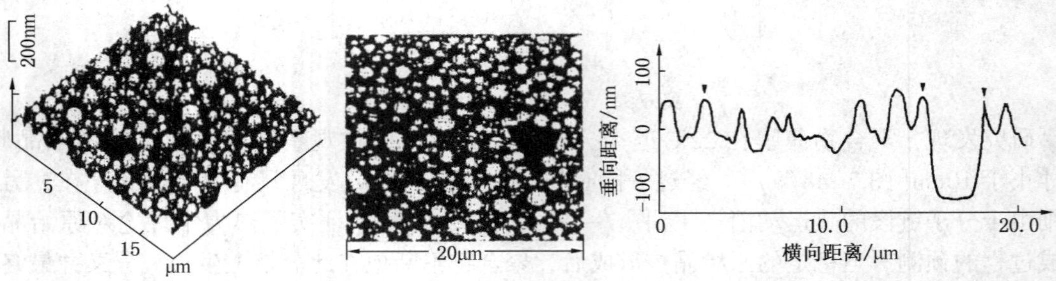

图 7-50 聚丙烯酸乙酯与聚苯乙烯共混物的相分离结构

7.5.3 近场光学扫描显微镜

传统光学显微镜曾是观测微小结构的唯一手段，它以光学透镜为主体，利用透镜将物体放大或成像。一般地讲，单个透镜能将物体放大几十倍，使用透镜组合几乎可放大到近千倍。由于光学显微镜可观察的样品类型广泛，包括从半导体到生物细胞；同时对观测环境和样品几乎没有什么苛刻的要求，使它在当前仍然是一种十分重要的观测手段。但不幸的是，德国物理学家阿贝(E. Abbe)从理论上证明了传统的光学显微镜放大倍数不能无限高，由于光的衍射效应，传统的光学显微镜的分辨极限为波长的 1/2，工作在可见光区的光学显微镜的分辨率极限最好只能达到 200nm 左右，实际应用中则要更低。近年来光学技术的进展，如共焦式显微镜(confocal microscope)，可达到 100nm 的分辨率；其他非线性光学上的技术进步，如采用双光子照明显微镜和 4π 共焦显微镜使光学显微镜的分辨率略有提高。但是所有这些努力对于分辨率的提高都是有限的。

近场光学扫描显微镜(near-field scanning optical microscope, NSOM)的出现则成功地突破了光学衍射极限的限制。这种新的技术使人们在充分利用光学观察的快速、无损、可靠、多种衬度观察等优点的基础上，将光学观察的尺度拓展到前所未有的亚波长范围，并且实现了纳米微区的光谱观察，形成了一门由光学、扫描探针显微学和光谱学结合的新型交叉学科——近场光学。

(1) 近场光学扫描显微镜的基本原理　物体表面场的分布可分为两个区域：一个是距物体表面仅仅几个波长的区域，称为近场区域；另一部分从近场区域起至无穷远处称为远场区域(如图 7-51 所示)。常规的观察工具如显微镜、望远镜及各种光学镜头均处于远场范围。近场的结构则相当复杂。它既包括可以向远处传播的分量，又包括了仅仅限于物体表面一个波长以内的非辐射分量。它的特征是“依附”于物体的表面，强度随离开表面的距离增加而迅速衰减，不能在自由空间存在，因而被称为“隐失波”(evanescent wave)。其性质不仅与物体的表面、更与物体的材料紧密相关。它因物体而存在，不能在自由空间存在。在近场区平面波受到扰动，并在远场区得以恢复。

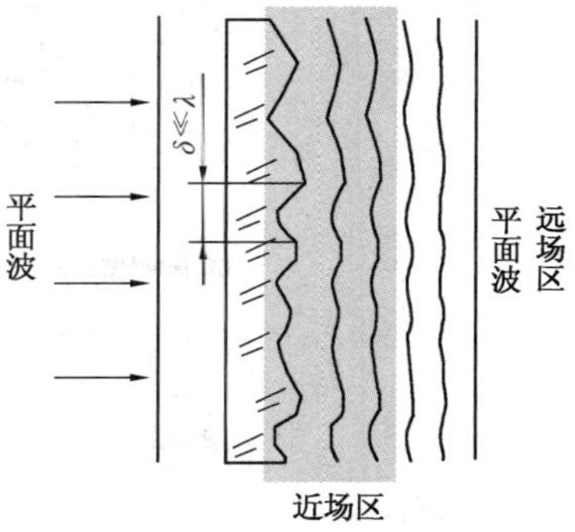

图 7-51　平面波与亚波长结构的相互作用

根据互逆性原理，将一微小物体放置于隐失场中，可以将其转换为传导波。当把探针置于近场范围内，就会对隐失场产生扰动。这种扰动机制将隐失波转换为传导波，使得原来平均能流为零的隐失波以波导的方式耦合入光纤探头。这种现象类似于电子隧道现象，可以称为光子的隧道效应。

(2) 近场光学扫描显微镜的仪器结构和工作模式　图 7-52 是一种有代表性的近场光学显微镜，它主要由光学组件、机械组件和电子组件构成。

① 光学组件包括光源(通常是激光)，以及一些透镜、偏光镜等光学显微镜常用的组件，和一个光电探测器。

② 机械组件包括有样品以及光纤探针的固定器、压电陶瓷管和减震器等。

③ 电子组件则包括扫描驱动、距离控制电子系统、光信号和距离信号检测系统。

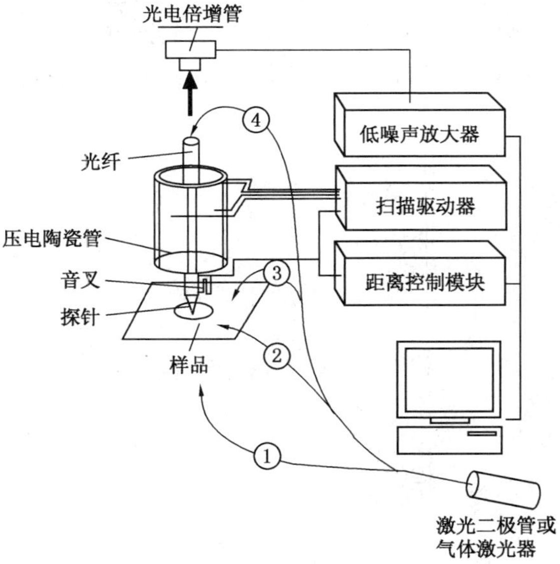

图 7-52　常规近场光学显微镜的结构

按照探针所起具体作用不同，我们可以把发展至今的各种近场光学显微镜分成如图 7-53 所示的三类工作模式。第一类是探针只为样品提供近场局域照明激发光的照明模，第二类是探针只在近场收集来自样品的光信号的收集模，第三类是探针同时作照明和收集用的照明/收集模。像普通显微镜那样，按对样品进行照明方式不同，前两种工作模式又可进一步分为透射照明和反射照明两种方式。因此，近场光学显微镜可有五种基本工作模式(如表 7-6 所示)。在各种模式中，探针和显微物镜可有不同的功用，但它们只分别工作于近场和远场。

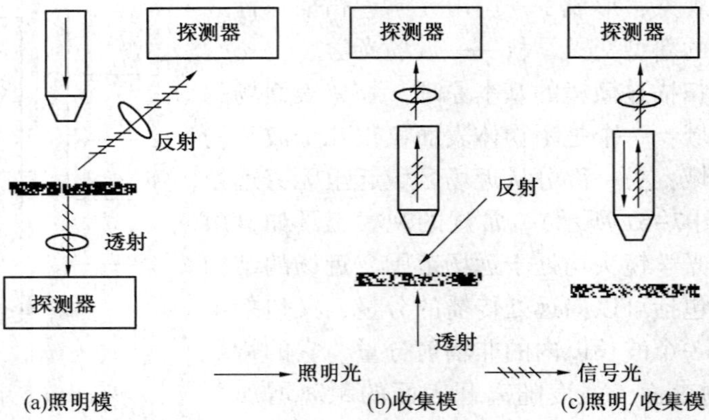

图 7-53　近场光学显微镜的三种工作模式

表 7-6　近场光学显微镜的工作模式

	工作模式	探针功能	照明方式	显微物镜作用
A	照明	照明样品	透射/反射	收集样品光
B	收集	收集样品光	透射/反射	照明样品
C	照明/收集	照明样品/收集样品光反射	反射	

（3）近场光学扫描显微镜的应用　Bopp 等人对厚聚合物薄膜中的单个染料分子成功地进行了成像，如图 7-54 所示。发现在成像过程中分子在聚合物框架中扩散和旋转，认为单个染料分子也可以做为一个纳米探针表征高聚物框架的无序性。理论上染料分子的迁移是各向同性的，因此若有染料分子单向移动，则可以认为它们是沿着高分子链运动的。类似的实验也可以在其他高分子和染料分子中实现。

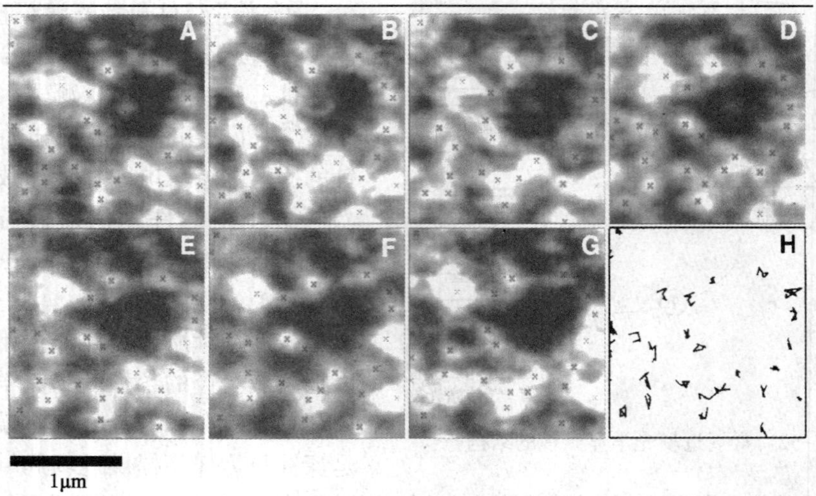

图 7-54　A～G 同一样品区域的 7 张连续扫描图像

27 个白色亮点（染料分子）用×号标记；H 代表这些白色亮点的运动轨迹

van Hulst 等利用近场光学显微镜在单分子水平成功地观察到 DNA 分子链。他们利用罗丹明染色并控制单根染料分子同单束双螺旋 DNA 分子结合，确保一束 DNA 分子链上只有一个荧光发色团；采用切变力成像技术而不引入分子链形变，成功地观测到分散在云母片上的

DNA 分子链，分辨率达到 70nm，如图 7-55 所示。同时他们研究了染料分子的光致漂白动力学以及它们的迁移率。这个工作十分重要，表明利用近场显微镜并结合合适的染料分子“探针”，可以成为在分子水平观察并分析生物样品行为的有力工具。

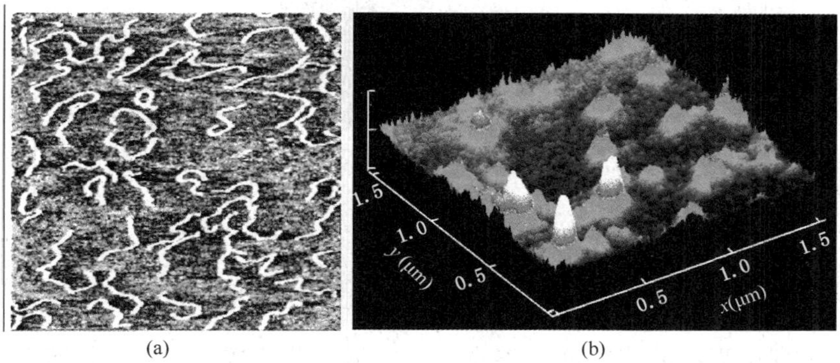

图 7-55　R6G 标记的(～340nm 长）的 DNA 片段剪切力图(a)和近场荧光图(b)。

7.5.4　磁共振力显微镜

传统的研究分子结构最强有力的手段，NMR 光谱以及 X 射线单晶衍射，都要求样品具有高的纯度或能形成有序的单晶。然而对于生物高分子而言，这些都是十分苛刻的要求。为了获得高纯度样品，通常都要花费数月甚至数年的时间进行纯化与分离。虽然单晶衍射是强有力的方法，但难以确保结晶后的大分子其三维结构仍与其在溶液中是一致的。而对于无法获得足够纯度的或者无法结晶的样品，这两种手段都将失去用武之地。尽管 STM 和 AFM 可以实现单个原子成像，然而它们更适用于样品的表面结构的研究；而对于分子的三维结构的成像，特别是结构生物学最关注的分子结合位点的成像，扫描探针显微镜此时也显得无能为力。事实上，目前大部分的已知序列结构的蛋白质都无法得知它们的三维结构。因此科学界亟需一种能在原位下观测生物大分子三维结构的方法，磁共振力显微镜(magnetic resonance force microscope，MRFM)就是为了解决这个问题而提出来的新技术。

(1) 发展历程　1991 年 Sidles 提出了 MRFM 成像的基本理论以及技术上得以实现的可能性。第一张 MRFM 图像是由 IBM 阿曼登研究中心于 1993 年获得的，它是一种顺磁样品(1，1-二苯基-2-苦基肼)的本体像，其垂直分辨率达到 1μm，横向分辨率达到 5μm。2003 年，仪器空间分辨率达到了纳米级。2004 年，IBM 科学家宣称结合磁共振成像(magnetic resonance image，MRI)及 AFM，首度让单个电子的自旋成像。2009 年，IBM 和斯坦福大学宣称已经将仪器的分辨率提高到 10nm，并成功地实现对烟草花叶病毒颗粒成像。

(2) 基本原理　MRFM 是 MRI 和 AFM 的结合体。传统的 MRI 利用感应线圈来感知梯度场中的核共振或者电子自旋。MRFM 则采用尖端带有铁磁体颗粒的悬臂来探测样品的自旋与针尖的相互作用力。随着铁磁体的针尖逐渐靠近样品，原子的核自旋将受其吸引并对悬臂产生一个微小的作用力。通过控制自旋的反复翻转，使得悬臂形成与之同步的前后摇摆运动。采用激光干涉仪来记录悬臂的共振频率，从而形成一系列二维乃至三维的样品像。铁磁体颗粒越小，悬臂越柔韧，信噪比则越高。不同于 MRI 的感应线圈，MRFM 的灵敏度随着设备和样品尺寸的减小而提高。但是样品的尺寸越小，布朗运动的干扰越明显，成为 MRFM 的主要噪音源。为了解决这一矛盾，MRFM 设备要在低温下工作。图 7-56 是磁共力显微镜的基本构造。

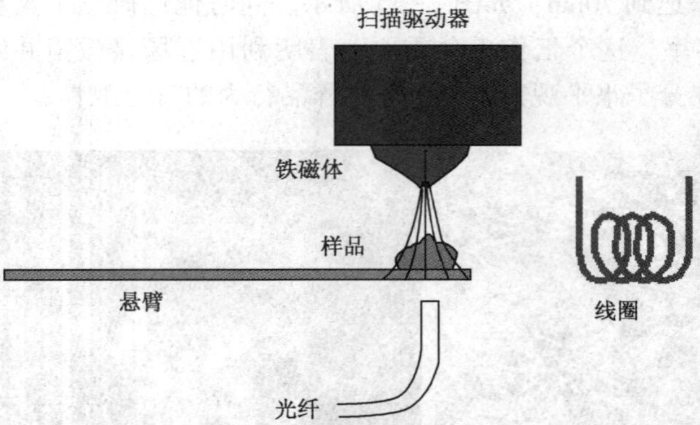

图 7-56　磁共振力显微镜的基本构造

图 7-57 是利用当前的 MRFM 仪器观测到的烟草花叶病毒的图像。图 7-57(A)是基于^{1}H 自旋密度的三维结构重建获得的病毒图像，图 7-57(B)是其中一个扫描层面的病毒形貌图，图 7-57(C)是同区域的扫描电镜图像。虽然目前的 MRFM 还远未实现原子级的分辨率，但我们有理由相信，随着技术不断进步和成熟，未来的 MRFM 有望提供非侵入的方式来展示诸如蛋白质等生物结构的三维细节，将给人们观察病毒、细菌、蛋白及其他生物分子的方法带来革命性变化。

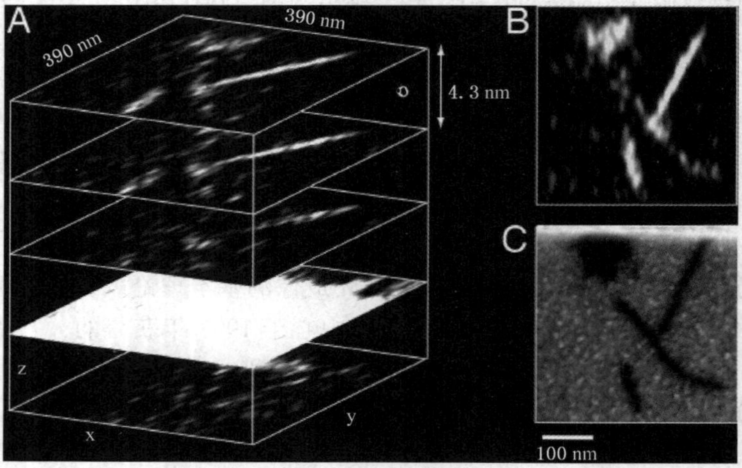

图 7-57　(A) 采用 MRFM 观测到的烟草花叶病毒的三维影像；(B) 代表性的某一层面的病毒二维像；(C) 同区域下扫描电镜获得的图像

参 考 文 献

1　谷裕平. 光学显微镜. 兰州：甘肃人民出版社，1985

2　舍英. 现代光学显微镜. 北京：科学出版社，1997

3　董炎明. 高分子分析手册. 中国石化出版社，2004

4　R. Salzer，H. Siesler. Infrared and Raman Spectroscopic Imaging. Wiley-VCH，2009

5　林礼煌. 配备成像系统的 X 射线显微镜. 激光与光电子学进展，1996，(10)：30~35

6 谢行恕. 同步辐射软 X 射线显微成像. 物理实验, 2001, 21(11): 3~6
7 I. Koprinarov, A. P. Hithcock. X-ray Spectromicroscopy of Polymers: An Introduction for the non-specialist. http: //unicorn. mcmaster. ca/ research/stxm-intro/polySTXMintro-all. html
8 寇元. 固体催化剂的研究法. 石油化工, 2000, 9: 712~722
9 寇元. 固体催化剂的研究法. 石油化工, 2000, 29: 802~811
10 T. H. Yoon. Applications of Soft X-ray Spectromicroscopy in material and environmental sciences. Applied Spectroscopy Reviews, 2009, 44: 91~122
11 H. Ade, H. Stoll. Near-edge X-ray absorption fine-structure microscopy of organic and magnetic materials. Nature Materials, 2009, 8: 281~290
12 M. De Serio, R. Zenobi, V. Deckert. Looking at the nanoscale: scanning near-field optical microscopy. Trends in Analytical Chemistry, 2003, 22: 70~77
13 张树霖. 近场光学显微镜及其应用. 北京: 科学出版社, 2000
14 朱星. 近场光学显微镜. 现代科学仪器, 1998, (1~2): 84~89
15 朱星. 纳米尺度的光学成像与纳米光谱——近场光学与近场光学显微镜的进展. 物理, 1996, 25: 458~465
16 D. Courjion. Near-field Microscopy and Near-Field Optics. Imperial College Press, 2003
17 M. A. Bopp, G. Tarrach, M. A. Lie, and A. J. Meixner. Super-resolution fluorescence imaging of single dye molecules in thin polymer films. J. Vac. Sci. Technol. 1997, A 15(3): 1423~1426
18 M. F. Garcia-Parajoy, J-A Veerman, S. J. T. van Noort, B. G. de Grooth, J. Greve, N. F. van Hulst. Near-field optical microscopy for DNA studies at the single molecular level. Bioimaging, 1998, 6: 43~53
19 J. A. Sidles. Noninductive detection of single-proton magnetic resonance. Applied Physics Letters, 1991, 58: 2854~2856
20 O. Zuger and D. Rugar. First images from a magnetic resonance force microscope. Applied Physics Letters, 1993, 63: 2496~2498
21 S. Chao, W. Dougherty, J. Garbini, J. Sidles. Nanometer-scale magnetic resonance imaging. Review of Scientific Instruments, 2003, 75: 1175~1181
22 D. Rugar, R. Budakian, H. Mamin, B. Chui. Single spin detection by magnetic resonance force microscopy. Nature, 2004, 430: 329~332
23 C. L. Degen, M. Poggio, H. J. Mamin, C. T. Rettner, and D. Rugar. Nanoscale magnetic resonance imaging. PNAS, 2009, 106: 1313~1317

习　题

1. 使用偏光显微镜观察球晶时有哪些注意事项?

2. 用偏光显微镜观察 140℃ 等温结晶的 IPP 样片和自然降温结晶的 IPP 样片，它们各存在何种成核方式? 怎样证明?

3. 熔融温度对球晶大小有什么影响?

4. 大球晶的边界上常观察到什么现象? 这对制品性能有何影响? 在实际生产中如何控制球晶大小?

5. 在正交偏光显微镜下旋转样品，球晶的马尔他黑十字跟着旋转吗? 为什么?

6. 如何用偏光显微镜测量球晶的尺寸?

7. 偏光显微镜最大的放大倍数是多少?

8. 如何利用偏光显微镜区别均相成核与非均相成核?

9. 请回答以下关于“双折射”的问题：

(1) 球晶的双折射如何定义？如何测定球晶的双折射符号？

(2) 液晶有没有双折射？当所有液晶分子都与玻片表面平行，并择优取向时，正交偏光显微镜能否观察到液晶的存在？为什么？

10. 查阅文献，举例说明 AFM 在高分子结构研究中的应用。

11. 比较本章所述各种显微镜的分辨率，分别说明它们各自的特点。

第 8 章　电子显微术

8.1　电子显微镜的基本原理

电子束射到样品上，如果能量足够大就能穿过样品而无相互作用，形成透射电子；反之电子与样品相互作用而产生散射。散射有两类，如果只是被反射而没有损失能量，称为弹性散射，如果有能量损失，称为非弹性散射，会产生各种不同的射线(图 8-1)

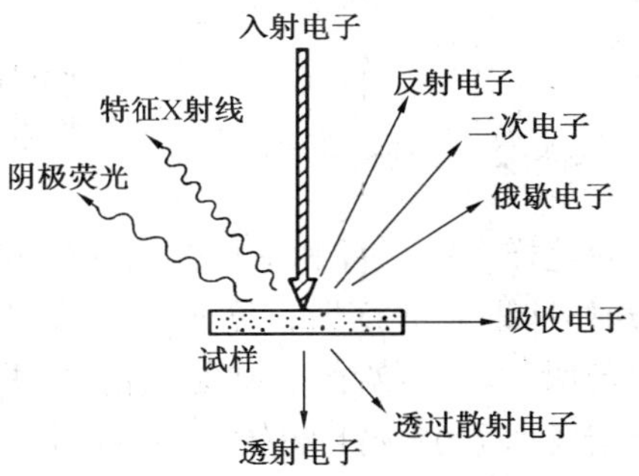

图 8-1　电子与样品相互作用所产生的信息

(1) 透射电子　直接透射电子，以及弹性或非弹性散射的透射电子用于透射电镜(transmission electron microscope，TEM)的成像和电子衍射。

(2) 背景散射电子　入射电子穿透到离核很近的地方被反射，而没有能量损失。反射角的大小取决于离核的距离和原来的能量，因而实际上任何方向都有散射，即形成背景散射。它能量较高，基本上不受电场的作用而呈直线运动进入检测器。散射强度的大小取决于原子的原子序数。背景射电子的产额随样品的原子序数增大而增加，所以背散射电子信号的强度与样品的化学组成有关，即与组成样品的各元素平均原子序数有关。因而利用背景散射电子单独成像的“背景散射电子像”是原子序数衬度像。

(3) 二次电子　如果入射电子撞击样品表面原子的外层电子，把它激发出来，就形成低能量的二次电子，在电场的作用下它可呈曲线运动，翻越障碍进入检测器，因而使表面凹凸的各个部分都能清晰成像，且图像无阴影效应。习惯上把能量小于 50eV 的电子统称为二次电子，仅在样品表面 5~10nm 的深度内才能逸出表面，这是二次电子分辨率高的重要原因之一。二次电子的强度主要与样品表面形貌有关。二次电子和背景散射电子共同用于扫描电镜(scanning electron microscope，SEM)的成像。当探针很细，分辨较高时，基本上收集的是二次电子而背景电子很少，称为二次电子成像(secondary electron image，SEI)。

(4) 特征 X 射线　如果入射电子把样品表面原子的内层电子撞击，被激发的空穴由高能级电子填充时，能量以电磁辐射的形式放出，就产生特征 X 射线，可用于元素分析(详见第 4 章)。

(5) 俄歇(Auger)电子　如果入射电子把外层电子打进内层，原子被激发了，为释放能量而电离出次外层电子，叫俄歇电子。主要用于轻元素和超轻元素(除 H 和 He)的分析，称为俄歇电子能谱(AES)。

(6) 阴极荧光　如果入射电子使试样的原子内电子发生电离，高能级的电子向低能级跃迁时发出的光波长较长(在可见光或紫外区)，称为阴极荧光，可用作光谱分析，但它通常非常微弱。

本章只限于介绍 TEM 和 SEM，还包括 SEI 和附有扫描部分的透射电镜(STEM)。

8.1.1 透射式电子显微镜

(1) 构造和成像原理 透射电镜的基本构造与光学显微镜相似，主要由光源、物镜和投影镜三部分组成，只不过用电子束代替光束，用磁透镜代替玻璃透镜(图 8-2)。光源由电子枪和一或两个聚光镜组成，其作用是得到具有确定能量的高亮度的聚焦电子束。

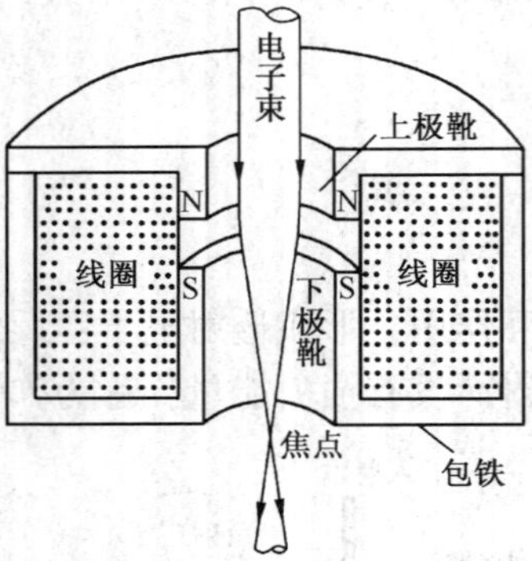

图 8-2 磁透镜的工作原理

电镜的成像光路上除了物镜和投影镜外，还增加了中间镜，即组成了一个三级放大成像系统。物镜和投影镜的放大倍数一般为 100，中间镜的放大倍数可调，为 0~20。中间镜的物平面与物镜的像平面重合，在此平面装有一个可变的光阑，称为选区光阑[见图 8-3(c)]。投影镜的物平面与中间镜的像平面重合，荧光屏位在投影镜的像平面上。荧光屏、光学观察放大镜及照相机等组成观察系统。

除了常规的成像方式(明场像)外，还可以观察暗场像和衍射花样。明场像和暗场像的成像方法区别在于，在物镜的背焦面上，如果用物镜光阑套住透射束[即 0 级衍射，见图 8-4(a)]就形成明场像；若用物镜光阑套住衍射束时则形成暗场像。但由于物镜光阑偏离主轴，所成的暗场像有较大的球差和像散。为克服此缺点，常用倾斜入射光束的方法获取暗场像[见图 8-3(b)和图 8-4(b)]。因为透射光和衍射(即散射)光是结构信息的两个主要组成部分，它们提供的信息是互补的，所以暗场像是明场像的反图像(见图8-5)，能揭示明场像看不到的结构。

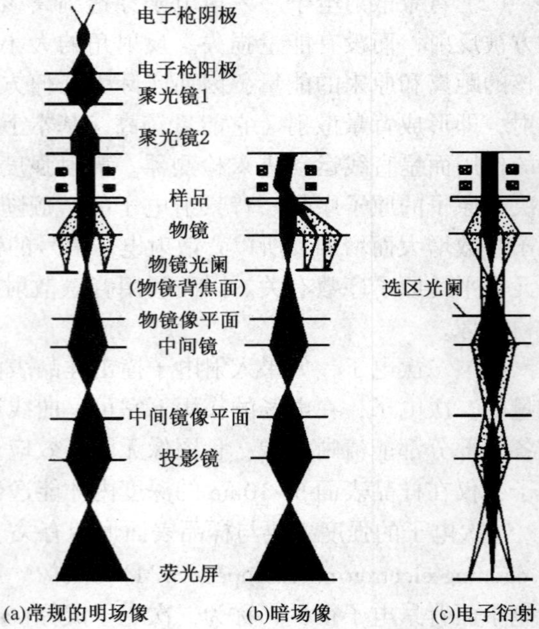

图 8-3 TEM 三种测定方式的原理图

衍射是另一种很不相同的成像方式。衍射是晶体特有的，它是散射波经干涉后得到的结果，是散射的一种特殊表现形式。要获取电子衍射图，首先将中间镜的励磁电流减小，使其焦距变大，此时物镜背焦面上的衍射花样将在中间镜的像平面上成像。撤走物镜光阑，以便高级衍射束也能成像。用中间镜物平面上的一个相对较大的可变的选区光阑，来选择衍射目的像的区域，这样在屏幕上得到放大的电子衍射花样[图 8-3(c)]。

电子衍射的几何学和 X 射线衍射完全一样(参见第 5 章)。但电子衍射的强度比 X 射线衍射大得多，它几乎与透射束相当，因而电子衍射的灵敏度很高。而且可以很方便地把微小晶体的显微图像与衍射分析结合起来，常用于研究聚合物的单晶。

电镜构造有两个特点必须特别加以说明：

① 光学显微镜中的玻璃透镜不能用于电镜，因为它们非但没有聚焦成像的能力而且简直就是“不透明的”。电流通过线圈时出现磁力线和南北极。由于电子带电，会与磁力线相

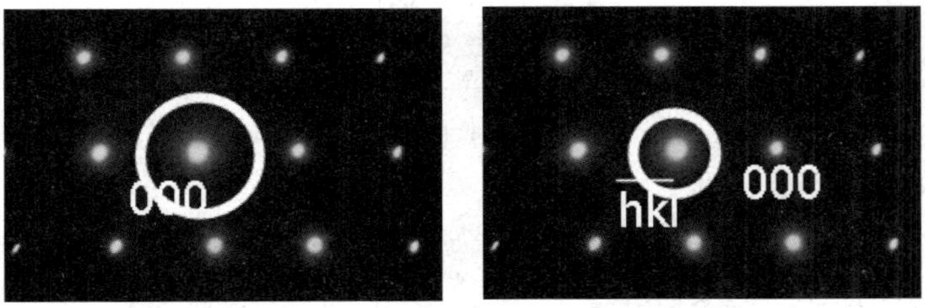

(a)常规的明场像　　(b)倾斜入射电子束

图 8-4　TEM 的物镜光阑的位置

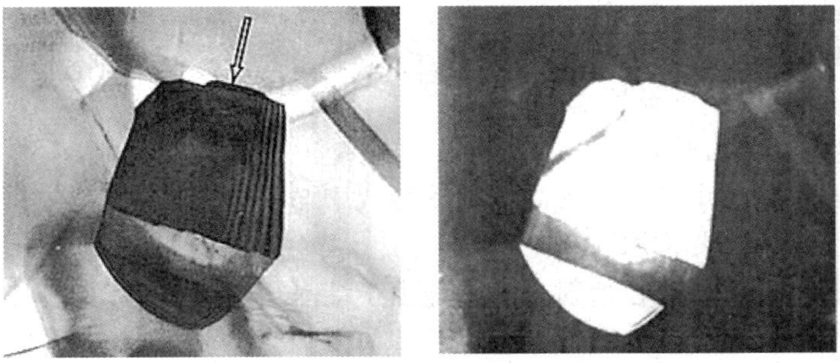

(a)　　(b)

图 8-5　某晶体的明场像(a)和相应的暗场像(b)

互作用，而使电子束在线圈的下方聚焦。只要改变线圈的励磁电流就可以使电镜的放大倍数连续变化。为了使磁场更集中，在线圈的内部也包有软铁制成的包铁，称为极靴化。带极靴的磁透镜磁场被集中在上、下极靴间的小空间内，磁场强度进一步提高。

② 因为空气会使电子强烈地散射，所以凡有电子运行的部位都要求处于高真空，要达到 1.33×10^{-4}Pa 或更高。

(2) 电镜三要素

电镜图像的分辨率、放大倍数和衬度被称为电镜的三大要素。只有了解它们，才能知道如何获得一幅高质量的图像。

① 分辨率。电子束是一种 De Broglie 波，具有波粒二相性。而电子波长取决于加速电压，服从下式：

$$\lambda=\left(\frac{1.5}{V}\right)^{0.5}$$

式中，V 为电子加速电压，V。可以计算当 $V=100$kV 时，$\lambda=0.0037$nm。

如果能设计大孔径角的磁透镜，在 100kV 时，分辨率可达 0.005nm。而实际 TEM 只能达到 0.1～0.2nm，这是由于透镜的固有像差造成的。

提高加速电压可以提高分辨率(见图 8-6)，现已有 300kV 以上的商品高压(或超高压)电镜。高压不仅提高了分辨率，而且允许样品有较大的厚度，推迟了样品受电子束损伤的时间，因而对高分子的研究很有用。但高加速电压意味着大的物镜，500kV 时物镜直径 45～50nm；3000kV

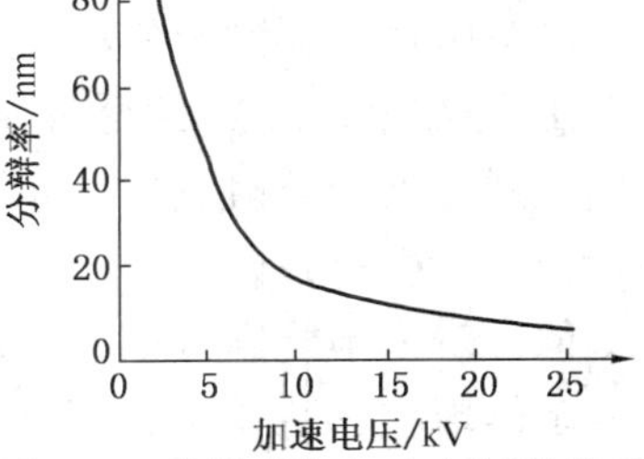

图 8-6　分辨率与加速电压的关系

时为 70cm，因而设备庞大造价高。所以对高分子材料的研究所适合的加速电压，最好在 250kV 左右。

② 放大倍数。电镜最大的放大倍数等于肉眼分辨率（约 0.2mm）除以电镜的分辨率 0.2nm 左右，因而在 10^6 数量级上。

③ 衬度。在分析 TEM 图像时亮和暗的差别（即衬度，又称反差）到底与样品的什么特性有关，这点对解释图像非常重要。

高分子电镜图像的衬度主要是吸收衬度，取决于样品各处参与成像的电子数目的差别，电子数目越多，散射越厉害，透射电子就越少，从而图像就越暗。另外样品厚度、原子序数、密度对衬度也有影响，一般有下列关系：

（ⅰ）样品越厚，图像越暗；

（ⅱ）原子序数越大，图像越暗；

（ⅲ）密度越大，图像越暗。

其中，密度的影响最重要，因为高分子的组成中原子序数差别不大，所以样品排列紧密程度的差别是其反差的主要来源。

此外，对结晶高分子还存在衍射衬度，即由于结晶衍射线被物镜光阑挡住不参与成像而形成的反差。

8.1.2 扫描式电子显微镜

扫描电镜的最大特点是焦深大，图像富有立体感，特别适合于表面形貌的研究。它的放大倍数范围广，从十几倍到数万倍，几乎覆盖了光学显微镜和 TEM 的范围。它制样简单，样品的电子损伤小，这些方面优于 TEM。所以 SEM 成为高分子材料常用的重要分析手段。

（1）构造和成像原理　SEM 与 TEM 有很大区别。在原理上，SEM 不是用透射电子成像，而是用二次电子加背景散射电子成像。在仪器构造上，除了光源、真空系统相似外，检测系统完全不同。图 8-7 是 SEM 的原理图。

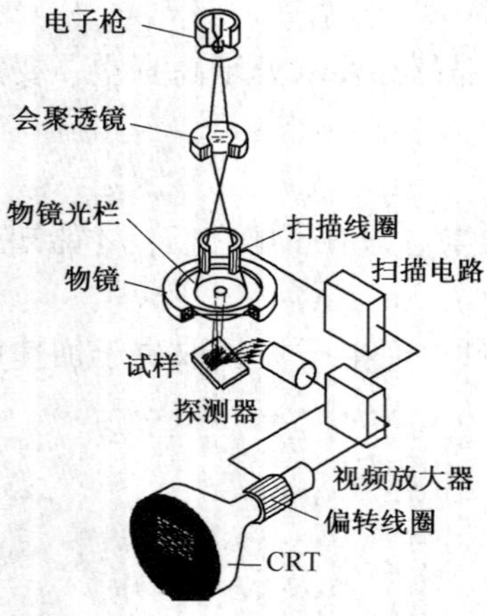

图 8-7　SEM 的原理图

电子枪射出的电子束经聚光镜会聚，再经物镜聚焦成一束很细的电子束（称为电子探针或一次电子）。在聚光镜与物镜之间有一组扫描线圈，控制电子探针在试样表面的微小区域上扫描。引起一系列二次电子和背景电子发射。这些二次电子和背景电子被探测器依次接收。经视频放大器放大后输入显像管（CRT）。由于显像管的偏转线圈和镜筒中的扫描线圈的扫描电流由同一个扫描发生器严格控制同步，所以在显像管的屏幕上就可以得到与样品表面形貌相应的图像。

（2）电镜三要素及焦深

① 分辨率。SEM 的分辨率主要受到电子束直径的限制，这里电子束直径指的是聚焦后扫描在样品上的照射点的尺寸。对同样间距的两个颗粒，电子束直径越小，越能得到好的分辨效果（图 8-8）。

但分辨率不能靠减小电子束直径而无限增大。一方面，因为磁透镜材料的缺陷，总是存在一定的球差、色差等，现在一般电子束直径局限于 5nm 左右，很难再减小；另一方面，电子束直径越小，信噪比越小。

如果以两个小颗粒之间刚能区分开的最小距离为分辨率(如图 8-9 所示)，则 SEM 的分辨率与电子束直径一样大，约为 5nm。目前用钨灯丝的 SEM，分辨率达到 3~6nm，场发射源 SEM 分辨率可达到 1nm。

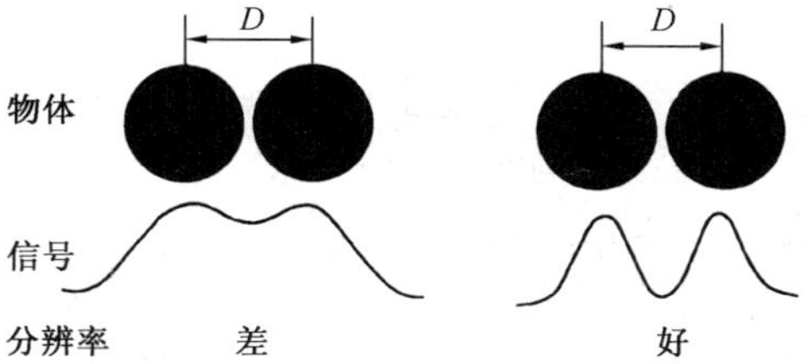

图 8-8　电子束直径对分辨率的影响

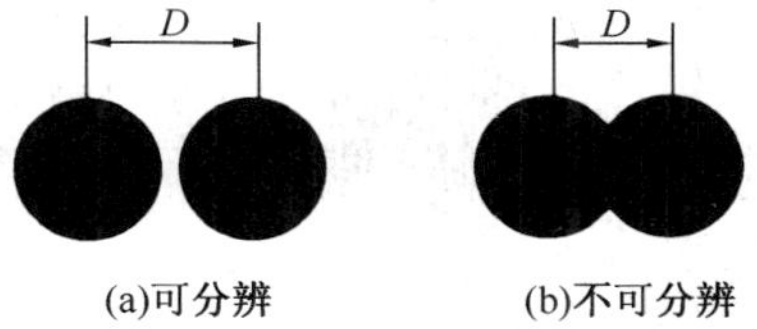

图 8-9　分辨率的定义

② 放大倍数。SEM 的放大倍数与屏幕分辨率有关。

$$放大倍数=\frac{屏幕分辨率}{电子束直径}$$

SEM 用的显像管与普通电视用的一样，以尺寸 40cm×40cm 为例，为了保证在肉眼分辨率以上(这里以极限分辨率 0.2mm 计)至少要扫描 2000 行，使屏幕分辨率在 0.2mm。这样，有效最大放大倍数 $M=0.2\times10^6\text{nm}\div5\text{nm}=40000$(倍)。如果选择高于 4 万倍的放大倍率，不会增加图像细节，只是虚放大，一般无实际意义。放大倍率是由分辨率制约，不能盲目看仪器放大倍率指标。

③ 衬度。

(i) 表面形貌衬度。由于二次电子产额 δ 对试样平面法线倾角 θ 的依赖性(图 8-10)，SEM 的衬度主要是样品表面的凹凸(称为表面地理)决定的，图 8-11 是其表现的一些方式。总之，尖棱、小粒子和坑穴边缘对二次电子产额有特别的贡献。一般情况下，入射电子能从试样表面下约 5nm 厚的薄层激发出二次电子，加速电压大时会激发出更深层内的二次电子，从而面下薄层内的结构可能会反映出来并叠加在表面形貌信息上。该图对 SEM 图像的正确解释很有用。

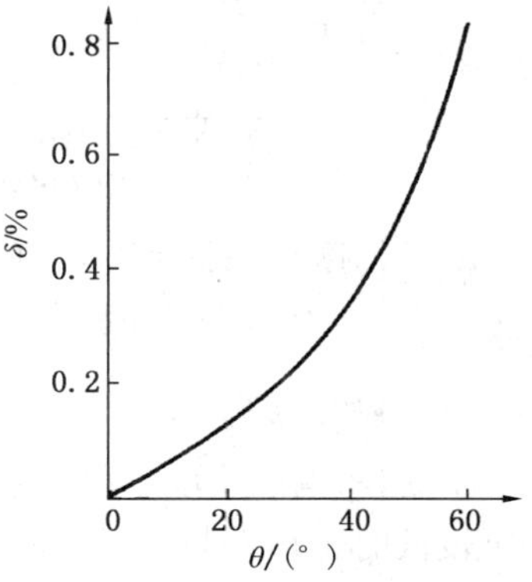

图 8-10　二次电子产额对试样平面法线倾角的依赖性

(ii) 原子序数衬度。扫描电子束入射试样时产生的背景电子、吸收电子、X 射线，对微区内原子序数的差异相当敏感(如图 8-12 所示)，而二次电子不敏感。但由于背景散射电子的能量较高，从样品表面反射回来时沿直线轨迹运动，有效收集立体角较小，而二次电子检测器往往垂直放置，所以检测到的背景电子讯号比二次电子讯号弱得多。高分子中各组分之间的平均原子序数差别本来就不大，所以只有一些特殊的高分子多相体系才能利用这种衬度成像。

④ 焦深。焦深(又称景深)是在焦点附近能看清图像的余量。一般在低倍率下景深较大，在高倍率下景深变小。SEM(SEI)的焦深是较好的光学显微镜的 300~600 倍，比 TEM 也要大 10 倍以上。焦深大意味着能使不平整性大的表面上下都能聚焦，如图 8-13 所示。焦深公式如下：

$$\Delta F=\pm d/2\alpha$$

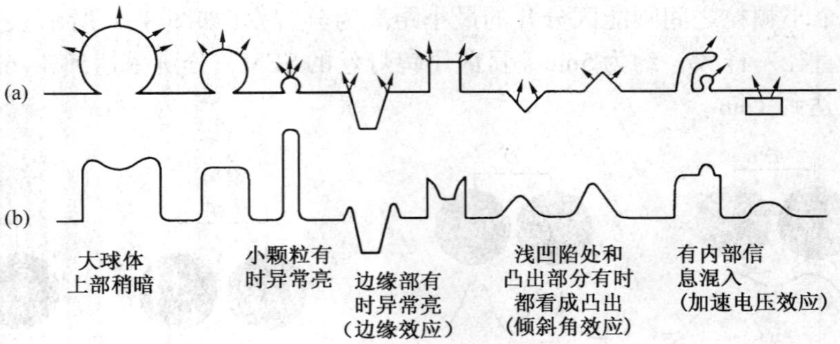

图 8-11　不同表面形貌的衬度示意图

(a)实际亮度(二次电子产额)；(b)实际表面形状

式中，ΔF 为焦深；d 为电子束直径；2α 为物镜的孔径角。粗略地看，焦深约为视野幅宽的一半。

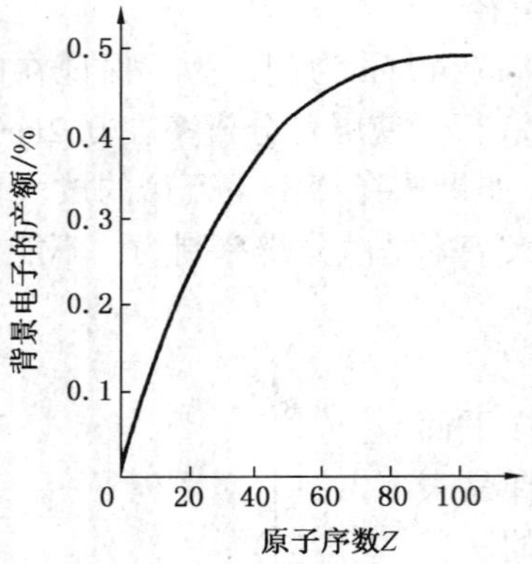

图 8-12　背景散射电子产额与原子序数的关系

图 8-13　一种多孔 SiC 陶瓷的 SEI 像

(3) 操作条件

① 加速电压。电子枪的加速电压是电镜的一个主要性能指标，一般用 kV 为单位。加速电压较低时，球差较小从而提高了分辨率；另一方面深加速电压越高，电子束能量越大，对样品穿透得越深(尤其是低原子序数的高分子材料)，从而使图像的衬度减小。电子在试样内的扩散状况如图 8-14 所示。

另外由于试样会吸收大部分能量，在高的加速电压下，样品受电子轰击而损伤及表面带电现象都会加重。因此对高分子材料来说，一般不应超过 30kV。

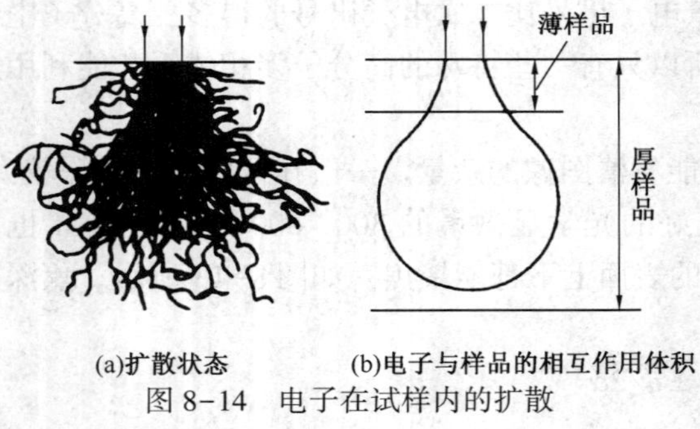

(a)扩散状态　　(b)电子与样品的相互作用体积

图 8-14　电子在试样内的扩散

② 扫描速率和信噪比。在显像管的屏幕上，电子束每行扫描约 2000 点，每帧画面约 2000 行，每秒钟扫描 25 帧。这就意味着在每个点上只停留 0.01μs。而电子束对样品的相互作用，以及检测器对这种相互作用的响应相对比较慢。也就是说，实际上在 0 .01μs 期间，从每个点上获得的

信号是极弱的，必须通过放大许多许多倍才能分辨清楚，但这同时也带来了大量噪音。噪音体现在屏幕上就是雪花般图像。

由于噪音是无规信号，有正有负，扫描的时间越长越易相互平均而抵消。因此实际上用底片记录 SEM 扫描结果时，常常是几百秒钟一帧画面，以提高信噪比，增加画面的清晰程度。这就是底片上记录的画面比在屏幕上所看到的要清晰得多的原因。但要注意，由于每点上的扫描时间长了，电子束使材料变形等副作用会显示出来，从而使分辨率变差，甚至造成假象。所以对高分子材料，拍照时的扫描速度也不能太慢。

③ 电子束直径(即光点直径)。前面已提到电子束直径较小时，分辨率较高，但噪音较大；另一方面，扫描较快时，分辨率也较高，但也会产生较大噪音。在需要高分辨率时，通常采用快扫描，同时用较粗的电子束以改进信噪比。

④ 工作距离。工作距离指的是电镜的最后一个透镜离样品表面的距离，这个距离一般为 5~40mm。工作距离越大，孔径角越小，从而焦深越大，但分辨率越差。实际操作中，对于低放大倍数的测定，分辨率要求不高，一般增加工作距离就可以得到合适的焦深；相反对于高放大倍数的测定，分辨率变得更重要，必须缩短工作距离。

⑤ 物镜光阑直径。光阑位于物镜后面，用于限制透镜的有效直径。光阑直径越大，分辨率越好，信噪比也越高，但焦深变小。

⑥ 电子枪的电流。对高分子材料，电子枪的电流一般以小于 100μA 为好，小电流能减少样品受热损坏和表面带电，但信噪比也低。

8.2 电镜样品的一般制备技术

8.2.1 电镜样品的基本要求

一个电镜样品首先必须满足以下三个基本要求：

① 因为电镜都在高真空中运行，只能直接测定固体样品。对于样品中所含水分及易挥发物质应预先除去，否则会引起样品爆裂并降低真空度。

② 样品必须非常清洁，因为在高倍放大时，一颗小尘埃会像乒乓球那么大，所以很小的污染物也会给分析带来干扰。

③ 样品要有好的抗电子束强度。遗憾的是高分子材料往往不耐电子损伤，允许观察的时间常较短(几分钟甚至几秒钟)，所以观察时应避免在一个区域持续太久。

不同高分子在电子束下受损的表现不太一样，一般会看到表面裂纹、变形、甚至熔融流动。要区别是真正的结构还是由于电子束损伤而出现的假象并不难，因为电子束损伤一般随时间而加剧，而且特别明显的特征是：只要将样品移到一个新区或使放大倍数变小，就可以观察到旧区与新区完全不同(见图 8-15)。

8.2.2 SEM 的一般制样方法

SEM 的制样方法比较简单，一般将样品(包括模塑物、薄膜、纤维、粒料等)直接用双面胶纸贴在铝或铜样品座上即可。为了使样品和铝座之间能导电，胶纸只能粘住样品与样品座之间面积的一半左右。用银粉或碳粉调成的胶，粘接效果会更好，粘接时除了粘接面外，胶应延长一些，直至覆盖样品表面的一小部分，以使样品表面的电荷能迅速导走。

因高分子材料一般是绝缘体，在电镜观察时表面会积累电荷，结果可观察到如下现象：

① 整个画面在漂移或局部移动而使画面有断裂感；

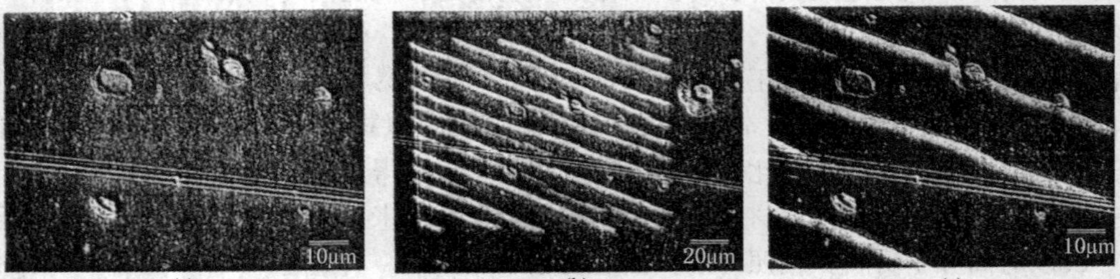

(a) (b) (c)

图 8-15 聚甲醛模塑物的 SEI 图像中电子束损伤造成的假象的分辨

(a)未受损伤时；(b)受了电子束的损伤，白线可能是金属镀层的裂纹或样品的缺损；(c)改变放大倍数而显示出被损伤区

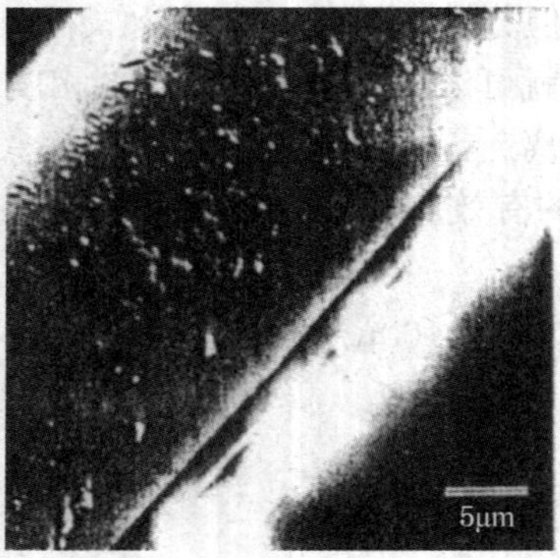

图 8-16 电荷积累在合成纤维下的胶纸上而出现两条亮带

② 沿扫描方向有不规则亮点；

③ 亮的边缘或异常的衬度；

④ 难以聚焦。

图 8-16 是电荷积累的例子。改进的方法是在表面上镀金属膜，这对大多数高分子材料是不可缺少的一步。也有采用喷溅抗静电剂的。镀膜还可减少电子束损伤，但过厚的金属膜也同时可减少结构细节。对高分子样品，可用较低的加速电压(1~5kV)，并尽可能在低倍观察，以减少电荷积累。

8.2.3 TEM 的一般制样方法

供透射电镜观察的样品既小又薄，可观察的最大尺度不超过 1mm 左右。在常用的 50~1000kV 加速电压下，样品厚度一般应小于 100nm，较厚的样品会产生严重的非弹性散射，因色差而影响图像质量，过薄的样品没有足够的衬度也不行。样品是载在金属网上使用的，当样品比金属网眼小时还必须有透明的支持膜。

(1) 铜网 金属网的材质一般用铜，因而称铜网，根据抗化学性等特殊需要也可用 Ni、Au、Be 等网。铜网很小，是直径只有 2~3nm ，厚度为 20~100μm 的圆形薄板。网眼是可选的，形状有方形、长方、六方或圆形，孔径从 50 目至 400 目(即 2~16 孔/mm)不等。长方形的孔适合于连续切片的观察，有一种蝴蝶状的双页铜网，它可以双面夹住样品，即使倾斜样品台时样品也不会脱落。图 8-17 是几种铜网的示意图。

(a) 50 目方孔 (b) 100 目方孔 (c)长方孔

(d)75 目圆孔 (e)75 目方孔蝶形

图 8-17 铜网示意图

(a)50 目方孔；(b)100 目方孔；(c)长方孔；(d)75 目圆孔；(e)75 目方孔蝶形

大多数铜网从外观上看一面有光泽而另一面无光泽，为了得到最大的附着力，将样品或支持膜放在粗糙的一面上。铜网一般是一次性使用，如要回收再用，依次用 1% NaOH 溶液、百分之几的硝酸乙醇溶液、温蒸馏水和超声波浴洗涤后，在 50 ℃下干燥。

(2) 支持膜 纤维、薄膜、切片等可直接安放在铜网上，对于很小的切片、颗粒、高分子单晶、乳胶粒等细小的材料就不能直接安放，而必须有支持膜支撑。对支持膜有以下要求：

① 在电镜分辨率范围内，或在所观察结构范围内，不显现支持膜本身的结构，即电子透明性好；

② 能经受电子轰击，有较高的热稳定性和化学稳定性；

③ 制作和使用简便。

可以直接购到带支持膜的铜网，也可自行制备，特别是有特殊要求时。支持膜主要有以下四类：

① 塑料膜。常用的为 0.5%聚醋酸甲基乙烯酯(商品名 formvar)的二氯乙烷，或 0.5%火棉胶(即硝酸纤维素)的醋酸异戊酯溶液。制备方法如下：将 1 滴塑料溶液滴在蒸馏水表面上，液滴会沿水面扩散，待溶剂挥发后，便形成厚约 20~30nm 的薄膜。首张膜应丢弃，作为清除水面污物用。制作第二次，用铜网捞起薄膜，或事前将铜网放在水下，将水放去，膜便落在铜网上。

另一种方法是浇铸，用洗涤剂仔细处理一载玻片表面以便易于剥离浇铸膜。将此载玻片插入到溶液内，然后迅速拿出来，在一个有盖的充满溶剂气氛的容器里缓慢干燥。剥离薄膜的办法是用刀片或针头绕载玻片划一圈，然后将载玻片放入蒸馏水中，膜就会漂在水面上。

② 碳膜。将清洁的载玻片放在真空镀膜机中，镀上约 10nm 厚的碳膜，用尖物将它划成所需尺寸的小方块在蒸馏水中漂起，捞在铜网上即可。与塑料膜相比，碳膜透明性稍差，较脆，但抗电子束轰击的稳定性较好。

③ 碳补强塑料膜。为获得综合性能好的膜，可用碳补强塑料膜。用较稀的塑料溶液制成很薄的塑料膜再镀上 5 ~10nm 碳。这种膜兼有塑料膜和碳膜的优点。

④ 多孔支持膜(又称微栅膜)。普通的支持膜不能用于分辨率要求很高的工作，因为当放大倍数在 5 万倍以上时，即使结构颗粒很小的碳膜只有 2nm 厚，也能观察到 0.5nm 左右的颗粒结构。这时最好的办法是制备多孔支持膜，再从小孔中观察所载的试样。

多孔支持膜的制法是：在塑料溶液中加入少量水分或其他不相溶的液体，然后制得的膜上就有许多小孔。水分实际上只要很少一点，经验做法是向溶液膜上轻轻吹一口气就可以了。另一种制法称疏水剂-亲水剂法：将玻片浸泡在 CCl_4 中以除去表面油污，再用阳离子表面活性剂(例如 0.06%十六烷基苯胺的水溶液)对玻片做疏水处理。玻片稍冷后，放在相对湿度为 60%~80%，气温 15~25℃下结露。在疏水的玻片表面会形成一层很密但又分离的水珠。当将 0.3%聚乙烯醇缩甲醛-氯仿溶液滴在上述玻片时，该溶液只能在没有水珠的玻片表面上流延，形成所需的微栅膜。待溶剂自然挥发后，将玻片浸入阴离子表面活性剂(如 0.03%十二烷基磺酸钠溶液)中脱模。这一制备过程的示意图见图 8-18。

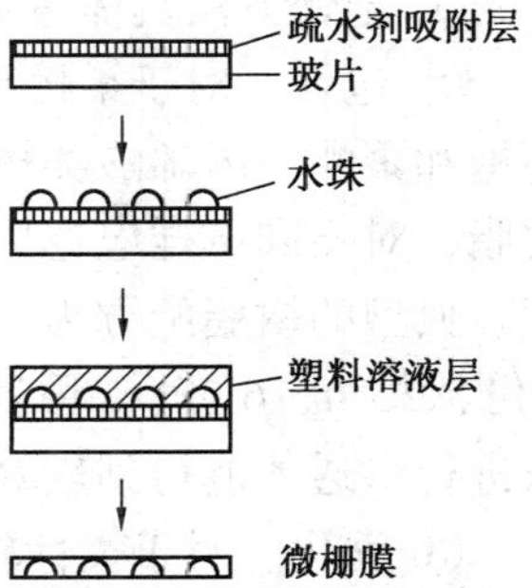

图 8-18　微栅膜的制备过程

(3) 样品在支持膜上的分散方法　如果要观察高分子稀溶液、乳液和悬浮液等中的颗粒样品的形状、大小与分布，制样的关键是要使颗粒有良好的分散性，且不要太稀疏。具体的方法可以用涂布法、喷雾法、包埋法等。

① 涂布法。直接滴一滴液体在支持膜上，令其自然摊开，在铜网下预先放一块滤纸以吸掉剩余液体，干燥后即可用于观察。关键是浓度要适当，否则会因颗粒过少或过多而产生

聚集。

用此法可直接测量高分子稀溶液中高分子无规线团的尺寸从而计算分子量。因为每个高分子线团在干燥时会自然卷曲成球形，球的尺寸与分子量有关。一个典型的例子是用0.005%聚乙烯的正十六烷溶液测定聚乙烯的分子量。如果在溶液中加入少量高分子的非溶剂，可以帮助高分子卷曲。

对于 T_g 高于室温的高分子乳液或悬浮液，可直接用涂布法制样；但对于 T_g 低于室温的情况，必须用冷冻或化学硬化的方法来增加高分子颗粒的机械强度。如果颗粒太粗，可用超声波将悬浮液中的颗粒打碎。用油作溶剂的悬浮液，油的除去比较麻烦，这时可在靠近铜网的正下方处，放置适当的溶剂，靠溶剂蒸气缓慢溶解掉。

② 喷雾法。用小滴管滴出一小滴液体，将罐装压缩空气(或用钢瓶导出的压缩气体)对着移液管的液滴吹，使液雾落在支持膜上，干燥后使用。

③ 包埋法。在制备支持膜时就将颗粒样品混在制支持膜的塑料溶液中，从而制成的支持膜内就含有分散着的样品颗粒。

8.3 电镜的特殊制样方法

8.3.1 薄膜的制备

(1) 超薄切片　与制光学显微样品一样，SEM 切片也可用普通切片机制取，只不过它需要一个观察面就够了。但对 TEM，则必须用超薄切片机切片。切片厚度为 50nm 左右，最薄可到 30nm。普通的厚切片(100nm 以上)在 TEM 下是不能用的，因为 50kV 加速电压的电子束，仅有 50%能穿过密度为 $1g/cm^3$、厚度为 100nm 的切片。

超薄切片法与浇铸、复型等其他方法相比其优点在于，它所得到的是高分子材料的真实结构，制样过程不改变结构形态。

下面叙述制备超薄切片的一系列步骤。

① 干燥方法具体参见 8.3.7 所述。

② 包埋。对于柔性高分子，必须预先用某种树脂包埋才能切片。所用树脂有环氧树脂、不饱和聚酯、丙烯酸类树脂等，树脂的硬度要与试样硬度匹配才能切出好的切片。例如环氧树脂，对不同试样应选用不同配方，可调节固化剂、增塑剂和稀释剂的用量以得到适当的硬度。典型的树脂配方为：618 环氧树脂 100 份，十二烷基琥珀酸酐 40 份，邻苯二甲酸二丁酯 2 份，2，4，6 三(二甲氨基甲基)苯酚 1 份。用丙酮做稀释剂，按以下渗透配方依次从稀到浓进行渗透才能得到较好的效果，树脂与丙酮的比例分别是 1∶2，1∶1，2∶1，2∶0。

③ 固化。对于柔性较大的高分子(如橡胶)，必须先化学固化例如四氧化锇固化。

④ 修边。对于包埋块要先修成锥形，方法如图 8-19 所示。注意对于取向的纤维和薄膜，刀的方向不可与取向轴平行或垂直，而应略倾斜才能得到好的切片。

⑤ 切片。超薄切片机的刀可以用钻石刀或玻璃刀。前者硬度大、耐用，可以再磨但价高；后者可以自制，也相当锋利(比钢刀锋利)，但它很易钝，所以最好新制。三角玻璃刀的制法如下：预先切一块 25mm×25mm×5mm 的方形玻璃，在稍偏离对角线的方向用金刚刀划线，用改装的虎钳夹紧划痕处将玻璃分裂成两部分即得。用胶带或薄金属片围成刀槽，并用蜡封好，槽内装水(或油)，这样的刀叫湿刀(图 8-20)。切好的切片将漂在槽中的水面上可避免切片蹦掉，还可减少应力引起的卷曲甚至损坏。

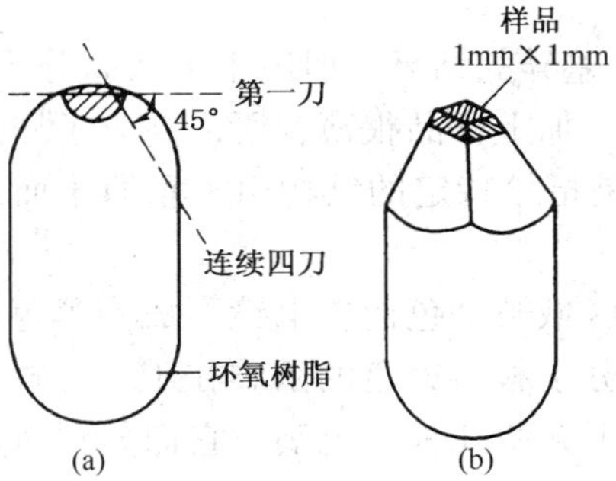

图 8-19　对包埋块的修边方法

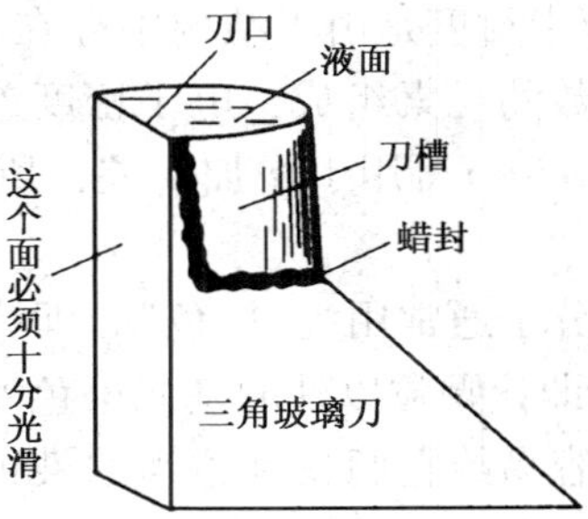

图 8-20　三角玻璃刀的示意图

进刀系统是超薄切片机中保证切片厚度的关键部件，进刀方式可采用机械式和热膨胀式。前者是通过机械传动，让样品以一定的量分步前进，前进量决定切片厚度；后者通过金属臂受热膨胀伸出，带动样品前进，由于等速升温时膨胀量与时间成线性关系，所以可由切速和受热程度来控制进刀量(亦即切片厚度)。

TEM 常用的切片厚度为 60nm，分辨率可达 2.5nm。切片的厚度可根据在刀槽液面上的切片在光照下的颜色来判断。据报道颜色与厚度有如下关系：暗灰色 40nm 以下；灰色 40~50nm；银色 50~70nm；金色 70~90nm；紫色 90nm 以上。所以一般采用银色切片。

对于柔性高分子，还可以用冷冻切片法。切片温度为-20~-40℃，切片仍可用刀槽中的液体收集。若在更低的温度下切片就不得不用“干刀”了，此时要采用专门的低温切片机。

(2) 超薄薄膜　上一章已经介绍了用于光学显微镜的薄膜样品制备方法，其中热压法制的膜太厚不能用于 TEM。打磨对硬高分子是很有用的，仔细打磨的薄膜可以适合 TEM 的厚度要求，但太费时费力而不常用。最常用的电镜制膜方法是溶液浇铸，方法与前述的塑料支持膜的制法相似。

一般是将洗净的载玻片浸入溶液中，然后放在有溶剂蒸气(置一小杯溶剂或一团浸有溶剂的棉球)的容器内缓慢均匀地干燥。溶液浓度要很小，才能制出足够薄的膜。如果膜的剥离有困难，可以改用其他基质如岩盐(可溶于水)、特氟隆和云母(低表面能)等。

薄膜还可以浇铸在液体表面上来制取，这样不存在剥离的问题。液体可选用甘油、磷酸或汞。由于样品很小，所需要的液体量很少。例如在载玻片上滴几滴磷酸加热并将一滴聚合物溶液滴在磷酸的热表面上，溶剂挥发后即形成薄膜，在水中漂洗即可捞到铜网上。

(3) 取向薄膜　可以用较简单的方法拉伸出适合于 TEM 使用的很薄的取向薄膜。方法是首先在载玻片上涂甘油或硅油(润滑用)，把浇铸的薄膜转移到载玻片上，在室温下或高于室温的温度下用刀片压住薄膜拉开，就可以得到超薄的取向膜，但这种方法不能确定拉伸倍数。还可以用下法制备：将聚合物样品的稀溶液滴一滴在载玻片上，在热台上干燥并加热到熔融，用裹有这种聚合物的玻棒压住玻片上的熔融薄膜，以每秒钟几厘米的速度拉伸，拉伸的薄膜随即固化而形成约 20nm 厚的取向膜。

(4) 离子减薄　若上述各方法制备的薄膜还不够薄，还可以用离子减薄仪减薄样品以较好地满足 TEM 的要求。该法是利用高能离子束将材料样品表面抛光与减薄，常以 Ar 为离子源气体。凭借离子束流的“刻蚀”作用，从两侧(或一侧)减薄样品。样品自转并绕支架轴旋转，以改变离子束相对试样表面的入射角，使薄化区更宽阔一些，并且减薄速度可调。

8.3.2 染色

在 TEM 中衬度是由于结构中存在电子密度差异的结果，但由于多数高分子是由 C、H 等低原子序数的元素组成，电子密度差别很小，加上样品很薄，所以高分子样品的反差很小。染色(dyeing)可用于增加反差，所谓染色是指给特定的结构引入重原子而改变衬度的方法。

本体高分子通常用“正染色”，即感兴趣的区域被染色而在电镜下成为黑色。乳液常用“负染色”，即让颗粒以外的基底染色变黑。高分子材料染色的困难在于，因缺乏易于染色的基团，不容易给它们找到适当的染色剂。以下介绍几种染色剂，它们分别适用于不同的场合。

(1) 四氧化锇　OsO_4 对含不饱和键的聚合物，可同时起到交联固化和染色两个作用，其染色机理是：

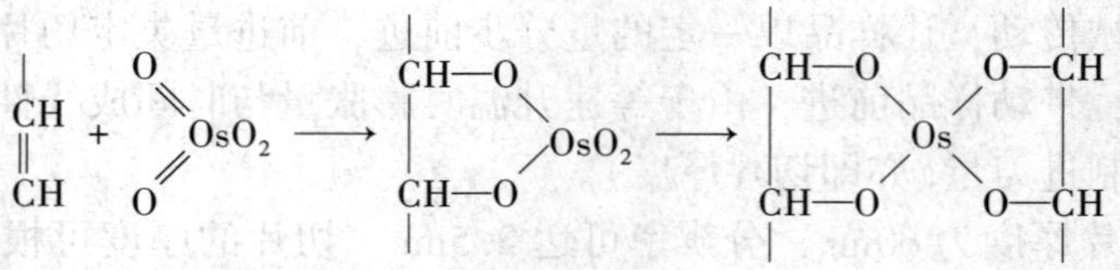

在染色后期，OsO_4 还表现出氧化剂特性：

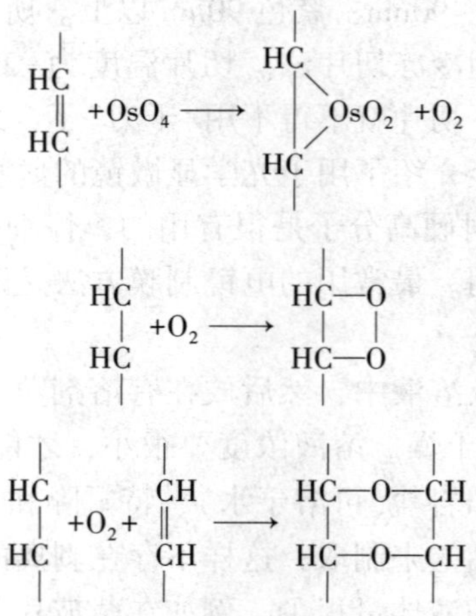

因而 OsO_4 广泛用于含双键高分子的染色，如 ABS、SBS、高抗冲聚苯乙烯等。

聚酯或尼龙纤维可用引入异戊二烯的方法研究空洞及与纤维染色性有关的问题。方法是将纤维在含 1%过氧化苯甲酰引发剂的新蒸异戊二烯单体中浸泡过夜，异戊二烯就进入纤维中的空洞。然后再于 0.2～0.3MPa 的压力下，加热至 90℃，并维持 6～8h，令异戊二烯聚合。这样制出的纤维样品经切片、染色后空洞变为黑色。

用 OsO_4 染色的实施方法如下：

① 水溶液染色。一般用 1%～2%OsO_4 水溶液浸泡样品。对已载于有支持膜的铜网上的乳液颗粒须反应 30min 左右；本体或切片样品反应很慢，常需几天的时间，加入适当溶剂可加速 OsO_4 的扩散。

② 蒸汽染色。将 OsO_4 晶体置于试管底部，样品放在晶体正上方，试管用水浴加热到 50℃，利用 OsO_4 高的蒸汽压进行染色。此法对切片样品需 1～2h。由于 OsO_4 蒸气有毒，操作必须十分小心。

OsO_4 还可以与含有—OH 和—NH_2 基的高分子反应。有些高分子虽不能直接用 OsO_4 染色，但可以先通过适当的反应得到可染色基团，再用 OsO_4 染色，称为两步反应法。例如 EVA 可先用碱在沸腾下皂化，然后用 OsO_4 与生成的羟基反应。

有时可利用高分子不同区域(如晶区与非晶区)对 OsO_4 物理吸收程度的不同来增加反差。一个例子是聚对苯二甲酸乙二醇酯，首先在 235℃结晶 2~3h，然后用 4%OsO_4 水溶液染色，球晶内的非晶区增加了电子密度而变黑。

(2) 四氧化钌　RuO_4 是较新的染色剂，它的主要特点是：

① 氧化性比 OsO_4 更强。它可以与饱和高分子反应。除了聚氯乙烯、聚偏氟乙烯、聚甲基丙烯酸甲酯、聚丙烯腈、高密度聚乙烯外，对聚丙烯(轻微染色)、聚苯乙烯、聚酯、聚碳酸酯、聚苯醚、环氧树脂、聚丁二烯等许多饱和与不饱和高分子都能染色。

② RuO_4 倾向于对表面层染色，即与晶片的表面作用，而不像 OsO_4 先与非晶区作用。

染色方法是用新配 1%RuO_4 溶液染色 5~30min。由于 RuO_4 溶液十分不稳定，每次用时必须临时制备。制备反应如下：

$$2NaIO_4+RuO_2 \xrightarrow[H_2O]{1℃} RuO_4+2NaIO_3$$

(3) 氯磺酸　氯磺酸染色的一个典型例子是聚乙烯。聚乙烯难切片，而且在电子束下不稳定，氯磺化的结果是既交联又染色，一举两得。染色的机理是氯磺酸能选择扩散入非晶区，氯和硫原子增加了非晶区的电子密度。如果氯磺化后又用醋酸双氧铀处理，后者可与高分子中的极性基团作用。使金属离子沉积下来，进一步增加电子密度，从而增加和稳定反差。

实施方法是：将聚乙烯样品在 60℃氯磺酸中处理 6~9h，然后依次用浓 H_2SO_4、水洗涤样品，再经干燥、包埋和超薄切片，最后用 0.7%醋酸双氧铀水溶液处理 3h。

(4) 磷钨酸　磷钨酸是一种高分子量的阴离子染色剂，它给予材料以很高的电子密度，但它扩散很慢，对本体聚合物只能渗透约 100μm。磷钨酸能与含羟基、羰基和胺基的高分子反应。

实施方法举例如下：将尼龙 6(或 66)切片放在一滴 2%磷钨酸和一滴 2%苯甲醇中浸泡 10min，用水洗几次即可。注意磷钨酸很不稳定，pH>1.5 时就会分解。

(5) 硫　OsO_4 对橡胶的染色效果好，但硬化效果却不好，因为 OsO_4 与橡胶反应后，可在表面形成保护层而阻止进一步渗透。用硫的染色效果虽差一些，但硬化效果好，且价格便宜、毒性小，很实用。染色方法是，将由熔融的硫、促进剂、硬脂酸锌组成的反应试剂，在 120℃下处理样品 8h。

(6) 硫化银　硫化银比 OsO_4 更早用于高分子的染色。它适用于天然和合成纤维，如羊毛、再生纤维、维纶、聚酯、丙烯酸类等。

让 H_2S 在高压(约 2MPa)釜里液化，用它处理纤维 70h，使 H_2S 占领纤维中的孔洞，然后让样品与 0.1mol/L $AgNO_3$ 溶液反应 24h，Ag_2S 就在孔洞中沉淀下来。

(7) 三氟醋酸汞　可用于聚苯乙烯、聚苯醚、SBS 嵌段共聚物等的染色。主要缺点是有毒、渗透慢、对样品没有硬化作用所以应用有限。实施方法是 10% HgO 的三氟乙酸溶液，染色 10~60min。

(8) 碘　可用于尼龙、聚酯、维纶、纤维素、聚乙烯等的染色。染色机理认为是碘优先被非晶区物理吸收。实施方法可以利用碘蒸气，也可以用溶液，例如聚乙烯单晶用碘蒸气在

60℃处理24h；维纶用5%碘液处理。

8.3.3 蚀刻

蚀刻(etching)，又称刻蚀，是增加电镜所能提供的结构信息的另一重要方法。蚀刻的目的是除去一部分结构，突出所感兴趣的结构。蚀刻后的表面可用于SEM观察，或做成复型用于TEM观察。

主要的蚀刻方法有三种：溶剂蚀刻、酸蚀刻和等离子/离子蚀刻。溶剂蚀刻是靠溶剂的溶解除去整个分子，由于晶区和非晶区溶解速度的差别，或其他不同相之间溶解速度的差别而增加反差。但此法不值得推荐，因为溶剂很易使聚合物溶胀变形，被溶解的高分子还可能会再沉淀于聚合物表面而破坏原有结构。酸蚀刻通常指用氧化性的强酸选择氧化某一相，氧化的结果是使高分子断为碎片而除去，该法能得到较为精细的表面结构。等离子或离子蚀刻是用等离子或离子带电体攻击聚合物表面，移去表面的原子或分子，由于蚀去速度的差异而产生相之间的反差。该法几乎可适用所有高分子，不存在选择试剂的困难，但需用特殊设备。

蚀刻是所有制样方法中最容易产生假象的一种，例如等离子/离子蚀刻中可能出现台阶形、锥形圆洞等假象结构，溶剂蚀刻中凝胶状的表面，以及酸蚀刻中小分子结晶的沉积等假象使图像解释产生困难，因而蚀刻必须与其他方法互相补充才能揭示高分子结构的真相。

(1) 等离子和离子蚀刻　一般用氧气或氮气作为电离的气体，氮气比氧气能产生更清晰的表面结构。典型的蚀刻时间是5~30min。离子枪的入射角度小可以减少假象，增加真空度可以减少飞灰落在表面的可能。旋转样品、冷却离子枪和减少电流都有利于克服样品升温带来的不利影响。

聚乙烯、聚丙烯、聚酯等半结晶高分子的非晶部分被优先蚀刻。复合材料可蚀刻掉高分子而留下玻纤或颗粒状填料等。

(2) 溶剂蚀刻　溶剂必须精心选择，溶解性太好的溶剂会导致溶胀或使结晶部分也溶解。如果先把表面研磨后再蚀刻，效果会更好些。表8-1列出了某些高分子可选作蚀刻剂用的溶剂。

表8-1　溶剂刻蚀可用的刻蚀剂的例子

高　分　子	蚀　刻　剂
高密度聚乙烯	热四氯化碳
低密度聚乙烯	苯、甲苯
聚丙烯	二甲苯
聚对苯二甲酸乙二醇酯	42%正丙胺溶液(30℃，1h)或邻氯苯酚或甲胺
尼龙6或尼龙66	芳烃、氯代烃
醋酸纤维素	丙酮(-50℃)，然后冷乙醇
聚碳酸酯	三乙胺、氯仿蒸气
聚甲醛	碘苯

(3) 酸蚀刻　虽然溶剂蚀刻和酸蚀刻同属化学蚀刻，但酸蚀刻有不同的机理而单独进行讨论。

用于蚀刻的氧化酸的强弱顺序如下：$HNO_3 > H_2CrO_4 > KMnO_4 > KMnO_4/H_2SO_4 > KMnO_4/H_2SO_4/H_3PO_4$。

发烟硝酸太强，虽已用于蚀刻聚烯烃，但往往不仅蚀刻了非晶部分，而且腐蚀了整个样品。如果先用发烟硝酸粗刻，再用铬酸细刻效果就好得多。铬酸单独使用对许多高分子的效果不错，如 ABS 在 40℃浓的铬酸水溶液中只需蚀刻 5min，其他例子还有环氧树脂、聚苯醚、高抗冲聚苯乙烯等。

特别要强调的是高锰酸，作为一种弱氧化酸，它对聚烯烃有很好的选择性，能刻出很精细的表面细节。这种蚀刻剂的制备和使用步骤如下：

① 在 100mL 浓硫酸中缓慢加入 0.7g 高锰酸钾(防止反应过激而溅出)，搅拌 1h 直至反应完全，溶液为墨绿色。溶液应立即使用，否则几小时后即变质(成为棕色)。

② 样品处理时间为 15min(60℃)或 15~60min(室温)。

由于反应中生成的 $Mn(SO_4)_3 \cdot H_2SO_4 \cdot 4H_2O$ 结晶，可沉积在样品表面而不易洗去，因而蚀刻后的表面要先用过氧化氢清洗，再用水洗。在溶液中加入适量磷酸(如以 1∶2 体积比的磷酸-浓硫酸混合液代替浓硫酸)可以减少假象。

酸蚀刻过程是复杂的，对非晶部分蚀刻较快，因为渗透较容易，但对结晶部分并非都慢。实际上在结晶的侧面，分子链被氧化断裂，使酸能进步扩散而产生新的氧化反应，所以呈中等速度；而在基面上，反应产生的羰基规则排列阻止了进一步氧化，所以呈慢速率(见图 8-21)。

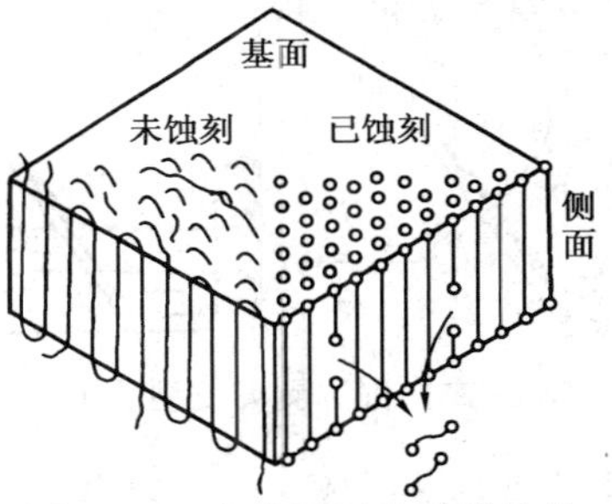

图 8-21　高分子折叠链晶片的酸蚀刻过程示意图

8.3.4　复型

选择适当的材料，制成被研究样品表面的复制品，将这种复制品送进电镜中观察，这种技术称为复型(replica)。同时把复制品称为复型物，也简称为复型。

复型能重现样品的表面起伏结构，但只是一种间接的方法。复型一般用于 TEM，而 SEM 通常不必用复型。在某些特殊情况下，如样品很易受电子损伤或要检查一个在工作中的塑料部件的表面磨损情况但又不能破坏样品时，SEM 才采用复型。

根据制作过程，复型可分为一级复型和二级复型。一级复型是一次复制品，是负复型，由于它直接从样品表面复制，效果较好，但剥离较难；二级复型是二次复制品，是正复型，由于它复制了两次，细节可能有所损失，分辨率下降，但剥离容易。复型常须用金属投影以增加衬度。复型的制作过程示意于图 8-22。

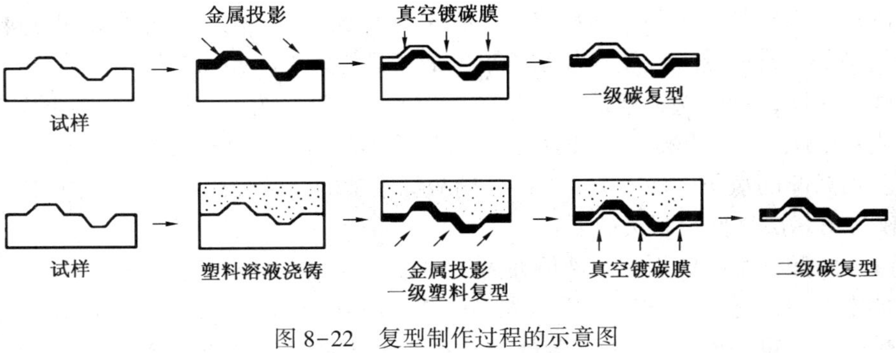

图 8-22　复型制作过程的示意图

(1) 塑料一级复型　常用于制作塑料复型的材料如表 8-2 所示。制备步骤与支持膜相似但这里不是用载玻片而是用高分子样品的被测表面。

表 8-2　制复型常用的塑料溶液

塑　料	溶　剂	浓度/%
火棉胶	3 份乙醚+1 份乙醇或醋酸戊酯	0.5~4.0
聚乙烯醇	水	0.25~1.5
聚乙烯醇缩甲醛	二氧杂环己烷	1.0~2.0
聚苯乙烯	苯	1.0~1.5

剥离的方法如下：

① 干法。在透明胶纸上放几张略小于铜网的擦镜纸片(或锡箔片)，其上放置铜网，使铜网只有边缘贴在胶纸上。对塑料复型呵一口气使之湿润，把粘有钢网的胶纸平整地紧贴上去。然后利用胶质把复型从样品表面剥离下来。用针尖沿铜网边缘把塑料膜划开，用摄子取下带着复型的铜网。

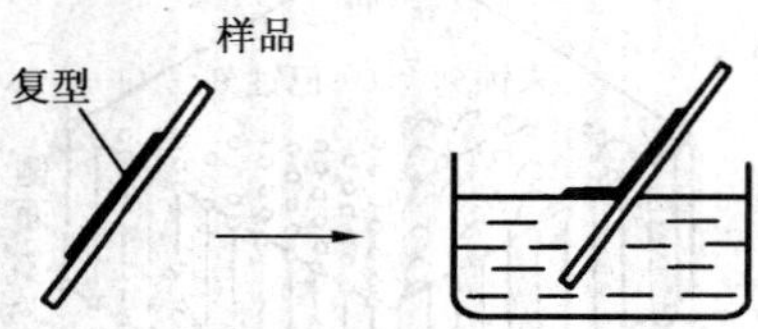

图 8-23　湿法剥离复型的示意图

② 湿法。用针尖把复型划成比铜网小的小方块，然后连同样品一起稍倾斜浸入水中，并上下微动，利用水的表面张力使复型剥离(图 8-23)。此法只适用于表面相当平整的样品。

③ 溶解法。选适当溶剂将样品表层溶去，复型即漂起。前两种方法易引起形变．后一种方法需要破坏样品，但复型不易损坏。

(2) 碳一级复型　在真空镀膜机上镀上 10~20nm 的碳膜。要求镀膜机的真空度必须小于 0.133Pa，否则形成的碳膜松散、强度差，不易剥离和打捞，而且使复型的分辨率也变差。碳膜的厚度约 5nm(以白瓷片为参照物呈浅褐色)时，复型分辨率最好(可达 1nm)，但衬度较差。膜厚在 20~30nm(以白瓷片为参照物呈深褐色)时，复型分辨率较差，但衬度好。

真空蒸发的碳原子落在样品表面有很好的迁移性。也就是说，它可以相当均匀地分布在样品表面凹凸不平的各部位，形成一层基本上均匀的膜，碳的颗粒又小，这些都是碳复型分辨率高的原因。

碳复型的剥离方法同塑料复型，但前者更困难，因为比较脆。

纤维的复型比较难做，可以先半包埋，即包埋时露出所需表面再进行复型操作。

(3) 碳二级复型　第一次复型用塑料，第二次复型用碳，溶去塑料后得到最终的碳二级复型。它既有塑料复型易于剥离的特点，又有碳复型强度大、化学稳定性好和分辨率高的特点。二级复型的分辨率受一级塑料复型所限，最高只能达 10~20nm。

可用作第一次复型的塑料溶液有：醋酸纤维素-丙酮、明胶-水或 NaOH 的稀溶液，丙烯酸类树脂-丙酮，聚乙烯醇-水等体系。另外以下塑料常用于比较粗糙的表面，它们是 2%聚醋酸甲基乙烯酯的氯仿溶液，或 1%~4%硝酸纤维素的醋酸异戊酯溶液。国内普遍使用一种 AC 纸作为第一次复型。制法如下：

① 将 6%醋酸纤维素的丙酮溶液倒在光洁的玻璃板上，倾去多余溶液只留下一薄层，在真空干燥器中缓慢干燥。这样制备的纸叫 AC 纸，厚度约 30~80μm。为使 AC 纸的质地柔软、渗透性强，还可加入 2%磷酸三苯酯。若适当加颜料可制成彩色 AC 纸，以便在制样时看得更清楚。

② 滴一滴醋酸甲酯于样品上，放一小块 AC 纸，随即取下，用以清洁样品表面(这一过

程有时需要重复几次)。再滴一滴醋酸甲酯于样品上，然后贴上一片 AC 纸，用镊子轻压，放置干燥。

③ 干燥后的 AC 纸一般自动翘起，取下后复型面向上，用胶纸固定在载玻片上，然后金属投影镀碳。

④ 用醋酸甲酯溶掉 AC 纸，即得到碳二级复型。

(4) 萃取复型　萃取复型是指粘附了样品内若干夹杂物粒子或第二相的表面复型物。这些粒子是在复型膜与样品表面分离时从样品内被直接抽拔出来的。

制备萃取复型首先要深度蚀刻，使要萃取的粒子较高地突出于样品表面。然后镀碳(20nm 以上)，接着第二次浸蚀，让碳膜从表面分离(见图 8-24)。

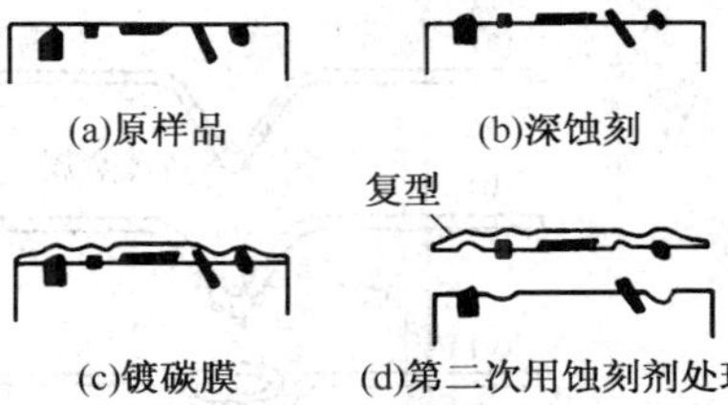

图 8-24　萃取复型的操作过程示意图
(a)原样品；(b)深蚀刻；(c)镀碳膜；(d)第二次用蚀刻剂处理

萃取复型兼有间接样品和直接样品的特点，不仅可以观察表面形态，还可以对粒子进行电子衍射及电子探针微区分析，以确定它们的晶体结构及元素成分。

8.3.5　镀膜

(1) 真空镀膜　真空镀膜技术主要用于制备 TEM 的复型和碳支持膜，也用于投影。膜的厚度一般为 1~50nm。

真空镀膜机(图 8-25)是一台真空蒸发设备，它能将碳和各种金属蒸发，然后沉积在试样表面。其基本部件是一个玻璃真空钟罩，内有一对蒸发用的电极、放样品的工作台(常可旋转)、一套可抽到 1.33×10^{-3} Pa 以上的高真空系统和供电系统。

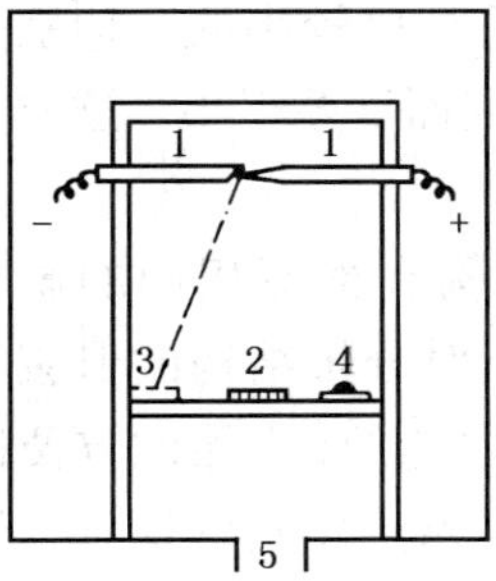

图 8-25　真空镀膜机示意图
1—碳棒电极；2—样品；3—投影时样品所放的位置；4—用于判断膜厚的白瓷板(上面有一滴油)；5—接真空系统

镀碳时，利用碳棒电极接触时产生电弧而使碳蒸发，电极之一装有弹簧以维持碳棒始终接触(见图 8-26)。碳棒电极的接触方式如图 8-27 所示。(b)方式中碳棒的斜面要朝下，以使样品能“看”到电弧。碳棒的形状可以用铅笔刀和砂布修整。

为了指示样品上碳膜的厚度，在样品附近放一块白瓷板(或用一块下面压有白纸的载玻片代替)，上面滴上一小滴扩散泵油。蒸发的碳层使瓷片变暗，但在油滴表面由于表面张力蒸发物被移去，仍露出瓷片的白色。通过眼力对比瓷片变暗的程度可以判断碳膜的厚度。

蒸发金属时，电极之间安装 V 形或螺旋形钨丝(或钼丝)，将待蒸金属盘在钨丝上或装在螺旋形篮子中蒸发[图 8-28(b)和(c)]，这种安放方式可以避免金属熔化后滴落。当所用金属很少时有时也直接挂在钨丝上[图 8-28(a)]。

金属膜的厚度可由消耗的金属量和样品的位置定量地测算。假定蒸发源是点源，对点源蒸发出的物质分布为球对称，则有

$$M = \frac{16\pi r^2 t\rho}{3\times10^7\sin\theta}$$

式中，M 为蒸发物质的质量，g；t 为膜的厚度，nm；ρ 为蒸发物质的密度，g/cm^3；r 为蒸发源到样品的直线距离，cm；θ 为投影角度，度；r 和 θ 的定义见图 8-29。

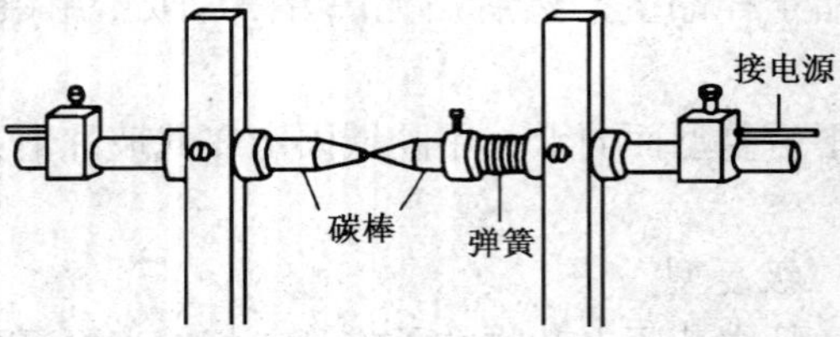

图 8-26　典型的碳蒸发装置

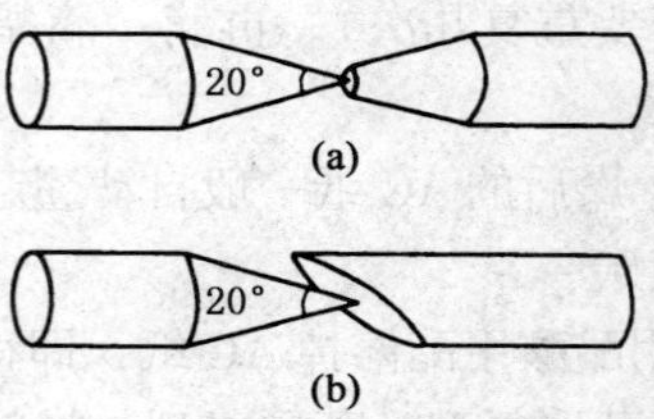

图 8-27　碳棒电极的两种接触方式

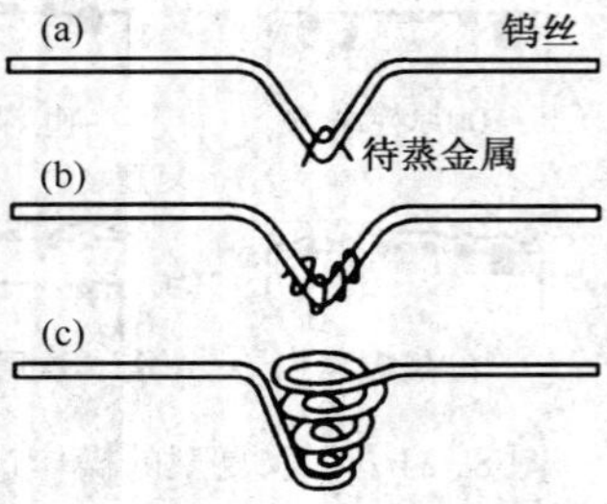

图 8-28　不同形式的金属蒸发源

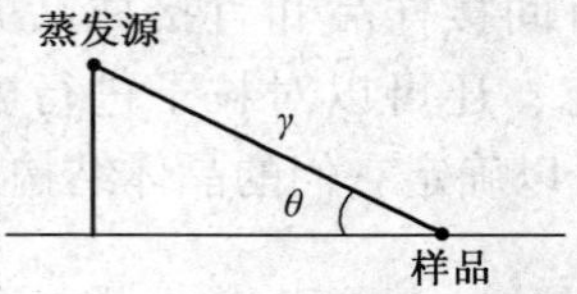

图 8-29　蒸发源与样品间的几何关系

（2）投影　投影是在真空镀膜机中进行的一种重要的电镜制样技术，它可用于 TEM 和 SEM 测定。所谓投影，就是用某种重金属从一定角度向样品蒸发一个薄层膜，由于样品表面凹凸不平，各处蒸上的金属层厚度也不同，从而增加了衬度，在图像上形成了很强的立体感和层次。

高分子样品主要由 C 、H 元素组成，在电子图像上所形成的反差是比较小的。特别是复型，纯粹是碳或单种塑料，只有厚度上的差别而无电子密度差别，因而反差很小。这时投影就显得特别重要。

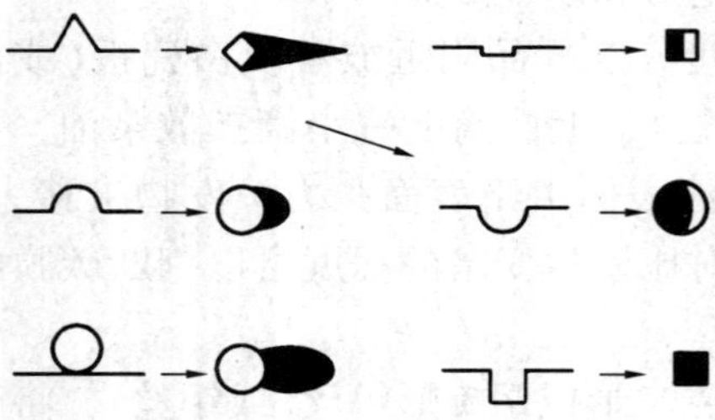

图 8-30　不同表面结构的投影效果
图中央的箭头方向是投影方向

经投影后，不同形状的结构有很不相同的影像（见图 8-30），了解这些形象，对分辨结构的形貌很重要。要注意图像中的影子是白色的（为绘图方便图中画成黑色），因为它们是金属未蒸发到的地方，这与人们习惯的光线下的黑影的概念相反。

表面结构凸起的高度可以从投影角 θ 和影长 L 计算：

$$h = L \cdot \text{tg}\theta$$

常用于投影的金属有 Cr 、Ge、Au 、Pt 和 Pd 及某些合金如 Au-Pd（60/40）、Pt-Pd（80 / 20）。Cr 和 Ge 价廉，也较易蒸发，但颗粒较粗。在较大放大倍数时要用金。更高分辨率时要用铂，但它难于蒸发。

投影厚度用重金属时只需 0. 3～0. 7nm；用较轻金属时为 0. 8～1nm。

投影角一般为 20°～45°。投影角太大时，效果不明显；投影角过小时，由于影子太长，处于影子下的结构不能显示出来。对于起伏较大的样品，角度可大一些；相反对于厚度只有 10nm 左右的单晶投影角只需 10°。

有时为了省事，只是测定时通过倾斜样品，也能达到一定程度增加衬度的效果，但效果还是比投影差很多。

(3) 溅射镀膜　溅射镀膜可用于制备 SEM 样品，膜厚为 1～100nm。它除了提供导电性外，还为样品提供保护层以减少电子损伤。

溅射镀膜机的基本部件是金属(一般用金)靶、样品台、玻璃罩、离心式真空泵和氩气瓶(见图 8-31)。先将罩内抽真空，再用针阀放入少量氩气，维持约 13.33Pa 的真空度。给电极通电时，氩气被离解，氩离子撞击金属靶把金属原子撞击出来而沉积在样品的表面上。

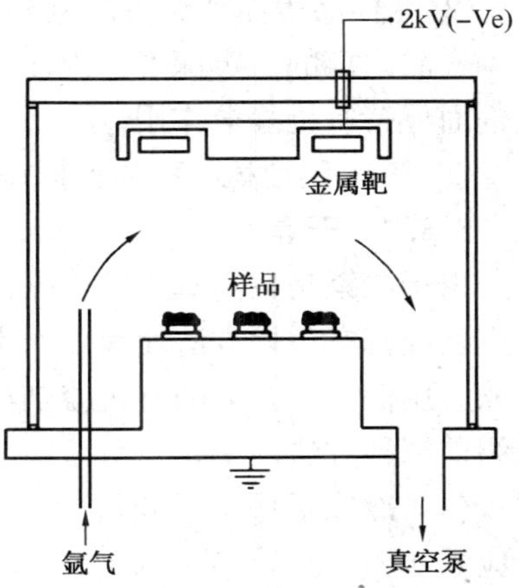

图 8-31　溅射镀膜机的结构示意图

溅射镀膜的主要优点是制备速度快(5～10min)，可同时处理多个样品，对粗糙的结构也能均匀镀膜，样品受热比真空镀膜少。主要缺点是膜的结构不如真空镀膜细，膜厚在 20nm 以上时，分辨率仅 10～15nm，只适合于 5000 倍以下的观察。而目前 SEM 分辨率可达 3～6nm，因而能看到金的颗粒结构、龟裂或不均匀分布。改进的方法是减少膜厚至 5nm 左右，或改用 Au-Pd 靶或 Pt 靶。

(4) 离子束溅射镀膜　离子束溅射镀膜(IBS)的基本原理如图 8-32 所示。体系用扩散泵抽真空，用离子枪射出一束准直的细离子束到金属靶上，把靶上金属原子带到样品表面。离子枪射出的离子束与靶平面成 35°～45° 角，而样品与靶平面成 90°角。

该方法能得到较薄的均匀镀层，适用于高达 15 万倍的观察。能获得高分辨率的原因是：①沉积速度较慢；②样品不在靶的下方，不受从靶上落下的碎片的污染；③样品没有直接受高能电子的撞击；④样品本身不是电极，所以发热少。

缺点是仪器贵、费时间，要求样品表面非常平整。

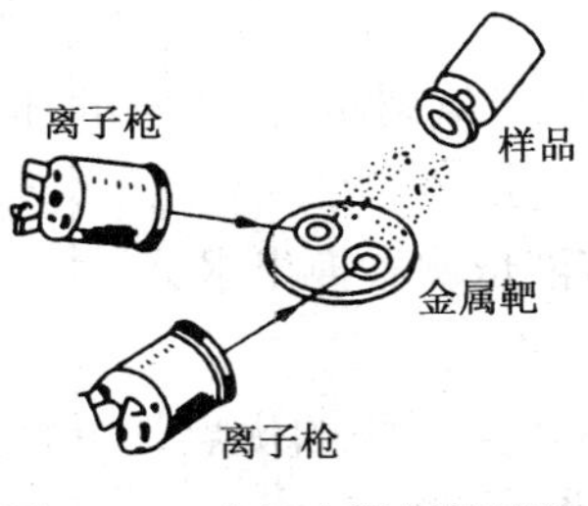

图 8-32　离子束溅射镀膜的工作原理简图

8.3.6　断裂

断裂样品有三方面来源：

① 用标准实验装置进行拉伸，再经撕裂或冲击等形变试验而断裂，这种实验可以把电镜观察结果与力学性能测试数据相联系。

② 在电镜观察过程中，用安装于样品台的小型试验装置断裂，可以观察断裂过程。

③ 在使用环境中断裂的样品通过微观分析可指出断裂的原因。

SEM 由于焦深大，很适合于研究粗糙的断裂表面；TEM 在少数情况下也可用于研究断裂，但断面一般要复型。样品经溅射镀膜(往往要求膜较厚)后可直接用于 SEM 观察。对于很粗糙的表面，先镀碳再镀金膜的效果较好。对于柔性高分子，必须冷却断裂，如将样品放进干冰或液氮中，进行冷冻后取出用锤子击断。

原位断裂必须在电镜内安装拉伸装置。TEM 的样品室很小，只能安放一个很小的装置；SEM 样品室的空间大，可以安装一个较大的装置。在形变过程中用 TEM 的电子衍射或暗场像可用于测定结晶或相结构，SEM 可以观察表面地理。

研究断裂表面时，SEM 存在的主要问题是，形变过程中不能保护原镀膜的导电性继续有效。解决的方法有如下几种：

① 应用电荷中和装置，用一束正电离子流去中和样品上的负电荷。

② 在样品表面喷涂抗静电剂，然后在低放大倍数(<1000)下研究。由于抗静电剂能深入到样品内部的一定深度，因而在形变过程中所形成的新表面由于仍然存在一定数量的抗静电剂而保持有抗静电作用。

③ 完全不镀膜，采用小于 1kV 的很低的加速电压。

8.3.7 干燥

由于电镜是在高真空度下操作，所以样品必须经充分干燥，以除去水分。为克服用一般的空气或真空干燥方法使表面产生张应力的问题，可采取如下三种方法：冷冻干燥、临界点干燥、用低表面张力的有机溶剂(如乙醇或醋酸异戊酯)置换出水，然后再干燥。以下主要介绍前两种方法。

(1) 冷冻干燥　冷冻干燥的原理是使水从固体直接升华至气相，从而避免表面张力效应。

用一台内有样品致冷装置的真空蒸发器，在真空泵前加一个冷阱以捕获水分子。冷冻干燥过程包括让薄片状样品快速冷冻(-60～-80℃)，然后缓慢地但完全地让冰升华(约 8h)。

冷冻速度要快，否则样品，特别是乳液样品在空气中就会干燥，避免乳液干燥的办法是先用液氮冷冻一个金属块，然后在室温下滴一滴乳液(0.1%～0.01%)于有支持膜的铜网上，迅速转移到金属块上速冻，然后再转移到真空蒸发器的致冷台上。

冷冻干燥后的样品要紧接着在冷的状态下镀膜或投影，以形成一层金属保护层，避免发生形变。

(2) 临界点干燥　在临界点以上，液相和气相的密度相同，因而它们共存而不会产生表面张力。因此，对样品加热加压使之超过临界点，再降压(维待温度不变)，样品中的水就可转变为气相而除去。这就是临界点干燥的基本原理。

但水的临界点为 374℃ 、21MPa ，不易达到。因而必须用 CO_2 或氟利昂(由于它的环保问题，不推荐使用)代替水。这个取代过程很复杂，要经过一系列置换：

① 用 90/10、75/25、50/50、25/75、0/100 一系列水/乙醇溶液依次置换出水；

② 用二氧化碳或氟利昂(如 $CClF_3$)置换出乙醇。

常用置换液体的临界值见表 8-3。制样要在压力釜中进行。临界点干燥的优点是可减少形变和假象，缺点是操作麻烦，若处理不当有时会引起样品中某些结构爆裂。

表 8-3　常用的置换液体的临界值

液　体	临界温度/℃	临界压力/MPa	液　体	临界温度/℃	临界压力/MPa
CO_2	31.1	7.2	$CClF_3$	28.9	3.8
N_2O	36.5	7.1			

8.4 SEM 图像的立体观察

在样品制备时采用投影技术能获得第三维的信息，但这毕竟是间接的方法，采用立体摄影能直接看到 3D 图像，使 SEM 原本就立体感很强的空间效果更显著。此外，一般 SEM 照片上凸和凹的区别不明显，易误解，但通过立体摄影就一清二楚了。

（1）立体摄影　只用一只眼睛看物体是没有立体感的，用两眼从不同角度观察同一物体把获得的不同图像在大脑内综合起来便产生立体感。利用这个原理在室内可以把照相机挪动大约双眼的距离（约 6.5～7.5cm）各拍一次，再用双眼分别观察这两张照片，就可以造成立体感觉，如果把这个距离适当加大，可以获得非常凸出的效果。

（2）SEM 的立体摄影　SEM 的相机是不可动的，但可以通过倾斜样品的方法得到立体照片，即将样品倾斜 6°～15°进行两次拍摄。

根据经验，当采用高放大倍数时，倾斜角必须加大，才能获得较好的立体图像。当放大倍数为几百倍时，倾斜角为 5°～6°，5000 倍时为 10°，而 10000 倍以上为 12°。

在对样品进行第一次摄影时，可将画面中央或边缘的某些结构的位置记住，也可有意安排某一特征结构以便辨认。然后倾斜样品，在倾斜样品时画面会有所移动，所以动作要慢，不断随时找回原来的结构位置，在恢复原处后照第二张照片。

（3）立体照片的观察　将两张照片都裁成 5～6cm 宽，并排放置，用左眼看左图，右眼看右图。用看无限远的眼神凝视几分钟，把两张照片在头脑中融合在一起，就会产生有立体感的形象。

实际上有近 20%正常视力和智力者，无论如何也看不好立体照片。对于立体化困难者，可将立体照片相对于左右两眼的连线稍加倾斜，也就是斜着看，这样就可以看出左右图中对应物的结构有高矮之差，这时一面凝视着图像，一面将立体照片放回原来位置，图像的高矮差别会逐渐缩小，图像最终融合在一起，立体化也就完成了。

将一种聚芳酯的液晶熔体夹在两片玻片之间，用镊子把两片玻片剥离，冷却后聚芳酯表面很不平整，电镜下看到很多被拔高的白色突出物。中间一大块微区的纹理明显与周边不同，这是由于该制样方法显示了结构中微纤的取向，亦即分子链的取向，从而直观地了解微区内外的分子指向矢分布。图 8-33 的两张照片分别是样品未倾斜和倾斜 10°的 SEM 照片，

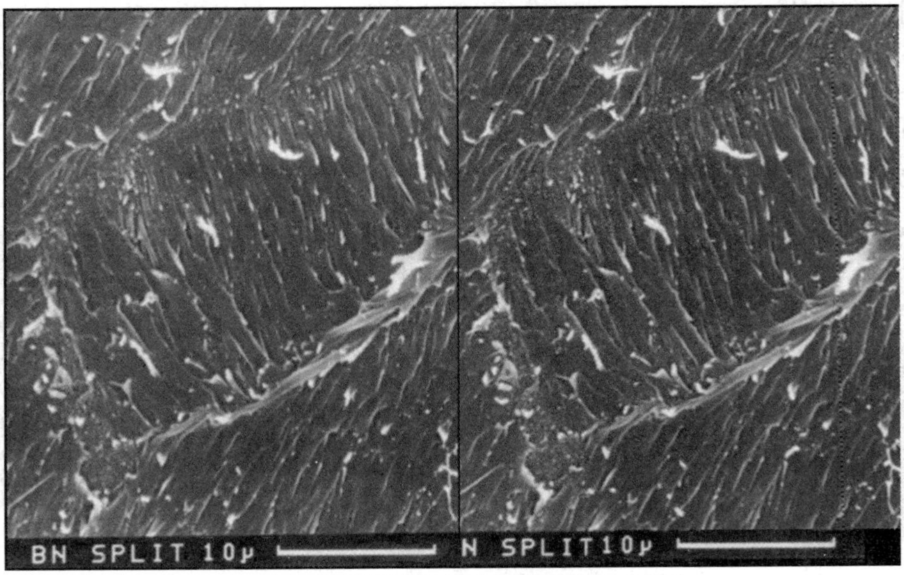

图 8-33　聚芳酯液晶的微区结构的 SEM 照片

两张照片分别是样品未倾斜和倾斜 10°。用左眼看左图，右眼看右图，凝视几分钟可看出立体效果

并在一起是为了观察立体效果。

用看无限远的眼神来看近处，这要强迫自己，是较费力的。如果利用立体镜来帮助固定眼神看起来就会容易得多。

8.5 电镜在高分子结构分析中的应用

电镜在高分子材料结构研究的许多领域里都有重要的应用，但最成功的应用主要是结晶结构和形态，以及嵌段共聚物、共混物和复合材料的多相结构的研究。限于篇幅，本书只能在某些领域中列举个别实例加以介绍。

8.5.1 结晶结构

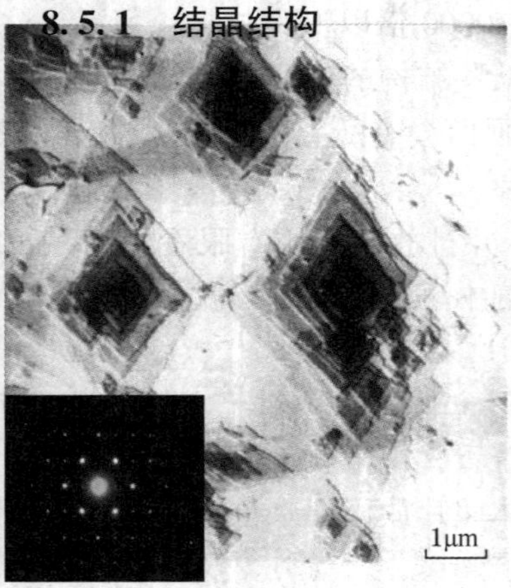

图 8-34 聚乙烯单晶的 TEM 照片
左下角为电子衍射图

单晶的发现是电镜在高分子研究方面的一个重大成就。1957 年，英国 Keller、美国 Till 和德国 Fischer 分别独立发表了聚乙烯单晶的电镜照片。除观察到厚度约 10nm 的菱形片状单晶外，他们还进行了电子衍射实验，得到非常清晰的规则的电子衍射花样，证明在单晶内，分子链作高度规则的三维有序排列，分子链的取向与片状单晶的表面相垂直。根据电镜实验结果，Keller 提出了折叠链结构模型。

图 8-34 是典型的聚乙烯单晶的 TEM 照片。制样方法如下：首先配制聚乙烯的 0.05%二甲苯稀溶液，在 83℃下缓慢结晶，然后滴一滴此结晶悬浮液于有碳支持膜的铜网上，投影以增加衬度。

刚性高分子结晶与柔性高分子相比有很不相同的规律。笔者曾研究刚性的小分子量液晶聚芳酯(聚合度为 25 的 Vectra)，从熔体逐渐冷却就能形成规则的带状晶体(图 8-35)，带状晶体由近似矩形的小块片状单晶组成，片晶的宽度为 100nm 左右，与分子链的伸直长度相当，可见分子链并不需要折叠。笔者还曾研究刚性的天然高分子—甲壳素衍生物从浓溶液而不是极稀溶液缓慢结晶，也得到片状晶体(图 8-36)，典型的边长为 20μm，厚度约为 2μm，相当于分子链的伸直长度，也是不折叠的单晶。它们的尺寸比柔性高分子在极稀溶液得到的单晶大 1~2 个数量级。而在另一种甲壳素衍生物的

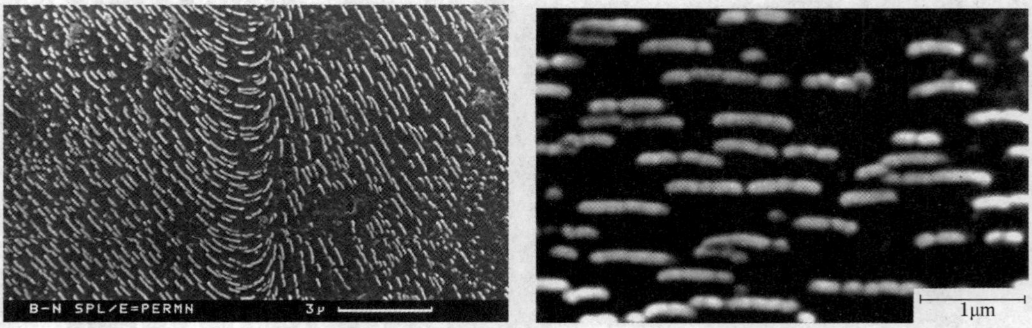

(a) (b)

图 8-35 低聚合度液晶聚芳酯片晶的 SEM 照片
(b)是(a)的细节

浓溶液结晶得到的是针状晶体(图8-37)，尺寸也是在同样的数量级上。由于这些刚性高分子的晶体太大，电子束穿不过，不能测定电子衍射，但都有高结晶度的X衍射图。

图8-36　*N*-甲基壳聚糖的片状晶体的SEM照片

球晶是聚合物最常见的形态，它的电镜研究有更多的实用价值。典型球晶的SEM照片示于图8-38，从中心分别看出是非均相成核和均相成核。图8-39是天然橡胶球晶的TEM照片。图8-40是线型聚乙烯球晶中晶片的TEM照片，样品经等温结晶长成大球晶，用氯磺酸染色技术以增加反差。结果球晶中的非晶部分的电子密度增强，在TEM照片中显示黑色。

为了揭示聚乙烯带消光环球晶(图8-41)的晶片结构，Naylor和Phillips用2%(质量)高锰酸钾的硫酸溶液蚀刻线型聚乙烯的球晶样品1h，用铬投影后制取碳复型，得到TEM照片示于图8-41。从图上可见在环的边界上有许多碟形物，它们是晶片螺旋位错的结点。

(a)　(b)

图8-37　*N*-乙基壳聚糖的针状晶体的SEM照片

(b)为(a)的细节，可以见到长方形断面

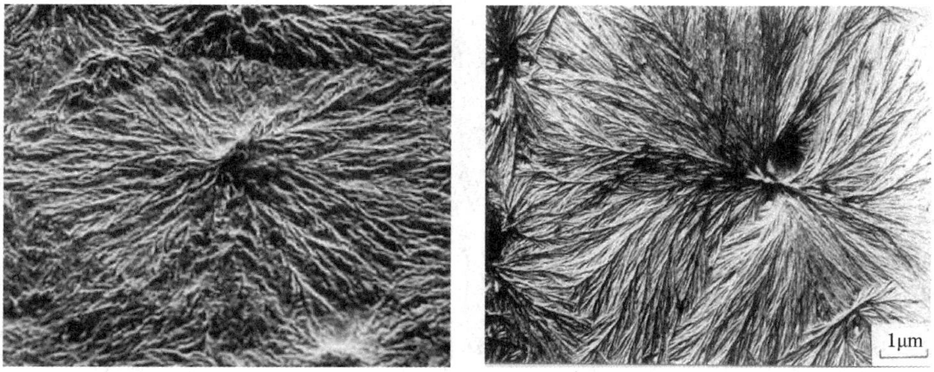

(a)　(b)

图8-38　典型球晶的SEM照片

(a)非均相成核；(b)均相成核(有双眼结构)

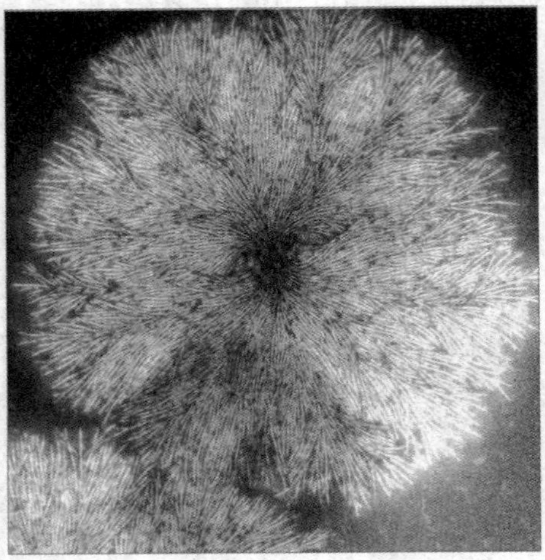

图 8-39　天然橡胶球晶(约 10nm 厚)的 TEM 照片(×30000)

高分子在应力下结晶的另一种结晶形态是串晶。Keith 等用一种特殊制样方法进行 TEM 研究，证明了晶片中分子链不完全近邻折叠，分子链在一个晶片中折叠几个来回后可能转到另一晶片去折叠，从而晶片间存在联结链。做法是将聚乙烯与石蜡一起结晶，然后用溶剂抽提出石蜡，结果观察到晶片层之间有许多伸直链束结构的联结链。为避免冷却时样品收缩而产生的假象，Keith 等在样品结晶后但尚未冷却前，在样品上覆盖额外的聚合物，结果这些聚合物在联结链上外延生长了许多附生的晶片，形成了串晶结构，等于给联结链作了明显的标记[图 8-42(a)]。另一张典型串晶的 TEM 照片示于[图 8-42(b)]。

8.5.2　液晶织构

虽然液晶织构是光学显微镜下的图像，但经样品的特殊制备，也能在电子显微镜下进行研究。

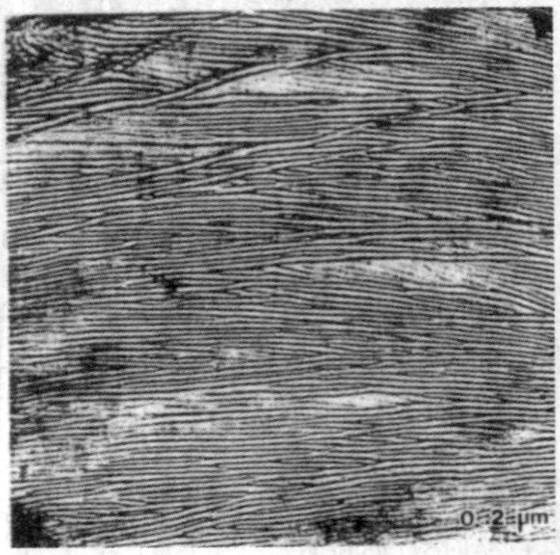

图 8-40　HDPE 球晶中晶片的 TEM 照片

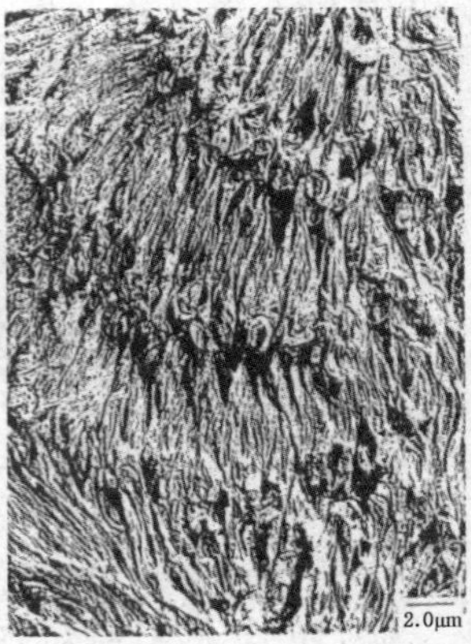

图 8-41　HDPE 球晶的局部的 TEM 照片

条带织构是无论在溶致性或热致性，无论向列或胆甾型主链高分子液晶中，都能观察到的一种取向态液晶织构。这种黑白相间的织构，是微纤(即分子束)以锯齿形或波浪形有规则地排列而产生的光学效应。利用偏光显微镜，只能根据消光原理分析微纤的排列情况，而利用电镜则能直接观察到微纤的形态。笔者曾对一种商品名为 Vectra 的液晶共聚芳酯的条带织构进行了电镜研究，其化学结构如下：

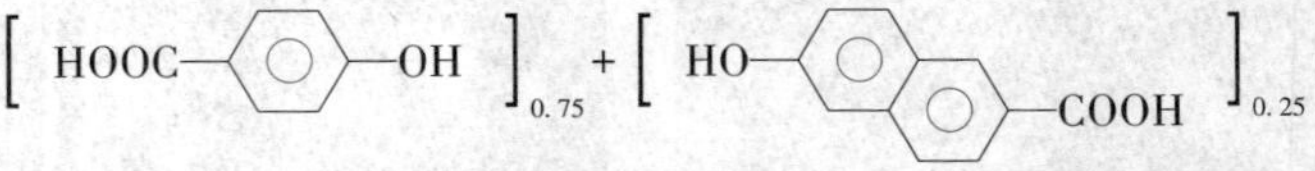

图 8-43(a)是它的取向膜中典型的条带织构。相邻白色的微纤的取向方向是不同的。经浓硫酸蚀刻 0.5h 后，在 SEM 下观察到由微纤波浪形组成的条带[图 8-43(b)和(c)]。用上述蚀刻方法得到的表面制备碳复型，未投影时反差很小，即使倾斜 15°，也难以观察[图 8-44(a)]。但用金投影后在 TEM 下有很好的衬度，能清楚地观察到每根微纤的形态[图 8-44(b)和(c)]。

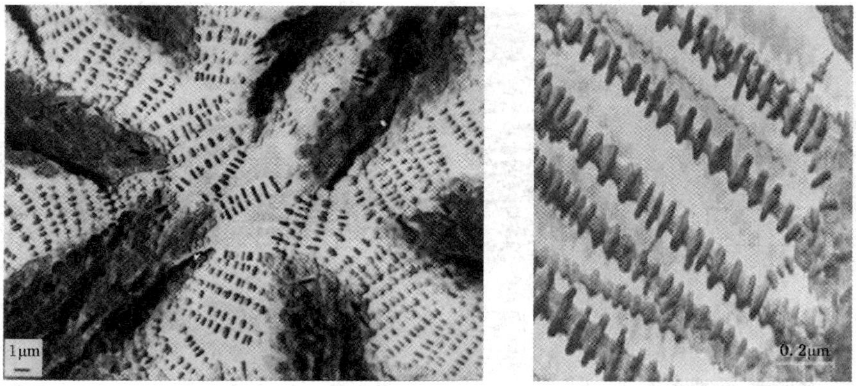

(a) (b)

图 8-42 高分子串晶的典型 TEM 照片

我们发现用金投影后不仅反差显著增加，而且不同方向投影的效果完全不同，这是由于经蚀刻后表面出现了两个方向的规律性起伏[图 8-45(a)]。沿取向方向，投影强调了条带状结构[图 8-44(b)]；垂直于取向方向投影，强调的是微纤的波浪形结构[图 8-44(c)]。可见投影方向的选择很重要。

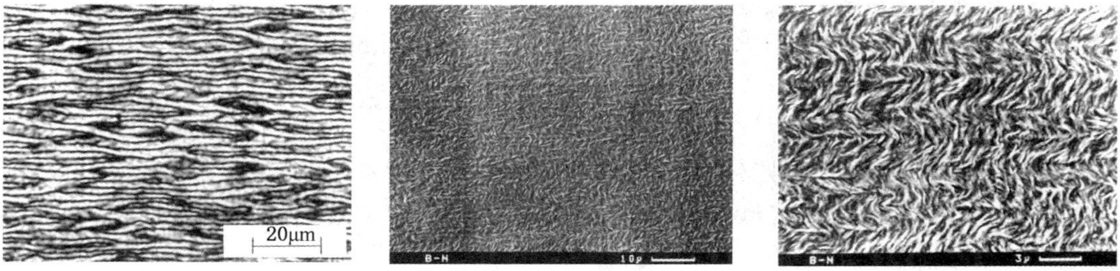

(a) (b) (c)

图 8-43 液晶聚芳酯 Vectra 的取向膜中典型的条带织构的 SEM 照片(取向方向垂直于条带方向)

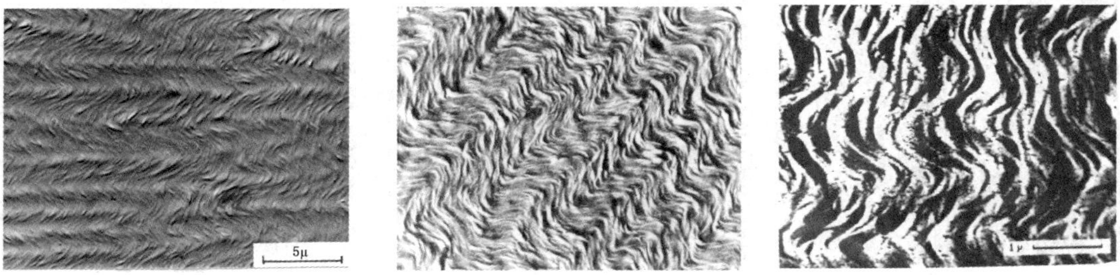

(a) (b) (c)

图 8-44 液晶聚芳酯 Vectra 的取向膜中典型的条带织构的 TEM 照片(取向方向垂直于条带方向)

与其他天然高分子一样，壳聚糖液晶基本上是胆甾相，其浓溶液在偏光显微镜下出现指纹状织构。要进行电镜研究，必须要选择一种可光固化的单体作溶剂，在液晶浓度下光固化以在固化复合膜中固定指纹状织构。然后经酸蚀刻后观察，结果见图 8-46。壳聚糖/聚丙烯酸复合薄膜中指纹状织构的蚀刻机理可以用图 8-47 说明，层片中垂直于表面的分子比较耐酸蚀刻而留下突出的结构，层片中平行于表面的分子比较不耐酸蚀刻而留下凹的结构，从而出现反差。

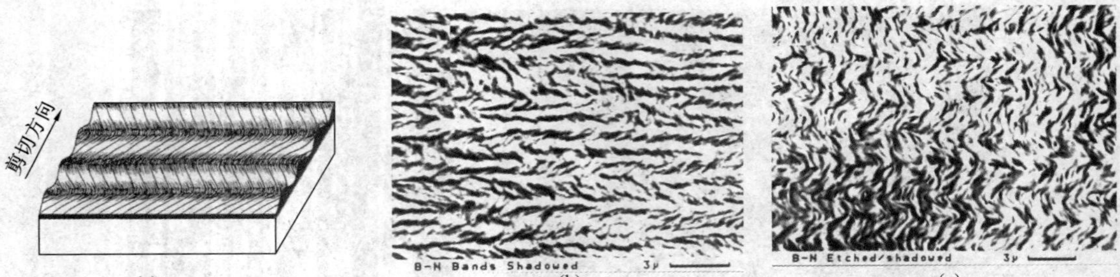

(a) (b) (c)

图 8-45　不同投影方向的效果和表面结构示意图

图 8-46　壳聚糖/聚丙烯酸复合薄膜中被光固化固定下来的液晶指纹状织构的 SEM 照片

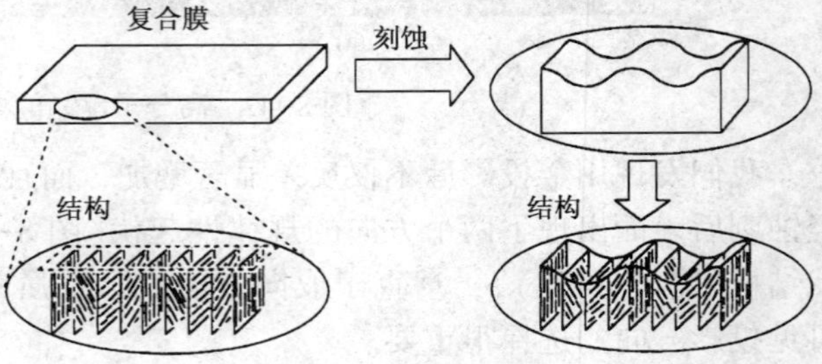

图 8-47　壳聚糖/聚丙烯酸复合薄膜中指纹状织构的蚀刻机理

8.5.3　一维材料

织物是由纱组成的，而纱又是由许多单根纤维经纺纱时拧绞而成的。图 8-48(a)是典型织物的二次电子像，用于计算纱中耸出于表面的纤维的数目和长度，这些参数很有用，它们会影响织物的手感和机械性质。

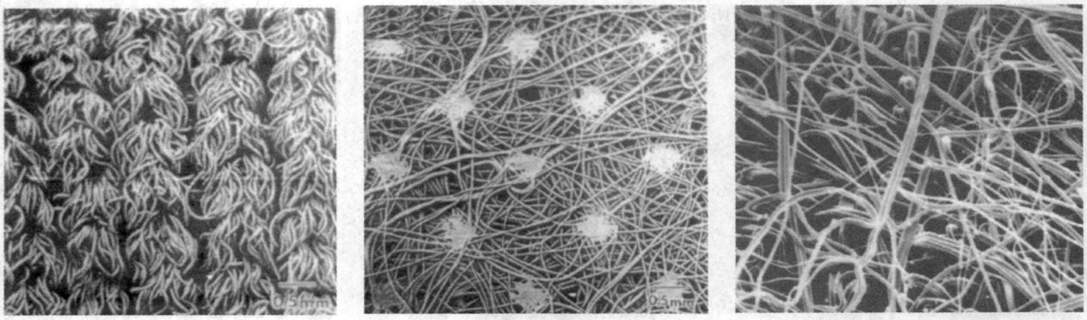

(a) **一般织物** (SEI)　(b) **针刺法无纺布** (SEI)　(c) **熔喷法无纺布** (SEM)

图 8-48　典型织物的电镜照片

无纺布(即非织造布)是一种新纺织形式的织物，它们比普通织物更不规则，结构更不均匀。从图 8-48(b)可以看到，纤维完全是无规交叉，经针刺法生产的无纺布中有局部熔融区，在图中呈白色圆点，正是靠这些"焊"点将纤维固定在一起。无纺布还有熔喷法和水刺法两种工艺，市面上常见的"环保袋"就是用熔喷法制造的。图 8-49(c)是熔喷法无纺布的结构的 SEM 照片，它的特点之一是纤维细度较小，通常小于 10μm，大多数纤维的直径在

1~4μm，纤维粗细不匀。

对于纤维，还可通过撕裂、断裂、切片等方法研究其内部结构。通过对表面的深入研究，还可以得到有关纤维磨损、疲劳、疵点等信息。

超细合成纤维是一种新型纤维，制造方法是首先将两种不相混溶的聚合物纺成复合纤维，如 PET 与碱溶性聚酯的复合纤维，由于分相而形成微区，即所谓“海岛结构”，形成的复合纤维被称为涤纶“海岛丝”。然后再把第 2 种高分子用溶剂溶掉，就制成直径约 1~2μm 的超细纤维。SEM 用于分析其微观结构(图 8-49)，可以看到一根微纤维又是由 37 根更细的超细纤维组成的结构。

(a) 用海岛丝制作的布的表面　　(b) 一束纤维　　(c) 一根纤维断面

图 8-49　PET 海岛丝的 SEM 照片

静电纺丝是近年研究的热点，文献报道用壳聚糖/聚环氧乙烷共混溶液电纺可制备出具有壳-核结构(又称皮-芯结构)的纳米纤维。电镜照片(图 8-50)可清晰看见该电纺纤维的核-壳结构，纤维内部是聚环氧乙烷，外部主要由具有抑菌等生物医学功能的壳聚糖构成。因而这种核壳结构的纳米纤维可用于伤口辅料和组织工程。

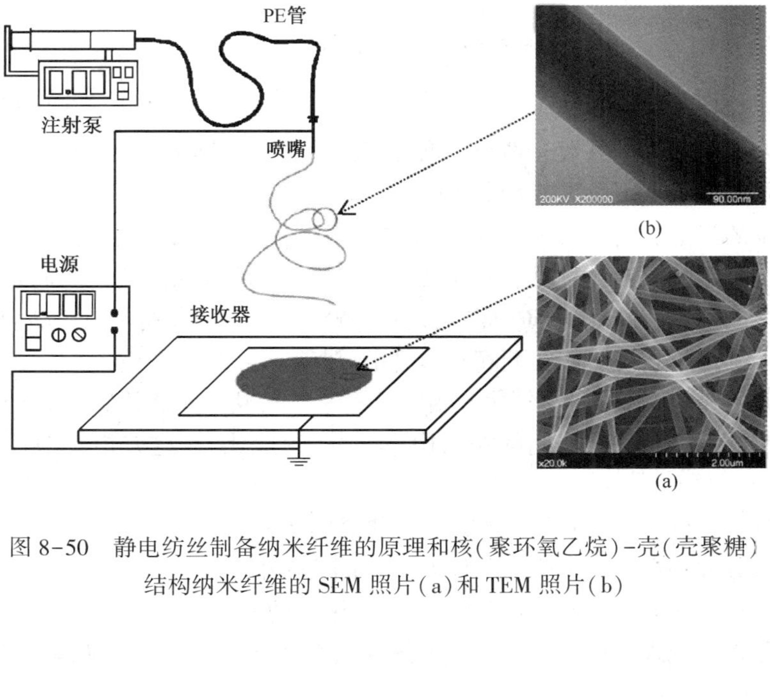

图 8-50　静电纺丝制备纳米纤维的原理和核(聚环氧乙烷)-壳(壳聚糖)结构纳米纤维的 SEM 照片(a)和 TEM 照片(b)

8.5.4 二维材料

薄膜主要用作包装材料和涂层材料。SEM 可用于研究表面的细节，如在吹塑薄膜的表面上可直接观察到晶片，晶片要么朝机器方向要么取它的垂直方向。而 TEM 更多用于研究内部结构如球晶、微纤等。

另有一类薄膜是功能膜，用于分离、隔离、控制释放等目的。例如商品液态锂离子电池大多使用聚烯烃微孔膜作隔膜，隔膜的微孔结构容许吸纳电解液并令其流通。锂电池隔膜的厚度一般≤ 25μm。在保证一定的机械强度的前提下，隔膜的厚度越薄越好。微孔的孔径大小与分布的均一性对电池性能有直接的影响，因而制备工艺要求很高。制备方法有熔融拉伸法(干法)和热致相分离法(湿法)，它们的微观结构明显不同。图 8-51(a)和(b)分别是 Celanese 公司生产的商品名为 Celgard 的干法聚丙烯微孔膜和 Asahi 公司生产的商品名为 Hipore 的湿法聚乙烯微孔膜的 SEM 照片。Celgard 微孔膜是由挤出成型的全同聚丙烯薄膜经退火和拉伸而成的。它的孔平行排列，并沿机器方向取向，孔之间被拉伸了的微纤分隔开。从未被拉伸的区域可以看到与机器方向垂直的晶片。而 Hipore 微孔膜的孔结构是无规的。

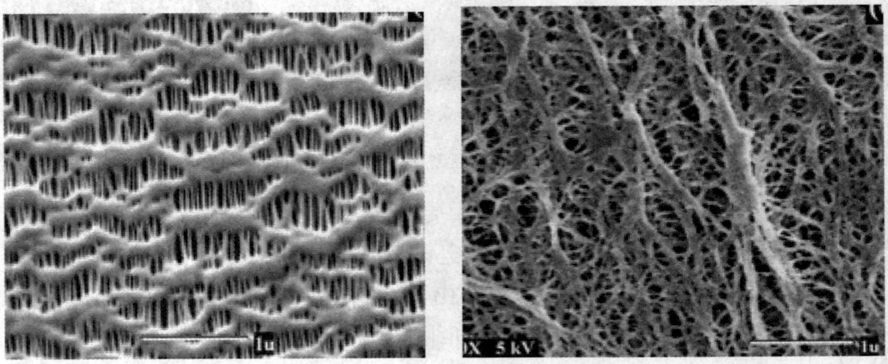

(a)干法聚丙烯微孔膜(Celgard)　　(b)湿法聚乙烯微孔膜(Hipore)

图 8-51　微孔膜的 SEM 照片

8.5.5 多相高分子体系

电镜常用来观察共聚、共混、填充、增强等高分子多相体系的相结构。

(1) 共混物　如果共混物发生相分离时聚合物处于液态，则体系中最常见的相结构是球形微区，含量少的组分成为球形分散相分布在体系中。图 8-52 所示的是聚缩醛/聚丙烯的缺口悬臂梁冲击样品的断面，可见有 0.5~2μm 的分散相颗拉和圆洞，圆洞是断裂时颗粒被抽出造成的。该图是垂直断面的 SEI 照片，所以颗粒较圆。如果稍倾斜样品会不难观察到微区是椭球形的，其伸长程度可表征两相粘接性的好坏。

(2) 嵌段共聚物　聚苯乙烯-氧化乙烯、SBS 等二元或三元嵌段共聚物经 OsO_4 染色后，能看到球状、棒状和层状三类不同的相结构(取决于组成比)，这是电镜应用于高分子研究的最成功的例子之一。

将聚苯乙烯/16.1%(质量)丁二烯二嵌段共聚物的超薄切片用 OsO_4 染色，能得到排列非常规则的球状分散相点阵，成为一种体心立方晶格(图 8-53)。

(3) 复合材料　图 8-54 是玻璃纤维增强 PP 树脂的断面的 SEM 照片，比较了纤维表面经偶联剂处理和未经处理的区别。显然纤维经偶联剂处理后，纤维与基体粘结增加很多，从而力学性能有大幅度提高。

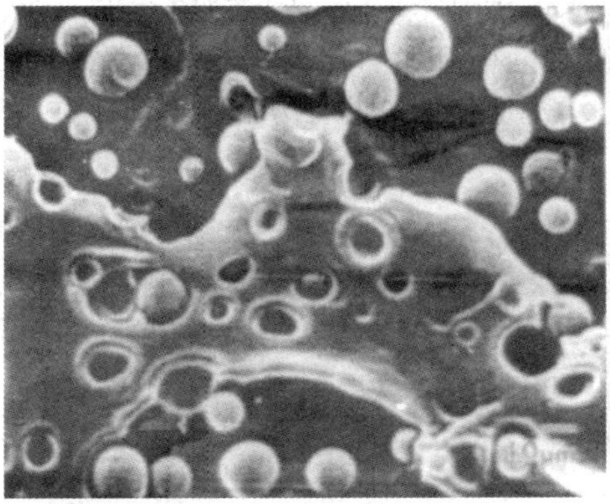

图 8-52　聚缩醛/聚丙烯
共混物的 SEI 照片(500×)

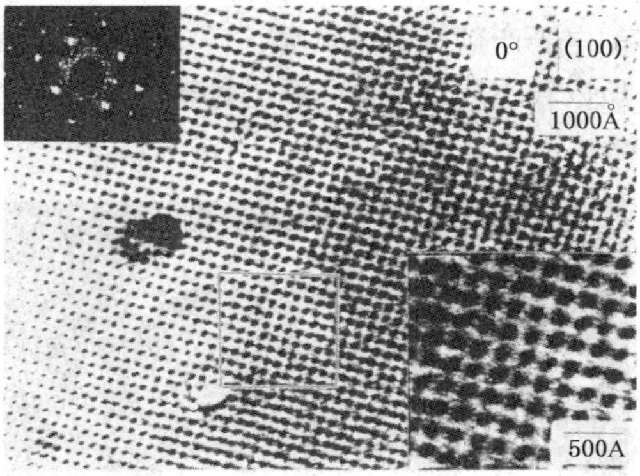

图 8-53　聚苯乙烯/丁二烯嵌段共聚物的 TEM 照片
右下角为方框局部的放大图；左上角为相应的电子衍射照片

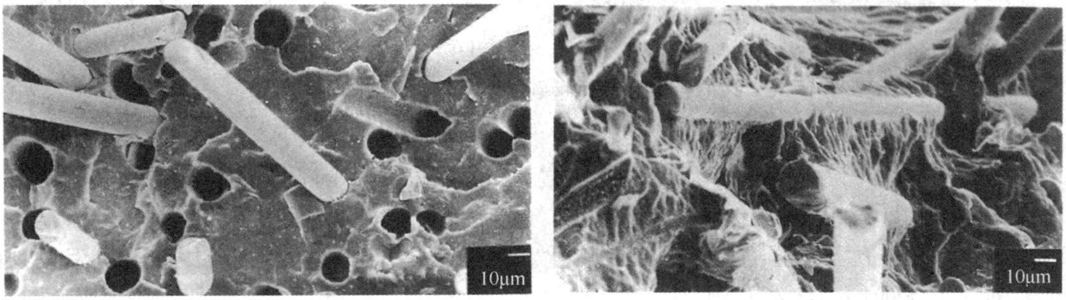

(a)　　　　　　　　　　(b)

图 8-54　玻璃纤维增强 PP 树脂(纤维含量 30%)的断面的 SEM 照片
(a)纤维表面未经处理；(b)纤维表面经偶联处理

图 8-55 是多壁碳纳米管的 SEM 和 TEM 照片，碳纳米管现已成为研究热点，常被加入到高分子中制成各类复合材料。笔者制备了原位聚合的含 3%多壁碳纳米管的聚丙烯腈，经纺丝、预氧化和碳化后，在碳纤维的断面的 SEM 照片[图 8-56(a)]上观察到碳纳米管均匀分散在基体中。一些碳纳米管被抽出(相反有些地方成为空洞)，另一些只看到碳纳米管的头部。将切片用离子减薄后，在 TEM[图 8-56(b)]下观察到分散在碳纤维中的碳纳米管。对比图 8-55 或图 8-56 中的 SEM 和 TEM 照片，会发现碳纳米管在 SEM 中是白色的，而在 TEM

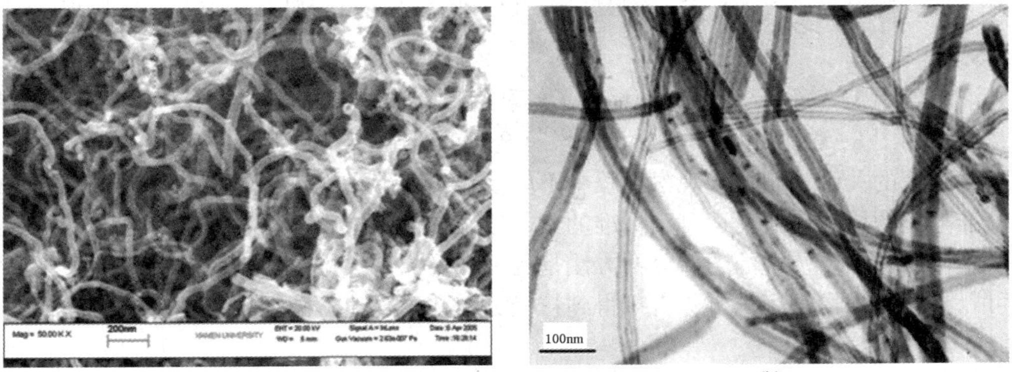

(a)　　　　　　　　　　(b)

图 8-55　多壁碳纳米管的 SEM(a)和 TEM(b)照片

中是黑色的。这是由于两种方法机理不同，前者是二次电子成像，突出的碳纳米管比基底有更多的电子产额，所以较亮；后者是靠透过的电子成像，碳纳米管本身的电子密度大于基底，所以较不透过电子，结果较暗。通过这个实例，清楚地说明了两种方法识图时要注意的区别。

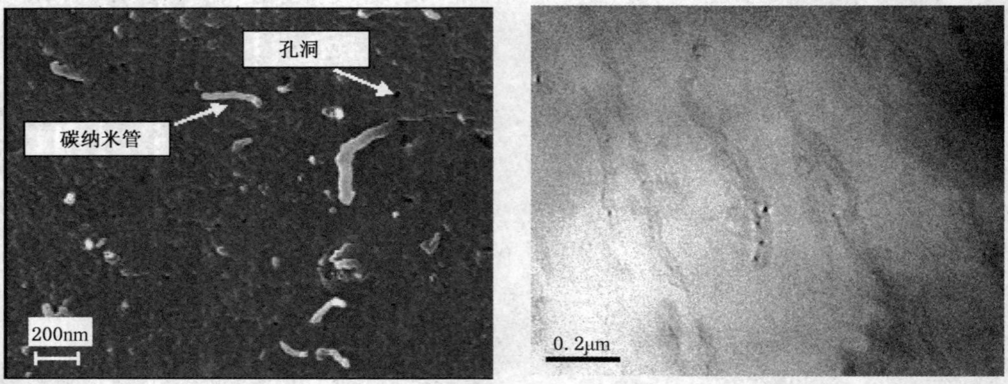

(a) (b)

图 8-56　在原位聚合的多壁碳纳米管/聚丙烯腈复合碳纤维中碳纳米管分布情况的 SEM(a)和 TEM(b)照片

大分子自组装是近代高分子研究的热点之一，研究得最多的是嵌段聚合物，江明等报道了电镜中的胶束、微球、囊泡、管状等形态。[图 8-57(a)]是一种嵌段聚合物/磁粉复合微米球；(b)是一种嵌段聚合物在溶剂中胶束化获得的球形聚集体；(c)是一种嵌段聚合物的母子囊泡，大囊泡内包含小囊泡。

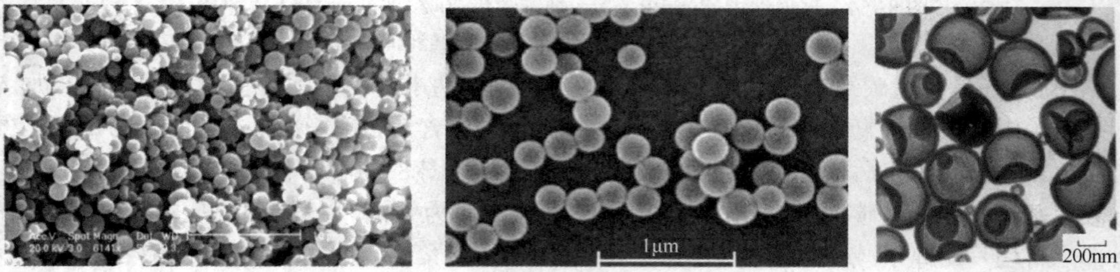

(a) (b) (c)

图 8-57　嵌段聚合物几种典型形态的 SEM 照片

8.5.6　乳液

乳液一般用 TEM 研究。滴一滴稀释了的乳液于有支持膜的铜网上，经冷冻干燥后用金投影，结果如图 8-58 所示，图中白色是没有金膜的“阴影”。

研究乳液的关键是制样和观察过程中不要使粒子变形。测量粒子尺寸以前，要先用标准铜网校准电镜的放大倍数，还可用标准的聚苯乙烯乳液来检查体系真空及其他电镜工作条件对粒子尺寸的影响。传统的图像分析方法是逐一测量粒子尺寸再作统计，但现在已有图像分析仪可以自动对图像进行分析，直接得到粒径分布和平均值的数据。

8.5.7　黏合剂

图 8-59 是一种胶带的 SEM 研究实例，试验是先将两片胶带对粘，再剥离开，然后作电

镜观察。从图上可见未粘接的高分子胶质为球状，一旦粘接，可被拉出很长的丝。因此，电镜可用来研究粘结剂的粘结性能。

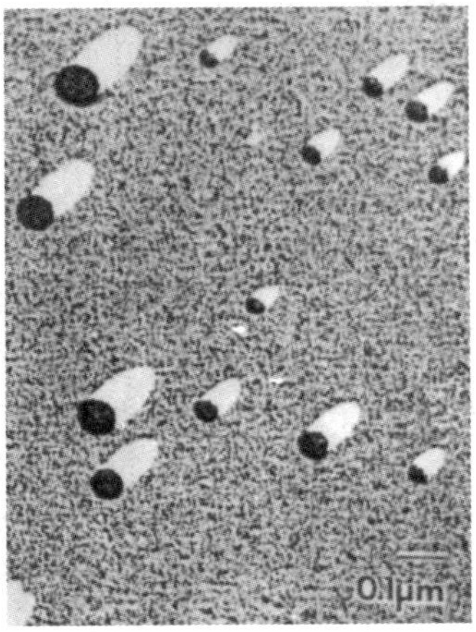

图 8-58　典型乳液的 TEM 照片

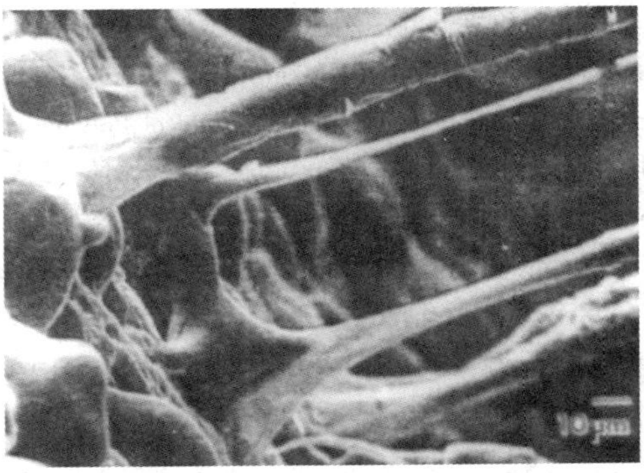

图 8-59　胶带上黏合剂层的形态的 SEM 照片

8.5.8　生物医用高分子材料

壳聚糖肝素的复合物具有良好的血液相容性。聚四氟乙烯管广泛用于外科手术中血管的代替材料，但当管子内壁的直径小于 6mm 时，容易被血块堵塞。为了减少血小板在聚四氟乙烯(PTFE)管壁上的黏附[图 8-60(a)]，Zhu 等将交联壳聚糖(CS)涂到聚四氟乙烯管壁上，表面再用肝素(Hp)处理，与全血接触后，PTFE/CS/Hp 材料上基本没有细胞吸附，有效避免了血小板在聚四氟乙烯管壁上的黏附[图 8-60(b)]，表明 PTFE/CS/Hp 材料具有良好的血液相容性。

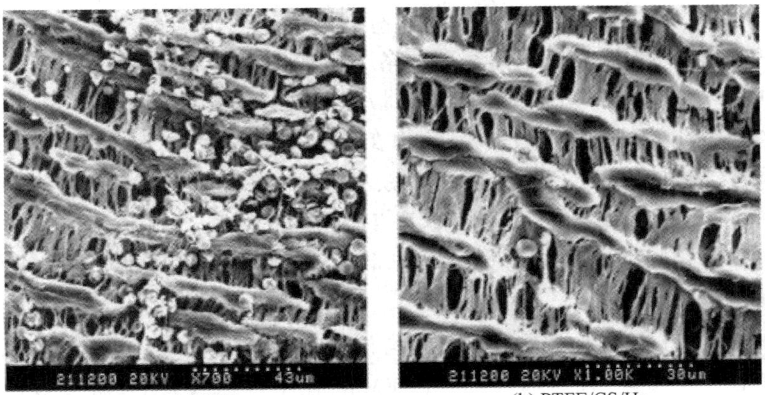

(a) PTFE　　(b) PTFE/CS/Hp

图 8-60　用肝素处理的壳聚糖/聚四氟乙烯管壁对血小板黏附情况 SEM 照片

(a)PTFE；(b)PTFE/CS/Hp

参　考　文　献

1　C. S. Linda, T. G. David. Polymer Microscopy. London: Chapman and Hill, 1987

2　日本高分子学会高分子实验学编集委员会．高分子の固体构造Ⅱ-17. 东京：共立出版株式会社，1974

3 R. G. Vadimsky. in：Methods of Experimental Physics，Vol. 16，Part B（R. A. Fava Ed.）. New York：Academic Press，1980
4 P. J. Goodhew. Thin Foil Preparation for Electron Microscopy. Amsterdam：Elsevier，1985
5 J. H. Willison，A. J. Rowe. Replica，Shadowing and Freeze-etching Techniques. Amsterdam：North-Holland Publishing Company，1980
6 江明，A. 艾森伯格，刘国军，张希．大分子自组装．北京：科学出版社，2006
7 Yanming Dong，Yusong Wu，Mian Wang. Cholesteric liquid crystalline character on the surface of chitosan/polyacrylic acid composites. Chinese Journal of Polymer Science，2001，19(3)：247~253
8 董炎明，樱井谦资，吴玉松，近藤幸江．N-乙基壳聚糖的针状结晶．高分子学报，2002，(5)：662~666
9 Zhu AP，Zhang M，Shen J. Blood compatibility of chitosan/heparin complex surface modified ePTFE vascular graft. Applied Surface Science，2005，241：485~492
10 Zhang J F，Yang D Z，Xu F，et al.. Electrospun core-shell structure nanofibers from homogeneous solution of poly(ethylene oxide)/chitosan. Macromolecules，2009，42：5278~5284

习　题

1. 电子束与固体样品作用时会产生哪些信号？产生的机理是什么？

2. 讨论 SEM、TEM 与 POM 的分辨率与放大倍数的区别。

3. 试画出 TEM 的电子光学部分结构示意图。

4. 简述透射电镜电子图像三种成像原理，并解释明场像与暗场像的区别。

5. 简述 SEM 的成像原理，并说明 SEM 主要反映样品的什么特征？

6. SEM 与 SEI 有何区别？

7. 透射电镜和扫描电镜的衬度来源有何不同？举实例解释为什么有些结构在 TEM 是黑色的，而在 SEM 是白色的。

8. 为什么 SEM 的照片比从仪器的屏幕上看到的图像更清楚？

9. 透射电镜和扫描电镜的样品制备有什么相同和不同之处？

10. 哪些制样方法可以提高 TEM 图像的衬度？

11. 为什么一个凸的结构和一个凹的结构在 SEM 中会混淆？有什么办法区别？

12. SEM 和 TEM 在高分子研究中应用的领域有哪些？各举一个典型实例说明。

13. 如何判断所要研究的样品是否可以用 TEM 或 SEM 进行测定？

14. 查阅文献，找到一张精美的聚合物球晶的 SEM 照片，并说明其样品经过什么制备方法来提高衬度。

15. 用 SEM 能得到聚合物球晶的什么结构信息？

16. 设计一个简单方案，说明如何应用 SEM 研究 PVC 中无机填料分散的均匀性，以及填料粒子与基体结合的好坏。

17. 查阅文献，举实例说明如何用电镜研究高分子纳米材料。

18. 查阅文献，举实例说明如何用电镜研究聚合物基复合材料。

第四篇 高分子材料的热分析

1887 年法国的 Henry Louis Le Chatelier 教授创立热分析方法以来，1899 年 Robers-Austen 首先采用了差热电偶测量试样和参比物间的温度差，1955 年 Borsma 改革了差热电偶的传统放置法，把热电偶的接点埋入具有两个空穴的镍制均温块中，而试样和参比物分别放入空穴中，从而避免了热电偶与样品直接接触的弊端。从此差热分析仪的基本结构趋于定型，同时热分析技术的应用日益广泛，已经成为一类多学科通用的分析测试技术。

热分析是指在程序控制下，测量物质的物理性质与温度关系的一类技术。人们通过检测样品本身的热力学性质或者其他物理性质随温度或时间的变化，来研究物质结构的变化和化学反应。国际热分析联合会(ICTA)建议，根据所测的物理性质的不同，热分析方法可分为 9 类 17 种(表Ⅳ-1)。

热分析技术广泛应用于材料包括金属材料、无机非金属材料和有机高分子材料的研究，高分子中应用最广的是差示扫描量热法(第 9 章)、热重法(第 10 章)和热-力分析(第 10 章)。

表Ⅳ-1 热分析方法的分类

物理性质	方　法	备　注
质　量	热重法	测定物质的质量与温度的关系
	等压质量变化测定	测定在恒定挥发物分压下的平衡质量与温度的关系
	逸出气检测法	测定逸出的挥发物热导性与温度的关系
	射气热分析	测定放射性物质与温度的关系
	热粒子分析	测定放出的微粒物质与温度的关系
温　度	升温曲线测定	测定物质温度与温度的关系
	差热分析	测定物质与参比物之间的温差与温度的关系
热　焓	差示扫描量热法	测定物质与参比物的热流差(功率差)与温度的关系
尺　寸	热膨胀法	包括线膨胀法和体膨胀法
力学量	热-力分析	测定非振荡负荷下形变与温度的关系
	动态热-力分析	测定振荡性负荷下动态模数(阻尼)与温度的关系
声学量	热发声法	测定声发射与温度的关系
	热传声法	测定声波的特性与温度的关系
光学量	热光法	包括热光谱法、热折射法、热致发光法、热显微镜
电学量	热电法	测定电学特性(电阻、电导、电容等)与温度的关系
磁学量	热磁法	测定磁化率与温度的关系

第 9 章　差热分析法和差示扫描量热法

9.1　DTA/DSC 基本原理

差热分析(differential thermal analysis，简称 DTA)的原理如图 9-1(a)所示。它是在程序控制温度下测量物质和参比物(一种热惰性物质，如 $\alpha-Al_2O_3$)之间的温度差与温度(或时间)关系的一种技术。描述这种关系的曲线称为差热曲线或 DTA 曲线(图 9-2)。由于试样和参比物之间的温度差主要取决于试样的温度变化，因此就其本质来说，差热分析是一种主要与焓变测定有关，并藉此了解物质有关性质的技术。

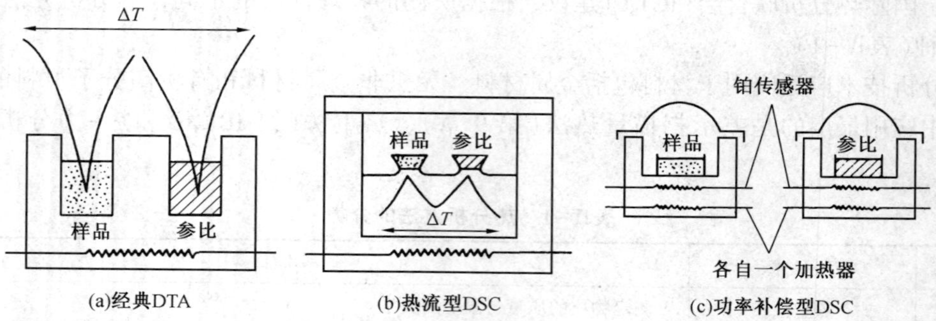

图 9-1　三种主要的热分析系统的示意图

差示扫描量热法(differential scanning calorimetry，简称 DSC)是在 DTA 的基础上发展起来的一种新型量热技术。差示扫描量热法是在程序控制温度下，测量输入到物质和参比物之间的功率差与温度关系的一种技术。DSC 有热流型和功率补偿型两种，其基本原理示意如图 9-1(b)和(c)。

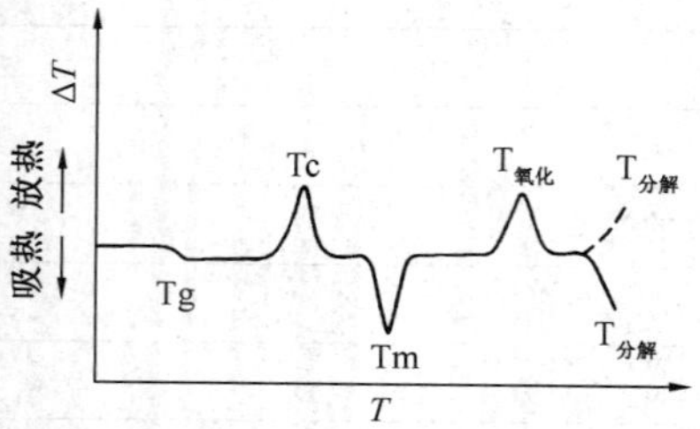

图 9-2　典型的 DTA 曲线

热流型 DSC 的原理与 DTA 类似，只是测温元件(镍铬-镍铝丝)是贴附在样品支架上，而不像经典 DTA 那样插在样品或参比物内。这种设计减少了样品本身所引起的热阻变化的影响，也减少了样品对测温元件的污染，因此定量准确性较 DTA 好，又被称为定量 DTA。

功率补偿型 DSC 的原理是，在程序升温(或降温、恒温)的过程中，始终保持试样与参比物的温度相同，为此试样和参比物各用一个独立的加热器和温度检测器。当试样发生吸热效应时，由补偿加热器增加热量，使试样和参比物之间保持相同温度；反之，当试样产生放热效应时，则减少热量，使试样和参比物之间仍保持相同温度。然后将此补偿的功率直接记录下来，它精确地等于吸热和放热的热量，因此可以记录热流速率(dH/dt 或 dQ/dt)对温度的关系曲线，即 DSC 曲线(图 9-3)，热流速率的单位可以是 W(即 J/s)或 W/g，后者与样品量无关，又称为热流量。横座标有时采用时间代替温度，特别是做动力学研究或恒温测定时。在仪器上使用周波信号源，正半周控制线性升(降)温，负半周控制试样和参比物的温差为零，从而巧妙地使两个不同的控温回路几乎同时运转。

不同厂家生产的仪器的 DTA/DSC 曲线的吸热/放热方向不同，同一仪器也可调整方向，所以曲线上必须注明吸热(endo)和/或放热(exo)的方向。从图 9-2 和图 9-3 可见，两种曲线所测的转变和热效应是类似的。但是两者也有所区别：DTA 的优点是能用于高温测定(最高温度可达 1500℃，有的仪器甚至达 2400℃)，但测量灵敏度较差(因为 ΔT 与试样的堆砌紧密程度、传热速度和比热容等有关)，一般用于定性测定转变温度(峰的位置)，适合于矿物、金属等无机材料的分析；而 DSC 的峰面积直接对应于热效应的大小，其分辨率、重复性和准确性均较好，更适合于有机和高分子物的分析，一般测定温度范围为-170~700℃(有的仪器也可达高温)，不仅可用于定性分析，还能用于定量分析。

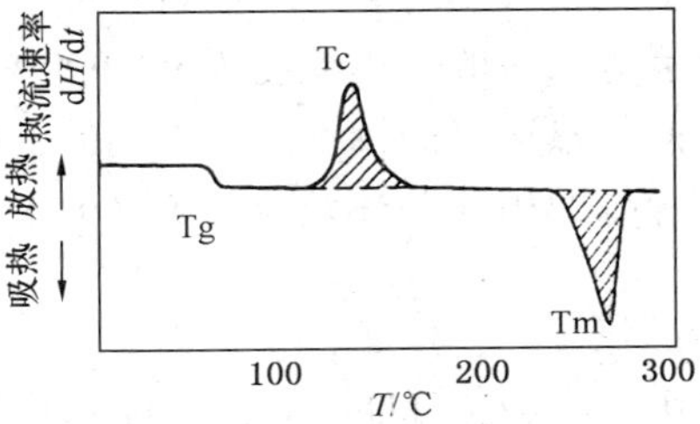

图 9-3　典型的 DSC 曲线

(聚对苯二甲酸乙二醇酯，阴影部分的面积直接对应于吸收或释放的热量)

DTA 或 DSC 提供的主要信息是：

① 热事件开始、峰值和结束的温度(由曲线的横坐标提供)；

② 热效应的大小和符号(分别由峰的面积和方向提供)；

③ 参予热事件的物质的种类和量(分别由转变温度值和峰面积提供)。

9.2　仪器及实验技术

9.2.1　试样制备与参比物的选择

DTA/DSC 可以用于测定除气体外的固态、液态或浆状样品。装样的原则是尽可能使样品既薄又广地分布在测试坩埚内，以减少试样与坩埚之间的热阻。薄膜、纤维、片状、粒状等较大的试样都必须剪或切成小粒或片，并尽量平铺，以减少样品间的温度梯度。挥发性液体不能用普通坩埚，必须采用耐压(0.03MPa)的密封坩埚。测沸点时要用盖上留有小孔的特殊坩埚(对于铝坩埚，密封前预先在盖子上用针或尖头镊子打一小孔即可)。

常用的坩埚由铝、氧化铝、金、铂、银、石墨等不同材质组成。高分子样品一般使用铝坩埚，需要注意的是，使用铝坩埚的温度应低于 500℃，否则铝会发生冷流而变形。超过 500℃时可以用氧化铝坩埚或者铂坩埚，其中铂坩埚易与熔化的金属形成合金，也易被 P、As、S、Se、卤素、王水等侵蚀，而氧化铝也有发生化学反应的可能。

DTA 常用经高温焙烧的 α-Al_2O_3 作参比物，但是由于 Al_2O_3 与高聚物的比热容和热导率相差较大，因此近来也有人采用硅氧烷、间苯二酸，甚至聚对苯二甲酸乙二醇酯的无峰区作参比。参比物在所测温区内必须是热惰性的，热容量和热导率应与试样匹配。DSC 可以不用参比物，只在参比池放一个空坩埚即可。但若放些参比物(甚至只是多放几个坩埚盖)可抵消热容不平衡而引起的基线倾斜。

9.2.2　温度和灵敏度的校正

仪器在刚开始使用时或使用一段时间后都必须进行校正，以保证谱图数据的准确性，一般一年校正一到两次。

选择校正参样有以下一些考虑，比如材料在化学上要足够稳定和惰性的，在贮存过程没有变化；升温时不与坩埚材料反应；材料易于得到；所取的特征转变温度足够明显、分立和重复等。一般采用纯度为 99.999%的高纯铟进行温度和热量的校正。在校正温度时，由于不同加热速率的校正值是不同的，所以必须选用测定时所用的速率来校正。

峰面积 A 与热效应 ΔH 成正比，即

$$\Delta H = K \cdot \frac{A}{m}$$

式中；m 为试样质量；K 为仪器常数。

用已知质量的高纯铟(99.999%)的熔化峰面积和熔化热求出 K 值，然后再利用该 K 值计算未知物的热效应。反过来，已知 ΔH 便可以求得参予热事件的物质的量 m。值得注意的是，K 值根据仪器的状态或测定条件的变化会有稍微的改变，因此 K 值应在与待测定样品相同的条件下测定。

在进行精密的温度测定时，如果 DSC 仪是用铟的熔点来校正的，那么由于热传导等的影响，测定温度远离 156℃时，测定结果就可能不十分准确。因此可用其他纯物质校正，以接近测定范围。目前常用作校正参样的纯物质如表 9-1 所列。

表 9-1　校正用纯物质的熔点 T_m 和熔化热 ΔH_m

纯物质名称	熔点/℃	熔化热/J·g^{-1}	纯物质名称	熔点/℃	熔化热/J·g^{-1}
铟	156.63	28.5±0.2	铝	660.3	398，388，399
锡	231.97	59.7，60.6，59.6，56.57±0.10	银	961.63	107，105，112
铅	327.50	23.2±0.5	联苯	69.26	120.41
锌	419.58	111.18±0.44			

注：不同数值来自于不同文献。

9.2.3　主要影响因素

影响 DSC 曲线的主要因素有样品因素、升温速率、气氛、重复扫描等。

(1) 样品因素　样品因素中最重要的是样品的物理和化学性质，特别是它的密度、比热容、导热性、反应类型和结晶等性质决定了差热曲线的基本特征：峰的个数、形状、位置和峰的性质(吸热或放热)。

样品量对曲线的影响可以通过前述公式体现。前述公式也可以表达为另一种形式：

$$A = \frac{\Delta H \cdot m}{K}$$

即峰面积与样品量成正比。样品量应根据热效应的大小来调节。样品量少有利于气体产物的扩散和试样内温度的均衡，减小温度梯度、降低试样温度与环境线性升温的偏差，一般来说，以 5~10mg 为宜，不要超过坩埚体积的 1/3。对于热效应很大的样品，可用热惰性物质(如 α-Al_2O_3)稀释。一般来说，样品量较少，分辨率较高，但灵敏度下降(见图 9-4)。

另一方面，样品量对所测转变的温度值也有影响。以铟为例，随样品量的增加，峰起始点温度基本不变，但峰顶温度增加，峰结束温度则增加更多(图 9-5)。

样品粒度对差热曲线的影响主要表现在峰面积上，如 1，2-聚丁二烯在接近 200℃的热氧化放热效应，粒子越小 DSC 曲线放热峰的面积越大。通常，样品热分解的起始和终止温度均随样品粒度的减小而降低。样品由较大晶体或粒子构成，则比表面较小，其分解延缓。

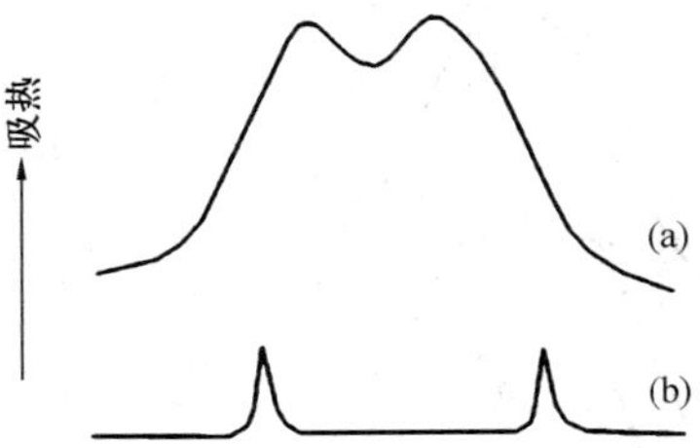

图 9-4 不同样品量对测定结果的影响示意图

(a)样品较多；(b)样品较少

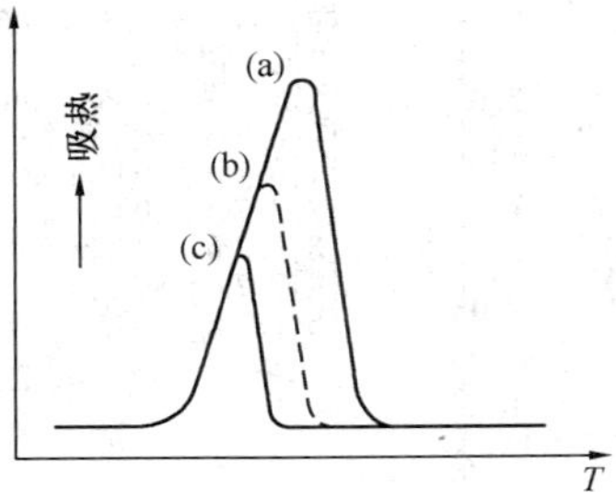

图 9-5 铟的量对峰温度的影响示意图

(a)10mg；(b)5mg；(c)2.5mg

(2) 升温速率　DSC 的纵坐标热流速率 dH/dt(简写为 Y)与试样的瞬间比热容 C 呈正比，即

$$\frac{\mathrm{d}H}{\mathrm{d}t} = mC\frac{\mathrm{d}T}{\mathrm{d}t}$$

式中，m 为试样质量；dT/dt 为升温速率。

可见升温速率对于 DSC 曲线影响很大。一般来说，快速升温，使得反应尚未来得及进行，便进入更高的温度，造成反应滞后，使反应的起始温度 T_i，峰温 T_p 和终止温度 T_f 增高，峰幅变窄，呈尖高状，即灵敏度提高(图 9-6，图 9-7)，但是同时快速升温又会使得分辨率下降。图 9-7 所示为不同升温速率下聚碳酸酯的 DSC 曲线，从中可见在较高的升温速率下(20K/min)，玻璃化转变的灵敏度较高。

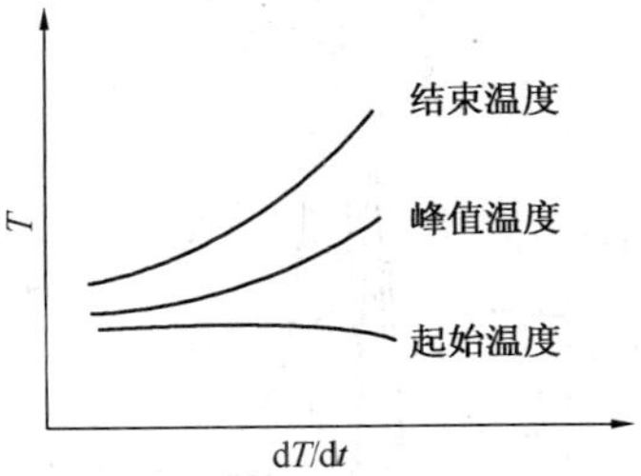

图 9-6 升温速率对峰位置的影响示意图

图 9-8 是不同升温速率下聚丙烯的 DSC 曲线。从图中可以看出，随着升温速率加快，起始温度略有增加，峰值温度和结束温度明显推后。熔融转变的灵敏度提高，分辨率下降。

与其他分析方法一样，灵敏度和分辨率常常是一对矛盾。提高灵敏度，要采用较多的样

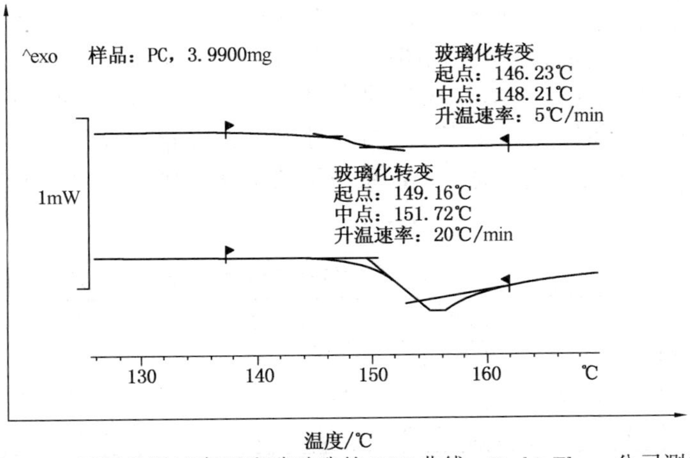

图 9-7 不同升温速率下聚碳酸酯的 DSC 曲线，PerkinElmer 公司测定

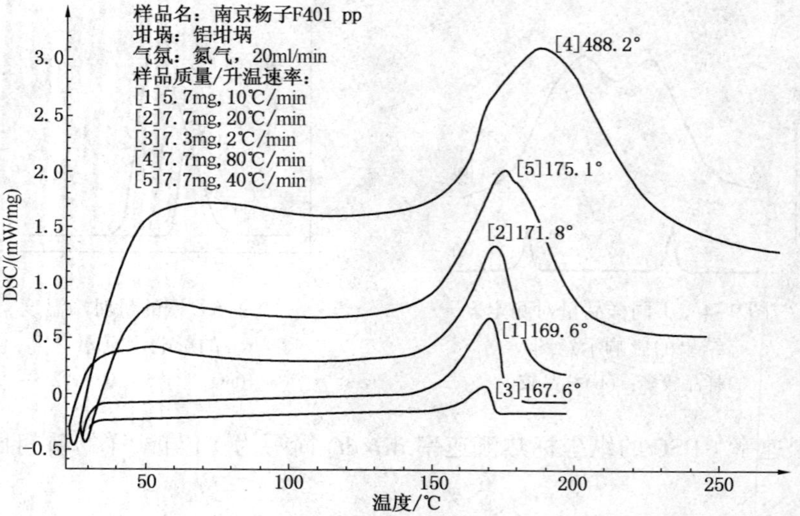

图 9-8　不同升温速率下聚丙烯的 DSC 谱图，Netzsch 204 DSC

品量和较快的升温速率；而提高分辨率则相反，需要较少的样品量和较慢的升温速率。由于增大样品量对灵敏度影响较大，对分辨率影响较小，而加快升温速率对两者影响都较大，因此，人们一般选择较慢的升温速率以保持好的分辨率，而以适当增加样品量来提高灵敏度。

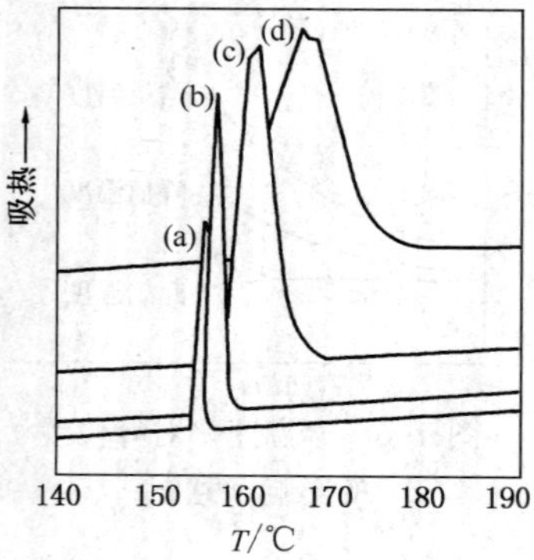

图 9-9　铟在不同升温速率下的 DSC 曲线

(a)5℃/min；(b)20℃/min；(c)60℃/min；(d)120℃/min；温度校正均在 20℃/min 下进行

值得注意的是，如果改变升温速率而不按新速率校正仪器，则峰的起始温度也将明显随升温速率的增加而增加(图 9-9 和表 9-2)。可见测定时，若改变升温速率，重新校正温度是必不可少的。而另一方面，ΔH 在较低的升温速率范围内变化很小(表 9-2)。

(3) 气氛　围氛气体一般使用惰性气体，如 N_2、Ar、He 等。这是为了减少不期望的氧化反应，同时也减少试样挥发物对检测器的腐蚀。气体流速(控制在 20~40mL/min)必须恒定，否则会引起基线变化。

气体性质对测定有显著影响。比如 He 气的热导率比 N_2、Ar 气的热导率约大 4 倍，所以使用 He 气时，低温 DSC 冷却速度加快，测定时间缩短。又因 He 的热导率高，峰检测灵敏度降低，仅为 N_2 中的 40%左右，因此在 He 中测定热量时，校正系数需增加 2.4 倍。在空气中测定时，要注意氧化作用的影响。

表 9-2　升温速率对铟的熔融峰的影响①

dT/dt/(℃·min^{-1})	$T_{起始}$/℃	$T_{峰值}$/℃	ΔH(J·g^{-1})	dT/dt/(℃·min^{-1})	$T_{起始}$/℃	$T_{峰值}$/℃	ΔH(J·g^{-1})
2	154.72	155.29	32.1	60	158.60	161.90	27.0
5	154.93	155.84	32.7	80	158.97	163.34	21.3
20	155.43	157.16	32.7	120	160.34	166.33	17.9

① 笔者用 Perkin Elmer DSC-4 仪测定的结果，仪器在 20℃/min 下进行温度校正。

有时还可以借助变换气氛来辨析 DSC 曲线热效应的物理—化学归属。如在空气中测定的 DSC 曲线呈现放热峰，而在惰性气氛中测定，依不同的反应可分为几种情形：如为结晶或固化反应，则放热峰大小不变；如为吸热效应，则是分解燃烧反应；如无峰或呈现非常小的放热峰，则为金属氧化之类的反应。借此可观测有机聚合物等热裂解与热氧化裂解之间的差异。

靠通气置换装置，需要很长时间才能把仪器内的空气完全排除干净。一种快速的方法是在出气口装上气球，用真空泵减压(真空度不必很高)，接着停止真空排气，导入惰性气体。如果气球鼓起，说明仪器内部压力大于大气压，反复排气充气 2~3 次，取下气球，调到所需流量。

(4) 重复扫描　对于聚合物，由于微量水、残留溶剂等杂质的存在，以及复杂的历史效应的影响，第一次升温扫描时常有干扰。消除干扰的方法之一是重复扫描，将第一次扫描作为样品的预处理(也可以在 DSC 仪外进行预处理)，测定降温曲线或第二次升温曲线。

例如壳聚糖由于存有吸附水和分子中每个葡萄糖残基重复单元带 0.5 个结合水，它的 DSC 曲线总是在 100℃附近出现一个很宽的吸热峰[图 9-10(a)]，但如果第一次扫描后保持在惰性气氛(或干燥器)中避免吸水，等冷却后再次扫描，宽吸收峰不见了，另一方面观察到 140℃出现玻璃化转变[图 9-10(b)]。显然在第一次扫描时是无法观察到玻璃化转变的。

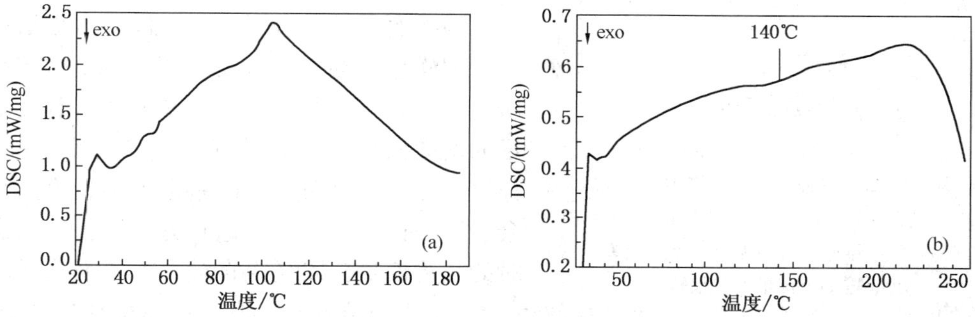

图 9-10　壳聚糖薄膜(从乙酸溶液浇铸)的 DSC 曲线

(a)第一次扫描；(b)第二次扫描；

Netzsch DSC-204，升温速率 20℃/min，N_2 气氛

粉末样品或未退火的样品，在测定 T_g 时会有干扰。经第一次升温至 T_g 以上不远处，再测降温曲线或再次升温时，由于样品颗粒间及颗粒与坩埚间的接触更紧密，以及消除应力历史等原因，可以得到可靠的 T_g 值。降温曲线上 T_g 的位置能重现升温曲线上 T_g 的位置。

对于熔化峰，情况要复杂一些(如图 9-11)。第一次扫描熔化峰较宽，且基线较为不平。冷却时需过冷(常要几十度)才出现结晶峰。而第二次升温时，熔点明显降低，第三次升温后熔点位置不再变化。但扫描次数增加，峰面积减小，意味着存在分解。笔者按照图 9-11 的程序测定了尼龙 1010、聚对苯二甲酸乙二醇酯(PET)和聚对苯二甲酸丁二醇酯(PBT)三种工业品，得到类似的结果(表 9-3)。

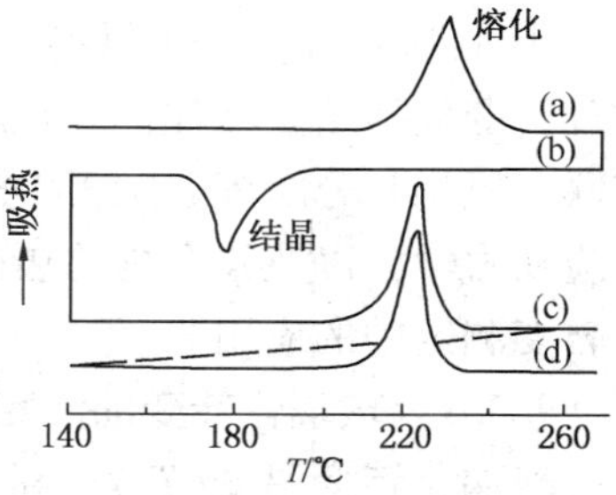

图 9-11　PET 的 DSC 曲线

(a)第一次升温；(b)降温；(c)第二次升温；(d)等速降温后的第三次升温；Perkin-Elmer DSC-4，升降温度均为 20℃/min

表 9-3　三种高分子材料重复扫描的熔化/结晶转变温度①

高分子	第一次升温的熔点/℃	降温时的结晶温度/℃	第二次升温的熔点/℃
尼龙 1010	204.50	159.52	191.48
PET	262.52	192.17	255.46
PBT	230.05	176.76	222.98

① 均取峰值。

(5) 其他　通常 DSC 在开始测定时信号并不是直线，而是向上或向下大幅度偏转，一般约 2~3min 之后，才会回到直线(图 9-12)。假设升温速率为 20℃/min，相当于开始后约 50℃才会正常。因而在这一段温度区间内将得不到准确的信息。产生这一现象的原因是 DSC 扫描之前加热炉内参比坩埚和样品坩埚是处于热平衡的，此时热流速率趋近于零。若令加热炉以每分钟若干度强制升温，由加热器所产生的热量经导热性非常好的金属薄板源源不断地同时涌入参比坩埚和样品坩埚，使得两者以同样的温度上升。但因两者的质量(或比热容)不同，样品坩埚内多了待测样品的质量，自然需要较多的热量流入，所以可以观察到 DSC 信号偏离基线的程度随样品量的增大而增大，或随升温速率的增大而增大。经过加热一段时间后，样品坩埚多吸收的热流量会趋于一稳定值，炉内达到另一个平衡状态，此时的热流信号会回复为直线。为了消除或减少这一现象的干扰，有两个办法：一个是提前约 50℃左右开始测定，但这种办法有时候行不通。另一个办法在参比坩埚内加入一些惰性参比物，提高参比坩埚的质量，或者参比坩埚多加几个盖子也能奏效。

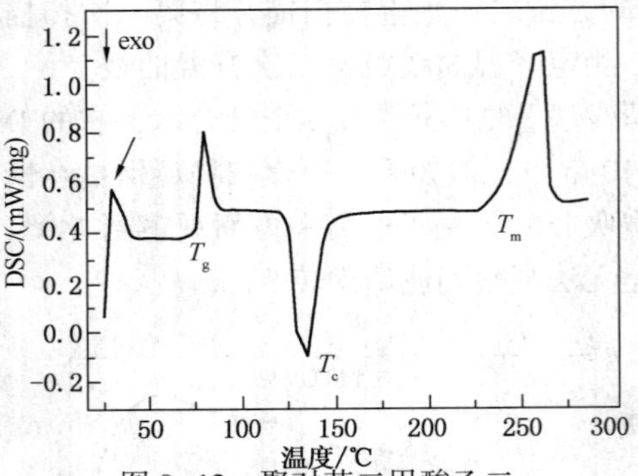

图 9-12　聚对苯二甲酸乙二醇酯纤维的 DSC 曲线

参比坩埚为空皿，Netzsch DSC-204，升温速率 20℃/min。玻璃化转变出现“物理老化峰”的解释参见图 9-31(注：该纤维储存时间为 20 年)。箭头所示是刚测定时基线的突然偏转

9.3　DTA/DSC 在高分子材料领域的应用

DTA/DSC 在高分子材料领域的应用，主要有物理转变的研究和化学反应的研究两类。物理转变包括结晶/熔融、液晶转变等相转变，玻璃化转变等；化学反应包括聚合、固化、交联、氧化和分解等。DTA/DSC 可以用来测定聚合物的结晶度、反应热，研究结晶动力学、反应动力学，以及聚合物的热稳定性、阻燃性、结构对物理转变的影响等。此处只介绍在物理转变测定中的应用。

9.3.1　玻璃化转变的测定

玻璃化转变温度(T_g)是高聚物的一个重要特性参数，是高聚物从玻璃态转变为高弹态的温度。从应用角度，T_g 一般为塑料的使用温度上限，橡胶使用温度的下限。从分子结构上讲，玻璃化转变是高聚物无定形部分从冻结状态到解冻状态的一种松弛现象，而不像相转变那样有相变热，因此它是一种二级相变(高分子的动态力学称主转变)。在玻璃化温度时，高聚物的比热容、热膨胀系数、黏度、折光率、自由体积以及弹性模量等都要发生一个突

变。用 DSC 测定 T_g 就是基于高聚物在玻璃化温度转变时，热容增加这一性质。在 DSC 曲线上，其表现为在升温通过玻璃化转变温度时，基线向吸热方向移动，在 DSC 曲线上体现为基线高度的变化(曲线的拐折)，图 9-13 所示的是某种树脂样品的玻璃化转变曲线。

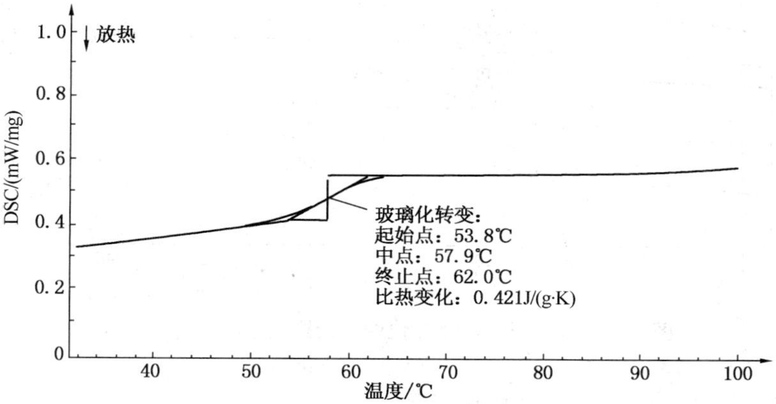

图 9-13　某种树脂样品的玻璃化转变曲线，Netzsch 公司测定

玻璃化转变温度的确定方法如图 9-14 所示。

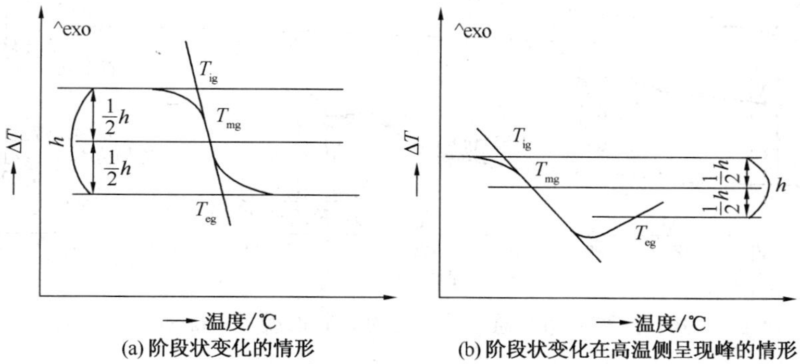

图 9-14　玻璃化转变温度的确定

① 中点玻璃化转变温度(T_{mg})：在纵轴方向在前、后基线延长线成等距的直线和玻璃化转变阶段状变化部分曲线的交点温度。

② 外推玻璃化转变起始温度(T_{ig})：低温侧基线向高温侧延长的直线和通过玻璃化转变阶段状变化部分曲线斜率最大点所引起切线的交点温度。

③ 外推玻璃化转变终止温度(T_{eg})：高温侧基线向低温侧延长的直线和通过玻璃化转变阶段状变化部分曲线斜率最大点所引起切线的交点温度。另外，在阶段状变化的高温侧出现峰时，则 T_{eg} 取高温基线向低温侧延长的直线和通过峰高温侧曲线斜率最大点所引切线的交点温度。

聚合物的玻璃化转变温度范围大致分为三个区：低于室温的是橡胶态材料，从室温到约 160℃的为一般非晶热塑性材料，而 160℃以上者为耐高温热塑性材料。利用它们的 T_g 值可以鉴别这些材料的品种。图 9-15 是几种典型橡胶的 DSC 曲线，图 9-16 是几种典型普通非晶塑料的 DSC 曲线，而图 9-17 是几种耐高温工程塑料的 DSC 曲线。耐高温工程塑料含结晶和非晶两类，如 PEI 为非晶高聚物，能观察到 T_g；而 PVDF、PTFE、E/PTFE 和 PEEK 则

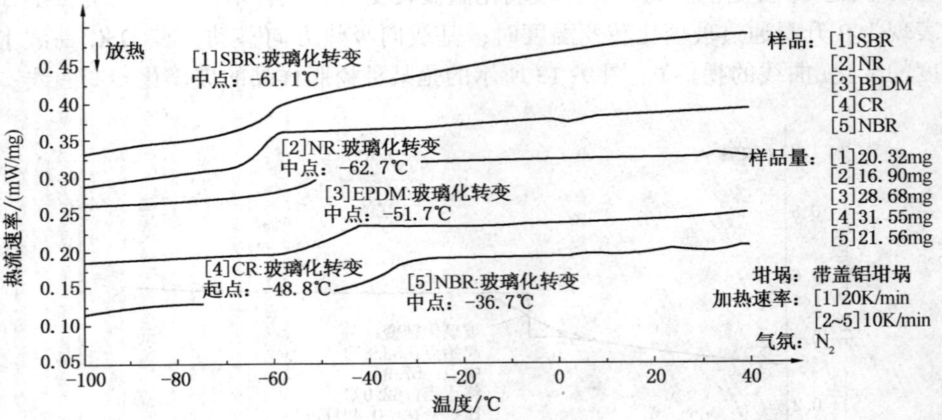

图 9-15　几种典型橡胶的 DSC 曲线，Netzsch 公司测定

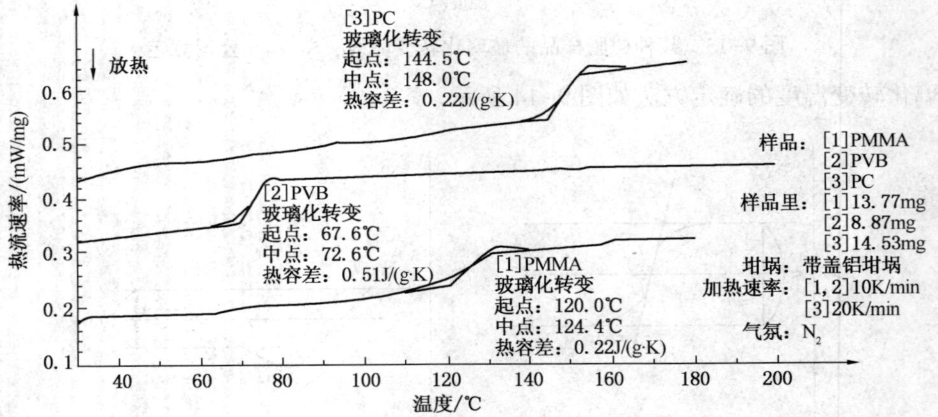

图 9-16　几种典型普通非晶塑料的 DSC 曲线，Netzsch 公司测定

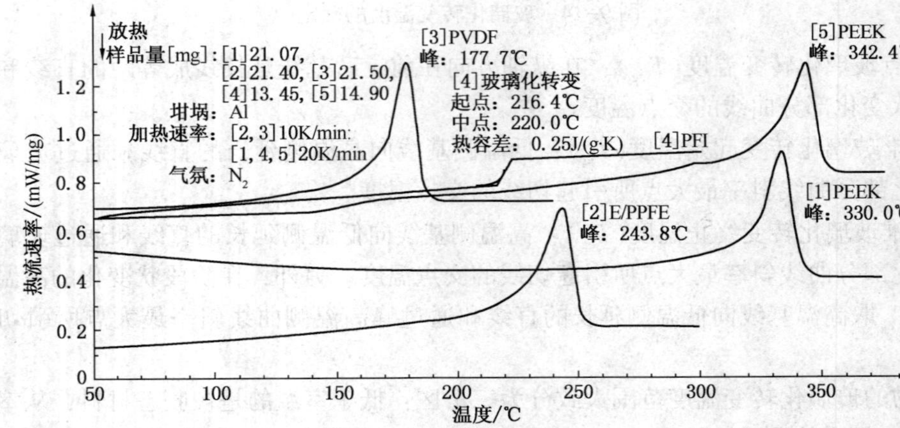

图 9-17　几种耐高温工程塑料的 DSC 曲线，Netzsch 公司测定

在高温区观察到熔融峰。

硅橡胶的 T_g 极低(-122℃)，因而具有非常优良的耐低温性能。硅橡胶在玻璃化转变之

后紧接着发生二次结晶，然后在稍高的温度下发生熔融。整个转变都发生在低温（图9-18）。

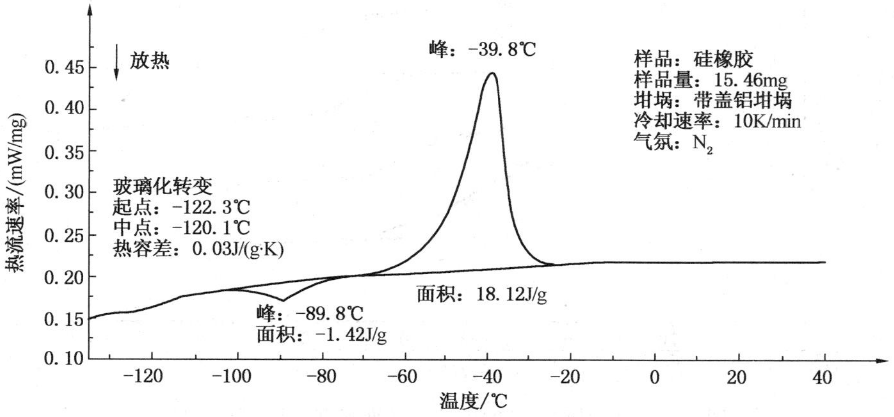

图 9-18 硅橡胶的 DSC 曲线，Netzsch 公司测定

玻璃化转变温度 T_g 除了取决于聚合物的结构之外，还与聚合物的分子量，增塑剂的用量，共聚物或共混物组分的比例，交联度的多少以及聚合物内相邻分子之间的作用力等都有关系。下面以增塑为例。

增塑剂可降低硬质塑料的玻璃化转变温度，图 9-19 是聚氯乙烯的玻璃化转变温度与增塑剂邻苯二甲酸二辛酯(DOP)用量之间的关系曲线，由图可见，随增塑剂用量的增加，玻璃化转变温度下降，在增塑剂用量超过 50%以后，T_g 下降幅度减小。

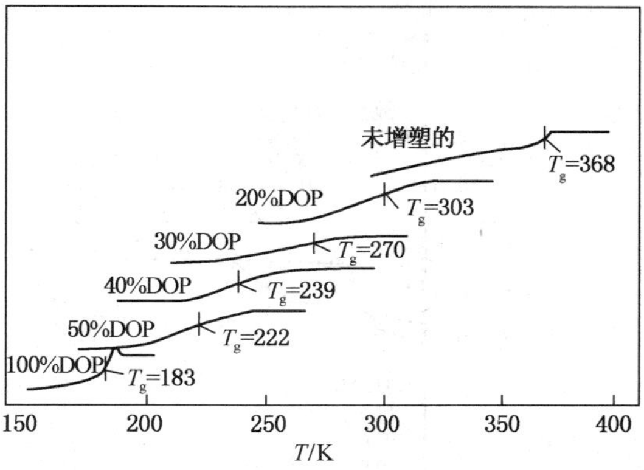

图 9-19 聚氯乙烯的玻璃化转变温度与增塑剂 DOP 用量之间的关系

增塑剂的存在不仅降低了聚合物的 T_g，还会使玻璃化转变温区变宽。加入不同含量增塑剂后聚醋酸乙烯(PVAc)的 T_g 的变化趋势如图 9-20 所示。没有增塑剂的 PVAc 的 T_g 测试值为 18.3℃，与通常报道的值 30℃不符，这是因为 PVA_C 的 T_g 强烈依赖于水分含量，1%的水分含量降低 T_g 约 7K，因此水分是有效的增塑剂，从空气中吸收的水以及残留溶剂可以起增塑剂的作用。

玻璃化转变可用于研究共聚物(或共混物)的相容性。SBS 显示了两个 T_g：一个对应于丁二烯(-87.8℃)，另一个对应于苯乙烯(69.5℃)。丁二烯和苯乙烯在 SBR 中是相容的，从而只显示一个 T_g，且处于丁二烯和苯乙烯的 T_g 之间(见图 9-21)。

聚碳酸酯(PC)一般是一种非晶聚合物，在 150℃左右有明显的玻璃化转变，这个温度与其他聚合物的 T_g 相距较远，很特征。因而 PC 和它的一些共混物可以很容易地用 DSC 进行测试。图 9-22 是 PC 和 PC/ABS 共混物的 DSC 曲线。在共混物中，ABS 主要呈现聚苯乙烯的玻璃化转变。图中的 PC/ABS 共混物是两种组分都以分离相存在的不相容(不混溶)的体系，两种组分显示各自的玻璃化转变。然而 PC 的 T_g 由于与 ABS 的相互作用降低了约 3K。在实测中，某些 PC 膜(例如：Makrofol)是有少量结晶的半晶态，在 235℃左右显示一

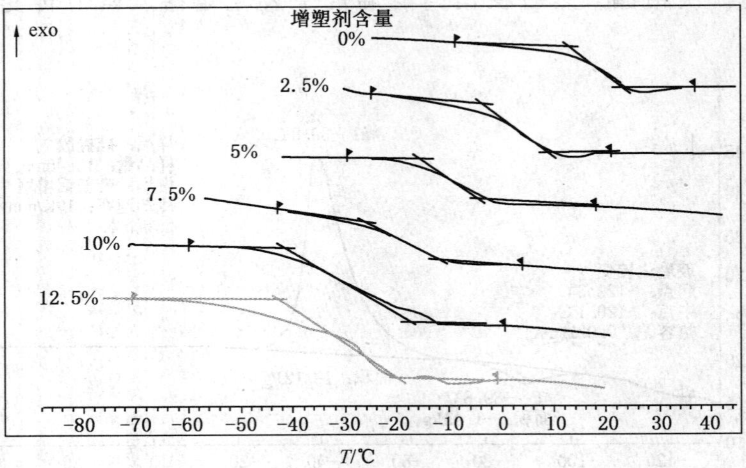

图 9-20　聚醋酸乙烯的玻璃化转变温度和增塑剂含量

测试条件：加热速率 10K/min，N_2，50cm^3/min，METTLER TOLEDO 公司测定

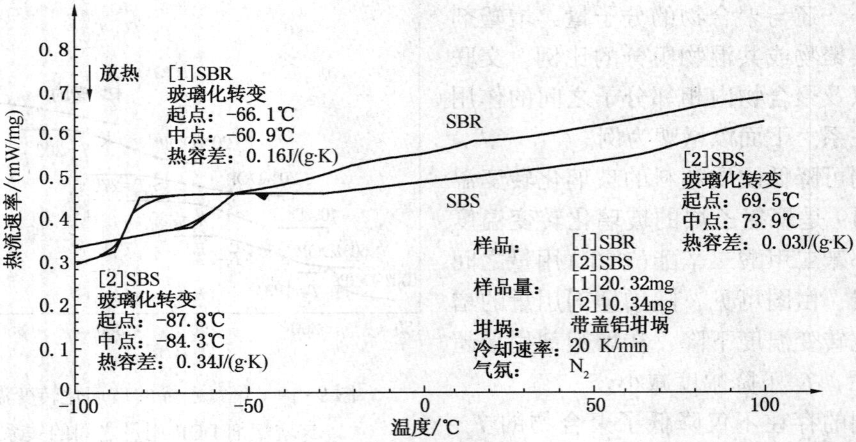

图 9-21　SBS 和 SBR 的 DSC 曲线比较，Netzsch 公司测定

个小的熔融峰。

玻璃化转变还可用于研究环氧树脂的固化。环氧树脂第一次加热观察到 T_g 和固化放热峰。再次加热时没有固化放热峰，而且 T_g 向高温移动(图 9-23)。说明第一次加热时已完全固化。

除上述几个因素会对玻璃化转变温度产生影响外，历史效应的影响也很重要。如图 9-24是聚苯乙烯的 DSC 曲线，第一次升温由于热历史效应而有形变，第二轮升温则清楚地显示了玻璃化转变结果及其他信息。这是由于市售的无规型聚苯乙烯是完全非晶的，它的 T_g 是约 100℃。通常第一次加热曲线由于松弛过程，玻璃化转变区是不规则的；而第二次加热由于没有热历史，呈现正常的玻璃化转变曲线。

主要的历史效应有热历史、应力历史、形态历史、退火历史、结晶历史、物理老化历史等几种。

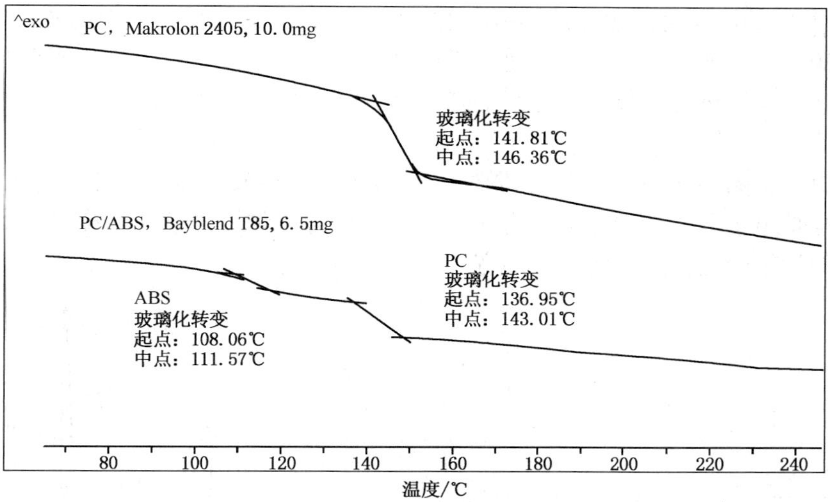

图 9-22　PC 和 PC/ABS 共混物的 DSC 曲线

测试条件：消除热历史后二次加热，加热速率 20K/min，N_2，50cm^3/min，METTLER TOLEDO 公司测定

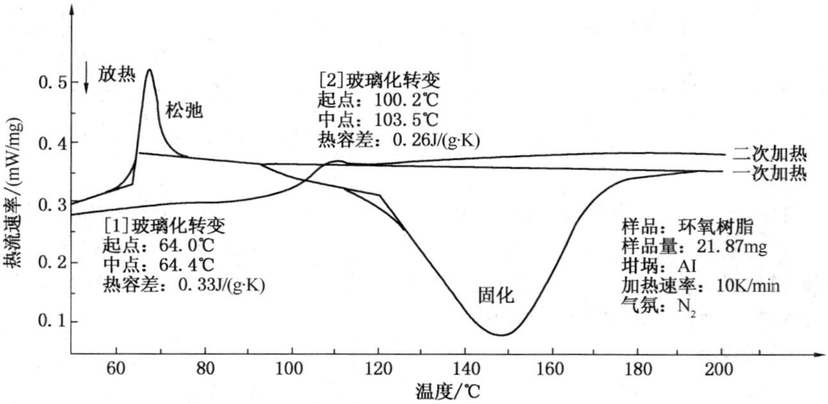

图 9-23　环氧树脂固化前后的 DSC 曲线，Netzsch 公司测定

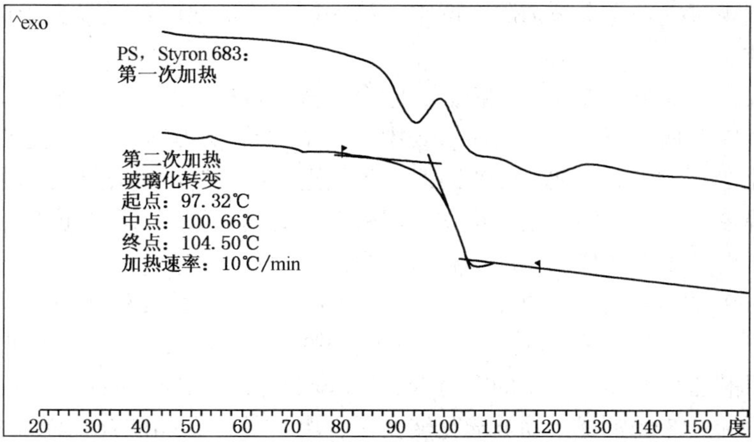

图 9-24　聚苯乙烯 DSC 曲线

加热速率 10K/min，N_2，50cm^3/min，METTLER TOLEDO 公司测定

热历史对 T_g 的影响可以用比热容-温度曲线(图 9-25)来说明。受热历史影响的 T_g 变化范围为 10~30℃。当加热速率与冷却速率相近时(图中曲线 1 和 3)，不出现明显的热效应，曲线形状正常；当加热速率与冷却速率不同时(图中曲线 2 和 4)，叠加了放热或吸热峰，热历史被记录下来。

应力历史的影响如图 9-26 所示，制样时压力越大，释放压力的放热峰越大。零压力时的滞后吸热峰是由于慢冷却的热历史引起的。随着压力增加，玻璃化转变的起始温度降低，但结束温度却没有变化，从而转变区加宽。

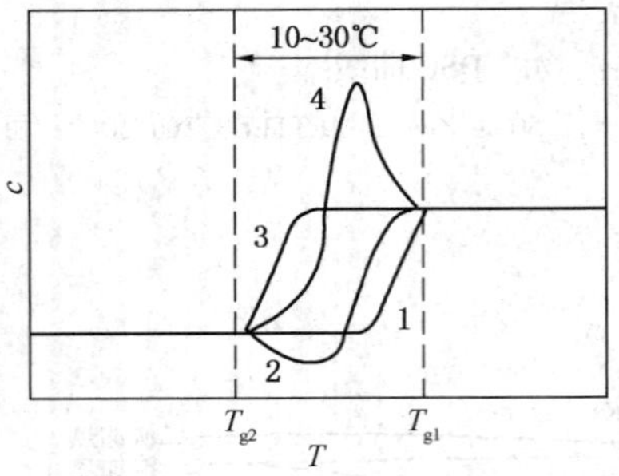

图 9-25　在玻璃化转变区比热容与温度的关系

1—快冷却，快加热；2—快冷却，慢加热；3—慢冷却，慢加热；4—慢冷却，快加热，(慢和快在这里是相对的)

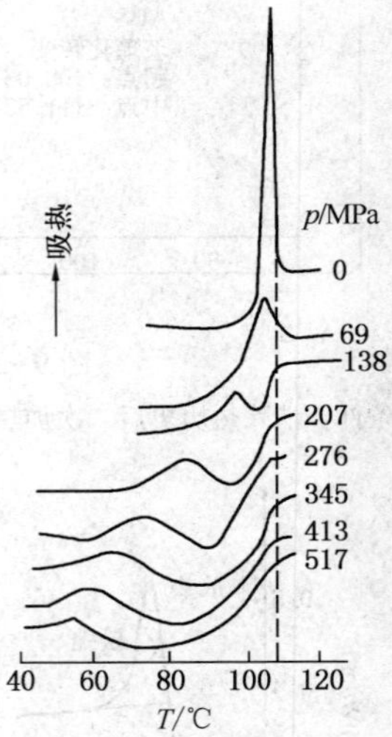

图 9-26　聚苯乙烯的 DTA 曲线

加热速率 5℃/min；制样时冷却速率均为 0.08℃/min；制样压力如图上示

当样品的表面积与体积之比很大时，样品的形状变得相当重要。如图 9-27，当聚苯乙烯珠状样品的尺寸小于微米时，T_g 的开始温度大为降低，而结束温度基本不变，转变区变宽，但第二次扫描时差别完全被消除。图中，第一次扫描放热峰可能是由于珠状粒子软化时应力能量的释放。

样品的链段运动如果被冻结在亚稳态，它会一直保持这个状态直至解冻，但用退火或力学形变的方法可以叠加上新的历史效应。其中低于 T_g 的退火是人们常研究的内容。图9-28是聚苯乙烯在比 T_g 低 30℃(即低于 70℃)时，不同退火时间对玻璃化转变的影响。起先观察到应力历史被释放出来，不同的结构会在不同的退火时间中解冻；经长时间退火后应力历史被消除，出现了由于慢冷却快加热的那种滞后吸热峰。

结晶历史对 T_g 的影响很大，原因如下：①理论上玻璃化转变的比热容变化应当正比于非晶相所占分率，但实际上常有偏差；②T_g 受晶区的影响很大，晶区使 T_g 增加的有聚苯乙烯、聚对苯二甲酸乙二醇酯，减少的有对苯二甲酸乙二醇酯与癸二酸乙二醇酯的共聚物，不变的有聚氧化丙烯；③经常观察到玻璃化转变区，由于部分结晶的存在而加宽(可以解释为非晶区相畴尺寸变小，相当于样品颗粒尺寸变小)；④在非晶均聚物中通常有滞后效应峰，在部分结晶聚合物中却没有。

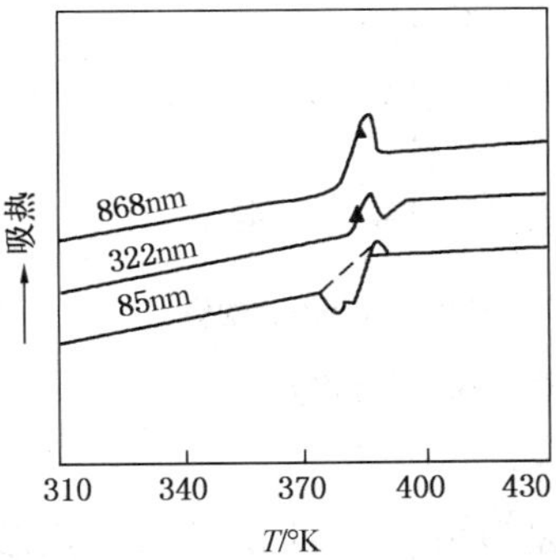

图 9-27　三种尺寸的珠状聚苯乙烯的热容-温度曲线

（珠粒尺寸示于图上）实线——第一次扫描；虚线——第二次扫描

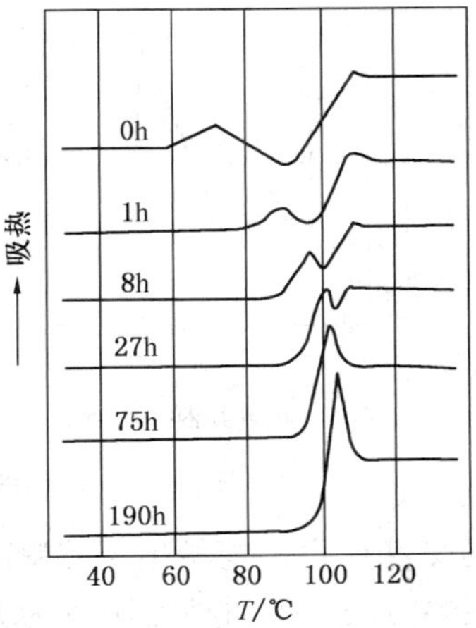

图 9-28　在 70℃下经不同时间退火的聚苯乙烯样品的 DTA 曲线（退火时间如图示）

物理老化区别于热氧化或光氧化老化等化学老化，是指材料的性能随时间变化而变化的现象。这是由于非晶态聚合物的玻璃态并不处于热力学的平衡状态，而只是固化的过冷液体，因此它是不稳定的。通过体积松弛过程研究表明，即使在 T_g 以下，分子的运动性并不等于零，而是在继续运动，向着平衡态发展，自由体积继续变小，虽然是极其缓慢的。图 9-29 是用 DSC 测得的储存不同时间的聚对苯二甲酸乙二醇酯的物理老化峰。由于这是从较低能量状态向较高能量状态的转变，物理老化峰是热焓松弛导致的吸热峰。

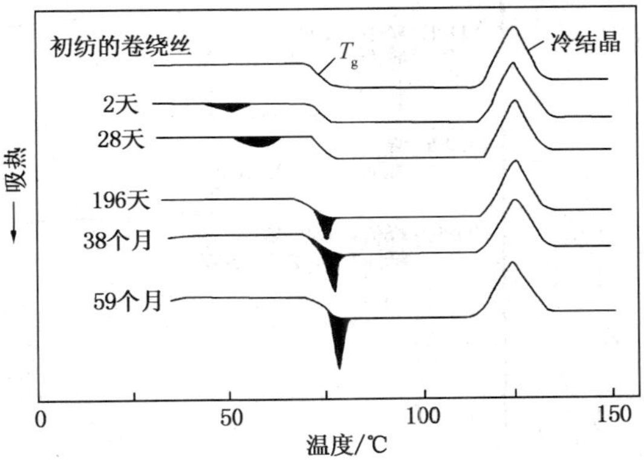

图 9-29　储存不同时间的 PET 纤维的 DSC 谱图

纤维储存条件为 20℃，相对湿度 65%；加热速率 10℃/min

9.3.2　熔点与熔融焓

大多数结晶高分子，在 DSC 实验中测得的熔融温度都有一个很宽的范围，似乎不是平衡熔融温度。但许多证据表明，高分子结晶的这种转变是真正的热力学平衡熔融行为，只不过实际的高分子体系是非平衡态，一般 DSC 所测的熔点远低于其热力学平衡熔点。

典型的 DSC 熔融如图 9-30 所示。即使是纯物质铟的熔融曲线也不会是通过熔点温度的一条谱线，而是有一定宽度的吸热峰[图 9-30(a)]，当样品量很小和升温速率很慢时，峰前沿是一条直线，斜率为 $\frac{1}{R_0}\cdot\frac{\mathrm{d}T}{\mathrm{d}t}$，其中 R_0 是坩埚和样品支持器之间的热阻，它是热滞后的主要原因。

从样品熔融峰[图 9-30(b)]的峰顶作一条直线，其斜率等于同样测定条件下图(a)中直线的斜率，并与等温基线相交为 C，C 才是真正的熔点，其测定误差不超过±0.2℃。实际上，只有在需要非常精密地测定熔点时（如利用熔点计算物质纯度）才如此确定熔点。一般

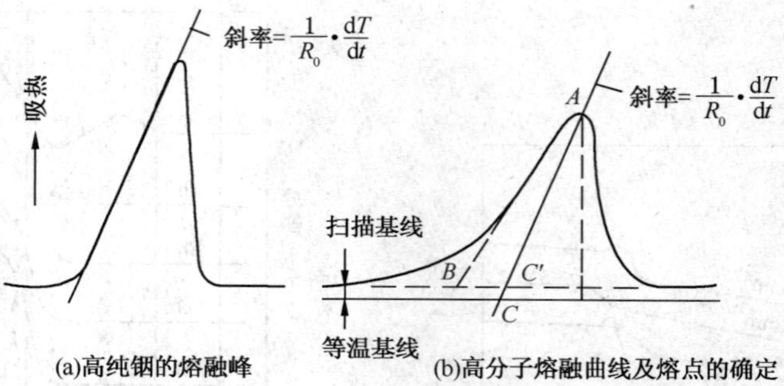

图 9-30 典型的 DSC 熔融曲线及熔点的确定

与扫描基线的交点 C′已经能给出足够精确的熔点值。

通常确定熔点用以下两种方法较为方便，一种是以峰前沿的切线与扫描基线的交点 B 为熔点，一种是直接以峰顶 A 点为熔点。由于高分子的峰型复杂，常难以作切线，所以用后者更为便利，但必须注意样品量对峰温的影响。

根据熔点，可以对结晶高分子进行定性鉴别。如图 9-31 所示为 LDPE、LLDPE、HDPE 三种不同聚乙烯的 DSC 曲线。三种聚乙烯的熔融峰相距较远，很容易加以区别。

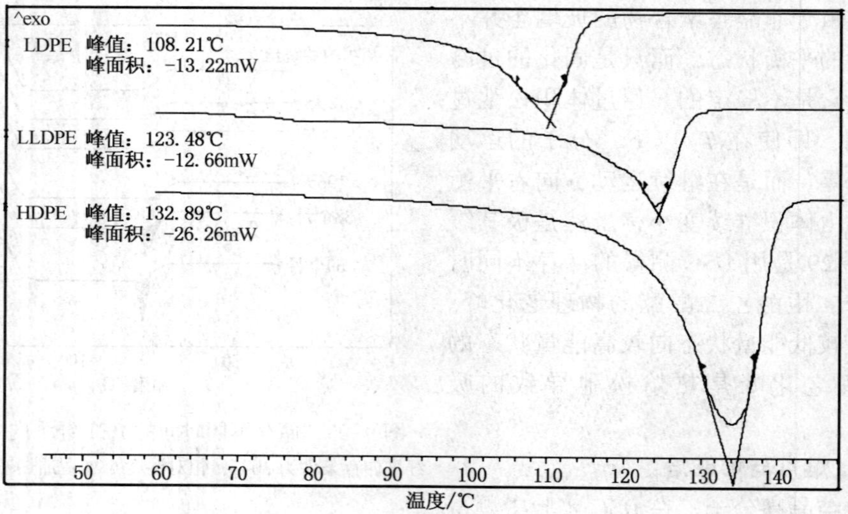

图 9-31 通过峰温来鉴别 PE

测试条件：10K/min，静态空气，40μl 标准铝坩埚，盖密封，METTLER TOLEDO 公司测定

图 9-32 是两种聚酰胺样品的 DSC 曲线，由于不同类型的聚酰胺的熔点不同，因此通过峰温可以很快分辨出样品 A(熔点 271.8℃)为 PA66；样品 B(熔点 231.7℃)为 PA6。

笔者采用 Chiu 的方法，测定了 7 种结晶高分子的混合物样品，有趣地看到在 DSC 图上同时出现了 7 个峰，每个峰对应于一种高分子的熔融，峰的位置互不干扰(图 9-33)。

根据熔点，还可以判断体系是无规共聚物还是共混物，因为无规共聚物只有一个熔点，而共混物的各组分有各自的熔点，它们分别接近于均聚物的熔点。根据峰面积和物质量的关系，还能进行共混物或共聚物中组成的定量分析。图 9-34 所示为某材料的 DSC 谱图。由图中曲线表明，该材料是 HDPE(峰温 135℃)和 PP(峰温 163℃)的共混物，从测得的 PP 峰熔

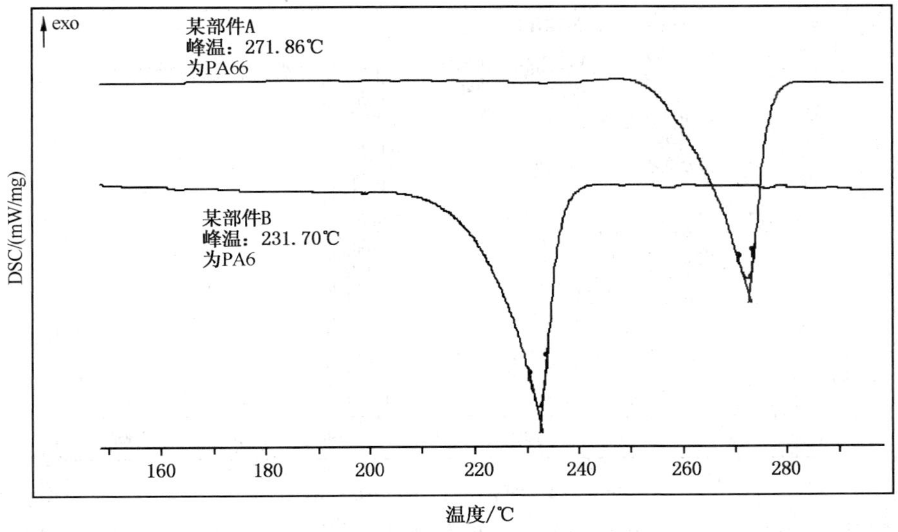

图 9-32　通过峰温来鉴别尼龙 6 和尼龙 66

测试条件：加热速率 10K/min，N_2，50cm³/min，METTLER TOLEDO 公司测定

融热(14.3J/g)能大致计算 PP 的含量。如果取纯 PP 的熔融热为 60J/g(聚丙烯的典型值)，含量由下式给出：含量$=\Delta H/\Delta H_{pp}\cdot 100\%$，即 23.9%。

用 DSC 测定结晶高分子材料的熔点，还可以成为工业上一种快速的质量控制分析方法。如图 9-35 是两批用作黑色鞋跟的聚乙烯样品的 DTA 曲线。这两批样品的熔融指数和密度都符合要求，但一种质量好，易于抛光，而另一种质量差不易抛光。DTA 结果清楚地揭示，质量好的那种材料中所含的高熔点聚乙烯较多，而且含有少量聚丙烯(熔点 165℃)。

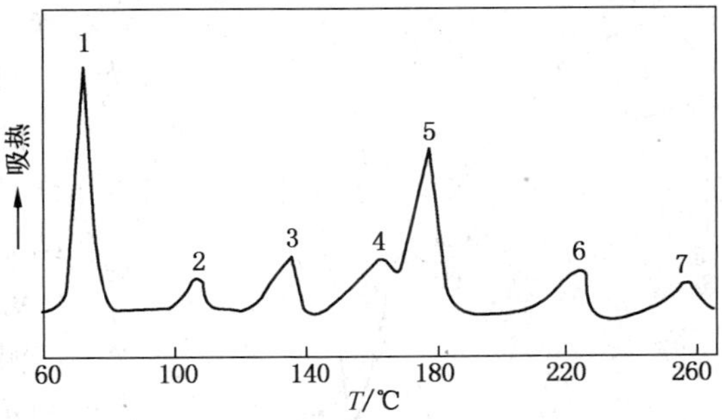

图 9-33　七组分高分子混合物的 DSC 曲线

1—聚乙二醇；2—低密度聚乙烯；3—高密度聚乙烯；4—聚丙烯；5—聚甲醛；6—尼龙 6；7—PET

9.3.3　结晶温度与结晶热

结晶温度的求法与熔融温度相似，如图 9-36 所示。T_{pc}为结晶峰顶温度，T_{ic}为外推结晶起始温度，T_{ec}为外推结晶终止温度。呈现两个以上的独立结晶峰时，则求出各自峰的 T_{pc}，T_{ic}和 T_{ec}。另外，存在两个以上重叠峰时，则求出 T_{ic}，若干个 T_{pc}和 T_{ec}。

用 DSC 测量结晶热是在一定的升、降温速率和气氛下测定试样的结晶放热，并与在相同条件下标准试样的测定结果相比较，求得结晶热。试样的颗粒度、用量、升降温速率以及预处理等都会影响实验结果，实验应按如下的要求和步骤进行。

① 试样为小于 60 目的粉末或颗粒，或为薄膜，对于模压片应切成适于试样容器的形状。

② 测定前将试样在温度(23±2)℃、相对湿度(50±5)% 放置 24 h 以上，进行状态调节。

③ 称取 5~10mg 试样，放入坩埚中，称准到 0.01 mg。因仅取 mg 级试样量，取样应均

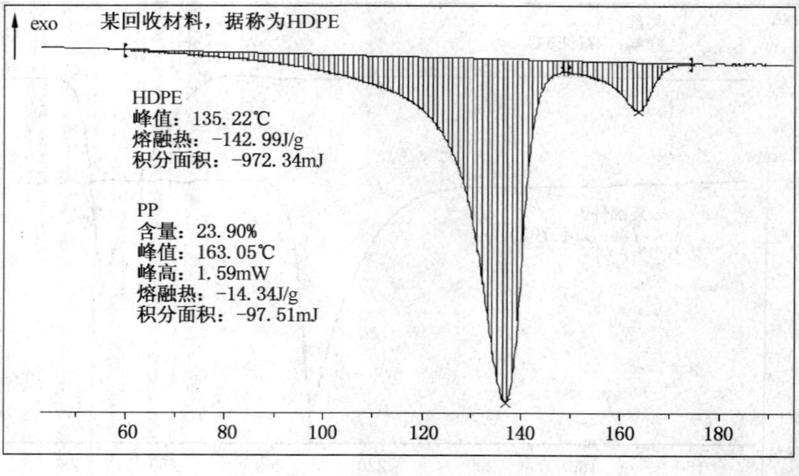

图 9-34　某回收材料的 DSC 谱图

测试条件：10K/min，N_2，50cm^3/min，40μl 标准铝坩埚，钻孔盖，METTLER TOLEDO 公司测定

匀，有代表性。

④ 通入氮气等惰性气体，流速为 30 mL/min。

⑤ 通入氮气，以 10℃/min 的速率从室温升温至熔点以上 30℃，并保温 10 min，以消除热历史的影响。

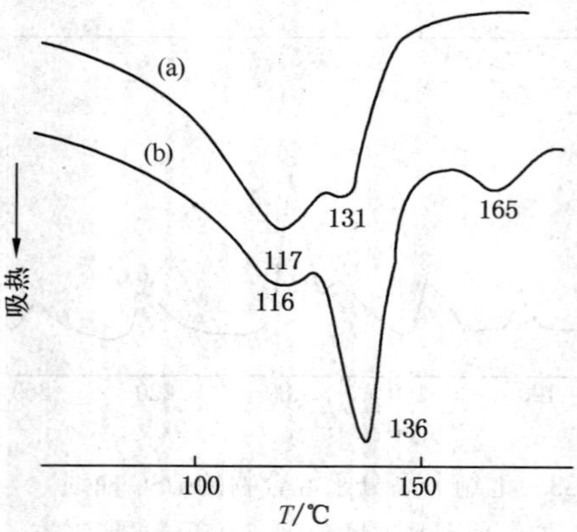

图 9-35　两批聚乙烯黑色鞋跟料的 DTA 曲线

(a)质量差；(b)质量好

⑥ 以 10 ℃/min 降到至少比结晶峰温低 50℃ 的温度。

对所得到的曲线积分，即可得到相应的结晶热。

图 9-37 为聚对苯二甲酸丁二醇酯(PBT)的熔融和结晶过程，从中可以看出该 PBT 样品的结晶温度和结晶热。

9.3.4　结晶度和结晶动力学

测量 DTA/DSC 峰面积，可以定量地计算某热事件的转变热或反应热。下面只介绍通过熔融热的测定求结晶度，以及通过结晶热的测定研究结晶动力学。这些方法也可以用于其他转变和反应的研究。

(1) 结晶度　聚合物的结晶度(X_c)可由聚合物结晶部分熔融所需的热量与 100%结晶的同类试样的熔融热之比而求得。即

$$X_c = \frac{\Delta H_{试样}}{\Delta H_{标样}} \times 100\%$$

式中，$\Delta H_{标样}$是相同化学结构 100%结晶材料的熔融热，J/g，可以从相关手册上查得。例如，对于完全结晶的聚乙烯的熔融热，可以用具有相同化学结构的正 32 碳烷的数值来代替，或取自文献的平均值 290J/g。

$\Delta H_{试样}$是指试样的熔融热，J/g，与峰面积有确定的关系，一般仪器都能直接读取。困难的是高分子熔融范围很宽，实际上常无法确定熔融从何处开始，同时由于仪器的因素或样品

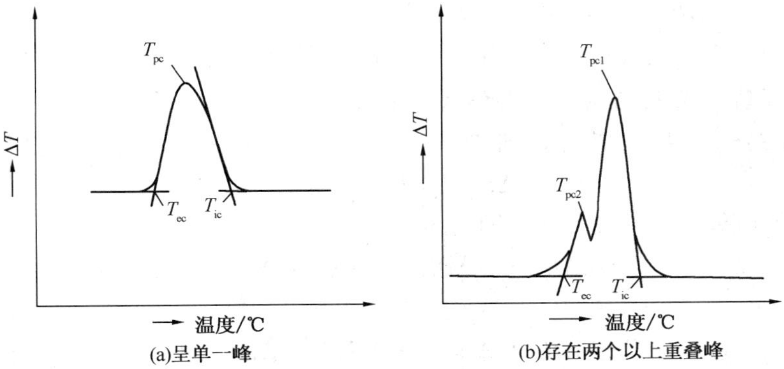

图 9-36　结晶温度求法

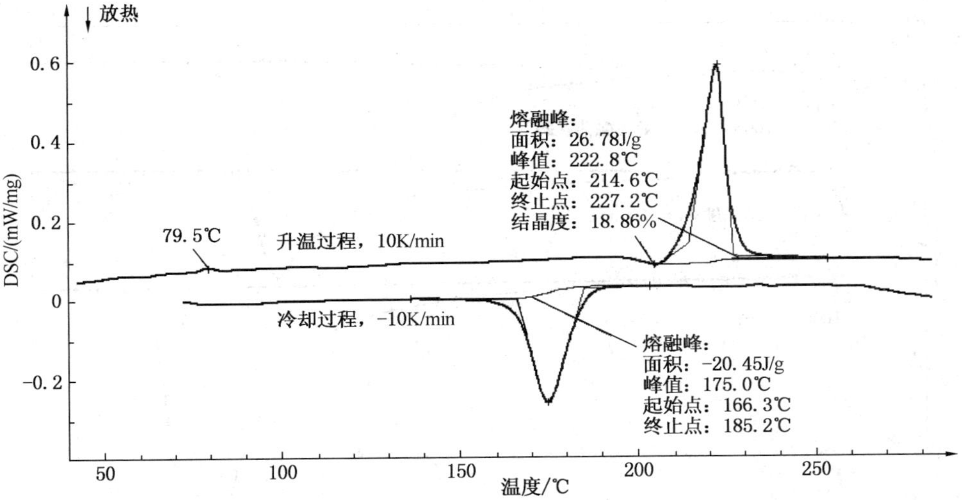

图 9-37　PBT 熔融与结晶 DSC 曲线

热容随温度变化的非线性，基线发生弯曲，因而有时不能直接连接转变前后的基线，而必须用其他方法来准确地确定基线。

一种方法是“正确”的基线应从转变后的基线外推到转变温度 T_m，转变热为所有阴影部分的面积总和(图 9-38)。

另一种办法如图 9-39 所示。$\Delta H_{2,1}$是从 T_1 到 T_2 所吸收的总能量，它与 T_1 到 T_2 的途径无关。首先假定聚合物从 T_1 加热到平衡熔点 T_m^0，保持结晶度 X_c，则

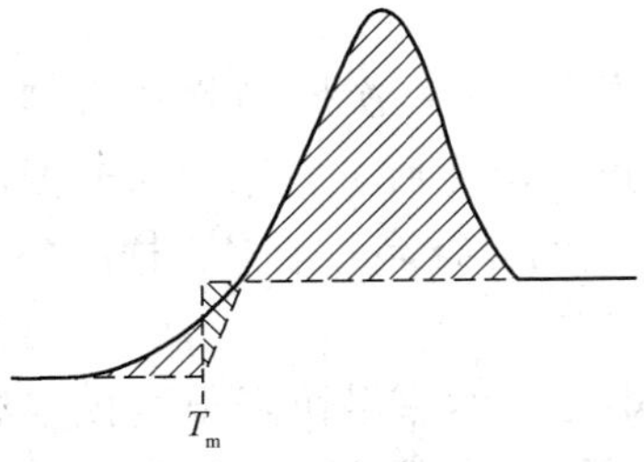

图 9-38　计算峰面积的方法之一

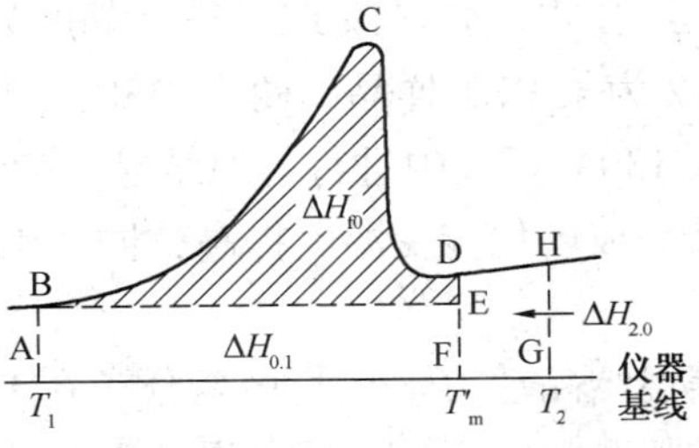

图 9-39　计算峰面积的方法之二

$$\Delta H_{0,1}=X_c(H_{c,0}-H_{c,1})+(1-X_c)(H_{a,0}-H_{a,1})$$

式中，$\Delta H_{0,1}$为 T_1 和 T_m^0之间的热量变化；下标 c、a 和 0 分别表示结晶、非晶和平衡熔点。

第二步允许结晶在 T_m^0时熔融，吸热 ΔH_{f0}；

第三步让高分子熔体从 T_m^0加热到 T_2，则

$$\Delta H_{2,0}=H_{a,2}-H_{a,0}$$

综合起来总热效应等于三部分之和，即

$$\Delta H_{2,1}=\Delta H_{0,1}+\Delta H_{f0}+\Delta H_{2,0}$$

或写成

$$\Delta H_{f0}=\Delta H_{2,1}-\Delta H_{0,1}-\Delta H_{2,0}$$

也就是说，最后热效应可以用阴影面积 BCDE 来确定。

图 9-40 是不同种类 PE 的 DSC 曲线，图中熔融峰的面积可以计算出各种 PE 的结晶度。

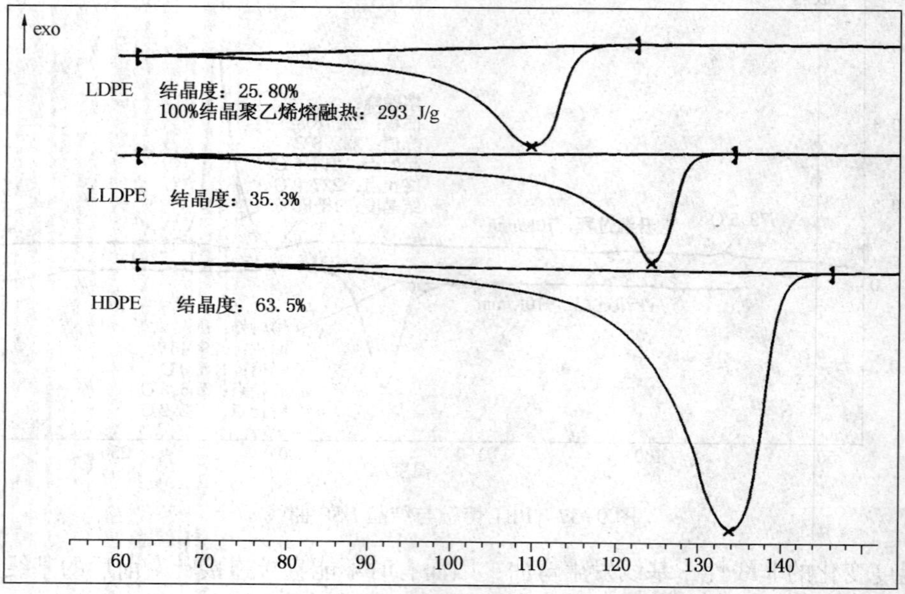

图 9-40　不同种类聚乙烯的 DSC 曲线

测试条件：加热速率 10K/min，静态空气，METTLER TOLEDO 公司测定

实际上在对类似于 PET 这类存在冷结晶的聚合物进行结晶度计算时，

结晶度/% =（熔融峰面积—冷结晶峰面积）/100%结晶材料的理论熔融热焓

如图 9-41 所示为 PET 的 DSC 曲线。从图中可以看出，PET 在约 135℃有一个冷结晶峰，因此根据上述公式计算得该 PET 得结晶度为 12.21%。

图 9-42 为某 PET 样品的两次 DSC 升温曲线。样品在第一次熔融测试后淬冷至液氮温度，再放入 130℃环境中进行等温结晶。随后将样品再次淬冷后进行第二次升温测试。结果发现：样品的玻璃化转变温度提高，同时 125~145℃间的冷结晶峰消失，样品的结晶度有所提高。

(2) 等温结晶动力学　若将高分子在 DSC 仪中熔化，然后尽快降温至预定温度下，记录热流速率随时间的变化，就可得到等温结晶曲线。图 9-43 是聚乙烯样品在不同温度下的等温结晶曲线，结晶温度和结晶热标示于图上。

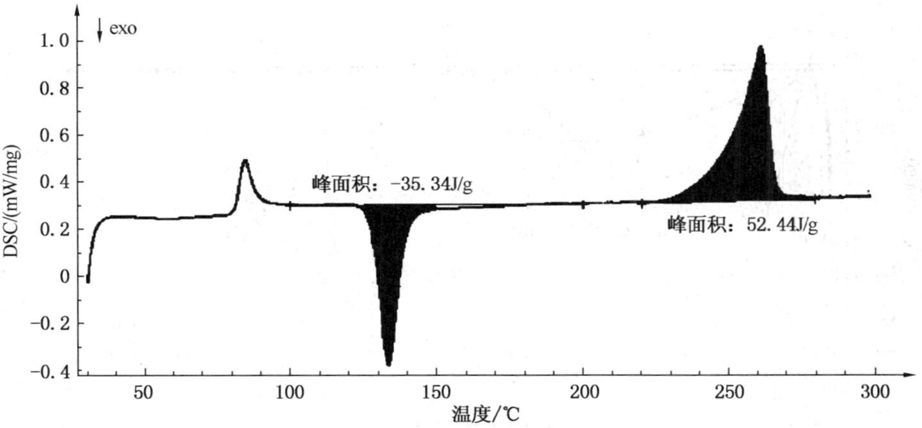

图 9-41　PET 的 DSC 曲线，Netzsch 公司测定

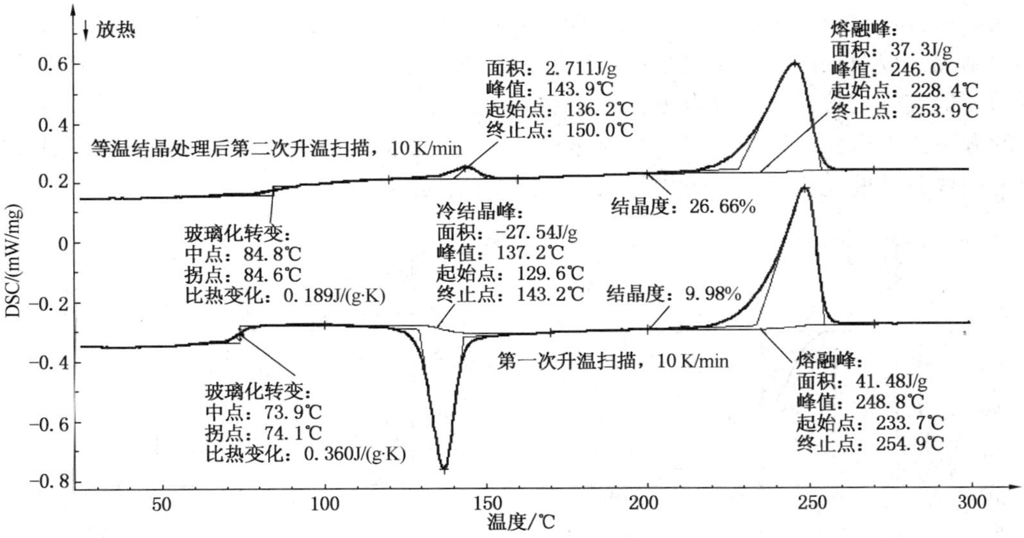

图 9-42　某 PET 样品的两次 DSC 升温曲线，Netzsch 公司测定

对结晶放热峰的动力学处理如图 9-44 所示，总面积 A 对应于结晶的总热效应，阴影面积 a 为直到 t 时刻，形成的结晶所释放的结晶热。因而 t 时间结晶度 X_t 可表达为

$$X_t=\frac{\int_0^t(\mathrm{d}H/\mathrm{d}t)\,\mathrm{d}t}{\int_0^\infty(\mathrm{d}H/\mathrm{d}t)\,\mathrm{d}t}=\frac{a}{A}$$

根据阿夫拉米(Avrami)方程，

$$1-X_t=\exp(-Zt^n)$$

或　$\lg[-\ln(1-X_t)]=\lg Z+n\lg t$

以 $\lg[-\ln(1-X_t)]$ 对 $\lg t$ 作图，从截距得到结晶速率常数 Z，从斜率得到阿夫拉米指数 n(与成核和生长机理有关的参数)。

(3) 非等温结晶动力学　等温结晶动力学有一定局限性，例如所允许的测定温度范围很

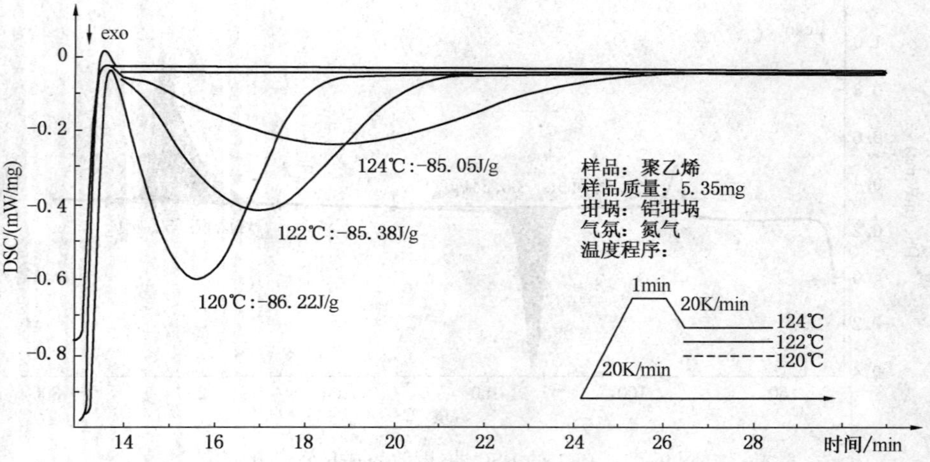

图 9-43　聚乙烯样品的等温结晶曲线，Netzsch 公司测定

窄，曲线形状不完全(如图 9-43 的那些曲线)等。而且由于高分子材料在实际加工过程中是非等温结晶，以及一些高分子在某些温度下结晶热太小，所以非等温结晶动力学有重要的实用价值。但实施方法目前还很有限，主要有两种方法。一种是 Ozawa 的方法，另一种是 Jeziorny 的方法，下面介绍后者。根据降温速率 dT/dt，将非等温结晶曲线(图 9-45)中温度的变化变换成时间的变化，然后再用等温结晶同样的方法处理。

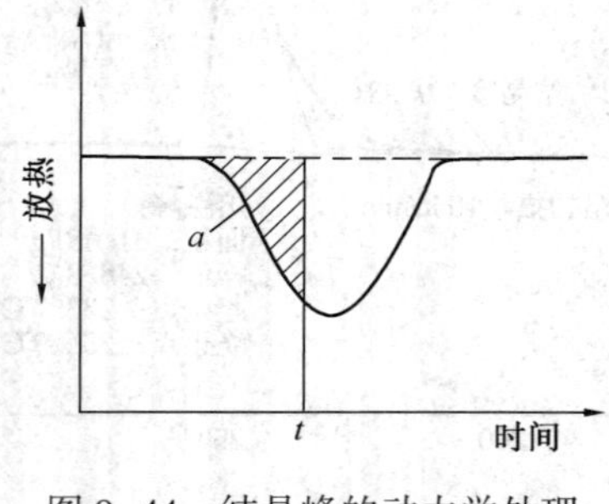

图 9-44　结晶峰的动力学处理

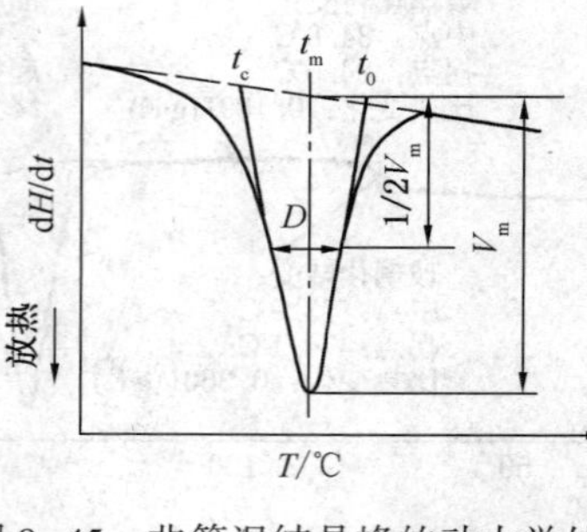

图 9-45　非等温结晶峰的动力学处理

等温结晶的动力学方程——Avarami 方程，经改进后，也适用于测定非等温结晶速率常数 Z_t 和 Avarami 指数 n，

$$1 - X_t = \exp(-Z_t t^n)$$

考虑到非等温结晶的特性，最后应当用经降温速率校正的 Z_c 来表征非等温结晶速率，即

$$\lg Z_c = \frac{\lg Z_t}{dT/dt}$$

而由此法得到的 n 值与等温测定的 n 值在意义上也有差别，实际上它代表了一个温度区间内 n 的平均值。用半峰宽 D(图 9-45)也可表征结晶速率，D 越小，结晶速率越快。

9.3.5　氧化诱导期的测定

有机材料(如聚合物、润滑油等)的使用寿命往往与其氧化裂解，即热氧化稳定性有关，为防止高分子聚合物的氧化降解作用，通常在聚合物中都添加少量的抗氧化剂。至于用什么方法来评价抗氧化剂的效力和选择最为有效的抗氧化剂是人们关注的一个问题。目前普遍采用的方法是利用 DSC 来测定高聚物的氧化诱导期。该方法是在给定的温度条件下测定聚合物开始氧化所需的时间。利用这种方法，对具有不同含量的抗氧剂的高聚物作一系列的温度测定，再利用外推法可求出高分子聚合物在室温下的估计寿命。

在实验中，可以将少量试样置于敞开的 DSC 容器中，在惰性气氛下升温到某一温度，达到温度平衡后，转换为氧化性气氛(如纯氧)，开始计时，测定氧化放热的外推起始时间，以此来度量材料的氧化稳定性。如图 9-46 为该法聚烯烃粒料的氧化诱导期(O. I. T)测试。图中 DDSC 是 DSC 曲线的微分曲线，可以分出氧化的两个阶段。

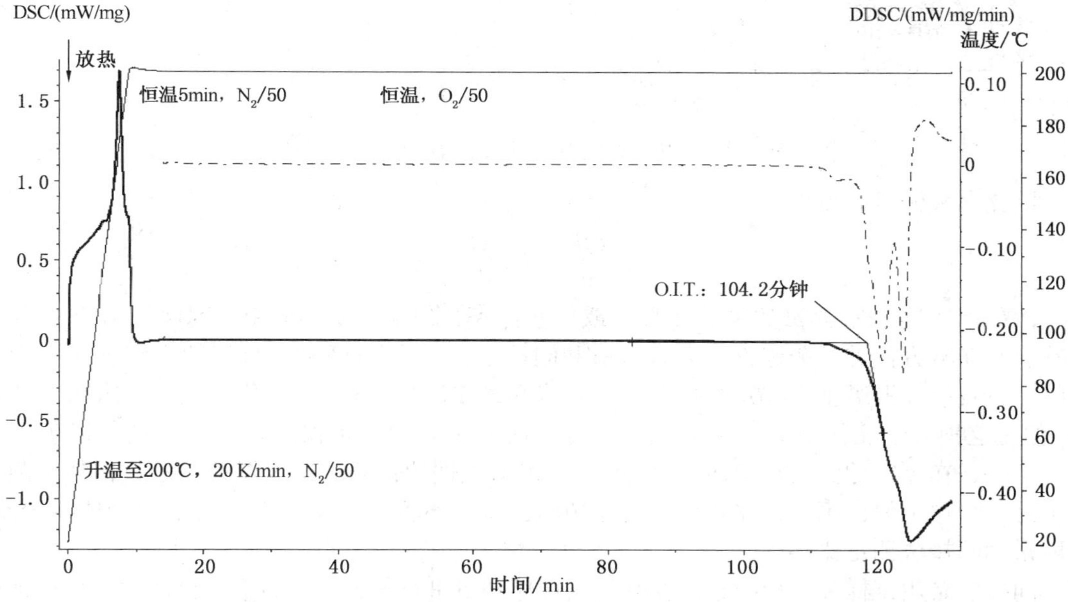

图 9-46　聚烯烃粒料的氧化诱导期测试，Netzsch 公司测定

温度程序：1. 升温段(室温→200℃，20K/min，N_2)；2. 恒温段(5min，N_2)；3. 恒温段(O_2)

也可采用动态升温法，在空气或氧气中将试样以 10℃/min 速率升温，以氧化的起始温度作为氧化稳定性的度量。

可根据材料的稳定程度来选择恒定的温度和氧化气氛的压力。对上述两种方法均可采用耐压样品池，用提高反应分压的办法缩短分析时间，尤其对较为稳定的检测样品，更具实际意义。图 9-47 为两种不同 PE 管材的 DSC 曲线，从图中可见，具有平滑表面的 PE 管氧化稳定性比粗糙表面的 PE 管好。

9.3.6　比热容

根据物理化学原理，在不作非体积功的等压过程中，在没有物态变化和化学组成变化时，等压热容为

$$C_p = \left(\frac{\mathrm{d}H}{\mathrm{d}T}\right)_{\mathrm{p}}$$

而比热容为

$$C = \frac{C_{\mathrm{p}}}{m} = \left(\frac{\mathrm{d}H}{\mathrm{d}T}\right)_{\mathrm{p}} \frac{1}{m}$$

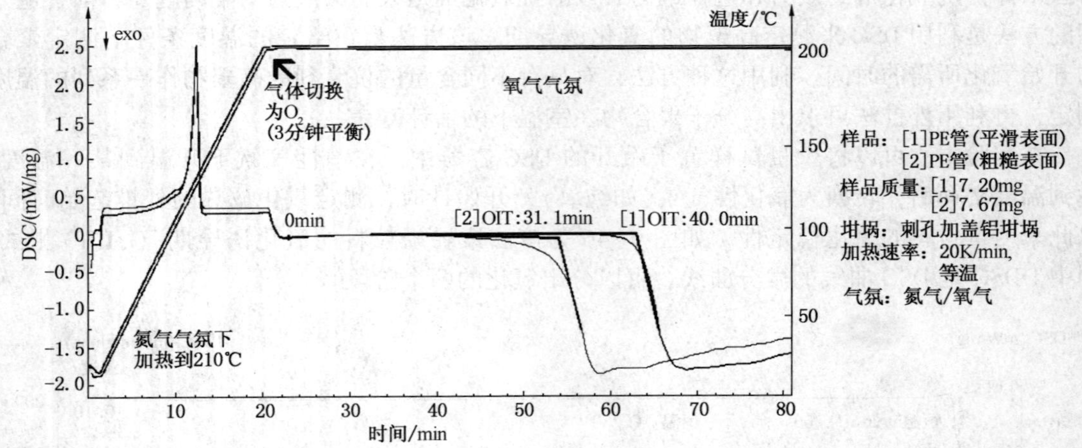

图 9-47　PE 管材的 DSC 曲线，Netzsch 公司测定

因此，我们可以得出

$$\frac{dH}{dt} = Cm\frac{dT}{dt}$$

而如前所述 DSC 测量的是试样吸热或放热速率，纵坐标为 dH/dt，因此，用 DSC 测定比热容是非常方便的。测定方法有直接法和间接法(比例法)两种。直接的方法就是在 DSC 曲线上，直接读取纵坐标 dH/dt 数值和升温速率 β(即 dT/dt)，一同代入上式，求出比热容 C。但是这种方法往往引起很大的误差，这些误差主要是由于仪器造成的，包括以下几方面：第一，在测定的温度范围内，dH/dt 不是绝对线性的；第二，仪器校正常数在整个测定区不是一个恒定值；第三，在整个测定范场内，基线不可能完全平直。为了减少这些误差，一般采用间接法测定比热率。

间接法是用试样和一标准物质在其他条件相同下进行扫描，然后量出二者的纵坐标进行计算。标准物要求在所测温度范围内没有化学的和物理的变化，并且比热容已知。常用的标准物是蓝宝石（要求不高时也可用 α-$A1_2O_3$）。具体作法是在 DSC 仪器上，先用两个空样品坩埚，以一定的升温速度作一条基线，然后放入标准物蓝宝石样品用同样条件作一条 DSC 曲线，最后再用同样条件，作未知试样的 DSC 曲线，如图 9-51 所示。在某一温度下，试样的热焓变化率为

$$\frac{dH}{dt} = y = Cm\frac{dT}{dt}$$

蓝宝石热焓变化率为

$$\frac{dH}{dt} = y' = C'm'\frac{dT}{dt}$$

两式相除得

$$\frac{y}{y'} = \frac{C\cdot}{C'm'}$$

所以，试样的比热容 C 为

$$C = C'\frac{m'y}{my'}$$

式中，C(或 C_p)为试样的比热容，J/(mg·K)；C'为标准物(蓝宝石)的比热容，J/(mg·

K)；m 为试样质量，mg；m'为标准物(蓝宝石)质量，mg；y 为试样在纵坐标上与基线的偏离值；y'为标准物(蓝宝石)在纵坐标上与基线的偏离值。

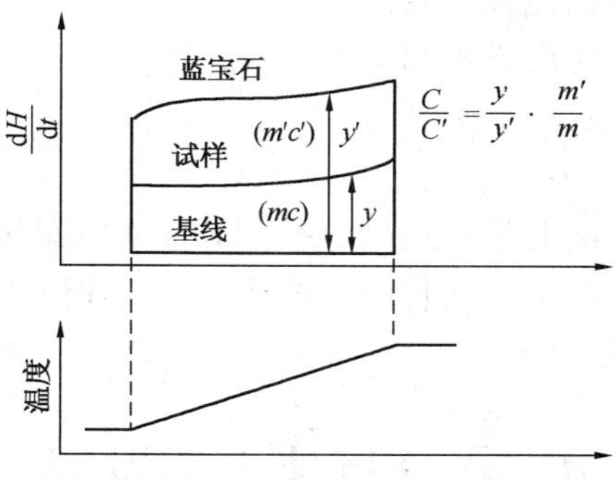

图 9-48　用比例法测定比热容
(Perkin Elmer 公司仪器)

从图 9-48 上量取 y'，y 的长度，代入上式，就可计算出试样的比热容。图 9-49 为用 DSC 测定 PET 比热容的实测曲线，从下往上的三条实线分别是：空白坩埚的基线、蓝宝石的 DSC 曲线和 PET 的 DSC 曲线。最上面一条虚线是根据上面公式计算的 PET 的比热容 C_p 曲线。图 9-5 直观地说明了两点：①玻璃化温度显然是比热容发生突变的温度；②不能直接将蓝宝石的 DSC 曲线和 PET 的 DSC 曲线相加求比热容曲线，因为其样品量不同。

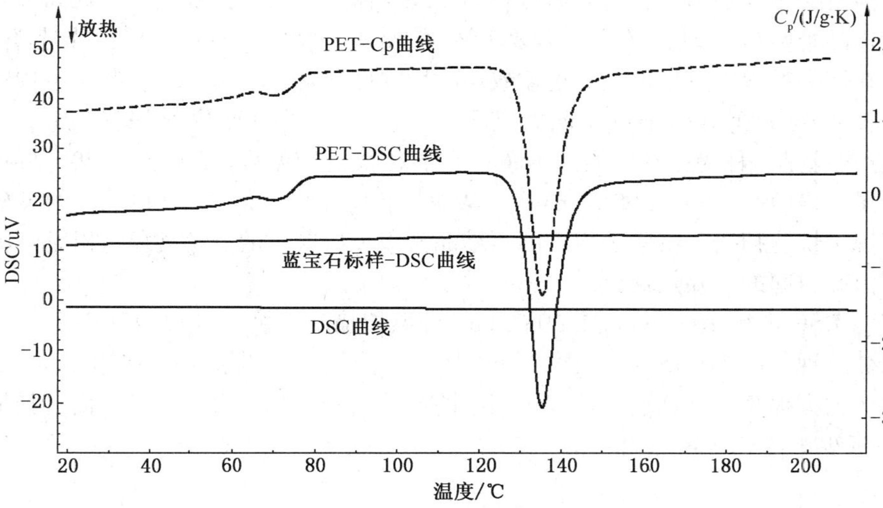

图 9-49　PET 的 DSC 曲线，Netzsch 公司测定

9.3.7　固化

固化度(或叫转化率)，是热固性聚合物材料的一个很重要的参数。测定固化程度的方法有很多种，其中以 DSC 法最为简便。因为固化反应(或硫化反应)一般都是放热反应，放热的多少与树脂官能度的类型、参加反应的官能团的数量、固化剂的种类及其用量等有关，但是对于一个配方确定的树脂体系，固化反应热是一定的。因此可根据 DSC 曲线上的固化反应放热峰的面积来估算聚合物的固化程度，如图 9-50 所示。固化度 α 可以用下式表示：

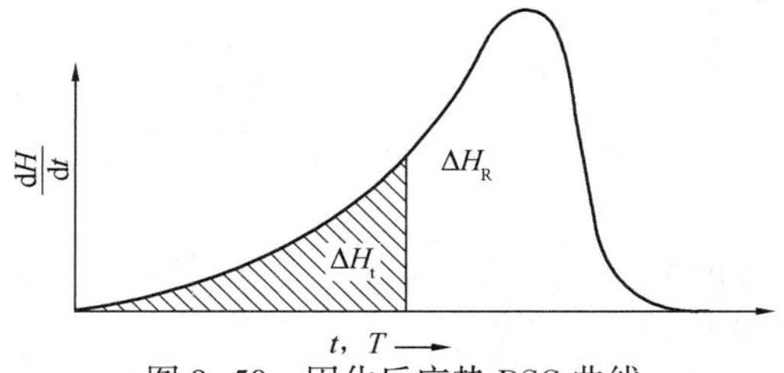

图 9-50　固化反应热 DSC 曲线

$$\alpha=\frac{\Delta H_0-\Delta H_R}{\Delta H_0}\times 100\%$$

式中，ΔH_0 是全固化的树脂体系进行完全固化时所放出的总热量，J/g；ΔH_R 是固化后剩余反应热，J/g。该计算方法在研究树脂体系贮

存期方面比较方便。

固化度 α 的另一种计算方法如下：

$$\alpha_t = \frac{\Delta H_t}{\Delta H_0} \times 100\%$$

式中，α_t 是固化反应进行到 t 时刻的固化度；ΔH_t 是固化反应进行到 t 时刻的反应热；ΔH_0 的意义与上一式相同。该计算方法在研究树脂体系固化反应动力学、计算反应动力学参数方面比较方便。

9.4 热分析技术的发展

9.4.1 高性能化

(1) Hyper DSC　提高 DSC 分析技术的灵敏度和效率一直是从事热分析仪器研发工作者所面临的挑战。尽管对于大多数的应用而言，相对较快的扫描速率如 20℃/min 或 40℃/min 已经足够，但对于小样品而言，由于信号较弱，往往需要更快的扫描速率以提高灵敏度。另一方面，当样品个数较多时，又往往需要 DSC 有较高的效率。而且，在扫描速率较低时，一些材料会在熔融过程中发生再结晶现象或熔融后立即分解，从而产生一些不可预料的附加的热现象，使得分析变得困难。在此基础上，人们提出了一种快速扫描 DSC，即 Hyper DSC™的概念。这是一种功率补偿型的 DSC，它能在很宽的温度范围内(-170~730℃)实现快速的升降温扫描(比如 100~500℃/min)，从而具有比传统 DSC 高 10 倍以上的灵敏度和效率。由于实现了快速扫描，熔融过程中的再结晶现象和熔融后的分解现象可以基本消除，因此也消除了由此引起的未知热现象。

用传统的 DSC 进行 10℃/min 或 20℃/min 升温扫描时，由于升温速率小而使得弱小的热行为难以被发现，如图 9-51 的聚丙烯的升温 DSC 曲线。而如果采用 150℃/min 的升温速率，则灵敏度大大提高，其玻璃化转变过程中的台阶状变化会变得很明显。而且扫描时间小于 2min，远远少于传统 DSC 的 20min。

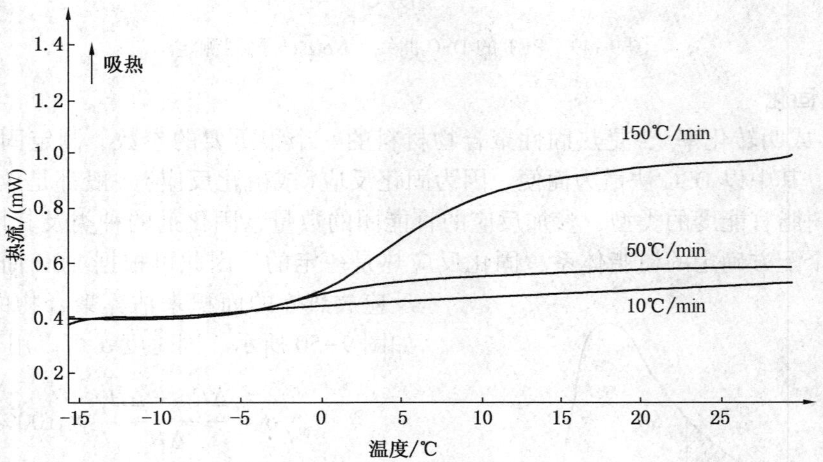

图 9-51　不同升温速率扫描的聚丙烯玻璃化转变区域

仪器：PE-Diamond；样品量：1.6mg

快速降温也很有用。通常将样品升温一次以消除热历史，然后采用传统 DSC 的可控的慢速降温，在接下来的已知热历史的升温阶段分析数据。然而样品在测试时经历的条件往往与实际生产过程不符，实际生产过程中降温速率往往较快。图 9-52 给出不同降温速率对结晶行为的影响。以 10℃/min 对聚丙烯混合物降温显示两个结晶峰，而以 150℃/min 降温则改变了结晶行为及降温曲线的特征。快速降温可以更好地模拟实际生产过程。

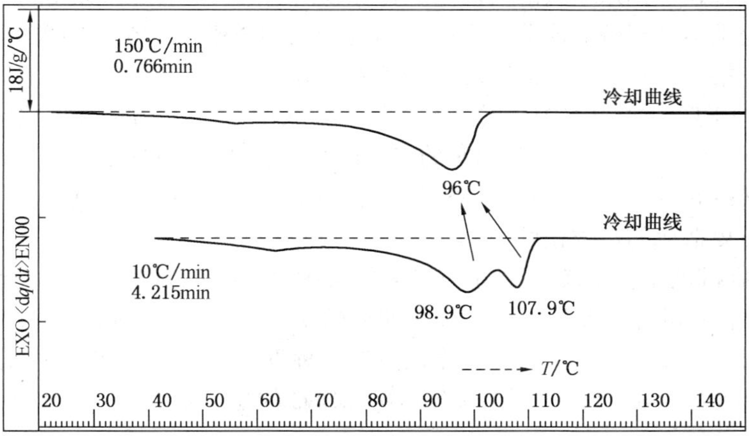

图 9-52 不同降温速率下聚丙烯的结晶行为(仪器：PE-Diamond)

(2) 调制 DSC(MDSC)技术 TA 公司近年来研制的调制 DSC(即 MDSC®)技术，是在传统 DSC 线性升温程序上叠加一个周期性正弦变化的加热程序(调制信号)，好像对试样同时进行两个实验(图 9-53)。基础升温的慢速率改善分辨率，瞬时快速升温速率用来提高灵敏度。采用 FOURIER 转换，热流实时被分解为热容成分和动力学成分。在 MDSC®中，DSC 的热流称为总热流，热容成分为可逆热流，动力学成分为不可逆热流。总热流信号包含所有的热转化信息，与标准 DSC 的结果一样。可逆热流中包含玻璃化转变、熔融等信息，不可逆

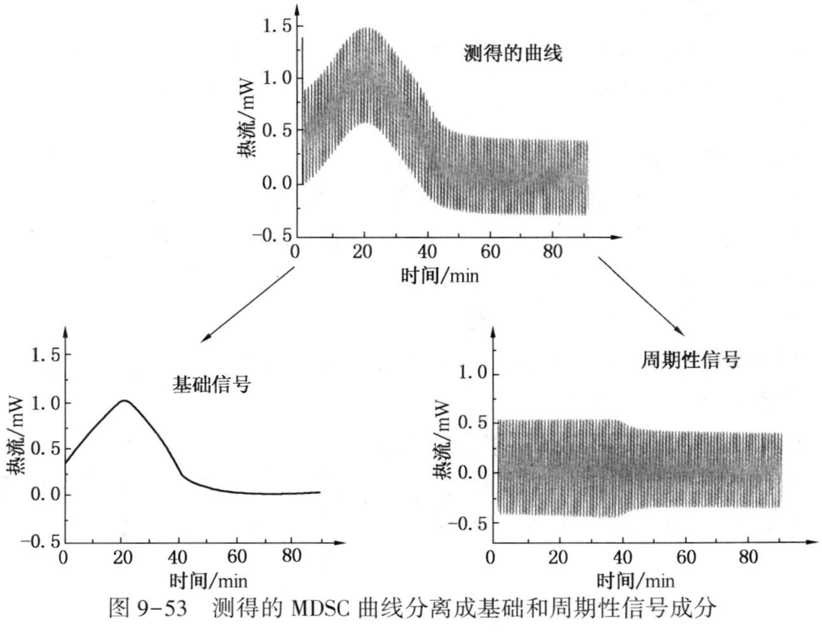

图 9-53 测得的 MDSC 曲线分离成基础和周期性信号成分

热流中包含动力学的现象，如固化、挥发、冷结晶(再结晶)、热焓松弛和分解等。在可逆转变过程中，物质未发生本质上的变化，热流量与调制信号无相位差；在不可逆转变过程中，物质成分发生质的变化(化学变化)，或随 t(如热焓松弛)或 T(如再结晶)而发生明显的状态或结构变化，这时热流量与调制信号有相位差。

MDSC 与 DSC 的区别从原理上是加热方法的改变，从结果上是传统 DSC 只能得到单一的信号，而 MDSC 在得到该信号的同时还获得更多的信息，解释更多现象。主要表现在：将复杂转变分解为更容易理解的成分；提高检测弱转变的灵敏度；在不损失灵敏度的前提下，提高分辨率；直接测量热容；更准确的结晶度测量等。

图 9-54 为 PET/ABS 的 MDSC 图谱。总热流曲线中只含有 PET 玻璃化转变和冷结晶的信息，没有 ABS 的任何信息，因为 ABS 的 T_g 被 PET 的冷结晶峰掩盖。但可逆热流曲线清楚地显示出 PET 和 ABS 的玻璃化转变，不可逆热流曲线也不单显示出 PET 的冷结晶，还显示了由于样品热历史造成的热焓松弛。

MDSC 在检测非常微弱的转变时也有极高的灵敏度(图 9-55 所示)。该聚合物涂料样品量仅有 2.2mg，在总的热流曲线上没有任何期望的 T_g 转变，而只有在 40℃的一个由于溶剂挥发造成的巨大吸热峰。但可逆热流完全没有溶剂挥发峰的干扰，在 109℃附近有一个非常微弱的玻璃化转变(8.5μW)，从而充分显示出 MDSC 的超灵敏度。

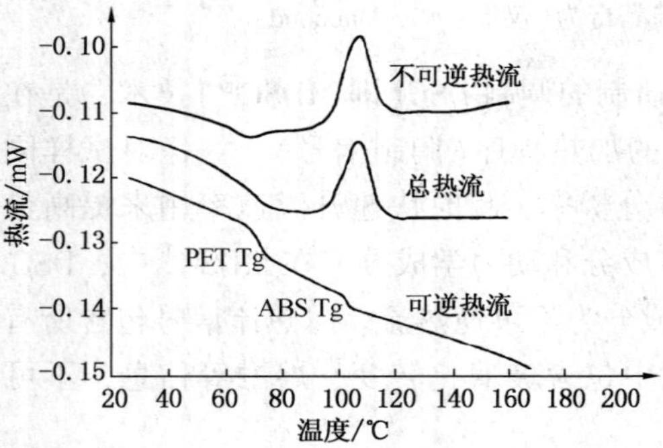

图 9-54 PET/ABS 的 MDSC 曲线，TA 公司测试

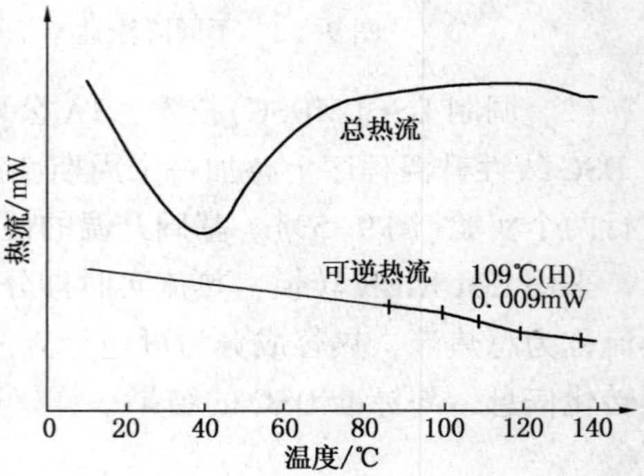

图 9-55 某聚合物涂料的 MDSC 曲线，TA 公司测试

9.4.2 高压 DTA、DSC 技术

在实际应用中，很多物理过程和化学反应都会受到气体压力的影响。因此，很多时候需要在保持一定压力的状态下进行 DSC 实验。目前商品化的高压 DSC 产品可以在高压下进行各种气氛下的实验，如 O_2、N_2、Ar、He、H_2、CO_2、CH_4 等。样品气氛可以是静态也可以是动态。常用于：蒸气压和蒸发热焓的测定，重叠蒸发反应的分离，吸附与解吸附过程测试(如在金属化合物表面)，油类、脂肪和润滑剂的氧化稳定性，热固性材料的固化，橡胶的硫化，不饱和脂肪酸的水合反应等。

图 9-56 所示为一种人造调和油的氧化行为研究。结果表明，随着氧气压力的升高，氧化行为出现的时间提前，也即在较低的温度下便开始氧化。图 9-57 所示为一定压力下两种酚醛树脂的不同固化行为。结果表明，其中一种酚醛树脂的开始固化温度比另一种低 10℃左右。

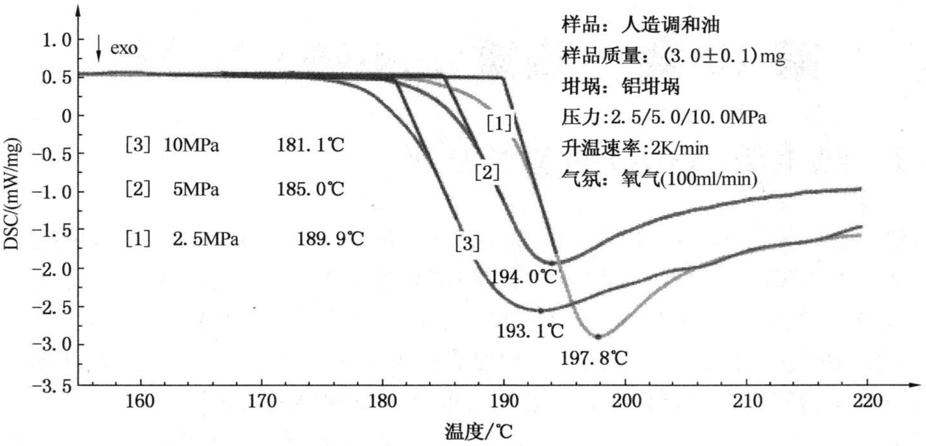

图 9-56 某种人造调和油在一定压力下的 DSC 曲线，Netzsch 公司测试

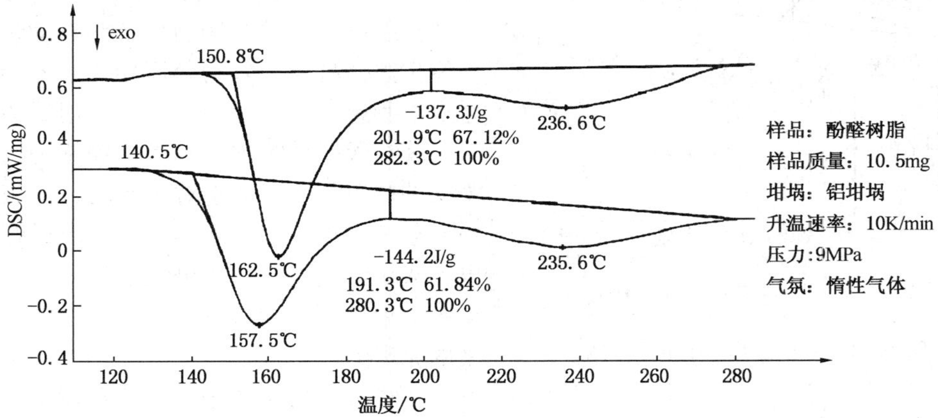

图 9-57 酚醛树脂在特定压力下固化的 DSC 曲线，Netzsch 公司测试

第10章 热重法和热-力分析

10.1 热重法(TGA)的基本原理

热重法(thermogravimetry, TG 或 thermogravimetric analysis, TGA)是在程序控温下，测量物质的质量变化与温度关系的一种技术，是测定聚合物热稳定性常用的方法之一。早在1915年本多光太郎就用电炉把普通天平的一端围起来用于研究 $MnSO_4 \cdot 4H_2O$，$CaSO_4 \cdot 2H_2O$，$CaCO_3$ 和 CrO_3 的热失重过程，这种形式称为本多式热天平。现代热重仪形式多种多样，设计越来越精密，自动化程度越来越高，但基本原理仍是热天平。

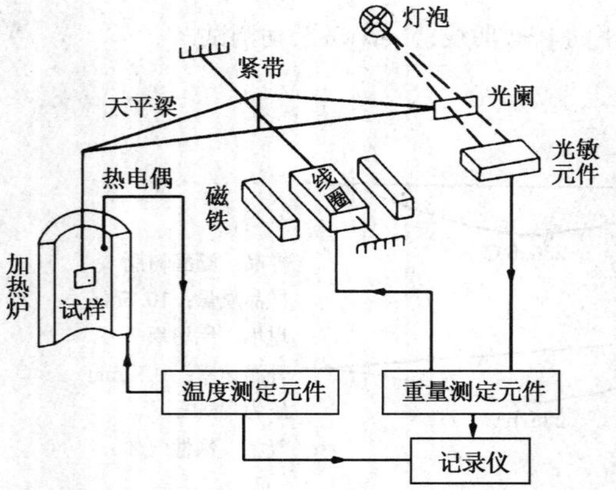

图 10-1 零位法热天平的原理图

根据测定质量变化的方法不同，热天平分为零位法和变位法两种。所谓变位法，就是根据天平梁的倾斜度与质量变化成比例的关系，用差动变压器等检知倾斜度，并自动记录。所谓零位法，是采用差动变压器法、光学法或电触点法测定天平梁的倾斜度，并用螺线管线圈对安装在天平系统中的永久磁铁施加力，使天平梁的倾斜复原。由于对永久磁铁所施加的力与质量变化成比例，这个力又与流过螺线管的电流成比例，因此只要测量并记录电流，便可得到质量变化的曲线。图 10-1 是零位法热天平的原理图。

从热天平的结构分类，按照横梁、试样皿与炉子的关系，又可分为下皿式/吊盘式[图 10-2(a)]、上皿式/托盘式[图 10-2(b)]和水平式[图 10-2(c)、(d)]三种，各有优缺点。上皿式的保护性气体是从下往上流动，与气体自然流动方向一致，分解物气体不易污染天平的测量系统。但飘在分解气体中的较大的固体颗粒则可能往下落，甚至正好落入试样皿中。而下皿式的情况正好相反。水平式由于是横式炉体，所受的浮力较小，但是分解物气体不易从炉体中排出。

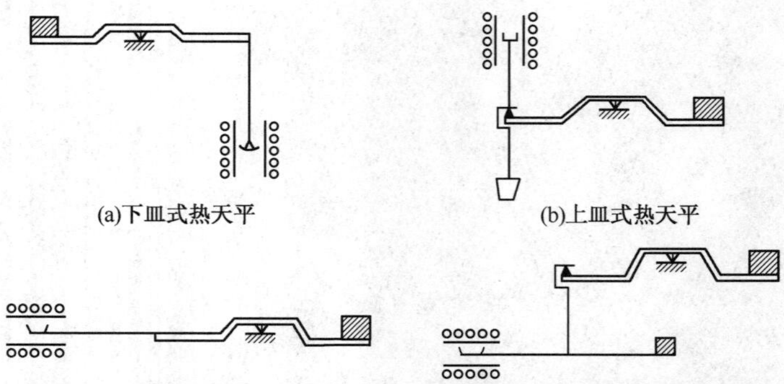

(a)下皿式热天平　(b)上皿式热天平

(c)水平式热天平　(d)减水膨胀误差的水平式热天平

图 10-2 热天平的横梁、试样皿与炉子的位置关系

热重曲线(TG 曲线)记录的是质量保留百分率(m/%)与温度的关系，有时也以失重百分率与温度作图，这两种图形正相反。如果记录质量变化速率(dm/dt)与温度的关系，就需要将质量对温度求导，称为微商热重法(DTG)。典型的 TG 和 DTG 曲线示于图 10-3。DTG 的主要优点是与 DTA 或 DSC 曲线有直接可比性。其峰值对应于质量变化速率最大处，可直接成为物质的热稳定性指标。峰面积则与失重量成正比，可用于计算失重量。

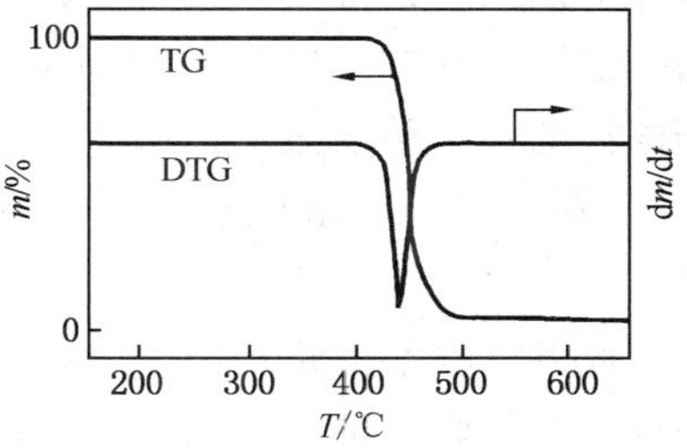

图 10-3　尼龙 66 的 TG 和 DTG 曲线

10.2　TGA 的实验技术

10.2.1　实验条件对 TGA 的影响

(1) 升温速率　升温速率对试样实验结果的影响较大，升温速率越快，产生的影响越大。这个影响主要表现在两个方面。一方面由于升温速率的不同，使炉子与试样皿间热滞后不同，导致测量误差。热天平上测得的炉壁温度与试样皿温度之差和升温速率的关系如图 10-4 所示。快速升温是将反应推向高温区以更快的速度进行，通常使反应的起始温度 T_i、峰温 T_p 和终止温度 T_f 增高。例如聚苯乙烯在 N_2 气氛中分解，当分解程度都是 10%时，以 1℃/min 测定，分解温度 T_d=357℃；以 5℃/min 测定，T_d=394℃，相差达 37℃。

另一方面，升温速率不同，导致热重曲线的形状变化(图 10-5)。中间产物的检测与升温速率关系密切。一般以较慢的升温速率(如 2.5、5 和 10℃/min)为宜。特别对多阶反应，过快的升温速率有时会导致丢失某些中间产物的信息，而慢速升温有利于阶段反应的相互分离，使 TGA 曲线由本来快速升温时的转折，转而呈现平台。比如含水化合物，慢速升温可以检出分步失水的一些中间物。

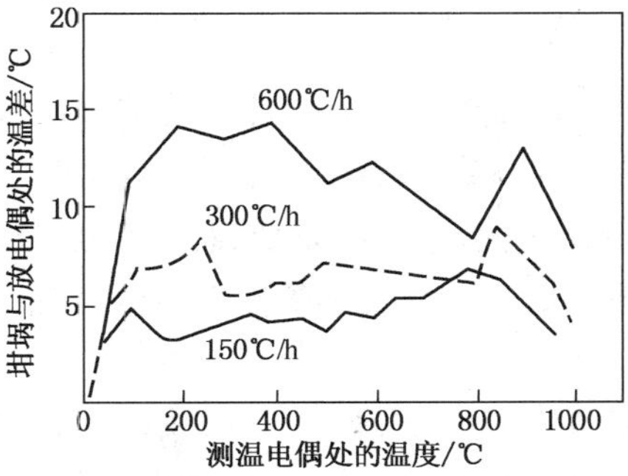

图 10-4　加热速度对试样皿温度的影响

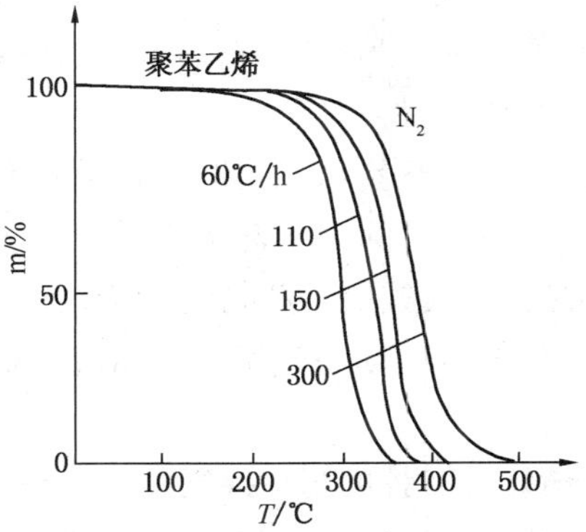

图 10-5　不同升温速率对聚苯乙烯 TGA 曲线的影响

(2) 样品量和粒度　样品量的影响常可归结为对气体扩散阻力的影响、对试样内温度梯度的影响和对试样实际温度程序的影响。增加样品量会使终止温度 T_f 向高温侧移动和反应时间延长。当样品产生热效应时，试样反应时间延长还会导致热重曲线上相邻过程的分辨率降低，而气体扩散阻力的加大，有时还会导致热重曲线形状改变。少量试样有利于气体产物的扩散和试样内温度的均衡，减小温度梯度、降低试样温度与环境线性升温的偏差，这是由于试样的吸、放热效应而引起的。样品量越大，这种影响越大。样品导热性差时尤其如此。如图 10-6 所示，试样 $CuSO_4 \cdot 5H_2O$ 用量不同时，试样量小的中间平台比较明显，分辨率就较好。

此外，样品在反应时产生的气体通过粒子间空隙向外扩散样品，因此样品粒度对于实验结果也有影响。通常，试样热分解的起始和终止温度均随试样粒度的减小而降低。试样由较大晶体或粒子构成，则比表面较小，其分解延缓。图 10-7 所示为两种不同形式的含水草酸铜 $CuC_2O_4 \cdot H_2O$ 在真空中测定的 TGA 曲线，粉末状试样的失水温度明显低于单晶试样。

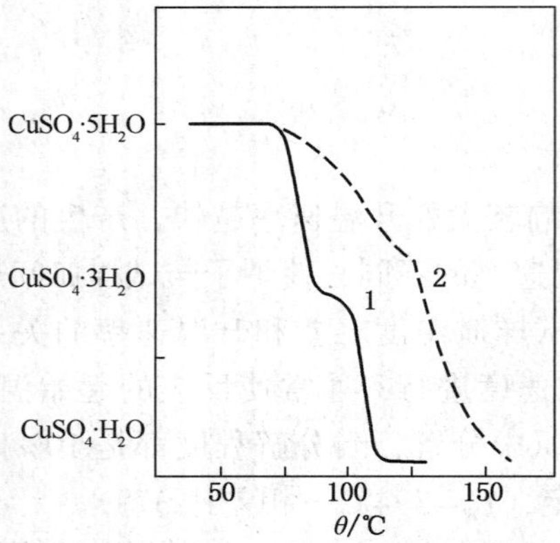

图 10-6　试样量对 $CuSO_4 \cdot 5H_2O$ TGA 曲线的影响

试样质量：1—0.4296mg；2—18.00mg

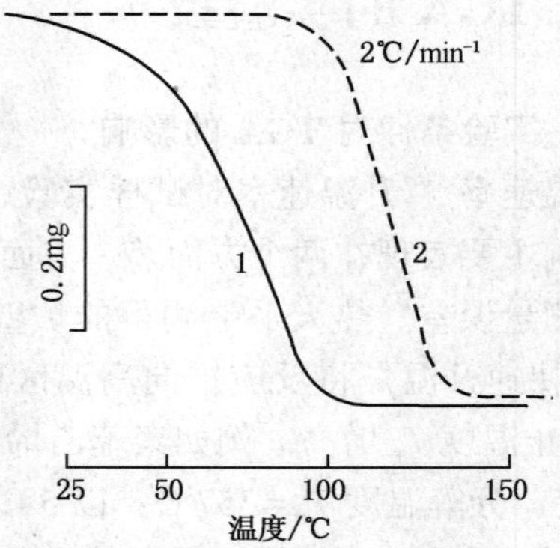

图 10-7　不同颗粒度含水草酸铜失水的 TGA 曲线

1—粉末；2—单晶

一般来讲，表面反应或多或少要受到试样粒度的影响，这要比对化学分解的影响更加明显；而相转变受粒度的影响较小。为了便于相互比较，应尽量采用粒度相近的试样，如通过一定筛孔的细粉。另外，堆砌松散的试样颗粒之间有空隙，使试样导热变差，而颗粒越小，越可堆得紧密，导热良好。

总之，进行热重法测定时，样品量要少，粒度也越细越好，且要尽可能将样品铺平。

(3) 气氛　气氛对于热失重的影响，可概括为气氛状态、种类、流量、导热性等。

① 在静态气氛中，产物气氛浓度的增加会降低反应速度，所以要得到好的重现性，必须使用严格控制的动态气氛。气体流速增大，表观增重增加，气氛条件不同对表观增重的影响也不同。

② 热分析实验可用变换气氛来辨析热分析曲线热效应的物理-化学归属。比如空气是最一般的氧化气氛，He、N_2、Ar 是惰性气氛，H_2、CO 是还原性气氛，O_2 为强氧化性气氛等。对于形成气体产物的反应，如不将气体产物及时排出，或通过其他方式提高气氛中气体产物的分压，会使反应向高温移动。同时还应考虑气氛与热电偶、试样容器或气体路经的其他构件所用材料之间是否有某种反应。

③ 氛围气体的流量对试样的分解温度、测温精度，以及热分析曲线的基线和峰面积等均有影响，气体流速增大，表观增重增加。

④ 氛围气体的导热性良好，有利于向体系提供更充分的热量，提高分解反应速率。

10.2.2 仪器因素对 TGA 的影响

(1) 震动　由于是连续测定质量，因振动而引起天平静止点的变化会被记录下来，因此，热重法天平比一般天平要求更严格地防震。

(2) 浮力　浮力的变化是由于升温使试样周围气体热膨胀从而产生相对密度变化而引起的。例如，在 300℃时的浮力可降低到常温(25℃)时浮力的一半，900℃时可降低到约四分之一。因而浮力的变化，将影响测定的准确性。比如一个重 8g、体积 3mL 的坩埚，由于加热时浮力的减小，将引起表观增重 2.5~5.4mg。实用的校正方法是做空白实验(空载热重实验)，画出校正曲线。

(3) 冷凝　分解产物从试样中挥发出来，往往能在低温处再冷凝，从而影响测定准确性，可以使用较浅的试样皿来避免冷凝。

10.3 TGA 在高分子中的应用

TGA 能提供关于样品性能及其成分的信息。如果样品分解产生于化学反应，则样品质量通常呈台阶状变化。台阶出现时的温度可表征该样品材料在所用气氛中的稳定性。

目前 TGA 已广泛应用于高分子材料组成的分析，热稳定性测定、氧化或分解反应及其动力学研究、失去低分子物的缩聚反应研究、材料老化研究等。

图 10-8 所示为典型的 TGA 曲线。通过分析单独质量台阶的温度和高度能确定材料的成分。像水、残留溶剂或添加油这样的挥发性化合物在相对低的温度逸出。这样的化合物的排除取决于气体压力，在低压下(真空)，相应的失重台阶移到低温，就是说，蒸发加速。分析在惰性气氛中的热解反应能确定含量(从台阶高度)，甚至能确定材料的种类。

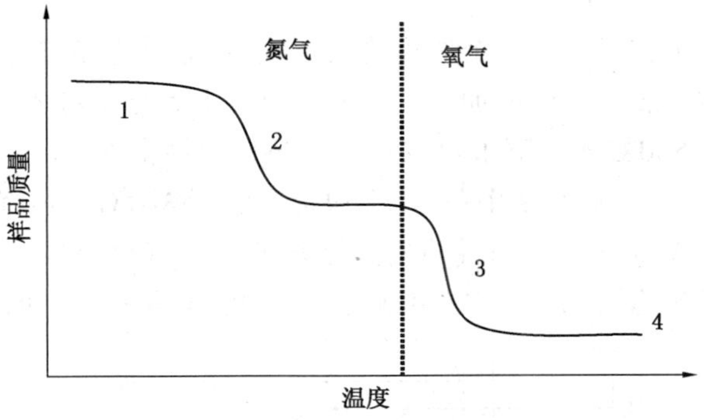

图 10-8　典型 TGA 曲线

1—由于挥发性成分蒸发导致的失重；2—在惰性气氛中的热解；3—当切换到氧化气氛后的炭黑燃烧；4—残留物

样品的炭黑或碳纤维含量可从切换到氧气气氛后的燃烧台阶的高度确定。残留填料、玻璃纤维和灰分由残留物台阶确定。测试曲线上由于浮力效应和气流速率而产生的小变化，可以通过减去空白曲线得到修正。

图 10-9 是聚乙烯的 TGA 曲线，在实验开始阶段，氛围气体为氮气，到 650℃自动切换气体为空气。从图中可见：在氮气下主要成分聚乙烯在 400℃至 600℃之间热解，余下的炭黑在切换气氛至空气后燃烧，炭黑的比表面积越大，燃烧得越快。

10.3.1 评价高分子材料的热稳定性

评价高分子材料热稳定性最简单、最直接的方法，是将不同材料的 TGA 曲线画在同一张图上，直观进行比较。

Chiu 在同样条件测定了五种高分子的热重曲线。由图 10-10 可知，聚甲基丙烯酸甲酯、聚乙烯和聚四氟乙烯可以完全分解，但稳定性依次增加。聚氯乙烯稳定性较差，它的分解分

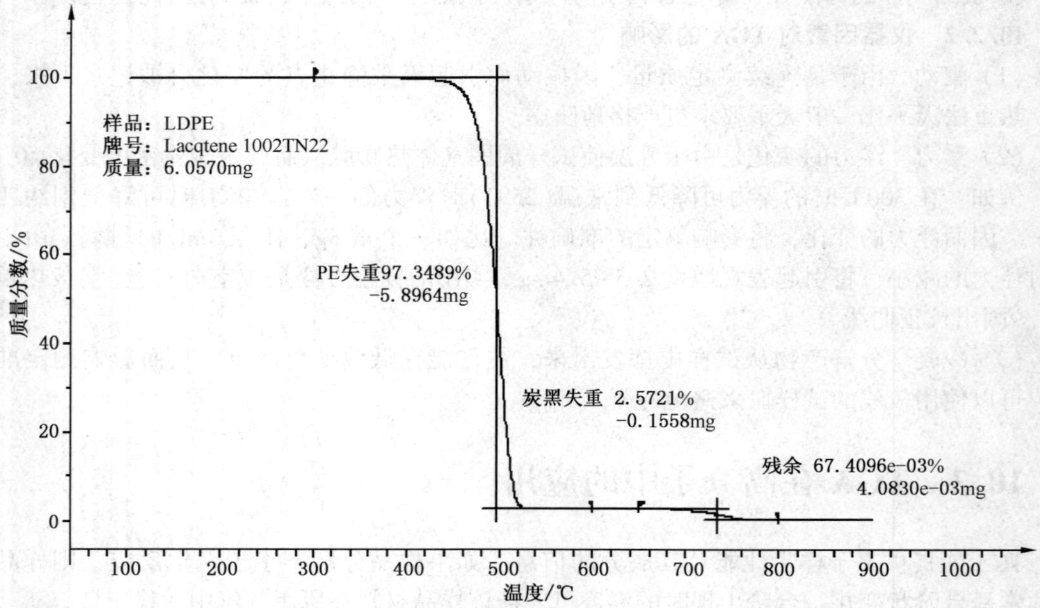

图 10-9　聚乙烯的 TGA 曲线，METTLER TOLEDO 公司测定

测试条件：加热速率 30 K/min，N_2，$50cm^3/min$；650℃以上为空气，$50cm^3/min$

两步进行，第一个失重阶段是脱 HCl，发生在 200~300℃，由于脱 HCl 后分子内形成共轭双键，热稳定性增加，直至较高温度下大分子链才裂解，形成第二个失重阶段。而聚酰亚胺直到 850℃才分解了 40%左右，热稳定性很强。

Newkirk 采用在 N_2 中快速升温到 340℃，再降低升温速率的方法得到多种高分子材料的 TGA 曲线，从曲线的相对位置很容易获得材料热稳定性的相对次序：聚甲基丙烯酸甲酯<聚苯乙烯<聚对苯二甲酸乙二醇酯和尼龙< 聚乙烯< 双酚 A 型聚碳酸酯(图 10-11)。

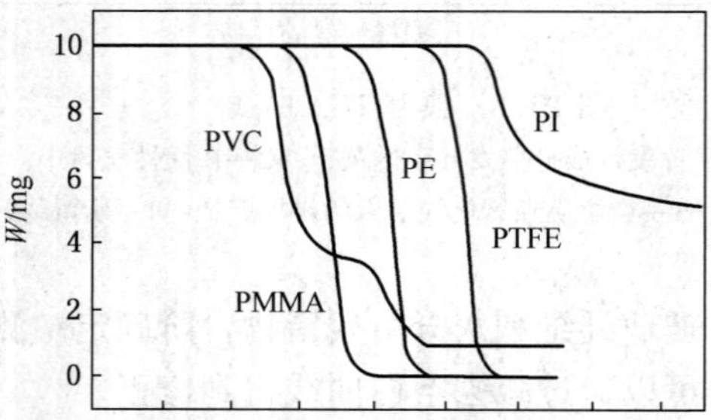

图 10-10　几种高分子材料的 TGA 曲线

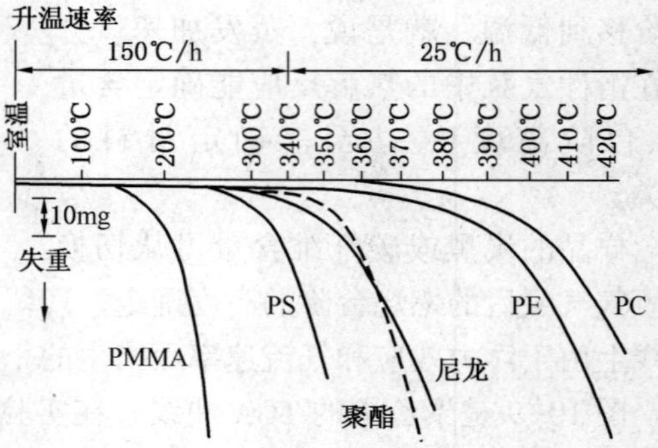

图 10-11　Newkirk 提出的各类高分子材料热稳定性的比较

在比较热稳定性时，除了比较开始失重的温度外，还要比较失重速率。例如比较图 10-12的 TGA 曲线，显然 c 的热稳定性最好，而 a 和 b 虽然起始温度相同，但 a 的失重速率比 b 大，因而 a 的热稳定性最差。

实验上，在解释 TGA 曲线时关于高分子热稳定性临界温度的标准并不统一。至今，所用的标准有：起始失重温度、外推起始失重温度（最大斜率点切线与基线的交点）、终止失重温度或外推终止失重温度、拐点温度或最大失重速率温度、预定的失重百分数温度（常预定 1%、5%、10%、20%和 50%等）和积分程序分解温度等。

某些高分子材料失重 1%的温度（$T_{1\%}$）和起始失重温度（T_D）的测定结果列于表 10-1，测定条件都是 10mg 试样，N_2 气氛和 10℃/min 的升温速率，前者受试样质量和加热速率的影响要比后者小得多。

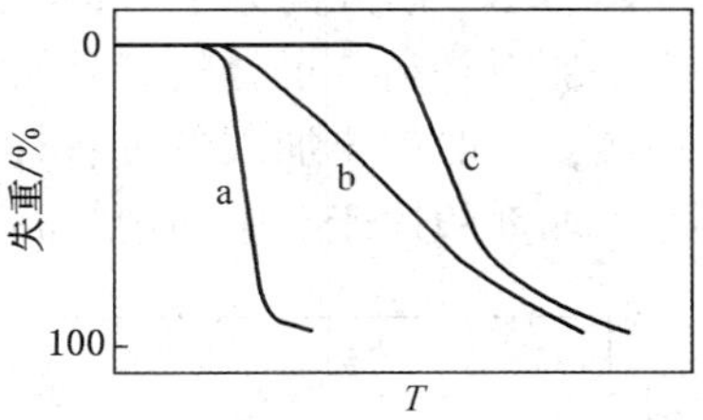

图 10-12　热稳定性比较示意图

表 10-1　某些高聚物热稳定性的对比表

高　分　子	T_D/K	$T_{1\%}$/K	高　分　子	T_D/K	$T_{1\%}$/K
聚乙烯醇	337	379	低压聚乙烯	490	591
聚氯乙烯	356	457	聚甲醛	503	548
棉花	379	488	高压聚乙烯	506	548
羊毛	413	463	聚甲基异丁烯酸酯	528	555
硅油	418	450	聚丙烯	531	588
聚苯乙烯	436	603	尼龙 6	583	
ABS	440	557	聚偏二氯乙烯	628	683
聚异戊二烯	460	513	聚四氟乙烯	746	775
聚丁二烯	482	507			

10.3.2　研究高分子材料的热性质

每种高分子材料都有自己特有的热重曲线。所以，通过研究材料的热重曲线，可以了解材料在温度作用下的变化过程，从而研究材料的热特性。图 10-13 为某聚氨酯泡沫塑料的 TGA 曲线。图中显示，在 175℃开始出现小量失重，此时失去的是低分子物；接着快速失重，到 276℃时失重达 31%；接着又出现一个较快速度的失重，最终失重为 57%。图10-14 为某环氧树脂的 TGA-DTG 曲线，由图可见，其 TGA-DTG 是个多步过程。从 TGA 曲线上看，多步变化的分界点不十分明显，而通过 DTG 曲线来看，变化就非常明显。从 DTG 曲线上可以明显得出三步变化的温度范围是：120～225℃，225～410℃和 410～560℃，三步变化中最大变化速率温度分别在 175℃、350℃和 506℃。

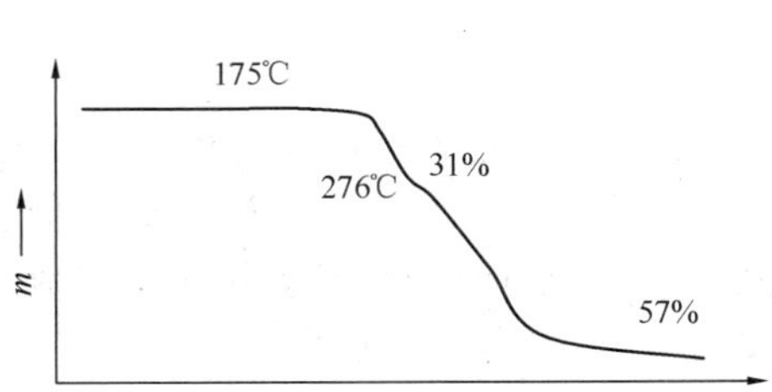

图 10-13　聚氨酯泡沫塑料的 TGA 曲线

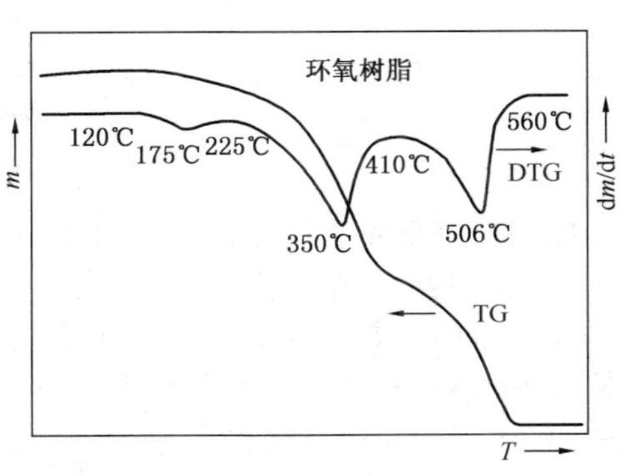

图 10-14　环氧树脂的 TGA-DTG 曲线

10.3.3 研究高分子材料中的添加剂

添加剂是高分子材料制品的重要组成部分。常用的高分子制品很少是由单一的高分子材料制成，一般都要加入各种各样具有各种功能作用的添加剂，从而得到具有各种性能的成品。添加剂的性能、添加剂与高分子材料的匹配相容性、各种添加剂之间的匹配相容性，都是影响成品性能的重要因素。常见的添加剂有增塑剂、稳定剂、阻燃剂、补强剂(填料)、颜料、发泡剂、抗氧剂等。热重法可以用来研究高分子材料中添加剂的作用，也可以直接测定添加剂的含量，以及添加剂的热稳定性。

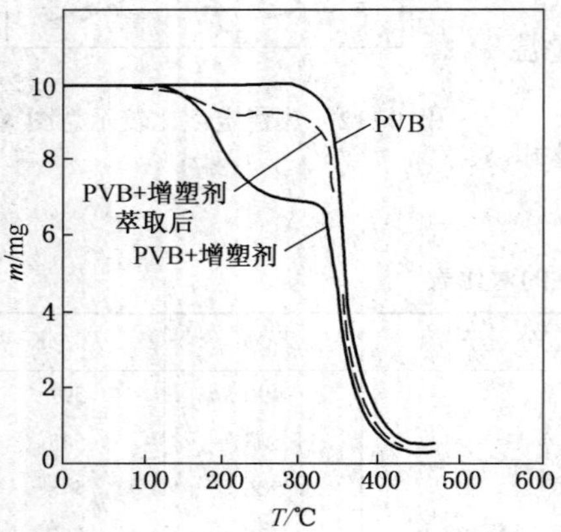

图 10-15　由 TGA 曲线估算增塑剂含量

图 10-15 示出了增塑剂对聚乙烯醇缩丁醛树脂热稳定性的影响。图中从上至下分别为纯聚乙烯醇缩丁醛树脂、苯萃取过增塑剂的树脂和含有增塑剂的树脂的 TGA 曲线。由图可见，三者的热稳定性顺序是纯树脂>苯萃取后树脂>含增塑剂树脂，而且可以从图中求出增塑剂的含量。

图 10-16 是用热重法测量 PVC 中增塑剂含量的实例。由于 HCl 分解所造成的失重台阶的重叠，PVC 的增塑剂含量无法使用常规的热重分析方法，在 N_2 气氛下进行研究(曲线 1)。只有使用真空方法(曲线 2)，才能将相邻的两步失重台阶分开。这可能是由于小分子量增塑剂的沸点的降低所致。由此便可以定量地对增塑剂的成分比例进行分析。

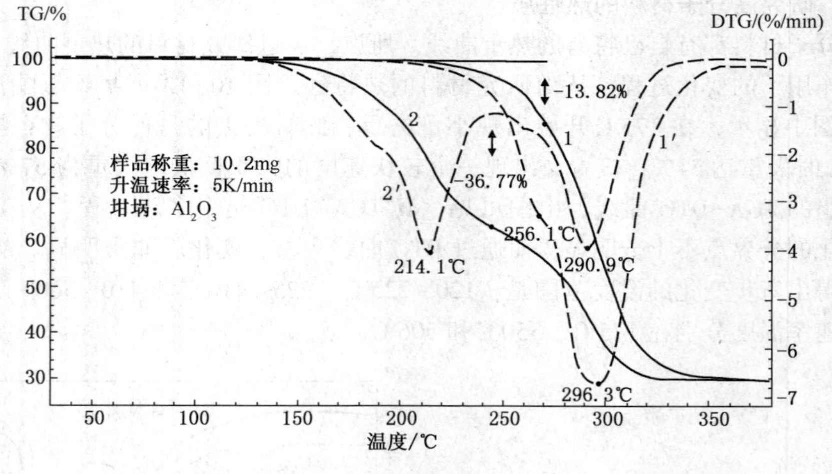

图 10-16　增塑 PVC 的 TGA 曲线，Netzsch 公司测定

图 10-17 为几种填料热稳定性的 TGA 曲线。由图中可见，在 600℃以内代号为 PMF (polycrystalline mullite fibre，多晶莫来石纤维)的填料和 $CaCO_3$ 的热稳定性都很好，但在 600℃以上，$CaCO_3$ 则开始分解(理论上完全分解温度为 897℃，因而若要测含量须加热到更高温度)，而 PMF 的热稳定性仍然很好。850~950℃改成通 O_2，没有变化。

图 10-18 给出了热重法测定高分子材料中活性无机填料和惰性无机填料的 TGA 曲线(空气氛)。从图中可以看出，高分子材料中无机填料总含量为 45%，其中活性无机填料石墨含量为 3.5%。一般高分子材料中如二硫化钼和石墨等(用作增加润滑作用的添加剂)的用

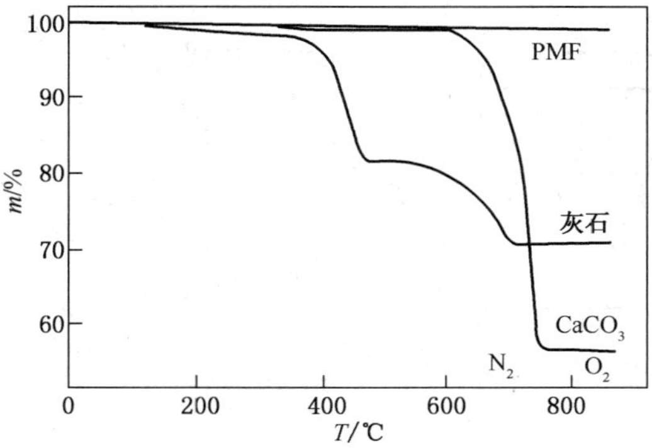

图 10-17　无机填料的 TGA 曲线

580℃以前通入 N_2；850~950℃通入 O_2

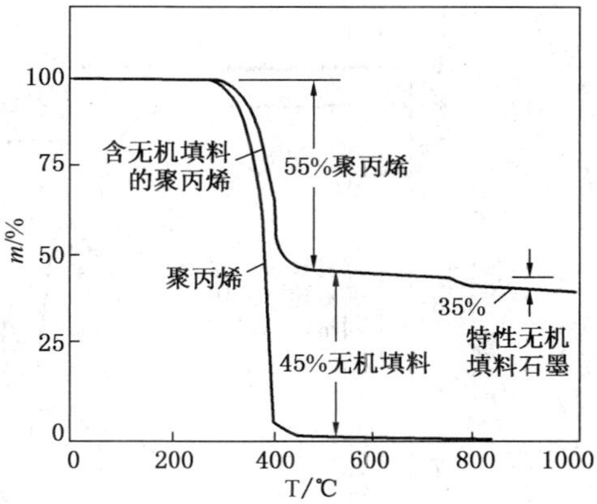

图 10-18　聚丙烯和含填料聚丙烯的 TGA 曲线

量都很少，但用热重法测定很方便。

10.3.4　剖析组成

热重法是研究高分子材料组成的重要方法。与常规经典重量分析方法比，热重法方法简便、快速、准确。图 10-19 是用 SiO_2 和炭黑填充的聚四氟乙烯的 TGA 曲线。首先在 N_2 中加热到 600℃，残留物是两种填料的混合物，然后改为空气氛，继续加热到 700℃，烧掉炭黑。这样通过一次分析，就能分别对炭黑和 SiO_2 进行定量。

图 10-20 是填充了油和炭黑的乙丙橡胶的 TGA 和 DTG 曲线。首先在 N_2 中，测定乙丙共聚物和油的含量，在空气中测定炭黑的含量，最后未能分解的残渣（灰分）约为 0.5%~2%。

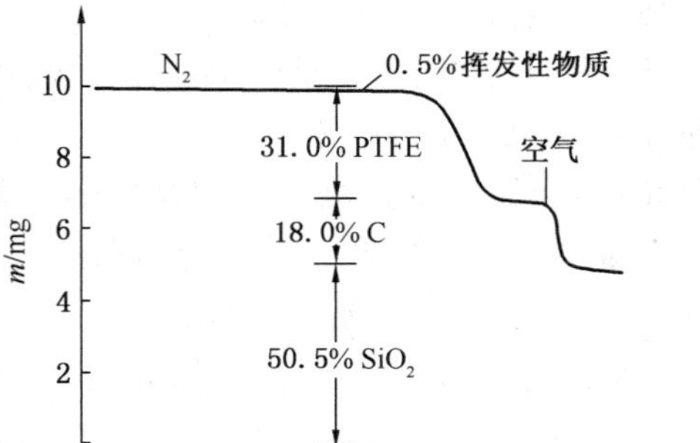

图 10-19　聚四氟乙烯的 TGA 曲线

样品量 10mg；5℃/min

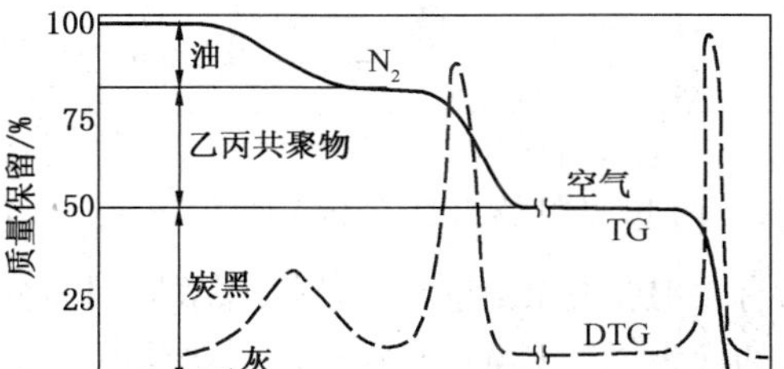

图 10-20　乙丙橡胶的 TGA 和 DTG 曲线

图 10-21 使用热重分析法对玻璃纤维增强环氧树脂（EP/GF）的热分解行为及其成分比例进行了研究。从图中可以看到，曲线在 150℃之前有少量的失重，可能是少量吸附水分的挥发。随后是环氧树脂的两步失重（361.9℃，4.7%；415.2℃，13.83%）。随后的 3.69% 的质量损失为 $CaCO_3$分解释放出 CO_2。随后从 N_2切换成 O_2气氛，EP 的热解碳燃烧，质量损失 0.85%。在 989.2℃ 的残余质量为 76.98%，为玻璃纤维的比例。

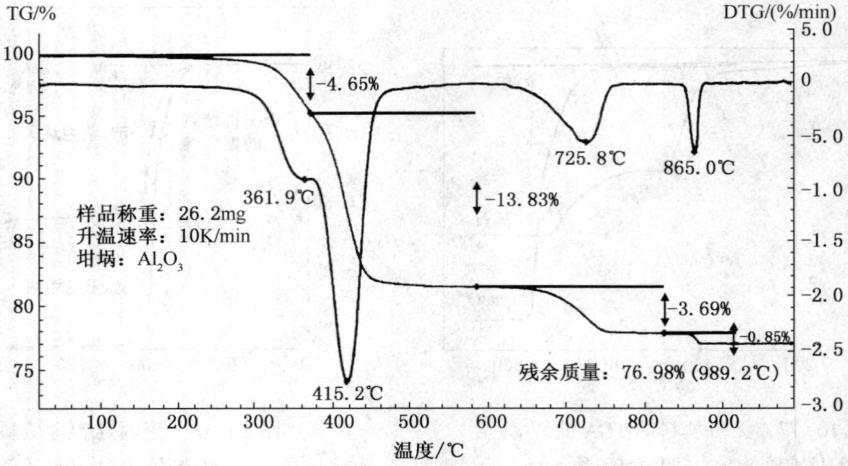

图 10-21　玻璃纤维增强环氧树脂(EP/GF)的 TGA 和 DTG 曲线，Netzsch 公司测定

10.3.5　研究高分子材料的共聚和共混

共聚物的热稳定性总是介于两种均聚物的热稳定性之间，而且随组成比的变化而变化。共混物则出现各组分的失重，而且是各组分纯物质的失重乘以百分含量叠加的结果(图 10-22)。图中曲线 1 为某种高分子材料，其热重变化发生在 DE 段；曲线 2 为另一种高分子材料，其热重变化发生在 BC 段。若把 1 和 2 两种高分子材料共混，则其共混物的热重曲线为 1 物质的 DE 段变化乘以其百分含量(D′E′)与 2 物质的 BC 段变化乘以其百分含量(B′C′)叠加的结果。根据这一规律，可以用来鉴定共混物中高分子材料的组成，并计算各个组成的百分含量。

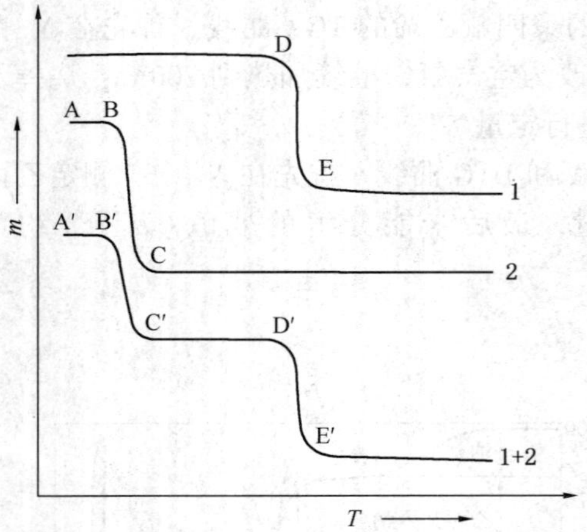

图 10-22　混合物的 TGA 曲线

图 10-23 是用 TGA 法测试 PC/PBT 共混材料的实例。TG 曲线显示材料从 376℃开始分解，失重量为 57%，这是 PBT 的分解。DTG 曲线上显示在 446℃有 4.41%失重，这是聚乙烯基添加剂的分解。从 470℃开始 PC 开始分解，失重量为 28%。850℃切换为氧气气氛后高温分解的碳烧失为 9.4%，剩余的灰分为 1.3%。使用逸出气体分析技术，如热红联用 TG-FTIR 或热质联用 TG-MS，可以对分解放出的气体进行进一步分析。

TGA 用于分析共聚物的一个例子是 EVA(图 10-24)。EVA 分解的第一阶段定量地释放乙酸，每摩尔醋酸乙烯释放 1 摩尔乙酸。在氮气中缓慢(5℃/min)升温，在乙酸逸出后能得到很好的拐点，从而能准确计算醋酸乙烯单元的含量。与化学法、IR 法和 NMR 法等相比，热重法测定 EVA 的组成是最快速、最精确地。TGA 法和化学法结果比较(见表 10-2)。

热重法还可以用来鉴别无规共聚物和嵌段共聚物。图 10-25 为聚苯乙烯、聚 α-甲基苯乙烯与二者的无规和嵌段共聚物的 TGA 曲线。图中可见，聚苯乙烯的热稳定性优于聚α-甲基苯乙烯，二者共聚物的热稳定性介于二者之间，嵌段共聚物由于有两个分解过程，因而由热重曲线可以很容易鉴别出来。

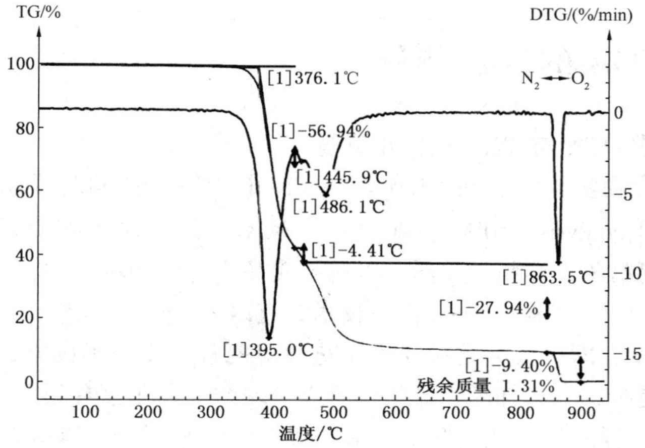

图 10-23　PC/PBT 共混材料的 TGA 曲线，Netzsch 公司测定

测试条件：敞口白金坩埚，N_2(10ml/min)，在 850℃ 切换为 O_2(10ml/min)，10K/min

表 10-2　EVA 的 TGA 和化学分析结果的比较

乙酸乙烯/%（化学分析）	乙酸的失重/%（TGA）	乙酸乙烯/%（TGA）	绝对偏差/%
4.3	3.2	4.6	0.3
8.3	5.8	8.3	0.0
11.2	7.6	10.9	0.3
14.9	10.2	14.6	0.3
27.1	18.9	27.1	0.0
31.1	21.7	31.1	0.0

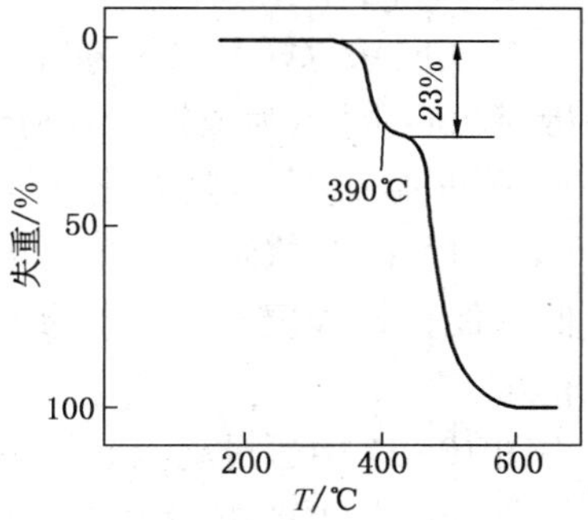

图 10-24　EVA 的 TGA 曲线

10.3.6　研究热固性树脂的固化

对固化过程中失去低分子物的缩聚反应，可以用热重法进行研究。酚醛树脂在固化过程中生成水，利用 TGA 测定脱水失重过程，即可以研究酚醛树脂的固化。图 10-26 为某酚醛树脂一系列等温固化过程的 TGA 曲线，在 140℃ 到 240℃ 的一系列等温过程中，固化程度随固化温度的提高而增加，而在 260℃时，固化程度反而下降。所以，240℃ 为该树脂的最佳固化温度。

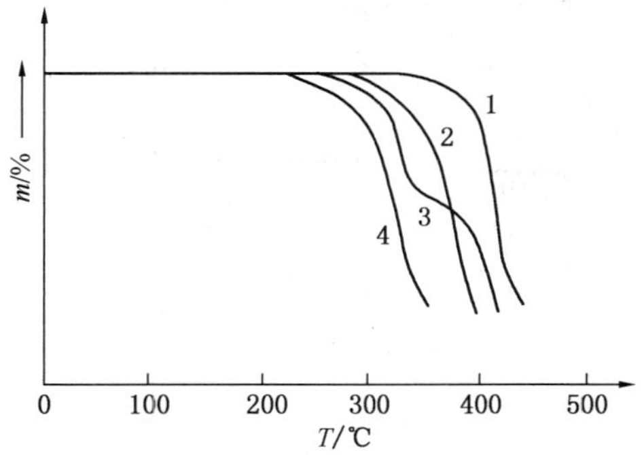

图 10-25　用热重法鉴别共聚物的结构

1—聚苯乙烯；2—无规共聚物；3—嵌段共聚物；4—聚 α-甲基苯乙烯

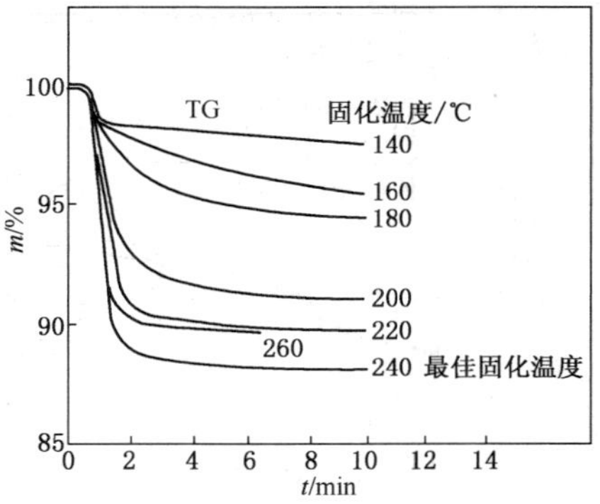

图 10-26　酚醛树脂等温固化 TGA 曲线

10.4 与 TGA 的同步测量

10.4.1 DSC 或 DTA 与 TGA 的同步测量

1979 年英国聚合物实验室公司(PL)率先推出了 TG-DSC 同时联用仪，即同步热分析(simultaneous thermal analysis，STA)。如今这一技术广泛应用于陶瓷、玻璃、金属/合金、矿物、催化剂、含能材料、塑料、涂料、医药、食品等各种领域。

相比单独的 TG 与/或 DSC 测试，这一技术具有以下优点：

① 通过一次测量，即可获取质量变化与热效应两种信息，不仅方便而且节省时间，同时由于所需样品量更少，对于样品很昂贵或难以制取的场合非常有利。

② 消除称重量、样品均匀性、升温速率一致性、气氛压力与流量差异等因素影响，TG 与 DTA/DSC 曲线的对应性更佳。

③ 根据某一热效应是否对应质量变化，有助于判别该热效应所对应的物化过程(如区分熔融峰、结晶峰、相变峰与分解峰、氧化峰等)。

④ 实时跟踪样品质量随温度/时间的变化，在计算热焓时可以样品的当前实际质量(非测量前原始质量)为依据，有利于相变热、反应热等的准确计算。

⑤ 可精确且方便地进行温度标定。DSC 利用标准物质进行温度校准，精度可达 0.1℃；而 TGA 的温度校准一般采用居里点法或吊丝熔断失重法，其误差约 2℃，不但精度低，而且操作复杂。而同步热分析可用与 DSC 相同的方法进行温度标定，精度也可达 0.1℃。

图 10-27 中通过高温 STA 对 PET 进行了玻璃化转变、冷结晶与熔融的测量。其测量结果与纯 DSC 仪器的测量非常接近。DSC 以外的 TG 曲线，则额外显示了样品在约 100℃到 320℃之间有轻微失重，这很可能是添加剂(产品助剂)的挥发造成的。

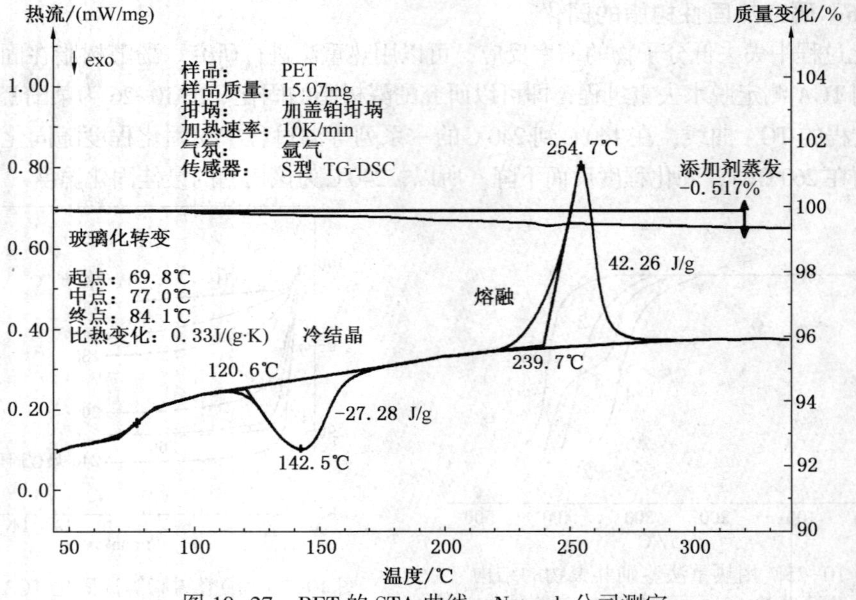

图 10-27 PET 的 STA 曲线，Netzsch 公司测定

样品质量：15.07mg；坩埚：Pt+Lid；升温速率：10K/min；气氛：Ar；检测器：TGA-DSC(S 型)

当然，对于同一样品在同一次测试过程中，使用 STA 可以进一步研究材料的热降解。这是其相比于单纯的 DSC 的另一优势所在。如图 10-28 所示为同一 PET 样品的高温 STA 曲线，从中可以得出该样品的分解温度、热稳定性等相关信息。

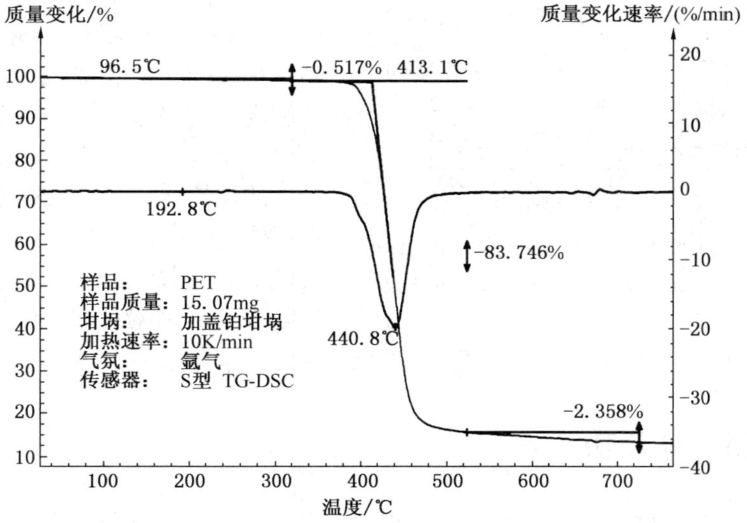

图 10-28　PET 的 STA 曲线，Netzsch 公司测定

样品质量：15.07mg；坩埚：Pt+Lid；升温速率：10K/min；

气氛：Ar；检测器：TGA-DSC(S 型)

10.4.2　析出气体分析

析出气体分析(EGA)是测定程序升温时发生的气体的种类和量的新分析方法。近年已有几种市售仪器，具体地说，有 TGA/(GC)/MS 法和 TG-DTA/FTIR 法等。TGA 和 DTA 主要用来测定气体的量和推测试样化学结构变化，而 MS 和 FTIR 主要用来鉴别试样产生的气体的种类和结构。

一般用 MS 法进行定量分析较为困难。但用 TGA/MS 法则能对特定气体进行定量。利用 TGA/MS 法的高灵敏性，可以分析比高分子的耐热温度低的温度下的热(氧化)分解气体。因而广泛应用于评价电绝缘用高分子材料的耐热寿命。

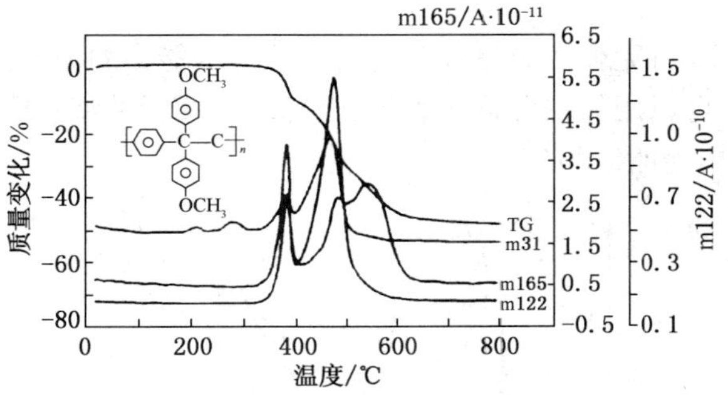

图 10-29　一种耐高温聚合物的 TGA/MS 谱图

图 10－29 是使用 Netzsch 公司的 TGA/MS 联用系统检测一种耐高温聚合物的高温分解。从 350℃ 到 600℃，该聚合物经历了 3 次失重。由于该系统的高分辨率，每个降解阶段都被区分开来，并且分解的聚合物片段也通过质谱仪检测出来了。

固体高分子会存在一定量的水分，了解水的存在状态和存在量是很重要的。在 EGA 仪的后面加上一个特殊的装置，就能分析加热时发生的水分，这种分析又称为水分逸出分析(moisture evolution analysis，简称 MEA)。MEA 曲线记录的是水分发生量的温度依赖性曲线，测量精度可达约 10μg/g。能测量发生的各类水分，包括表面吸附水、内部吸收水、结合水、

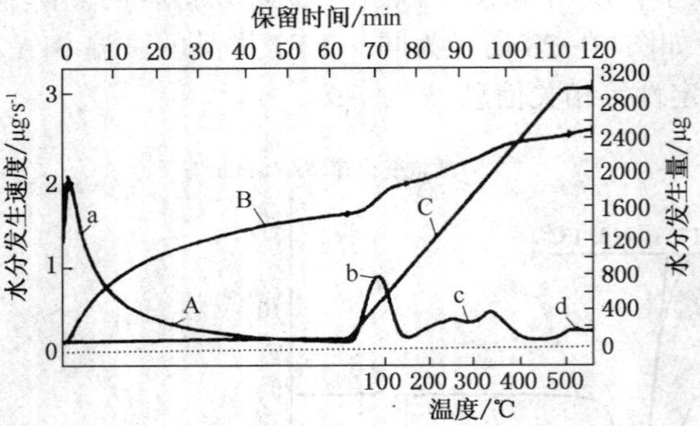

图 10-30　聚酰亚胺薄膜(12.5μm 厚)的 MEA 曲线

试样量 100mg，室温放置 60min 后，以 10℃/min 升温

层间水和反应生成水等。图 10-30 是一个例子。试样是厚度为 12.5μm 的聚酰亚胺薄膜，曲线 A 是水分发生速率曲线(单位为 μg/s)，曲线 B 是 A 的积分曲线(μg)，曲线 C 是升温曲线。曲线 A 出现 4 个峰，结论是 a 峰为薄膜的表面吸附水，b 峰为薄膜内部的吸收水，c 峰为酰亚胺化反应产生的反应水，d 峰则归属于试样热分解产生的反应水。c 为双重峰，前一半考虑有可能为结合水。在 TGA/MS 法中由于测定前要真空脱气，a 和 b 峰所对应的水会被除去，因而对水的测定显然不如 MEA 法好。但 TGA/MS 法的检测下限比较低，是 MEA 法的约十分之一。

10.5　热-力分析

热-力分析(或热机械分析)是聚合物在程序升温条件下的力学分析方法，受力方式可以是拉伸、压缩、弯曲、剪切等。

热机械曲线又称为温度-形变曲线或形变-温度曲线，是在程序控温的条件下，给试样施加一定量的负荷(恒定力)，观察试样随温度的变化而发生的形变，以形变对温度作图。

图 10-31 是典型无定形(即非晶态)聚合物的热机械曲线。曲线可以划分为三个区域，即对应于玻璃态、高弹态和粘流态 3 种力学状态。玻璃态和高弹态之间的转变称为玻璃化转变，对应的转变温度即玻璃化转变温度 T_g。而高弹态与粘流态之间的转变温度称为粘留温度 T_f。

弹性模量与应力、应变之间的关系如下：

$$弹性模量=\frac{应力}{应变}$$

可见弹性模量标准材料抵抗形变能力的大小，模量越大，越不易形变。热机械曲线因而又可以用另一种形式表示，即温度-模量曲线(图 10-32)。显然这一曲线的形状正好与温度-形变曲线相反。

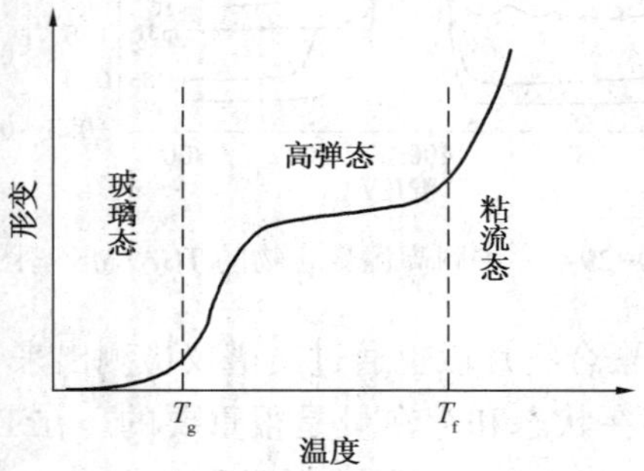

图 10-31　非晶态高聚物的温度-形变曲线

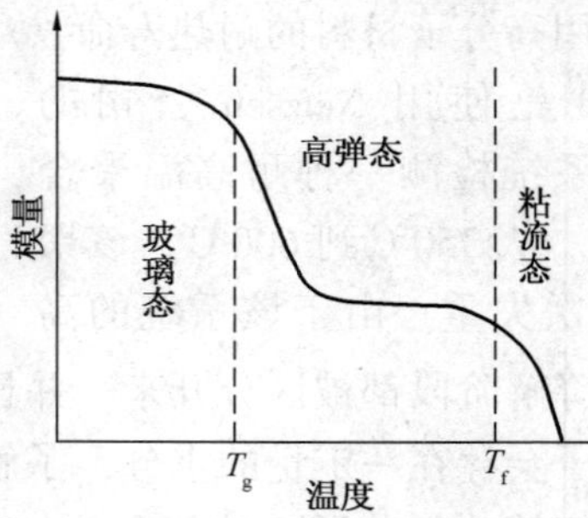

图 10-32　非晶态高聚物的温度-模量曲线

典型的结晶态高聚物的热机械曲线不存在玻璃化转变，由于结晶中链段不能运动直至熔融，所以只存在一个转变，即达到熔点 T_m 时转变为流动态(但结晶度低的高聚物仍能观察到 T_g)。分子量较大时，除了 T_m 还存在 T_f，即非晶区的 T_f 高于晶区的 T_m，所以在晶区熔融后出现高弹态，直至 T_f 才进入粘流态。

交联高聚物在交联度低时曲线与一般非晶态高聚物类似，但交联度高时不存在粘流，没有 T_f。

热机械分析分为静态热机械分析和动态热机械分析两类。

10.5.1 静态热-力分析(TMA)

静态热-力分析，又称静态热机械分析(thermal mechanical analysis，TMA)，测定的是非振荡加载时物质的尺寸或形状随温度或时间的变化，常用于测定材料的物理性质，如：线膨胀与收缩性能、相转变、玻璃化温度、软化温度、穿刺性能、薄膜、纤维的拉伸收缩、分子重结晶效应、应力与应变的函数关系、热塑性材料的热性能分析、热固性材料的固化性能等。

(1) TMA 仪器　仪器测定的是物质的形状随温度及压力变化而产生的变化，选定的探针中某一个直接与样品接触，探针与样品表面接触并施以指定的压力，当样品膨胀、压缩或软化时，探针的位置将发生变化，而此位置由线性变化微分转换器(LVDT)转换生成与探针变化成正比的信号，TMA 一般装备有多个探针。

在最简化的仪器中，一尖锐探针装在样品下面，可以测出玻璃化温度、软化及流动温度，测定 T_g 的灵敏度较 DSC 为高。

而只装有一点点样品的平板探针可以测定膨胀系数，在测定膨胀、冲击及半球型设备中，外壳为固定化的石英平台，而内膜为可移动膜并与 LVDT 线相连。

另一种探针，是使样品在装满微球的玻璃泡中膨胀，作为一个膨胀计测定样品随温度变化产生的体膨胀。

拉伸和纤维探针则是使样品处于拉伸状态，而不是挤压样品，而膨胀计经改装设计后可以测定体积的变化。

(2) TMA 在高分子材料中的应用

① 环氧树脂的膨胀系数和玻璃化转变温度的测定。膨胀系数和玻璃化转变温度都是控制电子元件密封材料质量的重要参数。为了保持器件的外形不变，密封材料的膨胀系数应尽可能低。

线膨胀系数 α 为温度升高 1℃时，沿试样某一方向上的相对伸长(或收缩)量，即

$$\alpha = \frac{\Delta l}{l_0 \cdot \Delta T}$$

式中，l_0 为试样原始长度，mm；Δl 为试样在温差为 ΔT 的情况下长度的变化量。

在发生相转变(如玻璃化转变)时，α 值会发生变化。连续测定不同温度的 α 值，即可以在转折处求得 T_g。

图 10-33 是利用 TMA 测定环氧树脂的 α 和 T_g 的实验曲线，从图中得到 $T_g = 142℃$。根据环氧树脂厚度($l_0 = 0.175\text{cm}$)可以计算 T_g 之前的膨胀系数值：

$$\alpha(80° \sim 150°) = \frac{3.61 \times 10^{-4}\text{cm}}{(70℃)(0.175\text{cm})} = 2.9 \times 10^{-5}/℃$$

② 嵌段聚氨酯相态结构的研究。聚氨基甲酸乙酯热塑性弹性体的原始 TMA 曲线示于图

10-34 中曲线 1。观察到约-40℃的 T_g 和约 190℃的 T_f。此时分散相由硬段组成，是热塑性弹性体的典型结构。

将此聚合物加热到 220℃使其结构均匀化然后淬火，在室温下这种无定形的聚合物会发生低聚合度软段的结晶作用。这种低聚合度软段结晶到达熔点(T_m 约 40℃)时试样就进入流动态(图 10-34 中曲线 2)。此种相态结构中分散相是结晶的低聚合度软段。

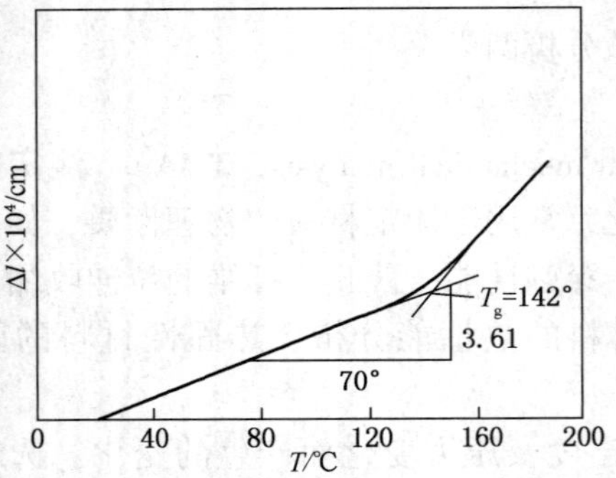

图 10-33　环氧树脂的 TMA 曲线

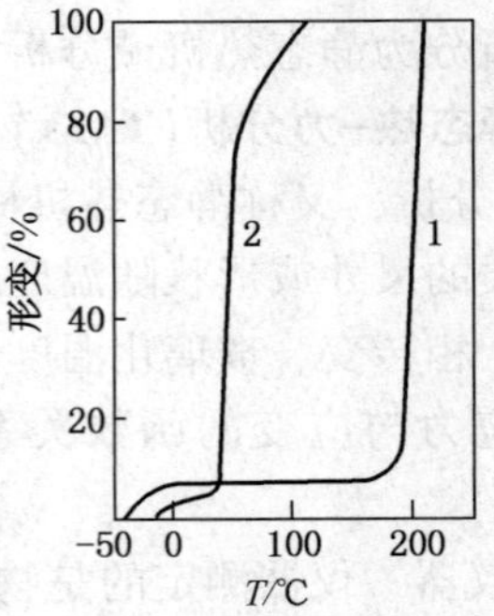

图 10-34　聚氨基甲酸乙酯热塑性弹性体的 TMA 曲线

10.5.2　动态热-力分析(DMA)

动态热-力分析，又称动态热机械分析(dynamic mechanical thermal analysis，DMA 或 DMTA)，是在程序控温下测量物质在振动负荷下的动态模量和阻尼(内耗)与温度关系的一种技术。通过这种技术，能得到材料的模量、刚性和阻尼性质等。在材料的生产和应用中，常须对这些性质进行检测，以便进行质量控制、产品研发等。高聚物的动态力学行为能模拟实际使用情况，而且它对玻璃化转变、次级松弛、结晶、交联、相分离等都十分敏感，因而它是研究高聚物分子运动极为有用的方法。

图 10-35 是典型的非晶态线型高聚物的 DMA 温度谱。由图可见，随着温度的升高，储能模量曲线上出现若干个跌落，内耗曲线上出现若干个峰。模量跌落和内耗峰所处的温度基本对应。以模量跌落或内耗峰为界，可以把 DMA 温度谱划分为几个区域，各区域的力学状态与主要的分子运动单元如图所示。其中 α 转变称为玻璃化转变，对应于高聚物的玻璃态

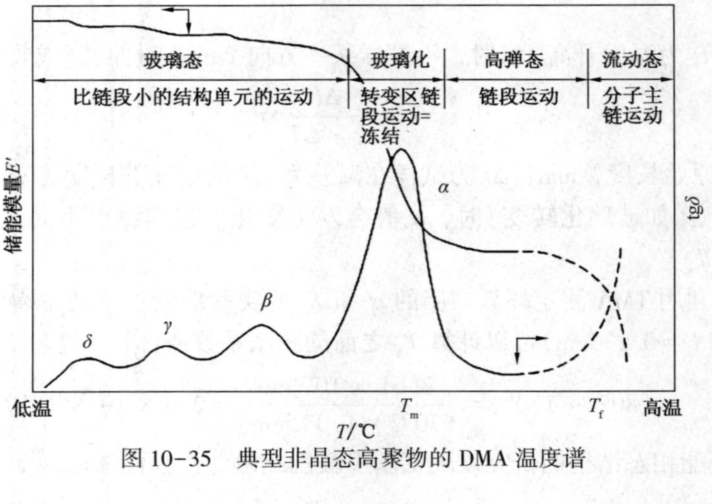

图 10-35　典型非晶态高聚物的 DMA 温度谱

与高弹态之间的转变，是大区域链段从“冻结”到“自由”之间的转变。β、γ、δ 等转变称为次级转变，是比链段还小的各种运动单元发生“冻结”到“自由”之间的转变。各种高聚物材料由于分子结构与聚集态结构不同，分子运动的单元不同，因而各种转变所对应的温度不同。

DMA 能提供聚合物材料以下重要信息：粘弹行为、松弛行为、玻璃化转变行为、机械模量、阻尼行为、软化、粘性流动、结晶和熔化、相分离、凝胶化、形态变化、共混物的组成、填充物的作用、材料缺陷、固化反应、交联反应等。

（1）高分子材料的粘弹行为　纯弹性材料的应力应变关系符合胡克(Hooke)定律，即应力与应变成正比。施加的应力得到了立即的应变响应，应力 σ 与应变 ε 关系曲线的斜率为材料的模量。对拉伸或弯曲试验，为杨氏模量 E；对剪切试验，为剪切模量 G。

纯粘性材料的应力正比于切变速率，比例系数是黏度，即符合牛顿(Newton)定律。

高分子材料的行为特征既像弹性固体、又像粘性液体，因此称为粘弹性。DMA 在两个重要方面不同于其他的力学测试方法：第一，典型的拉伸测试设备仅关注弹性组分，而在许多应用中，非弹性的或粘性的组分是十分关键的，且正是由于粘性组分决定了材料的性能(如抗冲击性能)。第二，拉伸测试设备主要在材料的线性粘弹范围外进行测试，而 DMA 主要在材料的线性粘弹区内进行测试，因此 DMA 对材料的结构更加敏感。

DMA 可通过瞬态实验或动态实验测定材料的粘弹性。瞬态测试包括蠕变或应力松弛。在蠕变中，一定的应力施加在样品上并保持恒定，同时测量形变与时间的关系，一段时间后应力去除，恢复过程被测量。在应力松弛中，一定的形变施加在样品上并保持恒定，测量应力的衰减与时间的关系。

最常用的测试是动态振荡测试，一个正弦变化的应力(或应变)先施加在材料上，测量产生的正弦应变(或应力)，见图 10-36，同时也测量两个正弦波相应的偏移。对于完全弹性的材料相位角为 0°，而对于完全粘性的材料，相位角的偏移为 90°。粘弹性材料(如高分子材料)的相位则居于二者之间。

因为模量的定义为应力/应变，由此计算复合模量 E^*；根据 E^* 和测得的滞后角 δ，可计算储能模量 E' 和损耗模量 E''，见图 10-37。E' 储能模量是材料的弹性组分，与样品的刚度有关；E'' 损耗模量是材料的黏性组分，与样品分子运动中机械性能的弥散有关；tgδ 是另一个常用的参数，它提供了弹性组分与粘性组分之间关系的信息。所有这些参数均可以根据应用的不同计算出与温度、时间、频率或振幅(应力/应变)的函数关系。

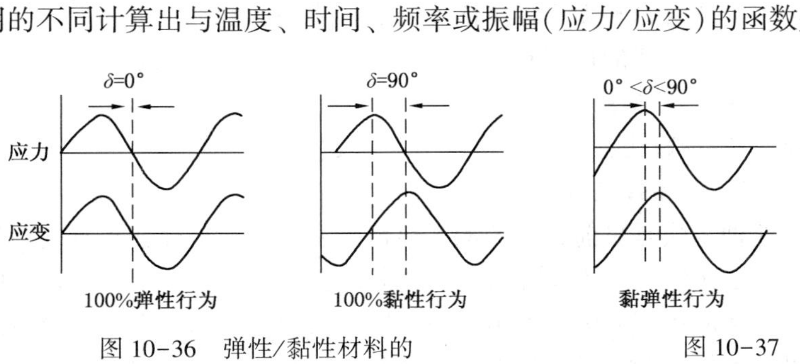

图 10-36　弹性/黏性材料的正弦应力-应变曲线

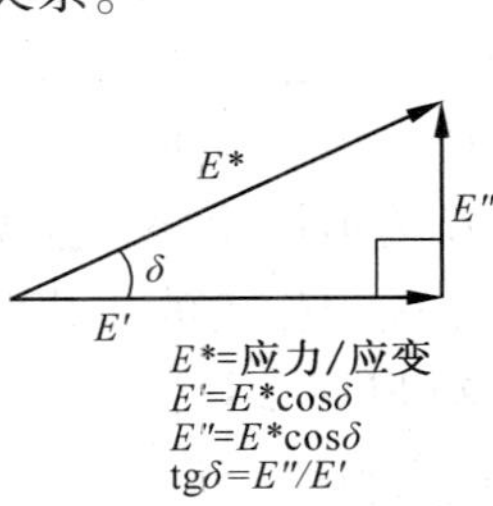

图 10-37　储能模量和损耗模量计算方法

总之，高分子材料的黏弹性行为有以下简单的关系：

高 E' 值表明是刚性材料，性质上更像是固体；

高 E''值表明是柔性材料，性质上更像是液体；

tgδ 的峰值表明材料快速变化的区域，在温度谱中指示转变温度，在频率谱中为阻尼区域。玻璃化转变的 tgδ 变化非常显著，因而 tgδ 常用作测定 T_g 的物理量。

典型高聚物的玻璃化转变的 DMA 谱图示于图 10-38。

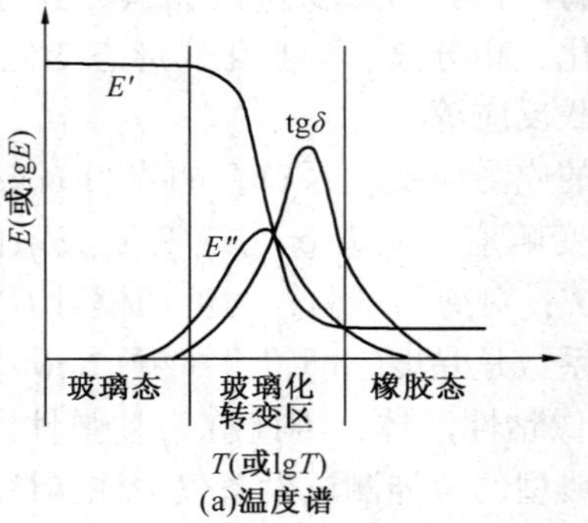

图 10-38　典型高聚物玻璃化转变的 DMA 示意图

黏弹性材料的流变行为存在时温等效原则，即材料在低温下行为像高频(相当于短时间)下的行为；而材料在高温下的行为像低频(相当于长时间)下的行为。借助于一个平移因子 α_T，就可以将某一温度和频率下测定的力学数据转变为另一温度和频率下的力学数据。比如可以将不可能测定的极长时间或极短时间的力学数据分别通过高温或低温记谱测得。计算公式是 WLF 方程

$$\lg\alpha_T(=t_T/t_{T_s}=\omega T_s/\omega_T)=\frac{-C_1(T-T_s)}{C_2+T-T_s}$$

式中，T_s 为参考温度，当 T_s 取 T_g 值时，$C_1=17.44$，$C_2=51.6$。

T_g 对应于链段的运动，比链段小的结构单元的运动所引起的转变叫多重转变(又称次级松弛)。α 转变为玻璃化转变，以下依次为 β 转变、γ 转变、δ 转变等(在 DMA 谱图中从高温向低温按希腊字母命名)。较重要的次级转变是 β 转变，常对应于侧链(侧基)的转动。β 转变一般只引起 E′的轻微变化和较差的 tgδ 峰。由于转变很小，所以，DSC 不能检测出 β 转变。在玻璃态时 β 转变能帮助材料抗冲击，因而常作为抗冲击性能的指示。β 转变不像玻璃化转变那样有频率依赖性，因为侧链的转动不像主链那样受频率的影响。

(2) 测定方法　测定动态力学性能的仪器有三类：

① 自由衰减振动，如扭摆法、扭辫法；

② 受迫振动的共振类型，如振簧法；

③ 受迫振动的非共振类型，如黏弹谱仪。

这里只介绍黏弹谱仪。这种方法是目前最好的动态热机械测定法。试样在夹具间用伺服电机预先施加一个应力(最大为 16N)，并使试样在振动时永远受此应力。同时随着温度程序升高，试样发生膨胀时还要不断用伺服电机调节预应力以保持原设定值。振动源由电磁振动头提供。电磁振动头由可调超低频音频发生器通过功率放大器驱动。目前也有用液压伺服的方法以满足硬试样的大应力要求。这样试样按音频发生器的频率受迫振动。各商品仪器的频率范围是不同的，一般在 0.01~1000Hz 范围之内。频率向下限扩展意义不大(接近静态)，向上扩展则不可避免地发生整个装置机械共振的干扰。在振动头与样品夹具之间串联一个应

力测定计(一般由册立簧和差动变压器式位移计组成，由簧受力变形的大小来度量应力)。另一个夹具则与差动变压器式位移计并联以测量应变。应力和应变的正弦电信号分别通过各自的电路和数字显示器给出试样应力和应变的最大振幅 σ_0 和 ε_0，同时还通过另一个电路比较应力、应变两个正弦信号的相位差 δ_0。这样由 σ_0 和 ε_0 通过下式计算 E' 和 E''，同时也直接得到 tgδ。

$$E' = \frac{\sigma_0}{\varepsilon_0}\cos\delta,\quad E'' = \frac{\sigma_0}{\varepsilon_0}\sin\delta$$

受力方式也有拉、压、弯、扭各种。以 Rheometric Scientific 公司的黏弹谱仪(DMTA)为例，有拉伸[图 10-39(a)]、压缩[图 10-39(b)]、简单弯曲[图 10-39(c)]、三点弯曲[图 10-39(d)]和剪切[图 10-39(e)]。它们的受力简明模式示于图 10-40。

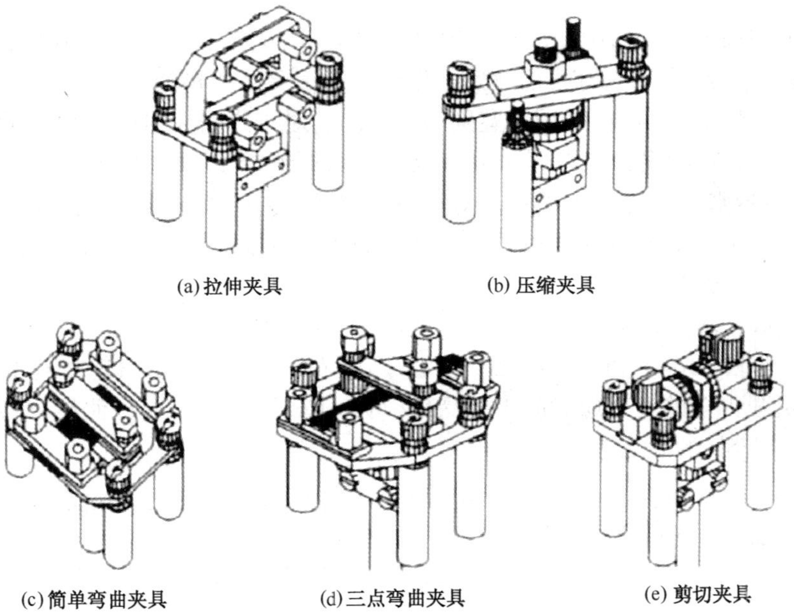

图 10-39　各种夹具示意图

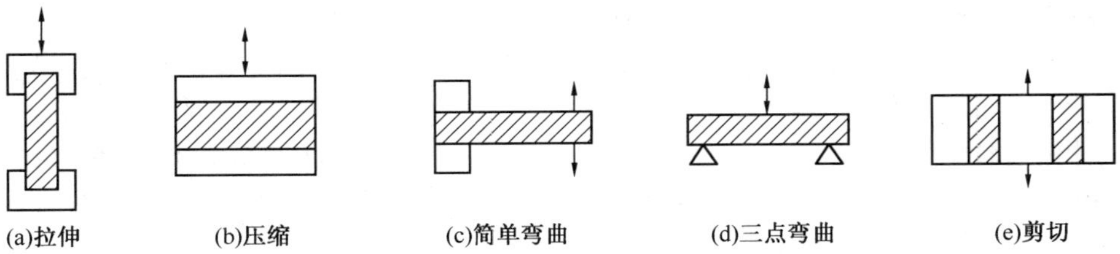

图 10-40　受力方式的简明示意图

由于试样尺寸较大，为避免热滞后，升温速率一般低于 5℃/min，通常仅 1～2℃/min。热滞后会使 T_g 测定值偏高，比如 5℃/min 的测定值比 1℃/min 高。频率也会影响测定结果，比如温度扫描时 10Hz 下测定的 T_g 比 1Hz 下测定的 T_g 要高 10～15℃。这是因为在较高频率下分子链缺少活动性。因而报告 T_g 测定结果必须注明测定方式、升温速率以及所用频率。

低温测定时应变要小，以避免超过临界应变值(即超过线性黏弹性区域)。

除了对温度连续扫描外，也可采用步进方式(step method)扫描。这种方式更准确，但十分费时，因为每一步至少要 5min 以上才能达到平衡。每步的温度间隔为 5℃或更小。温度跳跃太大可能会丢失重要的转变信息，同时也使平衡更难达到。

温度校正采用高纯铟丝。由于熔融时模量急剧减少，为了防止熔体落入仪器内，应当将铟丝保护起来，如用 Teflon(聚四氟乙烯)带将铟丝包裹起来。升温速率对温度测定值有影响，因而测定时升温速率应与校正时的升温速率一致。

共振现象会影响频率扫描实验。所有材料(包括仪器本身)都有自然的共振频率，偶尔它会干扰数据的收集(而且测试时会发出听得到的声音)。一般来说刚性越大的材料共振频率越高。频率扫描可以是间歇式也可以是连续式(对数或线性)。对数扫描用于范围更大的扫描，能给出更完整的频率谱。要注意扫频非常费时，特别是在非常低的频率时，可能需要数天或数周才能完成测量。

(3) DMA 在高分子材料中的应用　DMA 主要用于测定玻璃化转变及次级转变。其他转变如熔融、黏流、晶-晶转变等也能测定，但要注意不要使材料落入仪器而造成损坏。

对于热塑性塑料，温度谱常用作鉴别的指纹图。对于热固性塑料，增强纤维和填料等不会像 DSC 那样会影响测定，三点弯曲适合于具有高储能模量的这类复合物。对于橡胶，常用频率谱，因为橡胶常用作阻尼材料。对于高取向样品如纤维、拉伸薄膜和注射样品等存在较大内应力，DMA 会出现与应力松弛释放对应的 E''和 tgδ 峰。样品行为有不可预期性，特别是纤维会出现明显的收缩。

① 测定玻璃化转变。透明的聚对苯二甲酸乙二醇酯薄膜处于非晶态。其 DMA 温度谱和频率谱分别示于图 10-41 和图 10-42。从温度谱可见玻璃化转变出现在约 70℃，而 100~120℃出现的更强得多的转变应对应于结晶化(可参见图 9-41 的 DSC 曲线)。从频率谱则可进一步了解该聚合物的阻尼性质。

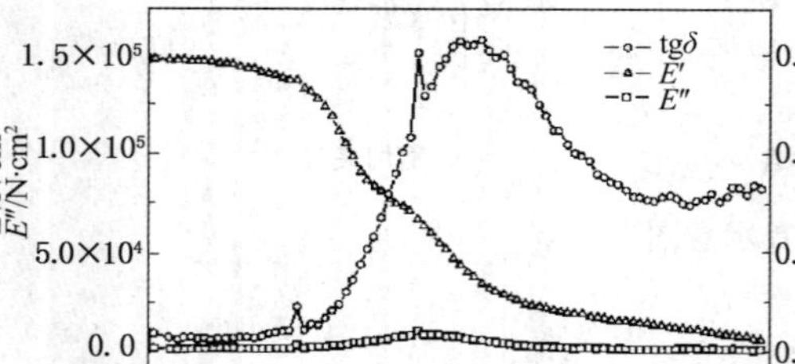

图 10-41　PET 的 DMA 温度谱

Rheometric Scientific DMTA 4，动态力 0.8~19g，频率 1Hz，升温速率 2℃/min

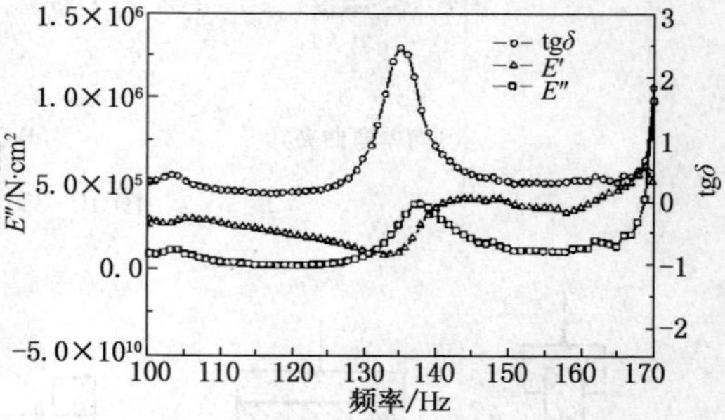

图 10-42　PET 的 DMA 频率谱

Rheometric Scientific DMTA 4，室温，动态力 39~185g

从室温开始测定的 ABS 的 DMA 温度谱(图 10-43)只观察到相对应于聚苯乙烯的玻璃化转变(约 100℃)。聚丁二烯的 T_g 低于室温，而聚丙烯腈是结晶性的，从而都不在此区间出现转变。

图 10-44 是聚氯乙烯的 DMA 温度谱。玻璃化转变出现在 60℃附近。

图 10-45 是热塑性弹性体 SEBS 和聚丙烯共混物的 DMA 热谱图。实线为原材料，而虚线为经过使用后再生的材料。均能分辨出三个峰，分别对应于 EB(约-56℃)、PP(约-6℃)和 S(约 69℃)的玻璃化转变。而约 140℃的突变是聚丙烯的熔融。

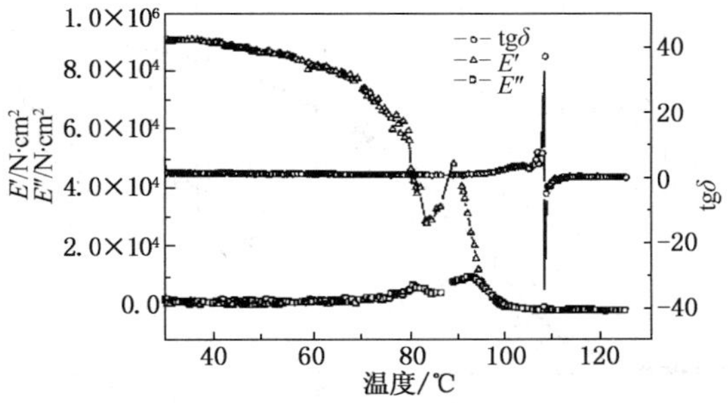

图 10-43　ABS 的 DMA 温度谱

Rheometric Scientific DMTA 4，动态力 0~8g，

频率 1Hz，升温速率 2℃/min

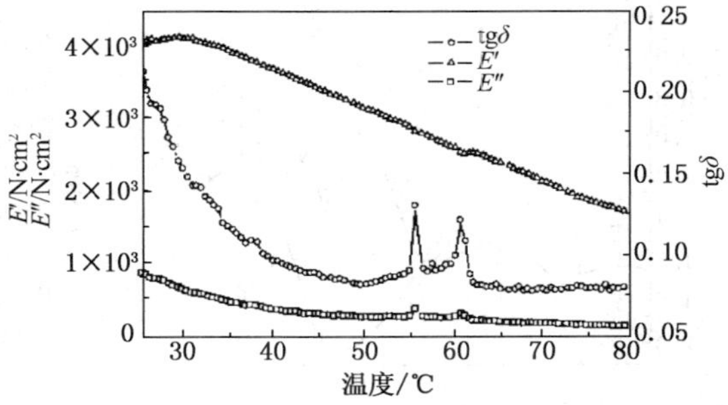

图 10-44　聚氯乙烯的 DMA 温度谱

Rheometric Scientific DMTA 4，动态力 10~21g，

频率 1Hz，升温速率 2℃/min

② 多重转变。图 10-46 是环氧树脂层压制品的 DMA 曲线。在 119℃ 观察到环氧树脂的玻璃化转变，另一方面在 −70℃ 处的转变归属于 β 转变。在胺类固化的环氧树脂中 β 转变式由交联链的曲柄运动引起的。β 转变提供了二胺固化的环氧树脂的突出韧性。由 β 峰的大小可以估算出环氧树脂的固化程度。

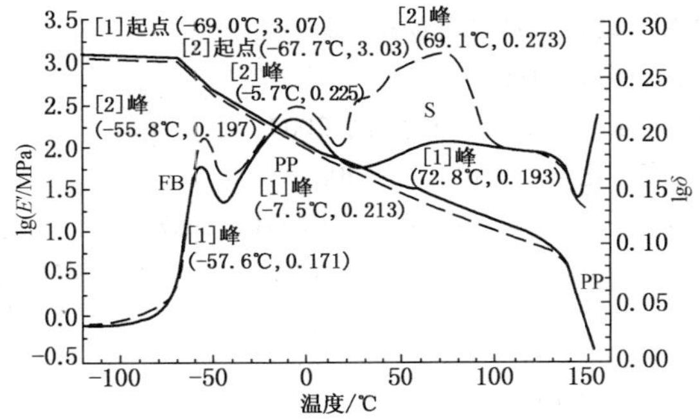

图 10-45　SEBS/PP 共混物的 DMA 谱图

Netzsch DMA 242，动态力 8N，

频率 1Hz，升温速率 3℃/min

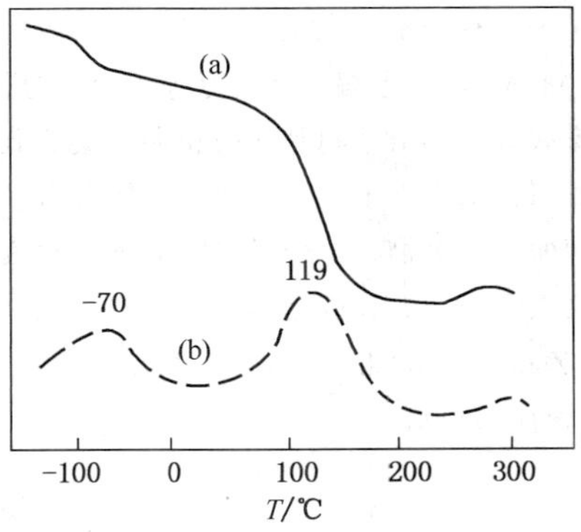

图 10-46　环氧层压制品的 DMA 谱图

(a)模量；(b)阻尼

图 10-47 是尼龙 66 的 DMA 曲线。图中三个峰分别为 α、β、γ 转变。α 转变为玻璃化转变(40~80℃)，β 转变(−60~−40℃)属于酰胺基团的运动，γ 转变(−120~−110℃)是非晶区亚甲基链节的运动。当相对湿度增加时，α 转变显著下降。这是由于湿度破坏了聚酰胺分子间的氢键而降低了 T_g。

③ 叠合的松弛曲线(master curve)。如前所述利用 WLF 方程计算出平移量 $\lg\alpha_T$。如在一定频率范围内测定不同温度下的 $E' \sim \lg\omega$ 曲线，每根曲线都是完整的松弛曲线的一小段。首先选好一个参考温度 T_S，参考温度的曲线不动。低于参考温度的曲线往右移动 $\lg\alpha_T$，高于参考温度的曲线往左移动 $\lg\alpha_T$。各曲线彼此叠合成的光滑曲线即为完整的松弛总曲线。这样把有限频率范围内的实验结果推广到了未能测量的频率范围。图 10-48 是混合橡胶 NR/SBR 的完整的松弛曲线。

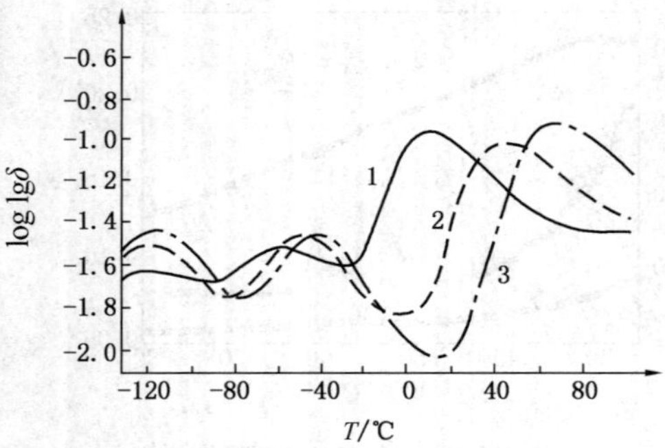

图 10-47　湿度对尼龙-66 的影响

相对湿度：1—100%；2—50%；3—0%

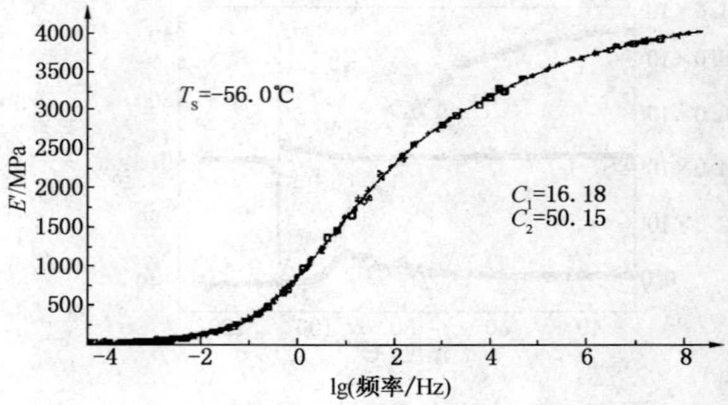

图 10-48　利用 DMA 测定结果基于 WLF 方程外推法绘制的 NR/SBR 松弛总曲线

参考文献(第 9、10 章)

1　董炎明．高分子分析手册，北京：中国石化出版社，2004

2　M. f. Pope，et al.．Differential Thermal Analysis. London：Heyden & Son Ltd.，1977

3　刘振海等．分析化学手册(第二版)第八册热分析．北京：化学工业出版社，2000

4　蔡正千．热分析．北京：高等教育出版社，1993

5　(美)J. A. 迪安主编，常文保等译校．分析化学手册．北京：科学出版社，2003

6　高家武等．高分子材料热分析曲线集．北京：科学出版社，1990

7　刘振海，畠山立子，陈学思等．聚合物量热测定，北京：化学工业出版社，2002

8　过梅丽．高聚物与复合材料的动态力学热分析．北京：化学工业出版社，2002

9　武汉大学主编．分析化学(第五版)下册．第 24 章热分析．北京：高等教育出版社，2007

10　M. Zouheir Jandali，Georg Widmann 等著，陆立明，唐远旺，蔡艺译．热塑性聚合物，上海：东华大学出版社，2008

习题(第 9、10 章)

1. DSC 与 DTA 比较有哪些优缺点？为什么说 DSC 更适合于高分子材料的测定？

2. DSC 测 T_g 和 T_m 哪一个更灵敏，为什么？

3. 在 DSC 谱图上如何辨别 T_g、T_c 和 T_m？

4. 在 DSC 测定中，如何求某热事件的热效应？

5. 用 DSC 的熔融峰值，如何区别以下五种不同的聚乙烯：HDPE，LDPE，LLDPE，超高分子量聚乙烯和聚乙烯蜡，简要说明原因。

6. 用 DSC 的⊿H 值如何反映 LDPE 与 HDPE 的不同，为什么？

7. 怎样利用热分析技术，区分以下的不同：(1)尼龙 6、尼龙 66 与尼龙 12 的 T_m；(3)全同立构、间同立构、无规立构的 PP。

8. 如何用 DSC 区别乙丙共聚物与聚乙烯/聚丙烯共混物？

9. 一种塑料快餐盒，底部的三箭头组成的环保标志的数字是 7 号，即代表"聚碳酸酯及其他类"，怀疑它的主成分是聚碳酸酯而可能存在有害健康的双酚 A 残余，问如何用 DSC 排除它不是聚碳酸酯？

10. 一种塑料的 DSC 谱图有两个吸热峰，分别在～130℃和～260℃，问它的组成可能是什么？能否吸热峰的热焓值的比例是否就是两组分的组成比？为什么？

11. 图 1 为甲基丙烯酸甲酯(MMA)等温本体聚合的 DSC 谱图，问此谱图对于 MMA 本体聚合反应条件的控制有何指导意义？

12. 为确定聚酯(PET)薄膜加工条件，对 PET 原料进行 DSC 测定，结果如图 2 所示。

(1) 试在 DSC 谱图上标出各种高分子转变名称，并确定相应转变温度值。

(2) 试从上述结果，确定 PET 薄膜的拉伸温度和拉伸后热定型温度范围，为什么？

(3) 如将此样品从熔体缓慢冷却至室温，再重做升温曲线，其曲线有何不同？请画出冷却曲线与第二次升温曲线。

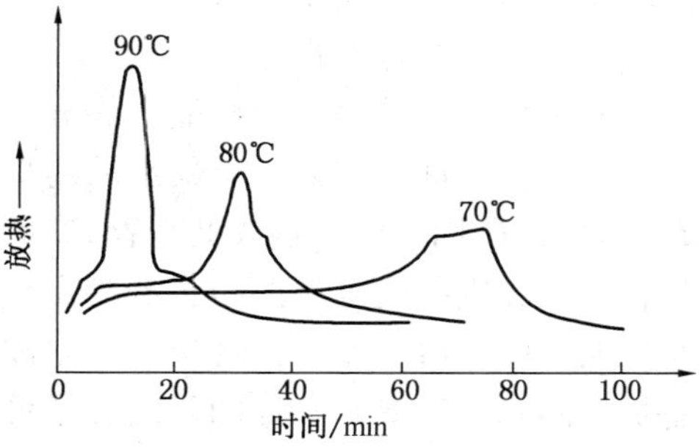

图 1　不同温度下 MMA 本体聚合的 DSC 谱图

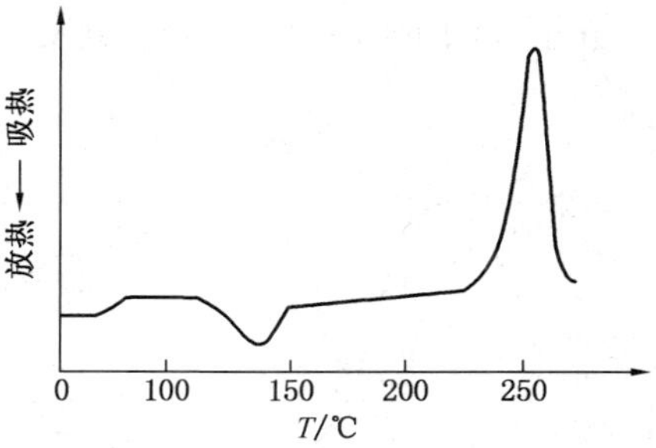

图 2　用 DSC 法确定聚酯薄膜的加工条件

13. 第 9 章给出聚对苯二甲酸乙二醇酯的大量的典型 DSC 谱图，比较和归纳这些谱图，说明为什么聚对苯二甲酸乙二醇酯样品对于 DSC 这么典型？

14. 图 10-10 为相同测试条件下五种高聚物的 TGA 曲线。

(1) 写出这五种高聚物的相对热稳定性的大小顺序。

(2) 解释为什么 PVC 的热分解分两步，且到 600℃仍未完全分解。

(3) 从结构出发解释 PI(聚酰亚胺)的分解温度为何很高？

(4) PMMA、HDPE 和 PTFE 热分解有何相同点？由 TGA 曲线能否说明分解机理相同？为什么？

(5) PVC、PI 的 TG 曲线失重达不到 100%，说明了什么？

15. 若在空气氛中测定含 15%$CaCO_3$ 的聚丙烯的 TGA 曲线，问 500℃时和 1000℃时的失重分别是多少？若改用氮气氛测定，又分别是多少？

16. TGA 与 DSC 同步分析有什么优点？可进行哪些方面的研究？

17. 查阅文献，举本书没有的实例详细说明 TGA 如何用于测定聚合物基复合材料的组成。

18. 简述 TMA 和 DMA 的区别。

第五篇 聚合物的分子量测定方法

高分子材料体现出的卓越性能，使我们的生活完全包围在其中。聚合物与合成它的单体小分子相比，化学结构相似，但是其优越的机械强度、韧性等性质是由于其分子量高的缘故。因此，聚合物的第一个显著特点就是分子量比低分子化合物大得多[1,2]。此外，聚合过程通常都是无规的，不同分子链增长的不同终止，形成不同长度的高分子链[3]，这就导致聚合物分子量的不均一性，即聚合物的第二个特点—分子量的多分散性。

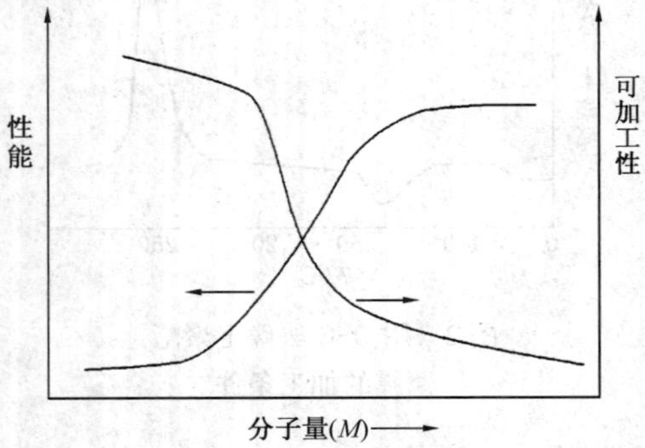

图Ⅴ-1　聚合物性能、可加工性与分子量 M 的关系

聚合物的性能尤其是机械性能是高分子具有实用价值的必备条件。例如，当聚乙烯的平均分子量较低时(往往称为齐聚物或低聚物)，就像油脂或蜡，不能制成我们常见的塑料制品，从而不具备预期的实用价值。此外，将聚合物制成产品也面临加工问题。当聚苯乙烯的平均分子量增大到百万以上时，它的本体黏度过高而难以加工，也失去实用意义(图Ⅴ-1)。

聚合物的结构分析结合其分子量及其分布，还可从理论上了解它的构象来预测其机械性能和流变性能，从而确定加工条件。并且，高分子工业中的原料供应商每天合成各式各样的高分子原料，也需要测定这些产品的分子量及其分布来优化生产过程、控制产品质量。对于合成的新型高分子，首先就要了解其分子量和分子量分布。另外，聚合物要达到实用的目的，还需通过挤压、吹塑、纺丝等方法将其加工成型，这些过程不仅与聚合物分子量相关，而且受分子量分布的影响。例如，聚丙烯在纺丝过程中，若含较多高分子量组分，往往会堵塞纺丝孔，致使加工受阻；含较多低分子量组分又造成所纺纤维强度降低而易断丝；只有在一定分子量区间且分子量分布较窄时，其熔体的流变性能稳定，纺丝过程也越稳定，有利于提高纺丝速度，同时获得高品质聚丙烯纤维。聚合物分子量分布的实用意义还可通过图Ⅴ-2来说明，即在一定的分子量分布范围产品的性能最佳。

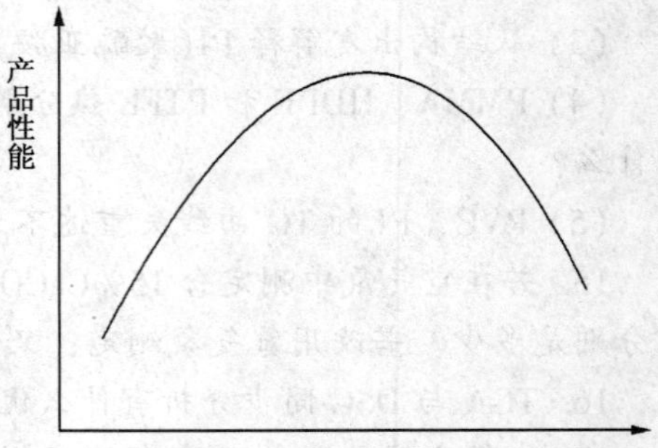

图Ⅴ-2　聚合物性能与分子量分布的关系

因此，分子量及其分布是聚合物最基本的参数之一。聚合物的分子量只具有统计意义，只能通过平均分子量 $\overline{M}$(字母上面一横线表示平均值，但在很多文献资料中常常省略该横线)及其分布来表征。对同一聚合物，不同方法得到不同类型的分子量。常采用相对分子质量 M_r(relative molecular mass)记述聚合物的分子量[4]，单位为 g/mol

$$M = M_r = \frac{\text{高聚物分子质量}}{^{12}\text{C 原子质量}} \times 12 \qquad (\text{V}-1)$$

也有采用相对摩尔质量(relative molar mass)的，单位为道尔顿(Daltons)[5]。根据不同的统计方法[1,6~9]，分子量可分为：

(1) 数均分子量　根据各种分子量分子的数量分数可计算得到数均分子量 $\overline{M}_n$(number-average molecular mass)。假设在聚合物样品中，第 i 种分子的分子量为 M_i，分子数目为 N_i，所占数量分数为 $n_i = N_i / \sum_i N_i$，则数均分子量 $\overline{M}_n$ 为

$$\overline{M}_n = \frac{N_1}{\sum\limits_i N_i} M_1 + \frac{N_2}{\sum\limits_i N_i} M_2 + \cdots + \frac{N_i}{\sum\limits_i N_i} M_i + \cdots = \frac{\sum\limits_i N_i M_i}{\sum\limits_i N_i} = \sum_i n_i M_i \qquad (\text{V}-2)$$

同时，w_i 是分子量为 M_i 的分子的质量分数，由此可知 w_i/M_i 是其摩尔分数，则

$$\overline{M}_n = 1 \Big/ \left(\sum_i w_i / M_i \right) \qquad (\text{V}-2\text{a})$$

式(V-2a)在实验测量工作中更加适用。还可由式(V-2)看出，每种分子对数均分子量 $\overline{M}_n$ 的贡献正比于它的分子量；因此，分子量越低，具有的摩尔数则越高，对 $\overline{M}_n$ 的贡献就越大。

(2) 重均分子量　重均分子量 $\overline{M}_w$(mass-average molecular mass 或 weight-average molecular mass)由各种分子量的质量分数计算得到

$$\overline{M}_w = \sum_i w_i M_i \qquad (\text{V}-3)$$

因此，具有相同质量分数 w_i 的不同分子量级分，分子量越大则 $w_i M_i$ 越大，亦即重均分子量受高分子量组分的影响更大。同时，质量分数 $w_i = n_i M_i / \sum n_i M_i$，所以

$$\overline{M}_w = \sum_i n_i M_i^2 / \sum_i n_i M \qquad (\text{V}-3\text{a})$$

由此，每个分子对 $\overline{M}_w$ 的贡献正比于它分子量的平方。

(3) Z 均分子量　以 Z 值($Z_i = w_i M_i$)为统计权重的 Z 均分子量 $\overline{M}_Z$(z-average molecular mass)

$$\overline{M}_Z = \frac{\sum\limits_i Z_i M_i}{\sum\limits_i Z_i} = \frac{\sum\limits_i w_i M_i^2}{\sum\limits_i w_i M_i} = \frac{\sum\limits_i n_i M_i^3}{\sum\limits_i n_i M_i^2} \qquad (\text{V}-4)$$

(4) 黏均分子量　采用黏度法测得的平均分子量定义为黏均分子量 $\overline{M}_\eta$(viscosity-average molecular mass，有时也用 $\overline{M}_v$ 表示)

$$\overline{M}_\eta = \left(\sum_i w_i M_i^a \right)^{1/a} = \left(\frac{\sum\limits_i n_i M_i^{1+a}}{\sum\limits_i n_i M_i} \right)^{1/a} \qquad (\text{V}-5)$$

其中，a 指 Mark-Houwink 方程$[\eta] = KM^a$中的幂指数，其值通常在 0.5~1 之间。

(5) 多分散性　如前所述，聚合物可看作是若干不同分子量的同系物混合物，单用分子量的平均值不足以描述这种多分散试样，还需要知道分子量分布或分子量分布函数。若用一个连续函数 $f(M)$ 来描述分子量分布，则几种平均分子量又可写成积分形式

$$\overline{M}_n = \frac{1}{\int f(M) M^{-1} \mathrm{d}M} \quad (\text{V}-6)$$

$$\overline{M}_w = \int f(M) M \mathrm{d}M \quad (\text{V}-7)$$

$$\overline{M}_z = \int \frac{f(M) M^2 \mathrm{d}M}{f(M) M \mathrm{d}M} \quad (\text{V}-8)$$

$$\overline{M}_\eta = \left(\int f(M) M^a \mathrm{d}M\right)^{1/a} \quad (\text{V}-9)$$

为简便，常采用各个分子量与平均分子量之间差值的平方平均值——分布宽度指数 σ^2 来表示试样的多分散程度。分布宽度指数又有数均与重均的区别，分别用 σ_n^2 和 σ_w^2 表示

$$\sigma_n^2 = [(M - \overline{M}_n)^2]_n = (M^2)_n - \overline{M}_n^2 = \overline{M}_n\overline{M}_w - \overline{M}_n^2 = \overline{M}_n^2(\overline{M}_w/\overline{M}_n - 1) \quad (\text{V}-10)$$

$$\sigma_w^2 = [(M - \overline{M}_w)^2]_w = (M^2)_w - \overline{M}_w^2 = \overline{M}_w^2(\overline{M}_z/\overline{M}_w - 1) \quad (\text{V}-11)$$

所以，分布宽度指数可通过测试数均和重均分子量计算得到，并与两种平均分子量的比值相关。

$$d = \frac{\overline{M}_w}{\overline{M}_n}\left(\text{或 } d = \frac{\overline{M}_z}{\overline{M}_w}\right) \quad (\text{V}-12)$$

d 称为多分散系数(Polydispersity Index)，也是一个常用的表征分子量分散程度的参数。对分子量均一试样(单分散试样)，$\sigma^2=0$、$d=1$，$\overline{M}_n=\overline{M}_\eta=\overline{M}_w=\overline{M}_z$；对多分散试样，$\sigma^2>0$、$d>1$，则 $\overline{M}_n<\overline{M}_\eta<\overline{M}_w<\overline{M}_z$，如图Ⅴ-3 所示。对聚合物的多分散程度，也有采用分子非均一性 U (molecular non-uniformity，$U=(M_w/M_n)-1=d-1$)表示的。

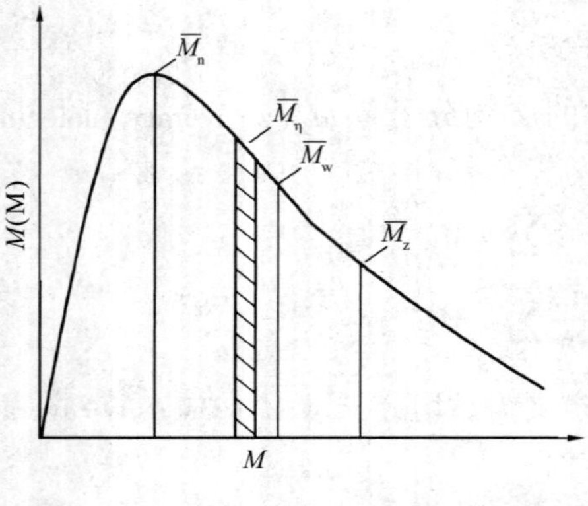

图Ⅴ-3　各种平均分子量在典型分子量微分分布曲线中的位置示意图

分布宽度指数或多分散性系数虽反映了聚合物分子量分布的宽窄，但未能体现聚合物各个分子量级分的含量和分子量之间的关系。为更直观表示聚合物分子量分布，可采用图解法。图解法有离散型分子量分布图和连续分布曲线。连续分布曲线则可以是分子量微分分布(图Ⅴ-3)或积分分布曲线。此外，还可采用数学模型来表示分布曲线，称为模型分布函数，如 Schulz 函数、董履和函数、对数正态分布函数等等。

通常，聚合物分子量及其分布的测定是在稀溶液中进行，即将高分子溶解在溶剂中配制成溶液，测定溶液的某些性质，再运用热力学原理来描述这些性质，所以聚合物分子量的测定几乎都是间接方法[1,2,5,10]。测定高分子溶液的不同性质与高分子不同方面的性质相关，因此得到的平均分子量各不相同。对于那些无需采用已知分子量物质校正而可以独立地测定分子量的方法，称为绝对法；对需要配合其他方法或需要已知分子量物质校正或计算的，则是相对法。表Ⅴ-1 列出了多种分子量测定方法。

表 V-1 各种分子量测定方法

方　法	方法类型	分子量类型	其他参数	适用分子量范围
端基分析法	绝对法	M_n		$M<10^4$
沸点升高法	绝对法	M_n		$M<3\times10^4$
冰点降低法	绝对法	M_n		$M<3\times10^4$
气相渗透压法	绝对法	M_n		$M<3\times10^4$
膜渗透压法	绝对法	M_n	A_2	$2\times10^4<M<10^6$
光散射法	绝对法	M_w	A_2、$<R_g^2>$等	$10^4<M<10^7$
超离心法	绝对法	各种分子量	A_2	$10^4<M<10^7$
质谱法	绝对法	M_n、M_w		$M<10^4$
黏度法	相对法	M_η		$10^4<M<10^7$
尺寸排除色谱法	相对法	M_n、M_w		$10^3<M<10^7$

此外，还有文献报道通过电子显微镜、红外光谱、核磁共振等方法测定聚合物分子量，但这些方法大都只针对特例或研究性的，还未普及实用。

聚合物分子量分布的测定方法[2,3]大体分为两类。第一类是利用高分子溶解度的分子量依赖性，将试样分级成多个分子量不同的级分，再测定各个级分的分子量，从而得到试样的分子量分布。例如，沉淀分级、溶解分级、梯度淋洗法等。第二类是利用高分子的运动性质来得到分子量分布，如沉降法、尺寸排除色谱法等。对于某些特定情况，还可采用扩散速度法、热扩散法、区域熔融法、透析法、电子显微镜法等，但这些方法的局限性更大。

第 11 章　聚合物分子量测定的绝对方法

本章将介绍几种无需校正而可以独立地测定聚合物分子量的绝对方法[1,2,5,11,12]。

11.1　端基分析法

测定聚合物分子量最直接的方法之一是端基分析法(end-group analysis)。许多聚合反应使产物分子链的一端(如自由基聚合歧化终止反应)或两端(如开环聚合)具有特殊的基团，如羟基、羧基、氨基等。如果这些基团与分子链其余部分化学结构不相同、而具有可化学分析性质，或者具有放射性时，可用滴定或其他分析方法定量分析其数目。这样，通过测定这些具有确定化学结构的聚合物试样末端基团的数量就可得到分子链数目，从而计算分子量。例如[13,14]，聚己内酰胺(尼龙 6)的化学结构式是

$$H_2N(CH_2)_5CO[NH(CH_2)_5CO]_nNH(CH_2)_5COOH$$

它为线形分子，一端是氨基，一端是羧基，因此可采用酸碱滴定法测量氨基或羧基的物质的量来得到高分子链的摩尔数，从而计算分子量：

$$M = \frac{W}{n_t/\gamma} \tag{11-1}$$

式中，W 代表聚合物的质量；n_t 是试样中被分析的端基的摩尔数；γ 是每个高分子中含这种端基的数目。显然所得平均分子量是数均分子量 $\overline{M}_n$。还需了解，试样的分子量愈大，单位质量中所含可分析端基的数目就愈少，实验误差就愈大，所以该方法只适合分子量较低的聚合物，分析上限约为 2×10^4 g/mol。

端基分析法因其直接性，广泛应用于分子量的测定，尤其是和其他方法联合时可用于研究聚合物的结构。例如，胡继文等[15]通过原子转移自由基聚合制备了结构确定且分子量分布窄的光学活性 PMALM-b-PSF-b-PMALM 三嵌段共聚物，分别采用端基分析、核磁共振、尺寸排除色谱等方法表征其分子量。其中端基分析是端羟基滴定，具体是用一定量的乙酐/吡啶乙酰化试剂将聚砜端羟基酰化，再将剩余的乙酐水解，在酚酞指示下用 NaOH 的甲醇标准液滴定乙酸，由此测定、计算聚合物的数均分子量，与通过其他方法得到的结果相当。

采用上述酸碱滴定时，聚合物溶液中的 pH 值往往改变，溶剂逐渐变化为不良溶剂，从而导致聚合物沉淀析出或凝胶化。沉淀或凝胶化的聚合物将包覆部分未被滴定的高分子，易造成较大误差。另外，可滴定的聚合物常为可离解的聚电解质，所以，聚合物的滴定常采用胶体滴定法[16,17]。当加入带相反电荷的聚电解质溶液时，阴、阳离子聚合物之间由于静电引力而吸附生成聚离子复合物。复合物可能有两种结构，如图 11-1 所示，一种为聚合物分子链间架起离子桥的梯形结构(a)，一种为椭球形网络结构(b)。

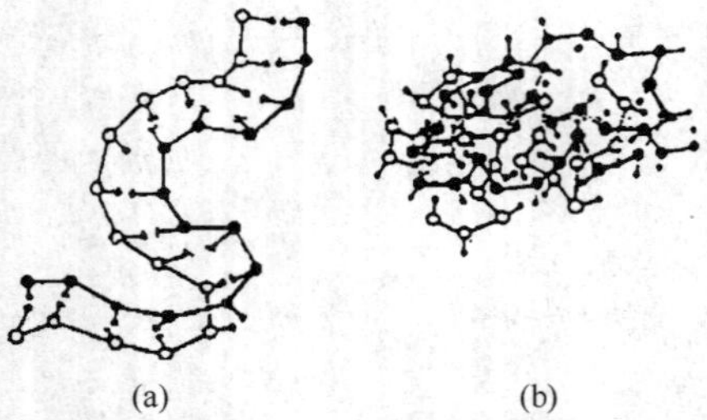

图 11-1　聚电解质复合物的两种可能结构

(a)为梯形结构；(b)为椭球形网络结构

当阴、阳离子聚合物电荷比为 1：1 时，复合物从溶液中沉淀析出；若电荷比不为 1：1 的理想配比，生成物只能在溶液中产生浑浊。无论生成何种结构，阴、阳离子聚合物表面电荷均参与反应，且当表面电荷刚好完全被中和时，吸附停止，所发生的化学反应为

$$\text{阳离子聚合物}+\text{阴离子聚合物}\xrightleftharpoons{K_1}\text{阴阳聚离子复合物}$$

$$\text{阳离子聚合物}+\text{指示剂}\xrightleftharpoons{K_2}\text{阳离子聚合物-指示剂复合物}$$

$$\text{阴离子聚合物}+\text{指示剂}\xrightleftharpoons{K_3}\text{阴离子聚合物-指示剂复合物}$$

要使滴定顺利进行，则反应速率常数 K_1 应远远大于 K_2 和 K_3。实验过程中，常采用如聚二甲基二烯丙基氯化铵(PDADMAC)等标准阳离子聚合物滴定阴离子聚电解质，随滴定的进行，阳离子聚合物不断与阴离子聚电解质复合，逐步置换指示剂，直到指示剂被完全置换出来并与阳离子聚合物复合使颜色或荧光强度发生转折性变化，即达到滴定终点。反之，也可采用聚乙烯醇硫酸钾(PVSK)等标准阴离子聚合物滴定阳离子聚电解质。终点的判断除观察颜色变化外，还可以采用 Zeta-电位计、流动电流测定仪、粒子电荷测定仪等仪器显示的零电位来确定。

此外，利用物理方法如放射性同位素测定链端基团或仪器分析手段测定具有特定吸收的端基含量，可计算线形聚合物的数均分子量。对于端基在红外光谱范围有特殊吸收的聚合物，红外光谱可以方便地给出基线位置上各个谱带的吸收强度。如聚对苯二甲酸丁二醇酯(PBT)，分子链两端的端基是醇或酸，醇端基吸收谱带在 3535cm^{-1}，而酸端基谱带在 $3290\ \text{cm}^{-1}$，二者消光系数分别测定为 $\alpha_{OH}=113\pm18\ (\text{mol}\cdot\text{cm})^{-1}$ 和 $\alpha_{COOH}=150\pm18\ (\text{mol}\cdot\text{cm})^{-1}$。图 11-2[18] 为两个不同分子量 PBT 样品的 FTIR 光谱图。其相对分子质量 M_r 可表示为：

$$M_r=\frac{2}{n_1+n_2} \tag{11-2}$$

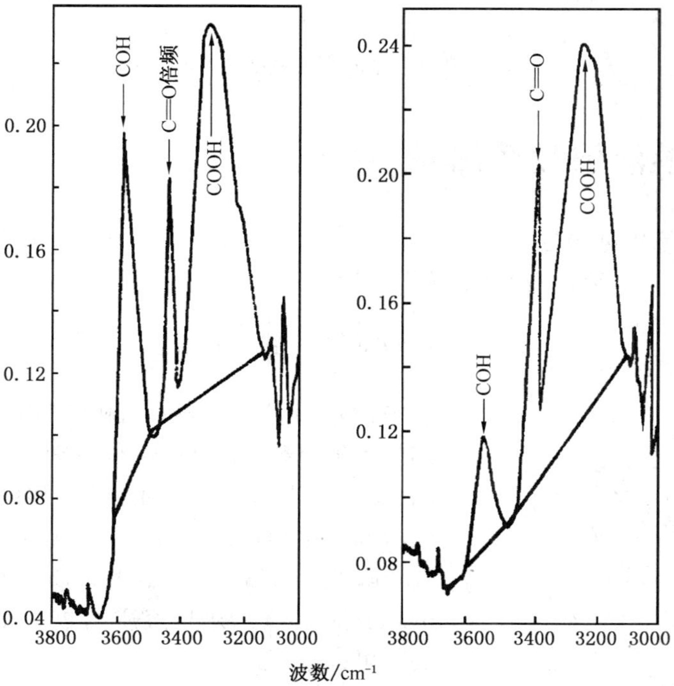

图 11-2　两个不同分子量 PBT 的红外光谱[18]

式中，n_1 及 n_2 分别为醇或酸端基的物质的量。由此计算得出的相对分子量同黏度法的结果相当。

再如[11]，氧化乙烯和氧化丙烯可以分别聚合成聚醚聚醇 PEG 及 PPG，其端基可能是伯醇，也可能是仲醇。二者生成嵌段共聚物时，在共聚物^{1}H NMR 谱中，端基共振峰与主链共振峰叠合在一起，无法通过积分强度来计算端基的分布和分析端基的浓度。然而伯醇与仲醇很容易与三氟乙酐反应生成三氟乙酯，聚醚聚醇的两种三氟乙酸乙酯(伯酯及仲酯)则可用^{19}F NMR 区别，如图 11-3。与伯醇及仲醇反应后的三氟甲基的^{19}F 共振峰被分裂成间隔 0.5ppm 的两部分，根据它们的积分强度比，可以算出原来共聚物中伯醇端基占整个端基的比例。由此得出 A、B 和 C 三种不同的共聚样品的伯醇端基含量分别为 76%、64%和 20%。同时由准确的端基分布计算值可以得到共聚物分子量。此外，采用核磁共振法确定结构单元与端基，通过积分面积测量二者数量比，也可测定聚合物的分子量，同时得到共聚物的组成。

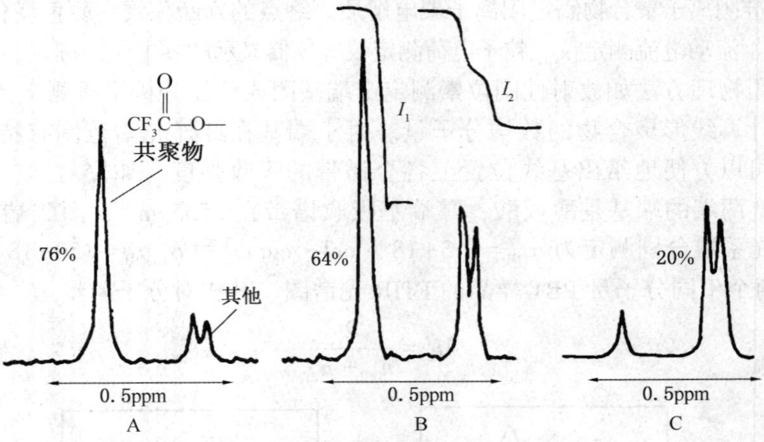

图 11-3　不同端基含量嵌段共聚物的 ^{19}F NMR 谱[18]

11.2　稀溶液依数性法

11.2.1　稀溶液的依数性

由溶液的热力学，溶液中溶剂的化学势为

$$\mu_1 = \mu_1^0 + RT\ln\frac{p_1}{p_1^0} = \mu_1^0 + RT\ln x_1 \quad (11-3)$$

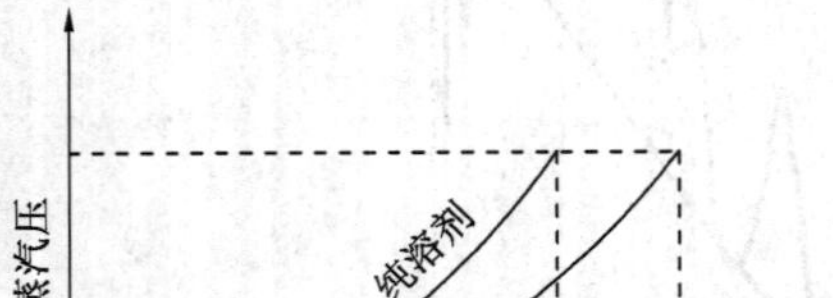

图 11-4　纯溶剂和溶液的蒸气压的温度依赖关系示意图

式中，p_1 和 p_1^0分别为溶剂和纯溶剂的蒸气压；x_1 是溶剂的摩尔分数。图 11-4 是溶剂和溶液蒸气压随温度的变化示意图。因此，不挥发的溶质在溶剂中溶解降低溶剂的化学势，可观测到沸点升高、冰点降低、蒸气压降低、渗透压等，这些性质统称为依数性(colligative properties)，并与溶质的数量密度或摩尔浓度相关，可以用下式表达

$$\Delta y_i = K_i n = K_i\frac{W/M}{V} = K_i\frac{c}{M} \quad (11-4)$$

式中，K_i 是一个常数，与溶剂种类和依数性类型相关，可从文献查得；Δy_i 是实验测定的稀溶液依数性值(如沸点升高，$\Delta T_b=T-T_0$，或冰点降低，$\Delta T_f=T_0-T$ 等)；因此理论上就可以从溶质的浓度 c(质量/体积)直接计算分子量。

11.2.2 沸点升高或冰点降低法

从式(11-4)还可知道，分子量越大，实验测定值 Δy_i 越小。例如，将分子量为 25000g/mol 的聚苯乙烯溶解在苯中，浓度为 10^{-3}g/mL(在该浓度下，基本符合稀溶液规律)，冰点降低值约为 0.0002℃，而沸点升高值或蒸气压降低值更低，超过了准确测定的极限。因此，利用冰点降低、沸点升高或蒸气压降低测量聚合物的分子量上限约为 3×10^4g/mol。并且，高分子溶液的热力学性质与理想溶液的性质偏差较大，只有在无限稀的情况下才符合理想溶液的规律，因此，须在各个浓度下测定溶液的 Δy，然后以 $\Delta y/c$ 对 c 作图并外推，根据 $\Delta y/c$ 在 $c\to0$ 的外推值计算分子量，即

$$\left(\frac{\Delta y_i}{c}\right)_{c\to0}=\frac{K_i}{M} \qquad (11-5)$$

对聚合物

$$(\Delta y)_{c\to0}=K\sum_i\frac{c_i}{M_i}=Kc\frac{\sum_i\frac{c_i}{M_i}}{\sum_i c_i}=Kc\frac{\sum_i n_i}{\sum_i n_iM_i}=Kc\frac{1}{\overline{M}_n}$$

所以，该方法得到的是聚合物的数均分子量。

利用沸点升高或冰点降低测定聚合物的分子量时，Δy 即沸点升高值或熔点降低值 ΔT。从式(11-5)还可知道，在实验上，选择溶剂要求其 K_i 越大越好。因为 K_i 越大，相同浓度下需要测量的 ΔT 值就越大，测量误差则越小；对测定沸点升高，还要求溶剂沸点不能太高，否则高温下聚合物易降解；对测定冰点降低，聚合物在溶剂凝固温度以上不能先行析出。另外，所测定的 Δy 值很小，测定过程中一方面要求等待足够长的时间以达到热力学平衡；另一方面则要求将这些微小的信号放大以便更精确测定，如温度的测量一般采用热电堆或热敏电阻，把温差转变为电讯号。

11.2.3 膜渗透压法(membrane osmometry，MO)

(1) 原理　渗透压是上述四种稀溶液依数性之一，其基本原理如图 11-5 所示。半透膜将容器分隔成两个池，若两边均是纯溶剂，膜的孔能让溶剂分子自由通过，则平衡时两边高度相同，内压(流体静压力)均为 p_0。若在左边加入高分子，则高分子由于尺寸较大不能通过半透膜而保留在左边。根据式(11-3)，右侧纯溶剂与溶液中溶剂的化学势差为

$$\Delta\mu_1=\mu_{右侧溶剂}-\mu_{左侧溶剂}=\mu_1^0-\left(\mu_1^0+RT\ln\frac{p_1}{p_1^0}\right)=RT\ln\frac{p_1^0}{p_1}$$

显然 $\Delta\mu_1>0$，因此将驱动右侧的溶剂分子通过半透膜使溶液侧的液面上升，同时右侧溶剂液面下降，直至液面差达到一定值，即达到两边化学势相等的渗透平衡。这时，两边液体的压力差称为溶液的渗透压 π(osmotic pressure)。上述过程是恒温过程，有

$$d\mu_1=\tilde{V}_1dp \qquad (11-6)$$

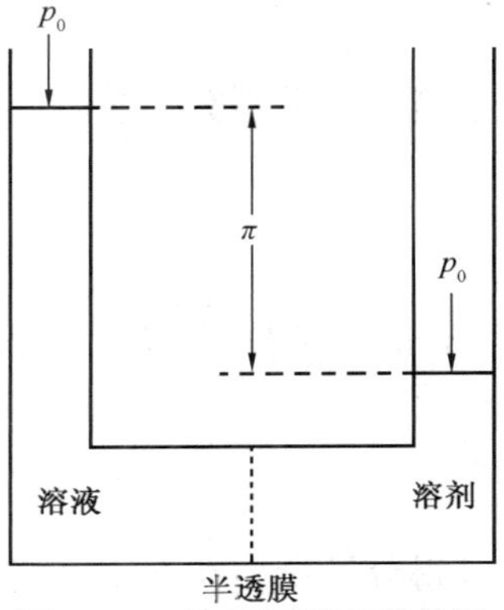

图 11-5　渗透压原理示意图

式中，$\tilde{V}_1$ 为溶剂的偏摩尔体积；p 为液体受到的总压力。所以，液体受到的压力增大，化学势将增大。若总压力变化为 π，对式(11-6)求积分，则溶剂化学势变化为

$$\Delta\mu_1 = \tilde{V}_1\pi$$

因此，在容器两边达到渗透平衡时

$$\Delta\mu_1 = RT\ln\frac{p_1^0}{p_1} = \tilde{V}_1\pi \tag{11-7}$$

对稀溶液，利用劳尔定律作近似处理，上式还可变化为

$$\tilde{V}_1\pi = -RT\ln\frac{p_1}{p_1^0} = -RT\ln x_1 = -RT\ln(1-x_2) \approx RTx_2$$

$$= RT\frac{n_2}{n_1+n_2} \approx RT\frac{n_2}{n_1}$$

式中，下标 1 和 2 分别指溶剂与溶质聚合物。将高分子摩尔分数转变为质量浓度，则

$$\pi = RT\frac{n_2}{\tilde{V}_1 n_1} = RT\frac{c}{M} \tag{11-8}$$

它与式(11-4)形式相同，称为 van't Hoff 方程，表明在一定温度下测定已知浓度溶液的渗透压，可求得溶质的分子量。

对小分子溶液，(π/c) 与浓度 c 无关。但是，高分子溶液不服从劳尔定律，(π/c) 与 c 相关，需要将溶液无限稀释才符合理想溶液的规律，即

$$\lim_{c\to 0}\left(\frac{\pi}{c}\right) = \frac{RT}{M} \tag{11-9}$$

所以，van't Hoff 方程须修正为

$$\frac{\pi}{c} = RT\left(\frac{1}{M} + A_2c + A_3c^2 + \cdots\right) \tag{11-10}$$

A_2、A_3 分别称作第二维利系数、第三维利系数，表示与理想溶液的偏差。因此，可以 (π/c) 对浓度 c 作图，A_3 很小或接近 0 时为直线，可外推直线的截距求得分子量，并由斜率求得 A_2。

但是对某些体系，A_3 不为 0，(π/c) 对浓度 c 作图不是直线，在浓度较高时更加明显，此时外推截距不可靠。这种情况可对式(11-8)维利展开[5]

$$\frac{\pi}{c} = \frac{RT}{M}(1 + \Gamma_c + g\Gamma^2c^2 + \cdots) \tag{11-11}$$

Γ 是第二维利系数的变体，g 是一个常数，在良溶剂中约为 1/4，所以上式简化为

$$\left(\frac{\pi}{c}\right)^{1/2} = \left(\frac{RT}{M}\right)^{1/2}\left(1 + \frac{1}{2}\Gamma_c\right) \tag{11-12}$$

以 $(\pi/c)^{1/2}$ 对浓度 c 作图可得一直线，利用外推截距

$$\left(\frac{\pi}{c}\right)^{1/2}_{c\to 0} = \left(\frac{RT}{M}\right)^{1/2}$$

可求得分子量。在不良溶剂中 g 约为 0，(π/c) 对浓度 c 作图在所有浓度范围均是直线。

从上述方程可知，当分子量太大时，渗透压太低影响实验精确度；但是，若分子量太

低，溶质分子又能透过半透膜而使测定值不可靠。所以渗透压法测定聚合物分子量有一定的范围，一般为 2×10^4 至 10^6g/mol。并且，由于聚合物的多分散性，测得溶液的渗透压应是各种不同分子量分子贡献的总和

$$(\pi)_{c\to0} = \sum_i (\pi_i)_{c\to0} = RTc\frac{\sum_i \frac{c_i}{M_i}}{\sum_i c_i} = RTc\frac{\sum_i n_i}{\sum_i n_iM_i} = RTc\frac{1}{\bar{M}_n}$$

所以渗透压法测得的分子量是数均分子量。

（2）仪器　渗透计有多种，广泛使用的是改良 Zimm-Meyerson 型渗透计[19~21]，其基本构造如图 11-6 所示。渗透计的核心是渗透池，一般为一空心圆筒，长约 10cm、内径 5~10cm，材料是玻璃或金属。在圆筒开口两端用半透膜封闭，并用密封垫片衔接圆筒开口、半透膜和最外侧的紧固板，以防止圆筒内、外液体的泄漏。在圆筒侧面还焊接上两支毛细管与渗透池相连通：注液毛细管和测量毛细管。注液毛细管内径较大，约 2mm。在它上端插入一调节杆，粗细需与注液毛细管匹配。测量毛细管内径约为 0.5mm，与最外侧的参比毛细管内径相同。

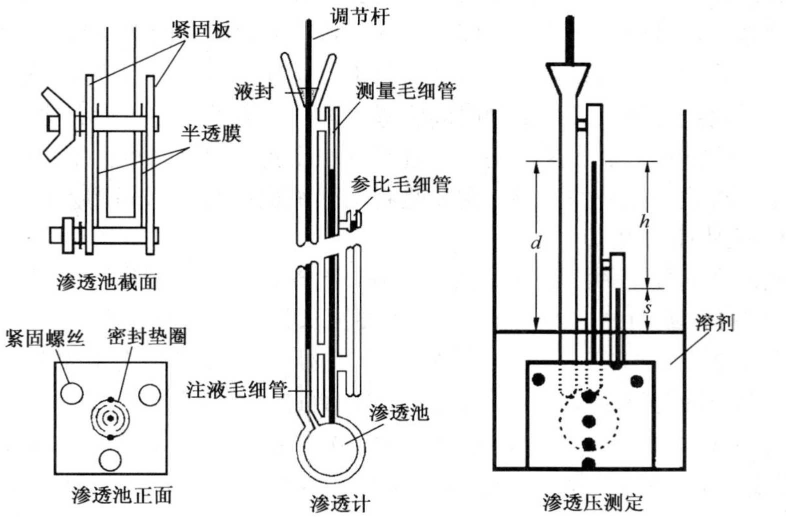

图 11-6　改良 Zimm-Meyerson 型渗透计

测量时，将高分子溶液从注液毛细管加入，再将调节杆插入与溶液液面相触，不留气泡。若顶端用液封密闭，那么拉、伸调节杆就可控制测量毛细管中溶液液面的高度。

（3）实验技术　采用渗透压法测定聚合物的分子量，首先遇到的问题就是半透膜的选择。恰当的半透膜不能与所使用的溶剂、待测定聚合物发生反应或在溶剂中溶解、溶胀，并且需要孔径适中以尽快达到渗透平衡从而缩短测定时间，同时聚合物中低分子量部分不能穿透。另外，还要求半透膜对温度不敏感、不易变形等。因此，可在测定前用一系列已知分子量的窄分布聚合物标样对膜进行选择。最常用的半透膜是玻璃纸(Cellophane)，但使用前需预处理：首先用 NaOH 水溶液浸泡，再用水冲洗并浸泡在乙醇中 1h 以上，接着用乙醇和将要使用的溶剂的混合溶液浸泡，最后浸泡在将要使用的纯溶剂中待用。其他半透膜有橡胶膜、聚乙烯醇膜、聚氨酯膜、聚三氟氯乙烯膜等，而硝化纤维素膜常用在水溶液体系。

选择恰当的半透膜固定在渗透计上，将高分子溶液注入渗透池，插入调节杆并用液封

(一般采用水银)密闭，就可将渗透计放入溶剂池(溶剂池中溶剂液面须略超过参比毛细管下端，溶剂将由于虹吸效应在参比毛细管中具有一定高度)中恒温 20min 以上进行渗透压的测量。

渗透压的测量，有静态法和动态法两类[20~22]。静态法也称渗透平衡法，是让渗透计在恒温下静置，将调节杆插入使测量毛细管内溶液液面升高，然后用测高计测定测量毛细管和参比毛细管两液柱高差 h(如图 11-6，$h=d-s$)，直至数值不变，从而得到溶液的渗透压($\pi=\rho_{溶液}gh$)。但是，达到渗透平衡需要较长时间，一般需要几天，如果试样中存在能透过半透膜的低分子量物质，则在此长时间内可能全部透过半透膜进入溶剂池，使液柱高差不断下降，无法测得正确的渗透压数据。

另一类是动态法，又分速率终点法和升降中点法。速率终点法是使测量毛细管液面低于或高于其渗透平衡点，液面会以较快速率向平衡点方向移动，到达平衡点时流速为零。其过程为，检测测量毛细管中液面在高度范围 h_i 至 h'_i 处的渗透速率($\Delta h/\Delta t=(h_i-h'_i)/\Delta t=\mathrm{d}h/\mathrm{d}t$)，以平均高度 $\bar{h}_i$($\bar{h}_i=(h_i+h'_i)/2$)对渗透速率作图并外推到 $\mathrm{d}h/\mathrm{d}t=0$，得截距 h'_{0i}，减去纯溶剂的外推截距 h_0，差值($h_{0i}=h'_{0i}-h_0$)与溶液密度的乘积即为渗透压($\pi=\rho_{溶液}gh_{0i}$)。在膜的渗透速率比较高时，渗透速率的测量误差往往比较大。升降中点法是调节渗透计的起始液柱高差，定时观察和记录液柱高差随时间的变化，作高差对时间的双对数图，估计此曲线的渐近线，再在渐近线的另一侧以等距的液柱重复进行上述测定，然后取此两曲线纵坐标和的平均值画图，得一直线再把直线外推到时间为零，即平衡液面高差。动态法的优点是快速、可靠。人工测定一个试样只需半天时间，并且每一浓度测定的时间短，使测得的分子量更接近于真实分子量。现代渗透计的发展，主要是将上述液面高度、时间测量的自动化和精准化，使测定时间缩短到 1h 或更短。

测定不同浓度高分子稀溶液的渗透压，并以(π/c)对浓度 c 作图或以$(\pi/c)^{1/2}$对浓度 c 作图，按式(11-10)或(11-12)利用外推截距便可求得聚合物的分子量，同时还可利用斜率求得第二维利系数。例如，Zengin 等[23]采用膜渗透压法测定了所合成聚苯胺的数均分子量，结果与通过尺寸排除色谱法得到的分子量一致；通过膜渗透压法测定 A_2，由 $A_2=0$ 还确定了聚苯胺在溶剂 N-甲基吡啶中的 θ 温度为 57.7℃。Rangou 等[24]采用膜渗透压法测定了树状丁二烯-异戊二烯嵌段共聚物的渗透压，按式(11-12)并以$(\pi/c)^{1/2}$对浓度 c 作图，根据斜率求得产品的分子量；同时，他们还结合其他方法如尺寸排除色谱、核磁共振、黏度等，采用 Monte Carlo 模拟，证明树状大分子在每条链长增至无限时，树状分子的特性消失，表现出与线形高分子相同的性质。

11.2.4 气相渗透法

前述渗透压法测定聚合物分子量，需要对半透膜进行严格选择，并且测量耗时、耗力，因此人们根据稀溶液的依数性，还建立了气相渗透法(vapor-phaseosmometry，VPO，也称作蒸气压渗透法)以克服上述缺点。该方法建立在称为"等温"蒸馏的基础上，如图 11-7 所示：在一密闭容器中，盛放有一杯溶剂和一杯含有不挥发溶质的溶液；在没有加热情况下，纯溶剂杯中的溶剂会自发"蒸馏"进入溶液杯中，原因可以用前述的化学势大小、自由能高

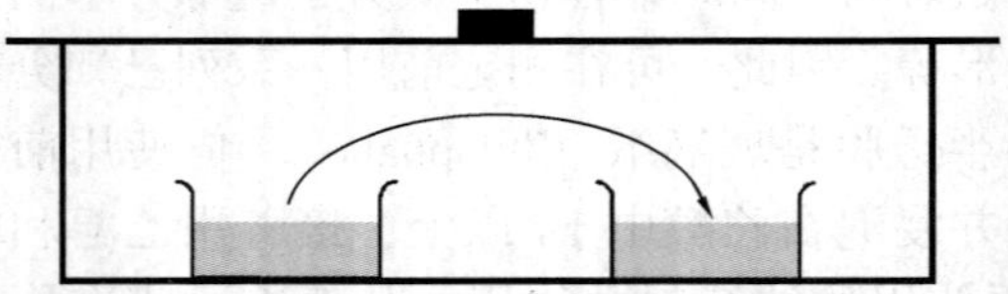

图 11-7 "等温"蒸馏示意图

低、溶剂蒸气压高低等来解释，当然最简单的解释是熵增加——纯溶剂杯中的溶剂自发进入溶液中与溶质混合使体系混乱程度最大化。

然而，该过程并非真正等温过程：对纯溶剂，能量较高的分子将进入蒸气以转移至溶液中，余留下低能量的分子致使纯溶剂温度降低；若溶剂处于其饱和蒸气气氛中，则溶剂的挥发和凝聚速度相等，温度不发生变化；而能量较高的分子凝集在溶液中将释放蒸发热，根据热力学第一定律，溶液温度将相应升高。正是基于“气相”而非“膜”将溶质与溶剂“分隔”，人们设计了气相渗透计，其基本构造如图 11-8 所示：将一滴溶剂和一滴已知浓度的溶液分别置于两个相同的、对温度变化非常敏感的热敏电阻上；经上述气相渗透过程，两个热敏电阻的温度将有差异(ΔT)，导致体现温度变化热敏电阻的电阻差异。温差出现后，热量将通过辐射、传导、对流等方式失散，因此 ΔT 将随时间变化，其典型曲线如图 11-9 所示：气相渗透初始阶段，温差迅速增大，然后达到一“定态”短平台(非热力学平衡状态)，最后由于热量传递回归至 0(ΔT 为 0 时也并非热力学平衡状态)。假设溶液为理想溶液，达到“定态”时的 ΔT 将与溶液中溶质的摩尔分数成正比。设比例常数为 A，则

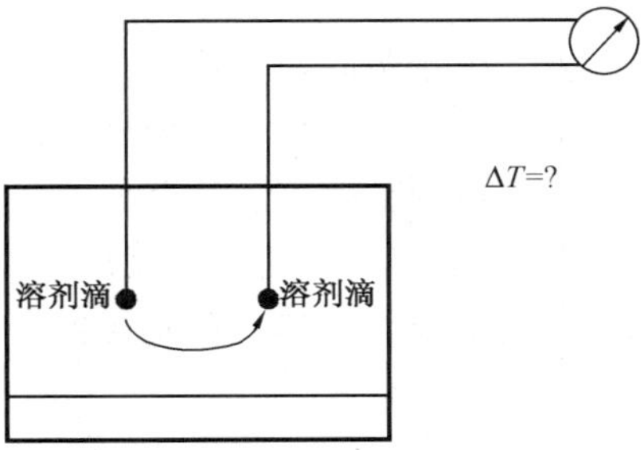

图 11-8　气相渗透计简图

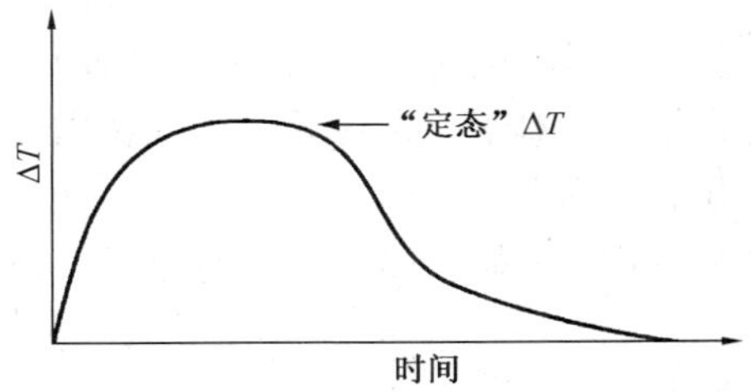

图 11-9　气相渗透计中的典型温差—时间依赖关系

$$\Delta T = A\frac{n_2}{n_1 + n_2} \approx A\frac{n_2}{n_1} = A\frac{W_2/M_2}{W_1/M_1}$$
$$= A\tilde{V}_1\frac{c}{M_2} \qquad (11-13)$$

高分子溶液不是理想溶液，若令 $K = A\tilde{V}_1$，则上式经维利展开为

$$\frac{\Delta T}{c} = K\left(\frac{1}{M_2} + A_2c + \cdots\right) \qquad (11-14)$$

因此，须在各个浓度下测定 ΔT，然后以 $\Delta T/c$ 对 c 作图并外推，根据 $\Delta T/c$ 在 $c \to 0$ 的外推截距值计算分子量

$$\left(\frac{\Delta T}{c}\right)_{c\to 0} = \frac{K}{M_2} \qquad (11-15)$$

同时，还可由斜率计算 A_2。

气相渗透法的优点是测试快捷、样品用量少。理论上，测试温度越高达到定态的时间越短，但应远低于所用溶剂的沸点。此外，其测试分子量范围取决于温差测量的精度，一般上限为 3×10^4g/mol，下限则取决于溶质的挥发性，最低可至 40g/mol。同样，还可证明气相渗透法测定的分子量是聚合物的数均分子量。例如，在文献[24]中，较高分子量的树状大分子用膜渗透压法测定其分子量，而较低分子量的试样则采用气相渗透法测定。颜德岳等[25]

合成的以聚(3-乙基-3-氧杂丁环甲醇)为核、聚氧化乙烯为“臂”的多臂两亲性嵌段共聚物HBPO，以乙醇为溶剂、采用气相渗透法测得其数均分子量为10500，以四氢呋喃为溶剂、采用尺寸排除色谱与广角激光光散射联用测得其分子量为8560，二者结果相当。

采用稀溶液的依数性如沸点升高或冰点降低、气相渗透法测定聚合物的分子量，因式(11-4)或(11-14)中常数K值往往需要采用已知物质求得(渗透压法式(11-9)中，$K=RT$)，所以这类方法在大多数文献中被归类为相对方法。但它们的原理都是基于稀溶液的依数性性质，也有很多文献报道它们是分子量测定的绝对方法[2]。

11.3 光散射法[1,10,18,26]

11.3.1 光散射

当一束光照在一个尺寸较其波长大得多的物体上，辐射出来的射线称为反射光；而照在尺寸较其波长相当或更低的物体上，辐射出来的射线称为散射光。常见散射例子如天空是蓝色、彩虹出现等。

为便于理解，我们设想有一束电磁波照射在一个电子上，电子吸收能量后开始强迫振动并回到基态，这时该电子将成为新的辐射源并向各个方向辐射能量。这种再辐射能量的现象就是所说的散射。对于复杂体系，如果物质的原子、分子或微粒规整排列，这些原子、分子或微粒的电子也将产生散射光，但是散射光只能在特定的角度才能观察到，这就成了衍射，如晶体的X—射线衍射；如果物质的原子、分子或微粒不是规整排列，其散射光在各个方向都能观察到。

100多年前，瑞利(L. Rayleigh)发现单个分子对光线的散射为

$$\frac{i(\theta)r^2}{I_0(1+\cos^2\theta)}=R(\theta)=\frac{2\pi^2}{\lambda^4 N_A}\frac{(n-1)^2 M}{c} \tag{11-16}$$

式中，I_0是波长为λ的入射光光强；$i(\theta)$是单位体积在散射角θ、观测距离r处的光散射强度(见图11-10)；M是分子的分子量；n是体系的折光指数；c是浓度(质量/体积)；N_A是阿佛加德罗常数；π指圆周率。$R(\theta)$就称作瑞利比(Rayleigh Ratio)，单位为长度的倒数，表示在θ方向单位长度光散射的强度分数。该方程只适合于稀薄气体体系，对存在分子间相互作用的液体体系不适用。于是，爱因斯坦将液体中分子的热运动当作局部涨落，局部涨落密度是导致折光指数变化的原因，引起对光线的散射，瑞利比则为

$$R(\theta)=\frac{i(\theta)r^2}{I_0(1+\cos^2\theta)}=\frac{2\pi^2}{\lambda^4 N_A}\frac{RT}{\beta}\left(n\frac{dn}{dp}\right)^2 \tag{11-17}$$

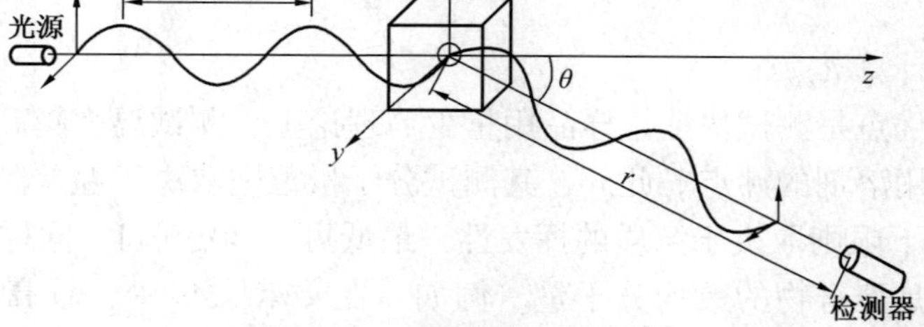

图11-10　瑞利散射示意图[1]

式中，β 为压缩系数($\beta=-(1/V)(\partial V/\partial p)_T$)，$p$ 为液体的流体静压力。

11.3.2 基本原理及公式

聚合物不能看作气体或液体，但它能溶解在液体溶剂中。与爱因斯坦的思路相似，Debye 和 Zimm 将高分子溶液相对于纯溶剂光散射的增加看作一定浓度溶质的无规热运动引起局部的涨落，其效应与溶液的渗透压成反比，从而得到溶质光散射的瑞利比

$$\Delta R(\theta)=\frac{\Delta i(\theta)r^2}{I_0(1+\cos^2\theta)}=\frac{2\pi^2}{\lambda^4 N_A}n_0^2(n-n_0)^2\frac{RT}{c(\partial \Pi/\partial c)_T} \tag{11-18}$$

式中，Δ 表示由溶质的加入引起光散射的增加值，n_0 表示纯溶剂的折光指数。为区别于圆周率 π，此处溶液的渗透压，用 Π 表示。

同时，根据朗伯-比尔定律(Lambert-Beer's Law)，溶液的浊度 τ(Turbidity)定义为光散射引起的光强的衰减

$$\tau=\frac{I'_s}{I_0}=\left(\frac{32\pi^3}{3\lambda^4 N_A}\right)\frac{n_0^2(n-n_0)^2RT}{c(\partial \Pi/\partial c)_T} \tag{11-19}$$

I'_s表示单位长度光散射强度。与式(11-17)相比较，得

$$\tau=\left(\frac{16\pi}{3}\right)\Delta R(\theta)=\left(\frac{16\pi}{3}\right)\frac{\Delta i(\theta)r^2}{I_0(1+\cos^2\theta)} \tag{11-20}$$

将式(11-18)重排，并令

$$H=\frac{32\pi^3}{3\lambda^4 N_A}n_0^2\left(\frac{n-n_0}{c}\right)^2$$

得

$$\frac{Hc}{\tau}=\frac{1}{RT}\left(\frac{\partial \Pi}{\partial c}\right)_T \tag{11-21}$$

由溶液渗透压与聚合物分子量的关系，式(11-10)或式(11-11)，则有

$$\frac{Hc}{\tau}=\frac{1}{\bar{M}}(1+2A_2c+3A_3c^2+\cdots) \tag{11-22}$$

显然，由式(11-22)得到的聚合物分子量将是某一种平均分子量。若用上标^0 表示浓度趋于极限 0 时的量，则根据式(11-22)，得

$$\tau^0=\sum_i \tau_i^0=H^0\sum_i M_i c_i \tag{11-23}$$

根据 H 的定义，H^0 在浓度趋于 0 时为一个常数。又浓度 c 为质量/体积浓度

$$c_i=\frac{W_i}{V}=\frac{(N_i/N_A)M_i}{V}$$

所以

$$\tau^0=\frac{H^0}{N_A V}\sum_i N_i M_i^2 \tag{11-24}$$

由式(V-3a)重均分子量的定义，有

$$\tau^0=\frac{H^0}{N_A V}\bar{M}_w\sum_i N_i M_i=H^0\bar{M}_w\sum_i\frac{(N_i/N_A)M_i}{V}$$

$$=H^0\bar{M}_w\sum_i c_i=H^0\bar{M}_w c \tag{11-25}$$

即

$$\lim_{c \to 0} \frac{Hc}{\tau} = \frac{1}{\overline{M}_w} \tag{11-26}$$

所以，光散射法(light scattering，LS)得到的是聚合物的重均分子量。因此，要通过光散射法得到聚合物的分子量，需要：①测定不同浓度溶液对溶剂折光指数的变化$(n-n_0)/c$，即折光指数增量dn/dc；②溶液的某个角度(一般为90°，此时散射光受杂散光的干扰最小)的浊度τ；③以(Hc/τ)对c作图，并外推至浓度为0，得到截距，即$1/\overline{M}$；同时，由斜率还可得到第二维利系数A_2。例如[27]，表11-1列出了聚苯乙烯在甲苯中的光散射数据，以(Hc/τ)对c作图(图11-11)，外推得截距并按式(11-22)求得其重均分子量$\overline{M}_w=45.6\times10^4$g/mol。

表11-1　光散射法测定聚苯乙烯在甲苯中的分子量(λ=436nm，n_0=1.4976)[21]

浓度 c/(g/mL)	$n-n_0$	τ/cm^{-1}	$(Hc/\tau)\times10^6$/mol/g
0.066	0.0075	0.0061	2.79
0.128	0.0145	0.0100	3.34
0.255	0.0288	0.0159	4.17
0.510	0.0576	0.0202	6.55

11.3.3　聚合物尺度影响

以上讨论的光散射与分子量的关系，都是基于粒子尺寸较小(常称为“小粒子”，最大尺寸低于$\lambda/20$)、所产生的散射光各向同性或关于90°对称(如图11-12中的Ⅰ、Ⅱ)。但实际上，高分子尺寸大于$\lambda/20$，则散射光不关于90°对称，如图11-13中的Ⅲ。这种不对称性是由同一个分子内的散射光干涉(内干涉)引起，并且这种内干涉也不能通过外推浓度至0来消除。

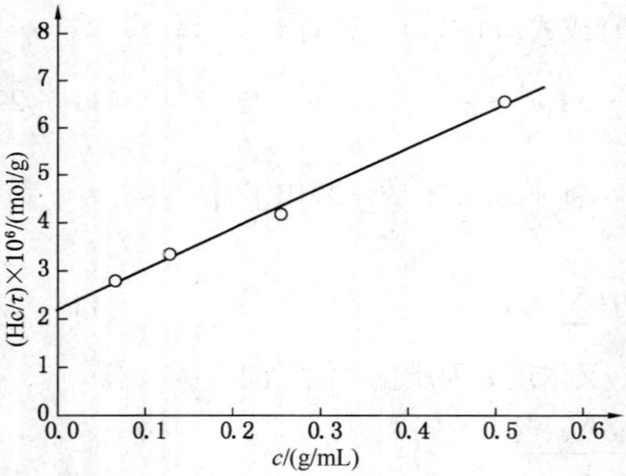

图11-11　光散射法测定聚苯乙烯在甲苯中的分子量[27]

内干涉的产生如图11-13，平行入射光R_1、R_2照射到同一分子上，在θ角产生的散射光分别为R'_1、R'_2。R'_1、R'_2在起始时是同相位的，但经过一段距离到达检测器时，一般变得不同相位而相互干涉，相干程度取决于R'_1、R'_2的光程差。可证明在“前向”(θ)的光程差$[(R_1+R'_1)-(R_2+R'_2)]_\theta$小于“后向”$(180-\theta)$的光程差$[(R_1+R'_1)-(R_2+R'_2)]_{180-\theta}$。因此，观察到的散射光光强就正好相反，即$I_s(\theta)>I_s(180-\theta)$，如图11-13中的Ⅲ。当然，在$\theta$趋于0时，两束光的光程差也趋于0，此时散射光无内干涉作用(上述“小粒子”可看作质点，因此也无内干涉)。为此，采用式(11-20)并修正式(11-22)为

$$\frac{Kc}{\Delta R(\theta)} = \frac{1}{\overline{M}_w P(\theta)} + 2A_2c + 3A_3c^2 + \cdots \tag{11-27}$$

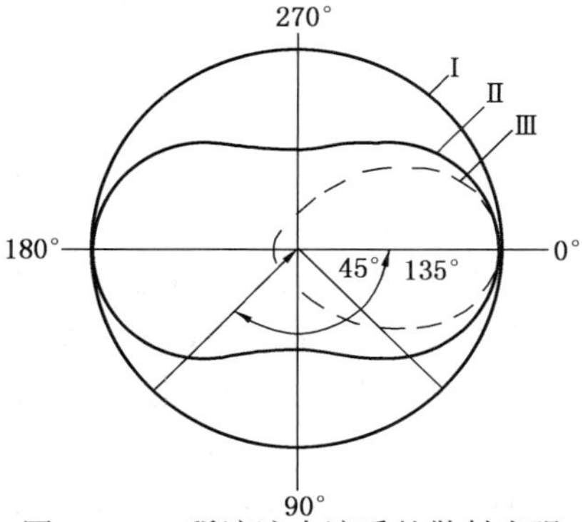

图 11-12　稀溶液中溶质的散射光强的角度依赖关系示意图
Ⅰ为垂直偏振入射光，溶质尺寸低于 $\lambda/20$；
Ⅱ为非偏振入射光，溶质尺寸低于 $\lambda/20$；
Ⅲ为非偏振入射光，溶质尺寸大于 $\lambda/20$[1]

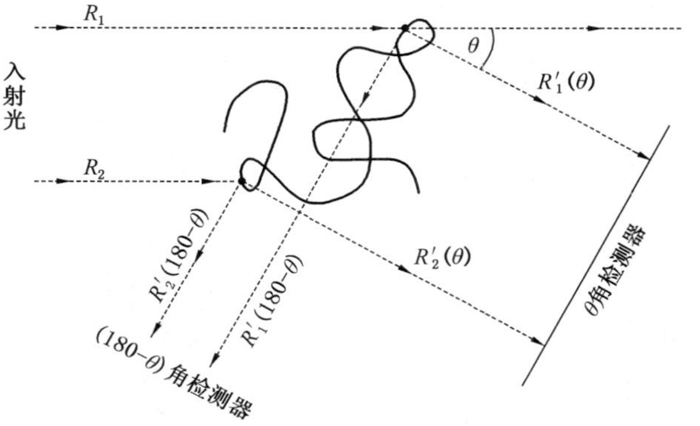

图 11-13　大尺寸高分子内干涉示意图

式中，$K=\left(\frac{3}{8\pi}\right)H=\frac{4\pi^2}{\lambda^4 N_A}n_0^2\left(\frac{n-n_0}{c}\right)^2$，对任何给定体系，$K$ 值恒定，因此也叫光学常数；$P(\theta)$ 称作散射因子，与高分子在溶液中的链构象相关，表征散射光的不对称性，在 $\theta\to0$ 时，$P(\theta)\to1$；对小粒子体系，$P(\theta)=1$，上式还原为式(11-21)。因此，测定大尺寸聚合物的分子量，不仅要求从多个浓度外推至 $c\to0$ 以消除分子间的干涉作用，还要求从角度外推至 $\theta\to0$ 以消除内干涉，即

$$\frac{1}{\bar{M}_w}=\lim_{\substack{c\to0\\ \theta\to0}}\frac{Kc}{\Delta R(\theta)} \tag{11-28}$$

尽管由光散射数据外推至 $\theta=0$ 与高分子在溶液中构象无关，但是 $P(\theta)$ 却随构象而改变。

（1）无规线团构象

$$P(\theta)=\frac{2}{R_g^4q^4}\{R_g^2q^2-[1-e^{-q^2R_g^2}]\}$$
$$=1-\frac{q^2}{3}R_g^2+\cdots \tag{11-29}$$

式中，R_g 为回转半径(the radius of gyration 也称作均方根旋转半径，用 $(\bar{S}^2)^{1/2}$ 或 $\langle S^2\rangle^{1/2}$ 等符号表示)；$q=(4\pi/\lambda')\sin(\theta/2)$（有些文献也用 K 或 Q 表示），称作散射矢量(或波矢)；λ' 是散射光在溶液中的波长，等于 λ/n_0。利用级数展开式 $1/(1-x)=1+x+x^2+\cdots$ 对 $(1/P(\theta))$ 作处理，并代入式(11-27)，略去高次项，经整理可得无规线团构象高分子的光散射公式

$$\frac{Kc}{\Delta R_\theta}=\frac{1}{M}\left[1+\frac{16\pi^2n_0^2}{3\lambda^2}R_g^2\sin^2\left(\frac{\theta}{2}\right)+\cdots\right]+2A_2c \tag{11-30}$$

（2）球形构象

$$P(\theta)=\left[\left(\frac{3}{u^3}\right)(\sin u-u\cos u)\right]^2 \tag{11-31}$$

式中，$u=2\pi(n_0 d/\lambda)\sin(\theta/2)$，$d$ 为球的直径。

(3) 刚性棒状链构象

$$P(\theta)=\frac{1}{x}S(2x)-\left(\frac{1}{x}\sin x\right)^2 \tag{11-32}$$

其中，$S(x)=\int_0^x \frac{\sin y}{y}dy$，$x=2\pi\left(\frac{Ln_0}{\lambda}\right)\sin\frac{\theta}{2}$，$L$ 为棒的长度。

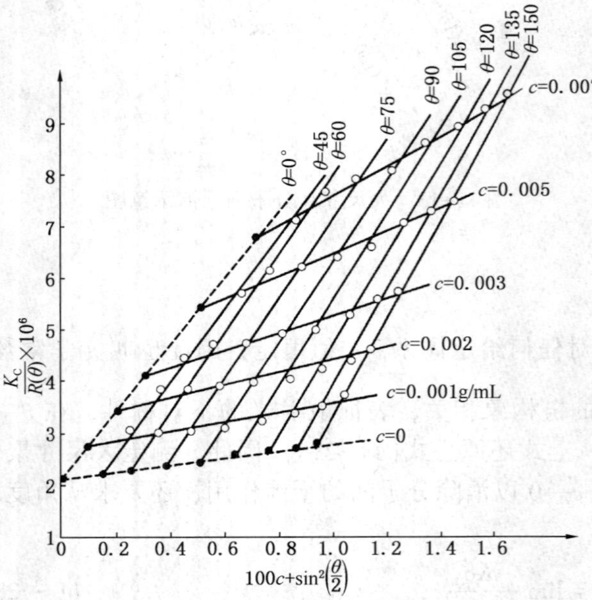

图 11-14　聚乳酸的光散射法测定

λ=546.1nm，溶剂为溴苯，温度为 85℃[28]

由 $P(\theta)$ 可发现光散射公式均与散射角 θ 相关[$\sin(\theta/2)$ 或 $\sin^2(\theta/2)$]，因此双外推曲线[式(11-27)，c 外推至 0，θ 外推至 0]可通过以[$Kc/\Delta R(\theta)$]对[$kc+\sin^2(\theta/2)$]作图得到(k 为各链构象对应的常数)。例如，图 11-14 为聚乳酸的光散射测定后通过这种方法得到的栅格图[28]。栅格图在外推 $c=0$ 和 $\theta=0$ 时，两条外推线相交于纵坐标上，截距即为 $1/\overline{M}_w$。由此得到的分子量与所选用的聚合物构象模型无关，因为在 $\theta\to0$ 时，$P(\theta)\to1$。这种栅格图由 Zimm 首次提出，所以称为 Zimm 图。

除分子量外，可由外推浓度 $c=0$ 的直线斜率按式(11-27)获得第二维利系数；对无规线团高分子，还可由外推角度 $\theta=0$ 的直线斜率通过式(11-30)计算高分子的回转半径。高分子链的平均尺寸也可通过不对称因子(Z_θ)获得，Z_θ 定义为[29]

$$Z_\theta=\frac{i(\theta)}{i(180^\circ-\theta)}=\frac{P(\theta)}{P(180^\circ-\theta)} \tag{11-33}$$

因此，高分子链的尺寸与所选取的链构象模型相关。要获得准确的链尺寸，所选的链构象模型必须能代表高分子链的实际构象。对于上述三种模型，Z_{45° 值随尺寸(R_g、d、L)变化的理论曲线[5]如图 11-15 所示。因此，要获得高分子正确的尺寸，需通过实验测得 Z_{45°，即 i_{45}/i_{135}。将实验测定值 i_{45}/i_{135} 与理论值比较，就可立即得到 $\langle r^2\rangle^{1/2}n_0/\lambda$、$n_0d/\lambda$ 或 Ln_0/λ，从而求得无规线团的均方末端距 $\langle r^2\rangle$

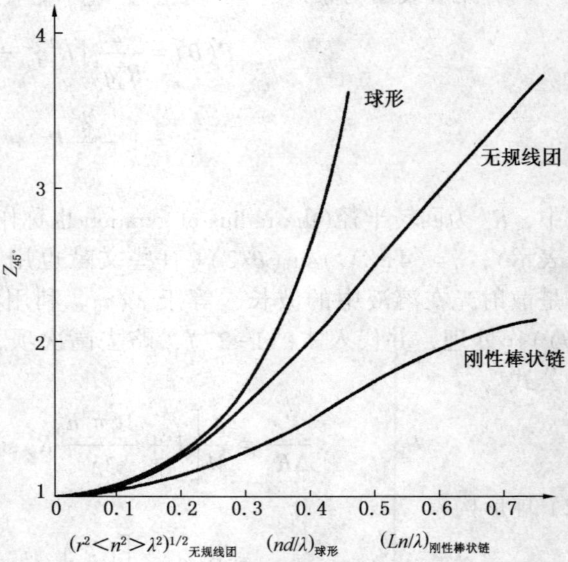

图 11-15　不同链构象聚合物的 Z_{45° 随链尺寸的变化关系[5]

(mean-square end-to-end distance；对无规线团$<r^2>=6R_g^2$)、球形构象高分子的直径 d 或刚性棒状链棒的长度 L。

11.3.4 实验技术

(1) 高分子溶液　由光散射公式可看出，溶液中高分子的浓度对计算分子量以及各种参数有重大的影响，因此要求浓度尽可能准确。具体过程为，首先准确配制一个较高的浓度，再采用称量法配制低浓度的溶液。溶液浓度范围一般为 $10^{-4}\sim5\times10^{-3}$g/mL，但分子量越高，浓度就可以较低，而分子量较低时浓度可较高。必须注意的是，溶液中若有灰尘杂质，因其颗粒一般较大，会产生较大的散射从而影响测量，因此对所用溶剂及溶液需要仔细除尘，常采用过滤(常在压力下过滤)或超离心等方法除去。但也须知道，除尘过程也有可能将样品中大尺度的高分子除去，或者除尘过程中的剪切作用会引起高分子的降解，从而导致分子量测量值偏低。

(2)折光指数增量　折光指数增量 dn/dc(refractive index increment)即高分子溶液折光指数的浓度依赖性，为光散射法测定聚合物分子量所必须。溶液折光指数与溶剂的差别可采用示差折光仪测定，图 11-16 为德拜设计制造的示差折光仪，精确度可达±0.000003。

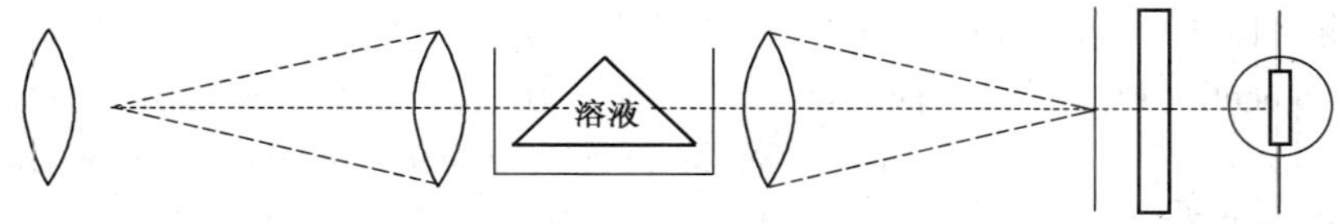

图 11-16　示差折光仪基本构造

测量时，单色光经滤镜、狭缝后，用准直镜产生一束平行光穿过装有溶剂的矩形测量池，测量池中含一个棱形池，用于盛放溶液。若溶剂和溶液之间的折光指数有差异，就会导致折射光成像位置发生偏转，并且偏转程度 Δd 正比于$(n-n_0)$。若棱形池的顶角为 A、透镜的焦距为 f，则

$$\Delta d = 2f(n - n_0)\tan\frac{A}{2} \qquad (11-34)$$

因此，测量偏转程度 Δd 就可获得 $n-n_0$。在一般实验采用的浓度范围内，$(n-n_0)$总是与浓度成线性关系，即对某一聚合物/溶剂体系$(n-n_0)/c$ 为常数，所以也称为比折光指数增量(the specific refractive index increment)。实验时，常测定 4~6 个浓度的$(n-n_0)$值，并对浓度作直线，其斜率就是折光指数增量 dn/dc。须注意，dn/dc 值与入射光波长相关，入射光波长越短，dn/dc 值越大，因此测量 dn/dc 值所用的入射光波长要与光散射入射光的波长一致。大多数聚合物/溶剂体系在各波长下的 dn/dc 值可从文献中查得。

(3) 光散射仪　光散射技术发展至今，人们发明、设计了无数光散射仪。所有光散射仪都大致可归纳为四部分：光源、光路系统、光散射池和散射光检测光学系统。

其中，光源要求激光单色性、准直性好，光强稳定；入射光经会聚、切割、滤色后成为强而细的单色平行光。经典的光散射仪采用汞灯做光源，能提供 436、546 和 578nm 波长的入射光，但这些波长的入射光单色性、准直性、光强稳性都较差，不能在小角度下测定，使 Zimm 图中散射角外推值有一定的任意性。近来人们采用氩离子或氦-氖激光光源，提供 488、514 和 633nm 波长且准直性很好的入射光，改进了上述汞灯光源的缺点，使散射光在很小的角度都能测定，避免了角度外推的随意性。因此，这种方法也称作小角激光光散射 SALLS(small angle laser light scattering)。同时，激光的高强度也使极稀

溶液的测定成为可能，又避免了浓度外推，使流经尺寸排除色谱柱分级的微体积聚合物溶液-单点的快速测定变为现实，所以 SALLS 已广泛与尺寸排除色谱联用，成为其直接的分子量检测器。

光散射池一般由光学玻璃制成，盛放待测溶液。几种典型的光散射池如图 11-17 所示。a 适合于小粒子($\langle r^2\rangle^{1/2}$小于 $\lambda/20$)体系，因为仅需测定 90°的散射光 $i(90°)$；对于较大尺度的高分子，宜采用可以测定多个角度的散射池，如 b；c 型散射池为不对称池，常用于测定 $Z_{45°}$，以及 $i(90°)$(或 90°时的瑞利比 $R(90°)$)。

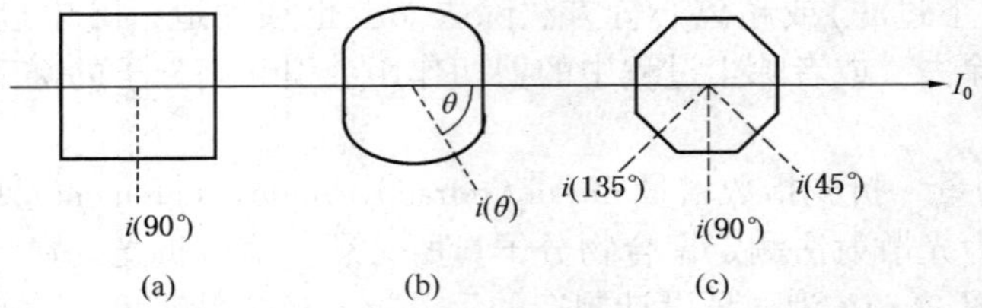

图 11-17　几种典型光散射池的俯视图[3]

入射光照射到盛放高分子溶液的散射池后发出散射光，其检测常采用可绕散射池中心转动的光电池(photocell，PC)接收、检测散射光光强，并将光强转化为电信号后记录。例如，怀特公司(Wyatt Technology Corporation，Santa Barbara，USA)设计制造了改良光电池代替经典的靠旋转一个光电池测定不同角度的散射光的方式，如图 11-18 所示，将多个光电池分别设置在各个固定角度，就可以同时、分别检测这些角度的散射光。改良光电池的优点在于降低了经典法需要设置角度旋转光电池而引入的误差。

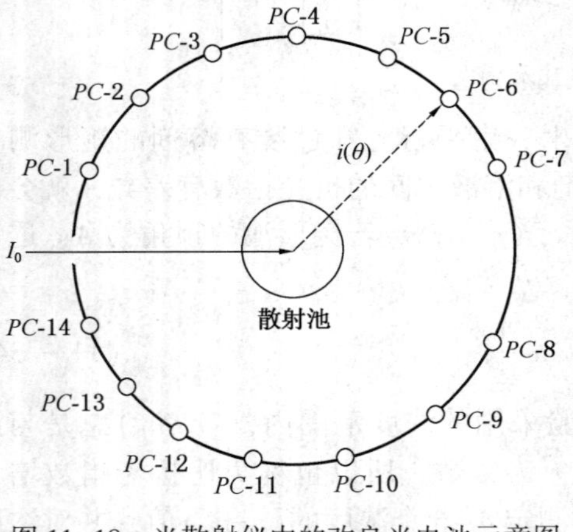

图 11-18　光散射仪中的改良光电池示意图

光散射数据一般都通过计算机软件程序化处理，计算高分子的分子量、第二维利系数和分子尺度等，从而大为省时、省力。

(4) 测定实例　例如文献[30]，采用称量法将苯乙烯-丁二烯两嵌段共聚物 SB 溶解在良溶剂四氢呋喃中，准确配制 6.8584mg/mL 的溶液，再通过稀释法分别配制 5.0588、4.0428、3.0325、2.0161 和 1.0113mg/mL 的溶液。上述各浓度的溶液经 0.45μm 的过滤器过滤后，采用 Bodmann 示差折光仪在 25℃下测定得其 dn/dc 值为 0.151mL/g。同时，每个浓度溶液也分别用 0.45μm 的过滤器直接过滤到完全清洁的光散射池(Hellma，Muellheim，德国)，并在光散射仪(Fica50 型光散射仪，Sofica，Paris，法国)中热稳定 20min 以上。采用的氦-氖激光光源，入射光波长为 632.8nm，检测角度范围为 20°到 140°，每隔 5°检测光散射强度。所得的数据采用 G. Baur 软件作 Zimm 图，如图11-19所示。根据式(11-30)，由浓度外推至 0 的直线和角度外推至 0 的直线的截距，得聚合物的重均分子量为 1.25×10^5g/mol；由浓度外推至 0 的直线的斜率得其回转半径 R_g 为 27nm，由角度外推至 0 的直线的斜率得其第二维利系数 A_2 为 13.2×10^{-4}mol·mL/g²。

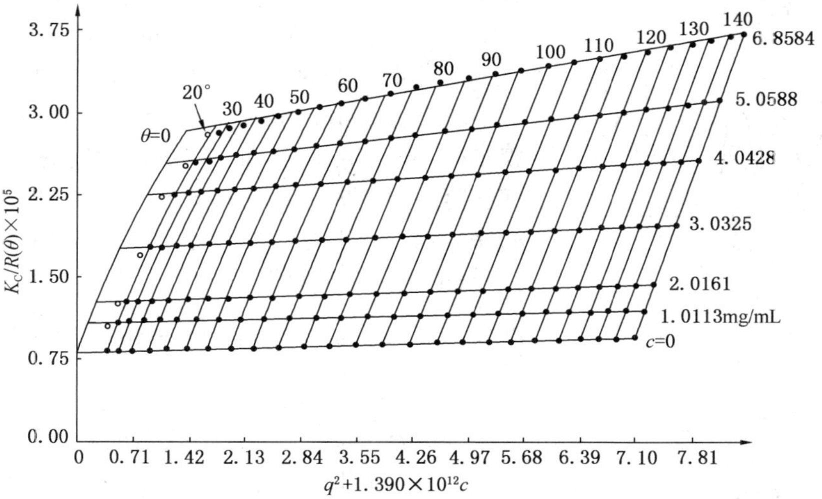

图 11-19　苯乙烯-丁二烯两嵌段共聚物 SB 溶解在四氢呋喃中的 Zimm 图

K 为光学常数、$R(\theta)$ 为瑞利比、q^2 为 $\sin^2(\theta/2)$、c 为浓度

11.3.5　动态光散射[1,16,31]

(1) 原理　上述光散射法通过测定高分子的平均散射光光强得到重均分子量$\bar{M}_w$、回转半径 R_g 以及第二维利系数 A_2，是将溶液中的高分子看作静止不动、各向同性，并且该法的散射光与入射光频率相同，因此这种散射称为弹性散射，也叫静态光散射(static light scattering，SLS)。

其实，高分子粒子一直在以一定的速度做布朗运动，使各个方向的散射光在一定距离相互干涉或叠加，导致散射光光强或频率变化，称为多普勒位移(Doppler shift)，并且位移大小与散射粒子运动速度相关。位移频率 $\Delta\omega$ 约 $10^5 \sim 10^7$Hz，比入射光频率 ω_0(约 $10^{14} \sim 10^{15}$ Hz)小得多，所以称这种散射为准弹性散射。准弹性散射反映了分子的运动情况，因此也叫动态光散射(dynamic light scattering，DLS)。高分子在溶液中的布朗运动，散射光光强随频率的变化 $I(\omega)$ 是一种洛伦兹(Lorentz)分布。

$$I(\omega) = I_0(\omega_0)\,\frac{c\Gamma}{(\omega - \omega_0)^2 + \Gamma^2} \tag{11-35}$$

式中，$I_0(\omega_0)$指频率为 ω_0 的入射光光强；c 是溶液中高分子的浓度；2Γ 是峰的半高宽(见图 11-20，Γ 也称作线宽)。若溶液中的高分子运动得快，则 Γ 值大，反之 Γ 值就小，且 Γ 值与高分子的热扩散系数 D 成正比。

$$\Gamma = Dq^2 \tag{11-36}$$

式中，q 为散射矢量，大小为$(4\pi n_0/\lambda)\sin(\theta/2)$。若用实验方法测出散射光频率的变化 $I(\omega)$就可以从半高宽 Γ 求出扩散系数 D。

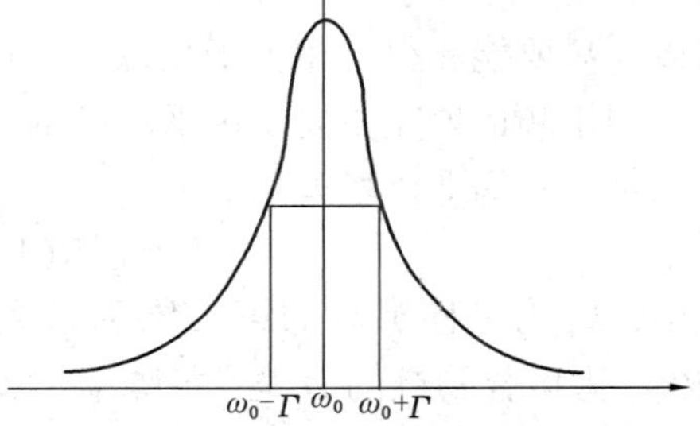

图 11-20　散射光频率的洛伦兹分布

(2) 数据处理

① 自相关函数。但是半高宽 Γ 很小，难以用通常的滤波法或干涉法直接测定。于是人们利用快速光子相关技术，测定很短的某一瞬间(μs 或 ns)散射

光光强，所得是在其平均值附近随机变化的信号，用光电倍增管经甄别放大后得到以光子数 n 表示的散射光光强，它是时间 t 的函数，如[图11-21(a)]所示。在时间 t 和间隔时间 τ 之后的 $(t+\tau)$ 时，若取 τ 较大，则 $n(t)$ 和 $n(t+\tau)$ 不等、不相关；但是当 τ 很小 $(\tau\to 0)$ 时，$n(t)$ 和 $n(t+\tau)$ 相等、相关。这种随时间涨落的物理量 $n(t)$ 的相关性可用自相关函数 $G^{(2)}(\tau, q)$ 来表示，定义为：两个随时间变化的物理量 $n(t)$ 和 $n(t+\tau)$ 的乘积对时间的平均

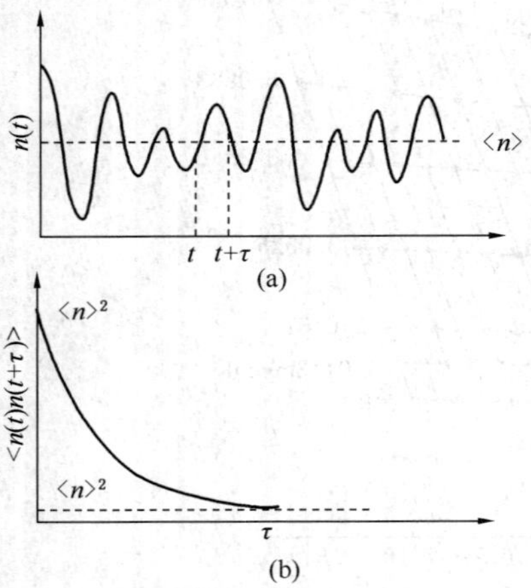

图 11-21

(a)散射光光强的涨落；

(b)光子数 $n(t)$ 的自相关函数 $\langle n(t)n(t+\tau)\rangle$

$$G^{(2)}(\tau, q) = \langle n(t)n(t+\tau)\rangle = \lim_{t\to 0}\frac{1}{t}\int_{-\infty}^{\infty} n(t)n(t+\tau)\mathrm{d}t$$

$$= A(1+\beta|g^{(1)}(\tau, q)|^2) \quad (11-37)$$

式中，A 为测量基线；β 为仪器的相关因子 $(0<\beta<1)$；$g^{(1)}(\tau, q)$ 为归一化电场时间相关函数；括号〈 〉表示平均值，下同。自相关函数是随 τ 而变的，在很多情况下是如图 11-21 中的(b)所示的指数衰减形式，其数学表达为

$$\langle n(t)n(t+\tau)\rangle_q = \langle n\rangle_q^2 + (\langle n^2\rangle_q - \langle n\rangle_q^2)e^{-\tau/\tau_c} \quad (11-38)$$

其中，τ_c 称为相关时间或驰豫时间。另外，$g^{(1)}(\tau, q)$ 可表达为

$$g^{(1)}(\tau, q) = \langle E(\tau, q)E(0, q)\rangle/\langle E(0, q)\rangle^2 \quad (11-39)$$

当散射光电场服从 Gaussian 统计规律时，满足 Siggert 方程：

$$g^{(2)}(\tau, q) = 1 + |g^{(1)}(\tau, q)|^2 \quad (11-40)$$

$|g^{(1)}(\tau, q)|$ 与特征驰豫时间分布 $G(\tau)$ 相关，其值为

$$|g^{(1)}(\tau, q)| = \int_0^{\infty} G(\tau)e^{-t/\tau}\mathrm{d}\tau \quad (11-41)$$

$g^{(2)}(\tau, q)$ 为归一化光强时间自相关函数：

$$g^{(2)}(\tau, q) \equiv \langle I(0, q)I(\tau, q)\rangle/\langle I(0, q)\rangle^2 \quad (11-42)$$

$g^{(2)}(\tau, q)$ 可以在实验中测得，由式(11-40)计算可得到 $g^{(1)}(\tau, q)$。

② 平移扩散系数分布 $G(D)$。根据 Wiener-Khinchine 理论，任何自相关函数与它的频率密度 $I(\omega)$ 互为傅立叶变换

$$I(\omega) = \frac{1}{2}\int_{-\infty}^{\infty}\mathrm{d}\tau e^{-i\omega\tau}\langle n(t)n(t+\tau)\rangle_q \quad (11-43)$$

因此，半高宽 2Γ 与 τ_c 成倒数关系，即

$$\tau_c = (2\Gamma)^{-1} = (2Dq^2)^{-1} \quad (11-44)$$

所以，只要能测得自相关函数 $\langle n(t)n(t+\tau)\rangle$，同样可以得到扩散系数 D。

如果频谱增宽主要是由平动扩散引起，那么稀溶液中线宽 Γ 与聚合物质量浓度 c 和散射矢量 q 有如下依赖关系：

$$\Gamma = q^2D(1+k_dc)(1+f\langle R_g^2\rangle_z q^2+\cdots) \quad (11-45)$$

式中，k_d 为平移扩散的第二维利系数；f 为无量纲因子，它与聚合物链结构和溶剂有关；$\langle R_g^2\rangle_z$ 为聚合物链的 z-均方回转半径。当 $c\to 0$，$q\to 0$ 时，对于单分散体系，归一化电场时间相关函数 $g^{(1)}(\tau, q)$ 从理论上可以表示为：

$$g^{(1)}(\tau, q) = Ge^{-\Gamma\tau} = G \cdot e^{-q^2 D\tau} \quad (11-46)$$

式中，G 为常数。对多分散体系，$g^{(1)}(\tau, q)$ 包含所有散射粒子的贡献，G 不再为常数，G 与 D 有关：

$$g^{(1)}(\tau, q) = \int_0^\infty G(\Gamma)\mathrm{e}^{-\Gamma\tau}\mathrm{d}\Gamma = \int_0^\infty G(D)\mathrm{e}^{-q^2 D\tau}\mathrm{d}D \quad (11-47)$$

式中，$G(\Gamma)$ 为线宽分布；$G(D)$ 为平移扩散系数分布且满足归一化 $\int_0^\infty G(D)\mathrm{d}D = 1$。式(11-46)经 Laplace 变换(CONTIN 法)即可得到 $G(D)$。同时，$G(\Gamma)$ 通过式(11-45)可转变为平移扩散系数分布 $G(D)$。由式(11-45)可得出：

$$\lim_{\substack{c\to 0 \\ q\to 0}}(\Gamma/q^2) = \langle D\rangle \quad (11-48)$$

式中，$\langle D\rangle$ 为平均平移扩散系数。通过测量线宽 Γ 的浓度、角度依赖关系，然后外推到 $c=0$，$q=0$，即可求得 $\langle D\rangle$。另外，由式(11-38)和式(11-44)可得出：

$$g^{(2)}(\tau, q) = 1 + G^2 e^{-2\Gamma\tau} \quad (11-49)$$

运用累积分析法[26]得到：

$$\Gamma = \frac{1}{2}\lim_{\tau\to 0}\mathrm{d}(\ln[g^{(2)}(\tau, q) - 1])/\mathrm{d}\tau \quad (11-50)$$

以 $\ln[g^{(2)}(\tau, q)-1]$ 对 τ 作图，由曲线的起始斜率可求取线宽 Γ。

③ 流体力学半径。扩散系数与浓度相关

$$D = D_0(1 + k_D c + \cdots) \quad (11-51)$$

D_0 为无限稀释时的扩散系数。对于球形分子

$$D_0 = \frac{kT}{6\pi\eta R_h} \quad (11-52)$$

上式称为 Stokes-Einstein 方程，其中 k 为玻尔兹曼常数，η 为溶剂的黏度，R_h 为高分子的流体力学半径(hydrodynamic radius)。D_0 可由不同浓度的 D 值，根据式(11-51)外推得到。D_0 还与分子量相关

$$D_0 = k_D M^{-b} \quad (11-53)$$

式中，k_D、b 为常数，取决于高分子和溶剂的性质以及测试温度。

④ 分子量及分子量分布 $f(M)$。由动态光散射不仅可以得到线宽分布 $G(\Gamma)$、平移扩散系数分布 $G(D)$、流体力学半径分布 $F(R_h)$，平均平移扩散系数 $\langle D\rangle$ 和平均流体力学半径 $\langle R_h\rangle$，还可得到分子量分布 $f(M)$ 的信息。对一个多分散体系，假设含有 N 个粒子，当 $c\to 0$，$q\to 0$ 时，$G(D_i)$ 可表示为[33]：

$$G(D_i) = M_i w_i / \sum_i^n M_i w_i \quad (11-54)$$

若分子量为连续分布，则可表达为以下形式：

$$G(D)\mathrm{d}D \propto Mf(M)\mathrm{d}M \quad (11-55)$$

所以，

$$f(M) \propto G(D)/M(\mathrm{d}D/\mathrm{d}M) \quad (11-56)$$

根据式(11-52)可得出：

$$f(M) \propto K_D M^{-b-2} G(D) \quad (11-57)$$

由此，分子量分布可由平移扩散系数分布 $G(D)$ 和 K_D 与 b 求得。根据式(11-7)重均分子量

定义，由式(11-56)、式(11-57)通过 $G(D)$ 计算 $\overline{M}_w$。

$$(M_w)_{calc} = \frac{K_D^{1/b}\int_0^\infty G(D)\,\mathrm{d}D}{\int_0^\infty G(D)D^{1/b}\mathrm{d}D} \tag{11-58}$$

(3) DLS 应用实例　动态光散射测试与静态光散射测试一样，也需要对高分子溶液仔细除尘处理。测定溶液的光强时间自相关函数 $g^{(2)}(\tau,\ q)$，并通过式(11-37)、(11-40)及(11-41)计算特征驰豫时间分布 $G(\tau)$，从而了解高分子的静态、动态性质。例如，吴奇等[34]采用 DLS 研究了聚(*N*-异丙基丙烯酰胺)(PNIPAM)分子的驰豫行为，图 11-22 显示不同离子存在情况下对亚浓 PNIPAM 水溶液 $g^{(2)}(\tau,\ q)$ 的影响：当没有外加盐时，$g^{(2)}(\tau,\ q)$ 谱的两段跳跃性变化显示高分子的两种驰豫模式，其中的快驰豫速率正比于 q^2(q 为散射矢量)，慢驰豫速率正比于 $q^{\alpha s}$($2<\alpha_s<3$)；当加入 Na_2SO_4 时，慢驰豫的幅度被显著抑制，这是因为 SO_4^{2-} 作为一种强盐析离子(salting-out ion)，具有较高的表面电荷密度，与水结合成紧密的复合物，导致溶剂变得不良；加入 NaSCN 时却放大了慢驰豫的幅度，因为 SCN^- 是与 SO_4^{2-} 相反的强盐溶离子(salting-in ion)，与水结合形成的复合物是 PNIPAM 更良的溶剂，导致 PNIPAM 在其中溶解性更好、分子链更加伸展。

运用动态光散射法可研究聚合物的特征分子参数。例如，Ohshima 等[32]以不同角度 θ 测量得到的光强时间自相关函数 $g^{(2)}(\tau,\ q)$ 对 q^2t 作图，如图 11-23 所示，根据式(11-50)，曲线起始斜率即为聚正己基异氰酸酯(PHIC)试样 C-4 在二氯甲烷(DCM)中的 Γ/q^2。由式(11-45)，当 $q\to 0$ 时，只有平移扩散运动存在，所以用 Γ/q^2 对 q^2 作图，并外推到 $q^2=0$，可消除旋转扩散运动和构象变化的贡献，如图 11-24 所示，从而得到 $(\Gamma/q^2)_{q=0}$，即 PHIC 试样在 DCM 中的平均平移散系数 $\langle D\rangle$。然后，以 $\langle D\rangle$ 对浓度 c 作图，可外推由截距得到 D_0、斜率得到 k_D 等值，再根据式(11-52)、(11-53)等，计算得到聚合物的流体力学半径 R_h、指数 b 值等分子参数，以及分子量及其分布等信息。

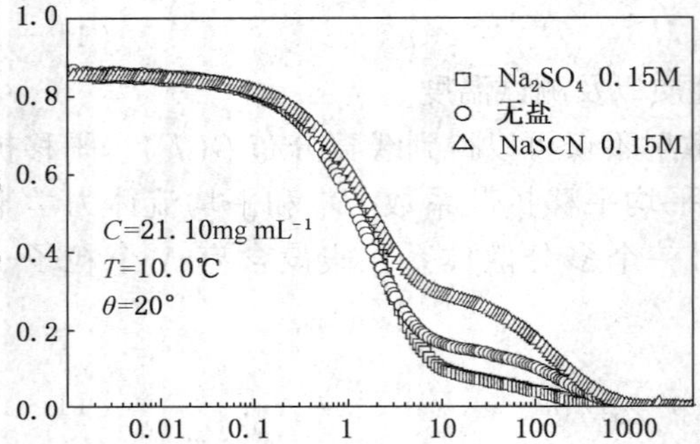

图 11-22　不同离子存在情况下对 PNIPAM 水溶液 $g^{(2)}(\tau,\ q)$ 的影响[34]

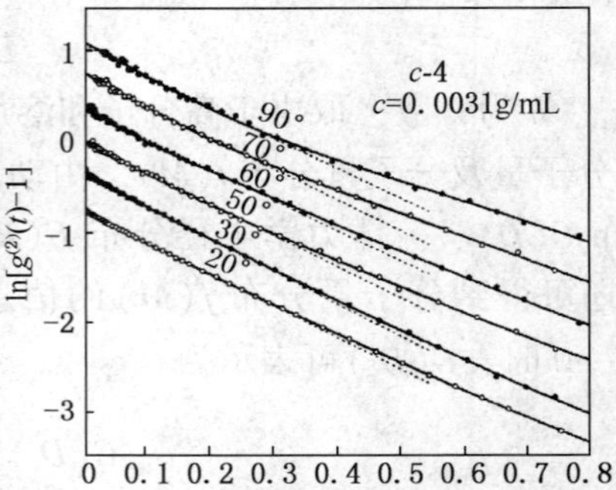

图 11-23　不同角度下聚正己基异氰酸酯(PHIC)试样 C-4 在二氯甲烷(DCM)中的 $g^{(2)}(\tau,\ q)-q^2t$ 关系图[32]

动态光散射还是研究嵌段共聚物自组装结构、构象的强大工具。黄勇等[35]采用原子转移自由基聚合法在乙基纤维素上接枝聚苯乙烯制得接枝嵌段共聚物 EC-g-PS，将其溶解在丙酮中能自组装成为球形胶粒。采用 DLS 测定胶粒尺寸，发现其大小随聚合物浓度以及接枝聚苯乙烯链长的增大而增高，如图 11-25 所示。此外，还采用透射电镜等方法测定了胶粒的大小，结果与 DLS 一致，并证明胶粒是乙基纤维素为壳、聚苯乙烯为核组成的核-壳结构。聚合物的构象还可采用特征参数 $\rho(\rho=\langle R_g^2\rangle^{1/2}/R_h)$ 来表征[18,36]；当 $\rho=\sim0.77$ 时，为硬球构象；$\rho=1\sim1.1$，为高支链；$\rho=1.5\sim1.8$，为线型柔性高分子；$\rho>2$ 时，为刚性链。聚(N-异丙基丙烯酰胺)(PNIPAM)在水中的构象随温度变化，吴奇等[36]运用静态和动态光散射测定了 PNIPAM 水溶液在不同温度下的 $\langle R_g^2\rangle$ 和 R_h 数据，得到不同温度下 PNIPAM 的 ρ 值，如图 11-26 所示，表明 PNIPAM 在温度较低时为柔顺的伸展链构象，处于热力学稳定的均相区Ⅰ；当温度升高到 θ 时，ρ 值开始降低，进入到动力学稳定的两相区Ⅱ，这是由于高分子链向中心塌陷，形成类似硬球状的构象。

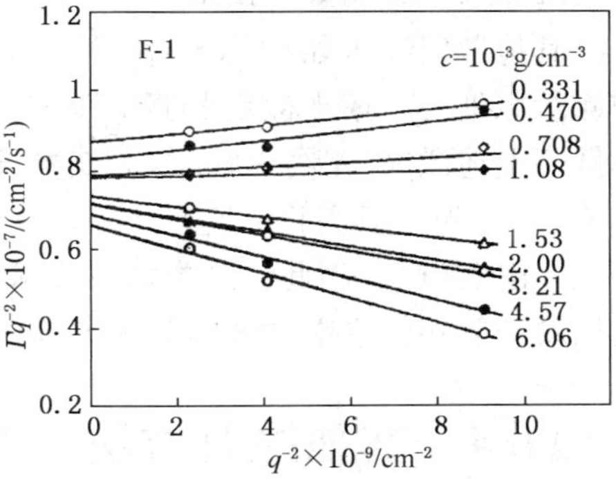

图 11-24 聚正己基异氰酸酯(PHIC)试样 F-1 在二氯甲烷(DCM)中的 Γ/q^2-q^2 关系随浓度 c 的变化[32]

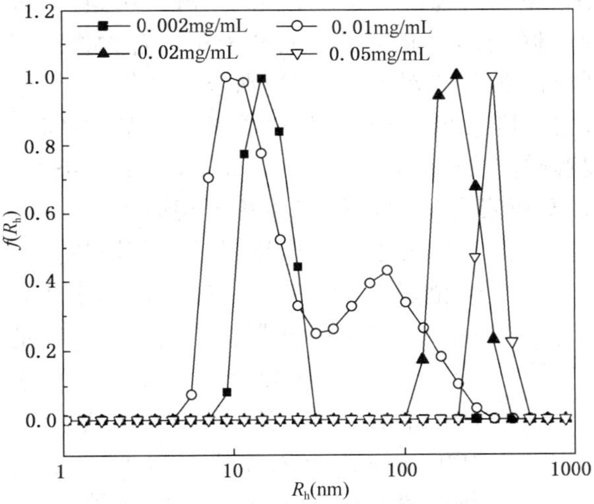

图 11-25 乙基纤维素接枝聚苯乙烯嵌段共聚物 EC-g-PS 试样 G1 在不同浓度下的流体力学半径 R_h 分布[35]

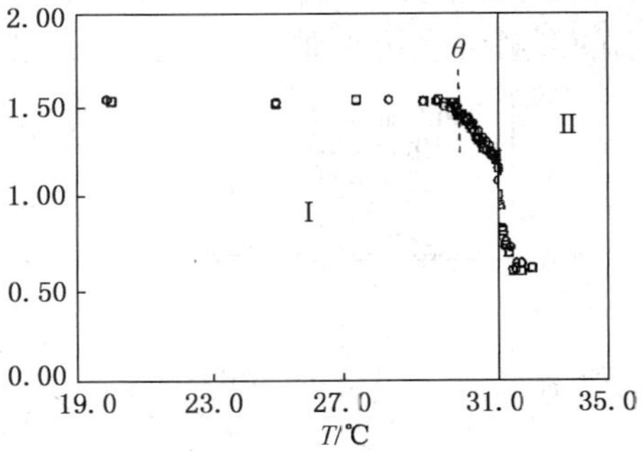

图 11-26 两种 PNIPAM 试样在水溶液中的 ρ 值随温度的变化[18,36]

11.3.6 静态光散射与动态光散射的比较[18]

为便于理解，这里对静态和动态光散射的异同作了比较。二者相同点在于：它们都是入射光照射粒子并诱导粒子或高分子的电子成为振荡偶极子、产生强迫振动作为二次光源发出散射光。

二者区别在于：静态光散射检测各个角度下粒子或高分子的时间平均散射光强，并通过 Zimm 图或其他数据处理方法得到 $\overline{M}_w$、$\langle R_g^2\rangle^{1/2}$ 和 A_2 等参数；而动态光散射测得的信号为瞬时散射光强，即散射光强随时间的涨落，因此得到粒子弛豫快慢的信息，利用快速光子相关仪检测散射光频率增宽，可在一定的条件下得到粒子或高分子的扩散系数及其分布、流体力学半径及其分布等数据。

11.3.7 其他散射技术

其他散射技术如小角X-射线、小角中子散射也可用于测定聚合物的分子量[32~34]，它们的测量原理与上述光散射相近。但是，X-射线的波长约0.1~0.2nm、中子波长约0.5nm，远低于上述激光（λ约500nm），就要求测量的角度通常低于1°，导致仪器非常庞大（超过10米长）、不为一般实验室拥有。并且它们测试条件苛刻（如小角X-射线散射要求极高的真空度）、花费甚巨，因此，这类散射技术常用于其他目的而非分子量测定，如表征聚合物分子链尺度、多相体系中微区的大小等等。

11.4 其他绝对方法

11.4.1 质谱法[1,40~42]

质谱仪（mass spectrometer，MS）主要包括四个部分：进样器、离子源、质量分析器以及离子检测与记录装置。质谱法测定分子量的过程是首先将物质离子化或碎片化，再在气相中测定这些带电离子或碎片的质量。所谓质谱就是某类离子的含量对荷质比 m/z（m 代表离子或碎片质量，z 为所带电荷）的谱图，其中最重要的峰，就是分子型离子峰，用 M^+ 表示。

因此，传统的气相色谱-质谱（GC-MS）联用不仅能测定较低分子量聚合物的绝对分子量，还可得到分子量分布；并且还可鉴别聚合物的官能团，例如识别未知聚合物、聚合物材料所含残留化学试剂、添加剂等等。若采用加热的方式将聚合物变成挥发性碎片物质，经离子化后测定荷质比的质谱分析，即是热裂解质谱（pyrolysis mass spectrometry，Py-MS）。聚合物的裂解可直接在质谱仪中进行，裂解温度随聚合物的热稳定性各不相同，一般在250~1000℃之间。热裂解过程可用热重分析与质谱联用（TG-MS）以及GC-MS表征，因此热裂解质谱可广泛应用于聚合物的降解行为研究及结构分析[43,44]。例如，Carroccio等[45]将聚醚酰亚胺（PEI）以10℃/min由50℃加热至700℃，裂解物电子电离后经质谱分析出约57种裂解离子，结合热解温度信息可得其热谱，如图11-27所示，对离子峰归属后可分析出PEI分子的各种结构以及热解机理。

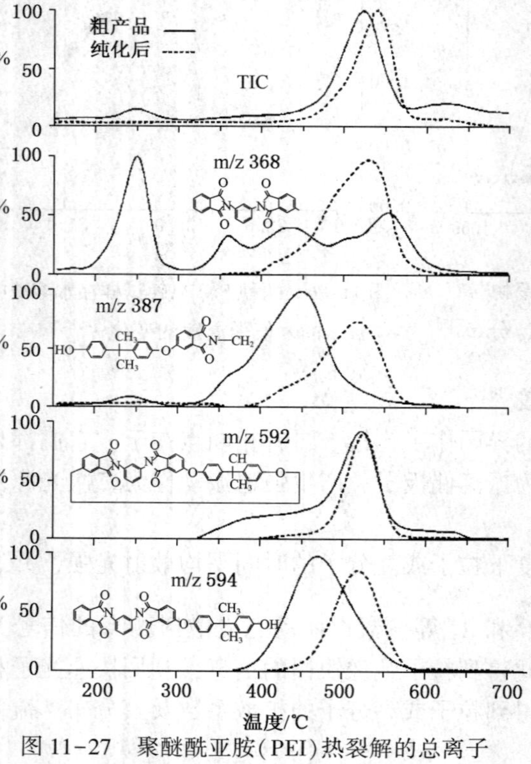

图11-27 聚醚酰亚胺（PEI）热裂解的总离子流色谱（TIC）及其随温度演变曲线[45]

此外，辉光放电质谱（glow discharge mass spectrometry，GDMS）尤其适合难溶的热固性塑料等块体聚合物的的指纹图谱分析[46]；场解吸（field desorption，FD）[47]、快速原子轰击（fast atom bombardment，FAB）[48]、激光解吸（laser desorption mass spectrometry，LDMS）[49]质谱等适用于挥发性不够好的聚合物试样的解析。但是，总的来说聚合物挥发性很差，难以将其气化成稳定的带电高分子而不引起降解，以及在谱图中难以辨别检测物质是否为高分子链、是否为降解产物、带双电荷等，因此传统质谱只能测定分子量较小的化合物，分析极限约 10^4 g/mol。

（1）MALDI-TOF-MS　近年来，综合上述各种质谱法的优点，通过引入基质辅助激光解吸电离（matrix-assisted laser desorption ionization，MALDI,）和飞行时间（time of flight，TOF）技术与其联用（MALDI-TOF-MS），大大提高了质谱法测定聚合物分子量的极限，最高达到约 10^6g/mol。具体过程为：

基质辅助激光解吸电离技术即是选择恰当的基质将聚合物均匀地包埋。选择的基本原则是基质与聚合物需极性相近、匹配，能将聚合物在分子水平上均匀地分散。大多数基质是一些含芳环的有机酸，从文献[50]或[51]中基本能找到适合特定聚合物的基质。然后，采用脉冲式激光辐照基质，基质吸收能量后在极短的时间内气化并电离、解吸附聚合物样品。由于激光的快速加热和基质的辅助作用，避免了聚合物分子的热降解，从而得到含很少碎片离子的分子离子 M^+。高分子在基质中的离子化电离类型包括质子化和金属离子化。含有氨基结构的高分子能被有机酸质子化；含有氧杂原子的如聚醚、聚酯、聚酰胺等则易被碱金属离子化；而含有双键的烯烃类聚合物则倾向于结合铜离子或银离子（这类情况仍需加入适当的其他金属盐作离子化试剂）。除上述基质和离子化试剂的选择外，样品的制备还常常采用溶液液滴干燥技术（dried-droplet method）：将溶解良好的聚合物溶液/基质体系滴加在标靶上，待溶剂完全挥发后固化，高分子样品就可均匀分散在基质中，样品/基质的摩尔比应在百万分之一至万分之一。在基质中分散不好的样品，可采用电喷雾法（electrospray ionization，ESI）将混合溶液喷射到基板上，得到高度平整和均匀的样品。制样是决定质谱实验成败的关键。

飞行时间技术：基质气化、解吸聚合物分子离子进入气相，在质谱仪中电场的作用下加速运动，由于本身荷质比不等，这些具有相同动能的离子运动速度也将不同，因此从加速区到达检测器所需要的时间 t 也不同

$$t=\frac{D}{v}=\frac{1}{\sqrt{2}}\left(\frac{D}{V^{1/2}}\right)\left(\frac{m}{e}\right)^{1/2} \tag{11-59}$$

式中，D 为加速区至检测器之间的距离（约 1m）；v 为飞行速度；V 为加速电压。因此，离子越重，到达检测器的时间越长。若连接上显示器，各种大小离子随荷质比变化的质谱图将一目了然。例如，Danis 等[52]采用基质辅助激光解吸电离飞行时间质谱（MALDI-TOF-MS）测试了窄分散聚甲基丙烯酸丁酯。图 11-28 为其质谱图，显示了荷质比位于 17000、32000 和 65000 的三重宽峰。其中位于 17000 的分布表示气化分子链上带有双电荷，处于 65000 的宽峰分布则代表二聚体，只有位于 32000 附近的信号才真正反应聚合物的分子离子 M^+。因此，在应用 MALDI-TOF-MS 法测定聚合物的分子量时，应注意辨别谱图中的信号是否真正代表聚合物分子。

MALDI-TOF-MS 解决了聚合物不能气化的问题，在生物大分子和合成聚合物尤其是嵌段共聚物，以及寡聚物、调聚物（felomer）等分子量的测定上应用越来越广泛。该方法的优点在于，测定快速（单个样品约 15min）、样品用量少（如 5mg/mL 的溶液，仅需 0.3～0.5μL）。此外，该方法能精确测定聚合物的绝对分子量，进而得到聚合物中单体单元、端基和分子量分布等信息[53]。例如，Hanton 等[54]采用偶氮染料为基质，样品通过钠离子离子化，运用电喷雾技术测定了调聚物聚乙二醇。由图 11-29 所得质谱谱图可知，该同系物不

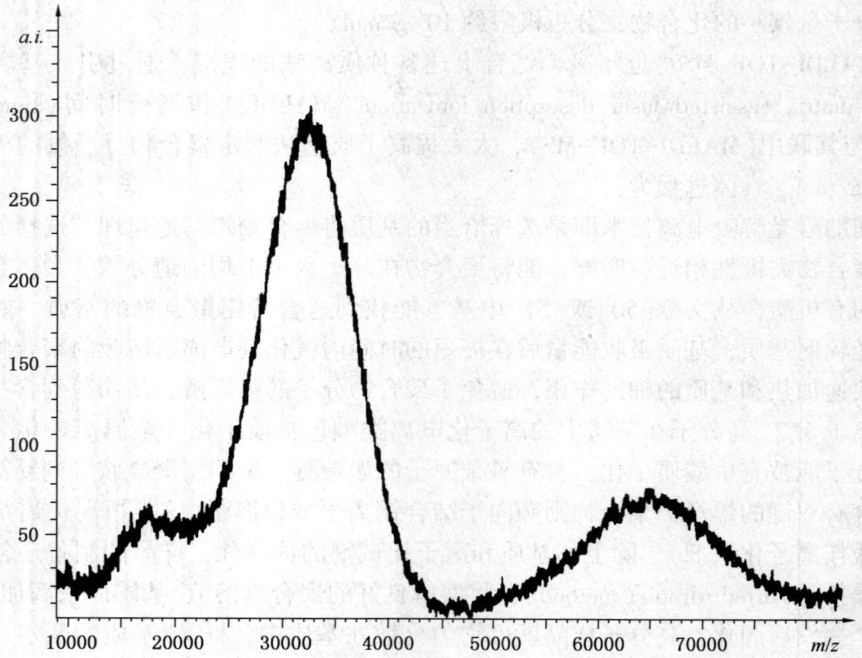

图 11-28　聚甲基丙烯酸丁酯的 MALDI-TOF-MS 谱[52]

同分子量大小的分子均显示出单峰，同时还可观察到相邻两个峰间横坐标的差值为单体的分子量 44g/mol，表明该质谱能在单体差异的水平上精准分析低分子量的聚合物，并描述它们的分布。

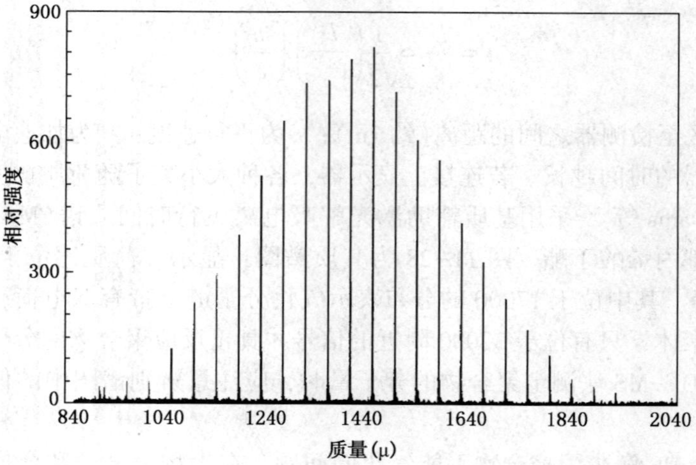

图 11-29　调聚物聚乙二醇的 MALDI-TOF-MS 分析[54]

辅助基质决定着高分子量聚合物的气化，其选择对测定结果的准确性影响较大，恰当的辅助基质不仅能获得聚合物准确的分子量信息，还能提高分子量测定的范围。例如，Schnöll-Bitai 等[55]运用离子液体 2，5-二羟基苯甲酸丁胺(DHBB)为辅助基质，采用 MALDI-

TOF-MS 测定分子量为 4.73×10^4 和 11.2×10^4 g/mol 的 Pullulan 标准试样，如图11-30所示，其结果与尺寸排除色谱法所得结果相当。

(2)尺寸排除色谱-质谱联用　采用液相色谱与质谱联用(LC-MS)可同时发挥两种方法的优势：利用液相色谱对聚合物的分离分级，再对分级产物进行质谱的高分辨分析[41,56]。其中，液相色谱可以是尺寸排除色谱(size exclusion chromatography，SEC，原理详见第 12 章 12.2)、薄层色谱、吸附色谱、毛细管电泳、反相色谱、梯度淋洗色谱、超临界流体色谱等等，而尺寸排除色谱对高分子最为常用。尺寸排除色谱与质谱联用(SEC-MS)一般有 3 种形式：第一，聚合物经 SEC 分级并分别收集各级分，再对各级分采用 MS 分析。例如 Montaudo 等[57]首先用 SEC 将聚二甲基硅氧烷分级成为 81 个级分，每个级分在 0.1～0.3mL，再运用 MALDI-MS 分析出各个级分的分子量，根据分子量的定义由分析结果计算聚合物的分子量及其分布等信息。第二类是将 SEC 淋洗液分段连续地直接收集到辅助基质上，再直接作 MS 分析，主要适合宽分布聚合物试样。例如，Hanton[41]将聚甲基丙烯酸甲酯(PMMA)采用 SEC 分级，淋洗液直接收集到辅助基质上，每次收集时间为 1.2min，再作 MALDI-MS 分析，结果如图 11-31，显示随淋洗时间(淋洗体积)增大，收集点 PMMA 的分子量逐渐降低。第三种是 MS 作为 SEC 的分子量检测器直接在线检测淋洗液，这样就不需要校正而直接得到聚合物的分子量及其分布。

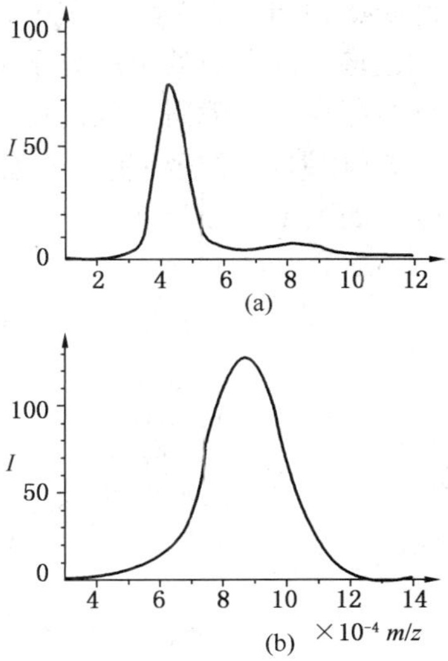

图 11-30 分子量为 4.73×10^4 和 11.2×10^4g/mol 的 Pullulan 标准试样的 MALDI-TOF 分析，辅助基质为离子液体 2，5-二羟基苯甲酸丁胺(DHBB)[55]

在质谱法分析聚合物的过程中，高分子在基质中的离子化电离往往导致两个高分子以上联结的聚集体或多电荷离子的形成[58]。如果是电离过程形成二聚体、双电荷的离子，则由

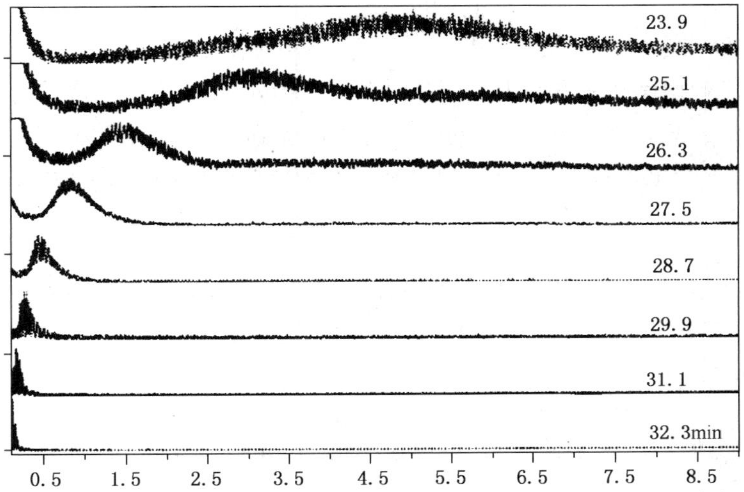

图 11-31　宽分布 PMMA 经 SEC 分级，在不同淋洗时间收集级分的 MALDI-MS 检测谱图[41]

于荷质比相同，它在质谱图中将与单电荷的单高分子离子峰重合；同理，N 聚体、N 电荷的离子也将与单电荷的单高分子离子峰重合；这种情况的出现对于准确描述聚合物的分子量及其分布存在很大障碍，因此可采用 SEC-MS 解决此问题。Aaserud 等[59]采用 SEC-MS 准确分析了聚(甲基丙烯酸缩水甘油酯/甲基丙烯酸丁酯)(GMA/BMA)嵌段共聚物的电荷状况、聚集体，如图 11-32 所示。

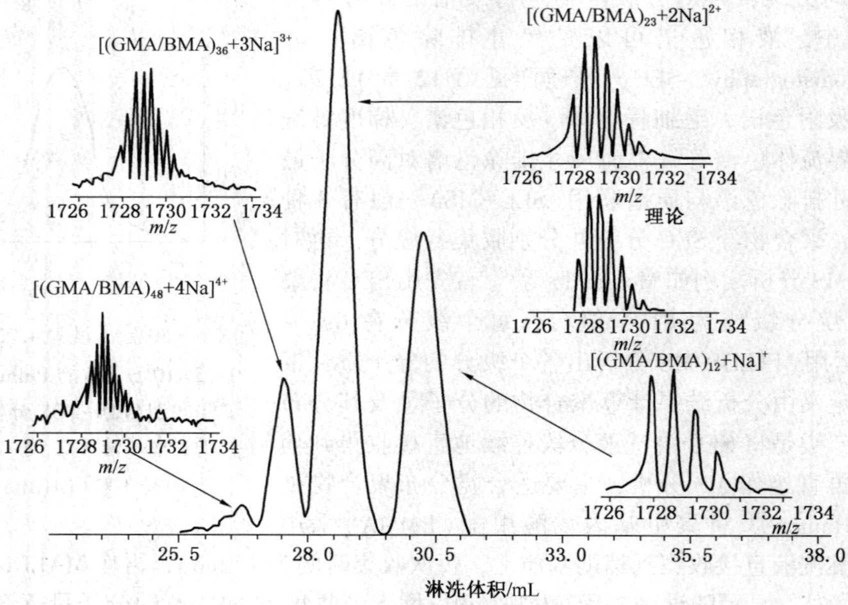

图 11-32　嵌段共聚物 GMA/BMA 电荷状况、聚集体的 SEC-MS 分析[59]

11.4.2　超离心沉降法[1,5,11,12]

(1) 沉降速度法　众所周知，物体在重力场下所受到的重力是 mg，m 为物体的质量，g 为重力场加速度。若物体在真空中，将以速度 u 下降，则

$$m\frac{\mathrm{d}u}{\mathrm{d}t} = mg \quad \text{或} \quad u = gt \tag{11-60}$$

式中，t 为时间。若物体不在真空中，而是浸在密度为 ρ_1 的液体中，将受到与重力反方向的浮力，大小为 $V\rho_1 g$(V 为物体体积)；同时，物体还受到一个与速度方向相反的、正比于速度的摩擦力 fu(f 为摩擦系数)。因此，物体在溶剂液体中受到的向下的力为

$$m\frac{\mathrm{d}u}{\mathrm{d}t} = (m - V\rho_1)g - fu \tag{11-61}$$

物体的速度随着沉降而越来越大，受到的摩擦力同时也将越来越大。最终重力与浮力、摩擦力作用抵消，使其受到的总作用力为 0。自此，物体将以一定速度匀速沉降达到沉降平衡，该速度称作沉降速度 u_s。

$$(m - V\rho_1)g = fu_s \tag{11-62}$$

如果物体为球形微粒，半径为 r，由斯托克定律(Stoke’s Law)得到摩擦系数 f 并代入上式，有

$$m(1 - \bar{v}\rho_1)g = \frac{M}{N_A}(1 - \tilde{V}_2\rho_1)g = 6\pi\eta r u_s \tag{11-63}$$

其中，η 为溶剂的黏度；$\tilde{V}_2$ 为物体在溶剂中的偏摩尔体积；M 为物体的摩尔质量。由于$\tilde{V}_2 = (4/3)\pi r^3 N_A/M$，所以有

$$M = 9\pi\sqrt{2\,\bar{v}}\,N_A\left[\frac{\eta u_s}{(1-\tilde{V}_2\rho_1)g}\right]^{3/2} \tag{11-64}$$

如果这些球形微粒是聚合物分子，得到的分子量将是一个平均分子量。因此，通过测定沉降速度和高分子在溶剂中的偏摩尔体积，按式(11-64)就可得到球形高分子的平均分子量。

然而，高分子溶液是均匀、稳定的体系，单单重力场不足以沉降高分子，所以需要施加一个比重力大得多的离心力场才能使高分子沉降。离心力场的加速度一般用 $\omega^2 x$ 表示，ω 为转动角速度，x 为样品至离心中心的距离。同时，大多数高分子在溶液中的构象是无规线团而非球形，无限稀溶液中溶质与溶剂的摩擦系数 f 与溶质的扩散系数 D 相关。

$$D = \frac{RT}{N_A f} \tag{11-65}$$

沉降平衡时，沉降作用与扩散作用(或摩擦力)方向相反、大小相等，因此仿照式(11-62)，有

$$(m - V\rho_1)\omega^2 x = \left(\frac{N_A D}{RT}\right)^{-1} u_s \tag{11-66}$$

令 $s = u_s/\omega^2 x$(称作沉降系数)，若采用偏摩尔体积，上式则变为

$$M = N_A m = \frac{sRT}{D(1-\tilde{V}_2\rho_1)} \tag{11-67}$$

该式就是超离心法测定聚合物分子量的基础，也称作 Svedberg 方程。根据光散射和渗透压测定高分子的溶液性质，应对 s、D 作维利展开，式(11-67)变为

$$\frac{D(1-\tilde{V}_2\rho_1)}{sRT} = \frac{1}{\bar{M}_w}(1 + 2\Gamma c + 3g\Gamma^2 c^2 + \cdots) \tag{11-68}$$

当然得到的分子量也应是平均分子量，事实证明其值接近数均分子量。但是，实验发现，s、D 均随浓度而变化，因此严格来说上式应是外推至浓度为 0 才能得到准确的分子量。

$$\bar{M}_w = \frac{s_0 RT}{D_0(1-\tilde{V}_2\rho_1)} \tag{11-69}$$

(2) 沉降平衡法　对高分子均相溶液，浓度在各个层次相等，浓度梯度为 0。在超离心沉降过程，高分子将在离心力场中朝容器底部移动，产生浓度梯度，dc/dx；而扩散作用则驱使高分子自高浓度向低浓度扩散，与上述离心作用方向相反；经足够长时间，二者将达到亚稳或平衡，形成一定宏观 dc/dx 的浓度梯度，在 x_1、x_2 处浓度 c_1、c_2 的关系可推导为

$$\ln\frac{c_2}{c_1} = \frac{\omega^2(1-\tilde{V}_2\rho_1)(x_2^2 - x_1^2)\bar{M}}{2RT} \tag{11-70}$$

浓度可采用随浓度变化的折光指数通过光学法测得，由此可得到聚合物的分子量。但是，多分散聚合物样品中的较小分子将使沉降平衡所需时间较长(1~2 周)，导致分子量测定非常耗时。

(3) 实验技术　如前所述，超离心沉降法测定聚合物分子量所需要测定的物理量分别为聚合物的偏摩尔体积$\tilde{V}_2$、扩散系数D以及沉降系数s。聚合物的偏摩尔体积(并非摩尔体积，$\tilde{V}_2 \neq 1/\rho_2$)可通过下式求得：

$$\tilde{V}_2 = \frac{1}{\rho_1}\left(1 - \frac{\rho - \rho_1}{c}\right) \tag{11-71}$$

式中，ρ为溶液的密度，可通过比重法测得。但是，严格来讲$\tilde{V}_2$需通过上式求得各个浓度下的偏摩尔体积，再外推至0浓度，得到的$\tilde{V}_2$才能用于式(11-69)中求取分子量。扩散系数也与浓度相关，如式(11-51)

$$D = D_0(1 + k_D c + \cdots) \tag{11-51}$$

因此，也要将在各浓度测得的扩散系数外推至0浓度得到D_0。

超离心沉降法所需离心力场一般由超速离心机提供，其基本结构如图11-33所示。其核心部件是一个由金属或合金制成的转子，高分子溶液置于转子边缘的离心池中，在真空中高速转动。转子的最高转速可达80000r/min，提供重力加速度7000至42万倍的离心力场。池上装有石英窗以便通过光学法测定离心池各个部位高分子的浓度。沉降平衡时，溶液和溶剂间将分离，界线与聚合物样品相关：对单分散聚合物，界线将清晰，如图11-34中的(a)；对连续分布的多分散样品，界线也是连续分布的，但出现浓度梯度dc/dx，如图11-34中的b。浓度梯度一般采用Schlieren或光干涉技术检测离心池各部位溶液折光指数的变化。由于折光指数随浓度变化，因此折光信号可转化成浓度梯度，得到dc/dx随x的变化关系，典型曲线如图11-35所示。在t_1时，浓度梯度峰位在x_1处，经Δt后，峰位移至$x_1+\Delta x$。因此，所需测定的另一物理量沉降速度为

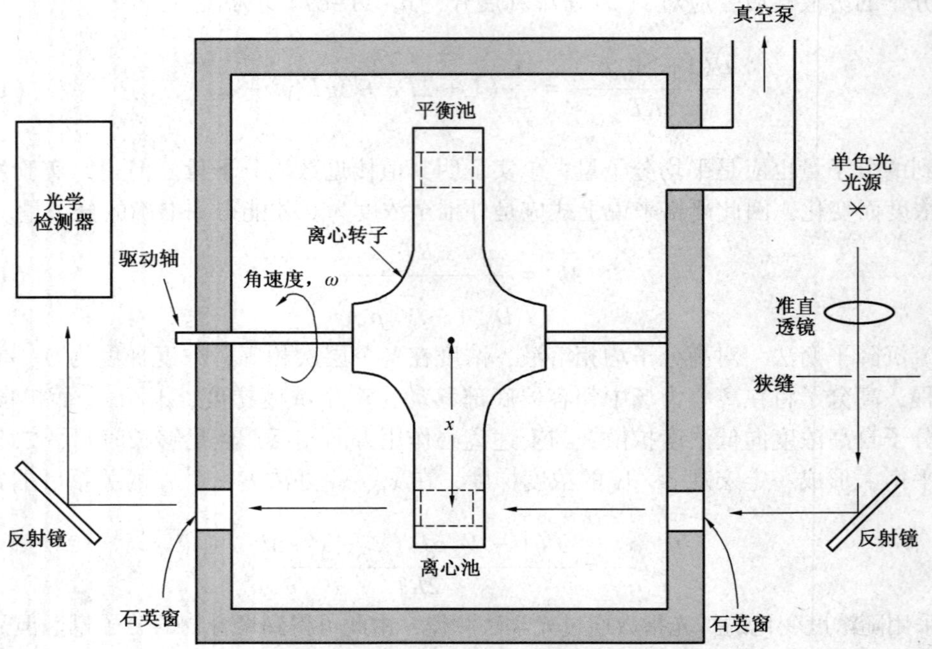

图11-33　超离心机工作原理示意图

$$u_s = \frac{(x_1 + \Delta x) - x_1}{(t_1 + \Delta t) - t_1} = \frac{\Delta x}{\Delta t} \tag{11-72}$$

同时，根据沉降系数的定义，有

$$s = \frac{u_s}{\omega^2 \bar{x}} = \frac{1}{\omega^2}\left(\frac{\Delta x}{\Delta t}\right)\left(\frac{1}{\left[\frac{x_1 + (x_1 + \Delta x)}{2}\right]}\right) = \frac{1}{\omega^2}\left(\frac{\Delta x}{\Delta t}\right)\left(\frac{2}{2x_1 + \Delta x}\right) \tag{11-73}$$

仍需要测得各浓度的沉降系数并推至 0 浓度得到 s_0。由沉降系数与浓度的关系

$$\frac{1}{s} = \frac{1}{s_0} + k_s c \tag{11-74}$$

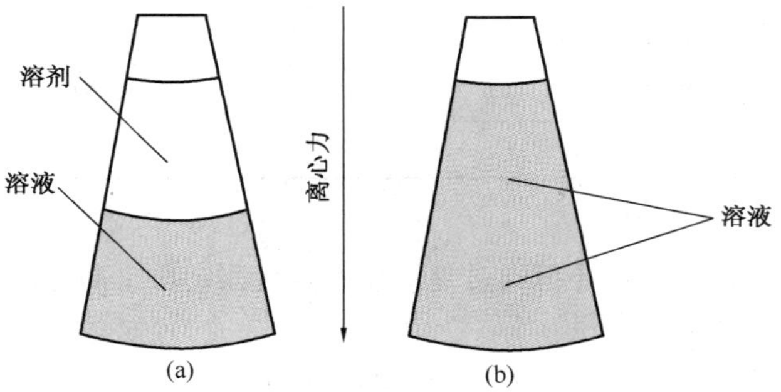

图 11-34　溶液中高分子浓度在离心力场中的分布示意图

(a)单分散高分子试样；(b)连续分布多分散试样

由此，以 $1/s$ 对 c 作图，由截距的倒数得到 s_0。并且由图 11-35 可知，浓度梯度峰的位置移动、宽度增大，这是由扩散作用与分子量多分散性引起的，所以采用沉降速度法还可测量聚合物的分子量分布，但必须消除扩散引起的峰的加宽效应。

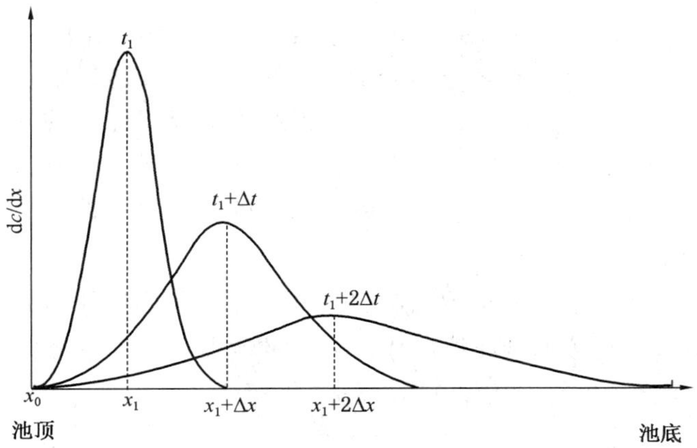

图 11-35　离心池中 dc/dx 随离心时间的演变示意图

超离心法测定聚合物的分子量是绝对方法。例如，Mlyna 等[60]采用超离心沉降平衡法测得聚合物的绝对分子量，对尺寸排除色谱进行校正，取得了满意的效果。Sharma 等[61]从牧豆树种子中提取出多糖，其单糖组成为半乳糖：甘露糖等于 1：4.65，超离心分析得到其沉降常数 s_0 为 1.65，并由此计算得绝对分子量为 2.6×10^4g/mol。尽管超离心法是最耗时、

最费力和最昂贵的聚合物分子量测定绝对方法，但它的可靠性高、通用性强、外在因素影响小，因此在聚合物尤其是生物大分子(蛋白质，如球蛋白)分子量的测定上具有重要的用途。表 11-2 列出了几种生物大分子和合成聚合物的偏摩尔体积$\tilde{V}_2$、扩散系数 D_0 以及沉降系数 s_0，并按式(11-69)计算得到它们的重均分子量[62]。

表 11-2　几种聚合物通过超离心法测定得到的分子量[62]

聚合物	$\tilde{V}_2$/(mL/g)	$s_0\times10^{13}$/s	D_0/(cm^2/s)	$M_w\times10^{-4}$/(g/mol)
血色素	0.749	4.48	6.9	6.3
血清白蛋白	0.736	4.67	5.9	7.2
尿素酶	0.73	18.6	3.46	48.0
烟草花叶病毒	0.73	185	0.53	3140
聚苯乙烯	0.99	17.9	3.6	59.2

11.4.3　显微法

在某些情况，聚合物分子量还可通过显微技术直接测定单个高分子的尺寸，依据物质质量的计算方法得到聚合物的分子量：

$$M = (1/6)N_A\pi d^3\rho \qquad (11-75)$$

式中，ρ 为试样的本体密度；d 为球粒直径。同时，由分子尺寸分布，根据式(11-2)和(11-3)，可计算重均和数均分子量及多分散系数(M_w/M_n)。例如[63]，水溶性聚丙烯酰胺溶于水中，制得 0.05%的水溶液，缓慢加入不同比例正丙醇，然后用喷雾的方法将稀溶液喷到带有碳的支持膜的铜网上。当水与正丙醇的比例为 2∶8 时，可得到单分子分散的球粒，其透射电镜结果如图 11-36 所示。所得照片用带有标尺的测微放大镜测量粒子直径，或用图像处理仪直接测定粒径分布，转换为数量或重量微分分布曲线，从而得到聚丙烯酰胺的分子量以及分子量分布。

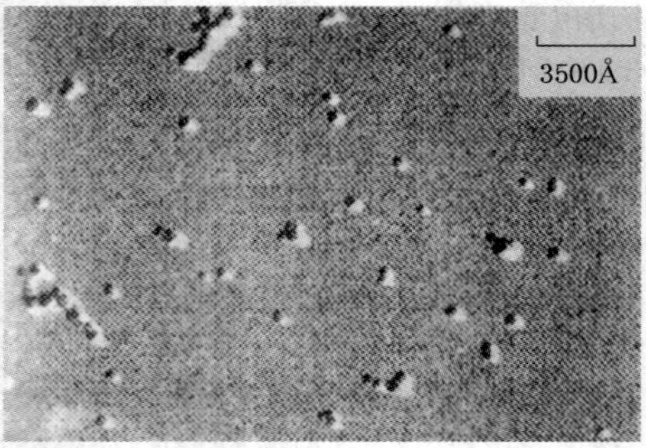

图 11-36　聚丙烯酰胺单分子粒子的 TEM 照片[63]

一般情况下，聚合物分子量为 5×10^5g/mol 的单分子球粒的尺寸约为 10nm 左右，在电镜下极易观测。应用电镜可直接测量球粒尺寸，分子量愈大，观察愈容易，测量误差也愈小。但是，球粒形态随沉淀剂含量、溶液浓度及喷雾方法而变化，因此，首先必须确定所得到的球粒是单分子线团球体。

原子力显微镜(AFM)单分子实验是直接测定小粒子三维形貌的最有力工具[64]，也可用于表征高分子链的大小、分子量等。例如[65]，一种超支化的虎奶菇多糖 TM3b 在水溶液中容易聚集，采用透射电镜和原子力显微镜结合就可得到了聚集体的分子尺寸，如图 11-37。通过式(11-75)就可计算出该聚集体的分子量，再与单分子的分子量比较就可得到聚集数，从而了解这种生物大分子在不同溶剂中的链构象。

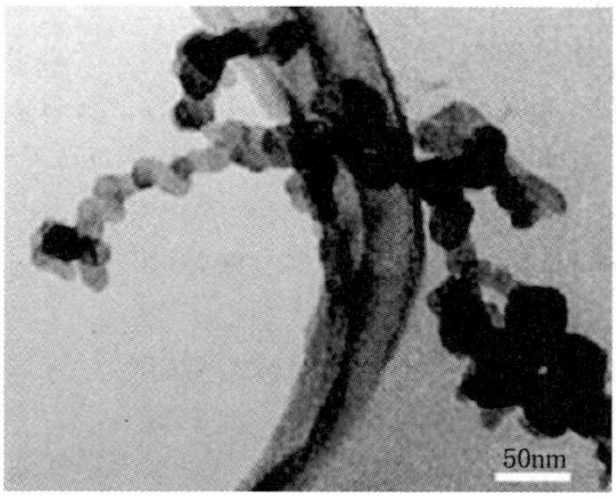

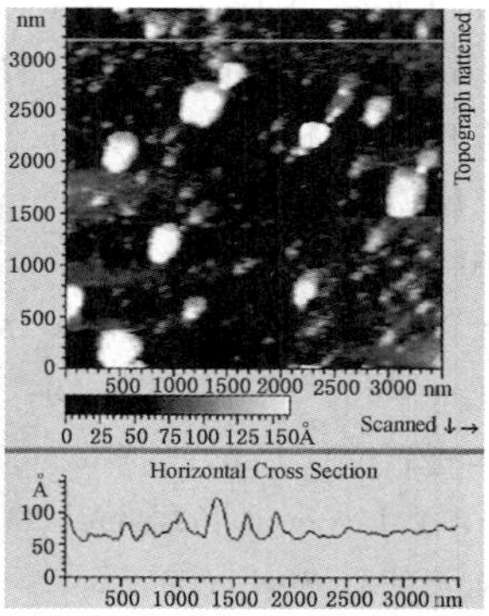

图 11-37　一种超支化的虎奶菇多糖 TM3b 的 TEM(a)和 AFM 图(b)[65]

参 考 文 献

1　何曼君，陈维孝，董西侠．高分子物理(第三版)．上海：复旦大学出版社，2007

2　虞志光．聚合物分子量及其分布的测定．上海：上海科学技术出版社，1984

3　潘祖仁．高分子化学(增强版)．北京：化学工业出版社，2007

4　P. G. de Gennes. Scaling concepts in polymer physics. New York：Cornell University Press，1979

5　H. R. Allcock，F. W. Lampe，J. E. Mark. 当代聚合物化学．张其锦、董炎明、宋惠娟等译．北京：化学工业出版社，2006

6　杨玉良，胡汉杰．高分子物理．北京：化学工业出版社，2001

7　金日光，华幼卿．高分子物理(第三版)．北京：化学工业出版社，2007

8　董炎明，胡晓兰．高分子物理学习指导．北京：科学出版社，2005

9　M. Rubinstein，R. H. Colby. Polymer Physics. USA：Oxford University Press，2003

10　汪昆华，罗传秋，周啸．聚合物近代仪器分析(第二版)．北京：清华大学出版社，2000

11　L. H. Sperling. Introduction to physical polymer science. 4th ed.，Hoboken，New Jersey：John Wiley & Sons，2006

12　B. C. Li. Fundamentals of polymer physics. Beijing：Chemical industry press，1999

13　何曼君，陈维孝，董西侠．高分子物理(修订版)．上海：复旦大学出版社，1990

14　B. Ustamehmetoglu，Z. I. Diler，A. S. Sarac. Int. J. Polym. Anal. Charact.，2002，7(4)：263~272

15　冯良，胡继文，肖定书等．高分子学报，2007，5：413~421

16　H. Terayama. J. Polym. Sci.，1952，8：243~253

17　H. Tanaka，Y. Sakamoto. J. Polym. Sci.，1993，31：2687~2691；2693~2696

18　张俐娜，薛奇，莫志深，金熹高．高分子物理近代研究方法(第二版)．武汉：武汉大学出版社，2006

19　B. H. Zimm，I. Myerson. J. Am. Chem. Soc.，1946，68：911

20　张俐娜，皱从炎，何从乐，田黎．高等学校化学学报，1984，5 (6)，884

21　张俐娜，詹东风．高分子通讯，1984，(2)，115

22　张俐娜，张蓉晖．高分子学报，1989，6 (3)，370

23　H. Zengin，H. G. Spencer，G. Zengin，R. V. Gregory. Synthetic Metals，2007，157：147~154

24　S. Rangou，P. E. Theodorakis，L. N. Gergidis，et al.，Polymer，2007，48：652~663

25　D. Yan，Y. Zhou，J. Hou. *Science*，2004，303：65~67

26　H. G. Barth，J. W. Mays. Modern methods of polymer characterization. New York：John Wiley & Sons，1991

27　H. P. Frank，H. P. Mark. J. Polym. Sci.，1955，17：1

28 A. E. Tonelli, P. J. Flory. Macromolecules, 1969, 2, 225
29 P. Debye. J. Phys. Colloid Chem., 1947, 51, 18
30 X. Xiong, John Eckelt, B. A. Wolf, et al. J. Chromatogr. A, 2006, 1110(1~2), 53~60
31 S. H. Chen, B. Chu, R. Nossal. Scattering techniques applied to supermolecular and nonequilibrium systems. New York: Plenum Press, 1981
32 A. Ohshima, A. Yamagata, T. Sato, et al. Macromolecules, 1999, 32: 8645
33 C. Wu. *Adv. Polym. Sci.*, 1998, 137: 104
34 G. Yuan, X. Wang, C. C. Han, C. Wu. Macromolecules, 2006, 39: 6207~6209
35 W. Liu, R. Liu, Y. Li, et al. Polymer, 2009, 50: 211~217
36 C. Wu. Polymer, 1998, 39: 4609
37 胡家璁. 高分子 X 射线学. 北京：科学出版社，2003
38 莫志深，张宏放. 晶态聚合物结构和 X 射线衍射. 北京：科学出版社，2003
39 R. J. Roe. Methods of X-Ray and neutron scattering in polymer science.. Oxford: Oxford University Press, 2000
40 H. Pasch, W. Schrepp. MADIL-TOF mass spectrometry of synthetic polymers. Berlin: Springer-Verlag, 2003
41 S. D. Hanton. Chem. Rev., 2001, 101: 527~569
42 M. Y. He, H. Chen. Curr. Org. Chem., 2007, 11: 909~923
43 T. Wampler, C. Zawodny. Am. Lab., 1999, 31(19): 30
44 G. Montaudo, C. Puglisi. In Developments in Polymer Degradation; N. Grassie, Ed., Applied Science Publisher: London, 1987, Vol7
45 S. Carroccio, C. Puglisi, G. Montaudo. Macromol. Chem. Phys., 1999, 200: 2345~2355
46 J. W. Coburn, E. W. Eckstein, E. J. Kay. J. Vac. Sci. Technol., 1975, 12: 151~154
47 L. Prokai. Field Desorption Mass Spectrometry. Dekker: New York, 1990
48 M. Barber, R. Bordoli, R. D. Sedgwick, et al. J. Chem. Soc., Chem. Commun, 1981, 325
49 www. cetac. com
50 K. Linnemayr, P. Vana, G. Allmaier. Rapid Commun. Mass. Spectrom, 1998, 12: 1344~1350
51 S. M. A. B. Batoy, E. Akhmetova, S. Miladinovic, et al. Appl. Spectr. Rev, 2008, 43: 485~550
52 P. O. Danis, D. E. Karr, J. W. J. Simonsick Jr., D. T. Wu. Macromolecules, 1995, 28: 1229
53 J. Liu, R. S. Loewe, R. D. McCullough. Macromolecules, 1999, 32: 5777~5785
54 S. D. Hanton, I. Z. Hyder, J. R. Stets, et al. J. Am. Soc. Mass Spectron, 2004, 15: 168
55 I. Schnöll-Bitai, R. Ullmer, T. Hrebicek, et al. Rapid Commun. Mass Spectrom, 2008, 22: 2961~2970
56 H. Pasch. *Phys. Chem. Chem. Phys.*, 1999, 1: 3879~3890
57 M. S. Montaudo, C. Puglisi, F. Samperi, et al. Rapid Commun. Mass Spectrom, 1998, 12: 519~528
58 G. J. Kallos, D. A. Tomalia, D. M. Hedstrand, et al. Rapid Commun. Mass Spectrom, 1991, 5: 383~386
59 D. J. Aaserud, L. Prokai, W. J. Simonsick. Anal. Chem, 1999, 71: 4793~4799
60 J. Mlynar, S. Sarkanen. in Strategies in size exclusion chromatography, ACS Symposium Series, Symposium on Strategies in Size Exclusion Chromatography, at the 209th National Meeting of the American-Chemical-Society, 1996, 635: 379~400
61 S. Sharma, P. L. Soni. Ind. J. Chem. Sect. B-Org. Chem. Include. Med. Chem, 1994, 33: 355~361
62 W. J. Moore. Physical Chemistry. 4th ed.. Englewood Cliffs N. J.: Prentice-Hall, 1972, 939
63 周恩乐、李虹. 高分子学报，1987，12：443
64 Y. Roiter, S. Minko. J. Am. Chem. Soc, 2005, 127: 15688
65 Y. Tao, L. Zhang. Biopolymers, 2006, 83: 414

习　题

1. 列举3种以上的聚合物分子量测定绝对方法。

2. 环氧乙烷聚合后的产物聚氧化乙烯$HO \leftarrow\!\!\!(CH_2CH_2—O—)\!\!\!\rightarrow_n OH$，每个分子含有两个端羟基。以苯基异氰酸（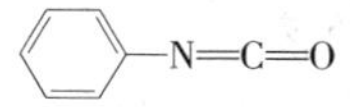）分析0.1kg聚氧化乙烯试样，结果5.923×10^{-3}kg的苯基异氰酸被消耗，并放出$2.1\times10^{-4}m^3$的CO_2气体（1atm、298K），试计算该聚氧化乙烯的平均相对分子量。

3. 某聚合物在每个分子链的一端带有一个氯原子，元素分析结果显示样品含氯0.250%，该聚合物的数均分子量为多少？

4. 简述端基分析法测定聚合物分子量的原理、适用范围。并依据图1得出聚丙二醇分子量的计算公式。

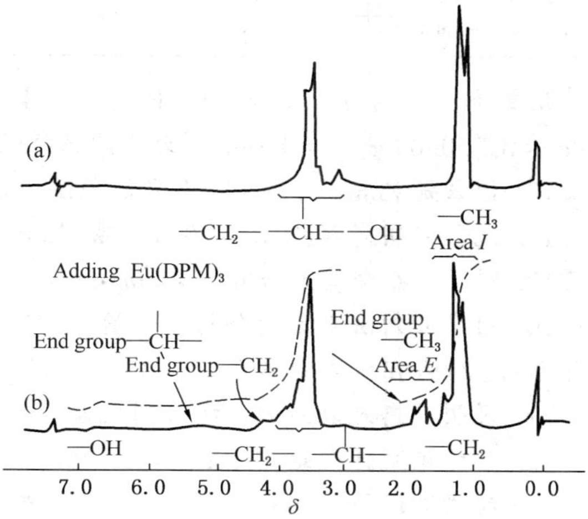

图 1

(a)为聚丙二醇的[1]H NMR谱；(b)为其加入化学位移试剂后的[1]H NMR谱。化学位移试剂使端甲基向低场位移到1.83，主链甲基则没有位移

5. 什么是稀溶液的依数性？

6. 将10.0g聚合物加到50.0g苯中，使苯的熔点从5.500℃下降到5.400℃。如果熔点下降常数$K=5.07$deg·kg/mol，聚合物的分子量为多少？

7. 用沸点升高法测定聚合物的分子量，对溶剂及样品有何要求？

8. 某沸点升高仪采用热敏电阻测定温差ΔT，检流计读数Δd与ΔT成正比。用苯作溶剂，三硬脂酸甘油酯（$M=892$g/mol）作标准样品，若浓度为1.20×10^{-3}g/mL，测得Δd为786。今用此仪器和溶剂测聚二甲基硅氧烷的分子量，浓度和Δd的关系如下表：

$c/(10^{-3}$g/mL)	5.10	7.28	8.83	10.20	11.81
Δd	311	527	715	873	1109

试计算此试样的分子量。

9. 简述膜渗透压法测定聚合物分子量的原理，有何注意事项。

10. 将50.0mgPMMA（$\rho=1.20$g/cm^3，$M_n=3.52\times10^5$）加到150g氯仿（$\rho=1.49$g/cm^3），配制成溶液，求此溶液的渗透压。

11. 当A_2为零时，聚合物溶液必须具备什么条件？此时聚合物溶液的特征又如何？溶液处于θ条件时对聚合物的分子量以及分子尺寸的测定有何影响？

12. 在25℃的θ溶剂中，测得浓度为7.36×10^{-3}g/mL的聚氯乙烯溶液的渗透压为0.248g/cm^2，求此试样的分子量和A_2，并指出所得分子量的类型。

13. 在25℃下，测定不同浓度的聚苯乙烯甲苯溶液的渗透压π，结果见下表

$c/(10^{-3}$g/mL)	1.55	2.56	2.93	3.80	5.38	7.80	8.68
$\pi/(g/cm^2)$	0.15	0.28	0.33	0.47	0.77	1.36	1.60

试求取此试样的数均分子量、第二维利系数 A_2 和 Huggins 参数 χ_1。已知 $\rho_{甲苯}=0.8623g/mL$，$\rho_{聚苯乙烯}=1.087g/mL$。

14. 气相渗透法测定聚合物的原理是什么？相对于其他分子量测定方法，它有何优、缺点？

15. 说明静态光散射、动态光散射的原理以及它们的区别。

16. 已知某 PS 试样在 25℃的丁酮溶液中的分子尺寸小于 $\lambda/20$，无内干涉效应，用光散射仪测得下表数据：

$c/(10^{-3}g/mL)$	0.7	1.4	2.2	2.9
$I_{90°}$(相对标度)	24	37	46	52

用苯作标准，$I_{90°(苯)}=15$，$R_{90°(苯)}=4.85\times10^{-5}cm^{-1}$，$n_{苯}=1.4979$，$n_{丁酮}=1.3761$，$dn/dc=0.230mL/g$，$\lambda=436nm$，计算此试样的分子量和第二维利系数。

17. 什么是 Zimm 图？在静态光散射法中采用 Zimm 作图法的目的是什么？

18. 光散射法得到的 A_2 和渗透压法得到的 A_2 有什么关系？说明其物理意义。

19. 对于一个新型聚合物，其 dn/dc 值无法从文献中查到，请设计一个实验求得。

20. 用光散射法测定聚合物分子量时，下列哪一种情况得到的表观分子量较高？(1)无尘体系；(2)存在尘埃的体系。

21. 说明动态光散射测定能得到聚合物的哪些参数。

22. 具体说明什么是 MALDI-TOF-MS？它相对于普通 MS 的优势在哪里？

23. 超离心沉降法测定聚合物分子量有哪两种类型？哪一种较快？哪一种较精准？

24. 用密度瓶法测得 $c=5\times10^{-2}g/mL$ 的聚苯乙烯/甲苯溶液在 25℃的密度为 $0.8855g/cm^3$，甲苯的密度为 $0.8788g/cm^3$。在无限稀释溶液的沉降系数和扩散系数分别为 $17.9\times10^{-13}s$ 和 $3.6\times10^{-7}cm^2/s$。(1)试计算聚苯乙烯样品的分子量；(2)在超离心实验中，离心池距离旋转中心 5.0cm，旋转速率为 65000r/min，计算聚苯乙烯的沉降速度。

25. 某聚苯乙烯样品在甲苯中于 20℃用超离心沉降法测其分子量，聚合物的比体积为 0.91mL/g，测得的沉降系数和扩散系数如下表：

$c/(10^{-3}g/mL)$	4.3	2.2	1.1	0.6	0.4
$S/10^{-13}s$	4.31	5.69	6.72	7.60	7.88

$c/(10^{-3}g/mL)$	7.5	5.0	2.5
$D/(10^{-7}cm^2/s)$	2.36	2.17	2.07

由以上数据计算：(1)该聚合物的分子量；(2)该聚合物在甲苯溶液中的第二维利系数。

26. 血红蛋白在 20℃水溶液中扩散系数是 $6.9\times10^{-7}cm^2/s$，比体积是 0.749mL/g。假定蛋白质分子是球形的，试计算其分子量(水在 20℃的黏度为 10.05mP，1P=0.1Pa·s)。

第 12 章　聚合物分子量测定的相对方法

上一章从理论和实验上讨论了聚合物分子量测定的绝对方法，但这些方法测量速度一般都较慢、仪器昂贵、实验操作复杂、耗时费力。在工厂、检验中心等场所，需要反复、大规模测量聚合物试样的分子量，采用上述这些绝对方法难以实现目标，这就要求采用较快的方法，如黏度法、尺寸排除色谱法等相对方法[1,18,26,66,67]。

12.1　黏度法

12.1.1　高分子溶液的流动

流体在流动过程中，必须克服内摩擦力阻力 f。若将流体的流动设想成无数个液层（图 12-1），距离为 dr、面积为 A 的两个液层之间流速差为 dv。当流体平稳流动时，称为层流，此时流体内摩擦阻力与驱动流体流动的外力相等，大小为

$$f/A = \eta \frac{dv}{dr} \qquad (12-1)$$

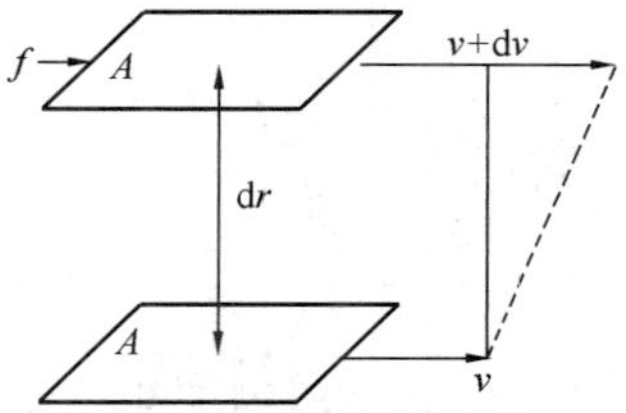

图 12-1　牛顿型流体液体流动示意图

这就是牛顿黏度定律的表达式，即流动流体单位面积的内摩擦力正比于流速梯度 dv/dr（或切变速度）。式中 η 为比例常数，定义为流体的黏度，由流体本身的性质和温度决定，称为绝对黏度，常用的单位有泊（Poise）、达因·秒/厘米^2（$dyne \cdot s/cm^2$）、克/秒·厘米（$g/s \cdot cm$）以及帕斯卡·秒（$Pa \cdot s$）等。流动符合上述表达式的流体，称为牛顿型流体，该流动称为牛顿型流动。低分子液体和高分子稀溶液在毛细管中的流动基本上属于牛顿型流动。

12.1.2　高分子溶液的黏度

人们早就发现，高分子溶液即使很稀也能使流体的黏度相对于纯溶剂显著提高。在稀溶液中，高分子大多为无规线团构象。在稀溶液中，尽管分子链间无缠结，但线团将像海绵那样把尽可能多的溶剂"包裹"在分子中，这就是高分子的溶剂化作用。溶剂化的高分子线团随溶剂一起在毛细管中流动，线团不同部位处于不同层流时受到不同的内摩擦阻力，使线团发生翻转，如图 12-2 所示。翻转运动导致内摩擦阻力增大从而使黏度增高，增高值取决于高分子本身的性质以及高分子在溶液中的尺寸和结构[11]。

若将高分子溶液置于竖直毛细管上部的小球 A 内，如图 12-3 所示，在重力作用下球内溶液将向下流动。根据泊肃叶（Poiseuille）定律，溶液的流速为

$$\frac{dV}{dt} = \frac{\pi R^4 \Delta P}{8\eta L} \qquad (12-2)$$

式中，dV/dt 是单位时间内通过毛细管某一横截面溶液的体积；R、L 分别为毛细管的半径和长度；ΔP 是驱动溶液流动的压力差。在此情况下，ΔP 即为溶液自身的重力 ρgh（h 为平均高度，近似等于 $(h_1+h_2)/2$，但是 h 实际上不是一个简单的平均值，但其计算较为复杂，具体计算过程参见文献[12]、[68]）。因此

$$\eta = \frac{\pi R^4 \rho g h t}{8LV} \qquad (12-3)$$

上式成立还必须满足雷诺数 Re(Reynolds number)低于 1000，即

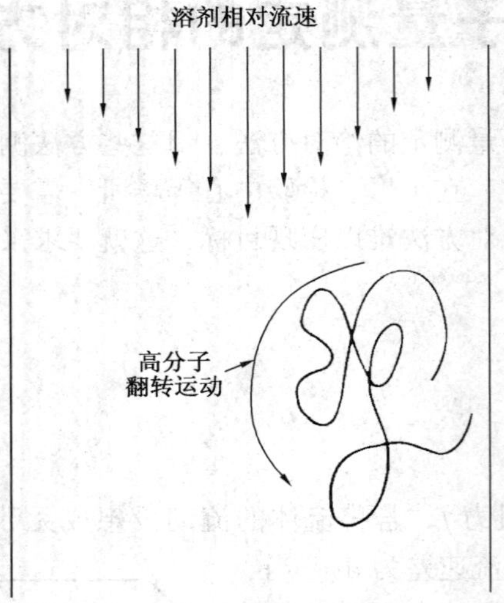

图 12-2　稀溶液中高分子线团的翻转运动

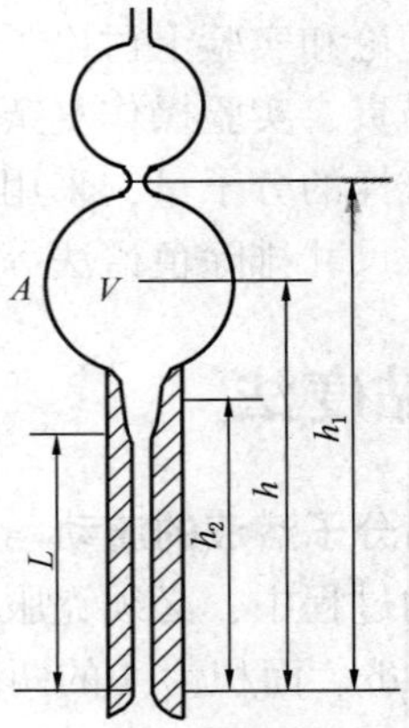

图 12-3　毛细管黏度计示意图

$$Re = \frac{2V\rho}{\pi R\eta t} < 1000 \tag{12-4}$$

经研究，大多数用于测定高分子溶液黏度的仪器均满足该条件。另外，泊肃叶定律还假定溶液中分子不在管壁滑移，也就是要求在管壁处的流体的流速为 0 或流体能“浸润”管壁。若流体与管壁不“浸润”或相互作用过强，则导致黏度测定中的毛细管壁界面效应[12,69]。

需引起注意的是，溶液以一定速度从毛细管流出，具有相应的动能，导致上述压力差 ΔP 不是全部用于驱动溶液流动，需从中扣除，称为“动能校正”。

$$\eta = \frac{\pi R^4 t\left(\rho gh - \dfrac{m\rho(V/t)^2}{\pi^2 R^4}\right)}{8LV} = \frac{\pi R^4 \rho ght}{8LV} - \frac{mV\rho}{8\pi Lt} \tag{12-5}$$

式中，m 是与仪器几何形状相关的常数，接近于 1。上式右边第二项称作“动能校正项”，在测定流体的绝对黏度时，该项可占 10%~15%，不扣除会引起较大误差。在实际测量中常采用“运动黏度”η/ρ(kinematic viscosity，又称比密黏度，单位为沲(Stokes)，沲=cm^2/s)，则式(12-5)就可改写成

$$\eta/\rho = At - B/t \tag{12-6}$$

式中 $A=\pi R^4 gh/8LV$、$B=mV/8\pi L$，均为常数。可看出 A、B 均取决于仪器的几何形状，在相同温度下测定两个已知黏度流体的流出时间即可求得它们。但 A、B 值受温度影响很大，在校正时需要注意控制温度波动范围在±0.1℃之内。

12.1.3　黏度的测定

测定流体黏度的方法主要分为三类：第一，通过测定流体在毛细管里的流出速度；第二，测定圆球在流体中下落的速度；第三，流体在同轴圆柱体间对转动的阻碍。依据这三类方法可将相应仪器分别称作毛细管黏度计、落球黏度计和旋转黏度计。其中，毛细管黏度计以其简便、准确和价廉等特点在高分子领域中使用最为广泛。

最常用毛细管黏度计是奥氏(Ostwald)和乌氏(Ubbelohde)黏度计，如图 12-4 所示。奥

氏黏度计有两支管，测定时通过将 B 球内的溶液吸到 A 球直至 m_1 刻度以上，然后放开并通大气，溶液将自然下流，记录液面从 m_1 流至 m_2 所需的时间 t。

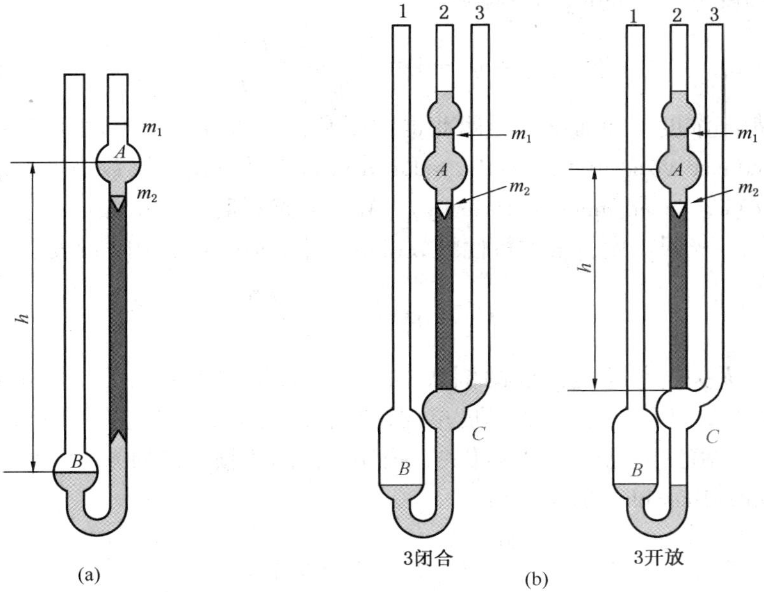

图 12-4　毛细管黏度计

(a)两支管奥氏；(b)三支管乌氏

乌氏黏度计有三根支管。测定前，将溶液从管 1 加入 B 球，再闭合管 3，然后由管 2 将溶液从 B 球吸到 A 球直至 m_1 刻度以上，然后放开并使管 3 立即通大气，同样，记录 C 球液面从 m_1 流至 m_2 所需的时间 t。

在奥氏黏度计中，溶液流经毛细管的驱动力正比于 A、B 球内液面的高差 h。为保证每次测定时的驱动力相同，每次加入 B 球内流体的量必须相同。而在乌氏黏度计中，驱动力正比于 A 球内液面至 C 球顶端毛细管出口的距离，与加入的溶液体积无关。由此，通过测定每种黏度计中溶液自 m_1 流至 m_2 所需的时间 t 后，按式(12-3)或(12-5)即可分别求得溶液的绝对黏度 η。

12.1.4　特性黏数

对高分子溶液来说，人们不仅在溶液加工过程需要测定其绝对黏度，还对高分子加入后引起体系黏度的变化更感兴趣。这种变化一般可采取以下几个参数来表示：

相对黏度 η_r(relative viscosity)，定义为高分子加入后引起溶液黏度 η 相对于纯溶剂黏度 η_0 的改变。根据式(12-6)，η_r 为

$$\eta_r = \frac{\eta}{\eta_0} = \frac{\rho(At - B/t)}{\rho_0(At_0 - B/t_0)} \qquad (12-7)$$

式中，下标$_0$ 表示纯溶剂。若式(12-7)中常数 A、B 已知，就可求得 η_r，但这毕竟较为麻烦。根据式(12-5)可知，通过恰当设计仪器的几何形状，如毛细管半径 R 较低、长度 L 较长等，使动能校正项尽可能低；并且经实验证明，当纯溶剂的流出时间 t 超过 100s 时，动能校正项所占比例将低于 2%，可忽略不计[70]。对于高分子稀溶液，$\rho \approx \rho_0$，所以式(12-7)即简化为

$$\eta_r = \frac{\eta}{\eta_0} = \frac{t}{t_0} \tag{12-8}$$

相应地，增比黏度 η_{sp}(specific viscosity)为

$$\eta_{sp} = \eta_r - 1 = \frac{\eta - \eta_0}{\eta_0} = \frac{t - t_0}{t_0} \tag{12-9}$$

显然，η_r、η_{sp}都随浓度增加而增大，因此也常用它们与浓度之比来表征溶液的黏度，即比浓黏度 η_{sp}/c(reduced viscosity 或 specific reduced viscosity)或比浓对数黏度 $\ln\eta_r/c$(logarithmic viscosity number 或 reduced inherent viscosity)。在无限稀释时，比浓黏度 η_{sp}/c 或比浓对数黏度 $\ln\eta_r/c$ 趋于同一极限黏度，常称特性黏数(intrinsic viscosity)，用$[\eta]$表示，即

$$[\eta] = \lim_{c\to 0}\frac{\eta_{sp}}{c} = \lim_{c\to 0}\frac{ln\eta_r}{c} \tag{12-10}$$

特性黏数与浓度无关，单位是浓度的倒数 mL/g(在较早文献或在美国常用 dL/g，1dL/g = 100mL/g)，与比浓黏度或比浓对数黏度单位相同。特性黏数的测定有多种方法，可分为：

(1) 外推法　溶液的黏度与浓度相关，描述它们间依赖关系的方程有很多，但都是经验公式，如：Schulz-Blaschke 方程

$$\frac{\eta_{sp}}{c} = [\eta] + k_{SB}[\eta]\eta_{sp} \tag{12-11}$$

Martin 方程

$$\ln\frac{\eta_{sp}}{c} = \ln[\eta] + k_M[\eta]c + \cdots \tag{12-12}$$

Huggins 方程

$$\frac{\eta_{sp}}{c} = [\eta] + k_H[\eta]^2 c \tag{12-13}$$

Kraemer 方程

$$\frac{\ln\eta_r}{c} = [\eta] - \beta[\eta]^2 c \tag{12-14}$$

等等，式中 k_{SB}、k_M、k_H、β 为与浓度无关的常数。

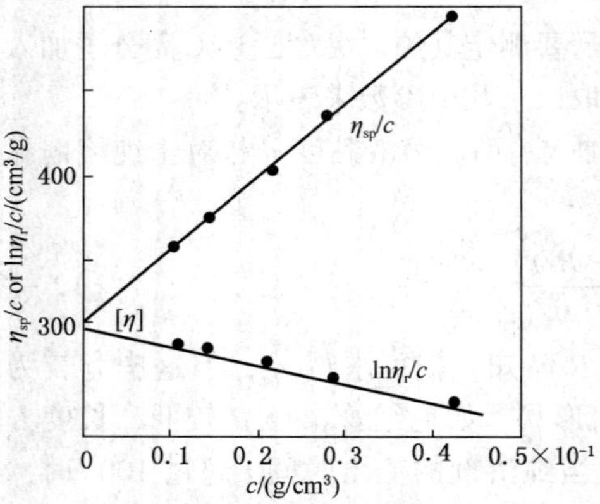

图 12-5　聚合物特性黏数$[\eta]$求取的典型方式

实验上，常采用乌氏黏度计测定不同浓度溶液的流出时间，起始浓度一般配制在 1%左右、流出时间约 200s 左右为宜；然后再逐步稀释，依次测定各浓度的流出时间，所得流出时间按式(12-8)求取 η_r，η_r 在 1.2~1.8 为最佳。然后，以比浓黏度 η_{sp}/c 对增比黏度 η_{sp}或对浓度 c、比浓对数黏度 $\ln\eta_r/c$ 对 c 作图；在相对黏度 η_r 小于 2 时一般为直线，且交于或接近于 $c=0$ 的同一截距；按以上方程式通过外推 $c\to 0$ 的截距求取特性黏数，如图 12-5 所示，称作稀释法或外推法。

(2) 一点法　在实际工作中，可能试样量少或需要对同种类聚合物的特性黏数进行大量重复

测定以得到产品质量信息和控制生产，采用上述稀释法就显得繁琐、费时，难满足要求。为此，在某些假设或常数已知的条件下，可在一个浓度下测定 η_{sp}，直接计算[η]，称作一点法。例如，令 $k_H/\beta=\gamma$，γ 值与分子量无关，联立式(12-13)和(12-14)可得

$$[\eta]=(\eta_{sp}+\gamma\ln\eta_r)/(1+\gamma)c \quad (12-15)$$

若 k_H、β 已知，则得到 γ 值，特性黏数[η]可由单一浓度计算得来，该式称为 Maron 公式[70]。同时，当式(12-13)减去式(12-14)，有

$$[\eta]=[(\eta_{sp}-\ln\eta_r)/(k_H+\beta)c^2]^{1/2} \quad (12-16)$$

实验发现，在丁苯橡胶/苯、聚异丁烯/环己烷、聚氯乙烯/环己烷等柔性链聚合物良溶剂体系，$k_H=1/3$，$k_H+\beta\approx0.5$，则

$$[\eta]=[2(\eta_{sp}-\ln\eta_r)]^{1/2}/c \quad (12-16a)$$

该式称作“程镕时一点法”公式[71]。

在工业生产中较为实用的另一种一点法称作对折法[72]，其基本原理如图12-6所示，公式为

$$[\eta]=\frac{[\eta_{sp}+(2^n-1)\ln\eta_r]}{2^n c} \quad (12-17)$$

式中，n 为在坐标图中(η_{sp}/c)与($\ln\eta_r/c$)两点间的对折次数：对柔顺的线型高分子，$n=2$；对支化度较低的高分子，$n=3$；对高支化或轻度交联的高分子，$n=4$。对折的方法，总是与 $\ln\eta_r$ 对半分，因而 n 越大越接近 $\ln\eta_r$。该法误差在1%以内。

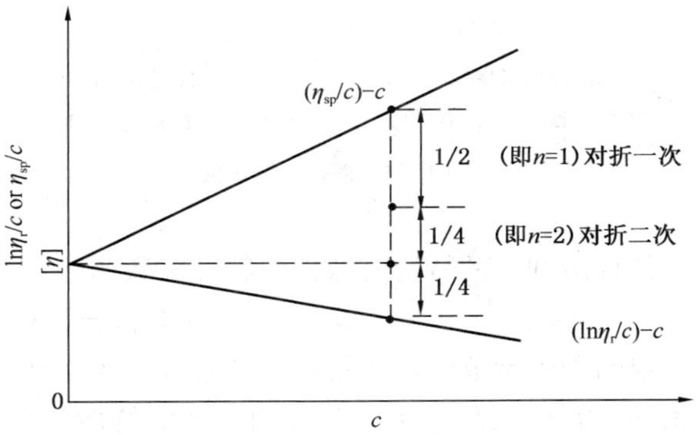

图 12-6 对折法求取特性黏数[η]示意图[72]

此外，还有一些一点法公式，例如，许承威[73]提出的可用于估算高分子与溶剂间相互作用一点法公式

$$[\eta]=\frac{\eta_{sp}/c}{1-1/2(1-\chi)\eta_{sp}} \quad (12-18)$$

考虑浓度校正的一点法公式[74]

$$[\eta]=\frac{1}{2}\left(\frac{\eta_{sp}}{c}+\frac{\ln\eta_r}{c}\right)-Kc \quad (12-19)$$

经验公式[75]

$$[\eta]=[(\ln\eta_r)/c]\cdot\eta_r^{1/9} \quad (12-20)$$

此外，还有适用于各种特定高分子如共聚物[76]、聚对苯二甲酸丁二醇酯[77]、聚酯[78]、壳聚糖[79,80]等特性黏数测定的一点法公式。

12.1.5 特性黏数与聚合物的分子量

(1) Mark-Houwink 方程　聚合物与溶剂的不同相互作用或处于不同温度下，导致其分子链在溶剂中的扩张、伸展程度不同，即黏度不同。例如，从香菇多糖提取的β-(1→3)-D-葡聚糖，采用不同的溶剂或处于不同的温度时，其相对黏度会发生较大的变化，甚至发生构象转变[81]，如图 12-7 所示。

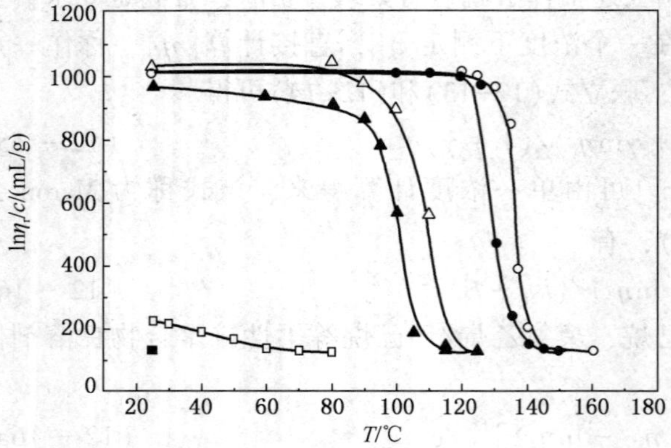

图 12-7　香菇提取 β-(1→3)-D-葡聚糖在二甲亚砜(DMSO)/水混合溶剂中黏度的变化($c=3.0\times10^{-4}$g/mL)
○ 纯水；● $w_{DMSO}=0.70$；△$w_{DMSO}=0.78$；▲ $w_{DMSO}=0.81$；□$w_{DMSO}=0.85$；■$w_{DMSO}=0.90$[81]

但是，对于同一高分子，在相同溶剂、相同温度下，比浓黏度或比浓对数黏度外推至浓度为 0 的外推值，即特性黏数是恒定不变的。同时，对于不同分子量的同种高分子，在相同条件下、一定分子量范围内，其特性黏数与分子量间有如下经验关系：

$$[\eta]=KM^{a} \qquad (12-21)$$

这就是著名的 Mark-Houwink 方程(又名 Mark-Houwink-Sakurada 方程)，K、a 是可由实验测得的常数，或者从文献中查得。a 一般介于 0.5~1.0 之间，取决于聚合物/溶剂体系和温度的高低。对于未知的聚合物，可采取分级法制备较窄分散的级分，并通过绝对方法测定各个级分的分子量，以及测定它们在一定温度下、某种溶剂中的特性黏数，以特性黏数的对数对分子量的对数作双对数图，即

$$\lg[\eta]=\lg K+a\lg M \qquad (12-22)$$

在一定的分子量范围内总得到一条直线，由直线的斜率得到 a，截距得到 $\lg K$。因此，在相同条件(溶剂、温度)下测定未知样品的特性黏数，就可简便地通过所制定的这种聚合物的 Mark-Houwink 方程计算其分子量。表 12-1 列出了一些聚合物/溶剂体系的 Mark-Houwink 方程参数；在查阅手册或文献时应注意这些常数对应的单位，近年来文献中浓度的单位一般为 g/mL；若浓度单位为 g/dL(即 g/100mL)，其 Mark-Houwink 方程中 K 值即是以 g/mL 为浓度单位的 K 值的 1/100。

表 12-1　聚合物特性黏数-分子量关系的 Mark-Houwink 方程参数

聚合物	溶　剂	温度/℃	$K\times10^2$/(mL/g)	α	适用分子量范围 $M\times10^{-3}$	来源文献
聚乙烯(高压)	十氢萘	70	6.8	0.675	200<	1
	二甲苯	105	1.76	0.83	11.2~180	1
聚乙烯(低压)	α-氯萘	125	4.3	0.67	48~950	1
聚丙烯	环己烷	60	0.123	0.61		82
	十氢萘	135	1.00	0.80	100~1100	1
	四氢萘	135	0.80	0.80	40~650	1
间规聚苯乙烯	邻二氯苯	135	1.11	0.72	40~1060	83
聚苯乙烯	苯	20	1.23	0.72	1.2~540	1
	四氢呋喃	25	6.03	0.553		84
		25	1.05	0.729	60>	85
		25	4.32	0.598	60<	86

续表

聚合物	溶　剂	温度/℃	$K\times10^2$/(mL/g)	α	适用分子量范围 $M\times10^{-3}$	来源文献
聚苯乙烯(等规立构)	甲苯	25	1.7	0.69	3.3~1700	1
聚异戊二烯	苯	25	5.02	0.67	0.4~1500	1
	四氢呋喃	25	9.66	0.568		87
聚异丁烯	环己烷	30	2.76	0.69	37.8~700	1
聚丁二烯	甲苯	30	3.05	0.725	53~490	1
1，2-聚丁二烯	四氢呋喃	30	2.262	0.738		88
	甲苯	30	4.545	0.720		
聚辛烯-1	四氢呋喃	25	3.89	0.701		89
			4.14	0.625		
聚氯乙烯	环己酮	25	0.204	0.56	19~150	1
乳液聚合聚氯乙烯 50%转化率	环己酮	20	0.137	1	70~125	1
86%转化率	环己酮	20	0.143	1	30~125	
>90%转化率	环己酮	20	11.25	0.63	90~150	
聚甲基丙烯酸甲酯	丙酮	20	0.55	0.73	40~8000	1
	苯	20	0.55	0.76	40~8000	
	甲苯	298K	69.4	0.502	<40	90
			66.0	0.734	40>	
			7.1	0.73	400~3300	
聚醋酸乙烯酯	丁酮	25	4.2	0.62	17~1200	1
聚乙烯醇	水	30	6.62	0.64	30~120	1
		30	6.51	0.628		91
	DMSO	65	1.51	0.804		
	乙二醇	140	3.54	0.692		
聚己内酯	四氢呋喃	25	2.66	0.71		92
聚碳酸酯	氯甲烷	20	1.11	0.82	8~270	1
	四氢呋喃	20	3.99	0.70	8~270	
聚对苯二甲酸乙二酯	苯酚/四氯乙烷 1：1(wt)	25	2.10	0.82	5~25	1
聚对苯二甲酸丙二酯	六氟异丙醇	35	5.51	0.71	* M_w	93
			10.0	0.70	* M_n	
	苯酚/四氯乙烷(6：4，wt)	30	5.36	0.69	* M_w	
	苯酚/四氯乙烷(1：1，wt)	20	8.2	0.63	* M_w	94

续表

聚合物	溶剂	温度/℃	$K\times10^2$/(mL/g)	α	适用分子量范围 $M\times10^{-3}$	来源文献
聚乳酸	丙酮	25	1.672	0.703	9.3~41.7	95
	氯仿	30	0.0131	0.759		96
	四氢呋喃	30	0.0174	0.736		
	各种溶剂	各个温度				97
聚酯-聚氨酯	二甲基甲酰胺	25	1.540	0.748		98
	四氢呋喃	25	1.211	0.783		
	二氧六环	25	0.7623	0.820		
	环已酮	25	1.157	0.785		
	二甲基亚砜	25	4.550	0.647		
	二甲基甲酰胺	30	1.61	1.36		99
聚丙烯晴	二甲基二甲酰	25	3.92	0.75	28~1000	1
尼龙6	甲酸(85%)	20	7.5	0.70	4.5~16	1
尼龙66	甲酸(90%)	25	11	0.72	6.5~26	1
聚丙烯酰胺	1.0M NaCl 水溶液	30	0.475	0.80		100
	1.0M $NaNO_3$ 水溶液	30	1.08	0.74	5000~12000	101
聚(*N*-异丙基丙烯酰胺)	水	20	11.2	0.51		102
			14.5	0.50		103
			0.046	0.93		104
		25	0.023	0.97		104
	methanol	25	3.0	0.64		104
	THF	27	0.96	0.65		103
			0.575	0.78		105
聚*N*-乙烯甲酰胺	0.1M NaCl	30	5.43	0.715	100~900	106
聚酰胺酸	DMF/0.02M H_3PO_4	35	多个	多个		107
聚苯胺	*N*-甲基吡啶/翠绿亚胺/甲基氮丙啶	25	1.2	0.77		108
聚砜(双酚A)	氯仿	25	2.4	0.72	20~100	1
聚二甲基硅氧烷	苯	20	2.00	0.78	33.9~114	1
	甲苯	25	0.828	0.72	200>	109
		25	1.36	0.69	2.6~625	110
		25	1.87	0.658	3~300	111
		30	1.65	0.67		112

续表

聚合物	溶　剂	温度/℃	$K\times10^2$/(mL/g)	α	适用分子量范围 $M\times10^{-3}$	来源文献
聚二甲基硅氧烷	溴代环己烷	28	7.80	0.50	200>	109
		29	7.45	0.50	330~1060	112
	$C_8F_{18}/C_2Cl_4F_2$(1∶1)	22.5	10.6	0.5	550~1200	113
	丁酮	20	7.11	0.50		112
聚碳硅烷	四氢呋喃	25	0.068	0.855	1.4~30.4	114
聚对二炔苯	四氢呋喃	25	76.2	0.26		115
聚甲醛	二甲基甲酰胺	150	4.4	0.66	89~285	1
天然橡胶	甲苯	25	5.02	2/3		1
丁苯橡胶(50°聚合)	甲苯	30	1.65	0.78	26~1740	1
丁苯橡胶(5°聚合)	甲苯	30	2.95	0.75	55~1000	1
偏氯乙烯-丙烯酸甲酯共聚胶乳	四氢呋喃	30	3.421	0.64		116
氟共聚物 VDF-CTFE	乙酸乙酯	25	13.6	0.835		117
聚环硫氯丙烷	四氢呋喃	30	0.592	0.771	0.9~13.6	118
条斑紫菜多糖	水	25	0.786	0.626		119
三元丙烯酸(AMPS)共聚物	NaCl 水溶液	30	0.674	0.87		120
聚对苯二甲酸乙二醇酯-聚四亚甲基醚多嵌段共聚物	氯仿	30	4.60	0.58		121
甲壳素	10%NaOH	20	0.10	0.68		122
	5%LiCl/DMAc	30	0.76	0.95		123
壳聚糖	0.3mol/L 乙酸/0.3mol/L 乙酸钠	25	0.181	0.67	101~838	124
	0.2mol/L 乙酸缓冲溶液，pH=4.3	20	0.74	0.95	70~450	125
	0.1mol/L 乙酸/0.2MNaCl	25	0.181	0.93		126，127
	0.1mol/L 乙酸/0.02MNaCl	25	0.304	1.26		126，127

续表

聚合物	溶　剂	温度/℃	$K\times10^2$/(mL/g)	α	适用分子量范围 $M\times10^{-3}$	来源文献
壳聚糖	0. 2mol/L 乙酸/0. 1mol/L 乙酸钠/4mol/L 尿素	25	8. 93	0. 71		126，128
	0. 3mol/L 乙酸/0. 2mol/L 乙酸钠（DA=0. 02）	25	8. 2	0. 76		126，129
	0. 3mol/L 乙酸/0. 2mol/L 乙酸钠（o<DA<0. 03）	25	7. 9	0. 796		126，130
	0. 02mol/L 乙酸缓冲溶液/0. 1mol/L NaCl	25	8. 43	0. 92		126，131
	各种溶剂	20~30	$\lg K\cdot10^5=-5.7676e^{\alpha}+5.9232$	$\alpha=0.6202+0.699x/(0.4806+x)$ $x=[DA/pH\cdot\mu]$，DA 为乙酰度，μ 为离子强度		132
纤维素	Cadoxen	25	3. 85	0. 76	10~943	133
			5. 51	0. 75	225~945	134
	Cuoxam	25	0. 70	0. 9	194~1490	134
	Cuen	25	1. 01	0. 9	194~1490	135
	FeTNa	30	5. 31	0. 775	33~560	136
	9%LiCl/DMAc	30	0. 0128	1. 19	125~700	137
	6%NaOH/4%尿素水溶液	25	2. 45	0. 815	32~129	138
	6%LiOH 水溶液	25	2. 78	0. 79	31~115	139
	4. 6%LiOH/15%尿素水溶液	25	3. 72	0. 77	27~412	140
	DMSO/PF	30	4. 88	0. 81	67~120	141
醋酸纤维素	丙酮	25	1. 49	0. 82	21~390	1
硝基纤维素	丙酮	25	2. 53	0. 795	68~224	1
乙基纤维素	乙酸乙酯	25	1. 07	0. 89	40~140	1
羧甲基纤维素 DS≈0. 7~0. 8	0. 5mol/L NaOH 水溶液	25	5. 37	0. 73		142
	0. 4mol/L 乙酸缓冲液		2. 24	0. 83		

续表

聚合物	溶　　剂	温度/℃	$K\times10^2$/(mL/g)	α	适用分子量范围 $M\times10^{-3}$	来源文献
支链淀粉	DMSO	23	111.8	0.281		143
	25%DMSO+75%2 mol/L KSCN 水溶液		29.2	0.297		
直链淀粉	DMSO	23	0.367	0.82		
	25%DMSO+75%2 mol/L KSCN 水溶液		12.2	0.50		
普鲁兰(Pullulan)	0.05mol/L Na_2SO_4	30	1.956	0.667	5~1000(窄分布)	144
			2.056	0.657	5~1000(宽分布)	
魔芋葡甘聚糖	水	30	5.06	0.754		145
甲基化魔芋葡甘聚糖(DS≈0.45)	水	30	6.37	0.74		146
聚(γ-谷氨酸)	50mol/L $Na_2HPO_4\cdot2H_2O$/50mol/L KH_2PO_4/HCl 缓冲液，pH=7.0	25	0.0184	1.16		147
聚(4,4′-二(仲丁氧羰基)-2′-乙烯基对三联苯)	四氢呋喃	25	0.275	0.78	204~114	148
聚苯并咪唑	96%硫酸	25	0.52	0.92	65<	149
	5% LiCl/DMF	25	3.2	0.754		

当然，所得分子量将是一个平均分子量，因为

$$\eta_{sp} = \sum_i (\eta_{sp})_i \qquad (12-23)$$

根据特性黏数的定义

$$[\eta]_i = [(\eta_{sp})_i / c_i]_{c\to0} = KM_i^a \qquad (12-24)$$

所以，$(\eta_{sp})_i = Kc_iM_i^a$。则

$$[\eta] = [(\eta_{sp})_i / c_i]_{c\to0} = (K\sum_i c_iM_i^a)/c$$

$$[\eta] = K\sum_i w_iM_i^a = K\bar{M}^a \qquad (12-25)$$

因此，

$$\bar{M} = \bar{M}_\eta = \left(\sum_i \frac{c_i}{c}M_i^a\right)^{1/a} = (\sum_i w_iM_i^a)^{1/a} \qquad (12-26)$$

所以，严格来讲，式(12-21)的 Mark-Houwink 方程应写作

$$[\eta] = K(\bar{M}_\eta)^a \qquad (12-27)$$

在制定 Mark-Houwink 方程的过程中，需要注意所采用的分子量类型。对于单分散聚合物，无论采用哪种平均分子量都不影响方程的形式，因为$\overline{M}_n=\overline{M}_\eta=\overline{M}_w$。但是，对于多分散的高分子，$\overline{M}_n \neq \overline{M}_\eta \neq \overline{M}_w$。采用绝对方法测得的是数均分子量时，制定的 Mark-Houwink 方程可写作

$$[\eta]=K_n(\overline{M}_n)^a \tag{12-28}$$

采用绝对方法测得的是重均分子量时，制定的 Mark-Houwink 方程可写作

$$[\eta]=K_w(\overline{M}_w)^a \tag{12-28a}$$

因此，可通过测定未知样品的特性黏数得到不同类型的平均分子量。但是，若制定 Mark-Houwink 方程所用样品的多分散系数 d 与待测未知样品的 d 差别很大时，还需校正由试样多分散性带来的误差

$$K_w=K(\overline{M}_w/\overline{M}_n)^{0.5a(a-1)} \tag{12-29}$$

$$K_n=K(\overline{M}_w/\overline{M}_n)^{0.5a(a+1)} \tag{12-29a}$$

例如，若制定 Mark-Houwink 方程所用样品的 $d=1.2$，待测未知样品 $d=2$，a 为 0.7，那么

$$[\eta]_{测量值}=K_w(\overline{M}_w)^{0.7}=K_{w,校正}(\overline{M}_{w,校正})^{0.7}$$

则根据式(12-25)，$\overline{M}_w/\overline{M}_{w,校正}=(K_{w,校正}/K_w)^{1/0.7}=0.927$，即未校正重均分子量将低于校正值约 7%；同理，$\overline{M}_n/\overline{M}_{n,校正}=(K_{n,校正}/K_n)^{1/0.7}=1.54$，也就是未校正数均分子量将高于校正值约 54%。这也表明，多分散性对数均分子量的影响更大。由于$\overline{M}_\eta$ 与$\overline{M}_w$ 更接近(图 11-3)，因此在实际工作中常采用绝对方法得到重均分子量$\overline{M}_w$ 制定新型聚合物的 Mark-Houwink 方程。

(2) 特性黏数与分子尺寸　特性黏数的单位是单位质量的体积 mL/g 或 dL/g，说明其维度为比体积，这与爱因斯坦等效球模型的黏度关系相当：当溶质溶解在溶液中后，若将分子假想为一个个悬浮在体系中的微球，如图 12-8 所示，此时体系的特性黏数为

$$[\eta]=2.5\frac{N_A V_e}{M}=2.5\frac{N_A(4/3\pi R_e^3)}{M} \tag{12-30}$$

式中，N_A 为阿弗加德罗常数；M 为微球分子的分子量；R_e、V_e 分别为等效球的半径和体积。但大多数高分子并非简单的微球，而是呈无规线团构象，在溶液中分子链将较小的溶剂分子包裹在线团中，具有“排斥体积”效应，因此上式可改写成

$$[\eta]=\Phi\frac{\langle h^2\rangle^{3/2}}{M} \tag{12-31}$$

式中，$\langle h^2\rangle$ 指均方末端距；Φ 为常数，在取 h 单位为 cm、$[\eta]$ 单位为 mL/g 时约为2.0×10^{23}。

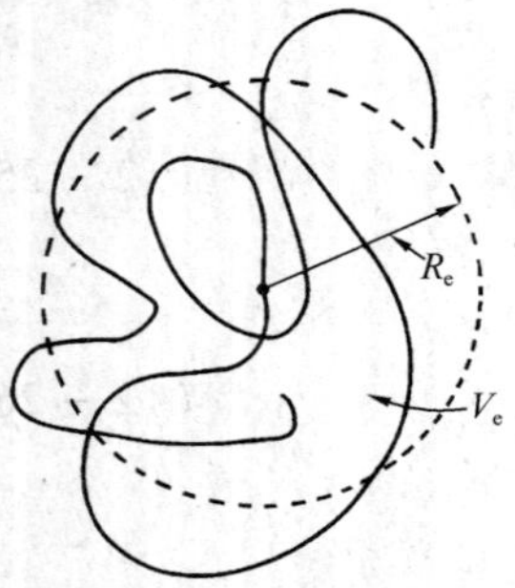

图 12-8　等效球模型

联立式(12-21)与式(12-31)可得

$$\langle h^2\rangle^{1/2}=\left(\frac{KM^{1+a}}{\Phi}\right)^{1/3} \tag{12-32}$$

因此，若已知分子量和 Mark-Houwink 方程中的常数 K、a，就可求得高分子的根均方末端距 $\langle h^2 \rangle^{1/2}$。一般来讲，末端距与高分子-溶剂间的相互作用相关：在“不良”溶剂中，高分子链趋于卷曲、收缩，使高分子-高分子间的相互作用最大化；在“良”溶剂中，高分子链则趋于伸展、扩张以使高分子-溶剂间相互作用最大化。若将特殊情况——θ 条件下的无扰均方末端距以 $\langle h^2 \rangle_0$ 表示，则

$$\langle h^2 \rangle = \alpha^2 \langle h^2 \rangle_0 \tag{12-33}$$

式中，α 称作扩张因子(expansion coefficient)。若将高分子看作是自由结合链，根据 Flory 理论中的“无规飞行”模型有

$$\langle h^2 \rangle_0 = x \cdot l^2 \tag{12-34}$$

x 表示高分子链链段数、l 表示链段的长度。并且 $M = x \cdot M_0$(M_0 为链段的分子量)，则 $\langle h^2 \rangle_0 / M = l^2 / M_0$，是一个与聚合物分子量和所用溶剂类型无关的常数。将式(12-32)代入式(12-31)中，有

$$\begin{aligned}[\eta] &= \Phi \langle h^2 \rangle_0^{3/2} \frac{\alpha^3}{M} = \Phi \left(\frac{\langle h^2 \rangle_0}{M} \right)^{3/2} \alpha^3 M^{1/2} \\ &= K \alpha^3 M^{1/2}\end{aligned} \tag{12-35}$$

K 即 Mark-Houwink 方程中的常数 K，等于 $\Phi(\langle h^2 \rangle 0/M)^{3/2}$，表明特性黏数正比于 $\alpha^3 M^{1/2}$。从实验数据得知，在绝大多数情况下特性黏数随分子量的变化时的幂指数 a 大于 0.5，这说明扩张因子与分子量相关；同时，若比较式(12-35)和式(12-21)，则

$$\alpha^3 = M^{a-1/2} \tag{12-36}$$

例如，在特殊情况的 θ 条件下，α 等于 1，那么特性黏数和分子量间的关系只是简单的 $[\eta] = KM^{1/2}$，即 $\alpha = 1/2$，这一点已得到大量实验的证实。

嵌段共聚物的特性黏数随其嵌段组成而变化，但可由其分子尺寸关联。例如，Ho-Duc 等[150]研究了 PS-PI 二嵌段和三嵌段共聚物在良溶剂，如甲苯、环己烷和二氧六环中的特性黏数。并根据共聚物的均方末端距 $\langle h^2 \rangle_c$ 与同共聚物具有相同分子量时各组分均聚物的均方末端距 $\langle h^2 \rangle_a$ 和 $\langle h^2 \rangle_b$ 之间的关系式：

$$\langle h^2 \rangle_c = x \langle h^2 \rangle_a + (1 - x) \langle h^2 \rangle_b \tag{12-37}$$

提出了共聚物的特性黏数 $[\eta]_c$ 与同共聚物具有相同分子量时各组分均聚物的特性黏数 $[\eta]_a$ 和 $[\eta]_b$ 之间的关系为：

$$[\eta]_c = \{ x [\eta]_a^{2/3} + (1 - x) [\eta]_b^{2/3} \}^{2/3} \tag{12-38}$$

式中，x 为组分 a 的质量分数，b 的质量分数即为$(1-x)$。

12.1.6 剪切速率校正

前面讲到高分子溶液在毛细管中的流动是层流，在毛细管中央的溶液流速最快，而在毛细管壁处流速为 0，具有流速梯度 $\dot{\gamma} = dv/dr$(或切变速度)，也称作剪切速率。对于大部分高分子，它们在溶液中的构象可看作对称的球形线团，其黏度 η 为剪切应力与剪切速率之比，遵守牛顿定律。但对一些高分子量或刚性链的聚合物，它们在溶液中构象的不对称性增加，在剪切作用下易变形、伸展或取向，导致剪切应力随剪切速率的增加而降低，从而使所测的黏度也降低。例如，当聚苯乙烯分子量高于 5×10^5 g/mol 时，其溶液即显示出上述剪切变稀现象；刚性较大的硝酸纤维素即使利用外推浓度至 0，也不能消除剪切速率对黏度的影响。在这种情况下，有必要测定溶液在不同剪切速率下的特性黏数，并外推至 $\dot{\gamma}$ 为 0 的零剪切速

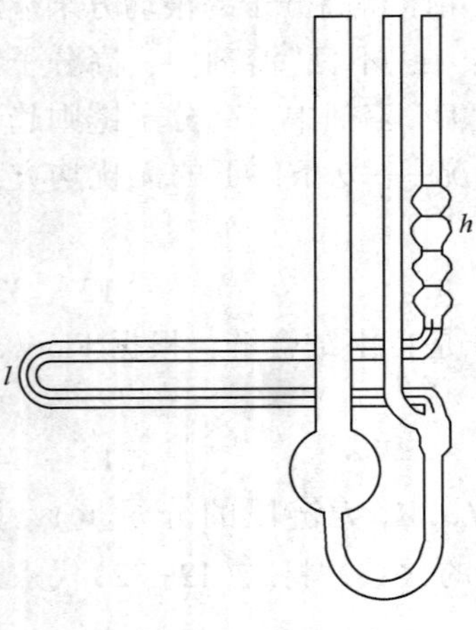

图 12-9　低剪切速率多球黏度计[151]

率特性黏数$[\eta]_{\dot{\gamma}=0}$。为此，黏度计需能提供不同的剪切速率或剪切应力。叶美玲等[151]设计了适合这种情况的低剪切速率多球黏度计，如图 12-9 所示。分别测定各个浓度高分子溶液在不同球内的流出时间即可得到比浓黏度η_{sp}/c和比浓对数黏度$\ln\eta_r/c$，以它们对浓度c作图并外推至浓度为 0，就可求得不同高度h(不同剪切速率)下的特性黏数$[\eta]_h$。各球内剪切应力$\Delta P=\rho gh$(h为每个球上、下端刻度线的平均高度)，相应得到正比于h的不同剪切速率($\dot{\gamma}=(\rho ghR)/(2\eta l)$，$\rho$、$\eta$分别为溶剂的密度和黏度，$R$、$l$为黏度计毛细管的半径和长度)。以不同高度球内所得的特性黏数$[\eta]_h$对高度h作图，仍通过外推法，得到高度$h=0$的零剪切速率特性黏数$[\eta]_{\dot{\gamma}=0}$。

12.1.7　聚电解质溶液的黏度

聚电解质分子链中包含许多可电离的离子性基团，根据分子链所带电荷分为聚阴离子如聚丙烯酸、聚阳离子如聚(N-丁基-4-乙烯基吡啶溴化物)以及两性高分子电解质如蛋白质等。

聚电解质的溶液性质取决于所用溶剂。若采用非离子化溶剂，其溶液性质与非电解质高分子相似。若溶解在离子化溶剂中，当聚电解质浓度较低时，离解出来的对离子将分布在整个体系中，距离高分子链上的带电基团较远。这时，由于带电基团静电作用相互排斥，使分子链伸展、扩张，尺寸较大。当溶液中高分子浓度较大时，分子链上的带电基团被迫靠紧，同时对离子在分子链内、外扩散，平衡了分子链上部分带电基团的静电场，减弱排斥作用，使分子链收缩、卷曲，尺寸变小。总之，由于带电基团的静电相互作用，聚电解质溶液表现出如在黏度、渗透压、光散射等方面的特殊性质。

对于一般聚合物，其特性黏数可根据式(12-11)~式(12-14)等求得。然而，对聚电解质溶解在离子化溶剂中的溶液，其黏度随浓度降低反而急剧增加；若以η_{sp}/c或$\ln\eta_r/c$对浓度c作图往往得不到直线，如图 12-10[152]中的曲线 1，无法通过外推法求得其特性黏数。对此问题，Fuoss-Stauss 提出了以下经验方程

$$\left(\frac{\eta_{sp}}{c}\right)^{-1}=[\eta]^{-1}(1+k_{FS}\sqrt{c})\qquad(12-39)$$

称作 Fuoss-Stauss 式，其中k_{FS}为与k_{SB}、k_M、k_H等相似的经验常数。即实验上，以$(\eta_{sp}/c)^{-1}$对$c^{1/2}$作图，外推至$c\to0$时直线的截距，就表征为聚电解质的特性黏数的倒数，如图12-10中的曲线 2。

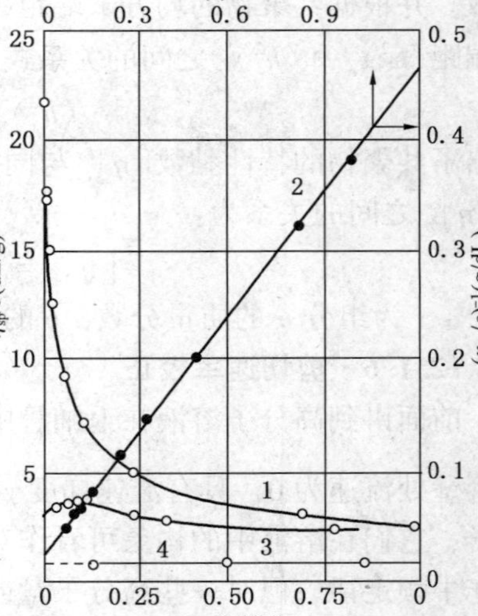

图 12-10　聚(N-丁基-4-乙烯基吡啶溴化物)溶液的黏度：1、2 为纯水溶剂，3、4 分别为 0.001 和 0.0335M 的 KBr 水溶液溶剂[152]

但是，也有许多研究发现，在浓度很低(低于10~5g/mL)时直线向下弯曲为渐近线，无法外推得到$c\to0$的截距[153]。为此，人们加入一定量的外加盐

来调节溶液中的离子强度以抑制聚电解质的电离。外加盐在溶液中的浓度以及电离后所带的电荷会影响聚电解质溶液的黏度，如图 12-10 中的曲线 3。当外加盐提供的离子强度刚好消除聚电介质分子链带电基团的静电排斥效应后，溶液则表现出正常的黏度性质，如图12-10中的曲线 4。聚电解质分子链上的电荷密度影响其特性黏数，导致外加盐的种类、价态、浓度等仍无定论。经验表明，1 价的、包含与聚电介质相同对离子、浓度为 0. 1mol/L 的外加盐是较好的选择。尽管如此，聚电解质特性黏数的测定仍混乱不堪、文献数据可比性差。

最近，Wolf[153] 对溶液的黏度求偏导

$$\mathrm{d}\ln\eta = \left(\frac{\partial \ln\eta}{\partial c}\right)_{T,\, p\dot{\gamma}}\mathrm{d}c + \left(\frac{\partial \ln\eta}{\partial T}\right)_{c,\, p\dot{\gamma}}\mathrm{d}T + \left(\frac{\partial \ln\eta}{\partial p}\right)_{c,\, T,\, \dot{\gamma}}\mathrm{d}p + \left(\frac{\partial \ln\eta}{\partial \dot{\gamma}}\right)_{c,\, T,\, p}\mathrm{d}\dot{\gamma} \tag{12-40}$$

等式右边第一项即表示聚合物在恒温、恒压、恒剪切速率下，浓度为 c 的分子链的比体积，用符号 $\{\eta\}$ 表示

$$\left(\frac{\partial \ln\eta}{\partial c}\right)_{T,\, p\dot{\gamma}} = \{\eta\} \tag{12-41}$$

在无限稀释、零剪切的情况下，该比体积就是特性黏数

$$\lim_{\substack{c\to 0\\ \dot{\gamma}\to 0}}\{\eta\} = [\eta] \tag{12-42}$$

与式(12-10)特性黏数的定义一致。因此，若以 $\ln\eta$ 或 $\ln\eta_r$ 对浓度 c 作图，特性黏数就可直接由该曲线的起始斜率求得。

带电基团间的相互排斥作用使分子链扩张，所以分子的比体积 $\{\eta\}$ 随聚电解质浓度升高而降低。无限稀释时的比体积(等于 $[\eta]$)最大；当溶液浓度升高，离解的对离子浓度也升高，或在外加盐的情况下，溶液中的离子强度升高，导致分子链收缩；当离子强度达到一定水平时，分子链收缩最大化，比体积达到一极值恒定值，用 $[\eta]^{\pm}$ 表示。极值 $[\eta]$ 与 $[\eta]^{\pm}$ 之间遵循指数变化

$$\{\eta\} = ([\eta] - [\eta]^{\pm})\mathrm{e}^{-\frac{([\eta]-[\eta]^{\pm})c}{A}} + [\eta]^{\pm} \tag{12-43}$$

式中，A 与浓度相关，在符合上述指数关系的浓度范围内为常数。令 $p=([\eta]-[\eta]^{\pm})/[\eta]$，上式变化为

$$\{\eta\} = [\eta]\left[p\mathrm{e}^{-\frac{pc[\eta]}{A}} + (1-p)\right] \tag{12-44}$$

将上式通过式(12-40)积分，则有

$$\ln\eta_r = A(1 - \mathrm{e}^{-\frac{pc[\eta]}{A}}) + (1-p)c[\eta] \tag{12-45}$$

再次，比体积若采用式(12-13) Huggins 方程计算

$$\{\eta\} = \frac{[\eta](1 + 2k_H[\eta]c)}{1 + [\eta]c(1 + k_H[\eta]c)} \tag{12-46}$$

同理，积分后得

$$\ln\eta_r = \frac{c[\eta] + Bc^2[\eta][\eta]^{\cdot}}{1 + Bc[\eta]} \tag{12-47}$$

式中，$[\eta]^{\cdot}$ 与 $[\eta]^{\pm}$ 相似，表征溶液中离子强度达到一定时聚电解质分子的比体积，B 也为常数。式(12-45)和(12-47)称作 Wolf 方程。实验上，测定不同浓度聚电解质溶液的相对黏

度，以 $\ln\eta_r$ 对 c 作图，数据点采用 Wolf 方程拟合，通过所得拟合参数可求取[η]、[η]$^{\pm}$以及[η]$^{\cdot}$。例如，将图 12-10 中 1、3、4 的实验数据采用 Wolf 方程拟合(图 12-11)，数据点均落在拟合曲线上，并且由此计算得来的[η]$^{\pm}$或[η]$^{\cdot}$与经典的通过外加盐消除静电影响得到的特性黏数相当；图 12-11 还显示该聚电解质在不同浓度 NaCl 水溶液中，采用 Wolf 方程拟合所得的数据，从而得到上述各种黏度[153]。此外，将 Wolf 方程应用于测定合成高分子[154]、天然多糖[155]、树状大分子[156]等聚电解质的黏度，实验数据点均落在拟合曲线上，至今还未发现例外。

12.1.8 应用实例

黏度法不仅可用于高分子溶液和熔体绝对黏度的测定，还可通过测定聚合物特性黏数依据其 Mark-Houwink 方程计算分子量。此外，通过黏度法还可估算聚合物的溶度参数、寻找高分子的溶剂，因为同一种高聚物在不同溶剂中的特性黏数大小反映其溶剂化和高分子链在溶液中伸展的程度。例如，通过测定纤维素在不同浓度 NaOH-尿素混合水溶液中的[η]，作[η]随 c_{urea} 和 c_{NaOH} 变化的曲线(图 12-12)可知，纤维素在 6%NaOH/4%尿素水溶液中的溶解性最好([η]最大)，由此选用它为纤维素的良溶剂[157]。对共混高分子间的相容性，Chee 等[158]提出采用黏度法测定两种高聚物稀溶液混合液的特性黏数[η]，并通过以下方程计算出相容性参数 μ，由此判断相容性。

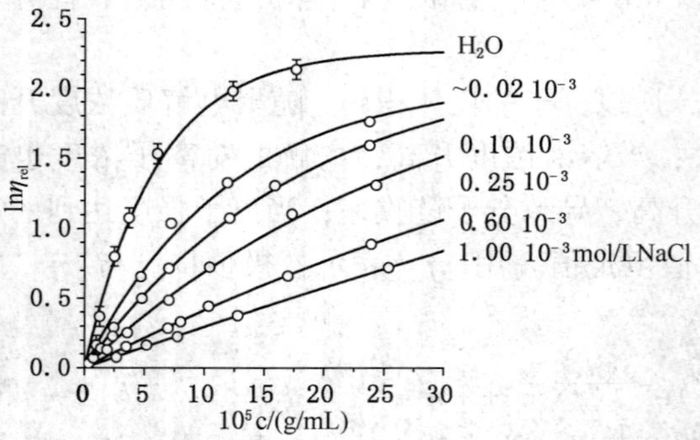

图 12-11 聚(N-丁基-4-乙烯基吡啶溴化物)在 NaCl 水溶液中的 $\ln\eta_r \sim c$ 关系，曲线通过 Wolf 方程计算得到[153]

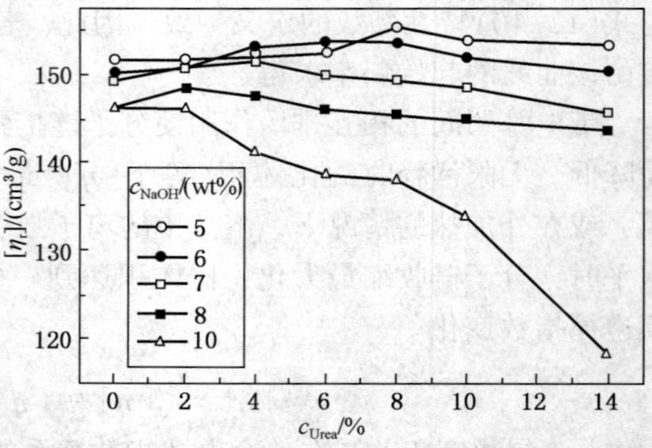

图 12-12 纤维素在 NaOH-尿素混合水溶液中的[η]随 c_{urea} 和 c_{NaOH} 变化曲线[157]

$$\eta_{sp}/c = [\eta] + bc \tag{12-48}$$

式中，$c=c_2+c_3$，为聚合物的总浓度，c_2 和 c_3 分别为高聚物 2 和 3 在相同溶剂中的聚合物浓度。由式(12-48)中 η_{sp}/c 对 c 作图的直线斜率求得 b，即可代入下式求取 μ：

$$\mu = [(b - b_{22})/([\eta] - [\eta]_2) - (b_{33} - b_{22})/([\eta]_3 - [\eta]_2)]/[2([\eta]_3 - [\eta])] \tag{12-49}$$

其中，$b=w_2^2b_{22}+w_3^2b_{33}+2w_2w_3b_{23}$；[$\eta$]$_2$、[$\eta$]$_3$ 和[η]分别为高聚物 2、3 和两种高聚物混合液的特性黏数；b_{22}、b_{33} 和 b_{23} 分别是在高聚物 2，3 及其混合溶液体系中得到的式(12-48)关系直线的斜率；w_2 和 w_3 为高聚物 2 和 3 的质量分数。由此，在相同溶剂体系中测定高聚物 2，3 及其混合溶液的[η]数据即可求得相容性参数 μ。它可用于表征或预测两种不同高聚物的共混相容性。一般而言，$\mu \geq 0$ 则两种聚合物共混相容，$\mu<0$ 共混体系不相容。

特性黏数随高分子的大小、体积(或尺寸)和形态变化最敏感，因此黏度法是研究相关内容十分简便的方法。尤其，当高分子溶液体系的温度、压力、溶剂组分发生变化时，高分子链形态(或构象)的变化很容易用黏度法通过[η]或η_{sp}/c数据显示出。图12-13显示为从香菇提取的β-(1→3)-D-葡聚糖三螺旋构象的热致转变：在温度低于130℃时，该多糖保持三螺旋构象，因而特性黏数较高；当温度高于130℃时，特性粘数急剧降低，在145℃时降低至与在二甲亚砜中形成单股螺旋链构象时的特性黏数相当[159]。采用类似方法，也可研究黄原胶构象由双股螺旋链，随溶剂中镉乙二胺含量的增加而破坏支撑双螺旋链的分子内和分子间氢键，逐渐转变为单股无规线团链[18,160]。

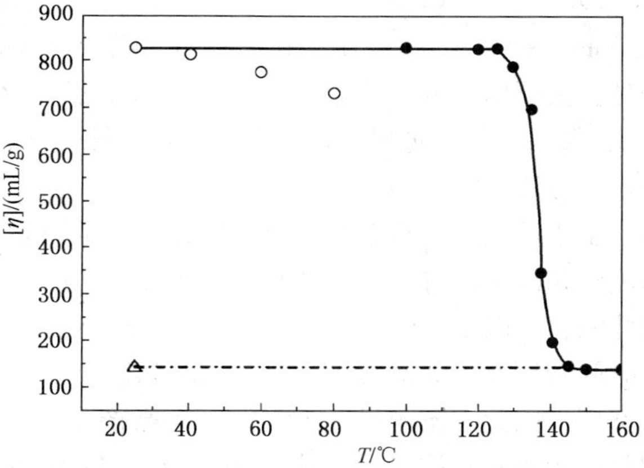

图12-13　香菇提取β-(1→3)-D-葡聚糖在0.9%NaCl水溶液(实心圆、空心圆)以及在二甲亚砜中(空心三角)特性黏数随温度的变化[159]

聚合物溶液分子参数是高分子科学研究的重要内容。首先，由Mark-Houwink方程中的指数α可初步判断聚合物的构象：在θ条件下，$\alpha=0.5$；在良溶剂中，$0.5<\alpha<0.8$，反映柔顺性聚合物的无规线团链特征；在不良溶剂中，$\alpha<0.5$，高分子呈紧缩状态。再次，通过测定聚合物分级试样的M_w和[η]数据，按Stockmayer-Fixman方程

$$\frac{[\eta]}{M_w^{1/2}}=K_\theta+CBM_w^{1/2} \quad (12-50)$$

以$[\eta]/M_w^{1/2}$对$M_w^{1/2}$作图，根据直线斜率可得K_θ，

$$K_\theta=\Phi_0(6\langle s^2\rangle_0/M)^{3/2} \quad (12-51)$$

式中，C为常数；$\Phi_0=2.55\times10^{23}(\mathrm{mol^{-1}})$。由此，可求得空间位阻参数$\sigma$和极限特征比$C_\infty$：

$$\sigma=(\langle h^2\rangle_0/\langle h^2\rangle_{f,r})^{1/2} \quad (12-52)$$

$$C_\infty=\langle h^2\rangle_0/\langle h^2\rangle_{f,j} \quad (12-53)$$

$$\langle h^2\rangle_0=6\langle s^2\rangle_0 \quad (12-54)$$

$$\langle h^2\rangle_{f,r}=Nnb^2\cdot\frac{1+\cos\theta}{1-\cos\theta} \quad (12-55)$$

$$\langle h^2\rangle_{f,j}=Nnb^2 \quad (12-56)$$

式中，$\langle h^2\rangle 0$为无扰均方末端距；$\langle h^2\rangle_{f,r}$为自由旋转链均方末端距；$\langle h^2\rangle_{f,j}$为自由连接链均方末端距；N为高分子的聚合度；n为单体单元的键数；b和θ分别为键长和键角的补角。C_∞和σ愈大表明高分子链空间位阻愈大。此外，通过黏度法结合有关高分子溶液理论，还可获得黏度扩张因子(α_η)、排除体积参数($\bar{z}$)、排除体积指数(v)、高分子链单位围长摩尔质量(M_L)、Kuhn统计链段数(N_C)、持续长度(q)等等[18]。

12.2 尺寸排除色谱法

12.2.1 基本原理

1964 年，J. C. Moore 发明了一种新型液体色谱——凝胶渗透色谱(gel permeation chromatography，GPC)，他采用多孔凝胶如交联聚苯乙烯、交联葡聚糖等凝胶等作为固定相装填色谱柱，主要用来分析聚合物的分子量及其分布，具有操作简便、测定快捷(几分钟至 1 小时)、数据可靠、重现性好等特点，是生物化学、高分子化学、有机化学等领域分离、分析的重要方法[1,18,67]。

由于绝大多数聚合物的分子量都有一定的分布，在溶液中则表现出尺寸大小的分布；若用流动相淋洗高分子溶液样品时，溶液中不同尺寸的高分子将由于布朗运动出入固定相不同的孔洞，如图 12-14；分子尺寸较大的高分子渗透进入多孔填料各种孔洞的几率较小，即保留时间较短而首先淋洗出；尺寸较小的高分子则容易进入填料孔洞从而滞留时间较长，较后淋洗出；因此，不同尺寸大小的分子会产生不同的保留，如图 12-15 所示。因该法分离机理是体积排除或按尺寸大小分离，所以又称作体积排阻色谱或尺寸排除色谱(size exclusion chromatography，SEC)。目前，SEC 的使用率比 GPC 更高。

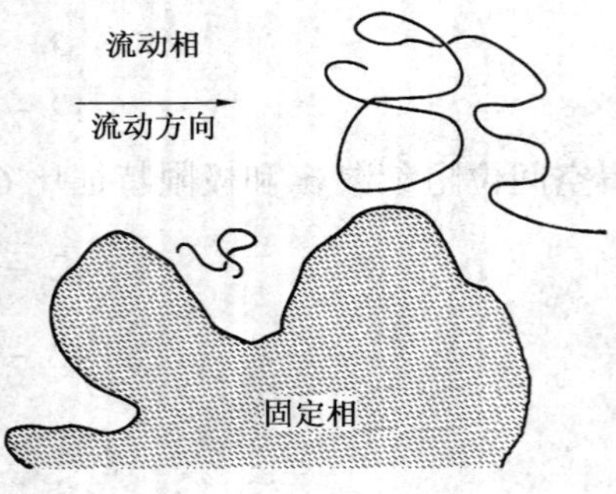

图 12-14　尺寸排除效应示意图
尺寸较小的分子进入固定
相孔洞的几率较高

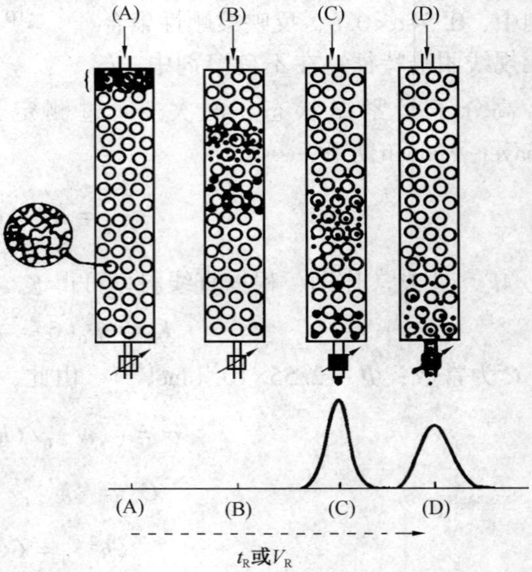

图 12-15　尺寸排除色谱分离过程示意图
(A)进样；(B)淋洗过程中的尺寸排除；
(C)大尺寸分子首先被淋洗出来；(D)小尺寸分子被淋洗出来

高分子的尺寸排除色谱谱图也就是其分子尺寸大小随保留体积 V_R(或保留时间 t_R)变化的曲线。聚合物分子在尺寸排除色谱柱中的保留可用分配系数 K 来表示：

$$K = \frac{c_s}{c_m} = \exp\left(\frac{-\Delta G}{RT}\right) = \exp\left(\frac{\Delta S}{R} - \frac{\Delta H}{RT}\right) \qquad (12-57)$$

其中，c_s 和 c_m 分别为聚合物在固定相和流动相中的浓度；ΔG、ΔS、ΔH 分别是聚合物分子从流动相中进入固定相的 *Gibbs* 自由能、自由熵和自由焓变化；R 为气体常数；T 为体系温度。一般情况下，分级过程中的焓变很小，可以忽略不计，这时的 SEC 分离机理是理想的尺寸排除，所以

$$K = K_{\mathrm{d}} = K_{\mathrm{SEC}} = \exp\left(\frac{\Delta S}{R}\right) \tag{12-58}$$

由 Cassassa 理论，Skvortsov 和 Gorbunov[161] 提出高斯链高分子在锥形孔填料中的分配系数，并用 K_{d} 表示，

$$K_{\mathrm{d}} \approx 1 - \frac{2R_{\mathrm{p}}}{\pi^{0.5} d}（对于 R_{\mathrm{p}} 小于 d） \tag{12-59}$$

$$K_{\mathrm{d}} \approx \frac{8}{\pi^2}\exp\left[-\left(\frac{\pi R_{\mathrm{p}}}{2d}\right)^2\right]（对于 R_{\mathrm{p}} 大于 d） \tag{12-59a}$$

式中，R_{p} 为高分子在淋洗液中的平均尺寸；d 为填料固定相的平均孔径。

对于尺寸排除色谱，只有两个变量，即淋洗体积和淋洗液中聚合物的浓度。通常，聚合物样品从色谱柱流出时形成一个铃铛形的淋洗液浓度分布，称为色谱峰。流动相在淋洗液达到最大浓度时的体积就定义为保留体积（V_{R}）。因此，分配系数 K_{d} 也可以由实验方法测得：

$$K_{\mathrm{d}} = \frac{V_{\mathrm{R}} - V_0}{V_{\mathrm{P}}} 或 \mathrm{V}_R = \mathrm{V}_0 + \mathrm{K}_d\mathrm{V}_P \tag{12-60}$$

式中，V_{R} 是聚合物的保留体积；V_0 是粒间孔隙体积（死体积）；V_{P} 是孔体积。

12.2.2　二次非体积排除机理

SEC 仪对分子量的测定有直接法和间接法。直接法是在测定淋洗液浓度的同时测得其黏度或光散射检测信号，并由后者测定求出其分子量。间接法是用一组已知分子量且不等的、单分散的高分子试样作为标准样品，分别测量它们的保留体积和分子量，则可确立二者之间的关系。以 lgM 对 VR 作图（见图 12-16，曲线 a），斜率为负值的一段直线称为分子量-保留体积标定线，表达为：

$$\lg M = A - BV_{\mathrm{R}} \tag{12-61}$$

式中 A、B 为与聚合物、溶剂、温度、色谱柱填料固定相和仪器有关的常数。

但是，聚合物分子随流动相在尺寸排除色谱柱中的行为受很多因素的影响，如在流动过程中大分子会发生缔合、聚集或胶束化、高剪切流动引起的聚合物降解、线团形分子收缩等改变聚合物分子尺寸的效应；当增大进样聚合物浓度，或聚合物与固定相的化学反应也会增大或减小保留体积。此外，由于扩散运动较快的较小分子占据填料孔洞，使原本能够进入孔洞的较大分子尺寸高分子直接淋洗出来，或在流动过程中产生不规则湍流等非尺寸排除机理的副效应，它们统称为二次非体积排除效应，例如极性水溶性高分子尤其是聚电解质在水相中分离[162]。

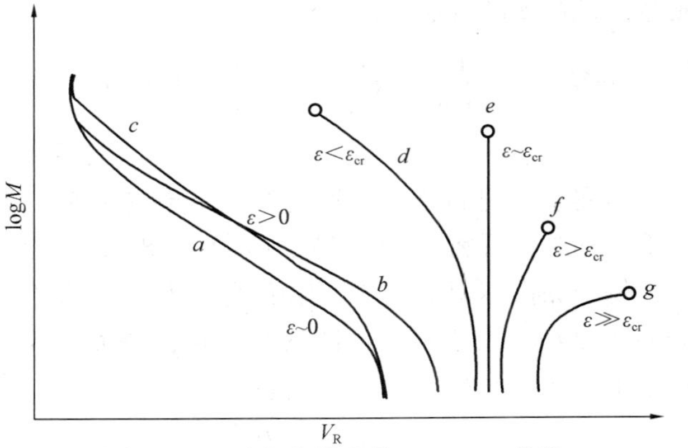

图 12-16　液相色谱中的 $\log M \sim V_{\mathrm{R}}$ 曲线

ε 为吸附能，ε 为 0 时表示理想尺寸排除色谱；ε 越大，二次非体积排除效应越显著[93]

从热力学角度考虑，根据式(12-57)，当分级过程中的焓变较大而不能忽略时，通常会在尺寸排除色谱中出现二次非体积排除。不同的链段吸附能(segmental adsorption energy，ε)对高分子保留体积的影响示于图 12-16。当 ε 大于 0 时，与理想的尺寸排除标定线($\varepsilon=0$，曲线 a)相比，尽管分离机理主要是尺寸排除，但排除曲线移向较大的保留体积，且 ε 越大，保留体积增加越大(曲线 b、c、e)。这表明所有分子均可被保留，甚至包括被排除在填料孔洞之外的大尺寸分子。当尺寸排除效应和吸附效应相抵消时，任何不同分子量聚合物与流动相将被同时淋出，这时聚合物则只是按末端功能基团数目不同来分离[163,164]。如果用于校正的标准物质的吸附能力不同，那么对被测物质的分子量、分子量分布也会带来较大误差。由此，发生在尺寸排除色谱柱内的热焓相互作用应当通过调节淋洗液强度或选择恰当的柱填料、淋洗剂和温度等加以抑制。

12.2.3 尺寸排除色谱的校正

(1) 普适校正　众所周知，只有很少的聚合物能制得窄分布的标准样品，而且不同的聚合物由于分子链形态不同，致使它们相同分子量的级分淋出体积相差很大。因此，仅依靠某种聚合物标样标定的方程来确定其他聚合物的分子量会导致严重误差[图 12-17(a)]。按照Einstein 黏度定律，$[\eta]\cdot M_\eta$ 可视为高分子的流体力学体积。当处于理想尺寸排除色谱时，各种不同的聚合物通过同一根色谱柱所得的 $\lg([\eta]M_\eta)$ 与保留体积 V_R 的关系几乎在同一直线上[图 12-17(b)]。因此 $[\eta]M_\eta$ 是 SEC 的一个普适标定参数，即两种单分散聚合物在溶液中具有相同的流体力学体积：

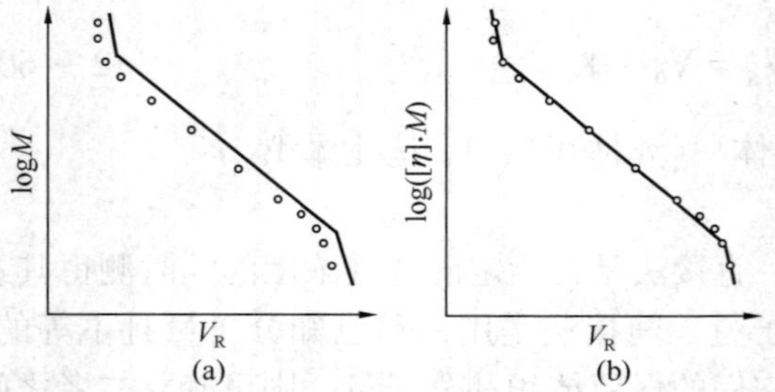

图 12-17　聚合物的普适标定曲线

(a) $\lg M\sim V_R$ 曲线；(b) $\lg[\eta]M\sim V_R$ 曲线

实线为标样的标定曲线，圆圈为实验数据点

$$[\eta]_1M_1=[\eta]_2M_2 \tag{12-62}$$

由聚合物的 Mark-Houwink 方程

$$[\eta]_1=K_1M_1^{\alpha_1}$$

$$[\eta]_2=K_2M_2^{\alpha_2}$$

下标分别表示标样 1 和待测样 2。若由已知标样 1 得出的标定线为：

$$\lg M_1=A-BV_e$$

则待测试样 2 的普适校正方程表达如下：

$$\lg M_2=\left(\frac{1}{1+\alpha_2}\right)\lg\frac{K_1}{K_2}+\frac{1+\alpha_1}{1+\alpha_2}(A-BV_e) \tag{12-63}$$

当实验得到的是离散型的数据，或连续型的谱图不对称时，可将其 SEC 谱图(图12-18)等距分割后，每个保留体积 $V_{R,i}$ 的色谱峰高度 H_i 即代表该级分的浓度 c_i。通过 SEC 谱图的归一化，由下式求得对应 $V_{R,i}$ 的聚合物质量分数(w_i)：

$$w_i=\frac{c_i}{\sum_i c_i}=\frac{H_i}{\sum_i H_i} \tag{12-64}$$

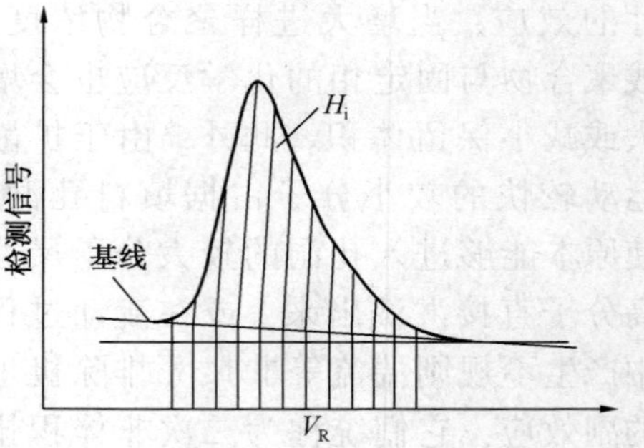

图 12-18　尺寸排除色谱谱图分割示意图

利用标定曲线将 $V_{R,i}$ 换算成分子量值 M_i，由此可按分子量定义计算重均分子量(M_w)、数均分子量(M_n)以及多分散系数(d)：

$$M_n = 1/\sum_i \frac{w_i}{M_i}$$

$$M_w = \sum_i w_i M_i$$

$$d = M_w/M_n$$

当然，如果将保留体积换成对应的分子量 M，尺寸排除色谱谱图就变成高分子尺寸大小在各保留体积 V_R 下含量变化的色谱图，亦即分子量分布曲线，因此 SEC 也是测定聚合物分子量分布最快捷、简便的方法。

(2) 加宽效应校正　尺寸排除色谱的分离可比作分馏，因此分离效能(或称柱效)也可以采用等效理论塔板高度 HETP(height equivalent to a theoretical plate)或理论塔板数 N(theoretical plate number)来表示，HETP 愈小或 N 越大，分离效能愈高，SEC 柱的理论塔板数一般在 1200~2200。设想在 SEC 柱内进样很小体积的单分散高分子溶液，随淋洗过程的进行，溶液在第一个塔板处达到扩散、渗透平衡，同时流动相将携带高分子到达第二个塔板；仍在同时，第一个塔板固定相内的高分子将扩散到流动相中来，那么溶质高分子将同时间在第一、第二个塔板内的流动相中扩展。随淋洗的继续，第一个塔板内的高分子继续扩散，直至浓度可忽略，但溶质分子已经扩展到数个塔板内。因此，淋洗的高分子溶液体积将远远大于进样溶液的体积，最终导致即便单分散高分子在色谱图上仍表现出一定的宽度，称为色谱柱的加宽效应(spreading effect)，一般采用偏差 σ^2 表示，其值越大加宽效应愈显著。柱效越高或等效理论塔板高度 HETP 越低，加宽效应越小。

$$\sigma^2 = (HETP)/LV_R^2 \tag{12-65}$$

式中，L 为 SEC 柱柱长；V_R 为峰体积。因此，采用高柱效以及较长的色谱柱有利于降低加宽效应。现代高效液相色谱采用精准的高压泵传输流动相、高压进样系统，以及采用小且尺度均一的填料固定相填充色谱柱，具有极高的柱效，使上述加宽效应大大降低，甚至可忽略。

此外，高分子溶液流经 SEC 仪的接头、检测池等处时，易产生脉冲扩展而形成较宽的峰，同时填料颗粒的大小、形状以及填充不均匀也会引起高分子扩散而导致谱峰加宽，称作仪器加宽效应。

加宽效应引起的 SEC 谱峰变宽必将引起测定的 d 值偏大，即测定的 M_w 偏高而 M_n 偏低，因此在计算中必须进行修正。具体方法可首先用绝对方法如光散射和膜渗透压法分别测定几个聚合物试样的 $M_{w,true}$ 和 $M_{n,true}$，然后用 SEC 法测出它们的 $M_{w,SEC}$ 和 $M_{n,SEC}$ 值，并按以下方程计算校正因子 G[165]：

$$G = [(M_{w,SEC}/M_{n,SEC})/(M_w/M_n)_{true}]^{1/2} \tag{12-66}$$

由此，未知试样的分子量 M_w 和 M_n 可首先通过 SEC 测定，并按下式校正得到[2]：

$$M_n = M_{n,SEC} \cdot G \tag{12-67}$$

$$M_w = M_{w,SEC}/G \tag{12-67a}$$

G 值一般为 1.1~1.8，经校正后的 M_w/M_n 值明显变小。

(3) 二次非体积排除校正　当分级过程中的焓变较大而不能忽略时，由式(12-58)，分配系数 K_d 可表达为：

$$K_d = K_{SEC} \cdot K_P \tag{12-68}$$

K_P 为二次非体积排除机理的分配系数，在热力学上定义为：

$$K_P = \exp(-\Delta H/RT) \tag{12-69}$$

同时，$[\eta]M_\eta$ 与均方末端距($\langle h^2\rangle$)有关，按 Flory-Fox 模型，

$$[\eta]M_\eta = \Phi\langle h^2\rangle^{3/2} \tag{12-70}$$

式中，Φ 为 Flory 普适常数，与溶剂和聚合物分子量范围相关。然而，近年来的大量实验结果表明，相同的$[\eta]M_\eta$ 会得到不同的保留体积。此时，普适校正曲线就会发生漂移而不能获得待测样品的准确信息。因此，高分子在柱内的保留往往是尺寸排除和其他分离机理的结合。Brochard 等提出对色谱柱不规则刚性多孔填料的描述使用不规则物体的几何维数，即分形维数(fractal dimension，D_f)来表达[166]，因而得到分配系数与 D_f 的相关性如下：

$$K_d = 1 - (R/L)^{3-D_f} \tag{12-71}$$

式中，L 为多孔填料的线性维数；R 为溶剂化大分子的半径，可以通过 Einstein 方程计算得到：

$$R^3 = \left(\frac{3\times 10^{23}M[\eta]}{\pi N_A}\right) \tag{12-72}$$

由此，分形维数 D_f 不仅与聚合物的尺寸相关，同时还反映聚合物与溶剂、聚合物与填料固定相的相互作用。所以，D_f 是比$[\eta]M_\eta$ 更好地校正尺寸排除的参数。因此将上式取对数，则转换为

$$\ln R = \frac{1}{3-D_f}\ln(1-K_d) + \ln L \tag{12-73}$$

对于给定的溶剂/聚合物/填料体系，由实验方法得到 R 和 K_d，以 $\ln R$ 对 $\ln(1-K_d)$ 作图，可由该直线的斜率求得 D_f[167]。

(4) 直接校正　直接校正就是运用各种分析、检测绝对方法和尺寸排除色谱在线或离线联结，对未知聚合物分子量、分子量分布以及分子结构等参数进行直接测量。例如，采用核磁共振技术检测淋出级分的高分子聚合度等，从而对分子量等参数进行直接校正；或采用各种质谱仪直接测定聚合物的分子量或主链、端基组成等(参见第 11 章 11.4.1)；此外，还可应用红外、拉曼等光谱检测器直接检测聚合物级分的支化度等化学组成信息。

采用激光光散射检测器与 SEC 仪在线或离线直接测定聚合物的分子量及分布的应用越来越广泛[168-170]。光散射是聚合物分子量测定的绝对方法，其原理见上第 11 章 11.3 节。具体过程为，较低浓度的聚合物溶液进样到 SEC 柱，在经淋洗通过色谱柱时又进一步稀释使其浓度更低，可视作 $c\rightarrow 0$；若把淋洗出的溶液看作无数级分，这些级分通过光散射检测器检测它们的散射光光强，就可立即得到这些级分的分子量和分子量分布，并且按照式(11-30)还可求取高分子试样的回转半径 R_g、A_2 等参数。此外，由淋洗出的无数级分的分子量和 R_g 还可推出高分子的 $R_g = kM^a$ 关系，并由 a 值初步判断链构象。通常情况下，对于柔顺链高分子在其良溶剂中的 α 值大约为 0.5~0.6，半柔顺链高分子 α 值大于 0.6。例如，图12-19示出了采用 SEC-LS 联用装置获得的，从茯苓菌核中提取的水不溶性(1→3)-β-D-葡聚糖的硫酸酯化 S-PCS3-Ⅱ(A)和羧甲基化 C-PCS3-Ⅱ(B)衍生物在 37℃、PBS 溶液中的 R_g 对 M_w 的双对数(*log-log*)图，α 值分别为 0.69 和 0.54，证明二者表现为较伸展的柔顺链构象[171]。利用 SEC-LLS 测定茯苓菌丝体葡聚糖 PCM3 的 M_w、M_n 和 d 值分别为 1.7×10^5g/mol、9.0×10^4g/mol 和 1.9；同时，采用静态和动态光散射单独测定的该试样 M_w 和 d 分别为 1.68×10^5g/mol 和 1.9[172]；这表明由 SEC-LS 联用装置得出的分子量结果可靠而且十

分简便，不必作繁琐的校正。

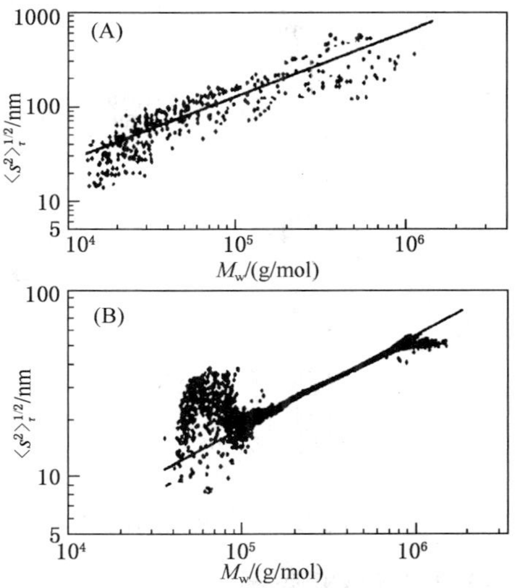

图 12-19　茯苓菌核葡聚糖衍生物 R_g 对 M_w 的关系
(A)硫酸酯化衍生物 S-PCS3-Ⅱ；
(B)羧甲基化衍生物[171]

除采用单一的激光光散射与 SEC 联结外，还可同时串联多个不同检测器以获得聚合物的多个分子参数，尤其是对于结构较复杂的特种高聚物和天然高分子更具有应用价值。例如，Mendichi 等[18,173]采用多角度光散射仪(MALS)与 SEC 联用，并同时配置毛细管黏度计(SCV)和示差折光检测器(DRI)联用装置，直接测定聚 *α*，*β*-(*N*-羟乙基)-*DL*-天冬酰胺(PHEA，分子结构如图 12-20 所示)试样在 0.2mol/L NaCl/0.1mol/L Tris 水溶液中的分子量 $M_w=5.35\times10^4$/mol，$\langle s^2\rangle_z^{1/2}=8.3$nm 和第二维利系数 $A_2=2.6\times10^{-4}\text{mol}\cdot\text{cm}^3/\text{g}^2$，图 12-20 示出了用 MALS，SCV 和 RI 检测出的 $PHEA_3$ 试样的谱图。在图 12-21 中的由 MALS 检测器得到的分子量分布曲线上的每个数据点，可认为是由 MALS 检测的无数级分按式(12-30)中 K_c/R_θ 对 $\sin^2(\theta/2)$ 的依赖关系求得一系列 M_w 和 $\langle s^2\rangle$ 值。M_w 反映高聚物分子量，而 $\langle s^2\rangle$ 反映分子尺寸，它们一般符合以下关系：

$$\langle s^2\rangle^{1/2}=KM_w^{\alpha} \qquad (12-74)$$

由图 12-22 示出 PHEA 试样的 $\langle s^2\rangle^{1/2}$ 对 M_w 的依赖关系，通过 4 个试样的实验数据平均得到 $\langle s^2\rangle^{1/2}=1.15\times10^{-2}M_w^{0.58}$nm；同理，由黏度计检测曲线上的每一个数据点经 SCV 检测得到一系列[*η*]值，从而获得其 Mark-Houwink 方程：$[\eta]=1.76\times10^{-4}M_w^{0.67}$ dL/g。由此，指数 *α* 分别为 0.58 和 0.67，是典型的无规线团高分子在良溶剂中的特征，由此表明 PHEA 在水溶液中为柔顺链高分子。

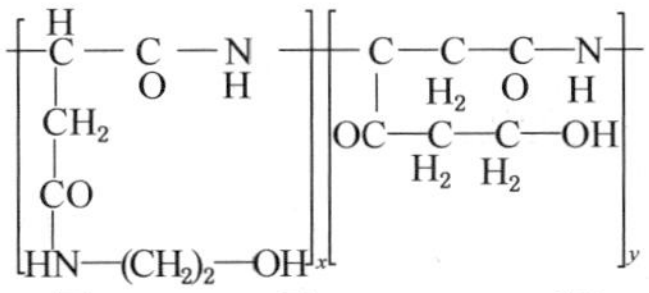
图 12-20　聚 *α*，*β*-(*N*-羟乙基)-*DL*-天冬酰胺(PHEA)分子结构图[173]

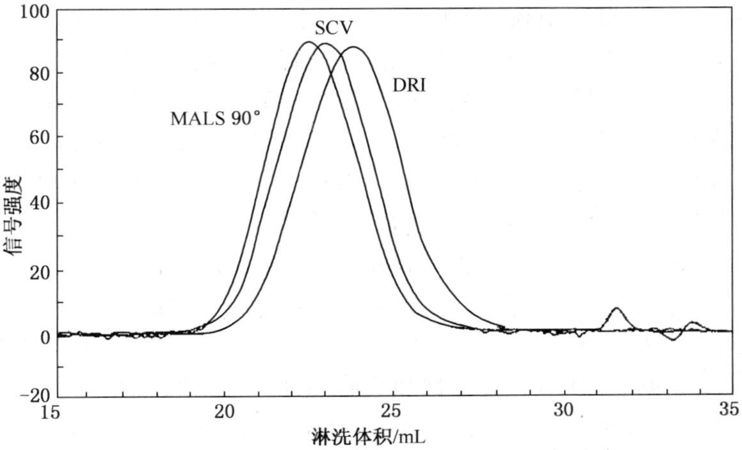

图 12-21　聚 *α*，*β*-(*N*-羟乙基)-*DL*-天冬酰胺试样 PHEA3 的 MALS、SCV 和 DRI 检测谱图[173]

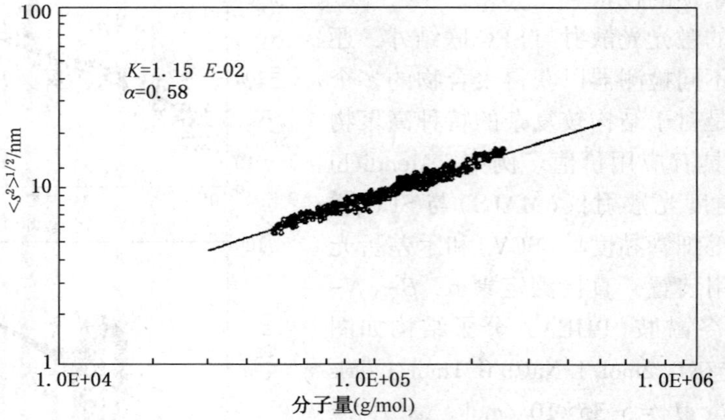

图 12-22　聚 α，β-(*N*-羟乙基)-*DL*-天冬酰胺的 M_w-$\langle s^2\rangle$ 依赖关系[173]

12.2.4　SEC 仪器

尺寸排除色谱仪的基本构造如图 12-23 所示，主要包括流动相传输系统、分离系统、检测系统和其他辅助系统。

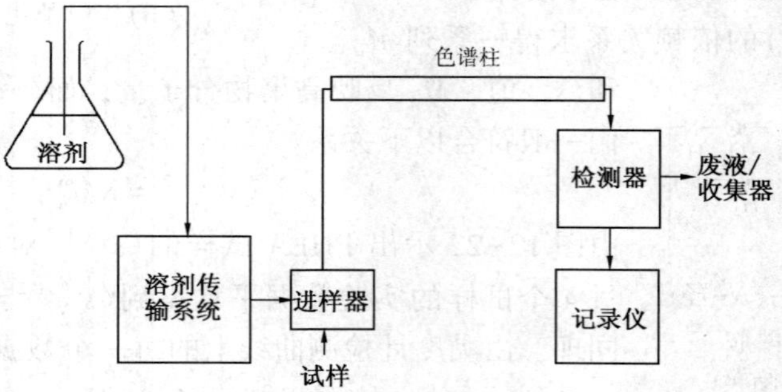

图 12-23　尺寸排除色谱仪基本构造示意图

显然，通过尺寸排除色谱法测定聚合物的分子量及其分布，需要溶质分子在色谱柱内的保留(保留体积或时间)具有高度的重现性。为此，流动相传输系统常采用高压泵如双活塞高压泵，提供 6.9~27.6MPa(1000~4000psi)[仪器一般显示压力单位均为 psi]的压力或 0.5~3mL/min 的无脉冲、稳定流速传输淋洗液流动相。流动相的传输还可按照一定的程序改变其组成，得到如梯度淋洗剂那样的效果以提高分离效率和加快分离速度。

分离系统是 SEC 仪的心脏，包括进样系统、前置保护柱和 SEC 柱。试样一般采用注射式内置进样环如六通阀等，通过流动相将 0.5~3mL、浓度为 0.05~0.1%的高分子溶液带入色谱柱。在 SEC 柱前端一般会联结一段色谱柱，称作保护柱，以预防气泡、灰尘杂质等进入而损害 SEC 柱。SEC 柱一般采用内径约 1cm 的不锈钢制成，长度在 20~300cm，依据不同用途而定。另一方面，SEC 柱填料固定相孔洞尺寸的稳定也是保证重现性的重要条件，并且填充的多孔固定相填料按照聚合物的水溶性或油溶性而有所区别。对水溶性高分子，填料可以是硅胶(也称作多孔玻璃微球)、琼脂糖和交联的聚丙烯酰胺凝胶等等。对溶解在有机溶剂中的油溶性高分子，填料通常是通过二乙烯基苯高度交联的多孔聚苯乙烯微球。SEC 柱填料的粒径在几百纳米至几百微米，一般粒径越小柱效越高，但达到流动相相同流速所需的压力就越高。填料的孔径决定了高分子在其中的渗透、扩散，一般在 $1\sim10^4$nm。较大尺寸的高分子只能扩散出、入较大的孔径，这种扩散是无规的，因此较大尺寸的分子比较小尺寸的分子保留时间短。要分离宽分布的试样，可采用两种方式：其一，将一系列色谱柱串联，其中每根色谱柱填充填料具有不同但固定的孔径，如普通情况下分离分子量范围在10^4~200×10^4g/mol 的连续分布试样时，需要将 3~4 根色谱柱串联；其二是采用单根混合床柱，其填料包含各种大小的孔径，即孔径有一定的分布。

经过分离系统后，流动相携带高分子进入检测器。检测器分两类，分别是浓度型和分子量型。浓度型检测器有折光、紫外、红外、荧光、极谱、电导、密度等类型；其中折光指数检测器最常见，测量淋洗液相对于纯溶剂折光指数的变化从而求得淋洗液中高分子的浓度；紫外、红外、荧光等检测器需要设定恰当的波长，使高分子的吸收与浓度相关；根据淋洗液高分子的浓度，通过淋洗体积按照图 12-18 的分割方法，以分子量的定义就可计算试样的分子量及其分布；此外采用双波长紫外检测器还可分析嵌段共聚物的组成。分子量型检测器包括光散射、质谱、黏度等，检测淋洗液的散射光光强、荷质比或特性黏数，直接或间接计算试样的分子量及其分布。当然，上述浓度型和分子量型检测器还可联用，数据的处理也采用计算机软件处理，使测定更加快捷、简便。

流动相流速、填料固定相的性质以及淋洗液检测信号均随温度变化，因此在测定过程中还需要恒温；此外，对某些试样，还需要收集淋洗出的不同级分，这些就构成了 SEC 仪的辅助系统。

12.2.5　制备型 SEC

随着生命科学的发展，需要大量分离、纯化生物大分子。在生物技术制取生物大分子的多级分离、纯化过程中，液相色谱被指定为一个“必需步骤”[174]。在对于生物大分子的分离时，可采用与生物大分子有很好相容性的软质凝胶如琼脂糖、纤维素凝胶、交联葡聚糖、淀粉、壳聚糖等作为色谱柱填料固定相[175]。由于常规液相色谱只能处理毫克级的样品，难以满足理论研究所需的分子量和组成一致性较高的大量需求。而且，生物技术的飞速发展需要大批量分离、提纯生物大分子，因此尺寸排除色谱柱就朝着制备型方向发展，如图 12-24

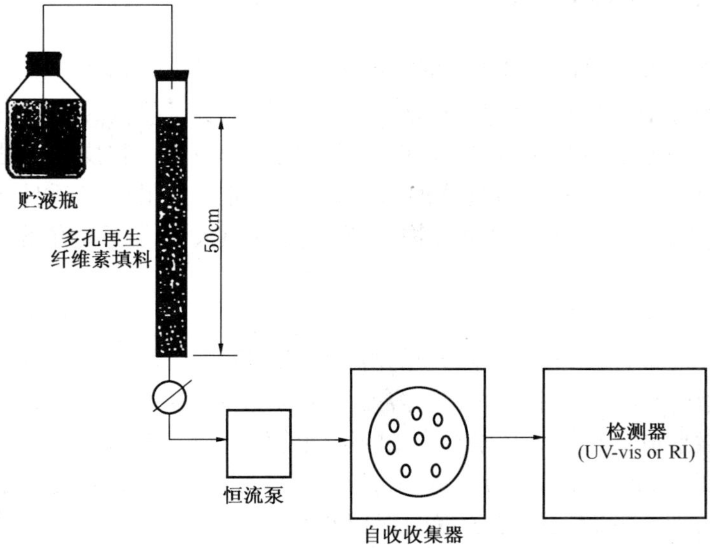

图 12-24　多孔再生纤维素填料填充的制备型 SEC 示意图[176~178]

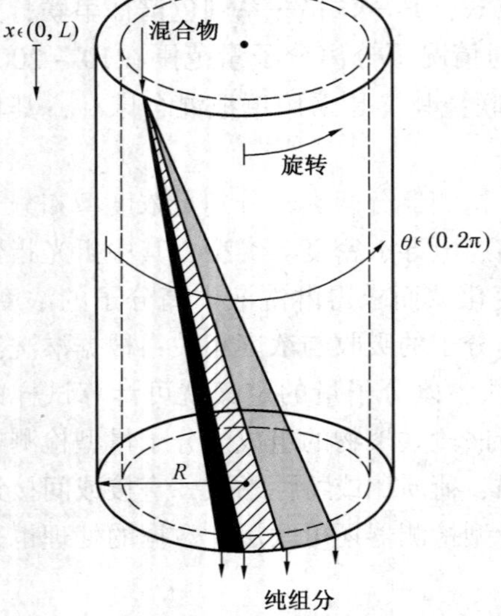

图 12-25　制备型连续环柱色谱(P-CAC)原理示意图[182]

就是再生纤维素填充的制备型 SEC 柱示意图[176~178]。聚合物分子按尺寸由大到小流出 SEC 色谱柱，如果对其图谱进行分割，并按分割分别收集淋洗液，就可得到一系列分子量从大到小的级分，如图 12-18。聚合物的制备型 SEC 柱分级一般包括进样、淋洗、浓度检测、收集和级分表征等步骤，要求加大色谱柱容量(直径和长度)，从而提高聚合物的上载量。但是，上述软质凝胶只能在低压下使用，因此，近几年色谱填料的研究就集中在寻找更好的刚性无机载体，并在其表面覆盖软质的亲水凝胶[175]，如在刚性载体表面改性或在其表层引入功能分子以扩展其性能的薄壳型填料或在载体基上复合一层具有 pH 响应、温敏性或能进行分子识别的薄壳型填料等。

最近，科学家们还利用尺寸排除色谱的原理开发了制备型连续环柱色谱(preparative continuous annulus chromatography，P-CAC)并用于大规模制备生物大分子尤其是蛋白质级分[179,180]。连续环柱色谱就是在两个同心圆柱之间填充色谱填料，此时每一垂直环段均可视为单独的色谱柱，如图 11-25 所示，当调节好旋转速度、流速、进样量等条件后，就可在旋转过程中连续进样、淋洗，蛋白质分子按分子量从大到小随旋转角度增加依次淋出[181,182]。连续环柱色谱具有死体积减小、理论塔板数即柱效高的特点，并且流动相用量少、能更大规模地制备生物大分子级分，便于工业化生产，多家专业公司如美国 Oak Ridge National Laboratory、奥地利 Prior Separation Technology 公司等已采用该技术制备生物大分子级分，产品已有销售。

12.3　聚合物的分级

将聚合物试样分级不仅可制备理论研究所需要的分子量由高到低的多个窄分布级分，还可测定各个级分的分子量并通过数据处理得到试样的平均分子量及其分布信息。依据聚合物分子量、化学组成和分子构型的不同，可以设计不同的分级方法和技术。对于化学组成和分子构型不同的聚合物，主要按不同组分的溶解能力不同或采用适当活性载体(或吸附剂)对其进行分级。然而迄今为止，对聚合物分级的报道绝大部分还是依据分子量的不同来进行。

12.3.1　沉淀分级法

依据不同链长的聚合物分子在溶剂中的溶解能力不同，可以对聚合物进行分级。设想有一多分散聚合物溶解在溶剂中形成均相的溶液，在温度降低到一定时，由于长链分子溶解能力降低而发生收缩形成新相，此时原本均相的溶液将发生液—液相分离，发生相分离的温度称作溶液临界温度 T_C(the critical solution temperature)。液—液相分离表示分离的两相均是液相。由于混合熵增加，链较短的分子就会保留在稀释状态，进入高分子浓度低的稀相(sol phase，SL)；而长链分子则因混合焓减少富集在浓度较高的浓相(gel phase，GL)中，形成两相平衡，如图 12-26 所示。平衡时，溶剂和溶质的化学势在两相中将分别相等：

$$\mu'_1 = \mu''_1 \tag{12 - 75}$$

$$\mu'_2 = \mu''_2 \tag{12 - 75a}$$

上标′和″分别代表浓相和稀相，下标 1 和 2 则代表溶剂和溶质。依据式

$$-\frac{\Delta\mu_1}{RT} = y = -\ln(1-\phi_2) - \left(1-\frac{1}{x}\right)\phi_2 - \chi_1\phi_2^2 \tag{12 - 76}$$

可知，y 在$\chi_1>1/2$ 时有一个极值，即具有两个体积浓度 ϕ_2 且化学势相等的两相相分离就可达到，而在$\chi_1\leqslant 1/2$ 时则不能实现两相分离。对 y 求取一次和两次偏导

$$y' = \frac{1}{1-\phi_2} - \left(1-\frac{1}{x}\right) - 2\chi_1\phi_2 = 0 \tag{12 - 77}$$

$$y'' = \frac{1}{(1-\phi_2)^2} - 2\chi_1 = 0 \tag{12 - 77a}$$

即可求得发生相分离时的临界浓度 ϕ_{2C}、临界相互作用参数χ_{1C}与链段数 x(对应于聚合物的分子量)间的关系：

$$\phi\varphi_{2C} = \frac{1}{1+x^{1/2}} \tag{12 - 78}$$

$$\chi_{1C} = \frac{(1+x^{1/2})^2}{2x} \approx \frac{1}{2} + \frac{1}{x^{1/2}} \tag{12 - 79}$$

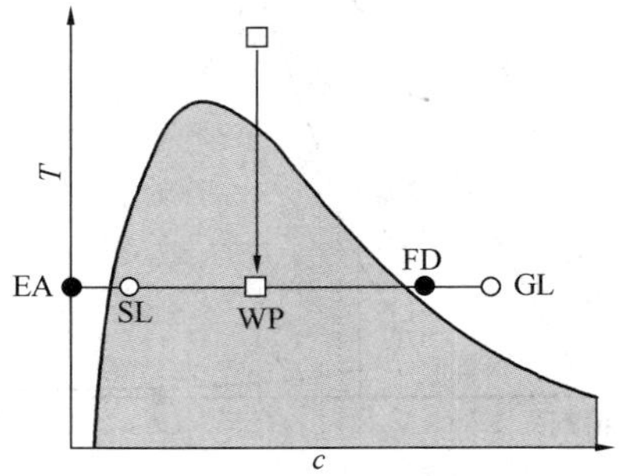

图 12-26 高分子溶液随温度变化的相图，曲线内的阴影部分为两相区

根据 Flory 高分子溶液理论，相互作用参数χ_1 随温度变化，因此可改变体系温度至临界温度 T_C 来调节χ_1 到达χ_{1C}以实现相分离。如图 12-26 所示，采用处于均相的高分子溶液通过降温到达工作点 WP(working point)，或将处于均相的进料液 FD(feeding)与提取液 EA(extracting agent)混合到达 WP，均可实现上述相分离。由于 GL 和 SL 密度上的差异，二者可在宏观上发生分离，并且 GL 一般密度较大，类似于沉淀物在体系中处于下层，所以这类方法被称作沉淀分级法用于分级聚合物。

同理，在恒温下，通过加入沉淀剂也能调节溶剂(此时为混合溶剂)与高分子的相互作用参数χ_1。根据 Flory 高分子溶液理论，溶剂的过量化学势为：

$$\Delta\mu_1^E = RT\left(\chi_1 - \frac{1}{2}\right)\phi_2^2 \tag{12 - 80}$$

当 FD 与 EA 混合后处于 WP 时，体系中混合溶剂溶解能力降低、过量化学势大于 0，也导致长链聚合物分子收缩形成聚合物浓相 GL，与含有短链的稀相 SL 达到液/液两相平衡，如图 12-27 所示。根据物料平衡，

$$\Psi' w'(x) = \Psi^0 w^0(x)[1-K(x)]/(1-\Phi) \tag{12 - 81}$$

$$\Psi'' w''(x) = \Psi^0 w^0(x)K(x)/\Phi \tag{12 - 81a}$$

式中，Ψ 为聚合物链段的体积分数；$w(x)$为具有 x 链段的高分子的质量分布分数；上标^0 表示起始聚合物；′和″表示所形成的两相 GL 和 SL；Φ 为 SL 中链段在所有物料中的含量；K 为与链段数 x 相关的沉淀度函数，它表达为：

$$K(x) = \Psi'' w''(x) / \Psi' w'(x) = \Phi / [\Phi + (1-\Phi)\exp(-x\rho)] \tag{12 - 82}$$

$\rho=(1/\langle x''\rangle)-(1/\langle x'\rangle) + \ln\gamma'-\ln\gamma''$，为与平均链段数$\langle x\rangle$、链段摩尔活性系数 γ 相关的函数。根据以下关系，

$$1-\psi''=(1-\psi^0)/[\Phi+(1-\Phi)\exp(-x_A\rho_A)] \tag{12-83}$$

$$\psi''=\int\psi^0 w^0(x)K(x)/\Phi \mathrm{d}x \tag{12-84}$$

$$1/\langle x''\rangle=(1-\psi'')/x_A+\int\psi^0 w^0(x)K(x)/(\Phi x)\mathrm{d}x \tag{12-85}$$

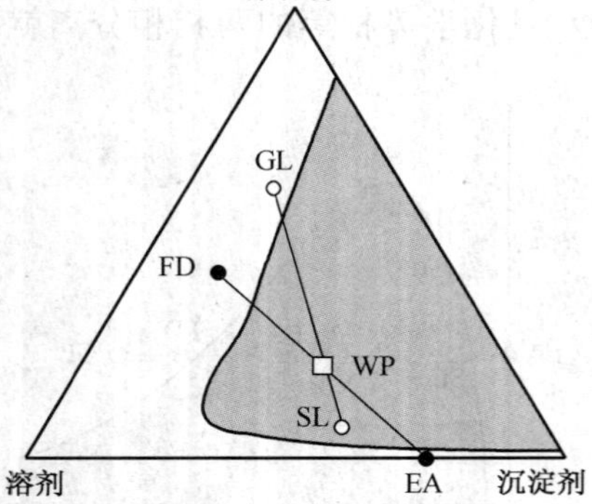

图 12-27　沉淀分级法工作原理示意图

x_A 为溶剂分子具有的链段数(通常小分子溶剂 $x_A=1$),

$$\rho_A=(1/\langle x''\rangle)-(1/\langle x'\rangle)+\ln\gamma'_A-\ln\gamma''_A \tag{12-86}$$

所以当 Ψ^0 和 W^0 已知时，就可得到与链段数(分子量)分布直接相关的 $w'(x)$ 和 $w''(x)$，即 GL 和 SL 的分子量分布。这种在恒定温度下通过加入沉淀剂分级聚合物的方法比上述改变温度分级的方法应用更广，适用于大多数聚合物，是人们延用至今的最主要聚合物分级方法。如果一次分级难以达到要求的分子量或化学组成的窄分布，则可改变 FD 聚合物浓度、EA 中溶剂与沉淀剂比例进行多次的重沉淀分级。然而，该分级方法要求起始聚合物浓度较低(一般低于 1%)，溶剂、沉淀剂使用量大，因此成本高昂；并且达到于 SL 和 GL 两相相平衡以及两相宏观分离耗时长，只适合于制备少量的聚合物级分；对具有生物活性的大分子，一般不采取这种方法，因为在沉淀过程中通常会导致分子构象的不可逆转变，使生物大分子失活。

若将上述加入沉淀剂达到液/液两相平衡的过程连续化，就实现聚合物连续分级(continuous polymer fractionation，CPF)[183]。具体过程为，采用恒流泵将预设好流量的 FD 与 EA 分别传输到混合器内混合并达到两相平衡，待两相宏观分离后分别收集，就可实现连续分级。因采用恒流泵传输 FD 与 EA，流量可调节，因而减少了人工，并可实现大规模分离、制备聚合物级分。CPF 法一般采用较高聚合物浓度的进料液，在分级过程中相邻链间易缠结，阻碍了分子链进入相应的液相，使相平衡难以达到或相分离的时间较长，因而分级效率仍较低。因此，在 CPF 的基础上，若将 FD 从一种带有微孔的喷射头喷射出来，聚合物溶液由于瑞利效应会迅速碎裂产生大量细微的液滴，进入预置的 EA 中，如图 12-28 所示。由于分散的液滴表面积大大增加，使每个液滴中短链分子进入聚合物稀相的平均路程缩短，从而能加快它从相邻长链分子缠结的逃逸，缩短达到两相平衡和宏观两相分离所需时间。同样地，采用恒流泵连续喷射进料液到同样连续的提取液中，就可实现连续喷射分级(continuous spin fractionation，CSF)[30,184]。CSF 法的缺点在于喷射时的高压力剪切作用会导致高分子链断裂而降低试样的分子量。

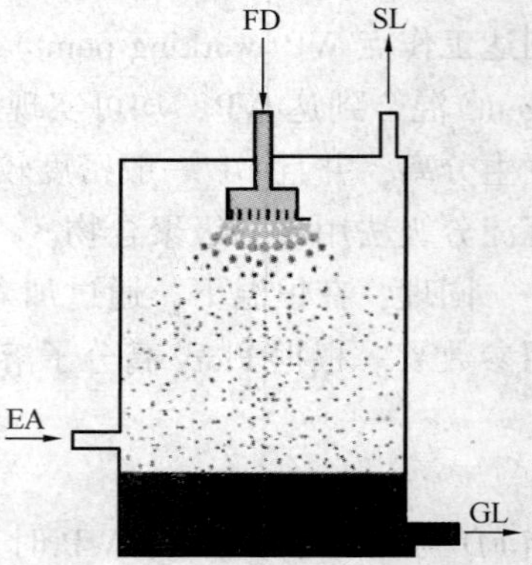

图 12-28　连续喷射分级(CSF)示意图[30,184]

12.3.2　基于分子扩散的分级方法

(1) 超离心沉降法　众所周知，超离心沉降法是经典的测定聚合物分子量和分子量分布方法之一，其基本原理见第 11 章，也用于对聚合物的分级[1,11,66]。它的缺点是耗时长、成本高昂、不易操作等。

（2）场流分级法　超离心沉降法给出了这样一个启示，即在外场的作用下聚合物溶液会形成浓度的梯度分布。如果此时用淋洗剂将各层溶液淋洗出，那么也可以对聚合物按分子量进行分级。Giddings 等[185]在 1966 年利用该思想，将离心力场改为温度场，并对聚苯乙烯进行了分级，由此发明了场流分级法（field-flow fractionation，FFF）。如图 12-29 所示，FFF 采用带状槽，长×宽一般在 50cm×2cm 内，槽高为 50～500μm。流动相从入口导入形成抛物线轮廓的薄层牛顿流体，推动样品向出口流动。同时在与流动相垂直的方向加入外场，使聚合物分子向管道内壁（富积壁）富积，并与分子的扩散作用达到平衡，形成浓度梯度。由于分子量较小的分子扩散速度较快，处于离富积壁较远的位置，易于被抛物线顶部流速相对较快的流动相首先淋洗出来。反之，较大分子尺寸的聚合物分子由于靠近富积壁，只能被流速较慢的流动相缓慢淋洗出。若在出口处联接 SEC 的检测器，就可得到分子量随淋洗体积由小到大的谱图，与 SEC 首先将大分子淋洗出来随后是小分子的情况正好相反。所以，FFF 可以认为是色谱和外场作用的结合。影响淋洗的因素有很多，包括聚合物浓度、外场强度、流动相流速及组成、FFF 管宽等。传统的外场为重力场和温度场，但在近几年内被迅速推广到如电场、交叉场（Flow FFF，F4）、不对称场（asymmetrical flow FFF，AF4）等[186]。该技术目前已成功用于聚苯乙烯、聚甲基丙烯酸甲酯、聚乙烯、聚异丁烯、聚四氢呋喃等多种聚合物的分离、分级，特点是适用于超高分子量聚合物的分离并制备窄分布级分，范围为 10^3～10^{18}g/mol。

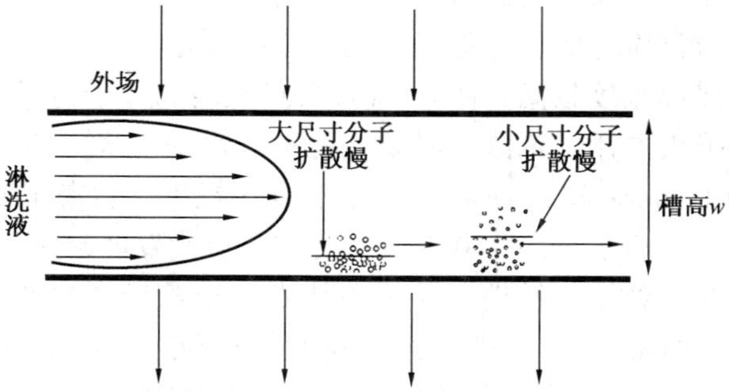

图 12-29　场流分级原理示意图

同时，根据 Fick 定律和 Stokes-Einstein 方程，还可采用 FFF 技术求得样品的流体力学半径 R_h，

$$R_{\mathrm{h}} = \frac{kTV_0}{\pi\eta V_{\mathrm{c}} w^2 t_0} t_r \qquad (12-87)$$

式中，k 为 Boltzmann 常数；T 为绝对温度；w 为 FFF 槽高；V_0 和 V_c 为流动相和外场流速；t_r 和 t_0 为样品保留时间和死时间；η 为溶剂黏度。因此，FFF 的另一发展方向就是和其他检测器如质谱、光散射等联用，表征 SEC 法不能分析的超高分子量聚合物的组成（如分子量及其分布），或应用于纳米工业测定纳米粒子的尺寸及分布。

（3）超临界流体分级技术　基于分子扩散的分级方法还有超临界流体技术。将聚合物溶液加入超临界流体（一般为 CO_2）中（或反之，将超临界流体加入聚合物溶液中），由于较小尺寸的聚合物分子在超临界 CO_2 中的扩散速度较快，从而可通过调节压力或温度来控制其溶解度来分级聚合物。超临界 CO_2 最明显的优点是反应惰性、溶解能力可调节、产物易纯化、无残留等，因此将其应用于合成高分子和生物大分子的分离、分级越来越受到重视[187]。

12.3.3　聚合物热分级法

聚乙烯作为世界上使用量最大的日用塑料，在国民生计中占有重要地位。聚乙烯主链中

共聚的 α-烯烃产生的支链长短和分布对其微观结构影响很大，而微观结构又决定其加工、力学性能，因此对支链长度和分布的分析、控制极为重要。对聚乙烯树脂中 α-烯烃链段的含量和分布分析通常采用升温淋洗分级技术（temperature rising elution fractionation，TREF）。升温淋洗分级就是将聚合物溶液样品先加热，再缓慢降温以充分结晶，由于支化度较低的分子结晶温度较高，而 α-烯烃含量较高的分子链易于在较低温度结晶，所以在随后的连续多步升温并用溶剂淋洗时就可首先得到 α-烯烃含量和支化度均较高的级分。该技术思想首先由 Desreux 和 Spiegels[188] 于 1950 年提出，后来于 1965 年由 Shirayama[189] 第一次对低密度聚乙烯进行了分级，并在 20 世纪 80 年代发展起来，在全世界受到广泛关注和应用[190]。但由于聚合物结晶缓慢，导致该技术对聚乙烯类树脂的分析耗时较长。因此，在 TREF 的基础上，Monrabal[191] 建立了结晶分析分级法（crystallization analysis fractionation，CRYTAF）。它与 TREF 检测结晶后淋洗时溶液中的聚合物浓度不同，CRYTAF 直接检测聚合物在结晶过程中的浓度变化，这大大缩短了分析所需时间。

如果采用示差扫描量热法（differential scanning calorimetry，DSC）或调幅 DSC（modulated DSC，MDSC），通过调节控温程序实现逐级结晶和退火自结晶，也可得到 TREF 和 CRYTAF 所能得到的全部信息。因此，最近的大量研究集中在采用 DSC 或 MDSC 调控聚乙烯逐级结晶和退火自结晶，分析不同支链长度和分布的 α-烯烃含量，并放大该方法以大规模制备级分和推广到其他半晶聚合物体系[192,193]。

12.3.4 分子印迹技术

将某个特殊物质（称为印迹分子）加入聚合反应体系中，当加入交联剂、引发剂进行聚合反应时，形成高度交联的固态物质。然后，再利用化学或物理方法将印迹分子从其中除去。这样，在分子印迹聚合物内部便形成了大量的孔穴结构，它们的形状以及空腔内各官能团的位置都与所使用的印迹分子互补，可以与印迹分子发生特殊作用。分子印迹聚合物主要用作高效液相色谱中的固定相，对合成过程中所使用的印迹分子进行选择性保留，从而实现混合物尤其是结构相近的药物或蛋白质等手性化合物的分离[194,195]。

12.3.5 多维色谱

现代高性能聚合物材料包括共混聚合物、嵌段共聚物、立构以及支化聚合物等。它们通常由不同尺度、化学组成或构型的链段构建，表现出复杂的化学和物理结构，称为“聚合物复杂体系”。由于这类聚合物化学和物理结构的非均一性，常常需要多个参数对其分子特征进行描述，如平均分子量、平均化学组成、平均嵌段或接枝长度、平均立构组成以及它们的分布等。若仅采用对分子尺寸敏感的尺寸排除色谱，难以精确表征该类聚合物。这时往往需要尺寸排除机理和其他一种或多种分离机理相结合的液相色谱系统，即多维色谱来测定上述各参数[196,197]。例如，Berek 等[198] 采用 SEC 与吸附色谱相结合，表征了聚丁基丙烯酸甲酯/聚甲基烯酸甲酯/聚四氢呋喃/聚乙烯醇共混物的化学组成和分子量分布；Trathning 等[199] 采用临界条件 SEC 与梯度淋洗色谱在线联用技术对聚醚进行了分级，结果表明聚合物中烷烃链段较长的分子首先从 SEC 中淋洗出来，而在梯度淋洗色谱中则按聚醚链段长度分级；Teraoka 等[200] 采用相转变色谱作为第一维色谱将 PEG/PLA 嵌段共聚物首先按 PEG 含量分级，再用 SEC 作为第二维色谱表征共聚物分子量及分布。通常，将对聚合物结构具有选择性保留的色谱作为第一维，SEC 作为第二维。但无论以何种顺序结合，所使用的溶剂必须与各种色谱相适应。近年，多维色谱的研究集中在临界条件色谱与 SEC 的联结[197]，以表征聚合物复杂体系的分子量、化学组成、嵌段或接枝长度以及立构组成等信息。

参 考 文 献

1 何曼君，陈维孝，董西侠. 高分子物理(第三版). 上海：复旦大学出版社，2007

2 虞志光. 聚合物分子量及其分布的测定. 上海：上海科学技术出版社，1984

3 潘祖仁. 高分子化学(增强版). 北京：化学工业出版社，2007

4 P. G. de Gennes. Scaling concepts in polymer physics. New York：Cornell University Press，1979

5 H. R. Allcock，F. W. Lampe，J. E. Mark.《当代聚合物化学》. 张其锦，董炎明，宋惠娟等译. 北京：化学工业出版社，2006

6 杨玉良，胡汉杰. 高分子物理. 北京：化学工业出版社，2001

7 金日光，华幼卿. 高分子物理(第三版). 北京：化学工业出版社，2007

8 董炎明，胡晓兰. 高分子物理学习指导. 北京：科学出版社，2005

9 M. Rubinstein，R. H. Colby. Polymer Physics. USA：Oxford University Press，2003

10 汪昆华，罗传秋，周啸. 聚合物近代仪器分析(第二版). 北京：清华大学出版社，2000

11 L. H. Sperling. Introduction to physical polymer science (4th ed.). Hoboken，New Jersey：John Wiley & Sons，2006

12 B. C. Li. Fundamentals of polymer physics. Beijing：Chemical industry press，1999

13 何曼君，陈维孝，董西侠. 高分子物理(修订版). 上海：复旦大学出版社，1990

14 B. Ustamehmetoglu，Z. I. Diler，A. S. Sarac. Int. J. Polym. Anal. Charact.，2002，7(4)：263

15 冯良，胡继文，肖定书 等. 高分子学报，2007，(5)：413

16 H. Terayama. J. Polym. Sci.，1952，8：243

17 H. Tanaka，Y. Sakamoto. J. Polym. Sci.，1993，31：2687~2691；2693~2696

18 张俐娜，薛奇，莫志深，金熹高. 高分子物理近代研究方法(第二版). 武汉：武汉大学出版社，2006

19 B. H. Zimm，I. Myerson. J. Am. Chem. Soc.，1946，68：911

20 张俐娜，皱从炎，何从乐 等. 高等学校化学学报，1984，5(6)：884

21 张俐娜，詹东风. 高分子通讯，1984，(2)：115

22 张俐娜，张蓉晖. 高分子学报，1989，6(3)：370

23 H. Zengin，H. G. Spencer，G. Zengin，R. V. Gregory. Synthetic Metals，2007，157：147~154

24 S. Rangou，P. E. Theodorakis，L. N. Gergidis，et al.. Polymer，2007，48：652

25 D. Yan，Y. Zhou，J. Hou. Science，2004，303：65

26 H. G. Barth，J. W. Mays. Modern methods of polymer characterization. New York：John Wiley & Sons，1991

27 H. P. Frank，H. P. Mark. J. Polym. Sci.，1955，17：1

28 A. E. Tonelli，P. J. Flory. Macromolecules，1969，2，225

29 P. Debye. J. Phys. Colloid Chem.，1947，51，18

30 X. Xiong，John Eckelt，B. A. Wolf，et al. J. Chromatogr. A，2006，1110(1~2)，53

31 S. H. Chen，B. Chu，R. Nossal. Scattering techniques applied to supermolecular and nonequilibrium systems. New York：Plenum Press，1981

32 A. Ohshima，A. Yamagata，T. Sato，et al. Macromolecules，1999，32：8645

33 C. Wu. Adv. Polym. Sci.，1998，137：104

34 G. Yuan，X. Wang，C. C. Han，C. Wu. Macromolecules，2006，39：6207

35 W. Liu，R. Liu，Y. Li，et al.. Polymer，2009，50：211

36 C. Wu. Polymer，1998，39：4609

37 胡家璁. 高分子 X 射线学. 北京：科学出版社，2003

38 莫志深，张宏放. 晶态聚合物结构和 X 射线衍射. 北京：科学出版社，2003

39 R. J. Roe. Methods of X - Ray and neutron scattering in polymer science. Oxford: Oxford University Press, 2000
40 H. Pasch, W. Schrepp. MADIL - TOF mass spectrometry of synthetic polymers. Berlin: Springer - Verlag, 2003
41 S. D. Hanton. Chem. Rev., 2001, 101: 527
42 M. Y. He, H. Chen. Curr. Org. Chem., 2007, 11: 909
43 T. Wampler, C. Zawodny. Am. Lab., 1999, 31(19): 30
44 G. Montaudo, C. Puglisi. In Developments in Polymer Degradation; N. Grassie, Ed., Applied Science Publisher: London, 1987, Vol7
45 S. Carroccio, C. Puglisi, G. Montaudo. Macromol. Chem. Phys., 1999, 200: 2345
46 J. W. Coburn, E. W. Eckstein, E. J. Kay. J. Vac. Sci. Technol., 1975, 12: 151
47 L. Prokai. Field Desorption Mass Spectrometry, Dekker: New York, 1990
48 M. Barber, R. Bordoli, R. D. Sedgwick, et al.. J. Chem. Soc., Chem. Commun., 1981, 325
49 www. cetac. com
50 K. Linnemayr, P. Vana, G. Allmaier. Rapid Commun. Mass. Spectrom., 1998, 12: 1344
51 S. M. A. B. Batoy, E. Akhmetova, S. Miladinovic, et al. Appl. Spectr. Rev., 2008, 43: 485
52 P. O. Danis, D. E. Karr, J. W. J. Simonsick Jr., D. T. Wu. Macromolecules, 1995, 28: 1229
53 J. Liu, R. S. Loewe, R. D. McCullough. Macromolecules, 1999, 32: 5777
54 S. D. Hanton, I. Z. Hyder, J. R. Stets, et al. J. Am. Soc. Mass Spectron, 2004, 15: 168
55 I. Schnöll-Bitai, R. Ullmer, T. Hrebicek, et al. Rapid Commun. Mass Spectrom., 2008, 22: 2961
56 H. Pasch. Phys. Chem. Chem. Phys., 1999, 1: 3879
57 M. S. Montaudo, C. Puglisi, F. Samperi, et al. Rapid Commun. Mass Spectrom., 1998, 12: 519
58 G. J. Kallos, D. A. Tomalia, D. M. Hedstrand, et al. Rapid Commun. Mass Spectrom., 1991, 5: 383
59 D. J. Aaserud, L. Prokai, W. J. Simonsick. Anal. Chem., 1999, 71: 4793
60 J. Mlynar, S. Sarkanen. in Strategies in size exclusion chromatography, ACS Symposium Series, Symposium on Strategies in Size Exclusion Chromatography, at the 209th National Meeting of the American-Chemical-Society, 1996, 635: 379
61 S. Sharma, P. L. Soni. Ind. J. Chem. Sect. B- Org. Chem. Include. Med. Chem., 1994, 33: 355
62 W. J. Moore. Physical Chemistry. 4th ed.. Englewood Cliffs N. J.: Prentice-Hall, 1972, 939
63 周恩乐，李虹. 高分子学报，1987，12：443
64 Y. Roiter, S. Minko. J. Am. Chem. Soc., 2005, 127: 15688
65 Y. Tao, L. Zhang. Biopolymers, 2006, 83: 414
66 G. Strobl. The Physics of Polymers(3rd ed.). Berlin-Heiderlberg-New York: Springer-Verlag, 2007
67 董炎明. 高分子分析手册. 北京：中国石化出版社，2004
68 O. E. Oehrn. Arkiv. Kemi., 1985, 12: 397
69 R. Cheng, Y. Yang, X. Yan. Polymer, 1999, 40: 3773
70 S. H. Maron. J. Appl. Polym. Sci., 1961, 5: 282
71 程镕时. 高分子通讯，1960，4：159
72 刘佛云. 化学通报，1980，4：21
73 许承威. 高分子学报(原高分子通讯)，1979，2：88
74 孙本惠. 特种橡胶制品，1981，3：26
75 梁燕，吕桂琴，张军 等. 化学学报，2007，65(9)：853~859
76 张诚，张永琴. 天津化工，1989，4：3
77 谢群. 合成纤维，1987，2：12

78　朱坤元. 济南大学学报，1995，5(4)：73
79　赵中华，孙海洲，孙明昆. 海洋水产研究，2002，23(3)：41
80　宣寒. 安徽建筑工业学院学报，2008，16(3)：82
81　X. Wang，Y. Zhang，L. Zhang，et al.. *J. Phys. Chem. B*，2009，113：9915
82　谢平，应琦琮，施良和. 高分子学报，1990，(3)：257
83　刘伟，李伯耿，沈炯 等. 高分子材料科学与工程，2003，19(3)：187
84　黄怿，卜乐炜，张德震 等. 功能高分子学报，2000，13(2)：182
85　徐种德，王淑香，李碧林 等. 中国科学技术大学学报，1986，16(3)：271
86　C. Kow. *Ph D. Dissertation*. University of Akron ，USA，1982
87　黄怿，卜乐炜，郝磊 等. 功能高分子学报，2000，13(1)：11
88　周丽玲，姜淑霞，唐学明等. 青岛科技大学学报(自然科学版)，1992，3：6
89　封麟先，范志强，徐秀珠 等. 高分子学报，1989，3：349
90　R. Dell'Erba. J. Mater. Sci. Lett.，2001，20，371
91　J. C. J. F. Tacx，H. M. Schoffeleers，A. G. M. Brands，et al. Polymer，2000，41：947
92　黄怿，张德震，余海霞 等. 功能高分子学报，2000，13(2)：187
93　H. H. Chuah，D. Lin-Vien，U. Soni. Polymer，2001，42：7137
94　H. L. Traub，P. Hirt，H. Herlinger，et al. Makromol. Chem.，1995，230：179
95　李保陆，王晶 等. 山东生物医学工程，1997，4，16
96　J. R. Dorgan，J. Janzen，D. M. Knauss，et al. J. Polym. Sci. Part B：Polym. Phys.，2005，43：3100
97　D. Garlotta. J. Polym. Environ.，2001，9：63
98　孙要兴，杨惠昌，马德柱. 河南科学，1987，(4)：4
99　杨忠琳，朱永群，黄亦军 等. 科技通报，1992，(02)：26
100　中华人民共和国国家标准，GB12005. 1
101　赵东宇，张贞浴，张凤莲 等. 黑龙江大学自然科学学报，1997，14(1)：98
102　K. Kubota，S. Fujishige，I. Ando. Polym. J.，1990，22：15
103　S. Fujishige. Polym. J.，1987，19：297
104　O. Chiantore，M. Guaita，L. Trossarelli. Makromol. Chem.，1979，180，2019
105　F. Ganachaud，M. J. Monteiro，R. G. Gilbert，et al. Macromolecules，2000，33：6738
106　E. J. Singley，A. Daniel，D. Person，et al. J. Polym. Sci.：Part A：Polym. Chem.，1997，35：2533
107　李婷婷. 硕士学位论文. 江西师范大学，2007
108　D. Yang，P. N. Adams，B. R. Mattes. Synthetic Metals，2001，119：301
109　A. Haug，G. Meyerhoff. Makromol. Chem.，1962，53：91
110　A. Lapp，J. Herz，C. Strazielle. Makromol. Chem.，1985，186：1919
111　J. Brzezinski，Z. Czlonkowska-Kohutnicka，B. Czarnecka，et al. Eur. Polym. J.，1973，9：733
112　E. A. Büyüktanir，Z. Küçükyavuz. J. Polym. Sci.：Part B：Polym. Phys.，2000，38：2678
113　V. Crescenzi，P. J. Flory. J . Am. Chem. Soc.，1964，86：141
114　赫荣安，胡伟娜，李效东 等. 高分子材料科学与工程，2008，24(10)：111
115　占肖卫，徐秀珠. 高分子学报，1998，6：709
116　孙玉凤，王明星，余鼎声 等. 高分子学报，1992，1：56
117　罗顺火，姬广富. 含能材料，1993，1(4)：31
118　李维实，张富尧. 高分子学报，1997，4：393
119　周存山，马海乐，曾慧琴. 高分子学报，2006，9：41
120　谷翠萍，章于川，王广强 等. 安徽大学学报自然科学版，2005，29(2)：82
121　袁平，徐种德，苏诚伟 等. 华东理工大学学报，1987，2 ：002

122 A. Einbu, S. N. Naess, A. Elgsaete, et al. Biomacromolecules, 2004, 5: 2048
123 M. Poirier, G. Charlet. Carbohydr. Polym., 2002, 50: 363
124 倪红，杨艳燕，阎达中. 化学世界，2003，8：416
125 G. A. Morris, J. Castile, A. Smith, et al. Carbohydr. Polym., 2009, 76: 616
126 M. Rinaudo. Prog. Polym. Sci., 2006, 31: 603
127 G. A. Roberts, J. G. Domszy. Int. J. Biol. Macromol., 1982, 4: 374
128 V. F. P. Lee. PhD dissortation. University of Washington(USA), 1974
129 M. Rinaudo, M. Milas, P. Le Dung. Int. J. Biol. Macromol., 1993, 15: 281
130 J. Brugnerotto, J. Desbrie' res, G. Roberts, et al. Polymer, 2001, 42: 9921
131 G. Berth, H. Dautzenberg. Carbohydr. Polym., 2002, 47: 39
132 M. R. Kasaai. Carbohydr. Polym., 2007, 68: 477
133 W. Brown, R. Wiskston. Eur. Polym. J., 1965, 1: 1
134 D. Henley. Ark Kemi, 1961, 18: 569
135 K. Krishnamurti, T. Svedberg. J. Am. Chem. Soc., 1930, 52: 2897
136 L. Valtasaari. Makromol. Chem., 1971, 150: 117
137 C. L. McCormick, P. A. Callais, B. H. Jr. Hutahinson. Macromolecules, 1985, 18: 2394
138 J. Zhou, L. Zhang, J. Cai. J. Polym. Sci. Part B: Polym. Phys., 2004, 42: 347
139 K. Kamide, M. Saito. Polym. J., 1986, 18: 569
140 J. Cai, Y. Liu, L. Zhang. J. Polym. Sci. Part B: Polym. Phys., 2006, 44: 3093
141 C. J. He, Q. R. Wang. Macromol. J. Sci. Pure Appl. Chem., 1999, A36: 105
142 T. E. Eremeeva, T. O. Bykova. Carbohydr. Polym., 1998, 36: 319
143 H. J. Cornell, C. J. Rix, S. J. McGrane. Starch-Starke, 2002, 54: 517
144 M. R. Kasaai. J. Appl. Polym. Sci., 2006, 100: 4325
145 祁黎，李光吉，宗敏华. 高分子学报，2003，(5)：650
146 N. Kishida, S. Okimasu, T. Kamata. Agric. Biol. Chem., 1978, 42: 1645
147 I. Irurzun, J. J. Bou, G. Pérez-Camero, et al. Macromol. Chem. Phys., 2001, 202: 3253
148 支俊格，刘安华，朱志国 等. 高分子学报，2005，(5)：774
149 Y. Yuan, F. Johnson, I. Cabasso. J. Appl. Polym. Sci., 2009, 112: 3436
150 N. Ho-Duc, J. Prud'Homme. Macromolecules, 1973 , 6: 472
151 M. Ye, D. Han, L. Shi. Chin. J. Polym. Sci., 1996, 14: 311
152 P. J. Flory. Priciples of polymer chemistry. New York: Cornell University Press, 1953
153 B. A. Wolf. Macromol. Rapid Commun., 2007, 28: 164
154 J. Eckelt, A. Knopf, B. A. Wolf. Macromolecules, 2008, 41: 912
155 M. V. Badiger, N. R. Gupta, J. Eckelt, et al. Macromol. Chem. Phys., 2008, 209: 2087
156 F. Samadi, B. A. Wolf, Y. Guo, et al. Macromolecules, 2008, 41: 8173
157 J. Zhou, L. Zhang. Polym. J., 2000, 32: 866
158 K. K. Chee. Eur. Polym. J., 1990, 26: 423
159 X. Wang, X. Xu, L. Zhang. J. Phys. Chem. B, 2008, 112: 10343
160 T. Sato, S. Kojima, T. Norisuye, et al. Polym. J., 1984, 16: 423
161 A. M. Skvortsov, A. A. Gorbunov. J. Chromatogr., 1986, 358: 77
162 韩冬，叶美玲，施良和. 色谱，1995，13：42
163 B. Trathnigg. Prog. Polym. Sci., 1995, 20(4): 615
164 D. Berek. Prog. Polym. Sci., 2000, 25: 873
165 R. Garcýa, I. B. Recalde, J. E. Figueruelo, et al. Macromol. Chem. Phys., 2001, 202: 3352

166 T. Garel, H. Orland. Phys. Rev. B, 1997, 55: 226
167 R. Garcýa, I. Irurzun , C. Abad , et al. J. Chromatogr. A, 2003, 996: 33
168 A. E. Hamielec, H. Meyer. Molecular on-line weight and long-chain branching measurement using SEC and low-angle laser light scattering. In: Dawkins JV, editor. Development in polymer characterization-5. London: Elsevier, 1986, 95~130
169 C. Wu, Y. Zhang, X. Yan, et al. Acta Polym. Sin., 1995, (3): 343
170 L. K. Kostanski, D. M. Keller, A. E. Hamielec. J. Biochem. Biophys. Methods, 2004, 58: 159
171 Y. Wang, L. Zhang, Y. Li, et al. Carbohydr. Res., 2004, 339: 2567
172 Q. Ding, L. Zhang, X. Xu, et al. J. Macromol. Sci. - Phys., 2001, B40(2): 147
173 R. Mendichi, G. Giammona, A. G. Shieroni, et al. Polymer, 2000, 41: 8649
174 师治贤，王俊德. 生物大分子的液相色谱分离和制备(第二版). 北京：科学出版社，1999
175 熊晓鹏. 聚合物的分级及其表征研究. 武汉大学博士学位论文，2005
176 L. Zhang, J. Zhou, G. Yang, et al. J. Chromatogr. A, 1998, 816: 131
177 X. Xiong, L. Zhang, Y. Wang. J. Chromatogr. A, 2005, 1063(1~2): 71
178 X. Xiong, L. Zhang. J. Chromatogr. Sci., 2005, 43(4): 169
179 P. Genest, T. Field, P. Vasudevan, et al. Appl. Biochem. Biotechnol., 1998, 73: 215
180 A. Buchacher, G. Iberer, A. Jungbauer, et al. Biotechnol. Prog., 2001, 2: 140
181 J. B. Fox, R. C. Calhoun, W. J. Eglinton. J. Chromatogr., 1969, 43: 48
182 R. Giovannini, R. Freitag. Biotechnol. Bioeng., 2002, 77: 445
183 B. A. Wolf. Continuous polymer fractionation, in Encyclopedia of advanced materials, D. Bloor, R. J. Brook, M. C. Flemings, S. Mahajan. Eds., Pregamon Press, Oxford, 1994, 881~885
184 J. Eckelt, T. Haase, S. Loske, et al. Macromol. Mater. Eng., 2004, 289: 393
185 J. C. Giddings. Sep. Sci., 1966, 1: 123; G. H. Thompson, M. N. Myers, J. C. Giddings. Sep. Sci., 1967, 2: 797
186 M. E. Schimpf, K. D. Caldwell, J. C. Giddings. Field-flow Fractionation Handbook, New York: Wiley, 2000
187 S. Behme, S. W. Arlt. Fluid Phase Equilibrium, 1999, 158~160: 869
188 V. Desreux, M. C. Spiegels. Bull. Soc. Chim. Belg., 1950, 59, 467
189 K. Shirayama, T. Okadat, S. I. Kita. J. Polym. Sci. (A), 1965, 3, 906
190 L. Wild. Adv. Polym. Sci., 1991, 98: 1
191 B. Monrabal. J. Appl. Polym. Sci., 1994, 52: 491
192 S. Anantawaraskul, J. B. P. Soares, P. M. Wood-Adams. Adv. Polym. Sci., 2005, 182: 1
193 A. J. Müller, M. L. Arnal. Prog. Polym. Sci., 2005, 30: 559
194 H. Shi, W. -B. Tsai, M. D. Garrison, et al. Nature, 1999, 398: 593
195 小宫山真，竹内俊文，务川高志 等. 分子印迹学——从基础到应用. 吴世康，汪鹏飞 译. 北京：科学出版社，2006
196 D. Berek. Prog. Polym. Sci., 2000, 25: 873
197 H. J. A. Philipsen. J. Chromatogr. A, 2004, 1037: 329
198 S. H. Nguyen, D. Berek. Chromatographia, 1998, 48: 65
199 B. Trathnigg, M. Kollroser, M. Parth, et al. in: T. Provder (Ed.), Chromatography of Polymers: Hypenated and Multidimension Techniques, ACS Symposium Series, No. 731, American Chemical Society, Washington, DC, 1999
200 D. Lee, I. Teraoka, T. Fujiwara, et al. J. Chromatogr. A, 2002, 966: 41

习　题

1. 画出典型的相对分子量分布曲线并标出下列分子量：(1)数均分子量；(2)重均分子

量；(3)Z 均分子量；(4)黏均分子量。

2. 试举 3 例分别说明聚合物的分子量及其分布对物理机械性能、加工成型的影响。

3. 给出聚合物各种平均分子量(包括数均、重均、z 均以及黏均分子量)的定义，写出他们的关系式。

4. 如果相对分子质量为 100000 的 2gPS 与相对分子质量为 10000 的 2gPS 混合，其 $\overline{M}_n$ 和 $\overline{M}_w$ 各应是多少？

5. 分子量分布宽度指数和多分散系数的定义是什么？两者有何关系？

6. 下列聚合物反应产物的 $\overline{M}_w/\overline{M}_n$ 是怎样？(1)缩聚反应；(2)自由基聚合(双基偶合终止)；(3)自由基聚合(双基歧化终止)；(4)负离子聚合(活性聚合)。

7. 列举聚合物分子量测定的绝对方法、相对方法、以及分子量分布的测定方法。

8. 环氧乙烷聚合后的产物聚氧化乙烯 HO$\leftarrow$CH$_2$CH$_2$—O$\rightarrow_n$OH，每个分子含有两个端羟基。以苯基异氰酸(—N ═ C ═ O)分析 0.1kg 聚氧化乙烯试样，结果 5.923×10^{-3}kg 的苯基异氰酸被消耗，并放出 $2.1\times10^{-4}m^3$ 的 CO_2 气体(1atm、298K)，试计算该聚氧化乙烯的平均相对分子量。

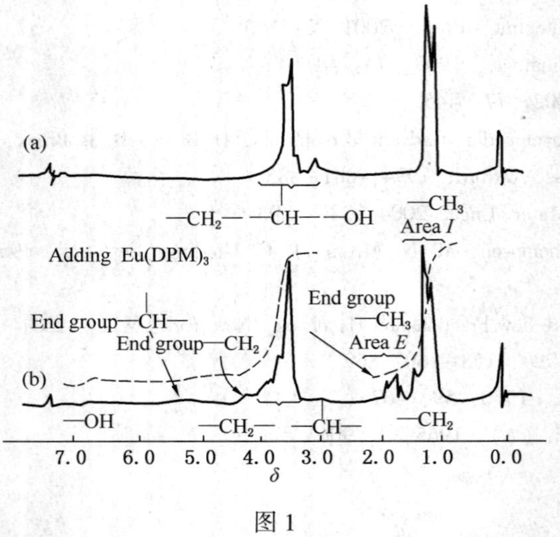

图 1

(a)为聚丙二醇的¹H NMR 谱；(b)为其加入化学位移试剂后的¹H NMR 谱。化学位移试剂使端甲基向低场位 75 移到 1.83ppm，主链甲基则没有位移

9. 某聚合物在每个分子链的一端带有一个氯原子，元素分析结果显示样品含氯 0.250%，该聚合物的数均分子量为多少？

10. 简述端基分析法测定聚合物分子量的原理、适用范围。并依据下图 1 得出聚丙二醇分子量的计算公式。

11. 什么是稀溶液的依数性？

12. 将 10.0g 聚合物加到 50.0g 苯中，使苯的熔点从 5.500°C 下降到 5.400°C。如果熔点下降常数 $K=5.07$deg·kg/mol，聚合物的分子量为多少？

13. 用沸点升高法测定聚合物的分子量，对溶剂及样品有何要求？

14. 某沸点升高仪采用热敏电阻测定温差 ΔT，检流计读数 Δd 与 ΔT 成正比。用苯作溶剂，三硬脂酸甘油酯($M=892$g/mol)作标准样品，若浓度为 1.20×10^{-3}g/mL，测得 Δd 为 786。今用此仪器和溶剂测聚二甲基硅氧烷的分子量，浓度和 Δd 的关系如下表：

$c/(10^{-3}$g/mL)	5.10	7.28	8.83	10.20	11.81
Δd	311	527	715	873	1109

试计算此试样的分子量。

15. 简述膜渗透压法测定聚合物分子量的原理，有何注意事项。

16. 将 50.0mgPMMA($\rho=1.20$g/cm^3，$M_n=3.52\times10^5$)加到 150g 氯仿($\rho=1.49$g/cm^3)，配制成溶液，求此溶液的渗透压。

17. 当第二维利系数 A_2 为零时，聚合物溶液必须具备什么条件？此时聚合物溶液的特征又如何？溶液处于 θ 条件时对聚合物的分子量以及分子尺寸的测定有何影响？

18. 在 25°C 的 θ 溶剂中，测得浓度为 7.36×10^{-3} g/mL 的聚氯乙稀溶液的渗透压为 0.248g/cm^2，求此试样的分子量和第二维利系数 A_2，并指出所得分子量的类型。

19. 在 25℃下，测定不同浓度的聚苯乙烯甲苯溶液的渗透压 π，结果见下表

c/(10^{-3}g/mL)	1.55	2.56	2.93	3.80	5.38	7.80	8.68
π/(g/cm^2)	0.15	0.28	0.33	0.47	0.77	1.36	1.60

试求取此试样的数均分子量、第二维利系数 A_2 和 Huggins 参数 χ_1。已知 $\rho_{甲苯}=0.8623$g/mL，$\rho_{聚苯乙烯}=1.087$g/mL。

20. 气相渗透法测定聚合物的原理是什么？相对于其它分子量测定方法，它有何优、缺点？

21. 说明静态光散射、动态光散射的原理以及它们的区别。

22. 已知某 PS 试样在 25℃的丁酮溶液中的分子尺寸小于 λ/20，无内干涉效应，用光散射仪测得下表数据：

c/(10^{-3}g/mL)	0.7	1.4	2.2	2.9
$I_{90°}$(相对标度)	24	37	46	52

用苯作标准，$I_{90°(苯)}=15$，$R_{90°(苯)}=4.85\times10^{-5}$ cm^{-1}，$n_{苯}=1.4979$，$n_{丁酮}=1.3761$，dn/dc=0.230mL/g，λ=436nm，计算此试样的分子量和第二维利系数。

23. 什么是 Zimm 图？在静态光散射法中采用 Zimm 作图法的目的是什么？

24. 光散射法得到的 A_2 和渗透压法得到的 A_2 有什么关系？说明其物理意义。

25. 对于一个新型聚合物，其 dn/dc 值无法从文献中查到，请设计一个实验求得。

26. 用光散射法测定聚合物分子量时，下列哪一种情况得到的表观分子量较高？(1)无尘体系；(2)存在尘埃的体系。

27. 说明动态光散射测定能得到聚合物的哪些参数。

28. 具体说明什么是 MALDI-TOF-MS？它相对于普通 MS 的优势在哪里？

29. 超离心沉降法测定聚合物分子量有哪两种类型？哪一种较快？哪一种较精准？

30. 用密度瓶法测得 $c=5\times10^{-2}$g/mL 的聚苯乙烯/甲苯溶液在 25℃的密度为 0.8855g/cm^3，甲苯的密度为 0.8788g/cm^3。在无限稀释溶液的沉降系数和扩散系数分别为 17.9×10^{-13}s 和 $3.6\times10^{-7}$$cm^2$/s。(1)试计算聚苯乙烯样品的分子量；(2)在超离心实验中，离心池距离旋转中心 5.0cm，旋转速率为 65000r/min，计算聚苯乙烯的沉降速度。

31. 某聚苯乙烯样品在甲苯中于 20℃用超离心沉降法测其分子量，聚合物的比体积为 0.91mL/g，测得的沉降系数和扩散系数如下表：

c/(10^{-3}g/mL)	4.3	2.2	1.1	0.6	0.4
S/10^{-13}s	4.31	5.69	6.72	7.60	7.88

c/(10^{-3}g/mL)	7.5	5.0	2.5
D/($10^{-7}$$cm^2$/s)	2.36	2.17	2.07

由以上数据计算：(1)该聚合物的分子量；(2)该聚合物在甲苯溶液中的第二维利系数。

32. 血红蛋白在 20°C 水溶液中扩散系数是 $6.9\times10^{-7}$$cm^2$/s，比体积是 0.749mL/g。假定蛋白质分子是球形的，试计算其分子量(水在 20℃的黏度为 10.05mP，1P=0.1Pa·s)。

33. 什么是牛顿流体?

34. 聚合物溶液的绝对黏度怎样测定?表达式是怎样?在什么情况下可忽略动能校正项?绝对黏度的常用单位有哪些?

35. 什么是特性黏数?高分子溶液黏度随浓度的依赖关系有哪些表达式?怎样获得特性黏数?

36. 聚合物分子量与其特性黏数间有何依赖关系?对未知聚合物试样怎样制定该种关系?

37. 怎样消除剪切作用在聚合物特性黏数测定时的影响?

38. 测定聚电解质特性黏数的经验公式有哪些?一般怎样消除离子静电作用引起的反常现象?

39. 简述黏度法测定聚合物分子量的原理与方法。

40. 用黏度法测定某一 PS 试样的分子量,实验步骤是:先称取 0.1375gPS,配制成 25mL 的苯溶液,用移液管移取 10mL 此溶液注入乌氏黏度计中,在 30℃下测得流出时间 $t_1=241.6$s,然后依次加入苯 5mL、5mL、10mL、10mL 稀释,分别测得流出时间 $t_2=189.7$s、$t_3=166.0$s、$t_4=144.4$s、$t_5=134.2$s。最后测得纯苯流出时间 $t_0=106.8$s。由文献查得 PS-苯体系在 30℃的 $K=0.99\times10^{-2}$,$\alpha=0.74$,试计算该试样的分子量,并说明其类型。

41. PS 经精细分级后级分采用绝对方法测得分子量依次为 43.25,31.77,26.18,23.07,15.89,12.62 和 4.83×10^4g/mol,在苯中的特性黏数分别为 147,117,101,92,70,59,29mL/g,建立其 Mark-Houwink 方程,并求特性黏数为 98mL/g 样品的分子量。

42. 聚苯乙烯-环己烷溶液在 35℃时为 θ 溶液,用黏度法测得此时的特性黏数为 $[\eta]_\theta=37.5$mL/g,已知 $M_\eta=2.5\times10^5$g/mol,求该试样的无扰尺寸和特征比 σ。

43. 采用黏度法估算聚合物溶度参数的原理是什么?

44. 简述尺寸排除色谱法的原理。

45. PS 的四氢呋喃溶液用 SEC 测定,结果见下表:

V_e/mL	33	34	35	36	37	38	39	40	41
H_i	6.0	38.0	39.5	24.5	11.0	5.0	2.5	1.0	0.5

得 $\lg M=-0.1605V_e+10.6402$。试计算 $\overline{M}_n$、$\overline{M}_w$ 和 d。

46. 今有一组聚砜标样,以二氯乙烷为溶剂,在 25℃测定 GPC 谱图,其分子量 M 与淋洗体积 V_e 列于下表

$M\times10^{-4}$	38.5	27.4	22.0	10.6	7.12	4.50	2.55	1.95	1.29	0.75	0.51
V_e/mL	18.2	18.2	18.5	20.8	21.8	23.6	25.0	26.4	27.7	29.2	29.6

(1) 由表中数据作 $\lg M-V_e$ 标定曲线,求出该色谱柱的死体积 V_0 和分离范围;(2) 求出标定方程 $\lg M=A-BV_e$ 中的常数 A 和 B;(3) 求在同样条件下测得的淋洗体积为 21.2mL 的单分散聚砜试样的分子量。

47. 用小角激光光散射测得 PS 的 A、B 两试样分子量为 $A=3.9\times10^5$,$B=2.0\times10^5$,而用 SEC 测得 $A=3.9\times10^5$,$B=1.97\times10^5$,试判断试样是线形还是支化?

48. 现有一种聚合物试样,估计其分子量较高(接近 1×10^5),且分子量分布较宽(10^3 ~

10^6)。欲准确测定其数均分子量，能否采用 VPO 法、膜渗透压法和 GPC 法？为什么？

49. 聚合物 A 为活性聚合物，聚合物 B 与聚合物 A 混合时可能会形成嵌段共聚物，也可能会形成两者的共聚物。已知 A 的分子量为 100000，B 的分子量为 15000，设计一个 SEC 实验，区别：(1)100%嵌段共聚物；(2)50%嵌段而 50%共混；(3)100%共混物。画出可能的 SEC 谱图。

50. 设计一个实验同时获得聚合物的分子量及其分布，以及在溶液中的分子参数。

51. 说明沉淀分级法分级聚合物的原理。

52. 名词解释：(1)场流分级；(2)超临界流体分级；(3)升温淋洗分级；(4)分子印迹技术；(5)多维色谱。

附　录

高分子材料仪器分析法或装置的中英文名称和缩写对照表

AA，AAS	Atomic absorption spectroscopy	原子吸收光谱
AES	Auger electron spectroscopy	俄歇电子能谱
AFM	Atomic force microscope	原子力显微镜
API	Atmosphere pressure ionization	大气压离子化法(质量分析)
ATR	Atenuated total reflection	衰减全反射法(红外光谱)
CD	Circular dichroscopy	圆二色性法
CI	Chemical ionization	化学离子化法(质量分析)
CL	Chemical luminescene	化学发光法
CP/MAS NMR	Cross polarization/magic angle spinning NMR	交叉分级/魔角旋转 NMR
2D	Two dimentional	二维(NMR、IR)
DIC	Differential interference contrast	微差干涉反衬(干涉显微镜)
DIL	Thermodilatometry	热膨胀法
DLS	Dynamic light scattering	动态光散射
DM(T)A	Dynamic thermomechanical analysis	动态热机械分析
DSC	Differential scanning calorimetry	示差扫描量热法
DTA	Differential thermal analysis	差热分析
ED	Electron diffration	电子衍射
EDX	Energy dispersive X-Ray spectroscopy	能量分散型 X 射线光谱
EELS	Electron energy-loss spectroscopy	能量损失电子光谱
EGA	Evolved gas analysis	逸出气分析
EPMA	Electron probe microanalyzer	电子探针微区分析
ESCA	Electron spectroscopy for chemical analysis	化学用电子能谱
EPR	electron paramagnetic resonance spectroscopy	电子顺磁共振谱
ESR	Electron spin resonance	电子自旋共振
EXAFS	Extended X-Ray absorption fine structure spectroscopy	广域 X 射线吸收精细结构谱
FAB	Fast atom bombardment	快速原子轰击(质谱)
FD	Field desorption	场解吸(质谱)
FFF	Field flow fractionation	场流分级法
FIA	Flow iniection analysis	流动注射分析
FID	Flame ionization detector	(GC 的)氢焰离子化检测器
FIR	Far infrared absorption spectroscopy	远红外光谱
FL	Florescene spectroscopy	荧光光谱
FTIR	Fourier transform IR	富立叶变换红外吸收光谱
FT-NMR	Fourier transform NMR	富立叶变换核磁共振光谱
GC	Gas chromatography	气相色谱
GDMS	Glow discharge mass spectrometry	辉光放电质谱
GPC	Gel permeation chromatography	凝胶(渗透)色谱(即 SEC)

GFC	Gel filtration chromatograhpy	凝胶过滤色谱
HPLC	High-performance liquid chromatography	高效液相色谱
HPTLC	High-performance thin layer chromatography	高效薄层色谱
HyperDSC	Fast scan DSC	快速扫描 DSC
IC	Ion chromatography	离子色谱
ICP-AES	Induced coupled plasma atomic emission Spectroscopy	诱导偶合(高频)等离子原子发射光谱
ICP-MS	Induced coupled plasma mass spectroscopy	诱导偶合(高频)等离子原子质谱
IGC	Inverse gas chromatography	反相色谱
IMA	Ion micro analysis	离子微分析
IR	Infrared absorption spectroscopy	红外吸收光谱
LC	Liquid chromatography	液相色谱
LA(L)LS	Low angle (laser) light scattering	低角激光光散射(同 SALS)
LAMMA	Laser microprobe mass analysis	激光微探针质量分析法
LDMS	Laser desorption mass spectrometry	激光解吸(质谱)
LIMS	Laser ionization mass spectroscopy	激光离子化质谱
LS	Light scattering	光散射法
MALDI	Matrix-assisted laser desorption ionization	基质辅助激光解离(质谱)
MALDI-TOF-MASS	Matrix-assisted laser desorption ionization- time of flight- mass spectroscopy	基质辅助激光解离时间飞行质谱
MDSC	Modulated DSC	调制 DSC
MEA	Moisture evolution analysis	水分逸出分析
MO	Membrane osmometry	膜渗透压法
MIR	Multiple inner reflection	多重内反射法(红外光谱)
MS	Mass spectroscopy	质谱
MRFM	Magnetic resonance force microscope	核磁共振力显微镜
NEXAFS	Near edge X-ray absorption structure spectroscopy	X 射线近边吸收精细结构谱
NIR	Near infrared absorption spectroscopy	近红外吸收光谱
NMR	Nuclear magnetic resonance	核磁共振
NMRI	Nuclear magnetic resonance imaging	核磁共振成像
NSOM	Near-field scanning optical microscope	近场光学扫描显微镜
LRS	Laser Raman spectroscopy	激光拉曼光谱
OM	Optical microscopy	光学显微镜
ORD	Optical rotatory dispersion	旋光分散法，旋光谱
PAS	Photoacoustic spectroscopy	光声法
PC	Paper chromatography	纸上色谱
PCM	phase contrast microscope	相差显微镜
PGC, PyGC	Pyrolysis GC	热(裂)解色谱
PS	Phosphorescence spectroscopy	磷光光谱
POM	Polarized optical microscope	偏(振)光显微镜
Py-MS	Pyrolysis mass spectrometry	热裂解质谱
RI	Refractive index detector	(HPLC 的)折射率检测器
SAED	Selected area electron diffration	选区电子衍射
SALS	Small angle light scattering	小角光散射
SAM	Scanning auger microscope	扫描俄歇电子显微镜

SANS	Small angle neutron scattering	小角中子散射
SAXS	Small angle X-ray scattering	小角 X 光散射
SEC	Size exclusion chromatography	体积排除色谱(即 GPC)
SEI	Secondary electron image	二次电子成像
SEM	Scanning electron microscope	扫描电子显微镜
SFC	Supercritical fluid chromatography	超临界流体色谱
SFE	Supercritical fluid extraction	超临界流体萃取
SIMS	Secondary ion mass spectroscopy	次级离子质谱
SLS	Static light scattering	静态光散射
SOR	Synchrotron orbital radiation	同步加速器轨道辐射
SR	synchrotron radiation	同步辐射
SPM	scanning probe microscope	扫描探针显微镜
SSIMS	Static SIMS	静态次级离子质谱
STA	simultaneous thermal analysis	同步热分析
STEM	Scanning transmission electron microscope	扫描透射电子显微镜
STM	Scanning tunnel electron microscope	扫描隧道显微镜
STXM	Scanning transmission X-ray microscope	扫描透射 X 射线显微镜
TEM	Transmission electron microscope	透射式电子显微镜
TG(A)	Thermogravimetric analysis	热重分析
TLC	Thin layer chromatography	薄层色谱
TMA	Thermomechanical analysis	热机械分析
TOF	Time of flight	飞行时间型(MS, SIMS)
TREF	Temperature rising elution fractionation	升温溶出分级法
UV	Ultra-violet absorption spectroscopy	紫外吸收光谱
UV-Vis	Ultraviolet-visible absorption spectroscopy	紫外-可见光谱
VIS	Visible ray absorption spectroscopy	可见光吸收光谱
VPO	Vapor pressure osmometry	气相渗透压法
WALS	Wide angle (laser) light scattering	大角激光光散射
WAXD	Wide angle X-ray diffraction	大角(广角)X 光衍射
XAFS	X-ray absorption fine structure spectroscopy	X 射线吸收精细结构谱
XMA	X-ray micro analyzer	X 射线微区分析
XPS	X-ray photoelectron spectrocopy(又称 ESCA)	X 射线光电子能谱
XRD	X-ray diffraction	X 射线衍射
XRF	X-ray fluorescence	X 射线荧光光谱
XSM	X-ray spectromicroscopy	X 射线光谱显微术

索引1　高分子典型谱图

（4）聚丙烯(全同)，图2-70、图2-89
（5）间同聚丙烯，图2-71
（6）聚二甲基硅氧烷，图2-72
（7）聚乙酸乙烯酯，图2-73
（8）天然橡胶，图2-74
（9）聚丁二烯(顺1，4)，图2-75、2-88
（10）聚苯乙烯，图2-76
（11）聚苯醚，图2-77
（12）酚醛树脂(线型)，图2-78
（13）聚甲基丙烯酸甲酯，图2-80
（14）聚对苯二甲酸乙二醇酯，图2-81
（15）聚碳酸酯，图2-82
（16）不饱和聚酯，图2-83
（17）尼龙66，图2-84
（18）尼龙6，图2-85
（19）聚氨酯(聚醚型)，图2-86
（20）聚偏二氟乙烯，图2-87
（21）聚丙烯(无规)，图2-90
（22）聚乙烯醇，图2-91
（23）聚丙烯腈，图2-92
（24）聚氯乙烯，图2-93、2-102
（25）苯乙烯/马来酸酐共聚物，图2-94
（26）乙烯/乙酸乙烯酯共聚物，图2-95
（27）氯乙烯/偏二氯乙烯共聚物，图2-96
（28）聚异丁烯，习题图2
（29）聚丙烯酸，习题图3
（30）聚乙二醇，习题图4

4. DSC 谱图

（1）聚碳酸酯，图9-7、图9-16、图9-22
（2）聚丙烯，图9-8、图9-33、图9-34、图9-51、图9-52
（3）壳聚糖，图9-10
（4）聚对苯二甲酸乙二醇酯，图9-11、图9-12、图9-33、图9-41、图9-42、图9-49、习题图2、表9-3
（5）丁苯橡胶，图9-15
（6）天然橡胶，图9-15
（7）乙丙二元橡胶，图9-15
（8）氯丁橡胶，图9-15
（9）丁腈橡胶，图9-15
（10）聚甲基丙烯酸甲酯，图9-16
（11）聚乙烯醇缩丁醛，图9-16
（12）聚偏二氯乙烯，图9-17
（13）聚醚醚酮，图9-17
（14）聚醚酰亚胺，图9-17
（15）聚四氟乙烯，图9-17
（16）乙烯-四氟乙烯共聚物，图9-17
（17）硅橡胶，图9-18
（18）聚氯乙烯，图9-19
（19）聚醋酸乙烯，图9-20
（20）SBS，图9-21
（21）SBR，图9-21
（22）聚碳酸酯/ABS，图9-22
（23）环氧树脂，图9-23
（24）聚苯乙烯，图9-24、图9-28
（25）聚乙烯(低密度)，图9-31、图9-33、图9-40
（26）聚乙烯(线型低密度)，图9-31、图9-40
（27）聚乙烯(高密度)，图9-31、图9-33、图9-34、图9-40
（28）尼龙6，图9-32、图9-33
（29）尼龙66，图9-32
（30）尼龙1010，表9-3
（31）聚乙二醇，图9-33
（32）聚甲醛，图9-33
（33）聚对苯二甲酸丁二醇酯(PBT)，图9-37、表9-3
（34）聚乙烯，图9-43、图9-47
（35）PET/ABS，图9-53
（36）酚醛树脂，图9-55

5. TGA 谱图

（1）尼龙66，图10-3
（2）聚苯乙烯，图10-5
（3）聚乙烯，图10-9、图10-10、图10-11
（4）聚甲基丙烯酸甲酯，图10-10、图10-11
（5）聚四氟乙烯，图10-10、图10-19
（6）聚氯乙烯，图10-10、图10-16

索引 2　根据结构分析内容检索本书研究方法

1. 高分子的一级结构

2. 高分子的二级结构

(3) 支化度、交联度

①红外光谱(1.6.2)；②^{13}C-NMR(2.3.3)；③溶胀法，凝胶渗透色谱法，黏度法

(4) 构象

①动态光散射(11.3.5)；②ORD 和 CD(3.3.1)；③同步辐射(5.6.2)；④激光拉曼光谱(6.5.2)；⑤AFM(7.5.2)；⑥近场光学扫描显微镜(7.5.3)；⑦磁共振力显微镜(7.5.4)

3. 高分子的三级结构

(1) 结晶形态和尺寸

①偏光显微镜(7.3.1)；②固体小角激光光散射(6.2)；③扫描电子显微镜(8.5.1)；④透射电子显微镜(8.5.1)；⑤X 射线小角散射(5.5.2)；⑥原子力显微镜(7.5.2)；⑦电子衍射法(5.7.2)；⑧同步辐射(5.6.2)；⑨相差显微镜和干涉显微镜(7.3.2)

(2) 晶胞和晶型

①广角 X 射线衍射(5.4.1)；②红外光谱(1.6.2)

(3) 结晶性和结晶度

①广角 X 射线衍射(5.4.2)；②DSC(9.3.4)；③宽线 NMR (2.4.2)；④红外光谱(1.6.2)；⑤NIR(1.7.2)；⑥固体高分辨 NMR(2.4.2)；⑦UV-Vis(3.1.2)；⑧激光拉曼光谱(6.5.2)

(4) 结晶生长和动力学

①带热台的偏光显微镜(7.3.1)；②DSC(9.3.4)；③原子力显微镜(7.5.2)

(5) 取向程度

①红外二色性法(1.6.2)；②X 射线大角散射(5.4.2)；③X 射线小角散射(5.5.2)；④固体小角激光光散射(6.2.4)

(6) 液晶

①偏光显微镜(7.3.1)；②固体小角激光光散射(6.2.8)；③扫描电子显微镜(8.5.2)；④透射电子显微镜(8.5.2)；⑤X 射线小角散射(5.5.2)；⑥广角 X 射线衍射(5.4.3)；⑦ORD和 CD(3.3.1)；⑧相差显微镜和干涉显微镜(7.3.2)

(7) 分子间作用力

①红外光谱(1.6.2)；②荧光光谱(3.2.4)

(8) 共混(或嵌段共聚)相容性及相结构

①固体高分辨 NMR(2.4.2)；②荧光光谱(3.2.4)；③红外显微镜(7.4.1)；④X 射线显微镜(7.4.2)；⑤扫描电子显微镜(8.5.3)；⑥SEI(8.5.5)；⑦TEM(8.5.3；8.5.5)；⑧TMA(10.5.1)；⑨DSC(9.3.1)

4. 高分子的结构转变

(1) 玻璃化转变及次级松弛

①DSC/DTA(9.3.1)；②TMA(10.5.1)；③DMA(10.5.2)；④宽线 NMR(2.4.2)；⑤二维相关红外光谱(1.7.3)；⑥变温 NMR(2.4.3)

(2) 熔点

①DSC/DTA(9.3.2)；②带热台的偏光显微镜(7.3.1)

(3) 氧化、降解、化学反应等

①红外光谱(1.6.2)；②固体高分辨 NMR(2.4.2)；③XPS(4.2)；④激光拉曼光谱(6.5.2)；⑤DSC(9.3.5；9.3.7)；⑥TGA(10.3.1；10.3.6)；⑦EGA(10.4.2)

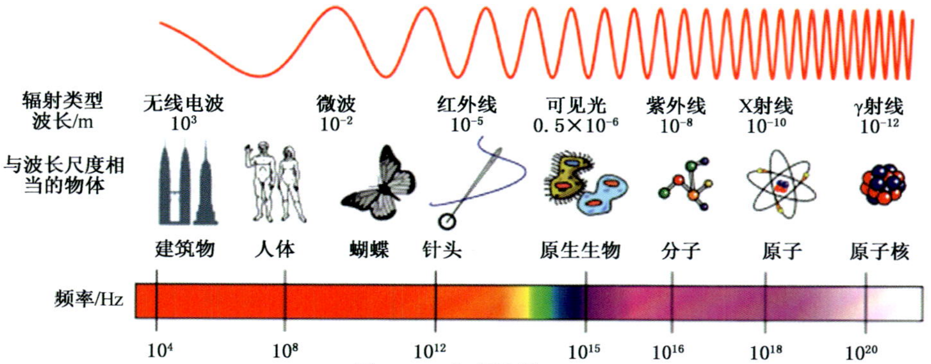

图 5-6　电磁波谱

上海光源第三代

美国NSLS第二代

法国ESRF第三代

日本spring-8第三代

图 5-71　世界上的同步辐射装置

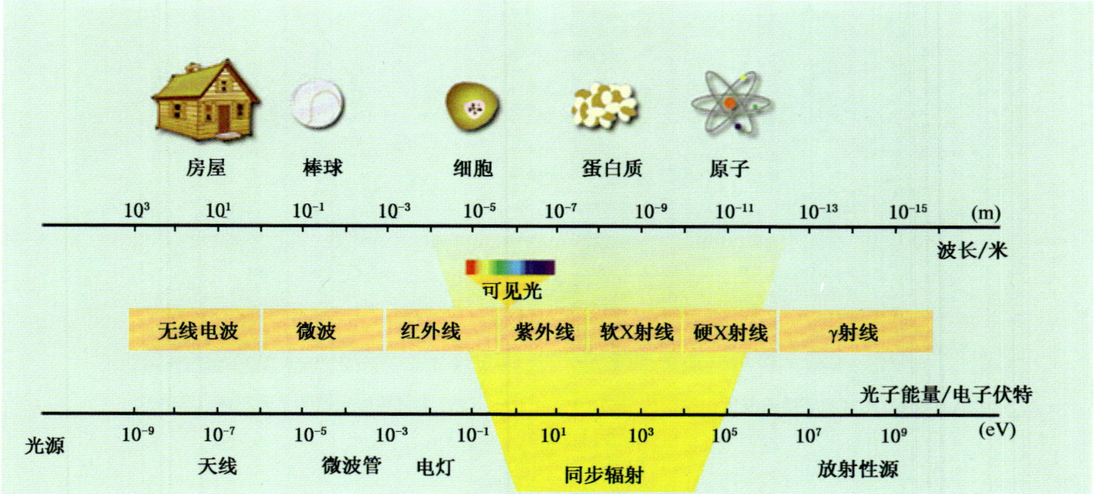

图 5-72　同步辐射光源的波长覆盖范围

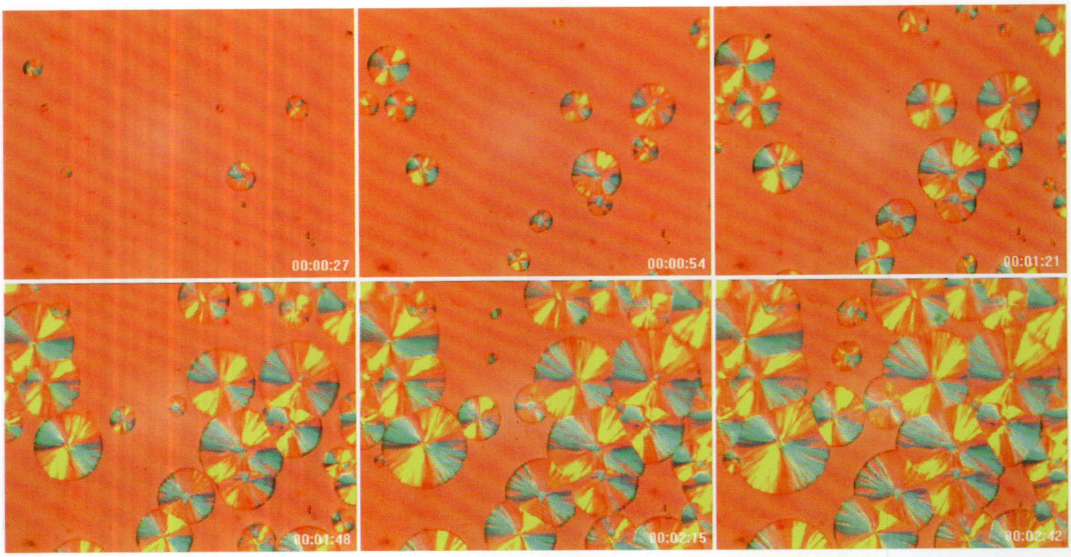

图 7-11　聚丙烯在 140℃下等温结晶过程的 POM 照片

右下角标的是结晶时间(时:分:秒)

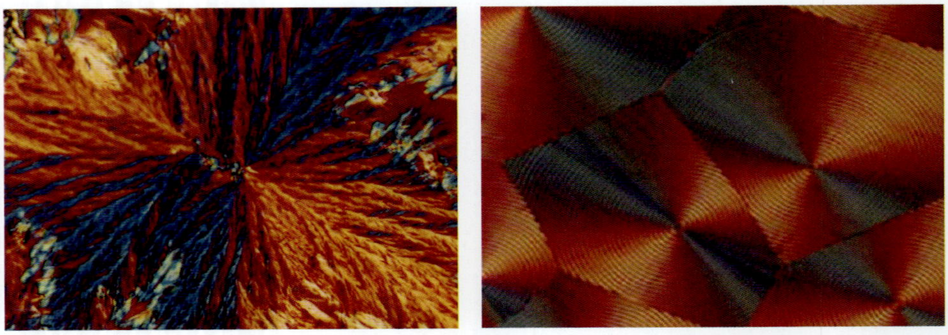

(a) 正球晶　　**(b) 负球晶**

图 7-15　插入石膏一级红波片后球晶的光学符号。(a)正球晶;(b)负球晶

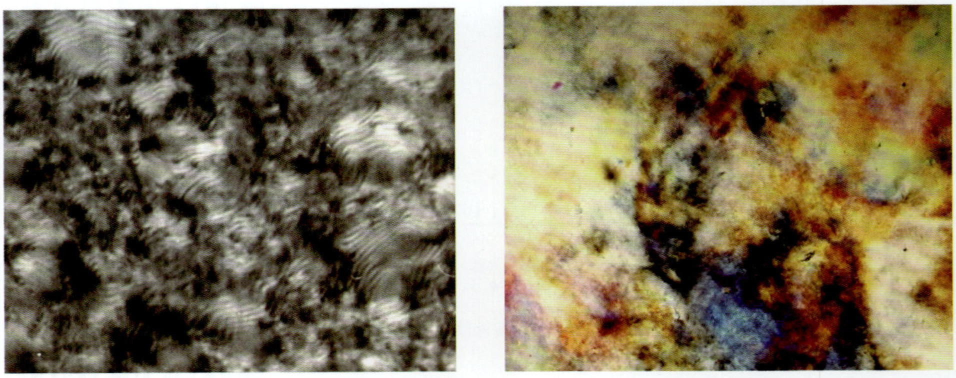

(a) 乙基纤维素/30%间甲酚溶液的指纹织构(460×)　　**(b) 壳聚糖衍生物的平面织构(150×)**

图 7-20　乙基纤维素的胆甾相织构

图 7-21　典型的扇形织构

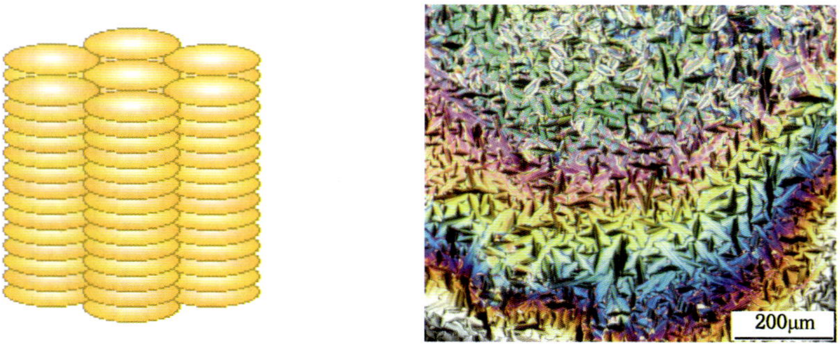

(a)　　(b)

图 7-23　柱状相的结构示意图(a)和一种树状分子的典型扇形织构(b)

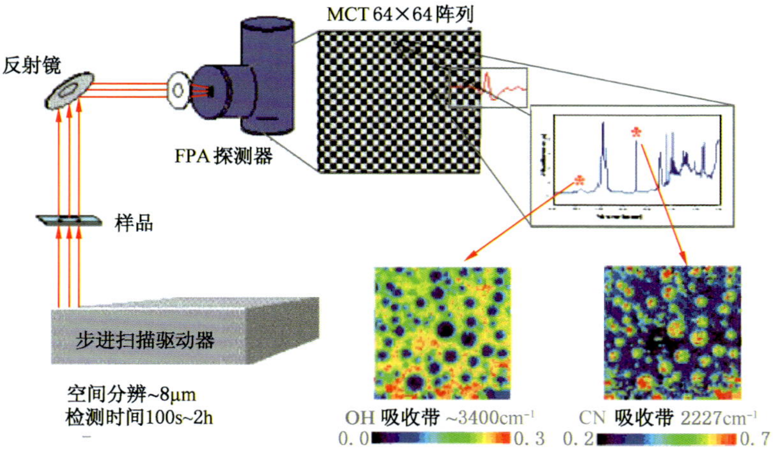

图 7-27　第一代红外高光谱成像光谱仪原理示意图

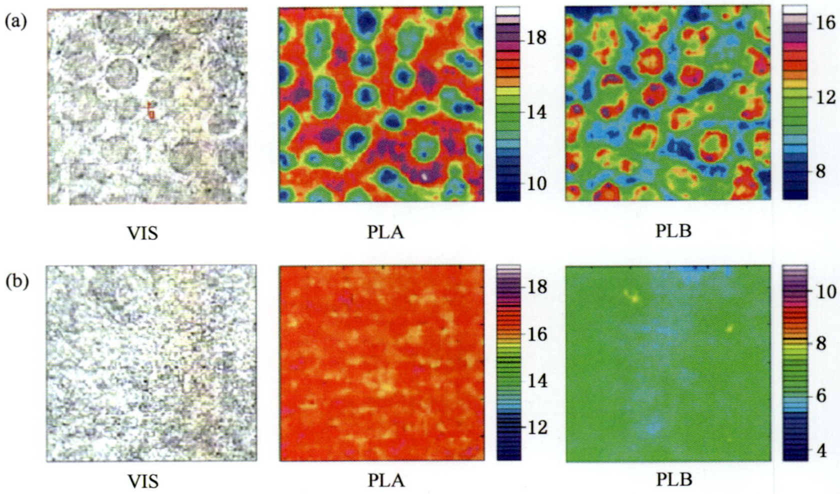

图 7-30 (a) PHB/PLA(50：50)共混膜的可见光显微照片(左)、PLA 特征 FTIR 显微照片(中)以及 PHB 特征 FTIR 显微照片(右)；(b) PHB/PLA(30：70)共混膜的可见光显微照片(左)、PLA 特征 FTIR 显微照片(中)以及 PHB 特征 FTIR 显微照片(右)

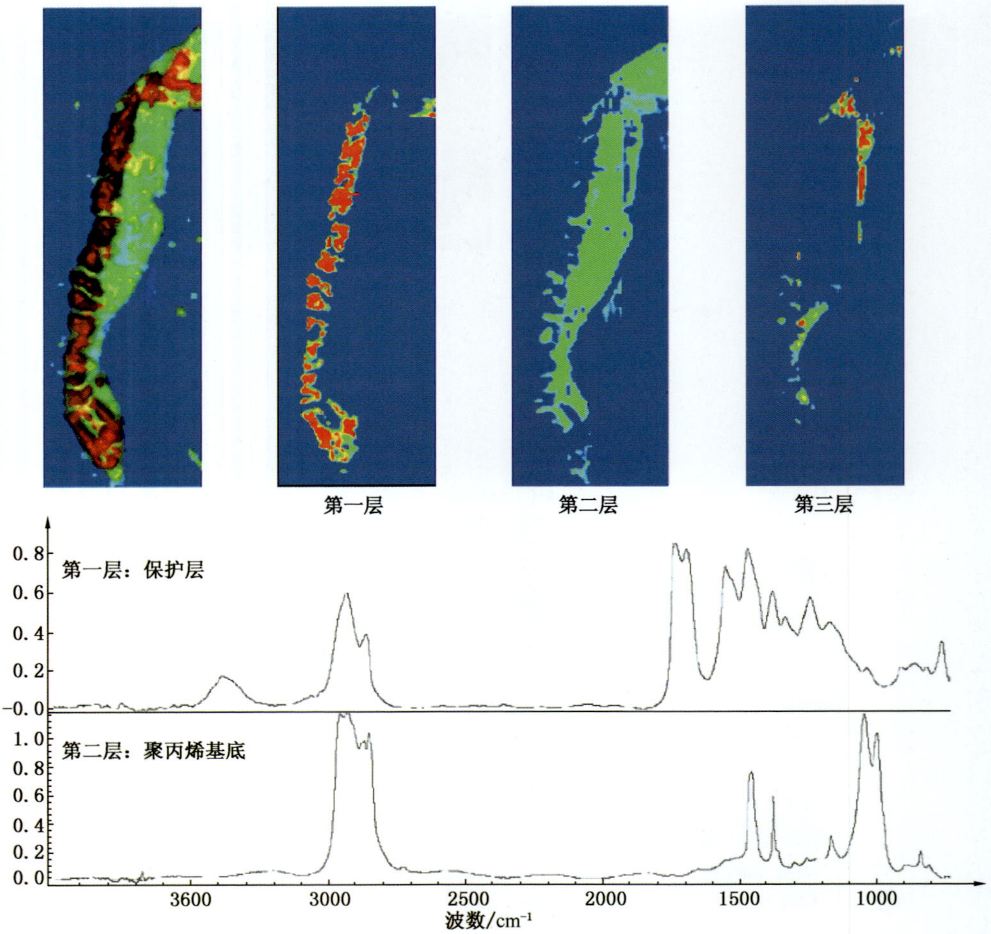

图 7-31 (上)汽车保险杠油漆碎片层的显微照片。(下)已知的各层光谱图：第一层为保护性被覆；第二层为聚丙烯基底